ENCYCLOPÉDIE THÉORIQUE ET PRATIQUE

DES

CONNAISSANCES CIVILES ET MILITAIRES

TRAITÉ DE GÉODÉSIE

DEUXIÈME PARTIE

PARIS. — IMPRIMERIE GEORGES GUILLOIS

3, RUE MADAME, 3

ENCYCLOPÉDIE THÉORIQUE ET PRATIQUE

DES

CONNAISSANCES CIVILES ET MILITAIRES

RÉDACTEUR EN CHEF : **Désiré LACROIX**

COURS DE CONSTRUCTION

DESTINÉ AUX CONDUCTEURS ET EMPLOYÉS DES PONTS ET CHAUSSÉES, AGENTS-VOYERS,
ARCHITECTES, GARDE-MINES, EMPLOYÉS DES COMPAGNIES DE CHEMINS DE FER, ENTREPRENEURS,
MAITRES OUVRIERS (CHARPENTIERS, MENUISIERS, SERRURIERS, MAÇONS,
TAILLEURS DE PIERRES, ETC.), ET A TOUTES LES PERSONNES S'OCCUPANT DE TRAVAUX
A UN TITRE QUELCONQUE.

PAR

GUSTAVE OSLET

Ingénieur des Arts et Manufactures,
Chef des travaux graphiques à l'École Centrale

DEUXIÈME PARTIE

TRAITÉ DE GÉODÉSIE

PARIS

E. LAINÉ & Cie, ÉDITEURS

25, RUE DE GRENELLE, 25

—

Droits de traduction et de reproduction réservés.

TRAITÉ PRATIQUE DE GÉODÉSIE

I — INSTRUMENTS

SOMMAIRE

CHAPITRE PREMIER

INSTRUMENTS POUR LES MESURES LINÉAIRES

§ I. — LE MÈTRE.

1. Le mètre est la base non seulement des mesures linéaires, mais encore du système métrique tout entier.

2. Autrefois, — il y a bientôt un siècle, — les mesures diverses nécessitées, alors comme maintenant, par les exigences des

---

(1) Cette partie sera ainsi subdivisée : I. *Instruments géodésiques.* — II. *Arpentage.* — III. *Lever des plans, y compris la triangulation, le partage des terrains, le bornage et le dessin des plans.* — IV. *Nivellement.* — V. *Cubage en général.* — VI. *Cubature des terrasses.* — VII. *Courbes de raccordement.*

transactions commerciales et autres étaient loin d'être uniformes. Chaque province, chaque ville, chaque village, avaient des mesures et des poids spéciaux dont les valeurs différaient sensiblement.

Il y a lieu de croire que, dans l'origine, chaque père de famille, chaque chef de tribu prit, au hasard, tout ce qui lui tombait sous la main pour en faire des poids et des mesures.

Le bâton sur lequel il s'appuyait, le premier vase informe qu'il aura fabriqué, une pierre qui avait attiré son regard, ont pu lui servir à évaluer les longueurs, les volumes et les poids des divers objets nécessaires à ses besoins.

Bien que ces mesures fussent très grossières, on s'y habitua et on ne songea plus à en choisir d'autres. C'est ainsi que, dans chaque province et presque dans chaque hameau, s'établirent des mesures tout à fait étrangères à celles en usage dans les lieux mêmes les plus voisins.

Le gouvernement d'alors se préoccupa beaucoup de cette grande diversité de mesures et des graves inconvénients qui en résultaient.

Aussi, par décret du 8 mai 1790, sanctionné le 22 août suivant, l'Assemblée Constituante, désirant faire jouir à jamais la France entière de l'avantage qui doit résulter de l'uniformité des poids et mesures, chargea l'Académie des sciences de déterminer la longueur du pendule et d'en déduire un type invariable pour toutes les mesures et pour tous les poids.

Le pendule, par sa nature, ne se prêtant pas à la fixation d'un élément absolument invariable, on dut abandonner cette idée.

Le décret du 26 mars 1791, sanctionné e 30, adopta la grandeur du quart du méridien terrestre pour base d'un nouveau système de poids et mesures dont les détails furent réglés par les lois du 1er août 1793 et du 7 avril 1795 (18 germinal an III):

3. L'Académie des sciences, chargée par le gouvernement de mesurer le quart du méridien terrestre, c'est-à-dire la distance du pôle à l'équateur, confia cette délicate mission à deux immortels astronomes, Méchain et Delambre, qui s'en acquittèrent à l'immense satisfaction du monde entier de l'époque.

Le méridien passant par Dunkerque fut choisi et Méchain et Delambre mesurèrent l'arc de ce méridien, compris entre Dunkerque et Montjouy, près Barcelone, lequel arc embrasse 9 degrés 2 tiers, ce qui fait plus du dixième de l'arc qui devait être déterminé.

Cet arc offrait, outre sa grande étendue, l'avantage considérable d'avoir ses deux extrémités au niveau de la mer et de suivre la méridienne déjà tracée en France, ce qui permettait de vérifier, par les travaux déjà faits, ceux qu'on se proposait d'exécuter encore.

MM. Méchain et Delambre, au milieu de beaucoup d'obstacles physiques et moraux, se sont acquittés de leur patriotique mission avec un degré d'exactitude dont on n'avait pas eu d'idée jusqu'alors.

Delambre fut chargé de la partie septentrionale de Dunkerque à Rodez, ayant une longueur de 380 000 toises.

Méchain fut chargé de la partie comprise entre Rodez et Barcelone, ayant une longueur de 170 000 toises.

Deux bases ont été mesurées avec le plus grand soin : l'une entre *Melun* et *Lieusaint*; l'autre entre *Vernet* et *Salces*, près de Perpignan. Ces opérations ont exigé des précautions et des soins inouïs. On s'est servi, pour mesurer les longueurs, de règles en platine (1) de deux toises de longueur.

Pour la mesure des angles, on a employé le cercle répétiteur de *Borda*, instrument remarquable parce qu'il a permis la répétition de l'angle observé autant

(1) On a employé le *platine*, parce que ce métal est le plus pesant, le moins fusible, le moins attaquable par les acides et le moins dilatable de tous les métaux.

de fois qu'on l'a désiré, ce qui diminue les causes d'erreurs au point de les rendre nulles ou presque nulles.

Enfin, pour ramener les lignes et les angles obtenus au niveau de la mer, on s'est également servi d'un petit instrument, aussi simple qu'ingénieux, créé par l'inventeur du cercle répétiteur.

Une preuve incontestable de la précision des opérations, c'est que la base de Perpignan, déduite de celle de Melun au moyen de la réunion des triangles qui unissaient les deux bases, ne différait de sa mesure exacte que de 10 à 11 pouces, bien que l'intervalle qui les séparât fût supérieur à 700 kilomètres.

4. En 1718, on avait déjà essayé de mesurer les bases de Dunkerque et de Perpignan sur le même méridien ; mais les résultats obtenus, comparés à ceux résultant des calculs, avaient donné une erreur d'une toise sur la base de Dunkerque et une erreur de trois toises sur la base de Perpignan.

Enfin, Méchain et Delambre, dans l'intérêt des prodigieux travaux qui leur avaient été confiés, se sont inspirés des résultats obtenus, sur les divers points du globe, pendant les années 1735 à 1746, savoir :

Au Pérou, par Bouguer, Godin et La Condamine ;

Au cap de Bonne-Espérance, par l'abbé de La Caille ;

En Laponie, par Clairaut, Camus, Maupertuis et Le Monnier.

Finalement, Méchain et Delambre ont trouvé que la portion du méridien comprise entre Dunkerque et Montjouy (Barcelone) est un arc de 9 degrés 6738 dix-millièmes, correspondant à une longueur de 551 584 toises 72 centièmes (1), ce qui donne, pour le quart du méridien terres-

tre, c'est-à-dire pour la distance du pôle boréal à l'équateur, une longueur totale (supposée prise au niveau de la mer) de 5 130 740 toises.

5. Comme on pouvait supposer que l'unité de mesure, résultant de travaux aussi formidables menés à bonne fin, serait immédiatement admise par tous les pays, dans l'intérêt même des rapports internationaux, une commission composée de savants français et étrangers a été nommée pour vérifier et discuter les résultats obtenus par nos deux immortels astronomes.

Cette commission, qui n'eut que des compliments à adresser à MM. Méchain et Delambre, fut ainsi composée :

Pour la France : Méchain, Delambre, Laplace, Legendre, Lefèvre-Gineaux, Darcet, Berthollet, Monge, Lavoisier, Bouillon-Lagrange, Borda, Prony, Coulomb, Haüy et Van Dermonde.

Pour la Hollande : Ænéa, Van Swenden.

Pour les États Sardes : Balbo et Vassali.

Pour le Danemark : Bugge.

Pour les divers États d'Italie : Falbroni, Franchini, Mascheroni et Multedo.

Pour la Suisse : Tralles.

6. Enfin, la loi du 18 germinal an III (17 avril 1795) a décidé que, en France :

Art. **2.** — *Il n'y aura qu'un seul étalon des poids et mesures ;… ce sera une règle en platine sur laquelle sera tracé le* MÈTRE,… *unité fondamentale de tout le système des mesures.*

Art. **5.** — MÈTRE, *la mesure de longueur égale à la dix-millionième partie de l'arc du méridien terrestre, compris entre le pôle boréal et l'équateur.*

_____

(1) Méchain s'était proposé de prolonger cet arc jusqu'aux îles Baléares, pour que l'arc total se trouvât partagé en deux parties égales par le 45° cercle parallèle. A la suite d'efforts presque surnaturels, ses opérations allaient aboutir à Ivice, lorsqu'il fut emporté par une fièvre épidémique, le 20 septembre 1805, à Castellon de la Plana, dans la province de Valence. Arago et Biot, du bureau des longitudes, ont, depuis, prolongé cet arc jusqu'à l'île de Formentara (Baléares).

7. Pour obtenir le mètre, on a divisé 5 130 740 toises par 10 000 000, ce qui a donné 3 pieds 11 pouces 296 millièmes pour la longueur de la base du système des poids et mesures.

8. Un mètre et un kilogramme en platine sont déposés dans les archives de l'État comme *étalons* et comme *monuments* du système des poids et mesures.

Une copie de ces deux étalons a été confiée à l'Observatoire de Paris où chacun peut les consulter. L'exactitude rigoureuse des deux étalons a été vérifiée par une commission composée de MM. Delambre, Prony, Bouvard, Burckhart et Belleyme, au moyen du comparateur Lenoir et de la balance de Fortin.

9. Le mètre linéaire se fabrique, soit en bois, soit en métal, selon l'usage auquel on le destine.

Pour les mètres en bois, on se borne généralement aux divisions par décimètres et par centimètres, tandis que pour les mètres métalliques, qui servent aux dessinateurs, on donne les millimètres et même les demi-millimètres.

On construit des mètres pliants en bois

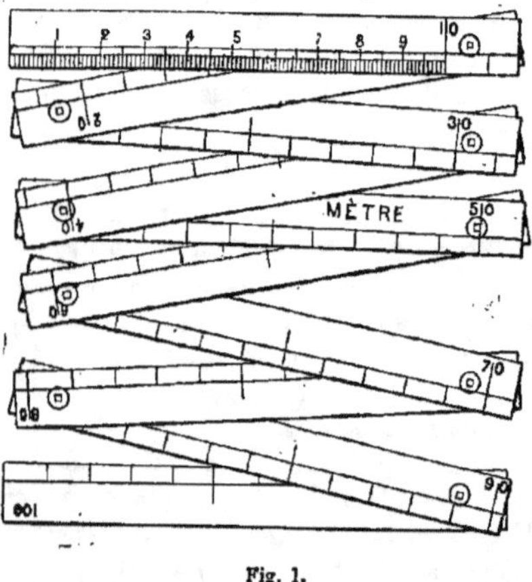

Fig. 1.

ou en métal, tels que chaque partie présente une longueur de 10 ou de 20 centimètres, afin de les rendre beaucoup plus portatifs (*fig.* 1).

Vernier.

10. Le vernier est une petite réglette adaptée au mètre, le long duquel elle glisse à volonté, et qui permet d'évaluer avec précision des divisions dix fois plus petites que celles gravées sur le mètre.

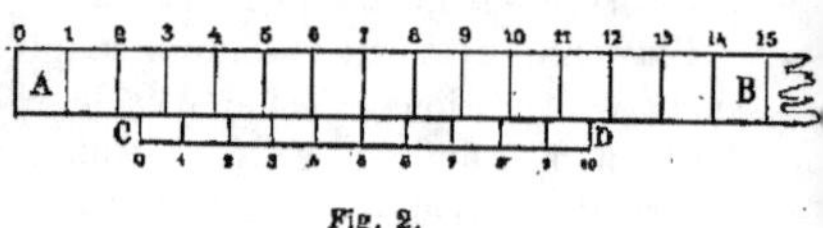

Fig. 2.

La règle AB (*fig.* 2) est supposée divisée en centimètres par les traits 0, 1, 2, 3... Sur la règle AB, glisse une réglette CD ayant 9 centimètres de longueur et divisée en dix parties égales, de sorte que chaque division de CD vaut les 9/10 d'un centimètre, c'est-à-dire 9 millimètres.

La division 5 de la réglette CD coïncide exactement avec la division 7 de la règle AB et voyons ce qui se passe :

La division 4 de la réglette aboutit à 1 millimètre de la division 6 de la règle.

La division 3 de la réglette aboutit à 2 millimètres de la division 5 de la règle.

La division 2 de la réglette aboutit à 3 millimètres de la division 4 de la règle.

La division 1 de la réglette aboutit à 4 millimètres de la division 3 de la règle.

Enfin, la division 0 de la réglette aboutit à 5 millimètres de la division 2 de la règle.

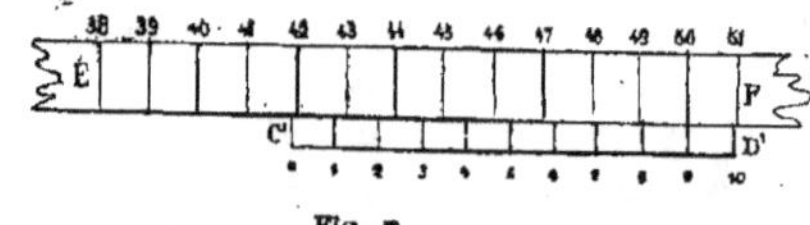

Fig. 3.

La figure 3 représente un fragment de la même règle et comprend les centimètres numérotés de 38 à 51. La réglette C'D', c'est-à-dire le vernier, se trouve placée de telle façon que sa division 9 coïncide exactement avec la division 50 de la règle

Conséquemment, la division 0 de la réglette aboutit à 9 millimètres de la division 41 de la règle.

Voilà, dans toute sa simplicité, la théorie du vernier.

En considérant la figure 2, on conçoit que si l'on a mesuré 18 mètres, par exemple, et que, ensuite, le zéro du vernier aboutisse à l'extrémité de la ligne à évaluer, si la division 5 du vernier coïncide avec la division 7 de la règle, c'est que la ligne à mesurer aura 18 mètres plus 25 millimètres de longueur (18^m,025).

En considérant la figure 3, on conçoit que si l'on a mesuré 18^m41, par exemple, et que, ensuite, le zéro du vernier aboutisse à l'extrémité de la ligne, si la division 9 du vernier coïncide avec la division 50 de la règle, c'est que la ligne à mesurer aura 18 mètres, plus 41 centimètres et 9 millimètres de longueur (18^m419).

Si le mètre était divisé en millimètres, le vernier devrait avoir 9 millimètres, et chacune des divisions de ce vernier vaudrait les 9 dixièmes d'un millimètre. Cet appareil permettrait alors d'obtenir la longueur d'une ligne à un dixième de millimètre près.

11. RÈGLE PRATIQUE. — *Pour mesurer la longueur d'une ligne au moyen d'un mètre à vernier, il faut faire aboutir le zéro du vernier à l'extrémité de la ligne, puis voir quelle est la division du vernier en coïncidence parfaite avec une des divisions du mètre. Le numéro de la division du vernier qui coïncide avec la division du mètre indique le nombre de centimètres ou de millimètres, selon le cas, qu'il faut ajouter à la cote obtenue pour avoir la longueur totale à un centimètre ou à un millimètre près, selon que le vernier a 9 centimètres ou 9 millimètres de longueur.*

§ II. — LE DÉCAMÈTRE.

12. Pour mesurer les longueurs d'une certaine importance, ce qui se produit dans les opérations d'arpentage, ainsi que nous le verrons plus loin, on se sert du décamètre qui vaut 10 mètres.

Le décamètre se construit, soit en toile peinte, et prend le nom de *ruban;* soit en métal, et prend le nom de *chaîne d'arpenteur* ou *ruban d'acier,* selon le cas.

I. — Ruban.

13. Les rubans en toile peinte sont généralement divisés en mètres, décimètres et centimètres. Souvent, le premier décimètre porte les millimètres.

Ils ont l'avantage d'être flexibles, ce qui permet de suivre facilement les contours de l'objet à mesurer ; mais ils ont l'inconvénient de *s'emmêler* facilement. De plus, le moindre obstacle les faisant

dévier, il faut leur imprimer une certaine tension qui les allonge forcément et qui nuit à l'exactitude qu'on désire obtenir.

Les rubans en toile peinte ne servent guère que pour les mesures à prendre à l'intérieur, lorsqu'il s'agit d'évaluer des travaux de bâtiment.

Les tailleurs se servent d'un ruban en toile gommée, ayant 1^m50 de longueur et divisé en centimètres numérotés de 1 à 150. Les dix premiers centimètres sont divisés en millimètres. Ce ruban porte une petite ferrure à chacune de ses extrémités, lorsqu'il a été l'objet d'une bonne fabrication.

II. — Chaîne d'arpenteur.

14. La chaîne d'arpenteur (*fig.* 4) est un décamètre construit au moyen de 50 tiges de gros fil de fer, recourbées en boucles à chaque extrémité. Ces tiges, nommées *chaînons*, sont reliées entre elles par des anneaux. Chaque chaînon a 2 décimètres ou 20 centimètres de longueur, y compris la moitié du diamètre d'un anneau; ou, mieux, lorsque la chaîne est tendue, il y a une longueur de 20 centimètres entre le centre d'un anneau quelconque et le centre de l'anneau voisin, si cette chaîne a été construite avec précision.

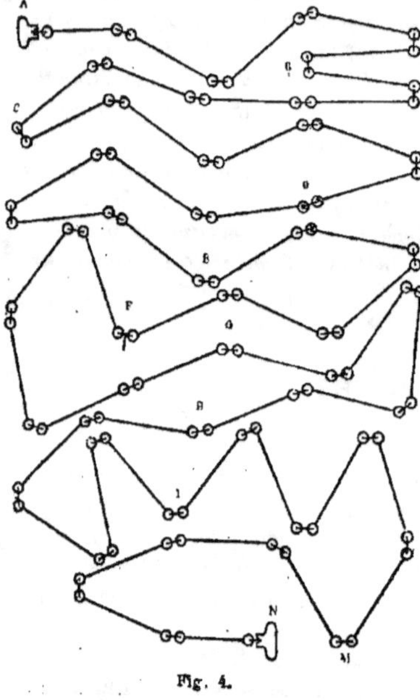

Fig. 4.

Les anneaux B, C, D, E, F, G, H, I, M, qui terminent les mètres, sont en cuivre. L'anneau F, partageant la chaîne en deux parties égales de 5 mètres chacune, porte une petite tige indiquant le milieu de l'instrument.

Cette disposition permet d'apprécier facilement, sur le terrain, les longueurs de 5 en 5 mètres et de 2 en 2 décimètres. Avec un peu d'habitude on évalue avec une précision suffisante, non seulement les décimètres, mais encore les centimètres.

Les chaînes d'arpenteur les mieux soignées sont celles dont les boucles des chaînons et les anneaux sont soudés. C'est ce perfectionnement que suppose la figure 4.

La tension qu'on est obligé d'imprimer à la chaîne d'arpenteur lorsqu'on opère sur le terrain est une cause d'inexactitude par suite de l'allongement qui peut en résulter pour les boucles et pour les anneaux. Aussi est-il nécessaire de soumettre souvent cette chaîne à une vérification sérieuse en l'étendant sur une surface bien plane et en la comparant à un mètre bien étalonné.

Alors, à l'aide d'une tenaille, on resserre d'une quantité suffisante les boucles ou les anneaux dont l'allongement a été constaté.

Fig. 5.

15. La chaîne d'arpenteur est accompagnée de dix fiches (*fig.* 5) en gros fil de fer, ayant chacune de 30 à 40 centimètres de longueur, terminées par une pointe à l'une des extrémités et par une courbure circulaire à l'autre extrémité.

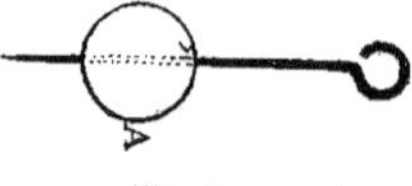

Fig. 6.

Pour opérer dans les terrains accidentés, on se sert d'une onzième fiche (*fig.* 6), munie d'une sphère A en plomb, laquelle sphère permet à la fiche de tomber dans une direction aussi verticale que possible et de déterminer, d'une manière suffisamment précise, la projection horizontale d'un point de l'espace, puis d'une ligne inclinée.

III. — Ruban en acier.

16. Pour obvier aux inconvénients qu'offre la chaîne d'arpenteur dont les boucles et les anneaux peuvent s'allonger,

on a imaginé le décamètre en ruban d'acier
(*fig.* 7).

C'est tout simplement la toile peinte

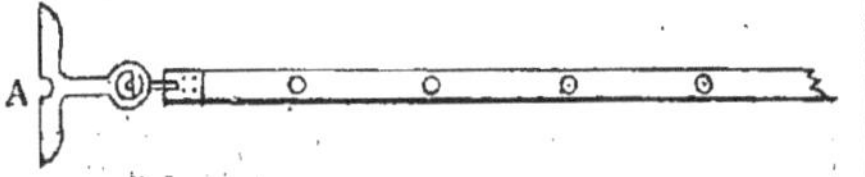

Fig. 7.

(13) remplacée par une bandelette en acier de 10 mètres, de même nature que les ressorts d'horloge.

A chaque extrémité se trouve une poignée en laiton dans laquelle on a pratiqué une rainure circulaire A dont la profondeur est égale au rayon du cercle de section des fiches.

Les poignées sont reliées au ruban au moyen de tiges taraudées, ce qui permet de régler, à volonté, la longueur de l'instrument à la suite des vérifications auxquelles l'opérateur doit se livrer le plus souvent possible.

L'extrémité des mètres est indiquée par une petite plaquette en cuivre rivée au ruban.

L'extrémité de chaque double décimètre est marquée par une petite plaquette d'une autre forme, également rivée.

Enfin, chaque décimètre est désigné par un petit trou situé au milieu de la largeur du ruban.

On conçoit que le ruban d'acier est beaucoup plus précis que la chaîne d'arpenteur, mais il a l'inconvénient grave de se briser très facilement.

Aussi a-t-on soin de l'enrouler avec précaution sur une espèce de poulie d'un certain diamètre ($0^m, 20$ environ), ce qui le rend facilement transportable.

Si, malgré toutes les précautions prises, une rupture se produit, il faut joindre soigneusement les deux parties brisées, sans solution de continuité, puis procéder à la rivure au moyen de deux petites plaques métalliques placées de chaque côté du ruban.

La réparation faite, l'opérateur doit procéder à la vérification du décamètre-ruban et le régler à l'aide des tiges taraudées adaptées à chaque poignée.

§ III. — LA STADIA.

17. La *lunette astronomique* étant un accessoire important de certains instruments géodésiques qui seront décrits plus loin, il est nécessaire que l'opérateur ait quelques notions sommaires sur les éléments qui constituent cette lunette dont nous parlerons d'abord avant d'aborder la description et la théorie de la stadia.

18. La lunette astronomique se compose essentiellement d'un tube en cuivre noirci à l'intérieur et portant à l'une de ses extrémités une lentille convergente O (*fig.* 8) qui doit être tournée vers l'objet à viser. Cette lentille est l'*objectif* de la lunette.

A l'autre extrémité du tube existe une seconde lentille O', à convexité plus forte et à laquelle on a donné le nom d'*oculaire*.

C'est derrière cette seconde lentille que se place l'œil de l'observateur.

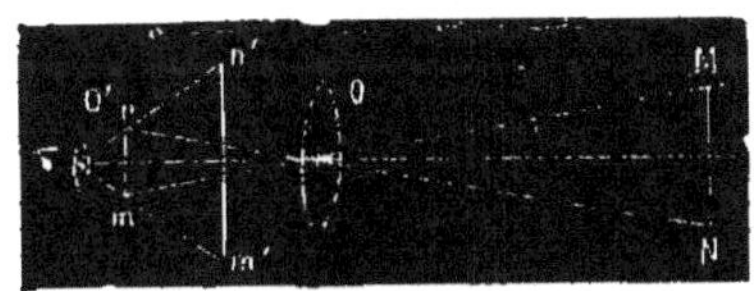

Fig. 8.

Soit MN un objet placé à une distance assez grande de l'objectif. L'image de cet objet sera réelle et renversée et se formera en *mn*, près du foyer de l'objectif.

Au lieu de recevoir cette image sur un écran, on la regarde à travers l'oculaire qui fait l'office d'une loupe. Cet oculaire est placé de manière que l'image produite par l'objectif, en *mn*, se forme entre l'oculaire et son foyer. On obtient ainsi en *m' n'*, une image *virtuelle* amplifiée de l'objet M N, mais toujours renversée.

Pour faire un instrument de visée de la lunette, on la complète en plaçant, au point où se forme l'image *mn*, un diaphragme sur lequel sont fixés, en croix, deux fils très fins qui constituent ce qu'on nomme le *réticule* (*fig.* 9).

Fig. 9.

Les fils du réticule sont, ou des fils d'araignée, ou des fils de platine, obtenus par le procédé *Vollaston*, procédé qui donne des fils d'une très grande ténuité.

19. On appelle *centre optique* de l'objectif, le point de la lentille qui est traversé, sans déviation, par les rayons lumineux, quelle que soit d'ailleurs leur inclinaison, à la condition cependant que cette inclinaison ne soit pas trop grande.

20. On appelle *axe optique* de la lunette, la ligne qui joint le centre optique à la croisée des fils du réticule.

21. *Viser* un point au moyen d'une lunette astronomique, c'est diriger la lunette de manière que l'axe optique de cette lunette passe par le point considéré. Ce résultat est obtenu lorsque l'image du point visé vient coïncider avec le point de croisement des fils du réticule.

La direction de l'axe optique d'une lunette, direction qui constitue la ligne de visée de la lunette, est indépendante de la position de l'oculaire et ne doit pas être confondue avec la ligne joignant les centres optiques de l'oculaire et de l'objectif, pas plus qu'avec l'axe de figure de la lunette.

La distance de l'objectif à l'image réelle *mn* (*fig.* 8) étant variable suivant l'éloignement de l'objet visé, le réticule doit pouvoir se mouvoir de manière à être amené dans le plan de l'image. Il est, à cet effet, maintenu dans un tuyau pouvant glisser à frottement doux dans le corps de la lunette.

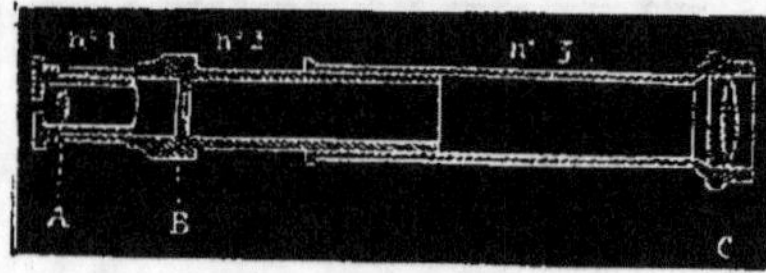

Fig. 10. — Coupe d'une lunette astronomique.

Tube n° 1, porte oculaire. — Tube n° 2, porte réticule. — Tube n° 3, porte objectif. — A, oculaire. — B, réticule. — C, objectif.

De plus, pour que la vision soit nette, il faut que l'image virtuelle des fils du réticule se fasse à la distance de la vision distincte, distance variable pour chaque personne. Il faut donc que l'oculaire puisse se déplacer par rapport au réticule. Aussi l'oculaire est-il fixé dans un troisième cylindre qui peut glisser dans le second (*fig.* 10).

22. En résumé, toute visée à l'aide d'une lunette astronomique comporte les opérations suivantes:

1° Déplacer l'oculaire de manière qu'on aperçoive très nettement les fils du réticule.

2° Diriger la lunette sur l'objet qu'on veut viser.

3° Faire mouvoir le porte-réticule, qui entraîne avec lui le porte-oculaire, jusqu'à ce qu'on aperçoive très distinctement l'image cherchée.

Lorsque ces conditions sont remplies, il y a coïncidence entre l'image et le réticule, puisque l'un et l'autre sont vus d'une façon très distincte. On dit alors que la lunette est *mise au point*.

On s'assure, du reste, que la mise au point est obtenue, lorsque, en déplaçant l'œil autant que le permettent les dimensions restreintes de l'oculaire, l'image paraît toujours coïncider avec le fil.

Quand, dans ces différentes positions de l'œil, on remarque un déplacement de l'image par rapport à la croisée des fils, la coïncidence de l'image et de l'objet visé avec la croisée des fils n'existe pas et le point est défectueux. On dit alors qu'il y a *parallaxe des fils*.

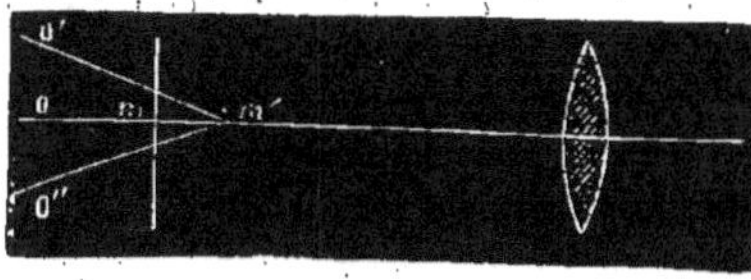

Fig. 11.

Soit, en effet, m (*fig.* 11) la croisée des fils du réticule. Supposons que l'image du point visé, au lieu de se former à cette croisée, se forme en m'. L'œil, s'élevant en O', verra l'image m' s'élever par rapport à la croisée des fils. De même, il la verra s'abaisser, s'il se place en O", au dessous de O.

Cet effet n'a pas lieu quand l'image m' coïncide en m avec le point de croisement des fils.

Grossissement de la lunette.

23. Le grossissement angulaire d'une lunette astronomique est le rapport entre le diamètre apparent de l'image virtuelle, telle qu'elle est vue dans la lunette, et le diamètre apparent de la dimension homologue de l'objet vu à l'œil nu.

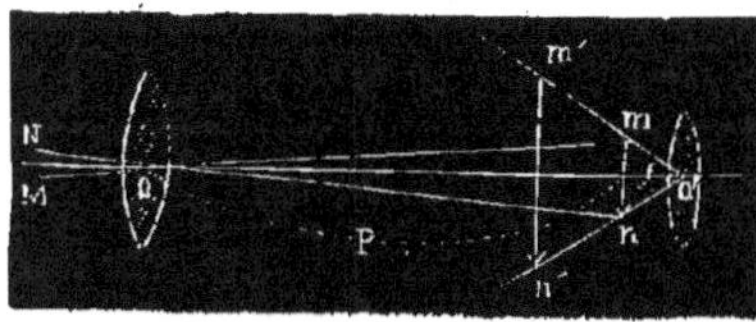

Fig. 12.

Soit O (*fig.* 12), le centre de l'objectif et O' celui de l'oculaire. Soit mn l'image réelle de l'objet, formée au foyer de l'objectif (1), et m'n' l'image virtuelle obtenue par l'oculaire.

(1) Nous avons supposé que l'image réelle d'un objet visé se forme en un point qui se confond avec les foyers principaux de l'objectif et de l'oculaire.

Comme on peut négliger les dimensions de la lunette par rapport à la distance de l'objet, le diamètre apparent de cet objet, vu à l'œil nu, est l'angle MON. Cet angle est égal à mO'n'. Le diamètre apparent de l'image virtuelle m'n' et m'O'n' ou mO'n.

Désignons par F la distance focale de l'objectif, par f la distance focale de l'oculaire, par 2α, l'angle MON et par 2β l'angle mO'n.

Le triangle mOn, décomposé par la ligne OO' en deux triangles rectangles donne :

$$mn = 2F \tan\alpha$$

Le triangle mO'n donne également :

$$mn = 2f \tan\beta$$

D'où l'on déduit :

$$2f\tan\beta = 2F\tan\alpha$$

D'où :

$$\frac{\tan\beta}{\tan\alpha} = \frac{F}{f},$$

ou

$$\frac{\beta}{\alpha} = \frac{F}{f} = G$$

Les angles α et β étant très petits, on a pu les substituer à leurs tangentes.

Le grossissement angulaire de la lunette est donc sensiblement égal au rapport des distances focales de l'objectif et de l'oculaire.

$$G = \frac{\textit{Distance focale de l'objectif}}{\textit{Distance focale de l'oculaire.}}$$

La formule du grossissement montre que ce grossissement est d'autant plus grand que la distance focale de l'objectif est elle-même plus grande, ou que la distance focale de l'oculaire est plus petite.

Comme celle-ci, pratiquement, ne peut descendre au-dessous d'une certaine limite, c'est généralement par l'augmentation de la distance focale de l'objectif et, par suite, par l'augmentation de la longueur de la lunette, qu'on arrive à obtenir des lunettes d'un fort grossissement.

Comme l'objet visé peut être suffisamment éloigné, on peut, sans erreur sensible, raisonner sur cette hypothèse.

Détermination expérimentale du grossissement.

24. Un procédé expérimental très simple consiste à tracer, sur un mur ou sur un tableau, des lignes droites a, b, c, d,e, f, g (*fig.* 13), parallèles et équidistantes, de manière à former une série d'intervalles égaux. On vise ces lignes droites avec la lunette pendant qu'on les regarde en même temps, directement avec l'œil gauche, et on détermine combien un intervalle grossi par la lunette comprend d'intervalles vus à l'œil nu. Le nombre ainsi obtenu indique, d'une façon suffisamment rapprochée, le grossissement de la lunette.

Fig. 13.

Dans le cas de la figure 13, on voit que ce grossissement est de 6.

Il convient, dans cette opération, de se placer à une distance aussi grande que possible du mur ou du tableau sur lequel on a tracé les lignes a, b, c, d, e, f, g.

Autre procédé pratique pour déterminer le grossissement d'une lunette.

25. Lorsqu'on dirige l'objectif d'une lunette vers un espace éclairé, sur une partie de la voûte céleste, par exemple, en plaçant un écran en arrière de l'oculaire, sur l'œilleton même, on voit se former, sur cet écran, une image très vive à laquelle on a donné le nom d'*anneau oculaire*.

Cet anneau peut être considéré comme étant l'image de l'objectif par rapport à l'oculaire, tous les rayons traversant l'objectif se comportant comme s'ils avaient leur source en un point de l'objectif même. Si l'on substituait un cercle lumineux au verre de l'objectif, l'image de ce cercle lumineux ne serait autre que l'anneau oculaire, ce qu'on peut du reste vérifier par l'expérience en enlevant l'objectif.

Un calcul très simple montre qu'on a, entre l'objectif et son image, la relation suivante :

$$G = \frac{D}{d},$$

G désignant le grossissement de la lunette, D le diamètre de l'objectif, d le diamètre de l'anneau oculaire. Cette formule indique qu'on peut obtenir le grossissement d'une lunette en déterminant le rapport existant entre le diamètre de l'objectif et celui de l'anneau oculaire. On en déduit la règle pratique suivante, pour déterminer, très rapidement, et avec une approximation suffisante, le grossissement d'une lunette.

RÈGLE PRATIQUE.

Pour déterminer le grossissement d'une lunette par ce procédé, il faut mesurer le diamètre de l'objectif, puis déterminer le diamètre de l'anneau oculaire. Pour cela, on dirige la lunette vers un espace éclairé, puis on place, sur l'œilleton, un écran formé d'une substance très mince et très transparente, sur lequel on a préalablement tracé des traits très fins, espacés de 1|5 ou 2|5 de millimètre. On mesure le diamètre de l'anneau oculaire en observant les divisions à la loupe. Le quotient des deux mesures trouvées donnera le grossissement de la lunette.

Si, par exemple, le diamètre de l'objectif est de 35 millimètres et si le diamètre de l'anneau oculaire a été trouvé égal à $1^m 25$, ou en conclura que le grossissement de la lunette est :

$$G = \frac{35}{1,25} = 28$$

26. La lunette astronomique employee comme instrument de visée, présente les avantages suivants :

1° Au lieu d'une ligne de visée, grossièrement déterminée comme cela a lieu par la fente et par le fil d'une pinnule, on a, avec la lunette, une ligne de visée aussi parfaite que possible;

2° L'observateur n'a plus à ajuster son œil à deux distances différentes, celle de l'objet et celle des fils, puisque, dans la lunette, l'image de l'objet coïncide avec celle du réticule.

3° L'agrandissement de l'image de l'objet visé, obtenu par la lunette, permet un pointé beaucoup plus précis.

4° La perte de lumière est moins

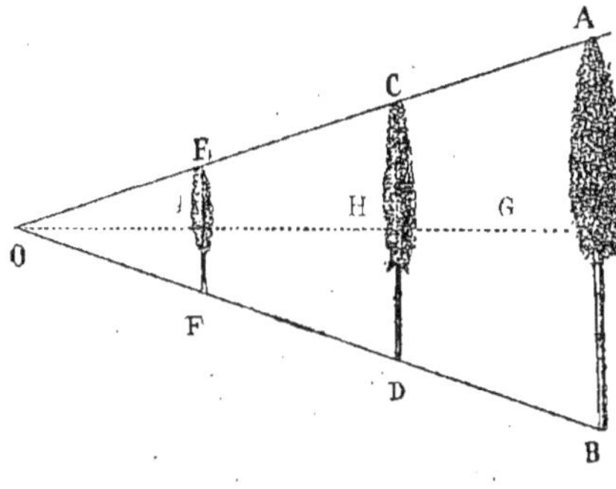

Fig. 14.

grande dans les visées faites avec la lunette qu'en employant des pinnules.

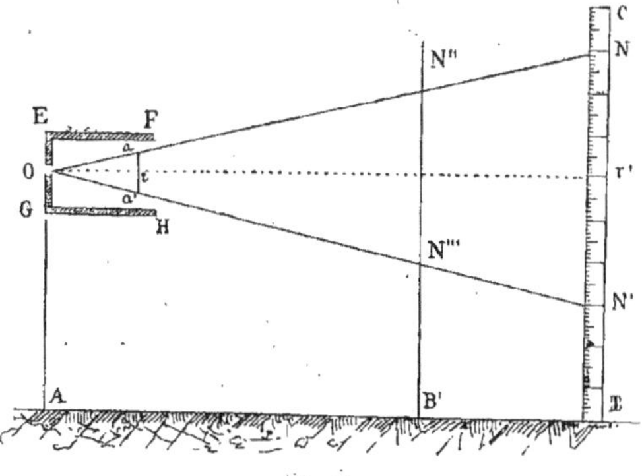

Fig. 15.

La lunette astronomique renverse, il est vrai, les images des objets visés, mais c'est un léger inconvénient auquel on s'habitue bien vite dans la pratique.

Théorie de la Stadia.

27. L'usage de la chaîne d'arpenteur et du décamètre-ruban présente de sérieux inconvénients lorsqu'il s'agit d'opérer sur des terrains très accidentés. Si l'on veut apprécier des distances inaccessibles, ces inconvénients sont bien plus grands encore.

Aussi remplace-t-on avantageusement la chaîne d'arpenteur par la stadia et par le télémètre. La stadia, surtout, donne, dans bien des cas, des résultats plus précis que ceux obtenus par la chaîne d'arpenteur.

28. La construction de la stadia est basée sur le principe de la proportionnalité des côtés homologues des triangles semblables, ce qui signifie que :

Lorsque plusieurs objets de grandeurs différentes sont embrassés par le même angle visuel, les distances qui séparent ces objets de l'opérateur sont proportionnelles aux dimensions respectives desdits objets.

Ainsi, les côtés de l'angle AOB (*fig. 14*) embrassant les objets AB, CD et EF, parallèles entre eux, les longueurs AB, CD et EF sont proportionnelles à leurs distances OG, OH et OI du sommet O, ce qui nous donne les proportions :

AB : CD :: OG : OH
AB : EF :: OG : OI
CD : EF :: OG : OI

Il résulte de ces proportions que si EF, par exemple, est le tiers de AB, la droite OI sera le tiers de la droite OG.

I. Stadia a fils invariables.

29. Supposons un appareil FEGH (*fig.* 15) réduit à sa plus simple expression (tube ou lunette), dans lequel une très petite ouverture circulaire O est ménagée. A chacun des deux points a et a', situés aussi près que possible de la paroi intérieure, sont placés deux fils dans des conditions telles que, l'instrument étant en station, ces deux fils soient chacun dans un plan horizontal. Conséquemment, l'œil étant en O, l'angle aOa' sera constant.

A l'extrémité B de la droite AB, une règle CB a été placée verticalement et il s'agit de déterminer la longueur de la droite AB.

Nous supposerons que la règle CB a été divisée, ainsi qu'on le verra dans un instant, de manière que ses divisions soient en concordance parfaite avec l'ouverture angulaire constante aOa'. Il est clair que, dans ces conditions, le nombre des divisions sera d'autant plus grand que la règle CB sera plus éloignée du sommet O de l'angle constant.

Supposons que les côtés Oa et Oa' prolongés de l'angle constant aOa' aboutissent aux points N et N' de la règle et que la bissectrice de cet angle arrive au point r' en rencontrant aa' au point r.

Dans le triangle NON', la droite aa' étant parallèle à la base NN', nous avons la proportion :

$$Or' : Or : : NN' : aa'$$

Dans cette proportion, en tirant la valeur de Or', ou de la droite AB qui est égale à Or', nous aurons :

$$AB = \frac{NN'}{aa'} \times Or,$$

formule qui revient à :

$$AB = \frac{Or}{aa'} \times NN'$$

Le rapport $\dfrac{Or}{aa'}$ étant constant, quelle que soit la position de la règle sur la droite AB ou sur son prolongement, il en résulte que la longueur de AB dépend du nombre des divisions interceptées sur la règle par les deux rayons visuels passant par les fils a et a' et partant du point O.

Si nous plaçons la règle verticalement en B', nous aurons, pour la longueur de AB', la formule :

$$AB' = \frac{Or}{aa'} \times N''N'$$

30. Il résulte de ce qui précède que si l'on forme un angle constant dans une lunette, soit au moyen d'un diaphragme placé au foyer de l'objectif, soit au moyen de deux fils horizontaux placés au même foyer et dans un plan perpendiculaire à l'axe de la lunette, on aura, avec une règle ou *mire* convenablement graduée, une *Stadia* permettant de mesurer une longueur avec une précision au moins égale à celle résultant de l'emploi de la chaîne d'arpenteur.

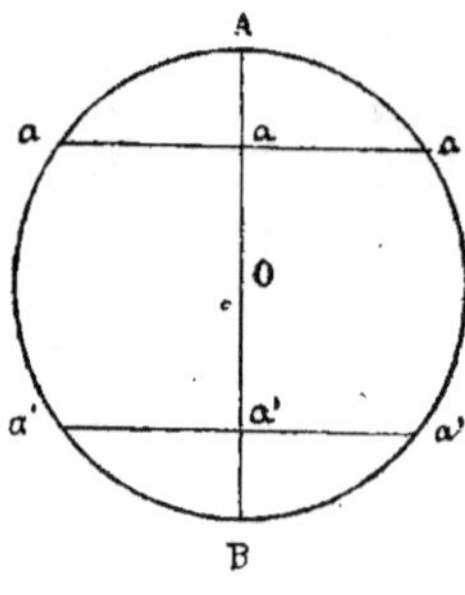

Fig. 16.

La figure 16 représente la coupe d'une lunette de la stadia. Les deux fils invariables aa, $a'a'$ sont deux cordes égales, parallèles, et situées dans un plan perpendiculaire à l'axe de la lunette, dont la projection est au centre O.

Le *réticule* porte les deux fils invariables aa, $a'a'$, ainsi qu'un troisième fil AB, perpendiculaire aux deux premiers et situé dans le même plan. Ce troisième fil est nécessaire, parce qu'il permet à l'observateur de fixer sur la mire, avec précision, les points de rencontre des deux rayons visuels.

31. *Graduation de la Stadia à fils invariables.* — Pour graduer la stadia à fils invariables, on mesure avec la plus grande précision possible, une longueur AB (*fig.* 17) de 100 mètres, par exemple.

Cela fait, on place bien verticalement, au point B, la règle destinée à former la mire, puis on dirige deux rayons visuels par les deux côtés de l'angle constant. On marque les points de rencontre Q et R des

Fig. 17.

rayons visuels avec la règle, puis on divise l'espace QR en 100 parties égales et chaque division représente un mètre de longueur, mesuré sur la droite AB. On subdivise en 10 parties égales chacune de ces 100 divisions et on a le décimètre qui offre une précision suffisante ; car, avec une telle graduation, on peut apprécier une longueur à 10 centimètres près.

On voit maintenant quelle est l'application pratique d'une stadia à fils invariables, car on comprend facilement que si les deux rayons visuels interceptaient, par exemple, 52 divisions plus 2 subdivisions, c'est que la ligne à mesurer aurait 52^m.20 de longueur.

II. — STADIA A FILS VARIABLES.

32. La figure 15 nous donne la proportion :

$$Or' : Or : : NN' : aa'$$

D'où :

$$Or' = \frac{Or \times NN'}{aa'}$$

Cette formule démontre que la distance Or' peut être déterminée en supposant constantes les longueurs Or et NN' et en supposant variable l'écartement aa' des fils. Dans ce cas, l'espace intercepté sur la mire par les rayons visuels est constant.

Pour mesurer une distance, on dirige le rayon visuel inférieur sur le trait inférieur R (*fig.* 18), puis on déplace le fil supérieur au moyen d'un dispositif spécial jusqu'à ce que le rayon visuel supérieur corresponde au trait supérieur Q.

Le dispositif au moyen duquel on déplace le fil supérieur permet de mesurer l'écartement aa' (*fig.* 15) des fils. On a alors

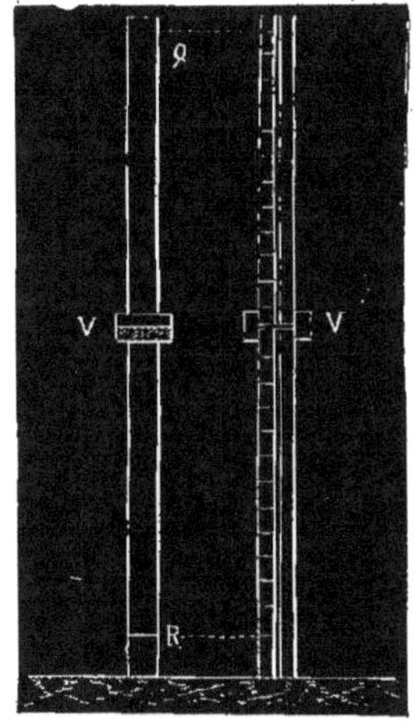

Fig. 18.

tous les éléments nécessaires pour calculer la distance Or', c'est-à-dire AB.

Dans certains instruments bien conditionnés, on remplace avantageusement les deux fils mobiles par une plaque de verre sur laquelle on a gravé, horizontalement, des divisions en millimètres et même en fractions de millimètre.

La difficulté consiste à lire directement, sans erreur, les divisions sur la plaque graduée. Pour y parvenir, on adapte à l'instrument un petit appareil, nommé *micromètre*, employé, en général, à mesurer de très petites longueurs.

Le micromètre qui sert à mesurer la hauteur de l'image, ou l'écartement des fils, se compose d'une vis, qui met en mouvement l'un des fils, et d'une aiguille qui fonctionne sur un cadran fixé extérieurement à la lunette. Le cadran est divisé en 100 parties égales. A chaque tour, l'aiguille fait mouvoir une roue dentée dont les dents sont numérotées. La dent marquée zéro est placée sous la pointe lorsque les deux fils sont en coïncidence. Après une révolution complète, les fils sont éloignés d'une quantité égale au pas de la vis qui constitue le pivot de l'aiguille.

A chaque révolution complète, les fils s'éloignent d'une quantité égale au même pas.

Ce petit appareil permet de mesurer l'écart des fils avec une grande exactitude.

III. Stadia a réticule mobile.

33. Il importe de remarquer, d'après ce qui précède, que, dans la stadia, ou l'angle aOa' (*fig.* 15) est constant et les divisions interceptées sur la règle par les rayons visuels Oa et Oa' diffèrent selon la longueur de la ligne à mesurer; ou l'écartement des fils a et a' (même figure) est variable, tandis que la règle porte seulement deux points de mire constants.

Nous supposerons maintenant que l'écartement des fils a et a' est constant, et que la mire porte également deux points fixes dont la distance est constante.

Ainsi les distances NN' et aa' (*fig.* 15) restent fixes, tandis que la longueur Or peut varier selon la longueur de la ligne à mesurer. Tel est le cas de la stadia à réticule mobile.

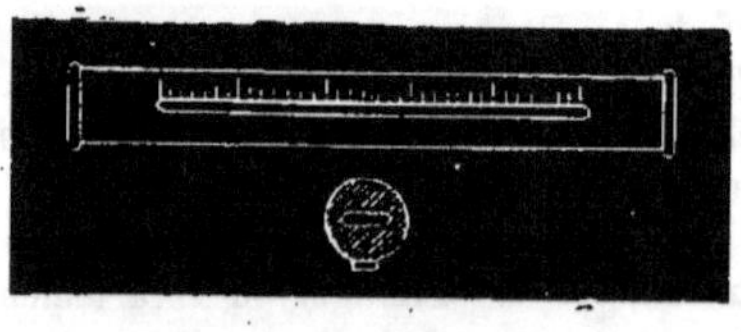

Fig. 19.

La proportion (*fig.* 15)

$$Or' : Or :: NN' : aa'$$

montre encore que la distance Or' peut être déterminée si l'on connaît l'élément

Or, les longueurs NN' et aa' étant supposées constantes.

On a, en effet, d'après la proportion précédente :

$$Or' = \frac{NN'}{aa'} \times Or$$

Dans la stadia à réticule mobile, l'espace intercepté sur la mire est donc constant, ainsi que l'écartement des fils du réticule. Il n'y a de variable que la distance du réticule à l'oculaire.

L'appareil viseur consiste, dans ce cas, (*fig.* 19) en un tube dans l'intérieur duquel se meut un réticule percé d'une

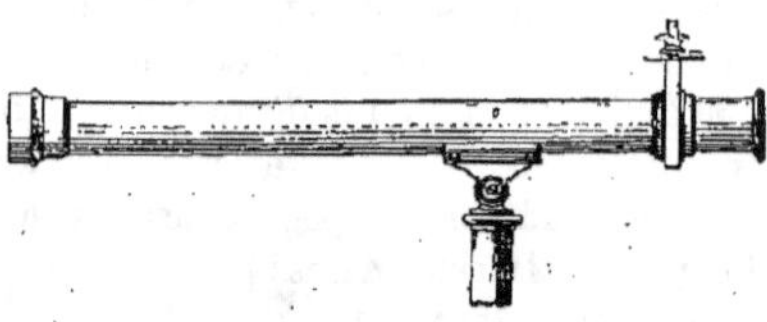

Fig. 20.

fente. L'extrémité du tube porte une plaque sur laquelle on a pratiqué une petite ouverture servant d'oculaire.

Le mouvement du réticule est produit au moyen d'une tige glissant dans une rainure tracée suivant une des génératrices du tube.

La graduation de la stadia à réticule mobile se fait d'après l'expérience. Pour cela, on place, à des distances variant

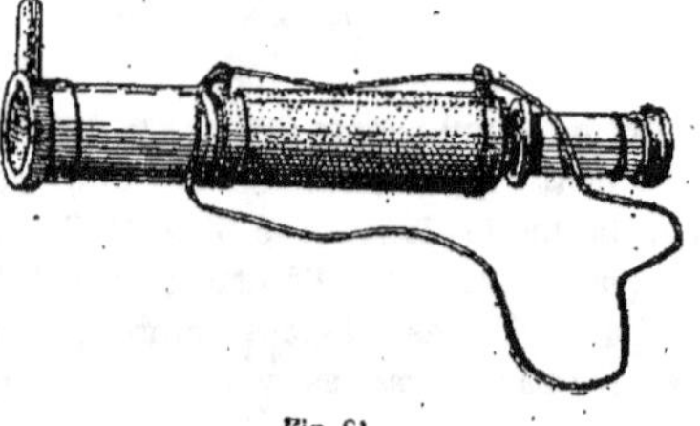

Fig. 21.

de 10 en 10 mètres, une mire de hauteur déterminée. Pour chacune des distances, on règle le déplacement du réticule de manière à voir la mire tout entière à travers la fente et on inscrit sur le tube, au point où la tige du réticule s'arrête, le nombre indiquant la distance.

34. La figure 20 représente une *lunette-stadia* (1) augmentée d'un micromètre à fils mobiles, permettant de mesurer des distances de 150 mètres avec une approximation égale à celle qu'on obtient par un bon chaînage.

La figure 21 représente une *lunette-stadia* de campagne.

35. La *lunette-stadia de Secrétan* (1) est un appareil extrêmement perfectionné et donnant les distances avec une très grande exactitude. Il porte un micromètre à fils fixes. De plus, il est muni d'un cercle vertical donnant la hauteur pour la réduction à l'horizon. Il porte un niveau et repose sur une base triangulaire, c'est-à-dire sur un trépied à plateau.

§ IV. — TÉLÉMÈTRE.

Préliminaires.

36. *Miroirs.* La lumière se propage toujours suivant une ligne droite lorsqu'elle traverse un milieu homogène.

On donne le nom de *rayon lumineux* à la direction rectiligne que suit la lumière lorsqu'elle se propage.

Un ensemble de rayons lumineux constitue ce qu'on appelle, en optique, un *faisceau lumineux* ou bien un *pinceau lumineux*.

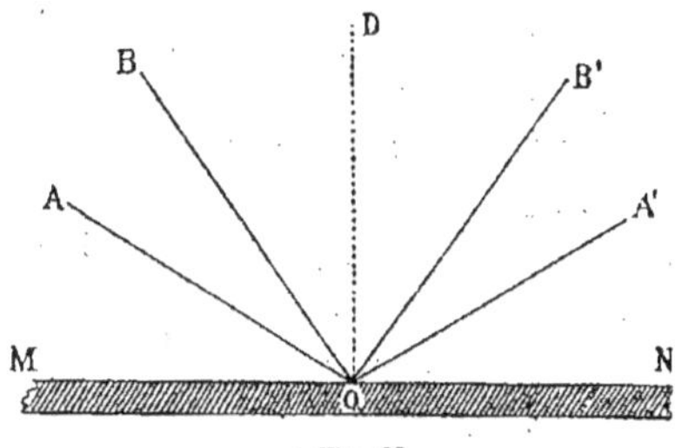

Fig. 22.

37. Lorsqu'un rayon lumineux AO (*fig.* 21) rencontre un miroir MN, ce rayon change brusquement de direction et se réfléchit suivant la droite OA', de manière à former deux angles égaux AOM et A'ON.

De même, le rayon BO, rencontrant le miroir en O, se réfléchit suivant la droite OB' et les angles BOM et B'ON sont aussi égaux.

Si un rayon lumineux, comme DO, tombe perpendiculairement sur le miroir, il se réfléchit sur lui-même.

Les rayons lumineux AO et BO sont *incidents* et les rayons OA' et OB' sont *réfléchis*. Le point O est le point d'*incidence*.

Les angles AOM et BOM sont les angles d'*incidence*, tandis que les angles A'ON et B'ON sont les angles de *réflexion*.

38. Les angles d'incidence et de réflexion d'un rayon lumineux sont égaux et situés dans un même plan.

Ainsi, les deux angles AOM et A'ON sont égaux et situés dans un même plan.

Les deux angles BON et B'ON sont aussi égaux et situés dans un même plan.

39. Les instruments à réflexion sont, pour la plupart, basés sur le principe de la double réflexion dont nous allons donner la démonstration.

Théorème.

40. *Lorsqu'un rayon lumineux est*

(1) Le prix de cet instrument avec son pied et une mire est de 120 fr. (maison Secrétan).

(1) Cette lunette-stadia se vend 500 fr. avec une mire parlante (même maison).

réfléchi successivement par deux miroirs placés dans un plan perpendiculaire à leurs intersection, l'angle formé par le rayon incident et le rayon réfléchi est double de l'angle des deux miroirs.

Soit AB (*fig. 23*) le rayon incident. Après

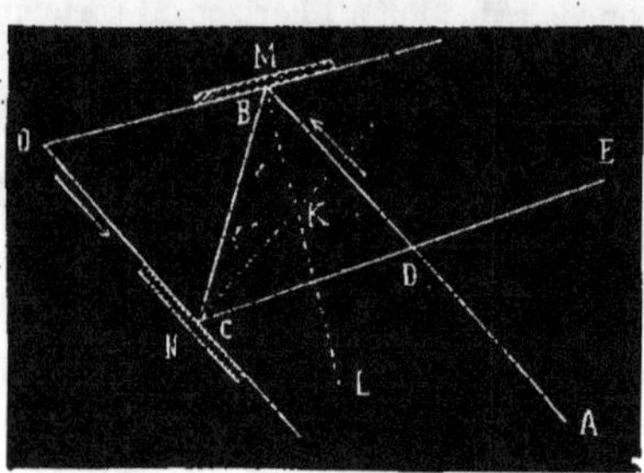

Fig. 23.

avoir été réfléchi sur le miroir M, puis sur le miroir N, il prend la direction CE et il faut démontrer que l'angle CDA est double de l'angle O formé par les deux miroirs.

Menons les normales BK et CK. D'après le principe en vertu duquel l'angle d'incidence est égal à l'angle de réflexion, les angles B et C sont bissectés par les normales BK et CK.

Dans le triangle BCD, l'angle extérieur CDA est égal à la somme des angles B et C et on a :

$$CDA = 2\,i + 2\,i$$

Dans le triangle BCK, on a, pour la même raison ;

$$CKL = i + i$$

et, par suite,

$$CDA = 2\,CKL$$

Mais l'angle CKL est égal à l'angle O comme ayant les côtés perpendiculaires. Donc on a :

$$CDA = 2\,O$$

Donc etc. . .

Télémètre Gaumet.

41. Ce télémètre, qui a reçu le nom de *télémètre de poche à double réflexion*, comprend deux parties essentielles :

1° Un système de deux miroirs disposés sur une petite plaque métallique, de

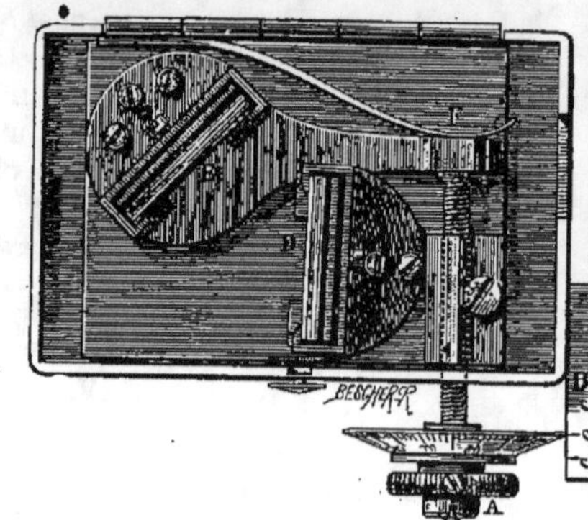

Fig. 24. — Projection horizontale. — Grandeur naturelle.

manière à faire entre eux un angle de 45 degrés. L'un deux, D, est fixe ; l'autre, E (*fig.* 24) est monté sur une alidade mobile. On peut ainsi faire varier l'angle des miroirs de 41 à 49 degrés.

2° Une vis micrométrique AG très régulière, d'un pas de 1/2 millimètre. La tête de cette vis est un cercle divisé en cent parties sur sa circonférence. Cette vis se meut dans un écrou fixé sur la plaque métallique. Une réglette BB', sur laquelle

Fig. 24 bis. — Vue perspective du télémètre.

sont tracées des divisions égales au pas de la vis, se trouve, par sa tranche, presque en contact avec le bord du cercle et sert de repère. Un ressort FF', agissant sur l'extrémité de l'alidade, établit un contact permanent entre celle-ci et la pointe de la vis.

Ces pièces sont disposées dans une boîte rectangulaire présentant, à la partie postérieure, une petite ouverture O à fente horizontale servant de viseur, et sur la droite une fenêtre rectangulaire MN, par laquelle pénètrent les rayons lumineux émanés des objets vus par double réflexion.

Un cordonnet de soie de 10 mètres de long, enroulé sur une bobine, est joint à l'instrument et sert à la mesure de la base.

THÉORIE DU TÉLÉMÈTRE DE POCHE A DOUBLE RÉFLEXION.

42. Le télémètre de poche est une application immédiate du principe de la double réflexion.

Lorsqu'un rayon lumineux est réfléchi successivement par deux miroirs plans, dans un plan perpendiculaire à l'intersection de ces deux miroirs, l'angle formé par le rayon incident et le rayon réfléchi est double de l'angle des miroirs (n° 40).

La mesure d'une distance avec le télémètre de poche comprend trois opérations :

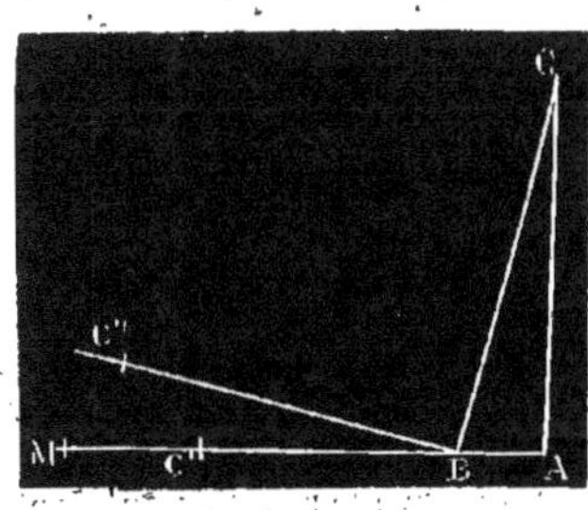

Fig. 23.

1° Détermination d'un angle droit ou à peu près droit CAM (*fig.* 23);

2° Mesure d'une base AB au moyen du cordonnet de soie;

3° Mesure de l'angle au sommet ACB.

Le télémètre de poche donne le moyen de construire l'angle droit CAM et de mesurer l'angle au sommet ACB.

Un observateur voulant mesurer la distance C se place en A, de manière à apercevoir le point C sur sa droite. L'image du point C apparaît directement placée au-dessous d'un signal M, naturel ou artificiel, vu directement et situé sur la direction perpendiculaire ou presque perpendiculaire à AC.

L'angle CAM est droit toutes les fois que les deux miroirs font un angle de 45 degrés.

Lorsqu'il ne se trouve pas dans la direction perpendiculaire de signal naturel et qu'on ne peut pas y faire placer un signal artificiel, homme ou jalon, on choisit comme signal un point voisin, et on amène sur ce point l'image C' du point C, en faisant tourner le miroir d'un petit angle en agissant sur la partie molettée de la vis (1).

L'image du point C apparaissant dans la direction du signal choisi, l'observateur fait mesurer une base AB de 20 mètres ou de 40 mètres dans la direction AM. Il se porte ensuite à l'extrémité de la base et vise le signal de nouveau. Il ne retrouve plus alors l'image du point C en coïncidence avec le signal M. Cette image est reportée à droite en un point C'', C''BM étant égal à l'angle CAM. Pour rétablir la coïncidence, il faut faire tourner le miroir mobile d'un angle égal à la moitié de C'BM ou de ACB qui lui est égal.

Dans le télémètre de poche, l'angle de rotation du miroir est mesuré par sa tangente, et cette mesure est effectuée à l'aide de la vis micrométrique.

L'emploi d'un pareil procédé donne une très grande approximation. On peut, en effet, au moyen de la vis micrométrique, mesurer un déplacement tangentiel de 1/600 de millimètre (2).

(1) L'erreur résultant de l'obliquité de la base est inférieure au 1/100 de la distance, lorsque l'inclinaison de la base ne dépasse pas 8 degrés. Les positions extrêmes du disque de la vis micrométrique sont réglées de manière que l'angle des deux miroirs varie de 41 à 49 degrés.

(2) Il est facile de se rendre compte d'une pareille approximation. Lorsque la vis fait un tour, son ex-

Lorsqu'on a produit à l'extrémité de la base la coïncidence entre le signal et l'image du point C, on lit sur la tête de vis la division qui est en face du repère.

Le nombre total des divisions donne la mesure de la tangente de l'angle de rotation du miroir.

Cet angle est moitié de l'angle ACB. Celui-ci étant toujours très petit, on peut admettre, sans erreur sensible, que la tangente de l'angle ACB est double de la tangente mesurant l'angle de rotation du miroir.

Il résulte de cette considération que, en doublant le nombre de divisions obtenu, le rapport entre la distance du pivot du miroir mobile à l'axe de la vis micrométrique et le nombre double des divisions est égal au rapport qui existe entre la distance inconnue et la base prise.

Soient : D la distance à déterminer,

b la base prise,

l la distance du pivot du miroir à l'axe de la vis micrométrique,

n le nombre de divisions, on aura la proportion :

$$\frac{D}{b} = \frac{l}{2n}$$

Si d désigne $\frac{l}{2}$, moitié de la distance du pivot, on aura :

$$\frac{D}{b} = \frac{d}{n'}$$

d'où $\qquad D = b\dfrac{d}{n},$

Dans un instrument construit, b étant égal à $0^{m},034$, il en résulte pour D :

$$D = b\frac{3400}{n}$$

trémité avance d'un pas, c'est-à-dire d'un demi-millimètre, et les cent divisions de la tête de vis se présentent devant le repère. En ne faisant avancer la tête de vis que d'une division, le déplacement de la pointe est de 1/200 de millimètre. Comme il est facile d'apprécier à l'œil le tiers d'une division, on voit que le dispositif goniométrique employé permet d'accuser un déplacement de 1/600 de millimètres.

Si l'on prend une base constante de 20 mètres, on aura

$$D = \frac{20 \times 3400}{n} = \frac{68000}{n}$$

On voit par là que, en divisant un nombre constant pour chaque instrument par le nombre de divisions trouvé, on obtient la distance cherchée.

Ce calcul, bien que très simple, est évité dans les instruments destinés à l'armée. Une table fixée sous la partie inférieure de l'instrument donne immédiatement la distance correspondant à chaque nombre de divisions. Cette table a été construite en supposant une base de 20 mètres.

La formule précédente montre que pour avoir la distance correspondant à une base double, triple, etc., il suffit de doubler, tripler le nombre obtenu d'après la table.

43. *Emploi du télémètre de poche.* — L'instrument étant convenablement disposé, c'est-à-dire le zéro de la tête de vis correspondant au zéro de la réglette, l'observateur examine avec attention le point dont il veut apprécier la distance, puis fait un à gauche et cherche dans l'instrument l'image du point C, en se conformant aux prescriptions suivantes : tenir le télémètre horizontalement, la fenêtre dirigée légèrement vers le sol (1); renverser ensuite l'instrument vers la gauche jusqu'à ce qu'on ait atteint la hauteur du point visé; tourner alors le corps à droite ou à gauche pour trouver l'objet cherché.

Le point observé se réfléchissant dans le miroir fixe, examiner par-dessus ce miroir quel est l'objet situé au-dessus ou près du point visé et pouvant remplir l'office de signal naturel.

Lorsque l'observateur a choisi l'objet qui doit lui servir de signal, il porte la

(1) Avoir soin de ne pas masquer avec la main droite la fenêtre rectangulaire par laquelle pénètrent les rayons lumineux.

main droite à la vis, en ayant soin de ne pas masquer la fenêtre, et place exactement l'image du point visé au-dessous du signal.

Cela fait, il avance, sans déranger les miroirs, sur l'alignement AM, en mesurant une base de 20 mètres, soit au pas ou au fil. Il vise de nouveau le signal et ne voit plus coïncider les deux images.

Il remarque le numéro de la division qui correspond à la réglette, puis saisit le bouton moletté de la vis micrométique et la fait tourner (d'avant en arrière) jusqu'à ce que l'image du point visé se soit replacée exactement sur celle du signal.

L'opération est alors terminée. Il suffit de lire le numéro de la division qui maintenant correspond au repère. On en déduit le nombre des divisions qui se sont présentées devant ce repère, puis on retourne l'instrument et on voit sur la table la distance répondant au nombre de divisions trouvé.

44. REMARQUE. — I. Lorsqu'il n'existe pas sur la gauche du point dont on veut mesurer la distance d'objet pouvant servir de signal naturel, on peut viser directement le point O et prendre un signal sur la droite. Le signal, dans ce cas, est vu par double réflexion et le but est vu directement. On peut encore, dans ce cas, opérer avec l'instrument renversé, ce qui place la fenêtre à gauche et permet d'opérer à la manière habituelle.

II. Il est indispensable, dans l'emploi du télémètre, de se conformer aux prescriptions suivantes :

Avoir bien soin d'aligner exactement la base sur le signal; on peut pour cela se servir de l'instrument lui-même. La coïncidence ayant été produite à la première station, en penchant l'instrument d'arrière en avant, on projette l'image du but sur le sol et on peut tracer ainsi l'alignement de la base.

Lorsque le signal n'est pas très éloigné, ou lorsqu'il est remplacé par un aide, pour être plus sûr de l'alignement de la base, il sera bon d'avoir recours à un jalon intermédiaire : canne, jalon, etc.,

placé entre l'opérateur et le signal choisi.

Quand on voudra mesurer une distance avec une grande exactitude, il sera bon de ne pas dépasser la base de 1/50. Ainsi, la base de 20 mètres sera employée jusqu'à 1000 mètres, celle de 40 mètres jusqu'à 2000, etc.

La base de 20 mètres suffira jusqu'à 2 000 mètres si l'on se contente de l'approximation de 1/50.

Lorsque le point dont on détermine la distance sera très éloigné et peu visible, il sera avantageux d'opérer en visant directement ce point et en prenant un signal à droite; — le signal sera vu alors par double réflexion.

45. *Durée d'une opération.* — La mesure d'une distance de plusieurs kilomètres n'exige pas plus de trois minutes en général, et la détermination des distances ordinaires peut être effectuée en deux minutes.

46. *Emploi du télémètre de poche pour*

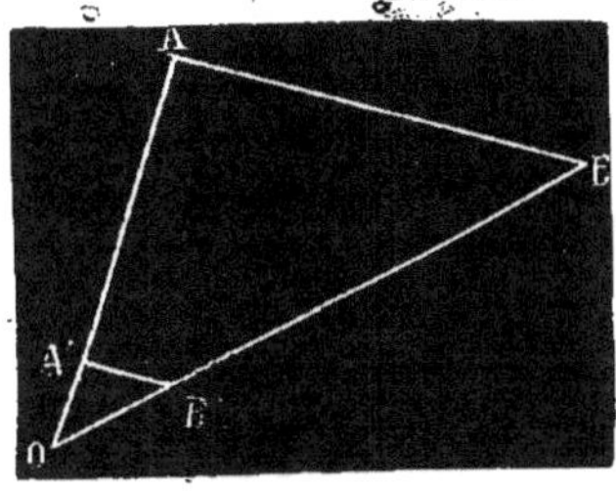

Fig. 26

mesurer la distance de deux points inaccessibles AB (*fig.* 26). — On déterminera avec le télémètre les distances du point de station O aux points A, B, puis on prendra sur les directions OA, OB des longueurs OA', OB' proportionnelles aux distances OA, OB. La mesure de A'B' donnera, par une simple proportion, la valeur de AB :

$$\frac{A'B'}{AB} = \frac{OA'}{OA}$$

d'où

$$AB = A'B' \frac{OA}{OA'}$$

Soient, par exemple : OA = 3550 mètres, OB = 4200. On prendra sur OA, OB des longueurs OA', OB', égales au 1/100 de ces distances. Si A'B', mesurée, est égale à 27^m,50, la distance AB sera de 2750 mètres.

On voit par cette application quel parti précieux on peut tirer du télémètre de poche pour la mesure des distances inaccessibles dans l'exécution des levés rapides.

ERREUR A CRAINDRE DANS LA DÉTERMINATION D'UNE DISTANCE.

47. L'erreur à craindre, dans la mesure d'une distance, est inférieure au $\frac{1}{50}$ si l'on prend une base au moins égale au $\frac{1}{50}$ de la distance.

Il résulte des expériences faites par la commission de tir du camp de Châlons, que la base de 20 mètres est suffisante pour mesurer les distances jusqu'à 2000 mètres, si l'on se contente de l'approximation du $\frac{1}{30}$.

Le tableau suivant, indiquant les résultats des expériences faites le 6 juin 1876 par la commission de l'Académie des sciences chargée d'expérimenter le télémètre de poche à double réflexion, donne une idée de l'approximation que peut fournir cet instrument.

BASES mesurées.	MOYENNE des distances appréciées.	DISTANCES réelles.	ERREURS absolues.	ERREURS relatives.
mètres.	mètres.	mètres.	mètres.	
20	1015	1040	5	$\frac{1}{240}$
40	4490	4565	75	$\frac{1}{60}$
50	3495	3550	55	$\frac{1}{65}$
10	200	197.5	2.50	$\frac{1}{79}$

APPLICATIONS DU TÉLÉMÈTRE DE POCHE A DOUBLE RÉFLEXION.

48. Le télémètre de poche, instrument simple, essentiellement portatif, d'un maniement commode, d'une exactitude suffisante, est susceptible des applications les plus nombreuses.

On peut l'utiliser dans l'exécution d'un levé régulier, pour l'établissement du canevas provisoire servant à déterminer les triangles de forme convenable pour entrer dans le canevas trigonométrique. Dans le levé de détail et dans les opérations d'arpentage, cet instrument, employé comme équerre à réflexion, remplacera avantageusement l'équerre d'arpenteur.

Mais, c'est surtout pour la détermination rapide des distances, dans l'exécution des levés expédiés, que le télémètre peut rendre de véritables services.

La facilité que l'on a, avec cet instrument, de mesurer rapidement la distance de deux points inaccessibles, permettra, en l'employant, de relever en quelques minutes, et presque sans changer de place, tous les points principaux formant le canevas d'un levé expédié.

En dehors des applications précédentes, le télémètre pourra servir à régler le tir d'une troupe d'infanterie; dans les reconnaissances, pour mesurer l'éloignement de certains points importants, dangereux ou inaccessibles; aux avant-postes, pour connaître les distances des grand'gardes ennemies ou de tels villages, ponts, défilés qui doivent être surveillés avec soin; pour déterminer l'étendue de la position ennemie, mesurer la longueur d'une colonne et, par suite, en connaître la force.

Cet instrument sera aussi très avantageusement employé dans les exercices d'appréciation des distances, où il supprimera les lenteurs inhérentes à l'usage primitif du cordeau.

§ V. — COMPAS TÉLÉMÉTRIQUE.

49. Comme il importe que tout instrument destiné à un service extérieur soit aussi portatif que possible, il a été construit, plus spécialement dans ce but, un télémètre dans lequel les organes essentiels sont disposés de manière à constituer un appareil qui, tout en restant suffisamment exact, présente le minimum de poids et de volume.

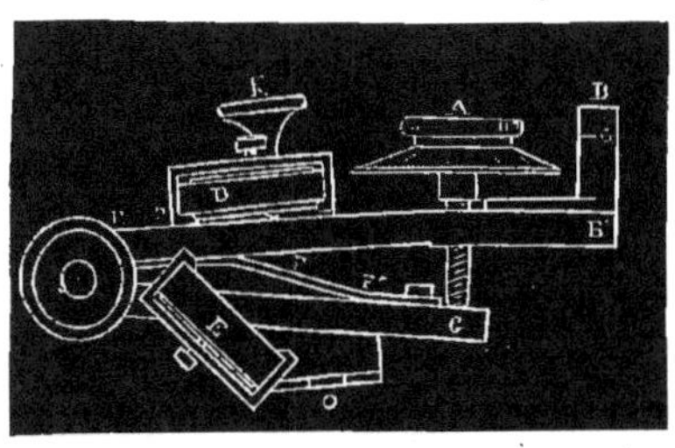

Fig. 27.

Dans l'appareil ainsi modifié et auquel, par suite de sa nouvelle forme, on a donné le nom de *compas télémétrique*, les deux miroirs D et E (*fig.* 27) sont disposés sur les deux branches d'un compas, maintenues rapprochées à l'aide d'un ressort intérieur FF', et qui peuvent être écartées au moyen d'une vis micrométrique mesurant en même temps l'écartement.

De plus, le miroir D peut recevoir un petit déplacement au moyen d'un bouton moletté K et d'un ressort RR'.

50. Lorsqu'on mesure une distance avec l'appareil ainsi modifié, l'opérateur établi à la première station agit sur le miroir D à l'aide du bouton k pour amener l'image du but en coïncidence avec le signal. A la deuxième station, il rétablit cette coïncidence au moyen de la vis micrométrique et mesure en même temps l'écartement correspondant. Avec un pareil dispositif, les divisions du disque partant toujours de zéro, leur nombre est immédiatement lu sur l'instrument, sans le moindre calcul, ce qui contribue encore à diminuer la durée de l'opération télémétrique.

CHAPITRE II

INSTRUMENTS POUR L'ARPENTAGE ET LE LEVER DES PLANS.

§ I. — ÉQUERRES.

I. — Équerre d'arpenteur.

51. L'équerre d'arpenteur sert à déterminer des perpendiculaires sur le terrain.

Cet instrument a généralement la forme octogonale donnée par la figure 29. Il a de 8 à 10 centimètres de hauteur et est limité par huit faces ayant chacune de 5 à 6 centimètres de largeur. Chacune des faces porte longitudinalement, en son milieu, une petite fente suivie d'une ouverture plus large, appelée *fenêtre*, laquelle fenêtre est traversée par un crin très fin, formant la ligne de visée.

L'équerre d'arpenteur est construite de

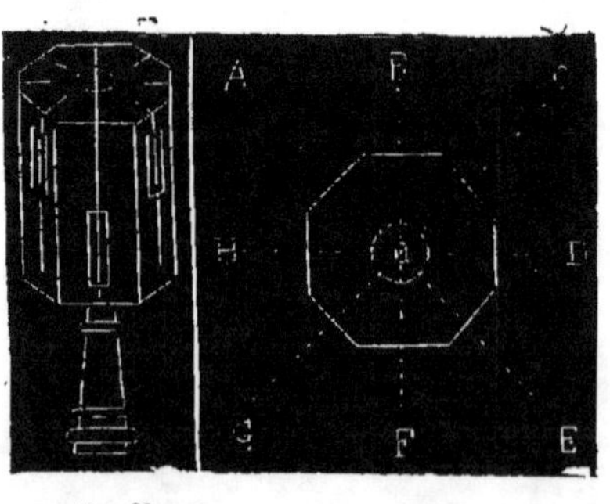

Fig. 28.   Fig. 29

telle façon que lorsqu'une face contient une fente et une fenêtre, la fente correspond à la fenêtre de la face opposée.

La figure 29 donne le plan de l'équerre d'arpenteur. Les droites AE, BF, CG et DH correspondent aux fentes et aux crins partageant les fenêtres en deux parties égales. La droite BF est perpendiculaire à la droite DH. De même, la droite CG est perpendiculaire à la droite AE. Ces quatre lignes en se coupant forment quatre angles droits dont les sommets sont réunis au point O.

La droite AE partage les angles BOH et DOF en deux parties égales de 45° chacune. De même, la droite CG partage les angles BOD et HOF en deux parties égales. Conséquemment, en visant par les fentes et les fenêtres de deux droites voisines, par BF et AE, par exemple, on déterminera des angles de 45 degrés.

52. *Vérification de l'équerre d'arpenteur.* Pour vérifier l'exactitude de cet instrument, on le place sur un point quelconque d'une droite préalablement jalonnée, puis on fait coïncider la ligne HD, par exemple, avec la ligne tracée sur le terrain. Au moyen d'un rayon visuel dirigé par les fentes et par les fenêtres correspondant à la droite BF, on fait placer un jalon à une distance de 30 mètres environ, sur le prolongement de BF. Cela fait, on retourne l'équerre de manière à mettre le point H à la place du point D et le point B à la place du point F, puis on vise de nouveau par les fentes et par les fenêtres de la ligne BF et si le jalon planté se trouve dans le prolongement de cette ligne, c'est que les droites

BF et HD sont parfaitement perpendiculaires l'une à l'autre.

Si, par une opération semblable, on reconnaît que les droites AE et CG se trouvent dans les mêmes conditions, on en conclura que l'équerre d'arpenteur est juste.

II. — Pantomètre.

53. Le *Pantomètre* sert à tracer des perpendiculaires et à mesurer des angles. Il se compose d'un cylindre creux en cuivre ABCD (*fig*. 30) portant, comme l'équerre d'arpenteur, un certain nombre de fentes et de fenêtres disposées de telle façon que l'appareil permette d'apprécier des angles de 45 degrés.

Une fente correspond toujours à une fenêtre et réciproquement.

Le pantomètre n'a pas une forme octogonale comme l'équerre d'arpenteur, mais une forme cylindrique, ainsi que l'indique la figure.

Le cylindre est partagé en deux parties, à peu près au tiers de sa hauteur, par un plan perpendiculaire à son axe et la section est un cercle EF. Chaque partie est un cylindre indépendant. Le cylindre inférieur EFCD est fixe et le cylindre supérieur est mobile sur un axe placé au centre du cercle.

Les deux cercles qui forment le contact des deux cylindres, en les limitant, sont

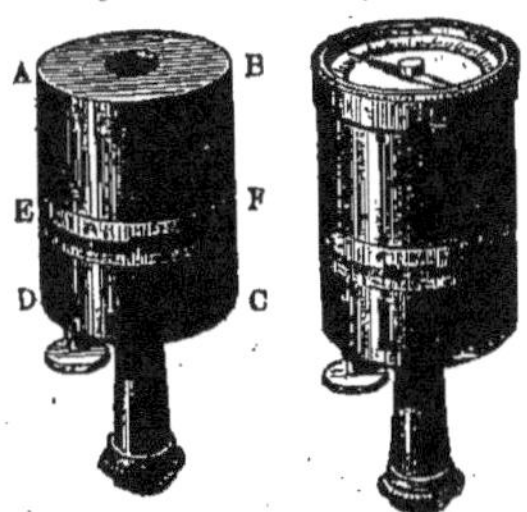

Fig. 30.   Fig. 31.

partagés en 360 degrés et le zéro du cylindre inférieur correspond à une fente du même cylindre.

Le zéro du cylindre supérieur est aussi placé en face d'une fenêtre.

Les deux pantomètres représentés par les figures 30 et 31 reposent sur des douilles dans lesquelles on introduit un pied ferré, lorsqu'on veut les mettre en station pour opérer.

On construit maintenant des pantomètres très soignés (1) dans lesquels le cylindre supérieur (*fig*. 32) est surmonté

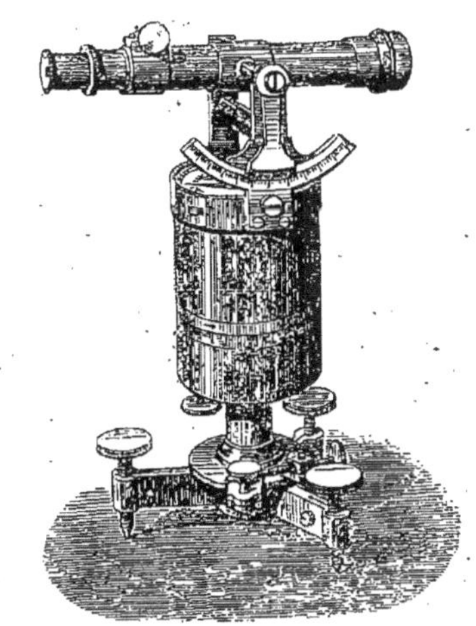

Fig. 32.

d'une lunette astronomique dont l'axe correspond au zéro du cercle de ce cylindre. A la lunette est adapté un arc de cercle vertical indiquant, en degrés, l'inclinaison des lignes visées par la lunette.

54. Les pantomètres dont la construction est très soignée, comme celui représenté par la figure 32, se posent sur une base triangulaire dont la forme est donnée en plan par la figure 33.

L'instrument est fixé au centre D et, à chaque extrémité des tiges DA, DB et DC, se trouvent en A, B et C des vis calantes permettant de placer le corps de l'appa-

(1) Ceux établis par la maison Secrétan, 13, place du Pont-Neuf, à Paris, sont d'une construction parfaite, mais le modèle (*fig*. 32) coûte 160 francs.

reil dans une position telle que l'axe soit parfaitement vertical.

La manœuvre de ces vis calantes est guidée par un petit niveau à bulle d'air

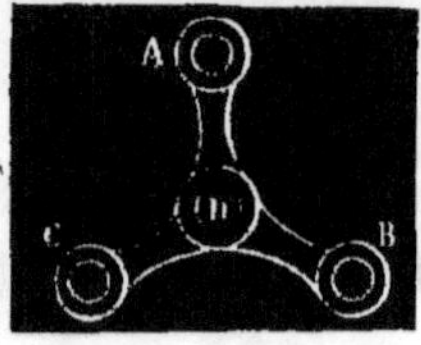

Fig. 33.

reposant sur la face supérieure de l'instrument et à laquelle on peut, à l'aide de cet accessoire, donner une direction parfaitement horizontale.

L'appareil qui vient d'être théoriquement décrit est représenté en perspective par la figure 32 qui fait voir la position et la forme des vis calantes.

55. *Vérification du pantomètre.* Comme équerre, la vérification du pantomètre se fait selon les indications données (52). Sa vérification comme graphomètre, puisqu'il sert aussi à mesurer les angles, s'effectuera comme celle de ce dernier instrument, ainsi que nous le verrons plus loin.

III. — Équerre à miroirs.

56. La construction de l'équerre à miroirs repose sur le principe de la double réflexion des rayons lumineux par un miroir ainsi que sur l'égalité de l'angle d'incidence et de l'angle de réflexion (38).

Cet instrument se compose généralement d'un tube cylindrique creux dont la figure 34 présente une section perpendiculaire à l'axe.

Les deux diamètres VV′ et HD, perpendiculaires l'un à l'autre, ont été tracés. A partir du centre O, on a pris, sur les diamètres, les quantités égales quelconques OB et OA et on a joint le point B au point A, de sorte que le triangle ABO est isocèle. Dans ce triangle, puisque l'angle

O est droit, les deux angles A et B valent chacun 45 degrés.

Sur le côté AB, on construit un triangle CAB tel que l'angle C vaille 45°, ce qui

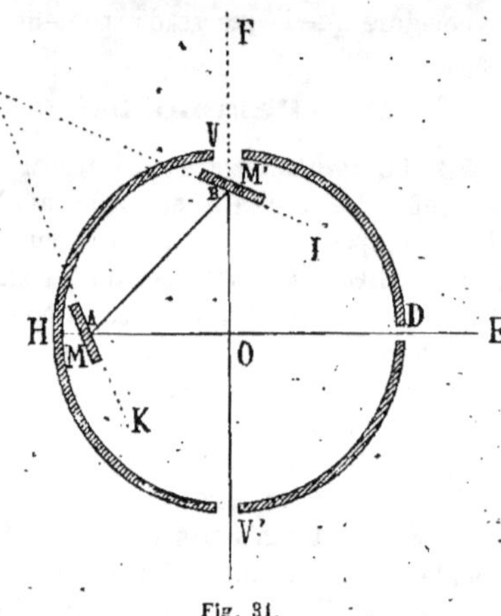

Fig. 34.

indique que les deux côtés CB et CA sont égaux.

Au point B, on place un miroir M′ dans le prolongement de CB. De même, au point A on place un miroir M dans le prolongement de CA. Ces deux miroirs sont perpendiculaires au plan du cercle, de sorte que l'angle rectiligne qui mesure l'angle dièdre qu'ils forment vaut 45 degrés.

Les trois angles réunis au point B valent ensemble 180°. Or, l'angle ABO vaut 45°. Il reste donc 180 — 45 = 135°, pour les deux autres. Le triangle ABC étant isocèle et l'angle C valant 45° par construction, il reste 180 — 45 = 135°, puisque les trois angles d'un triangle valent deux angles droits. Or, les angles CAB et CBA sont égaux comme opposés à des côtés égaux. Donc, chacun de ces deux angles vaut la moitié de 135°, c'est-à-dire 67° 30′.

Puisque l'angle CBA vaut 67° 30′ et que l'angle ABO vaut 45°, il faut que le troisième IBO vaille aussi 67° 30′, puisque 67° 30′ + 45° + 67° 30′ = 180°, valeur des trois angles ayant leurs sommets au point B du même côté de la droite CI.

Donc les deux angles CBO et IBO sont égaux.

On démontrerait de la même manière que les angles CAB et OAK sont aussi égaux.

Une fente V' détermine avec la fenêtre opposée V une ligne de visée V'V. Une fenêtre D laisse passer les rayons lumineux qui tombent perpendiculairement à la ligne de visée V'V.

Le miroir M' n'occupant qu'une partie de la hauteur du tube, ne cache pas complétement la fenêtre V', de sorte qu'il est possible, par la fente V', de diriger un rayon visuel au dessus du miroir M'.

La hauteur du miroir M n'est pas limitée parce qu'il n'est accompagné ni d'une fente ni d'une fenêtre. Pour cette raison, le miroir M' est nommé *petit miroir*.

Si deux jalons sont plantés l'un au point F et l'autre au point E, les rayons venant du jalon E pénètreront dans le tube par la fenêtre D, aboutiront sur le miroir M au point A. Comme l'angle d'incidence OAK est égal à l'angle de réflexion CAB, les rayons entrés par la fenêtre D seront réfléchis une première fois suivant AB et aboutiront au point B du miroir M' pour être réfléchis une seconde fois suivant BO, dans la direction de la fente V', puisque l'angle d'incidence CBA est égal à l'angle de réflexion IBO.

Dans ces conditions, si l'on vise par la fente V' au dessus du petit miroir M', on verra le jalon F par la fenêtre V. En descendant le rayon visuel jusqu'au miroir M', on verra le jalon E de sorte que les jalons F et E paraîtront placés sur la même droite FV', ce qui prouvera que les deux droites FV' et HE seront bien perpendiculaires l'une à l'autre.

L'image du jalon E reste en coïncidence avec la ligne de visée V V', quels que soient les déplacements qu'elle éprouverait, lors même que l'instrument ne serait pas placé sur un point bien fixe, comme si on le tenait à la main, par exemple.

Cette propriété est commune, du reste, à tous les instruments dont la construction est basée sur le principe de la double réflexion.

L'équerre à miroirs porte un manche muni d'un fil à plomb qui permet de donner au tube une position verticale.

La figure 34 indique que le rayon émanant du jalon E vient de droite. Si le rayon venait de gauche, il faudrait renverser l'instrument de manière que la fenêtre D se trouve à l'extrémité H du diamètre, c'est-à-dire à gauche. Pour cela, l'instrument est disposé de telle façon qu'il est possible d'ajuster un manche à chacune de ses extrémités

57. On construit des équerres à miroirs

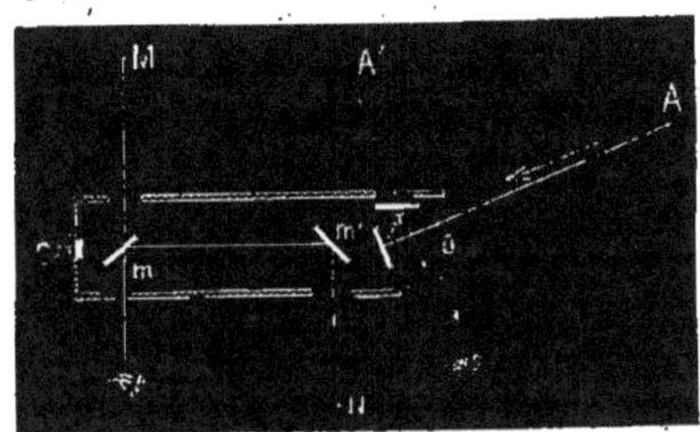

Fig. 35.

(*fig.* 35) à l'intérieur desquelles sont adaptés plusieurs couples de miroirs faisant entre eux des angles variables de 22° 30', 45° ou 90°.

Dans l'enveloppe cylindrique se trouvent des fentes et des fenêtres permettant d'apercevoir les objets qu'on a devant soi à travers la partie non étamée des miroirs.

Si l'on veut, par exemple, se servir de cet instrument pour élever une perpendiculaire à une directrice OA, au point A, il suffira de trouver, dans le système des miroirs inclinés à 45°, l'image d'un jalon placé sur la ligne OA.

Cette image sera vue dans une direction perpendiculaire OA'. Il suffira alors de planter un jalon dans la direction OA' pour tracer, sur le terrain, la perpendiculaire à la ligne OA.

Si l'on veut tracer un alignement au moyen de l'équerre à miroirs, on se servira du couple de miroirs inclinés à 90°. L'œil, placé devant un couple de miroirs perpendiculaires l'un à l'autre, apercevra directement un objet M et s'il voit, coïncidant avec cet objet, l'image par double réflexion d'un objet N, il est évident que l'observateur se trouvera alors sur l'alignement MN, la distance mm' étant négligeable en raison des petites dimensions de l'instrument par rapport aux distances des points considérés M et N.

IV. — Anneau-équerre.

58. L'exactitude des résultats fournis par une équerre à double réflexion ne dépend pas des dimensions de l'instrument, mais bien de la précision plus ou moins grande apportée dans l'établissement de l'angle des deux miroirs.

Le champ d'un pareil instrument dépend de la distance à laquelle les miroirs se trouvent de l'œil, au moment de la visée.

Le capitaine Gaumet a fait construire, d'après ces principes, un instrument (*fig.* 36) auquel, par suite de sa forme, il a donné le nom d'*anneau-équerre*.

Deux petits miroirs à 45 degrés, disposés sur une platine fixée à un anneau, constituent l'instrument qui, ainsi qu'on le voit, est de la plus grande simplicité.

L'anneau-équerre, pesant quelques grammes, d'un volume insignifiant, remplacera très avantageusement l'équerre

Fig. 36.

d'arpenteur, sur laquelle il présente les avantages suivants :

1° Il est beaucoup plus portatif.

2° Les opérations se font plus facilement parce que l'anneau-équerre se tient à la main, tandis que, pour chaque tâtonnement, on est obligé de planter le pied de l'équerre d'arpenteur dans le sol, puis de l'arracher pour le planter de nouveau.

3° Les opérations sont plus rapides, car avec l'anneau-équerre, une seule visée suffit au lieu de deux qu'exige l'équerre d'arpenteur.

Ainsi, l'inventeur a constaté, par l'expérience, qu'il est possible, à l'aide de l'anneau-équerre, de déterminer plus de 180 pieds de perpendiculaire en une heure.

4° La précision est plus grande qu'avec l'équerre d'arpenteur, car les angles des miroirs une fois bien établis, les angles construits en sont exactement le double.

§ II. — GONIOMÈTRES.

59. Les instruments destinés à la mesure des angles sont compris sous le nom générique de *Goniomètres*.

Dans les goniomètres, la pièce principale consiste en un cercle ou une portion de cercle avec graduation dans le système de la division *sexagésimale* ou de la division *centésimale*.

Dans le système sexagésimal, le cercle est divisé en 360 degrés, tandis que dans le système centésimal, il est divisé en 400 grades et subdivisé en dixième de grade.

Les limbes des instruments qui ont servi aux grandes opérations de la carte de France étaient divisés selon le système centésimal, c'est-à-dire en grades ; mais, malgré les nombreux avantages qu'elle offre, la division centésimale est beaucoup moins employée que l'ancienne division en degrés.

I. — Graphomètre.

60. Le graphomètre, instrument destiné à mesurer les angles, se compose essentiellement d'un demi-cercle en métal, généralement en cuivre, à grand diamètre, portant, comme accessoires indispensables, une alidade fixe, une alidade mobile et une douille réunie au corps de l'appareil par un *genou*. La douille sert à fixer le graphomètre sur un pied ferré, ou sur un trépied, pour mettre l'instrument en station.

La figure 37 est une vue perspective

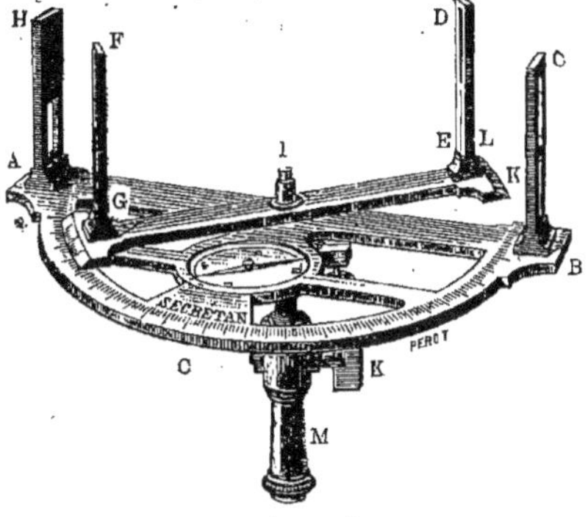

Fig. 37.

d'un graphomètre monté sur une douille à genou et portant une boussole au centre du cercle. ACB représente le demi-cercle du rapporteur qui, dans ce cas, est évidé. Le limbe ACB est divisé en degrés et en demi-degrés, de 0 à 180.

Une alidade est une règle en cuivre, bien dressée, portant à chacune de ses extrémités une *pinnule* parfaitement perpendiculaire sur le plan de la règle. Chaque pinnule porte une fente et une fenêtre, disposées de telle façon que la fente de l'une corresponde à la fenêtre de l'autre. Un crin bien tendu, servant à déterminer la ligne de visée, est placé au milieu de chaque fenêtre.

L'alidade fixe est posée suivant le diamètre AB et fait corps avec le demi-cercle dont elle est partie intégrante. On voit, à chaque extrémité dudit diamètre, les deux pinnules HA et CB, ainsi que la fente et la fenêtre que porte chacune d'elles. La ligne de visée que donne une fente et la fenêtre correspondante passe, avec toute la précision possible, par le diamètre même.

L'alidade mobile est représentée par la règle GE portant les pinnules FG et DE, absolument semblables aux précédentes et semblablement disposées.

Cette alidade se meut au centre du demi-cercle à l'aide du pivot I, de telle façon que, quelle que soit la position qu'elle occupe, la ligne de visée des pinnules passera toujours par le centre.

On conçoit déjà qu'en plaçant le demi-cercle bien horizontalement et en dirigeant deux rayons visuels, l'un par les pinnules de l'alidade fixe et l'autre par les pinnules de l'alidade mobile, on n'aura qu'à lire la mesure de l'angle sur le limbe de l'instrument. A l'extrémité de l'alidade mobile, un trait indique la ligne de visée et la coïncidence de ce trait avec les divisions du limbe donne la mesure des angles qu'on a à évaluer.

J'ai dit que le limbe de l'instrument porte non seulement les degrés, mais encore les demi-degrés. Avec ces divisions, les fractions de demi-degrés doivent être appréciées à l'œil; mais, à l'aide d'un petit accessoire nommé *vernier*, on peut lire les minutes très exactement.

VERNIER.

61. Les limbes, suivant leur diamètre, portent des divisions en degrés ou en demi-degrés, quelquefois en quarts de degrés. Pour éviter la confusion, on ne peut tracer sur les limbes qu'un nombre restreint de divisions.

Il arrivera donc généralement que l'index, dont la position permet de déterminer l'amplitude de l'arc, ne tombera pas exactement sur un trait du limbe. Il restera alors à apprécier la fraction de subdivision qui existe entre l'index et les traits du limbe, entre lesquels cet index sera arrêté. On obtient cette estimation au moyen d'un *vernier*. Voici le principe sur lequel est basé cet instrument.

Prenons sur le limbe et sur l'alidade portant l'index deux arcs égaux. Supposons que l'arc du limbe contiennent $n - 1$ divisions et qu'on partage l'arc égal porté sur l'alidade en n parties. Si l'on désigne par l la valeur d'une division du vernier, il est évident qu'on aura l'égalité :

$$(n - 1) \, l = nv,$$

d'où l'on tire :

$$l - v = \frac{l}{n}.$$

Cette dernière relation montre que la *différence entre une division du limbe et une division du vernier est égale à la valeur d'une division du limbe, divisée par le nombre de divisions du vernier.*

Si, par exemple, le limbe est divisé en grades et si le vernier porte 25 divisions, l'approximation de la lecture est marquée par l'égalité

$$l - v = \frac{100}{25} = L'$$

62. Supposons qu'un trait du vernier coïncide avec un trait du limbe, par exemple le trait 6 (fig. 38), le vernier ayant 10 divisions, les deux traits précédents ne coïncideront pas. Le trait du vernier avancera sur le trait du limbe d'une quantité représentée par $\dfrac{l}{n}$. En considérant les deux traits précédents, on voit que le trait du vernier est en avance de $2\,\dfrac{l}{n}$ sur le trait correspondant du limbe. Le trait précédent du vernier aura une avance de $3\,\dfrac{l}{n}$ et ainsi de suite. On voit ainsi que si le trait du vernier, qui est en coïncidence avec un trait du limbe,

occupe le rang 6, par exemple, par rapport au zéro, ce zéro sera lui-même en avance sur le trait correspondant du limbe de $6\,\dfrac{l}{n}$ d'une division du limbe.

En somme, pour estimer la fraction dont le zéro du vernier est en avance sur

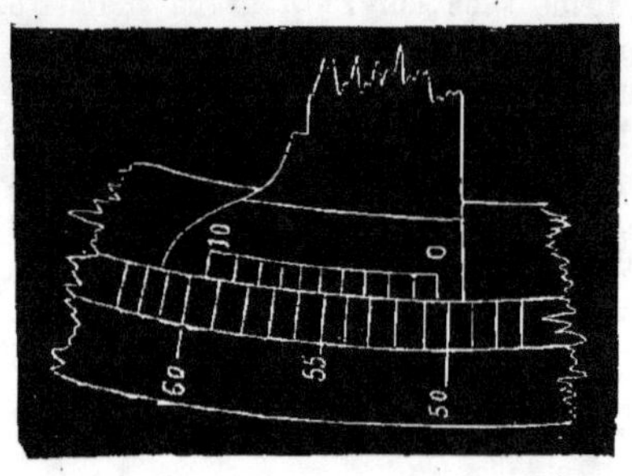

Fig. 38.

une division du limbe, il faut déterminer le rang du trait du vernier qui coïncide avec un trait du limbe et multiplier ce rang par $\dfrac{l}{n}$. La lecture de l'angle comprendra donc le chiffre de la division du limbe dépassée par le zéro du vernier, plus la fraction précédente.

63. Dans la figure 38, le limbe est divisé en grades. Le vernier contient 10 divisions, $\dfrac{l}{n} = 10'$. Le zéro tombe entre les divisions 50 et 51 du limbe. La 6e division coïncide avec une graduation du limbe et l'angle observé sera de $50 + 10 \times 6$.

Il peut arriver qu'aucun trait du vernier ne coïncide avec un trait du limbe.

Dans ce cas, deux traits consécutifs du vernier sont compris entre deux traits du limbe. On prend alors la moyenne des deux lectures.

64. Dans beaucoup d'instruments, le vernier porte 30 divisions correspondant

À 29 divisions du limbe. Si le limbe est gradué en demi-degrés, l'approximation est alors d'une minute.

Il y a une limite à l'approximation fournie par l'usage du vernier. Cette limite dépend de la différence qui existe entre une division du vernier et une division du limbe. Lorsque cette différence est trop petite, elle se perd dans l'épaisseur des traits et il devient très difficile de reconnaître la coïncidence des traits, ce qui peut donner lieu à des erreurs de lecture.

Avec un limbe de $0^m,20$ de diamètre, il est difficile de pousser l'approximation au delà de $\dfrac{1}{6}$ de minute. Les angles sont alors mesurés de $10''$ près.

VÉRIFICATIONS DU GRAPHOMÈTRE

65. *Première vérification.* Il faut tout d'abord s'assurer que le centre de rotation de l'alidade mobile coïncide exactement avec le centre du limbe. Si cette condition n'est pas remplie, on constate ce défaut de centrage en procédant ainsi qu'il suit :

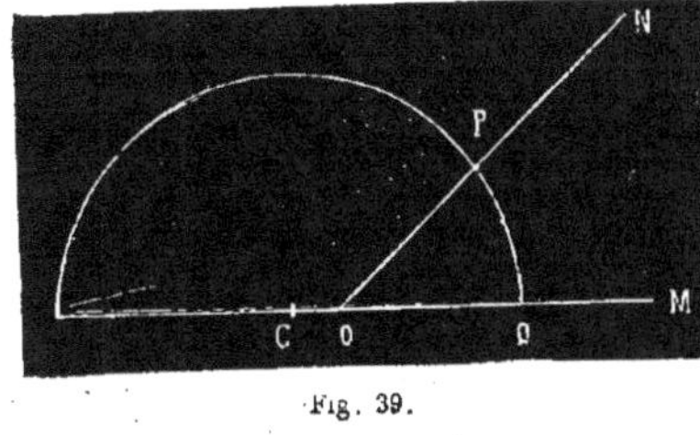

Fig. 39.

Soit C le centre du limbe (*fig.* 39) et O le centre de rotation de l'alidade. L'arc intercepté sur le limbe par les côtés de l'angle O ne donnera plus la mesure de cet angle.

Soient M et N deux points fixes. On visera d'abord, avec l'alidade fixe, le point M. et, avec l'alidade mobile, le point N et on notera l'arc PQ intercepté sur le limbe.

On visera ensuite, avec l'alidade fixe, le point N et, avec l'alidade mobile, le point M. Les deux lignes de visée prolongées

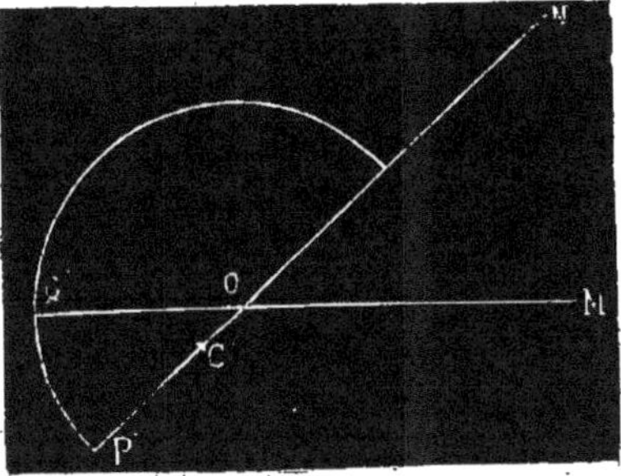

Fig. 40.

intercepteront, sur le limbe, un arc P'Q' (*fig.* 40). Si l'arc P'Q' diffère de PQ, on en conclura que le centre du limbe ne coïncide pas avec le centre de rotation de l'alidade.

La valeur exacte de l'angle à mesurer est donnée par la demi-somme des arcs déterminés par les deux opérations, c'est-à-dire par

$$\frac{PQ + P'Q'}{2}.$$

Cette correction permettra de se servir d'un graphomètre, lors même qu'il ne serait pas bien centré.

66. *Deuxième vérification.* Pour que l'angle indiqué par les deux alidades soit réellement celui que l'on mesure sur le terrain, il faut que, lorsque ce dernier est nul, il en soit de même pour l'angle donné par l'instrument, ce qui a lieu lorsque le zéro du vernier de l'alidade mobile coïncide avec le zéro du limbe. Cette condition se trouve remplie lorsque la coïncidence entre les deux zéros étant établie, on constate que les fils de l'alidade fixe et de l'alidade mobile se trouvent dans le même plan vertical. Lorsque cela n'a pas lieu, il y a *erreur de collimation.*

On estime cette erreur en dirigeant les deux alidades sur un même point. Le petit angle d'erreur qui correspond à la non-coïncidence des zéros se présentera d'une façon constante dans toutes les visées ultérieures et, suivant le sens de la visée, il faudra ajouter à chaque lecture ou en retrancher la quantité qui mesure l'erreur de collimation.

II. — Sextant.

67. Les instruments goniométriques exigent tous une installation parfaitement fixe. Il n'en est pas de même pour les instruments basés sur le principe de la réflexion dans lesquels la mesure des angles est indépendante des oscillations que ces instruments peuvent subir, lorsqu'on les tient à la main.

Ces instruments ont, en outre, l'avantage de fournir les angles par une seule visée. Ils sont d'un emploi très avantageux dans les observations qu'on doit faire sur mer et quand on doit opérer à cheval.

68. Les instruments à réflexion sont, pour la plupart, basés sur le principe de la double réflexion. Ce principe étant également utilisé dans un certain nombre

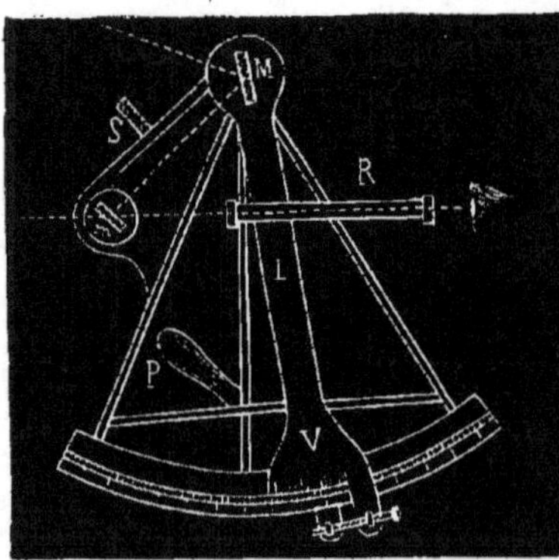

Fig. 41.

d'instruments destinés à la mesure rapide des distances, nous en avons donné la démonstration précédemment.

69. Le sextant se compose:

1° D'un limbe gradué (*fig.* 41) comprenant le sixième de la circonférence (*d'où son nom de sextant*);

2° D'un miroir M, entièrement étamé, appelé *grand miroir*, fixé sur une alidade ML qui tourne autour du centre du limbe gradué et terminée par un vernier V;

3° D'un second miroir *m*, étamé seulement sur sa moitié inférieure (la partie supérieur étant transparente) et complètement fixe: c'est ce qu'on appelle le *petit miroir;*

4° D'un viseur ou d'une lunette R, fixe parallèlement au limbe en face du petit miroir, servant à faire les observations.

La lunette peut se mouvoir, en restant toujours parallèle au limbe, dans un plan perpendiculaire au plan de ce limbe, afin de recevoir, dans un rapport convenable, les rayons directs qui ont traversé la partie non étamée du petit miroir, et les rayons doublement réfléchis, afin que les deux images aient à peu près la même clarté.

Le grand miroir et le petit miroir doivent être placés perpendiculairement au plan du limbe:

Dans la lunette est disposé un micromètre formant un carré dans lequel les images doivent être amenées en coïncidence.

En S, se trouvé placé un système de verres colorés, mobiles, à charnière, pouvant se rabattre entre les deux miroirs et servant à tempérer l'éclat des images dans les observations astronomiques, mais sans usage en topographie.

Le sextant est tenu à la main à l'aide d'une poignée P.

MESURE D'UN ANGLE A L'AIDE DU SEXTANT.

70. Pour mesurer l'angle AOB (*fig.* 42) compris entre deux directions OA et OB, on vise avec la lunette l'objet de gauche B, directement à travers la partie transparente du petit miroir, et on fait tourner l'alidade qui porte le grand miroir jusqu'à ce que l'image de l'objet de droite A, après la double réflexion, vienne coïncider avec l'objet de gauche B.

D'après le principe de la double réflexion, l'angle AOB, formé par les directions OA et OB, est le double de l'angle des miroirs, c'est-à-dire le double de l'angle NMR,

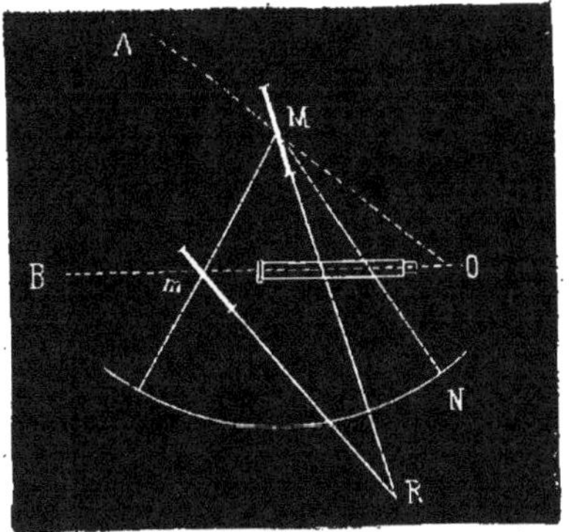

Fig. 42.

puisque le petit miroir est parallèle à MN.

Il suffit donc de lire sur le limbe l'arc parcouru par l'alidade. En doublant cet arc, on aura la mesure de l'angle.

Afin d'éviter de doubler les nombres lus, on a l'habitude d'inscrire sur le limbe une graduation double de ce qu'elle représente réellement, de sorte que la lecture donne directement la mesure de l'angle cherché.

Lorsque le miroir mobile est parallèle au miroir fixe, le zéro des graduations du limbe doit coïncider avec le zéro du vernier porté par l'alidade mobile. On s'assure que cette condition est bien remplie en *superposant les deux images, directe et réfléchie, d'un même point* et en constatant si les deux zéros sont bien en coïncidence.

Dans le cas où il existerait une petite différence, cette différence, que l'on appelle *erreur de rectification*, devrait être ajoutée à tous les angles mesurés, ou devrait en être retranchée, selon que le zéro du vernier est en arrière ou en avant du zéro du limbe pour la position de l'alidade correspondant au parallélisme des miroirs.

71. On a donné le nom de sextant graphique à un instrument à double réflexion au moyen duquel on peut, après avoir mesuré un angle directement, le tracer sur le papier.

Le sextant graphique se compose de

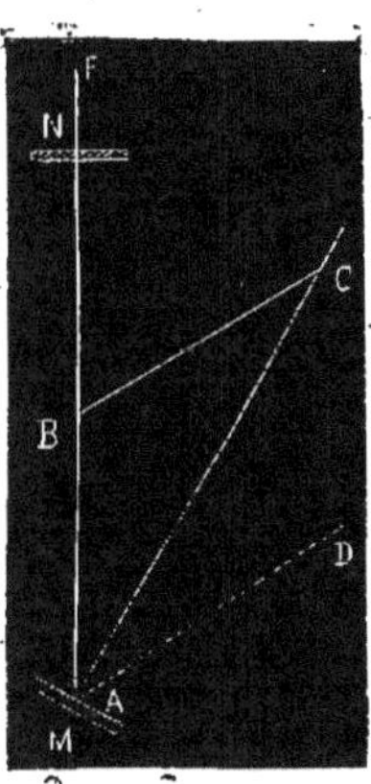

Fig. 43.

trois règles assemblées par des pivots en A et en B (*fig.* 43). Les deux règles AB et BC sont d'égale longueur. Dans la règle AC, est pratiquée une rainure dans laquelle peut glisser l'extrémité C de la règle BC, de sorte que si l'on fait varier l'angle BAC, le triangle ABC reste toujours isocèle.

Deux miroirs M et N sont placés perpendiculairement aux dirctions AC et AB, le miroir N étant étamé sur la moitié de sa hauteur, l'autre moitié étant transparente.

Pour mesurer un angle DAF, on visera directement l'objet F et on ouvrira l'angle des règles jusqu'à ce que l'image de l'objet D, après la double réflexion, soit vue dans la direction du premier objet F. On a alors, FBC = BCA + BAC. Ces angles étant égaux, on a FBC = 2 BAC et, comme BAC = CAD, on a FBC = FAD.

Il sera alors facile de construire l'angle FBC sur le papier au moyen des règles AB et BC.

III. — Instruments répétiteurs.

GÉNÉRALITÉS.

72. Le graphomètre, quels que soient les soins apportés à sa construction, n'est pas un instrument de haute précision. En effet, l'alidade fixe ne peut être mise en mouvement sans le déplacement de tout l'appareil, de sorte qu'il est difficile de la diriger sur un point fixe avec précision.

Quant à l'alidade mobile, on ne peut la manœuvrer qu'à l'aide du doigt, ce qui occasionne des mouvements saccadés, manquant de douceur et enlevant encore de la précision à l'instrument.

Dans les opérations géodésiques faites sur des terrains de peu d'étendue, le graphomètre peut suffire pour la mesure des angles et on s'en contente généralement; mais lorsqu'on doit opérer sur de grandes surfaces, ce qui a lieu, par exemple, dans les relevés du cadastre, on emploie des instruments répétiteurs qui offrent une précision beaucoup plus grande et qui permettent d'éviter de graves erreurs. En effet, lorsqu'il s'agit de faire de grands travaux de triangulation et que les éléments des triangles doivent être calculés trigonométriquement, une très grande exactitude est nécessaire dans la mesure des angles.

Les instruments répétiteurs présentent, sur le graphomètre, les avantages suivants :

1° Une fois mis en station, ils sont plus solides, mieux équilibrés;

2° Les mouvements se produisent à volonté, rapidement ou lentement;

3° Les lunettes qui remplacent les pinnules jouissent de la propriété d'offrir à l'opérateur l'image du point visé à la distance de la vision distincte;

4° La vérification du centrage et la correction des erreurs d'excentricité sont plus faciles;

5° Le cercle entier permet des observations plus nombreuses sans déplacer l'instrument;

6° Les angles sont donnés directement avec leur réduction à l'horizon.

Comme instruments répétiteurs, nous nous bornerons à décrire sommairement les cercles répétiteurs et les théodolites.

Lecture des angles. — Répétition simple et double. — Réitération.

73. Borda a appliqué aux instruments de mesure des angles deux méthodes de lecture, dites de simple et double répétition, qui éliminent les erreurs de division et de lecture.

Pour qu'un instrument satisfasse aux conditions voulues par la méthode de la *simple répétition*, il faut que le cercle et la lunette puissent tourner ensemble autour de l'axe commun et, de plus, que la lunette, entraînant l'alidade qui fait corps avec elle, puisse tourner seule autour de ce même axe.

Un pareil instrument peut posséder deux lunettes et, dès lors, il devient propre à l'emploi de la méthode de la *double répétition*.

74. *Simple répétition.* — Soit à mesurer la distance angulaire de deux objets A et B situés dans le plan du cercle de l'instrument. On amène la lunette à viser sur l'objet de droite A, si la division va de gauche à droite en passant par en bas, ou sur l'objet de gauche B, si elle va de gauche à droite en passant par en haut. On cale le cercle, puis on dirige la lunette sur le deuxième objet. Fixant maintenant la lunette sur le cercle, et décalant celui-ci, on amène la lunette, par un nouveau mouvement d'ensemble, à pointer sur le premier objet visé et ainsi de suite. On obtient ainsi la série des angles 1, 2, 3, etc.

75. *Double répétition.* — Soit à mesurer la distance angulaire de deux objets A et B, situés dans le plan du cercle de l'instrument. Rendant solidaires l'alidade et le cercle, on amène la lunette supérieure sur l'objet de droite A, si la division va de gauche à droite en passant par en bas (dans l'hypothèse contraire, on viserait l'objet situé à gauche), puis on porte la lunette inférieure sur l'objet B, par son mouvement indépendant. L'angle que font les deux lunettes est l'angle cherché; mais on ne peut le lire, puisque c'est la lunette inférieure qui a bougé.

On fait alors tourner tout le système du cercle et des deux lunettes en desserrant la vis de pression du petit cercle qui repose sur le triangle, de façon que l'axe optique de la lunette inférieure arrive à pointer sur A. En ce moment, calant le cercle et rendant indépendantes l'alidade et sa lunette, on pointe celle-ci sur B. L'angle qu'on lit alors sur le limbe est le double de l'angle demandé. Si l'on recommence une nouvelle série d'observations, on aura l'angle quadruple et ainsi de suite. On aura ainsi la série 2, 4, 6, 8.

La méthode de la répétition double est plus exacte que celle de la répétition simple. En effet, dans cette dernière, on suppose que les différents arcs s'ajoutent rigoureusement l'un à l'autre sur le cercle; or, le contraire a souvent lieu par suite de causes diverses. Les instruments doivent, en tout cas, être construits avec la dernière précision, sous peine de donner des résultats erronés. L'erreur ne peut être déterminée.

76. *Réitération.* — Il y a déjà longtemps qu'en astronomie on a remplacé la lecture par répétition par la lecture par réitération. C'est à Bessel que l'on doit cette méthode. Aujourd'hui, on l'applique en géodésie et l'on construit, pour cet usage, des théodolites spéciaux. En effet, les instruments répétiteurs ne sauraient être réitérateurs. Pour que l'instrument puisse réitérer, il faut que le cercle divisé puisse tourner autour de l'axe vertical avec ou sans la lunette. Les verniers et les loupes sont aussi remplacés par des microscopes à vis micrométrique qui restent dans une position fixe.

Nous indiquons le principe de la réitération. On déplace systématiquement, et de quantités égales, le zéro du cercle par rapport à l'axe autour duquel il tourne, de manière à lui faire parcourir la circonférence entière ou simplement le $\dfrac{1}{n}$ de la circonférence, si le cercle porte n microscopes, 90° par exemple dans le cas de quatre microscopes. En donnant au cercle p positions équidistantes et en prenant la moyenne de toutes les lectures, on aura évidemment, quant aux erreurs de division, le même résultat que si l'on avait fait chaque observation avec un cercle muni d'un nombre de microscopes égal à $p \times n$. Les erreurs de division résultant d'une pareille combinaison d'observations seront évidemment très minimes. Ainsi, supposons que le cercle porte quatre microscopes et qu'on ait fait occuper au cercle trois positions équidistantes, la série qui commencera les erreurs de division ne commencera qu'aux termes cos. 12 A et sin. 12 A; par suite, les erreurs seront négligeables On arrive ainsi à éliminer entièrement la partie périodique des erreurs de division et à diminuer presque indéfiniment l'influence des erreurs accidentelles.

CERCLES GÉODÉSIQUES.

77. Le cercle géodésique (*fig.* 44) se compose essentiellement, en principe :

1° D'une base triangulaire reposant sur le plateau d'un trépied et réglée au moyen de trois des vis calantes;

2° D'un premier cercle complet divisé

en degrés et en demi-degrés. Ce cercle est ajusté à un canon cylindrique de telle façon qu'il puisse tourner, à frottement doux et sans balottement, dans un plan

Fig. 44.

de faire avancer ou reculer lentement, doucement, les diverses parties qui doivent être mises en mouvement.

Fig. 45.

perpendiculaire à l'axe du canon. Le canon fait corps avec la base triangulaire. Il résulte de cette construction que, à l'aide des trois vis calantes, il est très facile de mettre le cercle dans une position parfaitement horizontale;

3° D'un second cercle ayant même centre que le premier sur lequel il se meut, à frottement doux, au moyen d'un axe vertical indépendant. Ce second cercle est également divisé en degrés et en demi-degrés;

4° D'une lunette adaptée à un bâtis reposant sur le second cercle. La lunette est disposée de telle façon que son axe optique soit en concordance avec le zéro du second cercle. La lunette est placée à une distance convenable du cercle pour que, en la manœuvrant dans un plan vertical, on puisse observer des points situés au dessus ou au dessous du plan du cercle;

5° D'un vernier permettant d'apprécier les minutes;

6° De *vis de pression* pour fixer les parties de l'instrument qui doivent rester immobiles et de *vis de rappel* permettant

78. Le cercle géodésique (*fig.* 45) est construit comme le précédent avec cette différence qu'un arc de cercle divisé en degrés et demi-degrés est adapté à la lunette, ce qui permet de mesurer l'incli-

Fig. 46.

naison verticale des droites déterminées par les points visés. De plus, des micromètres sont adaptés à la tige verticale portant la lunette.

Le cercle géodésique (*fig.* 46) est semblable au modèle (*fig.* 44) avec cette différence qu'il porte une seconde lunette facilitant la *répétition* des angles.

L'appareil servant à la manœuvre du cercle supérieur, lequel cercle remplace l'alidade dans le graphomètre, est parfaitement visible.

Le cercle géodésique (*fig.* 47) (1) ne

Fig. 47.

diffère du précédent qu'en ce qu'il porte un arc de cercle vertical, adapté au support de la lunette, pour mesurer l'inclinaison verticale des droites déterminées par les points visés.

THÉODOLITES.

79. Les théodolites (*fig.* 48, 49, 50, 51) donnent les angles réduits à l'horizon. On peut les distinguer en théodolites azimutaux et théodolites altazimutaux. Dans ces derniers, la lunette verticale peut

(1) Les cercles géodésiques (fig. 44, 45, 46 et 47), construits par M. Secretan, coûtent : le premier, 210 fr. ; le second, 230 fr. ; le troisième, 265 fr. ; le quatrième, 285 fr.

accomplir une rotation complète autour de son axe horizontal. Nous les choisissons comme type dans notre description de la mise en station (*fig.* 51):

Le théodolite altazimutal se compose essentiellement :

1º De deux systèmes de cercles à alidades concentriques, dont les axes sont ou peuvent être amenés à être rigoureusement perpendiculaires l'un par rapport à l'autre ;

2º D'une lunette fixée par deux colliers à l'alidade du système supérieur et destinée au pointage des objets dont on veut déterminer la distance angulaire ;

3º D'une deuxième lunette fixée à la colonne du système inférieur et servant pour la double répétition ou simplement comme lunette de repère ;

4º D'un triangle supportant le tout et dont les vis calantes permettent d'amener les axes des cercles dans une position déterminée.

Dans chaque système, le cercle portant la division et l'alidade portant les verniers peuvent se mouvoir ensemble ou séparément au moyen de vis de rappel à pompe et de vis de pression. Un réticule mobile est placé dans la lunette supérieure, tandis que la lunette inférieure est simplement munie d'un réticule fixe servant à déterminer un point précis de son champ.

Pour mettre l'instrument en station, en supposant qu'il ne soit pas réglé, on commence par amener l'axe de l'instrument à être vertical et, par suite, le système de cercle qui lui est fixé à être horizontal. Pour cela, le niveau étant en place, c'est-à-dire sur l'axe du deuxième système, on amène sa bulle entre les repères au moyen des vis calantes du pied, puis on fait tourner tout l'instrument de 180°. Si, dans cette demi-révolution, la bulle est constamment restée entre ses repères, c'est que l'axe de l'instrument est bien vertical. S'il n'en est pas ainsi, on corrigera ce déplacement en opérant, moitié avec la vis de rectification du niveau lui-même, moitié avec la vis du pied. Il sera bon de faire cette opération dans deux positions rectangulaires et de recommencer jusqu'à ce que la bulle reste entre ses repères, non seulement dans ces deux positions, mais pendant une révolution complète de l'instrument.

L'axe est alors parfaitement vertical et il ne reste plus qu'à s'assurer de l'horizontalité de l'axe du deuxième système et, par suite, de la verticalité du plan de son cercle. Pour cela, il suffit de retourner bout pour bout le niveau placé à cheval sur cet axe. Si, le retournement effectué, la bulle est revenue entre ses repères, l'axe est horizontal. Si, au contraire, cela n'a pas lieu, il faut corriger ce déplacement en faisant moitié avec la vis du niveau et moitié, non plus avec l'une des trois vis calantes, mais avec la vis de rectification placée sous l'axe même. Deux ou trois retournements suffisent pour arriver à déterminer la position de l'axe qui correspond à une parfaite immobilité de la bulle.

L'axe est dès lors parfaitement horizontal, et comme le système inférieur n'a pas bougé, nous avons actuellement, non seulement deux axes rigoureusement perpendiculaires l'un par rapport à l'autre, mais un axe horizontal et un axe vertical.

Par construction, les cercles étant rigoureusement perpendiculaires sur leurs axes, il s'ensuit que nous avons deux systèmes de cercles, l'un parfaitement vertical et l'autre parfaitement horizontal.

Reste à déterminer si l'axe optique de la lunette est perpendiculaire à son axe de rotation ou parallèle au plan de son cercle, de manière que celui-ci se meuve réellement dans un plan vertical. Pour cela, après avoir amené un des deux fils du réticule à être vertical, en faisant tourner l'oculaire tout entier jusqu'à ce qu'il couvre exactement un fil à plomb tendu au loin, on vise un objet quelconque, bien visible, que l'on amène sur la croisée de fils, on cale l'instrument en azimut et on lit l'angle. Reste maintenant à donner à la lunette une position symétrique et inverse. Pour cela, après avoir desserré la pince reliant le cercle horizontal à son alidade, on fait tourner celle-ci de 180°, ce qui transporte la lunette de gauche à droite ou de droite à gauche, précisément de la même quantité; puis, la faisant tourner autour de son axe, de manière à pointer de nouveau dans la direction de l'objet visé, on constate si la croisée de fils coïncide rigoureusement avec lui. Dans ce cas, l'axe optique de la lunette est bien parallèle au plan du cercle. Dans le cas contraire, il suffit de corriger cette différence, moitié avec la vis du réticule correspondant au fil horizontal, moitié en déplaçant l'alidade du cercle azimutal. Il est nécessaire de répéter cette opération jusqu'à ce qu'on soit arrivé à un résultat ne laissant rien à désirer. L'instrument est dès lors prêt.

Fig. 48.

80. Le théodolite (*fig.* 48) porte une seule lunette de 29 millimètres de diamètre et de 27 centimètres de longueur focale. Cette lunette se meut verticalement autour d'un axe à deux tourillons reposant sur une pièce en four-chette, mobile autour de l'axe vertical de l'instrument. Elle se renverse de façon à permettre la rectification de l'axe optique. Le cercle horizontal, qui a 16 centi-mètres de diamètre, est muni d'une alidade concentrique portant quatre verniers. Les divisions tra-cées sur argent donnent les 20 se-condes par les verniers. Le cercle vertical, qui a 11 centimètres de diamètre, donne les minutes par deux doubles verniers. Les lec-tures se font au moyen de loupes concentriques fixées à l'instru-ment.

Un niveau mobile se plaçant sur l'axe de la lunette supérieure permet d'établir l'horizontalité de cet axe.

81. Le théodolite (*fig.* 49) est construit comme le précédent, mais avec l'addition d'une seconde lunette placée sur le cercle, qui sert, soit comme lunette de re-père, soit pour la double répétition.

Les deux lunettes ont, chacune, 36 mil-limètres de diamètre et 37 centimètres de longueur focale, avec cercle horizontal de 24 centimètres de diamètre, donnant les 10 secondes par les quatre verniers. Le cercle vertical a 14 centimètres de diamètre et donne les 30 secondes par deux doubles verniers.

82. La figure 50 représente un théo-dolite altazimutal répétiteur dans le sens horizontal. Cet instrument porte une lu-nette de 20 millimètres de diamètre et de 15 centimètres de longueur focale. Les cercles à alidades concentriques sont di-visés sur argent et donnent les 30 se-condes à l'aide des verniers. L'appareil porte en outre :

1° Loupes concentriques; 2° Vis de rap-pel; 3° Oculaire à prisme pour les opéra-tions au zénith; 4° Miroir pour éclairer les fils.

Fig. 49.

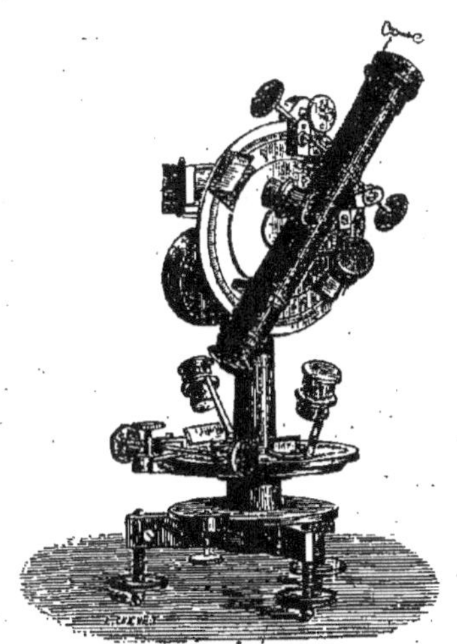

Fig. 50

83. La figure 51 représente un théodolite altazimutal, répétiteur dans les deux sens, avec cercles de 16 centimètres

Fig. 51.

de diamètre, donnant les 20 secondes au moyen de deux verniers placés sur le cercle horizontal et de quatre verniers placés sur le cercle vertical. Les divisions sont faites sur argent.

Les lunettes ont 29 millimètres de diamètre et 27 centimètres de longueur focale.

La lunette fixée sur l'alidade du cercle vertical est munie d'un réflecteur à 45° pour l'éclairage des fils, d'un prisme et de verres de couleurs pour les observations au zénith. Un niveau mobile se place sur l'axe du cercle vertical pour régler l'horizontalité de cet axe. Un autre niveau fixe et très sensible est attaché à l'instrument, parallèlement au plan du cercle vertical.

THÉODOLITE A RÉFLEXION.

84. Cet instrument (*fig.* 52) est surtout destiné à la géodésie expéditive. Construit solidement et avec grande pré-

cision, il ne porte aucune rectification. Il se compose :

1° D'une lunette toujours horizontale de 28 millimètres d'ouverture et de

Fig. 52.

18 centimètres de longueur focale à fort grossissement;

2° D'un prisme à réflexion totale fixé devant l'objectif et donnant l'angle de hauteur par la révolution du tube autour de l'axe optique;

3° De deux cercles de 12 centimètres de diamètre, divisés sur argent et donnant les 30 secondes par les verniers;

4° De deux grands niveaux en croix permettant de niveler rapidement l'instrument.

Les cercles sont dentés et tournent autour de leur axe, à l'aide d'un pignon engrenant avec leur dentelure, ce qui a permis, pour les mouvements lents, d'éviter l'emploi toujours si délicat de pinces et vis de rappel. L'observateur, placé à l'oculaire, peut, sans se déplacer, en tournant le système formé par le cercle vertical et la lunette autour de l'axe vertical, puis la lunette elle-même autour de son axe, lire la hauteur sur le cercle vertical et l'azimut sur le cercle horizontal. L'instrument est monté sur

un pied à 6 branches. Il est renfermé
dans une boite à coulisse dont le fond lui
sert de planchette en observation. Toutes
les pièces étant indissolublement liées
ensemble, on peut le porter d'une station
à une autre sans le retirer de dessus son
pied. Son volume est très petit et son
dérangement très difficile.

IV. — Tachéomètre.

85. M. Moinot, dans son ouvrage intitulé l'*Art de lever les plans à la stadia*, donne la description suivante du
tachéomètre Porro, heureusement modifié par lui.

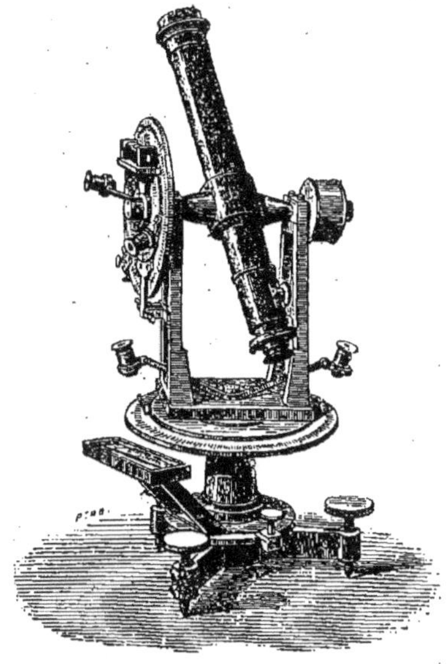

Fig. 53.

Le tachéomètre (*fig.* 53) se compose
d'une lunette annallatique concentrique
à deux limbes gradués. L'un horizontal,
placé au-dessous de la lunette, donne la
mesure des angles azimutaux. L'autre,
latéral et vertical, donne la mesure des
angles zénitaux au moyen desquels on
détermine les hauteurs. Le cercle vertical porte un niveau à bulle d'air. Une
boussole est fixée dans une position excentrique, fixe par rapport au cercle horizontal. Les divisions du cercle sont centésimales. Le réticule de la lunette se
compose de trois fils horizontaux équidistants et d'un fil vertical. La construction est semblable à celle d'un théodolite. Nous avons dit que la lunette était
annallatique. L'annallatisme s'obtient par
un tube situé à l'intérieur, muni d'une
lentille dont la fonction est de ramener
au centre de l'instrument le sommet
commun des triangles et de conserver
leur rapport indépendant du tirage de
l'oculaire. Il sert, en outre, à modifier ce
rapport, suivant qu'on la rapproche ou
qu'on l'éloigne des fils.

Pour éviter les erreurs de lecture, la
numération des angles sur chaque cercle
est faite de gauche à droite. Le point 0
sert d'origine sur le cercle azimutal. Il
est toujours amené au nord à l'aide de
la boussole. Le point 100, qui représente
l'horizontale, sert d'origine aux lectures
sur le cercle zénital. La simple lecture
indique alors si les angles sont en-dessous
ou au-dessus de l'horizontale.

Réglage du tachéomètre.

86. On commence par rendre l'axe de
l'instrument vertical en opérant comme
nous l'indiquerons plus loin à propos du
niveau d'Egault; puis, afin d'arrêter le
rapport entre le triangle d'observation et le
triangle observé, on mesure sur le terrain
une base de 200 mètres. On place la mire
Moinot (1) à une des extrémités de cette
base et l'instrument à l'autre. On pointe
la lunette sur la mire, dans une direction à peu près de niveau et on observe
si les fils embrassent un nombre de divisions de la mire correspondant à la base
mesurée. Dans notre cas, les fils doivent

(1) Cette mire a 4 mètres de longueur; elle est
formée de deux parties égales, reliées par une
charnière.

comprendre deux centaines. Si cette condition n'est pas remplie, on dévisse l'objectif de la lunette et on avance ou recule plus ou moins le tube annallatique intérieur vers l'objectif de la lunette, selon que les fils embrassent trop ou trop peu de divisions. On opérera par tâtonnement et avec le plus grand soin.

On règle la position du micromètre pour que les fils soient horizontaux quand les supports de la lunette le sont eux-mêmes. Pour cela, on amène le fil vertical du micromètre sur la ligne de la mire qui sépare les petites divisions des grandes, et on voit si, dans son parcours, le fil coïncide avec cette ligne qui est verticale quand la mire est d'aplomb. S'il n'en est pas ainsi, on l'y amène en faisant tourner légèrement l'oculaire sur lui-même.

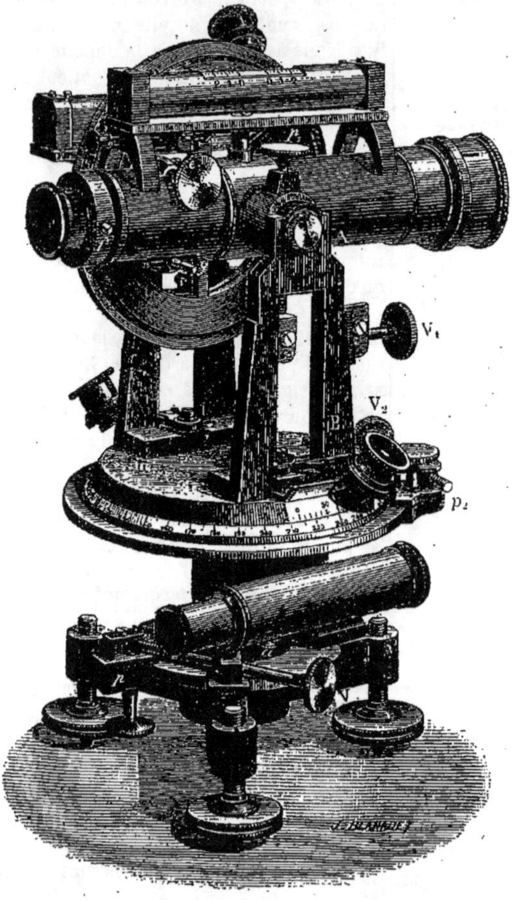

On s'assure ensuite que le zéro du vernier vertical concorde avec la division 100 du cercle vertical lorsque le rayon du fil du milieu de la lunette est de niveau. Pour cela, on commence par amener le zéro du vernier sur la division 100; puis on dirige le fil axial sur la mire et on remarque le point où il se projette. On fait faire une demi-révolution à la lunette et une demi-révolution au cercle horizontal qui ramène la lunette sur la mire. On établit la coïncidence du vernier avec la division 300 du cercle vertical et on remarque le point où le fil axial rencontre la mire. Si les deux points se confondent, la condition cherchée est remplie. Dans le cas inverse, on dirigera le fil axial avec la vis de rappel qui entraîne le cercle sur un point situé à égale distance des deux points observés; puis, au moyen de la vis de réglage, on ramènera le vernier sur la division 300. On recommencera l'opération pour s'assurer si elle a été bien faite. Cette condition obtenue, si la bulle du niveau n'est pas entre ses repères, on

Fig. 54.

l'y amène avec sa vis de rectification.

Il faut maintenant s'assurer que, dans sa rotation, la lunette décrit un plan vertical. On fait cette opération sur un fil à plomb, sur une arête d'édifice, ou, mieux encore, en plaçant l'instrument en face et assez loin d'un édifice présentant à sa partie supérieure un signal fixe, comme un clocher. On cale l'instrument parfaitement de niveau, puis on amène la croisée du fil axial sur le signal. On fait plonger la lunette vers le sol et on marque au pied de l'édifice le point où se projette la croisée de fils. On retourne alors le cercle vertical de 180° et on fait tourner la lunette bout à bout de façon à ramener l'oculaire à soi. On vise de nouveau le point élevé et on l'abaisse vers le sol. La croisée de fils doit retomber sur le point marqué. Si elle n'y tombe pas, on corrigera de la moitié de l'écart à l'aide de la vis de rectification du réticule de la lunette et on recommencera l'opération jusqu'à ce que la coïncidence ait été obtenue. Dès lors, le tachéomètre est prêt à fonctionner.

87. La figure 54 donne le dessin d'un tachéomètre extrêmement perfectionné (1) construit par M. Secrétan.

Il est vivement à désirer que l'usage de ce superbe instrument se généralise dans l'administration des Ponts et Chaussées ainsi que dans l'exécution des travaux de chemins de fer.

M. Bonnami, conducteur des ponts et chaussées, a expérimenté l'appareil d'une manière fort intelligente. De plus, il a rédigé, avec beaucoup de clarté, un petit ouvrage intitulé: *Manuel de l'opérateur au tachéomètre* (2), qui contribuera certainement à une prompte vulgarisation de l'emploi de cet instrument.

Voici le texte de la préface de l'ouvrage :

« C'est à M. Porro, chef de bataillon « du génie piémontais, que l'on doit la « Tachéométrie appliquée aux problèmes « généraux de la Géodésie.

« Elle a été introduite en France, il y « a quelques années, par M. Moinot, ingé- « nieur civil, qui l'a perfectionnée et « appropriée spécialement aux études.

« Aujourd'hui, tous les opérateurs qui se « sont familiarisés avec cette méthode « sont unanimes à en reconnaître les nom- « breux et sérieux avantages.

« On s'exagère à tort les difficultés de « la tachéométrie; il suffit, en effet, d'un « peu de travail pour l'apprendre avec « l'aide d'un manuel, et d'un peu d'atten- « tion pour la posséder beaucoup plus rapi- « dement en suivant, en même temps, les « leçons d'un praticien. D'autre part, c'est « un préjugé de croire que la Tachéomé- « trie est trop compliquée pour être em- « ployée aussi couramment que les niveaux « ordinaires et fournir constamment de « bons résultats; la pratique établit cha- « que jour le contraire.

« C'est également une erreur de penser « que le prix élevé du tachéomètre s'op- « pose à son emploi, puisqu'après huit jours « d'opérations le bénéfice réalisé surpasse « la valeur de l'instrument et de ses « accessoires.

« Les vérifications permanentes et cer- « taines de la Planimétrie et de l'Hypsomé- « trie assurent l'exactitude des résultats. « Cette garantie jointe à l'économie cons- « tituent les deux avantages les plus im- « portants de la méthode.

« En publiant ce Manuel, l'Auteur es- « père vulgariser la Tachéométrie et la « voir adopter, dans un avenir prochain, « non seulement dans toutes les études par- « tielles, mais encore dans les grandes opé- « rations projetées, notamment le nivelle- « ment général et la revision du cadastre. »

M. Charles Mocquery, ingénieur des ponts et chaussées, a apprécié en ces termes l'usage des tachéomètres :

« M. Bonnami a exécuté, pour la ligne « de Pont-d'Ouche à Velars, dont les « études et travaux nous sont confiés, « un lever des terrains, sur une longueur « de près de 20^{km}, dont les principales

(1) Le prix de cet instrument est de 950 fr.
(2) Edité par Gauthier-Villard, impr.-libr. à Paris.

« lignes ont été vérifiées par les procédés « ordinaires. Cette vérification a dé-« montré que le Tachéomètre, employé « avec intelligence, permet d'obtenir « des plans cotés remarquablement exacts « et très rapidement levés.

« Une étude des Réservoirs pour l'ali-« mentation du canal de Bourgogne « est venue confirmer les résultats « très probants acquis au service des « chemins de fer.

« Le Tachéomètre est certainement « un instrument d'avenir, dont nous « n'hésiterons pas à recommander « l'emploi. Le travail de M. Bonnami, « très clair et très complet, qui renferme « bien des aperçus nouveaux dus à la « sagacité de l'auteur, facilitera gran-« dement l'étude de l'instrument et de « son emploi qui est à la portée de tous « les opérateurs. »

V. — Planchettes.

88. La planchette ordinaire (*fig.* 55) se compose d'une tablette rectangulaire

Fig. 55.

en bois, de 50 ou 60 centimètres de côté, bien dressée, sur laquelle on tend la feuille de papier qui servira au dessin du levé. Certaines planchettes portent deux rouleaux qui tendent le papier

et évitent le collage. La planchette est montée sur un pied à trois branches auquel elle est reliée par un système qui permet de la placer horizontale, de la faire tourner sur elle-même dans son plan et, enfin, de la fixer dans une position déterminée.

Différents moyens sont employés pour établir cette liaison entre la planchette et son pied. La planchette peut être supportée par un genou et une plate-forme à vis de pression. Ce système ne donne pas assez de stabilité. Souvent le genou et la plate-forme sont remplacés par une base triangulaire à vis calantes, qui évite le défaut précédent, mais la planchette le plus souvent employée est encore la planchette à la Cugnot, qui permet d'arriver facilement à rendre horizontales deux directions rectangulaires de la face supérieure de la planchette, ce qui assure l'horizontalité de cette face tout entière.

La planchette est rendue horizontale à l'aide d'un niveau à bulle d'air qu'on porte dans deux directions rectangulaires jusqu'à ce que la bulle du niveau reste entre ses repères. Reste à marquer sur ce plan les directions qui vont de la station aux points qu'il s'agit de relever. Ces directions sont obtenues au moyen d'une alidade qu'on pose sur la planchette.

ALIDADE.

89. L'alidade est à pinnules ou à lunette.

90. L'alidade à pinnules (*fig.* 56) se compose d'une règle portant à chacune de ses extrémités une plaque perpendiculaire nommée pinnule, percée d'une fente longitudinale. Les deux fentes sont dirigées de façon à déterminer un plan perpendiculaire au plan de la règle et parallèle au côté de cette règle. Ce plan est le plan de visée.

En plaçant l'œil près de la fente d'une des pinnules, on peut, en effet, diriger l'ali-

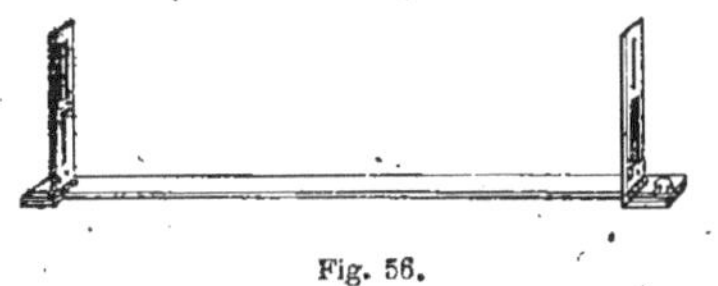

Fig. 56.

dade sur un objet qu'on vise à travers la fente de la seconde pinnule.

L'alidade à pinnules ne permet pas

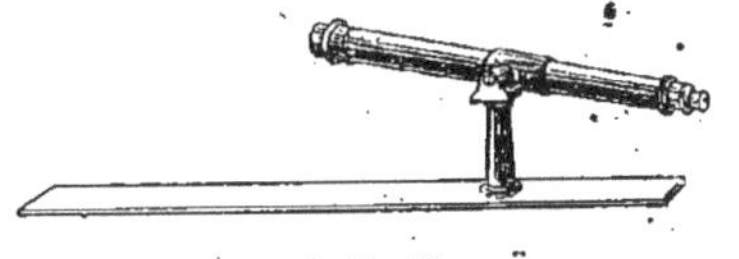

Fig. 57.

la visée de points très éloignés. On remplace alors les pinnules par une lunette munie d'une croisée de fils (*fig.* 57).

91. On emploie aussi une alidade dite

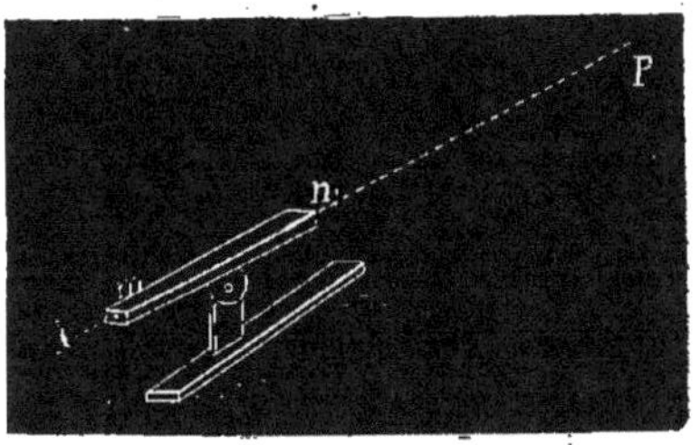

Fig. 58.

à viseur. Dans cette alidade (*fig.* 58), la ligne de visée est déterminée par un petit trait servant d'œilleton et par une pointe métallique placée au centre d'une fenêtre rectangulaire. On obtient ainsi une précision très suffisante. Seulement, le champ de visée est peu étendu et on tâtonne quelquefois assez longtemps avant d'apercevoir le point visé. On peut diminuer cet inconvénient en ayant soin, avant de placer l'œil contre l'œilleton, de viser le long d'une des arêtes du tube, l'arête *mn*, par exemple. Cette précaution

prise, on trouve immédiatement le point visé dans le champ de l'alidade.

92. *Vérification de l'alidade.* L'alidade doit satisfaire aux conditions suivantes :

1° La ligne de visée, quand l'alidade pivote, doit décrire un plan, ce qui exige que cette ligne soit perpendiculaire à l'axe de rotation ;

2° L'axe de rotation doit lui-même être horizontal.

93. 1re *vérification.* Pour reconnaître si la première condition est remplie, on

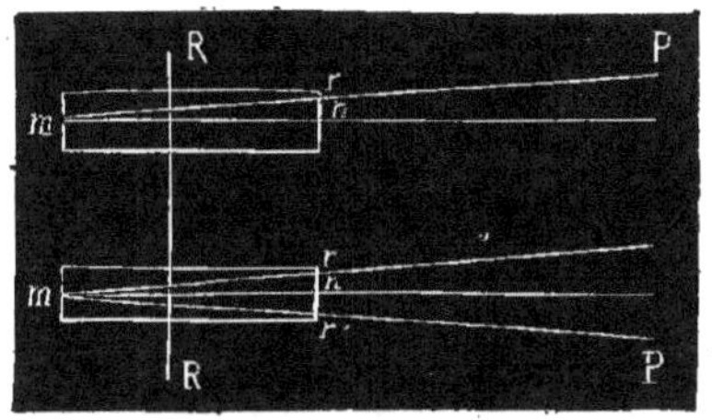

Fig. 59.

place l'alidade sur une planchette, puis on vise un point éloigné P (*fig.* 59) et on trace une droite suivant la ligne de foi. On démonte la lunette, on la retourne bout pour bout, replaçant la ligne de foi dans sa position première. Si l'axe visuel *mr* n'est pas perpendiculaire à l'axe de rotation RR, après le retournement, cette ligne prendra une position *mr'* symétrique de la première par rapport à *mn* et le point P ne se trouvera plus sur la ligne de visée. Pour le retrouver, il faut déplacer la ligne de foi d'une quantité angulaire égale à *rm'r'*; on tracera la direction correspondante à la nouvelle position de la ligne de foi. La bissectrice de l'angle d'écart donnera la perpendiculaire à l'axe de rotation. On corrigera l'alidade en plaçant la ligne de foi sur cette bissectrice et en déplaçant le réticule jusqu'à ce qu'on retrouve le point visé.

Cette vérification n'est généralement pas nécessaire avec les alidades à tuyau viseur. Dans la construction de ces instruments, la plaque qui porte le viseur est d'abord fixée provisoirement; on ne la fixe définitivement qu'après vérification de l'instrument.

94. 2ᵉ *vérification*. La vérification qu'on vient de faire subir à l'alidade ayant permis de reconnaître si la ligne de visée décrit un plan, pour s'assurer si ce plan est bien vertical, il suffit de viser un fil à plomb placé à une certaine distance, ou l'arête verticale d'une maison.

PLANCHETTE DE JHÄNS.

95. La planchette imaginée par Jhäns (*fig.* 60) présente un avantage considérable parce qu'elle peut être nivelée de suite, par le mouvement d'une seule vis et sans tâtonnement, quelles que soient les inégalités du terrain.

Le principe en est bien simple. Nous savons, en effet, que toutes sections d'un cylindre, obliques par rapport à son axe, contiennent au moins une horizontale. Il suffira donc de faire tourner la section considérée autour de cette horizontale et d'amener une autre droite de cette section à être aussi horizontale pour que la section le soit tout entière. D'où découlent les opérations à faire pour mettre la planchette en station.

On place sur la planchette, en un point quelconque, un niveau sphérique. On fait tourner la planchette et le tronc de cylindre supérieur autour de son axe jusqu'à ce que la bulle du niveau soit dans le plan

Fig. 60.

vertical passant par la vis destinée au mouvement de la planchette. On tourne cette vis dans un sens ou dans l'autre jusqu'à ce que la bulle arrive dans son repère. La planchette est dès lors horizontale et on serre la pince d'arrêt.

La planchette de Jhäns peut se déplacer dans son plan sans qu'il soit nécessaire de toucher au pied.

§ III. — BOUSSOLES.

96. La boussole est un instrument basé sur la propriété que possède l'aiguille aimantée, librement suspendue, de se maintenir dans une direction sensiblement constante, direction qui est celle du méridien magnétique (1).

97. Le *méridien magnétique* d'un lieu est, comme on sait, le plan passant par les pôles magnétiques et ce lieu.

98. Le *méridien géographique* d'un lieu est le plan passant par les pôles terrestres de ce lieu.

(1) On explique cette direction en considérant la terre comme agissant à la façon d'un barreau aimanté qui aurait un pôle magnétique dans l'hémisphère boréal (pôle boréal) et un autre dans l'hémisphère austral (pôle austral). En vertu de la loi des attractions magnétiques, le pôle austral d'une aiguille aimantée se dirige vers le pôle boréal, et le pôle boréal de l'aiguille se dirige vers le pôle austral de la terre.

99. On a donné les noms de *méridienne magnétique* et de *méridienne géographique* d'un lieu äux traces du méridien magnétique et du méridien géographique sur le plan horizontal du lieu considéré.

100. L'angle NON' (*fig.* 61), formé par la méridienne géographique et par la méridienne magnétique, mesure l'angle formé par le méridien géographique et le méridien magnétique du lieu et a reçu le nom d'*angle de déclinaison*, ou simplement, *déclinaison du lieu*.

101. La déclinaison est sensiblement

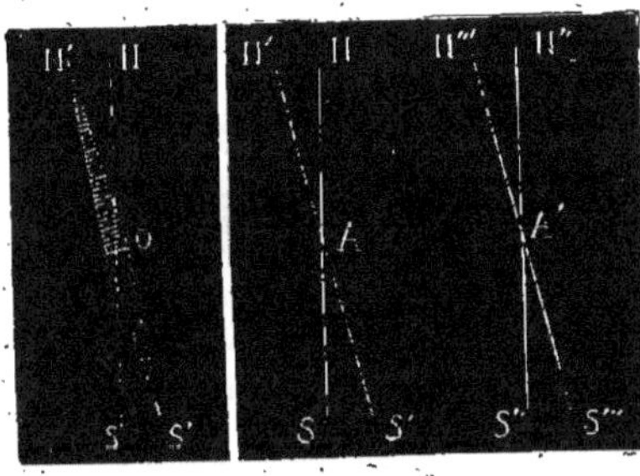

Fig. 61.   Fig. 62.

constante pour un lieu déterminé, et c'est sur la constance de l'angle de déclinaison qu'est basée l'orientation à l'aide de la boussole.

Si l'on considère en effet deux points, A et A' (*fig.* 62), d'un lieu déterminé, la déclinaison étant constante, les directions N' S' et N''' S''' de l'aiguille aimantée seront parallèles en ces deux points. On voit donc que, pour avoir en A' la direction de la méridienne géographique, il suffira de tracer, en ce point, une ligne N''S'', faisant avec l'aiguille aimantée un angle égal à l'angle de déclinaison.

Si l'aiguille aimantée est mobile sur un cercle divisé, NS étant la direction de la méridienne au point A, on obtiendra de nouveau cette direction en A', en faisant tourner l'instrument de telle façon que l'aiguille aimantée revienne à la même division.

102. La constance de la déclinaison n'est cependant pas absolue.

La déclinaison varie avec chaque lieu et ne peut être regardée comme constante que dans une portion relativement restreinte.

Elle est sujette à des variations annuelles qui la font osciller autour du méridien jusqu'à un maximum d'écart qui est d'environ 23 degrés. Ainsi, à Paris, la déclinaison, qui était orientale au XVIe siècle, nulle en 1663, est devenue ensuite occidentale et elle était de 23° 34' en 1814. Depuis lors, elle décroît annuellement de 9 minutes environ ; elle est actuellement (en 1884) de 16° 56' pour Paris. La déclinaison est donnée tous les ans à Paris par le Bureau des Longitudes.

Outre ces variations annuelles, l'aiguille éprouve des variations périodiques diurnes. Ces variations peuvent s'étendre jusqu'à 15 minutes. Généralement, elles sont assez faibles pour être négligeables en géodésie.

L'aiguille aimantée est également soumise à des variations accidentelles, dues aux grands phénomènes électriques : orages, trombes, aurores boréales, etc.

103. La boussole se compose d'une aiguille aimantée (*fig.* 64), formée d'une lame d'acier très mince, taillée en forme de losange allongé et suspendue, en son centre, sur un pivot vertical autour duquel elle peut tourner librement. Pour obtenir ce résultat, l'aiguille est fixée à une sertissure métallique au centre de laquelle est une sphère d'agate taillée de manière à loger la pointe du pivot.

L'aiguille aimantée, librement suspendue, inclinerait sa pointe bleue vers le pôle magnétique terrestre, et ne resterait conséquemment pas horizontale. Pour obtenir cette horizontalité, en construisant l'aiguille, on dispose le centre de gravité non au centre de figure, mais sur la partie qui n'a pas été teintée en bleu, en un point G déterminé de telle façon que l'aiguille se meuve dans un plan horizontal.

L'aiguille aimantée est renfermée dans une petite boîte en bois ou en métal, ronde ou carrée, recouverte d'une plaque de

Fig. 63.   Fig. 64.

verre destinée à garantir cette aiguille.

La boîte de la boussole présente un évidement cylindrique renfermant un limbe ou cercle, au centre duquel se trouve le pivot de l'aiguille. Quelquefois, ce cercle est fixé sur le fond même de la boîte. Le limbe est généralement divisé en 360 degrés. Cette division permet d'employer la boussole pour la mesure des angles. Souvent, on ne figure sur le limbe que deux diamètres rectangulaires portant à leurs extrémités les lettres N., S., E., O. (*fig.* 64), indiquant les quatre points cardinaux. Outre les quatre points cardinaux, la circonférence du limbe porte quelquefois l'indication des directions intermédiaires, qui sont : le nord-est, entre le nord et l'est ; le sud-est, entre le sud et l'est ; le sud-ouest, entre le sud et l'ouest ; le nord-ouest, entre le nord et l'ouest. On obtient ainsi huit divisions qui peuvent être partagées chacune en deux parties égales et donner l'indication des directions intermédiaires, qui ont reçu les noms suivants : nord-nord-est, entre le nord et le nord-est ; est-nord-est, entre l'est et le nord-est, et ainsi de suite. La circonférence du limbe est alors partagée en seize parties égales. Dans les boussoles marines, le nombre des divisions s'élève à trente-deux et chaque division porte un nom particulier. L'ensemble de ces divisions s'appelle *rose des vents.*

I. — Boussole d'arpenteur.

104. La boussole d'arpenteur (*fig.* 65) se compose d'une boîte carrée en bois, de 20 à 30 centimètres de côté, au fond de laquelle se trouve un limbe circulaire A B C gradué de 0ᵍ à 400ᵍ ou de 0⁰ à 360⁰. Au centre G du limbe, est un pivot d'acier

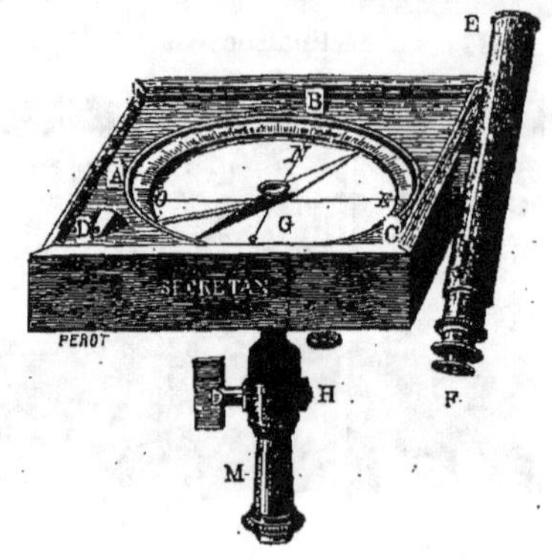

Fig. 65.

supportant une aiguille aimantée faite d'une lame d'acier très mince, ayant la forme d'un losange très allongé. Une chape en agate, sertie au centre de l'aiguille, sert à suspendre celle-ci sur le pivot.

La pointe de l'aiguille tournée vers le nord est teintée en bleu. Pour faciliter la lecture des graduations, la longueur de l'aiguille doit être telle qu'il n'y ait pas un jeu de plus d'un demi-millimètre entre ses pointes et la circonférence intérieure du limbe.

Afin de préserver l'aiguille des agents extérieurs, vent, pluie, etc., une glace transparente recouvre le limbe. Cette glace est suffisamment rapprochée de la face supérieure de la chape, pour que, en renversant la boussole, l'aiguille ne quitte pas le pivot.

Un levier DG, mis en mouvement à l'aide d'un dispositif particulier à chaque instrument, et qui consiste le plus souvent en un verrou, permet de soulever l'aiguille et de l'appliquer contre la glace pendant les transports, afin d'éviter l'usure de la pointe du pivot, usure qui serait produite par les mouvements de l'aiguille pendant le transport.

Une lunette FE placée sur l'un des côtés de la boîte ; dans d'autres appareils, un simple tuyau viseur, constitue l'appareil de visée. Lunette ou tuyau viseur peuvent tourner autour d'un axe perpendiculaire au côté, de manière à décrire un plan perpendiculaire au limbe divisé.

La boussole peut tourner librement autour d'un axe perpendiculaire au limbe gradué. Cet axe fait partie d'un genou à coquilles, H, au moyen duquel on peut facilement amener le plan du limbe dans une position horizontale.

Le genou à coquilles est portée par une douille M qui sert à fixer la boussole sur un trépied.

105. *Graduation du limbe.* — *Sens de la graduation.* L'appareil de visée, lunette ou tube viseur, est toujours sur le côté

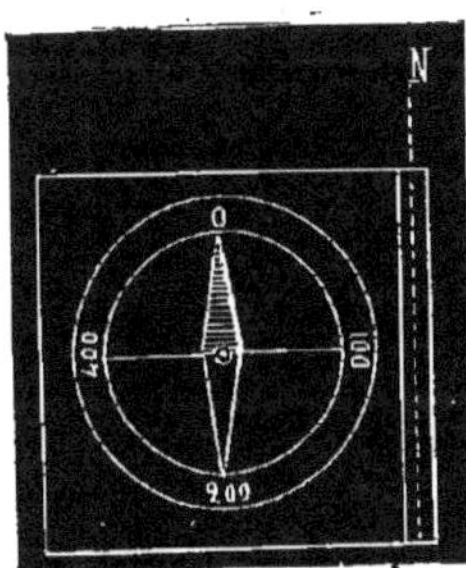

Fig. 66.

droit de la boussole, c'est-à-dire à droite de l'observateur. Les visées se font donc avec l'instrument, face à droite.

Supposons la ligne de visée préalablement placée dans la direction du méri-dien magnétique NS (*fig.* 66). L'aiguille sera alors parallèle à la lunette et la pointe bleue devra marquer 0^g ou 0^0. Il en résulte donc que le diamètre 0^g-200^g ou 0^0-180^0 devra être parallèle au plan de visée.

Si l'on imprime ensuite à la boussole un mouvement de rotation de droite à gauche, l'aiguille restant fixe, les divisions défileront sous la pointe bleue. Si, par exemple, on vise une direction dont l'azimut est de 40 grades, les graduations défileront sous la pointe bleue, jusqu'à ce que la division 40 vienne se placer en regard de cette pointe. Le zéro décrira un arc qui représentera l'azimut de 40 grades, et on voit que les graduations devront être marquées du nord vers l'est, c'est-à-dire dans le sens des aiguilles d'une montre, sens inverse de celui dans lequel ou compte les azimuts.

VÉRIFICATION DE LA BOUSSOLE.

106. Pour qu'une boussole soit d'un bon emploi, ses différentes parties doivent satisfaire à certaines conditions, parmi lesquelles nous examinerons les plus importantes.

1° *L'aiguille doit être horizontale, quand elle repose sur son pivot.* Si cette condition n'était pas remplie, les pointes de l'aiguille ne viendraient pas près du limbe et il en résulterait une certaine incertitude dans les lectures. — On corrige ce défaut en donnant un coup de lime sur le côté le plus lourd, ou bien en fixant un peu de cire sous la pointe la plus légère.

2° *L'aiguille doit être bien sensible,* car elle ne reviendrait pas à une position constante à chaque opération. On vérifie cette condition en écartant l'aiguille d'environ 10 grades de la division devant laquelle elle s'est arrêtée. Elle devra y revenir après avoir exécuté 25 ou 30 oscillations. On aurait la preuve que le pivot est émoussé, si elle s'arrêtait après un nombre moindre d'oscillations, ou si l'énergie magnétique de l'aiguille était affaiblie. Si le nombre d'oscillations est plus grand que 30, il y a perte de temps sans avantage.

3° *Le pivot doit être au centre du limbe.* — Il est très important que cette condition soit remplie, afin qu'à des déplacements angulaires égaux de la ligne de visée, correspondent des mesures égales sur les diverses parties du limbe.

On opère cette constatation en faisant tourner la boîte de la boussole et en l'arrêtant dans diverses positions. La différence des lectures faites aux deux pointes de l'aiguille, dans ces diverses positions, devra toujours être de 180 degrés ou 200 grades.

Si les deux pointes de l'aiguille et le point de suspension n'étaient pas en ligne droite, la différence des lectures ne donnerait pas 180 degrés ou 200 grades, mais cette différence sera constante si le pivot est exactement au centre du limbe.

Lorsque le défaut d'excentricité est faible, on le fait disparaître en agissant sur le pivot avec une pince, de manière à ramener la pointe du pivot sur la verticale au centre. Lorsque l'erreur est par trop grande, il est préférable de faire retoucher l'instrument par le constructeur.

On peut cependant se servir d'une boussole qui présenterait un défaut de centrage.

Soit *ns* (*fig.* 67) la position de l'aiguille aimantée, *n's'* le diamètre parallèle. — L'azimut exact étant *on'*, on a

$$on' = on - nn$$
$$on' = os + nn' - 200,$$

d'où, en ajoutant membre à membre,

$$2on' = on + os - 200$$

et

$$on' = \frac{on + os}{2} - 100.$$

C'est-à-dire que l'azimut exact est égal à la demi-somme des lectures faites

aux deux pointes, diminuée de 100 grades.

Cette vérification doit se faire souvent, car le pivot, qui est une pointe très fine, peut se fausser assez facilement dans les

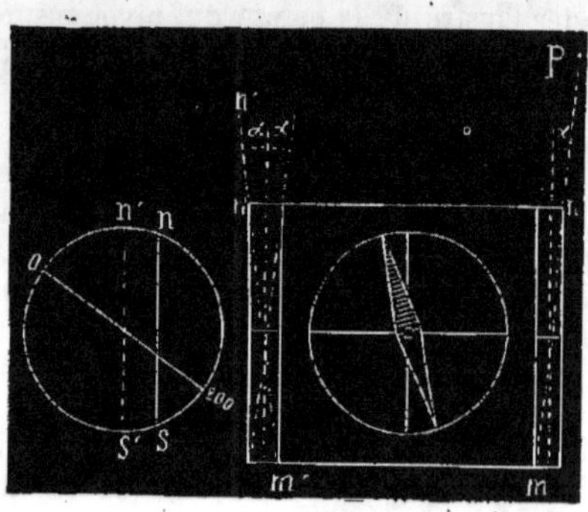

Fig. 67. Fig. 68.

chocs occasionnés par le transport de l'instrument.

4° *L'axe optique de la lunette doit être perpendiculaire à son axe de rotation.*

On vérifie cette condition de la manière suivante:

Viser un point très éloigné P (*fig.* 68), tourner la boussole de 180 degrés, puis retourner la lunette bout pour bout. En mettant l'œil à l'oculaire, on doit retrouver le point visé sur l'axe optique de la lunette, sinon il y a erreur de collimation. Lorsque cette erreur existe, l'axe optique de la lunette, après le retournement, comme le montre la figure, occupe la position *m'n'*, qui forme avec la première un angle double de l'angle d'erreur α. Pour amener de nouveau l'axe optique de la lunette sur le point P, il faut faire rétrograder la boussole d'un angle égal à 2α. Ainsi, la moitié de l'angle dont il faut faire tourner la boussole, pour retrouver le point visé, marque l'erreur de collimation

Cette erreur disparaît en faisant tourner la boussole de l'angle α, puis en déplaçant le réticule de la lunette jusqu'à ce qu'on trouve le point P sur la ligne de visée.

II. — Boussole à limbe mobile.

107. Dans certaines boussoles, le limbe peut tourner dans son plan autour du centre, à l'aide d'un pignon denté s'engrenant avec une couronne également dentée, portée par le limbe. Une clef carrée permet d'agir sur le pignon (*fig*. 69).

Ce dispositif a pour but de faire indiquer

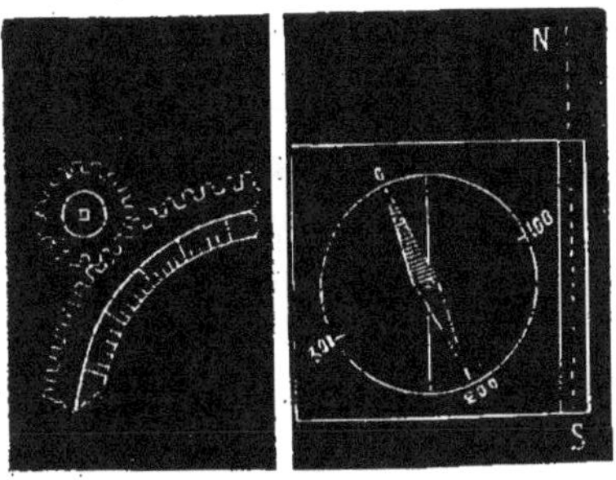

Fig. 69.   Fig. 70.

par la boussole les azimuts rapportés au méridien géographique. Dans bien des cas, en effet, par exemple dans les opérations s'appuyant sur les réseaux géodésiques, le canevas topographique est orienté par rapport au méridien géographique, les côtés du cadre ayant la direction N.-S. et O.-E. Il importe alors que la boussole indique les azimuts, non plus rapportés au méridien magnétique, mais au méridien géographique. Ce résultat exige que la boussole soit préalablement réglée.

RÉGLAGE DE LA BOUSSOLE.

108. Régler une boussole, c'est disposer le limbe de telle sorte que, lorsqu'on vise une direction, l'azimut de cette direction soit indiqué par le chiffre qui vient se placer sous la pointe bleue.

1° *Au moyen de la méridienne tracée sur le terrain.* — Lorsque la méridienne est tracée sur le terrain, si l'on se place avec une boussole en un point de cette ligne et qu'on vise la direction nord, la pointe bleue devra, si la boussole est réglée, être en regard du zéro, puisque l'azimut de la direction nord est nul. Il suffira donc, dans ce cas, pour obtenir le réglage de la boussole, de faire tourner le limbe en agissant sur le pignon, jusqu'à ce que le zéro vienne en regard de la pointe bleue de l'aiguille.

Les azimuts rapportés au méridien géographique diffèrent des azimuts rapportés au méridien magnétique d'une quantité constante, qui est la valeur de la déclinaison. On en déduit le moyen de régler une boussole, quand on connaît la déclinaison de l'aiguille aimantée.

2° *Par la déclinaison.* — Il suffit, pour cela, de faire tourner le limbe jusqu'à ce que le chiffre de la déclinaison vienne en regard d'un index fixe marquant le diamètre du limbe, parallèle à la ligne de visée ; mais, comme le parallélisme de ces deux lignes peut n'être pas parfaitement établi, ce mode de réglage est moins précis que le précédent et le suivant.

3° *La méridienne étant tracée sur la feuille du lever.* — Lorsque la feuille du lever porte la direction de la méridienne, ainsi que celle des côtés du canevas, on a

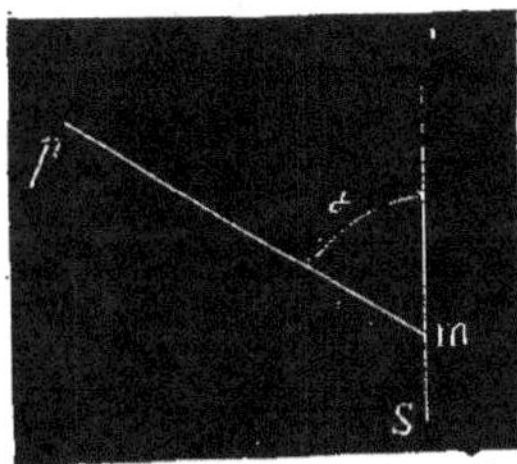

Fig. 71.

un moyen très simple de régler la boussole. On mesure, à l'aide du rapporteur, l'azimut α d'un côté du canevas tel que mp (*fig*. 71), puis, se plaçant avec la boussole au point M du terrain, projeté en m, on vise la direction MP et on fait tourner le limbe de manière à amener, en face de la pointe bleue de l'aiguille, le nombre α qui exprime l'azimut de la direction MP. La boussole est alors déclinée.

III. — Boussole Hossard.

109. La boussole Hossard se compose d'une boîte quadrangulaire renfermant un limbe fixe gradué comme celui des boussoles ordnaiires. Au centre de ce limbe, se meut une aiguille aimantée.

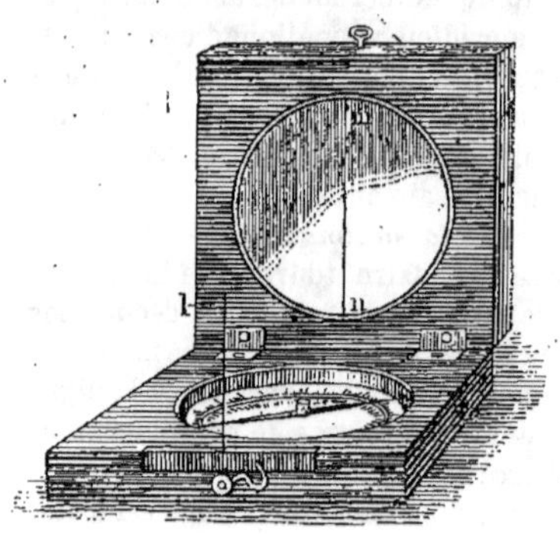

Fig. 72.

Le couvercle de la boîte porte intérieurement un miroir sur lequel est gravé un trait *mn* (*fig.* 72). Ce couvercle tourne autour d'une charnière placée sur le côté de la boîte, perpendiculaire au diamètre 0 — 200 de la graduation. Une tige métallique *l*, perpendiculaire au plan du limbe, est fixée sur la direction du diamètre 0—200, et peut être rabattue horizontalement pour faciliter la fermeture de la boîte.

La tige *l* détermine, avec le trait gravé sur le miroir, un plan perpendiculaire au plan du miroir. Ce plan est le plan de visée.

110. Pour mesurer avec cet instrument l'azimut d'une direction donnée, on tient la boussole horizontalement à la main, le couvercle tourné vers soi. On incline ensuite plus ou moins ce couvercle jusqu'à ce que l'œil, placé au-dessus du miroir, aperçoive l'image de la tige métallique en coïncidence avec le trait gravé. On tourne ensuite lentement le corps jusqu'à ce qu'on arrive à faire passer le plan de visée de la boussole par l'objet visé. Ce résultat est atteint lorsqu'on aperçoit simultanément, et se confondant, le trait gravé sur le miroir, l'image de la tige *l* et celle du point visé. On lit alors la graduation marquée par la pointe bleue de l'aiguille. Cette graduation est l'azimut cherché.

IV. — Boussole Peigné.

111. La boussole Peigné consiste en une boussole ordinaire carrée, de 8 centimètres de côté et de 13 millimètres d'épaisseur. Un couvercle à charnière, de mêmes dimensions, peut se rabattre sur la boîte ou se tenir à 45 degrés sur le plan de la boussole, au moyen d'une pinnule T (*fig.* 73).

Ce couvercle renferme une glace étamée sur toute sa surface, sauf une partie correspondant à une fenêtre rectangulaire pratiquée dans le bois du couvercle, dans le prolongement du diamètre nord-sud.

L'aiguille aimantée, qui est très légère,

Fig. 73.

repose sur pivot bien effilé et peut être soulevée par un levier sur lequel on agit en appuyant sur la tige b qui passe librement dans l'intérieur d'une grosse vis.

Dans cette boussole, le plan de visée est déterminé : 1° par une fente mince pratiquée dans le milieu de la pinnule T; 2° par une ligne idéale occupant le milieu de deux fils tendus dans la longueur de la fenêtre que contient le couvercle.

Pour mesurer avec cet instrument l'azimut d'une direction donnée, on tient l'instrument horizontalement à hauteur de l'œil. On vise à travers la pinnule T et les deux fils fixés sur la fenêtre du couvercle, puis on fait la lecture dans le miroir qui réfléchit les graduations du limbe.

112. *Report automatique de l'angle.* — Dans les boussoles ordinaires, une fois la lecture faite, l'angle mesuré est reproduit sur la feuille du lever au moyen du rapporteur. A l'aide de la boussole Peigné, on peut rapporter directement les azimuts sur la feuille du lever portant des lignes parallèles tracées à l'avance et indiquant la direction nord sud (*fig.* 74).

En effet, on remarquera que le plan de

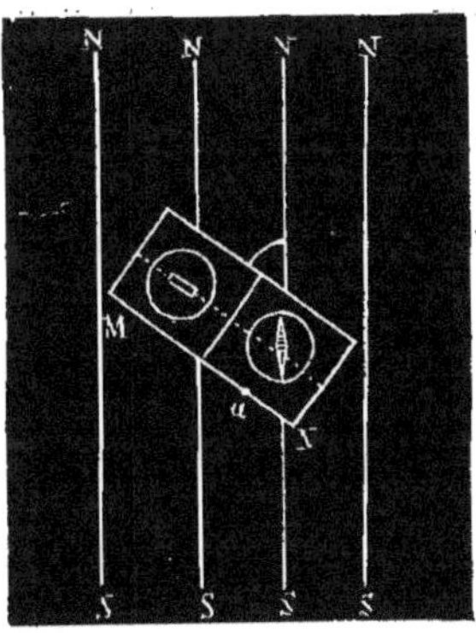

Fig. 74.

visée est parallèle au grand côté MN (couvercle rabattu) de la boussole. Si donc l'aiguille, immobilisée dans la boîte, recouvre une des lignes nord-sud de la feuille du lever, il est évident que la ligne

MN doit être parallèle à la projection du plan de visée sur la feuille.

Pour rapporter, sur la feuille du lever, l'azimut d'une direction, après avoir visé cette direction, l'aiguille étant arrêtée, on l'immobilise complètement à l'aide de la vis b, qu'on descend. On applique la boussole ouverte, couvercle rabattu, sur la feuille du lever, l'aiguille recouvrant la direction sud-nord et le bord MN passant par la projection a de la station ou du point visé. Alors il ne reste plus qu'à tracer une ligne suivant MN.

Cette manœuvre automatique permet donc de supprimer la lecture de l'azimut sur la boussole et évite l'emploi d'un rapporteur.

113. *Carton à bretelles.* — Avec la boussole Peigné, on peut employer, comme planchette, un carton à bretelles composé d'une petite planchette mince réunie, à soufflet, à une feuille de carton. A deux angles opposés est attachée une bretelle-courroie de cuir ou ganse noire, permettant de porter le carton en sautoir. Le côté *bois* du carton est ardoisé; il porte une série de traits parallèles au grand côté du carton, avec les indications nord-sud.

Deux petits tubes métalliques sont fixés sur le grand côté de la planchette, à l'opposé de la charnière à soufflet. Ces tubes servent de porte-crayons et peuvent être utilisés pour diriger des visées de nivellement.

V. — Boussole Burnier.

114. La boussole Burnier (*fig.* 75) se compose d'une boîte en cuivre, de forme allongée, dans l'intérieur de laquelle pivote un barreau aimanté qui fait corps avec un limbe très léger en forme de tambour. La tranche extérieure de ce tambour porte des graduations en degrés. Le limbe est éclairé à l'aide d'une ouverture F ménagée sur la partie supérieure et fermée par une plaque de corne. Une fenêtre rectangulaire o, percée à l'une des extrémités de la boîte et munie d'une loupe, permet d'apercevoir les divisions du limbe qui viennent, au moment de la visée, se

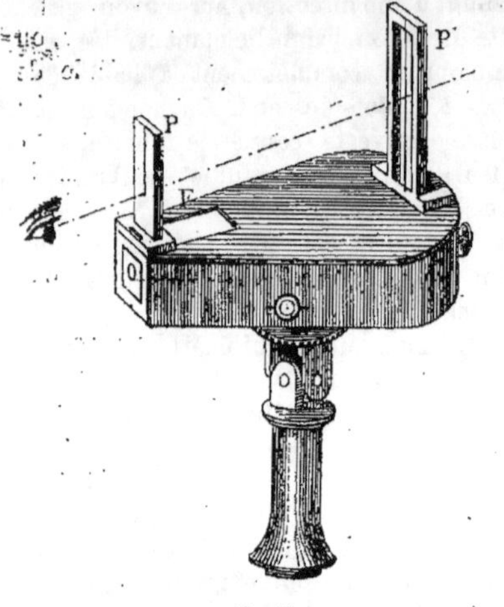

Fig. 75.

le couvercle porte deux pinnules A'B, AB (*fig.* 76) placées parallèlement à la ligne nord-sud et déterminant le plan de visée.

Fig. 76.

placer devant un trait placé sur la fenêtre.

Deux pinnules P et P', qui se dressent perpendiculairement sur la boîte et qu'on peut rabattre pour le transport, déterminent le plan de visée, qui passe nécessairement par le centre du limbe et le trait gravé sur la fenêtre.

Pour se servir de cette boussole, on la tient horizontalement à hauteur de l'œil et on vise au moyen des pinnules. Lorsque le cylindre est arrêté, on lit, en regard du trait gravé, l'azimut de la direction visée. La boussole Burnier peut se fixer sur un pied ou être tenue à la main. Dans ce dernier cas, un bouton sur lequel on appuie le doigt permet d'amortir les oscillations du limbe.

Par suite de la fixité du limbe, la graduation est en sens inverse de celui de la boussole ordinaire.

VI. — Boussole-éclimètre Trinquier.

115. La boussole-éclimètre Trinquier consiste en une boussole ordinaire dont

116. *Éclimètre.* — Dans l'évidement du couvercle de la boussole est logé un niveau à perpendicule formé par un petit disque métallique évidé servant d'éclimètre. Ce niveau oscille verticalement autour d'un pivot placé au centre d'un cercle qui occupe le fond de l'évidement. Une aiguille, placée au centre de ce disque, marque l'angle de pente. Le plan de visée de cet éclimètre est déterminé par une fente C et un crin C.

Par l'effet d'un contre-poids M, situé sur la circonférence, le diamètre mobile se tient toujours horizontal.

117. *Échelle rapporteur.* — La boussole-éclimètre se place sur le coin d'une planchette en carton (*fig.* 77-78) à laquelle est fixé un cercle ou disque également en carton, pouvant, au gré de l'opérateur, tourner dans tous les sens autour de son centre. Ce cercle, appelé *échelle rapporteur*, est destiné au report sur le papier : 1° des azimuts des directions visées avec la boussole ; 2° des distances mesurées au pas et au mètre.

A cet effet, le bord du disque est divisé

en 360 degrés dans le même sens que la boussole, et les divisions viennent succes-

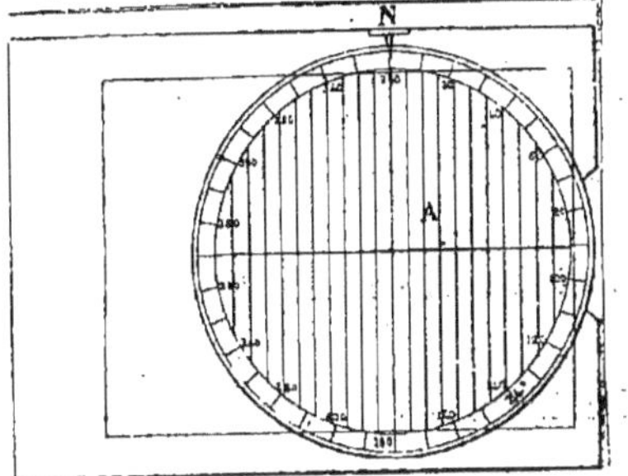

Fig. 77.

sivement défiler devant une pointe métallique N servant d'index.

Il y a deux indications, l'une en noir, l'autre en rouge.

Toute la surface du disque est quadrillée par un double système de lignes rouges et noires. Les lignes noires sont espacées entre elles de 1 millimètre, = 20 mètres à l'échelle de $\dfrac{1}{20000}$. Les lignes rouges sont distantes l'une de l'autre de $\dfrac{8}{10}$ de millimètre = 20 pas à l'échelle de $\dfrac{1}{20000}$. L'échelle la plus employée est celle de 125 pas pour 100 mètres.

Une feuille de papier transparent, destinée à recevoir la minute, est collée sur le carton et laisse voir, par transparence, les divisions de la circonférence du disque.

118. *Report des azimuts et des distances au moyen de l'échelle rapporteur.* Supposons que l'azimut de la direction AB soit de **25** degrés, que la distance du point A au point B ait été trouvée égale à **320** pas et que l'échelle du lever soit de

$$\dfrac{1}{20000}.$$

Pour déterminer sur le papier la projection du point B, on fait tourner le disque jusqu'à ce que la graduation noire 25° se trouve en face de l'index (*fig.* 78). Cet index et le centre du limbe représentent le méridien magnétique. Toutes les lignes noires, ayant tourné de 25 degrés, se trouvent alors dans la direction visée avec la boussole. Il n'y a plus qu'à tracer par le point A, avec le crayon, la ligne

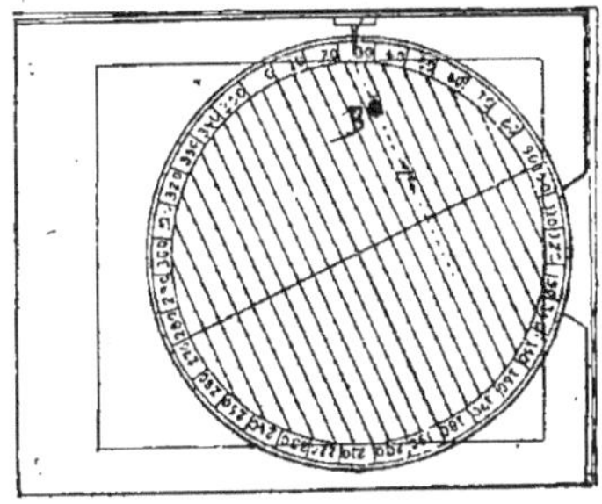

Fig. 78.

noire de l'échelle rapporteur, qu'on aperçoit à travers la feuille transparente; ou bien, lorsque A tombe entre deux lignes noires, mener une parallèle à la plus voisine, pour obtenir la direction AB correspondant à l'azimut de 25°.

L'opérateur, ayant tracé la direction AB, portera sur cette direction le point B en comptant, à partir de A, autant de lignes rouges qu'il y a de fois 20 pas dans la distance AB.

Si la distance AB était mesurée au mètre et égale par exemple à 320 mètres, on placerait les lignes rouges de l'échelle rapporteur dans la direction visée. On amènerait la graduation rouge 25° sous l'index, et on prendrait sur la direction rouge, passant alors par A, autant de lignes noires qu'il y a de fois 20 mètres dans la longueur AB.

CHAPITRE III

INSTRUMENTS DE NIVELLEMENT

§ I. — NIVEAUX A PERPENDICULE.

119. Les niveaux à perpendicule sont basés sur la propriété que possède le fil à plomb de se diriger suivant une verticale sous l'action de la pesanteur.

Un grand nombre d'instruments ont été construits d'après ce principe, mais nous nous bornerons à donner la description de ceux qui nous paraissent le plus pratiques.

I. — Niveau de maçon.

120. Le niveau de maçon (*fig.* 79) se compose essentiellement de deux règles en bois AB, AC, assemblées en A et reliées par une troisième règle BC, de manière à former un triangle isocèle, généralement rectangulaire en A, afin de pouvoir employer l'instrument comme équerre. Au sommet A, est suspendu un fil à plomb qui vient battre contre la règle BC, nommée *traverse*. Un trait F, ou *repère du niveau*, est marqué sur la traverse et détermine la ligne que suit le fil à plomb, lorsque le niveau est placé sur un plan horizontal.

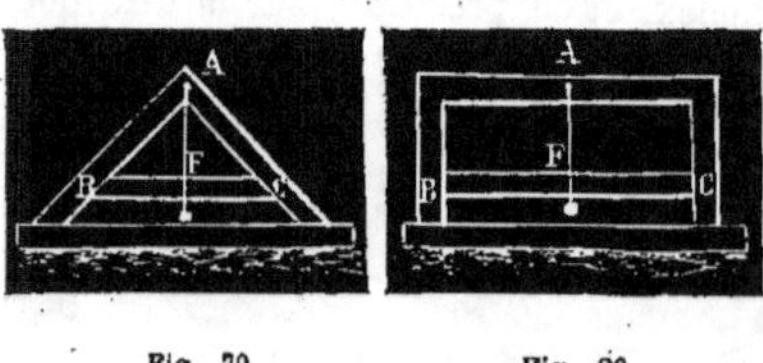

Fig. 79.   Fig. 80.

Le niveau de maçon prend quelquefois la forme d'un rectangle (*fig.* 80) dont l'un des côtés est la traverse qui porte le trait de repère.

Dans la figure 81, le niveau consiste en une règle BC, terminée par deux appuis,

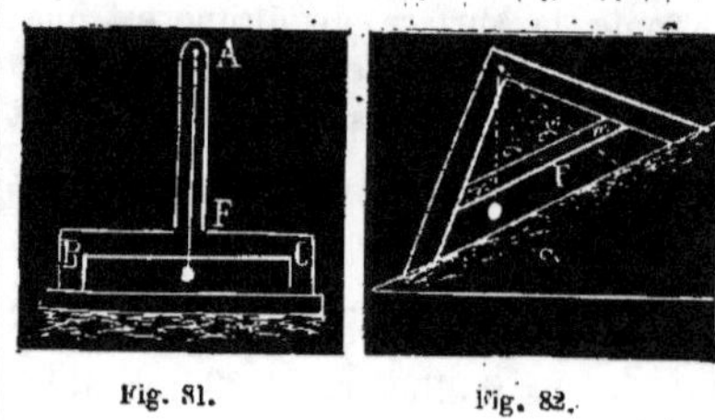

Fig. 81.   Fig. 82.

au milieu de laquelle s'élève, à angle droit, une deuxième règle AF, munie d'une ligne de foi et d'un fil à plomb.

VÉRIFICATION DU NIVEAU DE MAÇON.

121. Avant d'employer un niveau de maçon, il faut le vérifier. Cette opération consiste à s'assurer que le fil à plomb passe par le trait de repère quand l'instrument est placé sur un plan horizontal. La même opération est employée pour tracer le trait de repère sur la traverse.

On place le niveau sur un plan légèrement incliné. Le fil à plomb, abandonné à lui-même, prend la direction de la pesanteur, et on repère sa position sur la traverse à l'aide d'un trait *m* (*fig.* 82). Cela fait, on retourne le niveau sur place, bout pour bout, et on marque de même le point *m'* déterminé par la direction du fil à plomb. Les points m, m' sont placés symétriquement par rapport à F, et si le niveau est juste, le point F devra se trouver au milieu de l'intervalle mm'.

On peut corriger un niveau défectueux, soit en déplaçant le trait de repère, soit en diminuant l'un des pieds de l'instrument.

122. Le niveau de maçon peut servir à assurer l'horizontalité d'une direction et, par suite, peut être employé pour obtenir la différence de niveau de deux points. Voici comment on opère :

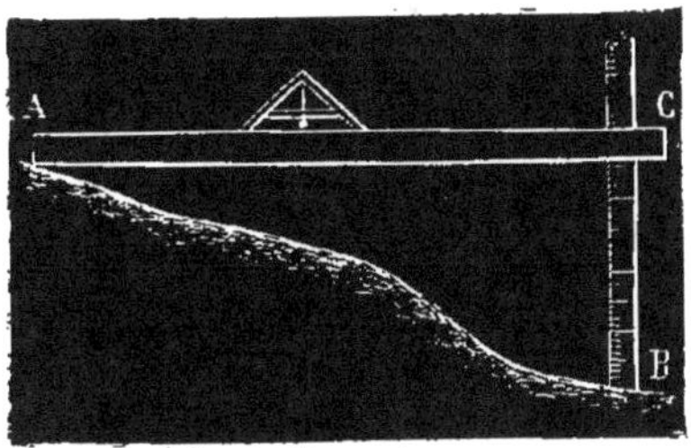

Fig. 83.

Soient deux points A et B (*fig.* 83) dont on veut déterminer la différence de niveau.

Au point le plus élevé A, on place l'extrémité d'une règle bien droite, et on élève l'autre bout le long d'une deuxième règle divisée, placée verticalement au point B, jusqu'à ce que le niveau placé sur la première indique l'horizontalité. La différence de niveau des deux points est alors lue sur la règle verticale.

Ce procédé de nivellement, d'un emploi très rare en topographie, est d'un fréquent usage en fortification et en architecture.

NIVEAU DE MAÇON MODIFIÉ POUR SERVIR
A LA MESURE DES PENTES.

123. On obtient la mesure d'une pente à l'aide d'un niveau de maçon si l'on complète cet instrument par un arc de cercle divisé, le centre de cet arc coïncidant avec le point d'attache du fil à plomb.

La figure 84 montre que l'angle de pente α, de la direction MN, est mesuré par l'angle α', les angles α et α' étant

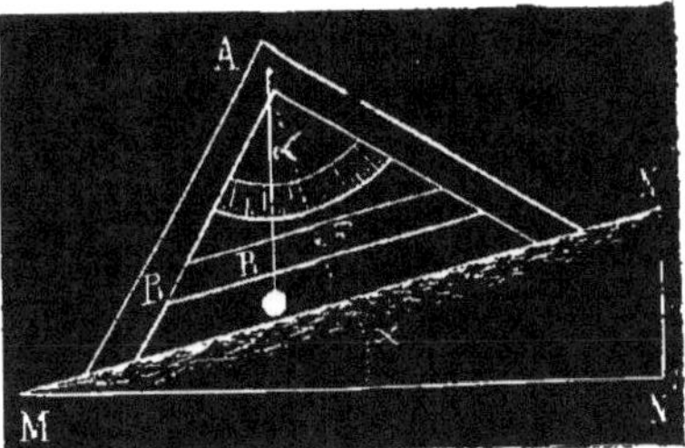

Fig. 84.

égaux comme ayant les côtés perpendiculaires.

Dans quelques autres instruments, l'angle de pente est donné par sa tangente, au moyen d'une graduation marquée sur la traverse. La similitude des triangles NMN' et ARF donne la suite de rapports égaux :

$$\frac{NN'}{MN'} = \frac{RF}{AF} = \frac{RF}{BF}$$

Généralement, la longueur BF est divisée en 100 parties égales, et si l'on représente par n le nombre des divisions RF, intercepté par le fil, la pente sera exprimée par le rapport

$$\text{taug. } \alpha = \frac{n}{100}.$$

Le nivellement au moyen du niveau de maçon ne peut être utilisé qu'entre des points très rapprochés. A de grandes distances, il exigerait de nombreuses stations intermédiaires et offrirait peu d'exactitude.

124. Le niveau de maçon, complété par un appareil de visée, peut servir à déterminer une horizontale indéfinie. Il suffit, pour cela, de fixer le niveau sur une règle portée par un trépied et munie de pinnules ou d'une lunette (*fig.* 85). Le niveau de maçon permet de rendre la règle horizontale et, par suite, de donner des coups de niveau autour du point de s'ation. En utilisant la graduation jointe à l'instrument, l'appareil peut servir à mesurer les pentes. Dans ce cas, on dirige

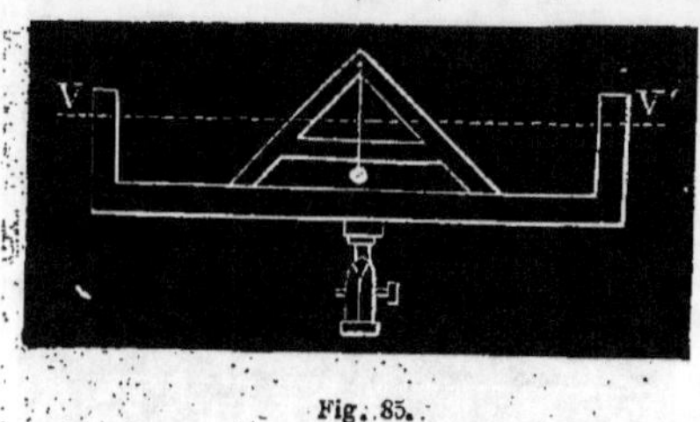

Fig. 85.

la ligne de visée parallèlement au terrain.

LIMITE D'EMPLOI DU NIVEAU DE MAÇON.

125. Dans l'emploi du niveau de maçon, on commet toujours une certaine erreur dans l'appréciation de la coïncidence du perpendicule avec le trait de repère.

Cette erreur peut être fixée à $0^m,001$. Il en résulte une erreur correspondante sur la mire, erreur qui croît avec la distance.

Si l'on veut apprécier une différence de niveau à un décimètre près, on ne devra pas dépasser une distance égale à 100 fois la longueur de l'apothème du niveau.

Désignons par e l'erreur RF (*fig.* 84), commise dans l'appréciation de la coïncidence du fil à plomb. Le plan sur lequel repose le fil à plomb n'étant pas parfaitement horizontal, il en résultera une erreur E = NN' sur la mire. La similitude des triangles AFR et NMN' donne la proportion :

$$\frac{NN'}{MN'} = \frac{RF}{AF} \quad \text{ou} \quad \frac{E}{MN'} = \frac{e}{AF}$$

d'où il vient :

$$MN' = \frac{E}{e} \times AF$$

si E $= 0^m,1$, $e = 0^m,001$, on a MN' = 100 AF

II. — Niveau topographique

PAR HENRI CHAIRGRASSE FILS.

126. Le niveau topographique se compose essentiellement d'une planchette en bois ou en métal, arrondie suivant un diamètre AB (*fig.* 86) de 0^m24. Le demi-cercle est divisé en degrés et demi-degrés. A chacun des points D, C et A, B délimitant deux droites perpendiculaires l'une à

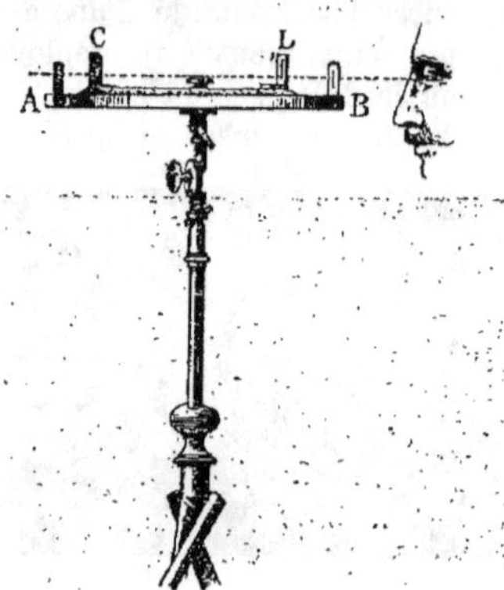

Fig. 86.

l'autre, se trouve une pinnule munie d'une fenêtre et d'une fente pour déterminer les lignes de visée. Au-dessus du diamètre AB (*fig.* 87) se trouve une ouverture circulaire CH dans laquelle se meut la boule de l'aiguille OE, lorsque l'instrument fonctionne comme niveau de maçon ou comme niveau taluteur.

L'alidade mobile est simplement un double décimètre en buis, divisé en demi-millimètres et portant deux pinnules à charnières aux extrémités.

L'aiguille, suspendue librement au centre, détermine la verticale par le poids de sa boule et lorsque l'index de l'aiguille coïncide avec la division 90° du limbe, la planchette étant verticale, le diamètre du graphomètre, c'est-à-dire l'alidade fixe, détermine une droite horizontale.

La planchette est fixée sur un genou en cuivre très soigné qui lui permet d'occuper toutes les positions (horizontale, verticale ou oblique).

I. — *Le niveau topographique fonctionnant comme équerre d'arpenteur, graphomètre et boussole.*

127. La planchette est horizontale et représentée par AB (*fig.* 86). Cette position permet d'élever des perpendiculaires, d'orienter un plan et de mesurer un angle, soit avec le graphomètre, soit avec la boussole.

II. — *Le niveau topographique fonctionnant comme niveau ordinaire.*

128. La planchette est placée sur son pied dans une position verticale. L'aiguille est suspendue en O (*fig.* 87), au centre du demi-cercle, et fonctionne librement. Si

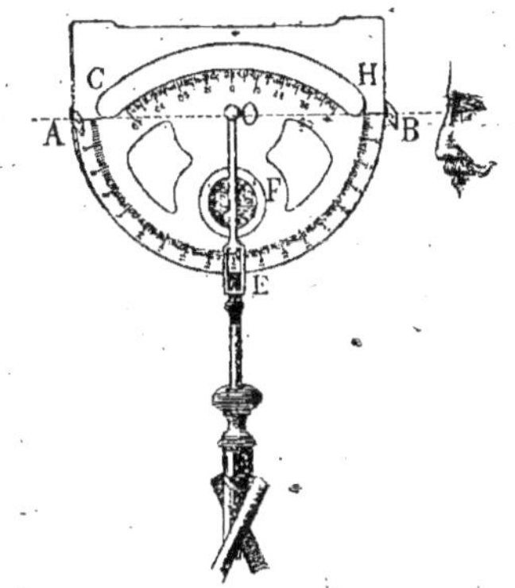

Fig. 87.

l'index de l'aiguille coïncide avec la division 90° du limbe, en visant par les deux pinnules A et B, on déterminera une horizontale.

III. — *Le niveau topographique fonctionnant comme niveau de pente à l'aide de l'alidade mobile et de l'aiguille.*

129. La planchette est placée verticalement et l'index de l'aiguille coïncide avec la division 90° du limbe. En visant un point quelconque par les deux pinnules de l'alidade mobile, on lira la pente en

degrés. On voit que, pour déterminer une pente avec le niveau topographique, la mire est inutile, tandis qu'elle est indispensable avec le niveau ordinaire.

IV. — *Le niveau topographique fonctionnant comme niveau de pente à l'aide de l'alidade fixe et de l'aiguille.*

130. La planchette est placée verticalement. En la faisant mouvoir au moyen du genou dans un plan vertical, jusqu'à

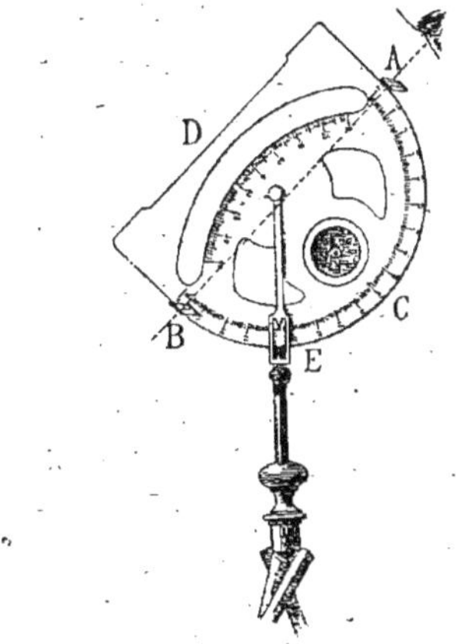

Fig. 88.

ce que l'opérateur aperçoive, par les pinnules A et B (*fig.* 88), le point qui termine la ligne dont il veut avoir la pente, l'in-

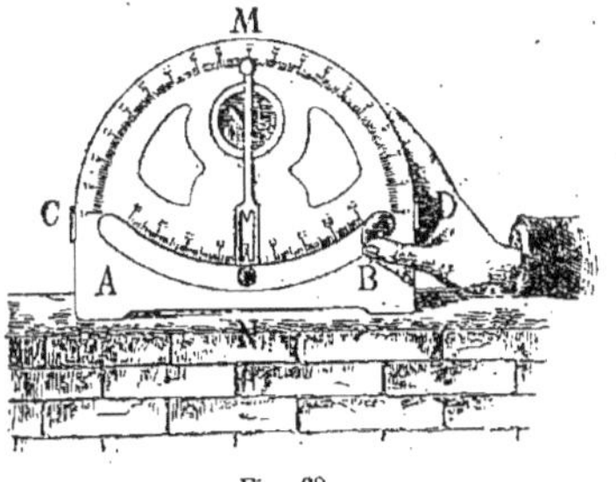

Fig. 89.

dex de l'aiguille indiquera cette pente en degrés sur le limbe. Ici, encore, la mire est inutile et on détermine une pente par une simple lecture, sans le moindre calcul.

V. — *Le niveau de pente fonctionnant comme niveau de maçon.*

131. La base de l'instrument (*fig.* 89) étant placée sur une règle, si l'index de l'aiguille coïncide avec la division 90° du limbe, c'est que la règle est dans une position horizontale.

VI. — *Le niveau topographique fonctionnant comme niveau de pente à la main (talus de route, de fortification, etc.).*

132. En plaçant une règle suivant une pente qu'on veut connaitre et en posant

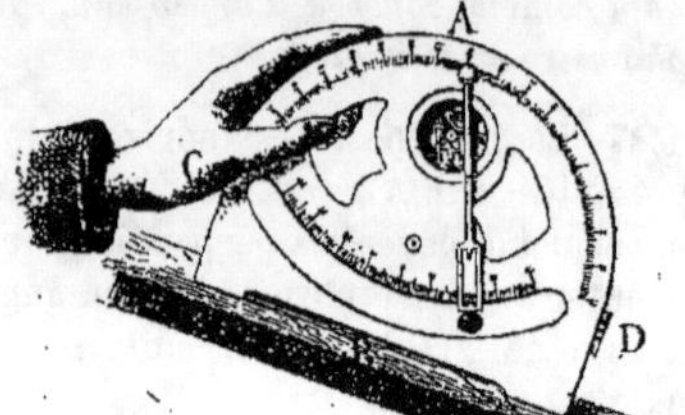

Fig. 90.

convenablement, ainsi que l'indique la figure 90, le niveau sur la règle, l'index de l'aiguille indique la pente en degrés.

§ II. — NIVEAU D'EAU.

133. Le niveau d'eau (*fig.* 91) est un instrument basé sur la propriété que possèdent les liquides de se mettre en équilibre dans des vases communicants, de telle façon que leurs niveaux soient dans un même plan horizontal.

Fig. 91.

Il se compose d'un tube en fer-blanc, ou mieux en cuivre, de 1 mètre à 1^m, 30 de longueur, recourbé à ses extrémités pour recevoir deux fioles en verre de même diamètre et ouvertes à leur partie supérieure. Une douille soudée au milieu du tube permet de fixer l'instrument sur un pied à trois branches, en lui laissant le jeu nécessaire pour tourner sur lui-même. Dans quelques instruments, le tube s'articule au trépied à l'aide d'un genou à coquilles semblable à celui du graphomètre.

Le tube et les fioles sont remplis d'eau jusqu'à la moitié ou aux deux tiers de la hauteur des fioles.

D'après le principe des vases communicants, les deux surfaces du liquide dans les deux fioles appartiennent au même plan horizontal. Un rayon visuel mené dans le plan de ces surfaces est donc horizontal.

On a soin de donner aux deux fioles en verre un diamètre suffisamment grand pour que les actions capillaires ne puissent se faire sentir dans les fioles, de manière à gêner les surfaces libres du liquide. Ce diamètre est généralement de 3 à 4 centimètres.

134. Pour se servir du niveau d'eau, on se place à 1^m, 50 environ en arrière de l'une des fioles et on mène un rayon visuel formant une tangente intérieure

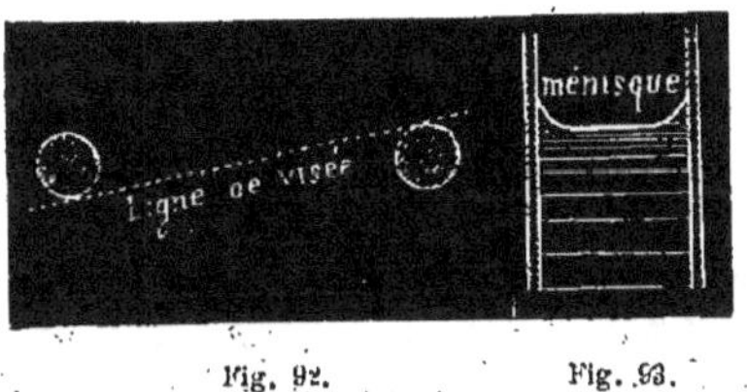

Fig. 92.   Fig. 93.

aux deux cercles suivant lesquels les fioles sont coupées par le plan de la surface de l'eau (*fig.* 92). Dans cette manière d'opérer, on aperçoit les niveaux de l'eau dans chaque fiole sur le prolongement l'un de l'autre. On atténue ainsi la cause d'erreur provenant de ce que, par suite des actions moléculaires, la surface de l'eau dans chaque fiole se relève vers les parois du verre en formant deux onglets annulaires (*fig.* 93). A la distance de 1 mètre à 1^m,50, ces deux onglets présentent l'aspect de deux traits noirâtres, suivant lesquels on dirige la visée.

En faisant tourner le niveau sur lui-même, on pourra mener un rayon horizontal dans une direction quelconque.

VÉRIFICATION DU NIVEAU D'EAU.

135. Pour que le plan horizontal déterminé par le niveau reste invariable quand on fait décrire à l'instrument un tour d'horizon, il faut que les deux fioles aient le même diamètre.

Si cette condition n'était pas remplie, il en résulterait un double inconvénient. D'abord les onglets déterminés par l'action moléculaire des surfaces liquides sur le verre n'auraient pas la même épaisseur. Cette épaisseur augmentant à mesure que le diamètre des fioles diminue, il en résulterait une certaine difficulté pour diriger un rayon visuel horizontal.

Le deuxième inconvénient de la différence du calibre des fioles est la variabilité du niveau de l'eau qui se produit lorsqu'on fait tourner l'instrument sur lui-même.

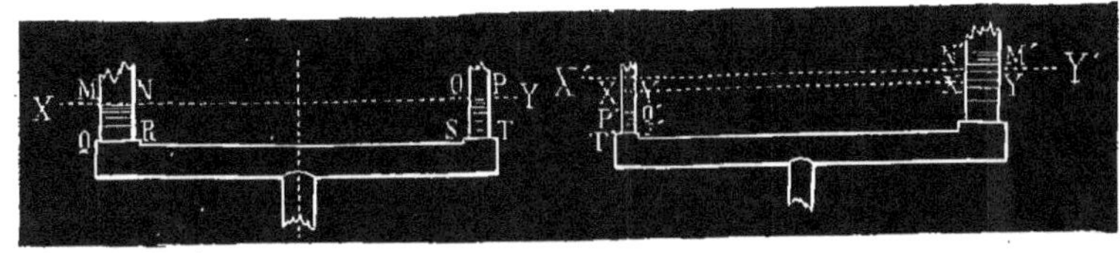

Fig. 94.

En effet, soit un niveau d'eau (*fig.* 94) dans lequel les fioles n'ont pas le même diamètre. Le tube reliant les deux fioles n'étant pas horizontal en général, le plan de visée déterminé par le niveau de l'eau dans les deux fioles est seul dans cette position.

Imaginons, pour un instant, le liquide solidifié à l'intérieur du niveau, et supposons qu'on retourne le niveau, bout pour bout. Les ménisques viendront en N'M' et P'O' et on aura P'X=M'Y. Si, maintenant, on suppose que le liquide reprend sa fluidité, il est évident que le volume N'M'XY sera plus que suffisant pour remplir l'espace XYP'O'. Il y aura un excédent de liquide qui se répartira entre les deux fioles et qui élèvera en X'Y' le niveau primitif XY.

La différence de niveau sera d'autant plus grande que l'instrument sera plus incliné et la différence des calibres des fioles plus sensible. L'écart de tolérance entre les deux calibres ne doit pas dépasser $\dfrac{1}{34}$.

Par suite du peu d'exactitude que pré-sente le niveau d'eau et de la nécessité d'opérer sur des points rapprochés, on n'utilise cet instrument que pour de petits nivellements et principalement pour lever les profils en travers à rattacher à un profil en long.

LIMITE D'EMPLOI DU NIVEAU D'EAU.

136. Lorsqu'on mène un rayon visuel horizontal à l'aide du niveau d'eau, il y a, dans la direction de la ligne de visée, une certaine incertitude due à l'épaisseur des onglets.

Cette incertitude de la ligne de visée produit, sur la hauteur du voyant, une erreur d'autant plus grande que la mire est plus éloignée du niveau. C'est pourquoi le niveau d'eau ne doit être employé que si la distance des deux points ne dépasse pas une certaine limite que nous allons calculer.

Si l'on désigne par D la distance ON

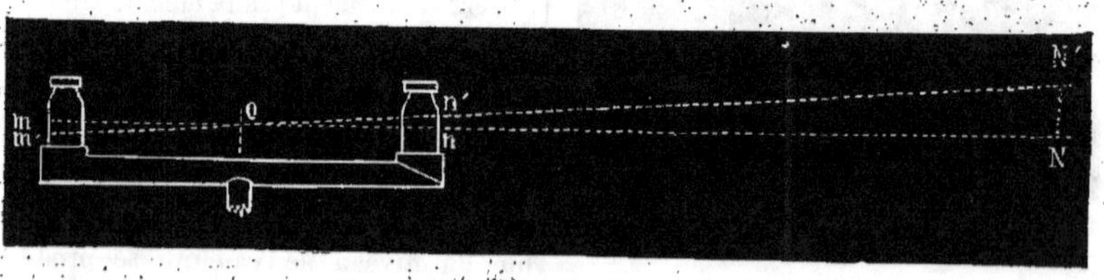

Fig. 95.

fig. 95) qui sépare de la mire l'axe vertical du niveau, par r la demi-longueur de l'instrument, par e l'erreur nn' due à l'incertitude de la visée, par E l'erreur NN' correspondante sur la mire, on a, par suite de la similitude des triangles nOn', NON', la proportion,

$$\frac{D}{r} = \frac{E}{e},$$

d'où l'on déduit :

$$D = \frac{E}{e} \times r.$$

Si l'on veut que l'approximation E soit de $0^m,1$, l'erreur nn' pouvant être fixée à $0^m,001$, on obtiendra, en remplaçant dans la formule précédente E et e par ces valeurs :

$$D = \frac{0,1}{0,001} \times r = 100r.$$

On voit par là que la portée du niveau d'eau ne doit pas excéder 100 fois la demi-longueur de l'instrument, c'est-à-dire environ 60 mètres.

§ III. — NIVEAUX A RÉFLEXION.

I. — Niveau Burel.

137. Le niveau Burel est une application du principe suivant : étant donné un miroir M (*fig.* 96), le rayon visuel AA', dirigé de l'œil sur son image, est perpendiculaire au plan du miroir. Il

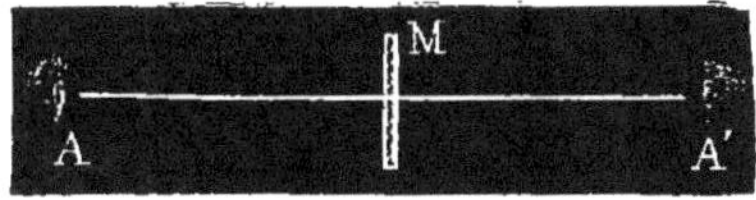

Fig. 96.

résulte de l'application de ce principe que lorsque le miroir M est rendu vertical, le rayon visuel AA' est horizontal.

Dans le niveau Burel, le miroir étamé M moitié sur une face, moitié sur l'autre, fait partie d'un pendule P (*fig.* 97) suspendu à un cercle de cuivre par une suspension à la Cardan, C, et disposé de telle sorte que le pendule étant en équilibre, le miroir soit vertical. La position du miroir, par rapport au pendule, peut être modifiée à l'aide d'une vis V et d'un ressort *r* au moyen desquels on peut agir sur l'armature du miroir. Cette disposition permet d'assurer le réglage du niveau.

Le niveau est enfermé dans un cylindre en cuivre portant une fenêtre à hauteur du miroir. Cette fenêtre peut se fermer à l'aide d'un tube D (*fig.* 98) tournant sur l'enveloppe.

138. Pour se servir du niveau Burel, on le fixe sur un trépied ou sur un bâton, et lorsque les oscillations du miroir sont arrêtées, on amène l'image de la prunelle sur le bord du miroir, de manière que la pupille paraisse coupée en deux par le bord du miroir. On fait alors tourner l'appareil de manière à projeter l'image de l'œil sur la mire et on déplace le voyant jusqu'à ce que le centre de ce voyant soit aperçu dans la direction de l'image de l'œil.

Lorsqu'il en est ainsi, le centre du

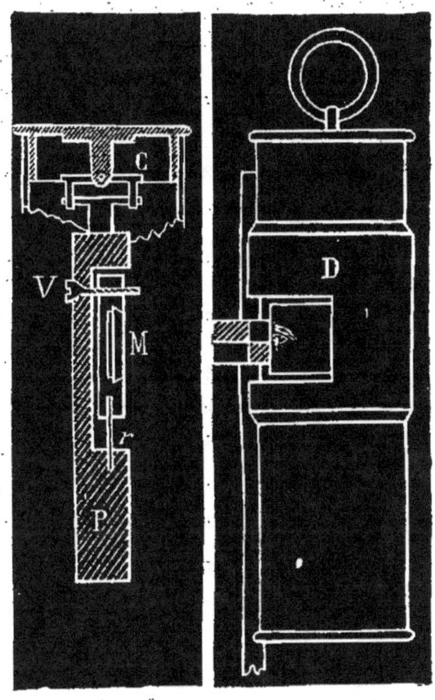

Fig. 97.   Fig. 98.

voyant est sur l'horizontale passant par l'œil de l'observateur et ce centre se trouve bien à la même altitude que le miroir du niveau.

VÉRIFICATION DU NIVEAU BUREL.

139. Avant de se servir de cet instrument, il faut tout d'abord vérifier si le miroir prend bien une position verticale lorsque le pendule qui le supporte est en équilibre. Pour faire cette vérification, on se met en station devant un mur vertical et on marque le point R (*fig. 99*) où la ligne de visée rencontre le mur. On fait faire une demi-révolution au couvercle du cylindre qui porte le pendule et, visant

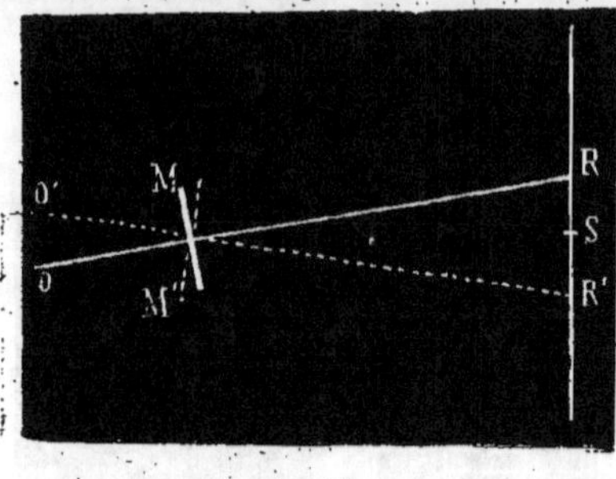

Fig. 99.

par la seconde face du miroir, on détermine le point d'intersection R' de la nouvelle ligne de visée et du mur. Les deux points R et R' devront coïncider, si le miroir est vertical. Si le miroir n'était pas parfaitement vertical, les positions de ce miroir ne seraient pas les mêmes dans les deux visées et les points R et R', au lieu de coïncider, seraient disposés comme le montre la figure. On corrigera ce défaut

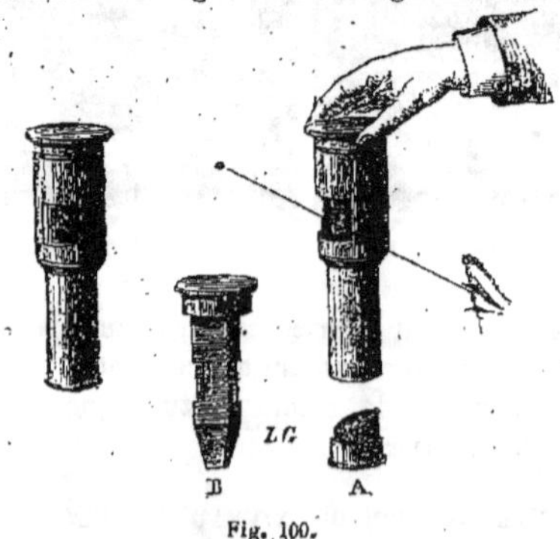

Fig. 100.

en rectifiant la position du miroir par rapport au pendule, à l'aide de la vis V, jusqu'à ce que la ligne de visée vienne en S, milieu de RR'.

140. Le niveau à réflexion de Burel, beaucoup plus portatif que le niveau d'eau et permettant le travail sur le terrain par tous les temps, a aussi, sur ce dernier instrument, l'avantage de donner des résultats d'une plus grande exactitude.

Il existe d'autres dispositifs de niveau à réflexion. Nous venons de donner la description de celui qui nous a paru le plus précis.

141. La figure 100 donne la position du niveau Burel pendant une opération et les détails, vus en perspective, de l'appareil.

II. — Niveau à collimateur du Colonel Goulier.

142. Le niveau à collimateur (*fig. 101*) est basé sur un principe analogue à celui qui est utilisé dans la construction du

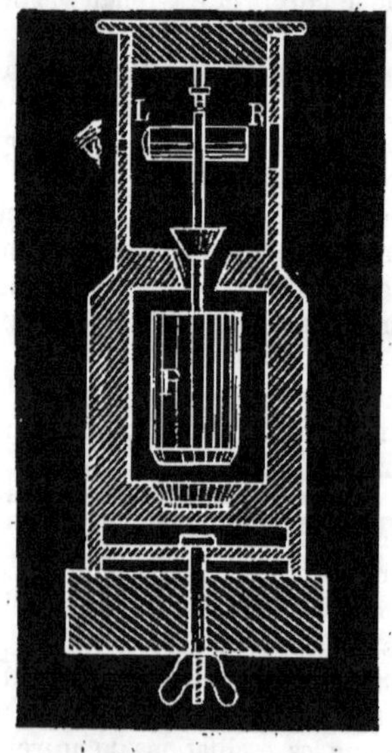

Fig. 101.

niveau Burel. Le miroir du niveau Burel est remplacé, dans le niveau à collimateur, par un appareil de visée composé d'une petite lentille convexe L et d'un réticule F.

Le réticule est formé par une ligne fine tracée horizontalement sur un petit disque de verre dépoli et placé sur l'axe principal de la lentille.

Si l'on applique l'œil contre la lentille, on voit à une assez grande distance l'image virtuelle du réticule, et l'appareil est construit de telle sorte que la ligne de visée déterminée par le centre optique de la lentille et l'image virtuelle du réticule soit horizontale quand le pendule P est en équilibre après avoir oscillé librement.

143. Pour mener une ligne de niveau au moyen de cet instrument, on place l'œil sur le bord de la lentille, de manière à voir directement le voyant de la mire et l'image du réticule à travers la lentille.

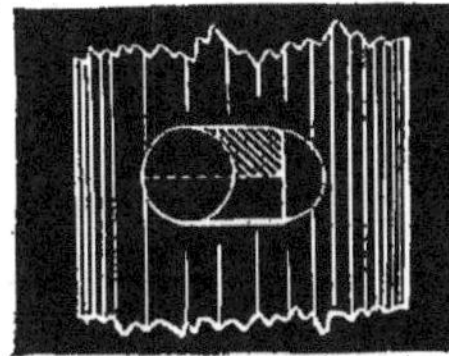

Fig. 102. — Position du voyant de la mire ou du repère du niveau à collimateur, lorsque la visée est faite.

On déplace alors le voyant jusqu'à ce que le centre de ce dernier se trouve à la hauteur du réticule. Lorsque ce résultat est obtenu, le centre du voyant se trouve dans le plan horizontal du niveau.

VÉRIFICATION DU NIVEAU A COLLIMATEUR.

144. Le niveau à collimateur est livré tout réglé par le constructeur. Il est facile de vérifier l'exactitude d'un pareil instrument, et le moyen suivant peut être employé. L'instrument étant en station en un point A (*fig.* 104) sur un plan sensiblement horizontal, on détermine la trace d'une ligne de visée sur une mire placée en B.

Portant l'instrument en B à la hauteur déterminée par la ligne de visée, et visant la même mire placée en A, on devra trouver sur la mire une division correspon-

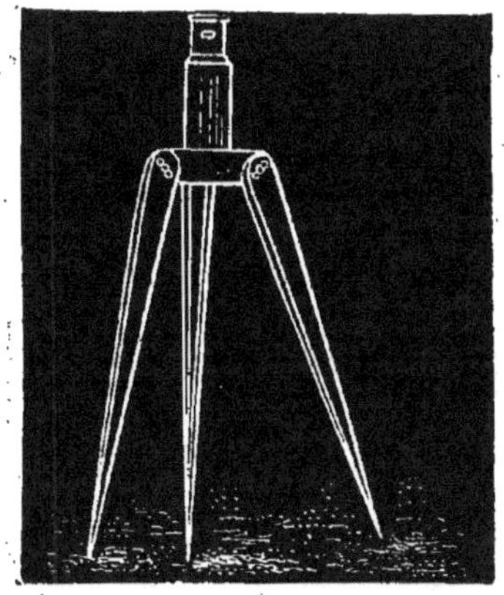

Fig. 103 — Mise en station du niveau à collimateur.

dant à la hauteur du niveau placé en A.

Si l'instrument n'était pas bien réglé, le rayon visuel, au lieu d'être dirigé horizontalement, aurait une certaine incli-

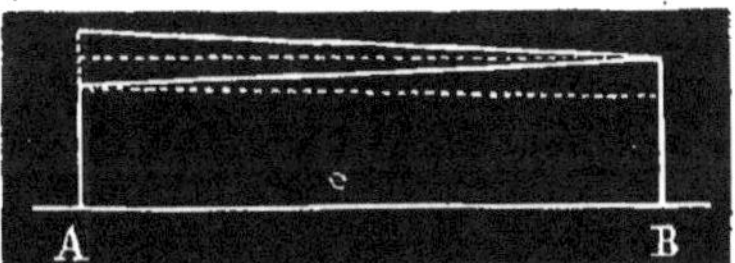

Fig. 104.

naison, et la double opération qui vient d'être indiquée accuserait, ainsi que le montre la figure 104, une déviation qui mesurerait le double de l'erreur commise.

145. Un dispositif spécial empêche les ballottements du pendule pendant le transport de l'instrument. On arrive à modérer les oscillations du pendule, quand l'appareil est en station, en pressant sur un bouton qui dépasse un peu la plaque supérieure.

§. IV. — ÉCLIMÈTRE.

Principe de cet instrument.

146. Supposons qu'on veuille déterminer l'angle de pente d'une direction OB (*fig.* 105). Au point O, on place un limbe gradué, dont le plan se confond avec le plan

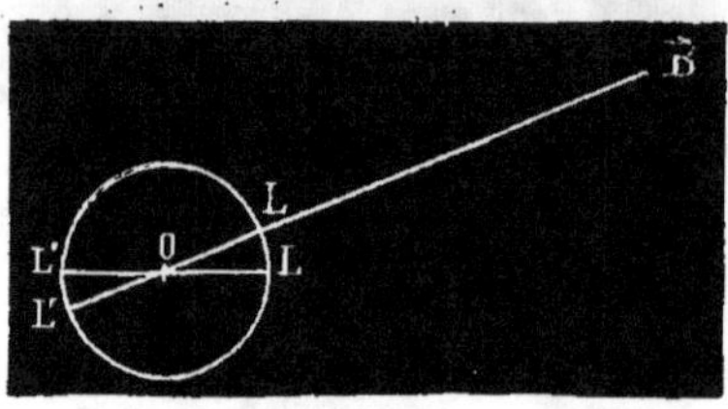

Fig. 105.

vertical passant par OB. Une alidade portant une lunette astronomique et munie d'un vernier se meut dans le plan du limbe, autour du centre O des graduations. Si l'on dispose le limbe de façon que, lorsque le zéro du limbe et le zéro du vernier coïncident, l'axe optique LL' de la lunette soit horizontal, on conçoit aisément qu'il suffit d'amener l'axe optique de la lunette sur le point visé B pour que le zéro du vernier marque une graduation qui exprime la pente de la ligne OB.

147. Dans l'exposé qui précède, nous avons supposé que la division zéro correspondait au diamètre horizontal OL du limbe. Dans ce cas, les inclinaisons sont données par rapport à l'horizon et on doit indiquer si l'inclinaison correspond à un point situé au dessus ou au-dessous de l'horizontale.

148. On donne le nom d'*angle d'ascension* à l'angle de pente, lorsque le point visé est situé au-dessus de l'horizontale de la station O, et le nom d'*angle de dépression*, lorsque le point visé est au-dessous de cette horizontale.

Dans la figure 106, l'angle α = BOH est un angle d'ascension, l'angle α' = B'OH est un angle de dépression. Il faut indiquer avec le plus grand soin si l'angle de pente mesuré est un angle d'ascension ou de dépression, sans quoi une erreur d'interprétation entraînerait, sur la position du point visé, une erreur égale au double de la différence de niveau qui existe entre les points O et B. Pour éviter les erreurs considérables qui résulteraient

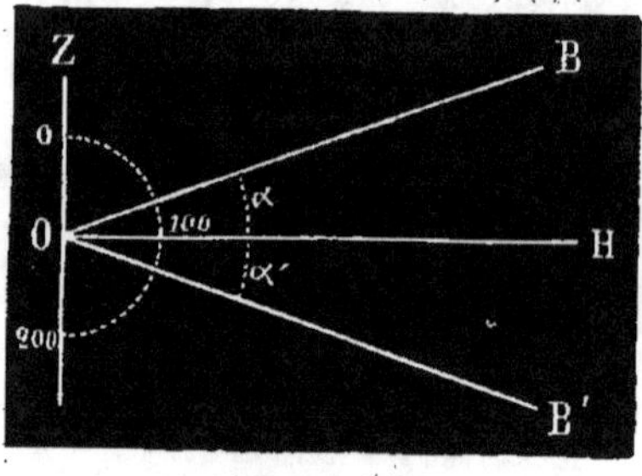

Fig. 106

d'une pareille confusion, on mesure le plus souvent les inclinaisons des côtés topographiques par rapport à la verticale de la station. Ainsi, au lieu de mesurer l'angle α formé par la ligne OB avec l'horizontale OH, on mesure l'angle ZOB formé par cette ligne avec la verticale OZ. Cet angle, qui est le complément de l'inclinaison, se nomme la *distance zénithale* du point B. Les distances zénithales se comptent de 0^g à 200^g, ou de $0°$ à $180°$.

Dans ce mode de division, l'extrémité du diamètre horizontal du limbe porte la division $90°$ ou 100^g. Il n'est plus nécessaire, dans ce cas, de faire de distinction sur l'angle de pente. Aussi ce second mode est-il généralement adopté.

DESCRIPTION DE L'ÉCLIMÈTRE.

149. Les distances zénithales qu'on peut avoir à mesurer en topographie s'écartent peu de 100 grades. Le cercle vertical gradué, qui constitue le limbe, est généralement réduit à deux portions symétriques voisines du diamètre horizontal. Ce dispositif permet ainsi d'alléger le poids de l'instrument.

L'éclimètre (*fig.* 107) est généralement fixé sur l'une des faces de la boussole, de sorte que la lunette se trouve dans un plan parallèle au diamètre 0—200. On peut ainsi en dirigeant la lunette sur un point du terrain, obtenir, par une seule opération, l'azimut et la distance zénithale du point considéré.

Autour du centre du limbe pivote une alidade terminée à chaque extrémité par un vernier. A cette alidade se trouve fixée, au moyen de deux collets, une lunette LL dont le mouvement se fait en partie à la main, en partie à l'aide d'un dispositif qui

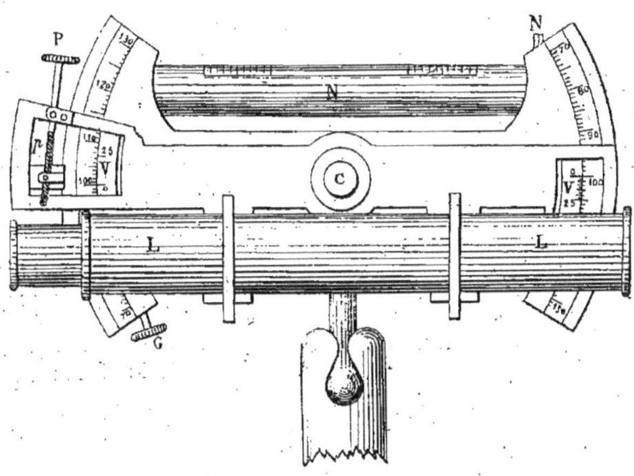

Fig. 107.

permet de donner à la lunette des mouvements très lents, nécessaires pour assurer l'exactitude du pointé.

Ce dispositif consiste en une vis de rappel P qui tourne entre deux pinces. L'une de ces pinces peut être serrée contre le bord du limbe au moyen de la *vis de la pince p*. L'autre fait corps avec l'alidade. La vis P donnant de très petits déplacements à l'alidade, par rapport à la pince et au limbe, est dite *vis du mouvement particulier de l'alidade*. Cette disposition permet d'obtenir un pointé très exact; car, après avoir dirigé à peu près la ligne de visée sur le point voulu, en faisant mouvoir la lunette à la main, on serre la vis de pression et on amène rapidement l'image au centre du réticule en agissant sur la vis P qui déplace alors lunette et vernier sur le limbe.

Un niveau à bulle d'air N est fixé sur la face du limbe qui ne porte pas de graduation. Ce niveau est muni d'une vis de réglage N, au moyen de laquelle on peut faire varier l'inclinaison du niveau. A cet effet, le niveau peut tourner autour d'une charnière placée à l'extrémité opposée.

En agissant sur la *vis du mouvement particulier du niveau*, qui s'appuie sur un point fixé au limbe, on déplace le niveau sans faire mouvoir aucune autre partie de instrument.

Sciences Générales.

Enfin, le limbe portant le niveau, l'alidade et la lunette peut tourner autour de son centre, par rapport à la boîte de la boussole, au moyen d'une vis G qui s'appuie sur la boîte et se meut dans un écrou fixé au limbe. Cette vis se nomme *vis du mouvement général*.

On dit que l'éclimètre est *face à droite* quand il est sur le côté droit de la boussole, par rapport à l'observateur, lors des observations.

METTRE L'ÉCLIMÈTRE EN STATION. — VISER UN POINT.

150. Mettre l'éclimètre en station, c'est amener le plan du limbe dans le plan vertical passant par l'objet à viser.

Pour cela, la boussole qui porte l'éclimè-

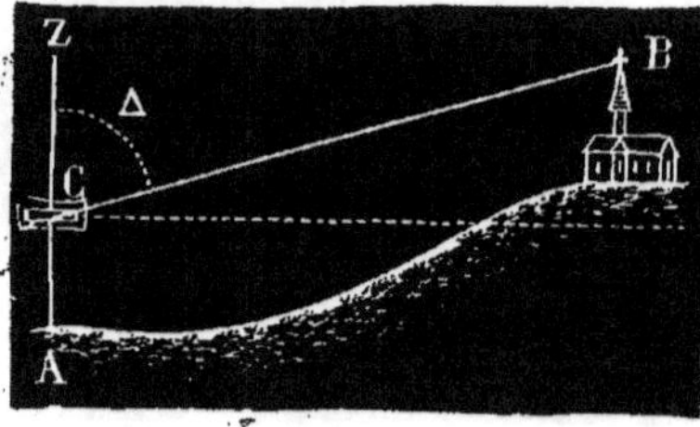

Fig. 108.

tre est mise en station au point A (*fig. 108*), la boîte de la boussole étant placée horizontalement à vue. Cette condition remplie, la verticalité du limbe de l'éclimètre est suffisamment assurée. On n'a plus alors qu'à faire tourner la boussole jusqu'à ce que le plan du limbe passe par le point à viser B.

On déplace alors la boîte de la boussole de manière à amener la bulle du niveau à peu près entre ses repères.

On achève ensuite le calage du niveau au moyen de la *vis du mouvement général*, qui donne un mouvement de bascule très lent à tout appareil.

Le niveau étant calé, on desserre la vis de la pince et on amène le centre du réticule à peu près sur le point B. On serre alors la vis de la pince et on achève le pointé au moyen de la vis du mouvement particulier de l'alidade.

Il faut s'assurer que, pendant cette opération, la bulle n'a pas quitté ses repères. Si la bulle venait à quitter ses repères, on recalerait le niveau en agissant sur la vis du mouvement général et on ramènerait la lunette sur le point visé au moyen de la vis du mouvement particulier de l'alidade.

La bulle du niveau étant exactement entre ses repères et l'image du point visé coïncidant avec le centre du réticule, on n'a plus qu'à lire l'angle marqué par le vernier pour avoir la distance zénithale Δ du point visé.

RÉGLAGE DE L'ÉCLIMÈTRE.

151. L'angle déterminé par l'opération précédente ne mesure la distance zénithale de la direction CB qu'autant que l'éclimètre est réglé. Cette condition est remplie quand le diamètre 100-100 est horizontal, ou le diamètre 0-200 vertical, lorsque la bulle du niveau se trouve entre ses repères.

Quand il n'en est pas ainsi, les distances

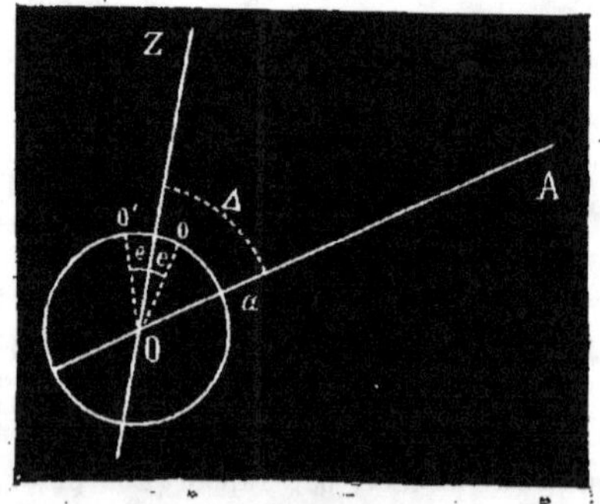

Fig. 109.

zénithales, au lieu d'être comptées à partir de la verticale, sont comptées à partir d'une direction qui forme avec la verticale un certain angle. Les mesures trouvées sont alors affectées d'une erreur de collimation. Soit OZ (*fig.* 109) la verticale qui passe par le centre O du limbe, oO la direction du rayon O—200. Soit d la lecture faite sur le limbe, après avoir visé le point A ; d mesure l'angle oOA. Si on appelle Δ la distance zénithale du point A, mesurée par l'angle ZOA, on aura :

$$\Delta = d + e.$$

Pour reconnaître si un éclimètre est affecté d'une erreur de collimation et, en même temps, pour mesurer cette erreur, on opère de la manière suivante.

On vise un point A avec la lunette, face à droite, et on note l'angle obtenu d. On retourne l'instrument, face à gauche, en faisant tourner la boussole de 200 grades sur elle-même. On ramène vers soi l'oculaire, en faisant tourner la lunette de 200 grades autour du centre du limbe et on vise de nouveau le point A.

Il est évident que si l'éclimètre est réglé, on doit trouver, après cette opération, la même valeur pour la distance zénithale du point A.

Si l'éclimètre est affecté d'une erreur de collimation, le rayon zéro, après le retournement de l'éclimètre, a décrit une surface conique autour de la verticale cz et est venu en co' et la lecture d', faite dans cette seconde position de l'appareil, correspondra à l'angle $o'ca$, qui dépasse la distance zénithale Δ du point A d'un angle égal à l'erreur e. On aura donc :

$$\Delta = d' - e$$

Si l'on fait la somme, membre à membre, des égalités

$$\Delta = d - e$$
$$\Delta = d + e,$$

on trouve $\quad \Delta = \dfrac{d + d'}{2}$

Connaissant ainsi exactement la distance zénithale du point A, on règle l'éclimètre, c'est-à-dire qu'on fait disparaître l'erreur de collimation de la manière suivante.

Réglage. On fait marquer au zéro du vernier la graduation $\dfrac{d + d'}{2}$, puis on se remet en station et on amène le point de croisement des fils du réticule sur le point A en agissant sur la vis du mouvement général. Lorsque ce résultat est obtenu, le rayon zéro est vertical.

Après cette opération, le niveau n'étant plus calé, on ramène la bulle entre ses repères au moyen de la vis du mouvement particulier du niveau, vis dont on ne doit se servir que dans ce seul cas et dont la tête est un carré sur lequel on agit avec une clef spéciale.

L'instrument sera réglé, puisqu'il satisfait simultanément aux conditions suivantes :

1° L'alidade dirigée sur le point visé indique la distance zénithale exacte. Donc le diamètre 100-100 est horizontal ;

2° La bulle est entre ses repères.

VÉRIFICATION DE L'ÉCLIMÈTRE.

152. On doit s'assurer que l'alidade pivote exactement au centre du limbe. Si cette condition n'était pas remplie, les mesures angulaires indiquées par le limbe ne représenteraient plus les distances zénithales. On vérifie la condition précédente en comparant, pour une même visée, les graduations marquées par les zéros des deux verniers. Les angles mesurés doivent être égaux, si les divisions partent du diamètre horizontal. Ils doivent être supplémentaires si les divisions partent du diamètre vertical, c'est-à-dire lorsque l'instrument est disposé pour donner immédiatement les distances zénithales.

S'il y a une différence sensible, on obtiendra la valeur exacte de la distance zénithale du point visé en prenant la moyenne des deux lectures.

Il faut aussi vérifier le parallélisme du plan du limbe et de l'axe optique de la lunette, ce qu'on peut faire en faisant tourner la boussole sur elle-même de 200 grades. Cependant, l'erreur résultant du défaut de parallélisme étant généralement très faible, on se contente, pour obtenir ce parallélisme, de placer à vue le limbe dans le plan d'un objet éloigné et d'amener l'axe optique sur ce point par le déplacement du réticule.

Éclimètre nouveau modèle o éclimètre à un limbe.

153. L'éclimètre nouveau modèle

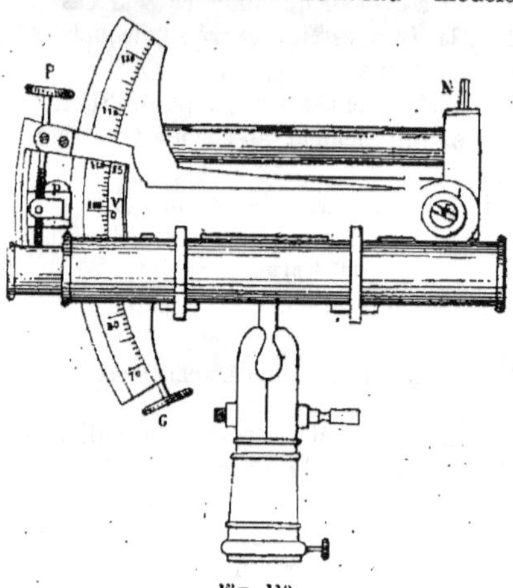

Fig. 110.

(*fig.* 110 et 111) ne comporte qu'un arc gradué dont le centre est rejeté à l'une des

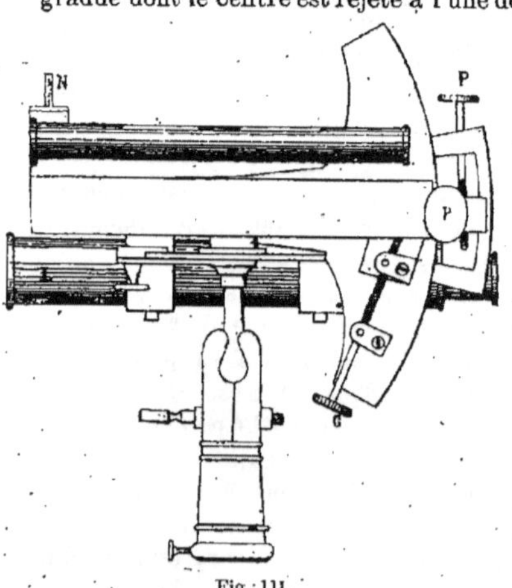

Fig. 111.

extrémités de l'appareil. Ce dispositif présente, sur le précédent, l'avantage de permettre la lecture des angles avec une précision deux fois plus grande, le rayon du limbe étant double. Mais cet avantage se trouve compensé par plusieurs inconvénients.

D'abord, on ne peut plus vérifier si l'axe de rotation de l'alidade se trouve exactement au centre du limbe, puisqu'il n'y a plus qu'un seul vernier. En outre, comme on ne peut plus, avec l'instrument modifié, employer la méthode de retournement, il devient impossible de le vérifier ou d'exécuter son réglage à la même station. On est alors obligé de recourir à un procédé plus long et moins précis que celui déjà indiqué.

RÉGLAGE DE L'ÉCLIMÈTRE MODIFIÉ.

154. Le réglage se fait au moyen de deux observations réciproques.

Stationnant en un point A (*fig.* 112) avec l'éclimètre, on vise le voyant d'une mire

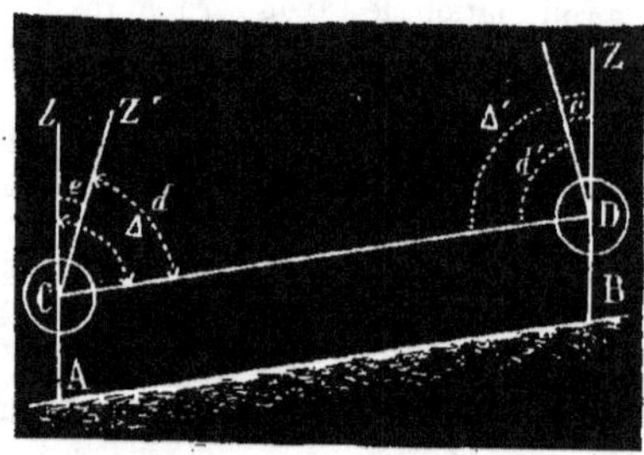

Fig. 112.

établie verticalement en B, distant de 400 mètres environ de A, le voyant de la mire étant au-dessus du point B, à une hauteur égale à celle de l'éclimètre en A. Si l'éclimètre est affecté d'une erreur de collimation e, l'origine des graduations, au lieu d'être la verticale CZ, est CZ' faisant avec CZ l'angle e. Si Δ désigne la distance zénithale de la direction CD, et si d est la graduation marquée par le vernier, on a :

$$\Delta = d + e.$$

On se transporte ensuite au point B et on établit la mire en A en lui donnant encore la hauteur de l'instrument, de manière à viser suivant la direction DC. Si Δ' désigne la distance zénithale correspondant à la direction DC; d', la lecture faite sur le limbe, on aura :

$$\Delta' = d' + e.$$

Or, les angles Δ et Δ' étant supplémentaires, on aura, en ajoutant membre à membre,

$$\Delta + \Delta' = 200^g = d + d' + 2e.$$

$$\text{D'où : } e = 100^g - \frac{d + d'}{2}$$

L'erreur de collimation e ayant été déterminée peut servir à régler l'éclimètre. Pour cela, on calcule la valeur de Δ ; on fait marquer cet angle au vernier, puis on vise, de B, la mire placée en A en amenant la lunette sur le point C, au moyen de la vis du mouvement général. On ramène la bulle du niveau entre ses repères en agissant sur la vis du niveau. Mais, comme cette opération renouvelée trop souvent aurait pour résultat de donner trop de jeu à la vis de niveau et par suite au niveau, on préfère se borner à la détermination de l'erreur de collimation et ajouter ou retrancher cette erreur à chaque lecture, selon que la valeur de cette erreur est positive ou négative.

§ V. — ALIDADE AUTORÉDUCTRICE DU COMMANDANT PEIGNÉ.

155. La topographie de détail se résume tout entière dans le problème suivant :

Rattacher, en planimétrie et en cote, deux points voisins visibles l'un de l'autre, c'est-à-dire trouver :

1° La longueur de la projection horizontale de la ligne droite dont ils sont les deux extrémités ;

2° La longueur de la verticale abaissée du plus élevé, sur le plan horizontal qui passe par le plus bas.

La première de ces longueurs est la *distance planimétrique*, la seule intéressante à connaître, puisque c'est celle qu'on reporte sur la feuille du levé. La seconde est la *différence de niveau*.

Il est évident que les instruments qui permettent de résoudre ce problème doivent le faire le *plus rapidement* et le plus simplement possible.

On conçoit aisément alors l'avantage considérable qu'on pourrait retirer de l'emploi d'un instrument rapportant automatiquement, sur la planchette, la distance horizontale de la station au point visé, donnant, sans calcul, la différence des cotes de ces deux points. Avec un pareil instrument, les opérations se faisant automatiquement, il y a tout bénéfice pour l'opérateur : grande économie de temps, de fatigue d'esprit, élimination de chances d'erreur, réduction au strict minimum des lectures et des calculs et, par suite, temps plus considérable consacré à l'étude des formes du terrain.

Toutes ces qualités se trouvent réalisées à un très haut degré dans l'alidade autoréductrice imaginée par le commandant Peigné et dont voici la description.

Description de l'alidade autoréductrice.

156. L'alidade autoréductrice comprend une règle divisée en millimètres, surmontée d'un tube cylindrique TT (*fig.* 113) relié à la règle par une pièce verticale à un bout et à l'autre bout par une vis munie d'un large bouton moletté B. Ce tube contient un niveau à bulle d'air dont la bulle peut être amenée entre deux repères métalliques par une manœuvre convenable de la vis B, qui sert à faire

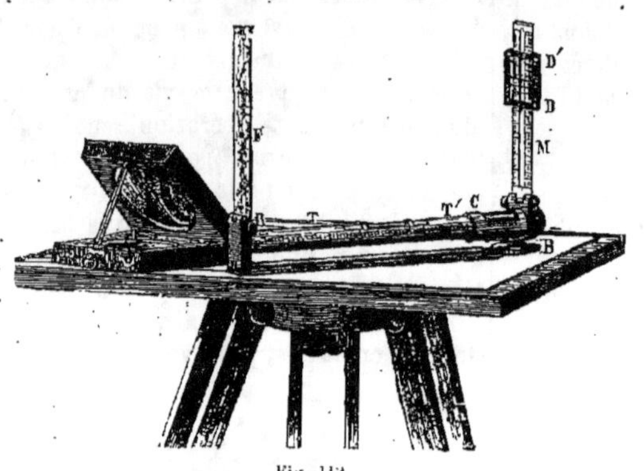

Fig. 113.

varier l'inclinaison du tube par rapport à la règle et, conséquemment, par rapport à la planchette.

Deux pinnules RF et MD peuvent se redresser au moyen de charnières et rester perpendiculaires au tube TT'.

La première pinnule RF est fixée à l'extrémité de la règle ; elle est percée de trois œilletons dont le plus fréquemment employé est celui du milieu, F, les deux autres ne servant, par exception, que dans le cas de visées trop ascendantes ou trop plongeantes.

157. La seconde pinnule MD est mon-

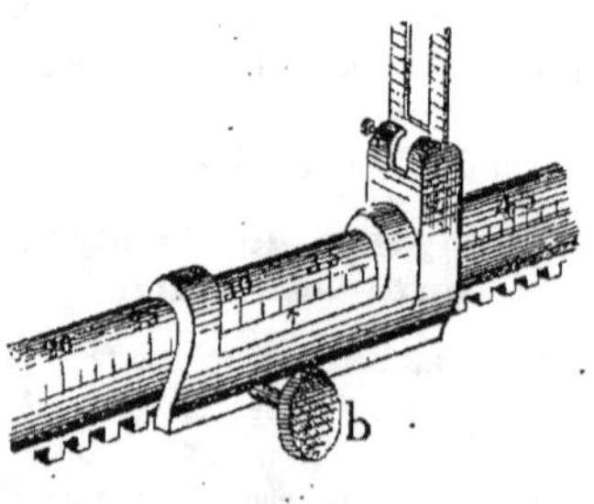

Fig. 114.

tée sur un curseur C et peut se rapprocher de la première, le curseur avançant sur le tube TT' à l'aide d'une crémaillère sur laquelle agit un pignon à bouton moletté *b* (*fig.* 114). Un cadre porte-fils DD' peut monter ou descendre le long de cette pinnule.

A cet effet, un fil le traverse de haut en bas dans son milieu et vient s'enrouler sur un treuil (*fig.* 115), en haut de la pinnule.

Le treuil tourne à frottement doux dans ses colliers et, en agissant sur le bouton qui le termine, on peut faire mouvoir le cadre dans les deux sens et l'arrêter à une hauteur quelconque de la pinnule.

Celle-ci est percée d'une large fenêtre, avec des divisions à droite et à gauche. Les divisions de droite sont distantes entre elles de $\frac{1}{3}$ de centimètre. Celles de gauche, deux fois plus resserrées, sont espacées de $\frac{1}{6}$ de centimètre. Le tube TT' porte sur ses côtés des divisions égales à celles qui sont tracées sur la pinnule. Le tracé de droite est chiffré de 15 à 75. Celui de gauche, à divisions deux fois plus rapprochées, est chiffré de 75 à 150.

158. Les échelles tracées sur la pinnule ont leurs zéros sur une même horizontale placée au-dessus du tube TT', à la même hauteur que l'œilleton moyen F.

Le numérotage des divisions se fait à partir du zéro, en montant et en descendant, comme dans les thermomètres.

Les faces latérales du cadre porte-fils portent des verniers au dixième sur leurs biseaux. Les zéros inférieurs de ces verniers sont sur une même horizontale.

On peut donc lire, à un demi-dixième près, la division de la pinnule en face de laquelle s'arrête le zéro du vernier. Ainsi, dans la figure 115, la lecture à droite donne cinq divisions et six dixièmes, c'est-à-dire 5,6, tandis que, sur l'échelle de gauche, la lecture donne 11,2.

On remarquera que 11,2 est le double

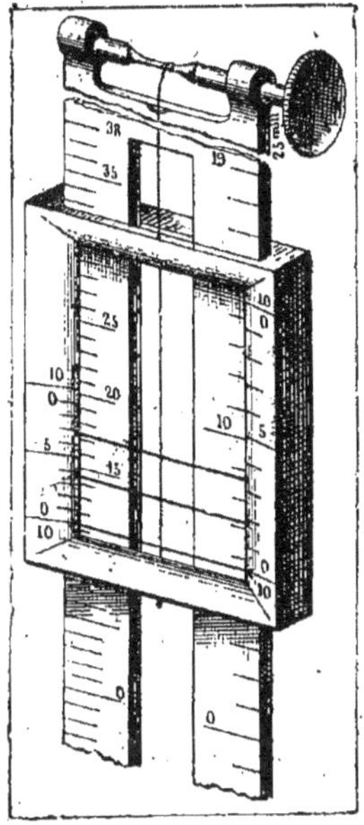

Fig. 115.

de 5,6, car les divisions de gauche sont deux fois plus petites que celles de droite et les nombres 5,6 et 11,2 indiquent la hauteur de la ligne des zéros des verniers au-dessus de celle des zéros de la pinnule.

Le cadre porte trois fils transversaux : l'un, à hauteur des zéros inférieurs des verniers ; celui du milieu, à 5 millimètres au-dessus du fil inférieur, et le fil supérieur à 1 centimètre au-dessus du fil inférieur, de sorte que l'écart entre le fil inférieur et celui du *milieu* est égal à *trois* divisions *de gauche*, et l'écart entre ce même fil inférieur et celui du *haut* est égal à *trois* divisions *de droite* de la pinnule.

159. *Mires.* — Avec l'alidade autoréductrice, on fait usage d'une mire spé-

ciale. Cette mire (*fig.* 116), composée de trois tronçons de 1^m,60 environ, porte deux voyants, S et I, distants de 3 mètres de centre à centre.

Le voyant inférieur a son centre sur l'horizontale déterminée par l'œilleton moyen et le zéro de la pinnule graduée, lorsque la mire est placée tout à côté de

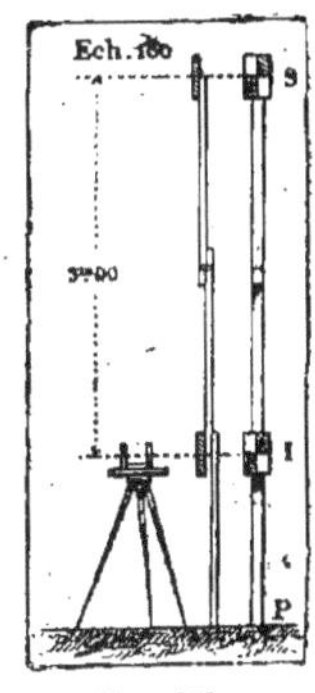
Fig. 116.

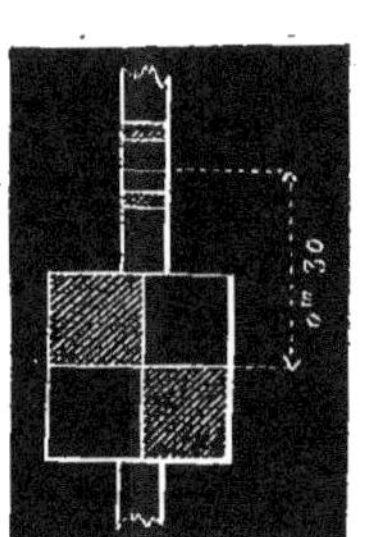
Fig. 117.

la planchette. Pour régler cette hauteur du voyant inférieur, au début de l'opération, on écarte les pieds de la planchette jusqu'à ce que cette condition soit satisfaite ; puis, à chaque mise en station, on écarte les pieds de la planchette de la même manière. La hauteur IP est alors égale à celle de l'œilleton moyen au-dessus du sol.

Le voyant a 0^m,30 de hauteur. Un trait (*fig.* 117) est placé sur la tige à 0^m,30 au-dessus du centre du voyant inférieur.

Théorie de l'autoréduction.

160. Supposons la planchette en station en un point M (*fig.* 118) et convenablement orientée. Proposons-nous de rattacher au point M le point visé N.

La distance horizontale MR et la différence de niveau NR sont les deux longueurs intéressantes à connaître.

Un aide tient la mire verticale en N.

Les lignes MN et OP sont parallèles, car

le voyant inférieur P se trouve à une hauteur PN au-dessus du sol, égale à la hauteur OM de l'œilleton au-dessus du pied de la planchette (voir *fig*. 118).

En rapprochant par tâtonnement, au moyen de la crémaillère (cette opération

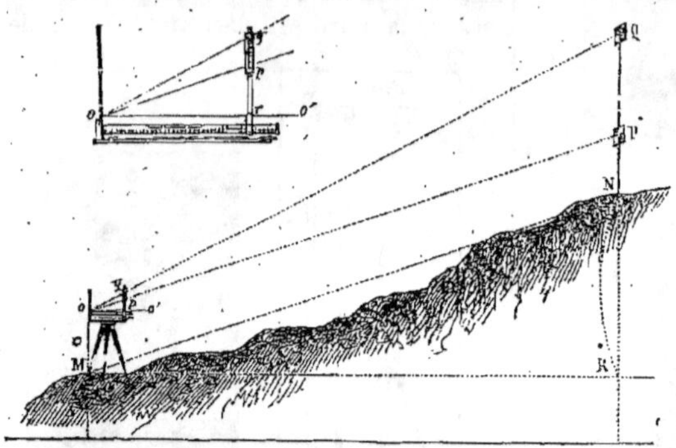

Fig. 118.

est très rapide), la pinnule graduée de la pinnule fixe, et montant ou descendant le cadre porte-fils le long de la pinnule mobile, on arrive à cacher les centres des deux voyants derrière les deux fils *p* et *q*.

A ce moment, le triangle *opq* formé dans l'instrument est semblable au triangle *o*PQ, déterminé par l'œilleton et les deux voyants, et comme la distance des deux fils est de trois divisions de la pinnule graduée, ces divisions correspondent *à des mètres*, puisque la longueur PQ est de 3 mètres. On en déduit, à la seule inspection de la figure, que les triangles *opr* et MNR sont semblables et que leurs côtés sont proportionnels. Donc, *or* représnete la longueur MR en mètres et *rp* représente la différence de niveau NR en mètres.

Cette démonstration est générale, que le point N soit au-dessus du plan MR ou au-dessous.

Mode d'emploi de l'alidade autoréductrice.

161. On met la planchette aussi hori-

zontale que possible en écartant les branches du trépied d'une manière convenable, puis on fait la visée de planimétrie en fixant une épingle au point qui représente la station.

On a orienté la planchette, soit sur une première direction au moyen de l'alidade, soit au moyen du déclinatoire ou de la boussole alidade, qui peut en tenir lieu et on appuie le bord biseauté de la règle inférieure de l'alidade contre l'épingle.

On fait tourner cette alidade sur la planchette, en maintenant le bord contre l'épingle, jusqu'à ce qu'on puisse voir le point à viser par le fil vertical du cadre porte-fils. A cet effet, on vise par l'œilleton moyen ou, exceptionnellement, par un des deux autres et l'on rapproche, au besoin la pinnule mobile de la pinnule fixe, si l'inclinaison du rayon visuel est trop considérable ; mais, *chaque fois qu'on le peut*, il faut tenir la pinnule mobile à l'extrémité de la règle, afin d'avoir une plus longue ligne de visée.

162. *Tracé des directions.* — Il suffit de tracer une ligne au crayon à partir de l'épingle, pour avoir *la direction* sur laquelle se trouvera la projection du point.

Mesure automatique des distances horizontales.

163. Pour déterminer à la fois la *distance horizontale* et la *différence de niveau*, on amène le plus exactement possible la bulle entre ses repères, au moyen de la vis placée à l'extrémité du tube. On vise alors par l'œilleton moyen et on amène le fil inférieur à recouvrir le voyant inférieur, la pinnule se trouvant toujours à l'extrémité de sa course. On doit chercher à bissecter le voyant à l'aide du fil. Le centre du fil se trouve alors recouvrir le centre du voyant.

Dans la pratique, cette opération se fait très facilement.

On fait alors mouvoir la pinnule mobile et on monte ou on descend le cadre porte-fils, jusqu'à ce que le voyant inférieur étant toujours bissecté par le fil inférieur, le voyant du haut soit bissecté par un des deux autres fils.

Si le voyant *supérieur* est bissecté par *le fil moyen*, la distance est comprise entre 75 et 150 mètres. On lit alors sur les échelles de *gauche* (divisions rapprochées).

Par *le fil supérieur*, la distance est inférieure à 75 mètres et on lit sur les échelles de *droite* (divisions écartées).

L'échelle horizontale de droite est graduée de 15 mètres à 75 mètres; celle de gauche, de 75 mètres à 150 mètres. La lecture se fait en regard d'un trait marqué sur le curseur, à moins de $0^m,50$ près.

Les distances inférieures à 15 mètres peuvent être mesurées en prenant pour base, au lieu de la distance 3 mètres, comptée entre les voyants, une hauteur dix fois plus petite, c'est-à-dire $0^m,30$, mesurée depuis le centre du voyant inférieur jusqu'au trait transversal marqué sur la tige de la mire (*fig.* 118).

164. *Report des distances.* — La distance horizontale ayant été déterminée, on la reporte sur la planchette, à l'échelle du dessin, au moyen des divisions en millimètres, tracées sur le bord biseauté de la ligne de foi de l'alidade.

165. *Lecture des différences de niveau.* — La différence de niveau se lit au moyen des verniers du cadre porte-fils, à droite, si l'on s'est servi du fil supérieur; à gauche, si l'on s'est servi du fil moyen.

Lorsqu'on a mesuré avec la petite base de $0^m,30$, il faut se rappeler que toutes les divisions, soit du tube, soit de la pinnule, à gauche ou à droite, représentent des unités dix fois plus petites que lorsqu'on emploie la base de 3 mètres.

166. *Approximation.* — L'alidade autoréductrice permet de mesurer les distances horizontales jusqu'à 150 mètres à $0^m,50$ près, et les différences de niveau à $0^m,02$ près.

167. *Rapidité d'exécution.* — La durée totale de l'opération : visée de planimétrie, tâtonnements, lectures de la distance horizontale et de la différence de niveau, est d'*une* minute en moyenne. Aussi, avec deux ou trois aides munis de mire et se déplaçant sur les indications de l'opérateur, celui-ci peut rattacher, à la station centrale, tous les points qui se trouvent dans un rayon de 150 mètres, avec une vitesse de cinquante points à l'heure environ.

168. En résumé, l'alidade autoréductrice, pour les levés au $\dfrac{1}{2000}$, à $\dfrac{1}{5000}$ et $\dfrac{1}{10000}$, présente l'avantage qu'on cherchait à lui demander : célérité, précision, opérations numériques faites automatiquement par l'appareil.

L'emploi de l'alidade autoréductrice sera particulièrement avantageux dans les levés d'étude; levés de bâtiments, de propriétés, de villages, etc., avant-projets de chemins de fer ou de tracés de routes, opérations cadastrales, etc. (1).

(1) L'alidade autoréductrice du commandant Peigné se trouve à la librairie Ch. Delagrave, 13, rue Soufflot.

§ VI. — NIVEAUX A BULLE D'AIR.

Préliminaires.

169. Le niveau à bulle d'air est basé sur le principe physique suivant :

Lorsqu'un liquide et un fluide sont en repos dans un récipient, le fluide occupe toujours la partie la plus élevée et la couche de séparation est horizontale.

170. Le niveau à bulle d'air se compose essentiellement d'un tube de verre

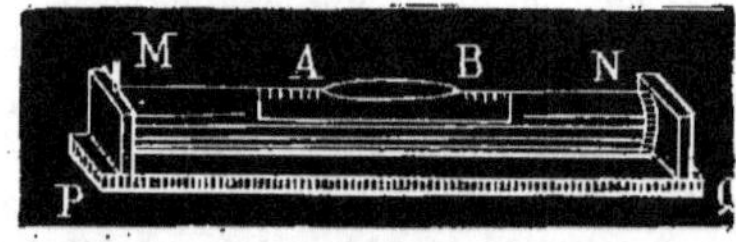

Fig. 119.

légèrement recourbé AB (*fig.* 119) contenant un liquide et un petit volume d'air ou de la vapeur du liquide qui constitue la bulle d'air. Ce tube, hermétiquement fermé, est enchâssé dans une monture métallique MN qui laisse à découvert la partie supérieure. Cette monture est elle-même fixée sur une règle de même métal, PQ, et parfaitement dressée, à laquelle on donne quelquefois le nom de *patin*.

171. D'après le principe énoncé précédemment, la bulle occupe toujours la partie supérieure du tube. Si celui-ci

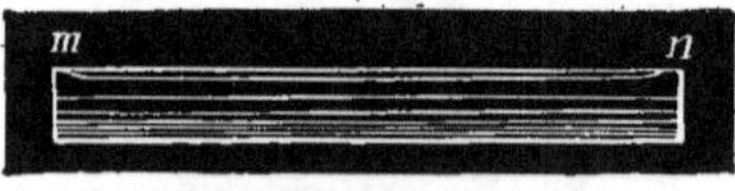

Fig. 120.

était cylindrique, il se formerait, chaque fois que l'instrument serait disposé horizontalement, une bulle très allongée suivant la génératrice supérieure *mn* (*fig.* 120).

Le plus faible déplacement du niveau amènerait la bulle aux extrémités de l'instrument et l'appareil ainsi établi serait tellement sensible qu'il deviendrait impossible de s'en servir. Pour faire disparaître cet inconvénient, on donne au tube une légère courbure circulaire ; il se forme alors une bulle moins sensible, dont le centre, occupant toujours la

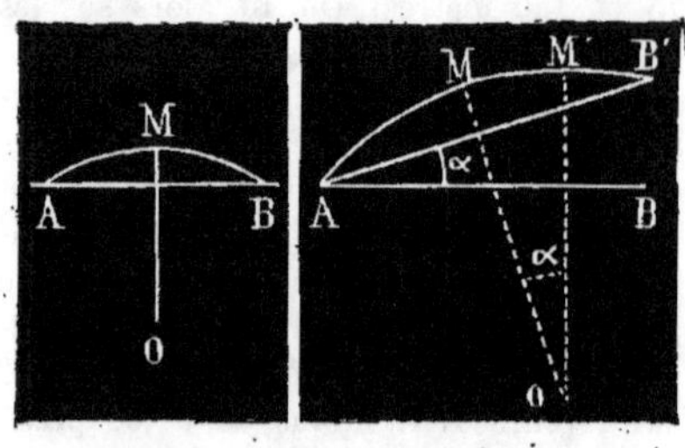

Fig. 121. Fig. 122.

partie la plus élevée du récipient, vient se placer à l'extrémité du rayon vertical, en M, par exemple (*fig.* 121).

Si l'on imagine que le tube est engendré par un arc de cercle AMB tournant autour de sa corde, qui devient l'axe du niveau, toutes les sections du tube, dans le sens de sa longueur, seront identiques. Il en résultera que 1° lorsque l'axe du niveau sera horizontal, la bulle viendra se placer au milieu de l'axe AB ; 2° lorsque l'axe du niveau prendra une certaine inclinaison, la bulle se déplacera de manière à se placer de nouveau à l'extrémité du rayon vertical OM'. L'arc MM' parcouru par le centre de la bulle, mesurera précisément l'angle α, qui représente le déplacement angulaire de l'axe du niveau (*fig.* 122).

Sur la partie supérieure de la fiole sont marqués deux traits entre lesquels la bulle vient se placer lorsque le patin est horizontal. Ces deux traits sont appelés les *repères* de la bulle. On dit alors que le niveau est *calé*.

Dans les niveaux de grande précision, la fiole porte, outre les traits qui forment les repères de la bulle, une échelle de divisions à droite et à gauche de ces traits et dont le zéro correspond au milieu de la bulle, lorsque l'axe du niveau est horizontal. En faisant la demi-somme des graduations correspondant aux extrémités de la bulle, on obtient exactement la position du centre de la bulle. L'axe du niveau est horizontal lorsque les graduations qui se trouvent aux extrémités de la bulle sont les mêmes ; car, lorsqu'il en est ainsi, le milieu de la bulle correspond bien au zéro et la bulle se trouve exactement entre les repères.

SENSIBILITÉ DU NIVEAU A BULLE D'AIR.

172. La sensibilité d'un niveau à bulle d'air est d'autant plus grande que le déplacement de la bulle est plus considérable pour une inclinaison donnée.

Cette sensibilité varie suivant le rayon de courbure de la fiole.

Elle augmente avec la longueur de ce rayon.

Dans certains niveaux adaptés à des instruments d'observatoire, le rayon de courbure dépasse 500 mètres. Un déplacement de la bulle de 2 à 3 millimètres, dans ces instruments, marque une inclinaison correspondant à une seconde sexagésimale. Une telle sensibilité rendrait impossible, sur le terrain, l'emploi de pareils instruments.

173. Les niveaux qui entrent dans la construction des instruments de géodésie ont un rayon de courbure qui dépasse rarement 60 mètres. Les rayons compris entre 15 et 30 mètres sont généralement suffisants pour les instruments de topographie.

La longueur de la bulle influe aussi sur la sensibilité d'un niveau et une bulle se meut d'autant plus facilement qu'elle est plus longue. On donne généralement à la bulle une longueur variant de 2 à 3 centimètres.

On choisit habituellement, pour remplir le tube, un liquide mouillant bien le verre, comme l'alcool ou l'éther. Ces liquides, qui ont sur l'eau l'avantage de ne pas se congeler, sont en outre plus mobiles et donnent une bulle plus épaisse, se détachant mieux sur le verre.

VÉRIFICATION ET RECTIFICATION DU NIVEAU A BULLE D'AIR.

174. Nous avons vu précédemment qu'un niveau à bulle d'air, pour donner des indications exactes, doit être construit de manière que les sections dans le sens de la longueur du niveau soient identiques.

On obtient ce résultat en usant la surface intérieure du tube à l'aide de baguettes métalliques recouvertes d'émeri ; la fiole est dite alors *rodée*. A l'aide de ce procédé, qui permet des retouches, on peut arriver à obtenir des formes très régulières. Il arrive ainsi que des instruments présentant souvent la même apparence ont cependant des prix très différents suivant la précision plus ou moins grande apportée à la construction d'une fiole de niveau. Ainsi, le prix d'une fiole peut varier entre 0 fr. 50 et 600 francs.

175. Un niveau est bien réglé lorsque, étant disposé sur un plan horizontal, la bulle se trouve entre ses repères. Pour

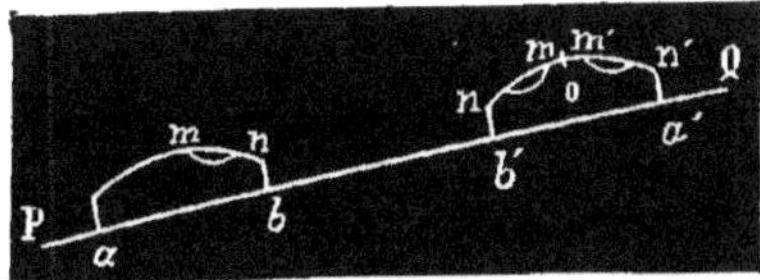

Fig. 123.

vérifier cette condition, on place le niveau sur un plan légèrement incliné PQ (*fig.* 123) et on marque sur le tube, en *mn*, les extrémités de la bulle. On retourne alors l'instrument bout pour bout et les extrémités de la bulle viennent en *m'n'*, qu'on marque de nouveau.

Si l'instrument est bien réglé, le milieu O de *mm'* doit être à égale distance des repères.

Lorsque cette condition n'est pas remplie, on modifie la position du niveau par rapport au patin au moyen d'une *vis de correction*.

On agit sur cette vis de manière à ce que la bulle, après l'opération du retournement, occupe une position parfaitement symétrique de la première, par rapport au milieu de la distance des repères.

EMPLOI DU NIVEAU A BULLE D'AIR.

176. Le niveau à bulle d'air sert à assurer l'horizontalité d'une droite ou d'un plan, ou, encore, la verticalité d'un axe de rotation.

Ce niveau fait partie des appareils qui doivent servir aux nivellements de grande précision, dont nous allons donner la description.

177. Pour vérifier, au moyen du niveau à bulle d'air, l'horizontalité d'une droite, il suffit de poser le patin du niveau sur cette droite et de s'assurer si la bulle reste bien dans ses repères.

178. Pour vérifier l'horizontalité d'une surface plane, on vérifie l'horizontalité de deux droites tracées sur cette surface et sensiblement perpendiculaires l'une à l'autre.

179. Le niveau peut servir à vérifier la verticalité d'un axe de rotation. L'axe dont on veut vérifier la position fait généralement corps avec un plan perpendiculaire. On vérifie, à l'aide du niveau, si ce plan reste horizontal, quelles que soient les positions qu'on donne à l'instrument tournant autour de son axe.

LIMITE D'EMPLOI DU NIVEAU A BULLE D'AIR.

180. Lorsqu'on apprécie la position oc-

cupée par la bulle d'un niveau, on commet une certaine erreur de lecture. Le frottement, l'inertie, la viscosité du

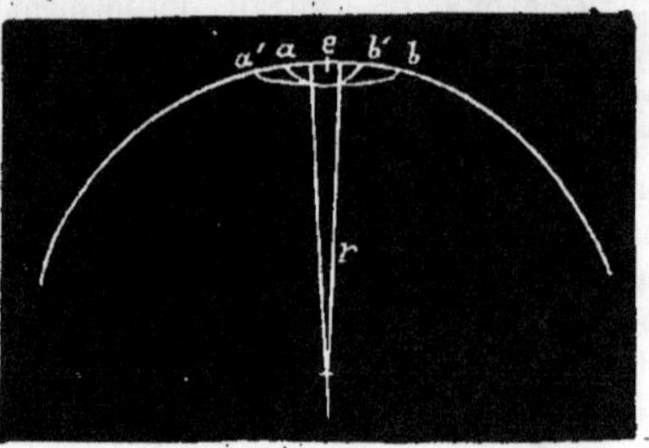

Fig. 124.

liquide, etc., peuvent nous tromper de ab en $a'b'$ (*fig.* 124), sur la position de la bulle; il en résulte une certaine erreur α sur la position de l'appareil. Cette erreur est mesurée par le rapport $\dfrac{e}{r}$, e étant égal à l'arc aa', r étant le rayon de courbure du tube. On voit que cette erreur diminue en même temps qu'augmente le rayon de courbure du tube.

181. Dans l'emploi du niveau à bulle d'air, la base sur laquelle repose le niveau, au lieu de se confondre avec l'horizontale,

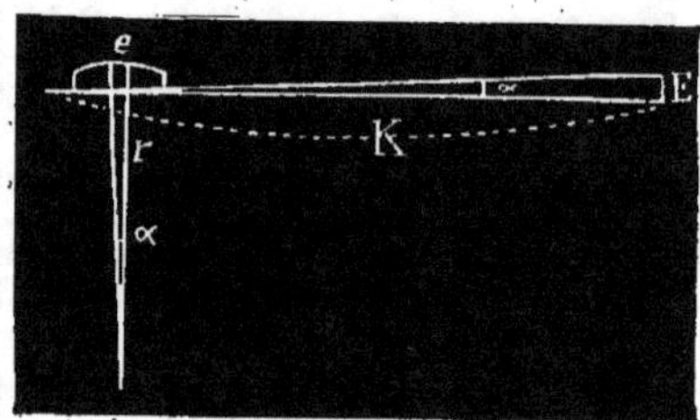

Fig. 125.

fait avec elle un angle égal à l'angle d'erreur (*fig.* 125). Cet angle d'erreur entraînera, à la distance K, une erreur linéaire E et on aura, par suite de la similitude des triangles :

$$\frac{E}{K} = \frac{e}{r},$$

D'où :
$$K = \frac{r \times E}{e}.$$

Supposons l'erreur d'appréciation $e = 0^m,001$ et admettons que l'approximation $E = 0^m,1$ soit suffisante. On aura :

$$K = \frac{r \times 0,1}{0,001} = 100\,r.$$

On peut, sans erreur sensible, prendre pour limite $100r$, valeur toujours considérable, le rayon de courbure des niveaux employés en topographie variant de 15 mètres à 30 mètres.

Calage des niveaux à bulle d'air en général.

182. Il existe trois procédés de calage généralement adoptés :

1° Le calage à l'aide de deux ressorts et deux vis ;

2° Le calage à l'aide de deux vis et deux charnières ;

3° Le calage à base triangulaire à trois vis calantes.

I. — CALAGE A L'AIDE DE DEUX RESSORTS ET DE DEUX VIS.

183. L'instrument est supporté sur deux plateaux.

Pour rendre le plateau supérieur horizontal, on se sert de deux vis et de deux ressorts interposés entre les plateaux supérieurs et inférieurs (*fig.* 126). Les deux

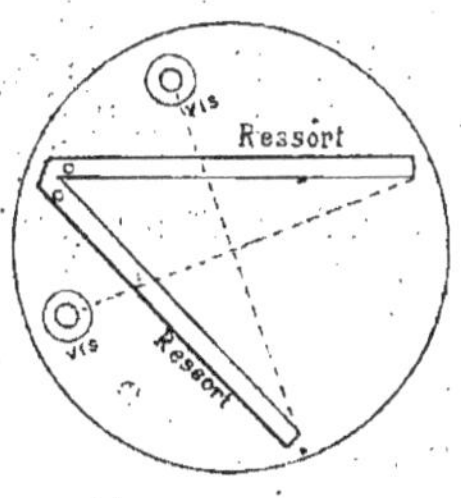

Fig. 126.

vis sont placées aux extrémités de deux rayons perpendiculaires l'un à l'autre. Les points où les ressorts soutiennent le pla-

teau supérieur sont sur le prolongement des rayons passant par les pointes des vis. Il est clair, d'après cette disposition, que si l'on place d'abord l'axe de la lunette dans le plan vertical passant par un de ces rayons, rien ne sera plus aisé, en manœuvrant la vis correspondante, que d'amener le plateau dans une position telle que la bulle d'air du niveau corresponde à son zéro de graduation. Dans cette position, la ligne passant par le pied de cette vis et l'extrémité supérieure du ressort correspondant sera horizontale. Si l'on fait la même opération relativement à l'autre rayon et si l'on s'assure ensuite que, pendant cette seconde opération, on n'a en aucune façon altéré les résultats de la première, qu'aucune circonstance étrangère n'a dérangé l'instrument, on aura la certitude que le plateau supérieur sera horizontal, puisqu'il comprendra, dans son plan, deux droites horizontales perpendiculaires entre elles.

II. — CALAGE A L'AIDE DE DEUX VIS ET DEUX CHARNIÈRES.

184. Dans ce cas, l'axe repose sur un premier plateau que supporte une charnière d'un côté et une vis de l'autre. Cette charnière et cette vis se rattachent à un second plateau mobile aussi au moyen d'une charnière et d'une vis. Ce second système faisant avec le premier un angle de 90°, on a ainsi deux directions rectangulaires qu'on peut rendre horizontales afin que le pivot soit vertical.

III. — CALAGE A L'AIDE D'UNE BASE TRIANGULAIRE A TROIS VIS CALANTES.

185. L'instrument est monté sur le plateau triangulaire AB (*fig.* 127) d'un trépied formé de trois branches égales représentées par AC, OE, BD en élévation et par O'C', O'E', O'D' en plan, faisant entre elles des angles de 120 degrés et terminées par des pointes métalliques. Trois rondelles en cuivre, légèrement creusées, sont incrustées dans le plateau du trépied et destinées à recevoir les trois vis calantes que porte la base triangulaire de l'instrument.

La vis FG sert à rattacher le plateau du trépied à l'instrument de façon que les deux objets soient intimement liés l'un à s'autre et puissent être transportés d'une tiation à l'autre sans qu'il soit nécessaire de les séparer. La base triangulaire du

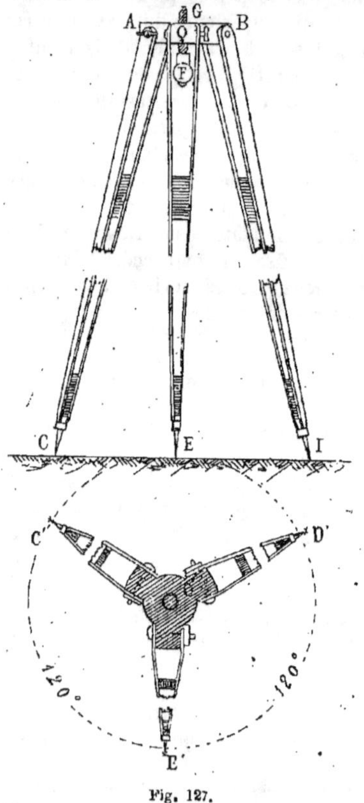

Fig. 127.

niveau porte, à son centre, une petite ouverture filetée dans laquelle on introduit l'extrémité G de la vis en tournant la tête F.

La vis est l'objet d'une construction spéciale indiquée par la coupe (*fig.* 128). Son

extrémité inférieure est renfermée dans une enveloppe M à laquelle elle est fixée. La base triangulaire du niveau porte deux encoches séparées, superposées et d'inégales hauteurs. Sur le fond de l'encoche supérieure se trouve un écrou à base cour-

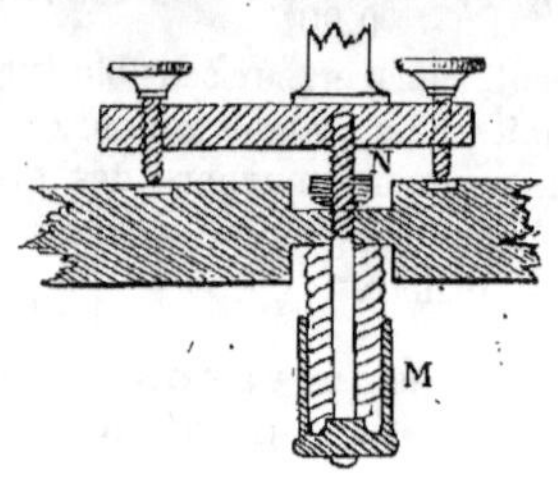

Fig. 128.

bée traversé par la vis et dans l'enveloppe M existe, à demeure, un ressort à boudin appuyant sur la surface supérieure de l'encoche inférieure. Ce système bien simple permet à la vis de se mouvoir suivant une surface conique autour d'une perpendiculaire au plateau du trépied, passant par le centre de l'écrou N, et ce mouvement est indispensable. En effet, si la vis ne pouvait se mouvoir que perpendiculairement au plateau du trépied, elle ne s'introduirait dans l'ouverture filetée de là base triangulaire du niveau qu'autant que cette base serait parallèle au plateau et, dans ce cas, les vis calantes n'auraient aucun rôle à remplir. Avec les dispositions adoptées, la vis unit invariablement l'instrument au trépied alors même que la base triangulaire ne serait pas parallèle au trépied.

Néanmoins, lorsqu'on met un niveau en station, il convient tout d'abord de disposer le trépied de manière que la surface de son plateau ait une position à peu près horizontale, parce que, alors, on rendra horizontale la base triangulaire du niveau au moyen de petits mouvements imprimés aux vis calantes, ce qui hâtera beaucoup le réglage de l'appareil.

L'horizontalité du plateau étant établie à vue, on amène le niveau à bulle d'air dans une direction parallèle à celle donnée par deux des vis calantes, que nous appellerons V_1, V_2 et en agissant sur l'une de ces deux vis, ou mieux sur les deux simultanément, mais en sens contraire, on amène la bulle entre ses repères. On place ensuite le niveau sur un diamètre perpendiculaire au premier et, au moyen de la vis V_3 (celle qui n'a pas encore servi), on ramène de nouveau la bulle entre ses repères. Il est évident que le plateau est alors horizontal, puisque deux lignes de son plan sont horizontales. Il est bon de répéter plusieurs fois l'expérience, pour assurer exactement l'horizontalité.

Le niveau d'Egault.

186. Ce niveau (*fig.* 129) se compose d'une traverse AB fixée par un axe dans une douille CD portée par un trépied à vis calantes O, P, Q (1). Aux extrémités de cette traverse, qui se meut sur un plateau circulaire GH adapté à la douille CD, se trouvent deux montants verticaux ou étriers, 1 et 2, servant de supports à une lunette LL munie d'un réticule formé de deux fils en croix. La lunette repose sur ses deux étriers par deux anneaux cylindriques qui sont rigoureusement de même diamètre et exactement dans le prolongement l'un de l'autre. De cette façon, dans toutes les positions de la lunette, soit qu'on la fasse tourner sur elle-même, soit qu'on la retourne bout à bout, l'axe de ces deux cylindres conservera une position invariable. Un niveau à bulle d'air NN, rectifiable par une vis S, est monté sur la traverse et sert à assurer la verticalité de l'axe. Pour s'assurer de cette verticalité, la traverse étant placée parallèlement à la direction de deux des

vis du trépied, on cale le niveau en agissant sur ces vis, puis on retourne la traverse bout pour bout. Si la bulle revient entre ses repères, c'est que le niveau est bien réglé. Dans le cas contraire, il faut ramener la bulle en agissant pour la moitié du mouvement sur la vis de rectification S du niveau et, pour l'autre moitié, sur une des deux vis calantes. On met ensuite la traverse dans une direction perpendiculaire à la première. On ramène la bulle entre ses repères au moyen de la troisième vis calante et on arrive ainsi, par tâtonnements, à rendre l'axe vertical et la traverse horizontale.

La lunette du niveau peut tourner sur elle-même entre les étriers qui la maintiennent, mais elle est limitée dans ce mouvement par deux petits arrêts qui tournent avec elle et viennent butter

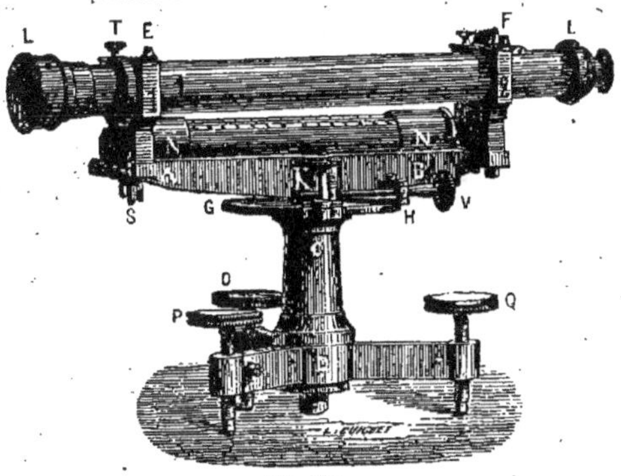

Fig. 129.

contre les extrémités de deux vis buttantes fixées dans les montants. Ces vis sont réglées de telle façon que, lorsque les arrêts de la lunette y sont amenés, celle-ci ayant été retournée bout pour bout ou simplement tournée sur son axe, un des fils du réticule se trouve parallèle à l'axe du système, c'est-à-dire vertical. On reconnaît que cette condition est remplie si, dans les quatre positions possibles de la lunette, le fil couvre exactement un fil à plomb placé au loin. Dans le cas contraire, il suffira de corriger en agissant,

(1) Le prix de cet instrument, avec pied à 6 branches, boîte à poignée et serrure, est de 210 fr.

moitié sur les petites vis buttantes, moitié sur le porte-oculaire qu'on fera tourner légèrement sur lui-même après avoir desserré la vis qui le guide dans le corps de la lunette.

Il faut encore s'assurer si la lunette est centrée, c'est-à-dire si l'axe optique coïncide avec l'axe de rotation. Cette condition est remplie lorsque, ayant visé un point déterminé, la coïncidence entre l'intersection des fils et l'image de ce point se maintient pendant qu'on fait tourner la lunette autour de son axe. Si la lunette n'est pas centrée, pour corriger ce défaut, on place à une certaine distance une mire dont on fait glisser le voyant jusqu'à ce que sa ligne de foi vienne se placer sur le fil horizontal, et on lit sa hauteur. On tourne alors la lunette de 180° sur elle-même, de manière à ramener le même fil à la position horizontale. On ramène la ligne de foi du voyant en coïncidence avec ce fil et on lit sa nouvelle hauteur. Prenant ensuite la moyenne des hauteurs précédentes, on y amène le voyant puis le fil du réticule, en agissant sur sa vis de rectification. On recommencera la même opération avec le deuxième fil. Il sera bon de répéter plusieurs fois ces rectifications pour arriver au centrage exact de la lunette.

L'axe optique coïncidant avec l'axe de figure, il faut maintenant le rendre perpendiculaire à l'axe vertical de l'instrument. On procède encore par retournement. Après avoir visé une mire et lu la cote correspondante, on enlève la lunette de ses étriers et on retourne la traverse bout à bout. Cela fait, on replace la lunette et, visant la mire indiquée plus haut, on lit de nouveau la cote qui devra être la même que la première, si l'axe optique est perpendiculaire à l'axe de rotation. Si ces cotés sont différentes, on corrigera de la moitié de la différence au moyen de la vis à carré placée sous un des étriers de la lunette. Lorsque cette rectification est faite, l'axe de la lunette est devenu perpendi-

culaire à l'axe vertical et, par suite, est horizontal, la bulle du niveau étant entre ses repères. Dès lors, l'instrument est disposé à servir au nivellement.

Pour assurer l'immobilité de la traverse pendant une opération, celle-ci porte une pièce, munie à son extrémité d'une vis de rappel V, qui vient se rattacher à une vis de pression pouvant courir autour du plateau GH faisant corps avec la colonne de l'instrument.

Le niveau d'Egault permet d'opérer, même lorsque les diverses rectifications ne sont pas exactement faites. Dans ce cas, il faut donner quatre coups de niveaux : deux en faisant tourner la lunette sur son axe de 180°, deux en la retournant bout à bout et en la faisant de nouveau tourner sur son axe de 180°. La somme des quatre hauteurs observées, divisée par 4, donne la cote demandée.

Réglage pratique du niveau d'Egault.

187. Il résulte des considérations précédentes qu'un niveau d'Egault soigneusement construit doit satisfaire aux conditions suivantes :

1° Axe de la douille CD perpendiculaire au plan de la base triangulaire;

2° Axe de la traverse AB fonctionnant à frottement doux et précis dans l'ouverture cylindrique que porte la douille CD;

3° Plan du plateau GH perpendiculaire à l'axe de la douille CD;

4° Plan de la partie supérieure de la traverse AB parallèle au plan du plateau GH;

5° Plan tangent au renflement de la bulle d'air du niveau NN, parallèle au plateau GH et perpendiculaire à l'axe de la douille CD;

6° Bases des étriers E et F situés dans un plan parallèle au plan tangent à la bulle d'air et au plan des plateaux.

7° Axe optique de la lunette LL situé

dans un plan parallèle au plan tangent à la bulle d'air ainsi qu'au plan du plateau GH et perpendiculaire à l'axe de la douille CD.

Il est rare qu'un niveau, quels que soient les soins apportés à sa construction, remplisse toutes ces conditions, car il serait parfait; mais, par suite des dispositions de ses détails, il est possible, par un réglage pratique bien simple, de lui donner une très grande précision.

188. Ce réglage pratique comporte trois opérations distinctes, savoir:

1° Mise dans une position horizontale du plateau GH et du plan tangent à la bulle d'air.

2° Centrage de la lunette, ayant pour but de ramener son axe optique dans une position telle que cet axe se confonde avec l'axe du cylindre, ou bien, — ce qui serait plus vrai, — rendre l'axe optique parallèle aux génératrices des deux anneaux cylindriques qu'on introduit dans les étriers E et F.

3° Mise des bases des étriers dans un plan horizontal, c'est-à-dire parallèle au plan tangent à la bulle d'air.

1ʳᵉ OPÉRATION. — MISE DANS UNE POSITION HORIZONTALE DU PLATEAU *GH* ET DU PLAN TANGENT A LA BULLE D'AIR.

189. Tout d'abord, on place l'appareil sur le plateau du trépied. Ce plateau est disposé, à l'œil, aussi horizontalement que possible et les vis calantes P, O, Q doivent tomber dans les empreintes que porte ce plateau. On fixe définitivement le niveau au moyen d'une vis traversant le plateau du trépied et s'engageant dans la douille CD qui forme écrou. Par cette heureuse disposition, l'appareil est invariablement fixé au trépied avec lequel il fait corps.

Le niveau est également disposé pour qu'il soit possible de mettre le plan tangent à la bulle dans une position qui approche le plus possible de l'horizontalité.

Cela fait, on tourne tout le système de manière à amener la traverse AB dans une position parallèle aux centres de deux vis calantes, des vis P et Q, par exemple. Si la bulle d'air reste dans ses repères, c'est-à-dire marque, par ses extrémités, la même division à droite comme à gauche, on fait décrire à l'appareil un angle de 180 degrés, de sorte que la traverse est toujours parallèle aux vis calantes P et Q. Si la bulle reste encore dans ses repères, il y a de grandes probabilités pour que le plateau soit horizontal.

On continue la vérification en amenant la traverse AB suivant une direction perpendiculaire à la droite joignant les centres des vis calantes P et Q et on opère comme précédemment. Si la bulle revient bien entre les mêmes divisions, à droite et à gauche, c'est que le plateau est horizontal et que le parallélisme demandé existe entre ce plateau et le plan tangent à la bulle.

Admettons maintenant que la traverse soit placée parallèlement aux deux vis calantes P et Q et qu'en faisant décrire à l'instrument un angle de 180°, la bulle d'air change de position, c'est-à-dire que ses extrémités n'aboutissent pas aux mêmes divisions, à droite et à gauche. Dans ce cas, le plateau GH peut ne pas être horizontal et le plan tangent à la bulle d'air peut ne pas être parallèle au plan du plateau.

Pour obtenir cette horizontalité et ce parallélisme, voici comment on opère:

La traverse AB étant parallèle à la droite qui joint les centres des vis calantes P et Q, si la bulle d'air n'est pas bien placée, on la ramène entre ses repères en manœuvrant, par moitié, la vis S du niveau et la vis calante opposée Q. Ensuite, on fait décrire à l'instrument un angle de 180 degrés et si la bulle d'air n'est pas réglée, on la ramène entre ses repères en manœuvrant, par moitié, la vis

S du niveau et la vis calante opposée P.

On ramène ensuite la traverse dans sa première position, puis dans la seconde et on continue à manœuvrer alternativement et la vis du niveau et la vis calante opposée, jusqu'à ce que la bulle d'air n'éprouve plus aucune déviation, quelle que soit la position de la traverse AB sur le plateau GH. Alors, la première opération de réglage est terminée, puisque le plan du plateau GH est horizontal.

2ᵉ OPÉRATION. — CENTRAGE DE LA LUNETTE.

190. Le cylindre de la lunette est entouré de deux anneaux concentriques avec lesquels il fait corps. Ces deux anneaux s'introduisent dans les étriers E et F et supportent la lunette. Par suite de cette disposition, si les axes des anneaux n'étaient pas exactement situés sur l'axe du cylindre, la lunette ne serait pas centrée, lors même que l'axe du cylindre et l'axe optique se confondraient.

Comme le centrage de la lunette est réglé par la surface extérieure des anneaux, il faut arriver à établir un parallélisme complet entre l'axe optique et les génératrices du cylindre formé par les

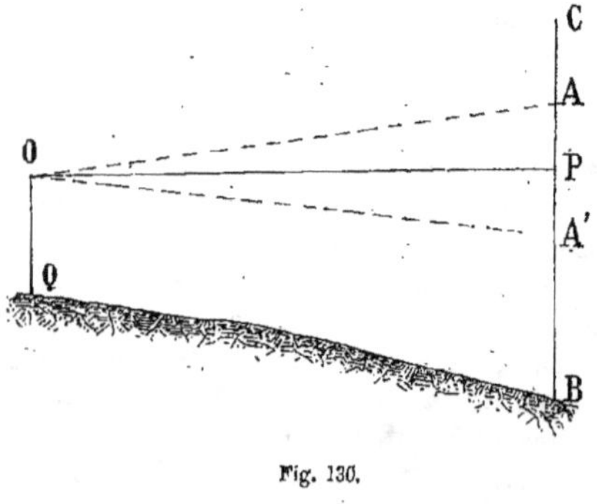

Fig. 130.

deux anneaux et voici comment on opère :
On installe le niveau à un point quelconque L (*fig.* 130), puis on place une mire

CB à une distance convenable et on la tient bien verticalement.

Supposons qu'on dirige, par l'axe optique de la lunette, un rayon visuel aboutissant, par exemple, au point A de la mire. En faisant décrire à la lunette un angle de 180 degrés, c'est-à-dire en met-

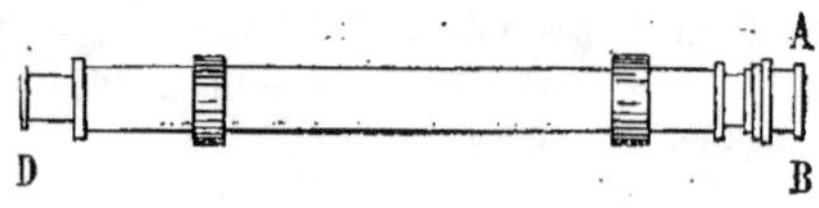

Fig. 131.

tant le point B à la place du point A (*fig.* 131) de manière que la génératrice inférieure devienne la génératrice supérieure, sans déplacer l'objectif et l'oculaire, si un nouveau rayon visuel dirigé sur la mire aboutit au même point A, c'est que la lunette est bien centrée. Si, au contraire, le second rayon visuel aboutit, par exemple, au point A′ de la mire, l'axe optique de la lunette ne sera pas parallèle aux génératrices extérieures de la surface des anneaux. Alors, il faudra prendre, sur la mire, un point P situé à égale distance des points A et A′ et manœuvrer le réticule à l'aide de la vis T (*fig.* 129) de manière qu'un nouveau rayon visuel passe par le point P et la lunette est *centrée*.

On voit que, pour centrer la lunette, il n'est pas nécessaire que le plan tangent à la bulle d'air soit horizontal, pas plus que le plan du plateau, puisqu'il suffit de diriger un premier rayon visuel, puis un second après avoir fait décrire au cylindre de la lunette un angle de 180 degrés.

3ᵉ OPÉRATION. — MISE DES BASES DES ÉTRIERS DANS UN PLAN HORIZONTAL.

191. Pour procéder à cette troisième et dernière opération, il faut installer le niveau sur son trépied, amener le plan du plateau et le plan tangent à la bulle d'air dans une position horizontale, puis centrer la lunette.

Cela fait, on dirige un rayon visuel OA (*fig.* 130) sur une mire CB placée à une distance convenable et tenue bien verticalement. On enlève la lunette de façon à laisser les génératrices du cylindre dans la même position, puis on tourne la traverse de manière à lui faire décrire un angle de 180 degrés. On pose la lunette dans les étriers déplacés par le fait de ce mouvement. Alors, l'anneau de la lunette qui reposait sur un étrier repose maintenant sur l'autre et réciproquement. On dirige un rayon visuel sur la mire CB et si ce rayon aboutit au même point A, les bases des étriers sont bien situées dans un plan horizontal. Si, au contraire, le second rayon visuel aboutissait, par exemple, au point A', l'horizontalité des bases des étriers n'existerait pas.

Dans ce cas, il faudrait partager la distance AA' en deux parties égales au point P, puis manœuvrer une des vis situées au point S (*fig.* 129), laquelle vis a pour but d'élever ou d'abaisser l'étrier correspondant. Lorsque cet étrier sera amené dans une position telle que le rayon visuel passe par le point P, les bases des deux étriers seront dans un plan horizontal et l'instrument sera complètement réglé.

MÉTHODE DES COMPENSATIONS.

192. Les précautions de réglage qui viennent d'être décrites sont toujours très longues et souvent impraticables. M. Égault a trouvé le moyen d'opérer avec la même précision en se servant d'un instrument ayant une lunette non centrée, les bases des étriers situées dans un plan non parallèle au plateau, ce plateau étant, cependant, placé toujours horizontalement.

Un niveau d'Égault est mis en station au point S (*fig.* 132) et une mire QR est placée bien verticalement à une distance convenable. Le plateau est horizontal.

On dirige un premier rayon visuel qui aboutit, par exemple, au point *a* de la mire, puis on fait décrire à la lunette une demi-révolution, c'est-à-dire un angle de 180 degrés et on vise de nouveau. Ce

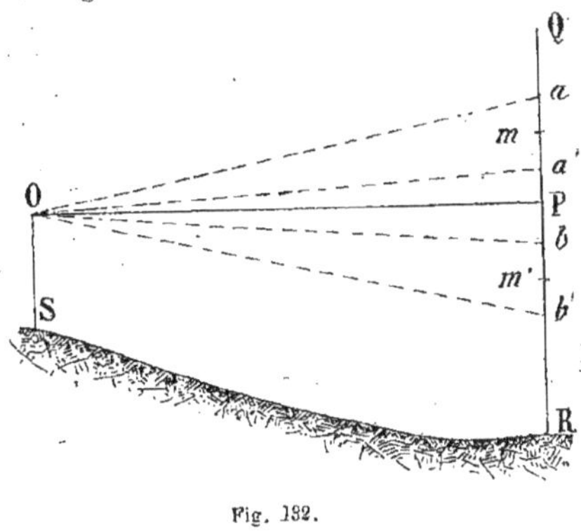

Fig. 132.

second rayon visuel aboutit au point *a'* de la mire, ce qui prouve que la lunette n'est pas centrée. On marque le point *m*, au milieu de *aa'*, et on a :

$$mR = \frac{aR + a'R}{2}$$

Cela fait, on enlève la lunette de ses étriers, puis on fait décrire à la traverse du niveau une demi-révolution, c'est-à-dire un angle de 180 degrés. On replace ensuite la lunette dans ses étriers, puis on dirige sur la mire un nouveau rayon visuel qui aboutit par exemple au point *b*. Dans ce retournement, les étriers ont changé de place et chacun d'eux ne porte plus le même anneau de la lunette.

Ensuite, sans déranger les étriers, on fait tourner la lunette suivant son axe de manière qu'elle fasse une demi-révolution, c'est-à-dire qu'elle décrive un angle de 180 degrés et on dirige, sur la mire, un nouveau rayon visuel qui aboutit, par exemple, au point *b'*. On marque le point *m'*, au milieu de *bb'*, et on a :

$$m'R = \frac{bR + b'R}{2}$$

En joignant au point O le point P, milieu de *a' b*, la droite OP sera l'horizontale donnée par la moyenne déterminée sur la mire au moyen de quatre rayons visuels.

En effet :

$$PR = \frac{b'R + bR + a'R + aR}{4}$$

mais,

$$PR = \frac{b'R + aR}{2} = \frac{bR + a'R}{2}$$

Cette formule fait voir que, pour avoir le résultat cherché, il suffit de deux observations sur les quatre indiquées. On prendra, à volonté, soit la première et la quatrième, soit la deuxième et la troisième.

193. On tire de ce qui précède la règle pratique suivante:

Pour opérer, sur le terrain, au moyen d'un niveau d'Egault imparfaitement réglé, on dirige un premier rayon visuel sur la mire, puis on retourne la lunette

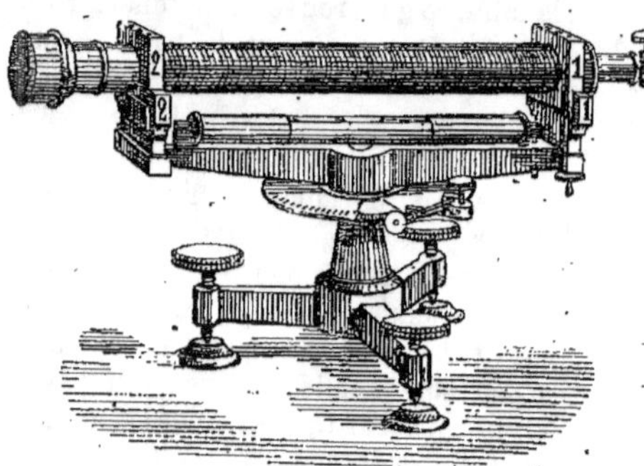

Fig. 133.

bout à bout et d'un seul coup. On fait tourner la lunette sur elle-même de 180°. On ramène l'oculaire vers l'œil de l'opérateur, puis on dirige un second rayon visuel sur la mire. La moyenne des deux observations donne le résultat cherché.

C'est ainsi qu'on opère dans la pratique, car on se borne toujours à donner deux coups sur chaque point. Il est plus prudent d'agir ainsi et de considérer le niveau comme étant imparfaitement réglé.

Cependant, il est bon de toujours régler son niveau avant d'opérer, car alors les différences sont plus petites et les causes d'erreurs matérielles moins grandes. Si ces différences augmentaient, on en conclurait, ou que l'instrument s'est dérangé, ou que les cotes ont été mal lues. Alors l'opérateur, ainsi prévenu, se livrerait aux vérifications nécessaires.

Niveau, système Bourdaloue.

194. Ce niveau (*fig.* 133) (1), destiné spécialement aux longues distances, tient du niveau d'Égault, le niveau à bulle d'air étant latéral à la lunette, et du niveau à cuvette (qui sera décrit plus loin), en ce que la lunette repose sur ses étriers, non par des anneaux en bronze, mais par des prismes à contacts en acier trempé.

Le tube de la lunette est enveloppé d'un corps peu conducteur de la chaleur, de façon à en empêcher l'échauffement.

Les procédés de réglage sont les mêmes que pour le niveau d'Égault.

Niveau d'Egault perfectionné.

195. Pour éviter le retournement bout à bout de la lunette, opération pendant laquelle il peut lui arriver un accident, on a imaginé de construire un niveau d'Égault dans lequel le retournement de la lunette est remplacé par le retournement de la bulle (*fig.* 134) (2).

Dans cet instrument, la lunette, au lieu d'être supportée par une simple traverse dont un des étriers peut s'élever ou s'abaisser au moyen d'une vis, est posée sur des étriers invariablement fixés à une première traverse. Cette première

(1) Le prix de ce niveau, avec pied à 6 branches, boîte à poignée et serrure, est de 450 fr.
(2) Le prix de ce niveau, avec pied à 6 branches, boîte à poignée et serrure, est de 280 fr.

traverse repose sur une seconde ; elles sont réunies, d'un bout par une vis, de l'autre par une charnière. Cette construction présente l'avantage d'avoir une ligne d'étriers invariable et de permettre à la lunette d'établir son contact sur toute la longueur des anneaux, ce qui ne pouvait

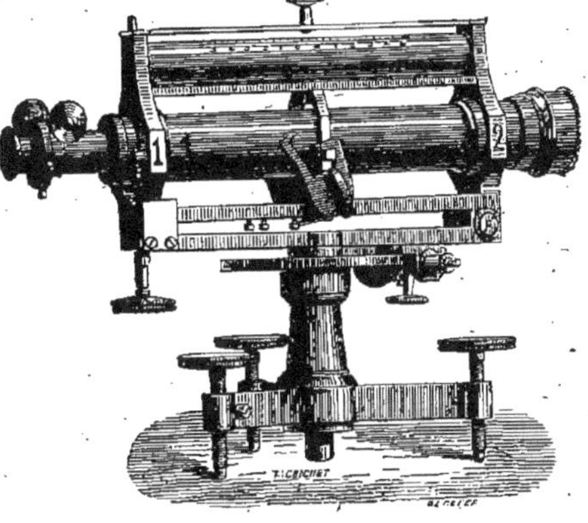

Fig. 134.

avoir lieu avec un des étriers mobiles et ce qui diminue l'usure. La bulle est indépendante. Elle est placée à l'aplomb de la lunette et repose sur les anneaux de celle-ci au moyen de deux fourches métalliques. Un système de leviers et d'excentriques permet, soit de la fixer complètement pour le transport de l'instrument, soit de la soulever seulement pour son retournement, soit enfin de l'enlever tout à fait.

On rend l'axe vertical et on centre la lunette comme nous l'avons indiqué en parlant des niveaux d'Égault.

Néanmoins, on a toujours recours à la méthode des compensations. On amène la bulle entre ses repères au moyen de la vis de la traverse et on prend une première cote. Puis on fait tourner la lunette autour de son axe de 180° et, en même temps, on soulève la bulle. On la retourne de 180° et on la pose de nouveau sur les anneaux de la lunette. On la ramène entre ses repères et on prend une seconde cote.

La cote vraie est la moyenne des deux cotes.

L'instrument porte sur ses divers organes une chiffraison qui permet d'éviter les erreurs de retournement. Le côté droit de l'étrier situé près de l'oculaire, la partie du tube de la lunette située près du collet correspondant et une des extrémités du niveau à bulle d'air portent le chiffre 1. Le côté de l'étrier situé près de l'objectif, la partie du tube de la lunette diagonalement opposée à celle marquée 1 et le côté opposé de l'extrémité du niveau marqué 1 portent le chiffre 2. — On est assuré de ne pas s'être trompé dans les retournements, quand la première position a donné les trois chiffres 1 du côté droit de l'oculaire, et que la seconde position a donné les trois chiffres 2 du côté droit de l'objectif.

Niveau cercle dit à cuvette.

196. Dans le niveau cercle dit à cuvette (*fig.* 135) (1), la lunette fait corps avec deux prismes carrés, rigoureusement égaux. L'axe optique de la lunette se confond

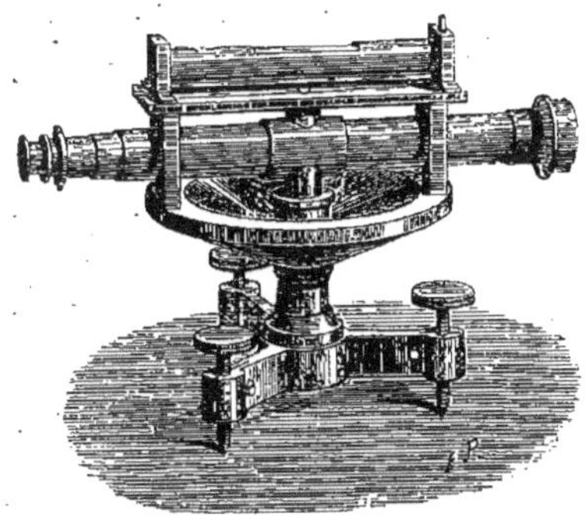

Fig. 135.

avec la droite qui joint les centres des deux prismes. Ces prismes se meuvent sur le limbe d'une cuvette circulaire très solide,

(1) Le prix du niveau à cuvette, avec pied à 6 branches, boîte à poignée et serrure, est de 200 fr.

fixée à une colonne rendue verticale à l'aide de trois vis calantes.

Au milieu de la lunette existe un double pivot dirigé perpendiculairement à son axe de figure. Une extrémité du pivot pénètre au centre de la cuvette. Sur l'autre extrémité, on place un niveau à bulle d'air qui vient reposer sur les prismes carrés de la lunette.

Pour mettre l'instrument en station, on le place sur le plateau de son trépied en introduisant les trois vis calantes dans les empreintes ménagées. On met ensuite le limbe de la cuvette dans une position horizontale. Pour cela, on enlève la lunette. On place la bulle parallèlement à deux vis calantes, puis perpendiculairement à cette direction et on opère comme il a été dit à propos du calage des instruments et du niveau d'Égault.

On centre la lunette d'après les indications données précédemment, c'est-à-dire qu'on vise un point, puis on fait décrire à la lunette un angle de 180°, ce qui revient à changer de place les pivots. Si la cote lue sur la mire n'est pas la même, on partage la différence en manœuvrant la vis située sur le réticule et la lunette est centrée.

La balle se règle au moyen d'une petite vis carrée située à l'une des extrémités du tube qui l'enveloppe.

Lorsque le plateau est horizontal et la lunette centrée, il faut que l'axe de cette dernière soit horizontal. Si cette condition n'était pas remplie, c'est que les deux prismes n'auraient pas des hauteurs rigoureusement égales. Alors, pour corriger cette imperfection, il n'y aurait qu'à diminuer le prisme trop élevé d'une quantité convenable.

Si, cependant, la bulle ne s'écartait que légèrement de ses repères, on pourrait la ramener, à chaque opération. en manœuvrant convenablement la plus voisine des vis calantes. On ne modifierait pas, en opérant ainsi, sensiblement la hauteur du plateau ou celle du plan horizontal de visée.

Du reste, par la méthode des compensations, c'est-à-dire en donnant deux coups à chaque point selon ce qui a été dit à propos du niveau d'Égault, on arrivera à obtenir une précision suffisante.

Lorsque la cuvette est un disque évidé, maintenu au centre par des bras, cet instrument prend le nom de *Niveau cercle de Lenoir*.

Niveau de pente de Chézy.

197. Le niveau de Chézy (1) permet de mener un rayon visuel horizontal ; mais il sert surtout à la mesure des pentes. Nous nous bornerons à décrire les organes essentiels de cet instrument.

Il se compose d'un niveau à bulle d'air

Fig. 136.

NN (*fig.* 136), avec vis de rectification, disposé sur une platine MR supportée par un pied muni de trois vis calantes. Les extrémités de la platine portent deux pinnules verticales P, P′ d'inégale hauteur. Chaque pinnule porte une fenêtre munie de deux fils en croix et un œilleton qui sert de viseur. L'œilleton de l'une correspond à la croisée des fils de l'autre,

(1) Le prix de cet instrument avec trépied et boîte est de 190 fr.

et *vice-versa*. L'une des pinnules P' est peu élevée et n'est mobile que pour être rectifiée au moyen d'une vis à clef. L'autre pinnule P, plus grande que la première, est mobile au moyen d'une vis V dans son cadre.

Les montants verticaux du cadre de la pinnule P portent des divisions réglées d'après la distance des deux pinnules et correspondant aux diverses pentes. Sur l'arête verticale de la pinnule qui touche cette graduation, on a tracé un vernier dont le zéro est sur la même horizontale que la croisée des fils du réticule.

Lorsque le zéro du vernier est sur le zéro du cadre, la ligne de visée, déterminée par l'œilleton de la pinnule immobile et la croisée des fils de la plus grande pinnule, est horizontale si l'appareil est réglé.

Ce réglage est obtenu de la manière suivante : on commence par amener la bulle du niveau entre ses repères, en agissant sur les vis calantes. On vise alors une mire; puis, faisant tourner l'instrument de 180 degrés autour de son axe vertical, on s'assure que le rayon visuel correspond encore à la même division de la mire.

S'il n'en était pas ainsi, on prendrait la moyenne des deux lectures et on corrigerait l'erreur en agissant pour moitié sur la vis de réglage du niveau et, pour l'autre moitié, sur la vis de rectification de la pinnule de plus faible hauteur.

193. On peut, à l'aide du niveau de Chézy, tracer une droite suivant une inclinaison donnée. Si l'on veut, par exemple, tracer une droite formant une rampe de $\frac{3}{100}$, on mettra le zéro du vernier en regard de la division $\frac{3}{100}$ du cadre, et alors la ligne de visée, au lieu d'être horizontale, aura une inclinaison de $\frac{3}{100}$.

Si, sur la direction de cette ligne de visée, on place le centre du voyant d'une mire, la droite qui joint le centre du voyant aux pinnules sera inclinée au $\frac{3}{100}$.

199. Pour tracer une pente au lieu d'une rampe, on regarde par l'œilleton de la grande pinnule et on s'aligne sur la croisée des fils de la petite pinnule.

Dans les instruments de construction récente, chaque division du cadre de la grande pinnule correspond à une pente de $0^m,005$ par mètre et, au moyen du vernier, on arrive à apprécier des différences de pente de $0^m,001$ par mètre.

§ VII — MIRES

200. On appelle *mire*, une règle convenablement divisée, destinée à faciliter la mesure de la hauteur d'un point donné au-dessus du sol.

201. Nous parlerons des mires les plus usitées, c'est-à-dire :

1° De la mire simple;

2° De la mire à coulisse;

3° De la mire parlante.

I. — Mire simple.

202. La mire simple est formée au moyen d'un bâton IA (*fig.* 137), rond ou carré, parfaitement dressé, de deux mètres de hauteur, divisé en décimètres et en centimètres à partir de son extrémité inférieure A. Un voyant en tôle mince est adapté au bâton au moyen d'un appareil composé d'une chape et d'une vis L. Cet appareil permet au voyant DFHB de glisser le long du bâton et de le fixer au 'point indiqué par l'opérateur sur le terrain.

Le voyant est divisé en quatre carrés

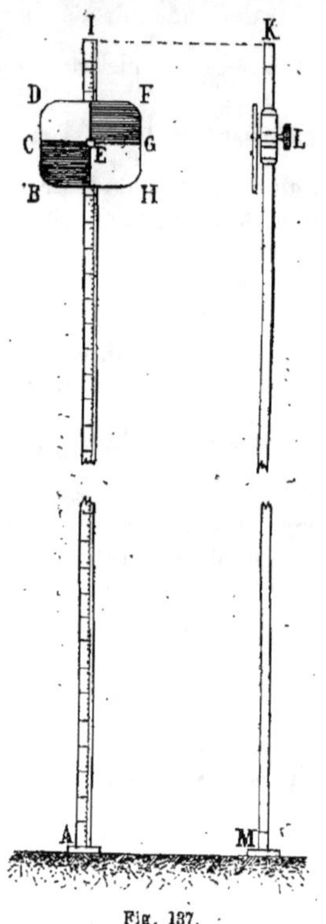

Fig. 137.

égaux, arrondis chacun en D, F, H et B. Les deux carrés opposés EF et EB sont peints en rouge foncé, tandis que les deux autres ED et EH ont reçu une teinte blanche.

On conçoit que ces deux couleurs tranchantes permettent de distinguer de loin la *ligne de foi* ou de *visée* CG.

La figure KM est une coupe faite suivant un plan perpendiculaire au voyant. Cette coupe fait voir la chape d'assemblage du voyant et la vis de pression L.

Lorsque le voyant a été mis en **arrêt** par suite des indications de l'opérateur, le porte-mire lit la cote indiquée par le zéro gravé sur une petite échelle en cuivre et divisée en millimètres, fixée à la chape. Le zéro coïncide avec la ligne de foi CG et les divisions de l'échelle permettent d'évaluer les millimètres.

A l'extrémité inférieure A, se trouve un talon en fer servant d'appui à l'instrument.

La mire simple est très portative, mais on la rend plus portative encore en divisant le bâton en deux parties égales qu'on réunit par des vis sur le terrain d'opération. Seulement, elle ne permet pas de prendre des cotes supérieures à 2 mètres à partir du sol. Alors, on emploie la mire à coulisse.

II. — Mire à coulisse.

203. La mire à coulisse (*fig.* 138, 139, 140), qu'on désigne généralement sous le nom de *mire à voyant*, est construite au moyen d'une règle carrée de $0^m,04$ de côté et de 2 mètres de hauteur.

Cette règle est partagée sur toute sa longueur en deux parties dont l'une s'emboîte dans l'autre au moyen d'une façon d'assemblage à *queue d'hironde*. Conséquemment, l'une des parties glisse dans l'autre comme *dans une coulisse*, ce qui permet de porter la mire à une longueur de 4 mètres

La coupe (*fig.* 141) fait voir l'assemblage des deux parties de la règle carrée.

La mire à coulisse, comme la mire simple, porte une plaque en tôle ABCD (*fig.* 138) rigoureusement semblable. Seulement, on remplace habituellement le point résultant de la rencontre de la ligne de foi avec la verticale du voyant par un petit cercle blanc F. Cette disposition est prise parce que les fils du réticule de la lunette sont souvent assez gros pour cacher une certaine portion de la plaque et donner des doutes sur la position réelle de la ligne de foi. Au moyen du petit cercle blanc, on verra un segment de chaque côté du fil horizontal du réticule. Lorsque les deux segments

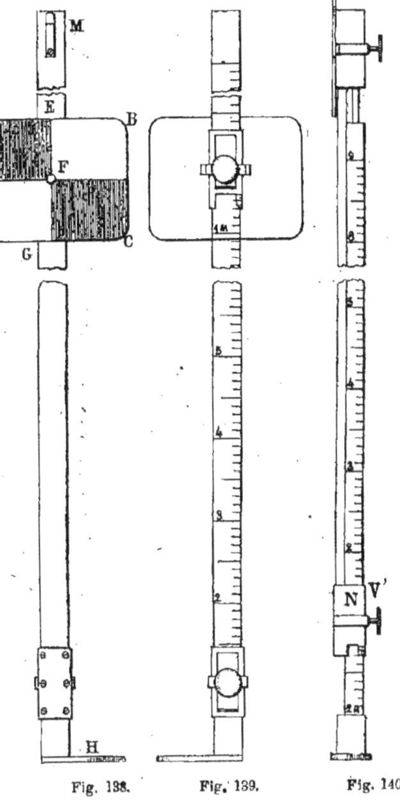

Fig. 138.   Fig. 139.   Fig. 140.

paraîtront égaux à l'œil, le fil sera en coïncidence parfaite avec la ligne de foi et le porte-mire pourra lire la cote.

La plaque EF (*fig.* 141) est fixée au moyen de deux boulons A et B sur un étrier ACDB; c'est dans l'intérieur de cet étrier que glisse la règle et ses parties assemblées, de manière qu'on peut promener le voyant et sa chape tout le long de la mire et l'arrêter à un point quelconque au moyen de la vis VV.

Nous donnerons le nom de *curseur* à l'appareil qui porte la plaque.

Nous appellerons *face antérieure*, le côté GH de la mire sur lequel glisse la

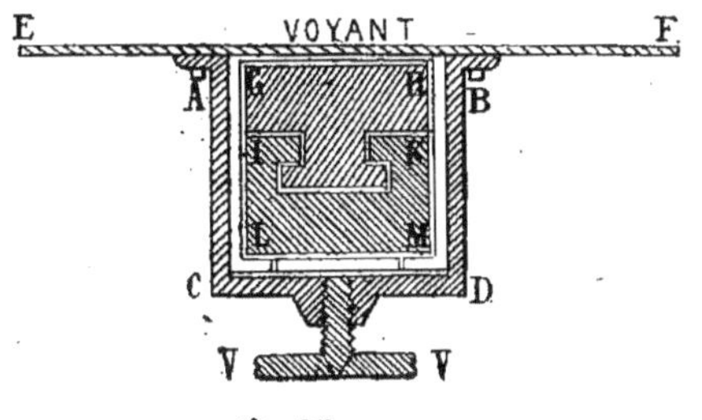

Fig. 141.

plaque; *face postérieure*, le côté opposé LM; *faces latérales*, les deux côtés GL et HM perpendiculaires au voyant.

La figure 138 montre la *face antérieure* de la mire; la figure 139, la *face postérieure* et la figure 140, une *face latérale*. A l'extrémité H (*fig.* 138) de la mire existe un *patin* sur lequel le porte-mire met le pied pour maintenir l'instrument dans une position fixe et verticale.

Au moyen de la mire à coulisse, on peut avoir à apprécier des cotes inférieures ou supérieures à 2 mètres.

COTES INFÉRIEURES A 2 MÈTRES.

204. Lorsqu'il s'agit d'évaluer des cotes de niveau inférieures à 2 mètres, les divisions sont placées sur la face postérieure de la mire, ainsi que l'indique la figure 139. Ces divisions sont gravées en décimètres et en centimètres à partir de l'extrémité inférieure H, avec indication des divisions par 5 centimètres.

Au curseur dessiné à plus grande échelle (*fig.* 142) est adapté un *index* A portant une échelle d'un centimètre de hauteur, divisée en millimètres. Le zéro est au dessus et correspond exactement à la ligne de foi du voyant; la division 10 est au-dessous.

Pour mesurer une cote inférieure à

2 mètres, le porte-mire place l'instrument sur le point indiqué et appuie le pied sur le patin H (*fig.* 138). Dans cette position, il a devant lui la face postérieure de la mire, sur laquelle sont inscrites les divisions. Il tient de la main droite la vis de pression suffisamment desserrée pour que

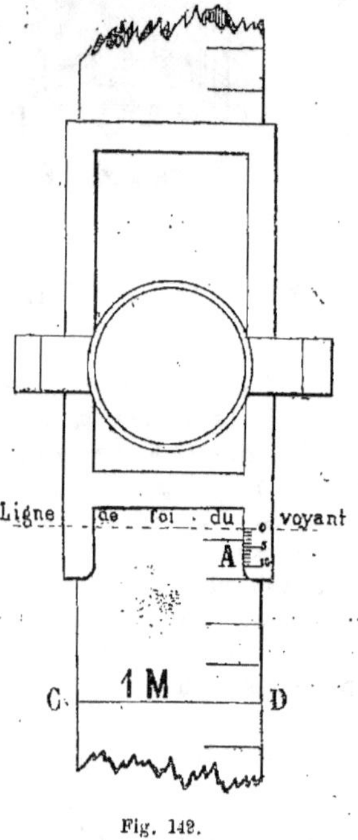

Fig. 142.

le curseur puisse glisser facilement et être arrêté au moment voulu, puis il observe le niveleur. Celui-ci indique par des mouvements convenus et suffisamment prononcés de la main droite si le porte-mire doit élever ou descendre le curseur. Lorsque le rayon visuel du niveau correspond avec la ligne de foi du voyant, le niveleur indique à son aide, par un mouvement horizontal du bras droit, que ce dernier doit serrer la vis de pression et arrêter le voyant. Le serrage effectué, le niveleur vérifie de nouveau pour s'assurer si la ligne de foi est bien restée dans la posi-

tion qu'il avait indiquée, car la manœuvre brusque de la vis peut quelquefois déranger le voyant d'une quantité appréciable.

Le porte-mire lit la cote, l'inscrit sur son registre, puis la fait connaître à haute voix à l'opérateur. Pour plus de sécurité, l'opérateur fera bien de se faire apporter la mire pour qu'il puisse contrôler lui-même la déclaration de son aide.

C'est le trait marqué zéro de l'index A (*fig.* 142) qui indique la cote à lire. Si le trait tombe sur une division centimétrique, la cote a un nombre juste de centimètres. Si ce trait tombe entre deux divisions centimétriques, c'est que la cote comprend des centimètres et des millimètres. Alors on lit les millimètres sur l'index.

Ainsi, dans la portion de mire contenant le curseur (*fig.* 142), le trait CD indique un mètre et le zéro tombe entre le 4e et le 5e centimètre. On voit que le 4e centimètre correspond à la troisième division de l'index. Donc, dans ce cas, la cote indiquée par le zéro du curseur est $1^m,043$.

Il résulte de ce qui précède que, *pour lire sur la mire une cote inférieure à 2 mètres, il faut considérer le centimètre le plus voisin du zéro de l'index, mais en dessous, et ajouter le nombre de millimètres compris entre le zéro de l'index et ce centimètre.*

COTES DE 2 A 4 MÈTRES.

205. Au moyen du curseur, on fixe le voyant au sommet de la mire et sa vraie position est déterminée au moyen d'un cran dont est armé le ressort M (*fig.* 138). Le cran indique la coïncidence parfaite de la ligne de foi avec la division extrême 2 mètres et cette coïncidence est maintenue au moyen de la vis de pression VV du curseur.

Dans cette position, le curseur fait corps avec la partie antérieure GHKI (*fig.* 141) de la mire et il n'y a plus a le déplacer tant qu'on aura à opérer sur des cotes inférieures à 2 mètres. Alors on ne se sert plus des divisions gravées sur la face postérieure (*fig.* 139).

On a tracé sur l'une des faces latérales (*fig.* 140) de nouvelles divisions partant de 2 mètres et allant jusqu'à 3ᵐ,90, et ce sont ces nouvelles divisions qui servent à la lecture des cotes supérieures à 2 mètres.

Un second curseur N (*fig.* 140), construit comme le premier et muni d'une vis de pression V', est fixé à demeure au moyen de 6 petites vis à l'extrémité inférieure de la portion GIKH (*fig.* 141) de la mire. Conséquemment, les deux curseurs font corps avec cette portion de la mire toujours lorsqu'on opère sur des cotes supérieures à 2 mètres.

La mire ainsi disposée, le porte-mire place le patin sur le point indiqué et prend la vis de pression V' de la main droite; il la desserre, puis manœuvre le curseur en haut et en bas pour s'assurer si la coulisse fonctionne bien, car souvent cette manœuvre offre quelques difficultés par suite du gonflement du bois.

Le porte-mire tient l'appareil aussi verticalement que possible, puis observe les indications du niveleur. Il élève ou abaisse le curseur N (*fig.* 140), lequel curseur entraîne avec lui la portion de la mire à laquelle est fixé le premier curseur.

Lorsque le signal d'arrêt est donné par l'opérateur, le porte-mire lit la cote sur les divisions latérales (*fig.* 140). Un index divisé en millimètres, semblable au premier, est adapté au second curseur et cet index indique les millimètres.

La lecture des cotes supérieures à 2 mètres se fait exactement, sur l'échelle latérale, comme celles inférieures à 2 mètres se fait sur l'échelle postérieure (*fig.* 139).

III. — Mires parlantes.

206. La mire à coulisse présente quelques inconvénients dont voici les principaux :

1° Il est impossible de prendre des cotes inférieures à 0ᵐ,20, parce que le curseur supérieur vient butter contre le curseur inférieur qui est fixe.

2° Le niveleur doit, pour la lecture des cotes, s'en rapporter au porte-mire. Si le niveleur veut contrôler lui-même le résultat, le porte-mire doit, à chaque coup, se déplacer et apporter la mire au niveleur, ce qui occasionne de sérieuses pertes de temps.

3° Lorsque la mire est développée pour prendre des cotes supérieures à 2 mètres, sa faiblesse et sa flexibilité donnent prise au moindre vent qui peut la briser ou, tout au moins, fausser les opérations en détruisant la verticalité nécessaire.

Ces inconvénients disparaissent par l'emploi des *mires parlantes*, ainsi nommées parce que leurs divisions sont disposées de façon que le niveleur peut lire lui-même les cotes de niveau.

En principe, la mire parlante est aussi ancienne que la stadia, cet instrument en ayant certainement donné la première idée; mais sa vulgarisation est due à M. Bourdaloue, conducteur des ponts et chaussées, qui s'en servait constamment dans ses importantes opérations de nivellement.

M. Bourdaloue a été chargé de plusieurs études de chemin de fer dans le Midi, sous la direction de M. l'ingénieur Talabot et, sur la ligne d'Avignon à Marseille, il s'est engagé à faire le nivellement en long avec une tolérance de 18 millimètres par 100 kilomètres. Il a tenu ses engagements, car la tolérance qui lui a été accordée n'a jamais été dépassée.

En 1799, pendant l'expédition d'Egypte, Lepère a effectué le nivellement de l'isthme de Suez, mais avec des instruments imparfaits et sous le feu de l'ennemi. Lepère a constaté une différence de niveau de 9ᵐ,90 à marée haute et de 8ᵐ,10 à marée basse. Bourdaloue s'est chargé de vérifier lui-même le nivellement de l'isthme au moyen des instruments qu'il a perfectionnés et, ses opérations achevées sur le terrain, il a constaté que les deux mers à unir par un canal étaient au même niveau, confirmant ainsi la théorie scientifique de La Place sur l'égalité de niveau de la surface des mers par rapport au centre de la terre.

Ce résultat contribua dans une large mesure à décider l'exécution des gigantesques travaux de percement menés à si bonne fin par le génie de M. Ferdinand de Lesseps, *le perceur d'isthmes*, notre nouvel académicien.

M. Bourdaloue, dans son infatigable activité, entreprit le nivellement général de la France et il commença à ses frais par le département du Cher où il est né, pour se rendre un compte exact du prix de revient kilométrique.

Lorsqu'il fut fixé, il proposa au gouvernement d'effectuer lui-même le nivellement de la France, c'est-à-dire de placer partout des *repères* fixes rapportés au niveau moyen de la mer. Ces travaux lui furent confiés par un décret portant la date du 15 juillet 1857.

Il mit sept ans à niveler le réseau fondamental ayant un développement de 15,000 kilomètres et il a obtenu une précision telle que les grands polygones du nivellement se sont fermés avec un écart ne dépassant pas 10 millimètres pour 100 kilomètres.

Bourdaloue est mort à l'âge de 70 ans; il était conseiller d'arrondissement du département du Cher et officier de la Légion d'honneur.

207. Il existe un certain nombre de modèles de mires parlantes, mais nous nous bornerons à parler des quatre suivants qui sont les plus employés :

1° Mires divisées en centimètres avec chiffres renversés (*fig.* 143 et 144).

2° Mires divisées en centimètres avec chiffres horizontaux (*fig.* 145).

3° Mires divisées par 2 centimètres (*fig.* 146).

4° Mires divisées par 4 centimètres (*fig.* 147).

I. MIRES PARLANTES DIVISÉES EN CENTIMÈTRES AVEC CHIFFRES RENVERSÉS.

208. Ces mires ont 2, 3 ou 4 mètres de

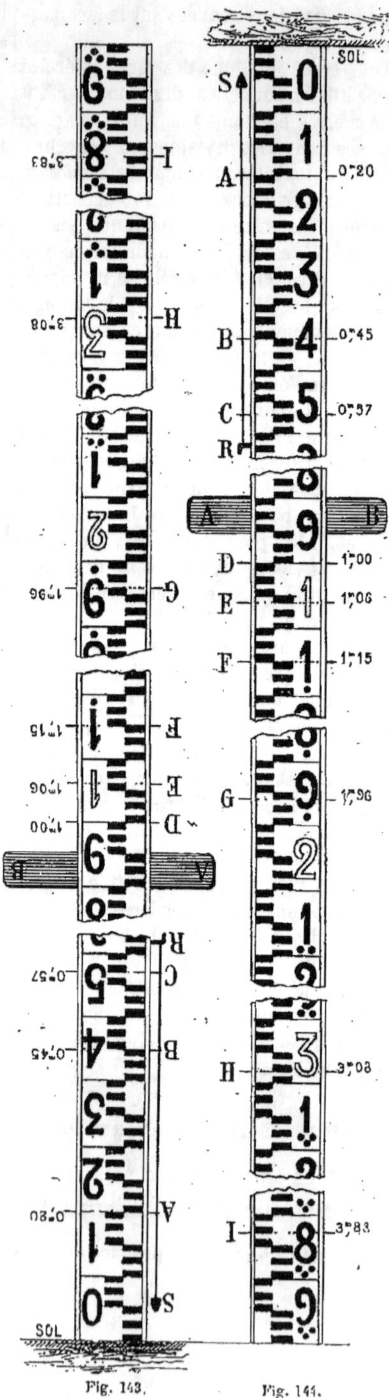

Fig. 143.   Fig. 144.

hauteur sur 0^m,10 à 0^m,12 de largeur; elles sont d'une seule pièce ou à rallonge lorsqu'elles dépassent 2 mètres. On en construit même qui ont 6 mètres de longueur; mais une telle dimension n'est admissible que dans les pays où les vents ne produisent pas une agitation fatigante.

Elles sont divisées en mètres, décimètres et centimètres. Dans chaque décimètre, les dix centimètres qui le forment sont groupés par cinq, alternativement blancs et noirs. Les deux groupes sont séparés par un trait vertical.

Les lunettes astronomiques accompagnant les niveaux à bulle d'air dont on se sert donnant des images renversées, on a soin de renverser aussi les chiffres sur la mire afin qu'ils se trouvent droits sur l'image et soient faciles à reconnaître.

La figure 143 donne l'aspect de la mire vue à l'œil nu lorsque cet instrument repose sur le point à niveler par son extrémité inférieure. Toutes les lettres et les chiffres inscrits sont renversés. L'appendice AB est une poignée destinée à maintenir la mire dans une position verticale. RS est un fil à plomb latéral indiquant la verticalité de la mire. Ses oscillations sont limitées par un anneau que traverse le fil. M. Bourdaloue fixait un petit niveau à bulle d'air sur le côté postérieur de ses mires, et ce petit instrument, peu coûteux, rendait d'excellents services.

La figure 144 représente la mire parlante vue renversée à la lunette astronomique. On aperçoit le sol, la poignée et le fil à plomb en haut; mais toutes les lettres et tous les chiffres tracés sont vus droits, dans une position normale, de sorte que le niveleur peut les lire sans difficulté et sans le moindre doute.

Les 10 décimètres du premier mètre sont numérotés par de gros chiffres 0, 1, 2, 3, 4, 5, 6, 7, 8 et 9 placés à côté des deux groupes de divisions de chaque décimètre.

Pour le second mètre, les centimètres allant de la cote 1^m,00 à la cote 1^m,10 sont indiqués par un gros chiffre 1 *évidé*, placé en face du premier décimètre. Les autres

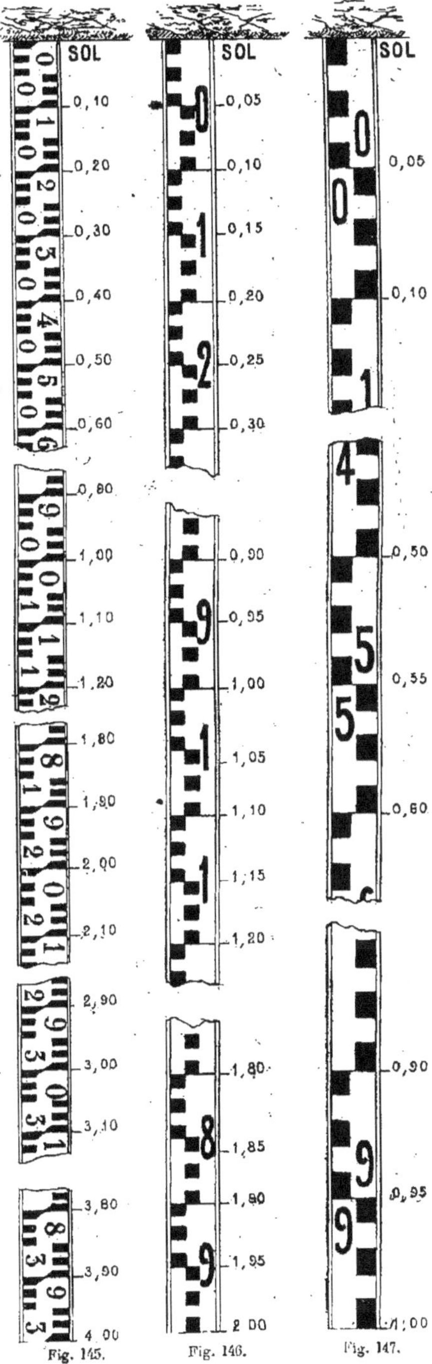

Fig. 145.　　　Fig. 146.　　　Fig. 147.

décimètres du second mètre sont marqués par de gros chiffres 1, 2, 3, 4, 5, 6, 7, 8 et 9 sous chacun desquels on place un point rond montrant que ces chiffres se rapportent bien au second mètre.

Pour le troisième mètre, les centimètres allant de la cote 2^m,00 à 2^m,10 sont indiqués par un gros chiffre 2 *évidé*, placé en face du premier décimètre. Les autres décimètres du troisième mètre sont marqués par de gros chiffres 1, 2, 3, 4, 5, 6, 7, 8 et 9 sous chacun desquels on a placé deux points ronds montrant bien que ces chiffres se rapportent au troisième mètre.

Pour le quatrième mètre, les centimètres allant de 3^m,00 à 3^m,10 sont indiqués par un gros chiffre 3 *évidé*, placé en face du premier décimètre. Les autres décimètres du quatrième mètre sont marqués par de gros chiffres 1, 2, 3, 4, 5, 6, 7, 8 et 9 sous chacun desquels on a placé trois points formant un triangle et montrant bien que ces chiffres se rapportent au quatrième mètre.

Le défaut de place n'ayant pas permis de dessiner une mire parlante de 4 mètres dans toute sa longueur, quatre coupures ont dû être pratiquées; mais ces coupures comprenant des éléments de chacun des 4 mètres, il sera facile au lecteur de s'y reconnaître d'après les explications qui viennent d'être données. Cette observation se rapporte aussi aux mires dessinées (*fig.* 145, 146 et 147).

La lecture des centimètres est facile. Ainsi, lorsque le fil du réticule couvre les traits A, C, E, I (fig. 144), il faut lire les cotes 0,20, 0,57, 1,06, 3,83.

En face les chiffres *évidés* 1, 2 et 3, il faut lire 1^m,01, 1,02...1,10; 2^m,01, 2^m,02.. 2^m,10; 3^m,01, 3,02...3,10 et continuer. Avec un peu de pratique, on appréciera facilement la différence de valeur respective des chiffres 1, 2 et 3 *évidés* avec les mêmes chiffres *pleins*.

209. *Lecture des millimètres.* Pour la lecture des millimètres, le niveleur doit apprécier la valeur des deux parties déterminées par le fil du réticule sur le centimètre coupé par ce fil. Avec un peu d'expérience, cette appréciation se fait sinon avec précision, au moins à un millimètre

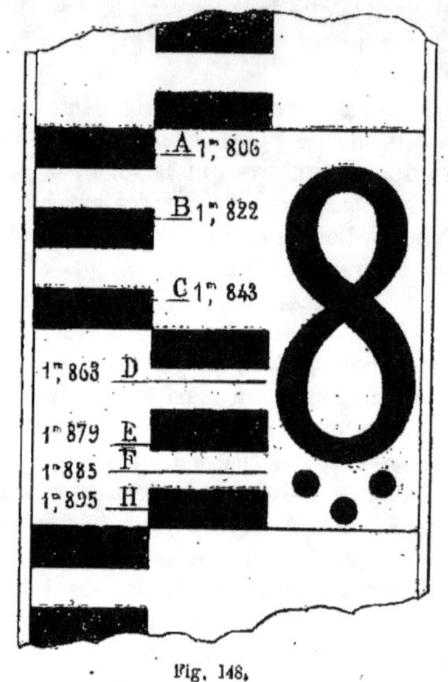

Fig. 148.

près. C'est ce que va nous indiquer la figure 148. Cette figure montre en entier, à une plus grande échelle, le huitième décimètre du troisième mètre, puisqu'il y a trois points sous le chiffre 8.

Si le fil du réticule passe en A, il sera facile de constater à l'œil qu'il faut ajouter 6 millimètres à 1^m,80, de sorte que la vraie cote sera 1^m,806, certainement à moins d'un millimètre près.

De même, si le fil du réticule passe sur le trait E, il sera facile de voir qu'il laissera un millimètre en dessous et que la vraie cote du point E sera 1^m 879 à moins d'un millimètre près.

Si le fil du réticule couvre successivement les traits B, C, D, F et H, les cotes de ces traits seront 1, 822; 1^m, 843; 1^{m}885 et 1^m, 895.

Si le fil du réticule de la lunette n'est

pas parfaitement horizontal, il peut y avoir doute sur la lecture des cotes. On remédie à cet inconvénient en amenant la croisée des fils sur le trait vertical qui sépare ces deux groupes de divisions centimétriques.

II. MIRES PARLANTES DIVISÉES EN CENTIMÈTRES AVEC CHIFFRES HORIZONTAUX.

210. La figure 145 représente une mire parlante de 4 mètres de longueur, divisée en centimètres avec chiffres horizontaux.

D'un côté, on a inscrit les mètres et de l'autre les décimètres. En face des décimètres, on a inscrit le numéro du mètre, c'est-à-dire 0 pour le premier mètre; 1, pour le second; 2, pour le troisième; 4, pour le quatrième. Chacun de ces chiffres est répété 10 fois.

La lecture est facile, puisque d'un côté on voit les mètres et de l'autre les décimètres ainsi que les centimètres. On apprécie les millimètres comme on l'a fait (n° 209) pour la mire parlante divisée en centimètres avec chiffres renversés.

Ces mires avec chiffres horizontaux sont à peu près abandonnées actuellement, bien qu'on ne leur donne qu'une largeur de $0^m,07$, ce qui les rend moins lourdes et plus facilement transportables; mais les chiffres horizontaux ont l'inconvénient d'être vus à peu près de la même manière quoique retournés bout à bout par la lunette, de sorte que le niveleur n'est jamais certain si la mire n'est pas placée la tête en bas ou réciproquement.

III. MIRES PARLANTES DIVISÉES PAR DEUX CENTIMÈTRES.

211. Les mires parlantes divisées par 2 et par 4 centimètres ont été véritablement créées par M. Bourdaloue pour ses grandes opérations de nivellement et elles sont susceptibles de donner une très grande précision, puisque, en les employant, on a pu fermer de grands polygones de nivellement avec un écart infé-rieur à 10 millimètres par 100 kilomètres.

La figure 146 représente une mire parlante de 4 mètres de longueur sur 10 à 12 centimètres de largeur, portant 200 divisions de 2 centimètres chacune et groupées par 5 alternativement blanches et noires. Deux groupes successifs de 5 divisions forment une largeur de $0^m,20$ qu'on considère comme un décimètre.

Conséquemment, le mètre, le décimètre et le centimètre tracés sur la mire valent réellement 2 mètres, 2 décimètres et 2 centimètres, et c'est ainsi qu'ils sont numérotés.

Les chiffres sont renversés comme dans la mire (*fig.* 143 et 144).

Le chiffre 1 de la 11e division est évidé et il se rapporte aux cotes allant de 1.01 à 1.10.

La lecture sur cette mire se fait absolument comme sur la mire divisée en centimètres, avec cette différence que les cotes lues sur la première ne sont que la moitié des cotes réelles des points sur lesquels on opère.

Supposons, en effet, que le niveleur lise sur la mire divisée par 2 centimètres la cote $0^m,90$. Comme toutes les divisions ont été doublées, la véritable cote du point est la double de $0^m,90$, c'est-à-dire $1^m,80$. Donc, en ne donnant qu'un seul coup de niveau au moyen de cette mire, il faut doubler le chiffre lu pour avoir la cote cherchée. Mais en donnant, comme vérification, un second coup de niveau au même point, on aura la moyenne des deux coups en additionnant les deux cotes. Si on lit, par exemple, $1^m,523$ au premier coup et $1^m,525$ au second coup, la moyenne sera

$$1.523 + 1.525 = 3,048$$

La véritable cote du point sur lequel on opère sera donc $3^m,048$.

Toute l'économie de la mire parlante divisée par 2 centimètres consiste donc en ce que, pour avoir la cote réelle d'un point, il faut donner deux coups de niveau et additionner les résultats, tandis qu'avec la mire divisée en centimètres un seul

coup suffit, quoiqu'on en donne généralement plusieurs comme vérification, ainsi
qu'on l'a vu précédemment à propos du
réglage des niveaux à bulle d'air.

IV. MIRES PARLANTES DIVISÉES PAR QUATRE CENTIMÈTRES

212. La figure 147 représente une mire
parlante de 4 mètres de longueur sur 8 à
10 centimètres de largeur, portant 100
divisions de 4 centimètres chacune et
groupées par 5 alternativement blanches
et noires. Deux groupes successifs de 5 divisions forment une longueur de 0^m40
qu'on considère comme un décimètre.

Conséquemment, le mètre, le décimètre
et le centimètre tracés sur la mire valent
réellement 4 mètres, 4 décimètres et 4 centimètres; c'est ainsi qu'ils sont numérotés.

Les chiffres sont renversés comme dans
la mire (*fig.* 143 et 144). La lecture sur
cette mire se fait absolument comme sur
la mire divisée en centimètres, avec cette
différence que les cotes lues sur la première ne sont que le quart des cotes
réelles des points sur lesquels on opère.

Supposons, en effet, que le niveleur lise
sur la mire divisée par 4 centimètres la
cote de $0^m,60$. Comme toutes les divisions
ont été quadruplées, la véritable cote du
point vaut 4 fois le chiffre obtenu, c'est-
à-dire $2^m,40$. Donc, en ne donnant qu'un
seul coup de niveau au moyen de cette
mire, il faut quadrupler le chiffre lu pour
avoir la cote cherchée. Mais en donnant,
comme vérification, trois autres coups
de niveau au même point, on aura la
moyenne de quatre coups en additionnant
les 4 cotes. Si on lit, par exemple, 0,592,
0,597, 0,589 et 0,600, la moyenne sera :
$0,592 + 0,597 + 0,589 + 0,600 = 2,^m378$.

La véritable cote du point sur lequel
on opère sera donc $2^m,378$.

Donc, pour avoir la cote d'un point, il
faut :

*1° Un coup de niveau avec la mire divi-
sée en centimètres.*

*2° Deux coups de niveau avec la mire
divisée par 2 centimètres.*

*3° Trois coups de niveau avec la mire
divisée par 4 centimètres.*

213. OBSERVATIONS GÉNÉRALES.

I. — Avec les niveaux d'eau, à perpendicule, à bulle d'air sans lunette, on ne
peut employer que la mire à coulisse.

II. — La mire parlante divisée en centimètres est employée pour les coups de
niveau d'une portée moyenne variant de
50 à 60 mètres. A une plus grande distance, il y aurait confusion dans l'évaluation des millimètres.

III. — Les mires divisées par 2 ou par
4 centimètres servent très avantageusement pour les coups de niveau à grande
distance. Les grandes opérations du nivellement général de France fournissaient
à M. Bourdaloue le cas d'employer surtout la mire divisée par 4 centimètres.

IV. — De loin on peut confondre les
6 avec les 9, et les 5 avec les 3. Pour éviter
cette confusion, M. Bourdaloue conseille de
remplacer les 9 par la lettre N, et les 5
avec le chiffre romain V. Cette modifica-
tion, qui a son importance, existe sur certaines mires parlantes et on devrait la
rencontrer sur toutes.

V. — Autant que possible, il faut employer des mires parlantes d'une seule
pièce. Les raccords ne permettent jamais
d'obtenir une longueur bien droite de
4 mètres.

Le meilleur raccord est une charnière
reliant les deux parties d'une mire. Lorsque les deux parties sont bout à bout,
on les maintient parfaitement droites au
moyen d'une tige en métal ou en bois
qu'on introduit dans deux chapes placées
derrière l'instrument.

On peut aussi, arrivé sur le terrain, fixer
les deux parties d'une mire parlante au
moyen de boulons qui leur donnent une
très grande rigidité. On a encore imaginé
d'autres systèmes plus ou moins pratiques pour le rallongement des mires parlantes, mais nous croyons inutile d'en
parler plus longuement.

§ VIII. — NIVELETTES

214. Les *nivelettes* ne sont que des jalons bien dressés, en bois sec, ayant tous même longueur, un mètre par exemple, servant à tracer, sur le terrain, des droites horizontales ou des droites inclinées lorsque deux points seulement de ces droites sont donnés.

La figure 149 représente l'élévation d'une nivelette dont la figure 150 est une coupe. ABCD est une planchette rectangulaire ayant 0ᵐ,20 sur 0ᵐ,10 assemblée à mi-bois sur une règle carrée EF de 3 à 4 centimètres de côté. La longueur de la règle, du sommet E de la planchette à son extrémité inférieure F, est de 1 mètre,

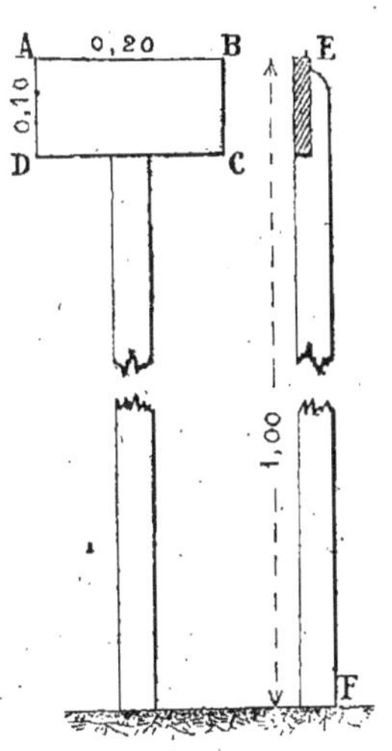

Fig. 149. Fig. 150.

mais cette longueur peut être, sans inconvénient, plus longue ou plus petite.

La nivelette (*fig.* 149) doit être tenue à la main pendant l'opération à laquelle on l'emploie; mais, quelquefois, pour qu'elle se tienne seule sur le terrain, on la monte sur un bâti M (*fig.* 151) ayant la forme d'une croix.

Un jeu de nivelettes se compose au moins de trois appareils ayant très rigoureusement même longueur et mêmes dispositions.

Les nivelettes sont indispensables sur tous les chantiers de pavage, de terrassement, de maçonnerie, etc. Voici deux exemples principaux de leur utilité:

215. Il s'agit de poser de C en E (*fig.* 152) une bordure de trottoir, les cotes des points C et E ayant été préalablement données, au moyen d'un niveau et d'une mire, et les pierres ayant été mises à leur place définitive à ces deux points. Pour effectuer ce travail, il faut enlever la terre dont le profil est donné par la courbe AKLB, puis creuser les fondations et poser la pierre de taille suivant la droite AB.

Supposons deux nivelettes égales placées bien verticalement sur les pierres C et E et une troisième placée au point culminant du terrain à déblayer. La troisième nivelette indiquée en lignes ponctuées occupe la position I, de telle façon que la courbe FIH est parallèle à la courbe CKLB du sol à enlever. Pendant l'exécution des travaux, le surveillant a soin de vérifier souvent si le sommet de la nivelette I appro-

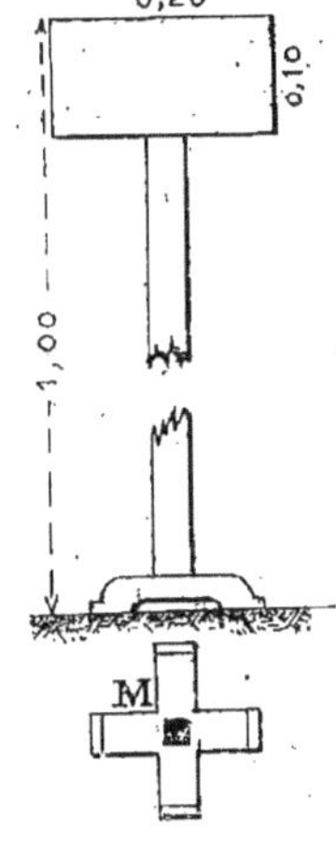

che de la droite FH unissant les sommets des deux nivelettes placées aux points C et E. Lorsque cette condition est remplie, le point D est sur la droite AB, c'est-à-dire sur l'alignement de la bordure du trottoir.

On opérera de la même manière pour

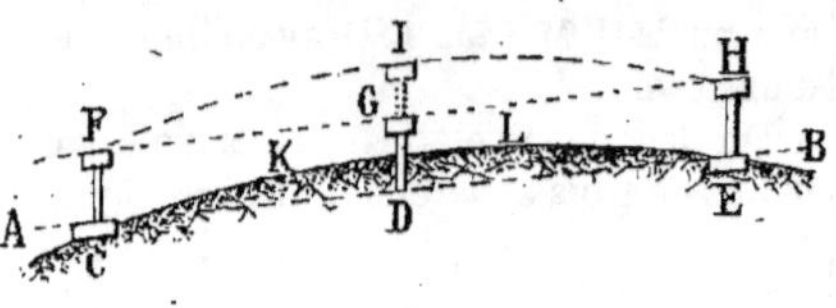

Fig. 152.

déblayer le terrain sur tous les points de AB et, lorsque la bordure sera posée, on vérifiera de la même façon si la face supérieure est bien en ligne droite.

Les nivelettes ont donc pour but de déterminer une parallèle à la droite qu'on veut tracer. Il serait, en effet, difficile de viser souvent la droite AB, tandis qu'il est facile de le faire suivant sa parallèle FGH.

Voilà, en principe, le rôle que jouent les

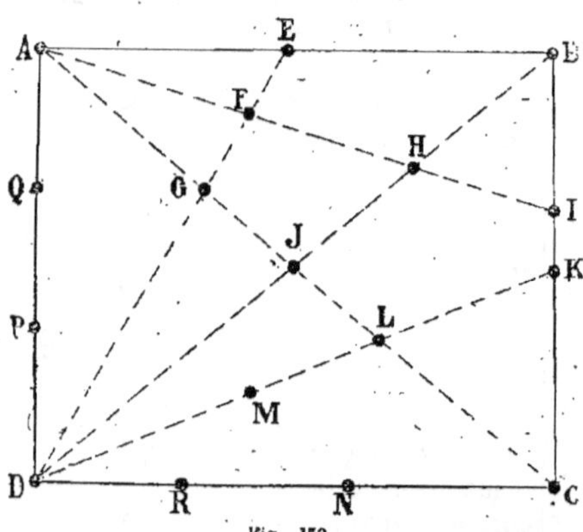

Fig. 153.

nivelettes sur le terrain et c'est un rôle qui a son importance.

216. Il s'agit de déblayer un terrain rectangulaire ABCD (*fig.* 153) et de rendre sa surface parfaitement horizontale.

Des piquets ont été préalablement plantés aux quatre sommets et à la hauteur voulue. Ces quatre points suffisent pour diriger l'exécution du travail. En effet, en plaçant successivement les nivelettes aux points A, B, C et D, on détermine les points E, I, K, N, R, P, Q, situés sur le périmètre du terrain ainsi que tous ceux situés sur les diagonales AC et BD.

Si l'on veut avoir un point intérieur quelconque M, par exemple, on jalonne la droite DK passant par M en plaçant une nivelette en D et en K, puis on détermine la hauteur du point M. C'est ainsi qu'on opérera pour trouver les hauteurs de tous les points intérieurs du terrain.

Si la surface à déblayer était gauche, on effectuerait le travail de la même façon, au moyen des nivelettes, lorsqu'un nombre suffisant de points auraient été désignés par des piquets sur le terrain. Alors, on placerait les petits appareils sur les principales génératrices de la surface.

Avec les nivelettes ordinaires (*fig.* 149) il faut un aide pour tenir chaque instrument. Donc, trois hommes au moins, y compris le niveleur, sont nécessaires.

Au contraire, avec les nivelettes à pied (*fig.* 151), le conducteur des travaux peut opérer avec un aide seulement.

En effet, en considérant la figure 153, il suffit de mettre une nivelette à pied à chacun des sommets; puis l'opérateur, se plaçant à l'un des angles, dirige son aide muni d'une nivelette ordinaire sur un point quelconque, soit du périmètre, soit de l'intérieur du terrain, pour y planter les piquets nécessaires. Ces instruments, quoique d'une extrême simplicité, rendent de très grands services aux terrassiers, maçons, paveurs, etc., et ils font partie de leur outillage.

CHAPITRE IV

INSTRUMENTS DE DESSIN ET DE BUREAU

I. — Table à dessiner.

217. Le dessinateur doit d'abord s'installer convenablement et commodément sur une table ayant une surface suffisante de manière qu'il n'éprouve aucune gêne dans la respiration et dans les mouvements. Il faut, en outre, qu'il puisse travailler, tantôt assis, tantôt debout.

La table à coulisses verticales (*fig.* 154) nous paraît devoir être préférée par les dessinateurs, car elle remplit toutes les conditions indispensables.

Elle se compose de deux tréteaux dans

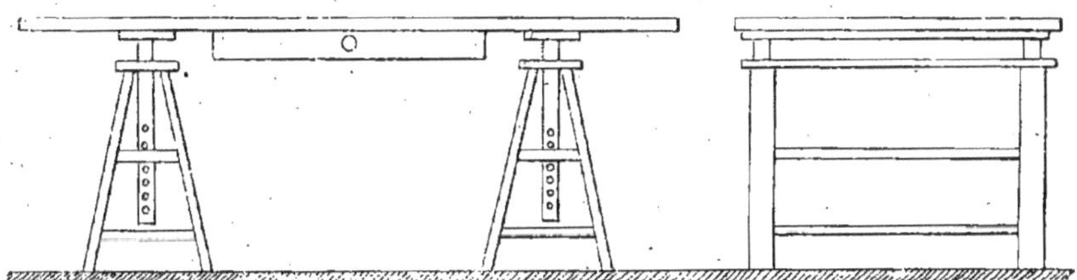

Fig. 154.

lesquels se meuvent verticalement quatre montants destinés à supporter la table. On peut arrêter les montants à la hauteur voulue, selon la taille du dessinateur, et l'arrêt se fait au moyen de chevilles qu'on introduit dans des trous que portent les montants.

Un tiroir destiné à recevoir l'outillage du dessinateur est placé sous la tablette.

II. — Planches à dessiner.

218. Les planches à dessiner (*fig* 155) sur lesquelles on colle les feuilles de papier sont généralement construites au moyen de plusieurs petites planches en bois blanc, aussi sec que possible. Ces planchettes sont soigneusement assemblées à rainures et languettes, puis emboîtées dans un cadre, soit en chêne, soit en tout autre bois dur. Cette précaution

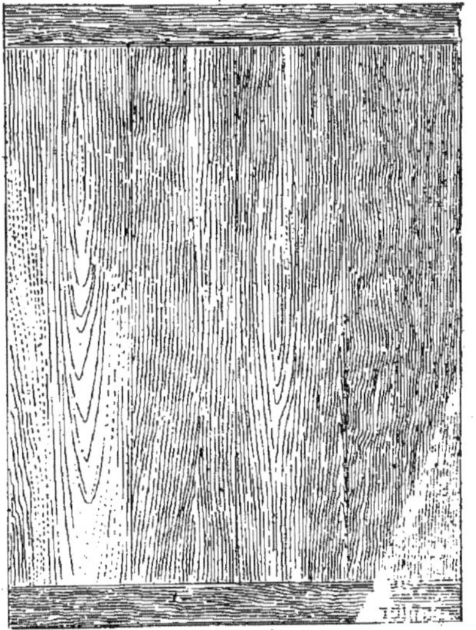

Fig. 155.

est prise pour empêcher les planches à dessiner de se tourmenter et pour maintenir leur surface parfaitement plane.

Les dimensions des planches à dessiner varient en longueur, largeur et épaisseur, selon la grandeur des feuilles qu'elles doivent recevoir.

Il existe un genre de planches à dessiner permettant d'éviter le collage et se composant d'un panneau entouré d'emboîtures. La feuille est tendue à l'aide de tasseaux rectangulaires enchâssés dans des rainures pratiquées dans le cadre. Les tasseaux sont maintenus par des vis de pression.

III. — Règle plate.

219. Une règle plate est tout simplement une lame en bois bien sec assez mince et à bords parallèles. On emploie généralement du pommier, du poirier et

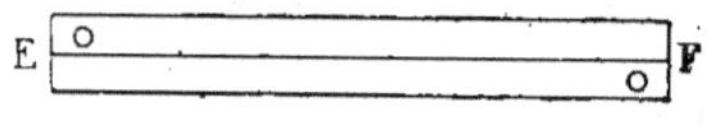

Fig. 156.

du cormier, quelquefois de l'ébène ou autre bois des îles.

La règle plate étant d'un usage continuel dans les bureaux de dessin, il importe qu'elle n'ait pas de défaut, car la moindre imperfection rend son emploi impossible. Les deux côtés contre lesquels on appuie le crayon ou le tire-ligne doivent être très droits. On peut déjà s'en assurer en dirigeant un crayon visuel le long de chaque côté, mais ce procédé n'offre pas une garantie suffisante.

Voici le moyen de vérification toujours employé et indiqué (*fig.* 156).

On place la règle sur une feuille de papier reposant sur une surface bien plane, puis on **trace un trait** EF avec un

crayon taillé très fin en suivant l'un des côtés de la règle. Ensuite, on retourne la règle bout à bout et on fait coïncider le même côté avec la droite EF. Si une nouvelle ligne tracée le long de ce côté se confond dans toute son étendue avec la première, c'est que l'arête vérifiée est parfaitement droite.

On procède à la même vérification pour l'autre côté et on est sûr de posséder un instrument très précis.

Un dessinateur doit avoir à sa disposition un certain nombre de règles plates de dimensions différentes, afin que, pour tracer des droites de peu de longueur, il n'ait pas à manier un instrument trop long et trop incommode.

IV. — Règle à parallèles.

220. Cet appareil, qui est d'une grande simplicité, sert à tracer rapidement un certain nombre de parallèles sur le papier. Il se compose de deux règles plates ABDC et EGHF (*fig.* 157) reliées entre elles par deux traverses métalliques parfaitement égales, permettant aux deux règles de s'éloigner ou de se rapprocher l'une de l'autre et à volonté, tout en restant parallèles.

De cette disposition, il résulte qu'en faisant coïncider, par exemple, le côté FH de la règle EGHF avec une droite tracée sur une feuille de papier, le côté AB de l'autre règle permettra de tracer des parallèles par tous les points où il passera,

Fig. 157.

d'après le mouvement qu'on imprimera à la seconde règle. La construction de la règle à parallèles est basée sur la théorie du parallélogramme.

V. — Équerre de bureau.

221. L'équerre de bureau (*fig.* 157 *bis* et 157 *ter*) est construite au moyen d'une lame assez mince en bois bien sec, à laquelle on donne la forme d'un triangle rectangle.

On fabrique des équerres variant, quant

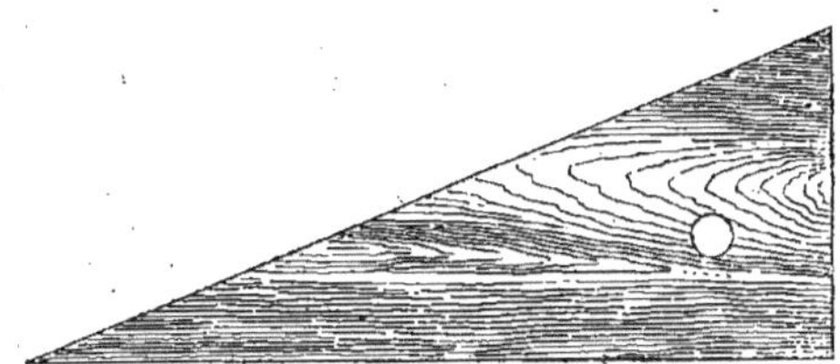

Fig. 157 *bis*.

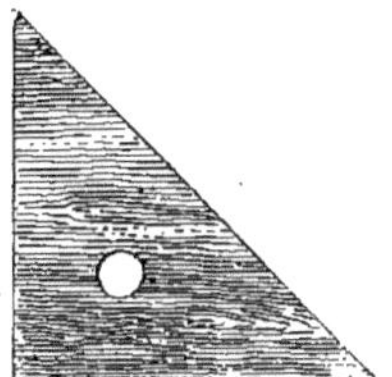

Fig. 157 *ter*.

aux longueurs des côtés de l'angle droit, dans le but d'obtenir certaines inclinaisons au moyen du grand côté, c'est-à-dire de l'hypoténuse.

222. La figure 158 représente une équerre *dite à 45°*, parce que les deux côtés BC et BA sont égaux. Conséquemment, les angles A et C sont égaux comme opposés à des côtés égaux. Comme ces deux angles valent ensemble 90°, chacun d'eux vaut bien 45°. On dit que la ligne

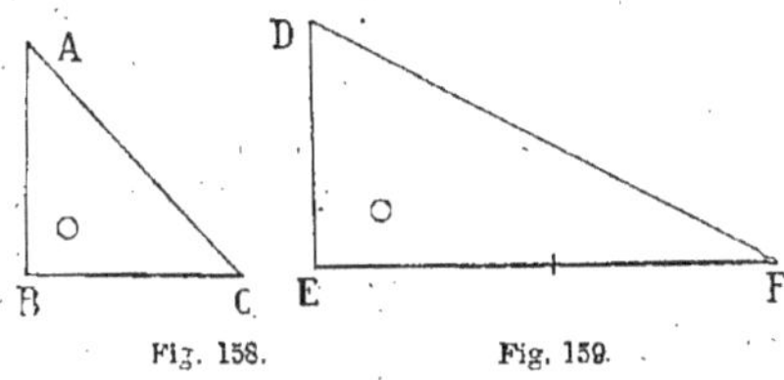

Fig. 158.   Fig. 159.

AC est inclinée à 45°, on a *un* de base pour *un* de hauteur.

223. Dans l'équerre DEF (*fig.* 159), le côté EF est double du côté ED. On dit que le côté DF est incliné à *deux* de base pour *un* de hauteur.

224. Dans l'équerre ABC (*fig.* 160), le

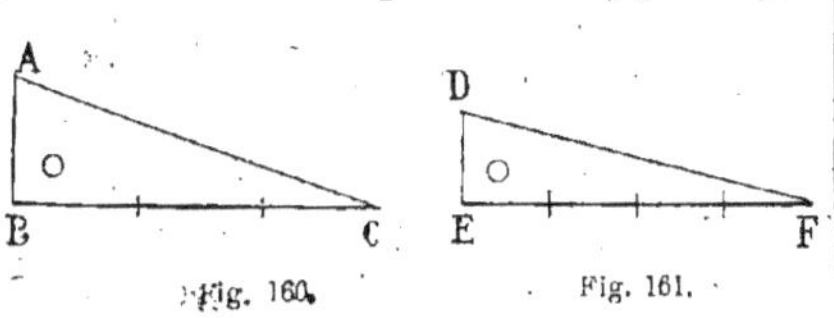

Fig. 160.   Fig. 161.

côté BC vaut trois fois le côté BA. On dit que le côté AC est incliné à *trois* de base pour *un* de hauteur.

225. Dans l'équerre DEF (*fig.* 161), le côté EF vaut quatre fois le côté DE. On dit que le côté DF est incliné à *quatre* de base pour *un* de hauteur.

226. L'équerre de bureau étant indispensable au dessinateur et d'un usage continuel, il importe qu'elle soit construite avec la plus grande précision, c'est-à-dire que les deux côtés de l'angle droit seront rigoureusement perpendiculaires l'un à l'autre.

Pour s'assurer si cette condition indis-

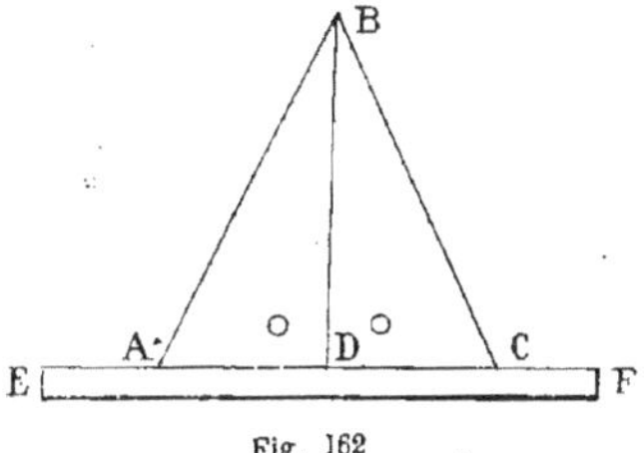

Fig. 162

pensable est remplie, on place l'un des côtés DC (*fig.* 162) sur le côté d'une règle plate EF; puis, au moyen d'un crayon finement taillé, on trace une droite DB suivant l'autre côté de l'angle droit. Cela fait, on retourne l'équerre qu'on met en contact avec la règle par le même côté

DC qui se rabat suivant DA. On s'arrange, dans cette seconde position de l'équerre, pour que le sommet de l'angle droit tombe bien au point D, pied de la droite précédemment tracée au crayon. On trace un trait fin suivant le côté DB de l'équerre occupant la position BDA. Si les deux traits, soigneusement tracés, se confondent de manière à n'en faire qu'un seul, c'est que les deux côtés de l'angle droit sont perpendiculaires l'un à l'autre. Dans ce cas, l'équerre est juste. Dans le cas contraire, il faut la refuser ou la faire rectifier.

VI. — Équerre à T.

227. Pour tracer des perpendiculaires et des parallèles sur une feuille de papier

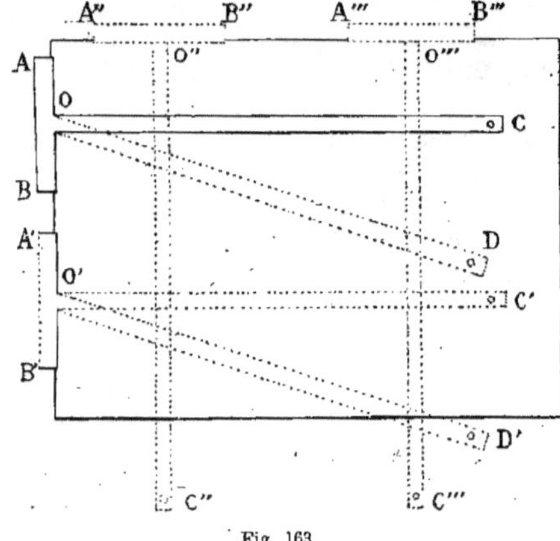

Fig. 163.

fixée à une planche à dessiner, on emploie très avantageusement une équerre à té, qui a la forme de la lettre T. Aussi, l'appelle-t-on simplement T.

Le T se compose simplement de deux règles plates de dimensions inégales, assemblées de manière qu'elles déterminent deux angles droits parfaits.

Les lettres ABC (*fig.* 163) donnent la forme d'un T placé sur une planchette à dessiner. La règle OC, qui sert à guider

le crayon ou le tire-ligne, est beaucoup plus longue que la règle AB. Cette dernière glisse le long de la planchette, ce qui permet d'arrêter à volonté la règle OC sur les points par lesquels doivent passer des perpendiculaires ou des parallèles. A cet effet, la règle AB est plus épaisse que la règle OC; elle porte, en dessous, une partie saillante d'une épaisseur au moins égale à celle de la règle OC et qui s'appuie contre le bord de la planche à dessiner de manière à assurer une position convenable à la règle OC.

En traçant une ligne le long de la règle OC dans la position qu'elle occupe, puis en amenant le T en A′B′C′, si l'on trace une nouvelle ligne suivant O′C′, les deux droites OC et O′C′ seront parallèles. On tracera autant de parallèles qu'on voudra en promenant le T tout le long de la planchette.

Si l'on fait occuper au T les deux positions A″B″C″ et A‴B‴C‴, on tracera deux parallèles entre elles, O″C″ et O‴C‴. Si les quatre angles de la planchette sont parfaitement droits, les droites O″C″, O‴C‴ seront perpendiculaires aux droites OC et O′C′.

Dans certaines équerres à T, la règle OC est mobile sur la règle AB au moyen d'une vis. On peut, avec cette disposition, faire prendre à la règle la position voulue. Si l'on amène cette règle successivement suivant OD et O′D′, les deux droites tracées seront parallèles. Au moyen de ce perfectionnement, qui a son importance, on peut diriger des perpendiculaires et des parallèles sur tous les points d'un dessin.

VII. — Pistolet.

228. Le pistolet (*fig.* 164) est une petite planchette en bois mince et bien sec, découpée de manière à présenter le plus possible de courbes irrégulières.

Le pistolet sert donc à décrire les courbes qui ne sont ni des circonférences, ni des portions de circonférence.

On ne l'emploie que pour tracer les

Fig. 164.

courbes préalablement indiquées par des points sur le dessin. Pour cela, on présente les différentes parties de l'instrument sur les points à relier par une courbe et, lorsqu'on a trouvé la courbure qui se rapproche le plus de la ligne à tracer, il n'y a plus qu'à promener le crayon ou le tire-ligne le long de la partie qui coïncide le mieux avec les points donnés.

VIII. — Crayons.

229. Les crayons (*fig.* 167) employés par les dessinateurs doivent être assez tendres pour que la gomme élastique puisse faire disparaître facilement les traces qu'ils laissent, assez noirs pour que les traits soient suffisamment visibles

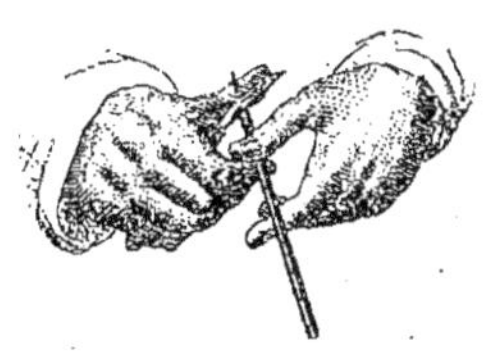

Fig. 165.

et assez durs pour que la pointe taillée très fine résiste le plus longtemps possible sans s'émietter.

Les crayons employés portent 4 numéros différents, selon leur degré de dureté.

Le n° 1 est très tendre. Il sert pour les dessins qui ne doivent pas être passés à l'encre de Chine; pour les paysages, par exemple.

Le n° 2 est moins tendre que le n° 1. Il donne des traits énergiques, mais il convient de ne pas l'employer pour les dessins qui doivent être soumis au lavis.

Le n° 3 est encore moins tendre. C'est celui dont on fait généralement usage pour les dessins qui doivent être soumis au lavis, car la gomme élastique fait facilement disparaître les traces qu'il laisse sur le papier.

Le n° 4 est le crayon le plus dur. Les dessinateurs l'emploient lorsqu'ils doivent obtenir des traits excessivement fins, ce qui se produit lorsque les dessins contiennent de nombreux détails.

Les crayons se taillent (*fig.* 165) au moyen d'un canif bien aiguisé et on effile la pointe en la frottant, soit sur du papier de verre, soit sur une lime très fine.

IX. — Canif.

230. On choisira de préférence un canif à charnières (*fig.* 166) et à deux lames. L'une servira à tailler les crayons et l'autre, dont l'extrémité a une forme à peu près circulaire, sera employée comme grattoir.

Pour le bureau, on peut adopter le canif sans charnière, portant un grattoir à l'une des extrémités et une lame de l'autre.

X. — Plumes.

231. En dessin, on se sert de *plumes de corbeau* préalablement dégraissées, parce qu'elles sont susceptibles d'une taille très fine permettant de tracer des lignes extrêmement déliées.

Pour dégraisser les plumes de corbeau, de même que les plumes d'oie ou de canard qu'on peut également employer, il suffit de faire passer les tubes plusieurs fois dans de la cendre très chaude en les laissant chaque fois deux ou trois secondes seulement dans la cendre. Ensuite, on gratte les tubes avec un couteau pour enlever les pellicules, puis on peut tailler les plumes et s'en servir.

On fabrique maintenant des plumes métalliques très fines (*fig.* 168), spéciales pour les dessinateurs et qui remplacent avantageusement les plumes de corbeau.

XI. — Pinceaux.

232. Les pinceaux qui servent au lavis des plans et des dessins sont ordinairement faits avec du poil de *blaireau*, de *martre* ou de *petit-gris*. Ce poil est renfermé dans des tuyaux de plumes de diverses grosseurs.

Les pinceaux s'assemblent généralement deux à deux au moyen d'une hampe en bois ou en ivoire, ou par une pointe de porc-épic.

Les pinceaux trop fins, à pointe aiguë et effilée, sont mauvais et il faut généralement les refuser.

Pour essayer un pinceau chez le marchand, il faut demander un verre d'eau bien claire dans laquelle on le trempe. On forme ensuite la pointe en essuyant l'extrémité du pinceau sur le bord du

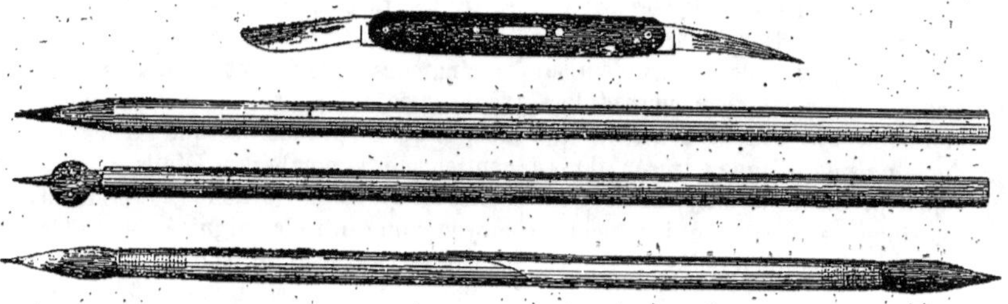

Fig. 166. — Canif.   Fig. 167. — Crayon.   Fig. 168. — Plumes.   Fig. 169. — Pinceaux.

verre. Si la pointe est nette et non effilée, ainsi que l'indique la figure 169, le pinceau sera de bonne qualité.

On peut encore éprouver les pinceaux en les trempant dans de l'eau claire, de manière qu'ils conservent leur pointe; puis, en étendant cette eau sur du papier collé, si la pointe ne se déforme pas, c'est que le pinceau est de bonne qualité.

XII. — Gomme élastique. — Dollage.

233. La gomme élastique est employée pour faire disparaître les traces laissées par le crayon sur les dessins lorsque les traits sont passés à l'encre de Chine.

On lui donne généralement la forme d'un petit prisme ayant une certaine épaisseur (*fig.* 170).

Il existe deux sortes de gomme: la gomme naturelle et la gomme artificielle.

La gomme naturelle, qui nous vient des Indes, est le produit du suc d'un arbre.

Fig. 170.

Elle a la forme sphérique. Elle est creuse comme une *gourde* dont elle porte le nom, car on dit ordinairement une *gourde de gomme élastique*. Son épaisseur est habituellement d'environ un centimètre.

Les marchands se procurent les *gourdes* de gomme, puis les coupent en morceaux de différentes grosseurs. Ces morceaux affectent une forme convexe d'un côté et une forme concave de l'autre. Les côtés coupés offrent seuls une surface plane. On remarque dans les coupures des veines blanches, jaunes et noirâtres mélangées ; quelquefois même les coupures sont entièrement jaunes ou entièrement noirâtres. Ces différents caractères suffisent pour faire connaître, à première vue, si la gomme est naturelle.

La gomme artificielle résulte de la gomme naturelle dissoute et mélangée avec certains produits d'un prix beaucoup moins élevé. On la reconnaît à ses formes régulières représentant toujours des parallélipipèdes rectangles. Elle jouit ordinairement d'une teinte noirâtre, résiste peu au frottement, se fond et tache le papier.

On fabrique aussi une gomme dans la composition de laquelle il entre de la pierre ponce en poudre. Il faut éviter de s'en servir, parce qu'elle enlève l'épiderme du papier, lui fait *boire l'encre* et ôte aux traits du dessin la pureté qu'on veut leur donner.

USAGE DE LA GOMME ÉLASTIQUE.

234. Pour effacer les traces du crayon sur un dessin, on prend le morceau de gomme de la main droite en le pinçant avec le pouce et les deux premiers doigts, de manière à ne se servir que des parties coupées qui sont plus homogènes et plus propres que les autres. La feuille sera maintenue par l'autre main sur la planche à dessiner pendant le frottement.

On peut effacer les traits au crayon par mouvements circulaires et par mouvements de va-et-vient en ligne droite. On devra donner la préférence à la première méthode qui consiste à frotter la gomme sur les traits en lui faisant décrire très lentement de petites circonférences et en la déplaçant insensiblement, tout en suivant les lignes à faire disparaître.

La méthode par mouvements de va-et-vient est mauvaise, parce qu'elle offre l'inconvénient de faire fondre la gomme et de noircir le papier.

Après un certain usage, on s'aperçoit que la gomme est chargée de mine, que la surface frottante devient brillante et glacée et qu'elle n'a plus d'action sur le crayon.

Pour la nettoyer et lui donner du mordant, on gratte cette surface au moyen d'un canif, puis on la promène sur un morceau de drap propre, généralement sur la manche de l'habit.

On peut aussi nettoyer la gomme élastique en la plongeant dans de l'eau tiède et en la frottant ensuite avec un petit linge de toile bien propre ; mais il faut avoir soin de la bien laisser sécher avant de l'employer à nouveau.

235. On donne le nom de *dollage* à des rognures de peau blanche servant à la confection des gants.

Le dollage est préféré à la gomme élastique, parce qu'il est plus doux et parce qu'il permet de faire disparaître entièrement les traces de crayon, sans crainte de détériorer l'épiderme du papier.

XIII. — Godets.

236. Les *godets* sont de petits cylindres ayant de deux à dix centimètres de diamètre portant un creux ayant la forme d'une calotte sphérique (*fig.* 171).

On fait les godets en faïence, en verre

Fig. 171.

et en porcelaine. Ces derniers doivent être préférés. Il importe que le vernis vitreux qui tapisse le fond des godets n'ait aucun défaut, car la moindre aspérité entamerait le bâton d'encre de Chine ou de couleur, en détacherait de petites parcelles qui, mal délayées, formeraient une espèce de boue très nuisible à la pureté des tons qu'on veut obtenir.

Il faut qu'un dessinateur ait toujours à sa disposition un nombre suffisant de godets de diamètres différents pour le mélange de ses couleurs.

XIV. — Couleurs.

237. Pour le lavis des plans et dessins, on emploie les neuf couleurs principales suivantes :

L'encre de Chine,
Le carmin,
La gomme gutte,
Le bleu de Prusse,
La sépia,
Le minium,
Le vermillon,
Le vert émeraude,
Le bleu indien.

Les autres couleurs proviennent de matières colorantes, broyées finement avec de la gomme, puis mises en pâte et séchées.

On s'en procure de très bonnes et à des prix peu élevés. Le carmin seul, quand il est de bonne qualité, coûte assez cher.

238. Voici quelques résultats obtenus au moyen du mélange de couleurs qu'on trouve toutes préparées dans le commerce :

I. La laque carminée mélangée avec du bleu d'outremer produit la couleur *lilas* ;

II. Le bleu d'outremer mélangé avec le jaune citron produit le *vert végétal* ;

III. Le noir mélangé avec la terre de Sienne produit le *brun d'ombre* ;

IV. Le brun rouge mélangé avec le jaune citron produit le *brun clair* ;

V. Le bleu d'outremer mélangé avec le blanc produit le *bleu céleste* ;

VI. Le jaune citron mélangé avec de la terre de Sienne et du bleu de Prusse produit le *vert naturel* ;

VII. Le jaune citron mélangé avec du vermillon produit le *jaune d'or* ;

VIII. Le jaune citron mélangé avec de la terre de Sienne et du bleu foncé produit le *vert d'eau* ;

IX. Le bleu de Prusse mélangé avec du noir et de la laque carminée produit le *gris bleu.*

239. La gomme gutte est le résultat du mélange d'une gomme et d'une résine colorée.

ENCRE DE CHINE.

240. L'encre de Chine employée pour le tracé des lignes d'un dessin et pour le lavis doit être d'excellente qualité. Cette qualité se reconnaît, tout d'abord, par l'exhalaison d'une odeur assez prononcée de musc et d'ambre, produite par la bonne encre. L'odeur de noir de fumée indique généralement un produit de qualité inférieure.

La couleur de l'encre de Chine n'offre aucun indice quant à la qualité. Celle qui possède un ton noir très foncé est employée pour le tracé des cadres et pour les écritures. Celle qui possède un ton roussâtre ou brun est utilisée de préférence pour faire le trait et les lavis. L'encre de Chine roussâtre peut être rendue brune par l'addition d'un peu de carmin délayé.

Il existe un procédé bien simple pour reconnaître la qualité de l'encre de Chine. Pour cela, on trace un certain nombre de traits à côté les uns des autres au moyen d'une plume ou d'un tire-ligne chargé d'encre préparée dans un godet. On laisse sécher complètement ces traits, puis on passe plusieurs fois sur les traits une éponge très fine, imbibée d'eau bien claire, de manière à ne pas altérer l'épiderme du papier. Si l'eau ne porte aucune trace noire et si les traits n'ont rien perdu de leur ton primitif et de leur pureté, c'est que l'encre de Chine est d'excellente qualité.

Voici encore un autre moyen de reconnaître la qualité de l'encre de Chine :

On frotte l'extrémité du pain d'encre

sur le fond d'un godet dans lequel on a mis préalablement quelques gouttes d'eau. On laisse sécher séparément l'encre et l'extrémité frottée du pain. Si l'encre et le bout du pain présentent deux surfaces unies, très brillantes et très claires, c'est une preuve que l'encre de Chine essayée sera de qualité supérieure.

241. On met 5 à 6 gouttes d'eau dans un godet, puis on prend le bâton d'encre de Chine dé la main droite et on promène légèrement l'une de ses extrémités sur le fond du godet en lui faisant décrire de petites circonférences (*fig.* 171).

On s'assurera du degré de la teinte en soufflant sur la surface du liquide en pinçant les lèvres. On verra le liquide s'écarter immédiatement et former un fond teinté au centre.

On cessera la manœuvre du bâton d'encre de Chine lorsque le fond du godet présentera les teintes suivantes :

1° Une teinte grise pour les traits fins ;

2° Une teinte gris foncé pour les traits moyens ;

3° Une teinte presque noire pour les traits de force.

On devra s'arrêter à cette dernière limite, car en poussant la teinte plus loin, on n'aurait plus qu'une encre pâteuse, boueuse et impropre au tracé des lignes.

Lorsque le broyage de l'encre de Chine sera terminé, on devra essuyer avec soin l'extrémité du bâton de manière à enlever l'humidité ; car, on le verrait se fendiller et lorsqu'on voudrait s'en servir à nouveau, les parties séparées par les fentes se détacheraient et formeraient une infinité de *grumeaux* qui s'opposeraient au coulage de l'encre dans le tire-ligne.

XV. — Tire-lignes.

242. Un *tire-ligne* est un instrument servant à tracer des lignes pures, droites ou courbes.

Il se compose de deux lames d'acier terminées en pointes légèrement arrondies, réunies par une soudure à leur partie supérieure. Au milieu des lames se trouve une vis servant à rapprocher ou à éloigner les deux pointes suivant la grosseur qu'on veut donner à la ligne à tracer.

Les deux lames assemblées sont montées sur une tige en bois ou en ivoire servant de manche et à l'extrémité de la tige on adapte une aiguille servant de *piquoir*. L'aiguille s'introduit au moyen d'un pas de vis dans une petite ouverture que porte la partie supérieure des lames, de sorte qu'elle est invisible lorsque le tire-ligne fonctionne. Il existe des tire-lignes

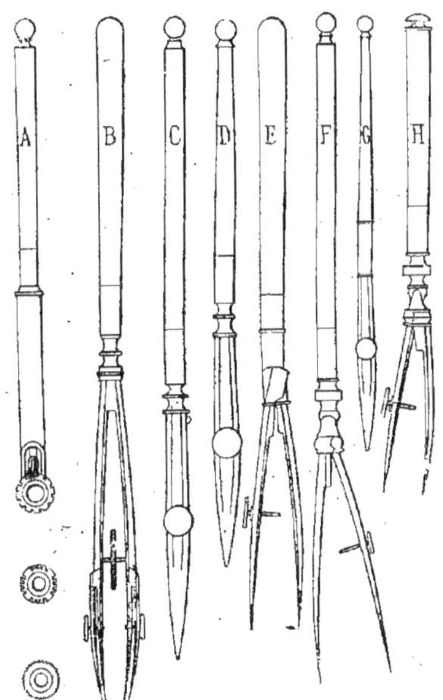

Fig. 172.

très perfectionnés. La figure 172 représente les plus employés.

C, D et G. Tire-lignes ordinaires, avec manche en ébène ou en ivoire, avec vis à écrou.

F. Tire-ligne à charnières, avec manche en ébène ou en ivoire.

E. Tire-ligne à charnières cachées.

H. Tire-ligne à charnières Savard, genre suisse.

B. Tire-ligne double pour tracer des lignes parallèles.

A. Tire-ligne à ponctuer pour tracer les routes, les chemins de fer, les canaux, etc., avec trois molettes de rechange.

243. Pour conserver les tire-lignes, il ne faut pas manquer de les nettoyer avec le plus grand soin aussitôt qu'on cesse de s'en servir. Ce nettoyage se fait en introduisant entre les lames un petit morceau de papier buvard ou de chiffon de coton.

Il convient de n'employer que l'encre de Chine qui a la propriété de ne pas oxyder l'acier. L'encre ordinaire, au contraire, altère ce métal qu'elle couvre de rouille.

Une fois les lames bien nettoyées, il faut les maintenir à une distance d'un millimètre l'une de l'autre, ce qui se fait au moyen de la vis.

AFFUTAGE D'UN TIRE-LIGNE.

244. Les dessinateurs peuvent parfaitement réparer eux-mêmes leurs tire-lignes, et, pour cela, on se sert ordinairement de papier émeri ou, à défaut, d'un morceau d'ardoise.

Pour affuter un tire-ligne au moyen du papier émeri, on préparera une petite palette en bois de cinq ou six centimètres de longueur, quatre centimètres de largeur et un millimètre d'épaisseur, les deux faces étant parfaitement planes. On recouvrira ces deux faces au moyen d'une bande de papier émeri pliée par le milieu et bien tendue. On écartera les lames du tire-ligne au moyen de la vis, de manière à pouvoir introduire la palette dans l'écartement. Alors on frottera d'abord une des lames sur l'émeri en la faisant glisser dans tous les sens, jusqu'à ce qu'on en ait redressé la surface intérieure sur une longueur d'environ un centimètre et constaté que les taches de rouille ont complètement disparu.

On opérera de la même manière pour la seconde lame.

Ensuite, on retirera la palette, puis on rapprochera les lames au moyen de la vis, de manière qu'elles se touchent, mais sans pression. Puis, pour former le bec, on usera les champs des lames sur le papier émeri, en tenant les faces toujours perpendiculairement à la palette, jusqu'à ce qu'on ait obtenu, comme profil, un angle curviligne assez aigu. On arrondira ensuite légèrement le sommet de cet angle pour qu'il ne coupe pas le papier; puis, ouvrant le tire-ligne, on passera une seconde fois la face des lames sur le papier émeri, pour enlever les bavures.

Comme, en usant les champs des lames sur le papier émeri, on aura formé naturellement un petit plat ou carré sur le contour du bec, il faudra le faire disparaître en formant un biseau un peu arrondi sur le bord des lames. En opérant, on aura soin, de temps en temps, de se rendre compte de l'usure effectuée pour ne pas déformer le contour qui aura été préalablement fait, car il est essentiel que les lames soient exactement de la même longueur et qu'elles affleurent bien sur tout le contour du bec.

Lorsque le bec aura la forme voulue, on devra faire disparaître les bavures qui se seront formées sur les tranchants. Pour cela, on repassera plusieurs fois tout le pourtour du bec sur le papier émeri en le frottant légèrement et en le contournant.

Pour affuter un tire-ligne au moyen d'une ardoise, on en choisira un morceau dur et d'un grain fin. On lui donnera des dimensions égales à celles de la petite palette à papier d'émeri, en ayant soin de dresser les faces au moyen d'une meule à aiguiser, si cela est nécessaire.

On opérera avec l'ardoise ainsi préparée de la même manière qu'avec la palette à papier d'émeri, mais en ayant soin de conserver les surfaces de l'ardoise toujours humides, afin de les rendre plus mordantes.

Comme, en opérant, on usera les deux

surfaces de l'ardoise, il s'y formera une espèce de pâte qui salira le tire-ligne. Alors, il faudra avoir soin de nettoyer l'ardoise de temps en temps au moyen d'un linge et de l'humecter à nouveau pour lui rendre son mordant.

Il faudra aussi essayer le tire-ligne pour vérifier s'il a bien la forme nécessaire pour qu'il puisse fonctionner dans de bonnes conditions.

XVI. — Compas ordinaire.

245. Le compas ordinaire est un instrument qui sert à prendre des mesures sur une ligne pour les répartir sur une autre.

Il se compose de deux branches métalliques de longueurs égales, terminées en pointes et se mouvant autour d'un axe commun.

La partie supérieure du compas de dessin est généralement en cuivre ou en bronze, tandis que les pointes sont en acier trempé.

Pour qu'un compas puisse servir comme instrument de dessin, il faut qu'il permette de tracer des circonférences au crayon d'abord, puis à l'encre de Chine. Il faut aussi qu'il serve à tracer des circonférences ayant d'assez grands rayons.

Le compas le plus simple qu'un dessinateur puisse employer est représenté par la figure 173.

A est la pièce principale. L'une des pointes qui est retenue par la vis E peut s'enlever. On la remplace par la pièce B à l'extrémité de laquelle on fixe un crayon. L'appareil ainsi modifié sert à tracer les circonférences au crayon.

La pièce C est un tire-ligne qu'on adapte au compas au moyen de la vis E et qui permet de tracer, à l'encre de Chine, les circonférences préalablement tracées au crayon.

Si l'on veut tracer des circonférences à plus grands rayons, on emploie la pièce D appelée rallonge. Pour cela, on introduit

le goujon H dans l'ouverture que porte la branche brisée du compas A et on la fixe solidement au moyen de la vis E. A l'extrémité de la rallonge existe un trou

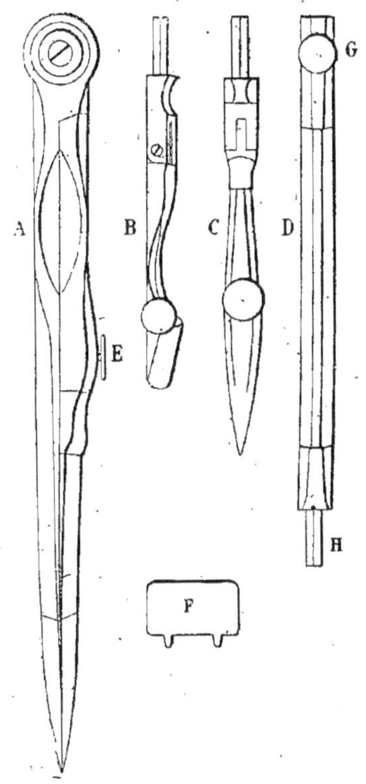

Fig. 173.

dans lequel on introduit, soit le goujon du porte-crayon B, soit le goujon du tire-ligne C. Au moyen de la vis G, on fixe solidement le porte-crayon ou le tire-ligne.

Alors on peut tracer des circonférences ayant un rayon au moins égal à la longueur de la branche du compas A, plus la longueur de la rallonge D.

F est une clef dont le but est de presser les deux joues terminant les branches du compas, au moyen du pas de vis que porte l'axe, afin de donner aux branches un frottement ni trop fort, ni trop faible.

XVII. — Compas à verge.

246. Lorsque le compas ordinaire augmenté de sa rallonge n'offre pas une amplitude suffisante, on emploie le compas à verge (*fig.* 174).

Le compas à verge se compose essen-

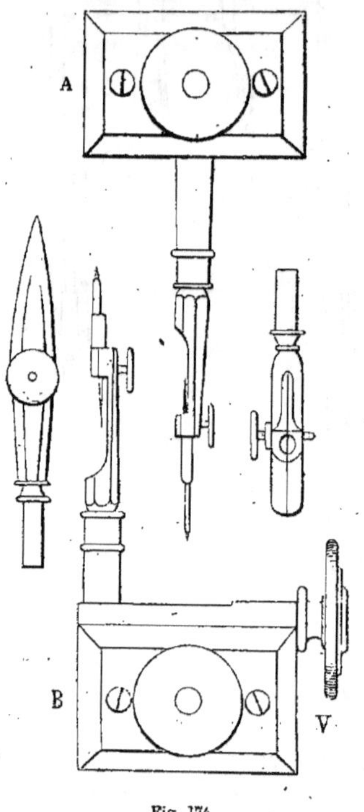

Fig. 174.

tiellement de deux coulisses indépendantes A et B. Une règle en bois ou en métal graduée unit les deux coulisses auxquelles elle est invariablement fixée. Une vis V permet à la coulisse B de se mouvoir le long de la règle et de l'arrêter au point déterminé.

La coulisse A porte une pointe sèche fixe. A la coulisse B, on adapte, selon les besoins, la pointe sèche, le porte-crayon ou le tire-ligne.

On voit qu'en donnant, par exemple, un mètre de longueur à la règle qui unit les deux coulisses, l'appareil permettrait de décrire des circonférences d'un mètre de rayon.

XVIII. — Compas balustre.

247. Pour décrire de petites circonférences ayant un millimètre de diamètre, le compas ordinaire ne serait pas assez délicat. On a imaginé alors de petits com-

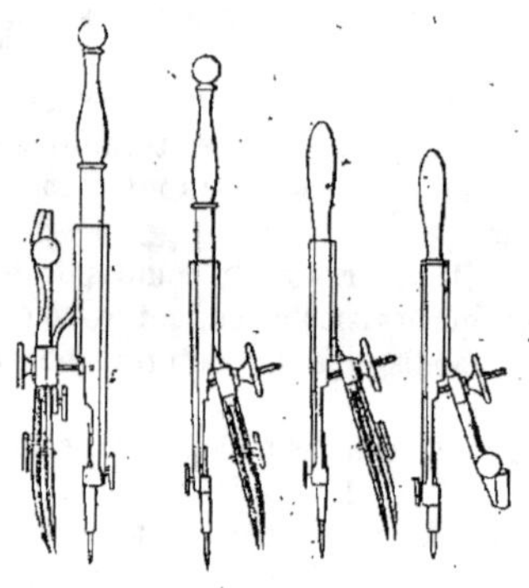

Fig. 175.

pas dits *balustres*, très déliés, montés sur une tige en ivoire terminée par une surface ronde. Cette disposition permet une manœuvre douce et régulière de l'appareil et facilite le tracé des circonférences de très petits rayons. Le modèle de quatre petits compas balustres est donné dans l'étui de mathématiques (*fig.* 179).

On a perfectionné les compas balustres en fixant le porte-crayon et le tire-ligne au corps du compas au moyen d'un ressort d'acier trempé. La figure 175 présente le modèle de quatre compas à ressorts et à balustres. On voit que le porte-crayon et le tire-ligne sont manœuvrés au moyen d'une vis qui permet de régler le rayon de la circonférence à décrire à moins d'un dixième de millimètre près.

Le compas dit à *pompe* (*fig.* 176) permet encore de décrire de plus petites circonférences qu'avec le compas balustre.

Le dessin explique suffisamment la disposition de cet instrument.

La pointe sèche porte un filetage qui

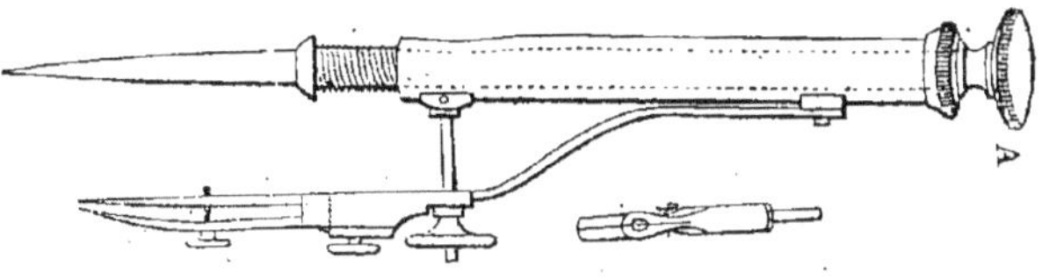

Fig. 176.

s'introduit dans un tube taraudé et, en la plaçant au centre de la circonférence à décrire, on amène, par la manœuvre du bouton A, la pointe sèche à la hauteur de l'extrémité du tire-ligne, la pompe étant verticale. Dans cette position, la manœuvre de l'instrument est très facile.

Les graveurs sur pierre se servent beaucoup du compas à pompe parce qu'il leur permet de décrire des circonférences ayant moins d'un demi-millimètre de diamètre.

On construit aussi des compas de poche

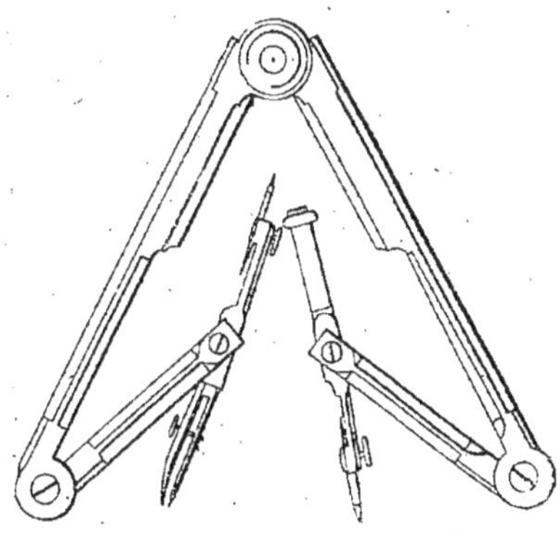

Fig. 177.

d'après le dessin donné par la figure 177. Lorsque les branches sont jointes, la pointe sèche, le porte-crayon et le tire-ligne s'introduisent dans des rainures ménagées dans les branches et sont parfaitement protégés.

XIX. — Compas de réduction.

248. Le compas de réduction (*fig.* 178) est un instrument donnant directement une longueur deux, trois, quatre... fois plus grande, ou deux, trois, quatre... fois plus petite qu'une longueur mesurée sur un dessin.

Il se compose essentiellement de deux branches de cuivre ou de bronze AD et BC, terminées par des pointes d'acier. Chaque branche porte une fente longitudinale dans laquelle circule un boulon à écrou E, servant de pivot et pouvant glisser à volonté lorsque les branches sont superposées.

Les divisions inscrites de chaque côté de la fente indiquent les rapports existant entre les ouvertures des pointes C,D et A,B.

Lorsqu'on veut se servir du compas de réduction, on amène les deux branches l'une sur l'autre de manière que l'arrêt F s'introduise dans l'ouverture H. Si l'on veut, par exemple, partager une droite en 5 parties égales, on manœuvre l'écrou E de manière à amener le trait I bien en face du trait de la fraction 1/5 inscrite à côté de la fente. Cela fait, on ouvre le compas d'une quantité suffisante pour que les pointes C et D aboutissent aux extrémités de la ligne à partager. La distance entre les pointes A et B sera la cinquième partie de la ligne donnée.

Pour quintupler une droite, il suffirait, le trait I étant toujours placé en face du trait de la fraction 1/5, de mesurer cette droite avec les pointes A et B. Alors, la

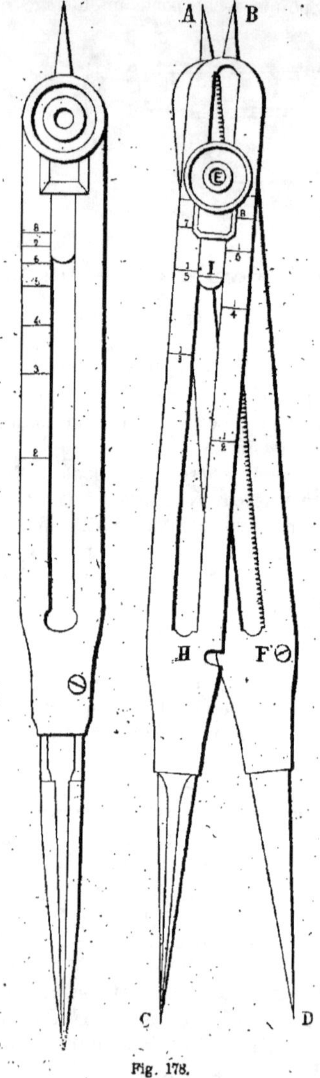

Fig. 178.

distance CD donnerait une droite cinq fois plus grande.

Au moyen des traits tracés le long de la fente, on prendra le 1/2, le 1/3, le 1/4, le 1/5, le 1/6, le 1/7 et le 1/8 d'une droite pouvant être embrassée par les pointes C et D. Réciproquement, on peut, au moyen des mêmes divisions, déterminer une droite qui soit 2, 3, 4, 5, 6, 7 et 8 fois plus grande qu'une droite donnée.

La construction du compas de réduction est d'une simplicité extrême. Elle repose sur la théorie des triangles semblables et des lignes proportionnelles.

XX. — Étui de mathématiques.

249. Les instruments de dessin les plus précieux sont généralement renfermés dans une boîte soignée en bois des îles ou en cuir, et cette boîte prend le nom d'*étui de mathématiques*.

Nous donnons (*fig.* 179) (1) le dessin composant un étui de mathématiques des plus complets et qui contient:

1° Un double décimètre en ivoire, divisé en millimètres d'un côté et en demi-millimètres de l'autre côté;

2° Un compas de réduction;

3° Un grand compas avec son porte-crayon, son tire-ligne et sa rallonge;

4° Un compas plus petit que le précédent, dit à pointe sèche;

5° Un gros compas balustre avec son porte-crayon, son tire-ligne et sa rallonge;

6° Quatre petits compas balustres à ressorts;

7° Deux tire-lignes ordinaires;

8° Un tire-ligne à ponctuer avec trois molettes;

9° Un compas à verge;

10° Un niveau à bulle d'air;

11° Une boussole;

12° Une clef.

On fabrique aussi des étuis de mathématiques assez petits pour être mis facilement dans une poche et qu'on

(1) Le prix de cet étui de mathématiques, avec instruments en maillechort, est de 183 fr.

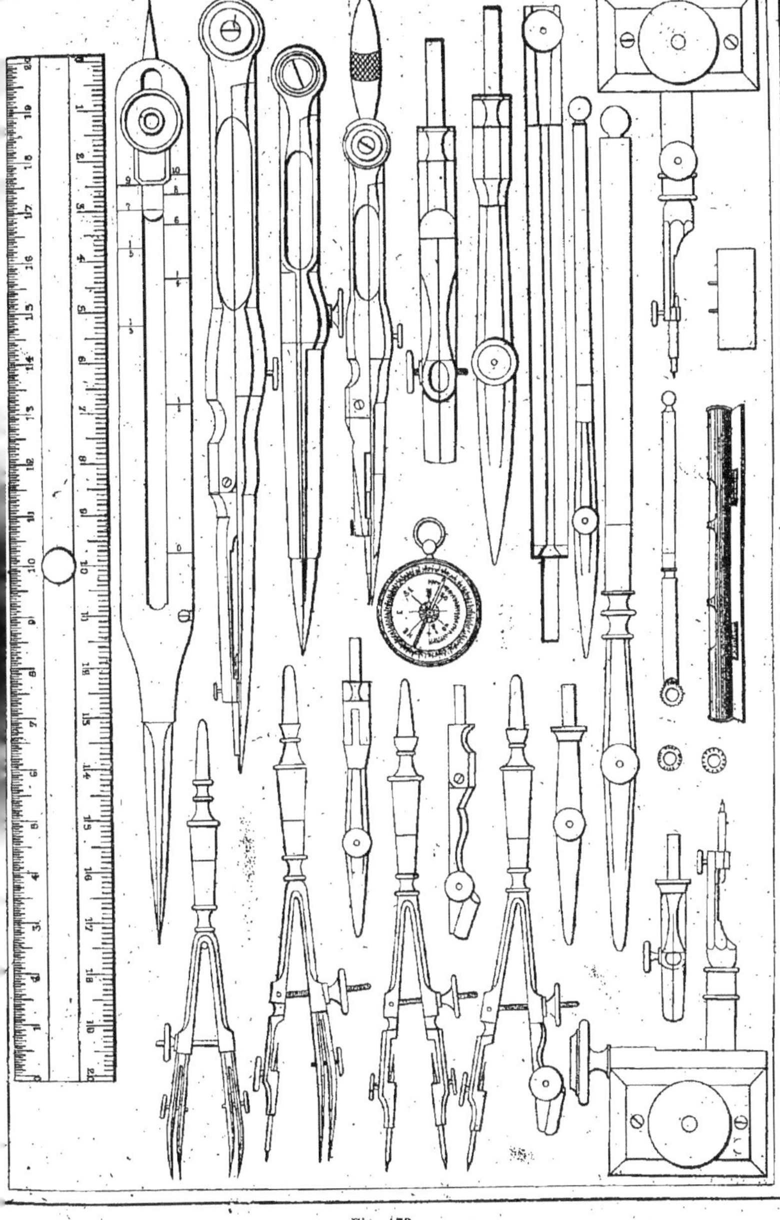

Fig. 179.

appelle *pochettes* pour cette raison. Ils ne contiennent que les pièces strictement nécessaires pour opérer sur le terrain.

XXI. — Échelles de proportion.

250. Lorsqu'on lève le plan d'un terrain, c'est pour en faire, sur le papier, une image exactement semblable, mais de dimensions évidemment réduites. Cette réduction dépend de la grandeur du papier qu'on désire employer. S'il est possible, par exemple, de représenter un mètre par un décimètre, toutes les lignes mesurées sur le terrain seront dix fois plus grandes que leurs homologues du dessin et, réciproquement, toutes les lignes du dessin seront dix fois plus petites que leurs homologues mesurées sur le terrain. On dit alors qu'on a employé l'échelle de 1/10, c'est-à-dire l'*échelle du dixième*.

Si l'échelle du dixième est trop grande, on peut employer celle du 1/50, du 1/100..., selon les dimensions de la feuille qui doit recevoir le plan, ou selon des conventions spéciales, comme si l'on voulait, par exemple, raccorder le plan avec le plan d'un terrain voisin, dont il faudrait admettre l'échelle.

En un mot, il faut choisir une échelle qui soit proportionnelle à l'objet qu'on se propose de reproduire.

Lorsque les échelles sont métriques, on les représente généralement par une fraction dont le numérateur est l'unité et dont le dénominateur indique combien un mètre ou un sous-multiple du mètre sur le papier vaut de mètres sur le terrain.

Ainsi, l'échelle de proportion représentée par la fraction 1/2500 indique qu'un mètre sur le papier correspond à une longueur de 2500 mètres sur le terrain.. Un millimètre correspondra à 2m,50, un centimètre à 25 mètres et un décimètre à 250 mètres.

VALEURS COMPARÉES DE QUELQUES ÉCHELLES

ÉCHELLES DE	SUR LE TERRAIN	SUR LE PAPIER
$\frac{1}{100}$	Un mètre........	0,01
	Un décimètre...	0,001
	Un centimètre..	0,000 1
	Un millimètre..	0,000 01
$\frac{1}{200}$	Un mètre......	0 005
	Un décimètre...	0,000 5
	Un centimètre.	0,000 05
$\frac{1}{500}$	Un mètre......	0,002
	Un décimètre...	0,000 2
$\frac{1}{1000}$	Un mètre......	0,001
	Un décimètre..	0,000 1
$\frac{1}{2500}$	Un mètre.....	0,000 4
$\frac{1}{50000}$	Un mètre......	0,000 02
$\frac{1}{80000}$	Un mètre.......	0,000 012 5

La carte d'État-major étant gravée à l'échelle de 1/80000, un kilomètre est représenté par 0m,0125.

251. Le double décimètre (*fig.* 180), divisé en millimètres d'un côté et en demi-millimètres de l'autre, est une échelle métrique toute naturelle. En effet, à l'échelle de 1/10 (un décimètre par mètre), on représentera, par exemple, 46m,30 par 0m,463 ou 463 millimètres. On prendra 2 fois le double décimètre et on ajoutera 6 centimètres, plus 3 millimètres à cette longueur.

A l'échelle de 1/100, la même longueur de 46m,30 sera représentée par 0,0463. On prendra 46 millimètres et on évaluera à l'œil les 3/10 d'un millimètre.

A l'échelle de 1/80000, les mètres ne seront pas appréciables, parce qu'on ne saurait lire un centième et quart de millimètre sur le double décimètre. Comme cette échelle suppose de grandes étendues, telles que la surface d'un canton au moins, on se borne à évaluer les kilomètres, ce qui est facile, puisqu'un kilomètre est représenté par 12 millimètres et demi.

Le double décimètre est donc une échelle suffisante, même pour l'échelle de 1/80000, puisqu'il permet d'évaluer jusqu'à l'hectomètre qui est représenté par un millimètre et quart. Avec un peu d'habitude, on apprécie même les décamètres et on obtient une exactitude dont on peut se contenter.

Le double décimètre ne peut servir comme échelle que lorsque l'unité, suivie d'un certain nombre de zéros, est divisible par le dénominateur de la fraction indicatrice de l'échelle adoptée, c'est-à-dire lorsque cette fraction est exactement réductible en fraction décimale.

Ainsi, le double décimètre ne saurait servir à appliquer l'échelle de 1/60, parce qu'en transformant cette fraction ordinaire en fraction décimale, on aurait le quotient périodique mixte 0,1666.

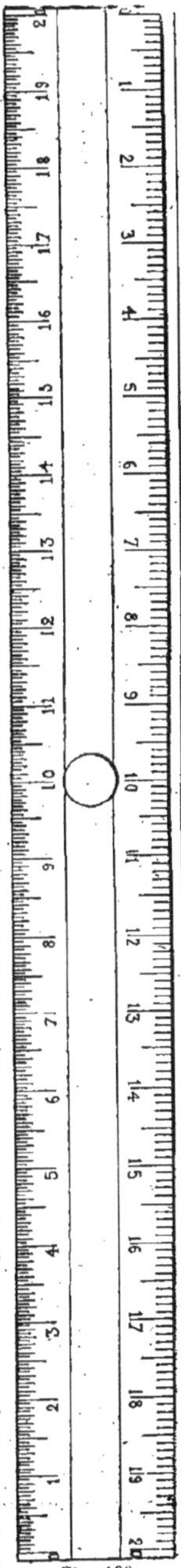

ÉCHELLES ARBITRAIRES.

252. Lorsqu'on ne peut pas, pour les raisons qui viennent d'être données, employer l'échelle métrique, on se sert d'*échelles arbitraires*. Une échelle

Fig. 180.

arbitraire est celle qui résulte des rapports qu'on veut établir entre le terrain ou l'objet qu'on veut représenter et son plan.

Ainsi, on veut que 100 mètres soient représentés par 43 millimètres, c'est-à-dire un mètre par 43 centièmes de millimètre. Evidemment, l'échelle métrique n'est pas applicable. Il faut donc construire une échelle spéciale dite *arbitraire* d'après ces données. Tel est l'objet de la figure 181.

On trace une droite DC ayant une longueur égale à 43 millimètres; puis, à chacun des points D et C, on élève à DC les perpendiculaires DA et CB. On prolonge la droite DC d'une quantité égale à plusieurs fois sa longueur, puis on mène à la droite DC prolongée dix parallèles parfaitement équidistantes, l'équidistance étant arbitraire.

On partage AB en 10 parties égales, de sorte que chaque partie représente dix mètres. On joint par une droite la première division E au point C; puis, par les 9 autres points, on trace des parallèles à EC. En opérant ainsi, on partage la droite DC en 10 parties égales aux premières et représentant chacune un décamètre.

La figure ABCD, composée de deux triangles extrêmes et de 90 parallélogrammes égaux, est une échelle de proportion basée sur cette donnée que AB représente 100 mètres. Avec cette échelle, ainsi que nous allons le voir, on peut évaluer les mètres et apprécier les décimètres à peu près exactement.

Les divisions de C en D portent les numéros 0, 10, 20...100. Sous les dix parallèles, le long de CB, on a inscrit les numéros de 1 à 10.

Par exemple, la portion de CD de 0 à 30 représente 30 mètres; celle de 0 à 70 représente 70 mètres.

Le triangle ECB contient 10 parallèles à sa base EB et ces parallèles sont parfaitement équidistantes.

En vertu de la théorie des lignes proportionnelles, la première parallèle près du point O, c'est-à-dire la plus petite, vaut la dixième partie de EB, c'est-à-dire un mètre, puisque EB représente dix mètres. Par la même raison, la parallèle comprise entre les deux cotés du tri- | angle et aboutissant à la division 2 vaut les deux dixièmes de EB, c'est-à-dire 2 mètres. Enfin la parallèle comprise entre les deux côtés du triangle et abou-

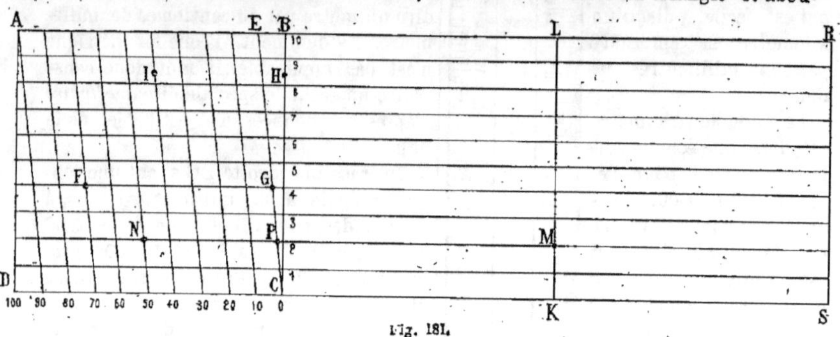

Fig. 181.

tissant à la division 9, vaut les 9 dixièmes de EB, c'est-à-dire 9 mètres.

Si entre chacune des divisions de CB, c'est-à dire de 0 à 1, de 1 à 2, de 2 à 3... de 9 à 10, on menait 10 parallèles équidistantes, on aurait 99 parallèles comprises entre les deux cotes CE et CB du triangle, ce qui permettrait d'évaluer exactement les décimètres. Mais, dans la pratique, on se contente des dix parallèles de la figure et on apprécie facilement la position de la parallèle intermédiaire qui serait tracée, pour évaluer les décimètres très approximativement.

253. *A l'aide de la même échelle, trouver par quelle longueur sera représentée une ligne de 74 mètres.*

On suit la parallèle à EC numérotée 70, puis on s'arrête au point F, sur la 4e parallèle. La droite F₄ est la longueur cherchée, puisque FG vaut 70 mètres et que G₄ vaut 4 mètres.

254. *A l'aide de cette échelle, trouver par quelle longueur sera représentée une ligne de 48ᵐ,4.*

On suit la parallèle à EC numérotée 40. Le point de rencontre avec la huitième parallèle et le point 8 détermineront une ligne qui représentera 48ᵐ. Il faut ajou- | ter 4 décimètres. Pour les avoir, il faut que la ligne aboutisse aux 4 dixièmes de la distance comprise entre 8 et 9 sur la perpendiculaire CB. On apprécie à l'œil ces 4 dixièmes qui arrivent au point H, par exemple.

Sur la droite numérotée 40, on prend le point I situé sur la même parallèle que le point H et la ligne IH représente la longueur demandée 48ᵐ,40.

255. Supposons qu'on veuille avoir la longueur d'une droite de moins de 100 mètres prise sur le plan rapporté à l'échelle (*fig.* 181). On prend une ouverture de compas égale à la ligne à mesurer. On promène les deux pointes parallèlement à DC, en s'arrangeant pour que l'une des pointes reste sur une parallèle à EC et pour que l'autre reste sur la perpendiculaire BO. Lorsque ces deux conditions sont remplies, *les deux pointes étant sur une ligne parallèle à DC*, on n'a qu'à lire la longueur demandée.

256. Nous venons de considérer seulement le rectangle ABCD qui, avec ses divisions, sert à mesurer les lignes de 100 mètres et au-dessous. Nous allons compléter l'échelle, ce qui permettra d'opérer sur des lignes de plus de 100 mètres.

Pour cela, nous prolongeons la droite CD et nous prenons CK=DC. Nous élevons la perpendiculaire LK sur DC prolongée. Si la dimension du papier le permet, on élève encore d'autres perpendiculaires sur DC prolongée, distantes entre elles d'une quantité égale à DC.

257. *A l'aide de l'échelle prolongée, trouver par quelle longueur sera représentée une ligne de 152 mètres.*

Pour cela, il faudra placer une pointe de compas en M et l'autre en N, à la rencontre de la 5e parallèle à CE et de la 2e parallèle à DC. La distance MN sera la longueur demandée, car la portion de parallèle M2 vaut 100 mètres; la portion NP vaut 50 mètres et la portion P2 vaut 2 mètres. Total, 152 mètres.

Voilà, réduit à sa plus simple expression, le mécanisme des échelles qui ne sont pas métriques.

Le lecteur qui aura bien compris ce qui précède, construira facilement toutes les échelles dont il aura besoin.

258. La figure 182 représente deux échelles, l'une à 1/625 et l'autre 1/1250. La première est double de la seconde. Sur les flancs sont tracées les divisions en centimètres et millimètres, ce qui facilite la comparaison.

259. La figure 183 représente également deux échelles, l'une à 1/2500 et l'autre à 1/5000.

On trouve dans le commerce ces quatre échelles tracées sur une même planchette en buis; elles sont absolument semblables aux dessins que nous donnons.

XXII. — Pantographe.

260. Cet instrument est une application des propriétés géométriques suivantes :

I. *Étant données quatre tiges rigides AL, AM, BH et DH (fig. 184), articulées aux quatre sommets A, B, H et D et formant un losange ABHD, si l'on prend sur les tiges AL, DH et AM trois points en ligne droite, tels que Y, O et X, ces trois points seront toujours en ligne droite dans toutes les positions qu'on fera prendre au losange ABHD.*

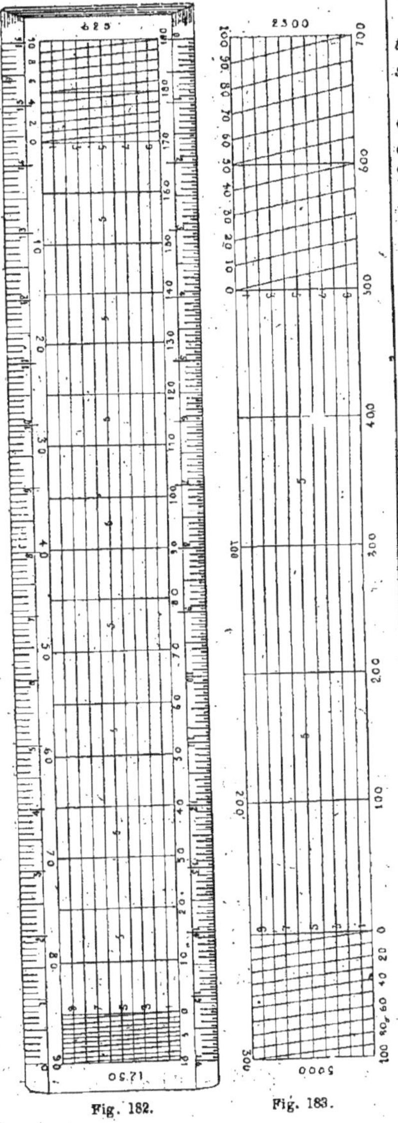

Fig. 182.   Fig. 183.

II. *Le point O étant fixe, si l'on fait suivre au point X des lignes formant les contours d'une figure quelconque, tout le système pivotera autour du point O et le point Y décrira une figure semblable à celle suivie par le point X.*

De plus, le rapport entre les lignes des deux figures décrites sera égal au rapport $\dfrac{DX,}{AD,}$ *dans lequel DX représente la distance du point X à l'articulation D, et AD, la distance constante qui sépare les articulations A et D.*

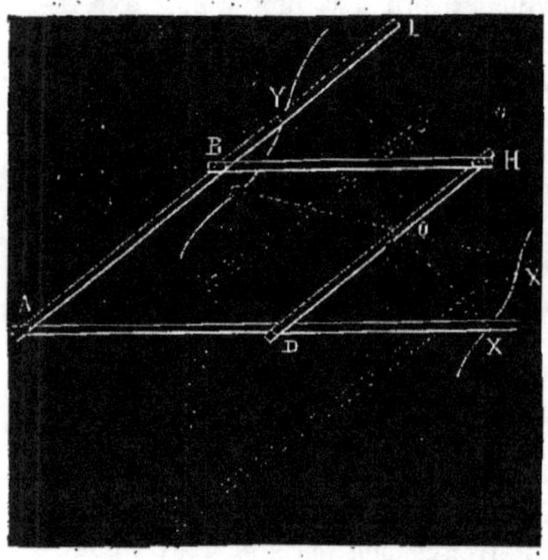

Fig. 184.

Ces propriétés sont appliquées ainsi qu'il suit dans l'usage du pantographe.

L'instrument est constitué par quatre tiges rigides en bois ou en cuivre, AL, AM, BH et DH, formant un losange ABDH articulé aux sommets A, B, D et H avec des articulations très douces. Sur la tige AM peut être fixée, en un point quelconque tel que X, une pointe d'acier verticale. Un point quelconque de DH ou de BH est rendu fixe, puis on place un crayon sur la branche AL, au point d'intersection de cette ligne avec la ligne XO.

Les points A, H, L et M portent des roulettes qui reposent sur le plan du dessin et permettent de manœuvrer facilement l'appareil. La pointe d'acier verticale X, le point fixe O et le crayon Y sont adaptés à des colliers mobiles le long des branches du pantographe. Ces colliers sont fixés au point convenable au moyen de vis de pression, et cela à l'aide d'un accessoire spécial. On peut, en dirigeant la pointe X, soulever le crayon Y, de manière à ne faire aucun trait sur le papier.

Lorsqu'on veut employer le pantographe pour amplifier une carte dans un rapport donné $\dfrac{m}{n}$, par exemple, il faut commencer par déterminer, sur l'une des grandes branches du pantographe, la position de la pointe d'acier et la position correspondante du crayon sur l'autre grande branche.

La pointe d'acier sera placée en un point X de AM, déterminé par la proportion

$$\frac{XD}{DA} = \frac{n}{m}.$$

Le pivot O sera mis en un point quelconque de DH ou de BH, et on fixera le crayon à la branche AL, au point où cette ligne est rencontrée par OX.

261. Pour reproduire une carte à la même échelle, la pointe destinée à suivre les traits du dessin sera placée en un point X tel que DX = AD.

262. Dans le cas de la réduction d'une carte dans un certain rapport $\dfrac{m'}{n'}$, par exemple, la pointe X sera placée en un point X' tel que $\dfrac{DX'}{DA} = \dfrac{n'}{m'}$. Dans le cas de la réduction d'un dessin au $\dfrac{1}{4}$, par exemple, la pointe X sera fixée en un point X' tel que $\dfrac{X'D}{DA} =$ 4 DA.

263. Dans le cas de l'amplification au quadruple d'une carte, la pointe sera placée en un point X″ tel que $\dfrac{X''D}{AD} = \dfrac{1}{4}$

ou $X''D = \dfrac{AD}{4}$.

264. La même remarque, déjà produite au sujet de l'amplification ou de la réduction d'une carte, doit également être faite à propos de la réduction par le pantographe. Certains signes conventionnels ne doivent pas avoir leurs dimensions amplifiées ou réduites proportionnellement aux échelles, car ces dimensions ont été préalablement fixées pour chaque échelle. Pour les routes et pour les chemins, par exemple, on se bornera à tracer, au moyen du pantographe, l'un des bords de chacune de ces voies de communication et l'on dessinera ensuite l'autre bord à la main. On n'oubliera pas non plus de se conformer à l'observation concernant le tracé des courbes horizontales suivant l'échelle adoptée pour l'amplification ou la réduction.

265. La figure 185 représente le pan-

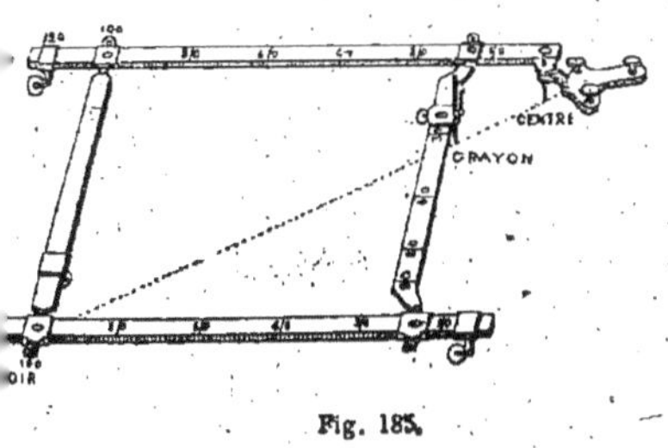

Fig. 185.

tographe de M. Pawlowicz formé au moyen de 4 règles en cuivre ayant chacune 0ᵐ,95 de longueur, avec vernier donnant le 1/10 des divisions.

266. La figure 186 représente le pantographe perfectionné de M. Pawlowicz et le plus employé. C'est l'instrument prêt à fonctionner représenté par la figure 184 qui n'est que démonstrative.

Il se compose de quatre barres ou règles formant un parallélogramme articulé à ses angles, au moyen de quatre charnières.

Deux de ces barres peuvent s'éloigner ou se rapprocher l'une de l'autre en restant constamment parallèles. Leurs extrémités

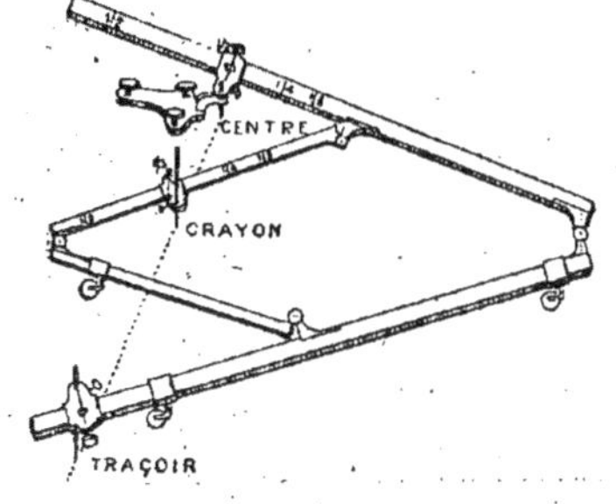

Fig. 186.

sont reliées aux deux autres barres du parallélogramme par des charnières mobiles. Le centre fixe autour duquel l'instrument pivote est à un angle. Le traçoir avec lequel on suit le dessin est à l'angle opposé. Le crayon qui reproduit le dessin est placé intérieurement sur la barre transversale, de manière à se trouver sur la diagonale qui joint le traçoir et le centre de rotation. Dans les diverses transformations du parallélogramme pendant son mouvement sur une table horizontale, le centre, le crayon et le traçoir sont toujours en ligne droite et, de plus, les distances variables du centre au traçoir et au crayon conservent le même rapport; car ces distances représentent les côtés de deux triangles semblables qui ont leurs deux autres côtés constants. Le crayon étant plus près du centre que le traçoir, la copie est plus petite que le dessin. Elle serait plus grande si le traçoir était sur la barre transversale, entre le centre et le crayon. Au moyen de deux barres intérieures portant chacune un crayon, on peut obtenir, à la fois, deux réductions différentes du même dessin.

267. M. Pawlowicz a imaginé un second pantographe plus petit et moins dispendieux. Deux côtés adjacents d'un losange articulé se prolongent au delà de leur jonction avec les deux autres côtés d'une quantité égale à leur longueur. On place en ligne droite le centre et le traçoir sur ces deux prolongements et le crayon sur une branche intérieure du losange. Dans les changements de ce système, on trouve toujours deux triangles semblables avec deux côtés constants. Les deux autres côtés, dirigés sur la même droite, sont précisément les distances du centre au traçoir et au crayon. Ces distances varient toujours dans la même proportion.

268. Les avantages des pantographes Pawlowicz sur les pantographes ordinaires résident dans l'ajustement des règles, qui, au lieu d'être superposées les unes aux autres, à l'endroit des charnières, restent dans le même plan ; on évite ainsi les flexions et les torsions. Les règles sont divisées dans toute leur longueur, ce qui permet de prendre directement les rapports dont on a besoin, sans recourir à l'emploi d'un compas à verge, comme dans les pantographes ordinaires.

PANTOGRAPHE EN CAOUTCHOUC.

269. Cet appareil est une application de la propriété suivante que possède le caoutchouc :

Les figures tracées sur la surface d'une feuille de caoutchouc sont amplifiées ou réduites en restant toujours semblables à elles-mêmes, lorsqu'on détermine une distension ou une contraction du caoutchouc, uniforme dans tous les sens.

270. Le pantographe consiste en une feuille de caoutchouc recouvrant un disque circulaire métallique AB (*fig.* 187). Cette feuille est fixée près de ses bords sur le contour d'un disque en bois, à l'aide d'un anneau de laiton qu'on peut serrer plus ou moins au moyen d'une vis V passant entre deux collets. L'écartement des deux disques peut être augmenté ou diminué au moyen d'une grosse vis, GH, traversant le disque en bois dans un canal fileté et agissant par son extrémité, sur le centre du

disque métallique. Une manivelle RR' permet d'agir plus facilement sur la vis.

271. Pour amplifier ou pour réduire un dessin à l'aide du pantographe en

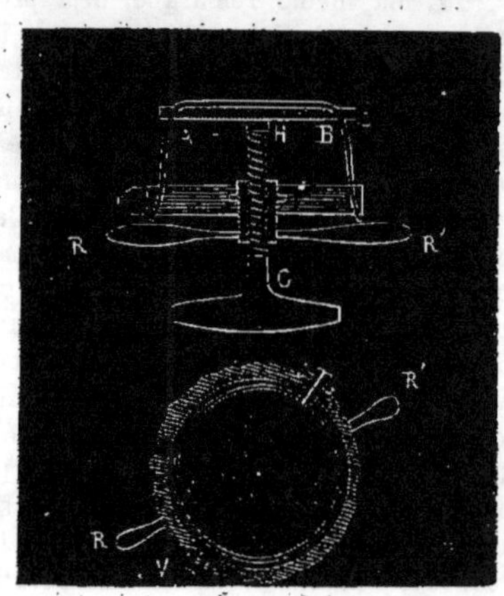

Fig. 187.

caoutchouc, on commence d'abord par calquer le dessin en faisant usage d'encre de Chine additionnée de miel. On reporte ensuite ce calque sur la feuille de caoutchouc, en appliquant sur cette feuille la face portant le dessin ; puis, on mouille avec une éponge imbibée d'eau l'envers du papier. Cela fait, on enlève la feuille de papier, puis on tourne la vis dans le sens convenable, de manière à produire la distension ou la contraction du caoutchouc et on voit les figures reportées sur le caoutchouc s'amplifier ou se réduire. On cesse de tourner la manivelle lorsque les dimensions des lignes de la copie sont amplifiées ou réduites dans le rapport voulu, ce qu'on vérifie en mesurant de temps en temps, au compas, la longueur amplifiée ou réduite de l'une quelconque des lignes du dessin. Pour reporter sur le papier la figure agrandie ou réduite à l'aide du pantographe en caoutchouc, il suffit d'appliquer sur la feuille de caoutchouc une feuille de papier humide qu'on frottera légèrement, pour qu'elle puisse prendre l'empreinte de la figure tracée sur le caoutchouc.

272. Quand on se sert du pantographe en caoutchouc pour l'amplification ou pour la réduction d'une carte, ce procédé présente l'inconvénient d'amplifier ou de réduire dans le même rapport toutes les lignes de la carte et, par suite, de reproduire certains signes conventionnels avec des dimensions qui ne correspondent plus à celles fixées par le tableau des signes conventionnels. On remédiera en partie à cet inconvénient en ne portant pas les écritures sur le calque et en ne traçant qu'un seul trait pour indiquer les voies de communication, fleuves, rivières, etc. Lorsqu'on aura obtenu l'épreuve réduite, la représentation de ces voies sera terminée par l'addition des écritures faites à la main, selon les dimensions voulues par l'échelle de la carte réduite.

XXIII. — Rapporteur.

273. Le rapporteur (*fig.* 188) est un demi-cercle en corne transparente ou en cuivre, qui porte sur sa circonférence les

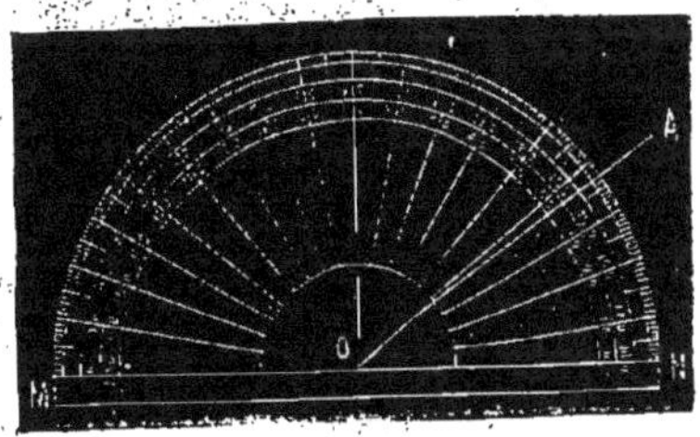

Fig. 188.

divisions en demi-degrés ou en demi-grades de 0 à 180 degrés ou de 0 à 200 grades.

On se sert de ce petit instrument pour rapporter sur le papier les angles mesurés sur le terrain au moyen du graphomètre ou de la boussole.

Il sert aussi à mesurer l'amplitude des angles rapportés sur le papier.

S'il s'agit, par exemple, d'évaluer l'angle AON, on place le sommet O au centre du demi-cercle, puis on fait coïncider l'un des côtés avec le diamètre MN.

On n'a plus alors qu'à lire le nombre de degrés et de demi-degrés gravés sur l'arc compris entre les deux côtés.

XXIV. — Le Campylomètre.

274. Le campylomètre (*campulos*, courbe ; *metron*, mesure) est un petit instrument de poche (*fig.* 189) destiné à donner, après une seule opération et par une simple lecture : 1° la longueur métrique d'une ligne quelconque, droite ou courbe, tracée sur une carte ou sur un plan ; 2° la longueur naturelle correspondant à une longueur graphique sur les cartes au $\frac{1}{80000}$ et au $\frac{1}{100000}$ et sur les cartes dont les échelles sont des multiples ou des sous-multiples simples des précédentes.

275. Le campylomètre est une application d'une propriété de la vis micrométrique déjà mise à profit par M. Gaumet dans la construction du télémètre de poche, dont il est l'inventeur.

276. Cet instrument consiste en un disque denté, dont la circonférence est exactement de 5 centimètres. Les deux faces de ce disque portent chacune un système de divisions. L'une est divisée en quarante parties, et l'autre, en cinquante parties.

La circonférence du disque (5 centimètres) correspond à 4 kilomètres à l'échelle de $\frac{1}{80000}$ et à 5 kilomètres à celle de $\frac{1}{100000}$. La division au $\frac{1}{40}$ du disque, à la première échelle, mesure 100 mètres. Il en est de même de la division au $\frac{1}{50}$ pour la deuxième échelle.

Le disque denté se meut sur une vis micrométrique dont le pas est de 0^m,0015, en regard d'une réglette portant des graduations espacées d'une longueur égale au pas de la vis et représentant des longueurs :

1° de 5, 10, 15, 20 . . 50 centimètres à l'échelle métrique ;

2° de 5, 10, 15, 20 . 50 kilomètres à l'échelle de $\dfrac{1}{100000}$;

3° de 4, 8, 12, 16 . . 40 kilomètres à l'échelle de $\dfrac{1}{80000}$.

La vis micrométrique est fixée dans une monture recourbée de manière à former une pointe servant de guide.

277. Pour se servir du campylomètre, amener le zéro du disque en regard du zéro de la réglette ; puis, placer l'instrument sur la carte, dans une position perpendiculaire, la pointe servant de guide, et promener le disque denté sur la ligne droite ou sinueuse dont on veut avoir la longueur.

L'opération terminée, remarquer la der-

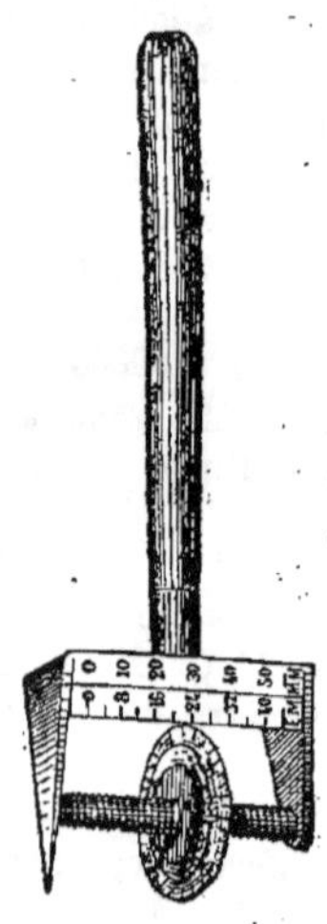

Fig. 189.

nière graduation de la réglette, au delà de laquelle le disque s'est arrêté ; ajouter à la valeur de cette graduation la longueur complémentaire fournie par la division du disque, qui est en regard de la réglette.

Dans le cas de la mesure métrique d'une ligne, ajouter, au nombre de centimètres donné par la graduation supérieure, le complément, en millimètres, fourni par la division au $\dfrac{1}{50}$.

278. *Exemple :* soit 20, la graduation supérieure ; 35, la division au $\dfrac{1}{50}$, en face de la réglette. La longueur obtenue est de 20 centimètres + 35 millimètres = 0,235.

279. Si l'on mesure une ligne sur une carte au $\dfrac{1}{100000}$, les graduations supérieures représentent les kilomètres ; les divisions complémentaires au $\dfrac{1}{50}$, des centaines de mètres.

280. *Exemple :* 20, graduation supérieure ; 35, division au $\dfrac{1}{50}$ du disque en regard de la réglette, la distance mesurée est de 20 kilomètres + 3500 mètres, ou 23500 mètres.

Avec la carte au $\frac{1}{80000}$, on se servira de la graduation inférieure de la réglette.

281. *Exemple :* 12, graduation supérieure ; 7, division au $\frac{1}{40}$ du disque en regard de la réglette : distance mesurée, 12700 mètres.

282. Le campylomètre a été spécialement construit pour les cartes au $\frac{1}{80000}$ et au $\frac{1}{100000}$. Un calcul facile à faire sur les résultats permettrait de l'utiliser sur les cartes dont les échelles seraient des multiples ou des sous multiples simples des précédentes.

283. Cet instrument peut d'ailleurs servir pour toute carte ou tout plan dont on connaît l'échelle numérique. Il suffira, dans ce cas, de multiplier la longueur de la ligne, exprimée en millimètres, par le dénominateur de l'échelle divisé par 1000.

Ainsi, sur une carte anglaise au $\frac{1}{63360}$, une longueur de 155 millimètres correspondra à une longueur naturelle de 63360 + 155 ou 9820ᵐ,80.

284. D'après ce qui précède, on voit que l'emploi du campylomètre n'exige pas le tracé, sur la carte, de l'échelle graphique ; mais bien la connaissance de l'échelle numérique. Dans le cas où l'échelle graphique serait seule connue, l'instrument pourrait servir comme rapporteur à l'échelle et être employé de la manière suivante.

Après avoir fait suivre au disque denté le chemin à mesurer, porter l'instrument sur le zéro de l'échelle, promener le disque en sens inverse le long de l'échelle, jusqu'à ce que le zéro du disque revienne en regard du zéro de la réglette. L'endroit où s'arrête le disque, sur l'échelle, indique la longueur de la ligne mesurée, sur la carte. Si l'échelle est plus petite que la ligne mesurée, porter l'instrument, de nouveau, sur le zéro autant de fois que cela sera nécessaire.

285. Le campylomètre peut aussi servir à rapporter, sur une carte, une longueur naturelle. Ainsi, pour rapporter sur une carte à l'échelle de $\frac{1}{20000}$ une longueur de 1200 mètres, il suffira de disposer le disque denté de manière que la position du disque marque une distance quadruple, c'est-à-dire de 4800 mètres (report au $\frac{1}{80000}$). Cela fait, promener le disque dans la direction donnée, jusqu'à ce que le zéro du disque revienne en regard du zéro de la réglette. Cette limite marquera l'extrémité de la longueur à reporter.

286. Les différentes applications que nous venons d'énumérer nous dispensent d'insister sur les avantages de l'emploi du campylomètre. Cet instrument, extrêmement simple, remplacera très avantageusement les procédés, aussi longs qu'inexacts, en usage jusqu'ici pour la mesure des distances, cette partie principale de la lecture des cartes.

287. Son emploi, dans les mesures nécessaires pour l'établissement des ordres de marche, économisera aux officiers d'état major un temps précieux. (On peut dire que cet instrument, imaginé en particulier pour servir à la lecture de la carte au $\frac{1}{80000}$, devient le complément indispensable de l'emploi de cette carte.) Le campylomètre dispensera du compas, du double décimètre et du tracé de l'échelle graphique, qui peut ne pas se trouver sur le fragment de carte qu'on a à sa disposition. Il peut être appliqué à la mesure de toute espèce de courbe, sans exiger le recours au calcul, souvent très compliqué. Le campylomètre peut être facilement employé en marche, même à cheval, sur la paume de la main ou la fonte de la selle, avantage bien appréciable pour les officiers montés.

Ajoutons que la partie essentielle du campylomètre peut être vissée à l'extrémité d'un porte-mine, et qu'on obtient ainsi, réunis en un seul, deux objets souvent indispensables.

XXV. — Règle à calcul.

288. La règle à calcul est un petit instrument en cuivre ou en buis, qui, quoique basé sur la théorie des logarithmes, peut être fructueusement utilisé par l'ouvrier, le commerçant, le géomètre, l'entrepreneur, l'ingénieur, etc., lorsqu'une rigoureuse exactitude n'est pas nécessaire, parce que son mécanisme, bien simple, est à la portée de toute personne ayant la connaissance des notions élémentaires du calcul ordinaire.

289. La règle à calcul a été imaginée en 1624, par Edmond Gunter, professeur à Londres; mais d'importants perfectionnements l'ont, de nos jours, rendue extrêmement commode, de sorte qu'on la rencontre généralement chez toutes les personnes ayant de nombreux calculs à effectuer.

En Angleterre, les enfants apprennent, dans les écoles, à se servir de la règle à calcul en même temps qu'ils apprennent à lire. Il serait vivement à désirer qu'il en fût de même en France, et c'est pour activer ce résultat si désirable que la présente notice est insérée dans ce livre.

DESCRIPTION DE LA RÈGLE A CALCUL.

290. La règle à calcul, dont le dessin d'ensemble est donné par la figure 190, se compose de deux parties, savoir:

1° Une *règle fixe*, ABNM (*fig.* 190);

2° Une *réglette* mobile à coulisse, glissant à frottement doux dans une rainure pratiquée au milieu de la règle fixe.

La règle à calcul *portative* a une longueur de 26 centimètres; mais, pour le bureau, on en fabrique de 36 centimètres, qui offrent, naturellement, plus de précision.

291. La figure 191 (*double grandeur*

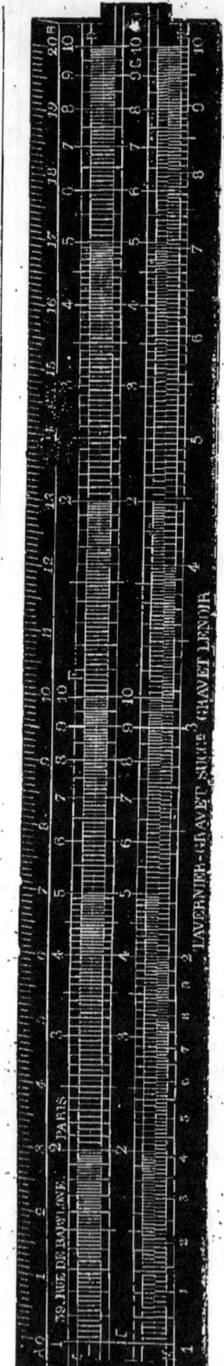

naturelle), qui est une coupe de l'instrument, montre l'ajustage de la règle et de la réglette.

Le trapèze HIKL représente la règle qui est d'une seule pièce. La rainure pratiquée dans la règle est représentée par le rectangle ORST dans lequel glisse la réglette au moyen de deux tenons P et Q, ajustés à frottement doux dans les deux mortaises correspondantes.

Les divisions dont il va être question sont inscrites sur la partie inclinée HL et sur les parties horizontales HO et RI de la règle, ainsi que sur la face OR de la réglette.

Les divisions tracées suivant AB, à gauche de la règle (*fig.* 190), sont celles placées sur le biseau HL (*fig.* 191). Elles portent les numéros 0, 1, 2, 3, 4... 20 et représentent tout simplement les divisions du mètre, en centimètres et en millimètres.

Les divisions suivant CD (*fig.* 190) sont celles inscrites sur la face HO (*fig.* 191) et constituent ce qu'on nomme la *petite échelle* qui porte les divisions inégales numérotées 1, 2, 3, 4, 5, 6, 7, 8, 9 et 10. Le point 10, en F, est le milieu de la petite échelle. Après

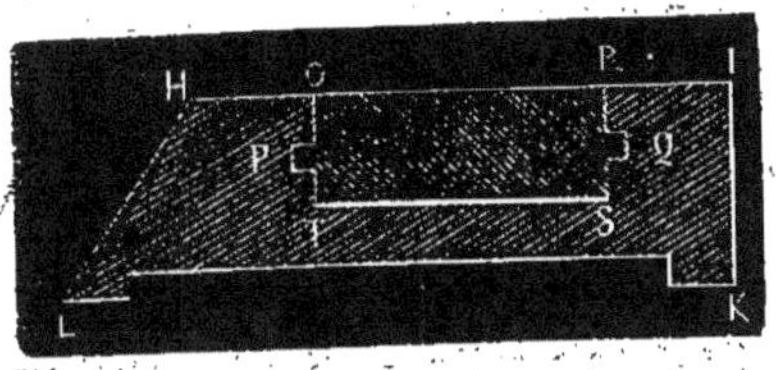

Fig. 191.

le point 10 (F) les mêmes divisions inégales se poursuivent en conservant les mêmes numéros jusqu'au nouveau point 10 (D), situé au bout de la règle.

Les divisions inégales numérotées 1, 2, 3, 4, 5, 6, 7, 8, 9, 10 et placées à droite de la règle suivant MN (*fig.* 190) et inscrites sur la face Rl (*fig.* 191) ont reçu le nom de *grande échelle*.

La partie comprise entre les numéros 1 et 2 est subdivisée en 10 parties aussi inégales.

Les divisions inscrites sur la réglette EG (*fig.* 190) ou OR (*fig.* 191) sont absolument les mêmes que celles inscrites sur la face CD (*fig.* 190) ou HO (*fig.* 191) de la règle, c'est-à-dire sur la *petite échelle*.

292. REMARQUE. — 1° la partie de la petite échelle comprise entre 1 et 2 est divisée en 10 parties inégales, et chacune de ces divisions est subdivisée en 5 parties aussi inégales.

2° Chacune des parties de la petite échelle, comprise entre 2 et 3, 3 et 4, 4 et 5, est divisée en 10 parties inégales; mais, chacune de ces parties inégales n'est subdivisée qu'en 2 parties aussi inégales.

3° Enfin, chacune des parties de la petite échelle comprise entre 5 et 6, 6 et 7, 7 et 8, 8 et 9, 9 et 10 n'est divisée qu'en 10 parties aussi inégales.

L'autre partie de la petite échelle allant depuis le n° 10 (*milieu*) jusqu'au bouton, c'est-à-dire de F en D, a reçu une division exactement semblable à celle de la première partie.

La réglette porte de chaque côté, vers la lettre E et vers la lettre F (*fig.* 190) des divisions rigoureusement égales à celles de la petite échelle.

La réglette est manœuvrée dans la rainure de la règle au moyen d'un bouton en cuivre qu'on voit au-dessus de la figure 190, près de la lettre G.

THÉORIE DE LA RÈGLE A CALCUL.

293. Sur la petite échelle CD (*fig.* 190), les longueurs évaluées à partir du n° 1, près de la lettre C, sont proportionnelles aux logarithmes des nombres. Ainsi, la longueur comprise entre les n°s 1 et 2 représente le logarithme de 2; celle comprise entre les n°s 1 et 3 représente le logarithme de 3; celle comprise entre les n°s 1 et 4 représente le logarithme de 4. Enfin, la longueur comprise entre 1 et 10 représente le logarithme de 10, qui est 1. Cette distance, qui occupe la moitié de la règle, a été prise pour *unité de longueur*.

Après le n° 10, entre les lettres F et D, on lit sur la petite échelle les nombres 2, 3, 4, 5, 6, 7, 8 et 9, représentant des divisions qui sont absolument égales à celles comprises entre les lettres C et F. Conséquemment, de C à D, il y a 20 divisions, et si la ligne CF représente le logarithme de 10, la ligne CD représentera le logarithme de 20, puisque le logarithme de 20 est égal au logarithme de 10 plus le logarithme de 2.

294. La portion comprise entre les n°s 1 et 2, près de la lettre C, est divisée en 50 parties inégales, et chacune d'elles représente 2 centièmes, de sorte que la première correspond au logarithme de 1, 02; les 2 premières, au logarithme de 1, 04; les 3 premières au logarithme de 1, 06; les 25 premières, au logarithme de 1, 50; enfin, les 49 premières, au logarithme de 1, 98.

295. La portion comprise entre les n°s 2 et 5, représentant 3 unités, est divisée en 60 parties inégales, et chacune d'elles représente 5 centièmes, de sorte que l'intervalle comprenant les 51 premières divisions, à partir de 1, correspond au logarithme 2, 05. L'intervalle comprenant les 52 premières divisions correspond au logarithme de 2, 10..... L'intervalle comprenant les 57 premières divisions correspond au logarithme de 2, 35. Enfin, l'intervalle comprenant les 99 premières divisions, correspond au logarithme de 4, 95.

296. La portion comprise entre les n°ˢ 5 et 10, près la lettre F, est divisée en 50 parties inégales et chacune d'elles représente 1 dixième, de sorte que ces divisions, à partir de 1, correspondent aux logarithmes de 5, 10; 5, 20; 5, 30..... 6, 10; 6, 20..... 8, 40; 8, 50..... 9, 90.

297. De ce qui précède, il résulte :

1° Que si on considère les nombres 1, 2, 3, 4, 5, 6, 7, 8, 9 comme des unités simples, les divisions tracées entre 1 et 2 donnent les logarithmes des nombres fractionnaires compris entre 1 et 2, de deux centièmes en deux centièmes.

2° Que les divisions tracées entre 2 et 5 donnent les logarithmes des nombres fractionnaires compris entre 2 et 5 de cinq centièmes en cinq centièmes.

3° Que les divisions tracées entre 5 et 10 donnent les logarithmes des nombres fractionnaires compris entre 5 et 10, de dixième en dixième.

4° Que plus la règle à calcul sera longue, plus les divisions pourront être nombreuses, et plus les opérations à faire seront exactes.

298. On sait que lorsque deux nombres sont tels que le second est 10, 100, 1000, etc. fois plus grand que le premier, la partie décimale de leurs logarithmes est la même, et que la différence existe seulement dans la caractéristique, laquelle contient toujours autant d'unités qu'il y a de chiffres, moins un, dans le nombre, s'il est entier, ou dans la partie entière, s'il est décimal.

Ainsi, le logarithme de 5 est 0,6989700, tandis que les logarithmes de 50, de 500, de 5,000 sont :

1,6989700; 2,6989700; 3,6989700.

En conséquence, les chiffres 1, 2, 3, 4, 5, 6, 7, 8, 9, inscrits à gauche de la petite échelle, entre C et F, peuvent représenter tout aussi bien des dizaines, des centaines, des milles, etc., que des unités simples.

LECTURE DES NOMBRES.

299. La manière de lire les nombres sur les échelles CD et MN, ainsi que sur la réglette CD (*fig.* 190), est la première et la plus importante question à étudier, si l'on veut se servir avec fruit de la règle à calcul.

Il faut donc, avant tout, se livrer à de nombreux exercices sur la lecture des nombres; puis, cette habitude acquise, on pourra, sans la moindre difficulté, résoudre tous les problèmes usuels, sans plume ni crayon, à l'aide de ce petit instrument.

Chiffres de la petite échelle considérés comme représentant des unités simples.

300. L'intervalle de 1 à 2 est partagé en 10 parties exprimant les dixièmes, et chaque dixième divisé en 5 parties représentant 2 centièmes l'une.

L'intervalle entre 2 et 5 est partagé en 6 parties représentant 5 dixièmes l'une; mais chacune de ces 5 divisions a été partagée en 10 parties représentant 5 centièmes l'une.

L'intervalle de 5 à 10 est partagé en 5 parties représentant des unités simples; mais, chacune de ces 5 divisions est subdivisée en 10 parties représentant des dixièmes.

Conséquemment, les divisions comprises entre 1 et 2 donnent les nombres exacts de 2 en 2 centièmes; celles comprises entre 2 et 5 les donnent de 5 en 5 centièmes, tandis que celles comprises entre

5 et 10 les donnent de dixième en dixième. Les centièmes non indiqués seront appréciés en considérant, par la pensée, la partie correspondante divisée, selon le cas. en 2, en 5, ou en 10 parties à peu près égales.

301. La figure 192-I représente les divisions comprises entre 1 et 2 et une partie des divisions comprises entre 2 et 3 de la petite échelle ; elle fait voir quelles sont les divisions représentant les nombres 1,10 ; 1,23 ; 1,46 ; 1,94 et 2,35.

Dans la figure 193-I, comprenant les divisions de 5 à 10, on lira : 5, 40 ; 7, 20 ; 8,50 et 9,35.

Dans la figure 194-I, comprenant les divisions de 5 à 10 de la partie FD (*fig.* 190) de la petite échelle, on lira : 15 ; 15, 7 ; 16,55 ; 17 et 19,25.

Chiffres de la petite échelle considérés comme représentant des dizaines.

302. Dans la petite échelle, à partir de C jusqu'en D (*fig.* 190), au lieu de 1, 2,

visions 10,2 ; 10,4 ; 10,6... 15,2 ; 15,4 ; 15, 6... 19,2 ; 19, 4 ; 19,6... 20. Les centiènes seront appréciée en considérant, par la pensée, la moitié de la petite division correspondante.

Entre les chiffres 2 et 5, c'est-à-dire entre 20 et 50, comme il y a 6 grandes divisions subdivisées chacune en 10 petites, on lira, sur les grandes divisions, 25, 30, 35, 40, 45 et 50, et sur les petites, valant chacune 5 dixièmes, 20,5 ; 21 ; 21,5... 30 ; 30, 5 ; 31... 40 ; 40,5 ; 41... 49 ; 49,5 ; 50. Les dixièmes non indiqués par les divisions de la règle seront appréciés en considérant, par la pensée, la partie correspondante partagée en 5 parties à peu près égales.

Entre les chiffres 5 et 10, c'est-à-dire entre 50 et 100, comme il y a 10 grandes divisions subdivisées chacune en 5 petites, on lira sur les grandes, 50, 55, 60, 65.., 100 et sur les petites, valant chacune une unité, 51, 52, 53... 71, 72, 73... 91, 92, 93... 100.

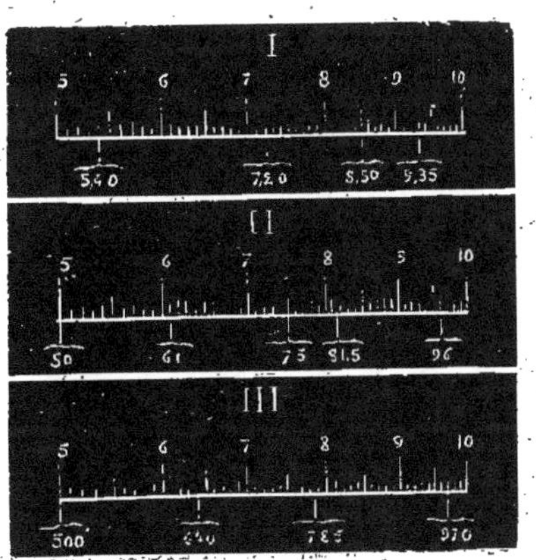

Fig. 192.

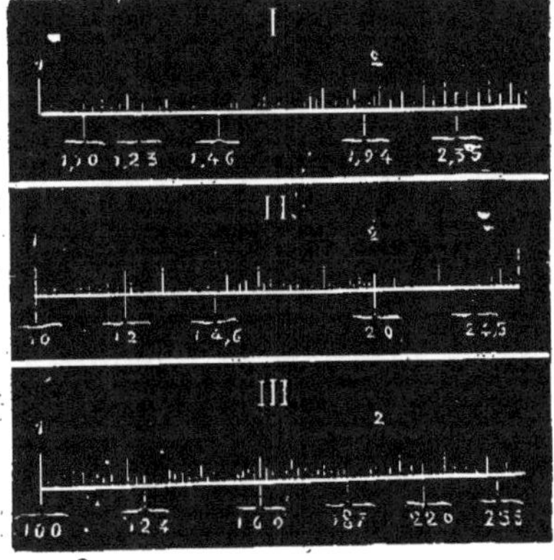

Fig. 193.

3, 4, 5... 10... 2... 5 .. 10, on lira 10, 20, 30, 40, 50... 100... 200... 500... 1000.

Entre les chiffres 1 et 2, comme il y a 10 grandes divisions, subdivisées chacune en 5, on lira, sur les grandes divisions, 10 11, 12, 13... 20, et sur les petites di-

Les dixièmes seront appréciés en considérant, par la pensée, la partie correspondante, divisée à peu près en dix parties égales.

303. Dans la figure 192-II, qui n'est autre que la figure 192-I, en supposant 10

et 20 à la place des chiffres 1 et 2, on verra quelles sont les divisions correspondant aux nombres 10; 12:14,6; 20; 24,5.

Dans la figure 193-II, comprenant les divisions de 5 à 10, ou de 50 à 100, on lira 50; 61; 75; 81,5 et 96.

Dans la figure 194-II, comprenant les divisions de 5 à 10 de la partie FD (*fig*. 190) de la petite échelle, on lira les nombres 150; 157; 165,5; 180 et 192,50.

Chiffres de la petite échelle considérés comme représentant des centaines.

304. Entre les chiffres 1 et 2, c'est-à-dire entre 100 et 200, comme il y a 50 diviseurs pour 100 nombres, on lira 100 102; 104 .. 198 et les unités devront être appréciées en considérant, par la pensée, la moitié à peu près de la division correspondante.

Entre les chiffres 2 et 5, c'est-à-dire entre 200 et 500, comme il y a 60 divisions pour 300 nombres, on lira, dans ce cas,

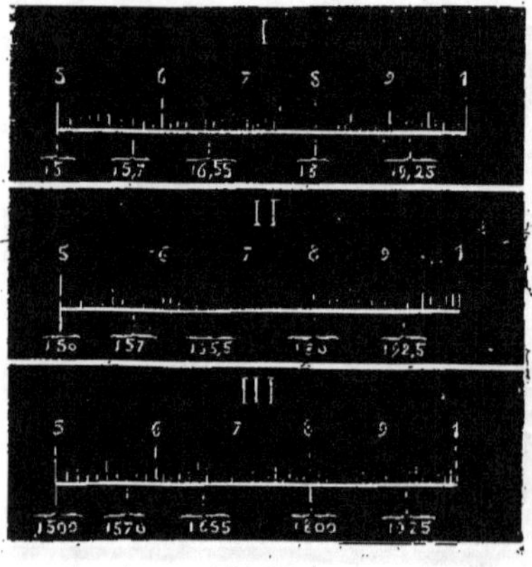

Fig. 194.

200, 205, 210, 215... 400, 405, 410, 415... 495, 500 et chaque unité devra être appréciée en considérant, par la pensée, la partie correspondante divisée en 5 parties à peu près égales.

Entre les chiffres 5 et 10, c'est-à-dire entre 500 et 1000, comme il y a 50 divisions pour 500 nombres, on lira, dans ce cas, 500, 510, 520... 700, 710, 720... 900, 910, 920... 990... 1000.

Chaque unité non indiquée par les traits de la règle sera appréciée en considérant, par la pensée, la partie correspondante divisée en 10 parties à peu près égales,

305. Dans la figure 193-III, qui n'est autre que la figure 193-I, en supposant 100 et 200 à la place des chiffres 1 et 2, on verra quelles sont les divisions correspondant aux nombres 100, 124, 160, 187, 220 et 225.

Dans la figure 193-III, comprenant les divisions de 5 à 10 ou de 500 à 1000, on lira 500, 640, 785 et 970.

Dans la figure 194-III comprenant les divisions de 5 à 10 de la partie FD (*fig*. 190) de la petite échelle, on lira 1500, 1570, 1655, 1800 et 1925.

Les chiffres 1, 2, 3, 4,5, 6, 7, 8, 9 de la petite échelle peuvent encore représenter 0,10; 0,20; 0,30; 0,40... 0,90, ou bien 0,01; 0,02; 0,03; 0,04.., 0,09, et il est facile de déduire, dans chacun de ces deux cas, ce que vaudront les divisions intermédiaires.

DE LA MULTIPLICATION.

306. Avant d'exposer la méthode employée pour effectuer la multiplication au moyen de la règle à calcul, il convient de revenir sur la théorie de cet instrument.

307. Le lecteur remarquera, tout d'abord, ainsi que l'indique la figure 191, que la réglette OPTSQR glisse dans la règle au moyen de deux tenons P et Q. Le trait correspondant au chiffre 1 placé à l'extrémité gauche de la réglette, c'est-à-dire au côté opposé du bouton en cuivre, a reçu le nom de *curseur* parce que, pour les diverses opérations à effectuer, ce chiffre 1 est *promené* le long des deux échelles CD et MN (*fig*. 190) de la règle.

Aussi, dans la suite, au lieu d'employer

ces mots : *le nombre 1 pris sur la coulisse,* on dira simplement le *curseur.*

308. *Propriété fondamentale de la règle :* Quelle que soit la position de la réglette dans la coulisse, 2 nombres correspondants pris, l'un sur la petite échelle et l'autre sur la réglette, forment une proportion géométrique avec 2 nombres quelconques, pris dans les mêmes conditions.

Petite échelle —	2	4	6	10
Réglette —	1	2	3	5

Fig. 195.

Supposons que le curseur soit amené sous le n° 2 de la petite échelle. On remarquera, ainsi que l'indique la figure 195, que les traits désignés par les chiffres 4, 6 et 10 de la petite échelle correspondront rigoureusement avec les chiffres 2, 3 et 5 de la réglette. On aura donc la proportion géométrique :

$$4 : 2 :: 6 : 3$$

Ou la suite de rapports égaux :

$$4 : 2 : 6 : 3 :: 10 : 5$$

Il en serait absolument de même pour tous les autres nombres correspondants.

309. *On sait que pour faire une multiplication par les logarithmes, on ajoute le logarithme du multiplicande ou logarithme du multiplicateur et que le produit correspond à la somme trouvée.*

Ce principe et ceux qui concernent la division, les élévations de puissances, les extractions de racines s'appliquent parfaitement à la règle à calcul, basée sur la théorie des logarithmes. Mais, comme le mécanisme de cet instrument peut, au point de vue pratique, être compris par toute personne ne connaissant que les quatre premières règles du calcul, il ne sera plus question des logarithmes dans la suite de ce paragraphe.

Problème n° 1.

310. *Soit à multiplier 2 par 3.*

On prend la règle de la main gauche, de manière que le bouton se trouve à droite;

puis, on fait mouvoir la réglette dans la rainure et on amène le trait du curseur bien en face du trait portant le n° 2 de la petite échelle. Cela fait, on voit sur cette petite échelle le trait n° 6 en face du trait n° 3 de la réglette. Le nombre 6 est le produit de 2 par 3. La figure 196-I indique bien l'opération.

311. On constate que le multiplicande et le produit se lisent sur la petite échelle, tandis que le multiplicateur se lit sur la réglette. C'est ce que montre la figure 196-II présentant le produit en face du multiplicateur et le multiplicande en face du curseur.

Problème n° 2.

312. *Soit à multiplier 9 par 7.*

On amène le curseur sous le trait n° 9 de la petite échelle et on lit sur cette petite

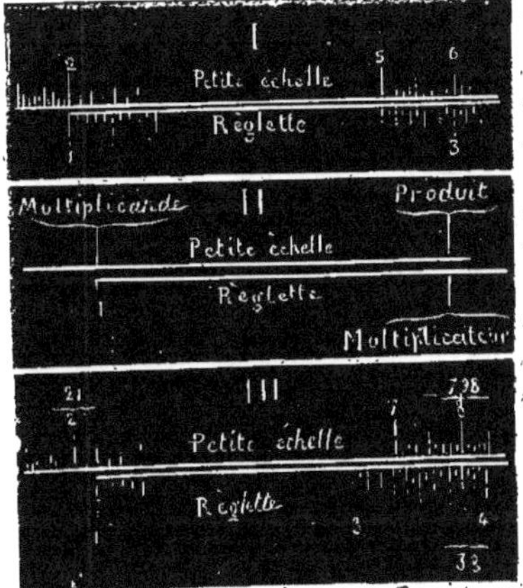

Fig. 196.

échelle, en face du trait n° 7 de la réglette, le nombre 63 qui est bien le produit de 9 par 7.

313. REMARQUE. — On sait que la petite échelle est partagée en deux parties égales, CF et FD (*fig.* 190). On sait aussi que le produit de 2 nombres doit avoir, ou autant de chiffres que les deux nombres en ont ensemble ou un chiffre de moins. Or, on reconnaît que le produit doit avoir un chiffre de moins, lorsqu'il se trouve, en même temps que le multiplicande, dans la même moitié de la petite échelle. Au contraire, si le multiplicande et le produit ne se trouvent pas dans la même moitié de la petite échelle, c'est que le produit aura autant de chiffres qu'il y en a au multiplicande et au multiplicateur.

Ainsi, dans l'exemple 310, 2 et 6 se trouvant dans la même moitié de la règle, le produit n'a qu'un seul chiffre, tandis que dans l'exemple 312, les nombres 9 et 63 se trouvant chacun dans une moitié de la règle, le produit a 2 chiffres.

Problème n° 3.

314. *Soit à multiplier 36 par 70.*

On amène le curseur sous le trait 36 de la petite échelle et on lit 70 sur la réglette. On constate que le produit aura 4 chiffres (313). Or, le trait 70 de la réglette tombe entre les divisions 5 et 6, comprises entre 2 et 3, c'est-à-dire entre 2500 et 2600. On lit d'abord 2500 et on sait que le chiffre des unités est 0. Donc il n'y a doute que pour le chiffre des dizaines. Or, à l'œil, il n'est pas difficile d'estimer que le trait 70 de la réglette tombe aux 2 dixièmes de l'espace qui sépare les divisions 5 et 6, entre 2 et 3. Donc, le produit est 2520.

- Problème n° 4.

315. *Multiplier 21 par 38.*

On amène le curseur sous le n° 21 et on lit le nombre 38 sur la réglette. On constate déjà que le multiplicande et le produit se trouvant dans la même moitié de la petite échelle, le produit aura 3 chiffres. Le premier chiffre à droite du produit est toujours connu dans toutes les multiplications. Ici, il est 8. On remarque que le nombre 38, lu sur la réglette, tombe très près du chiffre 8 de la petite échelle. Comme le chiffre des unités est 8, le produit est un peu moindre que 800

et ne peut être que 798. La figure 196-III indique bien l'opération.

Problème n° 5.

316. *Multiplier 67 par 54.*

On amène le curseur sous le trait 67 de la petite échelle et on constate que le produit se trouve dans la seconde moitié de la petite échelle, ce qui prouve que ce produit sera composé de 4 chiffres. En face du nombre 54, lu sur la réglette, on lit d'abord 3600 sur la petite échelle, c'est-à-dire les deux derniers chiffres à gauche. Le chiffre des unités du produit est 8, puisque $4 \times 7 = 28$. Il ne manque donc que le chiffre des dizaines, qu'il faut apprécier à l'œil. Ce chiffre est-il 1 ou 2 ? Il y a doute. On peut l'apprécier par un calcul mental que la plus légère habitude permet d'effectuer facilement.

<table>
<tr><td align="right">67</td><td rowspan="6">Voici l'opération mentale. On dit 4 fois 7 font 28, et on retient 2. 4 fois 6 font 24 et 2 font 26. On retient 6. On passe ensuite au second chiffre du multiplicateur et on dit : 5 fois 7 font 35.</td></tr>
<tr><td align="right">54</td></tr>
<tr><td align="right">———</td></tr>
<tr><td align="right">268</td></tr>
<tr><td align="right">335</td></tr>
<tr><td align="right">3618</td></tr>
</table>

On ajoute 5 à 6, et on a 11. Dans ce cas, 1 est le chiffre des dizaines. Donc, le produit de 67 par 54 est 3618. On voit que ce résultat, très exact, peut être obtenu, sur un chantier quelconque, sans plume et sans crayon, et c'est ainsi qu'on opère dans tous les cas semblables.

Il est clair que si, au lieu de 67 à multiplier par 54, on avait 6,7 à multiplier par 5,4, ou 0,67 par 0,54, on opérerait de la même manière, ce qui donnerait, pour produit, soit 36,18, soit 0,3618.

Problème n° 6.

317. *Multiplier 4,25 par 3,50.*

On opère comme au problème précédent et on multiplie 4,25 par 35. Pour cela, on amène le curseur sous 425 et on constate que le nombre situé en face de 35 lu sur la réglette est déjà 14,800. Le premier chiffre à droite est 5 et le second chiffre, déterminé mentalement comme précédemment est 7. Donc, le produit est 14,875.

Problème n° 7.

318. *Multiplier 4738 par 62.*

Deux nombres peuvent contenir trop de chiffres pour qu'ils puissent être facilement multipliés par la règle de 25 centimètres de longueur. Tel est le cas de ce problème. Voici alors comment on opère.

On décompose ainsi le multiplicande :

$$4738 = 4700 + 38$$

On va multiplier, au moyen de la règle, 4700 par 62, puis 38 par 62.

$$4700 \times 62 = 291400$$
$$38 \times 62 = 2356$$
$$\overline{\text{Produit} = 293756}$$

Les deux multiplications s'effectuent sans plume ni crayon et la somme s'obtient mentalement, sans difficulté, avec un peu d'habitude.

Il résulte des problèmes précédents que :

319. RÈGLE PRATIQUE. — *Pour effectuer une multiplication quelconque au moyen de la règle à calcul, il faut amener le curseur sous le multiplicande et le produit correspond, sur la petite échelle, au multiplicateur lu sur la réglette.*

DE LA DIVISION.

320. Dans toute division, le dividende étant le produit d'une multiplication, ce qui a été dit précédemment, à propos de la multiplication, suffit pour expliquer comment on effectue une division au moyen de la règle à calcul.

321. Si on considère la figure générale 196-II et qu'on lise *dividende* à la place de produit, *diviseur* à la place de multiplicateur et *quotient* à la place de multiplicande, on en conclura que :

322. RÈGLE PRATIQUE. — *Pour effectuer une division au moyen de la règle à calcul, il faut faire correspondre le dividende, lu sur la petite échelle, avec le diviseur lu sur la réglette, et voir le quotient, sur la petite échelle, en face du curseur.*

Problème n° 8.

323. *Diviser 6 par 3.*

On lit le dividende 6 sur la petite échelle et le diviseur 3 sur la réglette. On fait concorder les traits indiquant ces 2 chiffres et on lit le quotient 2, sur la petite échelle, en face du curseur (*fig.* 196-I).

Problème n° 9.

324. *Diviser 63 par 7.*

On fait correspondre 63, lu sur la seconde moitié de la petite échelle, avec 7, lu sur la réglette, et on trouve le quotient 9, sur la petite échelle, en face du curseur.

Problème n° 10.

325. *Diviser 2520 par 70.*

On fait correspondre 2520, lu sur la petite échelle, avec 70, lu sur la réglette, et on trouve que le quotient demandé est 36, parce que ce nombre, lu sur la petite échelle, se trouve en face du curseur.

326. Nous nous bornerons à ces trois exemples, parce que, quand on sait faire la multiplication par la règle à calcul, la division ne présente pas de difficulté.

327. La règle à calcul permet, au moyen d'une simple lecture, d'effectuer simultanément une multiplication et une division, ainsi que le problème suivant va le démontrer.

Problème n° 11.

328. *30 ouvriers ont gagné 180 fr. en faisant un certain travail. Que bien gagneront 20 ouvriers dans les mêmes conditions ?*

La solution de ce problème sera :

$$x = \frac{180 \times 20}{30}$$

Pour trouver la valeur de x au moyen de la règle, on amène le curseur sous 180, et le nombre correspondant à 20, lu sur la réglette, est 3600, produit de 180 par 20. Pour diviser 3600 par 30, on amène le trait 30 de la réglette sous le trait 3600 de la petite échelle et on lit le résultat, qui est

120, en face du curseur. La réponse à la question est donc 120 francs.

DU CARRÉ ET DE LA RACINE CARRÉE.

329. Les divisions comprises entre C et D (*fig.* 190) constituent ce que nous avons appelé la *petite échelle* et les distances comptées à partir de 1, près la lettre C, sont porportionnelles aux logarithmes des nombres. Maintenant, il va être question des divisions comprises entre M et N (*fig.* 190), lesquelles forment ce que nous appellerons la *grande échelle*.

Ces divisions, comptées à partir de 1, étant deux fois plus grandes en longueur que les premières, représenteront les logarithmes des carrés des nombres. Ainsi, la distance de 1 à 2, sur la grande échelle, étant 2 fois plus grande que la distance de 1 à 2, sur la petite échelle, représentera le logarithme du carré de 2, c'est-à-dire de 4. Si donc nous faisons coïncider le chiffre 1 de la réglette avec le chiffre 1 de la grande échelle, les longueurs lues à partir de 1 sur la grande échelle représenteront les logarithmes des carrés des nombres. C'est pour cette raison qu'on constate la coïncidence des nombres 4 et 2, 9 et 3, 16 et 4, 25 et 5, etc., parce que 2, 3, 4, 5, etc., sont les racines carrées de 4, 9, 16, 25, etc.

Donc, tous les nombres lus sur la grande échelle MN (*fig.* 190) sont les racines carrées des nombres correspondants lus sur la réglette, et réciproquement, avec cette remarque que les nombres 1, 2, 3, 4, 5, 6, 7, 8, 9 et 10, inscrits sur la grande échelle, peuvent représenter des dizaines, des centaines, des mille, etc.

330. Si le nombre dont on veut avoir la racine carrée est plus petit que 10, on le cherche dans la première moitié à gauche de la réglette. Si, au contraire, ce nombre est plus grand que 10, on le lit dans la seconde moitié à droite de la réglette.

331. Dans les problèmes qui vont suivre, à propos du carré et de la racine carrée, il faut toujours supposer le chiffre 1, à gauche de la réglette, en coïncidence parfaite avec le chiffre 1 de la grande échelle.

Problème n° 12.

332. *Trouver le carré de 5.*

On lit 25 sur la grande échelle, et on constate que le nombre correspondant, sur les divisions de la réglette, est 625. Le nombre 620 ne fait pas de doute et le chiffre des unités est connu, puisqu'il résulte du produit de 5 par 5.

Problème n° 13.

333. *Quel est le carré de 430?*

On lit 430 ou 43 sur la grande échelle et on voit, sur les divisions de la réglette, que le nombre 1849 correspond au nombre 34, dont il est le carré. Donc, 184900 est le carré de 430.

Problème n° 14.

334. *Quel est le carré de 3, 68?*

En regard du nombre 3,68, lu sur la grande échelle, on verra, sur la réglette, le nombre de 13, 54 qui est le carré demandé.

Problème n° 15.

335. *Quelle est la racine carrée de 9?*

On lit 9 sur la réglette et, en regard, sur la grande échelle, on voit le chiffre 3 qui est la racine carrée de 9.

Problème n° 16.

336. *Quelle est la racine carrée de 289?*

On lit 289 sur la première partie à gauche de l'échelle tracée sur la réglette, et on voit, en regard, sur la grande échelle, que la racine carrée est 17.

Problème n° 17.

337. *Calculer* $x = \sqrt{6,5 \times 4,8}$

On amène le curseur sous le nombre 6,5, lu sur la petite échelle et, en regard de 4,80, lu sur la réglette, on voit 31, 20, toujours sur la petite échelle. On lit, sur la grande échelle, en face de 31,20, le nombre 5, 58 qui représente la valeur de x, à un centime près.

DU CUBE ET DE LA RACINE CUBIQUE.

338. On vient de voir que pour le carré et la racine carrée, les 3 chiffres 1 situés à gauche de la règle, en ACM (*fig.* 190), doivent être en ligne droite, c'est-à-dire que toutes les divisions de la petite échelle et de la réglette doivent être en coïncidence parfaite.

Pour le cube et la racine cubique, il n'en est pas de même, car la réglette doit être manœuvrée dans sa rainure.

339. Si l'on amène le curseur au-dessus d'un nombre quelconque de la grande échelle, le même nombre, lu sur la réglette, aura son cube, en regard, sur la petite échelle.

En amenant le 1 de la réglette sur le chiffre 4 de la grande échelle, on lira le nombre 64 sur la petite échelle, en face de 4 sur la réglette. Or, 64 est le cube de 4.

Voici comment seront disposés les chiffres dans ce cas :

Petite échelle	 64
Réglette	1 4
Grande échelle	4

Problème n° 18.

340. *Trouver le cube de* 6.

On amène le 10 (1) de la réglette (*fig.* 190) en face de 6, sur la grande échelle, et, en regard de 6, pris à gauche de 10, sur la réglette, la petite échelle donne 216 pour le cube de 6. Il a fallu, dans ce cas, mettre la division 10, et non la division 1, en face du chiffre 6 de la grande échelle, parce qu'en prenant la division 1, le chiffre 6 de la réglette sortirait des divisions de la règle, ce qui, naturellement, rendrait l'opération impossible.

(1) Dans le cas, le trait 10 de la réglette est le curseur.

341. D'après le problème précédent, on comprend que, pour extraire la racine cubique d'un nombre pris sur la petite échelle, il faudrait promener la réglette dans la rainure jusqu'à ce que le nombre donné et le curseur se trouvassent l'un et l'autre en face du même chiffre sur la réglette et sur la grande échelle. Mais cette méthode exigerait des tâtonnements toujours longs et c'est pour cette raison qu'elle a été remplacée par la suivante.

342. Pour extraire la racine cubique d'un nombre au moyen de la règle à calcul, il faut retourner la réglette bout à bout dans la rainure, de manière que le bouton en cuivre passe de droite à gauche. Alors, les divisions de la réglette seront renversées, ce qui n'empêchera pas de les lire avec facilité. Cela fait, voici comment on opérera :

Problème n° 19.

343. *Extraire la racine cubique de* 27.

On amènera le curseur (*qui sera alors à n° 1 de la réglette, près du bouton*) sous le nombre 27, lu sur la petite échelle. On examinera ensuite quelles sont les 2 divisions de la réglette et de la grande échelle qui se correspondent, et on voit que celles portant le chiffre 3 sont dans ce cas. Donc, 3 est la racine cubique de 27.

Problème n° 20.

344. *Extraire la racine cubique de* 343.

On amène le trait 10 renversé de la réglette sous le nombre 343, lu sur la petite échelle, puis on voit que les traits 7 de la réglette et de la petite échelle sont en concordance parfaite. Donc, 7 est la racine cubique de 343.

345. Dans l'extraction de la racine cubique au moyen de la règle à calcul, les nombres de *dix* à *cent* seront lus sur la première moitié, à gauche de la petite échelle, tandis que les nombres de *cent* à *mille* seront lus sur l'autre moitié, à droite.

II — ARPENTAGE

SOMMAIRE

CHAPITRE PREMIER

NOTIONS PRÉLIMINAIRES

346. Une ligne est une *chose idéale*, puisqu'elle n'a qu'une étendue *fictive*, pas de largeur et pas d'épaisseur.

La ligne limite l'*étendue* qui, en général, réunit les trois dimensions : *longueur, largeur* et *épaisseur*. L'épaisseur se nomme, selon le cas, *profondeur* ou *hauteur*.

La ligne est elle-même limitée par le *point* qui est aussi une *chose idéale*, puisqu'il n'a ni *longueur*, ni *largeur*, ni *épaisseur*.

On représente les lignes par des traits aussi déliés que possible ; mais, quelle que soit la finesse des traits, la ligne, en dessin, est toujours une surface, car elle a une largeur, ne fût-elle que d'un centième de millimètre.

347. Une *surface* est une portion de l'étendue réunissant deux dimensions : *longueur* et *largeur*. La surface est aussi une *chose idéale*, puisqu'elle n'a pas d'épaisseur. Elle est *immatérielle* comme la ligne.

348. Un *volume*, corps ou *solide* est une portion de l'étendue réunissant les trois dimensions, *longueur, largeur, épaisseur*.

Un volume est une *chose réelle* et *palpable*, en général, car on peut toujours supposer que, dans ses limites, se trouvent confinés des *objets matériels*.

Des lignes.

349. On distingue trois sortes de lignes :

La ligne droite,

La ligne brisée,

La ligne courbe,

350. La définition la plus rigoureuse de la ligne droite est celle-ci : La *ligne droite* est le plus court chemin d'un point à un autre. Exemple : AB (*fig*. 197).

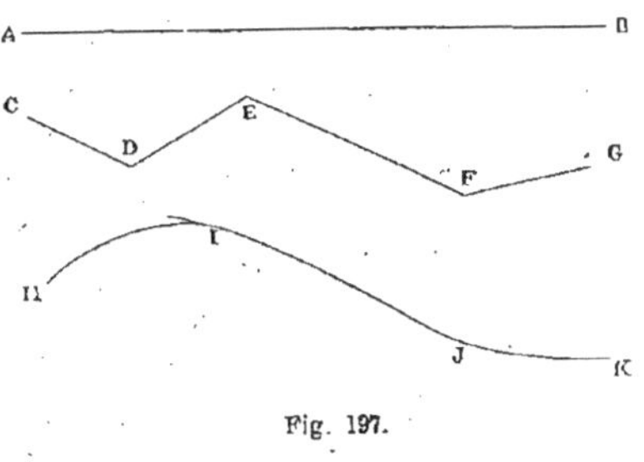
Fig. 197.

351. La *ligne brisée* est une ligne formée de plusieurs droites ne suivant pas la même direction, c'est-à-dire n'étant pas le prolongement l'une de l'autre. Exemple : CDEFG (*fig*. 197).

352. La *ligne courbe* est une ligne qui n'est ni droite, ni formée de lignes droites. Exemple : HIJK (*fig*. 197).

353. Selon la position que les lignes occupent dans l'espace, on distingue encore :

La *ligne horizontale*, qui suit la direction de l'eau tranquille ou de l'horizon. Exemple : AB (*fig*. 198).

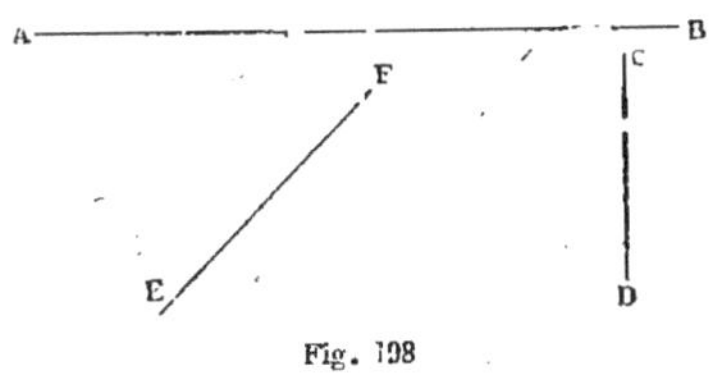
Fig. 198

2° La *ligne verticale*, qui suit la direction d'un fil à plomb abandonné à lui-même. Exemple : CD (*fig*. 198).

3° La *ligne oblique*, qui ne suit ni la direction horizontale, ni la direction verticale. Exemple : FE (*fig*. 198).

§ I. — CIRCONFÉRENCE

354. Lorsqu'une courbe ABC (*fig*. 199) jouit de cette propriété que chacun de ses points est à égale distance d'un point intérieur O et qu'elle est entièrement située dans un même plan, elle prend le nom de *circonférence*.

355. Le point intérieur O est nommé *centre* de la circonférence.

356. La portion de l'étendue limitée extérieurement par la circonférence se nomme *cercle*. On dit que le point O est le centre de la circonférence ou du cercle.

Toutes les droites allant du centre à la circonférence sont des *rayons*, et tous les rayons sont égaux *par construction*. Exemples : OA, OD, OB et OC (*fig*. 199).

357. Lorsqu'une droite va d'un point de la circonférence à un autre en passant

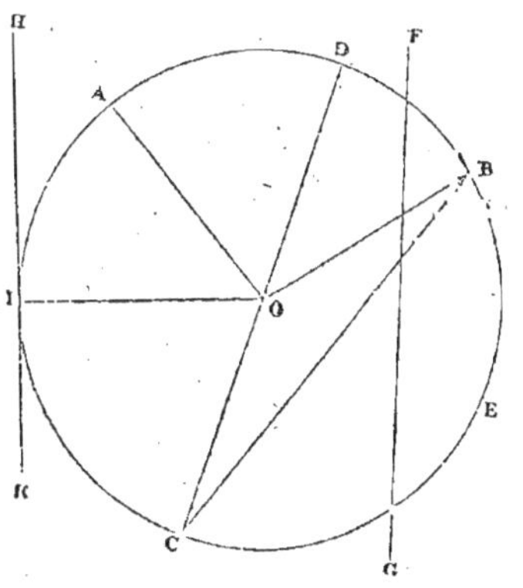
Fig. 199.

par le centre, comme DC, elle prend le nom de *diamètre*. Tous les diamètres sont égaux, puisqu'ils valent chacun deux rayons.

Dans l'intérieur d'une circonférence, on peut tracer un nombre infini de rayons et de diamètres.

358. Une droite qui unit deux points de la circonférence, comme BC, sans passer par le centre, est une *corde* et la portion BEC de la circonférence, limitée par la corde, se nomme *arc*.

359. Une corde FG, prolongée en dehors de la circonférence, se nomme *sécante*.

360. Une droite, comme HK, qui ne touche la circonférence qu'en un seul point, par exemple, se nomme *tangente*.

Le point I est désigné sous le nom de *point de contact*.

En unissant, par une droite, le point de contact I au centre O de la circonférence, la droite OI est perpendiculaire à la tangente HK et réciproquement.

361. L'espace BECO compris entre l'arc BEC et les deux rayons BO et CO aboutissant aux deux extrémités de l'arc se nomme *secteur circulaire*.

362. L'espace BEC compris entre l'arc BEC et sa corde BC se nomme *segment circulaire*.

363. La circonférence a été divisée en 360 petits arcs égaux qu'on appelle *degrés*, et chaque degré est divisé en *demi-degrés* lorsque la circonférence a un rayon suffisamment grand. On subdivise aussi le degré en 60 parties appelées *minutes*, et la minute en 60 parties appelées *secondes*.

On apprécie la valeur d'un arc en disant qu'il vaut *tant* de degrés, *tant* de minutes et *tant* de secondes.

RAPPORT DE LA CIRCONFÉRENCE AU DIAMÈTRE

364. En portant la longueur du diamètre sur la longueur de sa circonférence développée en ligne droite, on trouve que la longueur du diamètre n'est pas exactement contenue dans la longueur de la circonférence, parce que ces deux lignes n'ont pas de *commune mesure*. On ne peut donc avoir qu'un rapport plus ou moins approché de la circonférence à son diamètre, et c'est ce rapport que plusieurs savants ont cherché à déterminer.

Archimède (1) admettait la fraction $\frac{22}{7}$ pour le rapport de la circonférence au diamètre, ce qui signifie que si la circonférence était partagée en 22 parties égales, son diamètre vaudrait 7 de ces parties En d'autres termes, d'après Archimède, une circonférence vaudrait 2 fois son diamètre plus la septième partie de ce diamètre.

Le célèbre mathématicien hollandais *Métius* (2) a trouvé un rapport beaucoup plus approché, représenté par la fraction $\frac{355}{113}$, laquelle signifie que si la circonférence était partagée en 355 parties égales, son diamètre vaudrait 113 de ces parties.

En transformant la fraction ordinaire $\frac{355}{113}$ en fraction décimale, on trouve 3,14159... En supprimant le chiffre 9 et en ajoutant une unité au chiffre 5 qui le précède, on aura 3,1416, nombre admis pour le rapport de la circonférence à son diamètre. Ce nombre signifie qu'une circonférence quelconque vaut 3 fois son diamètre, plus 1416 dix-millièmes de ce diamètre, à un dix-millième près.

365. Il résulte de ce qui précède que lorsqu'on connaît la longueur d'une circonférence, pour avoir la longueur de son diamètre, il faut diviser la longueur de la circonférence par 3,1416 et, réciproquement, lorsqu'on connaît la longueur du diamètre, pour avoir celle de la circonférence, il faut multiplier la longueur du diamètre par 3,1416.

(1) Le célèbre mathématicien *Archimède*, né à Syracuse (Sicile), est mort assassiné 208 ans avant notre ère.

(2) Métius est né en 1571 à Alckma r, en Hollande ; il est mort en 1635 de notre ère.

Problème n° 21.

366. *Une circonférence a 12ᵐ,40 de circonférence. Quelle est longueur de son diamètre ?*

Il suffit de diviser 12,40 par 3,1416 et on trouve 3ᵐ,947 pour la longueur du diamètre.

Problème n° 22

367. *Quelle est la longueur d'une circonférence, sachant que son diamètre a 9ᵐ, 75 ?*

Il suffit de multiplier 9,75 par 3,1416 et on a 30ᵐ,63 pour la longueur de la circonférence.

On représente 3,1416, rapport de la circonférence au diamètre, par la lettre grecque π et en désignant :

La circonférence par C,

Le rayon par R,

Le diamètre par 2 R,

on aura les formules suivantes :

Pour la circonférence, lorsqu'on connaît le diamètre,

C = 2 R × π ou, simplement, 2Rπ.

Pour le diamètre lorsqu'on connaît la circonférence :

$$D = \frac{C}{\pi}$$

Problème n° 23.

368. *Faire passer une circonférence*

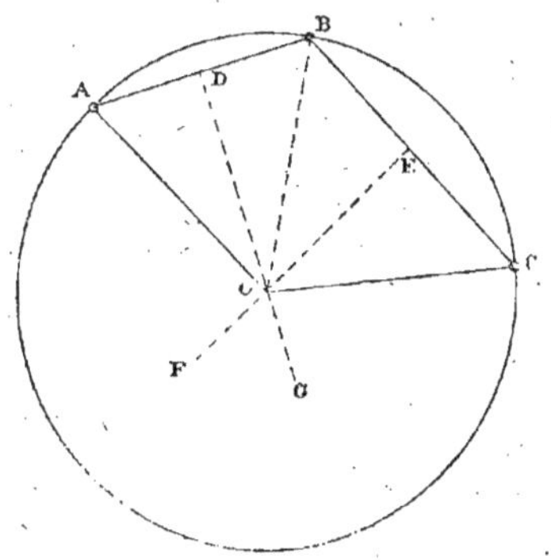

Fig. 200.

par les trois points non en ligne droite A, B, C (fig. 200).

On réunit par des droites le point B aux points A et C. Au point D, milieu de AB, on élève à AB la perpendiculaire DG. Au point E, milieu de BC, on élève à BC la perpendiculaire EF rencontrant la première au point O qui est le centre de la circonférence demandée, parce que les trois rayons OA, OB et OC sont égaux.

Il ne reste plus qu'à décrire la circonférence dont le centre est en O et dont le rayon est égal à OC, à OB ou à OA.

Problème n° 24.

369. *Faire passer une circonférence à égale distance des quatre points A, B, C et D (fig. 201) non en ligne droite.*

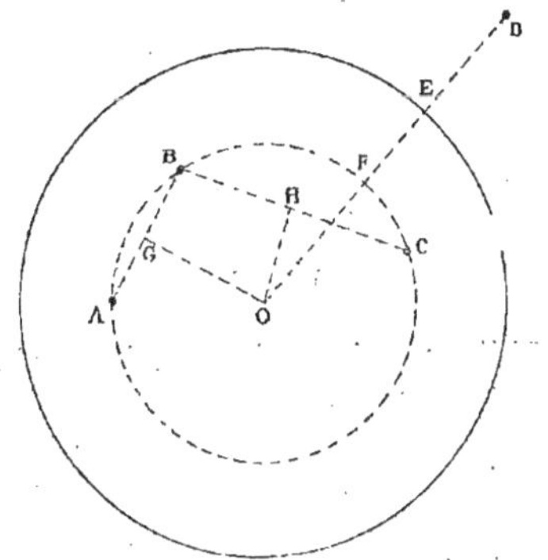

Fig. 201.

En opérant comme au problème précédent, on fait passer par les trois premiers points A, B et C une circonférence dont le centre est en O. On joint le centre O au quatrième point D par une droite qui rencontre la circonférence au point F. On prend le point E, milieu de FD; puis, d'un point O, comme centre, avec un rayon égal à OE, on décrit une seconde circonférence qui passe bien à égale distance des quatre points donnés.

§ II. — ELLIPSE

370. Une ellipse est une courbe plane construite de telle façon que la distance de chacun de ses points à deux points intérieurs, nommés *foyers*, est constante.

ACBD (*fig.* 202) est une ellipse dont les points F et F' sont les *foyers*.

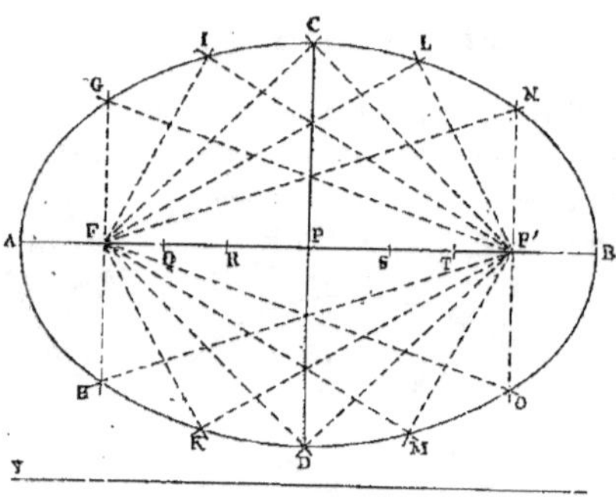

Fig. 202.

Si l'on prend, sur l'ellipse, deux points quelconques I et L et qu'on les joigne aux deux foyers, la somme des deux droites IF et IF' sera égale à la somme des deux droites LF et LF', c'est-à-dire qu'on aura :

$$IF + IF' = LF + LF'$$

La même égalité existe pour tous les autres points de l'ellipse : tel est le principe sur lequel repose la construction de l'ellipse.

371. La droite AB passant par les foyers est le *grand axe* de l'ellipse et la droite CD perpendiculaire passant par le milieu de AB en est le *petit axe*.

372. On nomme *rayons vecteurs* toutes les droites partant des différents points de l'ellipse et aboutissant aux foyers.

Ainsi, les droites IF, KF, CF', DF', etc. sont des rayons vecteurs de l'ellipse.

On appelle *rayons vecteurs correspondants*, deux rayons vecteurs partant d'un même point de l'ellipse et aboutissant à chacun des foyers. Ainsi, les droites IF et IF', MF et MF', etc., sont des rayons vecteurs correspondants.

373. Le grand axe d'une ellipse est toujours égal à la somme de deux rayons vecteurs correspondants.

374. On nomme *distance focale*, la portion FF' du grand axe, compris entre les deux foyers. Lorsque deux ellipses ont les mêmes foyers, elles sont dites *homofocales*.

375. Les sommets d'une ellipse sont les points de rencontre des axes avec la courbe. Ainsi, les points A, C, B et D sont les quatre sommets de l'ellipse (*fig.* 202).

Problème n° 25.

376. *Construire une ellipse dont le grand axe sera égal à la droite Y (fig. 202) et dont les foyers F et F' sont donnés.*

1re *Solution.* — Pour résoudre ce problème, on trace une droite AB = Y et au point P, milieu de AB, on élève à cette droite une perpendiculaire qu'on prolonge en dessous.

Des foyers F et F', avec un rayon égal à AP, moitié du grand axe, on décrit quatre arcs de cercle se coupant, deux à deux, aux points C et D et la droite CD est le *petit axe*. On possède donc déjà les quatre points A, C, B et D de l'ellipse, et ce sont les *sommets* de la courbe.

On va maintenant déterminer deux autres points de la courbe. Pour cela, on prend arbitrairement un point quelconque Q sur le grand axe. Du foyer F, comme centre, avec un rayon égal à AQ, on décrit deux arcs de cercle en dessus et en dessous du grand axe. Du foyer F', aussi comme centre, avec un rayon égal à QB, on décrit, en dessus et en dessous du grand axe, deux arcs de cercle coupant les deux précédents aux points G et H. Ces deux points appartiennent bien à l'ellipse, puisque la somme des deux rayons vecteurs correspondants GF et GF', HF et HF' est bien égale au grand axe AB.

Pour déterminer deux autres points de l'ellipse, on prend sur le grand axe AB un point arbitraire R et on opère comme précédemment, c'est-à-dire que du foyer F, comme centre, avec un rayon égal à AR, on décrit deux arcs de cercle en dessus et en dessous du grand axe. Du foyer F', aussi comme centre, avec un rayon égal à RB, on décrit en dessus et en dessous du grand axe deux arcs de cercle qui coupent les deux premiers aux points I et K. Ces deux points appartiennent bien à l'ellipse, puisque la somme des deux rayons vecteurs correspondants IF et IF', KF et KF' est bien égale au grand axe AB.

En continuant à opérer ainsi, on déterminera autant de points de l'ellipse qu'on le désirera et lorsqu'on en aura un nombre suffisant, il n'y aura plus qu'à les unir par une courbe tracée à la main, ou au moyen du pistolet, pour avoir l'ellipse.

2e *Solution.* — On trace d'abord une droite AB = Y (*fig.* 203) et au point O, milieu de AB, on élève à cette droite une perpendiculaire qu'on prolonge en dessous.

Des foyers F et F' avec un rayon égal à AO, on décrit quatre arcs de cercle se coupant, deux à deux, aux points H et I et la droite HI est le *petit axe*. On possède donc déjà quatre points A, H, B et I de l'ellipse et ce sont les sommets de la courbe.

Maintenant on va montrer comment on trouve un point quelconque de la courbe.

Pour cela, du point O, comme centre, on décrit deux circonférences concentri-

ques ayant pour diamètres, l'une le grand axe AB et l'autre le petit axe HI.

On trace un rayon arbitraire OC et, du point C, on abaisse CD perpendiculaire à

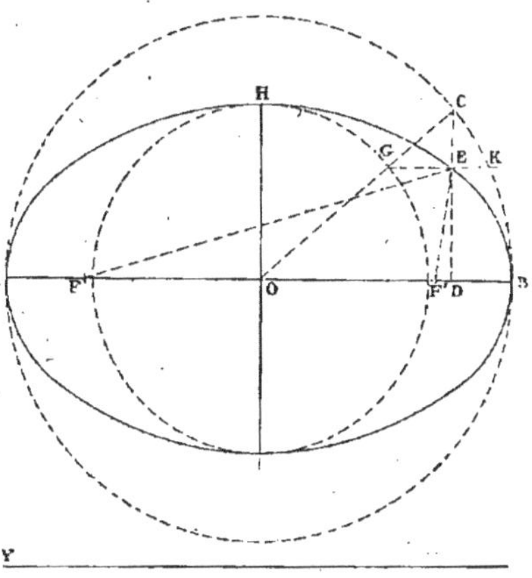

Fig. 203.

AB. Par le point G, rencontre du rayon OC avec la petite circonférence, on mène GK parallèle à AB et le point E, rencontre de GK avec la perpendiculaire CD, est un point de l'ellipse.

En continuant ainsi, on déterminera autant de points de l'ellipse qu'on le désirera et lorsqu'on en aura un nombre suffisant, il n'y aura qu'à les unir par une courbe tracée à la main ou au pistolet pour avoir l'ellipse.

377. L'ellipse ne se décrit qu'au moyen d'une série de points, ainsi qu'on vient de le voir, car aucun de ses éléments ne constitue un arc de cercle. Cependant, il est possible de tracer cette courbe pratiquement par un mouvement continu, au moyen d'un simple cordeau et d'un piquet. C'est le moyen employé par les jardiniers et le voici.

378. — *Tracé de l'ellipse par un mouvement continu.* Les jardiniers tracent d'abord les deux axes dont les dimensions sont généralement connues, puis ils déterminent les foyers au moyen de deux arcs de cercle ayant les extrémités du petit axe pour centres et la moitié du grand axe pour rayon. Ils prennent ensuite un cordeau dont la longueur est égale à celle du grand axe, puis ils fixent une extrémité du cordeau à chaque foyer. Ils tendent le cordeau de manière à former un triangle au sommet duquel ils placent une pointe à tracer, puis ils promènent cette pointe sur le terrain en appuyant constamment contre le cordeau. Le tracé que laisse la pointe est une ellipse.

PÉRIMÈTRE DE L'ELLIPSE.

379. *La longueur du périmètre d'une ellipse est égale au produit de la demi-somme des axes par 3,1416 (rapport d'une circonférence à son diamètre).*

Problème n° 26.

380. *Quelle est la longueur du périmètre d'une ellipse, sachant que le grand axe a 8ᵐ.40 et le petit axe 3ᵐ.80 de longueur?*

D'après la règle pratique, on additionne 8ᵐ,40 et 3ᵐ,88 et on a 12ᵐ,20 dont la moitié est 6ᵐ,10. En multipliant 6ᵐ,10 par 3,1416, le produit 19ᵐ,16 représente la longueur du périmètre de l'ellipse.

§ III. — OVALE

381. On nomme *ovale*, une ligne courbe fermée, construite au moyen d'un nombre variable, mais pair, d'arcs de cercles tangents, raccordés entre eux et égaux deux à deux, nombre qu'on augmente d'autant plus qu'on veut mieux imiter l'ellipse.

Comme l'ellipse, l'ovale a deux foyers, un grand et un petit axe.

Problème n° 27.

382. *Construire un ovale dont le grand axe est donné.*

1ʳᵉ *Solution.* — On divise l'axe donné BA (*fig.* 204) en trois parties égales par les points F et F'. Des points F et F' (foyers) comme centres, avec un rayon égal à FB, on décrit deux circonférences se coupant aux points P et Q. Dans le prolongement du petit axe RS, on prend deux points G et H équidistants du centre M. On joint le point G aux foyers F et F' et l'on prolonge les droites GF, GF' jusqu'à la rencontre des circonférences en O et en E. On joint de même le point H aux foyers F et F' et on prolonge les droites HF et HF' jusqu'à la rencontre des circonférences en C et en D.

Des points G et H, comme centres,

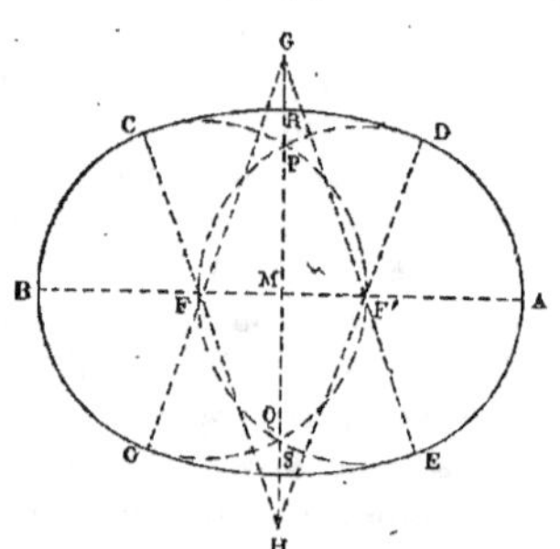

Fig. 204.

avec un rayon égal à l'une des droites égales GO, GE, HC ou HD on décrit les deux arcs de cercle CD et OE formant la courbe BCDAEO qui est un ovale.

Ce problème, tel qu'il est posé, comporte une infinité de solutions, car les centres des deux derniers arcs, qui sont G et H dans ce cas particulier, peuvent être pris n'importe où sur le petit axe ou sur son prolongement, pourvu qu'ils soient équidistants du point de rencontre des deux axes.

2ᵉ Solution. — On divise le grand axe A, B (*fig.* 205) en quatre parties égales par les points F, D et F' ; puis, des foyers F et F', comme centres, on décrit deux cercles tangents avec l'une des quatre parties du grand axe pour rayon.

Au point D, contact des deux circonfé-

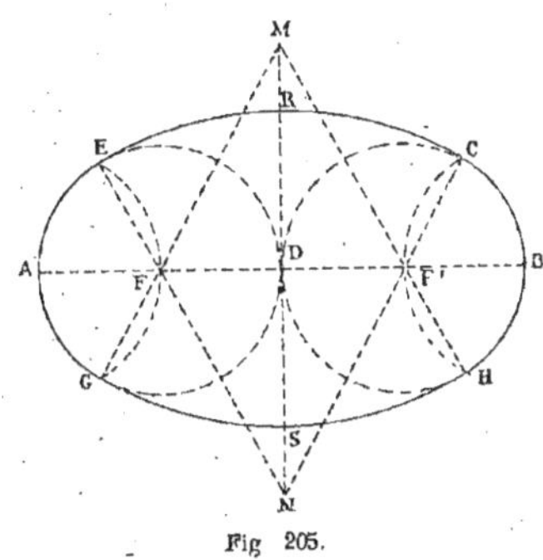

Fig. 205.

rences, on élève au grand axe une perpendiculaire qu'on prolonge en dessous. On prend sur le prolongement du petit axe deux points quelconques M et N, équidistants du point D, rencontre des deux axes. On joint le point M aux foyers F et F' et on prolonge les droites MF et MF' jusqu'à la rencontre des circonférences en G et en H. On joint de même le point N aux foyers F et F' et on prolonge les droites NF et NF' jusqu'à la rencontre des circonférences en E et en C.

Des points M et N, comme centres, avec un rayon égal à l'une des droites égales MG, MH, NE ou NC, on décrit deux arcs de cercle EC et GH formant la courbe ARBS qui est une ovale.

Ici encore, il existe une infinité de solutions, car les centres des deux derniers arcs, qui sont M et N, dans ce cas particulier, peuvent être pris n'importe ou sur le petit axe ou sur son prolongement, pourvu qu'ils soient équidistants du point de rencontre des deux axes.

Problème nº 28.

383. *Construire un ovale, le grand axe* AB *et le petit axe* RS (*fig.* 206) *étant donnés.*

On prend AP = RO, puis on partage

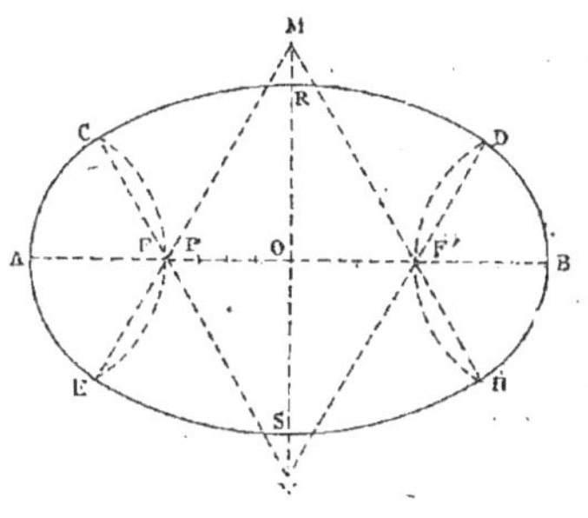

Fig. 206.

PO en trois parties égales. On porte une de ces trois divisions de P en F et on prend F'B = FA. Les foyers sont F et F'.

Des points A et B, comme centres, avec un rayon égal à FA ou F'B, on décrit deux arcs de cercle. Des foyers F et F', avec le même rayon, on décrit deux nouveaux arcs de cercles coupant les premiers aux points C, E, D et H. On joint les points C, E au foyer F et les points D, H au foyer F'. On prolonge les lignes CF, EF, DF' et HF' qui se rencontrent deux à deux en M et en N dans des conditions telles que OM = ON et ME = MH = EM = HM. Si donc, des points M et N, comme centres, avec un rayon égal à l'une de ces quatre lignes, on décrit les deux arcs de cercle CD et EH, on aura la courbe demandée.

§ IV. — OVE

384. L'ove est une courbe fermée construite au moyen de quatre arcs de cercle tangents et inégaux, raccordés entre eux.

Problème n° 29.

385. *Construire un ove.*

Sur AB (*fig.* 207) comme diamètre, on

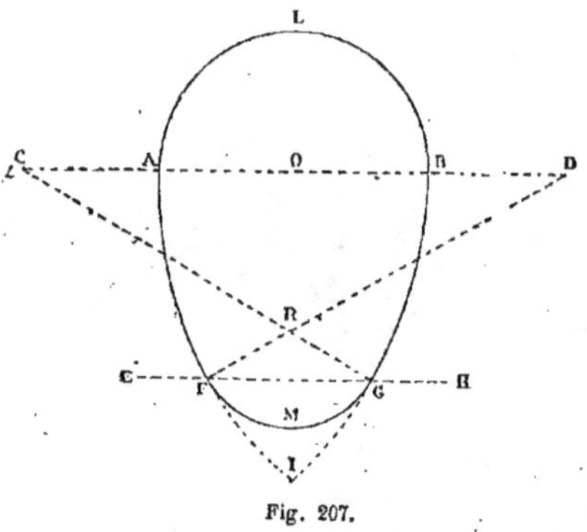

Fig. 207.

décrit une demi-circonférence ALB. On prend arbitrairement BD = AC, de sorte que OC = OD. Des points D et C, comme centres, avec un rayon égal à DA ou CB, on décrit deux arcs de cercle se coupant en I et ces deux arcs de cercle sont tangents à la demi-circonférence ALB.

On trace arbitrairement une parallèle EH à CD, coupant les arcs AI et BI en F et en G. On joint le point D au point F et le point C au point G. Du point R, rencontre des droites DF et CG, comme centre, avec un rayon égal à RG ou RF, on décrit l'arc de cercle FMG, lequel est tangent aux deux arcs AF et BG et ferme la courbe ALBGMF qui est un ove.

Ce problème comporte une infinité de solutions, parce que les centres C et D peuvent être pris n'importe où sur AB ou sur son prolongement, pourvu qu'ils soient équidistants du centre O. De même, la parallèle EH peut être tracée à volonté entre le point I, rencontre des deux arcs AI et BI, et le diamètre AB. L'ove peut donc être construite de telle façon que cette courbe se rapproche, soit du cercle, soit de l'ovale, le cercle et l'ovale étant ses limites.

§ V. — PARABOLE

386. La *parabole* est une courbe plane construite dans des conditions telles que l'un quelconque de ses points est à égale distance d'un point intérieur fixe, nommé *foyer*, et d'une droite extérieure fixe, nommée *directrice*.

La courbe plane MCM' (*fig.* 208) est une *parabole*. Le point fixe F est le *foyer*. La droite fixe RP est la *directrice*.

L'*axe* de la parabole est la droite AB perpendiculaire à la directrice RP en passant par le foyer F.

Les *rayons vecteurs* d'une parabole sont les droites partant du foyer pour aboutir à un point quelconque de la courbe. Ainsi, les droites FL, FE', FH' sont des rayons vecteurs.

La courbe MCM' est véritablement une

parabole parce que le point L, par exemple, est tel que LF = LX. De même, les points E′ et H′ donnent E′F = E′Y, H′F = H′Z. Tous les autres points de la courbe jouissent de la même propriété.

Problème n° 30.

387. *Construire une parabole, la directrice et le foyer étant donnés.*

La directrice est RP et le foyer est situé

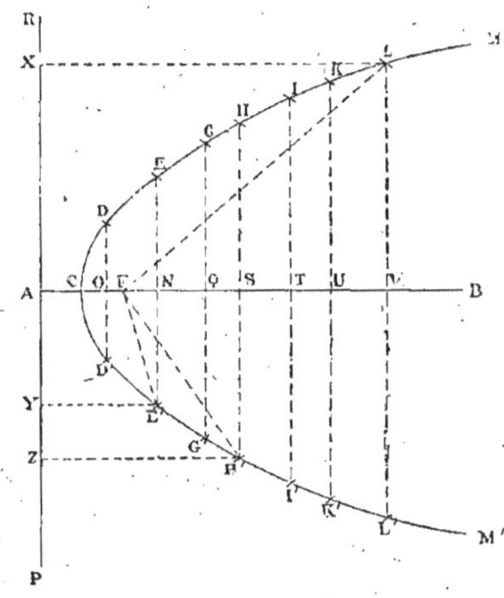

Fig. 203.

en F (*fig.* 208). On trace l'axe AB perpendiculaire à RP et passant par le foyer F. On prend le point C, milieu de AF, et ce point appartient nécessairement à la parabole, puisque, d'après la définition, il est équidistant de la directrice RP et du foyer F.

On marque un certain nombre de points O, N, Q, S, T, U, V, pris arbitrairement sur l'axe AB, puis on trace une perpendiculaire à AB par chacun de ces points et on prolonge en dessous de l'axe les perpendiculaires ainsi obtenues.

Du foyer F, comme centre, avec un rayon égal à OA, on décrit deux arcs de cercle coupant la perpendiculaire élevée en O aux points D et D′. Ces deux points appartiennent à la courbe.

Du foyer F, comme centre, avec un rayon égal à NA, on décrit deux arcs de cercle coupant la perpendiculaire élevée en N aux points E et E′. Ces deux points appartiennent encore à la courbe.

Enfin, toujours du foyer F, comme centre, avec des rayons égaux à QA, SA, TA, UA, VA, on décrit en dessus et en dessous de l'axe, des arcs coupant les perpendiculaires élevées en Q, S, T, U, V et on obtient les points G, G′; H, H′; I, I′; K, K′; L, L′ appartenant tous à la parabole. En faisant passer une courbe continue, soit à la main, soit au moyen du pistolet, par ces points et par le point C, on aura la parabole demandée.

On remarquera qu'il est possible d'obtenir autant de points qu'on le désire de la courbe, car au lieu de 6 points pris arbitrairement sur l'axe, on peut en marquer 10, 15, 20, etc. et on aura un nombre double de points de la parabole.

§ VI. — HYPERBOLE

388. *L'hyperbole* est un système de deux courbes planes, opposées, ayant chacune un foyer et construites de telle façon que la différence des distances de chacun de ses points aux deux foyers est constante.

Les deux courbes opposées UPU″ et U′P′U‴ (*fig.* 209) forment une hyperbole dont chaque courbe est une *branche*.

Les *foyers* sont les points F et F′.

La droite AB passant par les deux foyers est l'*axe* de l'hyperbole.

Les droites SF et SF' aboutissant du point S de l'une des branches à chaque foyer sont désignées sous la dénomination de *rayons vecteurs* de la courbe, de même que les droites SF et SF' sont les rayons vecteurs du point S. Les droites T'''F et T'''F' sont les rayons vecteurs du point T'''.

La différence des rayons vecteurs d'un point quelconque de l'hyperbole est égale à la différence des rayons vecteurs d'un autre point, d'après la définition. Ainsi, en considérant les points S et T''', par exemple, on aura : SF' — SF = T'''F — T'''F'.

Chaque point des branches de l'hyperbole a donc deux rayons vecteurs.

Problème n° 31.

389. *Construire une hyperbole, la différence de deux rayons vecteurs A'B' et C'D',*

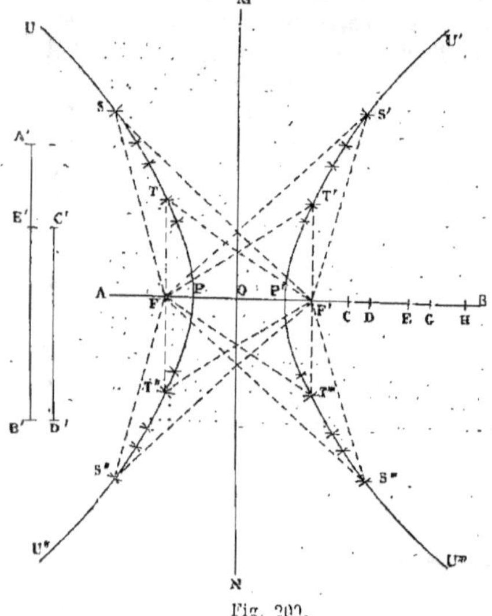

Fig. 209.

ainsi que les foyers F et F' (fig. 209) étant donnés.

On trace d'abord l'axe AB passant par les deux foyers F et F'; puis, au point O, milieu de FF', élève on la perpendiculaire

MN à AB. On prend PP' = A'E', c'est-à-dire à la différence des deux rayons vecteurs donnés, de manière que le point O, *centre* de la parabole, partage PP' en deux parties égales. P et P' sont deux points de la parabole et il s'agit d'en déterminer d'autres.

Pour cela, on prend arbitrairement sur l'axe AB les points C, D, E, G, H.

Des foyers F' et F, comme centres, avec un rayon égal à CP', on décrit quatre arcs de cercle en dessus et en dessous de l'axe. Des mêmes foyers F et F', comme centres, avec un rayon égal à CP, on décrit quatre nouveaux arcs de cercle en dessus et en dessous de l'axe AB, coupant les quatre premiers deux à deux et déterminant ainsi quatre nouveaux points de la courbe (deux pour chaque branche).

Des foyers F et F', comme centres, avec un rayon égal à DP', on décrit quatre arcs de cercle en dessus et dessous de l'axe. Des mêmes foyers F et F', avec un rayon égal à DP, on décrit quatre nouveaux arcs de cercle en dessus et en dessous de l'axe AB, coupant les quatre premiers deux à deux et déterminant ainsi les quatre nouveaux points T, T', T'' et T''' de la courbe.

En continuant ainsi à décrire des foyers F et F', comme centres, des arcs de cercle avec des rayons égaux à EP' et EP, GP' et GP, HP' et HP, on déterminera douze nouveaux points de la courbe (six pour chaque branche).

En faisant passer une courbe continue, soit à la main, soit au moyen du pistolet par ces points ainsi que par les points P et P', de chaque côté de la droite MN, on aura la courbe demandée.

On remarquera qu'il est possible d'obtenir autant de points qu'on le désire de la parabole, car au lieu de 5 points, pris arbitrairement sur l'axe, on peut en marquer 10, 15, 20, etc. et on aura un nombre double de points déterminés sur chaque branche.

§ VII. — CYCLOÏDE

390. On donne le nom de *cycloïde* à une courbe tracée sur un plan rectiligne par un point fixe d'une circonférence tournant sur une droite à laquelle elle reste tangente dans tous ses mouvements.

Ainsi, la circonférence qui a son centre en O (*fig.* 210), tourne dans un plan rectiligne sur la droite AB et la courbe AE'F' G'B, tracée par le point fixe A dans le mouvement de la circonférence, est une cycloïde.

Problème n° 32.

391. *Construire pratiquement une cycloïde.*

On prend une longueur AB (*fig.* 210)

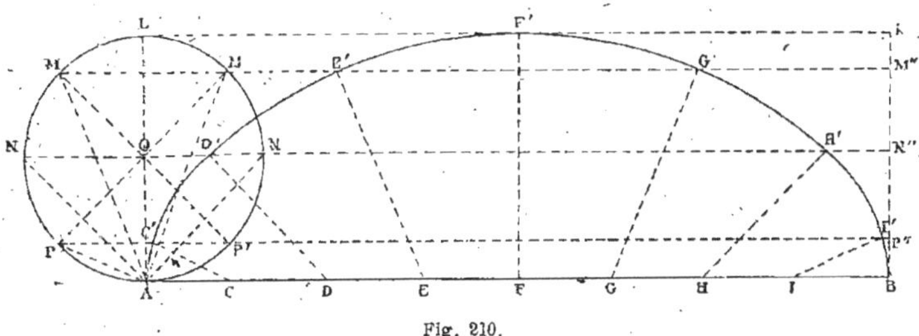

Fig. 210.

égale au développement de la circonférence qui a son centre en O, puis on partage cette circonférence, par exemple, en 8 parties égales aux points P, N, M, L, M', N', P'. On partage également la droite AB en 8 parties égales aux points C, D, E, F, G, H, I; puis, par les points L, M, N, P, on trace les parallèles LK, MM″, NN′, PP″, à AB. On joint le point fixe A aux points P, N, M, L, M', N', P'. On joint également le point M au point P' et le point M' au point P.

Par les points C et I, on mène les parallèles CC' et II' à AP et AP'. Les points de rencontre C' et I' avec la parallèle PP″ sont deux points de la cycloïde.

Par les points D et H, on mène les parallèles DD' et HH' à AN et AN'. Les points de rencontre D' et H' avec la parallèle NN″ sont deux nouveaux points de la cycloïde.

Par les points E et G, on mène les parallèles EE' et GG' à AM et AM'. Les points de rencontre E' et G' avec les parallèles MM″ sont encore deux nouveaux points de la courbe.

Enfin, au point F, on élève la perpendiculaire FF' à AB et le point de rencontre F' avec la parallèle LK est le point le plus élevé de la courbe.

En unissant, par une courbe continue, à la main ou au pistolet, les points A, C', D', E', F', G', H' et B, on aura la cycloïde demandée. Il est facile de comprendre que plus les divisions de la circonférence seront nombreuses, plus il y aura de parallèles à la droite AB et plus on obtiendra de précision dans le tracé de la courbe.

§ VIII. — ÉPICYCLOÏDE

392. On donne le nom d'*épicycloïde* à une courbe tracée sur un plan rectiligne par un point fixe situé sur une circonfé-

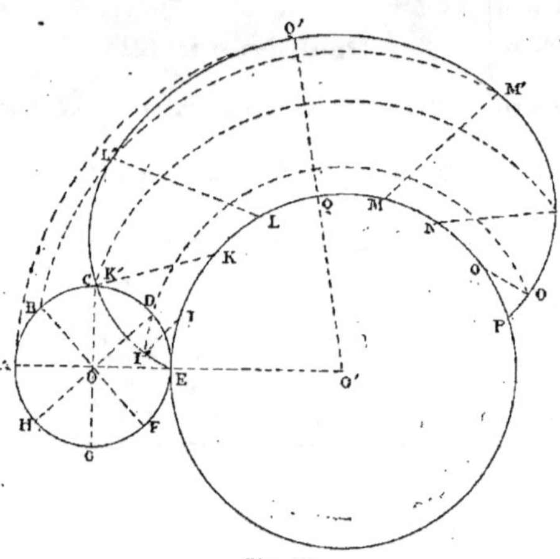

Fig. 211.

rence, à son intérieur ou à son extérieur, lorsque cette circonférence tourne sur une autre circonférence à laquelle elle reste tangente dans tous ses mouvements.

Ainsi, la circonférence qui a son centre en O (*fig.* 211) tourne dans un plan rectiligne autour de la circonférence qui a son centre en O' et la courbe EI'K'L'Q'M'N'O'P, tracée par le point E, est une épicycloïde.

Problème n° 33.

393. *Construire pratiquement une épicycloïde.*

La circonférence qui a son centre en O est tangente en E à la circonférence qui a son centre en O', de sorte que la ligne OO' unissant les deux centres et passant par le point de contact E est droite.

On divise la petite circonférence, par exemple en 8 parties égales, par les points A, B, C, D, E, F, G, H, puis on prend, sur la grande, un arc EQP égal au développement linéaire de la première. On partage cet arc en 8 arcs égaux par les points I, K, L, Q, M, N, O ; puis, du point O', comme centre, on décrit 4 arcs de cercle concentriques à la grande circonférence et aboutissant aux points de division A, B, C et D.

Des points I et O, comme centres, avec un rayon égal à l'arc IE, développé en ligne droite, on décrit deux arcs de cercle coupant la petite circonférence ponctuée aux points I' et O', et ces deux points appartiennent à la courbe.

Des points K et N, comme centres, avec un rayon égal à l'arc KIE, développé en ligne droite, on décrit deux autres arcs de cercle coupant la seconde circonférence ponctuée aux points K' et N' et ces deux points appartiennent aussi à l'épicycloïde.

Des points L et M, comme centres, avec un rayon égal à l'arc LKIE, développé en ligne droite, on décrit deux nouveaux arcs de cercle coupant la troisième circonférence ponctuée aux points L' et M et ces deux points appartiennent encore à la courbe.

Enfin, le point Q', extrémité du rayon O'Q', partageant l'arc EQP en deux parties égales, appartient aussi à l'épicycloïde.

En unissant, par une courbe continue, à la main ou au pistolet, les points E, I', K', L', Q', M', N', O' et P, on aura l'épicycloïde demandée.

Il est facile de comprendre que plus les divisions de la petite circonférence seront nombreuses, plus il y aura d'arcs concentriques à la grande circonférence et plus on obtiendra de précision dans le tracé de la courbe.

§ IX. — SPIRALE D'ARCHIMÈDE

394. La *spirale d'Archimède* est une courbe tracée dans une circonférence au moyen du rayon et qui part du centre en se développant proportionnellement à la valeur d'un angle, dit *de construction*, et d'une quantité constante représentée par une des divisions marquées sur le rayon.

Le problème suivant expliquera clairement cette définition.

Problème n° 34.

395. *Construire pratiquement une spirale d'Archimède dans la circonférence qui a son centre en O (fig. 212).*

On trace le rayon O 24 qu'on divise, par exemple, en 32 parties égales. On divise également la circonférence en 32 parties égales numérotées de 1 à 32, puis on joint tous les points de divisions au centre et on détermine 32 angles égaux. L'un quelconque de ces angles est *l'angle de construction.*

Sur le rayon O1, on prend, à partir du centre, une quantité égale à une division du rayon et on marque le point obtenu.

Sur le rayon O2, on prend également, à partir du centre, une quantité égale à 2 divisions du rayon et on marque le point obtenu.

Enfin, sur les rayons O3, O4, O5....

O31, on prend, à partir du centre, diverses quantités égales à 3, 4, 5..... 31 divisions du rayon et on marque les points ainsi obtenus.

En joignant tous les points indiqués sur les 32 rayons par une courbe continue, soit à la main, soit au pistolet, on aura la courbe OABCDEFG, qui est une spirale d'Archimède.

Il est évident qu'on peut diviser le rayon et la circonférence en plus de 32 parties, si on le veut; car, plus les divisions seront nombreuses, plus le tracé de la courbe sera précis.

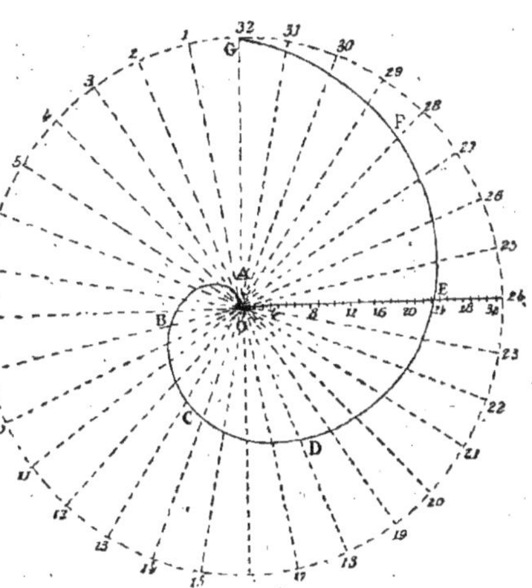

Fig. 212.

§ X. — DÉVELOPPANTE DE CERCLE

396. On nomme *développante de cercle*, une courbe plane engendrée par le mouvement d'un point d'une droite roulant dans un plan rectiligne, sur une circonférence à laquelle la droite reste tangente dans toutes les positions qu'elle occupe.

Problème n° 35.

397. *Tracer pratiquement une développante de cercle.*

On trace un arc quelconque AB (*fig.* 213)

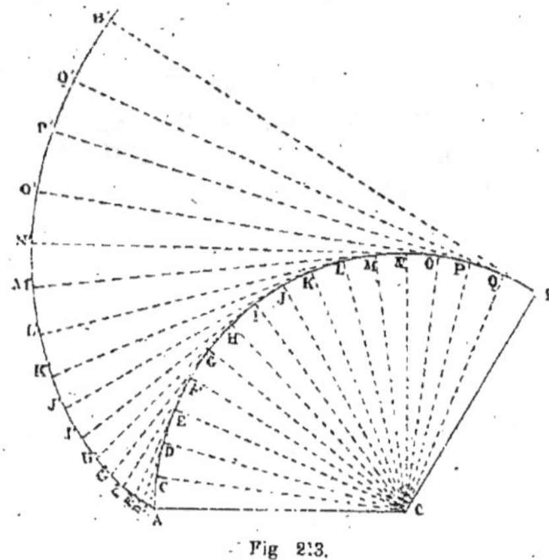

Fig. 213.

qu'on divise en un certain nombre de parties égales, en 16 parties, par exemple; puis on joint chaque point de division au centre O. Par chacun des points de rencontre

C, D, E... P, Q des divers rayons avec la circonférence, on trace une tangente à cette circonférence.

Du point C, comme centre, avec un rayon égal à l'arc CA, développé en ligne droite, on décrit un arc de cercle coupant la première tangente en C' et ce point appartient à la courbe.

Du point D, comme centre, avec un rayon égal à l'arc DCA, développé en ligne droite, on décrit un arc de cercle coupant la seconde tangente en D' et ce point appartient également à la courbe.

Du point E, comme centre, avec un rayon égal à l'arc EDA, développé en ligne droite, on décrit encore un arc de cercle coupant la troisième tangente en E' et ce point appartient encore à la courbe.

On continue de la même manière en décrivant des points F, G, H... Q, comme centres, avec des rayons égaux aux arcs correspondants, développés en ligne droite, des arcs coupant les tangentes aboutissant aux mêmes points et on obtient de nouveaux points de la courbe.

En unissant par une courbe continue les divers points déterminés, on obtient la courbe AC'D'E'F'G'...B' qui est une développante de cercle.

Les tangentes sont des *normales* à la développante de cercle.

§ XI. — ANGLES, PERPENDICULAIRES ET PARALLÈLES

398. Un *angle* est l'espace compris entre deux droites qui se coupent, comme ABC (*fig.* 214).

On nomme *sommet* d'un angle le point où ses deux côtés se coupent. Ainsi, le point B est le sommet de l'angle ABC et le point D est le sommet de l'angle EDF.

La grandeur d'un angle ne dépend

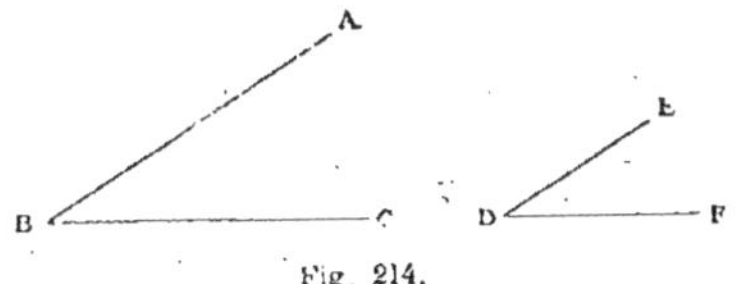

Fig. 214.

en aucune façon de la longueur de ses côtés, mais bien de leur écartement plus ou moins grand. Si l'on superpose les deux angles ABC et EDF de manière que le sommet D soit placé sur le sommet B, que le côté DF coïncide avec le côté BC et que le côté DE coïncide avec le côté BA, les deux angles sont égaux et cependant les deux côtés DF et DE sont plus petits que les deux côtés BC et BA.

399. Une *perpendiculaire* est une droite qui, en tombant sur une autre, ne penche pas plus d'un côté que de l'autre.

Ainsi, la droite CD (*fig.* 215) est perpendiculaire à la droite AB, parce qu'elle ne

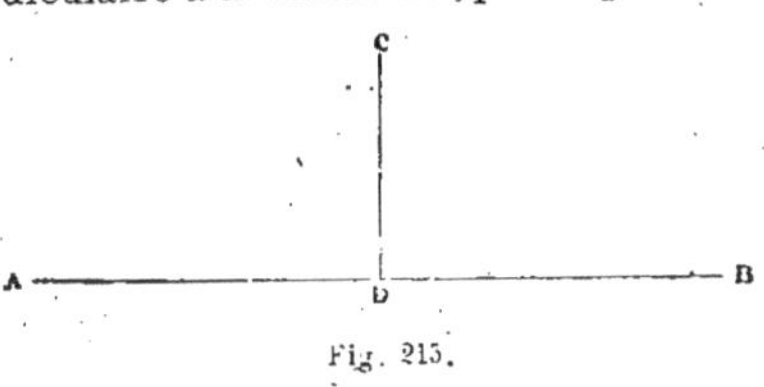

Fig. 215.

penche ni à droite, ni à gauche par rapport à cette dernière.

400. On appelle *parallèles*, des lignes qui, prolongées à l'infini, ne se rencon-

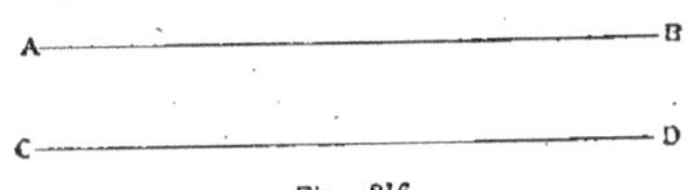

Fig. 216.

treraient jamais. Exemple : AB et CD (*fig.* 216).

401. Une droite ED (*fig.* 217) perpendiculaire à une autre droite AB forme deux angles égaux qu'on appelle *angles droits*.

402. Lorsqu'une droite CD (*fig.* 217)

tombe sur une autre droite AB, de manière à former deux angles inégaux CDA et

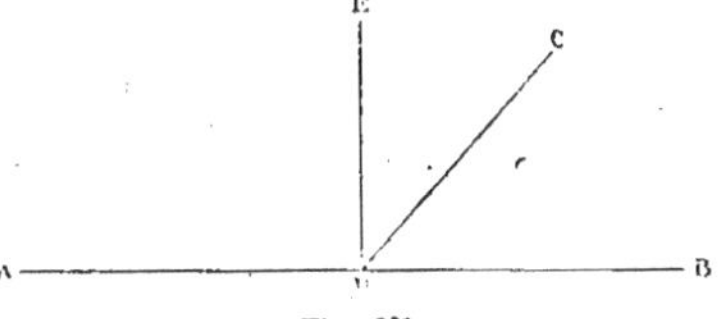

Fig. 217.

CDB, on dit que CD est *oblique* par rapport à AB.

L'angle CDA est plus grand que l'angle droit et se nomme angle *obtus*. L'angle CDB est plus petit que l'angle droit et se nomme *angle aigu*. On dit encore que ces deux angles sont *adjacents* ; ils valent ensemble deux angles droits.

Il y a donc trois sortes d'angles qui sont :

1° l'*angle droit*,

2° l'*angle aigu*,

3° l'*angle obtus*.

Le point de rencontre des deux côtés se nomme *sommet* de l'angle.

Un angle se désigne généralement par trois lettres ; mais il faut toujours placer la lettre du sommet au milieu des deux autres. Exemple : CDA et CDB (*fig.* 217).

403. La droite ED (*fig.* 217) étant perpendiculaire à AB, les deux angles CDE et CDB valent ensemble un angle droit. On dit que l'angle CDE est le *complément* de l'angle CDB et réciproquement.

Les deux angles CDA et CDB valent ensemble deux angles droits. On dit que l'angle CDB est le *supplément* de l'angle CDA et réciproquement.

En résumé, le *complément* d'un angle est ce qui lui manque pour valoir un angle droit, et le *supplément* d'un angle est ce qui lui manque pour valoir deux angles droits.

404. Lorsqu'une sécante MN (*fig.* 218) coupe deux parallèles AB et CD, elle détermine huit angles qui ont reçu, deux à deux, les noms suivants :

1° Les angles *alternes-internes* AEF et EFD ou FEB et EFC, qui sont égaux deux à deux. Leurs ouvertures sont situées

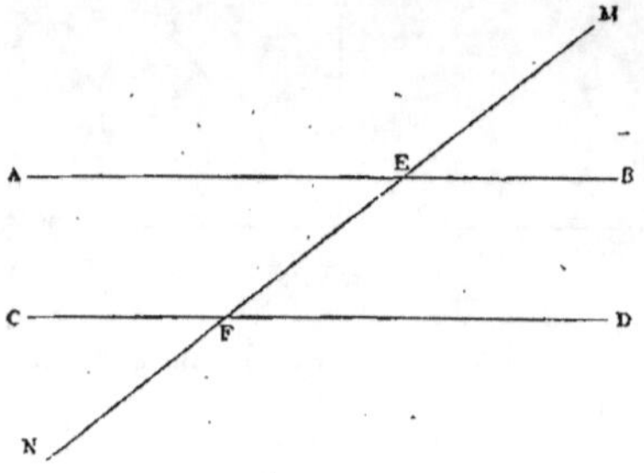

Fig. 218.

dans l'intérieur des parallèles et dirigées en sens contraire, de chaque côté de la sécante.

2° Les angles *alternes-externes* AEM et NFD ou MEB et CFN, qui sont aussi égaux deux à deux. Leurs ouvertures sont situées à l'extérieur des parallèles et dirigées en sens contraire, de chaque côté de la sécante.

3° Les angles *correspondants* AEM et CFE ou AEN et CFN ou BEM et DFM ou BEN et DFN, qui sont égaux deux à deux.

MESURE DES ANGLES.

405. La valeur d'un angle se compte en degrés, minutes, secondes. C'est le degré (arc valant la 360me partie de la circonférence) qui a été pris pour terme de comparaison, c'est-à-dire pour unité de mesure.

Conséquemment, pour mesurer un angle sur le papier, il suffit de décrire de son sommet, comme centre, un arc de cercle aboutissant à ses deux côtés, puis d'évaluer le nombre de degrés, minutes et secondes que vaut cet arc.

Cette opération se fait, sur le papier, au moyen du rapporteur décrit (n° **273**). On place le centre du demi-cercle au sommet de l'angle, puis on fait coïncider le dia-

mètre avec l'un des côtés. Alors, il n'y a qu'à lire sur le limbe de l'instrument la division qui coïncide avec l'autre côté pour avoir la mesure de l'angle. Sur le terrain, on mesure les angles au moyen du graphomètre décrit (n° 60). C'est ce que nous verrons au chapitre du *lever des plans*.

406. Le sommet d'un angle peut avoir les positions suivantes par rapport à une circonférence :

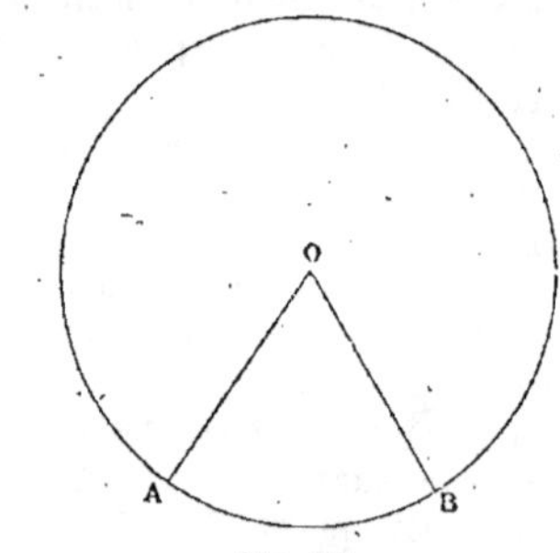

Fig. 219.

1° Le sommet peut être au centre, comme l'angle AOB (*fig.* **219**), par exemple Dans ce cas, sa mesure est l'arc AB (c'est-à-dire le nombre de degrés que vaut cet arc) compris entre ses côtés.

2° Le sommet est situé sur la circonférence comme l'angle ABC (*fig.* **220**).

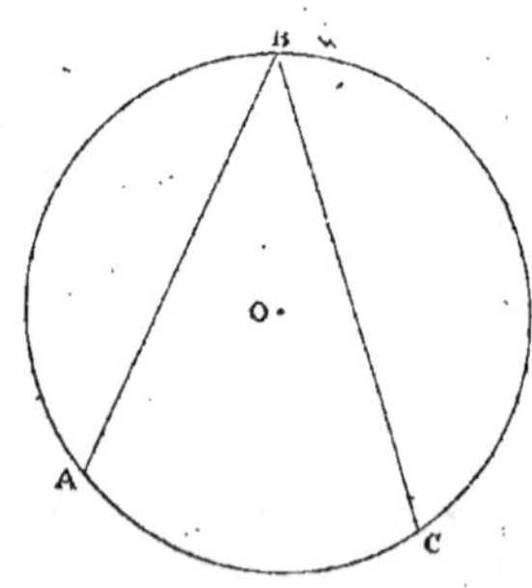

Fig. 220.

Dans ce cas, sa mesure est égale à la moitié de l'arc AC compris entre ses côtés.

3° Le sommet est situé dans l'intérieur

de la circonférence, mais non au centre, comme l'angle ABC (*fig.* 221). Dans ce cas, sa mesure est égale à la moitié de l'arc AC

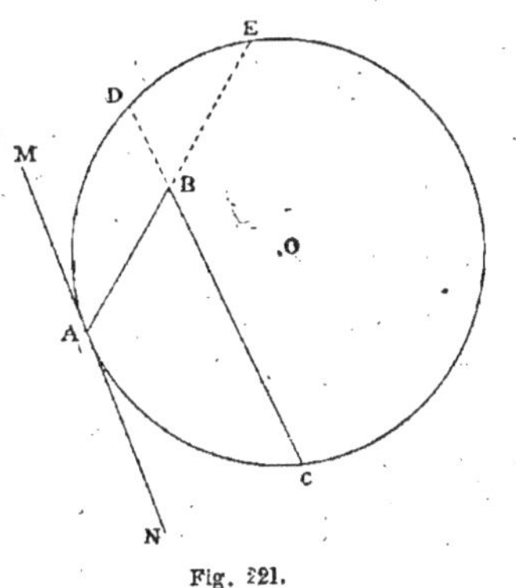

Fig. 221.

plus la moitié de l'arc DE compris entre ses côtés prolongés.

4° Le sommet est situé en dehors de

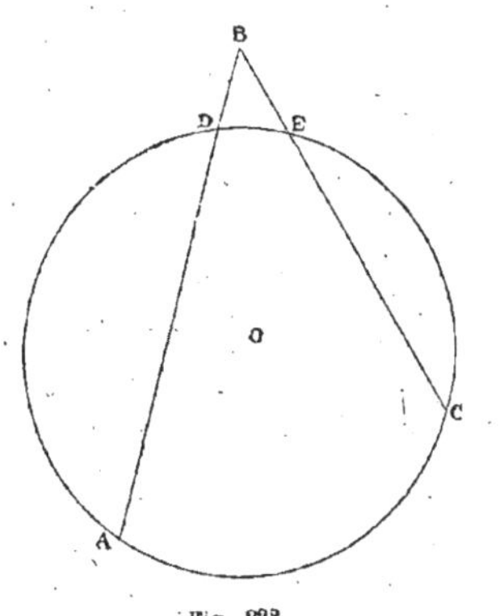

Fig. 222.

la circonférence, comme l'angle ABC (*fig.* 222). Dans ce cas, sa mesure est égale à la moitié de l'arc AC, moins la moitié de l'arc DE.

5° Le sommet est situé sur la circonférence ; l'un des côtés est une tangente et l'autre une sécante, comme l'angle MAE (*fig.* 221). Dans ce cas, sa mesure est égale à la moitié de l'arc ADE.

Problème n° 36.

407. *Sachant qu'une circonférence a 6ᵐ20 de rayon, trouver la longueur d'un degré.*

Pour avoir la longueur de la circonférence, il faut multiplier 6ᵐ20 par 2, ce qui donne 12ᵐ40, puis multiplier 12ᵐ40 par 3,1416. Le produit 38ᵐ96 représente la longueur de la circonférence. Comme toute circonférence vaut 360 degrés, il suffit de diviser 38ᵐ96 par 360 et on a 0ᵐ182 pour la longueur d'un degré.

Problème n° 37.

408. *Sachant qu'un arc de cercle vaut 32 degrés 15 minutes, et que le rayon est de 4 mètres, trouver la longueur de cet arc développé en ligne droite.*

On cherche d'abord la longueur de la circonférence en multipliant 4 par 2, puis le produit par 3,1416, et on trouve 25ᵐ1328. On convertit 360 degrés en minutes en multipliant 360 par 60, puisque le degré vaut 60 minutes, et on trouve 21 600 minutes. En divisant 25ᵐ1328, longueur de la circonférence, par 21 600, on a pour quotient 0ᵐ00116, nombre représentant la longueur d'un arc d'une minute. On convertit l'arc donné, qui vaut 32°15′, en minute et on trouve 2 135 minutes. On multiplie 0,00116 par 2 135 et on a 2ᵐ477 pour la longueur de l'arc donné.

APPLICATIONS DIVERSES.

Problème n° 38.

409. *Construire un angle égal à l'angle ABC (*fig.* 223).*

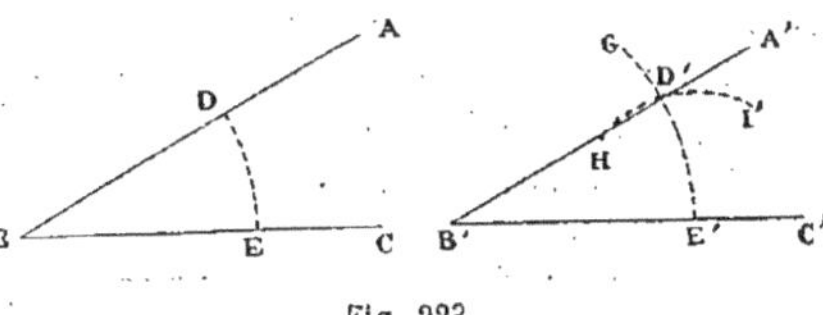

Fig. 223.

Du point B, comme centre, avec un rayon quelconque BE, on décrit l'arc de cercle DE coupant le côté BA au point D. On trace une ligne B'C' et, du point B' comme centre, avec le même rayon, on décrit l'arc GE'. Du point E', comme centre, avec un rayon égal à la corde de l'arc DE, on décrit un second arc HI qui coupe l'arc GE' au point D'. On joint le point B' au point D' par une droite qu'on prolonge et l'angle A'B'C' est égal à l'angle donné ABC.

§ XII. — TABLE DES CORDES

410. On peut encore, au moyen de la table des cordes dont nous allons dire quelques mots, construire sur le papier un angle mesuré sur le terrain.

La table des cordes a été calculée par M. Baudusson, qui s'est appuyé sur les trois principes suivants démontrés en géométrie théorique :

1° Dans un même cercle ou dans des cercles égaux, les arcs égaux sont soustendus par des cordes égales.

2° Les angles au centre interceptent, sur la même circonférence ou sur des circonférences de même rayon, des arcs proportionnels à leur ouverture.

3° Les arcs compris entre les côtés d'angles égaux et situés au centre de la même circonférence ou de circonférences égales, sont proportionnels aux rayons de ces circonférences.

Il résulte de ces trois principes que les cordes des arcs interceptés sur diverses circonférences par des angles au centre sont proportionnelles aux rayons de ces circonférences et que, par suite, un même angle intercepte toujours, sur une circonférence de rayon donné, un arc dont la corde est toujours la même.

Supposons une circonférence ayant un rayon de 1 000 mètres, par exemple, et inscrivons dans cette circonférence un polygone régulier de 21 600 côtés, nombre égal à 360 × 60, c'est-à-dire au nombre de minutes d'une circonférence. Chaque côté de ce polygogne sera la corde d'un arc d'une minute. Inscrivons ensuite un polygone régulier de 10 800 côtés (moitié de 21 600) dans la même circonférence, et chaque côté de ce nouveau polygone sera la corde d'un arc de deux minutes. Continuons par inscrire des polygones de 7 200, de 5 400, etc., côtés, et nous aurons la corde des arcs de 3, 4, etc., minutes.

C'est en calculant la longueur des côtés des nombreux polygones inscrits dans la même circonférence que M. Baudusson a établi sa table des cordes, véritable monument de patience.

411. *Table* (1) *des cordes de 5 en 5 minutes, depuis 6 degrés jusqu'à 90, pour un rayon de 1,000 mètres ou de 1,000 parties.*

POUR UN RAYON DE 1,000 PARTIES.

′	6°	7°	8°	9°	10°	11°	12°
0	105	122	139	157	174	192	209
5	106	123	141	158	176	193	210
10	108	125	143	160	177	195	212
15	109	126	144	161	179	196	213
20	110	128	145	163	180	197	215
25	112	129	147	164	181	199	216
30	113	131	148	166	183	200	218
35	115	132	150	167	184	202	219
40	116	134	151	168	186	203	221
45	118	135	153	170	187	205	222
50	119	137	154	171	189	206	223
55	121	138	155	173	190	208	225
60	122	139	157	174	192	209	226

′	13°	14°	15°	16°	17°	18°	19°
0	226	244	261	278	296	313	330
5	228	245	262	279	297	314	331
10	229	247	264	281	298	316	333

(1) Cette table est extraite du *Guide pratique de l'arpenteur*, par A. Lefebvre.

POUR UN RAYON DE 1,000 PARTIES.

′	13°	14°	15°	16°	17°	18°	19°
15	231	248	265	283	300	317	334
20	232	249	267	284	301	319	336
25	234	251	268	285	303	320	337
30	235	252	270	287	304	321	339
35	236	254	271	288	306	323	340
40	238	255	273	290	307	324	342
45	239	257	274	291	308	326	343
50	241	258	275	293	310	327	344
55	242	260	277	294	311	329	346
60	244	261	278	296	313	330	347

′	20°	21°	22°	23°	24°	25°	26°
0	347	364	382	399	416	433	450
5	349	366	383	402	417	434	451
10	350	367	384	402	419	436	453
15	352	369	386	403	420	437	454
20	353	370	387	404	421	439	456
25	354	372	389	406	423	440	457
30	356	373	390	407	424	441	458
35	357	374	392	409	426	443	460
40	359	376	393	410	427	444	461
45	360	377	394	412	429	446	463
50	362	379	396	413	430	447	464
55	363	380	397	414	431	448	465
60	364	382	399	416	433	450	467

′	27°	28°	29°	30°	31°	32°	33°
0	467	484	501	518	534	551	568
5	468	485	502	519	536	553	569
10	469	487	504	520	537	554	571
15	470	488	505	522	539	555	572
20	472	489	506	523	540	557	574
25	474	491	508	525	541	558	575
30	475	492	509	526	543	560	576
35	477	494	511	527	544	561	578
40	478	495	512	529	546	562	579
45	480	496	513	530	547	564	581
50	481	498	515	532	548	565	582
55	482	499	516	533	550	567	583
60	484	501	518	534	551	568	585

′	34°	35°	36°	37°	38°	39°	40°
0	585	601	618	635	651	668	684
5	586	603	619	636	652	669	685
10	587	604	621	637	654	670	687
15	589	605	622	639	655	672	688
20	590	607	624	640	657	673	689
25	592	608	625	641	658	674	691
30	593	610	626	643	659	676	692
35	594	611	628	644	661	677	694
40	596	612	629	646	662	679	695
45	597	614	630	647	663	680	696
50	599	615	632	648	665	681	698
55	600	617	633	650	666	683	699
60	601	618	635	651	668	684	700

′	41°	42°	43°	44°	45°	46°	47°
0	700	717	733	749	765	781	797
5	702	718	734	751	767	783	799
10	703	719	736	752	768	784	800
15	704	721	737	753	769	785	801
20	706	722	738	755	771	787	803
25	707	723	740	756	772	788	804
30	708	725	741	757	773	789	805

POUR UN RAYON DE 1,000 PARTIES.

′	41°	42°	43°	44°	45°	46°	47°
35	710	726	742	759	775	791	807
40	711	728	744	760	776	792	808
45	712	729	745	761	777	793	809
50	714	730	747	763	779	795	811
55	715	732	748	764	780	796	812
60	717	733	749	765	781	797	818

′	48°	49°	50°	51°	52°	53°	54°
0	813	829	845	861	877	892	908
5	815	831	846	862	878	894	909
10	816	832	848	864	879	895	911
15	817	833	849	865	881	896	912
20	819	835	851	866	882	898	913
25	820	836	852	868	883	899	914
30	821	837	853	869	885	900	916
35	823	839	854	870	886	901	917
40	824	840	856	872	887	903	918
45	825	841	857	873	889	904	920
50	827	843	858	874	890	905	921
55	828	844	860	875	891	907	922
60	829	845	861	877	892	908	923

′	55°	56°	57°	58°	59°	60°	61°
0	923	939	954	970	985	1000	1015
5	925	940	956	971	986	1001	1016
10	926	942	957	972	987	1003	1018
15	927	943	958	973	989	1004	1019
20	929	944	959	975	990	1005	1020
25	930	945	961	976	991	1006	1021
30	931	947	962	977	992	1007	1023
35	932	948	963	978	994	1009	1024
40	934	949	964	980	995	1010	1025
45	935	950	966	981	996	1011	1026
50	936	952	967	982	997	1013	1028
55	938	953	968	984	999	1014	1029
60	939	954	970	985	1000	1015	1030

′	62°	63°	64°	65°	66°	67°	68°
0	1030	1045	1060	1075	1089	1104	1118
5	1031	1046	1061	1076	1090	1105	1120
10	1033	1047	1062	1077	1091	1106	1121
15	1034	1049	1063	1078	1092	1107	1122
20	1035	1050	1065	1080	1094	1109	1123
25	1036	1051	1066	1081	1095	1110	1124
30	1038	1052	1067	1082	1097	1111	1126
35	1039	1054	1069	1083	1098	1112	1127
40	1040	1055	1070	1084	1099	1113	1128
45	1041	1056	1071	1086	1100	1115	1129
50	1042	1057	1072	1087	1101	1116	1130
55	1044	1059	1073	1088	1103	1117	1132
60	1045	1060	1075	1089	1104	1118	1133

′	69°	70°	71°	72°	73°	74°	75°
0	1133	1147	1161	1176	1190	1204	1217
5	1134	1148	1163	1177	1191	1205	1219
10	1135	1149	1164	1178	1192	1206	1220
15	1136	1151	1165	1179	1193	1207	1221
20	1138	1152	1166	1180	1194	1208	1222
25	1139	1153	1167	1181	1196	1209	1223
30	1140	1154	1168	1183	1197	1211	1224
35	1141	1155	1170	1184	1198	1212	1226
40	1142	1157	1171	1185	1199	1213	1227
45	1144	1158	1172	1186	1200	1214	1228
50	1145	1159	1173	1187	1201	1215	1229
55	1146	1160	1174	1189	1202	1216	1230
60	1147	1161	1176	1190	1204	1217	1231

POUR UN RAYON DE 1,000 PARTIES.

'	76°	77°	78°	79°	80°	81°	82°
0	1231	1245	1259	1272	1286	1299	1312
5	1232	1246	1260	1273	1287	1300	1313
10	1234	1247	1261	1274	1288	1301	1314
15	1235	1248	1362	1275	1289	1302	1315
20	1236	1250	1263	1277	1290	1303	1316
25	1237	1251	1264	1278	1291	1304	1318
30	1238	1252	1265	1279	1292	1305	1319
35	1239	1253	1266	1280	1293	1307	1320
40	1240	1254	1268	1281	1294	1308	1321
45	1212	1255	1269	1282	1296	1309	1322
50	1243	1256	1270	1283	1297	1310	1323
55	1244	1257	1271	1284	1298	1311	1324
60	1245	1259	1272	1286	1299	1312	1325

'	83°	84°	85°	86°	87°	88°	89°
0	1325	1338	1351	1364	1377	1389	1402
5	1326	1339	1352	1365	1378	1390	1403
10	1327	1340	1353	1366	1379	1391	1404
15	1328	1341	1354	1367	1380	1392	1405
20	1330	1343	1355	1368	1381	1393	1406
25	1331	1344	1356	1369	1382	1394	1407
30	1332	1345	1358	1370	1383	1396	1408
35	1333	1346	1359	1371	1384	1397	1409
40	1334	1347	1360	1372	1385	1398	1410
45	1335	1348	1361	1373	1386	1399	1411
50	1336	1349	1362	1375	1387	1400	1412
55	1337	1350	1363	1376	1388	1401	1413
60	1338	1351	1364	1377	1389	1402	1414

412. L'usage de cette table est extrêmement simple.

Supposons que la ligne AB (*fig.* 224)

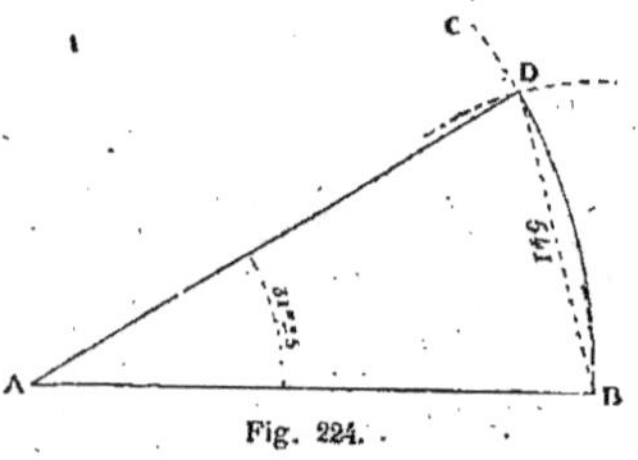

Fig. 224.

ait 1 000 mètres et que du point A, comme centre, avec un rayon égal à AB, c'est-à-dire à 1 000 mètres, on ait décrit un arc de cercle indéfini CB. Si, du point B, comme centre, avec un rayon égal à 541 mètres, on décrit un second arc de cercle coupant le premier au point D, en joignant le point D au point A, on aura un angle DAB qui mesurera 31° 25'.

On voit, en effet, dans la table qu'un angle de 31° 25' correspond bien à une corde de 541 mètres.

Si la droite AB était rapportée sur le papier à l'échelle d'un dixième de millimètre par mètre, elle aurait 0^{m}10 de longueur et il faudrait prendre 0^{m}0541 pour la longueur de la corde, c'est-à-dire décrire, du point B, comme centre, un arc de cercle avec un rayon égal à 0^{m}0541.

Problème n° 39.

413. *Tracer, à l'aide de la table des cordes, une droite qui fasse avec la droite AD (fig. 225) un angle de 47° 35, le sommet de cet angle étant au point B, pris sur AB.*

Pour résoudre ce problème, on prend à

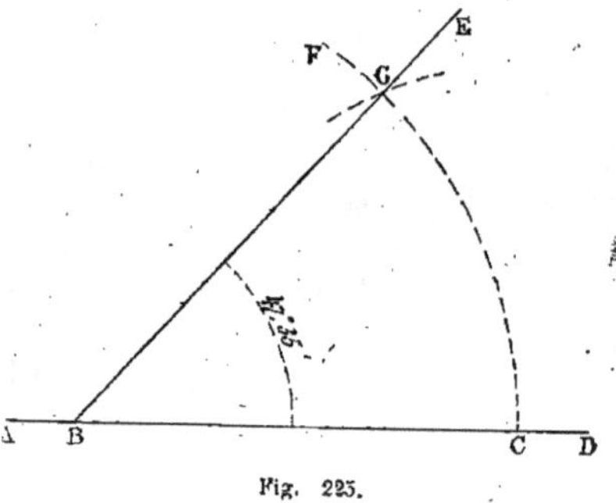

Fig. 225.

partir du point B une quantité BC égale à 1 000 mètres à l'échelle de 0,00005 (5 centièmes de millimètre par mètre), ce qui donne BC = 0^m,05. Du point B, comme centre, avec un rayon égal à BC, on décrit l'arc de cercle FC rencontrant AD au point C.

On cherche dans la table et on voit que la corde d'un angle de 47° 35', correspondant à un rayon de 1 000 mètres est de 807 mètres. Cette longueur donne 0^m,04035 à l'échelle adoptée. Du point C, comme centre, avec un rayon égal à ce 0^m,04035 (ou simplement 0, 04) on décrit un nouvel arc de cercle coupant le premier au point G. On joint le point B au point G par une droite prolongée et EBD est l'angle demandé.

Ce procédé est beaucoup plus exact que celui résultant de l'emploi du rapporteur, car on est toujours libre de se servir d'une grande échelle pour les longueurs, ce qui diminue sensiblement les causes d'erreur.

On comprend qu'il a suffi de calculer la table des cordes jusqu'à 90°. En effet, si l'on avait, par exemple, à construire l'angle obtus EBA (*fig.* 225), il suffirait de tracer son supplément EBD au moyen de la corde GC et on obtiendrait la droite EB.

Problème n° 40.

414. *Partager l'angle* ABC (*fig.* 226) *en deux parties égales.*

Du point B, comme centre, avec un

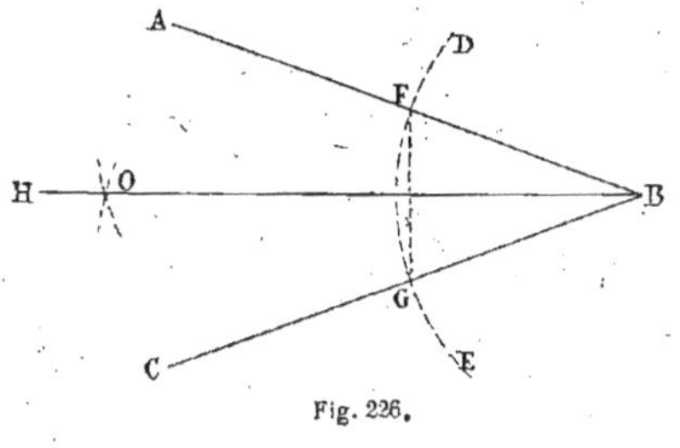

Fig. 226.

rayon quelconque, on décrit un arc de cercle coupant les deux côtés BA et BC aux points E et G. De chacun des deux points G et F, comme centres, avec des rayons égaux quelconques, mais plus grands que la moitié de la corde FG, on décrit deux arcs de cercle se coupant au point O. On unit les deux points O et B par une droite prolongée HB et cette droite partage l'angle donné en deux parties égales, car les deux angles HBA et HBC sont égaux.

Problème n° 41.

415. *Élever une perpendiculaire en un point donné d'une droite* AB (*fig.* 227) *tracée sur le papier.*

On a fait coïncider l'un des côtés d'une règle plate EF avec la droite AB, puis on

appuie sur la règle l'un des côtés d'une équerre de bureau de manière que le sommet de l'angle droit aboutisse au point D,

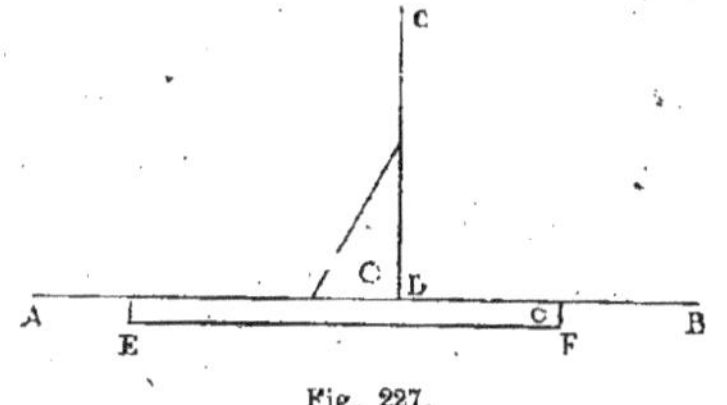

Fig. 227.

point de départ de la perpendiculaire à tracer. On mène une droite CD le long de l'autre côté de l'équerre et cette droite est la perpendiculaire demandée.

Problème n° 42.

416. *Élever une perpendiculaire au milieu d'une droite* AB (*fig.* 228) *au moyen d'une règle et d'un compas seulement.*

Des points A et B, comme centres, avec

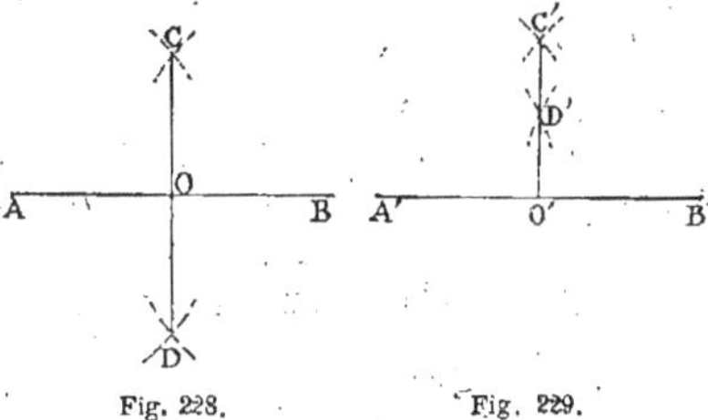

Fig. 228.   Fig. 229.

des rayons égaux, mais plus grands que la moitié de AB, on décrit quatre arcs de cercle se coupant deux à deux aux points C et D. On joint ces deux points par une droite CD coupant AB au point O et cette droite est la perpendiculaire demandée.

On pourrait élever cette perpendiculaire sans qu'il soit nécessaire de tracer deux arcs de cercle se coupant au-dessous de la droite donnée A'B' (*fig.* 229).

Pour cela, des points A' et B', comme centres, avec des rayons égaux, mais plus grands que la moitié de A'B', on décrit deux arcs se coupant au point C'. Des mêmes points, comme centres, avec des rayons égaux, plus petits que les précédents, mais toujours plus grands que la moitié de la droite A'B', on décrit deux nouveaux arcs se coupant au point D'. On unit les points C' et D' par une droite qui, prolongée, rencontre A'B' au point O'. La droite C'O' est la perpendiculaire demandée.

Problème n° 43.

417. *Élever une perpendiculaire en un point* C *(fig. 230) d'une droite* AB *au moyen d'une règle plate et d'un compas seulement.*

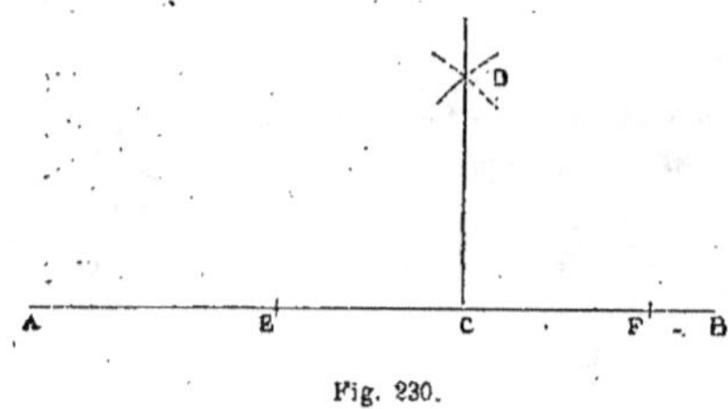

Fig. 230.

On prend deux points E et F équidistants du point C et on retombe dans le cas du problème n° 42, car il s'agit d'élever une perpendiculaire au milieu de la droite EF.

Problème n° 44.

418. *Du point* C *(fig. 231), abaisser une perpendiculaire sur la droite* AB *au moyen d'une règle plate et d'un compas seulement.*

Du point C, comme centre, avec un rayon quelconque, mais plus grand que sa distance à AB, on décrit un arc de cercle GH, rencontrant la droite AB aux points E et D. Des points E et D, comme centres, avec des rayons égaux, mais plus grands que la moitié de ED, on décrit deux arcs de cercle se coupant au point F. On unit les points C et F par une droite CF rencontrant

AB en O et cette droite est la perpendiculaire demandée.

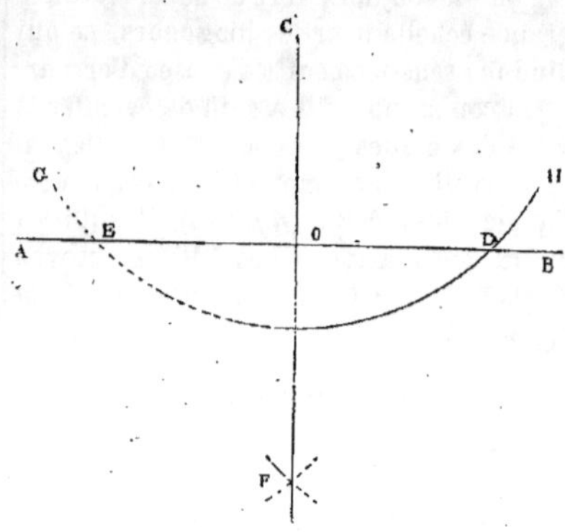

Fig. 231.

Problème n° 45.

419. *Élever, au moyen d'une règle plate et d'un compas seulement, une perpendiculaire à l'extrémité* A *(fig. 232) de la droite* AB, *sans la prolonger.*

On prend en dehors de la droite un point

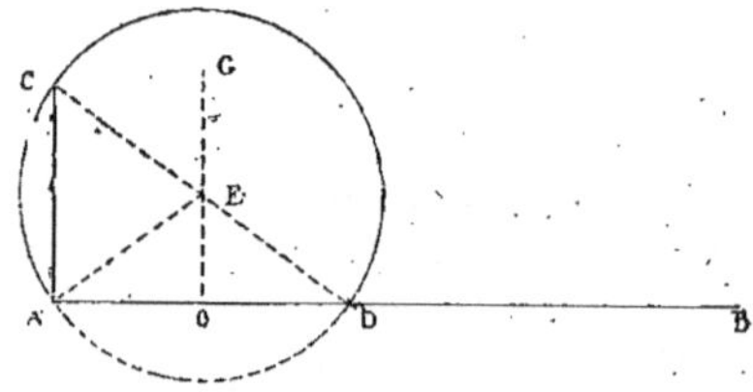

Fig. 232.

quelconque E qu'on joint au point A. Du point E, comme centre, avec un rayon égal à EA, on décrit une circonférence qui coupe AB au point D. On joint le point D au point E par une droite qu'on prolonge et qui rencontre la circonférence au point C. La droite CA, qui unit les points C et A, est la perpendiculaire demandée.

Problème n° 46.

420. *Élever une perpendiculaire à une*

droite AB *(fig. 233) et au point C, sur le terrain, au moyen de l'équerre d'arpenteur.*

On plante le pied de l'équerre bien ver-

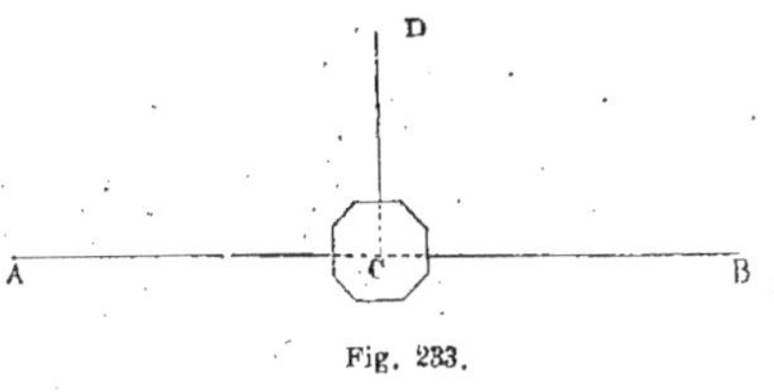

Fig. 233.

ticalement au point C; puis, après avoir placé des jalons aux points A et B, on manœuvre l'instrument jusqu'à ce qu'en visant par une fente et par la fenêtre opposée on aperçoive le jalon planté en B. Alors, en se retournant du côté opposé et en visant par la fente ainsi que par la fenêtre qui lui correspond, on doit apercevoir le jalon planté en A. On n'a plus qu'à viser par la fente et par la fenêtre déterminant une direction perpendiculaire à la première et à planter un jalon en D dans la ligne visée. La droite DC est la perpendiculaire demandée.

Problème n° 47.

421. *Par un point donné, mener une parallèle à une droite.*

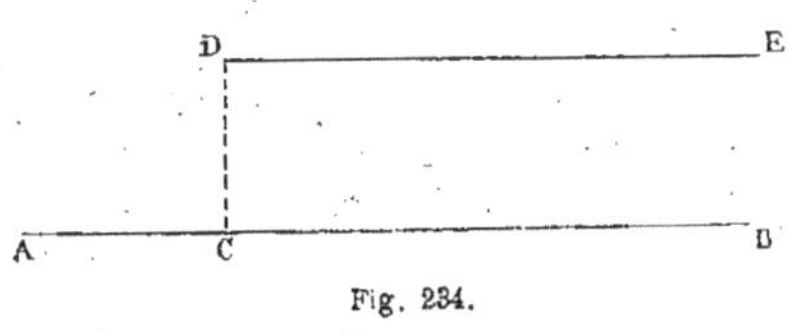

Fig. 234.

1re solution.

Par le point D *(fig. 234)*, mener une parallèle à la droite AB.

Du point D, on abaisse la perpendiculaire DC sur AB et au point D on élève la perpendiculaire DE à DC. La droite DE est parallèle à AB.

2e solution.

Par le point C *(fig. 235)*, mener une parallèle à AB.

Par un point O, pris approximativement au milieu de AB, on décrit une demi-circonférence DFE coupant AB aux points D et E et passant par le point C. Du point E, comme centre, avec un rayon

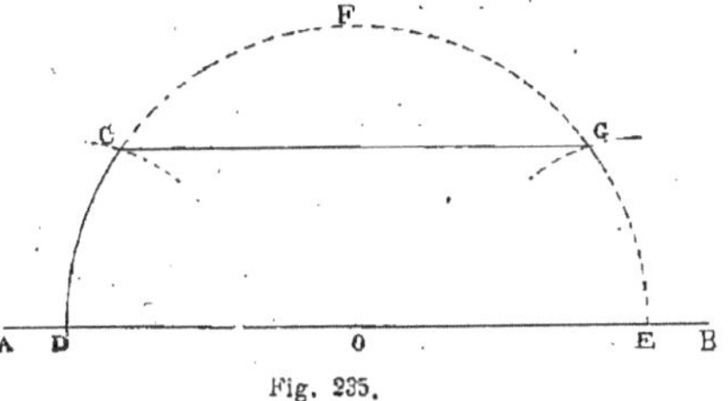

Fig. 235.

égal à la corde DC, on décrit un arc de cercle coupant la demi-circonférence au point G.

On unit les points C et G par une droite, et cette droite est la parallèle demandée.

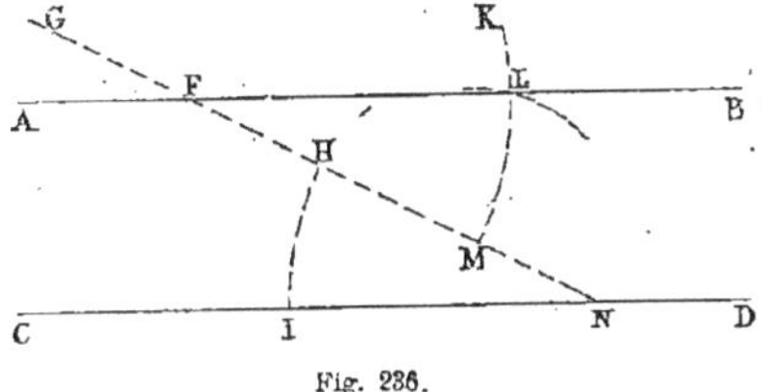

Fig. 236.

3e solution.

Par le point F *(fig. 236)*, mener une parallèle à CD.

On trace une oblique quelconque GN passant par le point F et aboutissant à la droite CD en N. Du point N, comme centre, avec un rayon quelconque mais plus petit que NF, on décrit un arc de cercle HI, rencontrant CD au point I. Du point F, comme centre, avec le même rayon, on décrit l'arc KM coupant GN en M. Enfin, du point M, comme centre, avec un rayon égal à la corde HI, on décrit un arc de cercle coupant l'arc KM au point L.

On unit les points F et L par une droite qu'on prolonge à droite et à gauche, jusqu'en A et en B. La droite AB est la parallèle demandée.

Problème n° 48.

422. *Par les points* A, B, C, D, E *et* F *(fig. 237) mener des parallèles à la droite* MN.

Pour cela, on fait coïncider le côté PG de l'équerre PGK avec la droite MN, puis on applique le long du côté GK une règle plate HI qu'on maintient dans une position convenable par une pression suffisante. On fait glisser le côté GK de l'équerre sur la règle, et lorsque le côté PG passe sur le point F on s'arrête, puis on trace une droite. On met de nouveau l'équerre en mouvement sur la règle et, en passant sur chacun des autres points E, D, C, B

et A, on mène une droite. Alors les six parallèles demandées sont tracées.

Lorsqu'on a une série de parallèles à mener à une même droite on peut se ser-

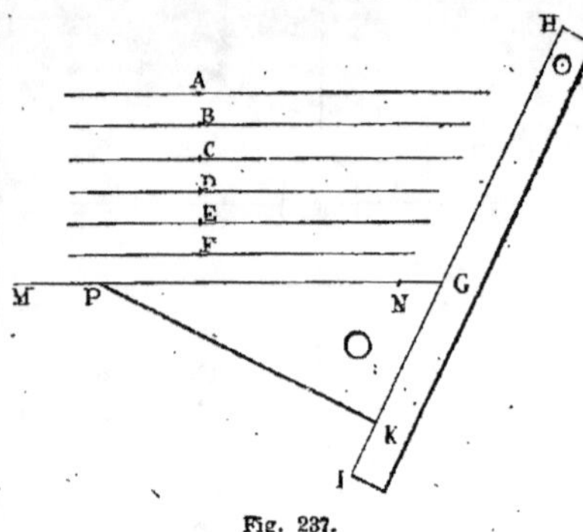

Fig. 237.

vir très avantageusement, soit de la règle à parallèles décrite (n° 220), soit de l'équerre à **T** décrite (n° 227).

CHAPITRE II

TRACÉ DES LIGNES ET MESURE DES LONGUEURS

§ I. — LIGNES DROITES ACCESSIBLES

423. Une ligne droite est dite *accessible*, lorsqu'on peut se rendre d'une extrémité à l'autre sans être gêné par un obstacle, quand même on serait obligé de faire un détour pour y parvenir.

424. Les instruments qui servent à la mesure de lignes droites sont :

1° La chaîne d'arpenteur (n° 14) ;

2° Le décamètre ruban (n° 16) ;

3° La stadia.. . . . . . . (n⁰ˢ 17 à 36) ;

4' Le télémètre.. . . . (n⁰ˢ 36 à 49).

425. Avant de procéder à la mesure d'une ligne droite au moyen de la chaîne d'arpenteur ou du décamètre ruban, il faut la *jalonner*, c'est-à-dire déterminer exactement sa direction sur le terrain. Lorsqu'on emploie la stadia ou le télémètre, cette opération n'est pas nécessaire, car il suffit de voir les extrémités de la ligne droite à mesurer.

I. — Jalonnage et tracé.

426. On trace les lignes droites sur le terrain au moyen de *jalons*.

On donne le nom de *jalon* à une petite baguette bien droite, ayant environ 1ᵐ,30 de longueur, pointue à l'une de ses extrémités pour qu'on puisse facilement la fixer en terre. L'autre extrémité est fendue pour recevoir un morceau de papier ou un petit drapeau destiné à rendre le jalon visible à une distance aussi grande que possible. Ces jalons se trouvent généralement sur les lieux mêmes où l'on opère ou dans leur voisinage, et on les prépare sur le terrain.

Lorsqu'on veut obtenir une grande précision, on se sert de jalons à section octogonale ou cylindrique, ayant environ 1ᵐ,50 de hauteur, ferrés en pointe à leur extrémité inférieure et portant, à leur extrémité supérieure, un petit drapeau ou un *signal* quelconque destiné à faciliter la direction des rayons visuels.

Enfin, pour marquer les extrémités des grands alignements, on se sert de jalons très élevés qu'on désigne sous le nom de *balises*. Ce sont de longues perches bien droites, portant un drapeau ou tout autre signal facile à apercevoir de loin.

Problème n° 49.

427. *Tracer une droite sur un terrain plat ou faiblement ondulé.*

Tout d'abord, on place bien verticalement, un jalon à chacune des extrémités A et B (*fig.* 238) de la droite à tracer et on apprécie à l'œil le nombre de jalons nécessaires pour bien déterminer la ligne selon sa longueur.

L'opérateur place l'œil derrière le jalon A, puis l'*aide*, tenant un jalon de la main droite à une certaine distance de son corps et bien verticalement, se déplace sur l'indication de l'opérateur, jusqu'à ce que le jalon A couvre parfaitement, et le jalon planté en E, et le jalon planté en B.

L'aide avance sur la ligne, du côté du point A, et s'arrête dans le voisinage du point D. Il se déplace sur de nouvelles

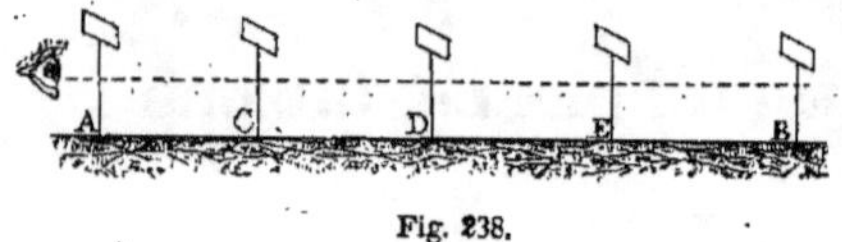

Fig. 238.

indications de l'opérateur, jusqu'à ce que le jalon A couvre parfaitement les jalons plantés en D et en B.

En opérant de la même manière, l'aide plante un troisième jalon au point C et la droite est complètement jalonnée ou tracée.

On suppose que l'opérateur, après avoir placé un jalon en A, a chargé l'aide d'en mettre un second à l'extrémité B et c'est en revenant sur ses pas, pour éviter des pertes de temps, que l'aide a effectué le jalonnage complet. Il est clair qu'il aurait pu commencer son opération en partant du point A pour se rendre au point B.

En résumé, pour qu'un jalonnage soit bien fait, il faut que l'opérateur, placé à une petite distance du premier jalon, ferme un œil, vise par l'autre et que le premier jalon couvre tous les autres de manière qu'on n'en aperçoive qu'un seul.

Problème n° 50.

428. *Jalonner une ligne en la parcourant.*

L'opérateur place préalablement un jalon à chacune des extrémités A et B (*fig.* 238), puis il en fait planter un troisième en C. Il se rend près du jalon C et en fait placer un quatrième en D. Il se rend ensuite près du jalon D et en fait planter un cinquième en E. A chaque station, le jalon visé a dû couvrir tous

les autres. Enfin, comme vérification, il faut que l'opérateur, arrivé en B, constate par une visée que le jalon planté à ce point couvre parfaitement les 4 autres.

Cette méthode permet de prolonger l'alignement AB sur le terrain; mais, pour opérer avec une précision suffisante, il faut viser à une petite distance des jalons en dirigeant les rayons visuels tangentiellement à ces jalons et, alternativement, de droite à gauche.

On peut parcourir une ligne droite sans le concours de jalons intermédiaires. Pour cela, il faut remarquer un objet fixe se trouvant dans l'alignement, un pied d'arbre, par exemple, et marcher en s'alignant toujours sur cet objet.

En général, lorsque le terrain est découvert, il suffit de placer les jalons à une distance de 50 à 60 mètres les uns des autres; mais, pour de petites lignes, un à chaque extrémité et un à peu près au milieu suffisent.

Problème n° 51.

429. *Jalonner une ligne lorsque, d'une extrémité, on ne peut pas apercevoir l'autre.*

Du point A (*fig.* 239), on n'aperçoit pas

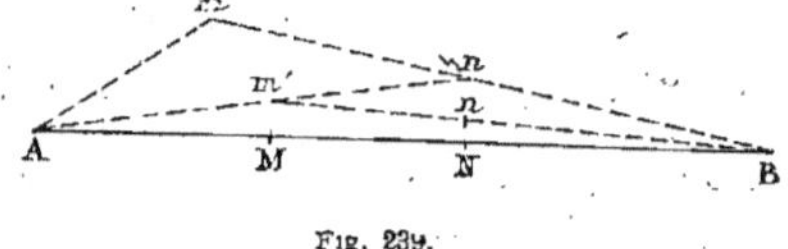

Fig. 239.

le point B et réciproquement. Il s'agit de jalonner la droite déterminée par les points A et B.

Pour cela, l'opérateur se place en un point quelconque *m* peu éloigné de l'alignement et duquel il puisse apercevoir les points A et B. Il fait planter un jalon en *n* sur la droite *m*B. Si le jalon *n* couvrait les jalons *m* et A, la ligne A*mn*B serait droite; mais il n'en est pas ainsi. Alors, l'opérateur, placé en *n*, fait planter un jalon en *m'* dans l'alignement *n* A. Les jalons A, *m'*, *n* et B n'étant toujours pas en ligne droite, l'opération se poursuit. L'opérateur placé en *m'* fait planter un jalon en *n'* sur l'alignement *m'* et B et il continue ainsi en se rapprochant de la ligne à jalonner jusqu'à ce que les quatre jalons A, M, N et B soient parfaitement en ligne droite.

Problème n° 52.

430. *Indiquer, sur le terrain, le point de rencontre des deux alignements jalonnés* AB *et* CD (*fig.* 240).

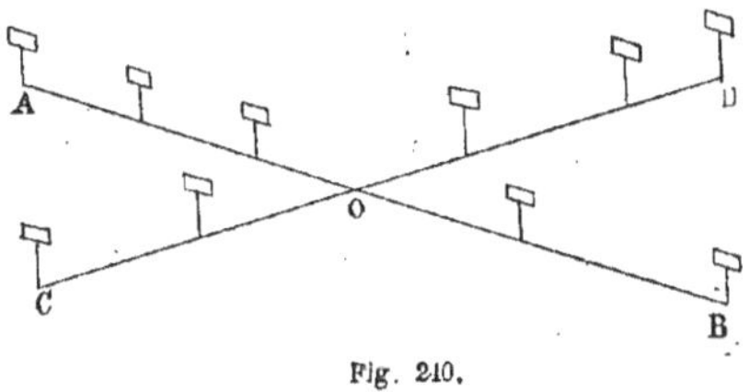

Fig. 240.

Pour résoudre ce problème, l'opérateur place l'œil derrière le jalon A de manière que ce jalon couvre tous ceux plantés sur l'alignement AB. L'aide, muni d'un jalon qu'il tient verticalement devant lui, part du point D et s'avance vers le point C en restant toujours soigneusement dans l'alignement. Lorsque l'opérateur s'aperçoit que le jalon est caché par les jalons de AB, il donne le signal d'arrêt et fait planter en O le jalon que l'aide porte. Le point O est l'intersection demandée.

Un seul opérateur peut déterminer ce point de rencontre; mais, pour y parvenir, il doit procéder par tâtonnements successifs.

Problème n° 53.

431. *Jalonner un aligne-*
Sciences Générales.

ment AG (*fig.* 241) *traversant des terrains très accidentés.*

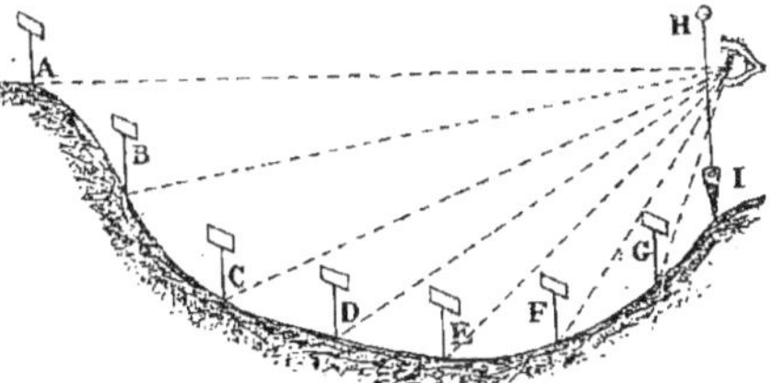

Fig. 241.

On plante un jalon à chacun des points extrêmes A et G; puis, à une certaine distance du point G, on installe un fil à plomb HI qu'on aligne, par tâtonnements, avec les points extrêmes A et G. Dans cette position, tous les rayons visuels passant par le fil à plomb et par le point A détermineront les points intermédiaires B, C, D, E et F à chacun desquels on plantera un jalon.

Pour éviter les oscillations dues à la mobilité du fil à plomb, il n'y a qu'à plon-

Fig. 242.

ger, librement, la masse I dans un verre plein d'eau.

LUNETTE D'ALIGNEMENT.

432. Pour tracer les grands alignements, on emploie une puissante lunette dont le dessin est donné par la figure 242.

La lunette, qui est la pièce principale de l'instrument, se meut autour d'un axe horizontal, de manière que la ligne de visée décrive un plan vertical perpendiculaire à cet axe.

Pour tracer un alignement à l'aide de cet appareil, on le met en station sur la ligne à jalonner; puis, au moyen des vis de calage, on amène en même temps le tourillon dans un plan horizontal et l'axe de la lunette dans l'alignement à déterminer. Dans cette position, quels que soient les accidents du terrain, on peut faire planter des jalons sur tous les points visibles, puisque la lunette se meut dans un plan vertical en décrivant des angles allant de 0 à 180°, et on est sûr que tous ces jalons sont parfaitement en ligne droite.

Problème n° 54.

433. *Prolonger une droite au delà d'un obstacle.*

1ᵣₑ *Solution.* Il s'agit de prolonger la

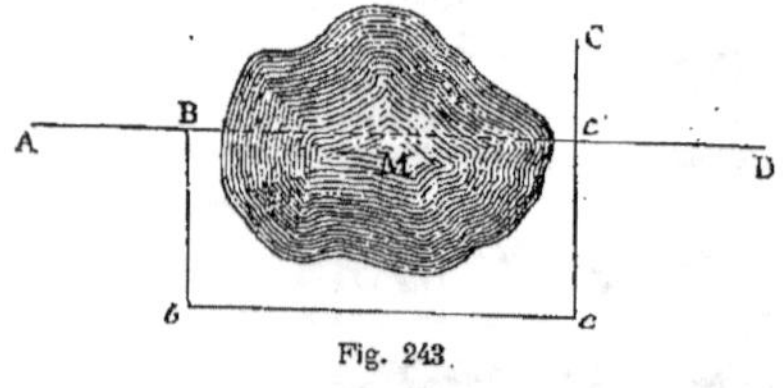

Fig. 243.

droite AB (*fig.* 243) au delà de l'obstacle M.

Pour cela, au point B, on élève une perpendiculaire B*b* à AB. Au point *b*, on élève une perpendiculaire *bc* à B*b*. Au point *c*, on élève une perpendiculaire *c*C à *bc* et on prend *cc′* = B*b*. Enfin, au point *c′*, on élève une perpendiculaire *c′*D à C*c*.

Il est clair que si toutes les perpendiculaires ont été menées avec précision au moyen d'une équerre bien juste, la droite *c′*D est bien le prolongement de la droite AB.

2° *Solution.* Prolonger une droite AB (*fig.* 244) en dehors de l'obstacle M.

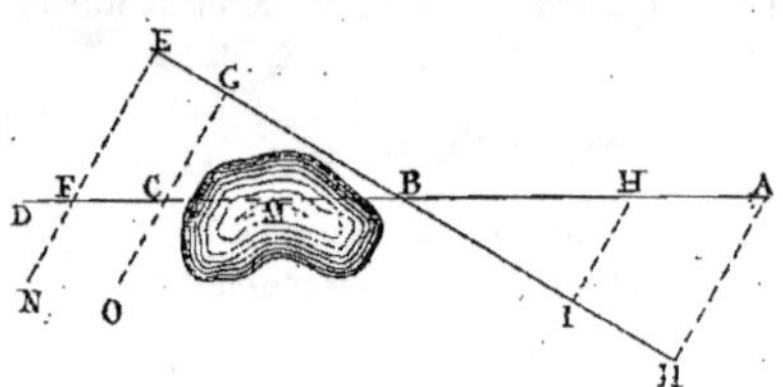

Fig. 244.

Pour cela, on trace, en dehors de l'obstacle, une droite EH passant par le point B. On prend BG = BI, puis on élève à GI la perpendiculaire IH rencontrant AB en H. Au point G, on élève à GI la perpendiculaire GO sur laquelle on prend GC = IH et le point C se trouve sur le prolongement de AB.

Pour trouver un second point du prolongement, on prend BE = BH. On élève à GH les deux perpendiculaires HA et EN et en prenant EF = HA, le point F est un second point du prolongement. Il ne reste donc plus qu'à unir les deux points F et C par une droite qu'on prolonge à droite et à gauche.

3ᵉ *Solution.* Prolonger la droite AB (*fig.* 245) au delà de l'obstacle M.

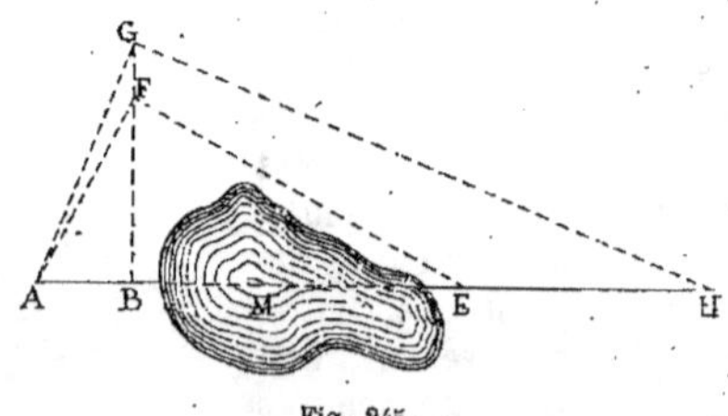

Fig. 245.

Au point B, on élève à AB la perpendiculaire BF d'une longueur quelconque. On joint le point F au point A et on élève une perpendiculaire FE à FA. La longueur de BF doit être telle que la perpendiculaire FE se trouve en dehors de l'obstacle.

On ne sait pas si le point E se trouve dans le prolongement de AB, mais on le suppose. Alors, les deux triangles rectangles ABF et AFE étant semblables, on a la proportion :

$$FE : FB : : FA : AB$$

qui donne

$$FE = \frac{FB \times FA}{AB}$$

Donc, pour calculer FE, c'est-à-dire un point du prolongement de AB, il faut multiplier la longueur de FB par la longueur de FA et diviser le produit par la longueur de AB.

Pour obtenir un second point, on opère de la même manière, c'est-à-dire qu'on joint au point A un point quelconque G de la perpendiculaire BF prolongée, puis on élève GH perpendiculaire à GA.

La formule $GH = \dfrac{GB \times GA}{AB}$ donne la longueur de GH, c'est-à-dire le point H qu'on n'a plus qu'à joindre au point E précédemment trouvé, pour avoir le prolongement de AB.

4e *Solution*. Il s'agit de prolonger la droite AB (*fig.* 246).

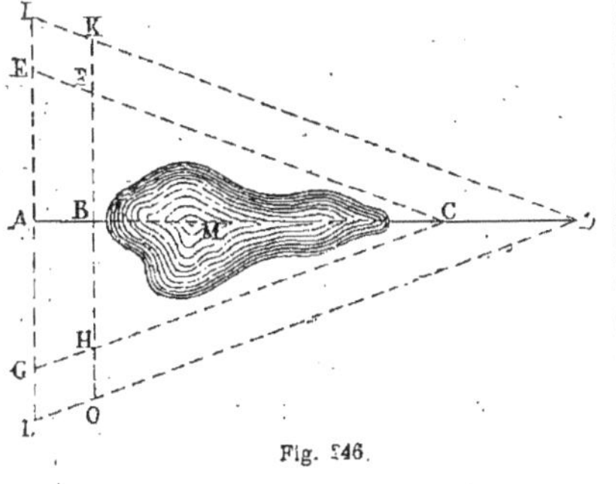

Fig. 246.

Aux points A et B, on élève à AB deux perpendiculaires qu'on prolonge en dessus et en dessous d'une certaine quantité, puis on prend AE = AG et BF = BH, de

telle façon que la droite BF soit plus petite que la droite AE. On unit le point E au point F et le point G au point H. Ces deux lignes prolongées se rencontrent en C qui est un point de la droite à tracer.

Pour déterminer un second point D, on prend BK = BO et AI = AL. En joignant I à K et L à O et en prolongeant, on obtient le second point D qui, joint au point C, donne le prolongement de AB.

5e *Solution*. Prolonger la droite AB (*fig.* 247) au delà de l'obstacle M.

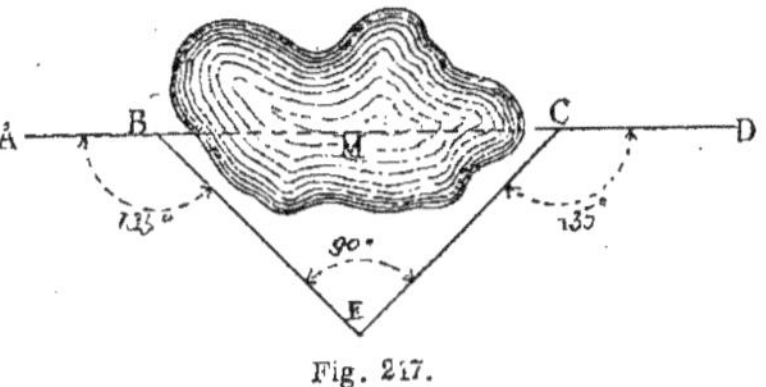

Fig. 247.

Au moyen du graphomètre, on trace, en dehors de l'obstacle, une droite BE formant avec AB un angle de 135°. Au point E, on élève la perpendiculaire EC à EB et on prend EC = EB. Enfin, au point C, on trace une droite CD formant un angle de 135° avec CE. La droite CD est le prolongement de la droite AB.

Problème n° 55.

434. *Jalonner en forêt une droite AB (fig. 248) sans instrument.*

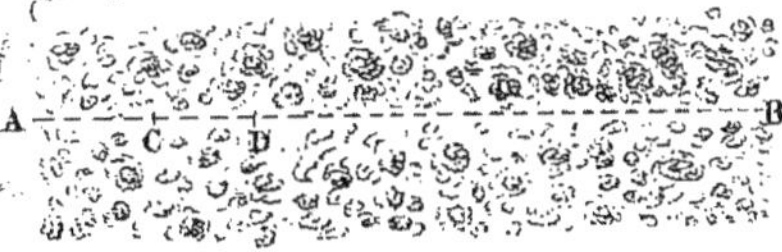

Fig. 248.

L'opérateur est en A, par exemple, et la vue ne peut aller que jusqu'en C. Si le point C était sur l'alignement AB, le tracé n'offrirait aucune difficulté, mais il n'en est pas ainsi.

Voici alors comment on opère. Un

homme se place en A et un autre en B. Le second produit un bruit d'une intensité assez forte pour être entendu du premier, soit au moyen d'une arme à feu, soit au moyen de la voix, selon la distance. Alors, l'opérateur placé en A fait planter un jalon C dans la direction du son, puis il continue le jalonnage de proche en proche.

On conçoit que ce procédé ne peut donner que des résultats approximatifs. En effet, le son peut dévier de sa direction naturelle, soit par l'effet du vent, soit par l'effet d'une cause quelconque et il est difficile de savoir si le jalon C est planté à sa véritable place. Aussi ce moyen exige-t-il de nombreux tâtonnements. Cependant, quelque grossier qu'il soit, c'est le seul qu'on puisse employer si l'on n'a pas à sa disposition un plan exact ou une boussole. On verra plus loin comment on opère au moyen de la boussole.

II. — Mesure des lignes droites accessibles.

435. *Emploi de la chaîne d'arpenteur* (n° 14). Pour obtenir la longueur d'une droite sensiblement horizontale au moyen de la chaîne d'arpenteur, il faut porter un nombre suffisant de fois cet instrument sur la direction de la droite. En multipliant le nombre des portées par 10 et en ajoutant au produit la longueur de ce qui reste de la ligne en dehors de la dernière portée, on obtient la longueur totale cherchée.

L'opération qui consiste à promener la chaîne sur une ligne à mesurer se nomme *chaînage*, et voici comment on effectue un *bon chaînage*.

L'opérateur introduit quatre doigts de la main droite dans l'une des poignées de la chaîne et la tient fixée sur le sol, contre le jalon planté au point de départ. L'aide opérateur, qui prend le nom de *porte-chaîne*, introduit à son tour quatre doigts de la main droite dans l'autre poi-

gnée et tient une série de 10 fiches dans l'autre main. Il se dirige sur la ligne à mesurer en tenant une fiche placée extérieurement et contre la poignée. A l'aide de signaux convenus, l'opérateur fait manœuvrer le porte-chaîne, soit à droite soit à gauche, l'extrémité de la fiche étant près du sol. Lorsque la fiche est bien dans l'alignement et que la chaîne est bien tendue, le porte-chaîne plante cette fiche aussi verticalement que possible, en ayant soin de la maintenir contre la poignée. S'il y a plusieurs jalons en avant ou en arrière, le porte-chaîne peut déterminer lui-même la place de la fiche en dirigeant un rayon visuel sur les jalons. Alors, il faut que l'œil chargé de la visée soit bien placé dans la direction de la fiche et des jalons.

Le porte-chaîne et l'opérateur se lèvent ensemble; le premier entraîne la chaîne tenue par le second et se dirige suivant la ligne à mesurer. L'opérateur arrivé à la première fiche plantée appuie l'extérieur de la poignée contre cette fiche en la maintenant bien verticalement et indique au porte-chaîne l'endroit où la seconde fiche doit être placée, la chaîne étant toujours bien tendue.

Le porte-chaîne et l'opérateur se lèvent encore ensemble, le premier laissant sa fiche plantée pendant que le second emporte la sienne.

Lorsque le porte-chaîne a placé sa dixième et dernière fiche, il attend l'opérateur qui, au moyen de deux traits croisés, marque la place de cette dernière fiche que le porte-chaîne joint aux neuf autres. Les traits croisés limitent une longueur de 100 mètres, qui constitue ce qu'on appelle une *portée*.

On recommence l'opération pour une nouvelle portée et on continue ainsi jusqu'à ce qu'on soit arrivé à l'extrémité de la ligne à mesurer.

En résumé, le nombre de fiches relevées par l'opérateur indique le nombre de décamètres que contient la ligne. S'il a un excédent, on compte les mètres, puis les doubles décimètres au moyen des anneaux en cuivre et on apprécie les décimètres et même les demi-décimètres.

436. Les soins à prendre dans les opérations de chaînage consistent, en résumé :

1° A tendre la chaîne bien horizontalement et exactement dans l'alignement de la droite à mesurer.

2° A planter les fiches bien verticalement et à maintenir, pendant chaque opération, une parfaite adhérence entre les poignées et les fiches.

3° A veiller à ce que les anneaux qui relient les chaînons soient toujours libres. Dans le cas contraire, on dit que la chaîne est *nouée* et c'est ce qu'il faut éviter.

4° A ne faire aucune erreur dans le comptage des fiches.

437. Quelles que soient les précautions prises en opérant avec la chaîne d'arpenteur, il y a toujours des erreurs à craindre. Pour les diminuer, on peut recommencer plusieurs fois l'opération, faire la somme des résultats obtenus et prendre une moyenne, qui s'approche alors suffisamment du résultat exact.

438. Ce qui vient d'être dit à propos de l'emploi de la chaîne d'arpenteur se rapporte également au *décamètre-ruban* (n° 16). Cependant, par sa rigidité et par sa disposition des poignées aidant à planter les fiches verticalement, ce dernier instrument offre une plus grande précision et lorsque la tension est trop forte pendant une opération de chaînage, on n'a pas à craindre son allongement comme cela se produit pour la chaîne d'arpenteur.

Problème n° 56.

439. *Mesurer une droite inclinée* AE *(fig.* 249) *par rapport à l'horizon.*

Dans l'opération de chaînage décrite (n° 435), on a supposé que le terrain était sensiblement horizontal. Aussi, pendant le chaînage, la chaîne a-t-elle été maintenue constamment en contact avec le sol ;

mais lorsque le terrain est sensiblement incliné comme la droite AE, ce n'est plus cette droite qu'il faut mesurer; c'est sa projection A'E' sur un plan horizontal, et

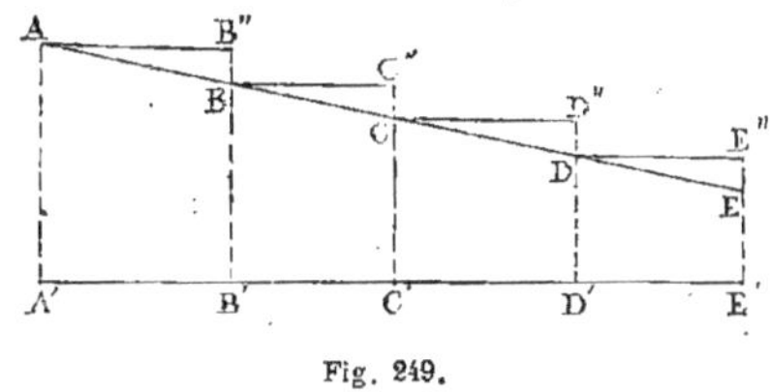

Fig. 249.

il en sera ainsi pour toute ligne inclinée, quelle que soit l'importance de l'inclinaison.

Le chaînage de la droite AE peut être fait, soit en descendant, en partant du point A pour arriver au point E, soit en montant, en partant du point E pour arriver au point A.

1° *En descendant.* On jalonne préalablement la droite inclinée AE, puis l'opérateur place la poignée de la chaîne contre le jalon planté au point A et il fait placer le porte-chaîne sur l'alignement, dans la direction du point E. Arrivé au point B, c'est-à-dire à 10 mètres du point A, ce dernier tend la chaîne dans la position horizontale AB". Si la hauteur B"B est inférieure à la longueur d'une fiche, il n'a qu'à planter cette fiche bien verticalement. Dans le cas contraire, tout en maintenant la chaîne aussi horizontalement que possible, il appuie l'anneau de la fiche plombée contre le bord extérieur de la poignée de la chaîne et laisse tomber librement la fiche qui vient se planter en B. Il remplace la fiche plombée par une fiche ordinaire qu'il plante à la même place. On prolonge la verticale B"B jusqu'en B' et la droite A'B', égale à AB", est la projection horizontale de la droite inclinée AB.

L'opérateur et le porte-chaîne marchent ensemble dans la direction AE et le premier s'arrête à la fiche laissée en B, contre laquelle il place le bord extérieur de la poignée pendant que le second détermine, sur AE, un autre point C en opérant comme précédemment. Alors, la droite B'C', égale à BC", est la projection horizontale de la droite inclinée BC.

On continue l'opération de la même manière jusqu'au point E et on trouve que C'D' et D'E' sont les projections horizontales de CD et DE.

De cette façon, on n'a pas mesuré les parties inclinées AB, BC, CD et DE, mais leurs projections horizontales A'B', B'C', C'D' et D'E', c'est-à-dire la droite totale A'E' qui est la projection horizontale de la ligne totale inclinée AE.

2° *En montant*. Il s'agit maintenant de mesurer la droite inclinée AE (*fig.* 249) en partant du point E pour se diriger au point A. L'opérateur se place en E et le porte-chaîne se dirige du côté du point A. Si la verticale E"E est plus petite que la longueur de la fiche, l'opérateur place le bord extérieur de la poignée contre la fiche préalablement plantée, de manière que la chaîne soit aussi horizontale que possible, et le porte-chaîne place une autre fiche au point D, dans l'alignement de EA. Mais si la verticale E"E est plus longue qu'une fiche, l'opérateur doit être muni d'un gros jalon ferré, bien droit, qu'il plante en E et il promène le bord extérieur de la poignée le long du jalon jusqu'à ce que la chaîne soit aussi horizontale que possible, le porte-chaîne étant arrivé en D où il plante une fiche.

On opère de même à chacune des stations D, C et B et on a mesuré la droite EA qui est la projection horizontale de la droite inclinée EA.

440. Si le terrain était trop accidenté et qu'il fût impossible de tendre la chaîne dans toute sa longueur, on n'opérerait qu'avec la partie de l'instrument dont la tension serait possible.

441. Les opérations de chaînage faites sur un terrain incliné sont beaucoup moins précises que celles effectuées sur un terrain horizontal ou sensiblement horizontal en raison de la flexion de la chaîne, due à l'action de la pesanteur.

Lorsqu'on le peut, il vaut mieux employer une forte règle de 4 à 6 mètres de longueur à laquelle il est facile de donner une position parfaitement horizontale au moyen d'un petit niveau à bulle d'air.

§ II. — LIGNES DROITES INACCESSIBLES

442. Une ligne droite est dite *inaccessible*, lorsque, par suite de la présence d'un obstacle quelconque, il est impossible de la parcourir d'un bout à l'autre ou même d'arriver à ses points extrêmes.

Problème n° 57.

443. *Mesurer la droite* BC, *prolongement de* AB (*fig.* 250), *en supposant qu'un obstacle* M *s'oppose à ce qu'on puisse parcourir la distance comprise entre* B *et* C.

1re *Solution.* On jalonne une droite quelconque BI et, en un point F pris à volonté sur BI, on élève une perpendiculaire FH à BI. On cherche, par tâtonnement, au moyen de l'équerre d'arpenteur, un point

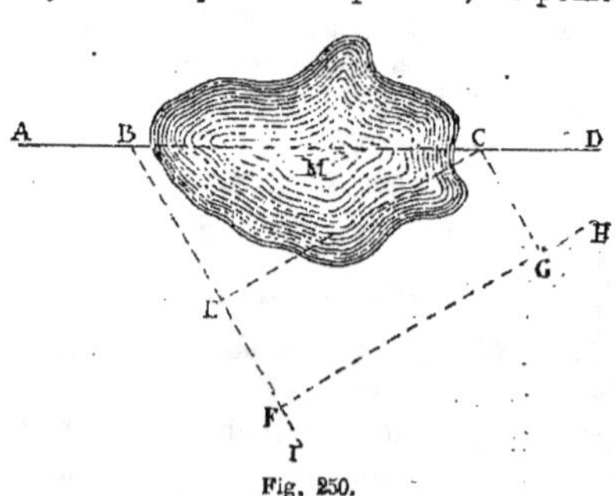

Fig. 250.

G, pied d'une perpendiculaire élevée sur FH et aboutissant au point C. On suppose tracée la perpendiculaire CE à BI et cette perpendiculaire est égale à GF.

Le triangle BEC est rectangle. En mesurant GF, on aura CE. En mesurant BF et en retranchant CG de la longueur trouvée, on aura BE.

Comme on sait que le carré de l'hypoténuse d'un triangle rectangle vaut la somme des carrés construits sur les deux côtés de l'angle droit, on aura :

$$\overline{BC}^2 = \overline{CE}^2 + \overline{BE}^2$$

En extrayant la racine carrée de chaque membre de cette équation, il viendra :

$$BC = \sqrt{\overline{CE}^2 + \overline{BE}^2}$$

Donc, pour avoir la longueur de BC, il faudra faire le carré de CE et de BE, puis extraire la racine carrée de la somme des deux carrés.

2e *Solution.* Mesurer la distance BC, largeur du cours d'eau M *(fig.* 251), dans le prolongement de AB.

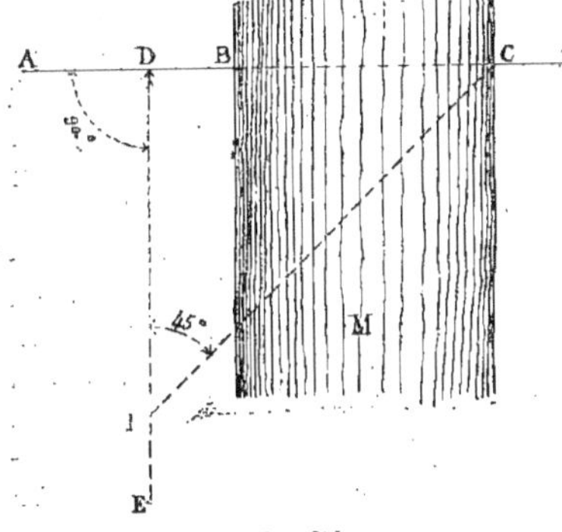

Fig. 251.

On prend sur AB un point D à une petite distance du cours d'eau et on élève à ce point une perpendiculaire DE et AB. Par tâtonnement au moyen de l'équerre d'arpenteur, on détermine sur DE un point F duquel part une ligne FC aboutissant au point C et formant un angle de 45° avec DF. Alors l'angle DCF vaut aussi 45° et le triangle FDC est isocèle. Donc les deux côtés DC et DF sont égaux comme oppo-

sés à des angles égaux. Conséquemment, pour avoir la longueur de BC, il suffira de mesurer DF et de retrancher du résultat la longueur de DB.

Problème n° 58.

444. *Mesurer une longueur inaccessible* AB *(fig.* 252).

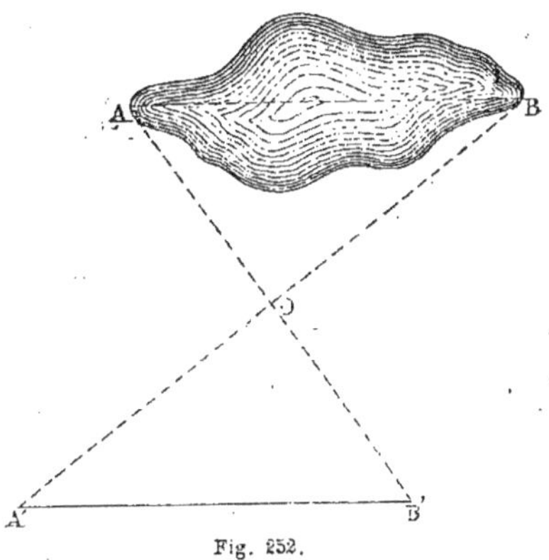

Fig. 252.

On détermine un point quelconque O duquel on puisse voir distinctement les points A et B. Ensuite, on jalonne la droite BO jusqu'en A' de manière que BO = OA'. On jalonne également la droite AO qu'on prolonge jusqu'en B', de manière que AO = OB'. La droite A'B' qui unit les points A et B est égale à AB, puisque les deux triangles OBA et OB'A' sont égaux comme ayant un angle égal compris entre deux côtés égaux. Pour avoir la solution demandée, il n'y a qu'à mesurer la droite A'B' qu'on peut parcourir d'un bout à l'autre.

Problème n° 59.

445. *Mesurer la distance d'un point donné* A *(fig.* 253), *accessible, à un autre point* B *inaccessible.*

1re *Solution.* Au moyen de l'équerre d'arpenteur placée en A, on élève la perpendiculaire AE sur AB. On prend sur AE un point quelconque O et on prolonge

la ligne BO. On fait OC = OA et, au point
C, on élève à AC une perpendiculaire qui
rencontre la ligne BO prolongée au point
D. La ligne CD est égale à AB puisque les

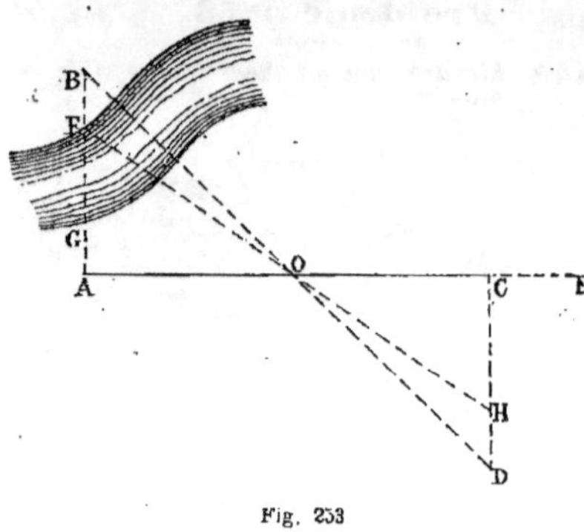

Fig. 253

deux triangles rectangles OAB et OCD
sont égaux comme ayant un angle et un
côté de l'angle droit égaux. Il n'y a donc
qu'à mesurer la ligne accessible CD pour
avoir la longueur de AB.

446. Si l'on voulait avoir la largeur
FG de la rivière, il faudrait prolonger
la droite FO jusqu'à la rencontre de CD en
H, puis mesurer CH et retrancher du résultat la longueur de AG.

2ᵉ Solution. Au moyen de l'équerre d'arpenteur, on élève la perpendiculaire AD

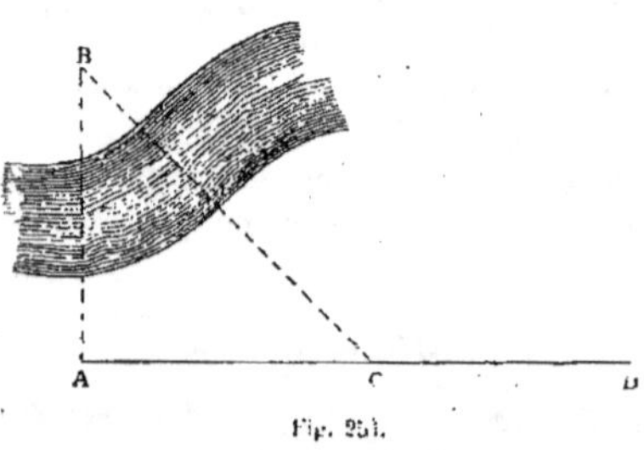

Fig. 254.

à AB (*fig. 254*), puis on se promène sur
la ligne AD jusqu'à ce que, par tâtonnement, on trouve, à l'aide de l'instrument,
un point C tel qu'en visant par une fente
et la fenêtre correspondante, on aperçoive

le point A et qu'en visant par la fente la
plus voisine formant avec la direction précédente un angle de 45°, on aperçoive le
point B. Il est clair que le triangle BAC
est isocèle et que AC = AB. La ligne AC
est accessible et sa mesure n'offre aucune
difficulté.

3ᵉ Solution. Il s'agit de mesurer la ligne
inaccessible AB (*fig. 255*).

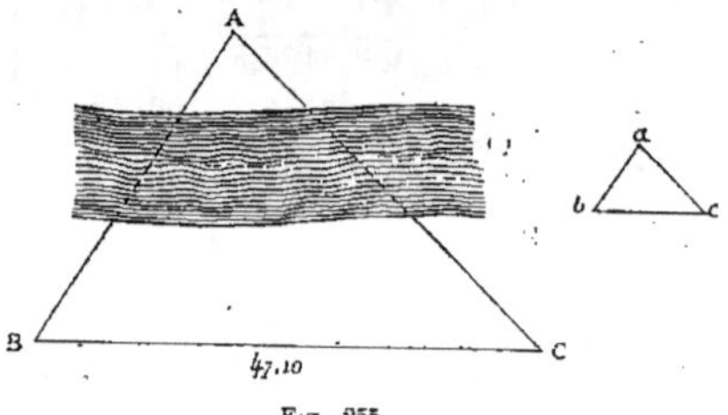

Fig. 255.

On trace une droite BC qui, à l'œil,
paraisse à peu près égale aux lignes AC
et AB. On mesure avec beaucoup de soin
la droite BC qui a 47ᵐ,10, par exemple :
puis, au moyen du niveau topographique ou
du graphomètre, on mesure les angles B et
C et on a tout ce qui est nécessaire pour
déterminer graphiquement la longueur
de AB.

Pour cela, on se sert, par exemple, de l'é-
chelle de deux millimètres par mètre et on
représente BC par *bc* qui a 0,942 (94 millimètres, plus 2 dixièmes de millimètre).

Aux extrémités *b* et *c*, on fait deux angles
b et *c* égaux aux angles B et C. En mesurant *ba* au moyen de la même échelle, on
aura la longueur de AB.

4ᵉ Solution. On propose de mesurer la
droite inaccessible AB (*fig. 256*) au moyen
de la chaîne d'arpenteur seulement.

On trace une droite BC telle qu'elle
soit, à l'œil, à peu près égale aux droites
AB et AC. On mesure BC, puis on détermine les deux triangles GDB et EFC
de telle façon que les côtés BG et BD, CE
et CF soient à peu près égaux. On mesure
la droite BC qui est accessible, puis les
trois côtés de chaque triangle et on a tous

les éléments nécessaires pour trouver graphiquement la longueur de AB.

Pour cela, on trace la droite *bc* à l'é-

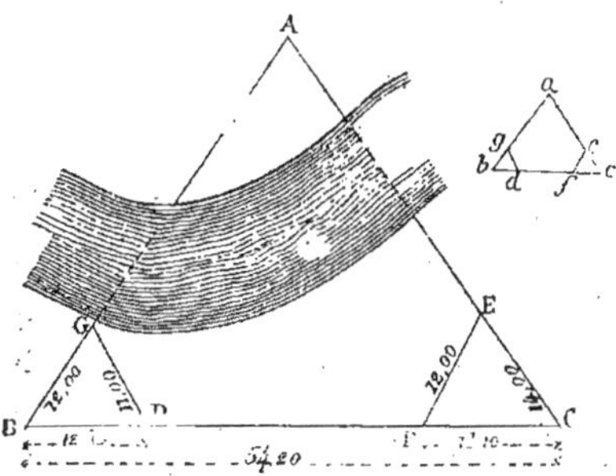

Fig. 256.

chelle de deux millimètres par mètre, par exemple; puis, au moyen d'arcs de cercle, on détermine les points *e*, *f*, *d* et *g*. Les côtés *ce* et *b g* prolongés se rencontrent en *a*, et en mesurant *ab* à l'échelle, on aura la longueur de AB, c'est-à-dire la solution du problème.

Problème n° 60.

447. *Mesurer la ligne inaccessible* AB (*fig.* 257) *située au delà d'une rivière que l'opérateur ne peut pas traverser.*

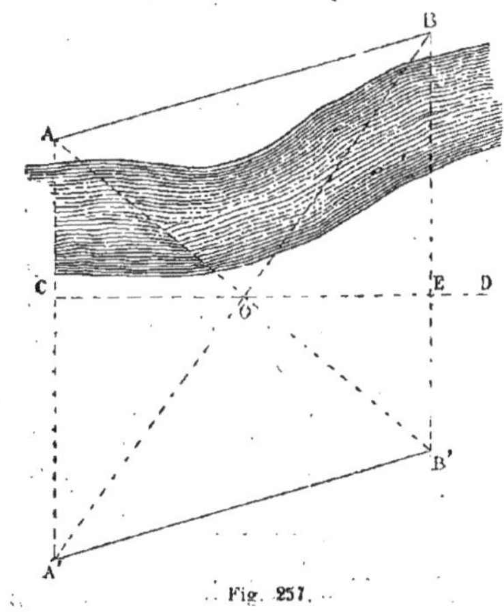

Fig. 257.

1re *Solution*. On prend un point quelconque C et on élève la perpendiculaire

CD sur AC au moyen de l'équerre d'arpenteur.

On cherche par tâtonnement un point E de CD, tel que la perpendiculaire élevée de ce point sur CD passe par le point B. On prolonge AC d'une quantité CA' et BE d'une quantité EH. On joint les points A et B au point O, milieu de CE, puis on prolonge BO jusqu'à la rencontre de AA' au point A'.

On prolonge également AO jusqu'à la rencontre de BH au point B'. La droite accessible A'B' est égale à la droite inaccessible AB, et il n'y a qu'à mesurer la première pour avoir la solution du problème.

2° *Solution au moyen du graphomètre.* Il s'agit de mesurer la ligne inaccessible MN (*fig.* 258).

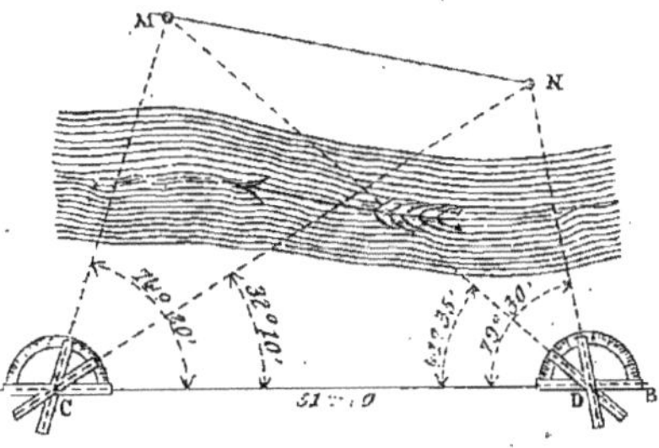

Fig. 258.

On jalonne une base AB, puis on installe le graphomètre en un point quelconque C de AB et on mesure les angles MCB et NCB. On transporte l'instrument au point D et on mesure les angles NDA et MDA. On mesure avec beaucoup de soin la longueur CD, distance des deux stations; puis, rentré au bureau, on trace une droite

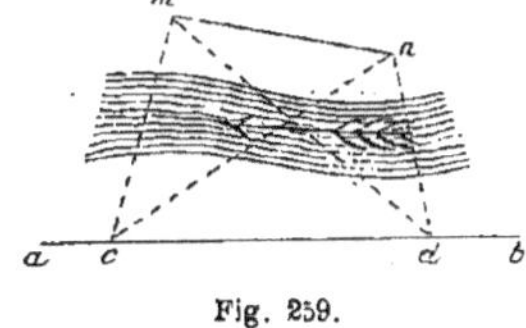

Fig. 259.

cd égale à CD en parties de l'échelle adoptée. Au moyen du rapporteur, on fait les angles *mcd*, *ncd*, *ndc*, *mdc* (*fig.* 259), respectivement égaux aux angles MCD, NCD, NDC, MDC. On unit les points de rencontre *m* et *n* par une droite *mn* et, en mesurant cette droite à l'échelle, on aura la longueur de la droite inaccessible MN.

§ III. — MESURE DES HAUTEURS

Problème n° 61.

448. *Mesurer la hauteur d'un arbre AB (fig. 260) au moyen d'un simple jalon.*

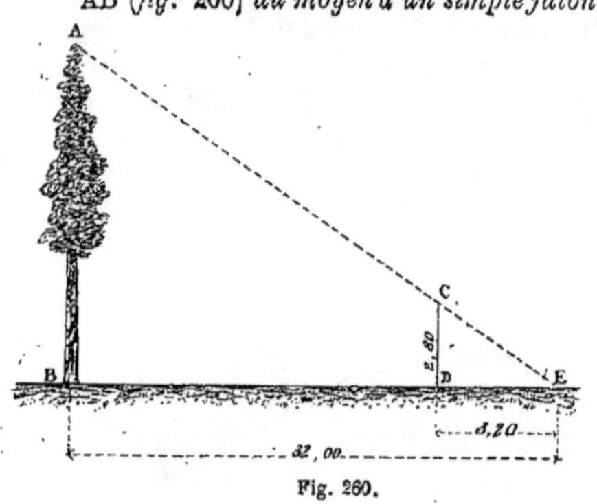

Fig. 260.

A une certaine distance du pied B de l'arbre, on plante bien verticalement un jalon CD, puis on met la tête à terre jusqu'à ce que, arrivé au point E, par exemple, on aperçoive en ligne droite le sommet C du jalon et la pointe A de l'arbre. On marque le point E. Les deux triangles ABE et CDE étant semblables, on a la proportion:

$$AB : BE : : CD : DE,$$

qui donne

$$AB = \frac{BE \times CD}{DE}$$

Pour déterminer la hauteur de l'arbre, on n'a donc qu'à mesurer les droites BE, CD et DE.

On suppose BE = 32^m.00, CD = 2,80 et DE = 3,20.
et on aura:

$$AB = \frac{32^m.00 \times 2.80}{3.20} = 28^m,00.$$

L'arbre AB a donc **28^m,00.**

449. Cette méthode de calculer là hauteur n'est pas d'une précision absolue, parce qu'il n'est pas possible d'appliquer directement l'œil sur la terre: mais si, au résultat obtenu, on ajoute la hauteur de l'œil au-dessus du sol pendant la visée, on arrive à une solution qu'on peut considérer comme exacte.

Comme condition d'exactitude, il faut que la ligne BE soit droite; mais elle peut être horizontale ou inclinée, car si le jalon CD est planté bien verticalement, les triangles ABE et CDE seront toujours semblables.

Problème n° 62.

450. *Mesurer la hauteur d'un arbre AB (fig. 261) au moyen de son ombre.*

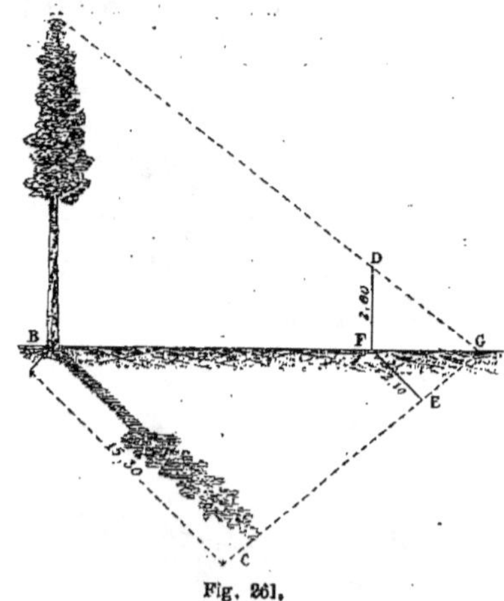

Fig. 261.

On plante bien verticalement un jalon en un point F. L'ombre de l'arbre est représentée par BC et l'ombre du jalon par

FE. Il est évident que si l'on mesure les deux ombres au même instant, l'arbre et son ombre seront proportionnels au jalon et à son ombre.

On a donc la proportion :

$$AB : BC : : DF : FE$$

qui donne:

$$AB = \frac{BC \times DF}{FE}$$

Pour déterminer la hauteur de l'arbre, on n'a donc qu'à mesurer les droites BC, DF et FE.

On suppose BC = 15^m,30, DF = 2,60 et FE = 2,10 et on aura :

$$AB = \frac{15,30 \times 2,60}{2,10} = 18^m,94.$$

L'arbre AB a donc 18^m,94 de hauteur.

451. Pour que cette méthode puisse être appliquée, il faut naturellement du soleil et mesurer les deux ombres au même instant. De plus, il est absolument indispensable que les deux ombres se projettent sur un terrain en ligne droite, ayant une inclinaison uniforme.

Problème n° 63.

452. *Mesurer la hauteur d'une tour AB (fig. 262) au moyen d'une équerre en bois à 45°.*

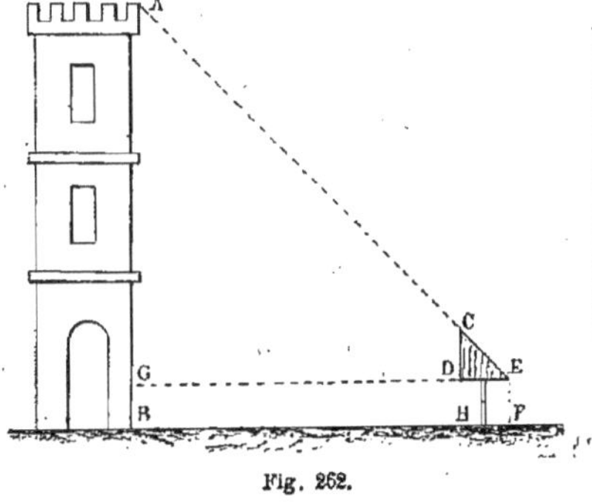

Fig. 262.

On fixe une équerre CDE à 45° sur un bâton que, à la suite d'un certain tâtonnement, on plante au point H tel qu'en visant le long du côté EC, on aperçoive le sommet A de la tour, le côté DE étant bien horizontal. Il est clair que les deux côtés DC et DE étant égaux, les droites GA et GE seront aussi égales. Donc, en mesurant GE et en ajoutant au résultat trouvé la longueur de GB, on aura la hauteur AB de la tour, c'est-à-dire la solution demandée.

Problème n° 64.

453. *Mesurer une hauteur AB (fig. 263) au moyen du niveau topographique ou du graphomètre en supposant qu'on puisse arriver au pied de la hauteur.*

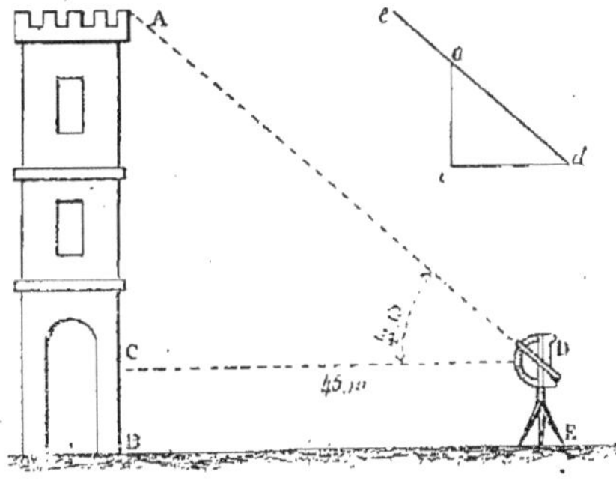

Fig. 263.

On met l'instrument en station en un point E duquel on puisse apercevoir les points A et B, puis on le dispose de telle façon que son plan se trouve dans le plan même de la droite AB. Au moyen d'un fil à plomb, on donne une position parfaitement verticale à la ligne de visée de l'alidade fixe, de sorte que la droite allant du centre du demi-cercle à la division 90° est horizontale. On dirige un rayon visuel au point A par les deux pinnules de l'alidade mobile et on lit sur le limbe la mesure de l'angle ADC qu'on suppose être de 41°15', puis on mesure la droite BE. Alors, on a tous les éléments nécessaires pour mesurer la hauteur AB.

Pour cela, on trace une droite *cd*, ayant à l'échelle adoptée une longueur de 45^m,10. On fait avec *cd* un angle *cde* de 41°15.

Au point c on élève à cd une perpendiculaire ca rencontrant de en a. En mesurant ce à l'échelle et en ajoutant au résultat la longueur de CB, on aura la hauteur de AB, c'est-à-dire la solution demandée.

Le procédé à employer est le même, que la ligne CE soit horizontale ou oblique par rapport à l'horizon, mais il importe qu'elle soit droite.

Problème n° 65.

453 bis. *Mesurer la hauteur* AB *(fig. 263 bis) d'un phare, en supposant que l'opérateur ne puisse pas arriver jusqu'au pied de l'édifice.*

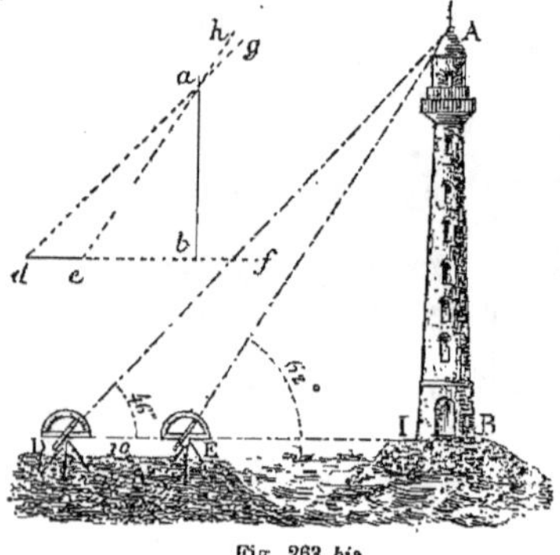

Fig 263 bis

On met le niveau topographique ou le graphomètre en station en un point quelconque D, puis on le dispose de telle façon que son plan se trouve dans le plan vertical passant par le point A. Au moyen d'un fil à plomb, on donne une position parfaitement horizontale à la ligne de visée de l'alidade fixe, de sorte que la droite allant du centre du demi-cercle à la division 90° est verticale. On dirige un rayon visuel au point A par les deux pinnules de l'alidade mobile et on lit sur le limbe la mesure de l'angle ADI qu'on suppose être de 46°.

Cela fait, on déplace l'instrument pour le mettre de nouveau en station au point E de telle façon qu'il se trouve dans le plan déterminé par l'oblique AD et la

verticale passant par le point A. On rend la ligne de visée de l'alidade fixe parfaitement verticale au moyen d'un fil à plomb, puis on lit sur le limbe la mesure de l'angle AEI qu'on suppose être de 62°. On mesure la droite ED et on a tous les éléments nécessaires pour mesurer graphiquement la hauteur AB.

Pour cela, on trace une droite ed ayant à l'échelle adoptée une longueur de $10^m,00$. On fait un angle gdf égal à l'angle ADI, c'est-à-dire de 46°. Au point e, on fait un angle hef égal à l'angle AEI, c'est-à-dire de 62°. Du point a, rencontre des deux obliques gd et he, on abaisse la perpendiculaire ab sur le prolongement de la droite ed. En mesurant ab à l'échelle, on aura la hauteur de AB, c'est-à-dire la solution demandée.

Que la ligne DB soit horizontale ou oblique par rapport à l'horizon, le procédé est le même, mais il importe que cette ligne soit droite.

Problème n° 65 bis.

454. *Mesurer la hauteur d'un clocher au moyen d'un miroir.*

L'opérateur place horizontalement sur le

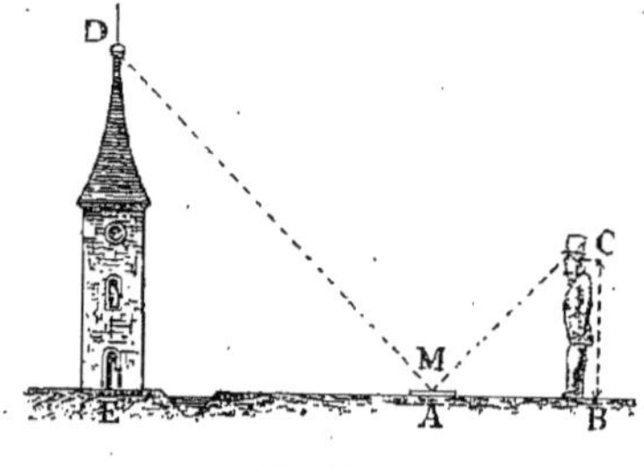

Fig. 264.

terrain un miroir M *(fig. 264)* dans des conditions telles que AB = BC et qu'en regardant le miroir, il aperçoive le sommet D du clocher. Alors les angles CAB, ACB, DAE et ADE sont égaux, de sorte que EA = ED. Pour avoir la hauteur du clocher, il n'y a donc qu'à mesurer EA.

§ IV. — PARTAGE DES LIGNES DROITES

Problème n° 66.

455. *Partager, sur le terrain, une droite en un certain nombre de parties égales, en 7 parties, par exemple.*

Pour cela, on jalonne la droite, puis on la mesure avec la plus grande précision possible. On suppose qu'elle ait une longueur de 239ᵐ,60. On divise ce nombre par 7 et on trouve que chaque partie doit avoir une longueur de 34ᵐ,23. On recommence le chaînage et à tous les 34ᵐ,23 on plante un jalon.

Si l'opération est bien faite, la dernière division doit avoir 34ᵐ,23, à un centimètre près.

Problème n° 67.

456. *Partager, sur le terrain, une droite en trois parties qui soient proportionnelles aux nombres 3, 5 et 7.*

On jalonne la droite, puis on la mesure avec la plus grande précision possible. On suppose qu'elle ait une longueur de 148ᵐ,50. La question revient à partager 148ᵐ,50 en parties proportionnelles aux nombres 3, 5 et 7.

Voici la méthode la plus simple. On divise 148ᵐ,50 par 15, somme des nombres 3, 5 et 7, et on a 9ᵐ,90 pour quotient. On multiplie 9ᵐ,90 par 3, puis par 5, puis par 7 et on a :

$$3 \times 9.90 = 29.70$$
$$5 \times 9.90 = 49.50$$
$$7 \times 9.90 = 69.30$$
$$\text{Total} = 148.50$$

La somme des trois produits partiels étant bien égale à 148ᵐ,50, longueur de la droite à partager, j'en conclus que :
La 1ʳᵉ partie aura une longueur de 29ᵐ,70
La 2ᵉ partie aura une longueur de 49ᵐ,50
La 3ᵉ partie aura une longueur de 69ᵐ,30.

Problème n° 68.

457. *Partager, sur le papier, une droite donnée en un certain nombre de parties égales, en 7, par exemple.*

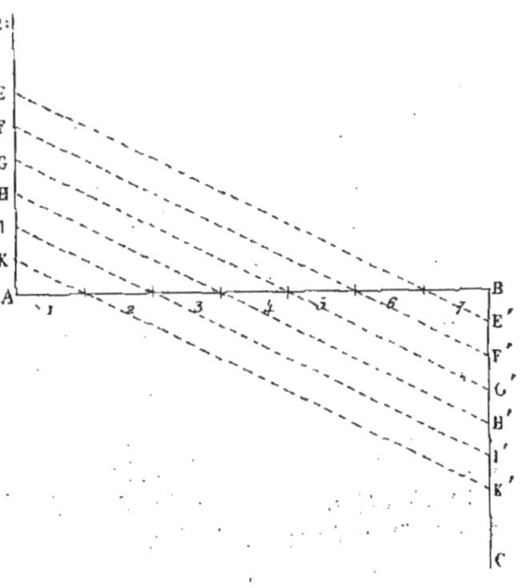

Fig. 255.

1ʳᵉ *Solution.* A chacune des extrémités A et B (*fig.* 265) de la droite à partager, on élève à AB une perpendiculaire arbitraire AD en dessus et une perpendiculaire également arbitraire AC en dessous. On porte sur AD six parties égales : AK, KI, IH, HG, GF et FE, à partir du point A. On porte de même sur BC six parties égales aux précédentes : BE', E'F', F'G', G'H', H'I' et I'K', à partir du point B. On unit par des droites les points E et E', F et F', G et G', H et H', I et I', K et K' et on obtient six obliques qui partagent la droite AB en 7 parties égales.

Il est évident que plus les divisions de AD et de BC seront grandes, plus les divisions de AB seront précises.

2ᵉ *Solution*. Pour partager graphiquement la droite AB (*fig*. 266) en 7 parties égales, on forme un angle BAM aussi grand

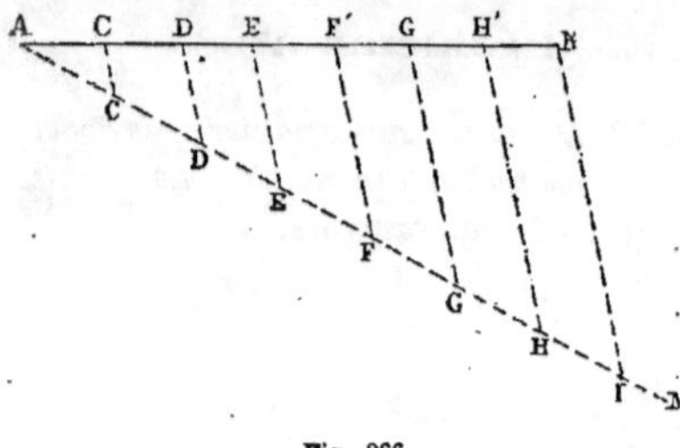

Fig. 266.

que possible, mais moindre que 90°. A partir du point A, on porte sur AM sept parties égales AC, CD, DE, EF, FG, GH et HI qui paraissent se rapprocher de celles cherchées. On joint le point B au point I; puis, par chacun des points H, G, F, E, D et C, on mène une parallèle à BI. Les points de rencontre des 7 parallèles avec AB partagent cette droite en 7 parties égales aux points C', D', E', F', G', H' et le problème est résolu.

3ᵉ *Solution*. Partager la droite AB (*fig*. 267) en 7 parties égales.

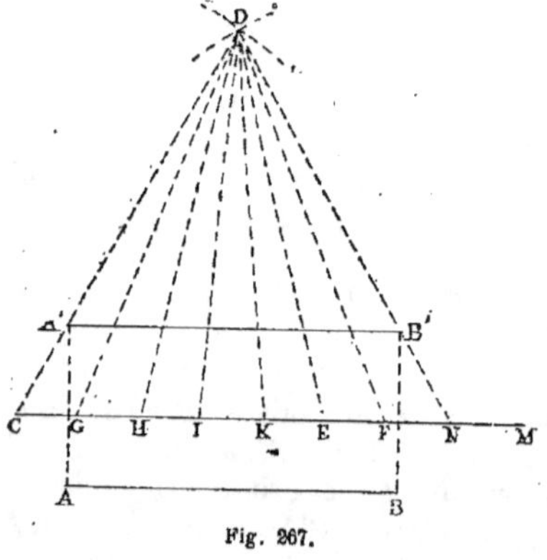

Fig. 267.

On trace une droite CM sur laquelle on marque 7 divisions égales par les points G, H, I, K, E, F et N, de telle façon que la somme des 7 parties égales CG, GH, HI,

IK, KE, EF et FN forme une longueur plus grande que AB.

Des points C et N, comme centres, avec un rayon égal à CN, on décrit deux arcs de cercle qui se coupent au point D qu'on joint aux points C et N. On joint ce même point D aux points intermédiaires G, H, I, K, E et F. On prend DA' = AB et DB' = AB. On unit les points A' et B' par une droite A'B'. Cette droite A'B' est égale à AB. De plus, elle est parallèle à CM et est partagée en 7 parties égales par les droites DC, DG, DH, DI, DK, DF et DN.

Problème n° 69.

458. *Partager une droite* AB (*fig*. 268) *en parties proportionnelles aux droites* M, N *et* P.

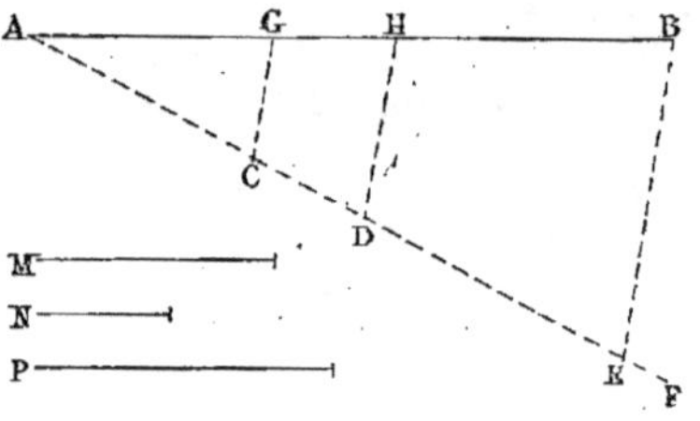

Fig. 268.

A partir de A, on trace une droite AF formant, avec AB, un angle quelconque BAF. A partir de A, on prend AC = M, puis CD = N, puis DE = P. On unit les points B et E par une droite BE, puis par les points D et C, on mène à BE les parallèles DH et CG rencontrant AB aux points G et H. Alors les parties AG, GH et HB de AB sont proportionnelles aux droites M, N et P et le problème est résolu.

Problème n° 70.

459. *Partager la droite* AB (*fig*. 269) *en parties proportionnelles aux nombres* 3, 5 *et* 7.

On fait un angle arbitraire BAC; puis, à partir du point A, on porte 15 parties.

égales quelconques sur AC. Le nombre 15 est la somme de 3, 5 et 7, chiffres donnés. On joint la division 15 au point B, puis

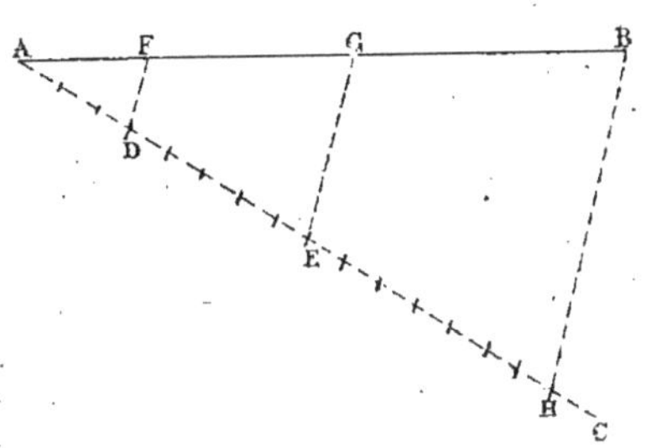

Fig. 269.

par le 1er point D, on mène une parallèle DF à HB. On compte 5 divisions à partir de D et on arrive en E, point par lequel on mène une nouvelle parallèle à HB. Alors, la droite AB est partagée par les points F et G en parties proportionnelles aux nombres 3, 5, 7 et le problème est résolu.

Problème nº 71.

460. *Partager une droite* AB (*fig.* 270) *en deux parties telles que la plus grande soit moyenne proportionnelle entre la ligne entière et sa plus petite partie.*

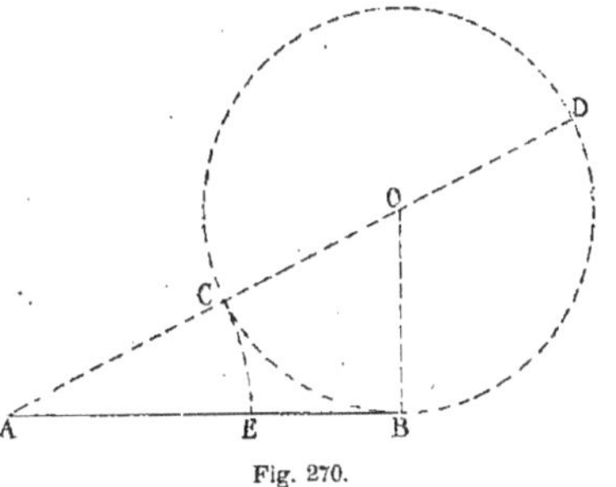

Fig. 270.

On élève sur AB, au point B, une perpendiculaire BO égale à la moitié de AB. Du point O, comme centre, avec un rayon égal à OB, on décrit une circonférence tángente en B à la droite AB. On joint le centre O au point A par une droite coupant la circonférence en C. Du point A, comme centre, avec un rayon égal à AC, on décrit un arc de cercle coupant AB en E. Alors, la grande partie AE est moyenne proportionnelle entre la droite AB et la petite partie EB, car on démontre, en géométrie théorique, qu'on a la proportion :

AB : AE : : AE : EB.

CHAPITRE III

DES SURFACES

Préliminaires.

461. L'*arpentage* proprement dit est une opération qui a pour but la mesure de la surface des terres.

Le verbe *arpenter* signifie *mesurer avec l'arpent,* ancienne mesure de surface agraire. Jusqu'à maintenant, pour les grandes surfaces, on n'a pas pu remplacer ce mot par un autre qui fût plus en harmonie avec les mesures actuelles, comme on l'a fait pour les petites surfaces en employant le mot *mètré* au lieu de *toisé.*

Maintenant tout le monde peut être *arpenteur.* Autrefois, c'était une position privilégiée, ainsi que le prouve le passage suivant d'un édit de Henri IV du mois de mai 1597 :

« Ne prendra arpenteur qui voudra. Il « est défendu à toute personne de s'immis- « cer à faire aucun arpentage, mesu- « rage, etc., sans être pourvu par lettres « patentes de sa Majesté et reçu aux sièges « des tables de marbre, etc. »

462. Arpenter une *surface*, c'est chercher combien de fois cette surface en contient une autre prise pour unité.

L'*are* est l'unité pour les terres et le *mètre carré* est l'unité pour les petites surfaces.

463. On appelle *projection d'un point* sur un plan, le pied de la perpendiculaire abaissée de ce point sur le plan et *projection d'une droite* sur un plan, la droite qui unit les projections des deux points extrêmes.

On a la *projection d'une surface* sur un plan lorsqu'on réunit, par des droites, les projections de tous les points extrêmes des lignes limitant la surface.

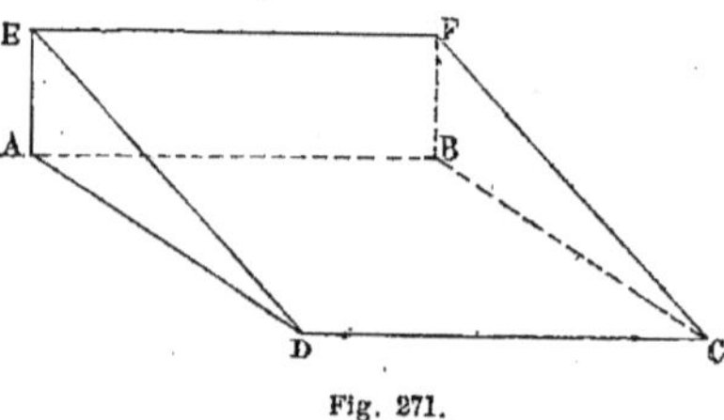

Fig. 271.

Si du point E (*fig.* 271) on abaisse une perpendiculaire sur le plan ABCD, le point de rencontre A est la projection du point E sur le plan.

Le point B est la projection du point F et la droite AB est la projection de la droite EF sur le plan ABCD.

Enfin, le plan ABCD est la projection du plan EFCD.

Si le plan ABCD est horizontal, on dit qu'il est la *projection horizontale* du plan EFCD.

464. Comme tous les végétaux croissent verticalement, un terrain incliné ON

(*fig.* 272) ne produit pas plus que ne produirait sa projection horizontale MN.

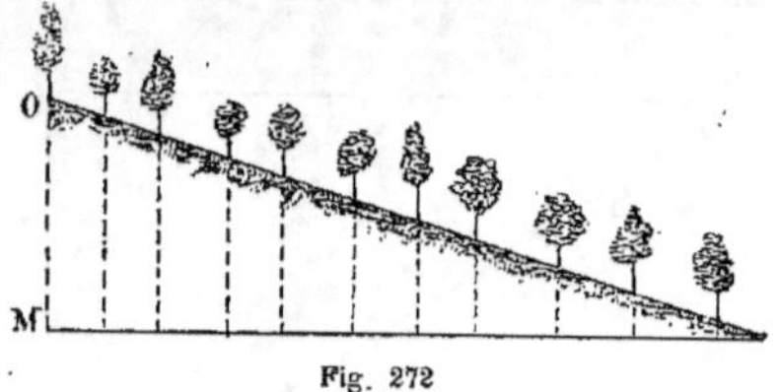

Fig. 272

Aussi, lorsqu'on arpente un terrain incliné, c'est sa projection horizontale qu'on évalue en choisissant comme nous l'avons indiqué (n° 463 *fig.* 271). En opérant ainsi, on fait un arpentage horizontal (1).

(1) Voici ce qu'écrivait à ce sujet le commissaire du gouvernement au directeur des contributions du département du Mont-Tonnerre :

Paris, le 20 pluviôse an XII.

« Il n'y a point de doute, citoyen, que la surface « inclinée d'une montagne ne soit plus grande que « sa base horizontale, de même que l'hypoténuse « d'un triangle rectangle offre toujours une plus « grande longueur que celle de sa base. Cependant, « il est dans la nature, et tous les savants sont « d'accord sur ce point, qu'il ne croît pas plus de « plantes à tige verticale sur la pente d'un terrain « incliné que sur la base de ce même terrain réduit « à l'horizon. En effet, quoique la pente d'une montagne procure aux plantes l'avantage d'y être plus « aérées que dans la plaine, il faut encore que leurs « racines puissent y trouver une assiette et des sucs « suffisants pour donner à la tige l'plomb néces- « saire et les moyens de fructification. Comme les « racines ne peuvent commodément percer et s'é- « tendre dans la partie supérieure, elles se dirigent « et se prolongent principalement dans la partie inférieure. Il en résulte nécessairement, du côté de « la pente, une extension de racines qui est plus « ou moins considérable, selon que la pente est plus « ou moins rapide. Conséquemment, les plantes à « tige verticale doivent naturellement se trouver « espacées les unes des autres dans la proportion « de l'excès de la longueur de la tige inclinée sur « la longueur de la ligne plane ou de la base. Néan- « moins, on ne se dissimule pas que cette règle est « susceptible de recevoir des exceptions pour quel- « ques plantes, telles que l'herbe, qui croissent « serrées et contiguës, mais cette considération n'a « pas été jugée suffisante pour faire déroger au « système généralement adopté et suivi en France, « d'arpenter les propriétés horizontalement, sans « avoir égard aux pentes ou inclinaisons acciden- « telles du terrain.

« Ce procédé est indispensable pour pouvoir faire « entrer dans la carte d'un territoire les montagnes « et les cavités, qui, sans cela, ne pourraient pas « y être circonscrites. Il est d'ailleurs prescrit par « les instructions du ministre pour l'exécution des « travaux ordonnés par les arrêtés du gouvernement « des 12 brumaire an XI et 27 vendémiaire der- « nier. »

465. On peut classer les surfaces en deux catégories, savoir :

1° Les surfaces *régulières ;*

2° Les surfaces *irrégulières.*

466. Les surfaces *régulières* sont celles dont la contenance peut être calculée directement, au moyen de formules fixes et invariables.

467. Les surfaces *irrégulières* sont celles dont la contenance ne peut être calculée qu'en les décomposant en un certain nombre de surfaces régulières.

§ I. — SURFACES REGULIÈRES

468. Les surfaces régulières sont :

1° Le triangle.

2° Le carré.

3° Le rectangle.

4° Le parallélogramme.

5° Le losange.

6° Le trapèze.

7° Le cercle.

8° Le secteur circulaire.

9° Le segment circulaire.

10° Le polygone régulier.

11° La couronne.

12° La lunule d'Hippocrate.

13° L'ellipse.

14° L'ovale.

I. — *Triangle.*

469. On appelle *triangle*, la surface plane comprise entre trois lignes qui se coupent deux à deux, et qui se nomment *côtés du triangle.*

470. La *base* d'un triangle est l'un quelconque de ses côtés, et le *sommet* est le point de rencontre opposé à la base choisie.

471. La *hauteur* d'un triangle est la perpendiculaire abaissée du sommet sur la base ou sur son prolongement.

Comme chaque côté peut être pris pour base, un triangle peut donc avoir trois bases, trois hauteurs et trois sommets différents.

Dans le triangle ABC (*fig.* 273), si on prend le côté CB pour base, son sommet sera le point A et sa hauteur, la perpen-

diculaire AE abaissée sur le prolongement de CB.

Si l'on prend le côté AC pour base, son

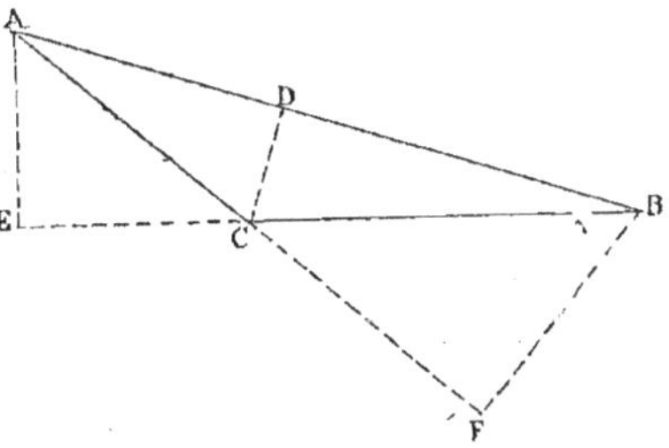

Fig. 273.

sommet sera le point B et sa hauteur, la perpendiculaire BF abaissée sur le prolongement de AC.

Enfin, si l'on prend le troisième côté AB pour base, son sommet sera le point C et sa hauteur, la perpendiculaire CD abaissée sur AB.

472. Par rapport aux angles, on distingue quatre espèces de triangles, savoir :

1° Le triangle rectangle.

2° Le triangle acutangle.

3° Le triangle équiangle.

4° Le triangle obtusangle.

I. Le *triangle rectangle* est celui qui a un angle droit, comme ACB (*fig.* 274). Les lignes CA et CB sont les *côtés* de l'angle droit. Le côté AB opposé à l'angle droit C se nomme l'*hypoténuse* du triangle rectangle.

II. Le *triangle acutangle* est celui dont

les trois angles sont aigus et inégaux comme DEF (*fig.* 275).

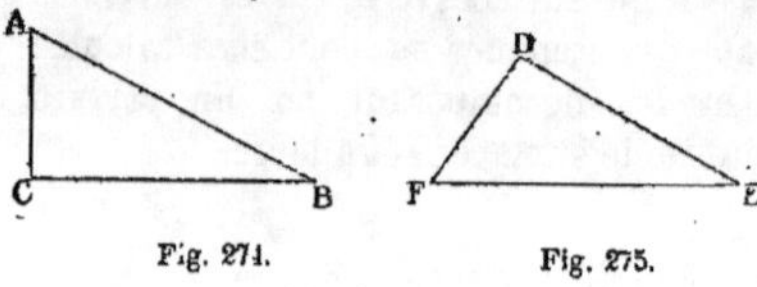

Fig. 274.   Fig. 275.

III. Le *triangle équiangle* est celui dont tous les angles sont aigus et égaux, comme GHI (*fig.* 276).

Comme on sait que, dans tout triangle, aux angles égaux sont opposés des côtés égaux, il en résulte que, dans un triangle équiangle, les trois côtés sont égaux.

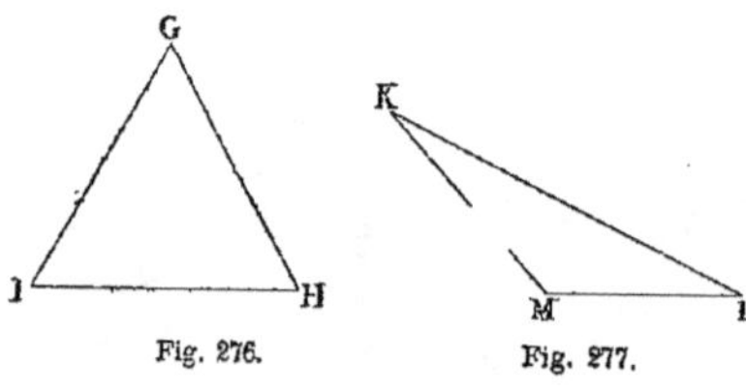

Fig. 276.   Fig. 277.

IV. Le *triangle obtusangle* est celui qui a un angle obtus, comme KLM (*fig.* 277).

473. Par rapport aux côtés, on distingue trois espèces de triangles, savoir:

1° Le triangle équilatéral.

2° Le triangle isocèle.

3° Le triangle scalène.

I. Le *triangle équilatéral* est celui qui a ses trois côtés égaux, comme GHI (*fig.* 276). Il est *équiangle* en même temps.

II. Le *triangle isocèle* est celui qui a deux côtés égaux seulement.

III. Le *triangle scalène* est celui dont les trois côtés sont inégaux, comme DEF (*fig.* 275) et KLM (*fig.* 277).

SURFACE DU TRIANGLE.

474. *La surface d'un triangle quelconque est égale au produit de sa base par la moitié de sa hauteur, ou au produit de sa hauteur par la moitié de sa base, ou à la moitié du produit de sa base par sa hauteur.*

Problème n° 72.

475. *Quelle est la surface du triangle ABC (fig. 278), sachant que sa base a 78ᵐ,40 et sa hauteur 23ᵐ,50 de hauteur?*

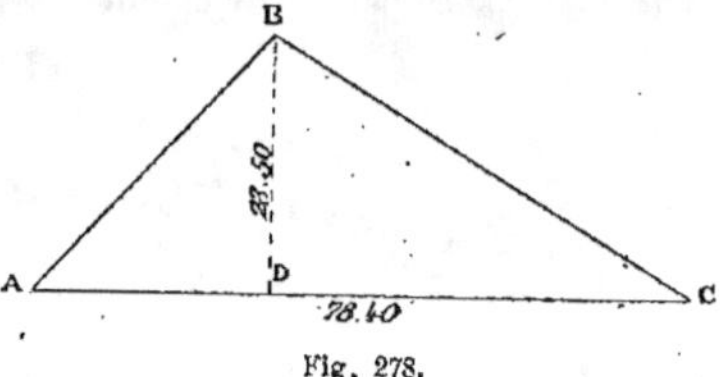

Fig. 278.

La surface est égale à :

$$78.40 \times \frac{23.50}{2} \text{ ou à } 23.50 \times \frac{78.40}{2}$$

La moitié de 23,50 est 11,75 et ce nombre, multiplié par 78ᵐ,40, donne 921ᵐ,20 ou 9 ares 21 centiares.

On aurait obtenu le même résultat en multipliant 23,50 par 39,20, moitié de 78,40.

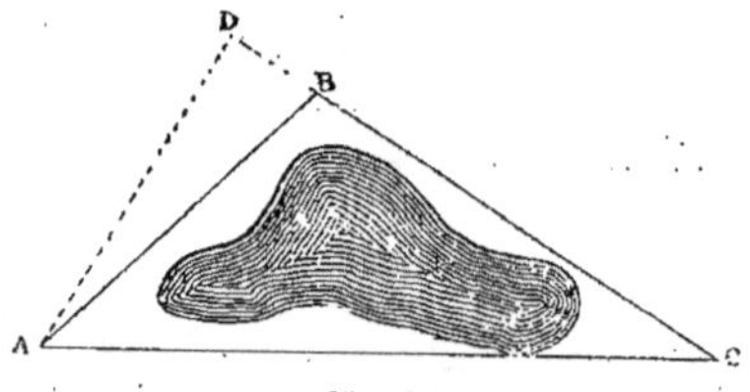

Fig. 279.

S'il se trouvait un obstacle dans l'intérieur du triangle ABC (*fig.* 279), une pièce d'eau, par exemple, il faudrait prendre le côté BC pour base et, pour hauteur, la perpendiculaire AD abaissée sur le prolongement de BC, puis multiplier BC par la moitié de AD, ou réciproquement.

Problème n° 73.

476. *Connaissant la longueur de chacun des côtés d'un triangle, calculer sa surface.*

Soit le triangle ABC (*fig.* 280) dans lequel AC = 58ᵐ,30 ; BC = 72ᵐ,40 et AB

= 42^m,10. On fait la somme des trois longueurs.

58,30 + 72,40 + 42,10 = 172^m,80.

On prend la moitié de 172^m,80 et on a 86,40.

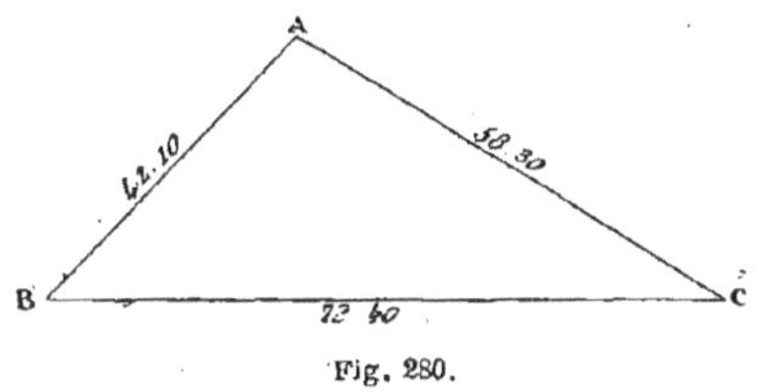

Fig. 280.

On retranche successivement la longueur de chacun des côtés de 86^m,40 :

86,40 — 58,30 = 28,10.
86,40 — 72,40 = 14,00.
86,40 — 42,10 = 44,30.

On multiplie les trois restes entre eux :
28,10 × 14,00 × 44,30 = 17 437,62.

On multiplie encore ce produit par 86,40, moitié de la somme des trois côtés :
17 437,62 × 86,40 = 1 505 746,368.

On extrait la racine carrée de 1 505 746,368 et on a 1227^{m2},08 ou 12 ares 27 centiares pour la surface du triangle.

En désignant les trois côtés d'un triangle rectiligne quelconque par les lettres a, b, c, la demi-somme des trois côtés par p et la surface par S, on a cette formule pour la surface du triangle :

$$S = \sqrt{p \times (p - a) \times (p - b) \times (p - c)}$$

ou, en appliquant les chiffres du problème

$$S = \sqrt{86,40 \times (86,40 - 58,30) \times (86,40 - 72,40)} = \times (86,40 - 42,10) = 1227,08.$$

477. *Règle pratique.* Il résulte du problème 73 que, lorsqu'on connaît la longueur des trois côtés d'un triangle, *pour en calculer la surface, il faut :*

1° Faire la somme des trois côtés et prendre la moitié de cette somme.

2° Retrancher chaque côté de la demi-somme des trois côtés.

3° Multiplier les trois différences entre elles, et multiplier encore le produit ainsi *obtenu par la demi-somme des trois côtés.*

4° Enfin extraire la racine carrée du dernier produit, et le résultat représente la surface donnée.

478. La méthode qui consiste à calculer la surface d'un triangle au moyen de ses trois côtés est plus longue que la méthode ordinaire, mais elle est beaucoup plus précise parce qu'elle permet d'éviter les erreurs résultant du tracé d'une perpendiculaire, erreurs provenant, soit de l'opérateur, soit de l'imperfection de l'équerre ou du graphomètre. On l'emploie toujours lorsqu'il s'agit d'arpenter des terrains à bâtir d'une grande valeur, comme dans les centres des grandes villes.

On remplace même la chaîne d'arpenteur ou le décamètre-ruban par des règles d'une longueur de 4 ou 5 mètres divisées en centimètres. On comprend, en effet, que lorsque des terrains valent, par exemple 2 000 fr. le mètre carré ou 20 fr. le décimètre carré et 2 fr. le centimètre carré, il importe d'opérer avec la plus grande précision possible.

Problème n° 74.

479. *Un terrain de forme triangulaire a une surface de 19 ares 35 centiares, une base de 54^m,70. Quelle est sa hauteur ?*

Comme la surface d'un triangle est égale au produit de sa base par la moitié de sa hauteur, en divisant 19 ares 35 centiares par 54^m70, on aura la moitié de la hauteur pour quotient, et en doublant ce résultat on aura la hauteur. La division de 1935 mètres carrés par 54,70 donne 35,37 pour quotient dont le double est 70,74, hauteur du triangle.

Problème n° 75.

480. *Un terrain de forme triangulaire a une surface de 8 ares 90 centiares, une hauteur de 32^m,10. Quelle est sa base ?*

Comme la surface d'un triangle est égale au produit de sa hauteur par la moitié de

sà base, en divisant 8 ares 90 centiares
par 32ᵐ,10 on aura la moitié de la base
pour quotient et, en doublant ce résultat,
on aura la base. La division de 890 mètres
carrés par 32,10 donne 27,72 pour quotient dont le double est 55,44, base du
triangle.

Problème n° 76.

481. *Tracer sur le papier un triangle
équilatéral ayant ses côtés égaux chacun
à la droite donnée M (fig. 281).*

On trace une droite AC égale à la ligne
M ; puis, des points A et C, comme centres, avec un rayon égal à M, on décrit
deux arcs de cercle se coupant en B. On
joint par des droites le point B aux points

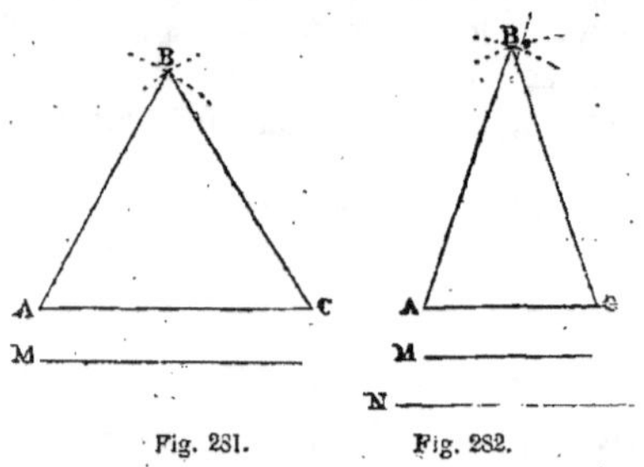

Fig. 281.   Fig. 282.

A et C, et ABC est le triangle équilatéral
demandé.

Problème n° 77.

482. *Tracer sur le papier un triangle
isocèle ayant une base égale à la droite M
(fig. 282) et les deux autres côtés égaux
chacun à la droite N.*

On trace une droite AC = M ; puis, des
points A et C, comme centres, avec un
rayon égal à N, on décrit deux arcs de
cercle se coupant en B. On joint par des
droites le point B aux points A et C et
ABC est le triangle isocèle demandé.

Problème n° 78.

483. *Tracer sur le papier un triangle
rectangle dont les deux côtés de l'angle*

droit seront égaux aux droites M et N
fig. 283).

On trace une droite BC = M ; puis, au
point B, on élève à BC une perpendiculaire BA = N. On joint le point A au

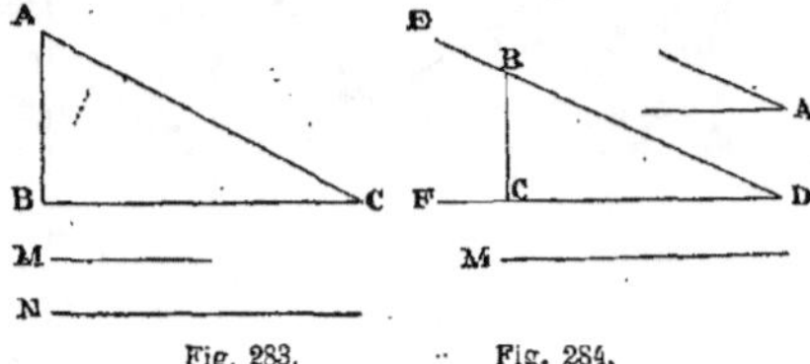

Fig. 283.   Fig. 284.

point C et ABC est le triangle rectangle
demandé.

Problème n° 79.

484. *Sachant que l'hypoténuse d'un
triangle rectangle est égale à la droite M
(fig. 284) et que l'un de ses angles aigus
est égal à l'angle A, construire ce triangle.*

On trace un angle EDF égal à l'angle
A ; puis, à partir du sommet D, on prend
DB = M. Du point B, on abaisse BC
perpendiculaire à FD, et BCD est le
triangle rectangle demandé.

Problème n° 80.

485. *Sachant que l'hypoténuse d'un
triangle rectangle est égale à la droite M
(fig. 285) et que l'un des côtés de l'angle
droit est égal à la droite N, construire ce
triangle.*

1ʳᵉ *Solution*. — Pour résoudre ce problème, on trace l'angle droit DCE, puis no

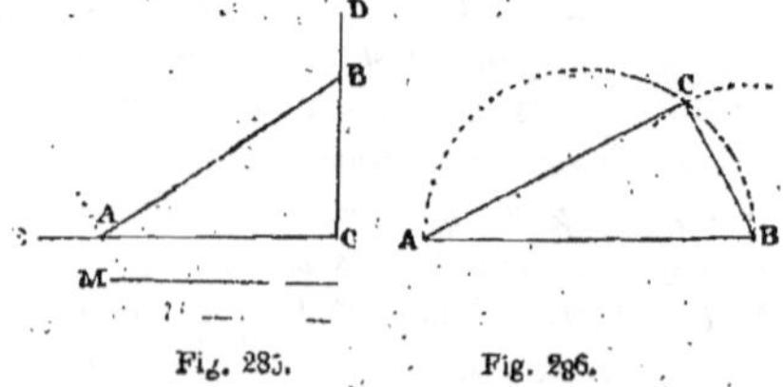

Fig. 285.   Fig. 286.

prend CB = N. Du point B, comme
centre, avec un rayon égal à la ligne M,

on décrit un arc de cercle coupant CE au point A. En joignant les points A et B par une droite, on obtient le triangle rectangle demandé BAC.

2ᵉ *Solution.* — On trace une droite AB = M (*fig.* 286) sur laquelle on décrit, comme diamètre une demi-circonférence ACB. Du point B, comme centre, avec un rayon égal à la droite donnée N, on décrit un arc de cercle, coupant la demi-circonférence au point C, qu'on joint aux points A et B, et ACB est le triangle rectangle demandé.

II. — *Carré.*

486. Le *carré* est une surface plane limitée par quatre lignes droites appelées *côtés* du carré et qui, en se coupant deux à deux, forment quatre angles droits intérieurs.

La figure 287 est un carré parce que les quatre côtés AB, BC, CD et DA sont égaux et parce que les quatre angles A, B, C et D sont droits.

La droite qui unit les sommets de deux angles opposés du carré, comme AC et BD, se nomme *diagonale* du carré.

Un carré a toujours deux diagonales égales se coupant chacune en deux parties égales par le point de rencontre.

487. La *base* d'un carré est l'un quelconque de ses côtés, et sa *hauteur* est l'un des côtés tombant perpendiculairement sur la base.

488. *La surface d'un carré est égale au produit de l'un quelconque de ses côtés par lui-même.*

Problème nº 81.

489. *Quelle est la surface d'un carré ayant* 18ᵐ,40 *de côté?*

Il suffit de multiplier le nombre 18,40 par lui-même et le produit 339ᵐ²,56, ou 3 ares 39 centiares, représente la surface du carré.

Pour trouver le côté d'un carré dont on connaît la surface, il faut extraire la racine carrée du nombre qui représente cette surface.

Problème nº 82.

490. *Construire un carré dont la diagonale sera égale à la droite donnée* M (*fig.* 288).

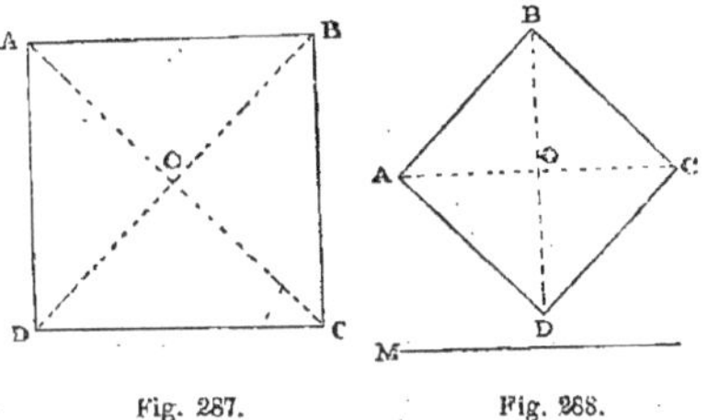

Fig. 287.   Fig. 288.

On trace une droite AC = M; puis, au point O, milieu de AC, on élève une perpendiculaire qu'on prolonge en dessous. On prend OB = OC et OD = OC et on joint deux à deux les points A, B, C et D. La figure ABCD est le carré demandé.

III. — *Rectangle.*

491. Le *rectangle* est une surface limitée par quatre droites appelées *côtés* du rectangle, se coupant deux à deux et déterminant quatre angles droits. Les cotés opposés sont égaux et parallèles. Exemple: ABCD (*fig.* 289).

492. La base d'un rectangle est l'un des deux grands côtés, et sa *hauteur* est l'un des deux petits côtés. Ainsi, on peut prendre soit DC, soit AB, pour *base* et soit BC, soit AD pour *hauteur*.

493. La *diagonale* d'un rectangle est la droite BD ou AC, unissant les sommets de deux angles opposés.

Dans tout rectangle, on peut tracer deux diagonales égales se coupant mutuellement en deux parties égales par leur point de rencontre et divisant chacune le rectangle en deux parties égales.

SURFACE DU RECTANGLE.

494. *La surface d'un rectangle est égale au produit de sa base par sa hauteur.*

Problème n° 83.

495. *Un rectangle a 28ᵐ,30 de base et 12ᵐ,70 de hauteur. Quelle est sa surface?*

On multiplie 28,30 par 12,70 et on a, pour produit, 359ᵐ²,41 ou 3 ares 59 centiares, nombre représentant la surface du rectangle donné.

Problème n° 84.

496. *Un terrain de forme rectangulaire a une superficie de 9 ares 71 centiares et une base de 45ᵐ,60. On demande quelle est sa hauteur.*

Puisque la surface d'un rectangle est égale au produit de sa base par sa hauteur, en divisant 971, 28 ou 9 ares 71 centiares, ou 971 mètres carrés par 45,60, on aura la hauteur.

La division effectuée, le quotient 21ᵐ,30 représente la hauteur du rectangle donné.

Problème n° 85.

497. *Un terrain de forme rectangulaire a une superficie de 7 ares 41 centiares et une hauteur de 19ᵐ,20. On demande quelle est sa base.*

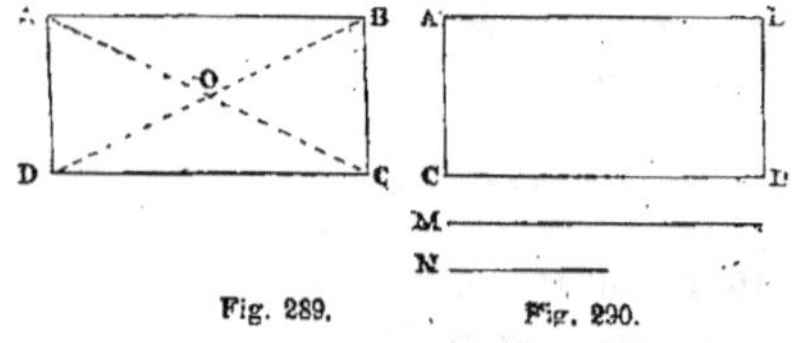

Fig. 289.   Fig. 290.

Puisque la surface d'un rectangle est égale au produit de sa base par sa hauteur, en divisant 741ᵐ² 12 ou 7 ares ou 41 centiares ou 741 mètres carrés par 19ᵐ,20, on aura la base.

La division effectuée, le quotient 38ᵐ,60 représente la hauteur du rectangle donné.

Problème n° 86.

498. *Construire un rectangle ayant une base égale à la droite M (fig. 290) et une hauteur égale à la droite N.*

On trace CD = M; puis, à chacun des points C et D, on élève sur CD les perpendiculaires CA et DB qu'on fait égales à la droite N. On unit les points A et B par une droite et la figure ABDC est le rectangle demandé.

IV. — *Parallélogramme.*

499. Le *parallélogramme* est une surface limitée par quatre droites, appelées côtés du parallélogramme, se coupant deux à deux et déterminant quatre angles qui ne sont pas droits (deux sont aigus, tandis que les deux autres sont obtus). Les côtés opposés sont égaux et parallèles. Les angles opposés sont égaux. Exemple: ABCD (*fig.* 291).

500. La *base* d'un parallélogramme est l'un des deux grands côtés AB ou DC, et sa *hauteur* est une perpendiculaire

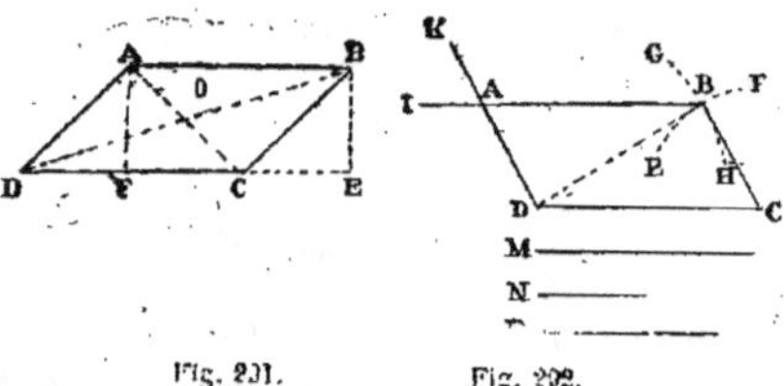

Fig. 291.   Fig. 292.

abaissée d'un point quelconque du côté opposé sur la base ou sur son prolongement, comme AF ou BE.

501. La *diagonale* d'un parallélogramme est la droite AC ou BD unissant deux sommets opposés.

Dans tout parallélogramme, on peut tracer deux diagonales qui sont inégales, mais chacune d'elles est partagée en deux

parties égales par le point de rencontre.
Ainsi OB = OD et OA = OC.

SURFACE DU PARALLÉLOGRAMME.

502. *La surface d'un parallélogramme est égale au produit de sa base par sa hauteur.*

Problème n° 87.

503. *Un parallélogramme a 42ᵐ,50 de base et 28ᵐ,10 de hauteur. Quelle est sa surface?*

On multiplie 42,50 par 28,10 et on a pour produit 1194ᵐ²,50 ou 11 ares 94 centiares, nombre représentant la surface du parallélogramme donné.

Problème n° 88.

504. *Un parallélogramme a une surface de 567ᵐ²,44 ou 5 ares 67 centiares et une base de 32ᵐ,80. On demande quelle est sa hauteur.*

Puisque la surface d'un parallélogramme est égale au produit de sa base par sa hauteur, en divisant 567ᵐ²,44 par 32ᵐ,80, on aura la hauteur.

La division effectuée, le quotient 17ᵐ,30 représente la hauteur du parallélogramme donné.

Problème n° 89.

505. *Un parallélogramme a une surface de 427ᵐ²,44 ou de 4 ares 27 centiares et une hauteur de 15ᵐ,60. On demande quelle est sa base.*

Puisque la surface d'un parallélogramme est égale au produit de sa base par sa hauteur, en divisant 427ᵐ²,44 ou 4 ares 27 centiares par 15ᵐ, 60, on aura la base.

La division effectuée, le quotient 27ᵐ,40 représente la base du parallélogramme donné.

Problème n° 90.

506. *Construire un parallélogramme avec les données suivantes:*

L'un des grands côtés sera égal à la droite M (fig. 292).

L'un des petits côtés sera égal à la droite N.

La diagonale sera égale à la droite P

On trace une droite DC = M; puis, du point C comme centre, avec un rayon égal à la ligne N, on décrit un arc de cercle EF. Du point D, comme centre, avec un rayon égal à la droite P, on décrit un second arc de cercle coupant le premier au point B.

Par le point B, on mène BI parallèle à CD, et par le point D on mène BK parallèle à CB, rencontrant la première au point A, et ABCD est le parallélogramme demandé.

V. — *Losange.*

507. Le *losange* est un parallélogramme dont les quatre côtés sont égaux et dont les angles ne sont pas droits, mais égaux deux à deux quand ils sont opposés. Exemple: ABCD (*fig.* 293). Les cotés AB. BC, CD et DA sont égaux. Les quatre angles ne sont pas droits; mais l'angle B est égal à son opposé D et l'angle A est aussi égal à son opposé C. Les deux

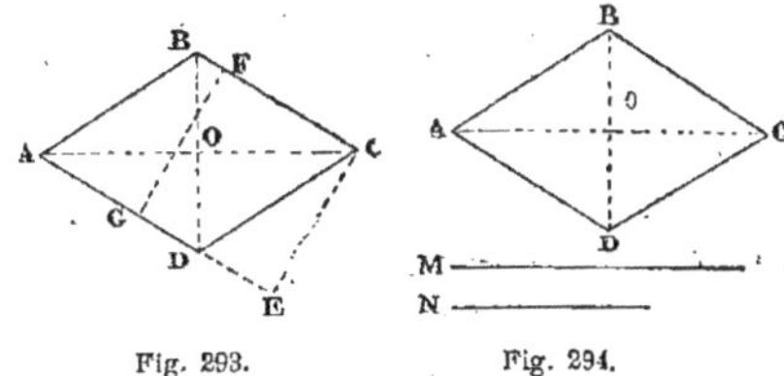

Fig. 293.   Fig. 294.

premiers sont obtus et les deux autres sont aigus.

Le losange ne diffère donc du carré que par les angles, puisque dans le carré tous les angles sont droits, tandis que dans le losange, il y a deux angles obtus égaux et deux angles aigus aussi égaux.

508. La *base* d'un losange est l'un quelconque de ses côtés, et sa *hauteur* est la perpendiculaire abaissée d'un point quelconque du côté opposé sur la base ou sur son prolongement, comme FG ou CE.

509. La *diagonale* d'un losange est la droite AC ou BD unissant deux sommets opposés.

Dans tout losange, on peut tracer deux diagonales, mais chacune d'elles est partagée en deux parties égales par le point de rencontre O. Ainsi OB = OD et OC = OA.

SURFACE DU LOSANGE.

510. *La surface d'un losange est égale au produit de sa base par sa hauteur.*

Problème nº 91.

511. *Un losange a 8ᵐ,40 de base et 3ᵐ,70 de hauteur. Quelle est sa surface?*

On multiplie 8ᵐ,40 par 3ᵐ,70 et on a pour produit, 31ᵐ²,08 ou 31 centiares, représentant la surface du losange donné.

Problème nº 92.

512. *Construire un losange, la grande diagonale étant égale à la droite M (fig. 294) et la petite étant égale à la droite N.*

On fait AC = M ; puis, au point O milieu de AC, on élève à cette droite une perpendiculaire qu'on prolonge en dessous. On prend OB = N et OD = N et en unissant par des droites les points A et B, B et C, C et D, D et A, on aura le losange demandé.

VI. — *Trapèze.*

513. Le *trapèze* est une surface limitée par quatre côtés inégaux dont deux seulement sont parallèles. Exemple : ABCD (*fig. 295*).

514. Les deux côtés parallèles DC et AB sont les *bases* du trapèze. La droite DC est la *base inférieure* et la droite AB est la *base supérieure*.

515. La *hauteur* d'un trapèze est une perpendiculaire abaissée d'un point quel-

conque de la base supérieure sur la base inférieure, comme GE ou BF.

Un trapèze est *rectangle* lorsqu'il a

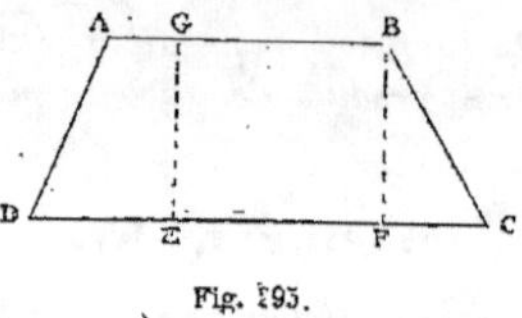

Fig. 295.

deux angles droits, comme GBCE. Dans ce cas, la perpendiculaire GE peut être prise pour la hauteur du trapèze.

SURFACE DU TRAPÈZE.

516. *La surface d'un trapèze est égale au produit de la demi-somme des bases par sa hauteur ou au produit de la moitié de sa hauteur par la somme des bases.*

En désignant par S la surface d'un trapèze, par B sa base supérieure, par B' sa base inférieure et par H sa hauteur, on aura :

$$S = \frac{B + B'}{2} \times H, \text{ ou } S = B + B' \times \frac{H}{2}$$

Problème nº 93.

517. *Un terrain ayant la forme d'un trapèze a 78ᵐ,40 de base inférieure, 54ᵐ,60 de base supérieure et 26ᵐ,90 de hauteur. Quelle est la surface?*

$$S = \frac{78,40 + 54,60}{2} \times 26^m,90 = 1788^{m2},85$$

On ajoute 54,60 à 78,40 et on a 133,00 dont la moitié est 66,50. On multiplie 66,50 par la hauteur 26,90 et on a pour produit 1788ᵐ²,85 ou 17 ares 89 centiares représentant la surface du trapèze donné.

On obtiendrait le même résultat en multipliant 133,00, somme des bases, par 13ᵐ,45, moitié de la hauteur 26ᵐ,90.

Problème nº 94.

518. *Un terrain de forme trapézoïdale dont la superficie est de 338ᵐ²,31, ou 3 ares 38 centiares, a 18ᵐ,50 de base supé-*

rieure et 35^m,10 *de base inférieure. Quelle est sa haut ur ?*

Puisque la surface d'un trapèze est égale au produit de la demi-somme des bases par la hauteur, en divisant 338,31 par 26,85, moitié de la somme des nombres 18,50 et 35,20, le quotient 12^m,60 représentera la hauteur demandée.

Problème n° 95.

519. *Un terrain de forme trapézoïdale dont la superficie est de* 842^{m2},41 *ou* 8 *ares* 42, *a* 32^m,40 *de base supérieure et* 21^m,30 *de hauteur. Quelle est sa base inférieure ?*

Puisque la surface d'un trapèze est égale au produit de la demi-somme des bases par la hauteur, en divisant 842,41 par la hauteur 21^m,30, on aura 39,55 pour quotient, c'est-à-dire pour la demi-somme de bases. En multipliant 39,55 par 2, on aura 79,10 pour la somme des bases, et en retranchant 32,40 de 79,10, on aura 46,70 pour la base inférieure.

S'il s'agissait de déterminer la base supérieure, connaissant la base inférieure et la hauteur d'un trapèze, on opérerait de la même manière.

520. Le carré, le rectangle, le parallélogramme, le losange et le trapèze sont des figures à quatre côtés, désignées sous le nom générique de *quadrilatères*.

VII. — *Cercle.*

521. Le *cercle* est la surface intérieure limitée par une circonférence. Ainsi, le *cercle* est la surface enveloppée, tandis que la *circonférence* est la ligne enveloppante.

SURFACE DU CERCLE.

522. Il y a deux moyens de calculer la surface d'un cercle, savoir :

1er MOYEN. *La surface d'un cercle est égale au produit de la circonférence par la moitié du rayon.*

2e MOYEN. *La surface d'un cercle est* égale au produit du carré du rayon par 3,1416, *rapport de la circonférence au diamètre.*

Problème n° 96.

523. *La circonférence d'un cercle a une longueur de* 13^m,51. *Quelle est sa surface ?*

1er MOYEN. Il faut trouver la longueur du rayon. Pour cela, on doit diviser (n° 365) 13^m,51 par 3,1416 (rapport de la circonférence au diamètre). Le quotient 4^m,30 représente la longueur du diamètre et 2^m,15, moitié de 4^m,30, donne le rayon. On multiplie 13^m,51 par 1,075, moitié du rayon, et le produit, qui est 14 mètres carrés 52 décimètres carrés, représente la surface du cercle donné.

2e MOYEN. On vient de trouver que le rayon du cercle est de 2^m,15, chiffre qu'on élève au carré en le multipliant par lui-même et on a 4,6225 pour produit. On multiplie ce produit par 3,1416 et on a 14 mètres carrés 52 décimètres carrés pour la surface du cercle donné, résultat identique au précédent.

En désignant la surface d'un cercle par S, le rayon par R, et 3,1416 par la lettre grecque π, la formule représentant cette surface sera :

$$S = \pi R^2$$

Problème n° 97.

524. *Un cercle a* 8^m,40 *de diamètre. Quelle est sa surface ?*

1er MOYEN. Il faut la longueur de la circonférence qui est 8,40 × 3,1416 = 26,39 et la moitié du rayon qui est le quart de 8,40 ou 2,10. On n'a donc plus qu'à multiplier 26,39 par 2,10 et le produit 55,42 donne la surface du cercle en mètres carrés.

2e MOYEN. Le rayon est la moitié de 8,40 ou 4,20. En élevant 4^m,20 au carré, on a 17,64 nombre qui, multiplié par 3,1416, donne 55^m,42, résultat identique au précédent pour la surface du cercle.

VIII. — Secteur circulaire.

525. Un *secteur circulaire* est une portion de cercle comprise entre un arc et deux rayons aboutissant aux extrémités de cet arc.

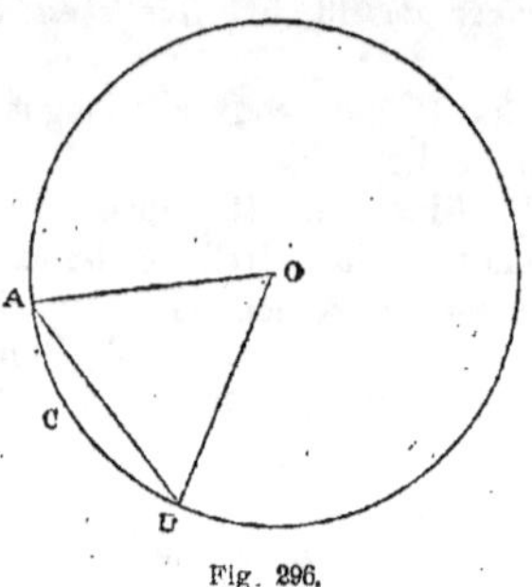

Fig. 296.

La portion de cercle ACBO (*fig.* 296), comprise entre l'arc ACB et les deux rayons OA, OB aboutissant aux extrémités de l'arc, est un *secteur circulaire*.

SURFACE DU SECTEUR CIRCULAIRE.

526. *La surface d'un secteur circulaire est égale au produit de la longueur de l'arc, développé en ligne droite, par la moitié du rayon, ou réciproquement.*

Problème n° 98.

527. *On demande quelle est la surface d'un secteur circulaire ayant* 8ᵐ,70 *pour le développement de l'arc de cercle et* 3ᵐ,40 *pour la longueur du rayon.*

Pour résoudre ce problème, il suffit de multiplier 8ᵐ,70 par 1,70, moitié de 3ᵐ,40, longueur du rayon.

La multiplication effectuée, on a 14 mètres carrés 79 décimètres carrés pour la surface demandée.

IX. — Segment circulaire.

528. Un *segment circulaire* est une portion du cercle comprise entre un arc et la corde qui sous-tend cet arc.

Ainsi, le portion de cercle ACB (*fig.* 296, comprise entre l'arc ACB et la corde AB est un segment circulaire.

SURFACE DU SEGMENT CIRCULAIRE.

529. Pour obtenir la surface du segment circulaire ABC, on calcule la surface du secteur circulaire OACB, puis on retranche du résultat la surface du triangle AOB et la différence donne le résultat demandé.

530. Pour calculer la surface d'un secteur ou d'un segment circulaire, on doit déterminer la longueur de l'arc développé en ligne droite. Pour cela, il faut connaître le rayon et la mesure de l'angle au centre et, au moyen de ces deux éléments, en opérant comme il a été indiqué (n° 408), on aura la longueur de cet arc.

X. — Polygone régulier.

531. Un *polygone*, en général, est une surface fermée comprise entre plus de deux droites se coupant deux à deux, quelles que soient la longueur des droites et la valeur des angles.

532. Un *polygone régulier* est un polygone dont tous les côtés et tous les angles sont égaux.

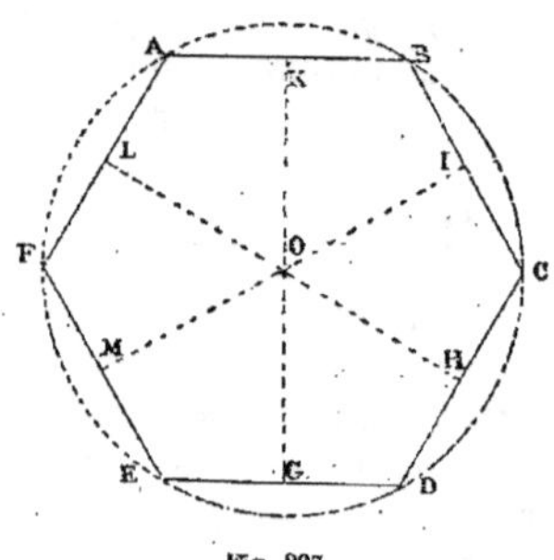

Fig. 297.

ABCD (*fig.* 297) est un polygone régulier, parce que ses six côtés et ses six angles sont égaux.

On nomme périmètre d'un polygone, une ligne brisée qui vaut la somme de tous ses côtés. Conséquemment, en représentant le périmètre du polygone (*fig.* 297) par P, on aura :

$$P = AB + BC + CD + DE + EF + FA.$$

533. On peut toujours circonscrire une circonférence à un polygone régulier, c'est-à-dire faire passer une circonférence par tous les sommets des angles du polygone. C'est ce que montre la même figure.

Le centre du cercle circonscrit est aussi le *centre* du polygone.

534. On nomme *apothème* d'un polygone régulier, la perpendiculaire abaissée du centre sur l'un quelconque des côtés, comme OG.

Un triangle a autant d'apothèmes que de côtés, mais toutes sont égales. Ainsi

$$OG = OH = OI = OK = OL = OM,$$

de sorte qu'on pourrait, du point O comme centre, tracer une circonférence qui passerait par les points G, H, I, K, L, et M et qui serait *inscrite* dans le polygone régulier.

L'apothème d'un polygone régulier partage en deux parties égales le côté sur lequel elle tombe.

SURFACE D'UN POLYGONE RÉGULIER.

535. *La surface d'un polygone régulier est égale au produit de son périmètre par la moitié de son apothème.*

Problème n° 99.

536. *Le périmètre d'un polygone régulier est égal à* 27^m,60 *et son opothème à* 3^m,98. *On demande quelle est sa surface.*

Pour résoudre ce problème, il faut multiplier 27^m,60, longueur du périmètre, par 1^m,99, moitié de 3^m,98, longueur de l'apothème. Le produit, 54 mètres carrés 92 décimètres carrés ou 55 ares, représente la surface du polygone donné.

537. La règle donnée pour l'évaluation de la surface d'un polygone régulier est la même que celle exposée (n° 522) pour le calcul du cercle (1er moyen) et cela se comprend, car un cercle peut être considéré comme un polygone régulier

d'un nombre infini de côtés, dont le rayon sera l'apothème.

XI. — *Couronne.*

538. On appelle *couronne*, la partie comprise entre deux circonférences concentriques ou bien la différence existant entre la surface du grand et la surface du petit cercle.

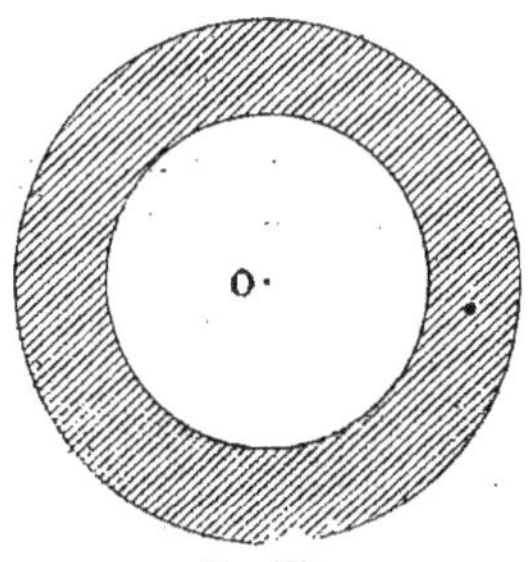

Fig. 298.

La partie portant des hachures (*fig.* 298) est une *couronne*.

SURFACE DE LA COURONNE.

539. *La surface d'une couronne est égale à la différence existant entre la surface du grand et la surface du petit cercle.*

Problème n° 100.

540. *Quelle est la surface d'une couronne, le grand cercle ayant* 2^m,30 *de rayon et le petit cercle* 0^m,98 ?

La surface du grand cercle est égale à :

$$3,1416 \times 2,30 \times 2,30 = 16^{m2}62$$

La surface du petit cercle est égale à :

$$3,1416 \times 0,98 \times 0,98 = 3^{m2}02$$

En retranchant 3^{m2}02 de 16^{m2}62, la différence 13^{m2}60 représentera la surface de la couronne.

XII. — *Lunule d'Hippocrate.*

541. La *lunule d'Hippocrate* est la surface comprise entre les deux arcs ABC et ADC (*fig.* 299) se coupant aux points A et C.

Problème n° 101.

542. *Construire géométriquement une lunule d'Hippocrate.*

On veut que la droite unissant les

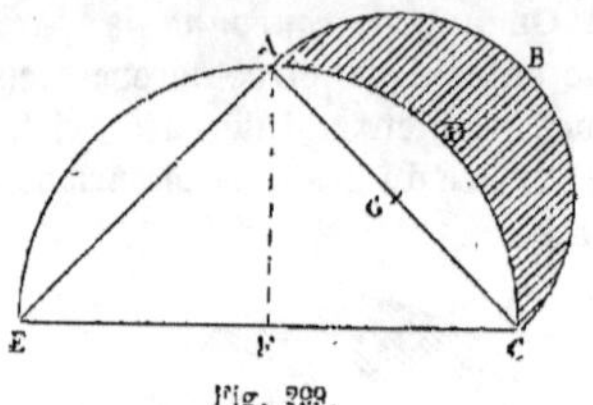

Fig. 299.

points de rencontre des deux arcs, c'est-à-dire la corde commune, soit égale à une droite M (*fig.* 299)

On trace une droite AC = M. A chacun des points A et C, on fait, avec la droite AC, deux angles de 45° chacun, dont les côtés non communs se coupent en F. On prolonge CF d'une quantité FE = CF. On joint le point A au point E. Les deux triangles rectangles AFE et AFC sont égaux et isocèles, puisque FA = FC = FE. Du point F, comme centre, avec un rayon égal à AF, on décrit une demi-circonférence EAC, et ADC est déjà un arc de la lunule.

Du point G, milieu de AC, comme centre, avec un rayon égal à GA, on décrit un second arc de cercle ABC qui complète la lunule.

SURFACE D'UNE LUNULE D'HIPPOCRATE.

543. Le problème précédent fait déjà entrevoir un moyen pratique de calculer la surface d'une lunule.

Pour cela, on n'a qu'à retrancher la surface du segment circulaire ADCG de la surface du demi-cercle ABCG ; mais il y a un moyen bien plus simple résultant d'un théorème en géométrie, en vertu duquel la surface du triangle rectangle AFC est égale à la surface de la lunule. Comme les côtés FA et FC sont deux rayons du petit arc, on peut en déduire cette règle pratique :

La surface d'une lunule géométrique est égale au produit du rayon du petit arc par la moitié du même rayon.

XIII. — *Ellipse.*

544. La définition et le tracé de l'ellipse, comme ligne courbe, ayant été donnés (n°° 370 à 380, *fig.* 202 et 203), il va être parlé maintenant de l'espace intérieur limité par la courbe, c'est-à-dire de la surface de l'ellipse.

SURFACE DE L'ELLIPSE.

545. *On obtient la surface d'une ellipse en multipliant le produit des deux axes par 3,1416 (rapport de la circonférence au diamètre) et en prenant le quart du dernier produit.*

Problème n° 102.

546. *Sachant que le grand axe d'une ellipse a 8ᵐ,40 de longueur et le petit axe 5ᵐ,10, calculer la surface de l'ellipse.*

En représentant par S la surface de l'ellipse, j'aurai la formule :

$$S = \frac{8,40 \times 5,10 \times 3,1416}{4} = 33,65$$

Le produit de 8,40 par 5,10 est 42,84 qui, multiplié par 3,1416, donne 134,59. Enfin, le quotient 33,65, obtenu en prenant le quart de 134,59, représente la surface de l'ellipse donnée.

Problème n° 103.

547. *Une ellipse a 1 mètre carré 95 décimètres carrés de surface et 2ᵐ,30 de grand axe. Quelle est la longueur du petit axe ?*

On multiplie 1,95 par 4 et le produit 7,80 vaut le produit du grand axe par le petit axe, puis par 3,1416. Donc, en divisant 7,80 par le produit 2,30 × 3,1416, on aura le petit axe. Or, 2,30 × 3,1416 = 7,223 et le quotient 1,08, obtenu en divisant 7,80 par 7,223, représente la longueur du petit axe.

Problème n° 104.

548. *Une ellipse a 8 mètres carrés 13 décimètres carrés de surface et 2^m30 de petit axe. Quelle est la longueur du grand axe?*

On multiplie 8,13 par 4 et le produit 32,52 vaut le produit du grand axe par le petit, puis par 3,1416.

Donc, en divisant 32,52 par le produit 2,30 × 3,1416, on aura le grand axe.

Or, 2,30 × 3,1416 = 7,223 et le quotient 4,50, obtenu en divisant 32,52 par 7,223, représente la longueur du petit axe.

XIV. — *Ovale.*

549. La définition et le tracé de l'ovale, comme ligne courbe, ayant été donnés (n°s 381, 382 et 383, *fig.* 204, 205 et 206), nous nous bornerons à dire deux mots de l'espace entouré par la courbe, c'est-à-dire de la surface de l'ovale. Pratiquement, pour calculer la surface de l'ovale, on emploie la formule de l'ellipse, c'est-à-dire qu'on *multiplie le produit des deux axes par 3,1416 (rapport de la circonférence au diamètre), puis on prend le quart du dernier produit.* Les données des problèmes 102, 103 et 104 peuvent aussi être appliquées à l'ovale, les solutions étant les mêmes.

550. Formules résumant les calculs des surfaces simples.

I. Triangle	Base b. Hauteur h.	Surface $= b \times \dfrac{h}{2}$ ou $\dfrac{b \times h}{2}$.
II. Carré	Côté b.	Surface $= b \times b$ ou b^2.
III. Rectangle	Base b. Hauteur h	Surface $= b \times h$.
IV. Parallélogramme	Base b. Hauteur h.	Surface $= b \times h$.
V. Losange	Base b. Hauteur h.	Surface $= b \times h$.
VI. Trapèze	Base supérieure b. Base inférieure b'. Hauteur h.	Surface $\dfrac{b + b'}{2} \times h$.
VII. Cercle	Rayon r.	Surface $= \pi r^2$ ou $3,1416 \times r \times r$.
VIII. Secteur circulaire	Arc a. Rayon r.	Surface $= a \times \dfrac{r}{2}$.
IX. Segment circulaire		Surface $=$ Secteur moins triangle.
X. Polygone régulier	Périmètre p Apothème a	Surface $= p \times \dfrac{a}{2}$
XI. Couronne		Surface $=$ grand cercle moins petit cercle.
XII. Lunule	Rayon du petit arc r	Surface $= r \times \dfrac{r}{2}$.
XIII. Ellipse	Grand axe a Petit axe a'	Surface $= \dfrac{a \times a' \times 3,1416}{4}$.
XIV. Ovale	Grand axe a Petit axe a'	Surface $= \dfrac{a \times a' \times 3,1416}{4}$.

§ II. — SURFACES IRRÉGULIÈRES

ou arpentage proprement dit.

551. Si l'arpentage devait offrir quelques difficultés, c'est dans l'évaluation des surfaces irrégulières qu'on les rencontrerait; mais, ainsi qu'on le verra plus loin, tout se résume dans une bonne et intelligente décomposition des surfaces irrégulières en surfaces régulières.

Pour parvenir à cette décomposition, lorsque l'arpenteur arrive sur le terrain à mesurer, son premier soin doit être de le parcourir en tous sens, de reconnaître les sommets des angles, d'y planter des jalons bien verticalement, d'examiner les sinuosités des cours d'eau et de les décomposer en petites lignes droites se rapprochant le plus possible des courbes.

Cela fait, il prépare un croquis du terrain représentant à peu près ses formes et, sur ce croquis, il trace les lignes d'opération, les perpendiculaires et tous les détails qui doivent être consignés sur le plan. Les lignes d'opération et les perpendiculaires seront cotées avec soin, sur le croquis et sur place, aussitôt la lecture faite sur la chaîne ou sur le décamètre ruban pendant l'opération du chaînage.

Comme la contenance d'un terrain n'est autre chose que la surface de sa projection horizontale (464), lorsqu'on prendra des mesures sur le terrain, la chaîne devra être tenue bien horizontalement (439), de manière que les cotes prises se rapportent bien aux projections horizontales des lignes inclinées.

Problème n° 105.

552. *Arpenter un terrain ayant la forme du quadrilatère ABCD (fig. 300).*

Il faut tout d'abord que l'arpenteur reconnaisse les limites du terrain et qu'il plante, bien verticalement, des jalons à chacun des angles A,B,C,D. Il constate que la figure n'est pas régulière, car elle

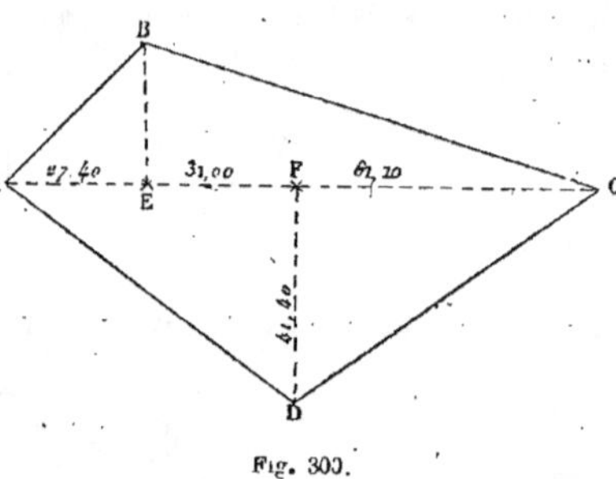

Fig. 300.

n'appartient à aucune des catégories définies précédemment. Pour l'arpenter, il est donc nécessaire de la décomposer en figures régulières, et voici comment il faut procéder :

On jalonne la plus grande diagonale AC, puis on élève à cette droite les perpendiculaires BE et DF aboutissant aux sommets B et D. Les pieds E et F des perpendiculaires sont déterminés au moyen de l'équerre d'arpenteur.

On voit que le quadrilatère donné est divisé en deux triangles ayant la même base AC :

1° Le triangle ABC ayant BE pour hauteur;

2° Le triangle ADC ayant DF pour hauteur.

Pour avoir tous les éléments qu'exige la solution du problème, il n'y a qu'à mesurer les trois lignes AC, BE et DF. AC = 119^m,50 ; BE = 27^m,60 ; DE = 41^m,40.

Voici l'indication des calculs au moyen de la formule donnant la surface d'un triangle :

1° Triangle ABC $= 119,50 \times \dfrac{27,60}{2} = 1625,20.$

2° Triangle ADC $= 119,50 \times \dfrac{41,40}{2} = 2473,05.$

Total............ 40 8,85.

La surface du quadrilatère donné est donc égale à 4 098 mètres carrés 85 décimètres carrés, ou 40 ares 99 centiares.

553. *Ligne d'opération.* La diagonale AC (*fig.* 300), préalablement jalonnée, est ce qu'on appelle une *ligne d'opération*.

En général, une *ligne d'opération* est une droite convenablement choisie dans un terrain à arpenter et à laquelle aboutissent toutes les perpendiculaires partant des sommets des divers angles. La décomposition du terrain en surfaces régulières se fait au moyen de la ligne d'opération et des perpendiculaires.

Dans la figure 300, on aurait pu prendre la diagonale joignant les sommets B et D pour ligne d'opération, mais la diagonale AC est préférable, parce qu'elle est plus longue et parce que les angles B et D sont plus grands que les angles A et C.

En général, dans les décompositions en surfaces régulières, l'arpenteur doit éviter les angles trop aigus autant que possible, s'il veut que ses opérations présentent suffisamment de précision, et cela dépend presque toujours du bon choix de la ligne d'opération.

Souvent, on emploie plusieurs lignes d'opération pour le même arpentage: c'est ce qu'on verra dans les problèmes suivants.

554. Pour mesurer la ligne d'opération AC (*fig.* 300), l'arpenteur et le porte-chaîne sont partis du point A pour se diriger sur le point C. Arrivé en E, pied de la perpendiculaire BE, l'arpenteur a inscrit sur son croquis la cote 27^m,40, longueur de A E, et la cote 27^m,60, longueur de la perpendiculaire BE, puis il est reparti du point E dans la direction du point C. Arrivé en F, il a inscrit sur son croquis la cote 31^m,00, longueur de EF et

la cote 41^m,40, longueur de la perpendiculaire DF, puis il est reparti de nouveau dans la direction du point C. Enfin, il a inscrit la dernière cote 61^m,10, longueur de FC.

Ainsi qu'on le voit, la droite AC a été mesurée par deux stations, absolument comme s'il s'agissait de trois lignes différentes.

Ce n'est pas ainsi qu'on agit dans la pratique, car si, à chaque station, on commet une erreur, toutes les erreurs s'additionnent lorsqu'on réunit les cotes de détail pour avoir la longueur totale de la ligne d'opération.

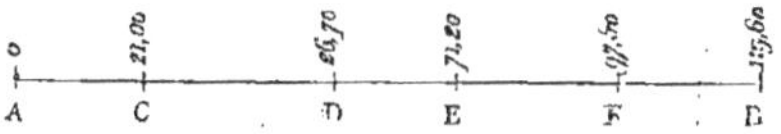

o   21,00   26,70   71,20   97,50   115,60

A   C   D   E   F   B

Fig. 301.

Voici comment on opère. La droite AB (*fig.* 301) est supposée une ligne d'opération, et quatre perpendiculaires doivent aboutir aux points C, D, E, F.

L'arpenteur part du point A et arrive au point C, il marque sur son croquis 21^m,00, longueur de AC. Il continue son chaînage sans s'occuper du point C et, arrivé au point D, il inscrit 26^m,70 et cette cote est la longueur de AD. Il poursuit ainsi son opération jusqu'au point B et, en passant par les points E et F, il inscrit la cote 71^m,20, longueur de AE et 97^m,50, longueur de AF. De cette façon, si le chaînage est fait avec soin, il n'y a pas d'erreur matérielle possible.

Les cotes inscrites de cette façon, pour avoir la distance entre deux perpendiculaires consécutives, il n'y a qu'une soustraction à faire. Ainsi, en retranchant 71^m,20 de 97^m,50, la différence 26^m,30 représentera la longueur de EF.

Problème n° 106.

555. *Arpenter un terrain ayant la forme du quadrilatère* ABCD (*fig.* 302) *dans l'intérieur duquel se trouve une pièce d'eau.*

Ainsi qu'on le voit par la figure, les diagonales BD et CA ne peuvent pas être mesurées directement, mais on peut

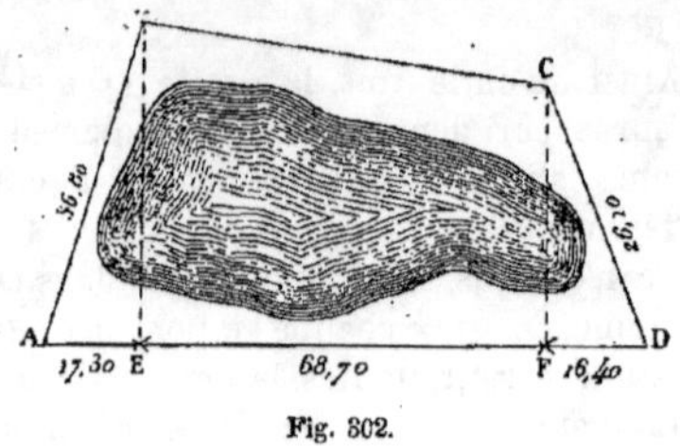

Fig. 302.

déterminer les pieds E et F des perpendiculaires EB et FC, parce que les points B et C sont visibles de la ligne AD.

On peut mesurer AE, EF et FD et on peut déterminer la longueur des perpendiculaires BE et CF en appliquant le principe du carré de l'hypoténuse.

En effet, les deux triangles BEA et CFD étant rectangles, on a :

1° $\overline{BE}^2 = \overline{AB}^2 - \overline{AE}^2$ ou $BE = \sqrt{\overline{AB}^2 - \overline{AE}^2}$

2° $\overline{CF}^2 = \overline{DC}^2 - \overline{DF}^2$ ou $CF = \sqrt{\overline{DC}^2 - \overline{DF}^2}$

En remplaçant les lettres par les chiffres du croquis, on aura :

1° $BE = \sqrt{56.80^2 - 17.30^2} = 54.10$

2° $CF = \sqrt{26.10^2 - 16.40^2} = 20.30.$

La solution du problème est maintenant bien simple, car il n'y a plus qu'à calculer la surface des triangles BEA et CFD et du trapèze BCFE dont tous les éléments sont connus.

Voici les résultats :

$$1° \text{ Triangle BEA} = 17.30 \times \frac{54,10}{2} = 467,96$$

$$2° \text{ Trapèze BCFE} = 68.70 \times \frac{54,10 + 20,30}{2} = 2\,555,64$$

$$3° \text{ Triangle CFD} = 16.40 \times \frac{20,30}{2} = 166,46$$

$$\text{Total}\ldots\ldots\quad \overline{3\,190,06}$$

La surface du quadrilatère donné est donc égale à 3190 mètres carrés, 6 décimètres carrés, ou 31 ares 90 centiares.

Problème n° 107.

556. *Mesurer la surface comprise entre la ligne courbe* AB *(fig. 303), la droite*

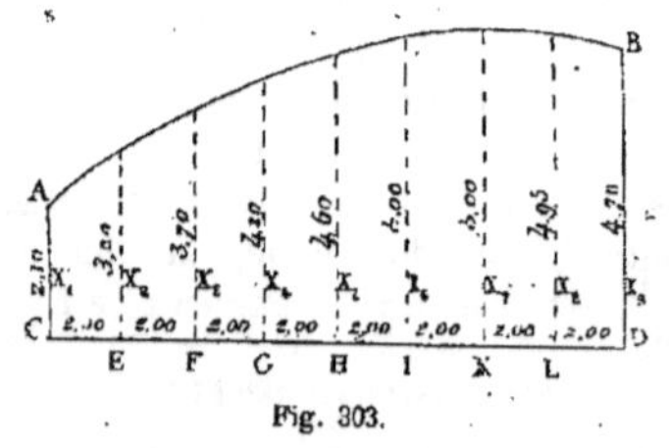

Fig. 303.

CD *et les deux perpendiculaires* AC *et* BD, *allant des extrémités de la droite aux extrémités de la courbe.*

Pour mesurer les surfaces qui se trouvent dans des conditions semblables, M. Poncelet a donné une méthode bien ingénieuse, quoique peu pratique. La voici :

On partage la base CD en un nombre pair de parties égales, en huit, par exemple, aux points E,F,G,H,I,K,L à chacun desquels on élève une perpendiculaire rencontrant la courbe.

En désignant la surface cherchée par S, chaque partie de CD par h, les perpendiculaires par $x_1, x_2, x_3, x_4, x_5, x_6, x_7, x_8, x,$ M. Poncelet donne la formule suivante :

$$S = 2h\,(x_2 + x_4 + x_6 + x_8) - \frac{(x_2 + x_8) - (x_1 + x_9)}{4} \times h.$$

Cette formule indique que, pour avoir la surface demandée, il faut :

1° Faire la somme des perpendiculaires de rang pair.

2° Multiplier cette somme par le double de h.

3° Retrancher du résultat le produit (du quart de la somme de la seconde et de l'avant-dernière perpendiculaire, diminuée de la somme de la première et de la dernière), par h.

Cette formule va être rendue plus claire par un exemple numérique :

$$h = 2^m00; \ x_1 = 2.10; \ x_2 = 3.20;$$
$$x_3 = 3.70; \ x_4 = 4.20; \ x_5 = 4.60; \ x_6 = 5.00;$$
$$x_7 = 5.00; \ x_8 = 4.95; \ x_9 = 4.70.$$

La somme des perpendiculaires du rang pair est :

$$3.20 + 4.20 + 5.00 + 4.95 = 17.35$$
$$17.35 \times 4 = 69.40.$$

Pour le second terme de la formule, on a :

$$\frac{(3.20 + 4.95) - (2.10 + 4.70)}{4}$$
$$\times 2.00 = 0.68.$$

Il ne reste plus qu'à retrancher 0,68 de 69.40 et la différence qui est 68 mètres carrés 72 décimètres carrés représente la surface demandée.

Problème n° 108.

557. *Arpenter un terrain ayant la forme du polygone* ABCDEFGHIK *(fig. 304).*

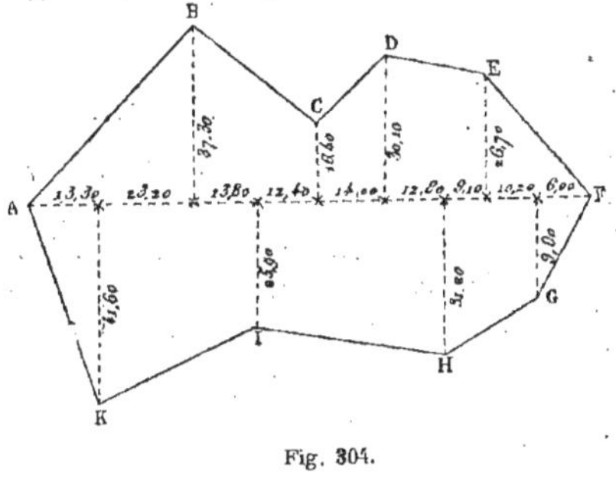

Fig. 304.

L'arpenteur doit, comme toujours, parcourir le terrain dans tous les sens, plan-

ter un jalon au sommet de chaque angle, faire son canevas ou croquis, puis déterminer une ligne d'opération qu'il doit jalonner avec le plus grand soin. Cette ligne va du sommet de l'angle A au sommet de l'angle F. C'est la plus longue qu'il soit possible de tracer dans le polygone.

L'arpenteur part du point A et marche dans la direction du point F. Chemin faisant, il élève, au moyen de l'équerre, les perpendiculaires LK, MB, NI, OC, PD, QH, RE et SG qu'il mesure ainsi que les distances AL, LM, MN, NO, OP, PQ, QR, RS et SF et inscrit les cotes sur le canevas.

En opérant ainsi, le polygone se trouve décomposé en quatre triangles et six trapèzes, dont il n'y a plus qu'à faire la somme.

Voici, sous forme de tableau, le résultat des opérations :

DÉSIGNATION des surfaces régulières	FORMULES	SURFACES partielles.
Triangle BMA..	$36.50 \times \dfrac{37.30}{2} \ldots\ldots$	680.72
Trapèze BMOC..	$26.20 \times \dfrac{37.30 + 16.40}{2}$	703.47
Trapèze COPD..	$14.00 \times \dfrac{16.40 + 30.10}{2}$	325.50
Trapèze DPRE..	$21.90 \times \dfrac{30.10 + 26.70}{2}$	621.96
Triangle ERF..	$16.20 \times \dfrac{26.70}{2} \ldots\ldots$	216.27
Triangle ALK..	$13.30 \times \dfrac{41.60}{2} \ldots\ldots$	276.64
Trapèze KLNI..	$37.00 \times \dfrac{41.60 + 25.90}{2}$	624.38
Trapèze INQH..	$39.20 \times \dfrac{25.90 + 31.20}{2}$	1119.16
Trapèze HQSG..	$19.30 \times \dfrac{31.20 + 9.90}{2}$	396.61
Triangle GSF...	$6.00 \times \dfrac{9.90}{2} \ldots\ldots$	29.70
Total.......		4994.41

La surface demandée est donc de 4994 mètres carrés ou 49 ares 94 centiares.

Problème n° 109.

558. *Arpenter un terrain irrégulier ayant la forme du polygone* ABCDEFGHI (*fig.* 305).

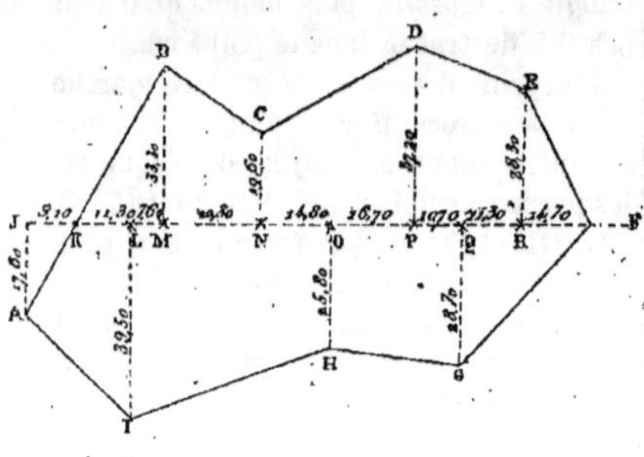

Fig. 305.

● Il n'est pas indispensable que la ligne d'opérations aboutisse à deux angles opposés de la figure à mesurer.

On verra même, au problème n° 110, que cette ligne peut être tracée en dehors du terrain.

Dans la figure 305, l'arpenteur, après avoir planté un jalon au sommet de chaque angle, reconnaît que la ligne d'opération devrait aller du sommet A à l'un des sommets E ou F; mais, par suite d'obstacles, on n'aperçoit du point A aucun des deux jalons plantés en E et en F. Alors, l'arpenteur jalonne la ligne JF de laquelle il voit distinctement tous les jalons, puis il part du point J et marche dans la direction du point F.

Chemin faisant, au moyen de l'équerre d'arpenteur, il élève les perpendiculaires JA, LI, MB, NC, OH, PD, QG et RE qu'il mesure ainsi que les distances JK, KL, LM, MN, NO, OP, PQ, QR, et RF et inscrit les cotes sur le canevas.

Alors, le polygone se trouve décomposé en figures régulières dont on calcule séparément la surface par les procédés ordinaires.

Le tableau ci-contre donne les détails des calculs à effectuer pour obtenir la surface totale :

DÉSIGNATION des surfaces régulières	FORMULES	SURFACES partielles.
Triangle BMK..	$18.90 \times \dfrac{33.30}{2}$	314.68
Trapèze BMNC.	$20.30 \times \dfrac{33.30 + 19.60}{2}$	536.94
Trapèze CNPD..	$31.50 \times \dfrac{19.60 + 37.20}{2}$	874.60
Trapèse DPRE..	$22.00 \times \dfrac{37.20 + 28.30}{2}$	720.50
Triangle ERF..	$14.70 \times \dfrac{28\ 30}{2}$	208.01
Trapèze JAIL...	$20.40 \times \dfrac{17.60 + 39.50}{2}$	582.42
Trapèze LIHO..	$42.70 \times \dfrac{39.50 + 25.80}{2}$	1394.15
Trapèze OHGQ..	$27.40 \times \dfrac{25.80 + 28.70}{2}$	746.65
Triangle FQG...	$26.00 \times \dfrac{28.70}{2}$	373.10
	Total........	5771.05
	A déduire :	
Triangle KJA...	$9.10 \times \dfrac{17.60}{2}$	80.08
	Reste........	5690.97

Le triangle KJA est à déduire, puisqu'il est en dehors du polygone et compris dans le trapèze JAIL. Conséquemment, la surface demandée est 5690 mètres carrés 97 décimètres carrés, ou 56 ares 91 centiares.

Problème n° 110.

559. *Arpenter un terrain ayant la forme du polygone* ABCDEFG (fig. 306), *la ligne d'opération étant placée en dehors du terrain.*

L'arpenteur procède d'abord à la reconnaissance du terrain, plante un jalon au sommet de chaque angle, puis jalonne la ligne d'opération HI. Il commence par élever, au moyen de l'équerre, la perpendiculaire KA sur HI et part du point K, dans la direction du point I. Chemin fai-

il élève les perpendiculaires LG, NF, OE, PC, et QD qu'il mesure que les distances KL, LM, MN, OP et PQ.

est clair qu'en retranchant la surface

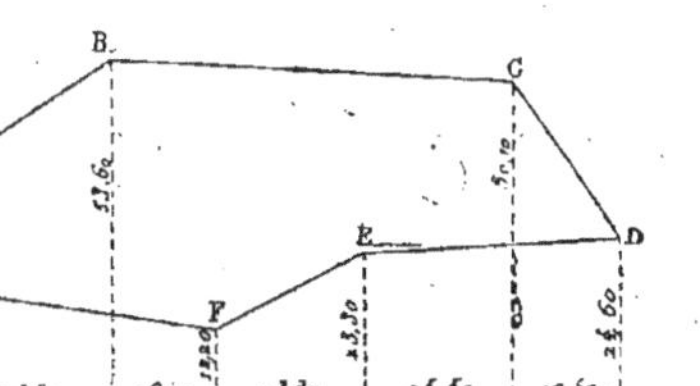

Fig. 306.

etit polygone KAGFEDI de la surface grand polygone KABCDI, la différence ésentera la surface du polygone né.

oici les opérations :

urface du grand polygone KABCDI.

SIGNATION des es régulières.	FORMULES	SURFACES partielles.
		1581.43
pèze KABM..	$37.80 \times \dfrac{30.10 + 53.60}{2}$	3339.14
pèze MBCP...	$64.40 \times \dfrac{53.60 + 50.10}{2}$	632.77
pèze PCDI....	$16.50 \times \dfrac{50.10 + 26.60}{2}$	
	Total.........	5553.34

Surface du petit polygone KAGFEDI.

pèze KAGL...	$14.00 \times \dfrac{30.10 + 17.40}{2}$	262.50
pèze LGFN...	$40.50 \times \dfrac{17.40 + 12.20}{2}$	599.40
pèze NFEO...	$23.30 \times \dfrac{12.20 + 23.20}{2}$	412.41
pèze OEDI...	$40.90 \times \dfrac{23.20 + 24.60}{2}$	977.51
	Total.........	2251.82

Résumé :

rface du grand polygone................	5553.34
rface du petit polygone................	2251.82
Différence.........	3301.52

La surface du polygone donné est donc égale à 3301 mètres carrés 52 décimètres carrés ou 33 ares 2 centiares.

Problème n° 111

560. *Arpenter un terrain irrégul limité en partie par une rivière* (fig.

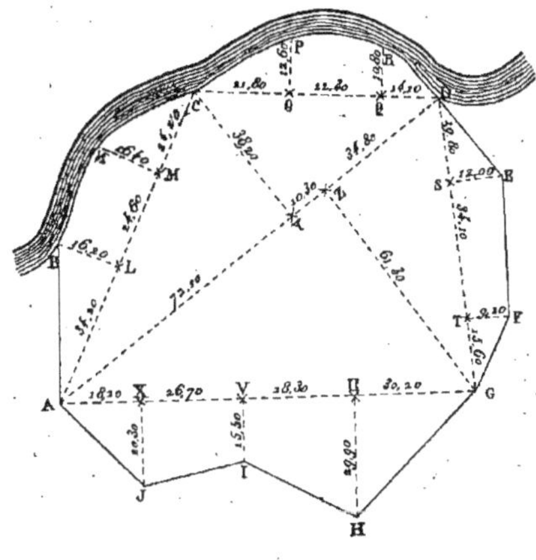

Fig. 307.

L'arpenteur procède d'abord à la reconnaissance du terrain et place bien verticalement des jalons aux sommets des angles B, A, J, I, H, G, F, E, D, puis aux points N, C, P et R, le long de la rivière, de manière que les distances BN, NC, CP, PR et RD puissent, sans erreur sensible, être considérées comme des lignes droites. A l'inspection du canevas, qui doit être soigneusement préparé, on reconnaît qu'une seule ligne d'opération n'est pas suffisante. La principale va du point A au point D et il convient d'en tracer quatre autres allant de A à C, de C à D, de D à G, et de G à A. Ces quatre lignes d'opération forment le quadrilatère ACDG dont la ligne d'opération principale AD est l'une des diagonales.

Lorsque les cinq lignes d'opération sont jalonnées, l'arpenteur, muni de la chaîne et accompagné de son aide, part du point A dans la direction du point D. Chemin faisant, et au moyen de l'équerre, il élève les perpendiculaires YC et ZG qu'il mesure ainsi que les distances AY, YZ et ZD. Alors, il possède tous les éléments nécessaires pour calculer la surface du quadrilatère ACDG.

Il s'agit maintenant de mesurer les parties du terrain situées en dehors des lignes d'opération AC, CD, DG et AG.

Pour cela, l'arpenteur, accompagné de son porte-chaîne, revient au point A d'où il part dans la direction du point C. Il élève successivement les perpendiculaires LB et MN qu'il mesure ainsi que les distances AL, LM et MC. Il part ensuite du point C dans la direction du point D, élève les perpendiculaires OP et QR qu'il mesure ainsi que les distances CO, OQ et QD.

Il opère de la même manière en suivant les deux lignes d'opération DG et GA et il détermine les perpendiculaires SE, TF, UH, VI et XJ qu'il mesure ainsi que les distances qui les séparent. Toutes les cotes doivent être soigneusement inscrites sur le canevas au fur et à mesure de leur obtention.

L'opération d'arpentage sur le terrain est achevée; il ne reste plus qu'à calculer les surfaces de toutes les figures régulières obtenues et à en faire l'addition.

Le tableau ci-contre donne tous les détails des calculs à effectuer.

La surface demandée est donc égale à 9590 mètres carrés 11 décimètres carrés, ou 95 ares 90 centiares.

La propriété du carré de l'hypoténuse dans un triangle rectangle fournit un moyen de vérifier si, ce qui est essentiel, les lignes d'opération ont été mesurées avec une précision suffisante et si les perpendiculaires intérieures sont convenablement tracées. Ainsi, dans le triangle rectangle AYC, en faisant le carré de $34,20 + 24,60 + 24,20$, on doit avoir un produit égal à la somme des carrés de 38,20 et de 72,10. On peut procéder à la même vérification pour les triangles rectangles CYD, GZD et GZA et si les différences sont trop grandes, on doit recommencer les opérations sur le terrain.

Problème n° 112.

561. *Arpenter un terrain entouré d'une ligne sinueuse continue (fig. 308).*

DÉSIGNATION des figures régulières.	FORMULES	SURFACES partielles.
	I. *Quadrilatère* ACDG.	
Triangle ACD....	$117\ 20 \times \dfrac{38\ 20}{2}$........	2338.52
Triangle AGD....	$117.20 \times \dfrac{61.30}{2}$........	3592.18
	II. *Ligne d'opération* AC.	
Triangle ALB....	$34\ 20 \times \dfrac{16\ 20}{2}$........	277.02
Trapèze BLMN..	$24.60 \times \dfrac{16.20 + 16\ 40}{2}$	400.98
Triangle NMC...	$24.20 \times \dfrac{16.40}{2}$........	198.44
	III. *Ligne d'opération* CD	
Triangle COP....	$21.80 \times \dfrac{12.60}{2}$........	137.34
Trapèze POQR...	$22.30 \times \dfrac{12\ 60 + 10.80}{2}$	260.91
Triangle RQD....	$14.10 \times \dfrac{10.80}{2}$........	76.14
	IV. *Ligne d'opération* DG	
Triangle DSE....	$19.80 \times \dfrac{12.00}{2}$........	118.80
Trapèze ESTF...	$34.10 \times \dfrac{12.00 + 9.20}{2}$	361.46
Triangle FTG....	$15.60 \times \dfrac{9.20}{2}$........	71.76
	V. *Ligne d'opération* GA	
Triangle GUH...	$30.20 \times \dfrac{20.90}{2}$........	451.49
Trapèze HUVI...	$28.30 \times \dfrac{29.90 + 15.50}{2}$	642.41
Trapèze IVXJ...	$26.70 \times \dfrac{15.50 + 20.30}{2}$	477.93
Triangle JXA....	$18.20 \times \dfrac{20.30}{2}$........	184.73
	Total........ .	9590.11

L'arpenteur parcourt le terrain dans tous les sens, ce qui lui permet de déterminer le polygone irrégulier ABCDEFGH au moyen de jalons plantés au sommet de chaque angle. Les côtés du polygone sont autant de lignes d'opération qui serviront à mesurer l'espace compris entre les côtés et les portions correspondantes de la limite sinueuse.

L'arpenteur jalonne la droite AE qui est la ligne d'opération principale; puis, accompagné de son porte-chaîne, il part du point A, détermine les perpendiculaires IB, KH, LC, MG, ND et OF qu'il mesure ainsi que les distances AI, IK, KL, LM, MN, NO et OE.

Il plante des jalons aux points saillants de la limite sinueuse de telle façon que la distance comprise entre deux points consécutifs puisse être considérée comme droite, puis il abaisse des divers points des perpendiculaires sur la ligne d'opération correspondante. Lorsque tous les côtés du polygone sont parcourus et lorsque les cotes sont inscrites au canevas, le terrain se trouve décomposé en figures régulières dont la somme représente la surface du terrain.

562. Lorsqu'un terrain est limité par une ligne sinueuse continue et qu'on veut

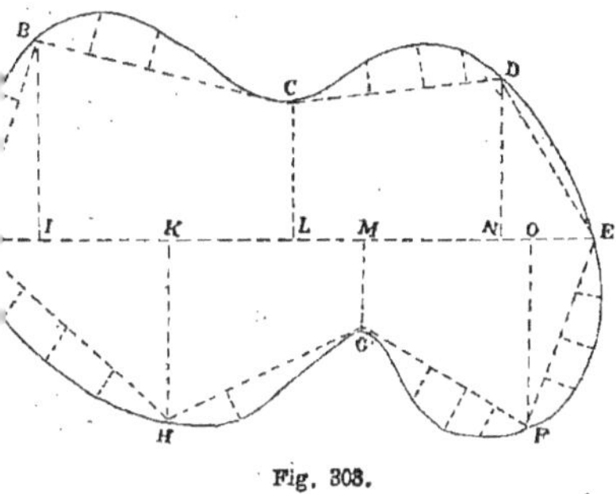

Fig. 303.

opérer rapidement, on procède comme l'indique la figure 309, c'est-à-dire qu'on trace un polygone ABCDEFGH ayant une surface équivalente à celle du terrain. Ainsi, en plantant les jalons C et D, on a

soin de prendre d'un côté autant de terrain qu'on en laisse de l'autre par voie de

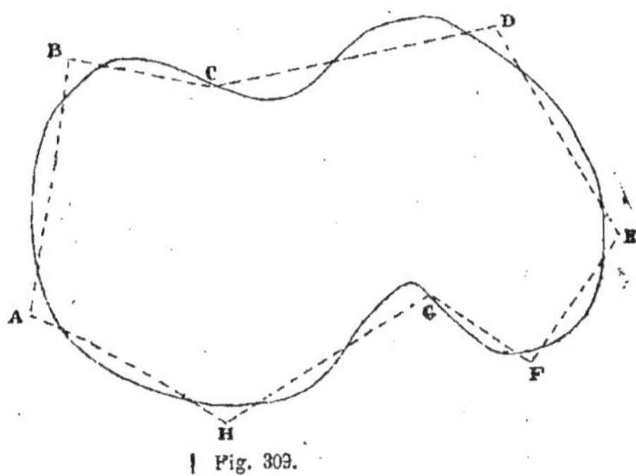

Fig. 309.

compensation. On opère de même pour les autres côtés DE, EF, FG, GH, HA, AB et BC.

Problème nº 113.

563. *Trouver la superficie d'un bois ABCDEFGHI (fig. 310) au moyen de la chaîne et de l'équerre d'arpenteur, en supposant qu'on ne puisse pas pénétrer dans l'intérieur du bois.*

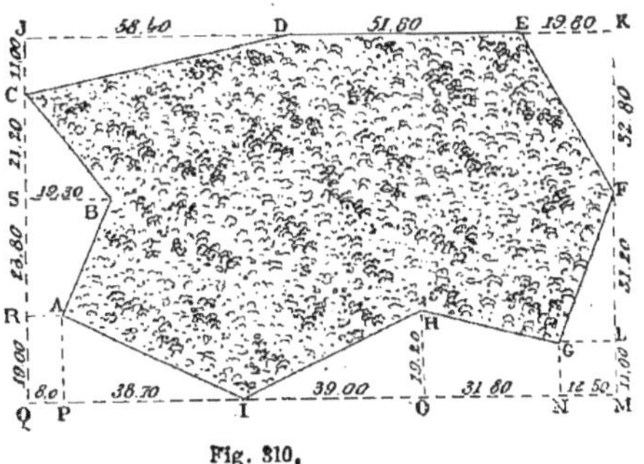

Fig. 310.

On commence par envelopper le terrain à arpenter d'un rectangle JKMQ en faisant coïncider l'un des côtés du bois, DE par exemple, avec le côté JK du rectangle et en s'arrangeant de manière que le sommet d'un angle au moins aboutisse sur un côté du rectangle. Les sommets F, I et C sont dans ce cas.

Cela fait, l'arpenteur trace les perpendiculaires SB, RA, PA, OH, NG et LG aux côtés correspondants du rectangle, les mesure en cheminant, ainsi que les distances qui les séparent; il mesure également ment CJ, JD, DE, EK, et KF et inscrit toutes les cotes sur le canevas.

En retranchant du rectangle JKMQ, la surface des figures CJD, EKF, FLG, GLMN, GNOH, HOI, IPA, PARQ, RABS et SBC, on aura la surface du bois.

Voici, sous forme de tableau, les détails des calculs à effectuer, sachant que le grand côté du rectangle est égal à 58,40 + 51,80 + 19,80 = 130,00 et que le petit côté est égal à 11,00 + 21,20 + 23,80 + 19,00 = 75^{m}00.

DÉSIGNATION des figures régulières.	FORMULES	SURFACES partielles.
Grand rectangle JKMQ.........	130.00×75.00........	9750.00
Surfaces partielles à retrancher.		
Triangle CJD....	$58.40 \times \dfrac{11.00}{2}$........	321.20
Triangle EKF....	$32.80 \times \dfrac{19.80}{2}$........	324.72
Triangle FLG....	$31.20 \times \dfrac{12.50}{2}$........	195.00
Rectangle GLMN	$12.50 \times 11\,00$........	137.50
Trapèze GNOH..	$31.80 \times \dfrac{11.00 + 19.20}{2}$	480.18
Triangle HOI....	$39.00 \times \dfrac{19.20}{2}$........	374.40
Triangle IPA....	$38.70 \times \dfrac{19.00}{2}$........	367.65
Rectangle PARQ	19.00×8.00........	152.00
Trapèze RABS..	$23.80 \times \dfrac{8.00 + 19.30}{2}$	224.87
Triangle SBC....	$21.20 \times \dfrac{19.30}{2}$........	204.58
Total............		2882.10
Résumé : Surface du grand rectangle....		9750.00
Total des surfaces partielles...		2882.10
Différence..........		6867 90

La superficie du bois qui est l'objet de ce problème est donc égale à 6867 mètres carrés 90 décimètres carrés ou 68 ares 68 centiares.

Problème n° 114.

564. *Arpenter un terrain ayant la forme du polygone irrégulier ABCDEF (fig. 311) au moyen de la chaîne seulement.*

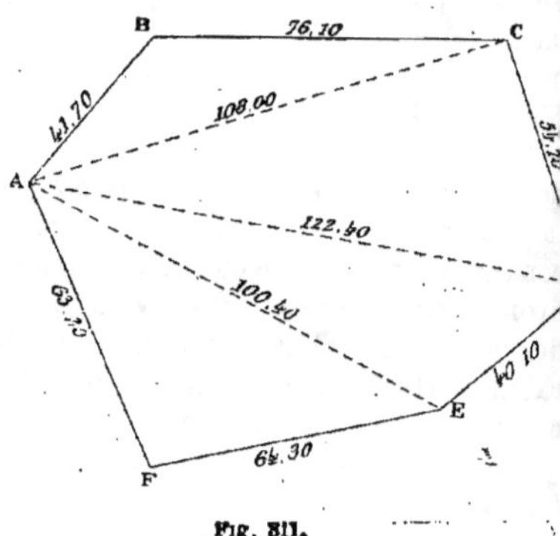

Fig. 311.

Pour résoudre ce problème, on jalonne les diagonales AC, AD et AE qui décomposent le polygone en quatre triangles : ABC, ACD, ADE et AEF. On mesure les trois côtés de chacun, puis on calcule la surface en appliquant la formule donnée (n° 476). La somme des quatre surfaces partielles obtenues donne la surface totale.

Les diagonales auraient pu partir de l'un quelconque des sommets B, C, D, E ou F ; mais on choisit généralement, pour point de départ des diagonales, celui qui donne des triangles dont les angles sont le moins aigus possible.

Cette méthode d'arpentage donne des résultats beaucoup plus exacts que ceux obtenus au moyen de perpendiculaires abaissées sur une ligne d'opération. Aussi l'emploie-t-on généralement pour les terrains qui ont une grande valeur.

III — LEVER DES PLANS

SOMMAIRE

CHAPITRE PREMIER

OPERATIONS SUR LE TERRAIN

Préliminaires.

565. *Lever un plan,* c'est tracer en petit, sur le papier, une figure exactement semblable à celle d'un terrain avec ses détails, en ayant bien soin de conserver l'égalité des angles et la proportionnalité des côtés.

566. Les diverses opérations à effectuer sur un terrain quelconque pour en lever le plan sont :

1° La reconnaissance des limites du terrain, des sommets des angles, des cours d'eau ; en un mot, de tous les points et de tous détails saillants à reproduire.

2° Le jalonnage des périmètres, des lignes d'opération et des ordonnées qui relient ces lignes aux sinuosités du terrain.

3° Le chaînage des lignes d'opération et des ordonnées.

4° La vérification et la rectification des instruments.

5° Le mesurage des angles.

§ I. — LEVER A LA CHAINE D'ARPENTEUR

567. Le lever d'un plan à la chaîne d'arpenteur s'effectue en décomposant en triangles l'espace dont on veut rapporter le plan et en mesurant ensuite tous les côtés de ces figures élémentaires. Cela fait, rien n'est plus simple que de construire, sur le papier, à l'aide d'une échelle, des triangles ayant des côtés proportionnels à ceux qui ont été mesurés sur le terrain et on obtient, de cette manière, le plan demandé.

Problème n° 115.

568. *Lever le plan du terrain limité par le périmètre du polygone ABCDEF (fig. 312) au moyen de la chaîne d'arpenteur seulement.*

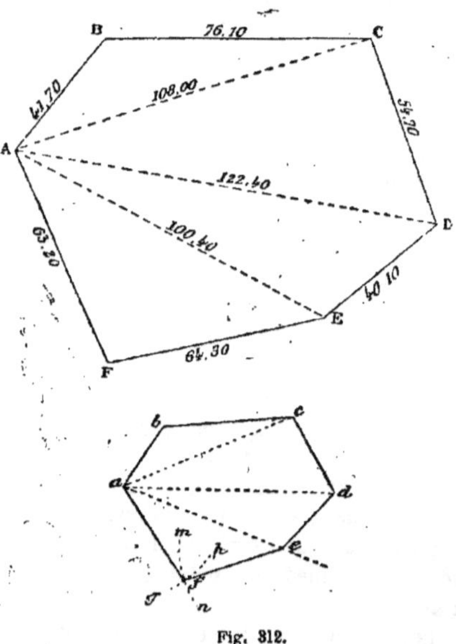

Fig. 312.

On commence par jalonner les six côtés du polygone, ainsi que les trois diagonales AC, AD et AE, dont on fait un croquis, puis on mesure les six côtés ainsi que les trois diagonales, en ayant soin d'inscrire les cotes sur le croquis au fur et à mesure de leur obtention.

A l'aide de ces documents, rien n'est plus simple que de rapporter le plan sur le papier.

Pour tracer, par exemple, une figure semblable au triangle AFE, dont les côtés ont 64^m,30; 63^m,20 et 100^m,40 de longueur, on portera sur une ligne indéfinie une longueur *ae* (*fig.* 312) proportionnelle, selon l'échelle adoptée, à la longueur AE. Du point *a*, comme centre, avec un rayon proportionnel à AF, c'est-à-dire à 63^m,20, on décrit un arc de cercle *gh*. Du point *e*, comme centre, avec un rayon proportionnel à EF, c'est-à-dire à 64^m,30, on décrit un second arc de cercle *mn* coupant le premier au point *f*. En unissant le point *f* aux points *a* et *e* par deux droites, on aura le triangle *afe* qui sera semblable au triangle AFE et à l'échelle convenue.

On construira de la même manière les triangles *aed*, *adc* et *acb* semblables aux triangles AED, ADC et ACB et on aura le polygone *abcdef* qui représentera, à l'échelle convenue, le plan du terrain compris dans l'intérieur du périmètre du polygone ABCDEF.

Le lever des plans au moyen de la chaîne d'arpenteur seulement est long parce qu'il exige de nombreux chaînages, mais il est peut-être le plus précis. Aussi l'emploie-t-on de préférence lorsqu'il s'agit de mesurer des terrains de grande valeur comme ceux sur lesquels on construit des bâtiments de rapport dans l'intérieur des grandes villes. Il faut toujours avoir bien soin de mesurer horizontalement toutes les lignes, ainsi que cela a été indiqué (n° 439).

§ II. — LEVER A LA CHAINE ET A L'ÉQUERRE D'ARPENTEUR

569. La chaîne et l'équerre d'arpenteur sont les instruments les plus généralement employés pour lever des plans d'une petite étendue et même pour obtenir les détails dans les opérations où l'on se sert d'autres appareils plus compliqués pour le lever des parties principales.

Pour dresser le plan d'un terrain au moyen de la chaîne et de l'équerre d'arpenteur, il faut d'abord reconnaître le terrain, planter un jalon au sommet de chaque angle ainsi qu'aux divers points à rapporter, puis jalonner une *ligne d'opération* qui sera la plus longue possible. On fait le croquis des lieux, puis on élève les perpendiculaires nécessaires, qu'on mesure ainsi que les distances qui les séparent.

On consigne les cotés obtenues sur les croquis et on dessine le plan au bureau.

Problème n° 116.

570. *Lever le plan du polygone ABC*

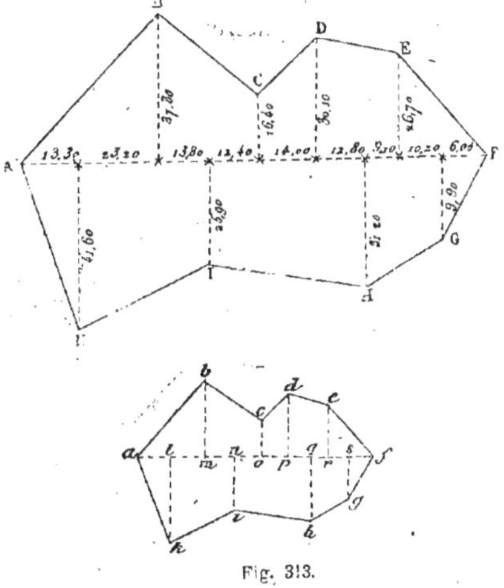

Fig. 313.

DEFGHIK *(fig. 313) au moyen de la chaîne et de l'équerre d'arpenteur.*

Après avoir placé un jalon à chaque sommet des angles, on trace la ligne d'opération AF sur laquelle on élève les perpendiculaires LK, MB, NI, OC, PD, QH, RE et SG qu'on chaîne au fur et à mesure de leur détermination, ainsi que les distances qui les séparent.

Pour rapporter le plan, on doit d'abord faire le choix d'une échelle en considérant la grandeur maximum qu'on veut donner au dessin, puis on trace une ligne indéfinie *af*, sur laquelle on mesure à l'échelle les longueurs *al*, *lm*, *mn*, *no*, *op*, *pq*, *qr*, *rs* et *sf*. On élève ensuite, toujours à l'échelle adoptée, les perpendiculaires *lk*, *mb*, *ni*, *oc*, *pd*, *qh*, *re* et *sg*. On unit les extrémités correspondantes des perpendiculaires et on a le polygone *abcdefg hik* qui est semblable au polygone donné.

Problème n° 117.

571. *Lever le plan d'un terrain limité en partie par une rivière (fig. 314).*

On prépare d'abord le canevas du terrain; puis, à l'inspection des lieux, on reconnait que plusieurs lignes d'opération sont nécessaires et celles qu'il convient d'adopter sont les droites AG, GD, DC et CA déterminant le quadrilatère ACDG. Pour lever le plan de cette figure, il faut jalonner et mesurer la diagonale AD, puis élever et mesurer les perpendiculaires YC et ZG. Pour relever les sinuosités de la rivière et les différents sommets A, J, I, H, G, F et E, voici comment on opérera :

1° *Ligne d'opération* AC. Les perpendiculaires BL, NM, ainsi que les distances AL, LM, MC, détermineront la position des points B et N.

2° *Ligne d'opération* CD. Les perpendiculaires OP, QR, ainsi que les distances CO, OQ et OP, détermineront la position des points P et R.

3° *Ligne d'opération* DG. On élèvera à

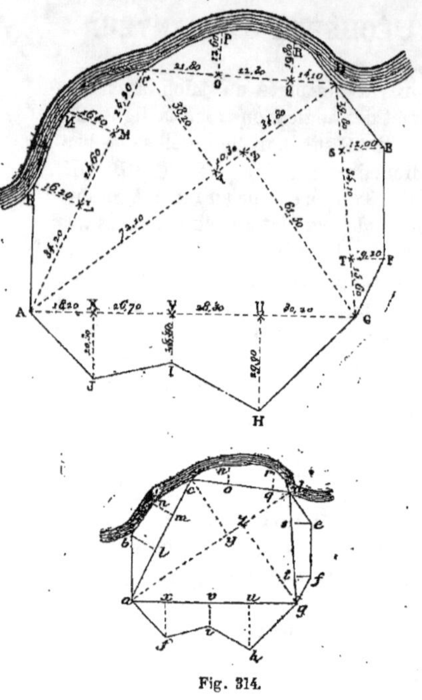

Fig. 314.

DG les perpendiculaires SE et TF qu'on mesurera ainsi que DS, ST et TG.

4° *Ligne d'opération* AG. Enfin, on élèvera à AG les perpendiculaires XJ, VI, UH qu'on mesurera ainsi que les distances AX, XV, VU et UG.

Pour dessiner le plan du terrain, l'opérateur tracera d'abord, à l'échelle, le quadrilatère *acdg*.

Cela fait, il continuera son opération sur le papier en élevant, toujours à l'échelle, les perpendiculaires *lb*, *mn* à *ac*; *op*, *qr* à *cd*; *se* et *tf* à *dg* et *xf*, *vi*, *uh* à *ag*.

En unissant les extrémités des perpendiculaires, on obtiendra un polygone semblable au terrain dont on veut avoir le plan et à l'échelle convenue.

Problème n° 118.

572. *Lever le plan d'une rivière sinueuse (fig. 315) au moyen de la chaîne et de l'équerre d'arpenteur.*

On trace d'abord une ligne d'opération AB située aussi près que possible de la rivière, puis on place des jalons en des points tels que les lignes comprises entre deux jalons consécutifs puissent, sans erreur sensible, être considérées comme des lignes droites. En opérant ainsi, on a élevé à AB les

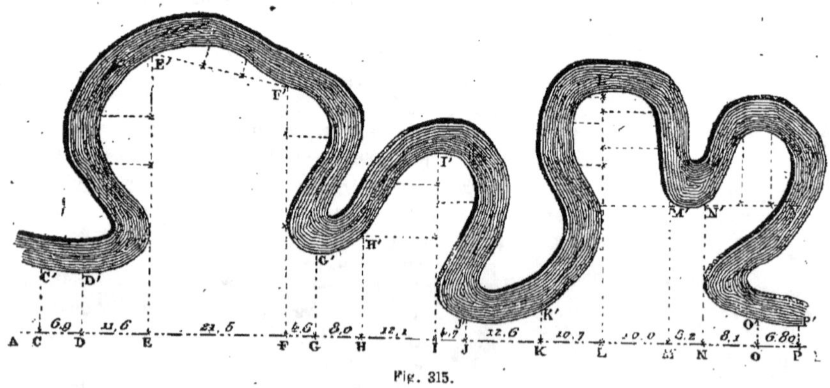

Fig. 315.

perpendiculaires CC', DD', EE', FF', GG', HH', II', JJ', KK', LL', MM', NN', OO' et PP'. Les perpendiculaires EE', FF', II', LL', sont elles-mêmes des lignes d'opération; car, sur chacune d'elles, un certain nombre de perpendiculaires, qui sont parallèles à AB, ont été élevées pour déterminer les sinuosités du cours d'eau.

La droite E'F' unissant les extrémités des perpendiculaires EE', et FF' est elle-même une ligne d'opération. La droite N' V perpendiculaire à NN' est aussi une ligne d'opération.

Enfin, en mesurant toutes les perpendiculaires, ainsi que les distances qui les séparent sur les lignes d'opération et en inscrivant soigneusement toutes les cotes obtenues sur le croquis, on aura tous les éléments nécessaires pour faire le plan de la rivière.

Pour cela, on choisira d'abord une échelle convenable, puis on tracera, à l'échelle, les longueurs CD, DE, EF... OP et on élèvera les perpendiculaires CC', DD', EE'... PP'. On élèvera également à EE', FF', II', LL', ainsi qu'à EF' et N'V, toujours à l'échelle adoptée, les perpendiculaires secondaires aboutissant aux sinuosités de la rivière, et on n'aura plus qu'à unir les extrémités de toutes les perpendiculaires pour avoir le plan du cours d'eau à l'échelle convenue.

§ III. — LEVER AU GRAPHOMÈTRE, AU CERCLE RÉPÉTITEUR ET AU THÉODOLITE

Problème n° 119.

573. *Lever le plan du polygone* ABCDE (*fig.* 316) *au moyen du graphomètre et de la chaîne d'arpenteur.*

On commence par planter un jalon à chacun des angles A, B, C, D et E, puis on met le graphomètre en station au point A en disposant l'instrument de telle façon que le plan du cercle soit dans une position parfaitement horizontale et que le centre soit dans la verticale du sommet A. Cela fait, on dirige un premier rayon visuel sur le point B par les deux pinnules de l'alidade fixe et un second rayon visuel sur le point E, par les deux pinnules de l'alidade mobile. On lit la mesure de l'angle EAB, et on a 105° 30, nombre qu'on inscrit sur le croquis préalablement préparé. Comme vérification, on lit la mesure de l'angle supplémentaire EAF et on trouve 74° 30'. L'opération est exacte, puisque 105° 30 + 74°30' = 180°. On mesure la droite AB au moyen de la chaîne d'arpenteur et on trouve 21m,50, cote qu'on inscrit sur le croquis.

On transporte l'instrument pour le mettre en station au sommet B, puis on opère comme précédemment. On trouve 114° 50' pour la mesure de l'angle ABC et 65° 10' pour la mesure de l'angle supplémentaire ABG. Comme 114° 50 + 65° 10' = 180°, on en conclut que l'opération faite au sommet B est exacte. On chaîne la droite BC et on trouve 22m, 00, cote qu'on inscrit sur le croquis. On transporte le graphomètre pour le mettre en station au point C et, après les deux visées, on trouve 125° 50' pour la mesure de l'angle BCD et 54°10' pour la mesure de l'angle supplémentaire BCH. L'opération est exacte, puisque 125° 50' + 54° 10' = 180°. On mesure la droite CD et on inscrit sur le croquis sa longueur qui est 36m,20.

On transporte l'instrument au sommet D, puis on opère comme on l'a fait sur les points A, B et C. On trouve 118° 30' pour la mesure de l'angle CDE et 61° 30' pour la mesure de l'angle supplémentaire CDI. L'opération a été bien faite, puisque 118° 30 + 61°30' = 180°. On mesure DE et on inscrit sur le croquis sa longueur qui est 26m,10.

Enfin, on transporte l'appareil pour le mettre en station au sommet E et, après les deux visées, on trouve 75°20' pour la mesure de l'angle DEA et 104° 40' pour la mesure de l'angle DEM. L'opération est

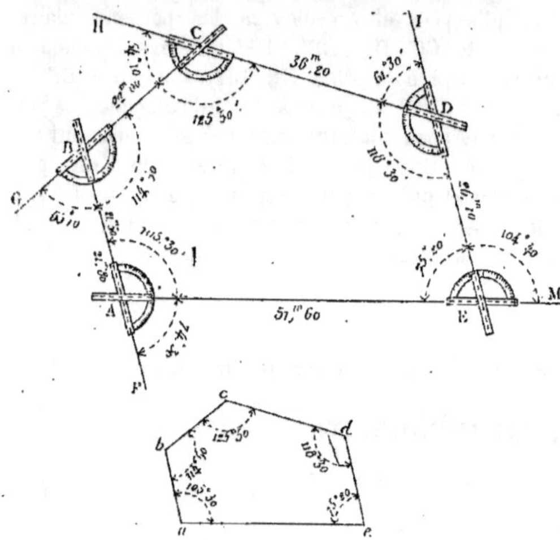

Fig. 316.

3° On sait que la somme des angles d'un polygone quelconque vaut autant de fois deux angles droits que le polygone a de côtés, moins deux. Conséquemment, comme la figure donnée a 5 côtés, la somme de ses angles vaut $5 - 2 = 3 \times 2 = 6$ angles droits ou 540°. Or :

$$105°30' + 114°50' + 125°50' + 118°30' + 75°20' = 540°.$$

Cette condition étant remplie, on conclut que la mesure des angles, effectuée sur le terrain, est rigoureusement exacte.

L'opérateur agira très prudemment en faisant cette vérification sur le terrain et il devra refaire son travail, d'un bout à l'autre, s'il trouve une différence trop grande.

encore exacte, puisque $104°40' + 75° 20' = 180°$. On mesure le côté EA et on inscrit sur le croquis sa longueur qui est 51m,60.

On possède maintenant tous les éléments nécessaires pour dessiner le plan du polygone.

Pour cela, on trace une droite *ae* égale à AE en parties de l'échelle adoptée ; puis on fait l'angle *bae* égal à l'angle BAE, et l'angle *dea* égal à l'angle DEA. On prend *ab* = AB et *ed* = ED en parties de l'échelle. On construit l'angle *cba* égal à l'angle CBA et l'angle *cde* égal à l'angle CDE. La rencontre des côtés *dc* et *bc* ferme le polygone.

Vérifications : 1° La mesure de chacun des angles supplémentaires offre déjà une preuve d'exactitude.

2° En mesurant, sur le plan, l'angle *bcd*, déterminé par la rencontre des droites *dc* et *bc*, si l'on trouve bien 125°50', on aura une preuve presque certaine qu'on aura bien opéré sur le terrain.

Problème n° 120.

574. *Au moyen du graphomètre et de la chaîne d'arpenteur, lever le plan d'un quadrilatère A″B″C″D″ (fig. 317) dont l'opérateur est séparé par une rivière, en supposant que tous les sommets soient parfaitement visibles.*

On jalonne une droite OP sur laquelle on marque deux points M et N de chacun desquels il soit possible d'apercevoir chacun des sommets du quadrilatère.

On chaîne la base MN avec toute la précision possible, puis on met le graphomètre en station au point M. On mesure successivement les angles BMN, AMN, CMN et DMN, ainsi que leurs suppléments, comme vérification, et on inscrit les chiffres obtenus sur le croquis préalablement préparé. On transporte le graphomètre pour le mettre en station au point N, puis on mesure les angles D' NM, C' NM, A'NM et B'NM, ainsi que leurs supplé-

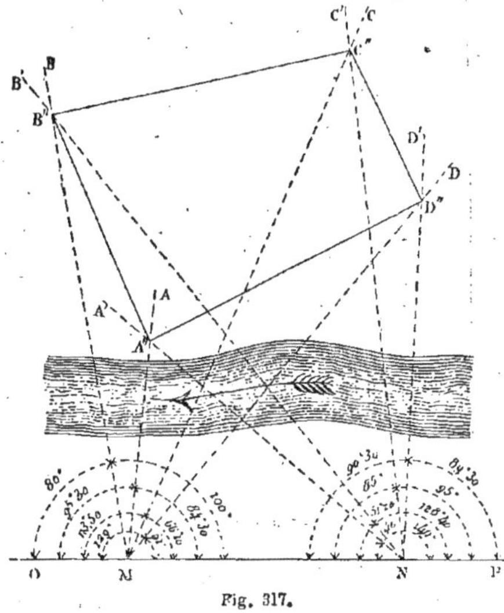

Fig. 317.

ments, toujours comme vérification, et on inscrit les chiffres obtenus sur le croquis.

Pour rapporter le plan du quadrilatère, on trace, en parties de l'échelle, une droite égale à MN; puis, à chacune des extrémités de cette droite, on fait, au moyen du rapporteur, des angles égaux à ceux obtenus sur le terrain. La rencontre des droites correspondant à MA et NA', MB et NB', MC et NC', MD et ND' donne les sommets A″,B″,C″ et D″ du quadrilatère. En unissant convenablement ces points deux à deux par des droites, on aura le plan du terrain à l'échelle adoptée.

Problème n° 121.

575. *Au moyen du graphomètre et de l'équerre d'arpenteur, lever le plan du polygone A″B″C″D″E″ (fig. 318), entourant un petit lac au milieu duquel se trouve une île, en supposant :*

1° Que l'opérateur ne puisse se mouvoir que dans cette île ;

2° Que tous les sommets du polygone soient parfaitement visibles de deux points au moins de l'île.

On jalonne une droite MN telle que, de chacune de ses extrémités M et N, on puisse apercevoir les cinq sommets du polygone. On chaîne la base MN avec toute la précision possible, puis on met le graphomètre en station au point M. On mesure successivement les angles AMB, BMC, CMD, DME et EMA et on inscrit les chiffres obtenus sur le croquis préalablement préparé.

On transporte ensuite le graphomètre pour le mettre en station au point N, puis on mesure les angles A'NB', B'NC', C'ND', D'NE' et E'NA'.

Pour rapporter le plan du polygone, on trace, en parties de l'échelle adoptée, une droite égale à MN; puis, à chacune des extrémités de cette droite, on fait, au moyen du rapporteur, des angles égaux à ceux obtenus sur le terrain. La rencontre des droites correspondant à MA et NA', MB et NB', MC et NC', MD et ND', ME et NE' donne les sommets A″, B″, C″, D″

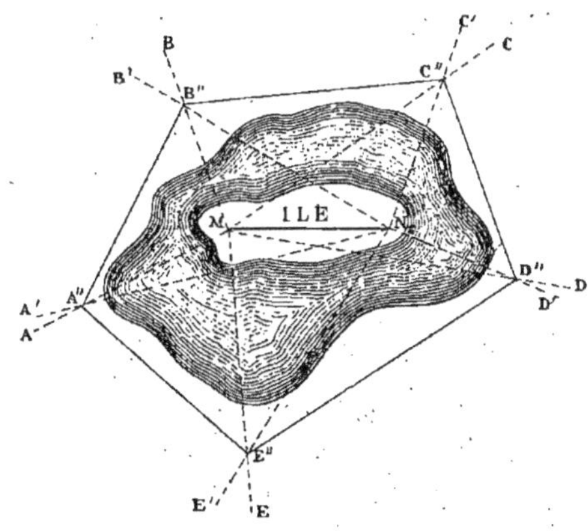

Fig. 318.

et E″ du polygone. En unissant convenablement ces points deux à deux par des droites, on aura le plan du polygone à l'échelle adoptée.

Emploi du cercle géodésique et du théodolite.

576. Le graphomètre n'étant pas un instrument de précision (72), on ne doit faire usage de cet instrument que lorsque la plus grande longueur de la surface dont on lève le plan ne dépasse pas un kilomètre. Au delà, on emploie le cercle géodésique ou le théodolite.

Le cercle géodésique (77 à 81) n'est autre chose qu'un graphomètre perfectionné, formé de deux cercles complets, permettant d'évaluer au moins les minutes avec précision.

577. La propriété du cercle géodésique, nommé aussi *cercle répétiteur*, est la *répétition simple* ou *double* des angles (75 et 76), répétition qui ne peut se réaliser qu'au moyen d'un cercle entier.

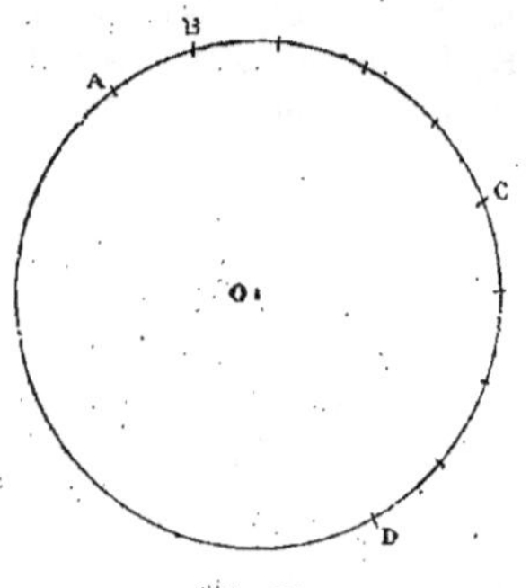

Fig. 319.

Cette propriété repose sur le principe suivant :

Si, à partir du point fixe A *(fig. 319), on porte successivement, par exemple, 9 fois l'arc* AB *sur la circonférence qui a son centre en* O, *la longueur en degrés de cet arc,* ACD, *sera exprimée par le nombre de degrés que comprend l'arc* ACD, *divisé par 9, c'est-à-dire par* $\dfrac{\text{arc ACD}}{9}$

578. Pour fixer les idées, concevons un cercle divisé *(fig. 320)*, ayant son centre en O et mobile sur un axe perpendiculaire à son plan et supposons une lunette tournant sur le même axe.

La lunette peut, à volonté, se mouvoir librement, indépendamment du cercle, ou être fixée au cercle au moyen d'une **vis** de pression.

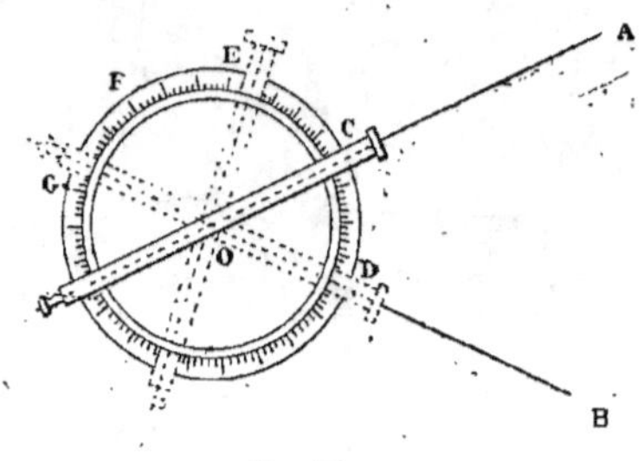

Fig. 320.

Il s'agit de mesurer et de *répéter* l'angle AOB. On place le cercle horizontalement, de manière que son centre soit dans la verticale du sommet, puis on fait coïncider l'axe optique de la lunette avec la division *zéro* du cercle et on fixe la lunette au cercle. On fait tourner tout l'appareil, cercle et lunette, de manière à amener l'axe optique de la lunette dans la direction du point A. Cela fait, on rend la lunette indépendante et on l'amène dans la direction du point B en laissant le cercle dans sa position primitive, le *zéro* du limbe étant sur la droite OA. Il est évident que l'arc CD mesure l'angle AOB, comme le ferait le graphomètre.

Pour *répéter* cette mesure, on fixe la lunette au cercle en laissant son axe optique sur la division coïncidant avec le point B, puis on fait tourner tout l'appareil à la fois, cercle et lunette, de manière à amener de nouveau l'axe optique de la lunette dans l'alignement OA. Il est clair que, dans ce second mouvement, le *zéro* du limbe viendra en E et que les deux arcs EC et CD seront égaux. Conséquemment, l'arc ED vaudra le double de l'arc CD mesurant l'angle AOB. Donc, en prenant la moitié de la mesure de l'arc ED, on aura la mesure de l'arc CD, c'est-à-dire de l'angle AOB.

Pour obtenir un angle triple de l'angle AOB, on ramène l'axe optique de la lunette libre dans la direction du point B et on fixe la lunette au cercle, puis on fait tourner tout l'appareil de manière à amener l'axe optique de la lunette dans la direction du point A. Alors le zéro du limbe vient se placer en F, dans des conditions telles que les trois arcs, FE, EC et ED sont égaux. Conséquemment, en prenant le tiers de la mesure de l'arc FECD, on aura la mesure de l'arc CD, c'est-à-dire de l'angle AOB.

Pour obtenir un angle quadruple de l'angle AOB, on ramène l'axe optique de la lunette libre dans la direction du point B et on fixe la lunette au cercle, puis on fait tourner tout l'appareil de manière à amener l'axe optique de la lunette dans la direction du point A. Alors le zéro du limbe vient se placer en G dans des conditions telles que les arcs GE, FE, EC et CD sont égaux. Conséquemment, en prenant le quart de la mesure de l'arc GED, on aura la mesure de l'arc CD, c'est-à-dire de l'angle AOB.

En continuant à opérer de la même manière, on obtiendrait des arcs quintuples, sextuples, etc., de l'angle donné.

579. Ce qui précède suppose que le cercle géodésique n'est armé que d'une seule lunette; tel est le cas des instruments (*fig.* 44 et 45). S'il en possède deux comme les appareils représentés (*fig.* 46 et 47), la répétition est beaucoup plus rapide, ainsi qu'on va le voir.

Il s'agit de mesurer et de répéter l'angle AOB (*fig.* 321) au moyen d'un cercle géodésique armé de deux lunettes.

On fixe la lunette supérieure sur le zéro du limbe, puis on fait tourner tout l'appareil de manière à amener l'axe optique de la lunette sur le point A. On amène ensuite la lunette inférieure sur le point B, de sorte que l'arc CD mesure l'angle AOB. Mais cet angle ne peut être

lu, puisque le cercle qui porte les graduations est resté en place, la lunette inférieure seule ayant marché.

On met tout le système en mouvement de manière que l'axe optique de la lunette inférieure vienne se placer dans l'alignement OA. Alors, l'axe optique de la lunette supérieure, c'est-à-dire le zéro du limbe, se trouvera sur le point E. On ramènera l'axe optique de la lunette supérieure sur le point B et l'arc ECD mesu-

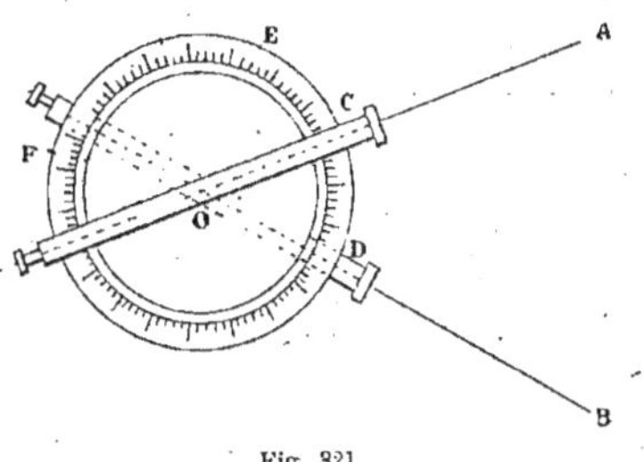

Fig. 321.

rera le double de l'arc CD, c'est-à-dire de l'angle AOB.

Dans cette opération, la lunette inférieure correspond au point A et la lunette supérieure correspond au point B.

Si l'on ramène la lunette supérieure sur le point E et la lunette inférieure sur le point B et si l'on met tout le système en mouvement de manière à amener la lunette inférieure sur le point E, la lunette supérieure arrivera au point F et en ramenant cette dernière sur l'alignement OB on aura mesuré l'arc FED qui vaudra quatre fois l'arc CD mesurant l'angle AOB. En prenant le quart de l'arc FED, on aura la mesure de l'angle donné.

En continuant, on aurait un arc qui vaudrait huit fois l'arc CD.

Le cercle à 2 lunettes permet d'opérer beaucoup plus vite qu'avec le cercle à une seule lunette, parce que, avec le premier, on peut avoir de suite 2 fois, 4 fois, 8 fois, etc., la valeur d'un angle, tandis qu'avec le second il faut procéder par série de 1, 2, 3, etc. fois la valeur de l'angle.

La répétition diminue considérablement

les erreurs qu'on peut commettre dans la mesure d'un angle, car, lorsqu'un angle est quadruple, par exemple, l'erreur, peu importante en raison de la précision de l'appareil, se trouve partagée en 4 parties, c'est-à-dire rendue presque nulle.

580. Le théodolite est un instrument plus complet et plus précis que le cercle géodésique, ainsi qu'on en jugera par la lecture des alinéas 82, 83, 84, 85, 86 et 87 et par l'examen des figures 48, 49, 50 et 51. Il est employé dans les grandes opérations de triangulation et on exige qu'il donne directement au moins un tiers de minutes, c'est-à-dire 20 secondes.

§ IV. — LEVER A LA PLANCHETTE

581. Pour lever un plan au moyen de la planchette (88), il faut tout d'abord coller une feuille de papier à dessiner sur la tablette et fixer cette feuille au moyen de rouleaux latéraux si l'instrument est armé de ces utiles accessoires.

On met ensuite l'appareil en station et on a soin de placer la tablette dans une position rigoureusement horizontale, ce qui se fait au moyen d'un petit niveau à bulle d'air.

Comme le plan à lever au moyen de la planchette doit être dessiné, à l'échelle convenue, directement sur le terrain, tous les sommets des angles du dessin doivent se trouver dans la verticale des sommets des angles correspondants du terrain. Pour cela, on se sert du *compas d'épaisseur*

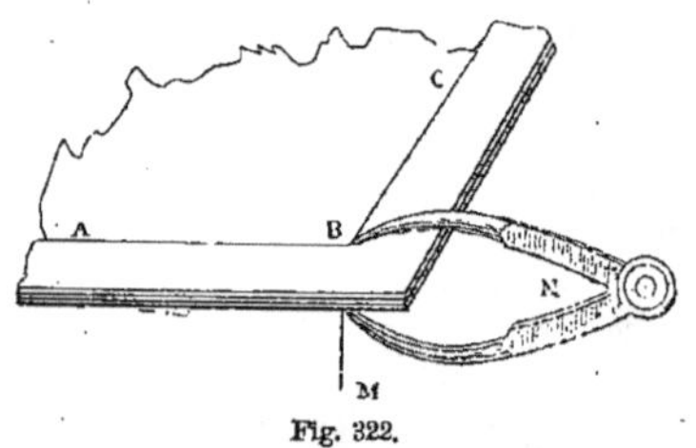

Fig. 322.

(*fig.* 322). On fait tomber un fil à plomb sur le sommet de l'angle du terrain et on marque le point où aboutit le fil sur la planchette. On place une pointe du compas sur ce point et l'autre pointe indique, sur le papier, le point qui sera le sommet de l'angle du plan, correspondant à l'angle du terrain. Ainsi, le sommet B de l'angle ABC est situé dans la verticale du sommet correspondant de l'angle du terrain.

Si les branches du compas d'épaisseur n'avaient pas des dimensions permettant aux pointes du compas d'épaisseur d'arriver au sommet d'un angle sur le papier, on repèrerait le point situé sous la tablette par rapport à deux côtés rectangulaires de la planchette, puis on reporterait, sur le papier, les longueurs des deux lignes rectangulaires obtenues et la rencontre de ces lignes déterminerait le sommet de l'angle cherché.

582. Pour lever un plan au moyen de la planchette, on peut opérer d'après l'une des trois méthodes suivantes :

1º *Méthode par intersection;*

2º *Méthode par rayonnement;*

3º *Méthode par cheminement.*

I. — Méthode par intersection.

583. Cette méthode consiste à prendre, sur un côté ou dans l'intérieur de la figure, deux points desquels on puisse apercevoir les sommets de tous les angles, puis on pique une épingle sur chacun des deux points et, au moyen de l'alidade, par deux stations différentes, on trace une ligne dans la direction de chaque sommet. La rencontre des lignes ainsi tracées détermine la position des angles et, par suite, les cotes du terrain sur le papier, la droite unissant les deux points ayant été préalablement mesurée à l'échelle adoptée.

Problème n° 122.

584. *Lever le plan du polygone* ABCDE *(fig. 323) par la planchette et au moyen de la méthode par intersection.*

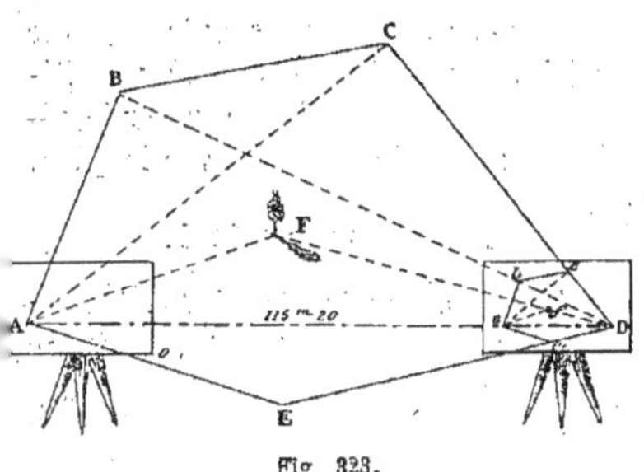

Fig. 323.

Pour résoudre ce problème, on commenc par fixer une feuille de papier à dessinei sur la planchette, puis on met l'instru ment en station sur le sommet de l'angle A, de manière que la verticale de ce sommet rencontre la planchette assez près des côtés *mn* et *no*. La planchette étant mise dans une position parfaitement horizontale au moyen d'un petit niveau à bulle d'air, on détermine la position du sommet A sur le papier au moyen du compas d'épaisseur et du fil à plomb, puis on plante bien verticalement une aiguille fine sur ce point. On appuie contre l'aiguille le côt de l'alidade (*fig.* 56) situé dans la direction du rayon visuel déterminé par les pinnules, lequel côté sert d'échelle de proportion, car il est généralement divisé en décimètres, centimètres et millimètres. On fait mouvoir l'alidade en la maintenant toujours contre l'aiguille jusqu'à ce qu'en visant par les pinnules on aperçoive le jalon planté au sommet B, puis on trace au crayon un trait fin et pur le long du côté de l'alidade coïncidant avec la ligne de visée.

On met de nouveau l'alidade en mouvement de manière qu'elle touche constamment l'aiguille, puis on vise les jalons

plantés aux sommets C, D, E. On trace deux traits fins et purs le long du même côté de l'alidade, ce qui donne les droites AC, AD et AE.

Il existe dans l'intérieur du polygone un arbre F dont on veut indiquer la place sur le plan. Pour cela, on trace au moyen de l'alidade, comme précédemment, une droite AF allant du sommet de l'angle A à l'arbre.

Maintenant, on mesure le côté AD au moyen d'un décamètre-ruban avec beaucoup de précision et on trouve 115^m,20. On fait la droite *a*D égale à 115^m,20 en parties de l'échelle adoptée, puis on transporte la planchette pour la mettre en station (1) sur le sommet de l'angle D. On dispose la planchette bien horizontalement, de manière que le point D du plan se trouve dans la verticale du sommet de l'angle, et que la droite D*a* coïncide parfaitement avec DA, ce que l'alidade indique du reste. On pique bien verticalement une aiguille fine au point D et on appuie contre cette aiguille le côté de l'alidade portant les divisions, puis on vise successivement les jalons plantés aux sommets C, B, E, ainsi que l'arbre F et on trace un trait fin et pur au crayon après chaque visée. On obtient ainsi les droites DB, DC, DE et DF qui, par leur *intersection* avec les droites AB, AC, AE, AF, déterminent les sommets *b*, *c*, *e* et le point *f*, place de l'arbre. En unissant par des droites les points *a*, *b*, *c*, D et *e*, on aura la figure *abc*D*e*, dessinée sur le terrain, qui sera le plan du polygone donné à l'échelle adoptée.

Problème n° 123.

585. *Lever au moyen de la planchette, le plan d'une ligne brisée* ABCD *(fig.* 324*) de laquelle l'opérateur est séparé par une rivière.*

---

(1) En principe, *mettre un instrument en station*, c'est prendre les dispositions nécessaires pour l'amener à fonctionner convenablement sur le terrain.

On mesure sur le terrain une base MN aussi longue que possible, des extrémités de laquelle on puisse apercevoir chacun des points A, B, C, D, puis on met la planchette en station au point M après avoir fixé une feuille de papier sur l'instrument. On détermine le point M, sur le papier, dans la verticale du point correspondant du terrain et on fixe une aiguille à ce point; puis, au moyen de l'alidade mise en contact avec l'aiguille, on dirige des rayons visuels sur chacun des points A, B, C, D, ce qui permet de tracer successivement les droites MA, MB, MC. MD

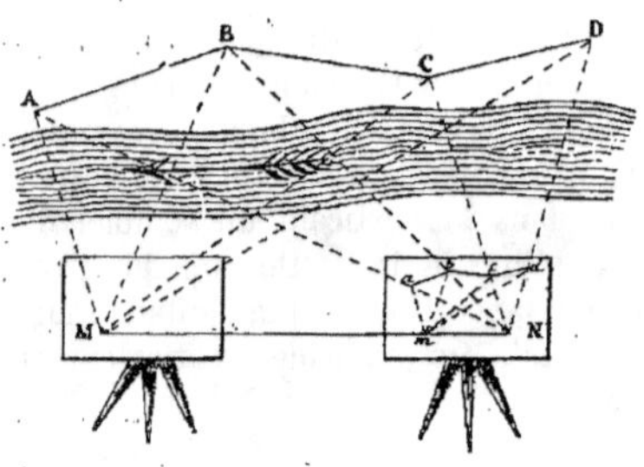

Fig. 324.

On mesure la base MN avec beaucoup de précision et on fait mN = MN en parties de l'échelle adoptée, puis on transporte la planchette pour la mettre en station au point N. On place le point N dans la verticale du point correspondant du terrain et on fait coïncider la droite Nm du plan avec la droite NM du terrain. On plante au point N une aiguille contre laquelle on appuie l'alidade. On vise successivement les points A, B, C, D, et on obtient les droites NA, NB, NC, ND qui, par leurs intersections avec les droites MA, MB, MC, MD, déterminent les points a,b,c,d et, par suite, la droite $abcd$ qui est le plan exact de la droite donnée.

II. — Méthode par rayonnement.

586. Au moyen de la *méthode par rayonnement*, on lève un plan par une station unique de la planchette. A cet effet, on choisit un point convenable, soit le sommet d'un angle, soit un point intérieur duquel on puisse apercevoir tous les sommets et tous les détails qu'on veut reproduire; puis, de ce point, on dirige les rayons visuels nécessaires et on trace les droites correspondantes qu'on mesure avec soin. Ces droites, rapportées à l'échelle choisie, permettent de tracer le périmètre du terrain et d'achever le plan.

Problème n° 124.

587. *Lever, par la planchette, le plan du polygone ABCDEFG (fig. 325) au moyen de la méthode par rayonnement.*

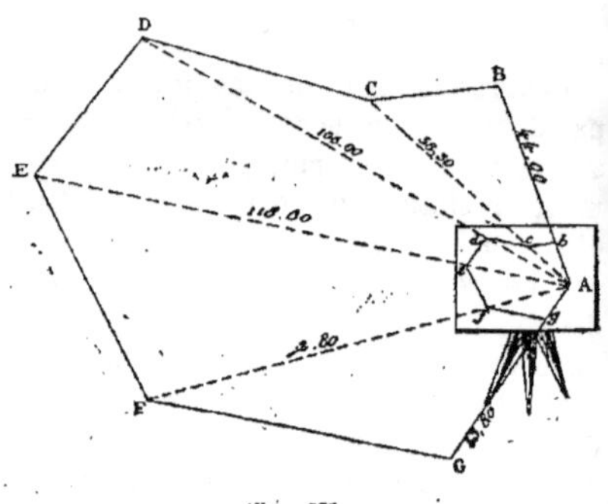

Fig. 325.

On choisit le sommet de l'angle A duquel on aperçoit tous les autres sommets; puis, après avoir fixé une feuille de papier à dessiner sur la planchette, on met l'instrument en station au point A. On détermine ce point sur le papier au moyen du compas d'épaisseur et du fil à plomb et on plante en A une aiguille fine. En appuyant le côté divisé de l'alidade contre cette aiguille, on dirige successivement des rayons visuels par les pinnules sur les points B,C,D,E,F,G, et on trace au crayon les traits correspondants sur le papier, ce qui donne les droites AB, AC, AD, AE, AF et AG, qu'on mesure avec soin au moyen de la chaîne d'arpenteur ou du décamètre-ruban et on inscrit les

cotes obtenues sur le croquis. En re or-
tant, sur le dessin, toutes ces cotes à
l'échelle adoptée, on déterminera les sommets de tous les angles et, par suite, la
figure A*bcdefg* qui sera le plan exact du
polygone donné.

Problème n° 125.

588. *Lever, par la planchette, le plan
du polygone ABCDEF (fig. 326) au moyen
de la méthode par rayonnement.*

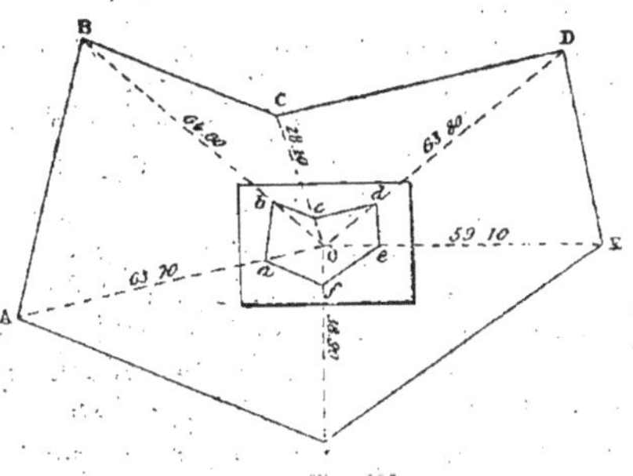

Fig. 326.

On met la planchette en station sur un
point intérieur O duquel on aperçoit distinctement les sommets de tous les angles
du polygone. On détermine, sur la feuille de
papier préalablement fixée à la planchette,
le point O situé dans la verticale du point
correspondant du terrain. On plante une aiguille fine en O et on appuie le côté divisé
de l'alidade contre cette aiguille; puis, au
moyen des pinnules, on dirige successivement des rayons visuels sur les sommets
A,B,C,D,E,F, et on trace au crayon les
traits correspondants sur le papier, ce qui
donne les droites OA, OB, OC, OD, OE,
OF qu'on mesure avec soin et on inscrit
les cotes obtenues sur le croquis. En reportant, sur le dessin, toutes ces cotes à
l'échelle adoptée, on déterminera les sommets de tous les angles et, par suite, la
figure *abcdef* qui sera le plan exact du
polygone donné.

Problème n° 126.

589. *Lever, par la planchette, le plan*

*d'un terrain limité par une rivière, une
route et une ligne brisée (fig. 327) au
moyen de la méthode par rayonnement.*

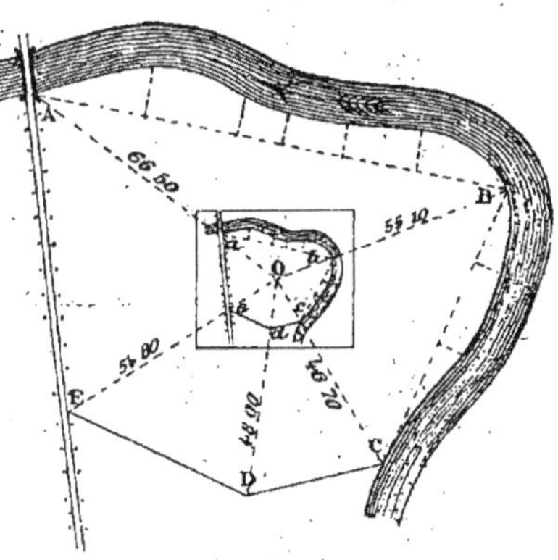

Fig. 327.

On commence par déterminer un polygone intérieur ABCDE en plantant un
jalon à chacun des sommets, puis on met
la planchette en un point O duquel on
aperçoit distinctement chacun des jalons.
On opère ensuite comme au problème précédent pour lever le plan de la figure AB
CDE, le cas étant le même. Pour rapporter les sinuosités de la rivière, on élève
un nombre suffisant de perpendiculaires
sur les côtés AB et BC, considérés comme
lignes d'opérations, puis on mesure ces
perpendiculaires ainsi que les distances
qui les séparent et on a tous les éléments
nécessaires pour compléter le plan du
terrain donné.

III. — Méthode par chemine-
ment.

590. Cette méthode consiste à mettre
la planchette en station à chacun des sommets de la figure donnée, à diriger des
rayons visuels sur les deux côtés de chaque angle, à mesurer ces côtés auxquels on
donne la longueur voulue en parties de
l'échelle adoptée.

Problème n° 127.

591. *Lever, par la planchette, le plan*

du polygone ABCDE *(fig. 328) au moyen de la méthode par cheminement.*

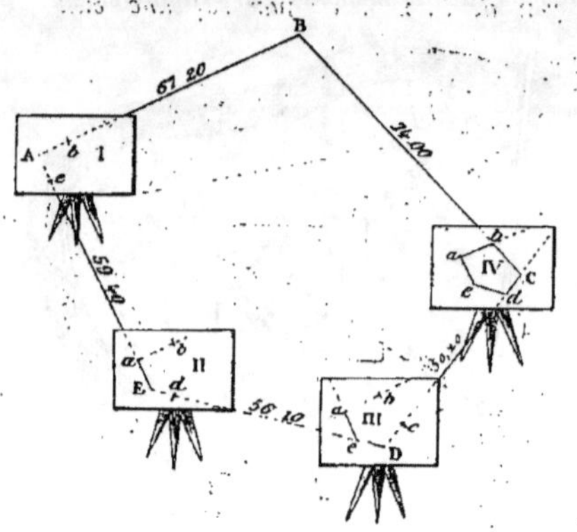

Fig. 328.

1re *Station.* On met l'instrument en station au sommet A, puis on marque le point correspondant sur la feuille de papier préalablement fixée à la planchette. On appuie le côté divisé de l'alidade contre une aiguille fine plantée au point A, puis on dirige par les pinnules deux rayons visuels sur les sommets B et E et on trace au crayon les traits correspondants. On mesure les cotes AB et AE, puis on prend A*b* = AB et A*e* = AE en parties de l'échelle adoptée. Cette pose donne l'angle A avec les cotes A*b* et A*e* à l'échelle.

2e *Station.* On transporte l'instrument pour le mettre en station sur le sommet E et on le dispose de manière que le point *e* de la 1re station se trouve dans la verticale du point E du terrain et que le côté E*a* du plan coïncide avec le côté EA du polygone. On appuie le côté divisé de l'alidade contre l'aiguille plantée en E, puis on vise le jalon D et on trace au crayon la droite correspondante. On mesure le côté ED et on prend E*d* = ED en parties de l'échelle. Cette pose donne les angles A et E ainsi que les côtés a*b*, *a*E et E*d* à l'échelle.

3e *Station.* On met la planchette en station sur le sommet D et on la dispose de manière que le point *d* de la 2e station se trouve dans la verticale du point D du terrain, et que le côté D*e* du plan coïncide avec le côté DE du polygone. On appuie le côté divisé de l'alidade contre l'aiguille plantée en D et on trace au crayon la droite correspondante. On mesure le côté DC et on prend D*c* = DC en parties de l'échelle. Cette pose donne les angles A, E, D, ainsi que les côtés a*b*, *a*e, *e*d et D*c* à l'échelle. Au besoin, on aurait le plan voulu par la 3e station, car il suffirait de joindre les points *c* et *b* pour fermer le polygone, mais il convient de continuer comme moyen de vérification.

4e *Station.* On met l'instrument en station sur le sommet C et on le dispose de manière que le point *c* de la 3e station se trouve dans la verticale du point C du terrain et que le côté C*d* coïncide avec le côté CD du polygone. On appuie le côté divisé de l'alidade contre l'aiguille plantée en C et on trace au crayon la ligne correspondante. On mesure le côté CB et on prend C*b* = CB. Le point *b* de la 4e station doit tomber exactement sur le point *b* de la première. Si la différence est trop grande, c'est que des erreurs se sont produites dans le cours de l'opération qu'il faut alors recommencer.

En admettant que les deux derniers points aboutissent l'un sur l'autre, la figure *abcde* sera le plan exact du polygone donné.

592. La méthode par cheminement, quoique très simple, n'est employée que lorsqu'il est impossible de tracer une base des extrémités de laquelle on puisse apercevoir tous les points du terrain, car moins les stations seront nombreuses, plus on aura de chance d'exactitude. La méthode par rayonnement doit toujours être employée lorsqu'elle est applicable.

§ V. — LEVER A LA BOUSSOLE

593. Pour la mesure des angles, la boussole d'arpenteur (104) offre certainement beaucoup moins de précision que le graphomètre, parce que ce dernier instrument est pourvu d'un vernier, tandis que la boussole ne saurait être munie de cet accessoire. On pourrait, à la rigueur, fixer un vernier à l'extrémité de l'aiguille aimantée; mais cette amélioration n'aurait pas grande utilité en raison de la *déclinaison* (101) qui ne paraît pas avoir de lois précises faciles à déterminer, et qui n'est pas la même partout. En effet, on a constaté que la déclinaison peut faire varier la direction de l'aiguille de 10 à 15 minutes pendant l'opération la moins longue.

Avec les boussoles les mieux soignées, il ne faut pas espérer avoir la mesure d'un angle à plus de 10 minutes près; mais cette approximation suffit largement pour les opérations qui devront être faites au moyen de cet instrument.

Mesure des angles.

Observations directes et observations renversées.

594. Pour mesurer l'angle que fait une droite AB (*fig.* 329) avec le méridien magnétique CD, c'est-à-dire avec la direction de l'aiguille aimantée, on met la boussole en station sur un point quelconque, au point A, par exemple, puis on dirige la visière ou la lunette sur le point B et on attend que l'aiguille soit en repos pour lire sur le limbe la mesure de l'angle CAB qui est représentée par l'arc EF.

Pour empêcher l'aiguille d'osciller longtemps autour de sa position d'équilibre, on la *calme* en la soulevant à l'aide de la tige disposée à cet effet, et de manière à l'arrêter à peu près dans la position qu'elle doit finalement occuper. Remise en liberté, elle oscille encore, mais l'amplitude des oscillations ayant été considérablement diminuée, elle parvient vite au repos.

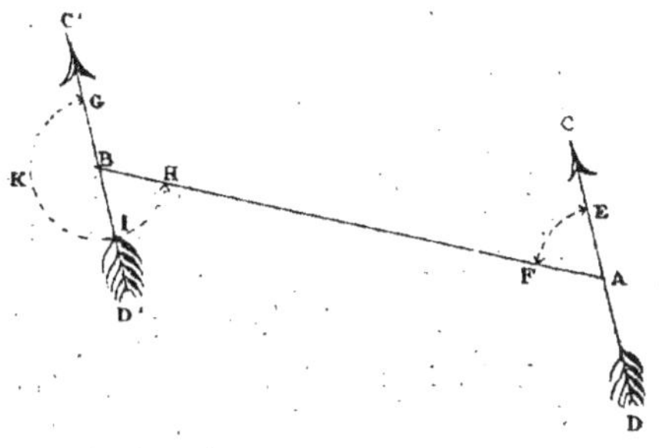

Fig. 329.

595. Les divisions du limbe sont établies de gauche à droite, c'est-à-dire dans le sens où marchent les aiguilles d'une montre, et la mesure des angles se lit sur le limbe, au point précis où s'arrête la flèche de l'aiguille aimantée.

596. On mesure généralement l'angle que forme une droite avec le méridien magnétique aux deux extrémités de la droite. Au point de départ A (*fig.* 329), on vise dans le sens de la marche, c'est-à-dire dans la direction du point B. Arrivé au point B, on vise dans l'autre sens, c'est-à-dire dans la direction du point A.

L'observation faite au point A est *directe*, tandis que celle faite au point B est *renversée*.

Une observation est donc *directe* ou *renversée*, selon le sens de la visée.

Comme la mesure d'un angle s'évalue

en allant à gauche à partir de l'aiguille, l'arc EF mesurera l'angle CAB (observation directe), tandis que l'arc GKIH mesurera l'angle GBA (observation renversée): L'arc GKIH vaut l'arc EF plus 180°, puisque les deux angles DBA et CAB sont égaux comme alternes-internes.

Il résulte de ce qui précède que les arcs résultant d'une observation directe et d'une observation renversée diffèrent entre eux de 180 degrés, ou deux angles droits.

Si l'observateur commençait à se placer en B et à viser dans la direction du point A pour se diriger ensuite vers le point A afin de viser le point B dans l'autre sens, l'observation faite en B serait *directe*, tandis que celle faite en A serait *renversée*.

Donc, en changeant le sens de la visée, une observation directe peut devenir renversée et réciproquement.

Problème n° 128.

597. *Trouver les angles que font avec la méridienne magnétique chacun des éléments droits* AB, BC, CD, DE *de la ligne brisée* ABCDE (*fig.* 330) *en ne stationnant qu'aux sommets* B *et* D.

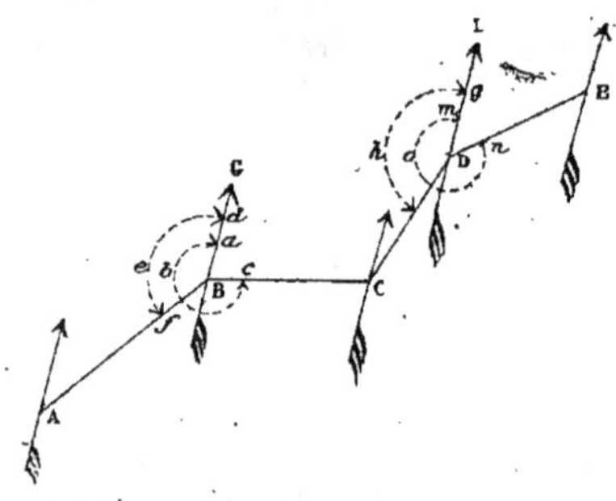

Fig. 330.

En mettant la boussole en station au sommet B et en visant le point A, l'observation renversée donnera l'arc *def* mesurant l'angle GBA. En ajoutant 180° à l'arc *def*, on aura l'arc qu'aurait produit l'observation directe au point A.

L'opération faite en B étant directe par rapport à la droite BC, l'arc *abc* mesure l'angle formé par la droite BC et le méridien magnétique.

La boussole transportée et mise en station au sommet D donne, par une visée suivant DC (observation renversée), l'arc *ghi* mesurant l'angle LDC. En ajoutant 180° à l'arc *ghi*, on aura l'arc qu'aurait produit l'observation directe au point C. L'observation faite en D étant directe par rapport à la droite DE, l'arc *mon* mesure l'angle formé par DE et le méridien magnétique.

598. Sauter une station sur deux, comme dans ce problème, est ce qu'on appelle *brûler la station*, mais on ne doit le faire que lorsqu'il s'agit d'opérations ne demandant qu'un degré limité de précision.

Problème n° 129.

599. *Mesurer un angle au moyen de la boussole d'arpenteur.*

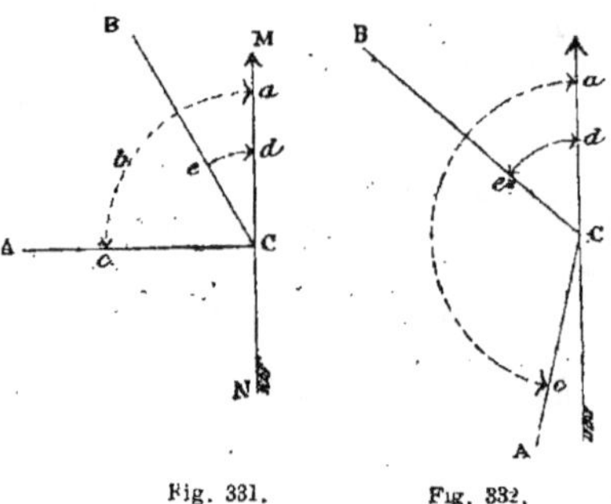

Fig. 331.   Fig. 332.

1er *cas*. Soit à mesurer l'angle BCA (*fig.* 331). On met l'instrument en station au sommet C, puis on vise successivement les points B et A. La différence entre l'arc *abc*, mesurant l'angle MCA et l'arc *de*, mesurant l'angle MCB, représente la mesure de l'angle donné.

2e *cas*. Soit à mesurer l'angle BCA (*fig.* 332). On met l'instrument en station au sommet C, puis on vise successivement les points B et A. La différence entre les arcs *abc* et *de* représente la mesure de l'angle donné.

3ᵉ cas. Soit à mesurer l'angle BCA (*fig. 333*). En opérant comme dans les deux cas précédents, on trouve que la mesure de l'angle donné est égale à la différence des deux arcs *abc* et *de*.

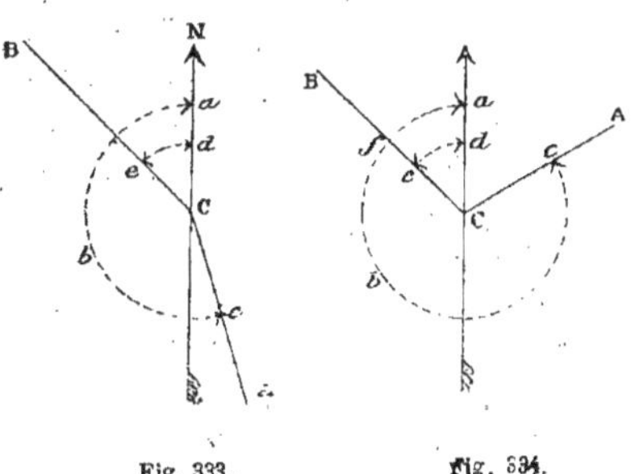

Fig. 333.   Fig. 334.

4ᵉ cas. Soit à mesurer l'angle BCA (*fig. 334*). On met la boussole en station au sommet C, puis on vise successivement les points A et B. L'arc *de* est la mesure de l'angle *a*CB, tandis que l'arc *abc* est la mesure de l'angle *a*CA. En retranchant l'arc *de* de l'arc *abc*, il restera l'arc *fbc*. On conçoit facilement que pour avoir la mesure de l'angle BCA, il faut retrancher l'arc *fbc* de la circonférence, c'est-à-dire de 360°.

600. Il résulte du problème précédent que *pour mesurer un angle au moyen de la boussole d'arpenteur, il faut viser sur l'un des côtés de l'angle, lire le nombre de degrés compris entre ce côté et la pointe de l'aiguille et faire la même opération sur l'autre côté. La différence entre les deux résultats obtenus donne la mesure de l'angle. Si la différence est plus grande que 180°, il faut la retrancher de 360° pour avoir la mesure de l'angle (4ᵉ cas).*

601. *Correction de l'excentricité de la visière.* Lorsqu'on met la boussole d'arpenteur en station, on place le centre du cercle dans la verticale du sommet de l'angle à mesurer, tandis que l'appareil de visée se trouve par côté de la boîte.

Cette disposition produit une erreur qu'il est bon d'apprécier.

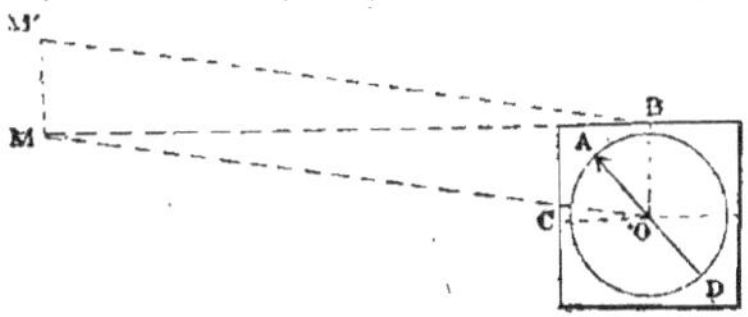

Fig. 335.

Ainsi, la boussole est mise en station au point O (*fig. 335*) et on doit viser le point M. La ligne AD représentant la direction de l'aiguille, c'est l'angle COA qui a été lu et c'est l'angle MOA qu'on aurait dû lire. On a donc commis une erreur égale à l'angle MOC ou à l'angle OMB qui lui est égal comme alterne-interne, puisque le rayon visuel est parallèle à OC.

En somme, l'erreur est égale à l'angle sous lequel on verrait l'excentricité OB du point M; il est clair que plus le point M sera éloigné, plus l'erreur diminuera.

On peut calculer l'importance de cette erreur pour chaque point visé; mais on peut s'en dispenser en ayant soin de déplacer le jalon planté en M d'une quantité MM' = OB de manière à obtenir une droite M'B parallèle à la droite MO allant du centre de l'instrument au point M.

On pourrait même éviter la correction en plaçant l'objectif de la lunette dans la verticale du sommet de l'angle à mesurer, mais ce procédé ne serait pas sans inconvénient, car il est rare que plusieurs lignes n'aboutissent pas à chaque station. Alors il faudrait un déplacement de l'instrument pour chaque ligne, ce qui pourrait occasionner des erreurs plus graves que celle résultant de l'excentricité de la lunette.

Problème nᵒ 130.

602. *Prolonger, au moyen de la boussole, l'alignement* AB *interrompu par un obstacle* M (*fig. 336*).

Pour résoudre ce problème. on met la boussole en station en un point quelbonque O de AB, puis on mesure l'angle EOA formé par l'aiguille et par OA. On détermine un

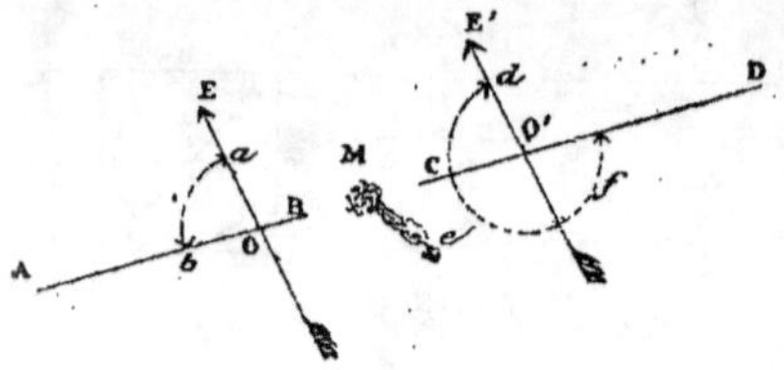

point O' dans le prolongement de A par le procédé donné (433) et on met la boussole en station à ce point. On tourne l'instrument jusqu'à ce que la visière détermine un angle EO'D mesuré par l'arc *def* valant l'arc *ab* plus 180°. On fait planter un jalon en D et on continue ainsi le jalonnage jusqu'à l'extrémité de la droite à tracer.

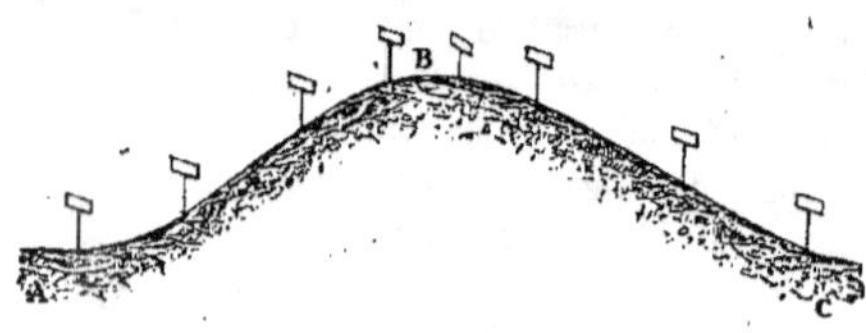

Fig. 337.

603. Ce procédé peut être fructueusement employé pour prolonger un alignement AC (*fig.* 337) en terrains accidentés.

Problème n° 131.

604. *Lever le plan du polygone* ABCDE (*fig.* 338) *au moyen de la boussole d'arpenteur*.

On met l'instrument en station au sommet A; puis, par deux visées successives au moyen de la visière ou de la lunette, on détermine:

1° Par une observation directe par rapport au côté AB, la mesure de l'angle FAB, laquelle mesure est représentée par le grand arc *abc*. 2° Par une observation renversée par rapport au côté AE, la mesure de l'angle LAE, laquelle mesure est représentée par le petit arc *de*.

On chaîne avec soin le côté AB qui a 52^m, 60. On met l'instrument en station au sommet B; puis, par deux visées successives, on détermine :

1° Par une observation directe par rapport au côté BC la mesure de l'angle GBC, laquelle mesure est représentée par l'arc *hik*. 2° Par une observation renversée par rapport au côté BA, la mesure de l'angle MBA, laquelle mesure est représentée par l'arc *fg*.

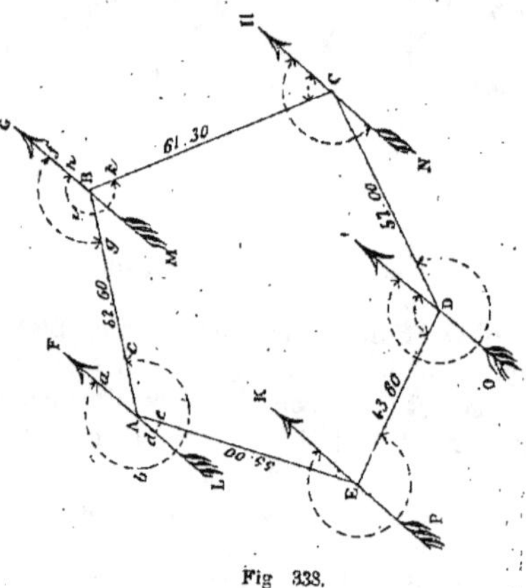

Fig 338.

On chaîne le côté BC, qui a 61^m,30, puis on met la boussole en station au sommet C. On continue par observations directes et renversées à mesurer les angles en C, en D et en E, ainsi que les côtés CD, DE et EA, et on possède tous les éléments nécessaires pour rapporter le plan à l'échelle qu'on adoptera.

Pour la mesure des angles, il est clair que les observations directes faites à chaque sommet sont suffisantes, mais il est bon de les compléter, comme contrôle, par les observations renversées, car on sait que deux angles mesurés par rapport à la même droite présentent entre eux une différence de 180°. Si donc on trouvait plus ou moins de 180°, à 10 ou 15 minutes près, limite d'approximation qu'on peut exiger d'une boussole d'arpenteur, il faudrait recommencer l'opération.

CHAPITRE II

TRIANGULATION

§ I. — NOTIONS GÉNÉRALES

605. Les opérations qui se rattachent au lever des plans peuvent être classées en deux catégories.

La première comprend les surfaces de peu d'étendue, ne dépassant pas 100 hectares, en général, et dont il vient d'être longuement parlé.

On lève le plan de ces surfaces à l'aide des instruments géodésiques décrits au chapitre II et de lignes d'opérations convenablement reliées entre elles, auxquelles on rattache tous les points du terrain à reproduire.

La seconde catégorie comprend les surfaces de grande étendue, comme un département, une province, un État tout entier. Dans ce cas, on imagine la région dont on veut faire le plan, c'est-à-dire la carte topographique, divisée en un grand nombre de triangles reliés entre eux, et dont la réunion forme un réseau qu'on nomme une *triangulation*.

Lorsqu'on opère sur de très grandes étendues comme on l'a fait pour la carte du Dépôt de la Guerre et pour le cadastre, on doit, avant tout, faire la *triangulation*, c'est-à-dire couvrir le terrain d'un réseau de triangles dont les sommets soient indiqués par des points fixes qu'on puisse toujours retrouver. Ce travail est confié à des *géomètres triangulateurs* très habiles et qui n'ont pas à s'occuper d'autre chose.

Les détails sont levés par des géomètres spéciaux, chargés de les rattacher aux côtes correspondantes des triangles du réseau.

606. Voici ce que disent, à ce sujet, les articles 1 à 7 et 118 du Recueil méthodique du cadastre :

« La triangulation est un composé de « triangles dont les angles ne doivent pas « être trop aigus ni trop optus et qui, « partant d'une base avantageusement « placée, couvrent tout le territoire de la « commune et s'étendent aux principaux « points les plus rapprochés de son péri- « mètre.

« Le but de cette opération est de don- « ner au géomètre les moyens de se diri- « ger avec certitude et précision dans le « lever du plan. Elle a cet avantage « qu'elle peut se vérifier elle-même et « qu'elle fait connaître au géomètre les « fautes pu'il a faites et le met à portée « de les rectifier. »

607. D'après l'article 12 du règlement du 15 mars 1887 sur les opérations cadastrales et les instructions données pour l'exécution du cadastre en Savoie, après l'annexion, le géomètre triangulateur doit :

1° Observer, par 100 hectares au moins deux points accessibles et pouvant servir de station au géomètre chargé du lever du plan.

2° Disposer les points de manière à ce qu'il s'en trouve au moins trois sur chaque feuille à l'échelle de 1/1000.

3° Etendre ses observations autant qu'il lui sera possible à des points pris dans les communes limitrophes.

Les signaux doivent être, autant que possible, établis soit sur la limite des parcelles, soit sur les emplacements où ils seront le moins exposés à être renversés ou enlevés. Ils doivent, en outre, être fixés profondément et solidement dans le sol.

Le triangulateur repère les signaux de façon qu'on puisse rétablir exactement, aux points déterminés, ceux qu'on a détruits. Cette opération consiste en mesurage, alignements, perpendiculaires, intersections, prolongements, le tout reposant sur des points fixes et apparents, choisis, autant que possible, parmi ceux qui se trouvent le plus à proximité de la station et, au besoin, sur des croix gravées dans le roc ou bien figurées par une forte couche de minium, en présence du triangulateur.

La position des clochers et des monuments principaux est déterminée dans le canevas et dans le registre des opérations géométriques.

608. Le triangulateur doit être muni :

1° D'une chaîne-ruban étalonnée devant servir exclusivement à tracer, dans chaque commune, en lieu convenable, la longueur exacte du décamètre. (L'opération est figurée et, au besoin, expliquée dans le registre trigonométrique.)

2° D'un double décamètre-ruban pour le mesurage de la base de la triangulation.

3° D'un théodolite de 20 centimètres de diamètre au minimum, gradué d'après la division du cercle en 360 degrés et donnant directement au moins le tiers d'une minute.

609. La triangulation exécutée par le Dépôt de la Guerre pour la construction de la nouvelle carte de France, comprend trois ordres distincts de triangles :

1° Ceux du premier ordre, dont les cotés ont en moyenne dix lieues (quelques-uns atteignent 80 kilomètres);

2° Ceux du second ordre, dont les cotés n'ont guère que 15 kilomètres ;

3° Enfin, les triangles du troisième ordre établis dans le but de relier entre eux les plans du cadastre sur lesquels MM. les officiers d'état-major puisent les détails de planimétrie qui leur sont nécessaires pour dresser la carte.

Les triangles de premier ordre offrent une très grande précision. Les valeurs numériques des angles ont été déterminées jusqu'aux centièmes de seconde (division décimale), et les cotes donnent les centimètres, exactement. On a eu égard, dans les calculs, à la sphéricité du globe.

Les angles des triangles de second ordre donnent exactement les dizaines de seconde. Toutefois, les signaux n'ont pas été, dans le principe, fixés d'une manière stable. Ils consistaient généralement en une pièce de bois que le temps a détruite et, malgré la poussière de charbon étendue au fond du trou où ces pièces ont été scellées, il est souvent difficile d'en retrouver l'emplacement. Mais un grand nombre de tours et de clochers ont servi de stations.

Quant aux triangles de troisième ordre, on ne doit pas y apporter autant de confiance. Les points qu'ils ont eu pour but de déterminer (généralement des clochers) l'ont été par des intersections souvent non vérifiées, et la plupart fort aiguës. Lorsqu'on devra, cependant, faire usage de ces points, il conviendra de choisir ceux qui auront été coupés par trois rayons et de calculer de nouveau les triangles. Les différences feront connaître le degré de confiance qu'on pourra accorder à cette triangulation.

§ II. — OPÉRATIONS SUR LE TERRAIN.

610. La triangulation comprend les opérations suivantes :

1° Choix d'une base;

2° Orientation de cette base;

3° Formation des triangles;

4° Mesure des angles de chaque triangle;

5° Calculs trigonométriques des cotés des triangles;

6° Repérage des sommets des triangles par rapport à la méridienne adoptée et à sa perpendiculaire;

7° Établissement du canevas trigonométrique.

I. — Choix d'une base.

611. Le choix de la base est une des questions les plus importantes de la triangulation, la précision des opérations en dépendant.

On choisit un terrain bien uni, à découvert, et on jalonne une ligne droite des extrémités de laquelle on puisse apercevoir le plus grand nombre possible de points à observer. La longueur de la base doit être en rapport avec celle des cotes des grands triangles du réseau.

612. *Mesure de la base.* On emploie généralement le double décamètre-ruban et on chaîne plusieurs fois, puis on prend la moyenne arithmétique des résultats obtenus.

Le ruban d'acier de 10 mètres se dilate d'un dixième de millimètre ($0^m,0001$) environ par degré et il n'est pas rare que, pendant l'été, l'instrument arrive à une température de 40 à 50 degrés au soleil, d'où résulte un allongement de 4 à 5 millimètres pour 10 mètres dont il faut tenir compte.

En opérant avec précaution et en tenant compte de la température, on arrive facilement à mesurer une base d'un kilomètre à $0^m,03$ ou $0^m,04$ centimètres près.

Si l'on veut une précision plus grande, on peut se servir de règles métalliques et opérer comme l'ont fait les célèbres astronomes Méchain et Delambre lorsqu'ils ont mesuré les bases de *Melun* à *Lieusaint* et de *Vernet* à *Salces* pour déterminer la longueur du mètre (voir page 2).

Si, pour le tracé de la base, on ne trouve pas un terrain horizontal assez étendu, on choisit un terrain uniformément incliné qu'on mesure suivant son inclinaison, puis on réduit la longueur obtenue à l'horizon.

Comme la base d'une triangulation doit être retrouvée à toute époque, il importe que ses extrémités soient parfaitement repérées par rapport à des points fixes, peu susceptibles de destruction : aux angles d'un édifice, d'un pont, d'un mur, d'une borne, d'un arbre, etc., par exemple.

Cette base permet de calculer trigonométriquement les éléments des triangles dont elle forme un côté. Les côtés calculés de ces triangles peuvent être considérés comme de nouvelles bases, et en continuant ainsi de proche en proche, on parvient à déterminer la longueur de toutes les lignes formant le réseau de triangulation, lequel réseau prend aussi le nom de *canevas trigonométrique*.

L'exactitude des opérations dépend donc de la précision apportée à la mesure de la base primitive, parce qu'elle est le point de départ de tous les calculs.

II. — Orientation de la base.

613. L'ORIENTATION est l'opération qui consiste à déterminer sur le terrain la direction des points cardinaux, qui sont, comme on sait : le *nord* ou *septentrion*, l'*est* ou l'*orient*, le *sud* ou *midi*, l'*ouest* ou l'*occident*.

614. La connaissance de la direction d'un des points cardinaux suffit pour faire connaître immédiatement la direction des autres, les deux lignes nord-sud et est-ouest étant perpendiculaires l'une sur l'autre.

Nous n'avons donc qu'à examiner quels sont les différents moyens employés pour trouver la direction de l'un des points cardinaux.

ORIENTATION AU MOYEN DE L'ÉTOILE POLAIRE.

615. Lorsqu'on examine le mouvement des étoiles sur la voûte céleste, ces étoiles paraissent avoir un mouvement de rotation autour d'un axe imaginaire qui rencontre la voûte céleste en un point très voisin d'une étoile à laquelle on a donné le nom d'ÉTOILE POLAIRE, à cause de sa proximité du pôle céleste.

Cette étoile, qui paraît immobile, semble être le centre autour duquel se meuvent les autres étoiles en formant des cercles plus ou moins grands.

L'étoile polaire indique d'une manière très approximative la direction du nord, et si l'on suppose tracé le plan vertical contenant le rayon visuel qui passe par l'étoile polaire, on aura approximativement le *plan méridien*, ainsi dénommé parce qu'il est midi lorsque le soleil traverse ce plan.

La trace du plan méridien sur le plan horizontal représente la *méridienne* du lieu, ou ligne *nord-sud*.

Il est donc nécessaire de s'habituer à trouver rapidement l'étoile polaire, puisque cette étoile donne la direction du nord et, par suite, fournit une orientation immédiate.

Pour y parvenir, on emploiera les moyens suivants : l'étoile polaire se trouve à l'extrémité d'une constellation, ou groupe d'étoiles, à laquelle on a donné les noms de *Petite-Ourse* ou *Petit-Chariot*, et, dans le voisinage de la *Petite-Ourse*, se trouve une petite constellation de même forme, mais beaucoup plus apparente, qu'on a nommée la *Grande-Ourse*, ou le *Grand-Chariot*.

Ces deux constellations comprennent chacune sept étoiles dont quatre forment un trapèze et dont les trois autres figurent une ligne brisée légèrement infléchie, représentant la *queue* ou le *timon*.

Les figures que présentent ces deux constellations sont disposées en sens inverse sur la voûte céleste.

616. La constellation de la *Grande-Ourse*, composée d'étoiles brillantes et écartées, est très facile à reconnaître; elle permet de déterminer aisément la position de l'étoile polaire. Il suffit, pour cela, de prolonger de cinq fois sa longueur la ligne qui joint les deux étoiles (*fig.* 340) nommées les *gardes de la Grande-Ourse*, lesquelles figurent les deux roues de derrière du *Grand-Chariot*. On rencontre ainsi l'étoile polaire, qui est la plus brillante des étoiles de la *Petite-Ourse*, dont elle figure la queue.

617. L'étoile polaire étant, en France, très élevée au-dessus de l'horizon, il n'est pas toujours facile de repérer sur le sol la direction du nord; mais on y arrivera avec une exactitude suffisante en employant l'un des moyens suivants :

1° Planter un bâton vertical au point dont on cherche la méridienne, puis planter un autre bâton vertical à une certaine distance du premier, dans le plan formé par l'étoile polaire et le premier bâton. La ligne qui joint les pieds des deux bâtons indique la direction nord-sud.

Le procédé suivant est plus précis :

2° Se servir d'un fil à plomb qu'on tient suffisamment élevé pour qu'il cache l'étoile polaire, et faire placer sur le sol à environ 200 mètres en avant, une lanterne allumée, en un point tel que le fil à plomb masque en même temps l'étoile polaire et la lumiere de la lanterne (*fig.* 339).

La méridienne du lieu est alors indiquée par la ligne qui joint la lanterne au point du sol rencontré par le fil à plomb prolongé. Il est bon de repérer cette ligne afin qu'il soit possible de la retrouver facilement pendant le jour.

Fig. 339.

618. La détermination de la méridienne sur le terrain, pour offrir la plus grande exactitude possible, doit être faite au moment du passage de l'étoile polaire au méridien. (L'erreur angulaire qu'on commet lorsque l'observation a lieu en tout autre moment n'excède pas un maximum de $1° 28'$.)

619. Le passage de l'étoile polaire au méridien se produit deux fois en vingt-quatre heures et au moins une fois pendant la nuit.

L'étoile polaire est dans le plan méridien quand elle se trouve cachée par le fil à plomb en même temps que l'étoile A (*fig.* 340), première des trois de la queue de la *Grande-Ourse*, ou que l'étoile B de la constellation de Cassiopée.

L'orientation à l'aide de l'étoile polaire ne peut être utilisée que la nuit, par un ciel exempt de nuages dans la partie où se trouve cette étoile, et lorsqu'on occupe une position qui permet de découvrir une certaine étendue de la voûte céleste.

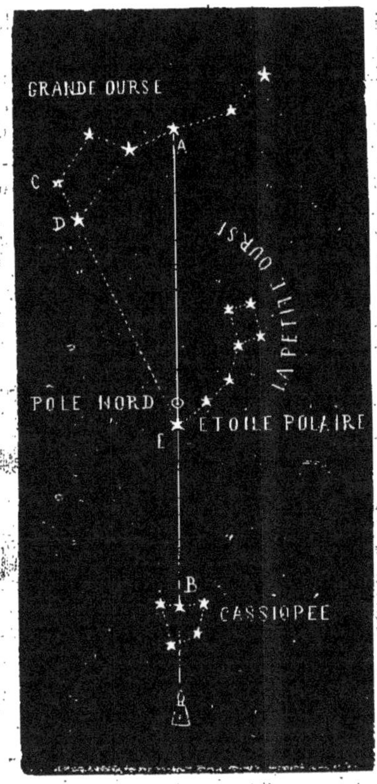

Fig. 340.

ORIENTATION AU MOYEN DU SOLEIL.

620. Le soleil paraît décrire dans le ciel, d'orient en occident, un cercle dont le point culminant au-dessus de l'horizon se trouve dans le plan méridien.

621. Il est midi lorsque le soleil passe au méridien, c'est-à-dire lorsqu'il atteint le point le plus haut de sa course. Un observateur qui regarde le soleil en ce moment de la journée, a le sud devant soi, et par suite le nord derrière, l'est à gauche, l'ouest à droite.

622. On peut déterminer la direction de la méridienne, en observant la position du soleil.

Lorsque cet astre s'élève au-dessus de l'horizon, les ombres portées par les objets qu'il éclaire sont d'autant plus petites que le soleil est plus élevé. Le moment de la journée où l'ombre d'une tige verticale est la plus courte possible indique l'heure de midi. A ce moment, la direction de l'ombre est précisément celle de la méridienne. En plantant un bâton verticalement en terre ou en piquant une épingle sur une feuille de papier placée horizontalement, l'ombre du bâton ou de l'épingle (*fig.* 341) donnera la direction du nord, quand cette ombre sera la plus courte de la journée.

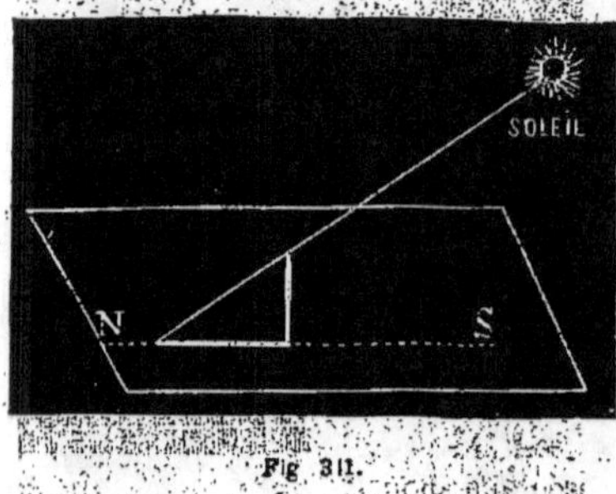

Fig. 341.

623. On peut encore déterminer la méridienne d'un lieu au moyen du soleil en se basant sur ce fait que les ombres portées par une tige verticale, et à des intervalles égaux, avant et après midi, ont des longueurs égales.

En une portion du sol, horizontale et bien unie, on plantera une tige verticale (*style* OM, *fig.* 342). Du pied O de la tige, comme centre, on décrit un certain nombre de circonférences.

Ces opérations faites dans la matinée doivent être terminées avant neuf heures, moment où l'on commence à observer la marche de l'ombre portée par l'extrémité de la tige. On marque les points de passage de cette ombre sur chacun des cercles en A, B, C, avant midi, puis en C', B', A', après midi. Les rayons égaux OA et OA' sont les traces des plans disposés symétriquement par rapport au méridien. En divisant en deux parties égales l'angle de ces deux traces, on obtiendra la méri-

dienne. Il suffira, à cet effet, de mener les cordes AA', BB', CC', et de prendre, sur chacune d'elles, le point milieu. Si l'opération a été convenablement faite, tous ces points milieux se trouveront sur une droite ON partant du pied du style. Cette ligne sera la méridienne cherchée.

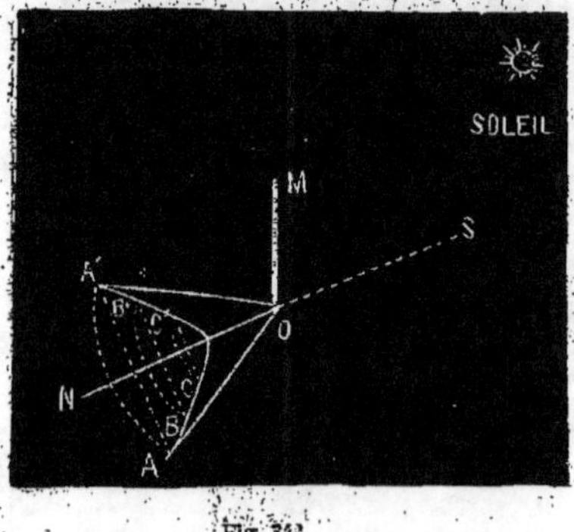

Fig. 342.

624. Les deux procédés que nous venons d'exposer pour la détermination de la méridienne d'un lieu exigent un temps assez long.

Lorsqu'on a une montre convenablement réglée, on obtient la direction de la méridienne en repérant la direction de l'ombre portée par une tige verticale à midi.

Il est bon de remarquer que l'heure de midi, donnée par la montre, ne concorde généralement pas avec le *midi vrai*, moment précis où le soleil passe au méridien. La *Connaissance des temps* indique, pour chaque jour, l'*équation du temps*, c'est-à-dire le temps moyen à midi vrai, ou bien l'heure marquée par une montre à midi vrai. C'est à cette heure que l'observation de l'ombre doit être faite pour obtenir la plus grande précision possible.

Ajoutons que le calcul de la différence d'heures exige certaines notions qui ne peuvent prendre place ici; l'équation du temps est d'ailleurs très petite, puisqu'elle n'atteint jamais 17 minutes. On n'en tiendra compte que toutes les fois qu'on voudra opérer avec une grande précision.

Il n'est pas besoin de faire remarquer que, en campagne, quand on fera usage de l'orientation au moyen du soleil, cette différence sera toujours négligée.

ORIENTATION PAR LA MÉTHODE DES HAUTEURS CORRESPONDANTES.

625. On se transporte à l'une des extrémités de la base, A, par exemple, et on s'y met en station avec la planchette, sur laquelle se trouve représentée la base en *ab* (*fig.* 343). On met cette ligne *ab* dans

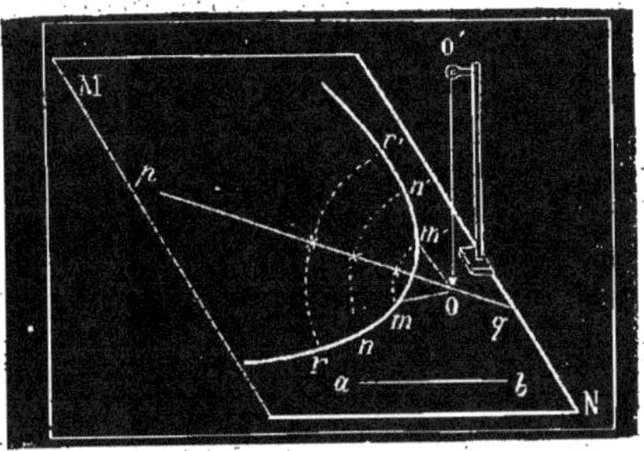

ig. 343.

le plan vertical passant par la base sur le terrain. La planchette ayant été ainsi orientée, on fixe sur un des côtés un *style* ou *gnomon*, petit appareil composé d'une tige munie à son extrémité d'une plaque mince, percée d'une très petite ouverture circulaire *o'*. La planchette ayant été établie horizontalement tout d'abord, on projette l'ouverture *o'* sur la planchette à l'aide d'un fil à plomb. Le point de projection ainsi obtenu appartient à la méridienne. De ce point, comme centre, on décrit un certain nombre d'arcs de cercle. Ces opérations doivent être terminées avant neuf heures du matin, moment où l'on commence à observer, sur la planchette, la marche du point lumineux qui se trouve au centre de l'ombre du disque. On marque, au moyen d'un crayon finement taillé, les points *r*, *n*, *m*, des arcs concentriques rencontrés par le point lumineux. On continue ces opérations jus-

qu'à trois heures de l'après-midi, en repérant les points *m'*, *n'*, *r'* des arcs concentriques rencontrés une seconde fois par le rayon lumineux qui traverse le centre du disque. Comme la déclinaison du soleil varie très peu dans l'intervalle de quelques heures, on peut admettre que les hauteurs égales du soleil au-dessus de l'horizon ont lieu dans des plans verticaux faisant le même angle avec le plan méridien. Par suite, on tracera la méridienne sur la planchette en menant la bissectrice de l'angle *mom*. Pour obtenir cette direction avec la plus grande exactitude, on opère sur plusieurs arcs concentriques. Quand l'opération est bien faite, les milieux des arcs *mm'*, *nn'*, *rr'*, doivent se trouver sur la même droite. S'il arrivait que ces points ne fussent pas exactement en ligne droite, on prendrait, pour méridienne, la ligne droite qui s'en rapprocherait le plus.

Si l'on veut tracer la méridienne sur le terrain, on prolonge la ligne obtenue sur la planchette et on fixe aux extrémités *p* et *q* deux aiguilles bien fines. Sur l'alignement de ces aiguilles, on place un jalon au loin, dans la campagne. Ce jalon et la station marquent la direction de la méridienne. On peut alors, à l'aide du graphomètre, mesurer directement l'angle formé par la base et la méridienne et avoir ainsi l'azimut de la base.

La méthode des hauteurs correspondantes que nous venons d'exposer donne une approximation suffisante pour l'orientation des levés dont l'étendue ne dépasse pas 5 à 6 kilomètres ; elle est d'une application facile en toute circonstance et n'exige qu'un appareil des plus simples.

On peut encore assurer l'orientation du canevas en déterminant la direction de la méridienne sur le terrain par l'étoile polaire, ou au moyen de la boussole.

III. — Formation des triangles.

626. Le triangulateur en parcourant le terrain pour choisir sa base, doit étudier soigneusement la configuration du sol, la forme des détails à reproduire et déterminer les stations les plus favorables à la formation du canevas trigonométrique définitif.

Il notera, sur un canevas provisoire, les clochers, les monuments, les ponts, les cheminées d'usines, les arbres et tous les objets pouvant constituer des sommets de triangles. Pour fixer ses idées, le triangulateur fera bien de se munir d'un instrument portatif permettant de mesurer rapidement les angles avec une approximation suffisante et d'un télémètre pour apprécier les distances. Ces opérations préliminaires le mettraient déjà en position de reconnaître si les triangles qu'il tracera sur le canevas provisoire rempliront les conditions voulues. Au moyen de ces documents, la préparation du canevas trigonométrique définitif n'offrira aucune difficulté.

627. *Extrait du projet de loi du 29 juin 1846 sur le renouvellement et la conservation du cadastre.* La « triangu-
« lation sera appuyée partout où on le
« pourra sur les opérations géodésiques de
« la carte de France. Les points trigono-
« métriques seront plus nombreux et dis-
« posés de telle sorte qu'on puisse s'en
« servir en tout temps pour retrouver
« une limite qui aurait disparu ou qui
« aurait été déplacée. Ces points seront
« marqués par des bornes toutes les fois
« que les signaux ne seront pas immua-
« bles de leur nature. »

628. *Forme des triangles.* Les triangles composant le canevas trigonométrique doivent se rapprocher, autant que possible, de la forme équilatérale, ce qui n'est pas toujours facile à obtenir sur le terrain; mais le triangulateur doit et peut toujours s'arranger de manière que la mesure des angles ne soit ni inférieure à 40° ni supérieure à 140°.

Avec des angles trop aigus, voici ce qui arrive. Une faible différence dans la mesure de l'angle B (*fig.* 344) fait dévier le côté BC pour l'amener par exemple en BC'. ce qui produit une erreur égale à CE au préjudice du côté AC.

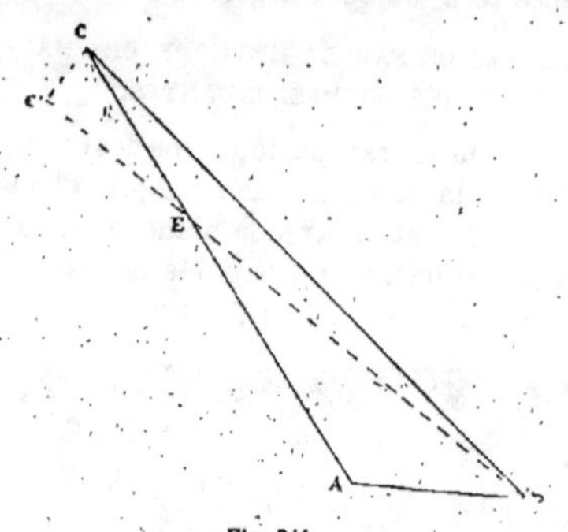

Fig. 344.

629. *Longueur des côtés.* L'instruction du 29 juin 1846 pour l'exécution de travaux d'essai concernant le renouvellement et la conservation du cadastre dit :

« La triangulation aura lieu conformé-
« ment au règlement du 15 mars 1827 :
« seulement, les points trigonométriques
« devront être plus nombreux. En géné-
« ral, les côtés des triangles ne devront pas
« avoir au delà de quatre à cinq cents
« mètres et les points seront disposés de
« manière qu'il s'en trouve au moins
« quatre sur chaque feuille du plan cons-
« truit à l'échelle de un à mille. Toutes
« les fois que les signaux ne seront pas
« immuables de leur nature, on indiquera
« sur le registre, par croquis coté, leur
« position par rapport à des points fixes
« environnants et on posera des bornes
« trigonométriques en pierre de taille ou
« en bois dur portant les lettres B. C. »

IV. — Mesure des angles.

630. La mesure des angles s'effectuera au moyen du théodolite qui est le type des instruments de triangulation. Le cercle devra avoir au moins 20 centimètres de diamètre et être divisé avec le plus grand soin de manière à pouvoir donner directement l'amplitude d'un angle quelconque à 30 secondes près. Au moyen d'un cercle de 30 centimètres, il serait possible d'arriver à 5 secondes près.

Au moyen de la répétition et de la réitération des angles, on arrive à une précision extrême.

Si l'on mesure les angles au moyen d'un théodolite à quatre verniers (*fig.* 49) et qu'on répète les angles, les résultats peuvent être consignés dans un tableau ayant la forme suivante :

OBSERVATION DES ANGLES						ÉLÉMENTS de réduction	
STATIONS	ANGLES	DÉPART des verniers.	MULTIPLES	ANGLES multiples.	QUOTIENTS	DISTANCE 00′	ANGLES y
1	2	2	4	5	6	7	8
		1ᵉ	2				
		2ᵉ	4				
		3ᵉ	6				
		4ᵉ	8				
			etc.				

V. — Calculs trigonométriques des triangles.

631. Les angles définitifs des triangles étant obtenus et la base étant mesurée, le calcul des côtés est une opération qui se résout simplement par l'application des formules trigonométriques concernant la résolution d'un triangle quelconque (1).

Seulement, l'article 9 du règlement du 15 mars 1827 sur les opérations cadastrales exige que le géomètre triangulateur se serve, pour les calculs trigonométriques, de tables de logarithmes, de sinus et de tangentes au moins aussi étendues que celles de Callet.

(1) Voir le *Cours de trigonométrie*, par E. Lemperière. — H. Châirgrasse fils, 25, rue de Grenelle, Paris.

Sciences générales.

Les quatre cas suivants se présenteront dans le calcul des côtés des triangles.

1er Cas. — Un côté et deux angles étant connus, calculer les deux autres côtés et le troisième angle.

2e Cas. — Deux côtés et l'angle compris étant connus, déterminer les deux autres angles et le troisième côté.

3e Cas. — Deux côtés et l'angle opposé à l'un d'eux étant connus, calculer les deux angles et le troisième côté.

4e Cas. — Les trois côtés étant connus, déterminer les trois angles.

VI. — Repérage des sommets des triangles par rapport à la méridienne adoptée et à sa perpendiculaire.

632. Pour repérer, sur le plan, les angles des sommets des triangles, on trace une méridienne MN (*fig.* 345) passant par un des sommets, A, par exemple, puis on mène à cette méridienne une perpendiculaire OP passant par le même point.

Ces deux droites prennent le nom de *coordonnées rectangulaires*.

L'*ordonnée* de chaque sommet est sa distance à la méridienne.

L'*abscisse* de chaque sommet est sa distance à la perpendiculaire.

Ainsi, le sommet G a G *g* pour *ordonnée* et G*g'* pour abscisse.

On conçoit que lorsque la méridienne et sa perpendiculaire sont tracées sur un plan, la position d'un sommet quelconque est déterminée lorsqu'on connaît son ordonnée et son abscisse.

Par rapport à la méridienne qui va du nord au sud, un sommet peut être à l'*est* ou à l'*ouest* et, par rapport à la perpendiculaire, qui va de l'ouest à l'est, un sommet peut être au *nord* ou au *sud*.

Les renseignements relatifs aux coordonnées des sommets des triangles peuvent être consignés sur un tableau dont nous donnons le modèle, page 227, pour la figure 345.

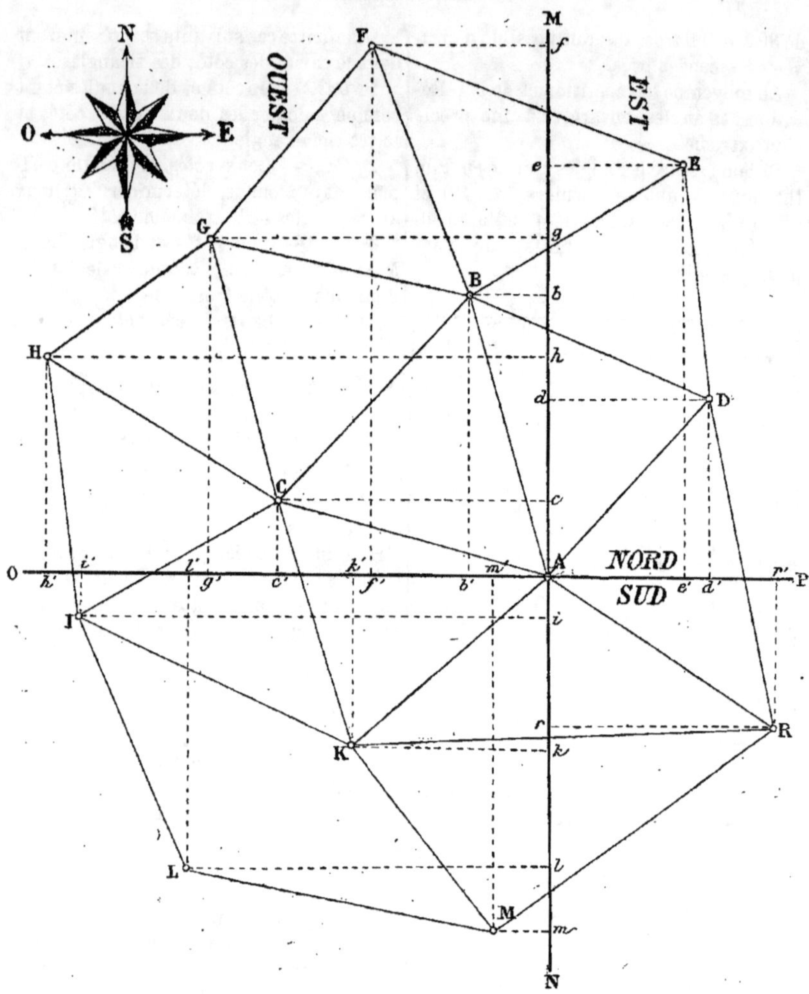

Fig. 345.

A l'aide des formules relatives à la résolution des triangles rectangles (voir Trigonométrie), rien n'est plus facile que de calculer la longueur des ordonnées et des abscisses.

Prenons par exemple le sommet D ayant Dd pour ordonnée et Dd' pour abscisses.

Dans le triangle rectangle ADd, l'hypoténuse AD et l'angle aigu d'AD étant connus, il sera facile de déterminer l'ordonnée Dd ainsi que l'abscisse Dd' qui est égale au troisième côté dA du triangle rectangle.

Prenons maintenant le sommet B ayant Bb pour ordonnée et Bb' pour abscisse.

Dans le triangle rectangle ABb, l'hy-

COORDONNÉES DES SOMMETS DES TRIANGLES
(voir fig. 345).

SOMMETS.	ORDONNÉES			ABSCISSES		
	Désignation	Direction.	Longueur	Désignation.	Direction	Longueur
1.	2	3	4	5	6	7
A	o	»	0	o	»	c
B	Bb	Ouest		Bb'	Nord	
C	Cc	Ouest		Cc'	Nord	
D	Dd	Est		Dd'	Nord	
E	Ee	Est		Ee'	Nord	
F	Ff	Ouest		Ff'	Nord	
G	Gg	Ouest		Gg'	Nord	
H	Hh	Ouest		Hh'	Nord	
I	Ii	Ouest		Ii'	Sud	
K	Kk	Ouest		Kk'	Sud	
L	Ll	Ouest		Ll'	Sud	
M	Mm	Ouest		Mm'	Sud	
R	Rr	Est		Rr'	Sud	

poténuse AB étant connue ainsi que l'angle aigu BAb qui n'est que la différence entre l'angle total BAD et l'angle aigu dAD, il sera facile de calculer l'ordonnée Bb ainsi que l'abscisse Bb' qui est égale au troisième côté bA du triangle rectangle.

En continuant ainsi par le passage d'un triangle à l'autre, on déterminera les coordonnées de tous les sommets, ce qui permettra de remplir les colonnes 4 et 7 du tableau précédent.

VII. — Établissement du canevas trigonométrique.

633. Au moyen des documents que le triangulateur possède maintenant, il ne reste plus qu'à reproduire le canevas trigonométrique sur le papier, à l'échelle adoptée, ce qu'un dessinateur quelconque peut faire sans la moindre difficulté.

Il convient de choisir du papier suffisamment épais, d'une pâte fine et bien dense, le moins possible susceptible de retrait ou d'extension. On trace sur ce papier, avec la plus grande précision, un réseau de carrés ayant 400 mètres de côté à l'échelle admise. On trouve aussi la méridienne et sa perpendiculaire qu'on fait coïncider avec les côtés des deux séries (horizontale et verticale) de carrés.

Au moyen de ces carrés et des coordonnées on rapporte tous les sommets des triangles à la place qu'ils doivent occuper et, en unissant convenablement tous les sommets des triangles, on obtient le canevas trigonométrique définitif.

LEVER PAR ALIGNEMENTS OU PAR DIRECTIONS.

634. La méthode par alignements ou par directions est, à beaucoup près, la plus simple, la plus expéditive et la plus précise. Aussi est-elle généralement suivie par les géomètres du cadastre. Du reste, elle est la conséquence directe de la grande triangulation développée au chapitre II du Lever des plans, car elle donne les moyens de reproduire tous les détails planimétriques à l'aide des grandes lignes figurées au canevas trigonométrique.

Problème n° 132.

635. *Lever le plan d'une portion du territoire d'une commune (fig. 346).*

Dans l'intérieur de l'espace à arpenter se trouve le point trigonométrique M et l'alignement MP appartenant à un côté d'un des triangles du canevas, lequel alignement va permettre de rattacher le plan du terrain dont il s'agit au plan général.

Le géomètre, après avoir parcouru les lieux dans toutes les directions, a planté des jalons aux points saillants A, B, C, D, E, F et G et il a ainsi déterminé un polygone irrégulier qui, avec les rayons MB, MC, MD, ME, MG et MA forme un réseau de triangulation auxiliaire.

Il s'agit, tout d'abord, de faire le plan exact de ce polygone et, pour cela, l'opérateur n'a qu'à se reporter à ce qui a été exposé précédemment.

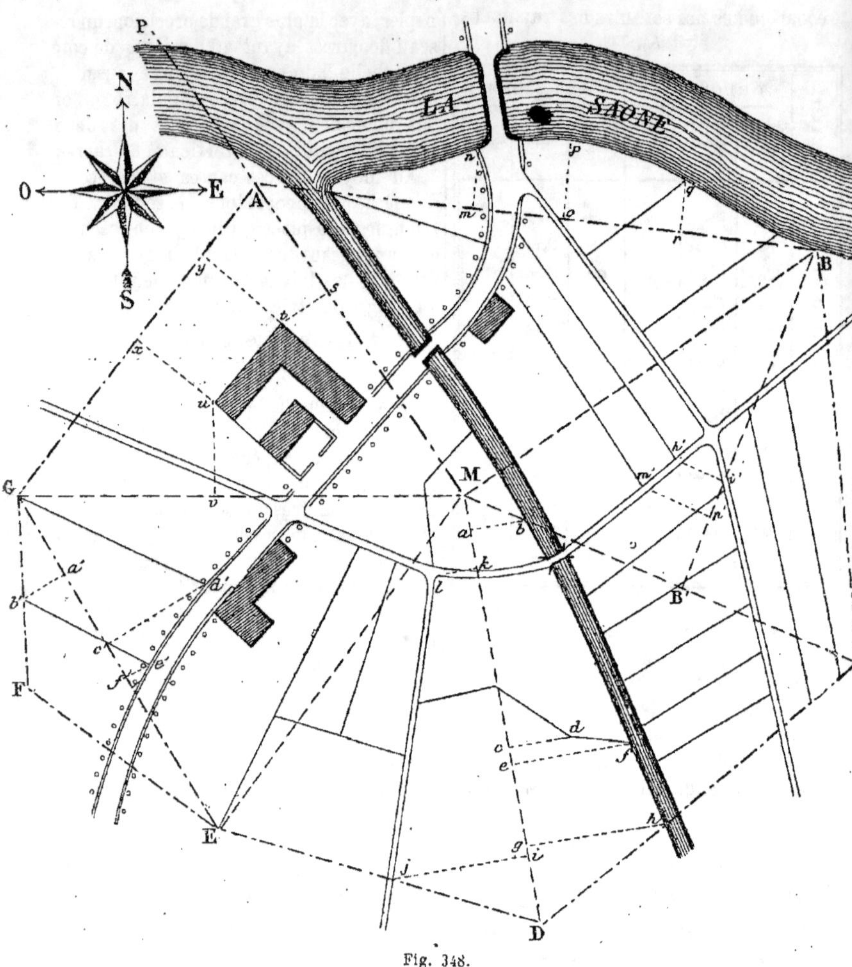

Fig. 348.

Il peut opérer d'abord par cheminement au moyen du graphomètre ou du cercle géodésique et mesurer les angles A, B, C, D, E, F et G, en chaînant les côtés AB, BC, ...GA avec une grande précision, au moyen du décamètre-ruban, pendant le trajet d'une station à l'autre.

Les sommets des angles du polygone devant être rapportés d'après la position de la droite MA, la direction des côtés AB et AG sera terminée par la mesure des angles MAB et MAG.

Si le géomètre veut avoir une précision aussi grande que possible pour le réseau de triangulation auxiliaire, il fera bien de mesurer au décamètre-ruban (en répétant au moins deux fois chaque opération et en prenant la moyenne) les trois côtés de chacun des six triangles ayant le point trigonométrique M pour sommet commun ainsi que le triangle GFE.

A l'aide des côtés du polygone et des droites partant du point M pour aboutir au sommet des angles, rien n'est plus simple que de relever les détails du terrain, car ces droites constituent autant de lignes d'opération.

Ainsi, en considérant MD, par exemple, les points d, f, h, j, l sont déterminés par les perpendiculaires dk, fe, hg, ij, cl abaissées sur MD. Le point b résulte de la rencontre de MC avec le bord du ruisseau.

Les points d', e', b' sont aussi déterminés par rapport au côté GE au moyen des perpendiculaires $b'a'$, $d'c'$, $e'f'$.

Les points u et t du bâtiment indiqué sur le plan sont obtenus au moyen des perpendiculaires ux, ty à GA ; uv à GM et ts à AM.

Les sinuosités de la rivière sont déterminées au moyen des perpendiculaires mn, op, rq à AB.

On voit que beaucoup de points résultent de la rencontre des côtés des grands triangles et des lignes du terrain.

On aura les autres points du terrain par des perpendiculaires abaissées de ces points sur la base la plus rapprochée, ou, au besoin, sur une ligne d'opération secondaire, comme BB', hauteur du triangle MBC.

Lorsque tous les points seront ainsi repérés, le géomètre possédera tous les éléments nécessaires pour rapporter le plan sur le papier à l'échelle convenue, en suivant les instructions données précédemment et sur lesquelles il n'est pas nécessaire de revenir.

Le plan des autres portions du territoire, à la condition qu'il soit levé à la même échelle en prenant pour base une ligne du canevas trigonométrique, se raccordera parfaitement à celui que représente la figure 346, et c'est ainsi que les géomètres opèrent pour la reproduction des détails du terrain sur un dessin d'ensemble, nommé *plan cadastral*.

Problème n° 133.

636. *Lever le plan d'une ville.*

Si la ville a une grande étendue, comme Paris, Lyon, Marseille, il faut former un canevas trigonométrique à l'aide des objets les plus remarquables, comme les clochers, les tours, les pointes de paratonnerre, les monuments élevés, en se reportant à ce qui a été dit précédemment, puis rattacher aux côtés des triangles, des points fixes, pris sur les places publiques, au coin des rues, de manière que de ces points on puisse rayonner dans les rues adjacentes. A l'aide du réseau trigonométrique et des lignes auxiliaires qu'on y rattachera, il sera facile de relever tous les détails.

S'il s'agit d'une ville moins importante, on pourra se borner à choisir un point aussi central que possible, duquel on rayonnera dans tous les sens en opérant par cheminement au moyen du décamètre-ruban, du graphomètre ou du cercle géodésique pour la répétition des angles.

Si l'on veut se dispenser de faire une triangulation régulière, on devra entourer la ville d'un polygone dont on relèvera les côtés et les angles avec le plus grand soin, en prenant la précaution de marquer les points précis où les rues rencontrent les côtés du polygone. On trace dans chaque rue des droites qu'on nomme *directrices* et qu'on repère par rapport aux côtés du polygone. On repère aussi les points de rencontre des directrices et on mesure les angles qu'elles forment à l'aide de toutes les directrices et, au moyen de l'équerre d'arpenteur et de la chaine, on relève facilement tous les détails qui doivent figurer sur le plan de la ville.

637. On peut aussi lever le plan d'une ville sans triangulation et sans polygone extérieur. C'est le cas de la figure 347.

On détermine un point central A, duquel on puisse tracer des directrices dans le plus grand nombre possible de rues, puis on marque les points B,C,D,E,F,G,

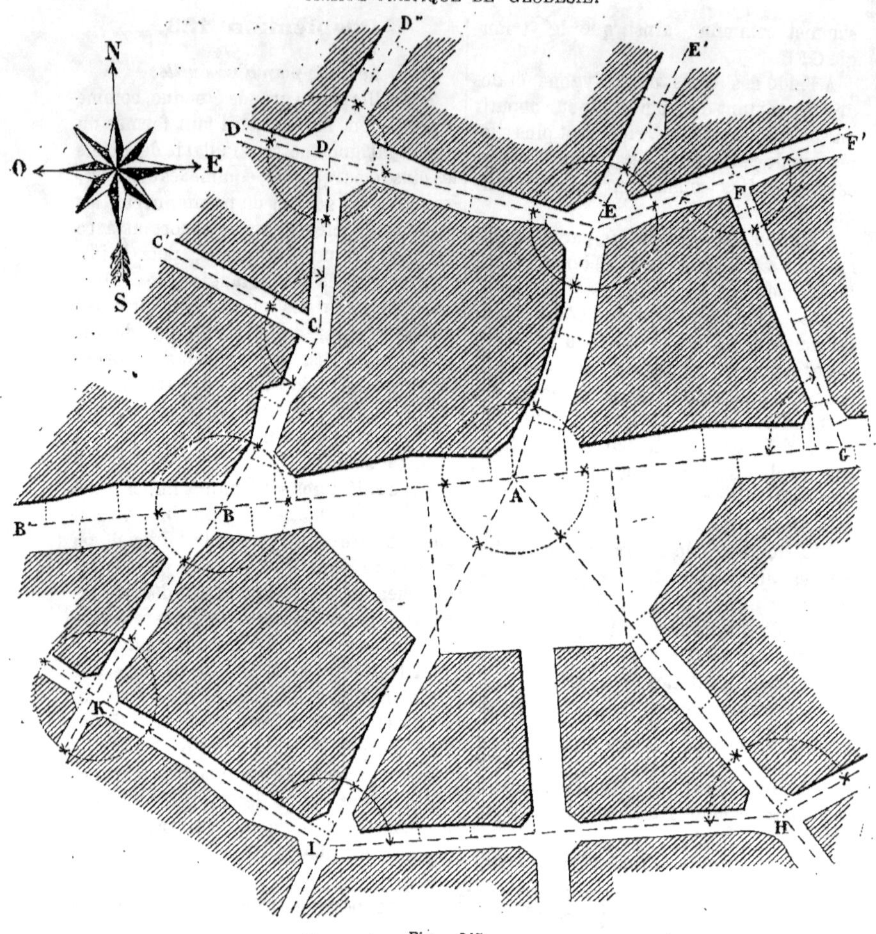

Fig. 347.

H, I, et K, à la rencontre de plusieurs rues. On réunit ces points entre eux par des droites comme l'indique la figure, et on forme ainsi un réseau de directrices ou *lignes d'opération* qu'il faut déjà reproduire sur un canevas d'ensemble. Pour cela, on opère par la méthode de chaînement au moyen du graphomètre ou du cercle répétiteur. On met l'instrument en station au point A, puis on mesure les 5 angles EAB, EAG, GAH, HAI et IAB dont la somme doit donner 360°. On se transporte ensuite eu B où l'on mesure les 4 angles CBB′, B′BK, KBA et CBA formant ensemble 360°. Au point C, on détermine la valeur des deux angles C′CD et C′CB. On opère de même au point D pour les 4 angles D′DD″, D″DE, EDC et CDD′. Enfin, au point E, ou mesure les 4 angles E′ED, E′EF′, F′EA et AED, valant ensemble 360°.

Les côtés du polygone ABCDE, ont été

mesurés avec le plus grand soin en répétant au moins deux fois, en sens inverse, l'opération sur le même côté. Le géomètre continue le mesurage des angles sur tous les autres points de rencontre des directrices, ainsi qu'il l'a fait pour le premier polygone observé, et il chaîne toutes les droites allant d'un sommet à un autre. Arrivé au dernier point K, il aura tous les éléments nécessaires pour reproduire le réseau des lignes d'opération.

Reste maintenant à lever les détails des rues. Rien n'est plus simple et il est inutile d'insister sur ce point. Prenons, par exemple, la directrice B'AG. La figure fait voir toutes les perpendiculaires aboutissant aux angles saillants et rentrants. Il s'agit simplement de mesurer les perpendiculaires ainsi que les distances qui les séparent, de les rapporter sur le plan et de réunir leurs extrémités par des droites. Le géomètre opérera ainsi pour toutes les rues et il aura tous les éléments nécessaires pour dessiner le plan complet de la ville à l'échelle qu'il lui conviendra d'adopter.

CHAPITRE III

PARTAGE DES TERRAINS

§ I. — NOTIONS PRÉLIMINAIRES

638. Le partage des terrains est une opération souvent difficile et toujours très délicate. Le géomètre qui en est chargé doit posséder les principes du droit civil concernant la propriété, le voisinage, les servitudes et la prescription. Sa mission consiste à combiner les exigences de la loi, les coutumes locales, l'équité, avec la nécessité de conserver à chacun l'abord de sa propriété, les passages nécessaires, la configuration la plus favorable au labourage, etc. Il doit s'arranger de façon que le lot de chaque co-partageant soit l'expression exacte du titre de propriété de ce dernier et, autant que possible, prévenir les procès dont les opérations d'un expert habile renferment trop souvent le germe.

639. Voici ce que disent, à ce sujet, les articles 318 et suivants du *Recueil méthodique du cadastre*.

« Art. 318. — Le revenu net des terres
« est ce qui reste au propriétaire, déduc-
« tion faite, sur le produit brut, des
« frais de culture, semences, récoltes,
« entretien et transport des denrées au
« marché.

« Art. 324. — Les frais de culture sont
« très multipliés et peu faciles à calculer
« en détail. On peut seulement dire qu'il
« faut y comprendre les objets suivants :

« L'intérêt de toutes les avances pre-
« mières nécessaires pour l'exploitation,
« telles que les bestiaux et les autres
« dépenses qu'on est obligé de faire avant

« d'arriver au moment où l'on peut ven-
« dre ou consommer les produits ;

« L'entretien des instruments aratoires,
« tels que les charrues, voitures, etc., les
« salaires des ouvriers, les salaires ou
« bénéfices du cultivateur qui partage et
« dirige leurs travaux.

« L'entretien et l'équipement des ani-
« maux qui servent à la culture et les
« renouvellements d'engrais lorsqu'il est
« nécessaire d'en acheter.

« Art. 325. — Il faut encore déduire la
« quantité de grains employé à l'ense-
« mencement, en évaluant les grains
« d'après le tarif du prix des denrées.

« Art. 326. — Les frais de récolte sont
« aussi très variables, suivant les
« méthodes usitées dans chaque pays,
« pour chaque espèce de production ; ils
« consistent, par exemple pour les blés,
« dans le payement, en grains ou en argent,
« des moissonneurs qui les coupent, de
« ceux qui les lient, les charrient à la

« grange ou à l'aire, de ceux qui les y
« battent, les transportent au grenier,
« soit peu de jours après, soit en d'autres
« temps de l'année, enfin jusqu'à l'époque
« où le blé peut être porté au marché ou
« au moulin.

« Art. 327. — Les frais d'entretien
« d'une propriété sont ceux nécessaires à
« sa conservation, tels que les digues, les
« écluses, les fossés et autres ouvrages
« sans lesquels les eaux de la mer, des
« rivières, des torrents, pourraient
« détériorer et même détruire les pro-
« priétés que des travaux utiles conser-
« vent.

« Art. 832 (Code civil). — Dans la
« formation et composition des lots, on
« doit éviter autant que possible de mor-
« celer les héritages et de diviser les
« exploitations ; et il convient de faire
« entrer dans chaque lot, s'il se peut, la
« même quantité de meubles, de droits ou
« de créance de même nature et valeur. »

§ II. — OPÉRATIONS

640. Le partage des terrains peut être effectué par la *méthode numérique* ou par la *méthode graphique*.

Par la *méthode numérique*, on procède à l'arpentage du terrain, puis on partage la surface d'après les conditions convenues entre les partageants ou prévues par des actes authentiques. Il n'y a plus alors qu'à déterminer, sur le terrain, une surface équivalente à chaque portion.

Par la *méthode graphique*, on lève le plan du terrain à partager, puis on rapporte ce plan sur le papier, à une échelle aussi grande que possible. Au moyen de la règle et du compas, on fait toutes les opérations nécessaires sur le papier, puis on reporte, sur le terrain, toutes les divisions obtenues en ayant soin de les placer aux endroits correspondants à ceux du plan.

Problème n° 134.

641. *Partager le triangle* ABC *(fig.* 348*) en trois parties équivalentes aboutissant toutes au sommet* B.

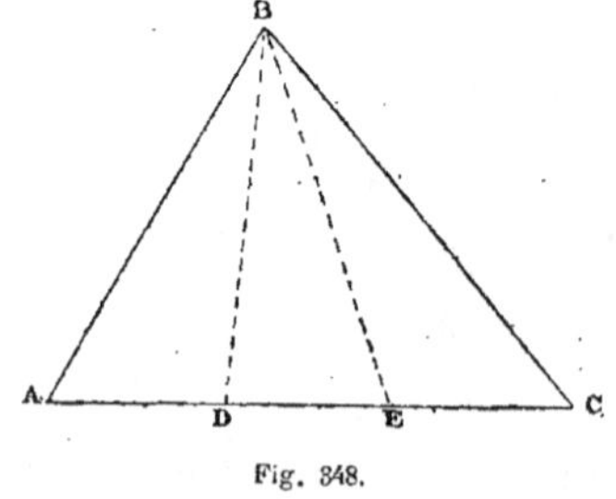

Fig. 348.

Pour résoudre ce problème, il suffit de

partager la base AC en trois parties égales par les points D et E, puis de joindre chacun d'eux au sommet B par les droites BD et BE.

Les trois triangles BAD, BDE et BEC sont équivalents, puisqu'ils ont des bases égales et même hauteur.

Problème n° 135.

642. *Partager le triangle ABC (fig. 349) en trois parties aux nombres 2,3,5.*

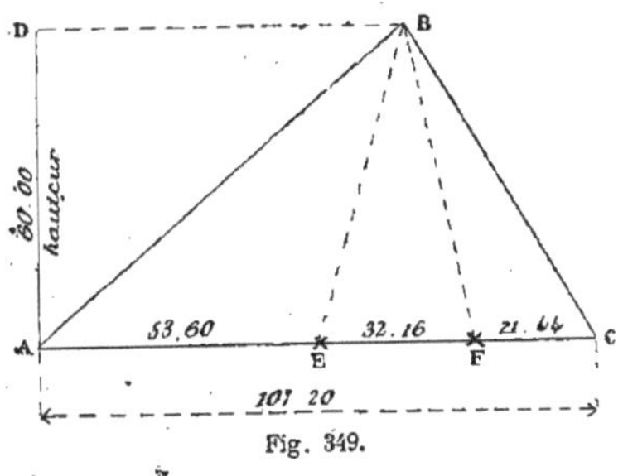

Fig. 349.

Le triangle donné a 107^{m}20 de base et 30^{m}00 de hauteur. On en calcule la surface qui est :

$$107^m20 \times \frac{60}{2} = 321^{m2}60$$

Il faut déterminer la surface, puis la base de chaque partie qui est un triangle.

Pour avoir chaque surface partielle, on partage 321,60 en parties proportionnelles aux chiffres 2,3,5.

A cet effet, on divise 321,60 par 10, somme des trois nombres 2, 5, 7 et on a 32,16, ce qui donne :

Pour la 1re partie 32,16 $\times$ 2 $=$ 64,32
Pour la 2e partie 32,16 $\times$ 3 $=$ 96,48
Pour la 3e partie 32,16 $\times$ 5 $=$ 160,80

Total pareil. . . . 321,60

La base d'un triangle étant égale à sa surface divisée par sa hauteur, le quotient étant multiplié par 2, on aura :

base de la 1re partie $\dfrac{64,32}{60} \times 2 = 21^m,44$

base de la 2e partie $\dfrac{96,48}{60} \times 2 = 32^m,16$

base de la 3e partie $\dfrac{160,80}{60} \times 2 = 53^m,60$

Total pareil . . . . . $\overline{107^m,20}$

Les trois parties demandées sont les triangles BAE, BEF et BFC aboutissant au sommet B et ayant des surfaces proportionnelles aux chiffres 2, 3, 5. L'énoncé de ce problème pourrait se traduire ainsi :

Trois personnes ont acheté un terrain ayant la forme du triangle ABC et contenant 321^{m2},60. La première paie 200 fr. ; la seconde 300 fr. et la quatrième 500 fr. On demande la contenance et les limites de chaque part.

Problème n° 136.

643. *Le triangle ABC (fig. 350) a une surface de 45 ares 24 centiares. Détacher*

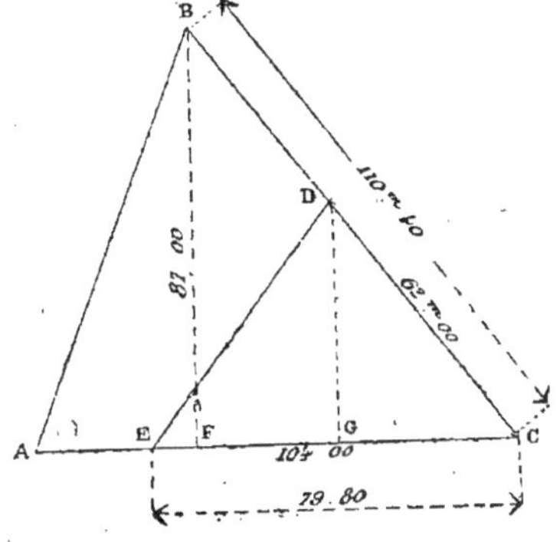

Fig. 350.

de cette figure un triangle ayant l'angle C commun, le côté DC égal à 62^m,00 et une surface de 19 ares 50 centiares.

1re *méthode.* On va supposer le problème résolu et admettre que le triangle EDC remplisse les conditions du problème. Il s'agit donc de calculer la longueur du côté EC.

On a vu, en géométrie théorique, que les surfaces de deux triangles ayant un angle commun sont proportionnels aux rectangles des côtés qui comprennent cet angle. En désignant par T la surface du triangle ABC et par T′ celle du triangle EDC, on aura la proportion :

$$T : T′ : : CB \times CA : CD \times CE$$

$$\text{ou} \quad \frac{CB \times CA}{CD \times CE} = \frac{T}{T′}$$

En multipliant les deux termes de cette égalité par $CD \times CE$, il viendra :

$$CB \times CA = \frac{T}{T′} \times CD \times CE$$

ou, en chassant le dénominateur T′ :

$$CB \times CA \times T′ = T \times CD \times CE$$

En divisant chaque membre de cette dernière égalité par $T \times CD$, on aura :

$$CE = \frac{CB \times CA \times T′}{T \times CD}$$

Telle est la formule donnant la longueur du côté CE.

En remplaçant les lettres par les chiffres, on aura :

$$CE = \frac{110,40 \times 104,00 \times 19,50}{45,24 \times 62,00} = 79^m,80,$$

pour la longueur de CE.

Si la ligne CE avait une longueur supérieure à $104^m,00$, on joindrait le point D au point A. On calculerait la surface du triangle DAC, puis on prendrait le supplément dans le triangle ADB en suivant la méthode qui vient d'être appliquée.

2e méthode. Il suffit d'abaisser la perpendiculaire DG à la base AC, puis de diviser 19 ares 50 centiares par la longueur de cette perpendiculaire. Le double du quotient obtenu donne la longueur de la base EC.

Comme on le voit, cette méthode est infiniment plus simple et beaucoup plus pratique que la précédente.

Problème n° 137.

644. *Retrancher du triangle* ACB *(fig. 351) un triangle d'une contenance donnée par une droite parallèle à la base.*

On va supposer le problème résolu et admettre que le triangle CDE remplisse les conditions du problème. Il s'agit simplement de calculer la longueur de CE ou de CD.

Les deux triangles ACB et DCE étant semblables, puisque les bases AB et DE sont parallèles, en désignant le grand triangle par T et le petit par T′, on aura la proportion :

$$\overline{CE}^2 : \overline{CB}^2 : : T′ : T$$

$$D'où \quad \overline{CE}^2 = \frac{\overline{CB}^2 \times T′}{T}$$

Et en extrayant la racine carrée de chaque membre :

$$CE = \sqrt{\frac{\overline{CB}^2 + T′}{T}}$$

$$\text{ou} \quad CE = CB \sqrt{\frac{T′}{T}}$$

Donc, pour avoir la longueur de CE, il faut diviser la surface à retrancher par la surface du triangle donné, extraire la

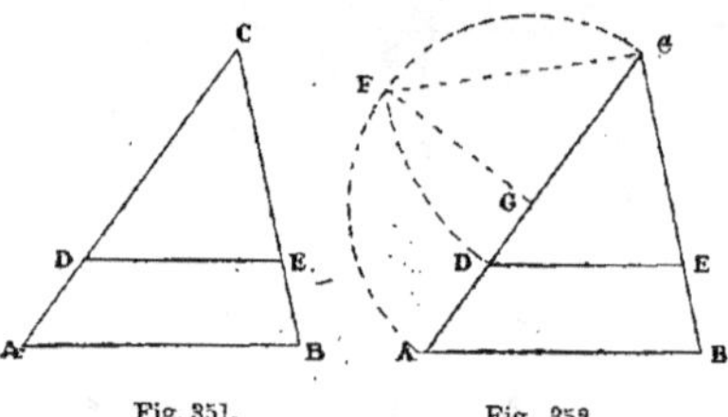

Fig. 351.   Fig. 352.

racine carrée du quotient, puis multiplier cette racine par la longueur du côté CB.

Problème n° 138.

645. *Partager le triangle* ACB *(fig. 352) en deux parties ayant des surfaces équivalentes par une droite parallèle à la base* AB.

Méthode numérique. On peut résoudre cette question en opérant comme au problème précédent.

Méthode graphique. Du point G, milieu du côté à AC, comme centre, et avec AC comme diamètre, on décrit une demi-circonférence. On trace le rayon GF perpendiculaire AC et on joint le point F au point C. Du point C, comme centre, avec un rayon égal à CF, on décrit un arc de cercle coupant le côté CA en D. Par le point D, on mène la droite DE parallèle à AB et cette droite partage le triangle donné dans des conditions telles que le triangle CDE et le trapèze ADEB ont des surfaces équivalentes.

Problème n° 139.

646. *Partager le triangle ABC (fig. 353) en quatre parties ayant des surfaces équivalentes par des droites parallèles à AB.*

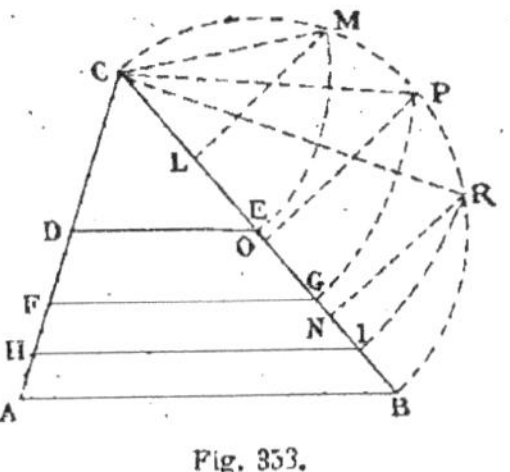

Fig. 353.

Méthode graphique. On décrit une demi-circonférence sur le côté CB comme diamètre. On partage ce côté en quatre parties égales par les points L,O,N, pieds des perpendiculaires LM, OP, NR élevées sur CB. Du point C, comme centre, avec des rayons égaux à CM, CP et CR, on décrit trois arcs de cercle rencontrant le côté CB aux points E,G,I par chacun desquels on mène une parallèle à la base AB.

Les parallèles DE, FG, HI à la base AB partagent le triangle donné en quatre parties équivalentes.

Problème n° 140.

647. *Partager le triangle ACB (fig. 354) en trois parties équivalentes par des droites partant des sommets A et B.*

On prend CD égal au tiers du côté BC. On joint le point D au sommet A; puis on joint également le point E, milieu de AD au sommet B. Les trois triangles ADC, AEB et DEB répondent à la question, car ils ont tous des surfaces équivalentes.

Problème n° 141.

648. *Déterminer dans l'intérieur du triangle ACB (fig. 355) un point tel qu'en l'unissant par des droites aux trois sommets du triangle, on obtienne trois triangles équivalents.*

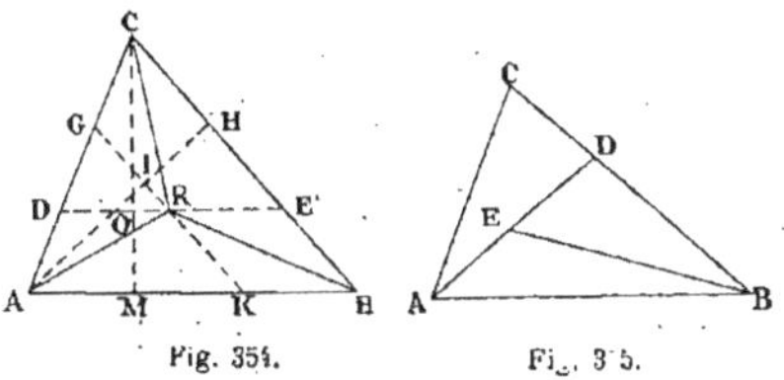

Fig. 354.   Fig. 355.

On abaisse les perpendiculaires CM à AB et AH à CB. Par le point O, partageant CM en trois parties égales, on trace DE parallèle à AB. Par le point I partageant AH en trois parties égales, on mène GK parallèle à CB. Le point R où se rencontrent les parallèles GK et DE est le point demandé, parce qu'en l'unissant par des droites aux sommets A, C et B, on a les trois triangles ARC, ARB et CRB ayant des surfaces équivalentes.

Problème n° 142.

649. *Partager le triangle ABC (fig. 356) en trois parties dans des conditions telles que :*

1° La 1re partie ait FC pour côté avec une surface égale à x.

2° La 2e partie ait FD pour côté avec une surface égale à y.

3° La 3e partie ait DB pour côté avec une surface égale à z, c'est-à-dire à ce qui restera du triangle donné.

Les lignes de division devront aboutir sur le côté AC.

Pour résoudre ce problème, on abaisse sur AC la perpendiculaire FK qu'on mesure. On divise la surface x par la longueur de FK et en doublant le quotient on aura la base GC du triangle GFC, lequel triangle constitue la première partie demandée.

On abaisse maintenant la perpendiculaire DI sur AC. On fait la somme des surfaces x et y, puis on divise cette somme

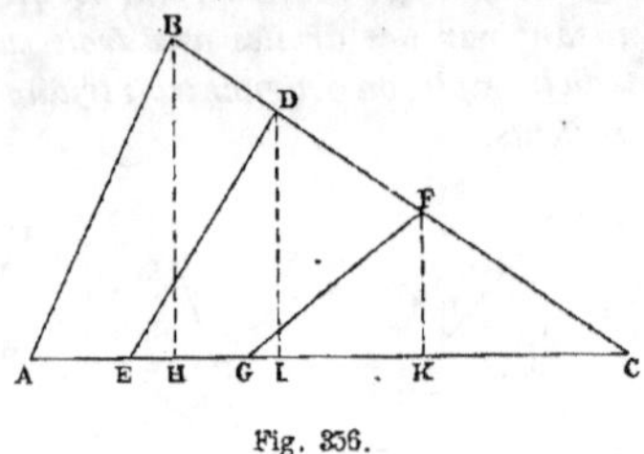

Fig. 356.

par la longueur de DI. En doublant le quotient, on aura la base EC du triangle EDC valant les deux premières parties. En retranchant le triangle GFC du triangle EDC, il restera le quadrilatère EDFG formant la seconde partie.

Il est clair que le quadrilatère ABDE est la troisième partie demandée et représentée par z.

Observation. Ce problème tel qu'il est posé ne peut être résolu qu'autant que la somme des parties données sera rigoureusement égale à la surface du triangle.

Problème n° 143.

650. *Détacher d'un parallélogramme une surface représentée par* S.

1° *Par une droite parallèle à l'un des côtés (fig.* 357).

On divise la surface S par la longueur du côté AB du parallélogramme ABCD, puis on élève en un point quelconque F

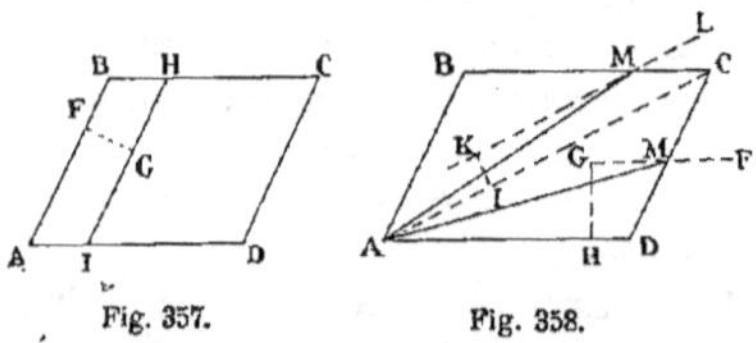

Fig. 357.　　　Fig. 358.

de AB une perpendiculaire FG à cette droite et égale au quotient obtenu. Par le point G on mène IH parallèle à AB et le parallélogramme ABHI répond à la ques-

2° *Par une droite partant de l'angle A (fig.* 358).

On divise la surface S par la longueur du côté AD du parallélogramme ABCD, puis on élève à AD une perpendiculaire HG à cette droite et égale au quotient obtenu. Par le point G, on mène GF parallèle à AD et rencontrant le côté DC en M. On joint les points A et M et le triangle AMD répond à la question.

Si la surface S divisée par la longueur AD donne un quotient plus grand que la hauteur du parallélogramme ABCD, c'est que la surface à détacher est plus grande que le triangle ACD, moitié du parallélogramme. Alors on retranche la surface du triangle ACD de la surface donnée S et soit S′ la différence. On divise S′ par la longueur de la diagonale AC, puis on élève en un point quelconque de cette diagonale une perpendiculaire IK égale au quotient obtenu. On mène KL parallèle à AC et on joint le point A au point M′, rencontre de la parallèle KL avec BC. Dans ce cas, le quadrilatère AMCD représente la surface à détacher du parallélogramme.

3° *Par une droite partant d'un point quelconque E pris sur le périmètre du polygone (fig.* 359).

On divise la surface donnée S par la longueur de ED et on élève à ED une perpendiculaire DE égale au quotient obtenu. On mène la droite EG parallèle à ED et on joint le point F, rencontre de FG avec le côté DC, avec le point E. Le triangle EFD ainsi obtenu répond à la question.

Si le quotient de la surface S par la longueur de ED est plus grand que la hauteur du parallélogramme, pour résoudre le problème, on joint le point E au point C, puis on calcule la surface du triangle ECD. On retranche cette surface de S, puis on détermine, en opérant comme précédemment, un triangle KEC dont la surface est égale à la différence. En conséquence, le quadrilatère EKCD représente la surface à détacher du parallélogramme.

Problème n° 144.

651. *Partager le trapèze ABCD (fig. 360) en deux parties équivalentes par une droite aboutissant aux deux bases.*

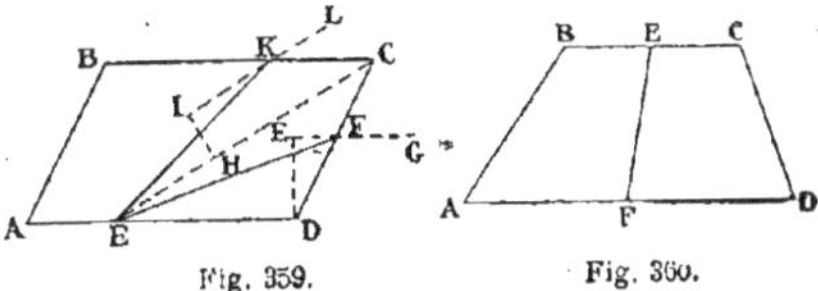

Fig. 359.   Fig. 360.

Il suffit de joindre par une droite le point E, milieu de la base supérieure BC, au point F, milieu de la base inférieure AD. Les deux trapèzes ABEF et FECD, délimités par cette droite, ont des surfaces équivalentes.

Problème n° 145.

652. *Partager le trapèze AKLC (fig. 361) en trois parties équivalentes par des droites parallèles aux bases.*

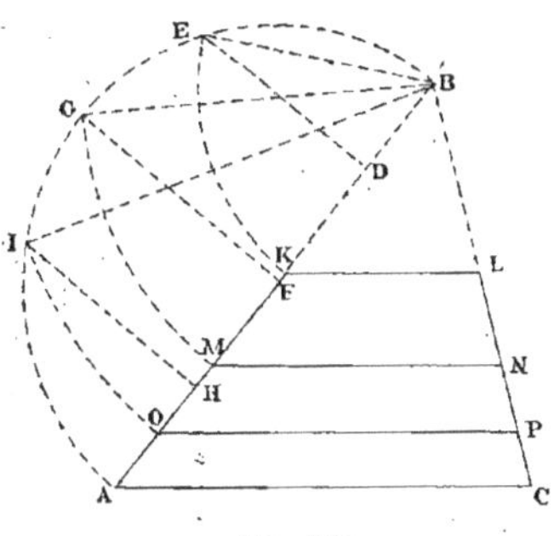

Fig. 361.

Méthode graphique. On rapporte le plan du trapèze à une échelle aussi grande que possible, puis on prolonge les côtés AK et CL de manière à former le triangle ABC. On décrit une demi-circonférence avec le côté AB comme diamètre; puis, du point B, comme centre, et avec un rayon égal à BK, on décrit l'arc de cercle EK. Du point E, on abaisse ED perpendiculaire à AB, puis on partage DA en trois parties égales par les points F et H. Par ces points, on élève à AB les perpendiculaires FG et

HI; puis, du point B, comme centre, avec deux rayons égaux à BG et BI, on décrit les arcs de cercle GM et IO. Par les points M et O, rencontre des arcs de cercles GM et IO avec AB, on mène les droites MN et OP parallèles aux bases KL et AC. Ces parallèles partagent la figure donnée en trapèzes équivalents en surface, MKLN, OMNP et AOPC, et le problème est résolu.

Problème n° 146.

653. *Détacher d'un trapèze ABCD (fig. 362) une surface représentée par S au moyen d'une droite perpendiculaire aux bases, à partir du côté CD.*

On élève arbitrairement une perpendiculaire EF aux bases, puis on calcule la surface du trapèze ECDF. Cette surface étant plus petite que S, on divise la différence par la hauteur du trapèze et on prend EG égale au quotient. On abaisse la perpendiculaire GH sur AD et le trapèze HGCD représente exactement la surface à détacher.

Si la surface du trapèze provisoire FECD était plus grande que S, il faudrait porter le point G de E en C, au lieu de le porter de E en B. Si, dans ce cas, le quotient donnait une droite plus grande que

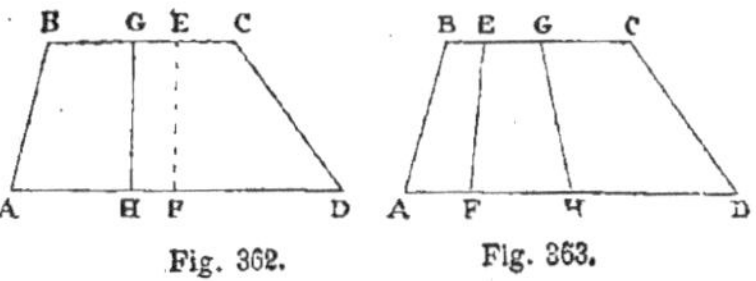

Fig. 362.   Fig. 363.

EC, la partie à détacher aurait la forme d'un triangle rectangle dont il serait facile de déterminer la base.

Problème n° 147.

654. *Partager un trapèze ABCD (fig. 363) en trois trapèzes équivalents dans des conditions telles que les bases soient entre elles dans le rapport des nombres 3, 5, 7.*

On divise la base supérieure BC en parties proportionnelles aux nombres 3, 5, 7,

par les points E et G. On divise de la même manière la base inférieure AD par les points F et H. On joint E à F et G à H et on obtient les trois trapèzes ABEF, FEGH, HGCD qui répondent à l'énoncé de la question.

Ce problème pourrait se traduire ainsi :

Trois personnes ont acheté ensemble, moyennant 1500 fr., un terrain ayant la forme du trapèze ABCD. La première verse 300 fr., la seconde 500 fr. et la troisième 700 fr. Délimiter les lots par des droites aboutissant aux deux bases.

Problème n° 148.

655. *Détacher d'un polygone une surface donnée.*

1° Par un point M pris sur le périmètre (fig. 364).

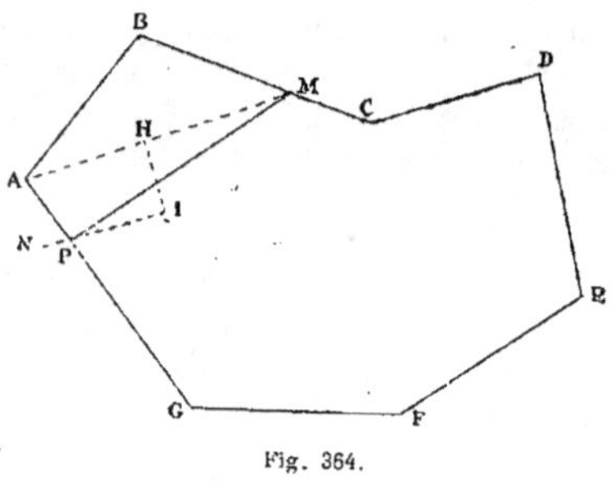

Fig. 364.

Soit S la surface à détacher. On joint le point M au sommet A et on détermine le le triangle ABM dont on calcule la surface. On suppose cette surface plus petite que S et on calcule la différence qu'on désigne par S'. On divise S' par la longueur de la droite AM à laquelle on élève, en un point quelconque H, la perpendiculaire HI égale au quotient. Par le point I, on mène IN parallèle à AM, puis on joint le point P, rencontre de IN avec le côté AG, au point M. Le quadrilatère PABM répond à l'énoncé de la question.

Si le triangle ABM était plus grand que S, il faudrait retrancher de cette figure un petit triangle aboutissant au point M et égal à la différence.

2° Par une droite ayant une direction donnée.

Soit le polygone ABCDEFG (fig. 365).

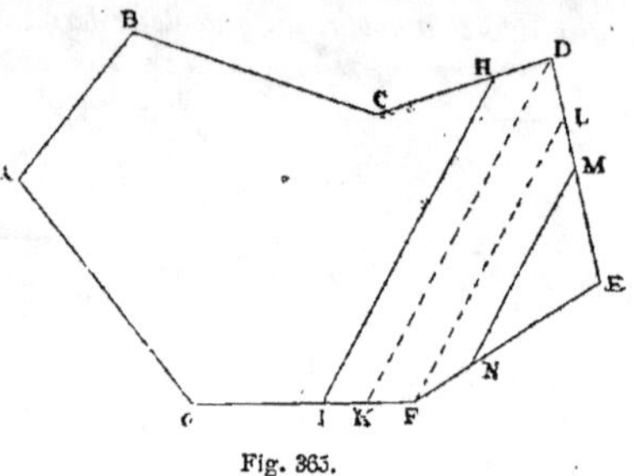

Fig. 365.

On trace, dans la direction convenue, la droite DK partant du sommet D, puis on calcule la surface du polygone KDEF. On trouve que cette surface est plus petite que celle de la partie à retrancher.

Alors on ajoute un trapèze IHDK équivalent à la différence et on obtient le polygone IHDEF représentant la quantité à détacher de la figure donnée.

Si la surface du polygone KDEF est plus grande que celle à détacher, on trace FL parallèle à KD et on détermine la surface du trapèze KDLF. Le triangle LEF étant encore trop grand, on enlève le trapèze FLMN, de sorte que le triangle restant NME répond à la question dans ce cas.

3° Par une droite allant d'un point inté-

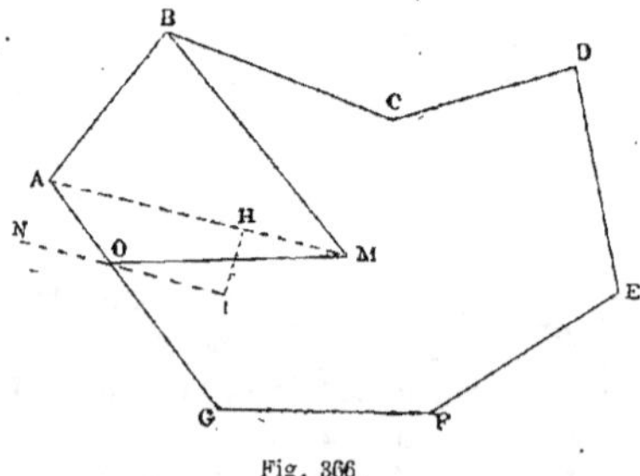

Fig. 366.

rieur M au sommet B d'un des angles du polygone (fig. 366).

Soit S la surface à détacher du polygone. On joint le point M au point A et on détermine le triangle AMB dont la surface est plus petite que S. Soit S' la différence. On divise S' par la longueur de la droite MA à laquelle on élève, en un point quelconque H, la perpendiculaire HI égale au quotient. Par le point I, on mène IN parallèle à MA, puis on joint le point O, rencontre de IN avec AG, au point M. Le quadrilatère ABMO donne la solution du problème.

Si la surface de la figure AMB était plus grande que S, il faudrait en retrancher un triangle équivalent à la différence.

Problème n° 149.

656. *Partager le polygone* ABCDEFG *(fig. 367) en quatre parties équivalentes par des droites aboutissant au point intérieur* M.

On commence par arpenter le terrain avec toute la précision possible, puis on prend le quart du résultat et soit S la surface à attribuer à chaque lot. Après avoir dressé un plan à une échelle suffisante, on joint le point M au point A et, en opérant comme précédemment, on détermine le quadrilatère ABKM dont la surface est équivalente à S.

La somme des deux triangles MKC et MCD étant plus petite que S, on détermine la quantité manquante au moyen de

NO perpendiculaire à MD et de OP parallèle à la même droite. En joignant le point U, rencontre de OP et de DE, au

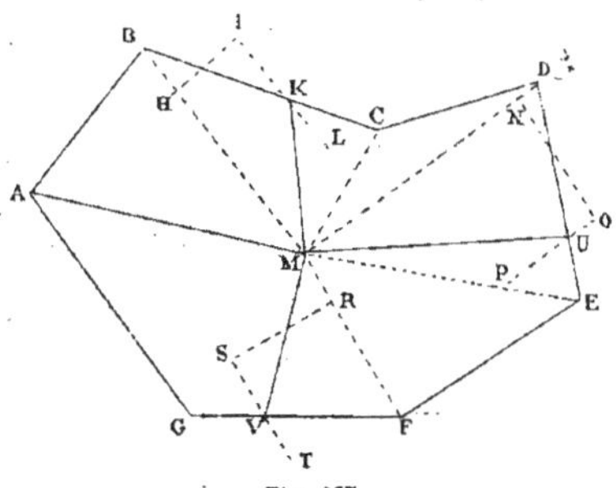

Fig. 367.

point M, on aura le polygone MKCDU pour la seconde partie.

La somme des deux triangles MUE et MEF étant plus petite que S, on détermine la quantité manquante au moyen de SR perpendiculaire à MF et de ST parallèle à la même droite. En joignant le point V rencontre de ST et de GF, au point M, on aura le polygone VMUEF pour la troisième partie.

Le quadrilatère AMVG sera la quatrième partie. En le mesurant, on devra trouver un résultat équivalent à S, à la tolérance près, sinon l'opération sera erronée et il faudra la recommencer.

§ III. — LÉGISLATION DU PARTAGE EN GÉNÉRAL

657. Nul ne peut être contraint à demeurer dans l'indivision et le partage peut être invoqué nonobstant prohibitions et conventions contraires. On peut convenir de suspendre le partage pendant un temps illimité. Cette convention ne peut être obligatoire au delà de cinq ans, mais elle peut être renouvelée (art. 815, *C. c.*).

Le partage peut être demandé, même quand l'un des cohéritiers aurait joui séparément d'une partie des biens de la succession, s'il n'y a eu un acte de partage ou possession suffisante pour acquérir la prescription (art. 816, *C. c.*).

658. L'action en partage, à l'égard des héritiers mineurs ou interdits, peut être exercée par leurs tuteurs spécialement autorisés par un conseil de famille.

A l'égard des cohéritiers absents, l'action appartient aux parents envoyés en possession (art. 817, *C. c.*).

659. Le mari peut, sans le concours de

sa femme, provoquer le partage des objets, meubles ou immeubles, à elle échus, qui tombent dans la communauté.

A l'égard des objets qui ne tombent pas en communauté, le mari ne peut en provoquer le partage sans le concours de sa femme ; il peut seulement, s'il a le droit de jouir de ses biens, demander un partage provisionnel.

Les cohéritiers de la femme ne peuvent provoquer le partage définitif qu'en mettant en cause le mari et la femme (art. 818, C. c.).

660. Si tous les héritiers sont présents et majeurs, l'apposition des scellés sur les effets de la succession n'est pas nécessaire et le partage peut être fait dans la forme et par tel acte que les parties intéressées jugent convenable.

Si tous les héritiers ne sont pas présents, s'il y a parmi eux des mineurs ou des interdits, le scellé doit être apposé dans le plus bref délai, soit à la requête des héritiers, soit à la diligence du procureur de la République près le tribunal de première instance, soit d'office par le juge de paix dans l'arrondissement duquel la succession est ouverte (art. 819. C. c.).

661. Les créanciers peuvent aussi requérir l'apposition des scellés, en vertu d'un titre exécutoire ou d'une permission du juge (art. 820, C. c.).

662. Lorsque le scellé a été apposé, tous les créanciers peuvent y former opposition, encore qu'ils n'aient ni titre exécutoire, ni permission du juge.

Les formalités pour la levée des scellés et la confection de l'inventaire sont réglées par les lois sur la procédure (art. 821. C. c.).

663. Dans la formation et composition des lots, on doit éviter, autant que possible, de morceler les héritages et de diviser les exploitations et il convient de faire entrer dans chaque lot, s'il se peut, la même quantité de meubles, d'immeubles, de droits ou de créances de même nature et de même valeur (art. 832 C. c.).

664. L'inégalité des lots en nature se compense par un retour, soit en rente, soit en argent (art. 833. C. c.).

665. Les lots sont faits par l'un des cohéritiers s'ils peuvent convenir entre eux sur le choix et si celui qu'ils avaient choisi accepte la commission.

Dans le cas contraire, les lots sont faits par un expert que le juge-commissaire désigne. Ils sont ensuite tirés au sort (art. 834. C. c.).

666. Avant de procéder au tirage des lots, chaque copartageant est admis à proposer ses réclamations contre leur formation (art. 835, C. c.).

667. Les règles établies pour la division des masses à partager sont également observées dans la subdivision à faire entre les souches copartageantes (art. 836. C. c.).

668. Toute personne, même parente du défunt, qui n'est pas son successible et à laquelle un cohéritier aurait cédé son droit à la succession, peut être écartée du partage, soit pour tous les cohéritiers, soit pour un seul, en lui remboursant le prix de la cession (art. 841 C. c.).

669. Après le partage, remise doit être faite à chacun des copartageants des titres particuliers aux objets qui leur sont échus.

Les titres d'une propriété divisée restent à celui qui a la plus grande part, à la charge d'en aider ceux de ses copartageants qui y auraient intérêt quand il en sera requis.

Les titres communs à toute l'hérédité sont remis à celui que tous les héritiers ont choisi pour en être le dépositaire, à la charge d'en aider les copartageants à toute réquisition. S'il y a difficulté sur ce choix, il est réglé par le juge (art. 842. C. c.).

CHAPITRE IV

DU BORNAGE

§ I. — LÉGISLATION DU BORNAGE

I. — Caractères de l'action du bornage.

670. L'origine du bornage se confond avec celle du droit de propriété. Elle remonte aux premiers âges comme aux premiers besoins des sociétés humaines.

671. L'incertitude et la confusion des limites entre les propriétaires voisins est presque toujours une source de procès. Aussi peut-on dire de l'action en bornage qu'elle est fondée, non seulement sur l'intérêt privé des parties, mais encore sur l'intérêt général de la société.

672. L'action en bornage, suivant la « définition qu'en donne M. Demolombe, « est celle qui a pour but de fixer contra- « dictoirement, entre les propriétaires « contigus, les limites de leurs héritages, « soit que ces limites, étant dès à présent « connues et certaines, il n'y ait plus « qu'à faire la plantation matérielle des « bornes (1), soit que ces limites, étant « inconnues et incertaines, il soit néces- « saire de les rechercher et de les décou- « vrir préalablement. »

673. L'action en bornage a été ainsi définie par l'article 646 du Code civil :

Tout propriétaire peut obliger son voi- sin au bornage de leurs propriétés conti- tiguës. Le bornage se fait à frais com- muns.

674. L'action en bornage est-elle *pos- sessoire* ou *pétitoire?* Quelques auteurs ont cru devoir la ranger au nombre des actions possessoires. Ces auteurs se fondent sur ce que le paragraphe des deman- des en bornage, tel qu'il se trouve placé au n° 2 de l'article 6 de la loi du 25 mai 1838, suit immédiatement les autres acces- sions possessoires dont il est question au premier alinéa, ce qui paraît impliquer la création d'une nouvelle action posses- soire sous le nom *d'action en bornage.* Ils invoquent, en outre, les expressions dont s'est servi le rapporteur de la loi, M. Amilhau, dans la discussion de ces articles à la Chambre des députés.

Cette opinion paraît inadmissible, car, avant la loi de 1838, les actions en bor- nage n'avaient pas été considérées comme possessoires. Le droit est resté le même après cette loi. Seulement, le jugement de l'action en bornage est passé du tri- bunal de premier instance au juge de paix. Voilà toute la différence.

II. — Des biens à l'égard des- quels l'action en bornage peut être intentée.

675. L'action en bornage ne peut être intentée que relativement aux immeu-

---

(1) Les bornes sont des points fixes, *naturels* ou *artificiels.* Elles sont *naturelles*, lorsque la limite est déterminée par un *mur*, un *fossé*, une *route*, un *cours d'eau*. Elles sont *artificielles*, quand elles résultent de pierres enfoncées en terre à une profondeur variant de 0^m,30 à 0^m,60 et sous lesquelles on a l'habitude de placer une tuile cassée dont on rapproche les morceaux. Ces morceaux por- tent le nom de *témoins muets.*

bles ruraux contigus qui n'ont pas été l'objet d'une première délimitation.

676. L'exercice de l'action en bornage dépend donc de trois conditions. Il faut :

1° Qu'il s'agisse d'immeubles ruraux ;

2° Qu'il y ait contiguïté entre les héritages à borner ;

3° Qu'il n'y ait pas eu un premier bornage.

677. *Première condition*. L'art. 646 du Code civil n'a pas été fait pour les propriétés bâties, parce que ce genre de propriété comporte par lui-même ses signes délimitatifs, et qu'on ne comprendrait pas l'intervention d'un bornage, puisque les murs qui composent les propriétés bâties en fixent l'étendue.

Il est évident que les biens *ruraux* se trouvent aussi bien à la ville qu'à la campagne, car, en principe, l'adjectif *rural* s'applique à une propriété sur laquelle les empiètements sont possibles et pour laquelle le recours au bornage est toujours admis, quelle que soit sa situation.

678. L'action en bornage s'applique à tous les biens ruraux, qu'ils appartiennent à l'État, aux communes ou aux particuliers ; mais les biens qui forment la dépendance du domaine public ne peuvent être délimités que par l'administration.

La délimitation générale des bois soumis au régime forestier forme l'objet de règles spéciales établies par les art. 8 à 14 du Code forestier et par les art. 57 à 66 de l'ordonnance règlementaire de ce Code.

679. *Deuxième condition*. Cette condition exige que les propriétés à borner soient contiguës, l'article 646 étant formel à cet égard.

680. Deux fonds séparés par un chemin de desserte, d'exploitation, sont contigus, car ce chemin est une bande de terrain détachée des propriétés voisines, non pour cesser d'appartenir aux propriétaires, mais pour devenir une propriété commune servant au passage des intéressés.

C'est l'usage d'une fraction de leurs propriétés et non le fonds lui-même que les propriétaires mettent en communauté.

Ou bien le chemin est pris pour moitié sur le fonds de chacun des voisins et, dans ce cas, son axe serait la ligne de division.

Ou bien le chemin est pris entier sur le fonds de l'un des deux propriétaires et, dans ce cas, les bornes doivent être placées sur le bord du chemin.

681. Au contraire, l'action en bornage ne saurait être admise entre les propriétaires dont les fonds sont séparés par un chemin public, une rue ou un cours d'eau naturel. Voici, à propos du dernier cas, comment s'exprime M. Demolombe :

« L'action n'est donc pas possible entre « deux propriétaires dont l'un est séparé « de l'autre par une rivière, sans qu'on « doive distinguer même si elle est ou si « elle n'est pas navigable ou flottable, « ou par une mare communale, un che- « min public, une rue, ou par la pro- « priété d'un tiers, si minime qu'elle « soit. »

Il est bien évident qu'il y aurait contiguïté et que l'action en bornage serait recevable si les deux fonds n'étaient séparés que par un fossé.

682. Des cas peuvent se présenter où, pour borner exactement deux propriétés contiguës, il est nécessaire d'étendre l'opération aux propriétés voisines, quelquefois même à tous les fonds compris dans une même région.

A ce sujet, quelques auteurs, se fondant sur l'article 646 du Code civil, prétendent que le demandeur ne peut mettre en cause que son voisin contigu et que l'arrière-voisin, si sa mise en cause est nécessaire, doit être appelé par son propre voisin et ainsi de suite.

D'autres auteurs, — et c'est le plus grand nombre, — enseignent que le demandeur peut, en intentant l'action en bornage contre son voisin, mettre en cause immédiatement tous ceux dont il

juge la présence nécessaire. « Ce mode
« d'agir, dit M. Demolombe, a l'avan-
« tage d'éviter beaucoup de retard et de
« frais et ne présente d'ailleurs pas d'in-
« convénients, puisque le demandeur de-
« vrait, bien entendu, payer les frais de
« sa procédure, si elle était reconnue
« frustratoire ».

Le juge de paix pourrait même, d'office,
mettre en cause tous les propriétaires
dont il croirait le concours nécessaire à
l'opération du bornage.

683. *Troisième condition*. L'action
en bornage ne peut être intentée s'il y a
eu un bornage antérieur ; mais il faut que
son existence soit nettement établie, c'est-
à-dire qu'il y ait, par exemple, des preuves matérielles accompagnées d'un procès-
verbal signé par les parties ou un jugement émanant du juge de paix à la suite
d'un rapport d'experts.

Ici se présente cette question, qui est
vivement débattue :

*L'action en bornage doit-elle être ad-
mise lorsqu'un des propriétaires a établi
sur les confins de son héritage une haie
vive ou sèche, un mur, une rangée d'arbres
etc... dans le but d'établir une séparation ?*

Les auteurs qui admettent la négative
raisonnent ainsi :

Le but de l'action en bornage est de séparer ce qui est confondu, de mettre fin à
des usurpations que la confusion facilite,
de déterminer des limites certaines. Or,
ici tout est déterminé par des signes
matériels. L'action du bornage est donc
inutile et on ne pourra agir que par
la revendication. Telle est l'opinion de
MM. les professeurs Pardessus et Solon.

Malgré ces considérations puissantes,
l'affirmation semble mieux fondée et il
paraît évident que l'action en bornage
devra être recevable toutes les fois que le
défendeur ne parviendra pas à prouver
que les marques placées par lui l'ont été
en vertu d'un jugement ou d'une convention, c'est-à-dire qu'il y a eu bornage antérieur et contradictoire. En effet, lorsque l'article 646 établit que tout propriétaire peut obliger son voisin au bornage
de leurs propriétés contiguës, il ne fait
aucune réserve pour le cas où le voisin
aurait lui-même clos sa propriété. Le demandeur doit simplement établir que les
deux héritages sont ruraux et contigus.
Or, le défendeur oppose l'existence des
bornes. Ces signes ne prouvent rien par
eux-mêmes, car ils n'ont pas été placés d'un
commun accord par les parties intéressées.
C'est au défendeur à établir cet accord
et à prouver l'exception qu'il invoque.
Jusque-là, il y a bien des signes matériels,
mais pas de bornes dans le sens juridi-
que du mot et, dès lors, l'action en bornage doit suivre son cours. Tel est l'avis
de MM. Demolombe, Laurent et Millet.

III. — Par qui et contre qui l'action en bornage peut-elle être intentée ?

684. L'action en bornage pourra être
intentée par le propriétaire, alors même
que celui-ci n'aurait pas un droit définitif sur l'immeuble.

Au contraire, celui qui n'est propriétaire que sous condition suspensive ne
paraît pas rentrer dans les termes de
l'art. 646. En effet, jusqu'à l'avènement de
la condition à laquelle est subordonnée la
translation de propriété, le vendeur n'est
pas dessaisi et c'est lui qui supporte les
risques. Conséquemment, il doit avoir
seul le droit d'intenter les actions relatives à l'immeuble qui a fait l'objet de la
vente.

685. L'indivision peut présenter plusieurs cas qu'il est nécessaire d'examiner.

686. *Premier cas*. Un même fonds
appartient par indivis à plusieurs personnes. L'un des copropriétaires ne sera pas
fondé à intenter l'action en bornage contre
ceux avec lesquels il est dans l'indivision.
Il pourrait cependant intervenir un règlement de partage, mais ce règlement ne
saurait constituer un bornage proprement
dit.

687. *Deuxième cas.* Un fonds appartenant à une personne se trouve contigu à un fonds appartenant à cette même personne et à d'autres indivisément. Le propriétaire sera-t-il recevable à demander le bornage? La réponse est affirmative, car rien ne s'oppose à ce que, faisant abstraction de son droit de copropriété uniquement comme propriétaire du fonds voisin, le communiste n'agisse contre les autres communistes pour délimiter le fonds qui lui appartient exclusivement d'avec celui sur lequel il a un droit de copropriété. Le bornage pourra être demandé tant par le propriétaire qui a un fonds personnel contre ses communistes, que par ceux-ci contre lui.

688. *Troisième cas.* Un communiste peut seul, de son chef et avant tout partage, intenter l'action en bornage contre un voisin ; mais, dans le cas où les cohéritiers se tiendraient dans l'inaction, le défendeur assigné agirait prudemment en les mettant personnellement en cause, car si le partage attribuait l'immeuble à d'autres qu'à celui qui a intenté l'action, le bornage ne serait pas opposable au propriétaire qui n'aurait pas été mis en cause.

USUFRUITIER.

689. D'après l'article 646, l'usufruitier n'étant pas *propriétaire*, n'a pas le droit d'intenter une action en bornage. Néanmoins, aux termes de l'article 597 du Code civil, il jouit généralement de tous les droits dont le propriétaire peut jouir, et il en jouit comme le propriétaire lui-même. D'où il suit que l'usufruitier peut exercer, comme le propriétaire, toutes les actions relatives à son droit.

Le bornage opéré avec l'usufruitier ne serait pas opposable au nu-propriétaire qui serait toujours fondé à demander, même pendant la durée de l'usufruit, le bornage de sa propriété. L'intérêt du voisin contre lequel l'action en bornage est intentée est donc de mettre en cause le nu-propriétaire, comme aussi il devrait mettre en cause l'usufruitier au cas où l'action aurait été intentée par le nu-propriétaire. Sans cette précaution, le jugement ne serait valable qu'à l'égard de celui contre lequel il aurait été rendu.

690. Le *droit d'usage* n'étant qu'un usufruit restreint, tout ce qui vient d'être dit de l'usufruitier s'applique, par identité de motifs, à l'*usager*.

FERMIER.

691. Le *fermier* n'a pas qualité pour intenter une action en bornage, lors même qu'il serait nanti d'un bail authentique ou dont la date serait certaine. Il n'a aucun droit dans l'héritage, car il n'est que le représentant du propriétaire.

S'il est troublé dans sa jouissance, il a le droit d'agir contre le bailleur pour que celui-ci mette fin à ce trouble en faisant borner le fonds qu'il a donné à ferme.

692. L'*emphytéote* n'étant qu'un fermier à long bail, n'a pas le droit d'intenter une action en bornage.

693. Le *créancier antichrésiste*, n'ayant qu'un droit personnel, ne jouit pas de l'accession possessoire et ne saurait être admis à intenter une action en bornage.

TUTEUR.

694. L'article 464 du Code civil dit que :

« Aucun tuteur ne pourra introduire « une action en justice relativement aux « droits immobiliers du mineur, ni ac-« quiescer à une demande relative aux « mêmes droits sans l'autorisation du « conseil de famille. ».

Cet article fait-il obstacle à l'exercice de l'action en bornage par un *tuteur* agissant sans l'autorisation du conseil de famille ?

Toute la question est de savoir si l'action en bornage est une *action relative aux droits immobiliers du mineur*.

Voici ce que dit à ce sujet M. Demolombe :

« Ou bien aucune question ne s'élève

« sur la propriété ni sur les titres qui l'é-
« tablissent, et alors l'action en bornage ne
« tendant absolument, comme dit Pothier,
« qu'à conserver à chacune des parties
« l'intégrité de son héritage, n'est, en
« réalité, qu'un acte d'administration con-
« servatoire, qui peut être exercé, sans
« autorisation, par le tuteur ou par le
« mari lui-même sans l'autorisation de la
« femme. »

« Ou, au contraire, la propriété ou les
« titres qui l'établissent sont contestés et,
« dans ce cas, le même motif qui fait que
« le juge de paix cesse d'être compétent
« doit aussi faire que le tuteur a besoin
« d'autorisation et que la femme doit être
« mise en cause. »

L'opinion émise par MM. Aubry et Rau
semble préférable.

Ces savants auteurs posent en principe
la nécessité de l'autorisation du conseil
de famille pour l'exercice de l'action en
bornage et dispensent le tuteur de cette
autorisation lorsque le bornage tend seulement à la plantation de pierres-bornes
sur la ligne séparative des deux héritages, certaine et reconnue. Voici comment
ils s'expriment:

« La capacité requise pour former une
« action en bornage se détermine par une
« distinction entre le cas où la ligne sé-
« parative des deux héritages étant cer-
« taine et reconnue, cette action tend
« seulement à la plantation de pierres-
« bornes et le cas où, les limites étant
« incertaines ou contestées, elle a pour
« objet principal de les faire fixer et de
« régler ainsi l'étendue et l'assiette des
« droits de propriétés des parties. »

« Au premier cas, l'exercice de l'action
« en bornage n'est qu'un acte d'adminis-
« tration et de conservation et cette action
« peut, par conséquent, être formée par
« le tuteur sans l'autorisation du conseil
« de famille, par le mineur émancipé
« sans l'assistance de son curateur et par
« le mari, comme administrateur des
« biens de sa femme.

« Au second cas, au contraire, l'action
« en bornage, tendant au règlement défi-
« nitif des droits immobiliers, ne peut
« être exercée par le tuteur qu'avec l'au-
« torisation du conseil de famille par le
« mineur émancipé qu'avec l'assistance
« de son curateur et le mari est sans qua-
« lité pour la former au nom de sa femme,
« à moins qu'il ne s'agisse de biens do-
« taux. »

695. Ce qui vient d'être dit du tuteur
du mineur se rapporte également au *tuteur
de l'interdit;* car, d'après l'article 509 du
Code civil, l'interdit est assimilé au
mineur pour sa personne et pour ses biens,
les lois sur la tutelle des mineurs s'appliquant à la tutelle des interdits.

IV. — Juridiction compétente en matière de bornage.

696. L'action en bornage, pétitoire de
sa nature, était autrefois de la compétence
des tribunaux de première instance. Le
juge de paix ne pouvait ordonner qu'une
plantation de bornes. Aussi, dans la crainte
de supporter des procès ruineux, la plupart des propriétaires aimaient mieux ne
pas user de la faculté que leur accordait
l'article 406 du Code civil.

La loi du 25 mai 1838 a pour but, dans
les actions en bornage, d'étendre considérablement les attributions des juges de paix
et de procurer aux justiciables les avantages d'une juridiction expéditive et peu
coûteuse; mais cette loi a donné lieu à
des interprétations très diverses au sujet
de la limite à laquelle cessera la compétence de ces magistrats.

697. La Cour de cassation a décidé que
le juge de paix est compétent, non seulement lorsqu'il s'agit du simple fait matériel du placement de bornes sur une limite
convenue, mais encore lorsqu'il y a lieu
de rechercher les limites, devenues incertaines, des deux propriétés à borner, lorsque, dans cette recherche, le juge de paix
n'a qu'à interroger des titres non contestés, même en les interprétant, ou à con-

sulter tous les documents, anciens ou nouveaux, tels que *livres d'arpentement, papiers terriers, cadastre,* qui peuvent l'éclairer sur la décision à prendre.

698. La compétence du juge de paix cesse, en matière de bornage, quand il y a contestation sur les titres ou sur la propriété dans le sens de la loi du 25 mai 1838, c'est-à-dire lorsqu'il y a *revendication.* Dans ce cas, le demandeur doit s'adresser au tribunal de première instance.

Il y aurait assurément contestation de titre emportant pour le juge de paix le devoir de se déclarer incompétent si l'une des parties attaquait, au fond ou dans la forme, la validité des titres produits par son adversaire en articulant, par exemple, des faits tendant à établir que ces titres sont faux, irréguliers, ou consentis par des personnes incapables, ou encore en soutenant que ce n'est pas un acte de propriété, qu'il ne confère aucun droit de détention précaire, etc.

Si l'une des parties soutenait, par exemple, qu'il ne faut pas comprendre dans l'opération du bornage, pour composer la mesure indiquée aux titres, telle portion de terrain qui a été ajoutée au fond par suite d'érosions ou d'alluvions, le juge de paix devrait se déclarer incompétent parce qu'il s'agit d'une revendication basée sur un mode d'acquérir la propriété.

Le juge de paix devra encore se déclarer incompétent si, la contenance du terrain étant inférieure à celle des titres, l'une des parties voulait que le bornage se fît uniquement d'après le sien, en offrant d'établir son droit sur toute la contenance indiquée dans son titre d'une manière spéciale et directe; par exemple, si elle prétendait que le déficit provient uniquement d'empiètement commis au détriment du voisin.

699. Les cas d'incompétence étant très nombreux, les parties agiraient sagement en prorogeant, c'est-à-dire en étendant la juridiction du juge de paix, car il est reconnu qu'elles en ont le droit. Elles peuvent le faire par consentement réciproque déclaré à la première audience et avant toutes conclusions.

V. — Règles à suivre en matière de bornage.

700. Les propriétaires d'héritages contigus, lorsqu'ils sont d'accord, en font généralement seuls le bornage. A cet effet, ils confient à des experts la mission de procéder à la délimitation de leurs biens et, quand ce travail est fait, les résultats de l'opération sont constatés dans un procès-verbal rédigé, soit par acte authentique, soit par acte sous seing privé.

Si, au contraire, les parties ne peuvent s'entendre pour borner à l'amiable, le bornage se fait en justice et alors le juge de paix, si aucune contestation sur la propriété ou sur les titres ne s'élève, fera le règlement des limites.

701. Le juge de paix, pour s'éclairer, pourra désigner un ou plusieurs experts, sans qu'il soit obligé d'admettre leurs conclusions. S'il le croit nécessaire, il peut, accompagné de son greffier, faire une descente sur les lieux litigieux et *se servir à lui-même d'expert et de géomètre,* selon l'expression de M. Barthe.

702. Voici quelques-unes des principales règles données par les auteurs sur la manière d'appliquer les titres au bornage des propriétés.

PREMIÈRE RÈGLE.

Les quantités matérielles sont conformes aux titres, mais l'un des voisins possède moins que ce qui devait lui revenir d'après les titres qu'il invoque.

703. Dans ce cas, la règle à appliquer est bien simple, car il n'y aura qu'à planter des bornes suivant une ligne divisoire qui coupera, sur le terrain de celui qui possède trop, une parcelle équivalente à ce qui manque à l'autre.

DEUXIÈME RÈGLE.

*Les contenances matérielles sont infé-
rieures à celles des titres.*

704. Si les terrains à borner présen-
taient une superficie moins étendue que
celle que les titres comportent, la règle
admise par la plupart des auteurs est que,
dans cette hypothèse, il y a lieu à une
diminution proportionnelle. Supposons,
par exemple, que le terrain ne contienne
que six hectares et que les titres de l'un
lui en donnent six, tandis que les titres de
l'autre ne lui en accordent que trois. Il
est évident que le premier doit être
réduit à quatre hectares et le second à
deux.

Dans ce cas, il peut se faire que ce qui
manque soit détenu par les arrière-voi-
sins. Les parties pourraient alors requérir
leur mise en cause qui pourrait même
être ordonnée d'office par le juge.

TROISIÈME RÈGLE.

*Les contenances matérielles sont supé-
rieures à celles des titres.*

705. La deuxième règle devra être appliquée lorsque les quantités matérielles
seront supérieures à celles énoncées aux
titres et le profit sera partagé proportionnellement.

C'est l'opinion admise par la Cour de
cassation, qui a décidé :

« Que le juge de paix, lorsqu'il procède,
« par l'application de titres non contestés,
« au bornage de diverses propriétés con-
« tiguës, est compétent pour répartir
« entre les co-intéressés l'excédent de con-
« tenance que peut présenter l'ensemble
« de ces héritages. Il ne cesserait d'être
« compétent à cet égard qu'autant que
« celui des propriétaires contigus qui avait
« cet excédent sur la contenance indiquée
« à son titre, prétendrait l'avoir acquis
« par prescription. Le juge du bornage
« est également investi du droit de modi-
« fier la configuration des fonds à borner,
« en faisant le bornage proportionnel de
« l'excédent de contenance. »

QUATRIÈME RÈGLE.

*Absence de titres. — L'une des parties seule
en invoque un.*

706. Lorsque les parties ne présentent
aucun titre, il faut recourir à des renseignements qui, sans être des preuves certaines, pourraient néanmoins éclairer le
juge qui pourra statuer d'après les donn'es
fournies au cadastre, les anciens livres terriers, les anciens plans, etc. Dans le cas où
ces documents ne suffiraient pas, le bornage
devrait surtout s'effectuer d'après la possession qui, prolongée pendant une année,
établit une présomption de propriété suffisante pour faire rejeter les prétentions
non appuyées d'un titre ou de l'état
matériel des lieux.

707. Dans le cas, au contraire, où l'une
des parties a des titres qui fixent l'étendue de sa propriété, alors que l'autre
voisin ne peut en présenter aucun, on
doit fournir à celui qui a un titre toute la
contenance qu'il lui donne et ceux qui
n'ont que la possession devront se con
tenter de ce qui restera en dehors de
l'étendue donnée au voisin par l'acte qu'il
invoque.

CINQUIÈME RÈGLE.

*L'une des parties invoque la prescrip
tion.*

708. Dans le cas où la possession a
duré assez longtemps pour établir la propriété, c'est-à-dire trente ans ou seulement
dix ou vingt ans quand elle est accompagnée d'un juste titre, le possesseur
pourra s'opposer à toute tentative de bornage qui ne serait pas faite en conformité
des droits que cette possession prolongée
lui aurait conférés.

Dans cette hypothèse, l'affaire sortirait
de la compétence du juge de paix et c'est
le tribunal de première instance qui
devrait en être saisi.

Mais, en matière de bornage, la prescription est difficilement admise, car il est bien difficile que la possession ne soit pas clandestine. En effet, les champs sont souvent séparés par un sillon que le laboureur creuse plus profondément que les autres et rejette un peu sur le voisin à chaque labour. Il en résulte une anticipation graduelle qui ne saurait servir de base à la prescription.

La possession, pour être utilement invoquée, devra avoir été exercée sur une étendue de terrain certaine et déterminée par des signes apparents et invariables. La possession réunira ces conditions lorsqu'elle sera conforme aux dispositions de l'article 2229 du Code civil. C'est une question de fait qu'il appartient au tribunal de première instance de dégager des circonstances de la cause.

Des frais de bornage.

709. D'après l'article 646 du Code civil, le bornage se fait à *frais communs*. La loi du 28 septembre-6 octobre 1791 dit que: « Tout propriétaire peut obliger son voisin au bornage de leurs propriétés contiguës à *moitié frais* ».

Cette différence de rédaction a motivé diverses interprétations différentes de la part des auteurs; mais voici ce qui est admis généralement en pareille matière.

Deux propriétaires voisins possèdent, le premier une contenance de dix hectares, l'autre cinquante ares seulement.

La ligne de séparation est admise par les deux et, pour la déterminer, trois bornes suffiront. Dans ce cas, les frais de fourniture et de plantation des trois bornes doivent être payés *par moitié* par chacun des deux propriétaires.

Mais si, pour arriver à établir la ligne séparative, un arpentage des deux propriétés est nécessaire, les frais d'arpentage seront payés par les deux parties proportionnellement aux surfaces attribuées à chacune, puis les frais de plantation de bornes seront supportés par moitié.

S'il y a procès, la partie qui succombera sera condamnée aux dépens, d'après le texte de l'article 130 du Code de procédure civile.

§ II. — FORMULES DE BORNAGE (1)

Formule n° 1.

710. *Compromis pour la nomination d'un arbitre chargé de procéder à un bornage amiable.*

L'an mil huit cent quatre-vingt-quatre, le trente et un avril, par devant nous, Eugène Millot, géomètre à Dijon, sont comparus MM. Jean-Baptiste Redon, Jean Chapuis et Pierre Duvernay, tous trois propriétaires audit Dijon.

Lesquels nous ont exposé, afin de maintenir la bonne intelligence qui existe entre eux, qu'ils désireraient qu'il fût procédé à l'arpentage et au bornage des immeubles dont la désignation suit :

1° Une pièce de vigne appartenant à M. Jean-Baptiste Redon, située au climat des *Mares d'or*, finage de Dijon, section D, n° 350 du plan cadastral, contenant..... ares...... centiares, d'après ses titres;

2° Une pièce de vigne appartenant à M. Jean Chapuis, située même climat et même finage, n° 351 du plan cadastral, contenant..... ares..... centiares, d'après ses titres;

3° Une pièce de terre appartenant à M. Pierre Duvernay, située même finage même climat, n° 352 du plan cadastral, d'une contenance à déterminer, ce propriétaire ayant perdu ses titres.

(On fera bien de désigner les confins de chaque pièce.)

En conséquence, MM. Redon, Chapuis et Duvernay nous ont, par ces présentes, nommé seul et unique arbitre pour procéder à ce bornage, et ils nous donnent pouvoir de juger sur chaque chef de contestation.

(Mettre « EN PREMIER RESSORT » ou bien « EN DERNIER RESSORT COMME ARBITRE AMIABLE COMPOSITEUR, SANS QUE NOTRE JUGEMENT, QUI SERA IRRÉVOCABLE, SOIT SUJET A APPEL, REQUÊTE CIVILE OU RECOURS EN CASSATION.

Les parties nous autorisent à fixer les limites de leurs propriétés immédiatement après notre visite des lieux. Conséquemment, dans le cas où elles auraient quelques dires ou observations à produire, elles seraient tenues, après nous avoir remis tous titres et pièces en leur possession, de s'expliquer sur les lieux contentieux avant la clôture de nos opérations.

(1) Ces formules sont extraites du *Manuel du législation*, par J.-B. Chairgrasse (Arthème Fayard éditeur.)

Et ont, les parties comparantes, signé après lecture faite.

J.-B. REDON. — J. CHAPUIS et P. DUVERNAY.

Nous soussigné, Eugène Millot, géomètre à Dijon, déclarons accepter la mission à nous confiée par le compromis ci-dessus.

(Signé : E. MILLOT.)

Formule n° 2.

711. *Modèle du procès verbal d'arbitrage rédigé d'après le contenu du compromis ci-dessus.*

Nous soussigné Eugène Millot, géomètre à Dijon, arbitre nommé en vertu d'un compromis en date du trente et un avril dernier, par MM. Jean-Baptiste Redon, Jean Chapuis et Pierre Duvernay, propriétaires audit Dijon, à l'effet de procéder à l'arpentage et au bornage de leurs propriétés situées aux *Mares d'or*, finage de Dijon, telles qu'elles sont désignées dans le compromis.

Déclarons que le six mai mil huit cent quatre-vingt-quatre, à neuf heures du matin, nous nous sommes rendus sur les lieux contentieux, où, en présence des parties dûment convoquées, nous avons commencé nos opérations.

N'ayant pu reconnaître l'emplacement des anciennes bornes, ni les limites apparentes, par suite de la culture, nous nous sommes mis en mesure d'en placer de nouvelles, de manière que chaque division soit proportionnelle aux contenances des parcelles. En conséquence, nous avons procédé immédiatement au levé du plan général, opération que nous avons suspendue à deux heures après midi, pour la reprendre demain à neuf heures du matin, et nous avons signé,

E. MILLOT.

Et le sept mai, à neuf heures du matin, toujours en présence des parties, nous avons repris la suite de notre travail.

Des observations présentées par les parties, des pièces et titres produits, de notre arpentage et de nos calculs, il résulte :

1° Que la masse des propriétés à borner contient..... hectares..... ares..... centiares, au lieu de..... hectares..... ares..... centiares, récapitulation des titres de propriété;

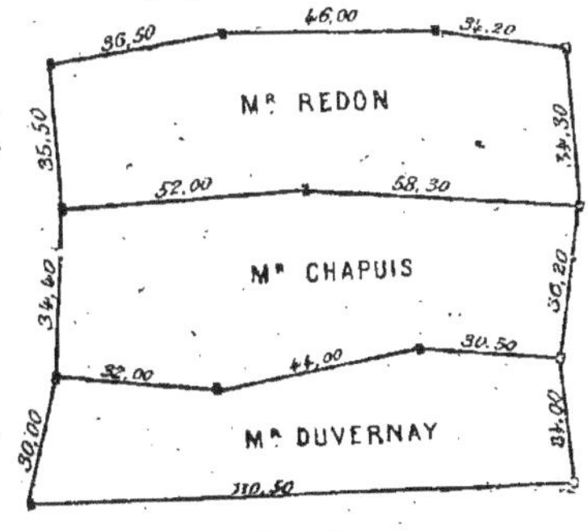

Fig. 368.

2° Que la première division appartenant à M. Redon doit contenir....., au lieu de..... que porte son titre de propriété;

3° Que la seconde division appartenant à M. Cha-
puis, doit contenir....., au lieu de..... résultant de son titre de propriété;

4° Enfin, que la troisième division, appartenant à M. Duvernay, doit contenir....., au lieu de....., résultant de sa jouissance, ses titres étant perdus.

Afin de bien déterminer les positions des bornes par nous placées, et afin de pouvoir en retrouver facilement la place, dans le cas où quelques-unes d'entre elles disparaîtraient, nous avons jugé utile d'insérer dans le présent procès-verbal le croquis précédent, figure 368.

Nous avons déclaré aux parties que les bornes indiquées au croquis établissaient les limites respectives de leurs propriétés et que notre jugement était...

(*Mettre* « EN PREMIER RESSORT. »)

(*ou bien* « EN DERNIER RESSORT. »)

Nous leur avons, en outre, déclaré que la minute de ce procès-verbal, dont une expédition a été remise à chacune d'elles, serait déposée au greffe du tribunal de première instance, dans le délai prescrit par l'article 1020 du Code de procédure civile, pour être rendue exécutoire par M. le président de ce tribunal.

Fait à Dijon, le...

(Signé) : E. MILLOT.

Formule n° 3.

712. *Modèle de l'acte de dépôt du jugement arbitral (formule n° 2).*

Cejourd'hui quinze mai mil huit cent quatre-vingt-quatre.

Est comparu au greffe du tribunal de première instance de Dijon, M. Eugène Millot, géomètre à Dijon,

Lequel a déposé minute d'un jugement arbitral rendu par lui, qui fixe les limites de diverses propriétés contiguës, appartenant à MM. Jean-Baptiste Redon, Jean Chapuis et Pierre Duvernay, tous trois propriétaires audit Dijon, pour être rendu exécutoire. conformément à la loi, duquel dépôt il a été requis acte et il a été fait droit à sa demande, puis il a signé avec nous.

(Signatures de l'arbitre et du greffier.)

D'après le 3° paragraphe de l'article 1020 du Code de procédure civile, les greffiers sont autorisés à recevoir en dépôt, sans enregistrement préalable, la minute des jugements arbitraux ; mais les droits d'enregistrement de l'acte de dépôt, ainsi que ceux du jugement arbitral, ne devant point être avancés par le greffier, celui-ci reste seulement soumis à l'obligation qui lui est imposée par l'article 37 de la loi du 22 frimaire an VII, de fournir au receveur l'extrait de l'acte de dépôt et du jugement dans le délai prescrit par cet article, afin que le préposé puisse suivre, contre les parties, le recouvrement des droits à payer sur ces deux actes.

La marche admise à propos du dépôt du procès-verbal est absolument la même que celle exigée par la loi pour parvenir à l'exécution des jugements arbitraux.

Si les parties étaient d'accord, au lieu de faire le dépôt au greffe du tribunal de première instance. on pourrait le déposer chez un notaire et même supprimer le compromis, en faisant signer l'adhésion des parties sur le procès-verbal même. On pourrait aussi se contenter d'un simple sous-seing privé. en rédigeant l'acte en autant d'originaux qu'il y a de parties contractantes (Art. 1325 du Code civil).

Formule n° 4.

713. *Modèle d'un procès-verbal de bornage, par acte sous seing privé.*

L'an mil huit cent quatre-vingt-quatre. le sept mai.

à la requête de MM. Jean-Baptiste Redon, Jean Chapuis et Pierre Duvernay, propriétaires à Dijon, il a été par nous, Eugène Millot, géomètre au même lieu, procédé à l'arpentage et au bornage de diverses propriétés contiguës, situées à Dijon, lieu dit *aux Mares d'or*, appartenant aux requérants, lequel bornage s'est effectué de la manière suivante.

Des observations présentées par les parties, des pièces et titres produits, de notre arpentage et de nos calculs, il est résulté que :

1°.....
2°.....
3°.....   Comme à la formule n° 2.
4°.....

Afin de bien déterminer la position des bornes par nous placées, et afin de pouvoir en retrouver facilement la place, dans le cas où quelques-unes d'entre elles disparaîtraient, nous avons jugé utile d'insérer dans le procès-verbal le croquis suivant.

(*Croquis comme à la formule n° 2, fig. 368.*)

Nous avons annoncé aux parties que les bornes indiquées établissaient bien leurs limites respectives, puis elles ont déclaré accepter notre travail et elles ont signé avec nous.

Fait en triple expédition à Dijon, le...

(Signé) : E. Millot; J.-B. Redon; J. Chapuis; P. Duvernay.

Si l'acte devait être déposé chez un notaire, on le terminerait de la manière suivante :

Il a, en outre, décidé que les conventions ci-dessus arrêtées seront déposées dans une étude de notaire et que, à cet effet, l'original du présent procès-verbal sera par nous, en présence des parties, remis entre les mains de M°..., notaire à Dijon, pour y tenir lieu de minute.

Fait triple, à...

(Signatures.)

Si une des parties ne savait pas signer, il faudrait en faire mention dans le sous-seing, puis le notaire inscrirait, dans son acte de dépôt, une déclaration expresse de la partie qui n'a pas signé, pour constater qu'elle ratifie les conclusions du procès-verbal de bornage.

Formule n° 5.

714. *Modèle d'un rapport d'experts désignés par un jugement du tribunal de première instance pour procéder à un bornage judiciaire.*

A Messieurs les Présidents et juges du tribunal de première instance de Dijon,

Nous soussignés, Paul Naudet, Denis Poinsot et Albert Carnet, tous trois géomètres à Dijon, experts nommés par jugement du tribunal de première instance de cette ville, à l'effet de faire un rapport sur la contestation intervenue entre MM. Claude Abrand et Pierre Belnet, propriétaires à Norges, à propos du mesurage et du bornage de deux propriétés contiguës, leur appartenant,

Après avoir préalablement prêté serment, suivant procès-verbal du..., devant M. P..., juge-commissaire désigné, à cet effet, par le jugement précité, nous sommes rendus, munis de l'expédition dudit jugement, des titres et pièces nécessaires, sur les lieux contentieux, le quinze mai, présente année, à neuf heures du matin, où nous avons trouvé les parties préalablement convoquées par nous.

En vertu du jugement, notre mission consiste, après examen des titres et de la possession actuelle des parties, à procéder :

1° A la visite des lieux, reconnaissance, vérification et plantation de bornes pour servir de limite entre la propriété de M. Abrand et celle de M. Belnet;

2° A l'arpentage et levé du plan des dites propriétés, dans le cas où cette opération serait nécessaire pour arriver au bornage;

3° En cas d'anticipation de la part de M. Belnet, d'estimer le dommage causé à M. Abrand.

Après avoir préablement prêté serment, suivant procès-verbal du..., devant M. P..., juge-commissaire désigné à ce effet, par le jugement précité, nous sommes rendus sur les lieux contentieux, le quinze mai, présente année, à neuf heures du matin, où nous avons trouvé M. Abrand, assisté de M. Dumay, son avoué, lequel nous a remis :

1° La grosse du jugement dûment enregistré et signifié, qu'il s'agit d'exécuter;

2° L'original de la sommation faite par acte d'avoué au sieur Belnet le... de se trouver aujourd'hui à notre opération;

3° Les titres et papiers (*les désigner*) concernant sa propriété.

En conséquence, ils nous ont requis de procéder aux opérations ci-dessus mentionnées et ont signé.

(Signé) : Abrand et Dumay (avoué).

Puis est comparu M. Belnet qui nous a dit se présenter pour répondre à la sommation à lui faite, déclarant ne point empêcher qu'il soit par nous procédé selon le dispositif du jugement, faisant réserve expresse de se pourvoir devant la juridiction compétente en temps et lieu. — Il nous a remis également ses titres et papiers concernant sa propriété (*les désigner*) et il nous a déclaré qu'il entend formellement que son consentement et la remise de ses titres et papiers ne puissent, en aucun cas, être considérés comme un acquiescement de sa part et il a signé.

(Signé) : Belnet.

Nous avons donné acte aux parties de leur comparution, de la remise des pièces et de leur réquisition, puis nous avons procédé, en leur présence, à la visite des lieux, ainsi qu'il suit :

En parcourant la limite des deux propriétés contiguës, M. Abrand nous a fait remarquer les vestiges d'un ancien fossé rempli et il a prétendu que sa propriété devait s'étendre jusqu'à cet endroit.

D'un autre côté, le sieur Belnet nous a montré deux souches d'arbres-fruitiers situés sur la propriété de M. Abrand et il prétend que ces deux points formaient la limite de sa propriété, non-seulement avec M. Abrand, mais encore avec ses voisins, et que sa jouissance s'était toujours étendue jusque-là.

Le sieur Abrand a répondu que les souches en question formaient bien la limite de sa propriété avec MM. Tribet et Nolotte, ses voisins, mais qu'elles n'avaient aucun rapport avec celle de M. Belnet; que si ce dernier, comme il le prétend, a joui les années précédentes jusqu'aux souches, c'est à son insu et qu'il ne pouvait attribuer cette anticipation qu'à la négligence de son fermier.

Les experts soussignés, après avoir entendu contradictoirement les parties, ont procédé à l'arpentage et au levé du plan des propriétés, plan sur lequel ils ont tracé les limites revendiquées par chaque partie.

Après avoir terminé cette opération, nous nous sommes retirés et avons pris rendez-vous le... (*indiquer le jour et l'heure*) dans le cabinet de M. Denis Poinsot, l'un de nous, pour délibérer, en l'absence des parties, sur l'emplacement et la position des bornes à planter.

Le présent procès-verbal, écrit par M. Denis Poinsot, est resté entre ses mains, ainsi que toutes les pièces de la procédure, et ont les parties comparantes signé avec nous.

(Signatures.)

Le... du mois de... même année,

Nous experts susnommés, réunis à neuf heures du matin, dans le cabinet de M. Denis Poinsot, l'un de nous, à l'effet de procéder, en l'absence des parties, à l'examen des diverses questions se rattachant à notre mission, nous avons reconnu, d'après les titres et le plan dressé par nous :

1° Que la propriété de M. Abrand, d'après la limite qu'il nous a indiquée, contenait. . ares... centiares, au lieu de... ares .. centiares, que porte son titre de propriété et que, suivant l'indication donnée par M. Belnet, cette même pièce ne contenait que... ares... centiares;

2° Que la propriété de M. Belnet, suivant la limite qu'il nous a indiquée, contenait. . ares... centiares, au lieu de... ares... centiares, que porte son titre de propriété et que, suivant l'indication donnée par M. Abrand, cette même pièce ne contiendrait que... ares... centiares.

Il résulte de ces chiffres que, en adoptant les prétentions de M. Abrand, M. Belnet serait lésé de... ares... centiares et que, en adoptant les prétentions de M. Belnet, M. Abrand serait lésé de... ares. . centiares.

Dans le doute, nous avons été unanimement d'avis que la perte ou le bénéfice trouvé dans la pièce totale serait partagé proportionnellement entre les parties.

Or, d'après l'arpentage effectué par nous, la pièce totale a une superficie de... ares... centiares et la répartition proportionnelle étant faite :

Le terrain de M. Abrand contiendra... ares... centiares.

Le terrain de M. Belnet contiendra... ares... centiares.

Nous nous sommes ensuite rendus sur les lieux et nous avons planté les bornes des parties, d'après le croquis ci-après.

(Faire un croquis comme à la formule n° 2.)

Nous avons ensuite procédé à l'estimation du dommage causé à M. Abrand par une extraction de terre faite par M. Belnet. Nous avons trouvé une surface endommagée de .. mètres de longueur, sur... de largeur, ce qui donne une surface de... ares .. centiares. Nous estimons ce préjudice causé à... francs, que M. Belnet devra payer à M. Abrand.

Le présent procès-verbal, clos ce jour (*mettre la date*), sera déposé par les soins de M. Denis Poinsot, l'un de nous, avec les pièces à l'appui (*les désigner*) au greffe du tribunal de première instance.

Les parties intéreées, renouvelant les réserves faites par elles dans le rapport, ont signé av c vous.

(Signatures.)

Si l'une des parties ne s'était point présentée devant les experts, malgré la réquisition de l'autre, il en serait fait mention et lesdits experts auraient opéré aussi bien en son absence qu'en sa présence.

La non-comparution aurait été constatée de la manière suivante :

« Après avoir attendu jusqu'à... heure, M. Belnet « ne s'étant point présenté, ni personne pour lui, « nous avons constaté sa non-comparution et nous « avons opéré en présence de M. Abrand. »

D'après le Code de procédure civile, les juges n'étant pas astreints à suivre l'avis des experts, il en résulte qu'ils doivent, en cas d'avis différents, exprimer les motifs de leurs opinions. Alors ils diront, par exemple :

« Deux opinions se sont manifestées parmi nous : « l'une, qui a réuni deux voix, tend à déclarer que « le bornage soit fait de manière que la perte et « le gain qui se trouve dans la pièce totale à borner, « soit supporté proportionnellement entre chaque « partie, attendu que, d'après l'arpentage, les véri- « tables limites n'ont pas pu être reconnues.

« Le troisième avis consiste à placer les bornes « sur la limite du petit fossé comblé, indiqué par « M. Abrand, attendu que cette limite est apparente « et que la différence qu'on a trouvée dans l'arpen- « tage n'est pas assez sensible pour faire présumer « que cette limite n'est pas la véritable. »

Si les experts ont été de trois avis différents, ils formuleront, comme ci-dessus, chacun leur manière de voir.

Lorsque le dispositif du jugement autorisera les experts à entendre les personnes étrangères au procès, ils consigneront avec soin les dires et les observations de chacune d'elles.

Les explications et les formules données à propos du bornage, initieront complètement MM. les propriétaires, instituteurs, géomètres sur toutes les questions de délimitation des terrains et sur les nombreuses formalités à remplir.

Nous nous sommes étendu longuement sur ce chapitre en raison de sa très grande importance, et nous espérons que nos lecteurs nous en sauront gré.

CHAPITRE V

DESSIN DES PLANS

§ I. — NOTIONS PRÉLIMINAIRES

Choix de papier.

715. Les jeunes dessinateurs manquant d'expérience sont souvent obligés d'effacer plusieurs fois, au moyen de la gomme, les lignes qu'ils ont tracées au crayon; cela arrive, du reste, aux dessinateurs de profession. Si le papier n'est pas d'excellente qualité, la gomme le détériore à ce point que les traits manquent absolument de netteté lorsqu'ils sont passés à l'encre de Chine. Il est donc d'une nécessité absolue de faire choix d'un bon papier.

On fabrique spécialement, pour le dessin, deux espèces de papier :

1° Le papier *à la forme;*

2° Le papier *mécanique*

Le papier *à la forme* se reconnaît à ses contours dentelés et à la marque du fabricant, laquelle marque est toujours visible dans l'épaisseur du papier.

Il y a deux sortes de papier à la forme : le papier *vélin* et le papier *vergé.*

Le papier *vélin* affecte une teinte uniforme dans toute son étendue, lorsqu'on le regarde à la lumière.

Le papier *vergé* porte des lignes parallèles paraissant d'un ton plus clair que le fond.

Le papier *mécanique* a toujours ses contours parfaitement nets. Comme le papier vélin, il présente une teinte régulière, mais ne porte aucune marque de fabrique.

Pour l'étude du dessin, on emploie de préférence le papier *à la forme*, savoir: le *vergé* pour les dessins au trait, le *vélin* pour les dessins lavés ou coloriés, parce que ce papier résiste mieux au frottement de la gomme.

Le papier mécanique sert pour les dessins ordinaires n'exigeant pas un fini soigné.

Le papier de bonne qualité a été préalablement *encollé* en fabrique, sinon, l'encre s'écarte sensiblement, en rendant les traits impurs et les couleurs appliquées perdent leur fraîcheur, ainsi que leur vivacité. Les dessinateurs savent parfaitement parer à cet inconvénient en encollant eux-mêmes le papier à dessiner dont ils se servent et voici comment ils s'y prennent.

Ils font bouillir de l'eau pure, puis ils y introduisent de l'alun et de l'amidon,
préalablement réduits en poudre. Ils remuent le tout avec une petite spatule en bois jusqu'à ce que la dissolution soit complète. Le liquide ainsi obtenu est passé dans un linge en toile fine ou, mieux, dans un morceau de flanelle et la substance, ainsi obtenue, est étendue sur le papier à l'aide d'un pinceau ou d'une éponge. Si la chose était possible, il vaudrait mieux tremper la feuille entière dans le liquide.

La proportion est: 22 parties d'eau, 1 partie d'alun et 1 partie d'amidon. Ainsi, pour 1 litre d'eau, qui pèse 1,000 grammes, il faudrait 45 gr. 45 centigr. d'alun et autant d'amidon.

On emploie aussi une composition peut-être plus simple, qui est la suivante :

Dans 4 litres d'eau, on introduit 250 grammes de colle de Flandre, à laquelle on ajoute un peu de savon blanc. On fait bouillir le liquide et, au premier bouillon, on enlève le vase. On ajoute ensuite une faible quantité d'alun pulvérisé, gros comme une noix, par exemple. On remue avec une spatule en bois et on passe le liquide ainsi obtenu dans un linge ou dans un morceau de flanelle, qu'on tord, à la main, jusqu'à ce que la dernière goutte soit sortie.

Tous les dessinateurs doivent savoir encoller le papier, parce que, malgré les précautions les plus minutieuses, ils peuvent faire des erreurs et sont exposés continuellement à des grattages. Or, une partie grattée doit nécessairement être encollée de nouveau, sinon le dessin n'est plus régulier.

Collage de la feuille sur la planchette.

716. Pour recevoir les dessins, on choisira de préférence le côté du papier qui, pendant la fabrication, se trouvait en contact avec la forme, parce que ce côté est plus uni que l'autre et parce que la colle destinée à lier la pâte du papier s'y trouve répartie d'une manière plus uniforme. C'est la raison pour laquelle cette face résiste mieux au frottement de la gomme.

On reconnaîtra ce côté quand on lira la marque de fabrique en sens inverse, en tenant la feuille perpendiculairement et en la regardant à la lumière.

Pour coller la feuille, on placera sur la planchette le côté qui vient d'être désigné, puis on passera une éponge imbibée d'eau sur toute la surface exposée au jour, jusqu'à ce que la pâte soit saturée de liquide.

Cela fait, on pressera l'éponge et on la passera sur les bords de la feuille pour les sécher, la colle ne prenant pas sur le papier mouillé, puis on retournera la feuille pour placer le côté mouillé sur la planchette. On l'étendra soigneusement à l'aide du dos de la main, puis on effectuera le collage (*fig.* 369).

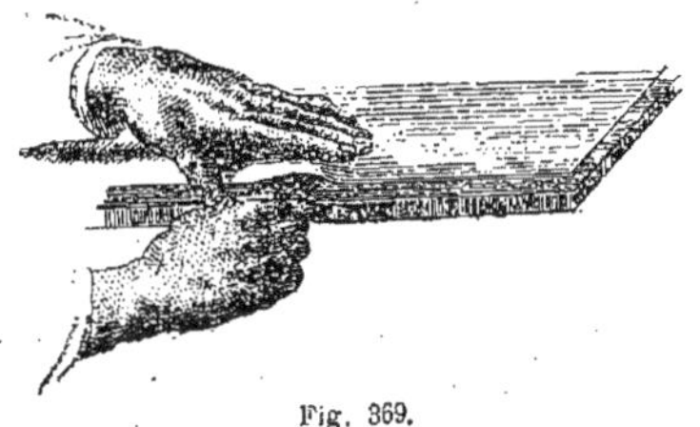

Fig. 369.

Avant de se servir de la colle à bouche, on la taillera de manière à former un double biseau allongé qu'on humectera avec les lèvres. On introduira ensuite le double biseau entre le bord de la feuille et la planchette, en appliquant le premier doigt de la main gauche sur la partie collée. On appuiera en promenant la colle dans toute la longueur du doigt jusqu'à ce qu'il y ait adhérence complète. Pour hâter cette adhérence, on frottera sur le bord du papier à l'aide de l'ongle du pouce de la main droite.

Pour éviter les déchirures provenant du frottement de l'ongle, il sera prudent de mettre, sur les parties à coller, une bande de papier fort, sur laquelle on effec-

tuera le frottement nécessaire. Pour cette opération, on remplace avantageusement l'ongle par la lame d'un couteau à papier en ivoire.

On fera bien de coller d'abord le papier aux quatre angles, puis au milieu de chaque côté. Ces six points bien fixés, on continuera la même opération sur le pourtour entier.

La partie collée de la feuille ne devra pas avoir plus de 8 à 10 millimètres de largeur.

Le séchage de la feuille devra se faire lentement et, pour cela, on inclinera la planchette contre un mur, de manière à faciliter l'action de l'air sur le papier et éviter les déchirures.

Position du dessinateur.

717. Une des conditions essentielles pour bien dessiner, c'est que le corps possède son attitude naturelle, afin que les bras et les mains conservent toute liberté d'action dans leurs mouvements. Sans cette aisance, les instruments ne seraient pas maniés avec facilité.

Le dessinateur devra se placer debout devant la table qui lui est destinée et sur laquelle la planchette sera disposée. Le corps sera vertical et ne touchera que légèrement la table : puis, pour dessiner, il s'inclinera un peu en avant.

Les coudes et les avant-bras seront placés sur la planchette de manière à soutenir le corps, tout en laissant les mains parfaitement libres.

Lignes du dessin.

718. La *ligne pure* est celle qui est tracée d'égale grosseur et sans interruption dans toute sa longueur.

719. La ligne en *points ronds* est celle qui est formée par de petits points ayant entre eux un espace égal à leur diamètre. Elle représente les lignes cachées dans le dessin.

720. La ligne *en éléments* est composée de fragments de droites d'environ trois millimètres de longueur et séparés entre eux d'environ un millimètre. Elle sert à représenter les lignes de construction.

721. La ligne en *éléments séparés par des points ronds* s'emploie pour indiquer les axes des figures et des corps.

Problème n° 150.

722. *Tracer une ligne droite au moyen du crayon et de la règle.*

Pour tracer une ligne droite (*fig.* 370

Fig. 370.

à l'aide de la règle et du crayon, on placera d'abord le champ de la règle dans la direction de la ligne à tracer. On la maintiendra avec les quatre premiers doigts de la main gauche; puis, prenant le crayon entre le pouce et les deux premiers doigts de la main droite, on placera la pointe contre le champ de la règle en tenant le crayon d'abord perpendiculairement à la feuille de papier. Ensuite, en inclinant un peu le crayon dans le sens de la marche, on le fera glisser contre la règle en frottant la pointe légèrement sur le papier et la ligne se trouvera tracée.

On devra, pour conserver la pointe du crayon plus longtemps régulière, faire tourner le crayon entre les doigts, tantôt dans un sens, tantôt dans un autre, pendant le tracé de la ligne.

Problème n° 151.

723. *Tracer une ligne courbe à l'aide du crayon et du pistolet.*

Pour tracer une ligne courbe au crayon (*fig.* 371) à l'aide du pistolet, on cher-

chera, sur cet instrument, la courbe qui correspond à la ligne à tracer; puis, avec la main gauche, on maintiendra le pistolet dans cette position. On tracera ensuite

Fig. 374.

la ligne en tenant le crayon de la main droite et en faisant glisser la pointe le long de la courbe de l'instrument. Mais, en parcourant cette courbe, on devra faire pivoter légèrement la main, afin que le crayon conserve toujours la même inclinaison pour tous les points de la courbe.

Quant à la position des doigts et à la tenue du crayon, on se reportera aux principes précédents (*fig.* 370).

Problème n° 152.

724. *Tracer une circonférence et un arc à l'aide du compas (*fig.* 372).*

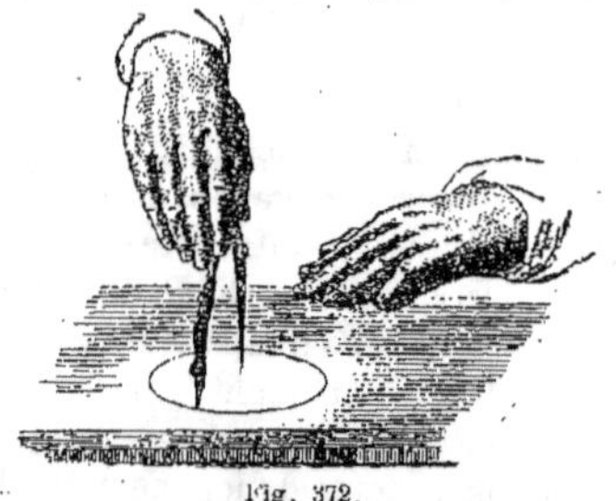

Fig. 372.

Pour tracer une circonférence au crayon, à l'aide du compas, on taillera le bout du crayon de manière à former un tranchant légèrement arrondi, ayant à peu près la forme d'une pointe de grattoir; puis, tenant la tête du compas entre le pouce et les deux premiers doigts de la main droite, on placera la pointe sèche au centre de la circonférence. On ouvrira ensuite ses branches à l'aide de la main gauche et on les courbera de façon à ce qu'elles soient perpendiculaires à la feuille de papier. On fera alors tourner le compas en l'inclinant un peu dans le sens de la marche, jusqu'à ce que le crayon soit revenu à son point de départ et la circonférence se trouvera tracée par le frottement de la pointe sur le papier.

Pour le tracé des arcs au crayon à l'aide du compas, on observera la même règle et les mêmes principes que pour le tracé des circonférences, avec cette exception qu'on ne fera parcourir au crayon que la longueur de l'arc.

Problème nº 153.

725. *Tracer une ligne droite au crayon et sans instrument.*

Fig. 373.

Pour tracer une ligne droite au crayon (*fig.* 373) sans se servir d'instrument, on amènera, autant que possible, la direction de la ligne *droit devant soi*. On prendra le crayon de la main droite en le tenant entre le pouce et les deux premiers doigts, pendant que les deux derniers resteront sur le papier pour fixer la main, et de manière que les trois doigts qui tiendront le crayon soient parfaitement libres pour le faire mouvoir. Les deux bras devront aussi reposer sur la planchette pour soutenir le corps.

Pour tracer la ligne, on tiendra le crayon perpendiculairement à la feuille en l'inclinant un peu du côté de la main droite, puis on portera la pointe au point le plus élevé de la ligne. On fera une oscillation de 6 à 8 millimètres en descendant le crayon devant soi et en appuyant légèrement la pointe sur la feuille de papier.

On aura alors tracé un premier élément de la ligne. Afin d'aligner le crayon et de le diriger dans une parfaite direction en prolongeant la ligne, on le remontera en suivant l'élément déjà tracé et sans le toucher, jusqu'à environ la moitié de sa longueur; puis, revenant sur la direction de la ligne, on redescendra le crayon et, arrivé à la fin du premier élément, on le prolongera de 6 à 8 millimètres. On continuera ainsi à prolonger la ligne par fraction, jusqu'à ce qu'on soit parvenu à son extrémité.

Pour éviter l'usure du crayon, on lui fera opérer, de temps en temps, un petit mouvement tournant.

Problème nº 154.

726. *Tracer une ligne courbe au crayon et sans instrument.*

Fig. 374.

Pour tracer une ligne courbe au crayon (*fig.* 374), sans instrument, on suivra exactement les mêmes principes que pour le tracé de la ligne droite. La seule différence, c'est qu'on devra toujours placer le creux de la courbe du côté de la main droite, et tourner la feuille de papier au fur et à mesure qu'on tracera les éléments, de manière à amener la partie à tracer en face de soi. L'assemblage des éléments qu'on ajoutera successivement les uns aux autres pourra être considéré comme la courbe même.

Manière de tenir le tire-ligne.

727. Pour se servir du tire-ligne (*fig*. 375), on le tiendra de la main droite et de manière que le pouce et le premier

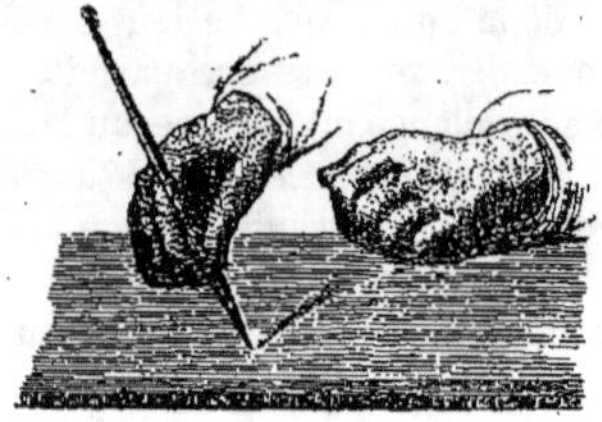

Fig. 375.

doigt soient placés sur les champs opposés des palettes. Le manche devra reposer sur la première phalange du premier doigt.

Lorsqu'on aura des lignes à tracer, on tiendra l'instrument, d'abord perpendiculairement à la feuille de papier, puis on l'inclinera un peu dans le sens de la marche, de manière que les lames soient parallèles à la direction de la ligne à tracer.

Introduction de l'encre et réglage du tire-ligne.

728. Il y a deux manières d'introduire l'encre entre les lames du tire-ligne. La première consiste à garder toujours le tire-ligne de la même main et entre les mêmes doigts, afin d'être prêt lorsqu'on aura des lignes à tracer. C'est la manœuvre employée par les dessinateurs expérimentés qui veulent gagner du temps et celles que devront aussi employer les commençants.

Pour introduire l'encre, on ouvrira d'abord les palettes en faisant tourner la tête de la vis entre le pouce et le premier doigt, jusqu'à ce qu'elles soient écartées d'environ un demi-millimètre. Le troisième doigt restera sur le tire-ligne pour l'empêcher de basculer. On portera ensuite le bout du bec entre les lèvres. On soufflera à plusieurs reprises de manière à forcer l'haleine à passer entre les lames,

et la vapeur de l'haleine, se condensant, les humidifiera. Puis on plongera l'instrument dans l'encre qu'on aura préparée à l'avance et on verra aussitôt le liquide monter par adhérence entre les palettes par l'effet de l'humidité que produit la vapeur de l'haleine. On réglera alors l'écartement des lames en faisant tourner la vis à l'aide du pouce et du premier doigt et on essayera le tire-ligne sur une feuille de papier, afin de s'assurer de la largeur de la ligne à tracer. Le tire-ligne, ainsi réglé, sera préparé pour le tracé des traits.

On remarquera, ainsi qu'il est dit plus haut, que le tire-ligne, tel qu'il a été placé entre les doigts pour introduire l'encre, a la même position que pour le tracé des lignes et que, une fois chargé et réglé, il n'y aura plus qu'à le porter contre le champ de la règle pour passer les lignes à l'encre.

Une précaution essentielle à prendre lorsqu'on aura introduit l'encre entre les lames du tire-ligne et même pendant qu'on se servira de cet instrument, ce sera de toujours bien essuyer l'encre qui pourrait se trouver à l'extérieur du bec, et cela en passant le tire-ligne sur le dessus des doigts de la main gauche, de manière à éviter les taches que l'encre pourrait occasionner sur le papier.

Pour la seconde manière d'introduire l'encre dans le tire-ligne, on tiendra le manche de l'instrument de la main gauche; puis, à l'aide du pouce et du premier doigt de la main droite, on fera tourner la vis de manière à obtenir un écartement des palettes d'environ un demi-millimètre. On prendra ensuite un coin de papier d'environ 0m,015 de longueur. On plongera dans l'encre l'un des angles de ce coin de papier. On l'introduira entre les lames du tire-ligne et on l'en retirera doucement, afin que l'encre reste dans les palettes. On replongera, s'il en est besoin, le coin de papier dans l'encre pour charger suffisamment le tire-ligne; mais, cette fois, en le retirant, on le fera glisser contre l'une des lames en remontant. On réglera alors le tire-ligne au moyen de la vis, comme on vient de le dire. On l'essayera sur une feuille de papier en le tenant de la main droite et en lui donnant la position qu'il devra avoir pour le tracé des lignes.

On pourra se servir aussi d'une plume pour introduire l'encre entre les lames du tire-ligne, mais alors on humectera la plume avec les lèvres, afin qu'elle puisse prendre une plus grande quantité d'encre en la plongeant dans le godet.

Quand on aura à faire de gros traits qui nécessiteront beaucoup d'encre, on plongera le bec du tire-ligne dans le godet ; puis, à l'aide d'une plume qu'on introduira entre les lames, on opérera, partant de l'encre, un petit mouvement de va-et-vient en remontant, et, après quelques oscillations, on verra le liquide monter dans l'instrument. On ne s'arrêtera qu'après s'être assuré que le tire-ligne est suffisamment chargé.

Problème n° 155.

729. *Tracer une ligne droite pure à l'aide du tire-ligne et de la règle (fig. 376).*

Fig. 376.

Pour tracer une ligne droite pure, à l'encre, à l'aide du tire-ligne et de la règle, on placera d'abord le champ de la règle dans la direction de la ligne à tracer et on la maintiendra à l'aide des quatre premiers doigts de la main gauche. On prendra ensuite le tire-ligne de la main droite, après l'avoir chargé d'encre, et on le tiendra de manière que le pouce et le se-

cond doigt soient placés sur les champs opposés des palettes, un peu au-dessous de la vis, le deuxième doigt en avant et au-dessus, afin que le tire-ligne repose sur la première phalange de ce doigt. On portera alors le bec contre le champ de la règle, de façon que la face des lames soit parallèle à la direction de la ligne à tracer. Les deux derniers doigts glisseront sur la règle, de manière à soutenir la main en faisant marcher le tire-ligne, et à régler la pression du bec sur la feuille de papier. On placera ensuite l'instrument, d'abord perpendiculairement à la feuille, puis on l'inclinera un peu dans le sens de la marche, le bras droit perpendiculaire à la règle et parallèle à la planchette. Pour faire le trait, on appuiera le bec du tire-ligne très légèrement sur la feuille de papier et on lui fera parcourir lentement la longueur de la ligne à tracer, en le faisant glisser contre le champ de la règle. Lorsqu'on approchera de la fin de la ligne, on ralentira la marche. On arrêtera les deux derniers doigts et, pour terminer le trait, on amènera le tire-ligne perpendiculairement à la feuille.

Problème n° 156.

730. *Tracer une ligne droite en points ronds et en éléments à l'aide du tire-ligne et de la règle (fig. 377).*

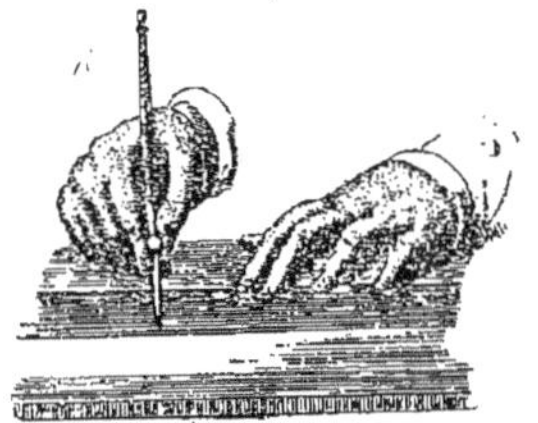

Fig. 377.

Pour tracer une ligne droite en points ronds, à l'aide du tire-ligne et de la règle, on suivra exactement, pour la tenue des instruments, les mêmes principes que pour le tracé de la ligne droite pure (fig. 376). Seulement, on donnera au tire-ligne la même ouverture que pour faire des traits de force et, en opérant, on le tiendra perpendiculairement à la feuille de papier au lieu de l'incliner.

Le tire-ligne, chargé d'encre, sera ensuite placé contre le champ de la règle, de façon que le bout du bec se trouve à environ un demi-millimètre au dessus de la surface du papier, ce qui sera facile à régler en appuyant les deux derniers doigts sur la règle, de manière à pouvoir faire agir librement les trois doigts qui tiendront le tire-ligne, puis on appuiera très légèrement le bout du bec sur la feuille pour former un premier point. On remontera ensuite le tire-ligne pour lui donner la position qu'il avait précédemment. On lui fera parcourir, contre le champ de la règle, un espace égal au diamètre du premier point et on le redescendra en appuyant de nouveau le bec sur la feuille pour former un second point. On fera successivement les mêmes mouvements pour tous les points jusqu'à la fin de la ligne à tracer.

Pour faire des points ronds, on devra avoir à sa disposition un tire-ligne à bec plus effilé.

Problème n° 157.

731. *Tracer une ligne droite en éléments.*

Pour tracer une ligne droite en éléments, à l'aide du tire-ligne et de la règle, on opérera de la même manière que pour le tracé de la ligne droite en points ronds ; seulement, on réglera le tire-ligne comme pour le tracé des lignes fines. Ainsi, on placera le tire-ligne perpendiculairement à la feuille de papier, de façon que le bec soit à environ un demi-millimètre, puis on le descendra jusqu'à ce que le bec touche le papier. On fera parcourir au tire-ligne un espace de 3 millimètres et on aura tracé un premier élément. On remontera ensuite le tire-ligne, on lui fera parcourir, contre le champ de la règle, un espace de un millimètre, on le redescendra pour lui faire parcourir à

nouveau un espace de 3 millimètres en appuyant légèrement le tire-ligne sur le papier, et on aura tracé un second élément. On continuera ainsi à tracer successivement tous les éléments jusqu'à la fin de la ligne.

Problème n° 158.

732. *Tracer une ligne courbe pure à l'aide du tire-ligne et du pistolet (fig. 378).*

Fig. 376.

Pour tracer une ligne courbe pure, à l'encre, à l'aide du tire-ligne et du pistolet, on cherchera sur l'instrument la courbe correspondante à la ligne à tracer, et on le maintiendra dans cette position à l'aide des quatre premiers doigts de la main gauche. On prendra ensuite le tire-ligne de la main droite et on tracera la courbe en suivant exactement les mêmes principes que pour la ligne droite à l'encre. Seulement, le bras, en conservant sa position horizontale, devra toujours être dans la direction du rayon de la courbe pendant le tracé de la ligne.

Problème n° 159.

733. *Tracer une ligne courbe en points ronds et en éléments.*

Pour tracer une ligne courbe en points ronds et en éléments, on suivra les mêmes principes que pour le tracé de la ligne droite en points ronds et en éléments, mais en se rappelant que le bras, en traçant la ligne, devra être dans la direction du rayon de la courbe et le tire-ligne maintenu perpendiculairement à la feuille.

Problème nº 160

734. *Tracer une circonférence en ligne pure à l'aide du tire-ligne et du compas* (*fig.* 379).

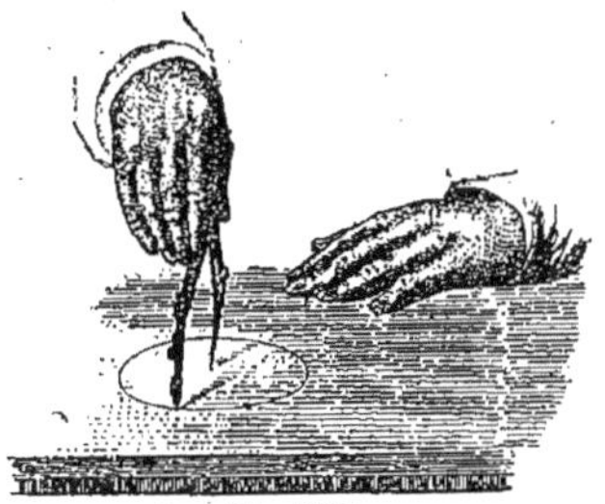

Fig. 793.

Pour tracer une circonférence en ligne pure à l'encre, à l'aide du tire-ligne et du compas, on commencera par charger le tire-ligne d'encre et par le régler. Ensuite, on prendra le compas de la main droite en tenant la tête entre le pouce et les deux premiers doigts, on portera la pointe sèche au centre de la circonférence, on ouvrira le compas jusqu'à ce que le bec du tire-ligne arrive sur un des points de la circonférence à décrire, en ayant soin que les deux branches soient perpendiculaires à la feuille de papier, ce qu'on obtiendra en les courbant à l'endroit des charnières.

Le compas en place, on opérera le tracé de la circonférence. Pour cela, on inclinera un peu le compas dans le sens de la marche, on le fera tourner entre les doigts en faisant glisser lentement le bec du tire-ligne sur la feuille et en l'appuyant très légèrement jusqu'à ce qu'on ait parcouru toute la circonférence. Mais, arrivé au point de départ, on aura soin de soulever le tire-ligne en lui laissant parcourir encore un petit espace pour adoucir le trait et éviter de le grossir à la rencontre.

Problème nº 161.

735. *Tracer une circonférence en points ronds à l'aide du tire-ligne et du compas* (*fig.* 380).

Pour tracer une circonférence à l'encre, en points ronds, on disposera le compas et le tire-ligne comme pour le tracé de la

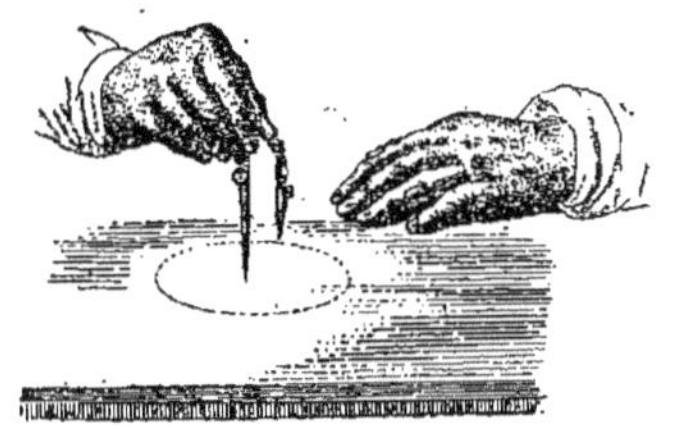

Fig. 380.

circonférence en ligne pure ; seulement, on ouvrira le tire-ligne comme pour faire les traits de force. On portera d'abord la pointe-sèche du compas au centre de la circonférence, on amènera ensuite le bout du tire-ligne sur l'un de ses points, en ayant soin de courber les branches pour qu'elles soient perpendiculaires à la feuille de papier et on conservera cette position pendant tout le tracé de la ligne. On éloignera le bout du tire-ligne à environ un demi-millimètre de la feuille, on le fera ensuite descendre en appuyant très légèrement le bec sur le papier et on obtiendra un premier point. On remontera alors le tire-ligne en tenant le bout à un demi-millimètre de la feuille, on lui fera parcourir un espace égal au diamètre du point obtenu et on le redescendra pour former un second point. On continuera à tracer ainsi successivement tous les points jusqu'à ce qu'on ait fait le tour de la circonférence.

Problème nº 162.

736. *Tracer une ligne droite à la plume*

Pour tracer une ligne droite pure, à l'encre, à la plume, on amènera d'abord, *droit devant soi*, la direction de la ligne préalablement faite au crayon. On prendra ensuite la plume de la main droite et on la tiendra à l'aide des trois premiers doigts, le pouce sous le manche, le second doigt au-dessus, à l'opposé du pouce, et le troisième sur le côté. Les deux derniers reposeront sur le papier pour maintenir la main, et enfin les deux bras seront appuyés sur la planchette pour soutenir le corps ; la main gauche fixera et dirigera le papier. Puis, après avoir chargé la plume d'encre, on portera le bec au point le plus élevé de la ligne, on tiendra le manche perpendiculairement à la feuille, on l'inclinera un peu dans le sens de la marche et du côté de la main, et on placera la plume de manière à profiter de la souplesse du bec. On fera alors osciller la plume deux ou trois fois en s'alignant sur le trait au crayon afin d'assurer la main, puis on appuiera le bec très légèrement sur la feuille en lui faisant parcourir un espace d'environ trois à quatre millimètres et on aura tracé une première partie de la ligne. On remontera ensuite la plume en alignant le bec avec la partie déjà tracée, mais sans y toucher, puis on redescendra pour reprendre la direction de la ligne et, arrivé à l'extrémité de l'élément tracé, on appuiera légèrement le bec de la plume sur le papier pour prolonger la ligne de trois à quatre millimètres. On continuera ainsi jusqu'à la fin en procédant toujours par fraction de trois à quatre millimètres.

Manière de tenir le compas à pointes sèches pour diviser les lignes (*fig.* 381).

737. Les divisions à faire seront toujours sur une direction déterminée, telle qu'une ligne droite, une ligne courbe ou une circonférence.

Le premier point étant donné et la distance à porter étant connue, on prendra le compas de la main gauche, on le tiendra entre le pouce et les trois premiers doigts, et avec une ouverture égale à la distance connue, on portera l'une des pointes au point donné. On inclinera ensuite légèrement le compas du côté de

la main, on portera l'autre pointe sur la ligne, et, avec le crayon qu'on tiendra de la main droite, on fera un léger point à cet endroit : on aura alors la première

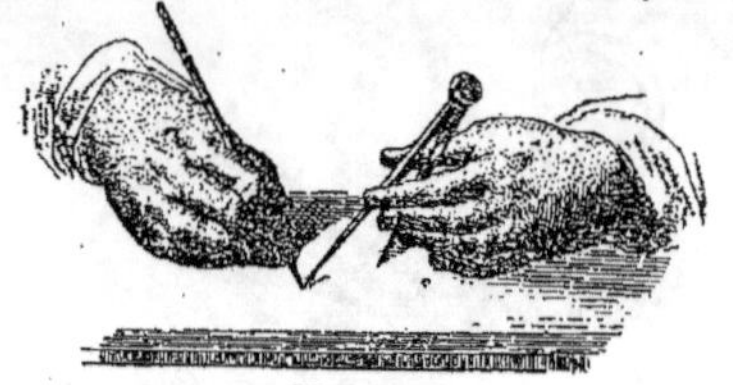

Fig. 381.

distance. On reportera ensuite la première pointe sur cette première distance, on posera la seconde pointe sur la ligne, on fera de nouveau un léger point à cet endroit et on obtiendra une seconde distance. On continuera ainsi jusqu'à ce qu'on ait porté le nombre de distances données. La ligne sur laquelle on portera les distances devra, de préférence, être amenée parallèlement au bord de la table, si c'est une droite. Si c'est une courbe, le crayon sera amené perpendiculairement.

Manière de tenir la règle et l'équerre pour tracer des perpendiculaires et des parallèles.

TRACÉ DES PERPENDICULAIRES (*fig.* 382).

738. Pour tracer des perpendiculaires à l'aide de la règle et de l'équerre, on

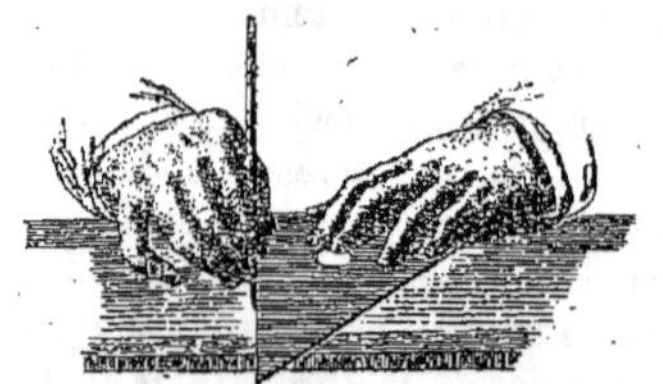

Fig. 382.

placera d'abord le champ de la règle dans la direction de la droite à laquelle on aura des perpendiculaires à élever, puis on appliquera l'un des côtés de l'angle droit de l'équerre sur la règle. L'autre côté de l'angle droit sera naturellement perpendiculaire à la règle et, par conséquent, à la droite donnée. Le côté de l'angle droit de l'équerre pourra guider le crayon ou le tire-ligne pour tracer les perpendiculaires.

Pour opérer, on posera la paume et le pouce de la main gauche sur la règle, afin de la maintenir en place, puis on placera les quatre doigts sur l'équerre de manière à ce qu'il y en ait un dans l'ouverture circulaire qui se trouve au centre de cet instrument. La fonction de ce dernier doigt sera de presser l'équerre contre la règle pour la fixer et, au besoin, de la faire glisser contre la règle pour les différentes perpendiculaires à élever.

TRACÉ DES PARALLÈLES.

739. Pour tracer des parallèles à l'aide de la règle et de l'équerre, on placera l'un des côtés de l'angle droit de l'équerre sur la droite à laquelle on aura des parallèles à mener, puis on appliquera le champ de la règle sur l'autre côté de l'angle droit. Pour opérer, on tiendra la règle et l'équerre de la même manière que pour le tracé des perpendiculaires, c'est-à-dire qu'on suivra les mêmes principes que dans l'alinéa précédent.

On adoptera la position indiquée pour le tracé des perpendiculaires et des parallèles au crayon, mais lorsqu'on voudra les passer à l'encre, au tire-ligne, on devra les amener parallèlement au bord de la table, ainsi qu'il a été dit pour le tracé des lignes droites à l'encre (*fig.* 376).

Manière de tracer les hachures au tire-ligne, à l'aide d'une règle et d'une équerre (*fig*. 383).

740. On appelle hachures, une suite de lignes parallèles distancées d'environ un demi-millimètre et dont l'étendue est toujours circonscrite dans un espace donné. Les hachures servent généralement à représenter la coupe des objets.

Pour tracer les hachures et les distancer régulièrement, ce qui est indispensable pour le bon effet du dessin, on comprend.

Fig. 383.

à l'avance, qu'on n'y arrivera qu'avec beaucoup de difficulté, si l'on s'en rapporte seulement à l'œil.

Pour parer à cette difficulté, on a inventé un petit instrument simple qui permet de tracer les hachures, pour ainsi dire mécaniquement. Pour cela, on a pris une petite règle sur l'un des champs de laquelle on a fait une entaille d'environ deux millimètres de profondeur, de manière à pouvoir y introduire le petit côté de l'angle droit d'une équerre, et à laisser un jeu égal à la distance que les hachures doivent avoir entre elles.

Pour les tracer, on placera d'abord le petit côté de l'équerre dans l'entaille de la règle. On dirigera l'autre côté de l'angle droit dans la direction des hachures qu'on commencera à tracer par le haut. On maintiendra la petite règle à l'aide du pouce et des deux derniers doigts de la main gauche, et l'équerre avec les deux autres doigts. On introduira l'un d'eux dans l'ouverture circulaire de l'équerre, de manière à la presser contre la règle et à la fixer pour que le côté de l'angle droit touche au haut de l'entaille ; puis, tenant le tire-ligne de la main droite et de la manière décrite (fig. 376), on tracera une première ligne en le faisant glisser contre le grand côté de l'angle droit, et on aura alors tracé une première hachure.

On descendra ensuite l'équerre à l'aide de la main droite jusqu'à ce qu'elle touche l'autre côté de l'entaille. On fera glisser une seconde fois le tire-ligne contre le grand côté de l'angle droit de l'équerre et on aura alors tracé une deuxième hachure. On tiendra l'équerre en position avec la main droite et on fera descendre la règle à l'aide de la main gauche pour que l'entaille supérieure vienne toucher l'angle droit de l'équerre. On maintiendra la règle, à son tour, en position avec la main gauche, puis on fera glisser l'équerre en descendant, au moyen de la main droite, jusqu'à ce qu'elle touche le bas de l'entaille. On maintiendra alors les deux instruments avec la main gauche et on tracera une troisième hachure.

On répétera, comme il vient d'être dit, les mêmes mouvements de la règle et de l'équerre, jusqu'à ce qu'on ait tracé toutes les hachures.

§ II. — COMPOSITION D'UN PLAN

741. Les plans topographiques doivent exprimer, aussi fidèlement que possible, toutes les particularités que le terrain présente. Il convient d'y indiquer les accidents de terrains, les montagnes, les cours d'eau, les routes, les plantations, les bâtiments, les ponts etc. On y arrive au moyen de signes conventionnels qu'il importe de faire connaître.

742. Le procédé employé pour repré-

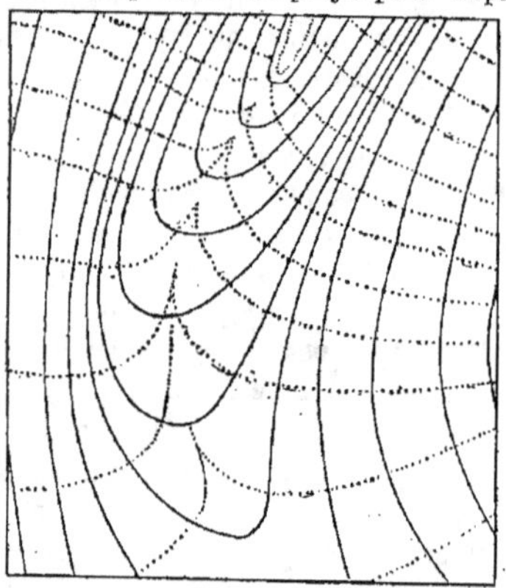

Fig. 384.

senter le relief du sol, c'est-à-dire les montagnes, les collines ou les monticules, consiste à supposer le terrain coupé par une série de plans horizontaux équidistants. On obtient ainsi une suite de courbes de niveau (*fig.* 384) qu'on passe à l'encre par un trait fin, continu et de largeur uniforme.

743. Les courbes horizontales suffisent pour exprimer le relief du terrain dans les plans dressés à une échelle supérieure à un dix-millième; mais lorsque l'échelle est plus petite, on se dispense de tracer les lignes de niveau à l'encre, mais on intercale entre elles des

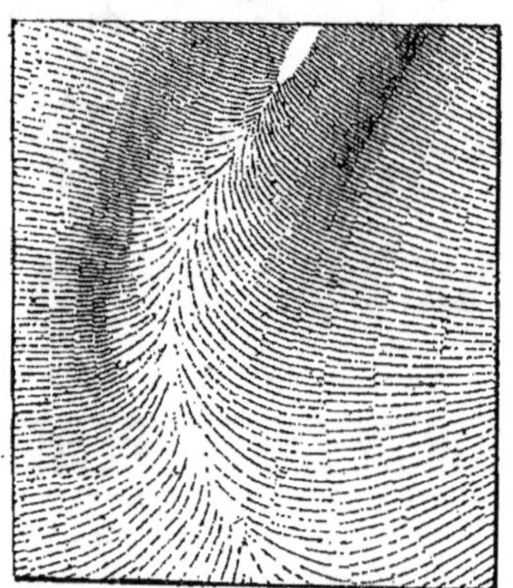

Fig. 385.

hachures dirigées normalement à ces courbes et qui forment des teintes d'autant plus foncées que la pente du sol est plus rapide (*fig.* 385).

744. Les *eaux courantes* sont représentées (*fig.* 386) par deux traits indiquant les sinuosités des rives et dont l'écartement correspond à la largeur du cours d'eau, réduite à l'échelle. L'espace compris entre les traits est rempli par des lignes parallèles à ces rives, qu'on fait d'autant plus épaisses et plus serrées, qu'elles sont plus voisines de ces mêmes

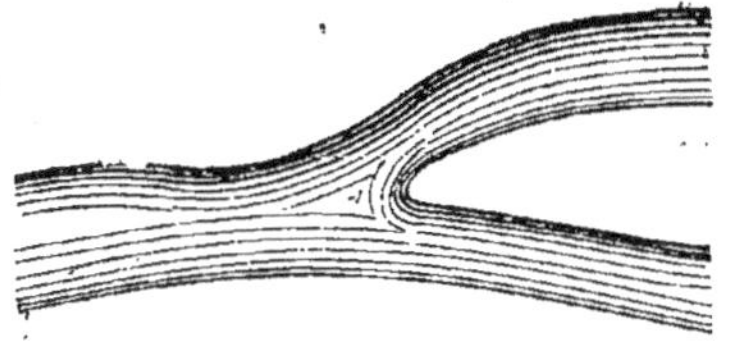

Fig. 385.

rives, de manière à obtenir une teinte dégradée. C'est ce qu'on nomme *filer les eaux*.

Les eaux de la mer sont représentées de la même façon par des traits parallèles, filés suivant le contour des continents et des îles.

745. Les *ponts en pierre* sont indiqués par deux traits doubles parallèles. Les traits extérieurs doivent être gros; les traits intérieurs, minces. Les piles sont figurées par de petits triangles (*fig.* 387).

746. Les *ponts en bois* avec piles en pierre sont figurés par deux gros traits

Fig. 387.   Fig. 388.   Fig. 389.

parallèles, et les piles par de petits triangles (*fig.* 388).

747. Les *ponts tout en bois* sont également figurés par deux gros traits parallèles, mais les piles sont représentées par des rectangles entièrement noirs (*fig.* 389).

748. Les *ponts en fer* se désignent par deux traits doubles minces et parallèles. Les piles, quand ils en ont, sont dessinées comme celles des ponts en pierre (*fig.* 390).

749. Les ponts suspendus sont représentés par deux lignes en éléments de traits quand ils sont destinés aux piétons (*fig.* 391); par deux doubles lignes, celles

extérieures en éléments de traits, quand ils sont destinés au passage des voitures

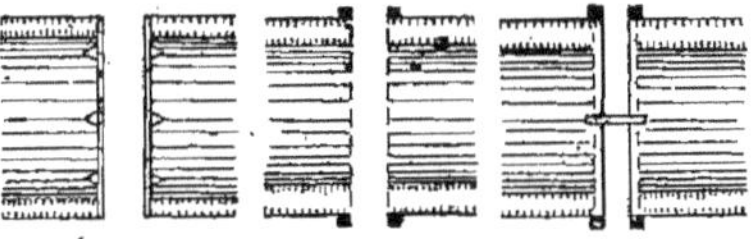

Fig. 390.   Fig. 391.   Fig. 392.

(*fig.* 392). Les piles qui soutiennent les câbles sont dessinées comme les piles ordinaires ou comme des constructions en maçonnerie occupant toute la largeur du pont au dessus du tablier.

750. La partie mobile d'un *pont-levis* est indiquée par deux traits se coupant diagonalement (*fig.* 393).

751. Les *ponts de bateaux* sont figu-

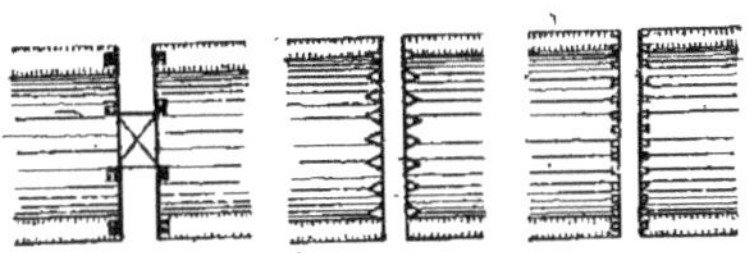

Fig. 393.   Fig. 394.   Fig. 395.

rés par deux gros traits parallèles. Les bateaux qui servent de culées sont indiqués par des triangles en amont et par des arcs de cercle en aval (*fig.* 394).

752. Les *ponts de pontons* sont représentés comme les ponts de bateaux, c'est-à-dire par deux gros traits parallèles, mais les pontons sont figurés par des rectangles (*fig.* 395).

753. Le *pont tournant* est figuré par deux traits pleins traversant la rivière et

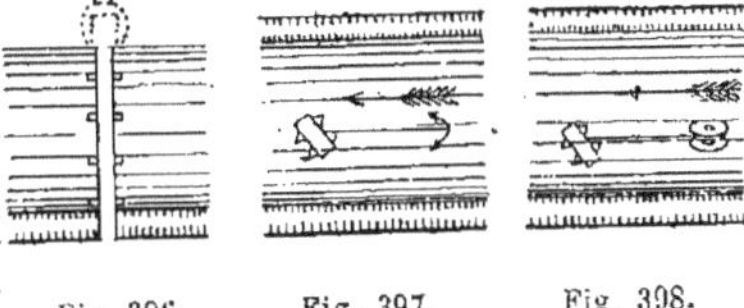

Fig. 396.   Fig. 397.   Fig. 398.

par l'amorce des piles à l'amont et à l'aval.

Le tablier tournant est indiqué par

un pointillé de même que l'axe de cercle qu'il décrit (*fig.* 396).

754. Pour représenter les *ponts volants*, on dessine leurs parties essentielles ; ancre, câble, portière. Lorsque le câble d'un pont volant est supporté par deux nacelles maintenues par l'ancre, on représente les deux nacelles, si l'ancre n'est pas figurée (*fig.* 397 et 398).

755. Le *bac* est représenté par une ligne courbe pointillée, et un bateau placé sur la courbe même (*fig.* 399).

756. La *traille* est indiquée par une

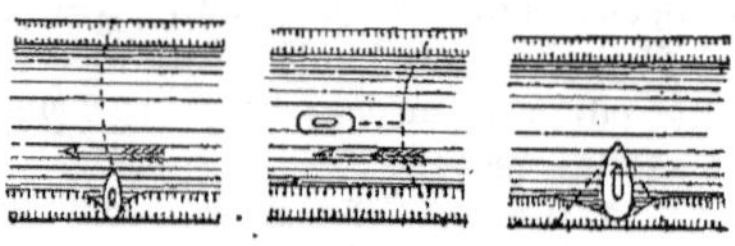

Fig. 399.   Fig. 400.   Fig. 401.

ligne courbe ou pointillée, avec une portière reliée à cette ligne par un trait pointillé figurant la bride de la traille (*fig.* 400).

757. Le *bac à traille* est dessiné de la même manière, mais on remplace la portière par un bateau (*fig.* 401).

758. On indique par une *ancre* le point où un cours d'eau commence à être *navigable*, c'est-à-dire à porter des navires ou des bateaux ; par une *rame* ou un gou-

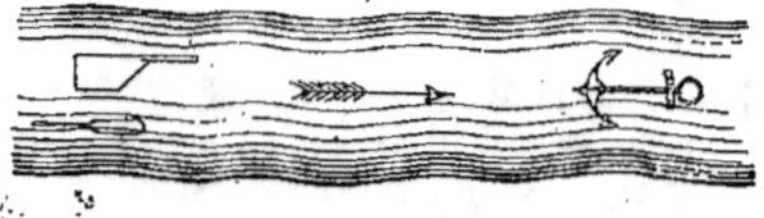

Fig. 402.

vernail, le point où il commence à être *flottable*, c'est-à-dire à porter des radeaux ou des trains de bois (*fig.* 402).

759. Les canaux navigables se représentent à l'échelle de 1/80000 par un gros trait noir et deux traits fins parallèles au précédent. Ils se présentent, en général, sous la forme d'une série de lignes brisées. Les écluses sont indiquées par deux petits traits noirs formant un angle dont

le sommet est tourné du côté de l'amont et figurant les portes d'écluses. On les représente aussi par une diminution du gros trait.

760. Les *gares*, les *ports* des canaux sont indiqués par l'élargissement de la voie en ces points. Les tunnels sont figurés par le pointillé du gros trait du milieu.

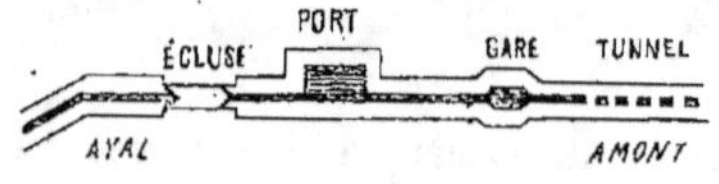

Fig. 403.

La figure 403 représente une portion de canal à l'échelle de 1/40000.

761. Les digues qui longent un cours d'eau, un canal, celles qu'on construit sur les bords de la mer, sont représentées par deux traits parallèles, entre deux talus figurés par des hachures.

Quand l'échelle est suffisamment grande, à 1/10000 par exemple, on figure les bords d'un canal par deux traits parallèles entre lesquels les eaux sont filées, et on

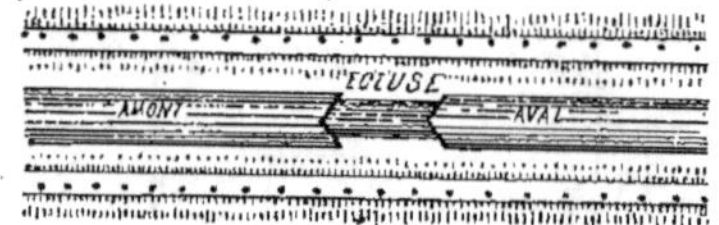

Fig. 404.

représente alors, avec exactitude, les digues, les talus et les chemins de halage qui longent les canaux (*fig.* 404).

762. Les *terres labourables* sont indiquées par les initiales TL ; leur contour est représenté par un trait fin. Dans l'intérieur, on indique les arbres, les haies et les principaux sillons tracés par la charrue (*fig.* 405).

763. Les *jardins* sont généralement aménagés de manière à former diverses parties bien distinctes : les unes sont boisées, les autres sont en terres labourables ou en prés. On les représente par de petits carrés ou par des triangles limités au moyen de traits fins figurant les allées. Les carrés ou les triangles portent le signe conventionnel adopté pour chacune de ces cultures (*fig.* 406).

764. Les *vergers* sont des portions

Fig. 405.   Fig. 406.   Fig. 407.

de terrains plantées d'arbres fruitiers. On les représente par des points de grosseur moyenne, disposés en quinconce (*fig.* 407).

765. Les *vignes* sont indiquées par leurs contours dans l'intérieur desquels on trace des lignes parallèles formées par des points très rapprochés (*fig.* 408).

Souvent, on représente les vignes au moyen de courbes en forme d'S, traversées par des verticales simulant les échalas (*fig.* 409).

766. Les *prairies* sont des portions de

 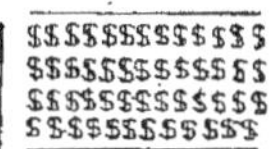 

Fig. 408.   Fig. 409.   Fig. 410.

terrain, généralement fraîches et humides, sur lesquelles croissent l'herbe et les plantes fourragères nécessaires à l'alimentation des animaux. On réserve la dénomination de *pré* à une prairie de faible étendue.

Les *pâturages, pacages* ou *herbages* diffèrent des prairies en ce que l'herbe, au lieu d'être fauchée et conservée sous forme de foin, est consommée sur place par les bestiaux.

Les prés sont représentés par des éléments de lignes parallèles et très serrées formant une teinte unie (*fig.* 410).

767. Les *terrains boisés* sont représentés par un dessin figurant le feuillage des arbres et formé par de très petits cercles de rayons différents, plus ou moins

rapprochés. Des traits parallèles au cadre sont tracés dans l'intérieur de ces petits cercles de manière à donner un léger grisé (*fig.* 411).

768. Les *marais* sont figurés au moyen

Fig. 411.   Fig. 412.   Fig. 413.

de hachures horizontales au milieu desquelles on dessine le signe conventionnel correspondant à la nature du sol environnant (*fig.* 412).

769. Les *tourbières* sont représentées par des flaques d'eau rectangulaires figurant les excavations d'où on a extrait la tourbe (*fig.* 413).

770. Les *rizières* n'étant que des marais submersibles, on les représente comme s'il s'agissait de marais ordinaires, en ayant soin de les diviser par des digues en terre (*fig.* 414).

771. Les *marais salants* sont figurés au moyen de canaux conduisant l'eau de

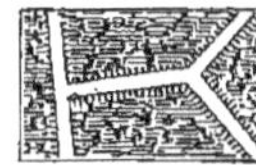  

Fig. 414.   Fig. 415.   Fig. 416.

la mer dans des bassins séparés les uns des autres par des digues en terre (*fig.* 415).

772. Les *bruyères* sont des terrains incultes, généralement sablonneux, où croissent des arbrisseaux portant le même nom. On les représente par un pointillé très léger, parsemé de quelques touffes de bois de faibles dimensions (*fig.* 416).

773. Les *dunes*, qu'on rencontre exclusivement sur les bords de la mer, sont des monticules de sables qui, sous l'action du vent, sont constamment poussés dans l'intérieur des terres. On les représente par de petites hachures figurant les pentes des divers monticules et par des pointillés (*fig*. 417).

774.. Les *rochers* situés sur les bords de la mer sont indiqués par un dessin

Fig. 417.　　Fig. 418.　　Fig. 419.

dont l'effet, obtenu au moyen de traits irréguliers, rappelle leurs formes générales (*fig*. 418).

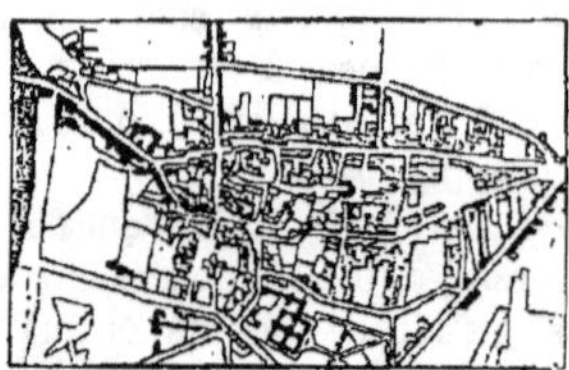

Fig. 420.

La figure 419 représente une portion de montagne.

775. La figure 420 représente une ville *ouverte* dessinée à l'échelle de 1/20000.

776. La figure 421 représente une ville *fermée* dessinée à l'échelle de 1/20000.

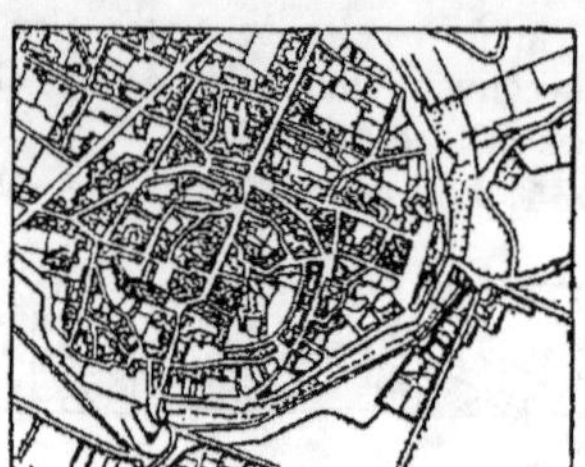

Fig. 421.

777. La figure 422 représente une

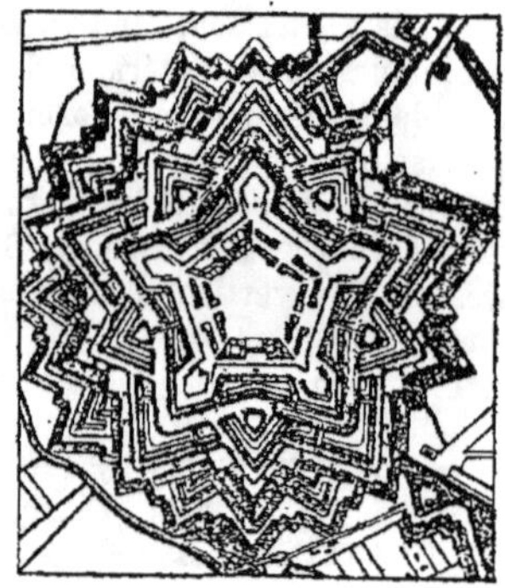

Fig. 422.

ville *fortifiée*, dessinée à l'échelle de 1/20000.

§ III. — DES TRAITS DE FORCE

778. Deux systèmes divisent les dessinateurs quant à la représentation des objets en creux et en relief. Les partisans de l'ancien système admettent que tout ce qui figure sur le plan est éclairé par des rayons lumineux formant, de gauche à droite, et avec l'horizon, des angles de 45°. Toutes les lignes qui reçoivent directement la lumière sont tracées très finement, tandis que celles qui se trouvent du côté de l'ombre sont fortement accusées. Ces dernières lignes sont des *traits de force*.

D'après cela, si les figures 423 et 424 représentent des objets en relief, les lignes

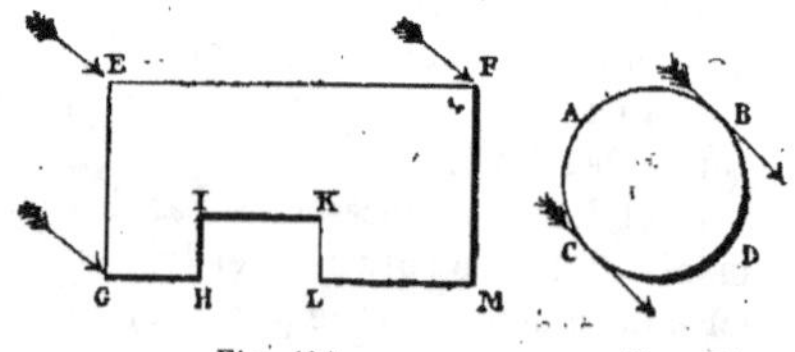

Fig. 423.　　　　Fig 424.

FE, EG, KL (*fig*. 423) et la partie CAB (*fig*. 424) seront tracées légèrement, tandis que GH, IH, IK, LM, FM (*fig*. 423) et

CDA (*fig.* 424) recevront des traits de force.

Si, au contraire, les objets représentés sont en creux, c'est du côté opposé qu'il

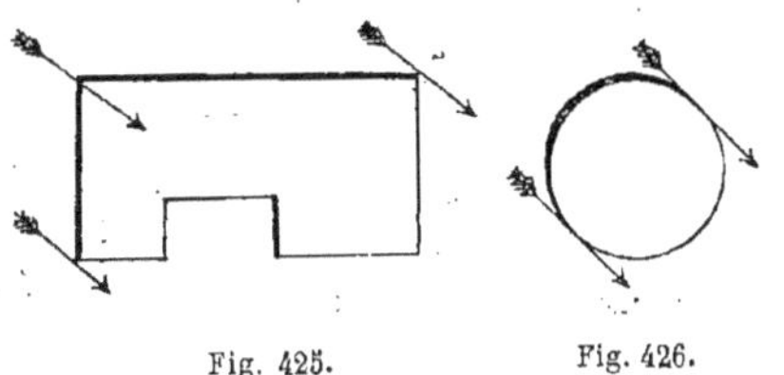

Fig. 425.   Fig. 426.

faudra tracer les traits de force, comme on le voit dans les figures 425 et 426.

Quand le plan doit être colorié, toutes les lignes sont d'abord tracées légèrement et ce n'est qu'après le lavis terminé qu'on met les traits de force.

779. Les dessinateurs de la nouvelle école considèrent tous les objets comme éclairés par des rayons lumineux verticaux. Tous les points sont également éclairés et il n'y a plus lieu d'employer les traits de force. L'ancien système doit être préféré, parce que les traits de force donnent au plan un aspect moins monotone et permettent de distinguer d'un seul coup d'œil les objets qui sont en **relief** de ceux qui sont en creux.

§ IV — DU LAVIS

780. Dans le lavis, on distingue trois sortes de teintes : les *teintes plates*, les *teintes de fond* et les *teintes fondues*.

I. — Teintes plates.

781. Les teintes plates sont celles qui offrent partout la même intensité.

Si la surface qui doit recevoir la teinte est peu étendue, on se sert d'un pinceau moyen qu'on trempe dans la couleur, préalablement préparée dans un godet, puis on étend vivement le liquide sur la partie à laver. A l'aide d'un second pinceau, on a soin d'enlever l'excédent de couleur pouvant se trouver sur différents points, de manière qu'on ne reconnaisse aucune surcharge, ni aucune solution de continuité, dans la teinte qui doit présenter la plus parfaite uniformité.

Si l'étendue à laver est grande, on prend un pinceau beaucoup plus fort que le précédent, puis on étend la couleur le plus vivement possible sur toute la surface à peindre, de telle façon qu'aucune partie ne sèche avant que l'opération soit terminée. Cela fait, on enlève la couleur qui a pu s'accumuler sur certains points, au moyen d'un second pinceau, pour éviter des taches qui se formeraient assurément.

Si, lorsque le papier est sec, on trouve que la teinte n'est pas suffisamment foncée, on peut donner une seconde, puis une troisième couche, en opérant comme on l'a fait pour la première, et cela jusqu'à ce qu'on obtienne une teinte qui ait le ton voulu et qui contente l'œil.

II. — Teintes de fond.

782. Les teintes de fond sont celles qui doivent recevoir un autre travail. Une teinte de fond peut être ou n'être pas plate.

III. — Teintes fondues.

783. Une teinte fondue est une teinte très foncée à l'origine, mais dont le ton va en diminuant progressivement, jusqu'à ce qu'il se confonde avec la couleur du papier.

Admettons, pour fixer les idées, que la teinte fondue doive être appliquée sur une largeur égale à AG, hauteur du rectangle AHNG (*fig.* 427), et que le rectangle soit partagé, suivant sa longueur, en six parties égales, par les parallèles BI, CJ, DK, EL, FM.

Le dessinateur est muni de deux pinceaux. Au moyen de celui destiné à l'application de la couleur, il donne, comme

Fig. 427.

précédemment, une teinte plate sur toute l'étendue du rectangle. Cela fait, il prend vivement le second pinceau, qui doit être très propre, le trempe dans un verre d'eau, puis le promène le long de la ligne GN, à la hauteur de FM environ, et cela jusqu'à ce que cette première couche soit bien fondue, ce qu'on reconnaît lorsqu'il est impossible de distinguer la ligne qui sépare la couleur de la teinte naturelle du papier. On conçoit que, lorsqu'on applique le pinceau à l'eau claire suivant FM, il faut le faire avec la plus grande célérité, parce que, si la couleur était sèche, il n'y aurait plus de fusion à espérer dans les teintes.

Cette première couche, posée et fondue à sa base, on en applique une seconde sur le rectangle AFMH. qu'on fond avec vivacité, comme précédemment, cette fois, suivant la ligne FM.

Enfin, on en applique une troisième sur le rectangle AELH, une quatrième sur le rectangle ADKH, une cinquième sur le rectangle ACJH, et, enfin, une sixième sur le rectangle ABIH. On a eu évidemment soin de fondre les teintes au fur et à mesure de l'application de la couleur, suivant les lignes EL, DK, CJ et BI.

De cette façon, le rectangle AHIB a reçu six couches, pendant que le rectangle FMNG n'en a reçu qu'une seule, et toutes ces couches sont tellement bien fondues, qu'on ne constate aucune ligne de démarcation entre elles.

On peut fondre deux, trois, quatre, etc. couches ensemble. Tout cela dépend du goût du dessinateur et de l'effet à produire.

Les traits du rectangle AHNG n'ont été faits que pour la démonstration, car le dessinateur voit à l'œil où il doit arrêter ses couches et les fondre.

Principales teintes employées dans le lavis des plans topographiques.

784. Ces teintes sont les suivantes :

1° Mer........	Indigo mêlé d'un peu de gomme gutte.
2° Sables.....	Gomme gutte et carmin.
3° Marais.....	Indigo pour les parties aquatiques et vert-pré pour les parties non noyées.
4° Tourbières.	Fond bleu avec indication des tourbières.
5° Friches....	Fond jaune d'ocre parsemé de larges plaques vertes.
6° Bruyères...	Faibles teintes de vert pré et de carmin appliquées au moyen de deux pinceaux.
7° Broussailles.	Fond jaune d'ocre parsemé de petites plaques vertes et bleues.
8° Taillis.....	Fond jaune d'ocre parsemé de plaques vertes.
9° Forêts.....	Vert olive.
10° Sapinières..	Vert olive plus foncé.
11° Terres labourables.	Gomme gutte mêlée de carmin avec indication des sillons.
12° Vergers....	Bleu et encre de Chine.
13° Prairies....	Gomme gutte et bleu de Prusse.
14° Fleuves et rivières...	Bleu de Prusse.
15° Étangs....	Bleu de Prusse.
16° Landes....	Vert terne formé au moyen d'indigo, de gomme gutte, de sépia et d'encre de Chine.
17° Jardins....	Fond jaune d'ocre avec indication des plantations.
18° Potagers...	Fond jaune d'ocre avec indication en vert des sillons.
19° Vignes.....	Mélange faible de carmin, d'indigo, de sépia et d'encre de Chine, parsemé de plaques de couleurs lie de vin.

Principales teintes employées pour le lavis des dessins.

785. Ces teintes sont les suivantes :

1° Terrassements	Déblais......	Gomme gutte.
	Remblais....	Rose de carmin.

2° Parties coupées des murs de construction.	Moellons bruts Pierres de taille......	Rose de carmin. Rouge vif de carmin.	5° Bronze et cuivre.....	Coupe.....	Gomme gutte et carmin avec hachures de terre de Sienne brûlée.
	Briques.	Vermillon mélangé d'un peu d'encre de Chine, avec hachures de la même teinte plus foncée.	Plans de traverses des villes et bourgs par les routes...	Maisons particulières....	Teinte pâle d'encre de Chine avec liséré foncé à la place des traits de force en bas et à droite.
3° Charpentes,.	Élévation....	Teinte pâle de terre de Sienne.		Édifices publics.......	Encre de Chine plus foncée avec traits de force.
	Coupes,.....	Teinte pâle de terre de Sienne avec des hachures de sépia.		Parties des bâtiments soumis au reculement.	Teinte jaune appliquée sur la couleur grise des maisons.
4° Fers et fontes	Élévation....	Bleu pâle.		Parties de la voie sur laquelle les constructions riveraines devront avancer.......	Rose pâle.
	Coupes......	Bleu pâle avec hachures de la même teinte, mais plus foncée.			
5° Bronze et cuivre.....	Élévation....	Gomme gutte et carmin.			

§ V. — ÉCRITURES ET CADRES DES DESSINS

786. Les écritures contribuent essentiellement à donner un bon aspect au dessin d'un plan et, quelle que soit la capacité calligraphique d'un dessinateur, jamais les lettres ordinaires qu'il tracera ne s'harmoniseront avec les traits d'un dessin comme les caractères moulés, dits *typographiques*. Aussi les lettres moulées doivent-elles être exclusivement employées.

On utilise généralement la *capitale* droite ou penchée, le *romain* droit ou penché, et l'*italique*, en ayant soin de proportionner la hauteur des caractères à l'échelle du plan.

Les écritures doivent être placées de manière à ne pas nuire à la netteté des détails; elles seront exécutées à l'encre de Chine.

Quelle que soit l'orientation d'un plan, les écritures doivent être parallèles au bord du papier, en exceptant, toutefois, celles qui désignent les noms des chemins, rivières, canaux etc., dont la place et la direction sont déterminées par la forme même des objets indiqués.

Fig. 428.

On place généralement l'échelle du plan dans le bas de la feuille.

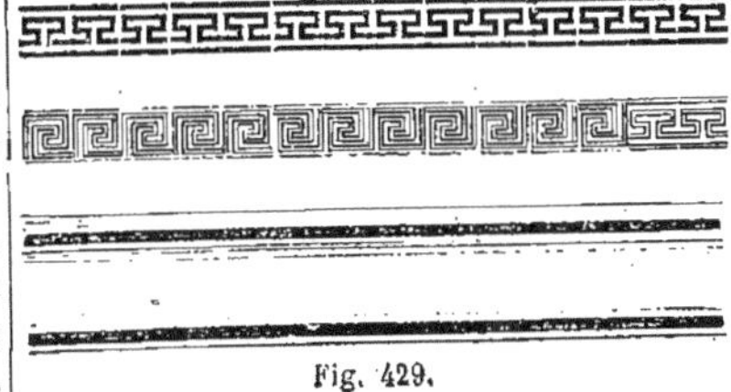

Fig. 429.

Du reste, le titre et les inscriptions nécessaires sont subordonnés au goût et à
l'habileté du dessinateur.

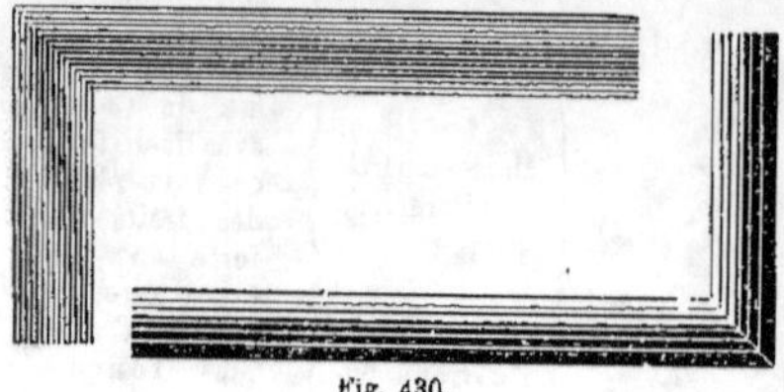

Fig. 430.

Le *cadre* d'un dessin est un ensemble
de traits entourant symétriquement le
dessin d'un plan, de manière à donner à
ce dessin un aspect plus agréable à l'œil.

Dans les services publics, on entoure
généralement les dessins d'un cadre très
simple composé de deux filets rectangulaires tracés au moyen de la règle et du
tire-ligne (*fig.* 428).

L'épaisseur du gros trait dépend de
l'échelle adoptée et de la dimension de la
feuille.

On emploie aussi des cadres plus compliqués, comme ceux représentés par les
figures 429 et 430.

§ VI. — REPRODUCTION DES PLANS

Copie d'un plan en grandeur naturelle.

787. *Copier* un plan, c'est reproduire
ce plan exactement et rigoureusement au
moyen de certains procédés ou méthodes
dont voici les principales :

1° Méthode de la piqûre ;

2° Méthode du calque ;

3° Méthode des carrés ;

4° Méthode des intersections ;

5° Méthode des perpendiculaires.

I. Méthode de la piqure.

788. On place la feuille de papier
devant recevoir la copie sur une planche
à dessiner et on la tend parfaitement au
moyen de *punaises*. On place par-dessus
le plan à reproduire, en ayant soin de
bien fixer chacun de ses angles ; puis, au
moyen d'une aiguille très fine et bien
acérée, on pique tous les points dont on
veut avoir la trace. On enlève ensuite le
plan et on unit, au moyen d'un crayon
finement taillé, par des droites ou par des
courbes, tous les points qui doivent être
reliés ensemble.

Les points oubliés sont facilement re-
trouvés à l'aide des plus voisins par le
tracé de deux arcs de cercle se coupant.

On passe ensuite les traits à l'encre de
Chine, puis on lave le dessin comme s'il
s'agissait d'un original.

II. Méthode du calque.

789. Le calque se fait de diverses manières. Si le dessin est de petite dimension,
on le place sous la feuille blanche destinée
à recevoir la copie à laquelle on le fixe
par ses angles avec un peu de colle à
bouche. On appuie les deux feuilles ainsi
superposées sur le verre d'une fenêtre et,
par suite de la transparence due à la
lumière, on n'a qu'à suivre, avec un
crayon finement taillé, les contours des
détails du plan à reproduire.

On peut se servir d'un *calquoir* spécial
composé d'une glace assez épaisse et
aussi transparente que possible, fixée dans
un châssis ABCD (*fig.* 431).

Le châssis est construit de telle façon
que ses côtés affleurent le verre, avec une
inclinaison variant de 20 à 30°. Par suite
de sa disposition, la lumière n'arrive que
par-dessous et c'est une condition essentielle. Pour cela, on place le châssis près
d'une fenêtre dont tous les carreaux sont
bouchés, à l'exception de celui qui correspond au châssis ; de plus, on entoure le
châssis d'un rideau opaque pour inter-
cepter la lumière provenant des autres
ouvertures de la pièce, de manière que les

rayons lumineux n'arrivent que sous la glace.

Fig. 431.

Le dessin montre, sous le châssis, des planches inclinées destinés à renvoyer les rayons lumineux sur la glace du calquoir.

Cette disposition donne une transparence considérable qui permet de voir tous les détails d'un plan, absolument comme s'il n'était pas recouvert d'une seconde feuille.

On voit de suite l'usage à faire de cet appareil. On place le plan à reproduire sur la glace du châssis, puis on le recouvre de la feuille qui doit recevoir la copie. On fixe les deux feuilles sur le châssis au moyen de punaises et, pour peu que le dessinateur soit habile, il peut passer immédiatement tous les traits à l'encre de Chine.

790. *Papier végétal.* On trouve, dans le commerce, un genre de papier, dit *végétal*, d'une transparence très grande. Il n'y a qu'à fixer ce papier sur le plan à reproduire et à tracer immédiatement, à l'encre de Chine, tous les détails des dessins qu'on veut reproduire. Sa finesse est extrême. Conséquemment, il ne supporte pas le moindre grattage. Il supporte le lavis, mais il se déforme facilement sous l'influence de l'humidité. Il conserve ses ondulations, même lorsqu'il est sec et il est difficile de les faire disparaître.

III. MÉTHODE DES CARRÉS.

791. Pour copier un plan ou un dessin quelconque par la méthode des carrés, on trace au crayon, tant sur le dessin à reproduire que sur la feuille qui doit en recevoir la copie, deux séries de lignes parallèles et perpendiculaires entre elles, de manière à former des carrés ou des rectangles égaux. Pour plus de facilité, on numérote ces carrés, comme l'indiquent les figures 432 et 433.

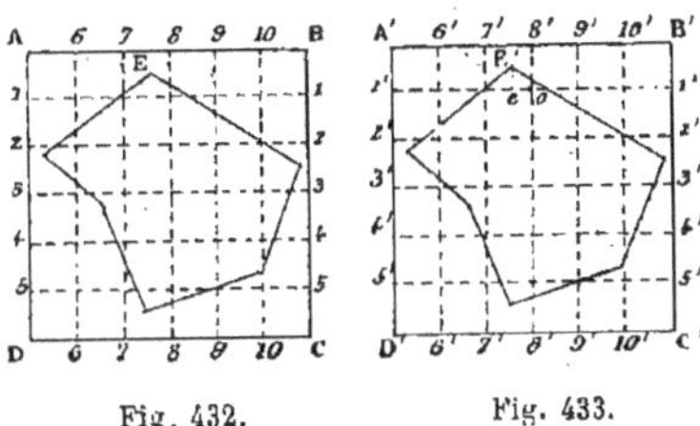

Fig. 432.   Fig. 433.

On place ensuite dans les carrés ou les rectangles de la feuille blanche, soit à vue, soit par des procédés géométriques bien connus, tous les détails qui se trouvent dans les carrés correspondants du dessin à copier.

Soit, par exemple, le point E de la feuille ABCD (*fig.* 432) à placer sur la feuille A'B'C'D' (*fig.* 433). On prend avec un compas la distance de ce point à la droite 8, 8, parallèle à AD, et on porte cette distance du point O, intersection des droites 8', 8' et 1', 1', en *e*. Prenant ensuite la distance du point E à la droite 1', 1' et la portant perpendiculairement de *e* à 1', 1', on obtient le point E' demandé.

Les perpendiculaires, telles que E'e
étant très petites, on peut se dispenser de
les tracer.

IV. MÉTHODE DES INTERSECTIONS.

792. Soit le polygone ABCDEF (*fig.* 434)
dont on veut obtenir une copie. On trace
d'abord une droite A'E' à laquelle on
donne une longueur égale à AE. Du point
A', comme centre, avec une ouverture de
compas égale à AB, on décrit un arc de

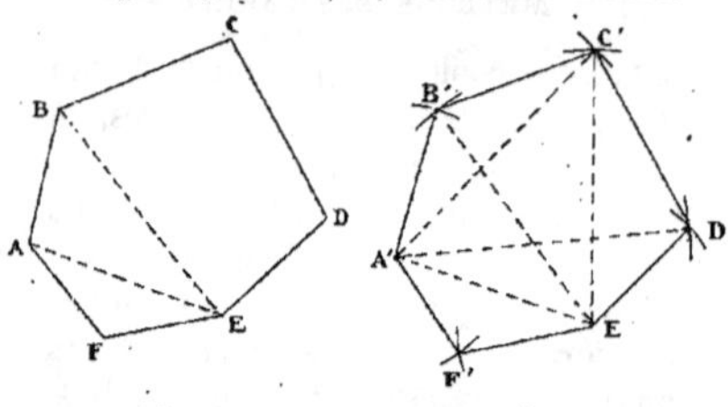

Fig. 434.

cercle, et du point E' avec BE comme
rayon on décrit un second arc de cercle
coupant le premier en B'. Ce point d'intersection est le sommet correspondant
au sommet B.

De même, en décrivant un arc de cercle
du point A', comme centre, et la distance
AF pour rayon ; puis du point E', comme
centre, avec un rayon égal à EF, le point
d'intersection F' des deux arcs déterminera un second sommet du polygone à reproduire.

Les points D' et C' s'obtiendront en
opérant de la même manière.

Cette méthode, comme on le voit, n'est
que l'application du problème (95, p. 109),
qui consiste à construire un triangle dont
on connaît les trois côtés.

V. MÉTHODE DES PERPENDICULAIRES.

793. Pour copier le polygone ABCDEF
(*fig.* 435) par la méthode des perpendiculaires, on commencera par tracer sur le
dessin la ligne droite AE et des sommets
B, C, D, F, on abaissera des perpendiculaires
sur cette ligne.

Cela fait, on trace une droite A'E' sur

la feuille destinée à recevoir la copie, puis
on porte les distances A'G' = AG, o.
G'H' = GH, H'I' = HI, I'K' -- IK
K'E' = KE. Les points G',H',I',K', on

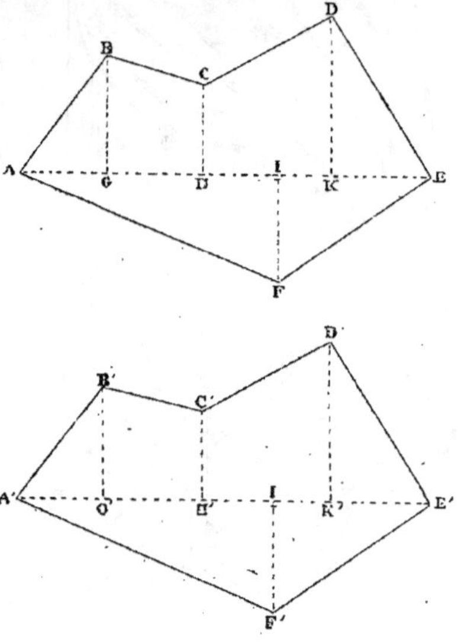

Fig. 435.

élève à la droite A'E' des perpendiculai-
res auxquelles on donne des longueurs
G'B' = GB, H'C' = HC, K'D' = KD,
I'F' = IF.

En unissant les points A',B',C',D',E',F',
on obtiendra la copie demandée.

Souvent, on emploie en même temps,
pour copier un même dessin, les deux
procédés qui viennent d'être décrits,
selon que les parties qu'il faut reproduire
se prêtent plus ou moins à l'une ou à
l'autre de ces constructions géométriques.

Réduction des plans.

794. Les procédés à l'aide desquels on
reproduit un plan ou un dessin quelconque
en lui donnant de plus grandes ou plus
petites dimensions ont beaucoup d'analogie avec ceux qui viennent d'être
décrits. Ils diffèrent seulement en ce que
les longueurs prises sur l'original doivent,
avant d'être portées sur la copie, subir

une augmentation ou une diminution déterminée par le rapport existant entre l'échelle des deux plans. Voici quelques détails à ce sujet.

I. — MÉTHODE DES CARRÉS.

795. Si l'on veut réduire le plan (*fig.* 432), on opérera ainsi :

Après avoir construit le grand rectangle ABCD et avoir tracé dans le sens de chacun des côtés des parallèles équidistantes, on construit un second rectangle A'B'C'D' de manière que les côtés A'B', B'C' contiennent respectivement autant de parties de l'échelle adoptée pour la copie que AB, BC contiennent de parties de l'échelle originale. On partage les côtés de ce rectangle en autant de parties égales qu'il y en a dans AB et BC et on mène des parallèles aux côtés par les points de division.

On dessine ensuite, dans chaque rectangle de la figure A'B'C'D', les détails qui se trouvent dans le rectangle correspondant de la figure ABCD, soit à vue, soit, comme cela a été dit précédemment, en prenant les distances d'un point quelconque à deux lignes qui se coupent; mais, dans ce dernier cas, on aura soin de porter chaque distance sur l'échelle originale, afin de savoir combien elle contient de parties de celle-ci, et de prendre ensuite sur l'échelle de copie un nombre égal de divisions pour le porter dans les carrés correspondants.

II. — MÉTHODE DES INTERSECTIONS.

796. Il s'agit de réduire à une échelle quelconque N le plan ABCDEF (*fig.* 434) dressé à l'échelle M.

On tracera d'abord, sur le papier, la ligne A'E' correspondant à la ligne AE de l'original. On cherchera combien cette dernière contient de parties de l'échelle M et on portera sur A'E' le nombre de parties de l'échelle N. Les points A' et E' seront alors déterminés en position.

Prenant ensuite la longueur AB, on la portera sur l'échelle M, et avec une ouverture de compas égale à la longueur correspondante sur l'échelle N, on décrira du point A', comme centre, un arc de cercle. On fera la même opération pour BE, c'est-à-dire qu'on décrira au point E', avec un rayon B'E', contenant autant de parties de l'échelle N que BE contient de parties de l'échelle M, un second arc de cercle qui coupera le premier au point B'. Ce point d'intersection sera l'un des sommets du plan réduit.

On continuera l'opération de la même manière et on obtiendra successivement les points correspondants aux sommets C, D, F.

Angle de réduction.

797. Le procédé précédent est très lent parce qu'il oblige le dessinateur à manier constamment deux échelles. On pare à cet inconvénient en faisant usage d'un *angle de réduction* qu'on construit de la manière suivante :

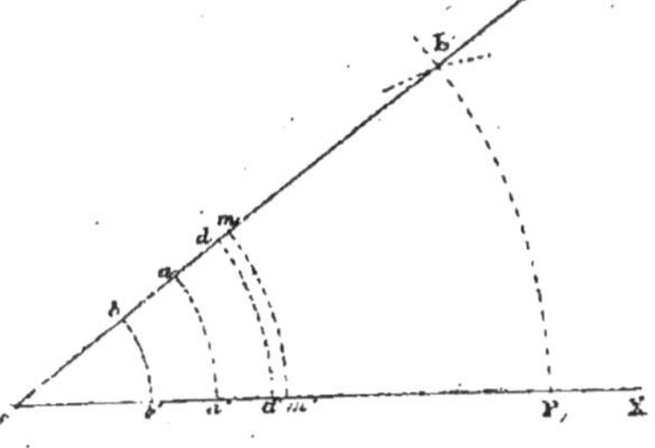

Fig. 436.

Sur une droite indéfinie OX (*fig.* 436), on porte de O en P un certain nombre de parties de l'échelle M et du point O, avec OP pour rayon, on décrit un arc de cercle; puis, du point P, comme centre, et avec un rayon égal au même nombre de parties de l'échelle N, on décrit un second arc de cercle coupant le premier en B. En unissant le point O au point B, on obtient un angle BOP qui constitue l'angle de réduction.

Pour réduire le polygone ABCDEF (*fig*. 434) au moyen de cet angle, on procédera de la manière suivante :

Après avoir tracé une ligne indéfinie A'E', on prendra, avec le compas, la distance AE et plaçant une des pointes de l'instrument au sommet O de l'angle de réduction, on portera cette distance sur chacun des deux côtés, en O*a* et O*a'*. La corde *aa'* sera égale à la distance qui doit exister entre les points A' et E' du dessin réduit. Prenant ensuite une longueur égale à AB et la portant encore à partir du sommet O, sur les deux côtés de l'angle, en O*b* et O*b'*, la corde *bb'* sera la longueur du côté correspondant à AB. Donc, en décrivant du point A', comme centre, un arc de cercle avec *bb'* pour rayon, le sommet B' devra se trouver sur cet arc. De même, en prenant la distance BE et en la portant de O en O*d* et en O*d'*, la corde *dd'* sera l'ouverture de compas, avec laquelle il faudra décrire, du point E', un second arc de cercle dont l'intersection avec le premier fournira le point B'.

On déterminera le point C' en prenant la distance AC, en la portant de O en O*m* et en O*m'*, en décrivant un arc de cercle avec *mm'* pour rayon et du point A', comme centre.

Les deux distances EB et EC étant supposées égales, on décrira du point E', comme centre avec un rayon égal à la même corde *mm'*, un autre arc de cercle qui coupera le premier en C'.

Les deux autres sommets D' et F' se détermineront par une construction analogue.

III. — MÉTHODE DES PERPENDICULAIRES.

798. Pour réduire à une échelle N le plan ABCDEF (*fig*. 435) dressé à l'échelle M, voici comment on opérera :

Après avoir tracé, sur le plan à réduire, une ligne droite AE joignant les sommets de deux angles opposés et avoir abaissé sur cette base une série de perpendiculaires par les différents sommets B, C, D, F, on trace sur le papier qui doit recevoir la copie réduite une ligne indéfinie A'E' sur laquelle on porte les distances A'G', G'H', H'I', I'K', K'E', proportionnelles à AG, GH, HI, IK, KE. Par les points G', H', I', K' on trace des perpendiculaires auxquelles on donne aussi des longueurs proportionnelles à GB, HC, KD, IF.

Toutes ces lignes proportionnelles s'obtiendront en examinant combien chaque distance prise sur le plan original ABCDEF contient de parties de l'échelle à laquelle cette figure a été dessinée et en prenant ensuite, sur l'échelle du plan réduit, le même nombre respectif de parties.

Il ne restera plus, pour achever l'opération, qu'à unir les points A', B', C', D', E', F', par des droites.

799. *Remarque.* Quand on réduit un plan à une échelle qui n'est que la moitié ou le tiers de l'échelle originale, chaque ligne de la copie n'est plus que la moitié ou le tiers de la ligne à laquelle elle correspond ; mais la superficie occupée par le plan réduit équivaut seulement au quart ou au neuvième du plan donné.

Ce principe découle de ce théorème de géométrie :

Les surfaces de deux figures semblables sont proportionnelles aux carrés de leurs côtés homologues.

Compas de réduction.

800. Les opérations relatives à la réduction des plans se simplifient beaucoup quand on a à sa disposition un *compas de réduction* dont la description a été donnée (n° 248).

S'il s'agit, par exemple, de réduire au tiers avec ce compas, on placera l'indicateur sur la ligne portant le n° 3, de manière que chaque branche soit divisée par le pivot en deux portions dont l'une sera le tiers de l'autre. Alors, chaque fois qu'on prendra une distance quelconque avec les pointes du grand compas, les pointes du petit seront écartées l'une de l'autre du tiers de cette distance. Il suffira donc, pour réduire, de prendre les lignes du modèle avec le grand compas et de faire avec le petit les lignes correspondantes de la copie. Pour tripler, ce serait le contraire : le petit compas servirait pour le modèle et le grand, pour la copie.

Réduction au pantographe.

L'application des moyens que nous avons indiqués ci-dessus pour la copie ou la réduction des plans demande un temps considérable, lorsqu'il s'agit de reproduire des dessins qui renferment beaucoup de détails. Mais il existe un instrument, nommé *pantographe*, dont l'emploi supplée aux procédés qui précèdent, avec de grands avantages.

Le lecteur est renvoyé, pour ce qui concerne cet instrument, à ce qui a été dit sur sa description et son application au chapitre III (n° 250 et suivants).

IV. — CUBAGE PRATIQUE

SOMMAIRE

Préliminaires.

801. Il y a analogie complète entre l'arpentage et le cubage. Pour mesurer une surface irrégulière, on la décompose en figures régulières et, pour cuber un solide irrégulier, on le décompose en solides réguliers.

En arpentage, on a des figures régulières et des figures irrégulières ; de même, en cubage, on a des solides réguliers et des solides irréguliers.

802. On donne le nom de *polyèdre* à un corps terminé de toutes parts par des plans.

803. Les plans qui limitent un polyèdre déterminent, en se rencontrant, des polygones qui sont les *faces* du polyèdre. L'ensemble des faces constitue la surface du polyèdre.

804. Les droites qui limitent les faces polygonales d'un polyèdre sont les *arêtes* du polyèdre.

805. On appelle angles d'un polyèdre les angles polyèdres formés par la rencontre des plans qui limitent le solide.

Les sommets des angles polyèdres sont aussi les sommets du polyèdre.

806. La *diagonale* d'un polyèdre est une droite qui unit deux sommets quelconques non situés sur une même face.

807. Certains polyèdres ont reçu des noms particuliers. Ainsi :

1° Le *tétraèdre* est un polyèdre à 4 faces;

2° L'*hexaèdre* est un polyèdre à 6 faces;

3° L'*octaèdre* est un polyèdre à 8 faces;

4° Le *dodécaèdre* est un polyèdre à 12 faces;

5° L'*icosaèdre* est un polyèdre à 20 faces.

808. Le *tétraèdre* est le plus simple des polyèdres.

En effet, pour former un angle polyèdre, il faut au moins trois plans, lesquels laissent nécessairement un vide qui ne peut être clos qu'à l'aide d'un quatrième plan au moins.

809. On nomme *polyèdre régulier*, un polyèdre dont tous les angles solides sont égaux entre eux et dont toutes les faces sont aussi des polygones réguliers, égaux entre eux.

810. On ne compte que cinq polyèdres réguliers, savoir :

I. Le *tétraèdre régulier*, dont la surface est formée par quatre triangles équilatéraux assemblés trois à trois autour de chaque sommet.

II. L'*hexaèdre régulier*, dont la surface est formée par six carrés égaux assemblés autour de chaque sommet.

III. L'*octaèdre régulier*, dont la surface est formée par huit triangles équilatéraux, assemblés quatre à quatre autour de chaque sommet.

IV. Le *dodécaèdre régulier*, dont la surface est formée par douze pentagones réguliers, assemblés trois à trois autour de chaque sommet.

V. L'*icosaèdre régulier*, dont la surface est formée par vingt triangles équilatéraux, assemblés cinq à cinq autour de chaque sommet.

CHAPITRE PREMIER

SOLIDES RÉGULIERS

811. Les solides réguliers sont :

1° Le prisme;

2° La pyramide;

3° Le tronc de pyramide;

4° Le cylindre;

5° Le cône;

6° Le tronc de cône;

7° La sphère;

8° L'ellipsoïde.

§ I. — LE PRISME

812. Le prisme est un polyèdre compris sous plusieurs plans parallélogrammes, réunis entre eux par deux polygones égaux et parallèles.

813. Les deux polygones égaux et parallèles sont les *bases* du prisme.

814. La *hauteur* d'un prisme est la distance qui sépare les deux bases, c'est-à-dire la longueur de la perpendiculaire abaissée d'un point quelconque d'une base sur l'autre.

815. Les bases des parallélogrammes

qui forment la surface d'un prisme sont les *arêtes* de ce prisme et les parallélogrammes en sont les *faces latérales*, ou les *pans*.

816. Le solide (*fig.* 437) est un prisme, parce que :

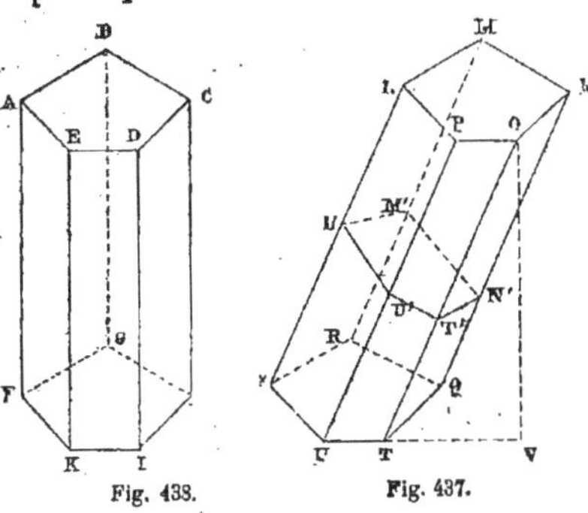

Fig. 438.   Fig. 437.

1° Les deux bases LMNOP et VRQTU sont des polygones égaux et parallèles ;

2° Les faces latérales FLMR, RMNQ, TONQ, UPOT et FLPU sont des parallélogrammes.

Les droites LF, MR, NQ, OT et PU sont les *arêtes* du prisme.

817. La perpendiculaire OV abaissée du sommet O sur le plan de la base FRQTU est la *hauteur* du prisme.

818. Un prisme est *oblique*, lorsque ses arêtes latérales sont obliques par rapport aux bases. Il est droit, lorsque ses arêtes latérales sont perpendiculaires aux plans des bases. Ainsi le prisme (*fig.* 437) est *oblique*, tandis que le prisme (*fig.* 438) est *droit*.

Lorsqu'un prisme est droit, ses faces latérales sont des rectangles et chaque arête est égale à la hauteur du prisme.

Dans un prisme oblique, la hauteur est toujours moindre que la longueur d'une arête latérale.

819. La somme des faces latérales d'un prisme forme la *surface latérale* de ce prisme.

820. On dit qu'un prisme est *triangulaire, quadrangulaire, pentagonal, hexa-*gonal, etc., selon que sa base est un triangle, un quadrilatère, un pentagone, un hexagone, etc.

821. On appelle *section droite* d'un prisme oblique, un polygone, comme L'M'N'T'U' (*fig.* 437), résultant d'un plan perpendiculaire aux arêtes et les coupant toutes.

822. Parmi les prismes, on distingue le *cube* et le *parallélipipède*.

I. — Le cube.

823. Lorsqu'un prisme est compris sous six faces, si chaque face est un carré, ce prisme prend le nom de *cube* (*fig.* 439).

Il résulte de cette définition que, dans un cube, toutes les faces et toutes les arêtes sont égales.

SURFACE DU CUBE.

824. *La surface d'un cube est égale à six fois le carré d'une arête.*

Problème n° 163.

825. *Quelle est la surface d'un cube ayant 0ᵐ83 pour la longueur d'une arête ?*
$6 \times 0,83^2 = 6 \times 0,83 \times 0,83 = 4,1334.$

La surface demandée est 4 mètres carrés 1334 centimètres carrés.

VOLUME DU CUBE.

826. *Le volume d'un cube est égal au cube d'une arête, c'est-à-dire au produit de cette arête multipliée deux fois par elle-même.*

Problème n° 164.

827. *Quel est le volume d'un cube ayant* 0ᵐ83 *pour la longueur d'une arête ?*
$0,83^3 = 0,83 \times 0,83 \times 0,83 = 0,571787.$

Le volume demandé est 571787 centimètres cubes ou, simplement, 572 décimètres cubes.

Problème n° 165

828. *Trouver l'arête d'un cube double ou triple d'un autre.*

Connaissant l'arête b d'un cube quelconque V, il s'agit de déterminer le côté B d'un cube double en volume 2V.

Les volumes de deux polyèdres semblables étant proportionnels aux cubes de deux arêtes homologues, on a :

$$V : 2V : : b^3 : B^3.$$

D'où

$$B^3 = \frac{2V \times b^3}{V}.$$

En divisant par V le numérateur et le dénominateur du second nombre, il viendra :

$$B^3 = 2b^3 \text{ ou } B = b \sqrt[3]{2}.$$

Comme $\sqrt[3]{2} = 1,25921$, il en résulte que

$$B = b \times 1,25921.$$

Pour déterminer l'arête d'un cube triple en volume d'un cube donné, on emploierait la formule :

$$B = b \sqrt[3]{3}$$

qui revient à

$$B = b \times 1,44225.$$

Donc, pour avoir l'arête d'un cube double ou triple d'un autre, il faut multiplier l'arête du cube donné, soit par 1,25921, soit par 1,44225.

II. — Le parallélipipède.

829. Lorsqu'un prisme est compris sous six faces, y compris les bases, si chaque face est un parallélogramme, ce prisme prend le nom de *parallélipipède* (*fig.* 440 et 441).

830. On distingue le *parallélipipède*

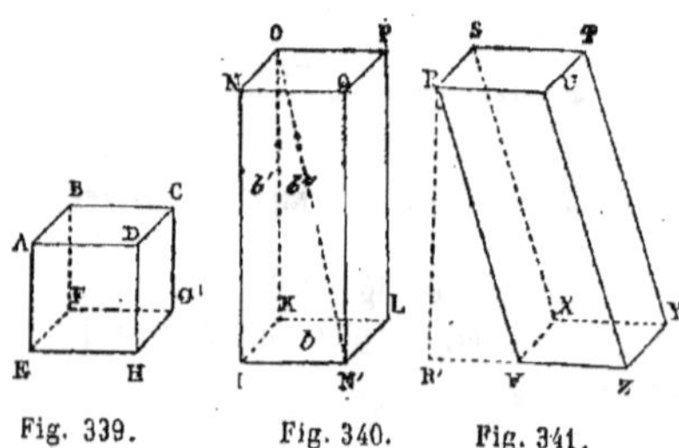

Fig. 339.   Fig. 340.   Fig. 341.

oblique, le *parallélipipède droit* et le *parallélipipède rectangle* :

Le *parallélipipède oblique*, est celui dont les arêtes sont obliques par rapport aux bases, comme TV (*fig.* 441).

Le *parallélipipède droit* est celui dont les arêtes sont perpendiculaires aux plans des bases, comme ON' (*fig.* 440).

Le *parallélipipède rectangle* est un parallélipipède droit dont les bases sont des rectangles.

831. La perpendiculaire RR' (*fig.* 441), abaissée d'un point de la base supérieure sur le plan de la base inférieure, est la *hauteur* du parallélipipède oblique TV.

La hauteur d'un parallélipipède droit ou rectangle est la longueur d'une des arêtes, comme NI (*fig.* 440).

SURFACE DU PARALLÉLIPIPÈDE.

832. *La surface d'un parallélipipède quelconque est égale au produit de la hauteur par la longueur du périmètre d'une base, augmenté de la surface des deux bases.*

En désignant par b la face IKLN' (*fig.* 440); par b', la face NOKI; par b'', la face NQN'I; par S, la surface du parallélipipède, on aura :

$$S = 2b + 2b' + 2b''.$$

Problème n° 166.

833. *La hauteur d'un parallélipipède oblique est* 8^m,30. *Sa base est un parallélogramme ayant* 0^m,42 *de longueur et* 0,18 *de hauteur. On demande quelle est sa surface.*

Le périmètre de la base est :

$$0,42 + 0,42 + 0,18 + 0,18 = 1,20.$$

En représentant la surface demandée par S, on aura :

$$S = (8,30 \times 1,20) + (2 \times 0,42 \times 0,18) = 10,11.$$

La surface du parallélipipède oblique est donc 10 mètres carrés 11 décimètres carrés.

VOLUME DU PARALLÉLIPIPÈDE.

834. *Le volume d'un parallélipipède quelconque est égal au produit de la surface de sa base par sa hauteur.*

En désignant par V le volume d'un

parallélipipède ; par b, la surface de sa base; par h, sa hauteur, on aura :

Pour le volume, $V = bh$;

Pour la base, $b = \dfrac{V}{h}$;

Pour la hauteur, $h = \dfrac{V}{b}$.

Problème n° 167.

835. *Quel est le volume du parallélipipède oblique dont les dimensions sont données au problème 166?*

En désignant le volume par V, on aura :

$V = 8,30 \times 0,42 \times 0,18 = 0,627.$

Le volume demandé est donc 627 décimètres cubes.

Problème n° 168.

836. *Quelle est la surface de la base d'un parallélipipède ayant un volume de* $0^{m3}447$ *et* $7^{m}10$ *de hauteur?*

En désignant la surface de la base par b, on aura :

$$b = \frac{0,477}{710} = 0,0672.$$

La surface de la base est donc 672 centimètres carrés, et si cette base avait 0,32 de longueur, sa hauteur serait :

$$\frac{0,0672}{0,32} = 0^{m}21.$$

Problème n° 169.

837. *Quelle est la hauteur d'un parallélipipède ayant un volume de* $0^{m3}576$ *et* $0^{m2}09$ *pour la surface de sa base?*

En désignant la hauteur par h, on aura :

$$h = \frac{0,576}{0,09} = 6^{m}40.$$

La hauteur demandée est donc $6^{m}40$.

838. On appelle *diagonale* d'un prisme, en général, une droite qui unit les sommets de deux angles polyèdres situés l'un sur la base supérieure et l'autre sur la base inférieure, à la condition que ces sommets n'appartiendront pas à la même face.

La droite ON' (*fig.* 440) unissant les sommets O et N' est une diagonale du parallélipipède NOPQIKLN'.

839. *Dans tout parallélipipède rectangle, le carré d'une diagonale est égal à la somme des carrés des trois arêtes aboutissant au même sommet.*

Ainsi, on aura :

$$\overline{ON'}^2 = \overline{ON}^2 + \overline{OP}^2 + \overline{OK}^2.$$

ou

$$ON' = \sqrt{\overline{ON}^2 + \overline{OP}^2 + \overline{OK}^2}.$$

III. — Tronc de parallélipipède.

840. Un tronc de parallélipipède est ce qui reste d'un parallélipipède coupé par un plan non parallèle aux bases (*fig.* 442).

SURFACE DU TRONC DE PARALLÉLIPIPÈDE.

En désignant par S la surface du tronc de parallélipipède (*fig.* 442); par m, la longueur HG de la base; par n la hauteur HE de cette base; par h, l'arête DH; par

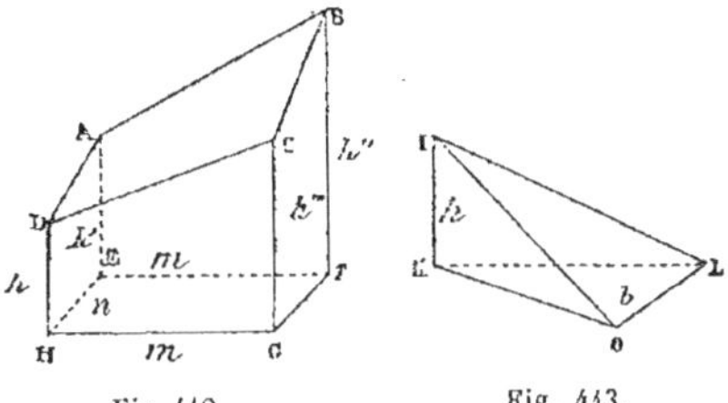

Fig. 442. Fig. 443.

h', l'arête AE; par h'', l'arête BF; par k''', l'arête CG, on aura la formule :

$$S = 2mn + m\left(\frac{h + h'''}{2}\right)$$
$$+ n\left(\frac{h''' + h^{v}}{2}\right) + m\left(\frac{h' + h''}{2}\right)$$
$$+ n\left(\frac{h + h'}{2}\right)$$

VOLUME DU TRONC DE PARALLÉLIPIPÈDE.

841. En désignant par V, le volume du tronc de parallélipipède (*fig.* 442), et en représentant la surface de la base par b, on aura les formules suivantes :

1° Pour le volume,

$$V = b\ \frac{h + h' + h'' + h'''}{4}\ ;$$

2° Pour la base,

$$b = \frac{4V}{h + h' + h'' + h'''}\ ;$$

3° Pour la hauteur,

$$h = \frac{4V}{b} - (h' + h'' + h''').$$

SURFACE D'UN PRISME QUELCONQUE.

842. *La surface d'un prisme quelconque est égale au produit de sa hauteur var la longueur du périmètre d'une base, augmenté de la surface de deux bases.*

VOLUME D'UN PRISME QUELCONQUE.

843. *Le volume d'un prisme quelconque est égal au produit de la surface de sa base par sa hauteur.*

IV. — Tronc de prisme.

TRONC DE PRISME TRIANGULAIRE.

844. En représentant par b la surface de la base KLO et par h la hauteur du tronc de prisme triangulaire IKLO (*fig.* 443), on aura les formules suivantes :

1° Pour le volume désigné par V,

$$V = b\ \frac{h}{3}\ ;$$

2° Pour la surface de la base,

$$b = \frac{3V}{h}\ ;$$

3° Pour la hauteur,

$$h = \frac{3V}{b}.$$

845. En représentant par b la base CDE; par h, l'arête AC; par h', l'arête BD du tronc de prisme (*fig.* 444), on aura les formules suivantes :

1° Pour le volume désigné par V,

$$V = b\ \frac{h + h'}{3}\ ;$$

2° Pour la surface de la base,

$$b = \frac{3V}{h + h'}\ ;$$

3° Pour l'arête AC,

$$h = \frac{3V}{b} - h'\ ;$$

4° Pour l'arête BD,

$$h' = \frac{3V}{b} - h.$$

846. En représentant par b la base KHL; par h, l'arête FK; par h', l'arête

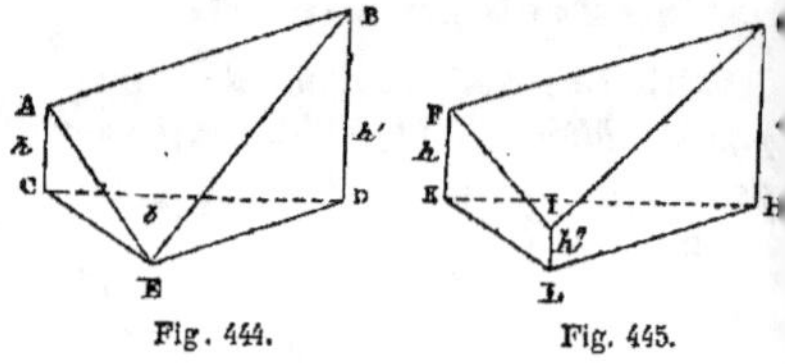

Fig. 444.   Fig. 445.

GH; par h'' l'arête IL du tronc de prisme (*fig.* 445), on aura les formules suivantes :

1° Pour le volume désigné par V,

$$V = b\ \frac{h + h' + h''}{3}\ ;$$

2° Pour la surface de la base,

$$b = \frac{3V}{h + h' + h''}\ ;$$

3° Pour l'arête FK,

$$h = \frac{3V}{b} - (h' + h'')\ ;$$

4° Pour l'arête GH,

$$h' = \frac{3V}{b} - (h + h'')\ ;$$

5° Pour l'arête IL,

$$h'' = \frac{3V}{b} - (h + h').$$

TRONC DE PRISME A BASE DE PARALLÉLOGRAMME.

847. En représentant par b la base GE'EF; par h, l'arête AG; par h', l'arête BE'; par h'', l'arête CE; par h''', l'arête DF du tronc de prisme (*fig.* 446), on aura les formules suivantes :

1° Pour le volume désigné par V,

$$V = \frac{b}{2}\ \frac{2h + h' + 2h'' + h'''}{3}\ ;$$

2° Pour la surface de la base,

$$b = \frac{6V}{2h + h' + 2h'' + h'''}\ ,$$

3° Pour l'arête AG,
$$h = \frac{3V}{b \cdot} - \left(\frac{h' + 2h'' + h'''}{2} \right);$$
4° Pour l'arête BE',
$$h' = \frac{6V}{b} - (2h + 2h'' + h''').$$

TRONC DE PRISME A BASE DE POLYGONE IMPAIR RÉGULIER.

848. Soit le tronc de prisme (*fig.* 447), dont la base est un pentagone régulier.

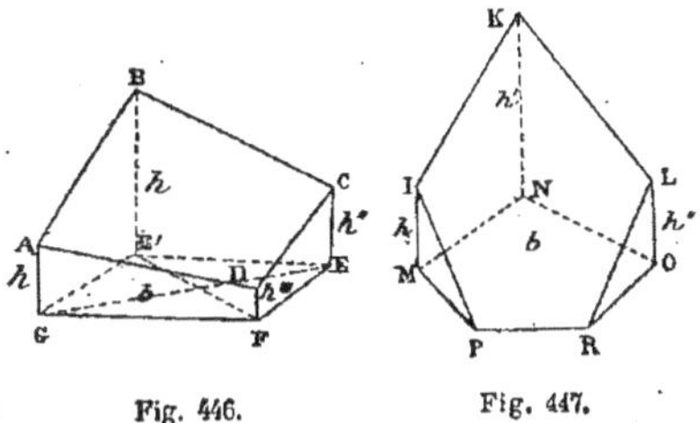

Fig. 446.   Fig. 447.

En représentant par b la base MNORP; par h, l'arête IM; par h', l'arête KN; par h'', l'arête LO, on aura les formules suivantes :

1° Pour le volume désigné par V,

$$V = \frac{b(h + h' + h'') + b'(h + h' + h''') + b''(h + h'' + h''') + b'''(h' + h'' + h''')}{6}$$

Si la base GE'EF est un trapèze et si les deux côtés GE' et FE sont parallèles, la formule deviendra :

$$V = \frac{b(2h + 2h' + h'' + h''') + b''(h + h' + 2h'' + 2h''')}{6};$$

$$V = b\frac{h + h' + h''}{3};$$
2° Pour la surface de la base,
$$b = \frac{3V}{h + h' + h''};$$
3° Pour l'arête h,
$$h = \frac{3V}{b} - (h' + h'').$$

TRONC DE PRISME QUELCONQUE.

849. Pour trouver le volume d'un tronc de prisme quelconque, on le décompose en prismes triangulaires, et on opère comme ci-dessus (844-845-846).

Représentons les triangles de la base GE'EF (*fig.* 446), savoir :

GE'F par b,
GE'E par b',
FE'E par b'',
FE'G par b'''.

Représentons ainsi les arêtes :
AG par h,
BE' par h',
CE par h'',
DF par h'''.

En désignant le volume par V, on aura la formule :

§ II. — LA PYRAMIDE

850. Une *pyramide* est un polyèdre dont l'une des faces est un polygone quelconque, et dont les autres faces sont des triangles ayant un sommet commun qui est le *sommet* de la pyramide. Les côtés correspondants de la face polygonale sont les bases des triangles latéraux (*fig.* 448, 449, 450 et 451).

851. La *base* d'une pyramide est sa face polygonale. Si toutes les faces étaient triangulaires, on pourrait prendre pour base l'une quelconque des faces (*fig.* 448 et 449).

852. La *hauteur* d'une pyramide est la perpendiculaire abaissée du sommet sur la base.

Ainsi, la hauteur de la pyramide (*fig.* 448) est la droite DD' qui mesure la plus courte distance du sommet D à la base. La hauteur de la pyramide (*fig. 449*) est la perpendiculaire HI.

853. Une pyramide est *régulière*, lorsque sa base est un polygone régulier

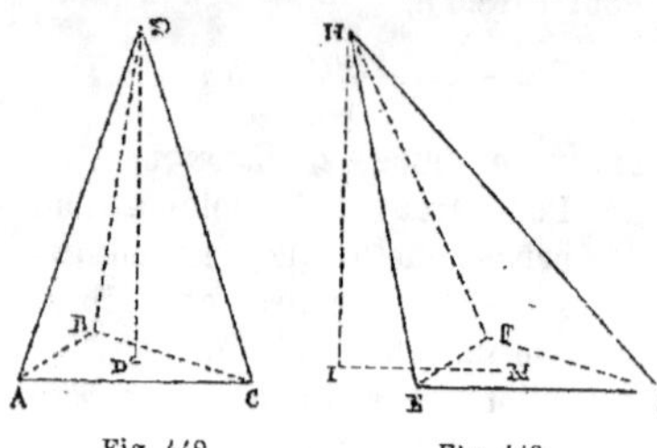

Fig. 448.   Fig. 449

et lorsque sa hauteur tombe au centre même du polygone.

Ainsi, la pyramide (*fig. 450*) est *régulière* parce que sa base ABCDE est un pentagone régulier et parce que sa hauteur FO tombe au centre même du polygone.

854. Une pyramide est *droite*, lorsque sa hauteur tombe au centre de figure de la base, si le polygone est régulier, ou au

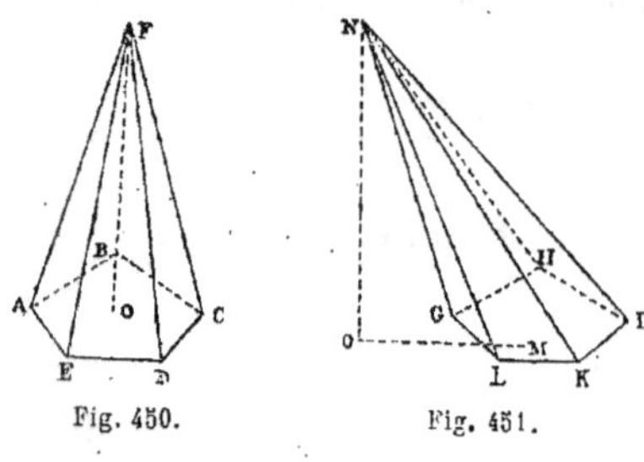

Fig. 450.   Fig. 451.

centre de gravité de cette base, si le polygone est irrégulier.

855. Une pyramide est *oblique*, lorsque la hauteur tombe en dehors du centre de figure ou du centre de gravité (*fig. 451*).

856. Une pyramide peut être *triangulaire*, *quadrangulaire*, *pentagonale*, *hexagonale*, etc., selon que sa base est un triangle, un quadrilatère, un pentagone, un hexagone, etc.

Surface de la pyramide.

857. *Si la pyramide est régulière, sa surface est égale au produit du périmètre de la base par la moitié de la hauteur d'un des triangles latéraux, augmenté de la surface du polygone de base.*

Si la pyramide est quelconque, sa surface est égale à la somme des surfaces partielles des triangles latéraux, augmentée de la surface du polygone de base.

Volume de la pyramide.

858. *Le volume d'une pyramide quelconque est égale au produit de la surface de sa base par le tiers de sa hauteur.*

Problème n° 170.

859. *Une pyramide triangulaire a* 6^m,90 *de hauteur. Sa base a* 0^m,68 *de longueur et* 0^m,34 *de hauteur. Quel est son volume?*

En désignant le volume par V et en appliquant la règle pratique précédente, on aura :

$$V = \left(0,68 \times \frac{0,34}{2}\right) \times \frac{6,90}{3} = 0^{m3}266.$$

Le volume demandé est donc **266** décimètres cubes.

Problème n° 171.

860. *Sachant qu'une pyramide a* 1^{m3},028 *pour volume et* 9^m,18 *pour hauteur, on demande quelle est la surface de sa base.*

En désignant la surface de la base par S, et en prenant le tiers de 9^m,18 qui est 3^m,06, on aura :

$$S = \frac{1,028}{3,06} = 0,3660.$$

La surface de la base de la pyramide donnée est donc 0^{m2}3660 centimètres carrés.

Problème n° 172

861. *Sachant qu'une pyramide a*

$0^{m3},682$ *pour volume et* $0^m,62$ *pour surface de sa base, on demande quelle est sa hauteur.*

En désignant la hauteur par H, on aura :

$$H = \frac{3 \times 0,682}{0,62} = 3^m,30.$$

La hauteur de la pyramide est donc $3^m,30$.

§ III. — LE TRONC DE PYRAMIDE

862. Lorsqu'on coupe une pyramide GABC (*fig.* 452) par un plan DEF parallèle à la base ABC, si l'on enlève la pyramide GDEF, le solide restant est un *tronc de pyramide.*

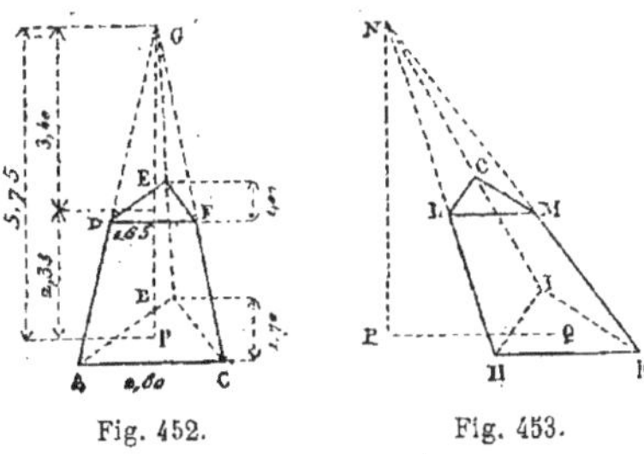

Fig. 452.　　　　Fig. 453.

863. Comme la pyramide qui l'a formé, et dans les mêmes conditions, un tronc de pyramide est *régulier, droit* ou *oblique; triangulaire, quadrangulaire, pentagonal, hexagonal,* etc.

Fig. 452. Tronc de pyramide triangulaire droit.

Fig. 453. Tronc de pyramide triangulaire oblique.

Fig. 454. Tronc de pyramide pentagonal droit.

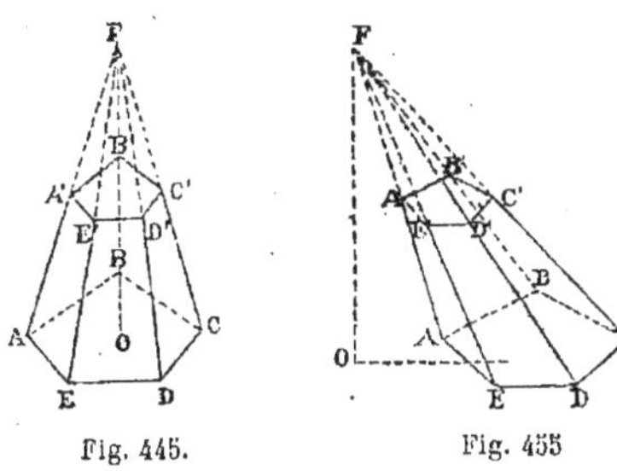

Fig. 445.　　　　Fig. 455.

Fig. 455. Tronc de pyramide pentagonal oblique.

864. Un tronc de pyramide a deux bases qui sont parallèles : l'une *supérieure,* l'autre *inférieure.*

Dans le tronc de pyramide (*fig.* 452), la base supérieure est le triangle DEF et la base inférieure est le triangle ABC.

865. La *hauteur* d'un tronc de pyramide est la perpendiculaire abaissée d'un point quelconque de la base supérieure sur le plan de la base inférieure ou de son prolongement.

Dans la figure 452, la perpendiculaire GP est la hauteur de la pyramide complète et la portion OP de cette perpendiculaire est la hauteur du tronc de pyramide.

SURFACE DU TRONC DE PYRAMIDE.

866. *Si le tronc de pyramide est régulier ou droit, sa surface est égale au produit de la demi-somme des périmètres de bases par la moitié de la hauteur d'un trapèze latéral, augmenté de la surface des deux bases.*

En désignant par S la surface du tronc de pyramide, par p le périmètre de la base supérieure, par p' le périmètre de la base inférieure, par h la hauteur d'un trapèze latéral, par s la surface de la base supérieure, par s' la surface et la base inférieure, la surface du polyèdre sera indiquée par la formule :

$$S = \left(\frac{p + p'}{2} \times \frac{h}{2} \right) + (s + s').$$

867. *Si le tronc de pyramide est quelconque, sa surface est égale à la somme des surfaces des trapèzes latéraux et des deux polygones de bases.*

VOLUME DU TRONC DE PYRAMIDE.

868. On peut calculer le volume d'un tronc de pyramide par la *méthode exacte* ou par la *méthode approximative*.

I. — *Méthode exacte.*

869. PREMIER MOYEN. — *On calcule le volume de la pyramide complète* GABC *(fig.* 452*) duquel on retranche le volume de la pyramide enlevée* GDEF, *et la différence représente le volume du tronc de pyramide* DEFABC.

870. SECOND MOYEN. — *Pour calculer le volume d'un tronc de pyramide, il faut faire l'addition :*

1° De la surface de la base supérieure;

2° De la surface de la base inférieure;

3° D'une moyenne proportionnelle entre les deux bases.

Puis multiplier la somme obtenue par le tiers de la hauteur du tronc.

En désignant par V le volume du tronc de pyramide, par B la surface de la base supérieure, par b la surface de la base inférieure et par H la hauteur du tronc, on aura la formule :

$$V = (B + b + \sqrt{Bb}) \times \frac{H}{3}.$$

Problème n° 173.

871. *Quel est le volume du tronc de pyramide (fig.* 452*)?*

1ᵉʳ *moyen.* — En appliquant les cotes inscrites à la figure, on aura :

Volume de la grande pyramide :

$$2,80 \times \left(\frac{1,70}{2}\right) \times \frac{5,75}{3} = 4^{m},54$$

Volume de la petite pyramide :

$$1,65 \times \left(\frac{1,00}{2}\right) \times \frac{3,40}{2} = 0^{m},93$$

Différence ou volume du tronc = $\overline{3^{m},61}$.

2ᵉ *moyen.* — La surface de la base infé-rieure est égale à $2,80 \times \dfrac{1,70}{2} = 2,38$ celle de la base supérieure est égale à $1,65 \times \dfrac{1,00}{2} = 0,825$.

En appliquant la formule (870), on aura :

$$V = ;0,825 + 2,38 + \sqrt{0,825 \times 2,38} \times \frac{2,35}{3} = 3^{m}61.$$

Le volume du tronc de pyramide est donc 3 mètres cubes 610 décimètres cubes.

II. — *Méthode approximative, dite moyenne des surfaces.*

872. Si, dans l'évaluation du volume d'un tronc de pyramide, on se contente d'une certaine approximation, on peut se borner à *multiplier la demi-somme des surfaces de bases par la hauteur du tronc.*

C'est la méthode dite *moyenne des surfaces.*

En opérant sur les données du problème précédent, voici le résultat qu'on obtiendrait :

Base supérieure.	0,825
Base inférieure.	2,380
Total.	3,205
Moyenne. . . .	1,602

Volume $= 1,602 \times 2,35 = 3,664$ ou 3 mètres cubes 664 décimètres cubes.

La méthode exacte et la méthode approximative produisent donc cette différence :

$$3,3664 - 3,610 = 0,054.$$

Plus il y aura de différence entre la surface de la base inférieure et la surface de la base supérieure, c'est-à-dire plus le tronc se rapprochera de la pyramide, plus l'erreur sera grande lorsqu'on appliquera la méthode approximative.

On applique aussi la méthode dite *moyenne des lignes* dont il sera parlé à propos du volume du tronc de cône.

§ IV. — LE CYLINDRE

873. Un *cylindre droit* est un solide engendré par le mouvement d'un rectangle tournant sur l'un de ses côtés.

Ainsi, le rectangle AEFC (*fig.* 456) tournant autour du côté EF engendre le cylindre droit ABDC.

874. Les deux petits côtés égaux EA et FC forment, en tournant, deux cercles qui ont AB et CD pour diamètres.

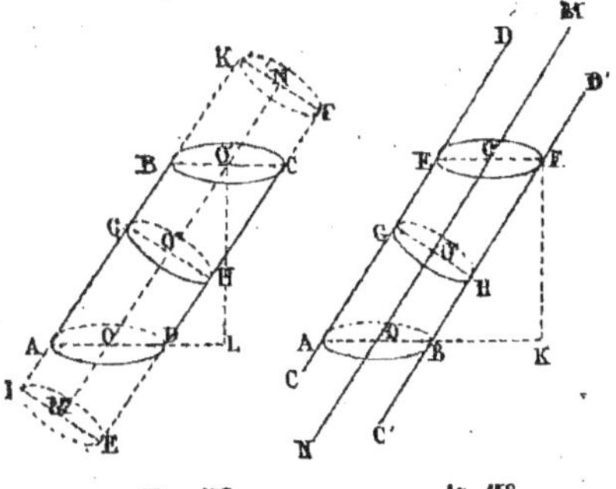

Fig. 456.

Ces deux cercles sont les bases du cylindre et ils sont égaux parce que leurs rayons EA et FC sont égaux comme côtés opposés d'un rectangle.

875. Le côté EF, autour duquel tourne le rectangle, est l'*axe* du cylindre.

876. Le côté AC traçant la surface du cylindre par suite du mouvement de rotation du rectangle AEFC est la *génératrice* du solide.

877. Si le cylindre droit à bases parallèles IKFE (*fig.* 457) est coupé par deux plans parallèles non perpendiculaires à

Fig. 457.   Ig. 458.

l'axe NM, ces plans déterminent deux ellipses AD et BC qui sont les bases du *cylindre oblique* ABCD. Si, dans ce cy-

lindre oblique, on fait une section GH par un plan perpendiculaire à l'axe NM, cette section est un cercle parallèle aux cercles KF et IE.

878. Soit un cercle AB (*fig.* 458) et un axe MN passant par le centre du cercle, mais oblique sur le plan dudit cercle. Si l'on suppose une génératrice CD se mouvant parallèlement à elle-même et parallèlement à l'axe NM en s'appuyant constamment sur le cercle AB, la portion du solide engendré, comprise entre les deux cercles AB et EF, par exemple, forme un *cylindre oblique à bases circulaires parallèles.*

879. Si, dans un cylindre oblique à bases circulaires parallèles, on fait une section GH (*fig.* 458) par un plan perpendiculaire à l'axe NM, cette section est une ellipse.

880. La *hauteur* d'un cylindre droit à bases parallèles est la longueur d'une génératrice.

La *hauteur* d'un cylindre oblique à bases elliptiques parallèles et d'un cylindre oblique à bases circulaires parallèles est la longueur de la perpendiculaire abaissée d'un point quelconque de la base supérieure sur le plan de la base inférieure ou sur son prolongement.

Ainsi, les hauteurs des deux cylindres obliques BCDA (*fig.* 457) et EFBA (*fig.* 458), sont les perpendiculaires O'L et FK.

SURFACE DU CYLINDRE.

881. *La surface d'un cylindre droit ou oblique à bases circulaires parallèles est égale au produit de la longueur de la circonférence de base par la hauteur, augmenté de la surface des deux cercles de bases.*

En désignant par S la surface du cylindre droit à bases circulaires parallèles, par r le rayon du cercle, par h la hauteur, on aura cette formule :

$$S = 2\,\pi r h \times 2\pi\,r^2.$$

882. *La surface d'un cylindre oblique à bases elliptiques parallèles est égale au produit du périmètre de l'ellipse par la hauteur, augmenté de la surface des deux ellipses de bases,*
ou encore :
au produit du périmètre d'une section (1) faite perpendiculairement à l'axe par la longueur d'une génératrice, augmenté de la surface de deux ellipses.

Le périmètre d'une ellipse est égal au produit de la demi-somme des deux axes par π ou 3,1416.

En désignant le périmètre par P, le grand axe par a et le petit axe par a', on aura la formule :

$$P = \frac{\pi\,(a + a')}{2}.$$

Pour calculer la surface d'une ellipse, on multiplie le grand axe par le petit axe, puis on multiplie le produit ainsi obtenu par π ou 3,1416 et on prend le quart de ce second produit.

En désignant la surface par S, le grand axe par a et le petit axe par a', on aura la formule :

$$S = \frac{\pi\,aa'}{4}.$$

La formule qui représentera la surface d'un cylindre oblique à bases elliptiques parallèles sera donc, en désignant la surface par S, la hauteur par h, le grand axe par a et le petit axe par a' :

$$S = \frac{\pi h\,(a + a')}{2} + \frac{2\pi\,aa'}{4}$$

ou :

$$S = \frac{\pi h\,(a + a')}{2} + \frac{\pi\,aa'}{2}.$$

Problème n° 174.

883. *Quelle est la surface d'un cylindre à bases circulaires parallèles ayant* 0ᵐ,65

(1) Cette section est un cercle.

pour rayon de la base et 1ᵐ,40 *pour la hauteur ?*

En désignant la surface demandée par S, on aura :

$$S = (2 \times 3{,}1416 \times 0{,}65 \times 1{,}40)$$
$$+ 2 \times 3{,}1416 \times \overline{0{,}65}^{2} = 2^{\text{m}}65.$$

La surface du cylindre est donc 2 mètres carrés, 65 décimètres carrés.

Problème n° 175.

884. *Quelle est la surface d'un cylindre à bases elliptiques parallèles ayant* 0ᵐ,60 *pour le grand axe,* 0ᵐ,40 *pour le petit axe et* 2ᵐ,10 *pour la hauteur ?*

En désignant la surface demandée par S et en appliquant la formule précédente, on aura :

$$S = \frac{3{,}1416 \times 2{,}10\,(0{,}60 + 0{,}40)}{2}$$
$$+ \frac{3{,}1416 \times 0{,}60 \times 0{,}40}{2} = 3^{\text{m}}{,}63.$$

La surface du cylindre oblique à bases elliptiques parallèles est donc 3 mètres carrés, 63 décimètres carrés.

VOLUME DU CYLINDRE.

885. *Le volume d'un cylindre quelconque est égal au produit de la surface de sa base par sa hauteur.*

Si les bases sont circulaires, en désignant le volume par V, la hauteur par h, le rayon des bases par r, on aura :

$$V = \pi\,r^2 h,$$
$$r = \sqrt{\frac{V}{\pi h}},$$
$$h = \frac{V}{\pi\,r^2}.$$

Si les bases sont elliptiques, en désignant le volume par V, le grand axe par a, le petit axe par a', la hauteur par h, on aura :

$$V = \frac{\pi\,haa'}{4}.$$

Problème n° 176.

886. *Quel est le volume d'un cylindre à bases circulaires parallèles ayant* 0ᵐ,65 *pour le rayon de la base et* 1^m,40 *pour la hauteur ?*

En désignant le volume demandé par V et en appliquant la formule précédente, on aura :

$$V = 3,1416 \times 0,65^2 \times 1,40 = 1,858.$$

Le volume du cylindre donné est donc 1 mètre cube, 858 décimètres cubes.

Problème n° 177.

887. *Quel est le volume d'un cylindre à bases elliptiques parallèles ayant* 0^m,60 *pour le grand axe,* 0^u,40 *pour le petit axe et* 2^m,10 *pour la hauteur ?*

En désignant le volume demandé par V et en appliquant la formule précédente, on aura :

$$V = \frac{3,1416 \times 2,10 \times 0,60 \times 0,40}{4} = 1,583.$$

Le volume du cylindre donné est donc 1 mètre cube, 583 décimètres cubes.

Problème n° 178.

888. *Un cylindre à bases circulaires parallèles a un volume égal à* 339 *décimètres cubes. Sa hauteur est* 1^m20. *Quel est le rayon du cercle de base ?*

En appliquant la formule spéciale (885), et en désignant le rayon par *r*, on aura :

$$r = \sqrt{\frac{0,339}{3,1416 \times 1,20}} = 0,30.$$

Le rayon du cercle de base est donc 0^m,30.

Problème n° 179.

889. *Un cylindre à bases circulaires parallèles a un volume égal à* 7^{m3}238. *Le rayon de la base est* 0^m,80. *Quelle est la hauteur ?*

En appliquant la formule spéciale (885) et en désignant la hauteur par *h*, on aura :

$$h = \frac{7,238}{3,1416 \times 0,80 \times 0,80} = 3^m,60.$$

La hauteur demandée est donc 3^m,60.

Tronc de cylindre.

890. Un *tronc de cylindre* est ce qui reste d'un cylindre à bases circulaires parallèles, coupé par un plan non parallèle aux bases.

Ainsi, ABDC (*fig.* 459) est un tronc de cylindre, parce que le plan AB n'est pas parallèle à la base CD.

La *hauteur* du tronc de cylindre est la perpendiculaire MN élevée an centre N

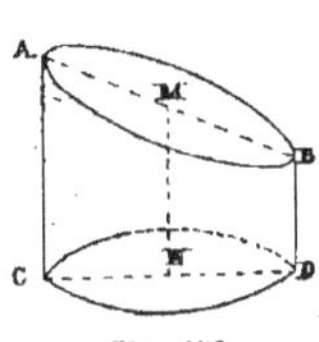 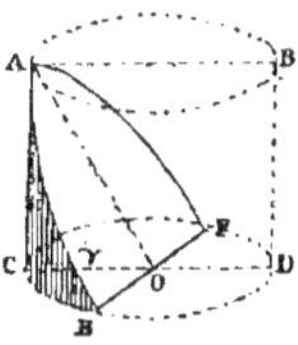

Fig. 459.   Fig. 460.

du cercle CD sur le plan de ce cercle et rencontrant le plan AB au point M.

VOLUME DU TRONC DE CYLINDRE.

891. *Le volume d'un tronc de cylindre est égal au produit de sa base par sa hauteur mesurée sur l'axe.*

$$V = 2\pi \, r^2 h.$$

Problème n° 180.

892. *Quel est le volume d'un tronc de cylindre ayant* 0^m,92 *de hauteur et* 0^m,26 *pour le rayon de la base circulaire ?*

En désignant le volume par V, et en appliquant la formule précédente, on aura :

$$V = 3,1416 \times 0,26 \times 0,26 \times 0,92 = 0,195.$$

Le volume demandé est donc 195 décimètres cubes.

I. — Onglet.

893. L'*onglet* est une portion de cylindre droit à bases parallèles. Il est formé par un plan coupant obliquement l'une des bases.

Le solide ACEF (*fig.* 460) est un onglet obtenu au moyen du plan AEF coupant obliquement la base circulaire CD suivant le diamètre EF.

En désignant le volume de cet onglet par V, le rayon CO du cercle de base par r, la hauteur AC par h, on aura la formule :

$$V = \frac{2r^2h}{3},$$

de laquelle on déduira :

$$r = \sqrt{\frac{V}{h}} \times 1,15 = \sqrt{\frac{V}{h}} \times 1,2247.$$

et

$$h = \frac{V}{r^2} \times 1,15.$$

II. — Segment de cylindre.

894. Un *segment de cylindre* est une portion de cylindre droit à bases circulaires et parallèles, déterminée par un plan coupant le solide parallèlement à son axe, c'est-à-dire un solide droit dont les deux bases parallèles sont des segments de cercles égaux.

Le solide AGBCED (*fig.* 461) est un segment de cylindre déterminé par le plan ABDC coupant un cylindre parallèlement à son axe projeté horizontalement en O, centre de sa base EE'FI.

La portion CED de la base est un *segment de cercle.*

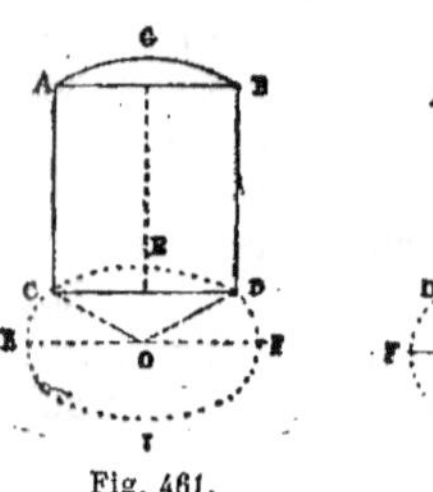

Fig. 461.

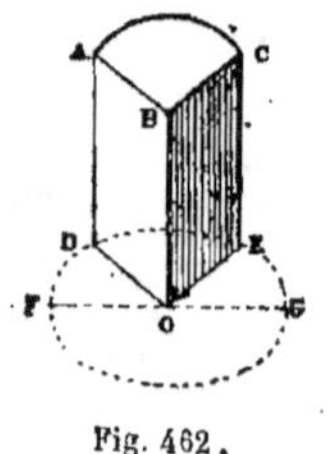

Fig. 462.

895. Le volume d'un segment de cylindre est égal au produit de la surface de sa base par sa hauteur.

En désignant le volume par V, la surface de la base par b et la hauteur par h, on aura la formule :

$$V = bh,$$

de laquelle on déduira :

$$b = \frac{V}{h},$$

et

$$h = \frac{V}{b}.$$

III. — Secteur de cylindre.

896. Un *secteur de cylindre* est une portion de cylindre droit à bases parallèles, déterminée par deux plans se coupant suivant l'axe du solide. Les intersections des deux plans avec la base sont des rayons.

Le solide ACBDEO (*fig.* 462) est un secteur de cylindre. Il est formé par les deux plans ABOD et CBOE se coupant suivant l'axe BO d'un cylindre.

Les intersections de ces plans avec la base circulaire dont le diamètre est FG sont les rayons OE et OD. La base DOE est un *secteur de cercle.*

897. Le volume d'un *secteur de cylindre* est égal au produit de la surface de sa base par sa hauteur.

En désignant le volume par V, la surface de la base b et la hauteur par h, on aura la formule :

$$V = bh.$$

de laquelle on déduira :

$$b = \frac{V}{h},$$

et

$$h = \frac{V}{b}.$$

Parallélipipèdes inscrits et circonscrits au cylindre.

898. Le parallélipipède AGHFBCDE

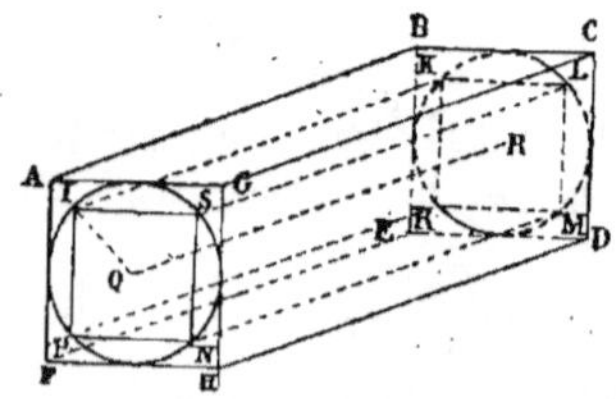

Fig. 463.

(*fig.* 463) est circonscrit au cylindre dont l'aex est QR.

Le parallélipipède ISNPKLMR est inscrit au même cylindre.

En désignant le volume du parallélipipède circonscrit par V, le volume du cylindre par V', le volume du parallélipipède inscrit par V″, le rayon de la base du cylindre par r et la longueur commune des solides par H, on aura les formules suivantes :

$$V = 4\,r^2h,$$
$$V' = \pi\,r^2h,$$
$$V'' = 2\,r^2h.$$

En admettant $0^m,15$ pour le rayon r et $6^m,00$ pour la longueur commune h, on aura :
$$V = 4 \times 0,15 \times 0,15 \times 6,00 = 0^{m3}540,$$
$$V' = 3,1416 \times 0,15 \times 0,15 \times 6,00 = 0^{m3}424,$$
$$V'' = 2 \times 0,15 \times 0,15 \times 6,00 = 0^{m3}270.$$

Cet exemple fait voir qu'une pièce de bois en grume mesurant 424 décimètres cubes produit une pièce équarrie à vives arêtes cubant seulement 270 décimètres cubes. Il y a donc un déchet de 424 — 270 = 154 décimètres cubes.

§ V. — LE CÔNE

899. Un *cône droit* est un solide engendré par le mouvement d'un triangle rectangle tournant autour d'un de ses côtés.

Ainsi, le triangle rectangle BDA (*fig.* 464) tournant autour du côté BD, engendre le cône droit ABC.

900. Le côté BD autour duquel tourne le rectangle est l'*axe* du cône.

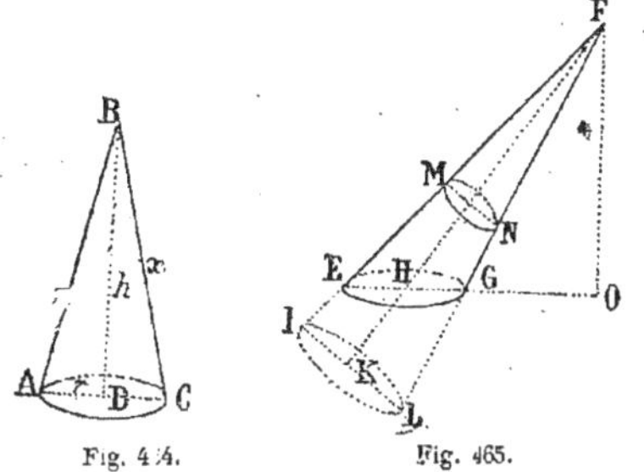

Fig. 464.　　　　Fig. 465.

901. Le côté BA traçant la surface du cône par suite du mouvement de rotation du triangle rectangle BDA est la *génératrice* ou l'*apothème* du cône.

902. Si un cône droit IFL (*fig.* 465) est coupé par un plan EG non perpendiculaire à l'axe FK, on dit que le cône EFG est *oblique*. Dans ce cas, la section déterminée par le plan EG est une ellipse et la section MN, perpendiculaire à l'axe FH, est une circonférence.

903. En général, la *hauteur* d'un cône, *droit* ou *oblique*, est la perpendiculaire abaissée du sommet sur le plan de la base ou sur son prolongement.

La *hauteur* du cône droit ABC (*fig.* 464) est la perpendiculaire BD tombant au centre du cercle de la base et la hauteur du cône oblique EFG est la perpendiculaire FO allant du sommet F sur le prolongement du plan de la base EG.

SURFACE DU CÔNE.

904. *La surface d'un cône droit est égale au produit de la longueur de la circonférence de base par la moitié de l'apothème, augmenté de la surface du cercle de base.*

En désignant le rayon AD (*fig.* 464) par r et l'apothème BC par x, on aura la formule :
$$S = \frac{2\,\pi\,rx}{2} + \pi\,r^2,$$
ou
$$S = \pi\,rx + \pi\,r \times r,$$
ou
$$S = \pi\,r\,(x + r).$$

Problème n° 181.

905. *Le rayon du cercle de base d'un cône droit est égal à $0^m,35$. Son apothème est $1^m,28$. Quelle est sa surface?*

En désignant la surface par S et en appliquant la formule précédente, on aura :

$$S = 3,1416 \times 0,35 \, (1,28 + 0,35) = 1^{\text{m}2}79.$$

La surface du cône droit donné est donc 1 mètre carré 79 décimètres carrés.

VOLUME DU CÔNE.

906. Le volume d'un cône quelconque est égal au produit de la surface de sa base par le tiers de sa hauteur.

En désignant le volume par V, le rayon de la base circulaire par r, la hauteur par h, on aura la formule :

$$V = \frac{\pi \, r^2 h}{3},$$

de laquelle on déduira :

$$r = \sqrt{\frac{V}{3 \pi h}},$$

$$h = \frac{V}{3 \pi r^2}.$$

Problème n° 182.

907. *Le rayon du cercle de base d'un cône est égal à* $0^{\text{m}},35$. *Sa hauteur est* $1^{\text{m}},28$. *Quel est son volume?*

En désignant le volume par V et en appliquant la formule précédente, on aura :

$$V = \frac{3,1416 \times 0,35 \times 0,35 \times 1,28}{3} = 0^{\text{m}3}164.$$

Le volume du cône droit donné est donc égal à 164 décimètres cubes.

§ VI. — LE TRONC DE CÔNE

908. Un *tronc de cône* est ce qui reste d'un cône dont la partie supérieure a été détachée par un plan parallèle à la base.

909. Dans le grand cône AEB (*fig.* 466), on a détaché le petit cône ECD par un plan CD parallèle à la base circulaire AB. Le solide restant CDBA est un *tronc de cône droit à bases circulaires parallèles*.

910. Le cercle CD est la *base supérieure* et le cercle AB est la *base inférieure* du tronc de cône.

911. L'*apothème* d'un tronc de cône droit à bases circulaires parallèles est la portion de génératrice comprise entre les deux cercles de bases.

912. La hauteur d'un tronc de cône quelconque est la perpendiculaire abaissée d'un point de la base supérieure sur le plan de la base inférieure.

Dans le tronc de cône droit à bases circulaires parallèles (*fig.* 466), la hauteur est la perpendiculaire OP. Elle unit les centres des deux cercles de bases; mais elle pourrait partir d'un point quelconque de la base supérieure.

913. Le solide KFP (*fig.* 467) est un cône droit à bases circulaires parallèles.

Il a été coupé par les deux plans HI et FG parallèles entre eux, mais obliques par rapport à l'axe KO du cône. Les deux sections HI et FG sont des éllipses et le

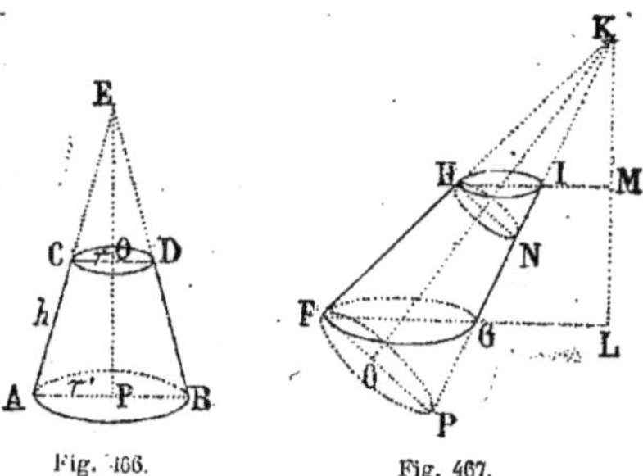

Fig. 466.   Fig. 467.

solide HIGF est un *tronc de cône oblique à bases elliptiques parallèles.*

Sa *hauteur* est la perpendiculaire ML abaissée d'un point du plan de la base supérieure sur le plan de la base inférieure.

Si les deux bases HI et FG du tronc de cône oblique étaient des cercles, toute section faite perpendiculairement à l'axe serait une ellipse et le solide serait un *tronc de cône oblique à bases circulaires parallèles.*

SURFACE DU TRONC DE CÔNE.

914. *La surface d'un tronc de cône droit à bases circulaires parallèles est égale au produit de la demi-somme des circonférences des cercles de bases par la hauteur, augmenté de la surface des deux bases.*

En désignant la surface d'un tronc de cône droit à bases circulaires parallèles par S, le rayon CO (*fig.* 466) de base supérieure par R, le rayon AP de base inférieure par r et l'apothème CA par h, on aura la formule :

$$S = h \frac{2\pi R + 2\pi r}{2} + (\pi R^2 + \pi r^2),$$

ou, en transformant :

$$S = \pi h (R + r) + \pi (R^2 + r^2).$$

Problème n° 183.

915. *Le rayon de la base supérieure d'un tronc de cône droit à bases circulaires parallèles est* 0m,50. *Le rayon de sa base inférieure est* 0m,90. *Son apothème est* 1,40. *Quelle est la surface du solide ?*

En désignant la surface par S et en appliquant la formule précédente, on aura :

$$S = 3,1416 \times 1,40 \,(0,50 + 0,90)$$
$$+ 3,1416 \,(\overline{0,50}^2 + \overline{0,90}^2) = 9^m,49.$$

La surface demandée est donc 9 mètres carrés, 49 décimètres carrés.

VOLUME DU TRONC DE CÔNE.

I. — *Méthode exacte.*

916. Premier moyen. — *On calcule le volume du cône complet* ECD (*fig* 468), *duquel on retranche le volume du cône enlevé EAB et la différence représente le volume du tronc de cône ABDC.*

917. Second moyen. — *Pour calculer le volume d'un tronc de cône*

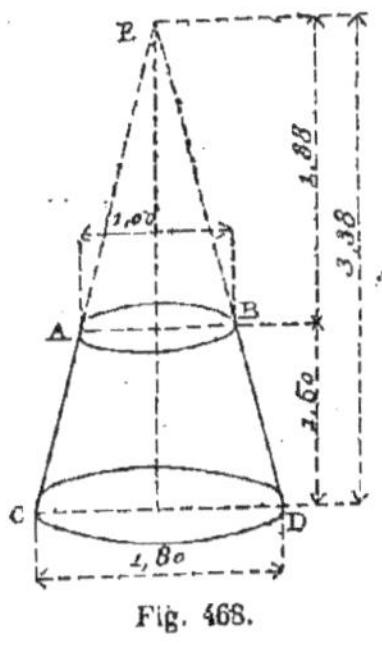

Fig. 468.

quelconque, il faut faire l'addition :

1° *De la surface de la base supérieure ;*

2° *De la surface de la base inférieure ;*

3° *D'une moyenne proportionnelle entre les deux bases,*

puis multiplier la somme obtenue par le tiers de la hauteur.

En désignant par V le volume d'un tronc de pyramide quelconque, par B la surface de la base supérieure, par b la surface de la base inférieure et par H la hauteur du tronc, on aura la formule :

$$V = (B + b + \sqrt{Bb}) \frac{H}{3}.$$

Problème n° 184.

918. *Quel est le volume du tronc de cône (fig.* 468)?

1er *moyen.* Le volume du cône complet ECD est :

$$3,1416 \times \left(\frac{0,90 \times 0,90 \times 3,38}{3} \right) = 2,867$$

Le volume du petit cône EAB est :

$$3,1416 \times \left(\frac{0,50 \times 0,50 \times 1,88}{3} \right) = 0,492$$

$$\text{Différence :} \quad 2,375$$

Le volume du tronc de cône est 2 mètres cubes, 375 décimètres cubes.

2e *moyen.* La surface de la base supérieure est :

$$3,1416 \times 0,50 \times 0,50 = 0,7854.$$

La surface de la base inférieure est :

$$3,1416 \times 0,90 \times 0,90 = 2,5447.$$

En appliquant la formule (917), on aura, en désignant le volume par V :

$$V = (0,7854 + 2,5447 + \sqrt{0,7854 \times 2,5447})$$
$$\times \frac{1,50}{3} = 2^m,375.$$

Résultat identique au précédent.

919. En appliquant la formule (917) et en représentant le rayon de la base supérieure par r, le rayon de la base inférieure par R, on aura successivement :

$$V = (B + b + \sqrt{Bb}) \times \frac{H}{3},$$

$$V = \frac{\pi r^2 H - \pi r^2 h}{3},$$

$$V = \frac{1}{3}\pi R^2 h + \frac{1}{3}\pi r^2 h + \frac{1}{3}\pi h \sqrt{\pi^2 R^2 r^2},$$

$$V = \frac{\pi h (R^2 + r^2 + rR)}{3},$$

$$V = h(R^2 + r^2 + Rr) \times 1,047197.$$

En remplaçant, dans cette dernière formule, les lettres par les chiffres contenus dans l'énoncé du problème, on aura

$$V = 0,30 \times [0,90^2 + 0,50^2 + (0,50 \times 0,90)] \times 1,047197 = 2,375.$$

Résultat encore identique au précédent.

II. — *Méthode approximative.*

920. *Moyenne des surfaces.* — Pour obtenir approximativement le volume d'un tronc de cône, on peut encore *multiplier la demi-somme des surfaces de bases par la hauteur du tronc.*

Le problème précédent donnerait donc :

Surface de la base supérieure   0,7854
Surface de la base inférieure.   2,5447

Total.......   3,3301
Moyenne....   1,66505

$$V = 1,66505 \times 1,50 = 2,498.$$

921. *Moyenne des lignes.* — On détermine encore approximativement le volume d'un tronc de cône *en multipliant la surface d'un cercle moyen, situé conséquemment à égale distance des bases, par la hauteur du tronc.*

En considérant toujours le problème précédent, le cercle moyen aurait 0ᵐ,70 pour rayon et sa surface serait :

$$3,1416 \times 0,70 \times 0,70 = 1,5394.$$

Le volume serait donc :

$$1,5394 \times 1,50 = 2^{m3}309.$$

922. En comparant les trois résultats qui viennent d'être obtenus, on constatera que, pour le volume du même tronc de cône (*fig.* 468),

la méthode exacte donne.......   2,375

la méthode approximative par la moyenne des surfaces, donne. .   2,498
     (Résultat trop fort.)

la méthode approximative par la moyenne des lignes, donne....   2,309
     (Résultat trop faible.)

Il est clair qu'il faudra toujours, de préférence, employer la méthode exacte; mais si les surfaces des deux bases diffèrent peu, la méthode approximative *par la moyenne des lignes* donnera une appréciation très suffisante.

§ VII. — LA SPHÈRE

923. On donne le nom de *sphère* à un solide dont tous les points de la surface sont à égale distance d'un point intérieur, nommé *centre.*

On peut encore dire que la sphère est un solide engendré par le mouvement d'un demi-cercle tournant autour de son diamètre.

Si l'on suppose que le demi-cercle BCA (*fig.* 469) tourne autour de son diamètre BA, de manière à faire une révolution complète, ce demi-cercle décrira une sphère.

924. On appelle *rayon* de la sphère, toute droite qui va du centre à un point quelconque de la surface. Ainsi, les droites OD et OE sont des rayons de la sphère.

925. On appelle *diamètre* de la sphère, une droite joignant deux points de la sur-

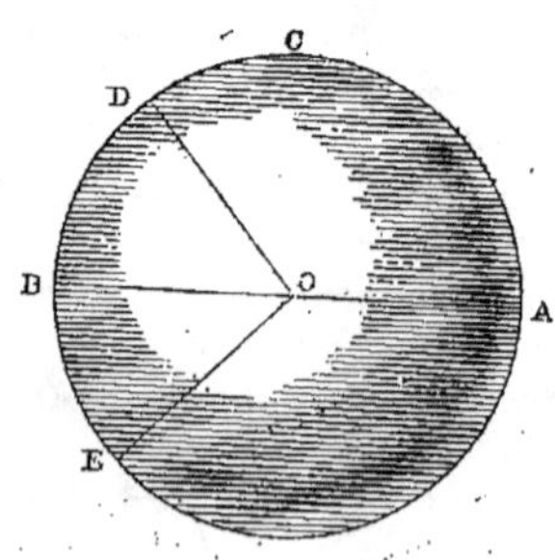

Fig. 469.

face en passant par le centre. La droite BA est un diamètre.

926. On nomme *grands cercles*, des cercles tracés sur la sphère, dont les plans passent par le centre du solide. Le rayon d'un grand cercle est égal au rayon de la sphère.

927. On nomme *petits cercles*, des cercles tracés sur la sphère, dont les plans ne passent pas par le centre du solide.

SURFACE DE LA SPHÈRE.

928. *La surface d'une sphère est égale :*
Soit au produit de la circonférence d'un grand cercle par le diamètre de la sphère ;

Soit à 4 fois le produit de 3,1416 (π) par le carré du rayon de la sphère.

En désignant par S la surface de la sphère et par r son rayon, on aura la formule :
$$S = 4\,\pi\,r^2,$$
de laquelle on déduira :
$$r = \sqrt{\frac{S}{4\,\pi}}.$$

Problème n° 185.

929. *Quelle est la surface d'une sphère ayant 0^m,65 de rayon ?*

En désignant la surface par S et en appliquant la formule précédente, on aura :
$$S = 4 \times 3,1416 \times 0,65 \times 0,65 = 5,31.$$

La surface de la sphère donnée est donc 5 mètres carrés, 31 décimètres carrés.

Problème n° 186.

930. *Quel est le rayon d'une sphère ayant une surface de 48 décimètres carrés ?*

En désignant le rayon par r, et en appliquant la formule précédente, on aura :
$$r = \sqrt{\frac{0,48}{4 \times 3,1416}} = 0,195.$$

VOLUME DE LA SPHÈRE.

931. *Le volume d'une sphère est égal :*
Soit au produit de sa surface par le tiers du rayon ;

Soit au tiers de 4 fois le produit de 3,1416 (π) par le cube du rayon.

En désignant par V le volume de la sphère et par r son rayon, on aura la formule :
$$V = \frac{4\,\pi\,r^3}{3},$$
de laquelle on déduira :
$$r = \sqrt[3]{\frac{3\,V}{4\,\pi}}.$$

Problème n° 187.

932. *Quel est le volume d'une sphère ayant 0^m,40 de rayon ?*

En désignant le volume par V et en appliquant la formule précédente, on aura :
$$V = \frac{4 \times 3,1416 \times 0,40 \times 0,40 \times 0,40}{3} = 0,268.$$

Le volume de la sphère donnée est donc 268 décimètres cubes.

Problème n° 188.

933. *Quel est le rayon d'une sphère, ayant 137 décimètres cubes pour volume ?*

En désignant le rayon par r et en appliquant la formule précédente, on aura :
$$r = \sqrt[3]{\frac{3 \times 0,137}{4 \times 3,1416}} = 0^m,32.$$

Le rayon de la sphère donnée est donc 0^m,32.

Zone sphérique.

934. Une zone sphérique est une por-

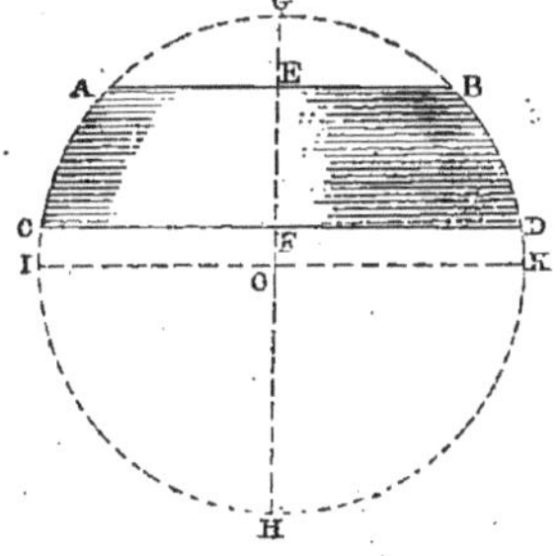

Fig. 470.

tion de la surface d'une sphère, comprise entre deux cercles parallèles.

La portion de sphère ABDC (*fig.* 470) est une zone sphérique.

On peut encore dire que la zone sphérique est une surface engendrée par la figure AEFC, tournant autour du diamètre GH.

935. Les *bases* d'une zone sphérique sont les deux cercles parallèles qui les limitent, et sa *hauteur* est la perpendiculaire abaissée d'un point de la base supérieure sur le plan de la base inférieure.

SURFACE DE LA ZONE SPHÉRIQUE.

936. *La surface latérale d'une zone sphérique est égale au produit de la circonférence d'un grand cercle par sa hauteur.*

En désignant par S la surface latérale d'une zone sphérique, par h sa hauteur, par r le rayon de la sphère, on aura la formule :

$$S = 2\pi rh,$$

de laquelle on déduira :

$$h = \frac{S}{2\pi r},$$

et

$$r = \frac{S}{2\pi h}.$$

Problème n° 189.

937. *Quelle est la surface latérale d'une zone sphérique ayant* 1^m,20 *de hauteur, sachant que le rayon d'un grand cercle de la sphère est* 1^m,90 ?

En désignant par S la surface de la zone, on aura :

$$S = 2 \times 3,1416 \times 1,90 \times 1,20 = 14,33.$$

La surface de la zone donnée est donc 14 mètres carrés, 33 décimètres carrés.

Si l'on voulait avoir la surface complète, il faudrait ajouter à 14,33 la surface des deux cercles de bases.

Calotte sphérique.

938. Une calotte sphérique est une portion de la surface d'une sphère, coupée par un cercle quelconque, comme ACB (*fig.* 471).

On peut encore dire qu'une calotte sphérique est la surface engendrée par la

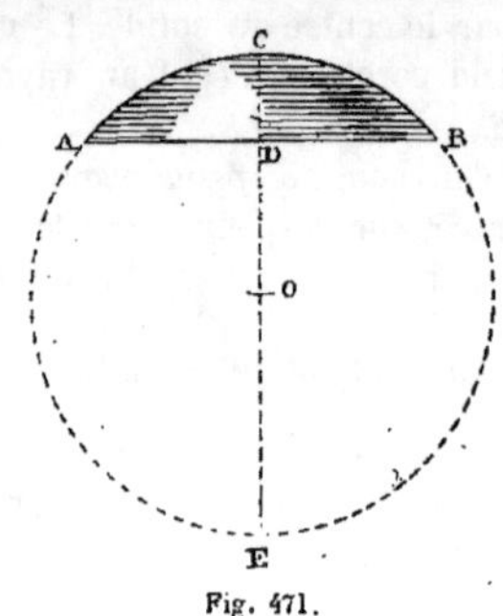

Fig. 471.

figure ACD tournant autour du diamètre CE.

939. Le cercle dont le diamètre est AB est la *base* de la calotte sphérique et sa *hauteur* est la perpendiculaire CD, élevée au centre du cercle pour aboutir au sommet de la calotte.

SURFACE DE LA CALOTTE SPHÉRIQUE.

940. *La surface d'une calotte sphérique est égale au produit de la circonférence d'un grand cercle par la hauteur de la calotte.*

En désignant par S la surface d'une calotte sphérique, par h sa hauteur et par r le rayon d'un grand cercle, on aura la formule :

$$S = 2\pi rh,$$

de laquelle on déduira :

$$h = \frac{S}{2\pi r},$$

et

$$r = \frac{S}{2\pi h}.$$

Problème n° 190.

941. *Quelle est la surface d'une calotte sphérique ayant* 0^m,75 *de hauteur, sachant que le rayon d'un grand cercle est* 1^m,90 ?

En désignant par S la surface de la calotte sphérique, on aura :

$$S = 2 \times 3,1416 \times 1,90 \times 0,75 = 8,95.$$

La surface demandée est donc 8 mètres carrés, 95 centimètres carrés.

Si l'on voulait avoir la surface complète, il faudrait ajouter à 8,95 la surface du cercle de base.

Segment sphérique.

942. Un *segment sphérique* est une portion de la sphère comprise entre deux plans parallèles. En d'autres termes, c'est une portion de la sphère enveloppée par la zone (934). Ex. ABDC (*fig.* 470.)

943. Les *bases* d'un segment sphérique sont les deux cercles qui limitent le solide, et sa *hauteur* est la perpendiculaire abaissée d'un point de la base supérieure sur le plan de la base inférieure.

VOLUME DU SEGMENT SPHÉRIQUE.

944. *Le volume d'un segment sphérique a pour mesure le produit de la demi-somme de ses bases par sa hauteur, plus le volume d'une sphère dont cette hauteur serait le diamètre.*

En désignant le volume par V, le rayon AE (*fig.* 470) de la base supérieure par R, le rayon CF de la base inférieure par r, la hauteur EF par h, on aura la formule :

$$V = h \frac{\pi R^2 + \pi r^2}{2} + \frac{4\pi \frac{h^3}{2^3}}{3},$$

puis, en transformant :

$$V = h \frac{\pi R^2 + \pi r^2}{2} + \frac{\pi h^3}{6},$$

$$V = \frac{1}{6} \pi h (3R^2 + 3r^2 + h^2).$$

Problème n° 191.

945. *Quel est le volume d'un segment sphérique ayant 1,50 pour le rayon de la base supérieure, 2,00 pour le rayon de la base inférieure et 1,16 de hauteur?*

En désignant le volume par V et en appliquant la formule précédente, on aura :

$$V = \frac{3,1416 \times 1,16}{6} \times$$
$$(3 \times \overline{1,50}^2 + 3 \times 2,00^2 + 1^m,16^2) = 12^m,085.$$

Le volume du segment est donc 12 mètres cubes, 85 décimètres cubes.

946. Si le segment sphérique n'a qu'une base, c'est-à-dire s'il s'agit du solide enveloppé dans une calotte sphérique (938), *son volume est égal au produit de la surface du cercle de base par la moitié de la hauteur, augmenté du volume d'une sphère dont le diamètre est égal à la hauteur du segment.*

En désignant le volume par V, le rayon de cercle de base par r et la hauteur par h, on aura la formule :

$$V = \pi r^2 \frac{h}{2} + \frac{4\pi \frac{h^3}{2^3}}{3},$$

qui deviendra :

$$V = \pi r^2 \frac{h}{2} + \frac{\pi h^2}{6}.$$

Secteur sphérique.

947. Un *secteur sphérique* est une portion de la sphère engendrée par la figure

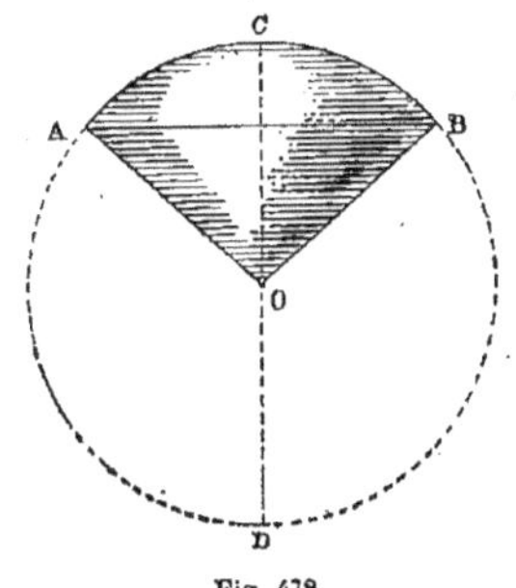

Fig. 472.

COA (*fig.* 472) tournant autour du diamètre CD.

C'est un solide ayant la forme d'un tronc de cône dont le sommet est au centre O et dont la base est une calotte sphérique.

VOLUME DU SECTEUR SPHÉRIQUE.

948. *Le volume d'un secteur sphérique est égal au produit de la surface de la calotte sphérique de base par le tiers du rayon de la sphère.*

En désignant le volume par V, le rayon de la sphère par r et la hauteur de la calotte sphérique par h, on aura la formule :

$$V = \frac{2\pi h r^2}{3},$$

de laquelle on déduira :

$$h = \frac{3V}{2\pi r^2} \text{ et}$$

$$r = \sqrt{\frac{3V}{2\pi h}}.$$

Problème n° 192.

949. *Quel est le volume d'un secteur sphérique, sachant que la calotte sphérique de base a 0,75 de hauteur et qu'un grand cercle de la sphère a 1,90 de rayon?*

En désignant par V le volume et en appliquant la formule on aura :

$$v = \frac{2 \times 3,1416 \times 0,75 \times 1,90 \times 1,90}{3} = 5,670.$$

Le volume du secteur est donc 5 mètres cubes, 670 décimètres cubes.

950. *Surfaces et volumes des polyèdres réguliers dont le côté est l'unité.*

NOMS des polyèdres.	NOMBRE des faces.	APOTHÈME.	SURFACE d'une face.	SURFACE totale.	VOLUME.
Tétraèdre............	4 triangles..........	"	0.43301	1.75205	0.117852
Hexaèdre............	6 carrés.	0.50	1	6	1
Octaèdre............	8 triangles.........	0.40825	0.43301	3.46110	0.47140
Dodécaèdre.........	12 pentagones........	1.11351	1.72048	20.64578	7.66312
Icosaèdre...........	20 triangles..........	0.75758	0.43301	8.66025	2.18169

951. *Relations entre les polyèdres réguliers et la sphère qui leur est circonscrite.*

POLYÈDRES.	CÔTÉ	SURFACE.	VOLUME.
Tétraèdre.........	$\frac{3}{2} r = r \times 1,50.$	$\frac{9}{4} r^2 \sqrt{3} = r^2 \times 3,89711.$	$\frac{3}{8} r^3 \sqrt{3} = r^3 \times 0,64952.$
Hexaèdre.........	$\frac{1}{3} r \sqrt{10} = r \times 1,05409.$	$\frac{20}{3} r^2 = r^2 \times 6,66667.$	$\frac{40}{27} r^3 = r^3 \times 1,48148.$
Octaèdre.........	$\frac{1}{2} r \sqrt{21} = r \times 1,14564.$	$\frac{21}{8} r^2 \sqrt{3} = r^2 \times 4,54663.$	$\frac{21}{32} r^3 \sqrt{3} = r^3 \times 1,13666.$
Dodécaèdre.......	$\frac{1}{6} r \sqrt{\frac{11\sqrt{5}}{2}} \times \sqrt{\sqrt{5}-1}.$	$\frac{55}{12} r^2 \sqrt{\frac{\sqrt{5}}{2} + \sqrt{1 \times \sqrt{5}}}.$	$\frac{275}{216} r^3 \sqrt{\frac{\sqrt{5}}{2}} \times \sqrt{1 + \sqrt{5}}.$
Icosaèdre.........	$\frac{1}{10} r \sqrt{57} = r \times 0,75498.$	$\frac{57}{20} r^2 \sqrt{3} = r^2 \times 93734.$	$\frac{171}{200} r^3 \sqrt{3} = r^3 \times 1,48090.$

§ VIII. — L'ELLIPSOÏDE

952. L'*ellipsoïde* est un solide engendré par le mouvement d'une demi-ellipse tournant autour d'un de ses axes.

Le solide ACBD (*fig.* 473) engendré par le mouvement de la demi-ellipse ACB tournant autour du grand axe AB est un ellipsoïde.

SURFACE DE L'ELLIPSOÏDE.

953. La surface de l'ellipsoïde n'étant donnée par aucune expression algébrique, si l'on désigne le demi-grand axe AO par a, le demi-petit axe par b, on aura, très approximativement :

$$S = 4 \pi a b = a b \times 12,56637.$$

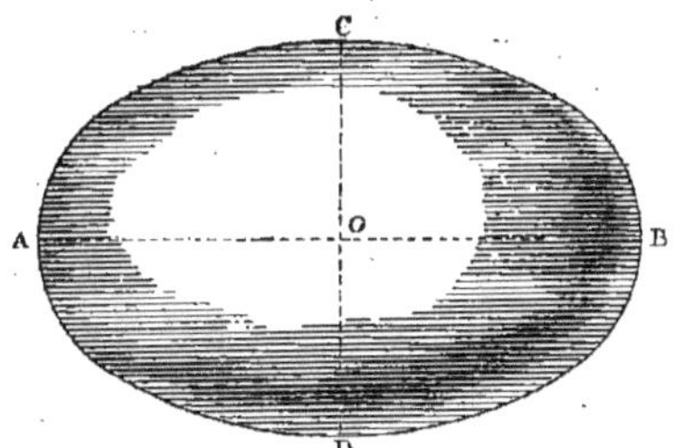

Fig. 473.

De cette formule, on déduira successivement :

$$a = \frac{S}{b} \times 0,07957,$$

$$b = \frac{S}{a} \times 0,07957.$$

VOLUME DE L'ELLIPSOÏDE.

954. Le volume de l'ellipsoïde de révolution tournant autour du grand axe AB est donné par la formule :

$$V = \frac{4}{3} \pi b^2 a = b^2 a \times 4,18879.$$

De cette formule, on déduit successivement :

$$a = \frac{V}{b^2} \times 0,23873,$$

$$b = \sqrt{\frac{V}{a}} \times 0,48859.$$

955. Si l'ellipsoïde de révolution tourne autour du petit axe CD, son volume est donné par la formule :

$$V = \frac{4}{3} \pi a^2 b = a^2 b \times 4,18879.$$

De cette formule, on déduit successivement :

$$a = \sqrt{\frac{V}{b}} \times 0,48859,$$

$$b = \frac{V}{a^2} \times 0,23873.$$

956. *Solide engendré par un polygone régulier tournant autour d'un de ses côtés C comme axe, le rayon du cercle circonscrit étant représenté par* r.

1° *Volume en fonction de* r.

Triangle.... $V = \dfrac{3}{4} \pi r^3 \sqrt{3} = r^3 \times 4,08105.$

Carré...... $V = 2 \pi r^3 \sqrt{2} = r^3 \times 8,88569.$

Pentagone.. $V = \dfrac{5}{4} \pi r^3 \sqrt{5 + 2 + \sqrt{5}} = r^3 + 12,08731.$

Hexag ne... $V = \dfrac{9}{2} \pi r^3 = r^3 \times 14,13717.$

Octogone... $V = 2 \pi r^3 \sqrt{4 + 2\sqrt{2}} = r^3 \times 16,41872.$

Décagone.. $V = \dfrac{5}{2} \pi r^3 \sqrt{5} = r^3 \times 17,56205.$

Dodécagone. $V = \dfrac{3}{2} \pi r^3 \left(\sqrt{6} + \sqrt{2}\right) = r^3 \times 18,20400.$

2° *Volume en fonction du côté* C.

Triangle.... $V = \dfrac{1}{4} \pi C^3 = C^3 \times 0,78540.$

Carré...... $V = \pi C^3 = C^3 \times 3,14159.$

Pentagone.. $V = \dfrac{1}{4} \pi C^3 \left(5 + 2\sqrt{5}\right) = C^3 \times 7,43940.$

Hexagone... $V = \dfrac{9}{2} \pi C^3 = C^3 \times 14,13717.$

Octogone... $V = 2 \pi C^3 \left(3 + 2\sqrt{2}\right) = C^3 \times 36,62110.$

Décagone... $V = \dfrac{5}{2} \pi C^3 \left(5 + 2\sqrt{5}\right) = C^3 \times 74,39400.$

Dodécagone. $V = 3 \pi C^3 \left(7 + 4\sqrt{3}\right) = C^3 \times 131,27022$

CHAPITRE II

SOLIDES IRRÉGULIERS

957. Pour évaluer le volume d'un solide irrégulier quelconque il faut le décomposer en solides réguliers qu'on mesure séparément. La somme des résultats partiels obtenus donne le volume total du solide irrégulier.

Nous renvoyons à ce sujet le lecteur au chapitre de la cubature des terrasses et à celui des ouvrages d'art, qui contiendront des explications très détaillées. Il est évident que lorsqu'il saura évaluer les déblais et les remblais que nécessite la construction d'une voie de communication et faire le métré des travaux d'un bâtiment, par exemple, toutes les questions de cubage, même les plus compliquées, lui seront familières.

Nous nous bornerons, dans ce chapitre, à exposer quelques cas particuliers.

SOLIDES IRRÉGULIERS A BASES QUADRANGULAIRES.

958. On a souvent à évaluer des solides irréguliers comme ceux indiqués en plans par les figures 474 et 475. Le cas se présente particulièrement dans les carrières de sable ou de gravier et dans les houillères.

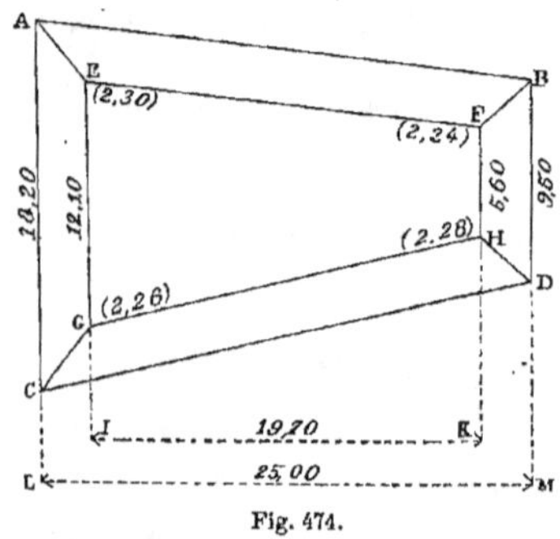

Fig. 474.

Si une grande précision n'est pas nécessaire et si les surfaces des bases ne diffèrent pas sensiblement, on pourra appliquer la méthode de la *moyenne des lignes* ou *des surfaces* et c'est ce que nous allons faire pour les deux problèmes suivants.

Cette méthode a simplement pour but de transformer le solide irrégulier en un parallélipipède qui lui soit sensiblement équivalent.

Problème n° 193.

959. *Calculer le volume du solide irrégulier (fig. 474).*

Les deux bases ABDC et EFHG sont des trapèzes et les hauteurs du solide diffèrent ainsi que l'indiquent les cotes inscrites près des sommets E, F, H, G de la base supérieure. Désignons la surface de la base inférieure par B et la surface de la base supérieure par B'. Nous aurons :

$$B = \frac{18,20 + 9,50}{2} \times 25,00 = 346,25$$

$$B' = \frac{12,10 + 5,60}{2} \times 19,70 = 174,34$$

Total..........	520,59
Moyenne.......	260,295

Hauteur du solide :

Au sommet E............	2,30
Au sommet F............	2,24
Au sommet H............	2,28
Au sommet G............	2,26
Total........	9,08

$$\text{Moyenne} = \frac{9,08}{4} = 2,27.$$

$$V = 260,295 \times 2,27 = 590^m,870.$$

Le volume demandé est donc 590 mètres cubes, 870 décimètres cubes.

Problème n° 194.

960. *Calculer le volume du solide irrégulier (fig. 475).*

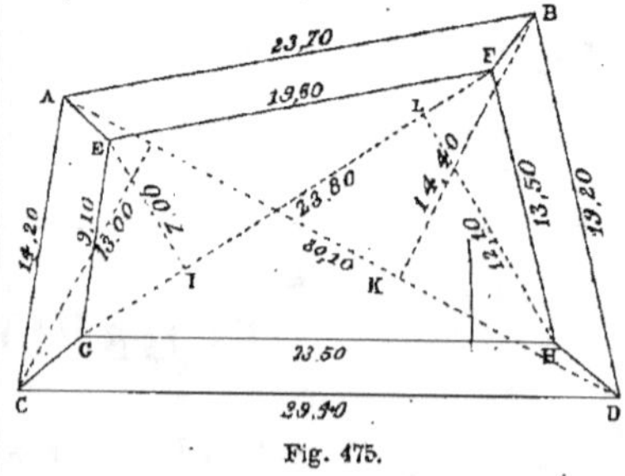

Fig. 475.

Moyenne des lignes. Les bases ABDC et EFHG sont des quadrilatères irréguliers.

et les hauteurs du solide diffèrent ainsi que l'indiquent les côtés des sommets des angles E, F, H et G.

1° Moyenne entre AB et EF.

$$(1) \qquad \frac{23,70 + 19,50}{2} = 21,60.$$

2° Moyenne entre GH et CD.

$$(2) \qquad \frac{29,40 + 23,50}{2} = 26,45.$$

3° Moyenne entre (1) et (2).

$$(3) \qquad \frac{21,60 + 26,45}{2} = 22,025.$$

4° Moyenne entre CA et GE.

$$(4) \qquad \frac{14,20 + 9,10}{2} = 11,65.$$

5° Moyenne entre DB et HF.

$$(5) \qquad \frac{19,20 + 13,50}{2} = 16,35.$$

6° Moyenne entre (4) et (5).

$$(6) \qquad \frac{11,65 + 16,35}{2} = 14,00.$$

Hauteur du solide :

Au sommet E.	3,40
Au sommet F.	3,36
Au sommet H.	3,34
Au sommet G.	3,38
Total.	13,48

$$\text{Moyenne} = \frac{13,48}{4} = 3,37.$$

Par suite des opérations précédentes, le solide irrégulier donné est transformé en un parallélipipède rectangle à peu près équivalent ayant 22,025 de longueur, 14,00 de largeur et 3m37 de hauteur, dont le volume serait :

$$V = 22,025 \times 14,00 \times 3.37 = 1039,139,$$

c'est-à-dire 1039 mètres cubes, 139 décimètres cubes.

Moyenne des surfaces. On multiplie la demi-somme de la surface des bases par la hauteur moyenne et voici les opérations :

1° Base inférieure ABDC.

Triangle ADB — $30,10 \times \dfrac{14,40}{2} = 216,72$ ⎱
Triangle ADC — $30,10 \times \dfrac{13,00}{2} = 195,65$ ⎰ 412,37.

2° Base supérieure EFHG.

Triangle GEF — $23,80 \times \dfrac{7,00}{2} = 83,30$ ⎱
Triangle GHF — $23,80 \times \dfrac{12,10}{2} = 143,99$ ⎰ 227,29.

Total.	639,66
Moyenne.	319,83

La hauteur moyenne du solide étant 3m,37, son volume sera :

$$319,83 \times 3,37 = 1077m3827.$$

961. La méthode de la *moyenne des lignes* donne 1039m3139 et la méthode de la moyenne des surfaces donne 1077m3827.

Comme on le voit, la différence est assez considérable, et le cube réel est compris entre ces deux chiffres.

Pour avoir un résultat exact, il faudrait multiplier la surface d'une section horizontale passant au centre de gravité du solide par la hauteur verticale de ce point au-dessus de la base inférieure.

CALIBRE ADOPTÉ POUR L'EMMÉTRAGE DES PIERRES CASSÉES SUR LES ROUTES.

962. Ce calibre a la forme du solide représenté en plan et en coupe par la figure 476. Les talus sont inclinés à 45 degrés, c'est-à-dire que NI = NK.

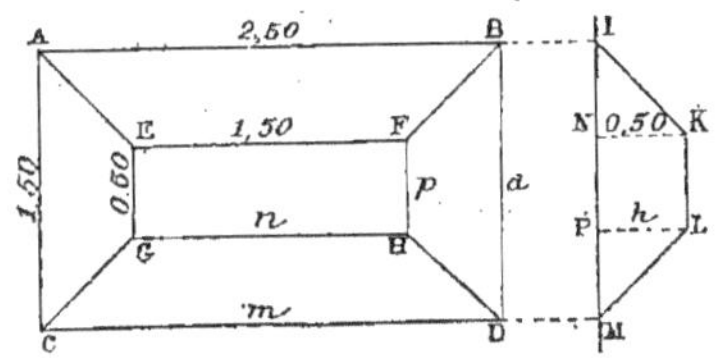

Fig. 476.

Ce solide n'est pas un tronc de pyramide, parce que les arêtes AE, BF, DH, CG, prolongées ne se rencontreraient pas en un même point pour former une pyramide.

En désignant par *m* le côté CD, par *n* le côté GH, par *d*, le côté BD, par *p* le côté FH et par *h* la hauteur PL, la formule suivante donnera le volume V du solide.

$$V = \frac{1}{6} h \left[d (2m + n) + p (2n + m) \right].$$

En remplaçant les lettres par les chiffres que la figure porte, on aura :

$$V = \frac{1}{6} 0,50 \left[1,50 (2 \times 2,50 + 1,50) \right.$$
$$+ 0,50 (2 \times 1,50 + 2,50) = 1^{m3}041666].$$

Si le côté représenté par p était nul, c'est-à-dire si le rectangle EFHG était une simple ligne droite, la formule précédente deviendrait :

$$V = \frac{1}{6} hd (2m + n).$$

Si l'on applique au solide (*fig. 476*) la formule du tronc de pyramide, en désignant la base inférieure ABDC par B et la base supérieure EFHG par b, on aura :

$$V = \frac{h}{3} (B + b + \sqrt{Bb}) = 1^{m3}041666.$$

963. Il existe une méthode expéditive exacte consistant à multiplier la hauteur du solide par la surface d'une section parallèle aux bases et passant par le centre de gravité, c'est-à-dire au tiers de la hauteur h en partant de la base inférieure.

964. Si l'on appliquait la méthode approximative dite *moyenne des surfaces*, on aurait :

$$v = \frac{(2,50 \times 1,50) + (1,50 \times 0,50)}{2} \times 0,50 = 2^{m3}325.$$

Comme on le voit, cette méthode fondée sur la moyenne des bases donne un résultat beaucoup trop fort.

965. Par la méthode dite *moyenne des lignes des bases*, on aurait :

$$v = \left(\frac{2,50 + 1,50}{2} \times \frac{1,50 + 0,50}{2} \right) \times 0,50 = 1^{m3}000.$$

Ce résultat serait trop faible, puisque le volume exact est $1^{m3}014666$.

SOLIDE EN FORME DE TOITURE.

966. Ce solide est représenté en plan et en coupe par la figure 477.

En désignant le côté AB par m, le côté EF par n, le côté AC par d et la hauteur KH par h, la formule suivante donnera le volume V du solide.

$$V = \frac{1}{6} (2m + n) dh.$$

Cette formule donnera successivement :
1° Pour le côté AB,

$$n = \frac{3V}{dh} - \frac{n}{2},$$

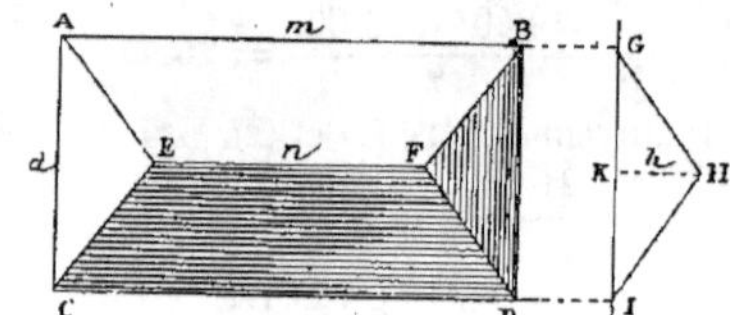

Fig. 477.

2° Pour le côté EF,

$$m = \frac{6V}{dh} - 2m;$$

3° Pour le côté AC,

$$d = \frac{6V}{h (2m + n)};$$

4° Pour la hauteur HK,

$$h = \frac{6V}{d (2m + n)}.$$

Problème n° 195.

967. *Quel est le volume du solide en forme de toiture (fig. 477), en supposant qu'il ait les dimensions suivantes :* AB $= 38^m,00$, AC $= 20^m,50$, EF $= 22^m,40$ *et* KH $= 7^m,00$?

En désignant le volume par V et en appliquant la formule précédente, on aura :

$$V = \frac{1}{6} (2 \times 38,00 + 22^m,40)$$
$$\times 20,50 \times 7,00 = 2401^{m3}233.$$

Le volume du solide est donc 2401 mètres cubes, 233 décimètres cubes.

CAPACITÉ D'UNE CUVE.

968. La cuve ABDC (*fig. 478*) est un tronc de cône à bases circulaires parallèles.

Le diamètre EF du cercle de la base supérieure, mesuré intérieurement, a $3^m,40$.

Le diamètre GH du cercle de la base inférieure, aussi mesuré intérieurement, a 2^m,60.

La profondeur verticale est 3 mètres.

Pour calculer la capacité de la cuve,

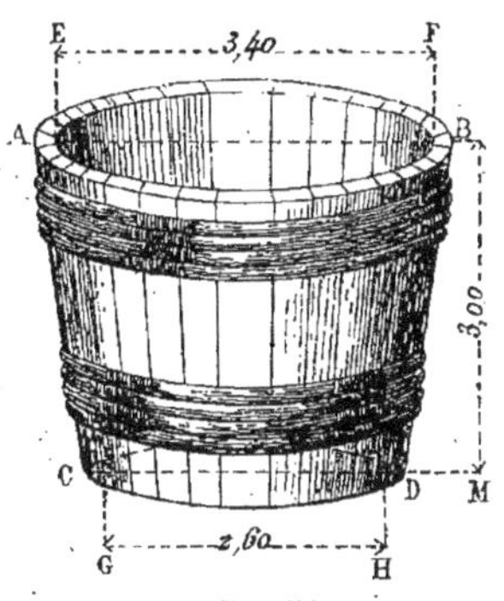

Fig. 478.

il n'y a qu'à appliquer la formule (916) et on aura, en désignant la capacité ou le volume par V :

$$V = 3,00 \times [1,70^2 + 1,30^2 + (1,70 \times 1,30)]\, 1,047197 = 21^m,331.$$

Le volume de la cuve est donc égal à 21 mètres cubes 331 décimètres cubes ou 213 hectolitres 31 litres.

969. Appliquons maintenant la méthode de la *moyenne des surfaces :*

Surface de la base supérieure :
$$3,1416 \times 1,70 \times 1,70 = 9,079$$

Surface de la base inférieure :
$$3,1416 \times 1,30 \times 1,30 = 5,309$$

$$\text{Total} \dots \dots 14,388$$
$$\text{Moyenne} \dots \dots 7,194$$
$$V = 7,194 \times 3,00 = 21,582$$

ou 215 hectolitres 82 litres.

On voit que la méthode approximative donne, pour la capacité de la cuve, 215, 82 — 213, 31 = 2, 51, c'est-à-dire 2 hectolitres 51 litres de plus que la méthode exacte.

La méthode par la moyenne des lignes donnerait une différence beaucoup moins grande.

JAUGEAGE DES TONNEAUX.

970. Les futailles destinées à contenir les liquides sont des vases généralement construits au moyen de lames en bois de chêne ou de châtaignier et pouvant se décomposer en deux troncs de cône égaux ayant une base commune qui est la grande.

Conséquemment, pour évaluer la capa-

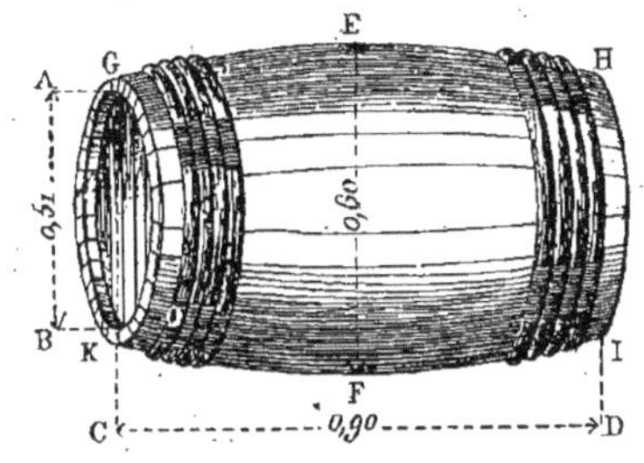

Fig. 479.

cité d'un tonneau, il suffit de mesurer l'un des troncs de cône et de doubler le résultat.

Considérons le tonneau GHIK (*fig.* 479) ayant les dimensions suivantes :

Longueur intérieure . . . . 0^m,90
Diamètre intérieur des fonds . . . 0^m,51
Diamètre inférieur du bouge,
c'est-à-dire au milieu . . . . 0^m,60

Les deux troncs ont, pour base commune, le grand cercle ayant 0,60 pour diamètre intérieur. Chacun d'eux a 0,45 de hauteur et, pour bases supérieures, deux cercles ayant chacun 0,51 de diamètre.

En appliquant la formule (916), on aura pour la capacité d'un tronc de cône :

$$V = 0,45 \times [0,255^2 + 0,30^2 + (0,255 \times 0,30)] \times 1,047197 = 0,109.$$

Soit 109 litres pour la moitié de la capacité du tonneau. Le résultat complet sera donc :

$$109 \times 2 = 218 \text{ litres.}$$

971. Par suite de la courbure des douves, les tonneaux ne forment pas deux troncs de cône réguliers. Conséquemment, la formule qui vient d'être appliquée donne un résultat certainement trop faible.

L'administration des contributions indirectes emploie, encore maintenant, la méthode suivante de jaugeage des tonneaux, méthode définie dans une circulaire de M. le ministre de l'intérieur de l'an VII de la République française.

On considère le tonneau comme un cylindre ayant pour hauteur la longueur intérieure du tonneau et pour diamètre celui du bouge, moins le tiers de la différence existant entre le diamètre du bouge et le diamètre moyen des fonds.

Appliquons cette règle à l'exemple précédent.

Diamètre du bouge.   0,60
Diamètre moyen des fonds. . . .   0,51

            Différence.   0,09
        Dont le tiers est de.   0,03

Il faut retrancher 0,03 de 0,60, diamètre du bouge, et la différence, qui est 0,57, sera le diamètre d'un cylindre ayant 0,90 de longueur.

En appliquant la formule donnant le volume du cylindre, on aura :

$$V = 3{,}1416 \times 0{,}285 \times 0{,}285 \times 0{,}90 = 0^{m}230.$$

Soit 230 litres, tandis qu'en considérant le tonneau comme deux troncs de cône, on ne trouvait que 218 litres; d'où résulte une différence de 12 litres provenant de la courbure des douves, si la méthode officielle est exacte.

972. Dans le commerce, on emploie cette autre méthode, qui paraît plus simple, mais qui donne des résultats semblables.

On mesure le diamètre intérieur du bouge et on double la côte trouvée. On ajoute à ce résultat le diamètre moyen des fonds. On prend le tiers de la somme, puis la moitié de ce tiers. Le dernier résultat est élevé au carré et ce carré est multiplié par 3,1416 (π). Le produit, multiplié par la longueur intérieure du tonneau, donne la capacité demandée.

Pour appliquer cette méthode, reportons-nous encore à l'exemple précédent (*fig.* 479) :

Le diamètre du bouge étant 0,60, en le doublant, on aura.   1,20
Diamètre moyen des fonds. .   0,51

            Total.   1,71
       Dont le tiers est   0,57
On divise 0,57 par 2   0,285
On élève 0,285 au carré. . .   0,081225
On multiplie ce carré par 3,1416 (π).   0,25517

Ce dernier produit multiplié par 0,90, longueur intérieure du tonneau, donne.   0,230

Soit 230 litres. Ce résultat étant semblable au précédent, on peut employer indifféremment l'une ou l'autre méthode.

CONSIDÉRATIONS GÉNÉRALES SUR LES TONNEAUX.

973. En considérant les tonneaux destinés au commerce comme mesures des liquides, on avait d'abord cru devoir les soumettre à l'uniformité qui a motivé la création du système métrique; mais, pour y parvenir, il fallait non seulement que leur contenance eût un rapport avec l'hectolitre, mais que leur construction fût assujettie à une forme déterminée et invariable.

Quelques règlements avaient déterminé la forme des futailles de différentes contrées. Aussi, dans les pièces bordelaises, la longueur intérieure, le diamètre du bouge et le diamètre des fonds devaient être dans le rapport des nombres 11, 9 et 7 + 7/8. Dans les pièces mâconnaises, ces mêmes divisions devaient être dans le rapport des nombres 10, 9 et 8.

Afin de se rapprocher autant que possible des usages reçus, l'instruction de pluviôse, an VII, avait réglé la forme des nouvelles futailles, de telle façon que la longueur intérieure, le diamètre du bouge et le diamètre des fonds fussent toujours dans le rapport des nombres 10 + 1/9, 9 et 8. C'est, d'après ce principe, que la table suivante a été préparée.

NOMS des pièces.	Contenance en litres.	Longueur intérieure en millimètres.	Diamètre du bouge en millimètres.	Diamètre des fonds en millimètres.
Demi-hectolitre..	50	454	389	345
	75	520	415	395
Hectolitre.......	100	572	490	435
	125	616	528	469
	150	655	561	499
Double-hectolitre.	200	720	618	543
	250	776	665	591
	300	825	707	628
	400	908	778	691
Demi-kilolitre...	500	978	838	745
	600	1039	891	791
	700	1093	938	833
	800	1144	980	871
	900	1190	1019	906
Kilolitre	1000	1252	1095	938

Un examen approfondi a fait reconnaître que les tonneaux ne peuvent pas être assimilés aux mesures de capacité en métal et qu'il y aurait de grands mouvements à les assujettir à des dimensions uniformes. Aussi s'est-on borné à exiger que les tonneaux, contenant des liqueurs ou des vins exposés en vente, portant l'indication de leur contenance en litres.

Cubage des voûtes.

974. La question des voûtes sera traitée très longuement, avec tous les développements qu'elle comporte, dans le chapitre spécial des ouvrages d'art. Nous nous bornerons à donner ici, comme application au cubage, deux exemples très simples.

VOUTE PLEIN CINTRE.

975. Les deux demi-circonférences concentriques ABC et DEF (*fig.* 480) représentent la *tête* de la voûte dont elles limitent l'*extrados* et l'*intrados*.

Les diamètres sont :

5,00 pour la circonférence intérieure

7,40 pour la circonférence extérieure.

Conséquemment, la voûte a 3,70 — 2,50 = 1m,20 d'épaisseur. Sa longueur est 6m,50.

Il est clair que pour cuber la maçon-

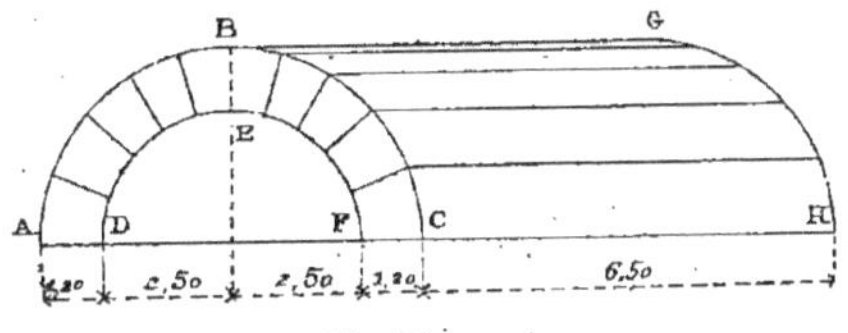

Fig. 480.

nerie constituant la voûte, il faut retrancher le volume du demi-cylindre ayant le demi-cercle DEF pour base du volume du demi-cylindre ayant le demi-cercle ABC pour base. Or, le volume d'un demi-cylindre quelconque est donné par la formule :

$$V = \frac{\pi r^2 h}{2},$$

En appliquant cette formule à la figure 480, on aura :

Pour le grand demi-cylindre,
$$\frac{3,1416 \times 3,70 \times 3,70 \times 6,50}{2} = 139,778$$

Pour le petit demi-cylindre,
$$\frac{3,1416 \times 2,50 \times 2,50 \times 6,50}{2} = 63,814$$

Différence....... 75,964

Le volume de la voûte est donc 75 mètres cubes, 964 décimètres cubes.

VOUTE A ANSE DE PANIER.

976. Les deux demi-ellipses ABC et DEF (*fig.* 481) représentent la *tête* de la voûte dont elles limitent l'*extrados* et l'*intrados*.

Les dimensions sont les suivantes :

Grande ellipse. { Grand axe = 8,40 { Petit axe = 7,20

Petite ellipse. $\begin{cases} \text{Grand axe} = & 6,00 \\ \text{Petit axe} = & 4,80 \end{cases}$

Épaisseur de la voûte. 1,20

Longueur. 6,50

Il est clair que pour cuber la maçonnerie, il faut retrancher le volume du

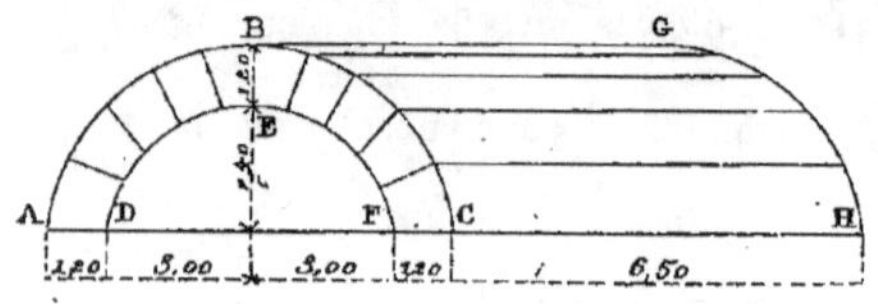

Fig. 481.

demi-cylindre elliptique ayant la demi-ellipse DEF pour base du volume du demi-cylindre elliptique ayant la demi-ellipse ABC pour base.

La formule de la surface d'une ellipse est, en désignant le grand axe par A, le petit axe par a, et la surface par S :

$$S = \frac{\pi A a}{4},$$

et la surface d'une demi-ellipse :

$$\frac{S}{2} = \frac{\pi A a}{8}.$$

La formule du volume d'un demi-cylindre elliptique sera donc, en désignant la hauteur par h :

$$\frac{V}{2} = \frac{\pi A a h}{8}.$$

En appliquant cette formule à la figure 481, on aura :

Pour le grand demi-cylindre elliptique:

$$\frac{3,1416 \times 8,40 \times 7,20 \times 6,50}{8} = 153,878$$

Pour le petit demi-cylindre elliptique :

$$\frac{3,1416 \times 6,00 \times 4,80 \times 6,50}{8} = 73,513$$

Différence. 80,365

Le volume de la voûte à anse de panier est donc 80 mètres cubes 365 décimètres cubes.

Cubage des corps très irréguliers.

977. On a souvent à évaluer le volume d'objets tellement irréguliers qu'il est impossible de les décomposer en solides réguliers.

Voici comment on opère pour les cuber :

On remplit complétement d'eau un vase quelconque (*fig.* 482) assez grand pour con-

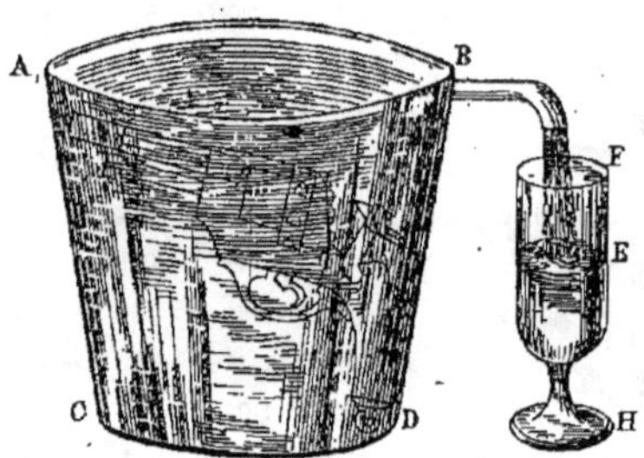

Fig. 482.

tenir l'objet à cuber. On plonge cet objet dans le vase ABDC.

L'eau qui est déplacée sort par l'ouverture B et tombe dans une éprouvette graduée FH.

Si le liquide arrive en E et que la division marquée à ce point indique, par exemple, 75 centimètres, l'objet introduit dans le vase cubera 750 centimètres cubes.

On peut obtenir ainsi le volume exact d'un revolver, par exemple.

Ce procédé est employé dans les arsenaux de l'État pour apprécier le volume exact des canons et armes diverses.

V – NIVELLEMENT

CHAPITRE PREMIER

Préliminaires.

978. En principe, plusieurs points sont *de niveau*, lorsqu'ils sont situés à égale distance du centre de la terre ou bien à égale distance de la surface des mers, en supposant les eaux dans un état de tranquillité parfaite.

La terre étant à peu près ronde, tous les points de niveau déterminent une surface sphérique parallèle à la surface terrestre.

Quelle que soit la forme de la terre, on dit, par extension, qu'une surface est *de niveau*, lorsqu'elle est perpendiculaire à la direction d'un fil à plomb passant par l'un quelconque de ses points (1).

Il résulte de la définition précédente que la *ligne de niveau* de deux points est un arc de cercle.

Ainsi, en supposant le centre de la terre situé en O (*fig.* 483), la ligne de niveau des points A et B est l'arc AB, nommé *ligne de niveau vrai*.

(1) On sait que tous les rayons terrestres sont des verticales.

Si l'on suppose la verticale OB indéfiniment prolongée et un plan tangent en A à la surface terrestre, la droite AD joignant le point de contact A avec le point

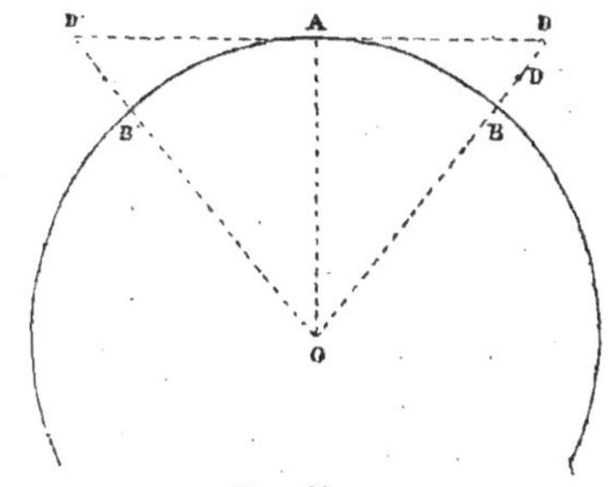

Fig. 483

D, rencontre du plan tangent avec le rayon OB prolongé, est la *ligne de niveau apparent*. C'est celle donnée par les instruments de nivellement décrits au chapitre III, pages 54 et suivantes.

Il est clair que le point D est plus éloigné du centre de la terre que le point A et que, entre le niveau apparent et le niveau vrai, il existe une différence égale à DB dans le cas de la figure 483.

Comme pour les nivellements à grande portée, il convient de tenir compte de cette différence, nous allons évaluer DB en fonction de AD et du rayon de la terre que nous désignons par R.

Le triangle rectangle DAO donne :

$$(1) \quad \overline{OD}^2 = \overline{OA}^2 + \overline{AD}^2,$$

ou, en remplaçant OD par R + DB et OA par R :

$$(2) \quad (R + DB)^2 = R^2 + \overline{AD}^2.$$

En extrayant la racine carrée de chaque membre de cette égalité, il vient :

$$(3) \quad R + DB = \sqrt{R^2 + \overline{AD}^2},$$

ou, en faisant passer R du premier dans le second membre :

$$(4) \quad DB = \sqrt{R^2 + \overline{AD}^2} - R$$

Voilà la formule qui donnerait la valeur de DB, c'est-à-dire la différence entre le niveau apparent et le niveau vrai, s'il n'existait pas une autre cause d'erreur provenant de la *réfraction* du rayon visuel traversant des couches d'air plus ou moins denses. En effet, le point D paraît à l'observateur plus élevé qu'il ne l'est réellement par suite de l'effet de la réfraction. Admettons que la véritable situation du point D soit en D'. Il s'agit d'évaluer D'B et non DB. Or, différentes expériences ont établi que la partie DD' valait approximativement $0,16 \times DB$, de sorte qu'il reste $0,84 \times DB$ pour D'B, c'est-à-dire :

$$(5) \quad D'B = 0,84 \times DB.$$

En remplaçant dans cette égalité DB par sa valeur (4), il viendra :

$$(6) \quad D'B = 0,84 \sqrt{R^2 + \overline{AD}^2} - R.$$

Telle est la formule rectifiée donnant la différence du niveau apparent au niveau vrai.

979. En admettant que le rayon moyen de la terre soit égal à 6 366 600 mètres, voici les calculs faits au moyen de la formule précédente dans le but de faciliter les rectifications dans les grandes opérations de nivellement; mais on devra se souvenir que le niveau apparent est toujours situé au dessus du niveau vrai.

DISTANCES en mètres.	DIFFÉRENCES entre le niveau apparent et le niveau vrai.	DISTANCES en mètres.	DIFFÉRENCES entre le niveau apparent et le niveau vrai.
20	0.0000	160	0.0017
40	0.0001	180	0.0021
60	0.0002	200	0.0026
80	0.0004	300	0.0059
100	0.0007	400	0.0106
120	0.0009	500	0.0165
140	0.0013		

On n'a, du reste, généralement pas à tenir compte de ces chiffres, parce que le nivellement ayant pour but de déterminer la différence de niveau de plusieurs points, on place le niveau, autant que possible, à égale distance des points sur lesquels on opère, de sorte qu'il se produit une compensation dans les cotes obtenues.

En effet, si l'arc AB est égal à l'arc AB (*fig.* 483), il est clair que les deux différences DB et D″B′ sont aussi égales et se détruisent. Si les arcs ne sont pas égaux, complétement, ils le sont sensiblement et les erreurs sont négligeables.

980. Un nivellement peut être *direct* ou *indirect*.

I. — Nivellement direct.

981. La différence de niveau entre deux points peut être mesurée directement au moyen d'instruments donnant seulement la ligne de niveau et permettant de déterminer directement la hauteur verticale entre les deux points considérés. La méthode employée prend alors le nom de *nivellement indirect* ou, encore, celui de *nivellement continu.*

982. Le nivellement direct est basé sur l'emploi d'instruments qui permettent de déterminer le plan horizontal ou, seulement, une horizontale passant par un point.

Supposons, par exemple, qu'on veuille chercher la différence de niveau entre les points M et N (*fig.* 484). On se placera au

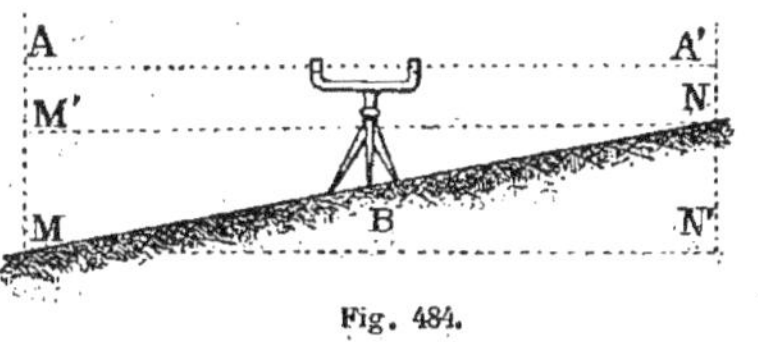

Fig. 484.

point B, situé entre les deux points M et N, et on déterminera, sur deux mires verticales posées en M et N, les points A et A′ où une ligne de niveau AA′ rencontre ces deux mires. La différence de niveau entre les deux points M et N est égale à NN′. Cette quantité est précisément mesurée par la longueur MM′, différence entre les hauteurs MA et NA′ lues sur les mires.

Cette méthode n'exige pas la connaissance de la distance qui sépare les projections des deux points. Elle fournit des résultats d'une grande exactitude.

II. — Nivellement indirect.

983. La différence de niveau entre deux points A et B (*fig.* 485) peut encore être déterminée si l'on connaît l'inclinaison a sur l'horizon de la droite AB qui joint ces deux points et la distance horizontale AB′ qui unit les projections des points A et B. On donne à cette mé-thode le nom de *nivellement indirect* ou, encore, celui de *nivellement topographique*.

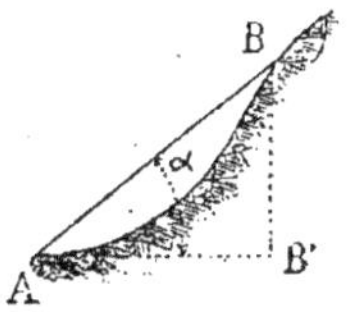

Fig. 485.

984. Pour faire comprendre l'emploi de cette méthode, supposons qu'on cherche la différence de niveau entre les points M et N (*fig.* 486).

On stationne au point M avec un instrument permettant de mesurer l'angle de

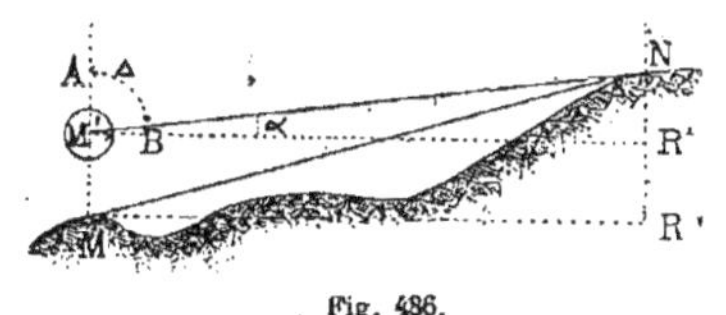

Fig. 486.

pente a de la ligne M′N. La différence de niveau RN, entre les points M et N, est mesurée par la ligne RN. Or, RN = RR′ + R′N = MM′ + NR′ = MM′ + MR tg a. La différence de niveau est donc égale à la distance horizontale des deux points, multipliée par la tangente de l'angle d'inclinaison, cette quantité étant en outre augmentée de la hauteur de l'instrument au-dessus du point de station.

Si l'on désigne par K la distance MR qui sépare les projections des deux points M et N, distance donnée par la planimétrie, et si l'on représente par dt la hauteur MM′ de l'instrument, la différence de niveau dn sera donnée par la formule :
$$dn = K \, tg \, a + dt.$$

Généralement, les instruments dont on fait usage ne donnent pas l'angle a, mais bien l'angle complémentaire Δ, appelé distance zénithale. La formule modifiée devient :
$$dn = K \cot g \, \Delta + dt.$$

La détermination de la différence de niveau entre deux points, par la méthode du nivellement indirect, exige donc la connaissance des deux éléments K et Δ. De là, deux causes d'erreurs qui rendent cette méthode moins exacte que la première ; mais elle est beaucoup plus expéditive et c'est elle qu'on emploie le plus souvent dans l'établissement des cartes topographiques.

985. Au point de vue des travaux, en général, le nivellement est *simple* ou *composé*.

CHAPITRE II

NIVELLEMENT SIMPLE

986. Un nivellement est *simple*, lorsque, par une station unique d'un niveau quelconque, il est possible de déterminer la différence de niveau de plusieurs points donnés. Tel est le cas du nivellement représenté par la figure 484.

Il s'agit, en effet, de déterminer la différence de niveau des points M et N. Pour cela, on place le niveau au point B, à peu près à égale distance des points donnés ; puis, par deux poses de la mire en N et M, c'est-à-dire par deux *coups de niveau*, on détermine les cotes AM et A'N et la différence de ces cotes, c'est-à-dire NN', représente la différence de niveau demandée, car

$$AM - A'N = NN'.$$

Le niveau placé à peu près à égale distance des points à niveler, comme dans la figure 484, il n'y a plus à se préoccuper des erreurs de sphéricité ou de réfraction et c'est un avantage précieux.

Pour le nivellement simple, on peut employer tous les instruments décrits au chapitre III, pages 54 et suivantes ; mais on devra néanmoins choisir l'appareil qui répond le mieux à la précision qu'on désire obtenir.

CHAPITRE III

NIVELLEMENT COMPOSÉ

Opérations sur le terrain.

987. Un nivellement est *composé*, lorsqu'on ne peut obtenir la différence de niveau de plusieurs points que par un certain nombre de stations de l'instrument, c'est-à-dire par un certain nombre de nivellements simples, rattachés les uns aux autres par les cotes d'un même point, cotes obtenues de deux stations consécutives.

Son but est de déterminer la ligne d'intersection d'un plan vertical, passant par les différents points à niveler, avec la surface du sol et c'est cette ligne d'intersection qu'on nomme *profil en long*.

988. Le plan vertical traçant le profil en long peut avoir une surface *plane*, *brisée* ou *cylindrique*.

La surface est *plane*, si des jalons plantés sur chaque point à niveler déterminent une ligne droite à l'œil. Elle est brisée, si les jalons forment une ligne brisée. Elle est cylindrique, si cette ligne n'est ni droite ni brisée.

EXÉCUTION D'UN PROFIL EN LONG. COUPS AVANT ET COUPS ARRIÈRE.

989. Il s'agit de déterminer la différence de niveau des points A et F (*fig.* 487), puis de dessiner le profil en long.

Cette question sera résolue au moyen

de cinq stations du niveau ou, mieux, de cinq nivellements simples (1), ainsi que le croquis l'indique.

1re STATION. Le niveleur part du point A et opère en se dirigeant vers le point F. Il met l'instrument en station au point *a* et fait placer la mire en A, puis en B, points sur chacun desquels il donne un coup de niveau. Le porte-mire lit les cotes 0m,514 en A et 1m,112 en B; il les écrit sur le croquis ainsi que la distance horizontale 69m,40 existant entre les points A et B.

L'instrument étant placé en *a*, le coup

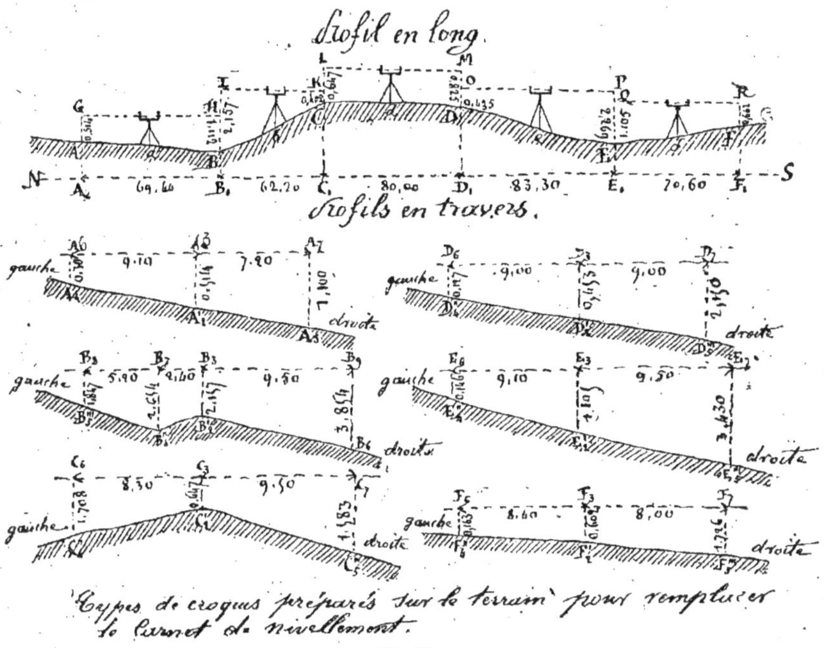

Fig. 487

de niveau donné sur le point A se nomme *coup arrière* et le coup de niveau donné sur le point B se nomme *coup avant*.

Voici la définition la plus simple des coups arrière et des coups avant dans un nivellement composé :

1o *Le coup arrière est celui qui est donné sur le point le plus voisin, derrière le niveleur regardant le point extrême vers lequel il se dirige en opérant.* (Dans le cas de la figure 487, les coups arrière sont ceux donnés par le niveleur, lorsqu'il tourne le dos au point F.)

2o *Le coup avant est celui qui est donné sur le point le plus voisin, avant le niveleur regardant le point extrême vers lequel il se dirige en opérant.* (Dans le cas de la figure 487, les coups avant sont ceux donnés par le niveleur lorsqu'il regarde dans la direction du point F.)

2o STATION. Le niveleur place l'instrument en *b*, puis donne le coup arrière en B et le coup avant en C. Il inscrit sur le

---

(1) La forme de l'instrument étant indépendante des explications importantes qui vont suivre, le croquis porte indication d'un niveau d'eau, le plus facile à dessiner ; mais, pour un profil en long, il convient d'employer toujours un niveau à bulle d'air.

croquis les cotes 2,157; 0,402, ainsi que la distance horizontale 62^m,20 des points B et C.

3e STATION. Le niveau est de nouveau placé en d, puis l'opérateur donne le coup arrière en C et le coup avant en D. Les cotes 0,647; 0,825, ainsi que la distance horizontale 80^m,00 des points C et D sont inscrites sur le croquis.

4e STATION. L'opérateur place ensuite l'instrument en e, puis il donne le coup arrière en D et le coup avant en E. Les cotes 0,435; 2,269, ainsi que la distance horizontale 83^m,30 des points D et E sont consignées sur le croquis.

5e STATION. Enfin, le niveau est placé en f, puis le niveleur donne le coup arrière en E et le coup avant en F. Les deux dernières cotes 1,105 et 0,602, ainsi que la distance horizontale 70^m,60 des points E et F, sont inscrites sur le croquis.

Les opérations sur le terrain sont terminées quant au profil en long et les cotes inscrites au croquis permettent de rapporter le nivellement, ainsi qu'on le verra plus loin.

Remarque. Chaque point intermédiaire porte deux cotes. Les cotes de gauche résultent des coups arrière et les celles de droite viennent des coups avant. Les points extrêmes ne portent qu'une seule cote. Celle du point de départ provient d'un coup arrière et celle de droite résulte d'un coup avant.

Théorème.

990. *Dans un nivellement composé, la différence de niveau des points extrêmes est égale à la différence existant entre la somme des coups arrière et la somme des coups avant. Si la somme des coups avant est la plus forte, le point d'arrivée est plus bas que le point de départ. Dans le cas contraire, le point d'arrivée est plus élevé que le point de départ.*

Nous allons raisonner sur le profil en long dont le croquis est donné (*fig.* 487) et supposer que les verticales GA, IB, LC,

MD, PE, RF prolongées sont rencontrées aux points A_1, B_1, C_1, D_1, E_1, F_1, par un plan *horizontal de comparaison*, situé au-dessous du profil en long.

La ligne NS passant par tous ces points est droite, parce qu'elle est la projection verticale de l'intersection du plan vertical (droit, brisé ou cylindrique) passant par les points A, B, C, D, E, F du terrain, et du plan horizontal de comparaison.

On a évidemment

$$GA_1 = HB_1$$
$$IB_1 = KC_1$$
$$LC_1 = MD_1$$
$$OD_1 = PE_1$$
$$QE_1 = RF_1.$$

Chaque membre de ces cinq égalités peut se décomposer en deux parties indiquées par le croquis. Ainsi, $GA_1 = GA + AA_1$; $HB_1 = HB + BB_1$ etc.

On aura donc les relations ou équations du premier degré suivantes :

$$GA + AA_1 = HB + BB_1$$
$$IB + BB_1 = KC + CC_1$$
$$LC + CC_1 = MD + DD_1$$
$$OD + DD_1 = PE + EE_1$$
$$QE + EE_1 = RF + FF_1.$$

Il convient déjà de remarquer que, dans ces équations, les premiers termes GA, IB, LC, OD, QE des premiers membres représentent les *coups arrière* et que les premiers termes HB, KC, MD, PE, RF des seconds membres, représentent les *coups avant.*

En faisant la somme des membres correspondants des cinq équations précédentes, il y aura encore égalité et on aura :

$$GA + AA_1 + IB + BB_1 + LC + CC_1$$
$$+ OD + DD_1 + QE + EE_1$$
$$= HB + BB_1 + KC + CC_1 + MD + DD_1$$
$$+ PE + EE_1 + RF + FF_1.$$

En enlevant les quantités BB_1, CC_1, DD_1 et EE_1, se trouvant dans chaque membre, il viendra :

$$GA + AA_1 + IB + LC + OD + QE$$
$$= HB + KC + MD + PE + RF + FF_1$$

Cette dernière équation revient à :

$$AA_i + (GA + IB + LC + OD + QE)$$
$$= FF_i + (HB + KC + MD + PE + RF),$$

ou, en désignant par β le premier terme entre parenthèses, c'est-à-dire la somme des coups arrière, et par α le second terme entre parenthèses, c'est-à-dire la somme des coups avant :

$$AA_i + \beta = FF_i + \alpha.$$

En faisant passer β du premier terme dans le second, il viendra :

$$AA_i = FF_i + \alpha - \beta,$$

Enfin, en faisant passer FF_i du second membre dans le premier, on aura :

$$AA_i - FF_i = \alpha - \beta.$$

Or, l'expression $AA_i - FF_i$ représente la différence de niveau des points A et F, et l'expression $\alpha - \beta$ représente la différence existant entre la somme des coups arrière et la somme des coups avant.

En prenant les chiffres inscrits au croquis (*fig.* 487), on aura :

Coups arrière	Coups avant
0,514	1,112
2,157	0,402
0,647	0,825
0,435	2,269
1,105	0,602
Totaux. 4,858	5,210

Différence, 5,210 — 4,858 = 0,352.

La différence de niveau entre les points A et F est $0^m,355$ et le point F est le plus bas, puisque la somme des coups avant est plus forte que la somme des coups arrière.

Dans chaque nivellement simple, en affectant du signe — la différence entre le coup arrière et le coup avant, lorsque ce dernier est le plus fort et du signe + la même différence lorsque le coup avant est le plus faible, on aura, en représentant par x la différence de niveau des points A et F :

$$x = -0,598 + 1,755 - 0,178 - 1,834 + 0,503.$$

En tirant la valeur de x, on trouve bien 0,352 pour la différence de niveau.

991. Corollaire I. *La différence de niveau entre le point de départ et un point quelconque du profil en long est toujours égale à la différence entre la somme des coups arrière et la somme des coups avant.*

Voici, par exemple, la différence de niveau des points A et C :

Coups arrière	Coups avant
0,514	1,112
2,157	0,402
2,671	1,514

Différence, $2,671 - 1,514 = 1^m,157$.

Le point C est le plus élevé, parce que la somme des coups arrière est plus forte que la somme des coups avant.

992. Corollaire II. *La différence de niveau entre deux points quelconques d'un profil en long est toujours égale à la différence entre la somme des coups arrière et la somme des coups avant.*

Ainsi, la différence de niveau des points C et E est :

Coups arrière	Coups avant
0,647	0,825
0,435	2,269
1,082	3,094

Différence, $3,094 - 1,082 = 2,012$.

Le point E est le plus bas, parce que la somme des coups avant est plus forte que la somme des coups arrière.

VÉRIFICATION D'UN NIVELLEMENT COMPOSÉ.

993. Les nivellements des axes des voies de communication (profils en long) doivent être exécutés avec la plus grande précision possible. On a vu (206) que M. Bourdaloue, aidé de sa longue expérience et de ses instruments si parfaits, opérait avec un écart de 10 millimètres sur 100 kilomètres, c'est-à-dire un *dixième de millimètre par kilomètre*. On peut vraiment dire qu'un résultat semblable n'est pas de la précision, mais bien une exactitude rigoureuse. Peut-on, en effet, comparer 10 millimètres à 100 kilomètres!!...

Si une grande précision est nécessaire, c'est évidemment dans les canaux.

Eh bien, en supposant un bief de 100 kilomètres de longueur, quel inconvénient pourrait résulter, pour la navigation, d'une différence de 10 millimètres dans les altitudes du busc d'amont et du busc d'aval? Aucun assurément, car cette différence peut bien être donnée, même par une simple aspérité de la surface des maçonneries.

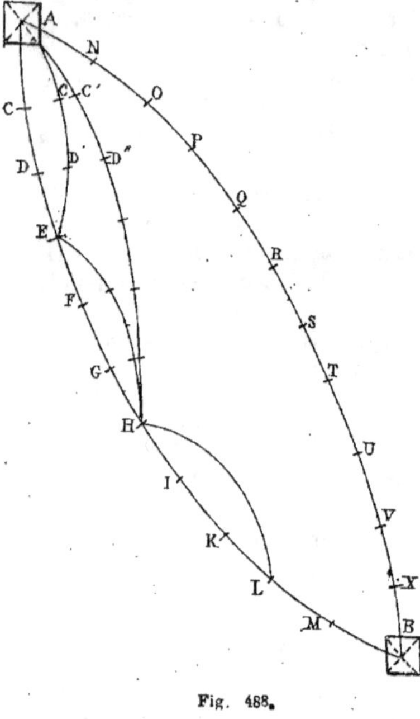

Fig. 488.

Un bon niveleur doit arriver à une précision très grande, sans aller aussi loin que M. Bourdaloue, et lorsqu'il obtiendra un écart d'un millimètre par kilomètre, ce sera certainement un beau résultat.

À chaque station, il devra se livrer à des vérifications jusqu'à ce qu'il n'ait plus de doute sur la cote définitive.

Le contrôle le plus sérieux consiste à *fermer le nivellement* et voici comment on opère pour cela.

On veut avoir, par exemple, la différence de niveau de deux points fixes A et B (*fig.* 488). Le niveleur y parvient au moyen des 11 stations C,D...M. Arrivé à la station E, par exemple, il retourne au point de départ A et revient au même point E par une autre direction AC'D'. C'est ce qu'on appelle *fermer un nivellement*. S'il trouve, comme différence, entre les deux opérations, moins d'un dixième de millimètre par 10 mètres, les cotes obtenues seront bonnes. Alors, il continue et fermera le nivellement de E en H ou de A en H. Il continuera à nouveau jusqu'au point B et s'il veut être absolument sûr de son travail, il pourra recommencer le nivellement en partant du point A, en suivant la direction A,N,O... B, et la figure AQTBLEC sera un *polygone de nivellement* formé avec un écart de (indiquer l'écart).

Carnet de nivellement.

994. Ce que le niveleur a de mieux à faire, c'est de consigner toutes les cotes sur un croquis au fur et à mesure qu'elles sont recueillies sur le terrain et, en procédant ainsi, il évite toute cause d'erreur.

Le croquis (*fig.* 487) peut servir de type et le profil en long qu'il représente est supposé levé au moyen d'une mire à coulisse, par un seul coup de niveau à l'avant et à l'arrière pour chaque coup de station. Si, pour plus de précision, l'opérateur juge nécessaire de donner plusieurs coups sur chaque point pour prendre une moyenne ensuite, il pourra écrire les cotes les unes sous les autres, puis calculer les moyennes au bureau; mais il fera mieux de se livrer à cette opération sur le terrain et d'écrire la moyenne seulement à la place qu'elle doit occuper sur le croquis.

Beaucoup de niveleurs de profession préfèrent consigner les cotes de nivellement sur un carnet spécial dont la disposition dépend de la manière d'opérer de chacun. Il suffit que les tableaux soient aussi simples que possible, tout en contenant l'ensemble des détails nécessaires pour la reproduction du profil par le dessin, ainsi qu'on le verra plus loin.

Le spécimen suivant nous paraît répondre aux conditions de simplicité et de clarté qu'on peut exiger d'un carnet de nivellement. Il se rapporte au profil en long (*fig.* 487), avec cette différence que nous avons supposé les cotes prises sur le terrain au moyen d'une mire parlante à divisions doubles (*fig.* 146) et par deux coups de niveau sur chaque point. Conséquemment (211), pour obtenir la moyenne, il faut additionner les deux cotes. Les moyennes inscrites dans les colonnes 5 et 6 sont les cotes mêmes du croquis.

| Numéros des piquets plantés sur les points nivelés. | Distance de chaque piquet au piquet précédent. | COUPS DE NIVEAU | | MOYENNE des coups de niveau | | DIFFÉRENCES | | Cotes calculées d'après celle du point de départ. |
| | | arrière. | avant. | arrière. | avant. | en montant à ajouter. | en descendant à retrancher. | |
1	2	3	4	5	6	7	8	9
1	0	0.255 0.259	» »	0.514	»	»	»	4 000
2	69 40	1.077 1.080	0.555 0.557	2.157	1.112	»	— 0.598	3.402
3	62.20	0.322 0.325	0.199 0.203	0.647	0.402	+ 1.755	»	5.157
4	80.00	0.216 0.219	0.411 0.414	0.435	0.825	»	— 0.178	4 979
5	83.30	0.551 0.554	1.134 1.135	1.105	2.269	»	— 1 834	3.145
6	70 60	» »	0.299 0.303	»	0.602	+ 0.533	»	3.648
Totaux.	365.50	4.858	5.210	4.858	5.210	+ 2.258	— 2.610	

Ce tableau est généralement imprimé sur un cahier spécial et sur la page qui se trouve à gauche, lorsque le cahier est ouvert. La page droite reste en blanc; elle sert à recevoir toutes les notes que le niveleur croit devoir signaler sur le terrain. Ainsi, les piquets pouvant disparaître, il est bon de les repérer par rapport à des objets fixes, comme un angle de bâtiment, une borne limitant les propriétés, un arbre, etc.

La page droite du carnet portera des notes ainsi conçues, par exemple :

Piquet n° 1, situé dans le prolongement de la façade de la maison X et à 52ᵐ,60 au midi.

Piquet n° 4, situé à 120 mètres de la borne kilométrique 34 (route nationale de... à...) et à 78ᵐ,50 d'un gros noyer situé sur la propriété de M. Z ».

995. Voici l'explication des cotes que contient la colonne 9 du tableau précédent:

Nous avons supposé (*fig.* 487) un plan horizontal de comparaison situé au-dessous du profil en long et passant à 4ᵐ000 du point de départ A. Conséquemment, la cote du point A par rapport à ce plan est 4^m000 et cette cote est écrite en tête de la colonne 9, en face du n° 1 donné au premier piquet.

Le point B étant de $1,112 - 0,514 = 0,598$ plus bas que le point A, la cote du point B est $4,000 - 0,598 = 3,402$, chiffre inscrit dans la colonne 9, en face du n° 2 donné au piquet suivant.

Le point C étant de $2,157 - 0,402 = 1,755$ plus élevé que le point B, la cote du point C est $3,402 + 1,755 = 5^m,157$, chiffre inscrit dans la même colonne, en face du n° 3 désignant le piquet suivant.

Le point D étant de $0,825 - 0,647 = 0,178$ plus bas que le point C, la cote du point D est $5,157 - 0,178 = 4,979$, chiffre inscrit dans la colonne 9, en face du piquet n° 4.

Le piquet E étant de $2,269 - 0,435 = 1,834$ plus bas que le point D, la cote du point E est $4,979 - 1,834 = 3,145$, chiffre inscrit dans la même colonne en face du n° 5 désignant le piquet suivant.

Enfin, le piquet F étant de $1,105 - 0,602 = 0,503$ plus élevé que le point E, la cote du point F est $3,145 + 0,503 = 3,648$, chiffre écrit en face du piquet désignant le dernier piquet.

496. A la rigueur, le niveleur pourrait se borner à l'inscription des cotes contenues dans les colonnes 2, 3 et 4, car elles renferment tous les éléments nécessaires pour compléter le carnet au bureau; mais il agira prudemment en remplissant entièrement le tableau, à chaque station sur le terrain, attendu que, souvent, des calculs très simples font reconnaître de graves erreurs qu'on peut rectifier séance tenante, tandis qu'il faudrait revenir sur les lieux pour les corriger.

PROFILS EN TRAVERS.

997. Le profil en long donne le relief du sol, généralement sur l'axe de la voie à construire ou tout au moins dans un rayon restreint, si la direction n'est pas définitivement arrêtée; mais il n'est pas suffisant pour l'étude du projet. Il faut aussi connaitre le relief du terrain sur une certaine zone, à droite et à gauche de l'axe. Tel est l'objet des *profils en travers*.

On suppose qu'à chacun des piquets A,B,C,D,E,F (*fig.* 487) passe un plan vertical coupant perpendiculairement le profil en long, lequel plan vertical, par son intersection avec la surface du sol, détermine un *profil en travers*.

Les plans verticaux déterminant les profils en travers seront normaux à la surface verticale du profil en long, si cette surface est cylindrique.

Les profils en travers se lèvent, sur le terrain, en même temps que le profil en long et, autant que possible, par les mêmes stations de l'instrument.

Reprenons le croquis (*fig.* 487) et traçons un profil en travers à chacun des points A,B,C,D,E,F.

Sur la verticale A'_2,A_3, rencontrant l'horizontale A_6A_7 la cote $0,514$, qui est celle du point A, a été inscrite et l'oblique A_4A_5 a été tracée approximativement suivant la pente du terrain. Au moyen du niveau en station au point a, l'opérateur a donné un coup de niveau à chacun des points A_4 et A_5, puis il a inscrit sur le croquis les cotes obtenues, $0,30$ et $1,100$, ainsi que les distances horizontales, $9,10$ et $7,20$, séparant les points A_6 et A_7 du point A_3. Le profil en travers au point A du profil en long est complet et les cotes de hauteur consignées concordent avec la cote $0^m,514$ provenant du coup arrière donné par le niveau placé en a.

Sur la verticale B'_2B_3 rencontrant l'horizontale B_8B_9, la cote $2,157$, qui est celle du point B, a été inscrite et la ligne brisée $B'''_5B''_4B'_2B_6$ indiquant approximativement le relief du sol a été tracée. Cette ligne brisée fait voir que des coups de niveau sont nécessaires aux points B'''_5,B''_4 et B_6. Au moyen de l'appareil en station au point b, l'opérateur a donné un coup de niveau à chacun des points B'''_5,B''_4 et B_6, puis il a inscrit sur le croquis les cotes obtenues, $1,847$; $2,654$; $3,854$, ainsi que les distances horizontales 5,20; 2,40 et 9ᵐ,50 complétant le profil en travers au point B du profil en long. Comme au profil précédent, les cotes de la hauteur concordent avec la cote 2,157 provenant du coup arrière donné par le niveau placé en *b*.

En continuant l'opération de la même manière à chacune des stations *d, e, f*, on obtiendra tous les éléments des profils en travers levés aux points C, D, E, F.

Il convient de remarquer que les cotes des profils en travers, correspondant à l'axe du profil en long, sont celles des coups arrière et c'est ainsi qu'on doit toujours opérer pour la régularité du travail, bien qu'on puisse cependant prendre les coups avant pour point de départ.

La seule règle absolue à laquelle on doit se conformer est celle-ci :

A chaque station, il ne faut lever qu'un seul profil en travers et considérer les coups arrière comme point de départ, si l'on a commencé par les coups arrière. (♦ ♦ ♦)

L s cotes des profils en travers, consignées sur les six croquis (*fig.* 487), supposent que de chaque station du profil en long, il a été possible de lever tous points où existent des accidents de terrain ; mais il pourrait se faire que, par suite des ondulations du sol. la mire fût beaucoup trop courte ou bien que certains points fussent situés au-dessus du plan de visée du niveau. Dans ce cas, chaque profil en travers est un nivellement composé qu'on lève au moyen de plusieurs stations, généralement à l'aide du niveau d'eau, en ayant bien soin de le rattacher à l'axe du profil en long par le point de rencontre des deux traces horizontales.

Dans un profil en travers, on distingue les cotes situées à gauche de l'axe du profil en long et celles situées de droite (♦). Sur les croquis, les cotes sont disposées de la même manière et, pour enlever toute espèce d'incertitude, les mots *gauche* et *droite* ont été inscrits sur chaque profil à la place qu'ils doivent occuper.

Comme pour le profil en long, le croquis est ce qui convient le mieux pour la clarté des profils en travers; mais, souvent, les éléments des profils en travers sont aussi consignés sur un carnet spécial.

Voici le modèle qui nous paraît le plus simple et le plus clair et qui contient toutes les cotes des profils en travers (*fig.* 487) :

(1) Se souvenir que la gauche ou la droite d'un profil en long est la gauche ou la droite du niveleur tournant le dos au point de départ et regardant la direction du point d'arrivée.

DÉSIGNATION des profils en travers.	COTÉ GAUCHE				Cotes sur l'axe du profil en long.	COTÉ DROIT				OBSERVATIONS.
	LONGUEURS HORIZONTALES.		Cotes de nivellement d'après le croquis.	Cotes de nivellement d'après le point de départ.		LONGUEURS HORIZONTALES.		Cotes de nivellement d'après le croquis.	Cotes de nivellement d'après le point de départ.	
1	2		3	4	5	6		7	8	9
A	A partir de l'axe.	9.10	0.300	4 214	4.000	A partir de l'axe	7.20	1 100	3.414	
B	A partir de l'axe.	2.40	2 654	2.907	3 402	id.	9.50	3.854	1.704	
	A partir du point précédent........	5.20	1 847	3.712						
C	A partir de l'axe.	8.30	1.708	4.073	5.157	id.	9.50	1.583	4.203	
D	id.	9.00	0.127	5.287	4.979	id.	9.00	2.150	3 294	
E	id.	9.10	0.146	4.104	3.145	id.	9.50	3.430	0.820	
F	id.	8.40	0 163	4.087	3.648	id.	8.00	1.726	2.524	

Chaque niveleur peut modifier la forme de ce tableau selon ses idées personnelles et sa manière d'opérer; il suffit qu'il soit assez simple, assez clair et assez complet pour que, au bureau, les profils en travers puissent être facilement rapportés.

Les cotes des colonnes 4 et 8 ont été calculées comme celles du profil en long au moyen des données du croquis (*fig.* 487). Comme exemple, considérons le profil en travers au point A. Le point A_4 est plus élevé que le point A'_2 de $0,514 - 0,300 = 0,214$. Il faut donc ajouter $0,214$ à $4,000$ et la cote du point A_4 sera $4,214$.

Le point A_5 est plus bas que le point A'_2 de $1,100 - 0,514 = 0,586$. Il faut donc retrancher $0,586$ de $4,000$ et la cote du point A_5 sera $3,414$.

On opérera de la même manière pour les cinq autres profils.

Dessin des profils.

998. Pour la représentation graphique des profils en long, on a l'habitude d'employer des échelles différentes pour les longueurs et pour les hauteurs. Celles des hauteurs sont les plus grandes et elles valent généralement dix fois celles des longueurs. Cette différence a été admise dans le but d'accentuer plus énergiquement le relief du sol, c'est-à-dire les accidents du terrain.

Pour les profils en travers, les échelles des hauteurs et des largeurs sont les mêmes, si la zone considérée n'a pas une trop grande étendue.

La figure 489 donne le dessin du profil en long et des profils en travers représentés par les croquis (*fig.* 487).

Les échelles adoptées sont:

$0^m,0005$ par mètre pour les longueurs;

$0^m,005$ par mètre pour les hauteurs et pour les largeurs des profils en travers.

La droite NS est la trace verticale de l'intersection du plan horizontal de comparaison et du plan vertical déterminant le profil en long, lequel plan horizontal passe à $4^m,000$ au-dessous du point A, et c'est par rapport à cette droite que le profil en long va être reproduit.

Pour cela, on prend, en parties de l'échelle de $0,0005$ par mètre, $A_1 B_1 = 69,40$; $B_1 C_1 = 62,20$; $C_1 D_1 = 80,00$; $D_1 E_1 = 83,30$; $E_1 F_1 = 70,60$.

Aux points A_4, B_4, C_4, D_4, E_4, F_4, on élève des perpendiculaires à la droite NS et on prend, en parties de l'échelle de $0^m,005$ par mètre, $A A_1 = 4,000$; $B B_1 = 3,402$; $C C_1 = 5,157$; $D D_1 = 4,979$; $E E_1 = 3,145$; $F F_1 = 3,648$.

Ces six nombres sont ceux figurant à la colonne 9 du carnet de nivellement (994) et on peut voir à la suite du tableau comment ils ont été calculés à l'aide des données du croquis (*fig.* 487).

Les points A, B, C, D, E, F ont été unis deux à deux par des droites et la ligne brisée ABCDEF représente le profil en long du terrain, dessiné à l'échelle indiquée.

La droite N'S', parallèle à NS, est la projection horizontale de cette dernière ligne et c'est sur N'S' que se projetteront horizontalement les points A, B, C, D, E, F du profil en long.

Il convient de remarquer ici que la ligne NS de la projection verticale sera toujours droite, quelle que soit la forme du plan vertical déterminant le profil en long; mais si ce plan est brisé, la ligne N'S' sera brisée. S'il est cylindrique, la ligne N'S' sera courbe. Comme dans le cas de la figure 489, la ligne N'S' est droite, c'est que la surface verticale déterminant le profil en long est plane.

Par les points A, B, C, D, E, F du profil en long, des perpendiculaires ont été abaissées sur la droite N'S'. Ces perpendiculaires se confondent déjà avec les ordonnées élevées des points A_1, B_1, C_1, D_1, E_1, F_1, sur NS, puis elles rencontrent la droite N'S' aux points A'_2, B'_2, C'_2, D'_2, E'_2, F'_2 qui sont les projections horizontales des points A, B, C, D, E, F du profil en long.

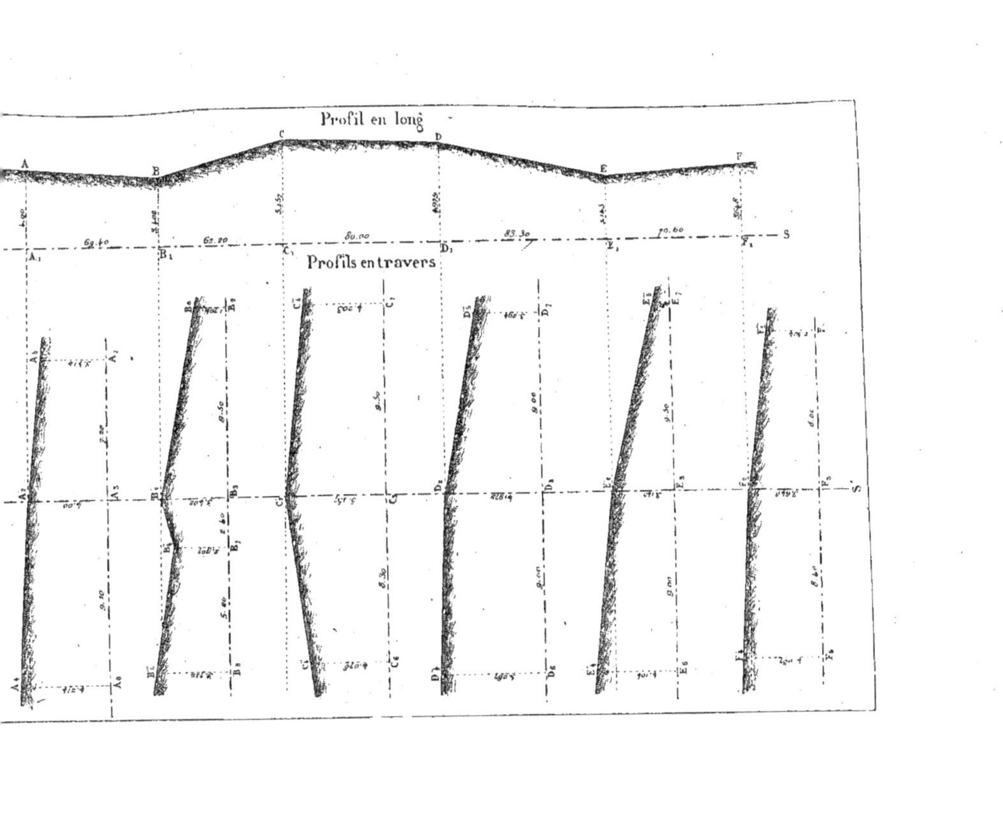

Profil en long
Profils en travers

Par les points A_3, B_3, C_3, D_3, E_3, F_3 les perpendiculaires A_6A_7, B_8B_9, C_6C_7, D_6D_7, E_6E_7, F_6F_7 ont été menées à la droite N'S' : ce sont les intersections du plan horizontal de comparaison avec les plans verticaux perpendiculaires au profil en long et passant par les points A, B, C, D, E, F. A droite et à gauche de la droite N'S', on a pris, pour les six profils en travers, en parties de l'échelle de $0^m,005$, sur les perpendiculaires à N'S', les longueurs 9,10 ; 7,20 ; 2,40 ; 5,20 ; 9,50 ; 8,30 ; 9,50 ; 9,00 ; 9,00 ; 9,00 ; 9,50 ; 8,40 ; 8,40.

A chaque point, des perpendiculaires ont été élevées à A_6A_7, B_8B_9... et ces perpendiculaires ont été prises, en parties de l'échelle de $0^m,005$ par mètre, égales aux cotes données dans les colonnes 4 et 8 du carnet de nivellement (page 315). Les points extrêmes des perpendiculaires A_4, A_6, A_5A_7...F'''_4 F_6, F'''_5 F_7 ont été joints par

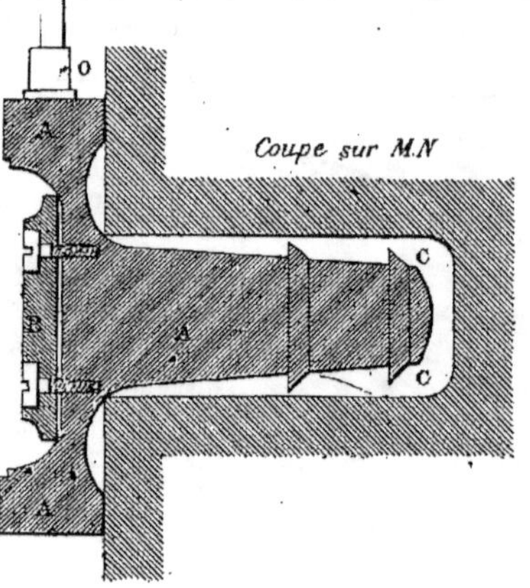

Fig. 490.

des droites et ces droites expriment le relief du sol suivant une zone de $9^m,50$ à droite et à gauche du profil en long. Cette dernière opération achevée, le profil en long et les profils en travers sont complètement dessinés.

Repérage des profils en long.

999. Le profil en long (*fig.* 487) a été rapporté d'après un plan horizontal de comparaison situé à $4^m,00$ au-dessous du point A, mais il est préférable d'admettre un plan passant par un point fixe et invariable, comme le seuil d'un édifice, le parapet d'un pont, une borne kilométrique. Si ce point était supérieur au point le plus élevé du profil en long et qu'on voulût que le plan fût inférieur, on se bornerait à écrire, par exemple, cette mention :

Le point de départ A est situé à $0^m,726$ au-dessous du seuil de la principale porte d'entrée de l'hôtel de ville de...

Nous avons dit quelques mots à propos du nivellement général de la France entrepris par M. Bourdaloue, qui voulait parsemer le territoire de *repères fixes* indiquant l'altitude (1) des points sur lesquels ils seraient placés. Il serait vivement à désirer qu'il y eût au moins un repère de cette nature dans chaque commune et même plusieurs, si le terrain est très accidenté.

En 1858, l'administration des ponts et

(1) On sait que l'*altitude* d'un point est sa hauteur verticale au-dessus du niveau moyen des eaux de la mer.

chaussées a fait poser sur les routes, canaux, chemins de fer, etc., des repères métalliques dont le dessin est donné par la figure 490 et dont voici les détails :

A, A, A, Repère métallique proprement dit ;

B, Plaque sur laquelle l'altitude est gravée ;

C, C, Scellement du repère dans l'entaille destinée à le recevoir ;

O = Surface d'appui de la mire.

Les repères placés sur les voies de communication déterminent les lignes de bases d'une première partie du nivellement général de la France et ils sont indiqués sur un *Recueil spécial* complété par une *Carte du réseau des lignes de bases*. Ce document existe dans tous les bureaux des ingénieurs des ponts et chaussées.

A défaut de repère officiel, il faut avoir soin, comme nous l'avons dit plus haut, de rattacher chaque profil en long à un point fixe et invariable. Si ce point manque dans le voisinage, on en crée un artificiellement, soit en bois, soit en pierre et, en prévision d'un dérangement possible, on rattache le repère artificiel à d'autres points fixes nommés *contre-repères*.

Changement du plan horizontal de comparaison.

1000. Le profil en long ABCD (*fig.* 491) est rapporté d'après un plan horizontal situé à 4 mètres *au-dessous* du point A et il s'agit de calculer les cotes de chacun des points A, B, C, D, en supposant le plan horizontal de comparaison, situé à 4 mètres *au dessus* du point A.

Pour cela, on prend AA″ = AA′, puis on mène A″D″ parallèle à A′D′. On prolonge B′B, C′C, D′D jusqu'à la rencontre de A″D″ et il est clair que les quatre verticales A′A″, B′B″, C′C″, D′D″ sont égales et ont chacune 8 mètres de longueur.

La cote A″A est égale à 4 mètres, par hypothèse, et on a pour les autres cotes :

$$B''B = 8{,}000 - 5{,}242 = 2{,}758$$
$$C''C = 8{,}000 - 4{,}103 = 3{,}897$$
$$D''D = 8{,}000 - 5{,}761 = 2{,}239$$

Il résulte de ce qui précède que, *pour reporter le plan horizontal de comparaison au dessus du profil en long, lorsqu'il était*

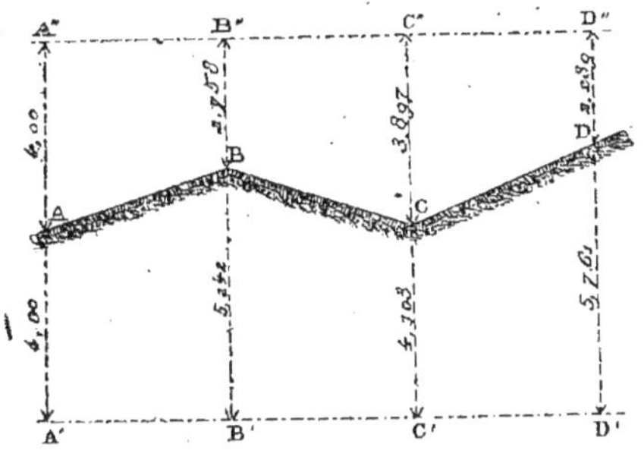

Fig. 491.

placé au-dessous, il faut ajouter à la cote du point de départ la quantité indiquant la surélévation et on obtiendra chaque nouvelle cote en retranchant la cote correspondante de la distance des deux plans.

Si l'on voulait élever ou abaisser le plan horizontal de comparaison, en le laissant situé au-dessous du profil en long, il suffirait d'augmenter ou de diminuer chaque cote de la quantité donnée.

Problème n° 196.

1001. *Calculer la cote d'un point* P (*fig.* 492) *situé dans les limites des profils en travers, à* 2^m, 10 *de l'axe du profil en long et à* 23^m, 15 *du premier profil en travers.*

On suppose un plan vertical passant par le point P, parallèlement à l'axe MN′ du profil en long et dont la trace est AB′. On calcule les cotes AA′ et BB′ à l'aide des cotes voisines et on a 1,960 pour AA′ et 3,218 pour BB′. La cote 1,960 a été obtenue en retranchant 1,508 de 2,521 et en divisant la différence 1,013 par 3,80. Le produit du quotient 0,267 par 2,10 est 0,561 et la différence 2,521 − 0,561 = 1,960.

Des calculs analogues ont donné la cote 3,218; ils sont résumés dans cette formule :

$$3,218 = 3,305 - \left(\frac{3,305 - 3,112}{4,65} \times 2,40 \right)$$

Le profil en long A″B″ est relevé suivant la trace AB′. La cote du point A″ est 1,960 et celle du point B″ est 3,218. En prolon-

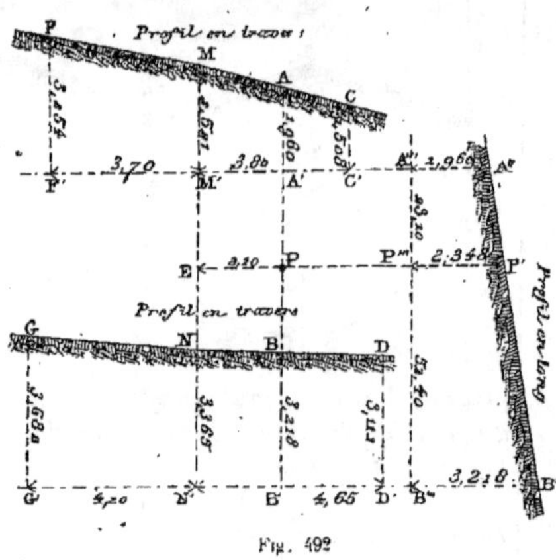

Fig. 492

geant la perpendiculaire EP jusqu'à la rencontre de A″B″, on aura le point P′ représentant le point P sur le profil en long.

Le problème se résume donc dans la détermination de la cote P′P‴ qui se calculera à l'aide des cotes 3,218; 1,960 et des distances 23,10 et 23,10 + 52,40, absolument comme cela vient d'être fait pour AA′ et BB′, c'est-à-dire par la formule :

$$P'P''' = 3,218 - \left(\frac{3,218 - 1,960}{75,50} \times 52,40 \right) = 2,348.$$

La cote du point P est donc 2,348.

1002. *Corrollaire.* Si le point P se trouvait à une distance supérieure à 4ᵐ,65 de la trace MN, c'est-à-dire s'il était situé en dehors du terrain embrassé par les profils en travers, on calculerait sa cote en suivant la méthode précédente par l'emploi de la même formule, en supposant que les pentes MC, ND des deux profils voisins se continuent jusqu'au point donné. Si, au delà des points C et D, il y avait changement de pente, il faudrait retourner sur le terrain pour relever la cote du point donné.

Changement de place d'un profil en long.

1003. La ligne suivant laquelle on lève un profil en long doit, autant que possible, se confondre avec l'axe de la voie de communication à construire ou à modifier ; mais, souvent, pour des considérations diverses, on est obligé de reporter l'axe à droite ou à gauche, soit parallèlement, soit obliquement, à la trace du profil en long. C'est en prévision de modifications semblables qu'il convient d'étendre les profils en travers sur une largeur suffisante, de chaque cote du profil en long, afin qu'on puisse étudier tous les cas possibles au bureau, à l'aide des cotes recueillies sans qu'il soit nécessaire de revenir sur le terrain.

S'il s'agit de reporter la trace du profil en long parallèlement à elle-même, aucune difficulté, car le problème n° 196 (1001) donne la solution de la question.

En effet, MN′ (*fig.* 492) est la trace primitive. Pour déterminer le point P, il a fallu reporter cette trace en A B′ et le nouveau profil en long est représenté par A″B″, avec les cotes 1,960; 2,348; 3,218 calculées à l'aide des cotes primitives d'après les explications complètes données au même problème.

1004. La trace d'un profil en long est représentée par la droite MN (*fig.* 493) et l'axe de la voie de communication à construire doit être dirigée suivant la droite M′N′ rencontrant MN au point O.

Il s'agit de déterminer un nombre suffisant de profils en travers à l'aide du dessin reproduit au moyen de la trace MN.

Aux points F′ et H′, rencontres de M′N′ avec les traces A′B′ et D′E′, on mène les perpendiculaires A‴B″″ et D‴E‴, puis on prend F′A‴ = GA′, F′B″″ = GB′

H'D''' == G'D', H'E''' == G'E'. La question est ramenée à déterminer les points du terrain dont les projections horizontales sont les points A'', F, B'', D'', H, E''. Tel est l'objet du problème n° 196 auquel le lecteur est renvoyé.

Il est clair que les traces A'' B'' et D'' E'' peuvent couper la trace M'N' en des points autres que F et H, car l'auteur du projet est libre dans son choix. Cependant, il vaut mieux se rapprocher le plus possible des profils primitifs et

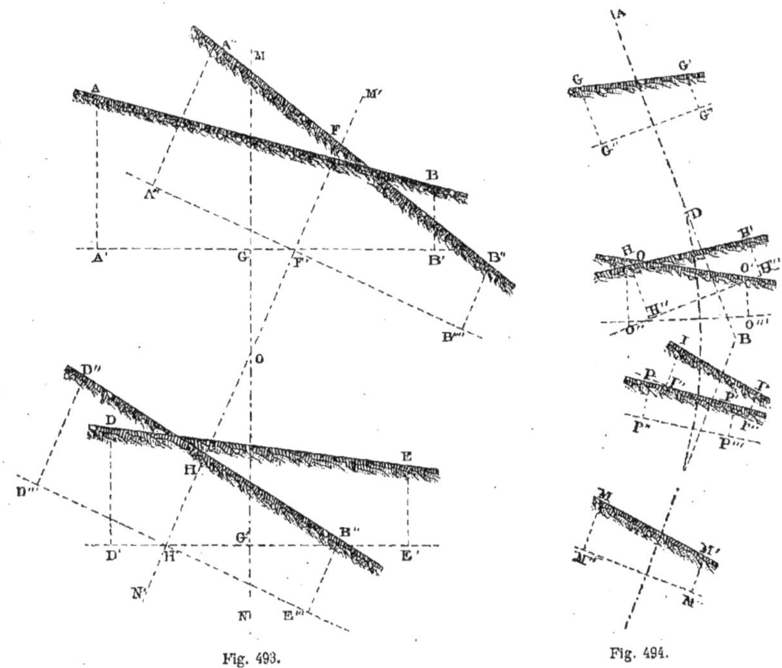

Fig. 493.

Fig. 494.

c'est cette raison qui nous a fait adopter les points F et H. De même, il n'est pas nécessaire que les largeurs F'A''', F'B''', H'D''', H'E''') soient égales aux largeurs correspondantes des profils primitifs; elles peuvent être plus grandes ou plus petites, selon l'étendue du terrain qu'exigera la voie de communication à construire.

1005. La ligne brisée ABC (*fig.* 494) est la trace horizontale d'un profil en long, sur laquelle sont rabattus les profils en travers GG', HH', II', MM', et ce profil en long coïncide précisément avec l'axe d'une route à établir; mais il s'agit de raccorder les deux alignements BA et BC par une courbe déterminée. Pour cela, on doit

rapporter un certain nombre de profils en travers sur cette courbe.

Les traces de ces profils en travers qui, comme on sait, sont des normales à la courbe, sont représentées par les droites OO', PP'. Nous retombons encore sur le cas du problème n° 196, car il s'agit simplement de calculer la cote des points O, O', P, P', dont la position est à déterminer sur les traces normales à la courbe. Si deux points ne suffisent pas, on opérera sur un plus grand nombre, selon les accidents du terrain, de même qu'on pourra aussi augmenter le nombre des profils en travers, si l'auteur du projet le juge nécessaire.

CHAPITRE IV

PENTES ET RAMPES

1006. Lorsqu'un homme part du point C (*fig.* 495) pour se diriger vers le point B en suivant le plan incliné CB, on dit qu'il *descend* une *pente*. Arrivé en B, il continue sa route vers le point A, en *montant* le plan incliné BA. On dit alors qu'il *gravit* une *rampe* ou une *contre-pente*.

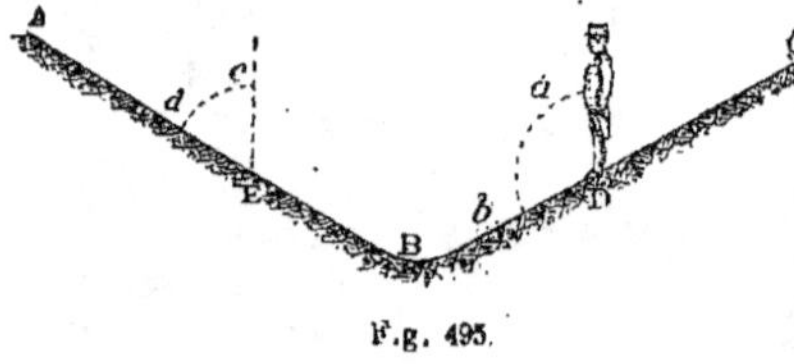

F.g. 495.

Une portion de route inclinée par rapport à l'horizon est donc une *pente* ou une *rampe*, selon la direction qu'on suit en la parcourant.

C'est pour cette raison que quelques auteurs disent qu'il y a *pente*, lorsque la verticale passant par le point où se trouve le voyageur et la direction suivie forme un angle obtus. Au contraire, il y a *rampe*, si l'angle est aigu.

Ainsi, pour la personne placée en D et se dirigeant vers B, il y a *pente*, parce que l'angle *aDb* est obtus, tandis que pour celle placée en E et se dirigeant vers A, il a *rampe* ou *contre-pente*, parce que l'angle *cEd* est aigu.

1007. Dans les travaux publics, on ne fait généralement pas cette distinction de *pente* ou de *rampe*, appliquée alternativement à la même direction. On se borne à dire qu'une droite inclinée par rapport à l'horizon a une *pente totale* de *tant*, ou une *pente par mètre* de *tant*, quelle que soit sa direction. Cependant, dans un profil en long, lorsqu'il y a des *pentes* et des *rampes*, ce qui se présente généralement, on applique la désignation de *pente* ou de *rampe* à la partie correspondante de la voie.

Supposons une droite AB (*fig.* 496) inclinée par rapport à l'horizon et ayant pour projection horizontale la droite AC, limitée d'un côté par le point A et de l'autre par la verticale BC passant par le point B. Conséquemment, la figure BCA est un triangle rectangle dont AB est l'hypoténuse. Si AC a 122^m,00 de longueur et BC, 30^m,00, on dit que la droite AB a une *pente totale de* 30 *mètres*. Alors, pour un mètre, la pente sera :

$$\frac{30,00}{122,00} = 0,246.$$

c'est-à-dire de 0,246 par mètre, ce qui signifie que, à chaque mètre, la droite AB s'élève de 0^m, 246.

1008. En désignant la *pente par mètre* de AB par p, la longueur de sa projection horizontale AC par b et la pente totale BC par h, on aura :

$$(1) \qquad h = bp.$$

De cette formule, on déduira :

$$(2) \qquad b = \frac{h}{p},$$

$$(3) \qquad p = \frac{h}{b}.$$

Ces trois formules peuvent se traduire ainsi :

Formule (1). *La pente totale d'une droite est égale au produit de sa projection horizontale par sa pente par mètre.*

Formule (2). *La projection horizontale d'une droite inclinée est égale au quotient de la pente totale par la pente par mètre.*

Formule (3). *La pente par mètre est égale au quotient de la pente totale par la*

projection horizontale de la droite incli-
née.

1009. Connaissant la projection horizontale b d'une droite inclinée AB et
sa pente totale h, on aura la longueur
de AB par la formule :

$$AB = \sqrt{b^2 + h^2},$$

qui donnera, dans le cas de la figure

$$AB = \sqrt{122^2 \times 30^2} = 125^m,63.$$

1010. Lorsque la pente de AB est
rapportée ainsi que l'indique la figure 497
et qu'elle résulte de deux coups de niveau
AD et BE donnés par rapport au plan
horizontal ayant DE pour trace verticale,
en faisant entrer les éléments AD et BE
dans les trois formules (1008), on aura :

(1) $\qquad$ BE — AD = DE $\times p$,

(2) $\qquad$ DE = $\dfrac{BE - AD}{p}$,

(3) $\qquad$ $p = \dfrac{BE - AD}{DE}$.

1011. Lorsqu'une ligne est courbe,
comme ABCDE (*fig.* 498), elle a
une infinité de *pentes*, c'est-à-dire
autant que de points; mais on sait
que la pente d'une courbe, en un quelconque de ses points, est celle de la
tangente à la courbe passant par c⁰
point.

Ainsi, les tangentes FG, HI, KL
représentent les pentes de la courbe
donnée aux points de tangence B, C, D
et ces lignes sont bien des tangentes,
puisqu'elles sont perpendiculaires aux
normales Bb', Cc', Dd'.

Pentes des plans. — Ligne de plus grande pente.

1012. Le plan MN (*fig.* 499) est supposé incliné par rapport à l'horizon.
Toutes les droites tracées dans ce plan,
partant d'un point quelconque A, seront
en *pente*, à la condition qu'elles s'éloi-
gneront du plan horizontal passant par
le point A, coupant le plan MN suivant
l'intersection OP.

Ainsi, les droites AH, AC, AE, AF, AI...
partant du point A sont toutes en *pente;*
mais les pentes sont différentes. Il s'agit

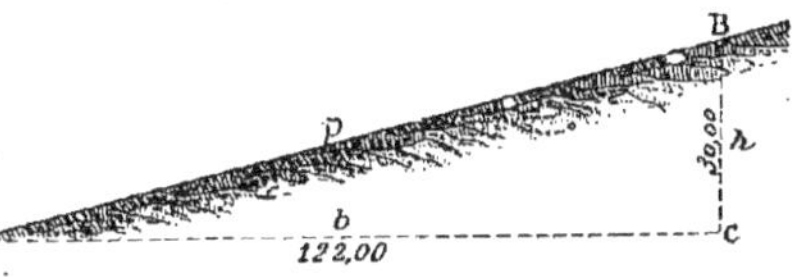

Fig. 496.

de déterminer quelle est celle des droites
partant du point A dont la pente sera la
plus grande.

Pour cela, supposons le plan donné MN
coupé par un plan horizontal suivant l'intersection BG et abaissons du point A
la perpendiculaire AD sur ce plan. Par le
pied D de AD abaissons, dans le plan
horizontal, la perpendiculaire DE à BG,
puis joignons les points A et E par une
droite dans le plan MN.

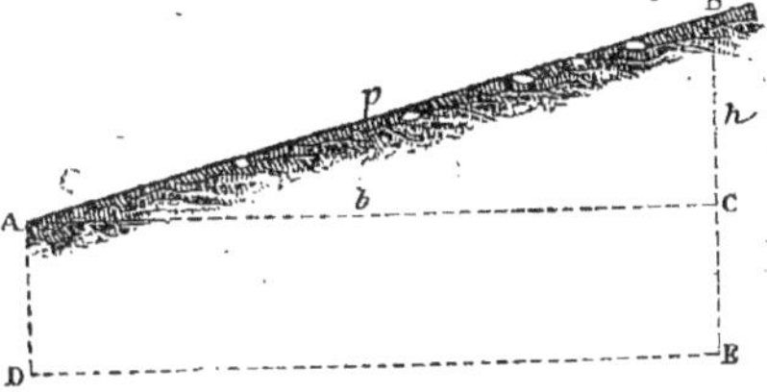

Fig. 497.

La droite AE sera la *ligne de plus grande
pente* du plan MN.

Un théorème de géométrie dans l'espace

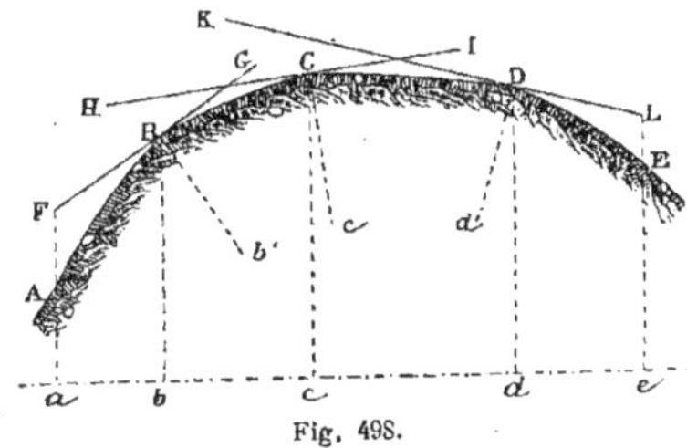

Fig. 498.

nous apprend que la droite AE est perpendiculaire à l'intersection BG. Con-

séquemment, toutes les autres droites partant de A pour aboutir à BG seront obliques par rapport à cette ligne, et plus

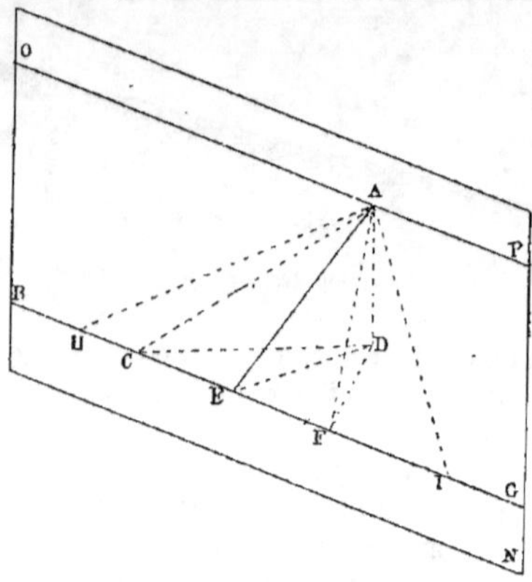

Fig. 499.

longues que AE. Considérons les lignes AH, AC, AE, AF et AI. Leurs pentes seront exprimées (1008) par les rapports :

$$\frac{AD}{AH}, \ \frac{AD}{AC}, \ \frac{AD}{AE}, \ \frac{AD}{AF}, \ \frac{AD}{AI}.$$

Toutes ces fractions ayant le même numérateur, la plus grande sera celle qui possédera le plus grand dénominateur.

Or, c'est la fraction $\dfrac{AD}{AE}$ qui se trouve dans ce cas. Donc AE est bien la *ligne de plus grande pente* du plan donné MN.

Si la surface du plan MN était bien unie, un mobile placé en A, puis abandonné à lui-même, descendrait, en suivant la direction AE. L'eau qui tombe sur un plan incliné suit la ligne de plus grande pente si elle n'est déviée par aucun obstacle.

En résumé, lorsqu'on parle de la pente d'une surface inclinée, on sous-entend toujours celle de sa ligne de plus grande pente.

Talus. — Fruit.

1013. Lorsqu'une surface a une certaine inclinaison, comme celle qui sert de limite à un fossé, à un déblai ou à un remblai, elle prend le nom de *talus*.

1014. La ligne inclinée BC (*fig.* 500) est un talus. On évalue un talus en com-

parant la base à la hauteur du triangle rectangle dont il forme l'hypoténuse. Ainsi,

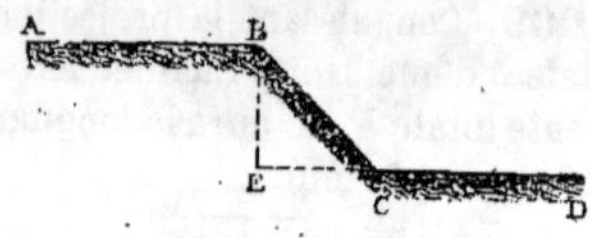

Fig. 500.

l'inclinaison du talus BC est représentée par le rapport $\dfrac{EC}{EB}$.

Comme EC = EB, on dit que le talus BC est incliné à *un de base pour un de hauteur* ou à 45 degrés. Cette inclinaison est généralement appliquée aux talus des tranchées et à ceux de déblais quelconques, à moins que le terrain n'offre pas une consistance suffisante.

1015. Le talus BC (*fig.* 501) est incliné *à un et demi de base pour un de hauteur,*

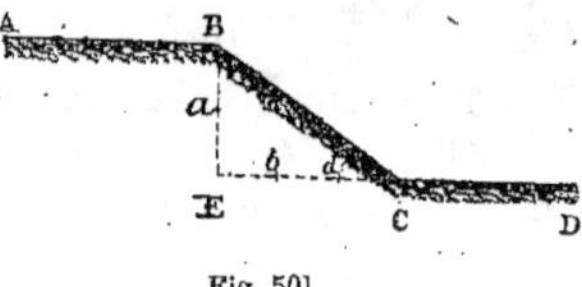

Fig. 501.

ou à *trois de base pour deux de hauteur*. En effet, si l'on partage EC en trois et EB en deux parties égales, et si les cinq parties Ba, aE, Eb, bd, dC sont égales, on aura :

$$\frac{EC}{EB} = \frac{1\,1/2}{1} = \frac{3}{2}.$$

Cette inclinaison est généralement appliquée aux talus des remblais.

1016. Le talus BC (*fig.* 502) est incliné

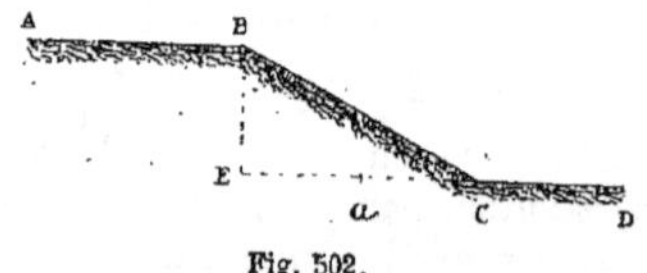

Fig. 502.

à *deux de base pour un de hauteur*, car EC = 2 EB, ce qui donne le rapport :

$$\frac{EC}{EB} = \frac{2}{1}.$$

1017. Le talus BC (*fig.* 503) est incliné

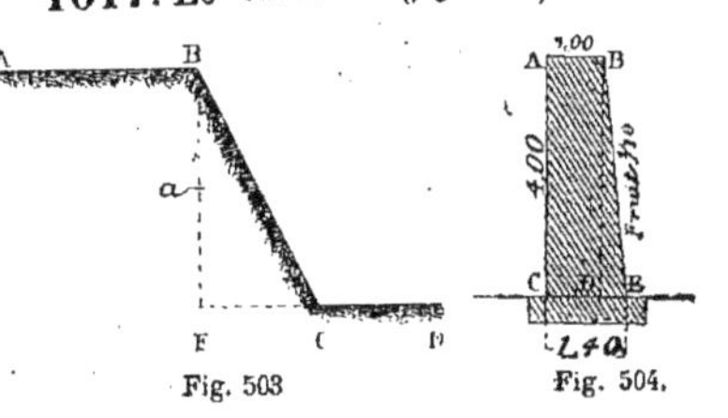

Fig. 503   Fig. 504.

à *un de base* pour deux de hauteur, car

$$EC = \frac{EB}{2},$$ ce qui donne le rapport :

$$\frac{EC}{EB} = \frac{1}{2}.$$

1018. Lorsqu'un mur doit offrir une résistance suffisante à la poussée des terres, on donne une certaine inclinaison à sa face extérieure et cette inclinaison prend le nom de *fruit*. Ainsi, le mur ABEC (*fig.* 504) a 4 mètres de hauteur, 1 mètre d'épaisseur à sa partie supérieure AB et 1ᵐ. 40 d'épaisseur à sa base inférieure CE. La face BE a donc une inclinaison représentée par 1,40 — 1, 00 = 0,40. Or, 0,40 étant la dixième partie de la hauteur 4, 00, on dit que la face du mur à un fruit de 1/10.

Le fruit d'un mur, comme le talus d'un déblai ou d'un remblai, se mesure donc par le rapport de la base et de la hauteur, puisqu'on a :

$$\frac{DE}{DB} = \frac{1}{10}.$$

Rencontre des pentes et des rampes.

Problème n° 197.

1019. *Deux droites inclinées AB′ et A′B (fig. 505) se rencontrent en P. Elles sont données par les cotes de leurs points extrêmes se projetant deux à deux en a et en b. Déterminer la position du point P, c'est-à-dire la longueur de ap, celle de pb et la cote Pp, la distance ab étant connue.*

Les deux triangles APA′ et BPB′, ayant *ap* et *pb* pour hauteurs, étant semblables, donnent la proportion :

(1)   AA′ : BB′ : : *ap* : *bp*.

Comme on sait que, dans une proportion géométrique, la somme de deux premiers termes est à l'un d'eux comme la somme

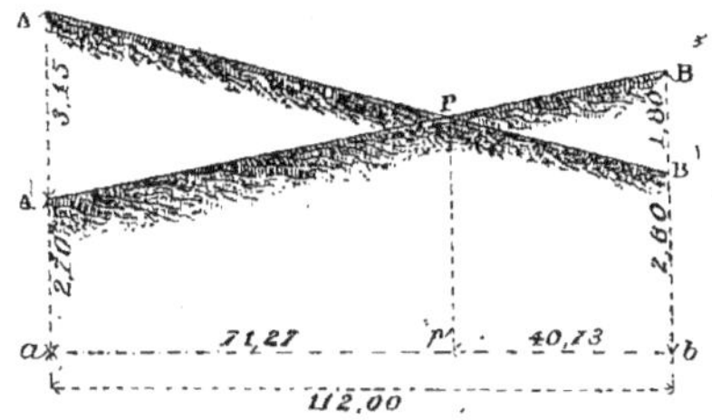

Fig. 505.

des deux derniers est au terme correspondant, on aura :

(2)   AA′ + BB′ : AA′ : : *ap* + *bp* : *ap*,
(3)   AA′ + BB′ : BB′ : : *ap* + *bp* : *bp*.

Comme *ap* + *bp* = *ab*, ces deux proportions donneront, en remplaçant dans chacune *ap* + *bp* par *ab* :

(4)   AA′ + BB′ : AA′ : : *ab* : *ap*,
(5)   AA′ + BB′ : BB′ : : *ab* : *bp*.

En tirant la valeur de *ap* et de *pb* dans les proportions (4) et (5), on aura :

$$(6) \qquad ap = \frac{AA'}{AA' + BB'} \times ab,$$

$$(7) \qquad bp = \frac{BB'}{AA' + BB'} \times ab.$$

Appliquons les cotes du croquis :

$$ap = \frac{3,15}{3,15 + 1,80} \times 112,00 = 71,27,$$

$$bp = \frac{1,80}{3,15 + 1,80} \times 112,00 = 40,73.$$

Les formules (6) et (7) démontrent que, pour trouver la position du point de rencontre de deux pentes dans les conditions de la figure 505, *il faut multiplier la distance des verticales extrêmes par le quotient obtenu en divisant la différence des cotes de deux points extrêmes situés sur la même verticale, par la somme des différences, ce qui revient à diviser la distance des verticales extrêmes en parties proportionnelles aux différences des cotes de ces verticales.*

Il reste maintenant à déterminer la

cote Pp. La pente totale de AB', désignée par p', est :

$$p' = Aa - B'b.$$

La pente par mètre, désignée par p'', est :

$$p'' = \frac{Aa - B'b}{ab},$$

Conséquemment, la cote Pp est :

$$Pp = Aa - (p' \times ap).$$

Raisonnons maintenant sur les cotes des croquis.

La pente totale de AB' est :

$$(2,70 + 3,15) - 2,60 = 3,25.$$

La pente par mètre de la même droite est :

$$\frac{3,25}{112} = 0,029.$$

La pente totale de AP est
$$71,27 \times 0,029 = 2,067.$$

Conséquemment, la cote demandée sera :
$$Pp = 5,85 - 2,067 = 3,783.$$

Problème n° 198.

1020. *Deux profils* BC' *et* B'C (*fig.* 506) *ayant des pentes de même sens se rencontrent en* A. *La pente du premier est représentée par* p *et celle du second par* p'. *La portion* BB' *de la verticale coupant les deux profils est connue. On demande quelle est la longueur de la perpendiculaire* AB" *abaissée du point de rencontre* A *sur le prolongement de* BB'.

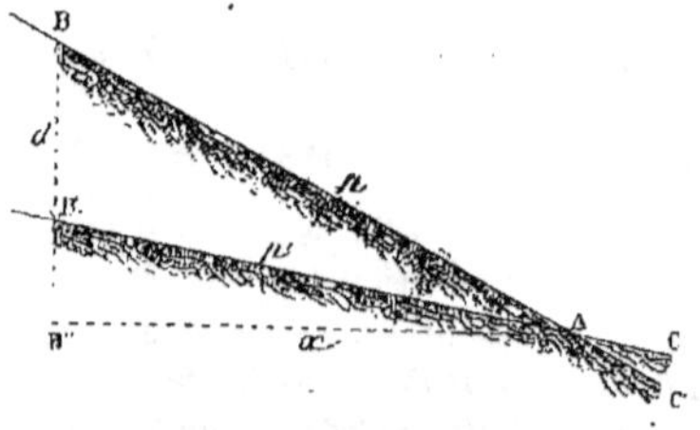

Fig. 506.

En désignant BB" par d et AB" par x, nous aurons (1008) :

$$BB'' = px$$
$$B'B'' = p'x.$$

En retranchant la seconde équation de la première, il vient

$$BB'' - B'B'' = px - p'x$$

ou $d = px - p'x$
ou bien $d = x(p - p')$.

En tirant la valeur de x dans cette dernière équation, on a

$$x = \frac{d}{p - p'}.$$

1021. Les pentes de deux profils peuvent ne pas être dans le même sens, c'est-à-dire que l'un peut être en *pente* et l'autre en *rampe*. Tel est le cas de la figure 507.

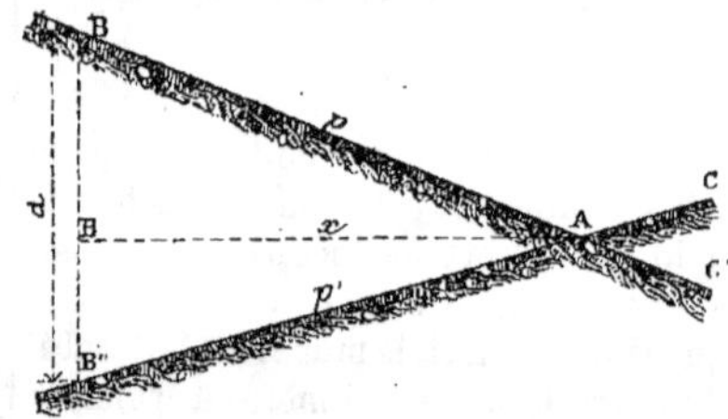

Fig. 507.

Désignons par d la portion BB" de la verticale coupant les deux profils et par x la longueur de la perpendiculaire AB' qu'il s'agit de déterminer et nous aurons (1008) :

$$BB' = px$$
$$B'B'' = p'x$$

En ajoutant la seconde équation à la première, il vient :

$$BB' + B'B'' = px + p'x$$

ou $d = px + p'x$
ou bien $d = x(p + p')$.

En tirant la valeur de x dans cette dernière équation, on a

$$x = \frac{d}{p + p'}.$$

Les deux cas précédents peuvent se résumer en cette formule unique

$$x = \frac{d}{p \mp p'}.$$

selon que les pentes sont de même sens ou de sens contraire (rampe et pente).

Problème n° 199.

1022. *Étant donnés :*
1° Un profil BC' (*fig.* 508) *dont la pente*

est p *et la cote* B*b au-dessus d'une hori-*
zontale b*a* ;

2° *Un second profil* B'C, *rencontrant le*
premier en A, *ayant une pente de même*
sens p', *ainsi que la distance* BB';

Déterminer la longueur de b*a et la*
cote A*a*.

Désignons B*b* par H, BB' par d et
b*a* par x; puis, du point A, abaissons AB″ perpendiculaire à B*b*. Cette
perpendiculaire est parallèle à b*a* et
les deux points B,B' se projettent
en *b*.

La distance d des deux points B,B'
étant la différence entre B*b* et B'*b*,
on a
$$d = Bb - B'b,$$
et (1008) :
$$BB'' = px,$$
$$B'B'' = p'x.$$

En retranchant la seconde équation de
la première, il vient :
$$BB'' - B'B'' = px - p'x,$$
ou
$$d = px - p'x,$$
ou bien
$$d = x(p - p').$$

En tirant la valeur de x dans
cette équation, on a :
$$x = \frac{d}{p - p'}.$$

Telle est la valeur de b*a*.

Pour déterminer A*a*, on a :
$$Aa = H - BB''.$$

Or, $BB'' = px$. On aura donc successivement :
$$Aa = H - px,$$
$$Aa = H - \frac{pd}{p - p'}.$$

1023. Les pentes des deux profils peuvent ne pas être dans le même sens, c'està-dire que l'un peut être en *pente* et l'autre
en *rampe*. Tel est le cas de la figure 509.
Il s'agit, dans ce cas particulier, de
déterminer les mêmes valeurs b*a* et A*a*.

Par le point A, rencontre des droites
BC' et B″C, abaissons, comme précédemment, la perpendiculaire AB' à B'*b*. Désignons b*a* par x, B*b* par H et BB″ par d.

La distance d des deux points B et B'
est la somme de BB' et B'B″, c'est-à-dire
que
$$d = BB' + B'B'',$$
et (1008) :
$$BB' = px,$$
$$B'B'' = p'x.$$

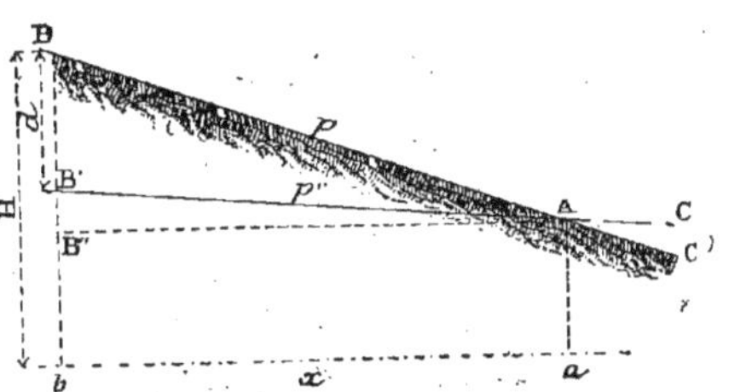

Fig. 508.

En faisant l'addition membre à membre
de ces deux équations, il vient :
$$BB' + B'B'' = px + p'x,$$
ou
$$d = px + p'x,$$
ou bien
$$d = x(p + p').$$

En tirant la valeur x dans cette équation, il vient :

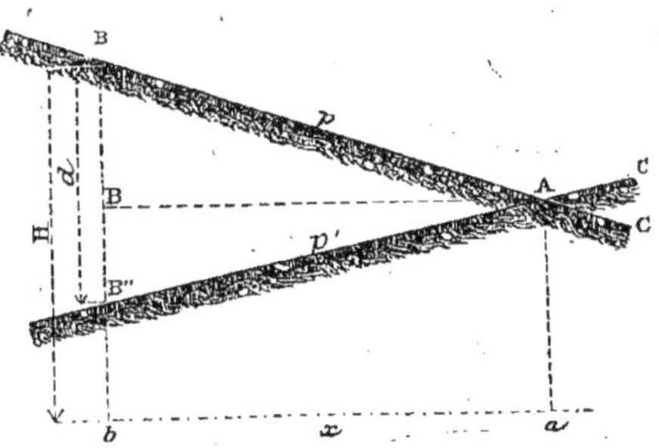

Fig. 509.

$$x = \frac{d}{p + p'}.$$

Pour déterminer A*a*, on a :
$$Aa = Bb - BB'.$$

Or, $BB' = px$ et $Bb = H$. On aura donc
successivement :
$$Aa = H - px,$$
$$Aa = H - \frac{pd}{p + p'}.$$

1024. Les deux cas précédents peuvent se résumer en deux formules : l'une pour ba, l'autre pour Aa (*fig.* 508 et 509) et on aura :

$$ba = \frac{d}{p \mp p'},$$

$$Aa = H - \frac{pd}{p \mp p'}.$$

On prendra p' avec le signe —, quand la pente sera de même sens que p, et on prendra p' avec le signe +, quand la pente sera en sens contraire.

APPLICATION.

Soit $p = 0{,}05$ par mètre.
$p' = 0{,}03$ par mètre.
$d = 1{,}50$
$H = 12{,}50$.

Dans le premier cas, on aura :

$$ba = \frac{d}{p-p'} = \frac{1{,}50}{0{,}05-0{,}03} = \frac{1{,}50}{0{,}02} = 75^{m}.$$

$$Aa = H - \frac{pd}{p-p'} = 12{,}50 - \frac{0{,}05 \times 1{,}50}{0{,}05-0{,}03}$$

ou bien

$$Aa = 12{,}50 - 3{,}75 = 8{,}75.$$

Dans le second cas, on aura :

$$ba = \frac{d}{p+p'} = \frac{1{,}50}{0{,}05+0{,}03} = \frac{1{,}50}{0{,}08} = 18{,}75$$

$$Aa = H - \frac{pd}{p+p'} = 12{,}50 - \frac{0{,}05 \times 1{,}50}{0{,}05+0{,}03}$$

ou bien

$$Aa = 12{,}50 - 0{,}9375 = 11{,}5625.$$

1025. Si les deux profils BA′ et B′A″ (*fig.* 510) se rencontraient en A, par exemple, c'est-à-dire en dehors des verti-

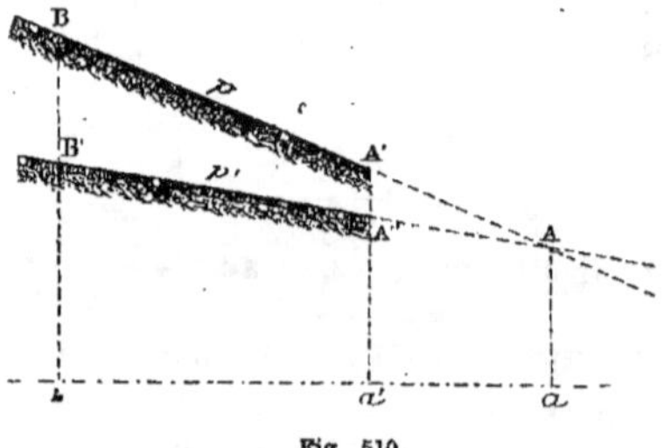

Fig 510.

cales Bb et A′a′, on calculerait ba au moyen de la formule (1022) :

$$Aa = H - \frac{pd}{p-p'},$$

et ba au moyen de la formule :

$$x = \frac{d}{p-p'}.$$

Connaissant ba′, on aurait :
$$A'a' = Bb - (p \times ba')$$
et $$A''a' = B'b - (p' \times ba').$$

1026. S'il s'agissait de déterminer le point de rencontre A′ des deux profils BA′ et B′A″ (*fig.* 511), ainsi que la cote A′a′, connaissant les pentes p et p' ainsi que les cotes Bb et Aa, on prolongerait BA′ et aA jusqu'à leur rencontre en A″. Alors,
$$A''a = (p \times ba) + Bb$$
et $$A''A = A''a - Aa.$$

Alors, connaissant A″a et Aa, ainsi que

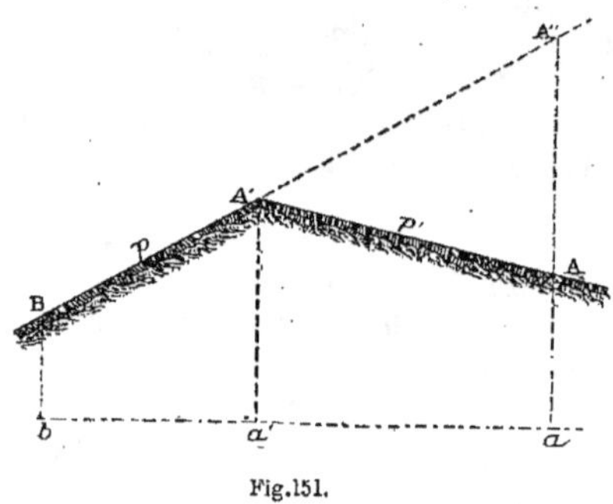

Fig.151.

les pentes p et p', on déterminerait a′a et A′a′ en appliquant les deux formules (1024).

Tracé des pentes sur le terrain.

1027. Pour vérifier l'inclinaison des talus de route, de chemins de fer, de canaux, de fortifications etc., on peut se servir du *niveau topographique* décrit aux figures 56, 57 et 58 de ce traité et la figure 512 indique comment on place l'appareil sur une règle B, laquelle règle est disposée suivant la ligne de plus grande pente du talus. Il n'y a qu'à lire la pente indiquée par l'index de l'aiguille.

En raison de la disposition de la planchette, l'évidement dans lequel se meut la boule de l'aiguille n'ayant pas une longueur suffisante, l'instrument employé

Fig. 512.

comme niveau taluteur ne peut servir que pour les pentes inférieures à 40 degrés ($0^m,84$ par mètre). Il est insuffisant pour les pentes à 45° et, à plus forte raison, pour vérifier les fruits des murs inclinés.

1028. Le carré HIKL (*fig.* 513) représente un petit *niveau taluteur spécial*

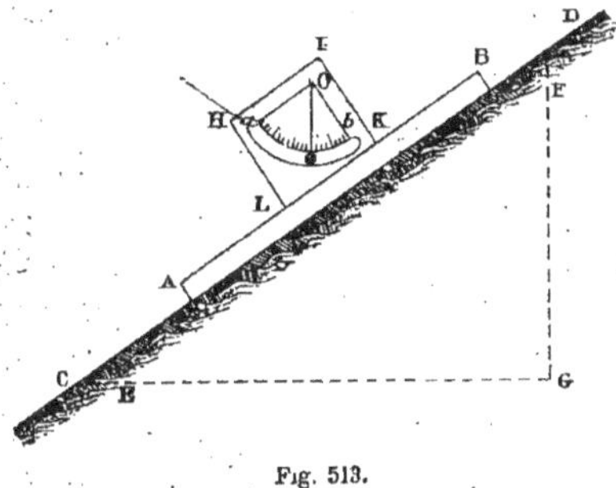

Fig. 513.

pouvant servir dans tous les cas possibles, quelle que soit l'inclinaison à déterminer. Cet appareil est en bois bien sec et a seulement $0^m,10$ de côté. Il porte un évidement intérieur *ab*, en forme de quart de cercle ayant son centre en O et dans lequel se meut une balle de plomb de 18 millimètres de diamètre. Cette balle est suspendue à un fil très fin fixé en O. Le quart de cercle supérieur *ab* de l'évidement est divisé en degrés et demi degrés.

L'instrument posé, comme l'indique la figure 513, sur une règle AB placée suivant la ligne de plus grande pente du talus CD, la balle de plomb, prenant une position verticale, indique quelle est la pente en degrés. Lorsque le fil coïncidera avec la division 0, la règle sera horizontale et l'appareil fonctionnera comme niveau de maçon.

Ce petit niveau, si simple et si commode, devrait être dans toutes les mains, non seulement des conducteurs et surveillants, mais encore des terrassiers travaillant au ragréage des talus.

1029. Sur le terrain, lorsqu'on a à déterminer des points secondaires d'une pente dans le voisinage d'un piquet de repère du profil en long, on peut se servir très avantageusement du niveau topo-

Fig. 514.

graphique (*fig.* 514). Dans la position qu'occupe l'instrument, la droite AB, déterminée par les deux pinnules de l'alidade fixe, est supposée parallèle à la ligne de pente du terrain. Pour opérer, on n'a qu'à placer le pied d'une mire sur le point considéré et à amener le voyant dans une position telle que son centre soit, au dessus du sol, à une hauteur égale à celle du centre O du niveau au dessus du point de départ.

Usage du niveau de pente de Chézy.

Problème n° 200.

1030. *Déterminer, à l'aide du niveau de pente de Chézy* (1), *la pente par mètre d'une droite unissant les points A et B* (*fig.* 515).

On place l'instrument de manière que

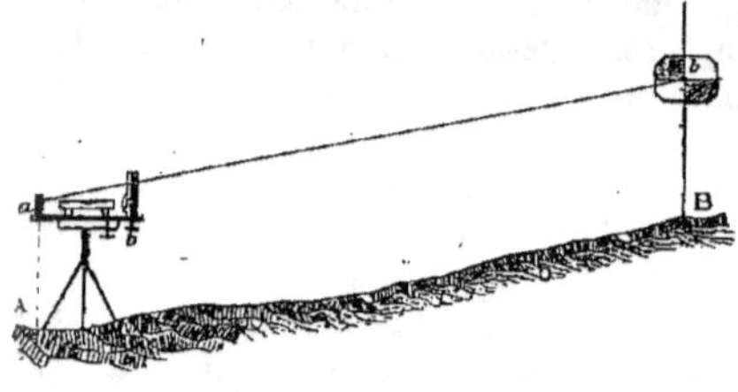

Fig. 515.

l'oculaire de la petite pinnule soit situé dans la verticale du point A, puis on mesure exactement la hauteur aA de l'oculaire au-dessus du point A. Cela fait, on place une mire en B dont on dispose le voyant de manière que son centre b donne bB = aA. A l'aide de la vis v, on

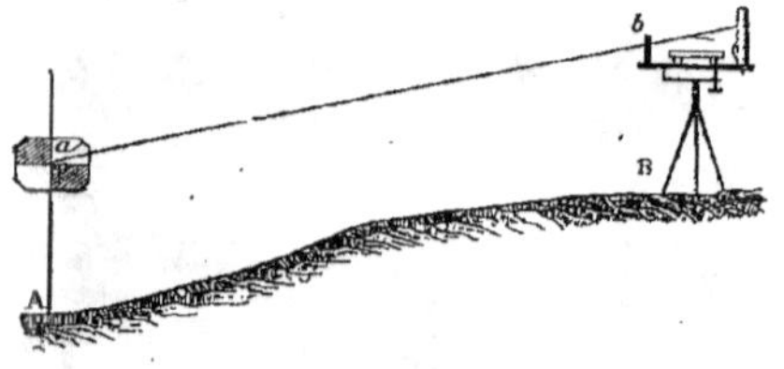

Fig. 516.

manœuvre le cadre de la grande pinnule jusqu'à ce que, en visant par l'oculaire de la petite pinnule et par la croisée des fils de la grande, on aperçoive le point b. Alors, les deux droites ab et AB sont parallèles et le zéro du vernier de la grande pinnule indique la pente par mètre de la droite AB.

1031. On peut aussi mesurer la pente d'une droite, sur le terrain, en installant

(1) Ce niveau est décrit, pages 86 et 87.

le niveau de Chezy sur le point le plus élevé. Pour cela, on met l'oculaire de la petite pinnule dans la verticale du point B (*fig.* 516), puis on place la mire au point A, après avoir manœuvré le voyant de manière que aA = bB. A l'aide de la vis v, on amène le cadre de la grande pinnule dans une position telle que, en visant par la croisée des fils et par l'oculaire de la petite pinnule, on aperçoive la ligne de foi de la mire.

Alors, la pente par mètre de BA est donnée par le zéro du vernier de la grande pinnule.

Problème n° 201.

1032. *Tracer, sur le terrain, une droite ayant une pente par mètre donnée.*

On manœuvre le cadre de la grande pinnule de manière que le zéro du vernier indique la pente voulue, puis on installe le niveau de Chezy au point de départ A (*fig.* 515) en plaçant l'oculaire de la petite pinnule dans la verticale de ce point. On fixe le voyant de la mire, en ayant soin de faire bB = aA.

Alors, l'opérateur fait déplacer le porte-mire jusqu'à ce que ce dernier rencontre un point B du terrain, tel qu'un rayon visuel dirigé par l'oculaire de la petite pinnule et par la croisée des fils de la grande, passe par la ligne de foi du voyant.

Par une nouvelle station du niveau au point B, on prolongera la pente qui vient d'être tracée, et ainsi de suite.

Problème n° 202.

1033. *Déterminer la hauteur Bb' d'un remblai à faire sur un terrain AB* (*fig.* 517), *suivant une pente donnée Ab' au moyen du niveau de Chézy.*

On met l'instrument en station au point A, de manière que l'oculaire a de la petite pinnule se trouve dans la verticale de ce point; puis, à l'aide de la vis v, on gle le cadre de la grande pinnule de façon que le vernier indique la pente voulue. On mesure la hauteur aA, puis on place la mire en B et on élève le voyant

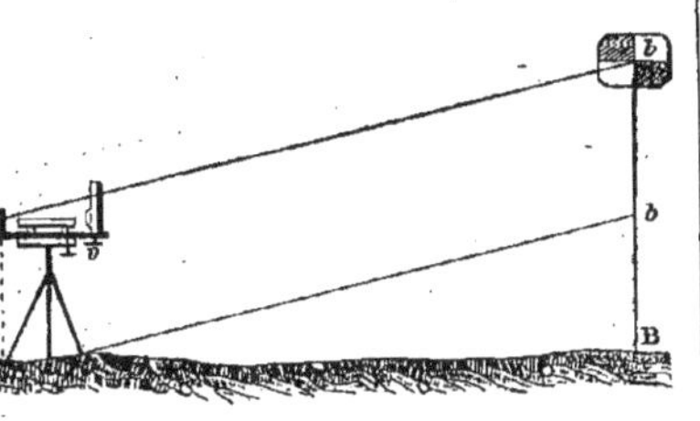

Fig. 517.

jusqu'à ce que le rayon visuel dirigé par l'oculaire de la petite pinnule et par la croisée des fils de la grande, passe par la ligne de foi. On retranche aA de la cote lue sur la mire et la différence Bb' représente la hauteur nécessaire de remblai au point B pour arriver à la pente Ab'.

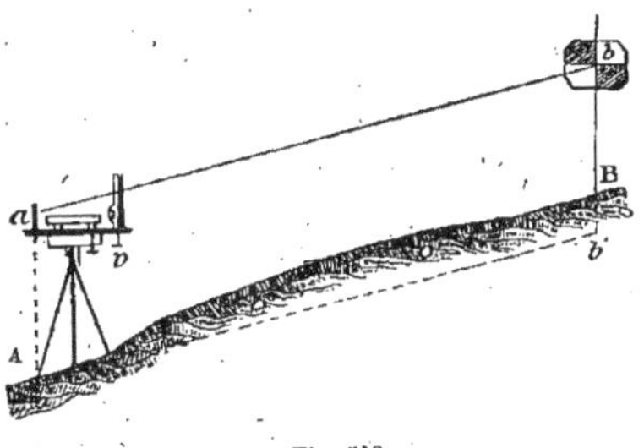

Fig. 518.

La figure 518 montre que pour obtenir une pente donnée Ab', il faudrait creuser au point B d'une quantité Bb'.

NIVEAU DE CHÉZY FONCTIONNANT COMME STADIA.

1034. Au moyen du niveau de pente de Chézy et d'une mire, on peut mesurer une distance horizontale ne dépassant pas 50 mètres, l'instrument ne possédant pas de lunette.

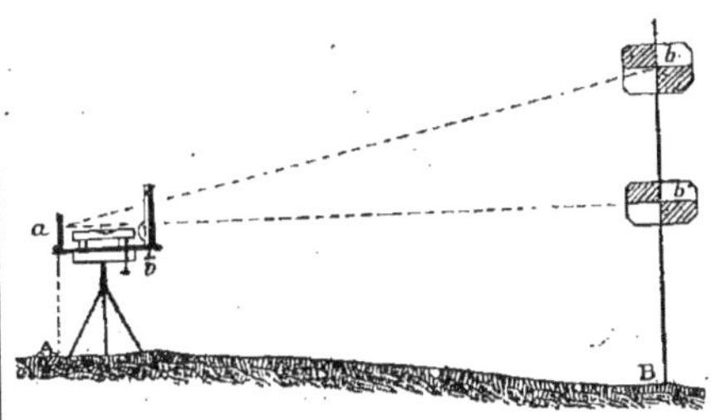

Fig. 519.

Pour mesurer la ligne AB (*fig.* 519), on place l'instrument en station au point A, dans la verticale duquel on met l'oculaire de la petite pinnule, puis on dirige, sur la mire placée en B, un rayon visuel horizontal ab' et on prend note de la cote obtenue. Cela fait, on élève autant que possible le voyant de la mire, de manière à amener la ligne de foi en b, par exemple. On élève également, au moyen de la vis v, le cadre de la grande pinnule d'une quantité suffisante pour que le rayon visuel soit dirigé par l'oculaire de la petite pinnule et la croisée des fils de la grande par le centre b du voyant. On prend la différence bb' donnée par les deux positions du voyant, puis on lit, sur l'échelle de la grande pinnule, la pente par mètre à laquelle correspond le zéro du vernier. Si $bb' = 1^m,45$ et si la pente par mètre de la droite inclinée ab est, par exemple, 0,06, on aura (1008) pour la longueur horizontale de AB,

$$ab' = \frac{1,45}{0,06} = 24^m17.$$

VI. — CUBATURE DES TERRASSES

ET

MOUVEMENT DES TERRES

SOMMAIRE

CHAPITRE PREMIER

TRACÉ DES LIGNES DU PROJET. — CALCUL DES COTES ROUGES.
AIRES DE DÉBLAIS ET DE REMBLAIS PAR PROFILS. —
POINTS ET LIGNES DE PASSAGE

§ I. — TRACÉ DES LIGNES DU PROJET

I. — Sur le profil en long.

1035. Lorsque les études sont terminées sur le terrain et les profils dessinés aux échelles adoptées, comme l'indique la figure 489, on possède tous les éléments nécessaires pour arrêter définitivement tous les détails du projet.

On doit d'abord déterminer, d'une façon précise, l'axe de la voie de communication à construire, faire, sur cet axe, le profil en long avec les cotes duquel on mettra tous les profils en travers en concordance parfaite.

Les profils (*fig.* 489) se rapportent à un tronçon de route à établir pour terminer la voie qui est construite, de chaque côté, jusqu'aux points A et F.

Le profil en long ABCDEF, étudié sur le terrain, se trouve bien dans le plan vertical de l'axe définitif de la route et ce plan est rectiligne. Il s'agit de tracer la ligne d'axe du projet.

Pour cela, le profil en long a été reproduit à nouveau (*fig.* 521). Les points extrêmes n'ayant qu'une différence de niveau de 4,000 — 3,648 = 0,352, il convient de tracer une ligne droite de A en F et cette droite sera l'axe même de la voie. Le terrain situé au-dessus de AF est à déblayer et celui situé au-dessous est à remblayer. Les déblais sont indiqués par des hachures et les remblais par un pointillé ; mais, sur les dessins du projet, on emploie le jaune (gomme-gutte) pour les déblais et le rose de carmin pour les remblais (785).

Le tracé de la ligne d'axe d'une voie de communication est soumis à diverses considérations, dont les deux principales sont la pente et l'équivalence aussi approchée que possible des surfaces de déblais et de remblais. Les autres dépendent des courbes et de la situation géologique des lieux. A l'inspection de la figure 521, on constate que, sur l'axe, il n'y a évidemment pas équivalence entre les surfaces de déblais et de remblais ; mais la différence peut être rachetée par les profils en travers. C'est ce que le métré fera voir plus loin.

1036. Dans l'exécution d'un projet, lorsque les déblais excèdent les remblais, l'excédant est mis en dépôt et c'est ce qu'on appelle des *cavaliers*. Si les remblais excèdent les déblais, les terres qui manquent sont prises, à proximité de la voie, dans des *chambres d'emprunt*.

1037. Dans le profil en long (*fig.* 520), la ligne d'axe AbcdeF est brisée.

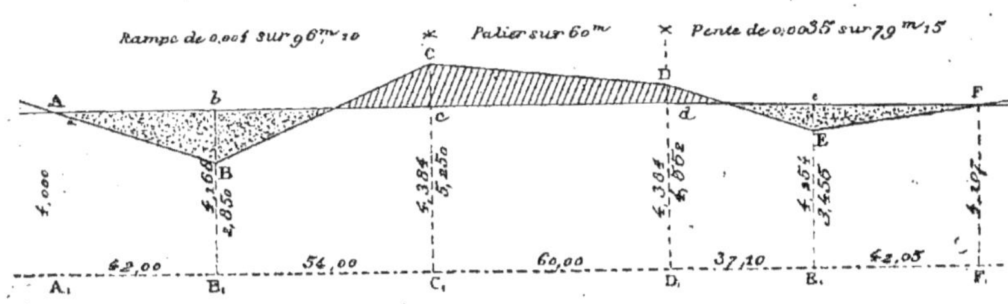

Fig. 520.

La partie Ac est une rampe de 0,m004 par mètre sur 96m,10.

La partie cd est horizontale sur 60 mètres et forme ce qu'on appelle un *palier*. A toutes les gares de chemin de fer, la voie est en *palier* sur une longueur déterminée, car il importe qu'un train puisse rester immobile en station sans qu'on ait besoin de serrer les freins.

La partie dF est une pente de 0m,0035 par mètre sur 79m,15.

Cette ligne brisée établit à peu près l'équilibre entre les surfaces de déblais et de remblais sur le profil en long.

CALCUL DES COTES DE L'AXE DU PROFIL EN LONG.

1038. Nous allons opérer sur le profil en long (*fig.* 521) qui n'est que la reproduction du profil en long (*fig.* 489).

La pente totale de la droite AF est
$$4.000 - 3,648 = 0,352.$$

La longueur de l'horizontale $A_1 F_1$, projection horizontale de l'axe AF, étant de
$$69,40 + 62,20 + 80,00 + 83,90 + 70,60 = 365,50,$$
la pente par mètre de AF sera :
$$\frac{0,352}{365,50} = 0^m,000963.$$

La pente totale de Ab sera de $69,40 \times 0,000963 = 0,077$, et, puisque le point b est situé au-dessous du point A, la cote bB$_1$ sera
$$4,000 - 0,077 = 3^m,923.$$

Ce chiffre 3,923 est ce qu'on appelle la *cote rouge* du point B du terrain. La cote du terrain au point B étant de 3,402, il faudra rapporter à ce point une hauteur de terre égale à bB, c'est-à dire
$$3,923 - 3,402 = 0^m,521.$$

Les nombres 3,923 et 0,521 sont inscrits, ainsi que l'indique la figure, afin qu'on ait sous les yeux tous les éléments des calculs à effectuer.

On opère ainsi pour les cotes aux points

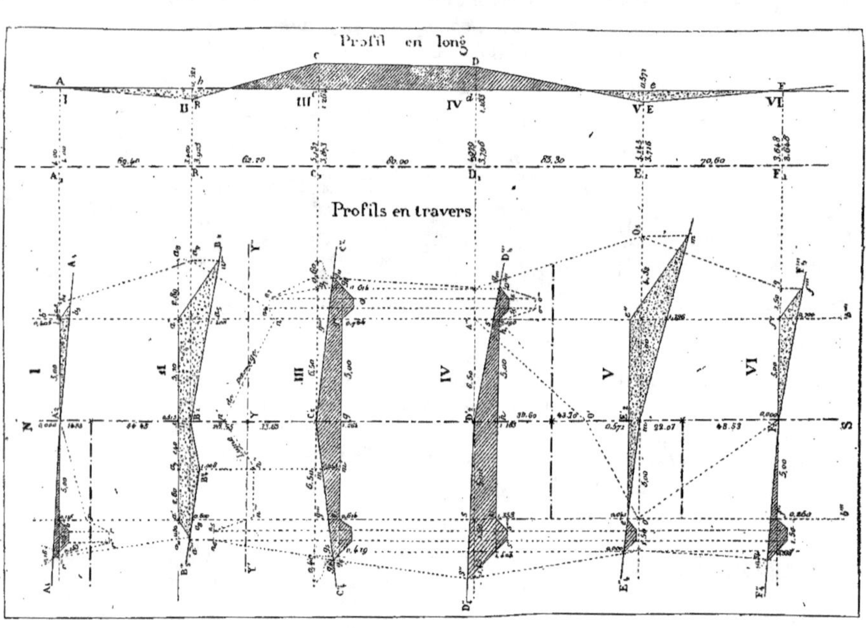

Profil en long
Profils en travers

C, D et E. Considérons encore la cote au point D.

La longueur de $A_1 D_1$ est:

$$69,40 + 62, 20 + 80, 00 = 211, 60.$$

La pente totale de Ad sera de $211, 60 \times 0,000963 = 0,204$ et puisque le point d est situé au-dessous du point A, la cote dD_1 sera :

$$4,000 - 0,204 = 3,796.$$

Ce chiffre est la cote rouge du point D du terrain. Comme la cote de ce point est 4,979, il faudra déblayer en D une profondeur de terre égale à Dd, c'est-à-dire :

$$4,979 - 3,796 = 1,183.$$

On aurait pu obtenir la cote $d\mathrm{D}_1$ en retranchant de la cote rouge précédente 3,873 le produit de 80,00, distance des points C_1 et D_1, par la pente totale 0,000963.

Si, comme dans la figure 520, la ligne d'axe du projet était brisée en C, on calculerait la cote rouge cC_1 à l'aide de la pente par mètre de Ae, qui est donnée et de la longueur $A_1 C_1$. Les autres cotes se déterminent comme cela vient d'être fait à propos de la figure 521.

Si le lecteur a bien compris, il n'éprouvera aucune difficulté pour calculer toutes les cotes rouges d'un profil en long, quelle que soit sa longueur.

II. — Sur les profils en travers.

1039. Le projet (*fig*. 521) se rapporte à l'exécution d'une portion de route ayant 10 mètres de largeur en couronne, avec fossés de $1^m,50$ en gueule, sur $0^m,50$ de profondeur. Les talus en déblais seront inclinés à 1 de base pour 1 de hauteur, c'està-dire à 45°, et les talus en remblais seront inclinés à 3 de base pour 2 de hauteur.

La figure 522 présente le profil normal de la route. La largeur AB en couronne a 10 mètres. Le talus en remblai AD est incliné à 3 de base pour 2 de hauteur, et le talus en déblai GF est incliné à 45 degrés. Au pied de ce talus, on voit le fossé nécessaire à l'écoulement des eaux, ayant 0,50 en *cuvette* EF et 0,50 de profondeur.

MI est l'axe de la voie. La ligne GCD représente le terrain naturel. D'après ce profil, la surface du remblai est représentée par le triangle CAD et la surface du déblai par le triangle CIG, augmenté du trapèze qui est une section droite du fossé.

Dans un projet, il faut, avant tout, être bien fixé sur la forme précise du profil normal qu'il convient d'appliquer à la voie. Plus loin, nous donnerons les principaux profils normaux adoptés pour l'exécution des chemins de fer de l'État.

1040. La projection horizontale NS (*fig*. 521), ainsi que les profils en travers $A_4 A'_2 A_5$, $B''_5 B''_4 B'_2 B_6 \dots$, $F''_4 F'_2 F'''_5$ ont été tracés comme dans la figure 521.

Profil en travers I. — La cote du terrain et la cote rouge étant les mêmes, par le point A'_2, l'horizontale $b'b''$, de 10 mètres de longueur à l'échelle (5 mètres de chaque côté du point A'_2) a été tracée et, par ses extrémités b' et b'', les parallèles $b'b'''$ et $b''b''''$ à l'axe NS ont été menées. Ces parallèles limiteront les crètes des fossés ou des remblais, selon le cas. A l'extrémité b', existe le fossé et à l'extrémité b'', le talus $b''b_5$ incliné à 3 de base pour 2 de hauteur.

Profil en travers II. — L'axe du projet étant situé à 0,521 au-dessus du terrain naturel, on a pris $aB'_2 = 0,521$ (1) et, par le point a, on a mené l'horizontale $a'a''$ jusqu'à la rencontre des parallèles $b'b'''$ et $b''b''''$. Aux extrémités a' et a'', on voit les talus en remblais $a'a'''$ et $a''a''''$ rencontrant le terrain naturel et inclinés à 3 de base pour 2 de hauteur. Ce profil est entièrement en remblai.

Profil en travers III. — L'axe du projet étant situé à $1^m,264$ au-dessous du terrain naturel, on a pris $C'_2 g = 1,264$ et, par le point g, on a mené l'horizontale $g'g''$ jusqu'à la rencontre des parallèles $b'b'''$ et $b''b''''$, puis on a tracé les fossés indiqués aux extrémités g' et g''.

(1) Sur l'axe du profil en travers II, lisez 0,521 au lieu de 0,513.

Profil en travers IV. — L'axe du projet étant situé à 1,183 au-dessous du terrain naturel, on a pris $D'_2 h = 1,183$ et, par le point h, on a mené l'horizontale $h'h''$ jusqu'à la rencontre des parallèles $b'b'''$ et $b''b''''$, puis on a tracé les fossés indiqués aux extrémités h' et h''.

Profil en travers V. — L'axe du projet étant situé à 0,571 au-dessus du terrain naturel, on a pris $E'_2 m = 0,571$ et, par le point E'_2, on a mené l'horizontale $e'e''$ jusqu'à la rencontre des parallèles $b'b'''$ et $b''b''''$. A l'extrémité e'', on voit le talus en remblais $e''m'$ incliné à 3 de base pour 2 de hauteur. A l'extrémité e' existe le fossé avec ses talus inclinés à 45 degrés.

Profil en travers VI. — La cote du terrain et la cote rouge étant les mêmes, par le point F'_2, on a mené l'horizontale $f'f''$ jusqu'à la rencontre des parallèles $b'b'''$ et $b''b''''$. A l'extrémité f'', on voit le talus en remblais $f''f'''$ incliné à 3 de base pour 2 de hauteur et à l'extrémité f' existe le fossé réglementaire.

GABARIT.

1041. Les lignes limitant les terrassements à effectuer viennent d'être tracées graphiquement; mais lorsque la voie de communication à construire a une grande étendue et lorsque les profils en travers sont très nombreux, on découpe, suivant le profil normal, un gabarit en carton mince ayant, dans le cas qui nous occupe, la forme donnée par la ligne brisée DABEFG (*fig.* 522), en ayant soin de ménager une petite entaille au point C, rencontre de la plate-forme AB avec l'axe MI.

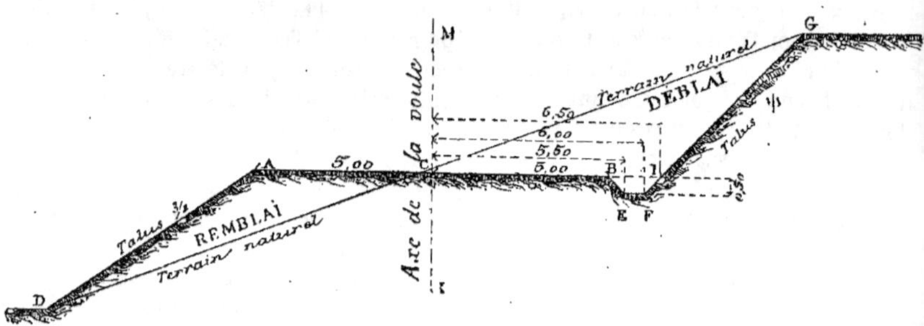

Fig. 522.

Pour se servir du gabarit, si le profil est en remblai, on fait coïncider l'entaille C avec le point de l'axe, puis on trace un trait au crayon suivant CAD. Si le profil est en déblai, on trace le trait au crayon suivant la ligne brisée CBEFG. On conçoit que, en opérant ainsi, on a l'inclinaison voulue pour les talus et la section prescrite pour les fossés. De plus, le tracé est très rapidement fait et sans tâtonnement.

§ II. — CALCUL DES COTES ET DES AIRES DES PROFILS EN TRAVERS

1042. Le calcul des cotes des profils en travers s'effectue au moyen des données du nivellement et du projet, absolument comme pour les cotes du profil en long. Nous allons entrer, à ce sujet, dans quelques détails à propos des profils en travers II et III et le lecteur sera suffisamment fixé pour les autres profils, de même que pour tous les cas possibles. Pour bien comprendre, il faudra se reporter aux cotes du terrain (*fig.* 489).

PROFIL EN TRAVERS. II. — La pente par mètre de la droite $B'_2 B_6$ (*fig.* 521) est (*fig.* 489) :

$$\frac{3,402 - 1,704}{9,50} = 0,179.$$

La pente totale, pour 5 mètres, sera $5 \times 0,179 = 0,895$. Le point a_5 étant au-dessous du point B'_2, la cote $a'' a_5$ sera :

$$0,513 + 0,895 = 1,408.$$

La différence de niveau des points B'_2 et B''_4 est :

$$3,402 - 2,907 = 0,495.$$

Le point B''_4 étant au-dessous du point B'_2, la cote $a^7 B''_4$ sera :

$$0,513 + 0,495 = 1,008.$$

La pente par mètre de la droite $B''_4 B'''_5$ (*fig.* 521) est (*fig.* 489) :

$$\frac{3,712 - 2,907}{5,20} = 0,157.$$

La pente totale, pour 2,60, sera :

$$2,60 \times 0,157 = 0,408.$$

Le point a_8 étant plus élevé que le point B''_4, la cote $a' a_8$ sera :

$$1,008 - 0,408 = 0,60.$$

Il reste à calculer les hauteurs $a'' a_6$ et $a' a_{10}$ des triangles extrêmes et on y parvient par l'application des deux formules (1020 et 1021).

1° *Triangle* $a'' a_5 a'''$. La pente du côté $a'' a'''$ est de 3/2 ou 0,667 par mètre et la pente de $a_5 a'''$, calculée plus haut, est 0,179.

En appliquant la formule $x = \dfrac{d}{p - p'}$, on aura :

$$a'' a^6 = \frac{1,408}{0,667 - 0,179} = 2,89.$$

2° *Triangle* $a' a''' a_8$. La pente du côté $a' a'''$ est de un mètre par mètre et la pente du côté $a''' a_8$, calculée plus haut, est 0,157. En appliquant la formule $x = \dfrac{d}{p + p'}$, on aura :

$$a' a_8 = \frac{0,60}{1,00 + 0,157} = 0,52.$$

Il est facile, maintenant, de calculer la surface du profil, puisque nous connaissons les éléments des figures qui le composent, c'est-à-dire du triangle $a' a''' a_8$, des trapèzes $a' a_8 B''_4 a_7$; $a_7 B''_4 B'_2 a$; $a B'_2 a_5 a''$ et du triangle $a'' a_5 a'''$.

PROFIL EN TRAVERS. III. — Ce profil comprend les deux trapèzes $C'_2 g g_5 g_6$; $C'_2 g g_7 g_8$; les deux triangles extrêmes ayant $g_5 g_6$ et $g_7 g_8$ pour bases, ainsi que les deux trapèzes représentant deux sections droites des fossés.

Pour obtenir toutes ces surfaces partielles, il ne manque que les cotes $g_5 g_6$ et g_7 et g_8 (qui seront données par des calculs semblables à ceux du profil II) et les hauteurs des triangles extrêmes dont les côtés sont formés par une pente et par une rampe.

On obtiendra ces hauteurs par la formule (1021) :

$$x = \frac{d}{p + p'}.$$

Par des calculs analogues à ceux qui viennent d'être indiqués pour les profils II et III, on obtiendra les cotes et la surface de tous les autres, qu'il s'agisse de déblais ou de remblais.

§ III. — POINTS ET LIGNES DE PASSAGE

1043. Considérons le profil II (*fig.* 521) entièrement en remblai et le profil III entièrement en déblai. Supposons qu'ils soient relevés verticalement et que des plans verticaux les coupent parallèlement à l'axe NS. On obtiendra alors autant de petits profils en long, limités par les deux profils en travers. Quatre de ces petits profils en long sont représentés par la figure 523 de laquelle nous allons nous occuper et sur laquelle nous appelons toute l'attention du lecteur. La droite

RR' est la trace horizontale du profil II et PP' est la trace horizontale du profil III. La distance B_4C_4, c'est-à-dire l'entre-profil, est $62^m,20$.

Prenons $a''a_5 = 1,408$ au-dessus du terrain naturel, a_5g''' et $g'''g'' = 0,764$. En joignant les points a'' et g'', la droite $a''g''$ rencontrera en n la droite a_5g''' du terrain. Le point n, rencontre des deux droites, est le *point de passage* des déblais aux remblais; car le triangle $a''na_5$ est entièrement en remblai, tandis que le triangle $g'''ng''$ est entièrement en déblai.

Le point de passage des déblais aux remblais est donc la rencontre des intersections de la surface déterminée par les lignes du projet et de la surface du terrain, lorsque ces deux surfaces sont coupées par un plan vertical.

Sachant que la perpendiculaire n_6g''' aux traces RR' et PP', c'est-à-dire l'entre-profil, a une longueur de $62,20$, on calculera les cotes n_6n et $n\,g'''$ du point de passage en appliquant la formule (1019), et on aura :

$$n_6n = \frac{1,408}{1,408 + 0,764} \times 62,20 = 40,30$$

et

$$n\,g''' = \frac{0,764}{1,408 + 0,764} \times 62,20 = 21,90.$$

Les cotes des points de passage n', n'', n''' des trois autres profils seront obtenues de la même manière et voici les calculs indiqués.

Profil suivant $B'_2C'_2$ *du terrain naturel :*

$$B'_2a = \frac{0,513}{0,513 + 1,264} \times 62,20 = 17,95,$$

et

$$g'C'_2 = \frac{1,264}{0,513 + 1,264} \times 62,20 = 44,25.$$

Profil suivant B''_4m *du terrain naturel :*

$$B''_4a_7 = \frac{1,008}{1,008 + 0,952} \times 62,20 = 32,00,$$

$$mm' = \frac{0,952}{1,008 + 0,952} \times 62,20 = 30,20.$$

Profil suivant a_8g''' *du terrain naturel :*

$$a'a_8 = \frac{0,600}{0,600 + 0,614} \times 62,20 = 30,80,$$

$$g'g''' = \frac{0,614}{0,600 + 0,614} \times 62,20 = 31,40.$$

En unissant, deux à deux, les points n, n', n'' et n''', on aura la ligne brisée $nn'n''n'''$ qui sera la *ligne de passage* des déblais aux remblais, c'est-à-dire la ligne servant de limite aux déblais et aux remblais.

Comme démonstration, la ligne de passage a été limitée aux arêtes de la route, c'est-à-dire sur une largeur de 10 mètres; mais on la prolongera, en opérant de la même manière, jusqu'à la limite extérieure des fossés.

Du reste, la ligne de passage complète a été tracée sur la figure 521, entre les profils II et III. Elle est indiquée par la ligne brisée $a_9n_4nn'n''n'''n_5n_6$.

Des lignes de passage existent entre les profils I et II, IV et V, V et VI et elles sont aussi indiquées sur le dessin, savoir :

Entre les profils I et II, par la ligne brisée ponctuée A'_2r, r', $r''\,r'''$.

Entre les profils IV et V, par la ligne brisée ponctuée $oo'h'''$.

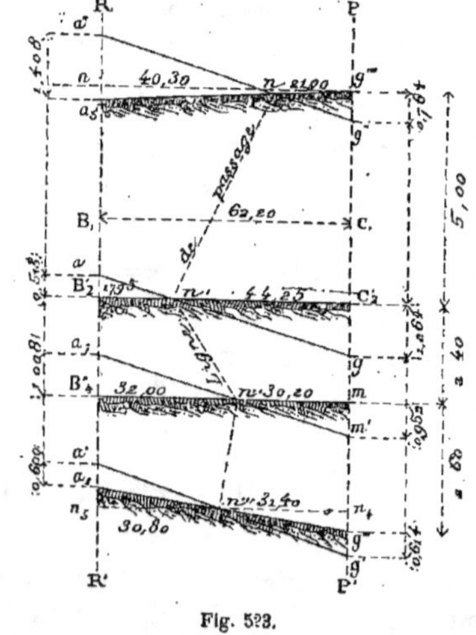

Fig. 523.

Entre les profils V et VI, par la ligne droite ponctuée oF'_2.

En se reportant à la figure 522, le raattement des profils et la ligne de passage montrent clairement les polyèdres partiels dont se composent les volumes de déblais et de remblais à effectuer.

Ainsi, $n_6 nn'B'_2$ est la base trapézoïdale d'un polyèdre de remblai limité par les deux faces triangulaires $a''a_3 n$ et $aB'_2 n'$, par une troisième face trapézoïdale ayant $n_6 B'_2$ pour hauteur, $a''a_5$ et aB'_2 pour bases. La ligne de passage nn' termine, en même temps, le solide et la face inclinée $a''nn'a$.

On remarque, à la suite de ce premier polyèdre, un second polyèdre en déblai, dont il forme le pendant, ayant la base trapézoïdale $ng'''C'_2 n'$, limité par les deux faces triangulaires $g''g'''n$ et $gC'_2 n'$, par une troisième face trapézoïdale ayant $g'''C'_2$ pour hauteur, $g''g'''$ et gC'_2 pour bases. La ligne de passage nn' termine en même temps le solide et la face $gn'ng''$.

La figure 524 représente, en perspective, cavalière, les deux polyèdres consécutifs, l'un en déblai et l'autre en remblai. Les deux bases $nn'a_5 B'_2$ et $nn'g'''C'_3$ sont situées dans le même plan et ce plan a une inclinaison égale à celle de la droite

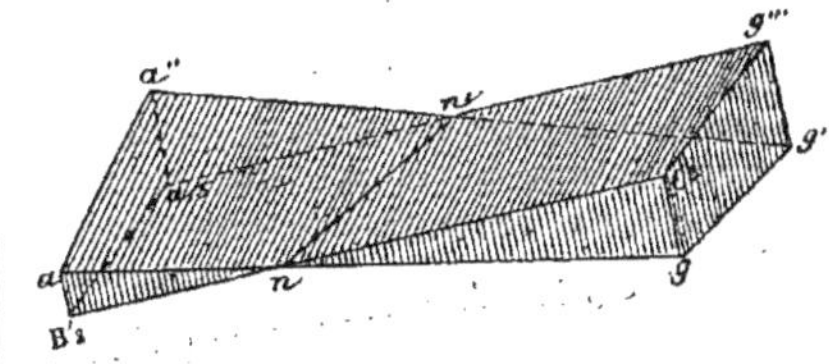

Fig. 524.

AF du profil en long (*fig.* 521). Elles représentent la surface de la route, dans cette partie, après l'exécution des travaux. La ligne de passage est nn'.

Entre les autres profils de la figure 523 on voit des polyèdres de même nature, tels qu'un solide en remblai correspond à un solide en déblai.

CHAPITRE II

CALCUL DU VOLUME DES TERRASSEMENTS

1044. Pour calculer le volume des terrassements que nécessite l'exécution d'un projet préalablement étudié, on opère, soit par la *méthode exacte*, soit par les *méthodes expéditives* admises.

§ I. — MÉTHODE EXACTE

1045. Si l'on suppose des plans verticaux parallèles à l'axe du projet, passant par tous les points saillants des profils en travers, on partagera les volumes de déblai ou de remblai en un certain nombre de prismes compris entre quatre faces verticales et terminés, au-dessus ou au-dessous, par des surfaces gauches, réglées, engendrées par une ligne droite qui se meut en restant parallèle à l'axe du projet et en s'appuyant constamment sur les lignes de terrain naturel.

Il s'agit de créer une formule qui permettra de calculer exactement le volume d'un polyèdre de cette nature et, pour cela, nous allons raisonner sur un prisme quelconque terminé par une surface gauche semblable à celle qui vient d'être décrite. De cette façon, nous offrirons une démonstration générale.

1046. Le prisme quadrangulaire (*fig. 525*) est droit. Sa base ABCD est un

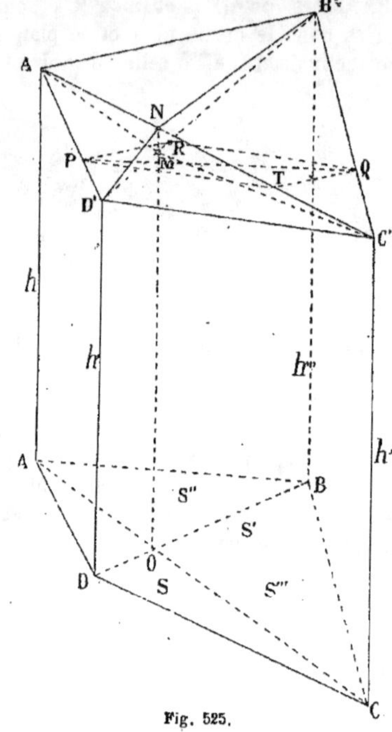

Fig. 525.

quadrilatère irrégulier quelconque. Conséquemment, les arêtes A'A, B'B, C'C, D'D, sont perpendiculaires au plan de la base ABCD.

La base supérieure du prisme donné est une surface gauche, réglée, engendrée par une ligne droite qui se meut en restant parallèle à un plan parallèle à la fois aux deux droites D'C' et A'B' et en s'appuyant constamment sur les côtés D'A' et C'B'.

On coupe le prisme par deux plans passant : le premier par les arêtes A'A et C'C, le second par les arêtes B'B et D'D. Désignons le prisme ADC A'D'C' par V.

—   —   ABC A'B'C' par V'.
—   —   DBA D'B'A' par v.
—   —   DBC D'B'C' par v'.

A la partie supérieure du prisme donné, existe un tétraèdre B'A'D'C' ayant le trian-

gle A'D'C' pour base et son sommet est situé en B'.

Il s'agit de démontrer :

1° Que la surface gauche est tout entière comprise dans le tétraèdre B'A'D'C'.

2° Que les deux solides formés, l'un par les deux prismes triangulaires V et V', l'autre par les deux prismes triangulaires v et v' diffèrent entre eux du volume du tétraèdre A'B'C'D', c'est-à-dire qu'on aura :

$$V + V' = (v + v') + \text{tétraèdre } B'A'D'C';$$

3° Que le volume du prisme limité par la surface gauche est la moyenne arithmétique entre les deux systèmes de prismes triangulaires, c'est-à-dire que ce volume, désigné par V", est :

$$V'' = \frac{(V + V') + (v + v')}{2}.$$

La ligne droite génératrice de la surface gauche se meut en restant parallèle à un plan parallèle lui-même aux deux droites D'C' et A'B'. Ce plan *directeur* s'obtiendrait en prenant, sur la droite D'C', un point quelconque et en menant, par ce point, une parallèle à l'autre droite A'B'. Le plan contenant à la fois la droite D'C' et la parallèle qu'on a menée par un de ses points à la droite A'B' serait ce plan directeur. En partant de ce plan directeur passant par la ligne D'C', et en menant une suite de plans parallèles à ce plan directeur jusqu'à ce qu'on arrive à la ligne A'B', chacun de ces plans parallèles rencontrera les droites D'A' et C'B'.

Soient P et Q les points de rencontre de l'un de ces plans avec ces deux droites, en joignant les points P et Q par une ligne droite, cette droite sera une *génératrice* de la surface gauche, qui commencera à la ligne D'C' pour finir à la ligne A'B'. La droite PQ jouit de la propriété de diviser les droites D'A' et C'B' en parties proportionnelles, c'est-à-dire qu'on a :

$$(1) \qquad \frac{A'P}{PD'} = \frac{B'Q}{QC'}.$$

C'est ce que nous allons démontrer

Le plan contenant la droite PQ et parallèle au plan directeur coupe les quatre faces riangulaires du tétraèdre B'A'D'C' suivant les droites PR, RQ, QT et TP qui forment un quadrilatère dont les côtés opposés sont parallèles et qui, par suite, est un parallélogramme.

Le plan du quadrilatère PRQT est parallèle à des plans parallèles au plan directeur et passant, l'un par la droite D'C' et l'autre par la droite A'B'. Mais les intersections de deux plans parallèles par un troisième plan sont parallèles entre elles. Donc, les droites PR et A'B', intersections de deux plans parallèles par un troisième qui est la face triangulaire D'A'B', sont parallèles. Il en est de même de QT et de A'B'. Les droites PR et QT, situées dans un même plan, étant parallèles à une droite A'B', sont parallèles entre elles. Par la même raison, les droites RQ et TP sont aussi parallèles à la droite D'C' et parallèles entre elles. La figure PRQT est donc bien un parallélogramme, puisque ses côtés opposés sont parallèles entre eux. Dans le triangle D'A'B', de ce que PR est parallèle à A'B', il s'ensuit qu'on a :

$$(2) \qquad \frac{A'P}{PD'} = \frac{B'R}{RD'}.$$

Dans le triangle B'D'C', de ce que RQ est parallèle à D'C', il s'ensuit qu'on a :

$$(3) \qquad \frac{B'R}{RD'} = \frac{B'Q}{QC'}.$$

Des deux relations (2) et (3), on déduit :

$$\frac{A'P}{PD'} = \frac{B'Q}{QC'},$$

c'est-à-dire la relation (1). Donc la droite PQ divise les droites D'A' et C'B' en parties proportionnelles.

Examinons maintenant les trois questions qui sont à démontrer.

1re QUESTION.

1047. *La surface gauche est tout entière comprise dans le tétraèdre B'A'D'C'.*

Cette surface gauche est engendrée par une droite qui, partant de D'C', vient aboutir à A'B' et qui, dans l'intervalle, se meut en s'appuyant constamment sur les droites D'A' et C'B', en les divisant en parties proportionnelles.

Soit PQ une position quelconque de cette droite. Nous avons vu que, en menant par PQ un plan parallèle à la fois aux deux droites D'C' et A'B', ce plan coupait les quatre faces triangulaires du tétraèdre B'A'D'C' suivant un parallélogramme dont PQ est une diagonale et qui, par suite, est bien contenue dans l'intérieur du tétraèdre B'A'D'C', puisqu'elle est tout entière dans le quadrilatère PRQT suivant lequel les faces du tétraèdre B'A'D'C' ont été coupées. Comme il en est de même de toute génératrice analogue à PQ, la surface gauche est bien tout entière comprise dans le tétraèdre B'A'D'C'.

2° QUESTION.

1048. *Les deux solides formés, l'un par les deux prismes triangulaires V et V', l'autre par les deux prismes triangulaires v et v' diffèrent, entre eux, du volume du tétraèdre B'A'D'C', c'est-à-dire qu'on aura :*

$$V + V' = (v + v') + \text{tétraèdre B'A'D'C'}.$$

Par le point de rencontre O des diagonales AC et BD de la base du prisme, élevons une perpendiculaire à cette base. Cette perpendiculaire rencontrera d'abord la droite D'B' en M, puis la droite A'C' en N, de telle sorte que le plan vertical mené par AA' et CC' coupe le tétraèdre B'A'D'C' en deux autres D'A'MC' et B'A'MC'.

En désignant par v_1 et v_2 les prismes ABOA'B'M et ADOA'D'M dont la somme est v, et par v'_1 et v'_2 les prismes BCOB'C'M et DCOD'C'M dont la somme est v', on voit qu'on a :

$$V = v_2 + v'_2 + \text{tétraèdre D'A'MC'}$$
$$V' = v_1 + v'_1 + \text{tétraèdre B'A'MC'},$$

et en ajoutant ces deux égalités membre à membre, il vient :

$$V + V' = v_1 + v_2 + v'_1 + v'_2 + \text{tétraèdre D'A'MC'} + \text{tétraèdre B'A'MC'},$$

ou

$$V + V' = (v + v') + \text{tétraèdre B'A'D'C'}.$$

3ᵉ QUESTION.

1049. *Le volume du prisme limité par la surface gauche est la moyenne arithmétique entre les deux systèmes de prismes triangulaires, c'est-à-dire que ce volume, désigné par V″, est :*

$$V'' = \frac{(V + V') + (v + v')}{2}.$$

Nous avons vu que tout plan mené par une génératrice quelconque PQ, parallèlement au plan directeur, coupait le tétraèdre B'A'D'C' suivant un parallélogramme PRQT et que, par suite, le triangle PRQ, situé d'un côté de la droite PQ, est égal au triangle QTP situé de l'autre côté de cette droite. En d'autre terme, la génératrice PQ divise la section faite dans le tétraèdre en deux parties égales. Il en est de même pour une génératrice voisine et, par suite aussi, pour la partie du tétraèdre B'A'D'C' qui se trouve comprise entre deux plans parallèles passant par ces deux génératrices. Donc la surface gauche divise aussi le tétraèdre B'A'D'C' en deux parties égales et on a :

$$V'' = v + v' + \frac{1}{2} \text{ tétraèdre B'A'D'C'},$$

$$V'' = V + V' - \frac{1}{2} \text{ tétraèdre B'A'D'C'}.$$

Et, par suite :

$$2V'' = (V + V') + (v + v'),$$

et, enfin :

$$V'' = \frac{(V + V') + (v + v')}{2}.$$

Conséquences des démonstrations précédentes.

1050. On sait que le volume d'un prisme tronqué est égal au produit de la surface d'une section droite par la moyenne arithmétique des trois arêtes, c'est-à-dire par le tiers de la somme de ces arêtes.

Or, dans le cas de la figure 525, le prisme étant droit, la base ABCD est la section droite.

Désignons l'arête A'A par h, l'arête D'D par h', l'arête C'C par h'' et l'arête B'B par h'''.

Désignons, en outre, le triangle ACD par S, le triangle ACB par S', le triangle DBA par S″, le triangle DBC par S‴ et les quatre prismes par P, P', P″, P‴.

Les volumes de ces prismes seront :

$$P = S\left(\frac{h + h' + h''}{3}\right),$$

$$P' = S'\left(\frac{h + h'' + h'''}{3}\right),$$

$$P'' = S''\left(\frac{h + h' + h'''}{3}\right),$$

$$P''' = S'''\left(\frac{h' + h'' + h'''}{3}\right).$$

Le volume V du prisme quadrangulaire donné sera donc :

$$V = \frac{1}{2}\left[\left(S\frac{h + h' + h''}{3} + S'\frac{h + h'' + h'''}{3}\right.\right.$$
$$\left.\left. + S''\frac{h + h' + h'''}{3} + S'''\frac{h' + h'' + h'''}{3}\right)\right]$$

En faisant disparaître les quatre dénominateurs 3, cette équation revient à :

$$(1) \quad V = \frac{1}{6}[S(h + h' + h'') + S'(h + h'' + h''')$$
$$+ S''(h + h' + h''') + S'''(h' + h'' + h''')],$$

formule se rapportant au prisme A'B'C'D' ABCD (*fig.* 525) dont la base inférieure ABCD est plane. Si cette base était une surface courbe, comme la base supérieure, la formule serait toujours vraie, ainsi que nous allons le démontrer.

1051. Le quadrilatère ABCD (*fig.* 526) est la projection horizontale d'un prisme dont la projection verticale est EFGH A'B'C'D'. Le quadrilatère EFGH est la projection verticale de la base supérieure, laquelle base est une surface courbe engendrée par une génératrice se mouvant parallèlement à l'arête EH, en s'appuyant toujours sur les deux arêtes EF et HG.

Le volume du solide EFGH A'B'C'D' est donné par la formule (1).

Ajoutons à ce prisme un prisme pareil en faisant coïncider les bases planes qui se projetteront verticalement suivant A'D'.

Le prisme ajouté sera E'F'G'H'A'B'C'D'. Sa base sera une surface gauche dont la projection verticale est contenue dans le quadrilatère E'F'G'H'.

Le volume du second prisme s'obtiendra

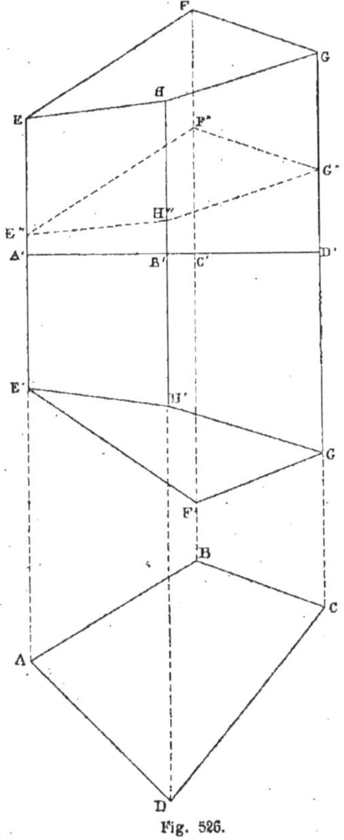

Fig. 526.

également par l'application de la formule (1).

Il est clair que la solidité du prisme total EFGHE'F'G'H', terminé par deux surfaces courbes, s'obtiendra par la même formule dans laquelle on fera entrer la longueur des arêtes EE', HH', FF' et GG', somme des arêtes des deux prismes en contact par leur base plane.

Si, du prisme représenté en projection verticale par EFGHA'B'C'D', on retranche un prisme pareil E"F"G"H"A'B'C'D', ayant même base plane, la solidité du prisme restant EFGHE"F"G"H", terminé par deux surfaces courbes, s'obtiendra au moyen de la même formule dans laquelle on fera entrer les arêtes EE", FF", GG" et HH", différence des arêtes des deux prismes ayant pour base commune le quadrilatère ABCD projeté verticalement suivant la droite A'B'C'D'.

1052. En résumé, la formule générale (1) constitue l'application de ce qu'on appelle la *méthode exacte*.

Cette méthode se simplifie sensiblement dans les cas particuliers dont nous allons entretenir le lecteur.

PREMIER CAS PARTICULIER.

1053. Si (*fig.* 525) BC était parallèle à AD, c'est-à-dire si le quadrilatère ABCD était un trapèze, les deux triangles ACD et DBA, représentés par S et par S", seraient équivalents comme ayant même base AD et même hauteur, leurs sommets étant situés sur une ligne parallèle à la base.

Alors, on aurait :

1° $S(h + h' + h'') + S'(h + h'' + h''')$
$= S(h + h' + h'' + h + h'' + h''')$
$= S(h' + h''' + 2h + 2h'')$,

2° $S''(h + h' + h''') + S'''(h' + h'' + h''')$
$= S''(h + h' + h''' + h' + h'' + h''')$
$= S''(h + h'' + 2h' + 2h''')$.

Conséquemment, si la base du prisme est trapézoïdale, la formule générale (1) deviendra :

$$(2) \quad V = \frac{1}{6}[S(h' + h''' + 2h + 2h'') + S''(h + h'' + 2h' + 2h''')].$$

SECOND CAS PARTICULIER.

1054. Le quadrilatère ABCD (*fig.* 525) devient parallélogramme. Alors, les quatre triangles S, S', S" et S''' sont tous équivalents et la formule (2) devient :

$$V = \frac{1}{6}[S(h' + h''' + 2h + 2h'' + h + h'' + 2h' + 2h''')],$$

ou bien :

$$V = \frac{1}{6}[S(3h + 3h' + 3h'' + 3h''')]$$

ou, enfin :

$$V = \frac{1}{2}\, S\,(h + h' + h'' + h''').$$

Le triangle que représente la lettre S valant la moitié de la surface du parallélogramme de base, en désignant cette moitié par B, nous aurons :

$$V = \frac{1}{2} \times \frac{B}{2}\,(h + h' + h'' + h''').$$

Cette relation revient à :

$$(3) \qquad V = B\,\frac{h + h' + h'' + h'''}{4}.$$

Cette formule, dont l'application se présente très souvent dans la pratique, démontre que le volume du solide considéré est égal *au produit de la surface de la base par la moyenne des quatre hauteurs.*

Si la base devenait triangulaire, les deux arêtes h et h', par exemple, se confondraient et on aurait :

$$(4) \qquad V = B\,\frac{h' + h'' + h'''}{3}.$$

TROISIÈME CAS PARTICULIER.

1055. La base est un quadrilatère quelconque ABCD (*fig.* 527), mais les arêtes h et h' sont nulles, c'est-à-dire que

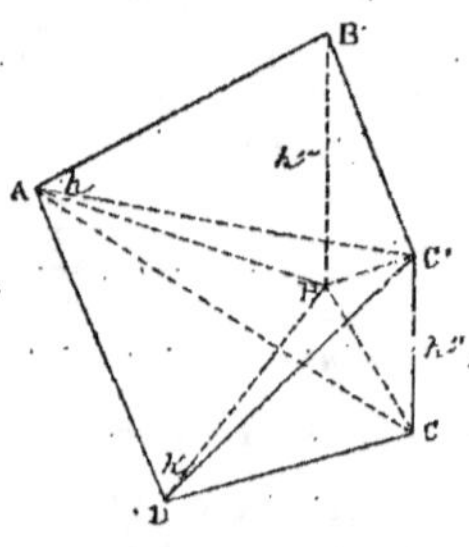

Fig. 527.

les sommets B′ et C′ sont joints aux sommets A et D de la base.

Il suffit d'appliquer la formule géné-

rale (1) et de ne rien mettre à la place des arêtes h et h'.

On aura donc, pour le volume de ce solide :

$$V = \frac{1}{6}\,[\,S h'' + S'\,(h'' + h''')$$
$$+\ S'' h''' + S'''\,(h'' + h''')].$$

On constate que h'' est multiplié par $S + S' + S'''$ et que h''' est multiplié par $S' + S'' + S'''$. Cette formule revient donc à :

$$(5) \qquad V = \frac{1}{6}\,[\,h''\,(S + S' + S''')$$
$$+\ h'''\,(S' + S'' + S''')].$$

QUATRIÈME CAS PARTICULIER.

1056. Si le quadrilatère ABCD (*fig.* 527) était un trapèze, il suffirait d'appliquer la formule générale (2) en ne mettant rien à la place des arêtes h et h' qui sont nulles et on arriverait, en simplifiant, à cette formule :

$$(6) \qquad V = \frac{1}{2}\,(h'' + h''')\,(S + 2S'').$$

CINQUIÈME CAS PARTICULIER.

1057. La base ABCD (*fig.* 527) est supposée être un parallélogramme, les arêtes h et h' étant toujours nulles. Dans ce cas $S = S''$ et on a la formule :

$$V = \frac{1}{2}\,S\,(h'' + h'''),$$

ou

$$V = B\,\frac{h'' + h'''}{4},$$

en représentant par B la surface du parallélogramme de base.

Si la base était triangulaire, le solide formerait un tétraèdre et son volume serait donné par la formule :

$$V = S\,\frac{h}{3} \quad \text{ou} \quad V = B\,\frac{h}{3},$$

qui n'est autre que celle appliquée à la solidité d'une pyramide quelconque.

§ II. — MÉTHODES EXPÉDITIVES

1058. La *méthode exacte*, ou plutôt, *dite exacte*, qui vient d'être décrite conduirait, si on l'appliquait, à des calculs très longs et très pénibles. Si nous l'avons donnée avec d'assez longs détails, c'est parce qu'elle figure dans les programmes des examens pour le grade de Conducteur des ponts et chaussées et d'Agent-voyer.

Du reste, son *exactitude* n'est pas absolue parce qu'elle est subordonnée à la transformation de surfaces irrégulières en surfaces géométriques. Le fût-elle, que son application ne donnerait, quand même, que des résultats plus ou moins approximatifs. En effet, sur le terrain, le niveleur ne relève les profils en travers que sur des points très accentués et il détermine, à l'œil, en établissant une espèce de moyenne fictive, la position de ces profils de manière à établir une surface qui s'approche aussi près que possible de celle du terrain. Même en relevant les cotes de nivellement, si le relief du sol est légèrement courbé, il est obligé d'apprécier les points où la mire doit être placée pour transformer la ligne courbe de section verticale en ligne droite, de façon à équilibrer le mieux possible les déblais et les remblais.

Dans de semblables conditions, les méthodes expéditives dont nous allons parler sont tellement suffisantes qu'on n'en emploie jamais d'autres, même pour les travaux les plus importants.

Les méthodes expéditives en usage sont :

1° *La méthode de la moyenne des aires;*
2° *La méthode de la section moyenne.*

1. — Méthode de la moyenne des aires.

1059. Pour calculer le volume des terres à déblayer ou à remblayer entre deux profils en travers consécutifs, il faut supposer des plans verticaux passant par chacun des angles que forment les lignes du terrain ou celles du projet et déterminant un certain nombre de polyèdres partiels dont les surfaces de bases sont des rectangles ou des triangles. Les faces extrêmes sont projetées sur les côtés des rectangles ou des trapèzes, selon le cas.

Pour bien fixer les idées, considérons les profils en travers III et IV (*fig.* 521), tous deux en déblai, et faisons passer des plans verticaux parallèles à l'axe NS par les points g_9, g_6, C'_2, g_8, g_{11} du profil III et par le point s'' du profil IV. Il est facile de se rendre compte des solides déterminés par ces plans en négligeant les fossés qui forment des prismes dont le volume est facile à calculer.

1060. Raisonnons sur le solide situé

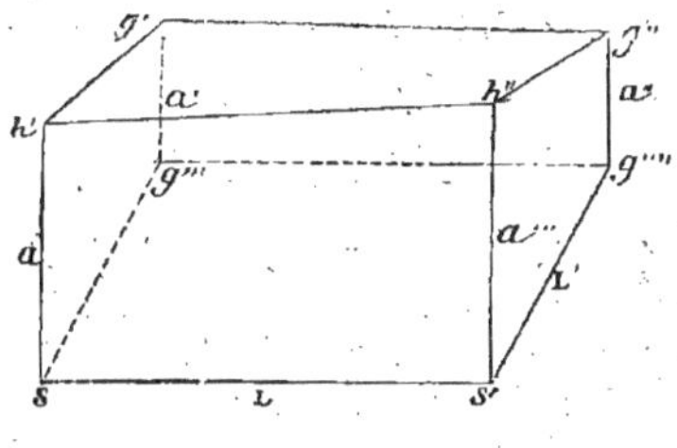

Fig. 528.

à gauche de l'axe et dont la base est le rectangle $sg'''g^{v_2}s'$. Représentons ce polyèdre en perspective cavalière par la figure 528, en désignant les quatre arêtes par a, a', a'' et a''', et les deux dimensions du rectangle de base par L et L'.

Le volume de ce solide, calculé par la *méthode de la moyenne des aires*, est égal *au produit de la moyenne des surfaces latérales* $sg'''g'h'$ *et* $s'g^{v_2}g''h''$ *par* L, *longueur de l'entre-profil*, c'est-à-dire à :

$$(1) \qquad V = L \times \frac{S + S'}{2}.$$

en désignant les deux surfaces latérales par S et S'.

Nous allons démontrer que ce résultat est le même que celui donné par la formule (3) du n° 1054, c'est-à-dire qu'il revient à :

$$(2) \qquad V = B \frac{a + a' + a'' + a'''}{4}.$$

En effet, les deux surfaces latérales trapézoïdales représentées par S et par S' donnent :

$$S = L' \frac{a + a'}{2} \text{ et } S' = L' \frac{a'' + a'''}{2}.$$

En remplaçant S et S' par leurs valeurs dans l'équation (1), on aura :

$$V = L \times \frac{L' \dfrac{a + a'}{2} + L' \dfrac{a'' + a''}{2}}{2}.$$

En multipliant par 2 le numérateur et le dénominateur de la fraction du second membre, il viendra :

$$V = L \times \frac{L'\,(a + a') + L'\,(a'' + a''')}{4},$$

ou $\quad V = L \times L' \dfrac{a + a' + a'' + a'''}{4}.$

Comme $L \times L' = B$, il viendra :

$$V = B \frac{a + a' + a'' + a'''}{4}.$$

1061. Examinons le cas où l'un des profils dcf (*fig.* 529) est plus grand que l'autre profil abe, la droite bc étant l'axe. Le plan vertical parallèle à bc passant par le point a décompose le grand solide $abedcf$ en deux autres qui sont $abehcfg$ et $adhg$.

Le volume du premier est, d'après la méthode de la moyenne des aires :

$$V = bc \frac{abe + hcfg}{2}.$$

Le second est une pyramide $adhg$ dont le volume est, en désignant le triangle de base par B et la hauteur par H :

$$V = H \times \frac{B}{3}.$$

En appliquant la méthode de la moyenne

des aires, c'est-à-dire en supposant l'une des bases égale à zéro, on aurait :

$$V = ah \times \frac{dgh}{2} \text{ ou } V = H \times \frac{B}{2}.$$

Le résultat serait trop grand, puisque la surface est divisée par 2 au lieu de

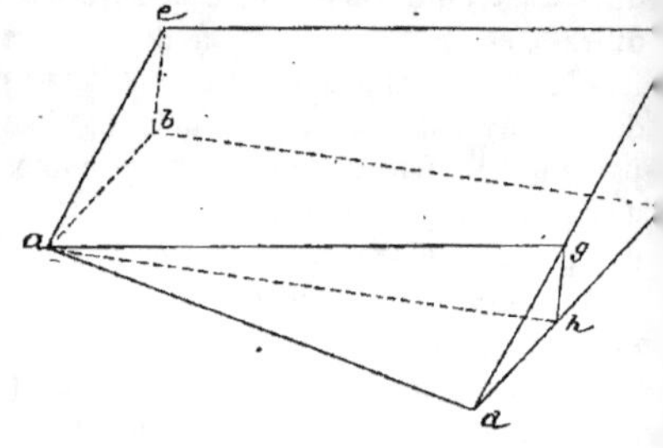

Fig. 529.

l'être par 3. La différence est égale à :

$$H \times \frac{B}{6},$$

qu'il faudrait retrancher de la valeur de la formule précédente.

Supposons, en effet, une pyramide ayant 30 mètres pour la surface de sa base et 12 mètres de hauteur. Son volume serait, par la méthode exacte :

$$V = 12,00 \times \frac{30,00}{3} = 120^{m3},$$

et par la méthode de la moyenne des aires :

$$V = 12,00 \times \frac{30,00}{2} = 180^{m3}$$

Différence : $180 - 120 = 60^{m3}.$

Or, la formule $H \times \dfrac{B}{6}$, qui exprime cette différence, donne bien :

$$12,00 \times \frac{30,00}{6} = 60^{m3}.$$

Pour calculer exactement le volume du solide entier (*fig.* 529), on pourrait donc multiplier la demi-somme de la surface des triangles abe et dcf par bc, puis retrancher du résultat une quantité égale au sixième du produit de la base du triangle par la hauteur. Mais, dans les terrassements, on évite de faire cette soustraction qui n'offre pas, sur l'ensemble, une différence méritant d'être appréciée.

1062. En résumé, lorsque deux profils en travers consécutifs sont, l'un et l'autre, entièrement en déblai, ou entièrement en remblai, le volume des terres à rapporter ou à enlever est égal, par la méthode de la moyenne des aires, au *produit de la demi-somme des surfaces des deux profils par la longueur de l'entre-profil.*

En désignant les deux surfaces par S et S', les déblais par D, les remblais par R et la longueur de l'entre-profil par L, on aurait :

$$D = L\,\frac{S + S'}{2} \text{ et } R = L\,\frac{S + S'}{2}.$$

1063. Nous avons vu que lorsque deux profils en travers sont, l'un en déblai et l'autre en remblai, il existe entre les deux une ligne brisée de passage de déblais aux remblais. Cette ligne, comme $n_6 n_5 n''' n'' n' n_4 a_9$ comprise entre les profils II et III (*fig.* 521) peut être considérée comme *théorique* et elle l'est effectivement, car on peut calculer, mathématiquement, la position des sommets des angles qu'elle forme et la longueur des parties droites; mais, dans la pratique, on détermine une droite perpendiculaire à l'axe de la voie et partageant la surface de l'entre-profil en deux parties équivalentes aux deux parties formées par la ligne brisée de passage, dite *théorique.*

La ligne $Y'Y''$ (*fig.* 521) est dans ce cas et elle peut être rationnellement appelée *ligne pratique de passage des déblais aux remblais.*

Pour trouver la position du point Y sur l'axe, il faut, par analogie au problème 197 (1019), partager la droite $B'_2 C'_2$, c'est-à-dire la longueur de l'entre-profil, en parties proportionnelles aux surfaces des profils II et III.

Ainsi, en désignant par S la surface du profil II, par S' la surface du profil III, par L la longueur totale de l'entre-profil, par X la partie $B'_2 Y$ de l'entre-profil, par X' l'autre partie YC'_2, on aura :

$$X = \frac{S}{S + S'} \times L,$$

et

$$X' = \frac{S'}{S + S'} \times L.$$

Entre les profils II et III (*fig.* 521), il y a donc une partie en remblai et une partie en déblai. La partie en déblai va du profil III à la droite $Y'Y''$ et la partie en remblai vu du profil II à la même droite.

Par la méthode de la moyenne des aires, le volume du remblai est égal au produit de la moitié de la surface du profil II par $B'_2 Y$ et la surface du déblai est égale au produit de la moitié de la surface du profil III par $C'_2 Y$.

En désignant le volume du remblai par R, le volume du déblai par D, la surface du profil II par S, la surface du profil III par S', la longueur de $B'_2 Y$ par x, la longueur de $C'_2 Y$ par x', on aura :

$$D = \frac{S}{2} \times x,$$

et

$$R = \frac{S'}{2} \times x'.$$

Résumé des formules précédentes.

1064. Si les deux profils sont entièrement en déblai, ou entièrement en remblai, en désignant les déblais par D, les remblais par R, les surfaces des profils par S et S', la longueur de l'entre-profil par L, on aura, pour les volumes :

$$D \text{ ou } R = L \times \frac{S + S'}{2}.$$

1065. Si l'un des deux profils consécutifs est en déblai, tandis que l'autre est en remblai, nous allons déterminer une formule générale.

Dans la figure 530, nb représente la surface de déblai, que nous désignons par S; am représente la surface de remblai que nous désignons par S'. La lettre L est la longueur de ab et le point d est la projection de la ligne pratique de passage.

D'après le problème 197 (1019), on a :

$$(1) \qquad ad = \frac{S}{S + S'} \times L$$

et

$$(2) \qquad db = \frac{S'}{S + S'} \times L.$$

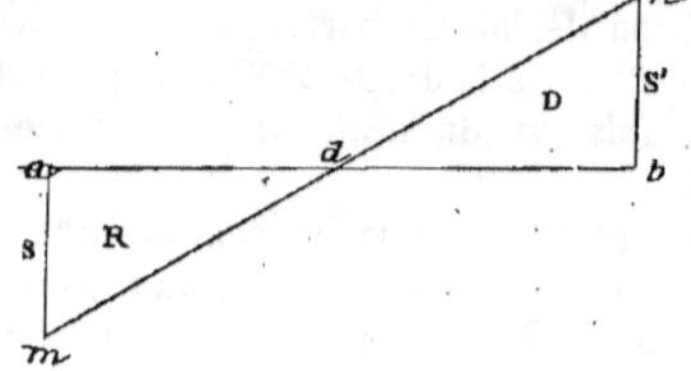

Fig. 530.

Or, pour le volume du remblai R, on a :

$$R = \frac{S}{2} \times ad.$$

En remplaçant ad par sa valeur dans l'équation (1), il vient :

$$R = \frac{S}{2} \times \frac{S}{S + S'} \times L,$$

ou

$$(3) \qquad R = \frac{S^2}{S + S'} \times \frac{L}{2}.$$

Pour le volume du déblai D, on a :

$$D = \frac{S'}{2} \times db.$$

En remplaçant db par sa valeur dans l'équation (2), il vient :

$$D = \frac{S'}{2} \times \frac{S'}{S + S'} \times L,$$

ou

$$(4) \qquad D = \frac{S'^2}{S + S'} \times \frac{L}{2}.$$

Les formules (3) et (4) représentent les volumes des déblais et des remblais entre deux profils consécutifs, l'un entièrement en déblai et l'autre entièrement en remblai.

1066. La méthode de la moyenne des aires peut se résumer dans les cinq cas qui vont être successivement décrits. Nous continuerons à désigner les surfaces de déblais par D et D', les surfaces de remblais par R et R' et la longueur de l'entre-profil par L.

1er CAS. *Les deux profils consécutifs sont tous deux en déblai ou tous deux en remblai (fig. 531).*

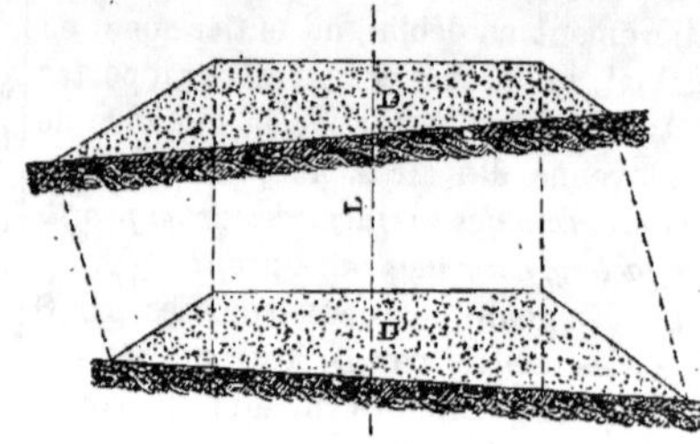

Fig. 531.

1067. On multiplie la demi-somme des surfaces par la longueur L de l'entre-profil et on a :

Pour deux profils en déblai,

$$V = \frac{D + D'}{2} \times L,$$

Pour deux profils en remblai,

$$V = \frac{R + R'}{2} \times L.$$

2e CAS. *L'un des profils est en déblai et l'autre en remblai (fig. 532).*

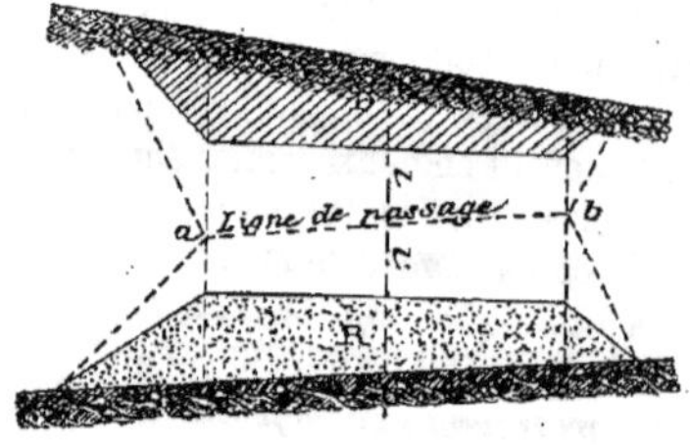

Fig. 532.

1068. On divise la longueur de l'entre-profil en parties proportionnelles aux surfaces des deux profils, ce qui détermine une ligne de passage ab, ou un profil fictif dont la surface S est nulle, mais qui sert à moyenner séparément chaque profil, comme dans le premier cas. Les deux parties de la longueur de l'entre-profil sont désignées par l et l'.

Le volume du déblai sera :

$$V = \frac{D + S}{2} \times l, \text{ ou } \frac{D}{2} \times l.$$

Le volume du remblai sera :

$$V' = \frac{R + S}{2} \times l', \text{ ou } \frac{R}{2} \times l'.$$

3e CAS. *L'un des profils est à la fois en déblai et en remblai, et l'autre tout en déblai ou tout en remblai (fig. 533.)*

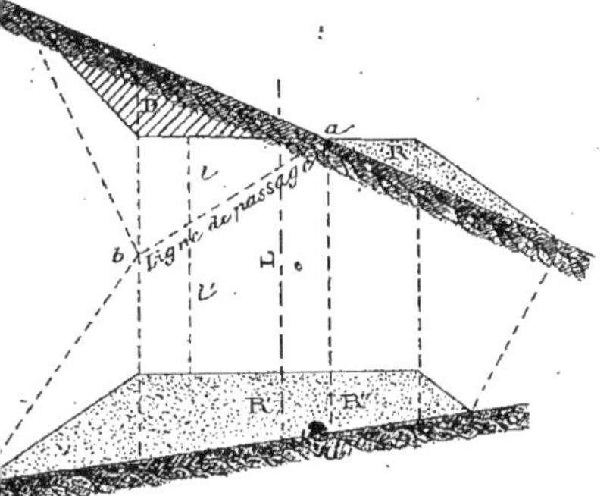

Fig. 533.

1069. On mènera, par le point de passage *a* du profil contenant des déblais et des remblais, une parallèle *ad* à l'axe du projet, laquelle partagera le profil en remblai en deux parties, R' et R″, dont chacune se moyennera avec celle qui lui correspond du profil contenant des déblais et des remblais. Les deux parties en remblai se calculeront comme au premier cas, c'est-à-dire qu'on aura :

$$V = \frac{R + R''}{2} \times L.$$

Pour l'autre partie contenant des déblais et des remblais, on appliquera la formule du second cas, c'est-à-dire qu'on aura :

Pour les déblais

$$V = \frac{D}{2} \times l.$$

Pour les remblais :

$$V' = \frac{R'}{2} \times l'.$$

4e CAS. *Les deux profils sont à la fois en déblai et en remblai. Le déblai de l'un correspond au remblai de l'autre (fig. 534).*

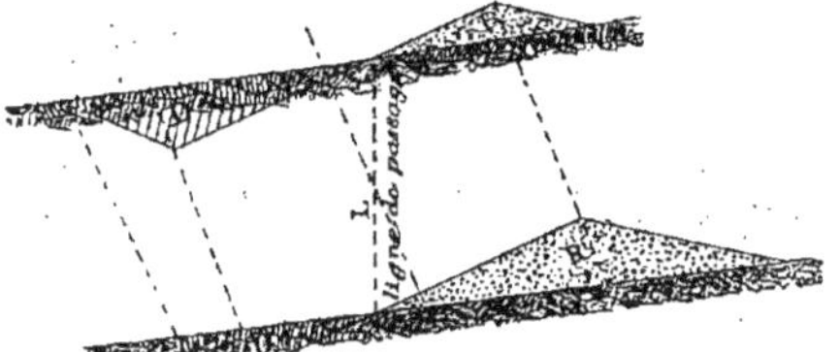

Fig. 534.

1070. On multipliera, comme dans le premier cas, la demi-somme des surfaces qui se correspondent par la longueur L de l'entre-profil, c'est-à-dire qu'on aura :

Pour les déblais :

$$V = \frac{D + D'}{2} \times L.$$

Pour les remblais :

$$V' = \frac{R + R'}{2} \times L.$$

5e CAS. *Les deux profils sont à la fois en déblai et en remblai. Le déblai de l'un ne correspond pas au remblai de l'autre (fig. 535).*

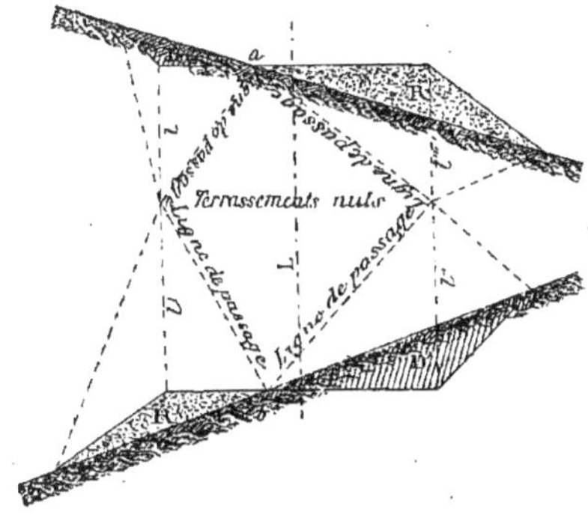

Fig. 535.

1071. On calculera les volumes D et R du premier profil, puis les volumes D' et R' du second, comme au deuxième cas, en divisant la longueur L de l'entre-profil en deux parties proportionnelles,

Métré des terrassements du projet (*fig.* 521), par la méthode de la moyenne des aires.

DÉSIGNATION DES ENTRE-PROFILS	N°s des PROFILS	DÉSIGNATION des FIGURES	DIMENSIONS LONGUEUR	DIMENSIONS HAUTEUR	SURFACES DE DÉBLAIS par figure	SURFACES DE DÉBLAIS par profil	SURFACES DE REMBLAIS par figure	SURFACES DE REMBLAIS par profil	SURFACES TOTALES	MOYENNE DES SURFACES	LONGUEURS entre deux profils consécutifs	LONGUEURS applicable à chaque profil	CUBES DE DÉBLAIS	CUBES DE REMBLAIS
1	2	3	4	5	6	7	8	9	10	11	12	13	14	15
De I à II	I....	Triangle	0 160	0.153/2	0.12									
		id.	6 50	0.153/2	0.50	1.12			1.12	0.56	09.40	14 93	8.37	
		Fossé	(1.50 + 0.50)/2	0.50	0.50									
	II....	Triangle	0.52	0.600/2			0.16							
		Trapèze	(0.600 + 1.008)/2	2 60			2.09	4 08	4.08	2.04	69.40	54.45	»	111.08
		id.	(1.008 + 0.513)/2	2.40			1.83							
De II à III	I....	Triangle	5.00	0 405/2			1.01							
		Id.	0.608	0.405/2			0.12	1.13						
	II....	Trapèze	(0.513 + 1.408)/2	5.00			4.80	6.53	7.96	3.98	69.40	89.40	»	276.21
		Triangle	2 89	1.408/2			2.03							
	II...	Triangle	0.52	0.600/2	»	»	0.16							
		Trapèze	(0 600 + 1 008)/2	2.00	»	»	2.09							
		id.	(1 008 + 0.513)/2	2.40	»	»	1.83	10.91	10.91	5.455	68.20	28.55	»	155.74
		id.	(0.513 + 1 408)/2	5.00	»	»	4.80							
		Triangle	2.89	1.408	»	»	2.03							
	III....	Triangle	0.40	0.419/2	0 12									
		Trapèze	(0.419 + 1.264)/2	6.50	5.47									
		Fossé	(1.50 + 0.50)/2	0.50	0 50									
		Trapèze	(1.264 + 0.614)/2	6.50	6.10	12.83	»	»	12.83	6.42	62.20	33.65	216.03	»
		Triangle	0.65	0.614/2	0.18									
		Fossé	(1 50 + 0.50)/2	0.50	0.30									
De III à IV	III...	»	»	»	12.83	12.83								
	IV...	Triangle	1.45	1.404/2	1.02									
		Trapèze	(1.404 + 1.183)/2	6.50	8.41				27.10	13.55	80.00	80.00	1.084.00	
		Fossé	(1.50 + 0.50)/2	0.50	0 50	14.27								
		Triangle	6.50	1.183/2	3 84									
		Fossé	(1.50 + 0.50)/2	0.50	0.50									
De IV à V	IV...	Triangle	1.45	1.404/2	1.02									
		Trapèze	(1.404 + 1.353)/2	1.50	2 07	3 59								
		Fossé	(1.50 + 0.50)/2	0.50	0.50									
	V ...	Fossé	(1.0 + 0 50)/2	0 50	0 50	0.50			4.09	2.04	83.30	83 30	169.94	
		Trapèze	(1 353 + 1 183)/2	5.00	6.34									
	IV...	Triangle	6.50	1.183/2	3.34	10.18	»	»	10.18	5.00	83.30	39.60	201.56	
		Fossé	(1.50 + 0 50)/2	0.50	0.50									
	V....	Triangle	5.00	0.571/2	»	»	1 43							
		Trapèze	(0.571 + 1.796)/2	5.00	»	»	5.92	11.23	11.23	5 62	83.38	43.70	»	245.59
		Triangle	4.32	1.796/2	»	»	3.88							
	V....	Fossé	(1.50 + 0.50)/2	0.50	0.50	0.50	»	»						
De V à VI	VI..	Triangle	0.34	0 338/2	0.06									
		Trapèze	(0.338 + 0.260)/2	1.50	0.45	1.01	»	»	1 51	0.76	70.60	76.60	53.66	
		Fossé	(1.50 + 0 50)/2	0 50	0.50									
	V....	Triangle	5.00	0.571/2	»	»	1.43	1.43	1.43	0.72	70.60	22 07	»	15 89
	VI..	Triangle	5.00	0.260/2	0.65	0.65	»	»	0.65	0.33	70.60	48.52	16.01	
	V....	Trapèze	(0.571 + 1.796)/2	5.00	5.92	9 79								
		Triangle	4.32	1.796/2	3.87				12.07	6.04	70.60	70.60	»	426.42
	VI.	Triangle	5.00	0.700/2	1.75	2.28								
		Triangle	1.52	0.700/2	0.53									
		Totaux			69.55	69.55	35.61	35.61	105.16				1.749.57	1.230.93

d'abord aux surfaces D et R', puis aux surfaces R et D'.

Les parties en déblai seront donc :

$$V = \frac{D}{2} \times l,$$

$$V' = \frac{D'}{2} \times l''.$$

Les parties en remblais seront :

$$V = \frac{R}{2} \times l'',$$

$$V = \frac{R'}{2} \times l'.$$

1072. Le résultat des calculs des terrassements d'un projet se consigne sur un tableau général dont la forme est arrêtée pour chaque administration, mais cette forme n'est pas la même partout, bien qu'il n'y ait que de légères différences.

Nous donnons (*pages 350 et 351*) le métré des terrassements concernant le projet (*fig.* 521) établi d'après la méthode de la moyenne des aires.

Le tableau donne les résultats suivants :

Surfaces de déblais : 69,55.

Surfaces de remblais : 35,61.

Cube de déblais : 1749,57.

Cube de remblais : 1230,93.

On n'oubliera pas que le projet se rapporte à un raccordement de route et que les travaux commencent au profil I pour finir exactement au profil VI. C'est d'après cette donnée que les calculs ont été effectués.

Méthode de la section moyenne.

1073. M. Noel, ingénieur en chef des ponts et chaussées, dans le but d'obvier au manque d'exactitude résultant de l'emploi de la première méthode, a imaginé celle dite *de la section moyenne* dont nous allons nous occuper.

1074. Pour appliquer la méthode de la section moyenne, *on calcule la surface d'un profil situé à égale distance de deux profils consécutifs, puis on multiplie cette* surface par la longueur de l'entre-profil.

La méthode de la section moyenne offre des résultats aussi exacts que ceux donnés par la *méthode de la moyenne des aires*, lorsque deux profils consécutifs sont entièrement en déblai ou entièrement en remblai.

Considérons, en effet, le solide

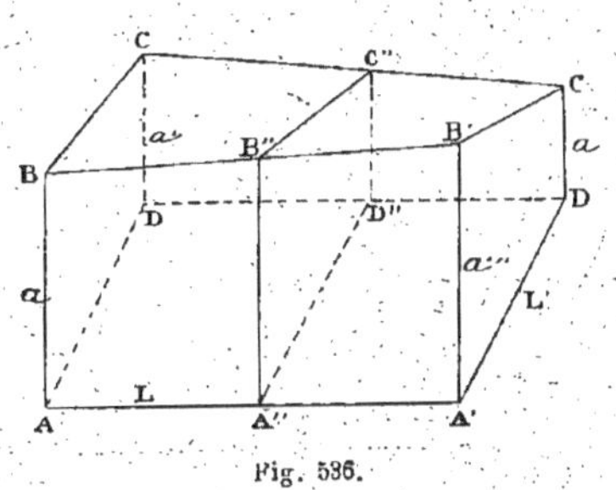

Fig. 536.

ABCDA'B'C'D' (*fig.* 536) ayant une base rectangulaire ADD'A' et deux faces latérales trapézoïdales ADCB, A'D'C'B' représentant deux portions de profils en travers entièrement en déblai ou entièrement en remblai.

Le volume de ce solide sera égal au produit de la section moyenne A''D''C''B'' par L, longueur de l'entre-profil.

Conséquemment, on aura :

$$V = L \times L' \times \frac{\frac{a + a'''}{2} + \frac{a' + a''}{2}}{2}$$

Le trapèze moyen A''D''C''B'' a pour longueur L' et pour hauteurs moyennes :

$$\frac{a + a'''}{2} \text{ et } \frac{a' + a''}{2}.$$

Comme $L \times L' = B$ (base du solide), la formule précédente revient exactement à celle obtenue (1060), non seulement pour la méthode de la moyenne des aires, mais encore pour la méthode exacte, c'est-à-dire à

$$V = B \times \frac{a + a' + a'' + a'''}{4}.$$

Pour la plupart des autres cas, il n'en est pas de même, car il existe entre les deux méthodes une différence assez sensible et cette différence est en faveur de la méthode de la section moyenne qui est généralement préférée à la première.

1075. L'énoncé de la méthode de la section moyenne pourrait faire croire que, pour l'appliquer, il est nécessaire de lever, sur le terrain, un profil moyen à égale distance de deux profils consécutifs, mais tel n'est pas l'esprit de la méthode.

D'abord, l'opérateur lève des profils sur tous les points où se trouvent des inflexions marquées du sol, de sorte qu'il n'y a aucune raison pour reproduire un relief intermédiaire qui ne servirait absolument à rien.

1076. Voici donc comment on doit comprendre et appliquer la méthode de la section moyenne.

La droite AB (*fig.* 537) est la trace horizontale d'une portion de profil en long

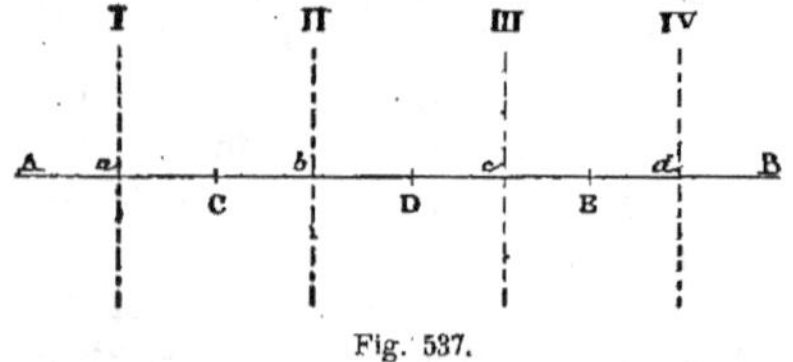

Fig. 537.

et les lignes I,II,III,IV, perpendiculaires à AB, sont les traces horizontales de quatre profils en travers.

Parmi les quatre profils en travers I,II,III,IV, qui ont été levés sur le terrain, puis rapportés sur le papier, considérons, pour bien fixer les idées, seulement les profils II et III. Ces deux profils sont supposés être des moyennes de profils existant aux points C,D,E, milieux de ab, de bc et de cd.

Conséquemment, pour obtenir le volume du solide correspondant au profil II, dont la surface est représentée par S, il faudra multiplier S par CD, c'est-à-dire par $\dfrac{ab + bc}{2}$ et on aura :

$$V = S \times \frac{ab + bc}{2}.$$

Pour le volume V′ correspondant au profil III, on aurait, en représentant la surface du profil par S′ :

$$V' = S' \times \frac{bc + cd}{2}.$$

Si le profil I était levé à l'origine même des travaux, ce qui a lieu pour le projet (*fig.* 521), on aurait pour le volume correspondant V″, en représentant la surface du profil par S″ :

$$V'' = S'' \times \frac{ab}{2}.$$

Si les travaux se poursuivaient, par exemple, jusqu'en A pour raccorder le terrain naturel, c'est-à-dire si en A existait un profil nul, le volume V″ correspondant au profit I serait, en représentant la surface du profil par S″ :

$$V'' = S'' \times \frac{aA + ab}{2}.$$

1077. On peut donc dire que, pour appliquer la méthode de la section moyenne, *il faut multiplier la surface de chaque profil par la demi-somme des distances des deux profils les plus voisins.*

1078. Si deux profils consécutifs sont l'un entièrement en déblai et l'autre entièrement en remblai, on suppose un profil nul au point de passage, et on considère la distance de ce point au profil sur lequel on opère pour établir la longueur moyenne par laquelle on doit multiplier la surface du profil pour avoir le volume du solide correspondant.

On opérerait de la même manière si une portion de la surface d'un profil était en déblai, tandis que l'autre portion serait en remblai.

Cette exception n'est pas opposée à la règle précédente qu'elle confirme au contraire.

1079. Les calculs des terrassements nécessaires pour l'exécution du projet qui fait l'objet de la figure 521 ont été faits par la *méthode de la section moyenne* et consignés dans le tableau ci-contre.

Métré des terrassements du projet (*fig.* 521), par la méthode de la section moyenne.

Nᵒˢ des profils	Désignation des figures	Dimensions — Largeur	Dimensions — Hauteur	Surfaces de déblais par figure	Surfaces de déblais par profil	Surfaces de remblais par figure	Surfaces de remblais par profil	Longueur entre deux profils voisins	Longueur applicable à chaque profil	Cubes de déblais	Cubes de remblais
I.	Triangle....	0.16	0.153	0.12							
	id. ...	6.50	0.153	0.50	1.12	»	»	14.95	7.475	8.37	
	Fossé.......	$\frac{1.50+0.50}{2}$	0.50	0.50							
II.	Triangle....	5.00	0.405	»	»	1.01	1.13	69.40	34.70		39.21
	id.	0.608	0.405	»	»	0.12					
	Triangle....	0.52	0.600	»	»	0.16	2.25	116.65	58.32		131.22
	Trapèze.....	$\frac{0.600+1.008}{2}$	2.60	»	»	2.09					
	Trapèze.....	$\frac{0.513+1.408}{2}$	5.00	»		4.80	6.83	131.60	65.80		449.41
	Triangle....	2.89	1.408	»		2.03					
III.	Triangle....	0.40	0.419	0.08							
	Trapèze.....	$\frac{0.419+1.264}{2}$	6.50	5.47							
	Fossé.......	$\frac{1.50+0.50}{2}$	0.50	0.50	12.83	»	»	113.65	56.82	729.00	
	Trapèze.....	$\frac{1.264+0.614}{2}$	6.50	6.10							
	Triangle....	0.60	0.614	0.18							
	Fossé.......	$\frac{1.50+0.50}{2}$	0.50	0.50							
IV.	Triangle....	1.45	1.404	1.02							
	Trapèze.....	$\frac{1.404+1.353}{2}$	1.50	2.07	3.59	»	»	163.30	81.65	293.12	
	Fossé.......	$\frac{1.50+0.50}{2}$	0.50	0.50							
	Trapèze.....	$\frac{1.353+1.183}{2}$	5.00	6.34							
	Triangle....	6.50	1.183	3.34	10.18	»	»	119.60	59.80	608.76	
	Fossé.......	$\frac{1.50+0.50}{2}$	0.50	0.50							
V.	Fossé.......	$\frac{1.50+0.50}{2}$	0.50	0.50	0.50	»	»	153.90	76.95	38.47	
	Triangle....	5.00	0.571	»	»	1.43	1.43	65.77	32.88	»	47.02
	Trapèze.....	$\frac{0.571+1.796}{2}$	5.00	»	»	5.92	9.79	114.30	57.15	»	559.50
	Triangle....	4.32	1.796	»	»	3.87					
VI.	Triangle....	0.34	0.338	0.06							
	Trapèze.....	$\frac{0.338 \times 0.260}{2}$	1.50	0.45	1.01	»	»	70.60	35.30	85.65	
	Fossé.......	$\frac{1.50 \times 0.50}{2}$	0.50	0.50							
	Triangle....	5.00	0.260	0.65	0.65	»	»	48.53	24.26	15.77	
	Triangle....	5.00	0.700	»	»	1.75	2.28	70.60	30.35	»	69.20
	Triangle....	1.52	0.700	»	»	0.53					
				29.88	29.88	23.71	23.71	»	»	1729.14	1295.56

Comparaison des deux méthodes expéditives.

1080. Ainsi qu'on le voit à l'inspection des deux tableaux (pages 350 et 354), les deux méthodes expéditives donnent, à quelques mètres cubes près, les mêmes résultats; mais la méthode de la section moyenne est généralement employée, dans l'administration des Ponts et Chaussées comme dans les Compagnies de chemins de fer, parce qu'elle présente les calculs de détail d'une façon plus simple et plus claire.

C'est celle que nous recommandons spécialement.

CHAPITRE III

CALCULS SIMPLIFIÉS DES AIRES DES PROFILS
(DÉBLAIS ET REMBLAIS)

Généralités.

1081. Nous venons de voir que les surfaces des profils en travers se calculent par les procédés géométriques ordinaires, c'est-à-dire par leur décomposition en triangles et en trapèzes au moyen de perpendiculaires élevées à la trace horizontale des profils et aboutissant à tous les angles du terrain ou du projet.

On peut aussi obtenir ces surfaces en décomposant les profils en triangles et en trapèzes de même hauteur par des parallèles équidistantes et perpendiculaires aux traces des profils.

Cette méthode repose sur le principe suivant:

ACDEFGHB (*fig.* 538) est un polygone très irrégulier se trouvant dans des conditions telles qu'en élevant sur AB les perpendiculaires IC, KD, LE, MF, NG, et OH aboutissant au sommet des angles C, D, E, F, G et H, ces perpendiculaires

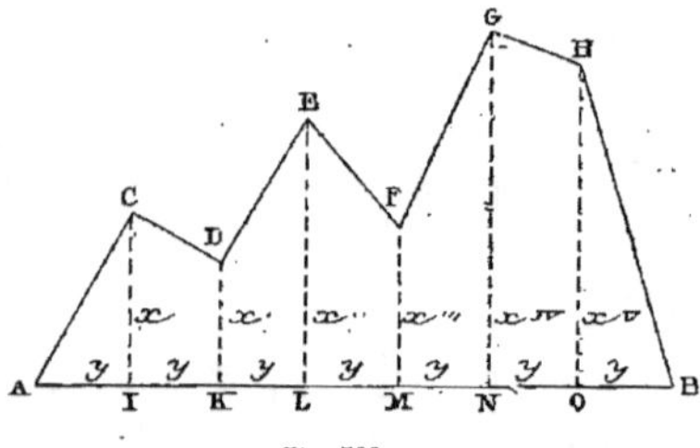

Fig. 538.

sont équidistantes, c'est-à-dire que AI = IK = KL = LM = MN = NO = OB.

En appelant y l'une de ces quantités égales et x, x', x'', x''', x^{IV} et x^V les diverses perpendiculaires à AB, on aura pour la surface du polygone représentée par S:

$$S = \left(\frac{x}{2} \times y \right) + \left(\frac{x + x'}{2} \times y \right) + \left(\frac{x' + x''}{2} \times y \right) + \left(\frac{x'' + x'''}{2} \times y \right)$$
$$+ \left(\frac{x''' + x^{IV}}{2} \times y \right) + \left(\frac{x^{IV} + x^V}{2} \times y \right) + \left(\frac{x^V}{2} \times y \right),$$

ou, en mettant y en facteur commun :

$$S = y \left(\frac{x}{2} + \frac{x + x'}{2} + \frac{x' + x''}{2} + \frac{x'' + x'''}{2} + \frac{x''' + x^{IV}}{2} + \frac{x^{IV} - x^V}{2} + \frac{x^V}{2} \right).$$

Cette relation revient à :

$$S = y \left(\frac{x + x + x' + x' + x'' + x'' + x''' + x''' + x^{\mathrm{iv}} + x^{\mathrm{iv}} + x^{\mathrm{v}} + x^{\mathrm{v}}}{2} \right),$$

ou à :

$$S = y \left(\frac{2x + 2x' + 2x'' + 2x''' + 2x^{\mathrm{iv}} + 2x^{\mathrm{v}}}{2} \right),$$

ou bien à :

$$S = y \left(x + x' + x'' + x''' + x^{\mathrm{iv}} + x^{\mathrm{v}} \right).$$

On voit que la surface du polygone (*fig.* 538) ainsi décomposé est égale à la somme des longueurs de toutes les perpendiculaires, multipliée par la distance uniforme y.

1082. Nous venons de raisonner sur un cas tout à fait particulier, parce qu'il suppose que toutes les perpendiculaires aboutissant aux sommets des angles de la figure sont équidistantes, ce qui arrive rarement pour ne pas dire jamais dans la pratique. Néanmoins, la règle est applicable, avec une précision suffisante, à toutes les surfaces, même à celles limitées par des lignes courbes.

Supposons, en effet, qu'il s'agisse de mesurer la surface du polygone ABCDEFGHI (*fig.* 539) par la *méthode des parallèles équidistantes.*

pour qu'il n'y ait pas d'erreur sensible dans le résultat final. La somme des longueurs de toutes les perpendiculaires, multipliée par la distance uniforme de deux parallèles consécutives, donnera la surface du polygone.

Si la surface était limitée par une ligne courbe continue, la *méthode des parallèles équidistantes* donnerait des résultats aussi précis, car les parallèles étant très rapprochées les unes des autres, la portion du périmètre comprise entre deux parallèles consécutives pourrait, sans erreur sensible, être considérée comme une ligne droite.

1083. D'après l'exposé précédent, rien n'est plus facile que de calculer la surface en remblai AFKCB et la surface KDEIHG

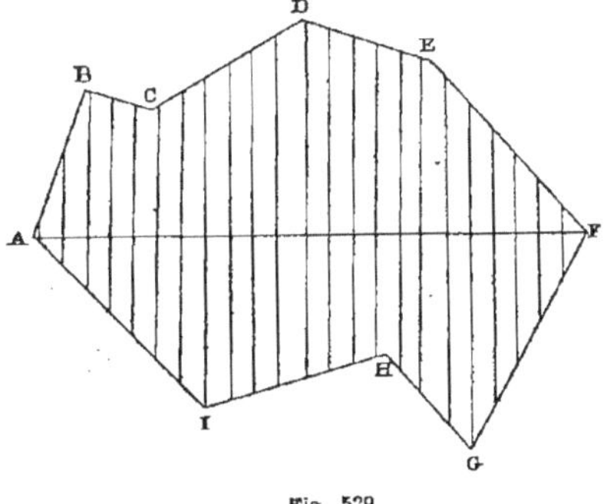

Fig. 539.

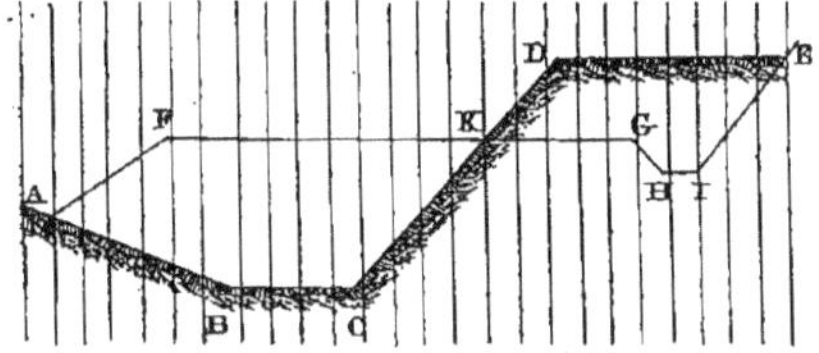

Fig. 540.

en déblai du profil en travers (*fig.* 540) au moyen de la *méthode des parallèles équidistantes.* Pour cela on mène à FG, en dessus et en dessous, des perpendiculaires équidistantes en quantité suffisante pour qu'elles garnissent toute l'étendue du profil. Alors, pour avoir la surface de remblai, il faudra multiplier, par la distance de deux parallèles consécutives, la somme des longueurs des parallèles comprises dans le polygone AFKCB, et, pour avoir la surface

On mènera la diagonale AF, puis on élèvera sur cette droite, en dessus et en dessous, des parallèles très rapprochées les unes des autres et à des distances égales. Si une parallèle ne passe pas par chaque sommet, elle s'en rapprochera assez

de déblai, il faudra multiplier la même distance par la somme des longueurs des perpendiculaires comprises dans le polygone KDEIHG.

1084. Le point délicat de cette méthode, c'est la mesure des parallèles. S'il fallait effectuer cette mesure à l'échelle, la décomposition en triangles et en trapèzes serait certainement préférable; mais on peut employer, pour cette opération, soit le campylomètre décrit pages 121 à 123, soit la *roulette* spéciale imaginée par M. Dupuit, inspecteur général des ponts et chaussées.

Ce petit appareil se compose d'un disque

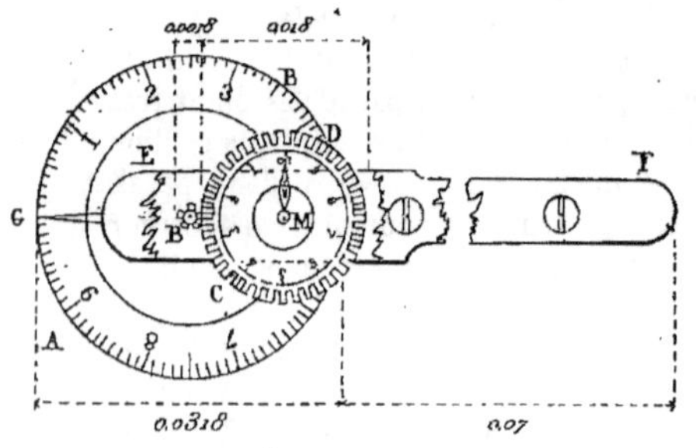

Fig. 541.

circulaire AB (*fig.* 541) dont la circonférence a une longueur exacte de 0^m,10 divisée en 100 parties égales (un millimètre chacune). Ce disque, monté sur un bâti EF au moyen d'un axe, porte, à son centre, un pignon B ayant 6 dents et engrenant dans une roue dentée CD ayant 60 dents. Lorsque le disque et le pignon, fixés l'un à l'autre, font un tour complet, un point quelconque de la roue dentée CD avance d'une quantité égale à la dixième partie de longueur de la circonférence et pour que la roue dentée CD fasse un tour entier, le disque AB doit en faire 10.

A l'extrémité du bâti se trouve une pointe G, indépendante du disque, et au centre M de la roue dentée existe une aiguille M qu'on peut néanmoins régler, car elle est montée à *frottement*. La roue dentée CD est divisée en 10 parties égales numérotées.

Pour se servir de la roulette, on met la pointe G sur la division 0 du disque et l'aiguille M sur la division 0 de la roue dentée, puis on fait coïncider la pointe G avec l'origine des parallèles à mesurer.

On tient le manche de l'instrument aussi verticalement que possible, le cadran étant tourné vers l'opérateur. On promène le disque en appuyant légèrement sur le papier, afin qu'il tourne sans glisser.

Arrivé à l'extrémité de la première ligne, on passe à la suivante, en s'arrangeant pour que le point du disque correspondant à l'extrémité de la première parallèle coïncide bien avec l'origine de la seconde, et ainsi de suite.

Lorsque le disque AB, sur lequel on lit les centimètres et les millimètres, aura fait un tour complet, la division n°1 de la roue dentée CD sera sous la pointe de l'aiguille M et le zéro du disque aura parcouru 0^{m}10.

Quand la roue dentée CD aura fait un tour complet, le zéro du disque aura parcouru un mètre.

Si l'échelle du dessin est, par exemple, 0,01 par mètre (1/100) et que les parallèles aient ensemble une longueur de 3^m,78, donnée par la roulette, la longueur naturelle desdites parallèles sera 378 mètres, nombre qu'il faudra multiplier par la distance uniforme de deux parallèles consécutives pour avoir la surface.

Pour les profils en travers, on trace les parallèles sur du papier végétal qu'on pose sur le dessin, en ayant soin de le maintenir dans une position fixe, puis on mesure, à la roulette, les portions de parallèles comprises entre les traits limitant la surface qu'on veut calculer.

Avec un peu de pratique, on calcule très vite les surfaces par la méthode des *parallèles équidistantes* et par la roulette. Les résultats obtenus diffèrent de ceux fournis par le calcul direct à peine de 3 ou 4 pour 0/0, soit en plus, soit en moins.

1085. Il existe des tables à l'aide desquelles on trouve très facilement les aires en déblai ou en remblai des profils en travers au moyen d'une simple lecture et de quelques calculs plus ou moins importants. Nous parlerons des tables dressées par MM. Coriolis, Lefort et Lalanne, ainsi que de celles utilisées par l'administration des chemins de fer de l'État.

§ I. — TABLES DE M. CORIOLIS

1086. En 1836, par ordre de l'administration, M. Coriolis, ingénieur en chef des ponts et chaussées, a composé, d'après le système précédemment suivi par M. Fourier, des tables donnant les surfaces de déblai ou de remblai pour des routes ayant 7, 8, 9, 10 et 12 mètres de largeur entre les fossés. Chacune de ces largeurs est l'objet d'un volume et de calculs spéciaux.

On trouve dans les tables de M. Coriolis les superficies de déblai ou de remblai pour chaque demi-profil en travers, de sorte qu'en faisant l'addition des deux quantités obtenues, à droite et à gauche de l'axe, on a la surface entière du profil.

Ces tables s'étendent, pour les cotes rouges sur l'axe, soit en déblai, soit en remblai, depuis zéro jusqu'à 3 mètres, et pour les déclivités ou pentes en travers du terrain, depuis zéro jusqu'à $0^m,25$ de pente par mètre. Pour avoir la surface correspondant à une cote rouge de 1,27, par exemple, on fait la moyenne des surfaces correspondant aux cotes voisines 1,26 et $1^m,28$.

Les cotes sur l'axe sont de centimètre en centimètre jusqu'à 1 mètre, et de 2 en 2 centimètres jusqu'à 3 mètres. Les déclivités vont de 5 en 5 millimètres par mètre jusqu'à $0^m,10$; puis, de centimètre en centimètre jusqu'à $0^m,25$.

1087. Les tables ne s'appliquent qu'au cas où le profil en travers est formé de deux lignes droites se coupant sur l'axe, circonstance qui se présente assez fréquemment du reste. Dans le cas où le profil serait limité par une ligne brisée formée de plus de deux élément droits, la table abrégerait encore le calcul des superficies.

S'il y a deux lignes droites du même côté de l'axe, on prolongera jusqu'à l'axe celle des deux lignes qui en est la plus éloignée et on formera un triangle auxiliaire dont on calculera facilement la surface. Selon le cas, on ajoutera cette surface à celle donnée par les tables ou bien on la retranchera. L'exemple donné plus loin fixera les idées à ce sujet.

1088. Les tables sont calculées en supposant que le profil de la route est réduit à une horizontale AB (*fig.* 542) partageant le profil de telle façon que les

Fig. 542.

déblais à faire en-dessous de AB pour former le fond de l'encaissement suffisent pour établir les accotements CA et GB. Cette horizontale passe généralement tout près des extrémités A et B des accotements qui ont une pente de 3 ou 4 centimètres par mètre.

Supposons :

1° Que la chaussée ait un bombement égal à 1/50 de la largeur CG;

2° Qu'un accotement ait une pente de 0,04 par mètre et que sa largeur soit désignée par a;

3° Que la largeur CG de la chaussée soit représentée par e.

Les déblais à faire au-dessous de l'horizontale AB seront égaux aux remblais situés au-dessus toutes les fois qu'on aura la relation :

$$e = \frac{4a}{100}\left(1 + \frac{a}{c}\right) + \frac{2c}{150}.$$

Cette question est satisfaite pour le profil des routes de 8 mètres avec chaussée de 3 mètres et encaissement de 0^m,20 de profondeur. Elle l'est aussi pour le profil de 10 mètres avec chaussée de 4 mètres et encaissement de 0^m,23.

Quand l'équation ci-dessus n'est pas satisfaite, si l'on appelle h la petite hauteur dont l'accotement serait en remblai à son bord extérieur sur la ligne horizontale A B, on a :

$$h = \frac{\dfrac{c}{2}\left(e - \dfrac{4a}{100}\right) - \dfrac{a^2}{50} - \dfrac{c^3}{300}}{a + \dfrac{c}{2}}.$$

Cette hauteur ne dépasse 4 ou 5 centimètres dans aucun cas. Ainsi, on peut admettre que, dans l'exécution, on donne au fossé sa profondeur ordinaire au-dessous de l'horizontale ; que, quand l'encaissement est achevé, celui-ci devient ainsi un peu plus haut à son bord extérieur et le fossé, dans les cas les plus défavorables, aura ces 4 ou 5 centimètres de surplus en profondeur, ce qui n'a pas d'inconvénient.

1089. Pour calculer les superficies en déblai ou en remblai d'un profil en travers, M. Coriolis a établi les formules suivantes, en se basant sur les désignations

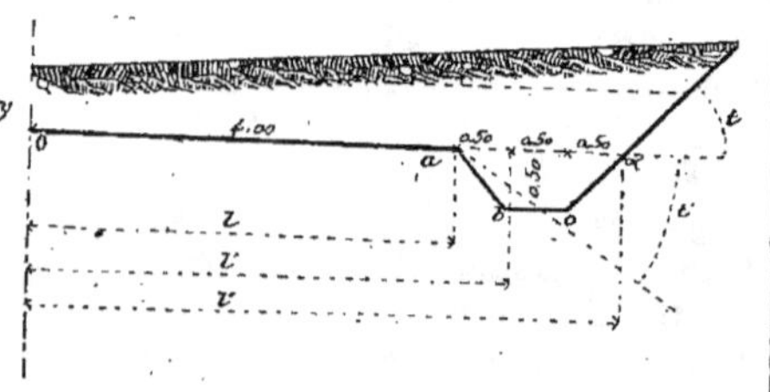

Fig. 543.

que contient la figure 543 et qui se résument ainsi :

l — Demi-largeur de la route entre les fossés ;

l' — Largeur entre l'axe et le bas du talus intérieur du fossé ;

l'' — Largeur l augmentée de la largeur du fossé en haut, c'est-à-dire au niveau de l'horizontale à laquelle on réduit le profil ;

F — Surface de la section du fossé au-dessus de la ligne de niveau substituée au profil du projet ;

f — Largeur du fond du fossé ;

h — Profondeur du fossé au-dessous de l'horizontale ;

y — La cote de déblai ou de remblai (ce qu'on appelle la cote rouge) sur l'axe du projet ;

x — L'inclinaison transversale par mètre de la droite qui représente le terrain dans le demi-profil en travers ;

t — La pente par mètre du talus en déblai ;

t' — La pente par mètre du talus en remblai quand le sol est au-dessous du bord de l'accotement d'une hauteur supérieure à la profondeur h du fossé ;

D — Surface en déblai ;

R — Surface en remblai.

1090. Pour la disposition qui répond à la figure 544, dans laquelle y est en déblai et x en rampe, on a :

$$D = \frac{(l''t + y)^2}{2(t - x)} - \frac{l''^2 t}{2} + F,$$

$$R = 0.$$

1091. Pour la disposition des figures 544, 545, 546 et 547 dans lesquelles x

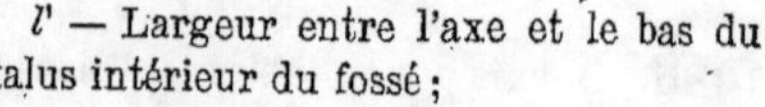
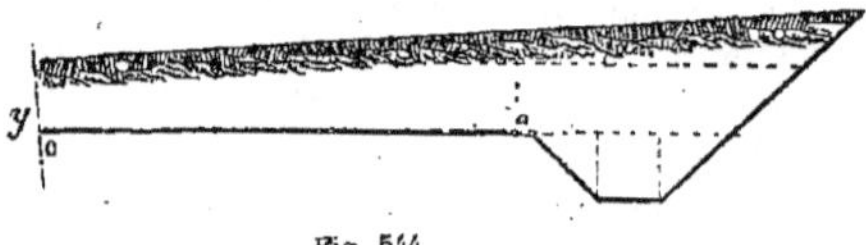

Fig. 544

devient pente au lieu de rampe, c'est-à-dire change de signe, on a trois cas à

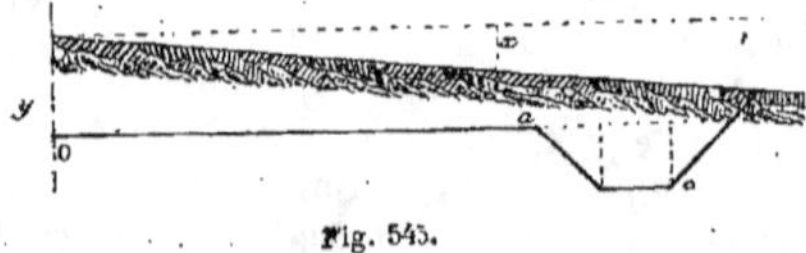

Fig. 545.

considérer, selon que la ligne du terrain passe :

1° En dessus des points a et c (*fig.* 545) ;
2° Entre les points a et c (*fig.* 546) ;

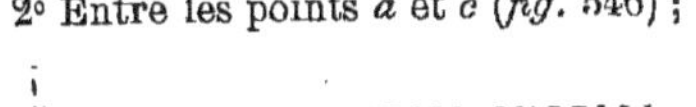

Fig. 546.

3° Au-dessous des points a et c (*fig.* 547).
Dans le cas de la figure 545 pour

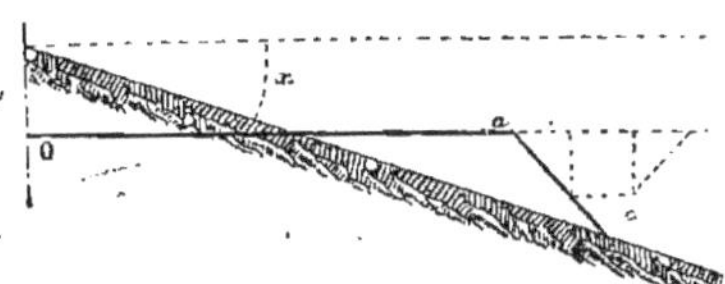

Fig. 547.

laquelle $x < \dfrac{y}{l}$, on a :

$$R = 0,$$

$$D = \frac{(l''t + y)^2}{2(t+x)} - \frac{l''^2 t}{2} + F.$$

Dans le cas de la figure 546, pour laquelle $x > \dfrac{y}{l}$ et $x < \dfrac{y+h}{l'+f}$, on a :

$$D = \frac{(l''t + y)^2}{2t + x} + R - \frac{l''^2 t}{2} + F,$$

$$R = \frac{(lt + y)^2}{2(t-x)} + \frac{y^2}{2x} - \frac{l^2 t}{2}.$$

Dans le cas de la figure 547, pour laquelle $x > \dfrac{y+h}{l'+f}$, on a :

$$D = \frac{y^2}{2x},$$

$$R = \frac{(lt' - y)^2}{2(t'-x)} - \frac{l^2 t'}{2} + D.$$

1092. Pour la disposition des figures

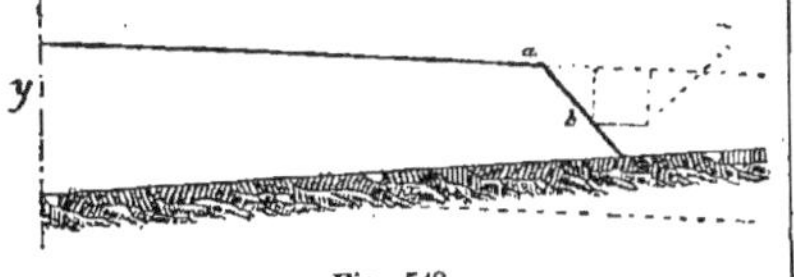

Fig. 548.

548, 549 et 550 dans lesquelles y est en remblai et x en rampe, on a aussi trois

cas à considérer, selon que la ligne du terrain passe :

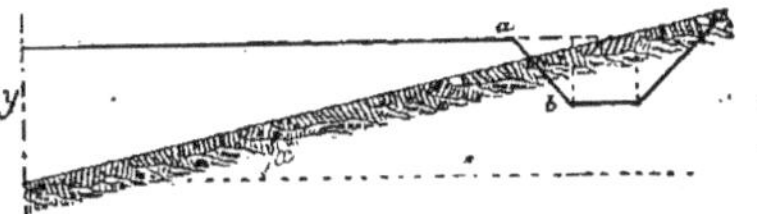

Fig. 549.

1° En dessous de ab (*fig.* 548);
2° Entre a et b (*fig.* 549);

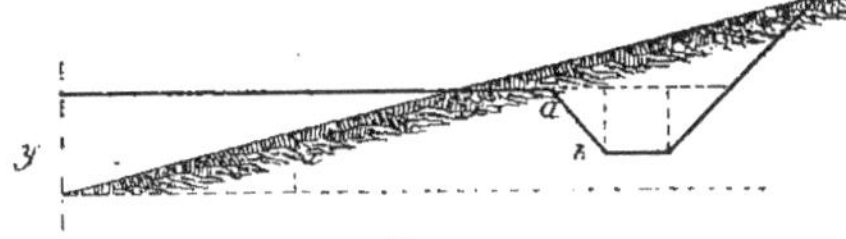

Fig. 550.

3° En dessus de ab (*fig.* 550).
Dans le cas de la figure 548, pour laquelle $x < \dfrac{y-h}{l'}$, ce qui suppose $y < h$, on a :

$$D = 0,$$

$$R = \frac{(lt' + y)^2}{2(t'+x)} - \frac{l'^2 t'}{2}.$$

Dans le cas de la figure 549, pour laquelle $x > \dfrac{y-h}{l'}$ et $x < \dfrac{h}{l}$, on a :

$$D = \frac{(l''t - y)^2}{2(t-x)} + R - \frac{l''^2 t}{2} + F,$$

$$R = \frac{(lt + y)^2}{2(t+x)} - \frac{l^2 t}{2}.$$

Dans le cas de la figure 550 pour laquelle $x > \dfrac{y}{l}$, on a :

$$D = \frac{(l''t - y)^2}{2(t-x)} + R - \frac{l''^2 t}{2} + F,$$

$$R = \frac{y^2}{2x}.$$

1093. Enfin, pour la disposition des

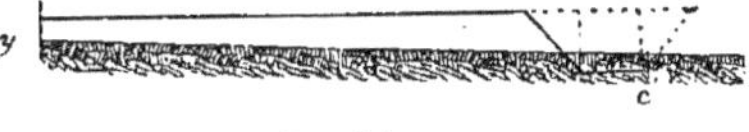

Fig. 551.

figures 551 et 552, dans lesquelles y est en remblai et x en pente, on a deux cas à considérer selon que la ligne du terrain passe :

1° En dessus du point c (*fig.* 551);

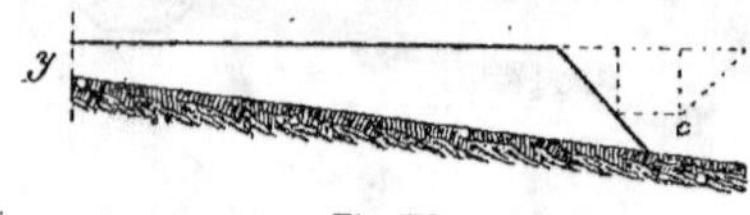

Fig. 552.

2° En dessous du point c (*fig.* 552).

Dans le cas de la figure 551, pour laquelle $x < \dfrac{h-y}{l'+f}$, on a :

$$D = \frac{(l''t - y)^2}{2(t+x)} + R - \frac{l''^2 t}{2} + F,$$

$$R = \frac{(lt+y)^2}{2(t-x)} - \frac{l^2 t}{2}.$$

Dans le cas de la figure 552, pour laquelle $x > \dfrac{h-y}{l'+f}$, on a :

$$D = 0,$$

$$R = \frac{(lt'+y)^2}{2t'-x} - \frac{l^2 t'}{2}.$$

Telles sont les formules dont on s'est servi pour obtenir les superficies en déblai et en remblai dans un demi-profil en travers.

1094. Pour appliquer les formules précédentes à des profils dont les fossés ont 0ᵐ50 de profondeur et 1ᵐ50 d'ouverture, dont les talus en déblai sont inclinés à 45° et ceux en remblai à 3 de base pour 2 de hauteur, on prendra :

$$F = 0^m,50,$$
$$t = 1^m,00,$$
$$l' = 0^m,667.$$

Pour le profil de 8 mètres entre fossés, on prendra :

$$l'' = 5^m,50,$$
$$l' = 4^m,50,$$
$$l = 4^m,00.$$

Pour le profil de 10 mètres entre fossés, on prendra :

$$l'' = 6^m,50,$$
$$l' = 5^m,50,$$
$$l = 5^m,00.$$

C'est en employant ces nombres que M. Coriolis a calculé ses tables.

1095. Nous donnons, page 363, comme type, une page complète de ces tables, prise dans le volume spécial des routes ayant 8 mètres de largeur entre fossés. L'exemple se rapporte aux déblais ou aux remblais ayant une épaisseur de 1ᵐ80 (cote rouge) sur l'axe.

I. — Déblai sur l'axe.

1096. La colonne I indique l'inclinaison par mètre des lignes droites représentant le terrain naturel.

La colonne 2 donne les surfaces des déblais en rampe par demi-profil. Si la pente par mètre du terrain naturel est par exemple, de 0ᵐ,075, la surface du déblai en rampe pour un demi-profil sera de 14ᵐ,50 pour une cote rouge de 1ᵐ,80 sur l'axe.

Il est facile de comprendre que lorsque le terrain naturel est en rampe, le demi-profil ne peut pas contenir de remblai. C'est pour cette raison que les déblais en rampe sont compris dans une seule colonne, et cela pour toutes les tables.

Les déblais en pente sont compris dans les deux colonnes 3 et 4. Il est clair que lorsqu'il s'agit de déblayer sur l'axe de la route, le même demi-profil peut comporter des déblais et des remblais. Les tables donnent séparément les surfaces de déblai et de remblai pour chaque demi-profil.

Dans le type donné, avec une cote de 1ᵐ,80 sur l'axe, il n'y a évidemment pas de remblai pour une pente limitée à 0ᵐ,25 sur une largeur maximum de 5ᵐ,50. C'est pour cette raison que la colonne 4 ne porte aucune surface.

En tête de la partie de chaque tableau, intitulée *Déblai sur l'axe*, se trouvent les signes ∨ et ∨ situés au-dessus d'une petite droite horizontale. Le premier est placé sur la colonne 2 et indique bien que le terrain naturel est en rampe. Le second est à cheval sur les colonnes 3 et 4 ; il indique que le terrain naturel est en pente et que le demi-profil considéré peut comporter des déblais et des remblais.

II. — Remblai sur l'axe.

1097. Lorsqu'on doit effectuer des remblais sur l'axe, le terrain naturel peut être en rampe ou en pente. Qu'il y ait rampe ou pente, le même demi-profil peut comporter, en même temps, des déblais et des remblais. C'est pour cette raison que les remblais en rampe sont compris dans les colonnes 5 et 6, et les déblais en pente dans les colonnes 7 et 8.

Dans le type que nous avons reproduit se rapportant à une cote rouge de $1^m,80$, il s'agit de remblai et de terrain naturel en rampe ou en pente. Il est clair que, dans ce cas et dans la limite d'une pente maximum de $0^m,25$ par mètre, il ne peut pas y avoir de déblai dans le même demi-profil en travers. C'est pour cette raison que les colonnes 5 et 7 sont restées en blanc.

Pour une cote rouge de $1^m,80$ et pour une pente par mètre de 0,075, par exemple, du terrain naturel, la surface

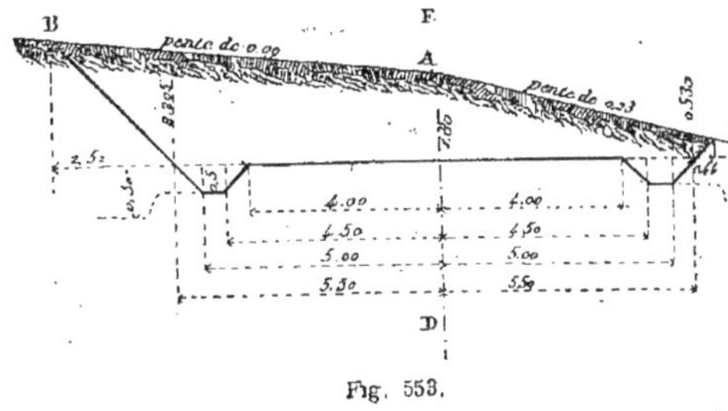

Fig. 553.

du demi-profil serait de $8^m,11$ s'il y a rampe et de $11^m,52$, s'il y a pente.

Comme pour les déblais, les signes $\vee$ et $\wedge$ sous lesquels se trouve une droite horizontale et placés à cheval sur deux colonnes, indiquent si le terrain naturel est en rampe ou en pente dans le demi-profil à remblayer.

Exemples comparés.

1098. Soit le profil en déblai (*fig.* 553).

Voici le calcul de sa surface par les procédés géométriques ordinaires.

Demi-profil droit :

$$\text{Triangle} \quad \frac{2,295 \times 2,52}{2} \quad = \quad 2,39$$

$$\text{Trapèze} \quad \frac{2,295 + 1,80}{2} \times 5,50 = \quad 11,26$$

$$\text{Fossé} \quad \frac{1,50 + 0,50}{2} \times 0,50 = \quad 0,50$$

$$\text{Total} \ldots \ldots \quad 14,15$$

C'est-à-dire 14 mètres carrés 15 décimètres carrés. Or, la table donne (voir l'extrait type) 14,65. C'est une différence insignifiante en moins de 0^m50.

Demi-profil gauche :

$$\text{Trapèze} \quad \frac{1,80 + 0,535}{2} \times 5,50 = \quad 6,42$$

$$\text{Triangle} \quad \frac{0,535 \times 0,44}{2} \quad = \quad 0,17$$

$$\text{Fossé} \quad \frac{1,50 + 0,50}{2} \quad = \quad 0,50$$

$$\text{Total} \ldots \ldots \quad 7,09$$

c'est-à-dire 7 mètres carrés 9 décimètres carrés. Or, la table donne 7,04. C'est encore une différence insignifiante de 0,05, mais en moins.

En résumé, la surface totale du profil est :

Par le calcul direct :

$$14,15 + 7,09 = 21,24$$

Par les tables :

$$14,65 + 7,04 = 21,69$$

Différence en moins. $\underline{0,45}$

Les tables de Coriolis donnent, comme on le voit, une grande approximation qui est presque de la précision, surtout quand on considère que la ligne représentant le terrain n'est qu'une moyenne de la ligne réelle, car l'opérateur ne donne pas un coup de niveau à chaque inflexion du sol, surtout lorsque les inflexions sont très rapprochées et très peu importantes.

1099. M. Coriolis a supposé, dans le calcul de ses tables, que le relief du sol était représenté par deux lignes droites

| INCLINAISON par mètre. | RAMPE | PENTE | | RAMPE | | PENTE | |
| | Déblai. | Déblai. | Remblai. | Déblai. | Remblai. | Déblai. | Remblai. |
1	2	3	4	5	6	7	8
0m,000	12.02	12.02			9.63		9.63
0m,005	12.15	11.89			9.52		9.74
0m,010	12.29	11.76			9.41		9.85
0m,015	11.42	11.63			9.30		9.97
0m,020	11.55	11.50			9.19		10.09
0m,025	11.70	11.38			9.09		10.21
0m,030	11.84	11.24			8.98		10.33
0m,035	11.99	11.12			8.88		10.45
0m,040	13.13	11.99			8.78		10.58
0m,045	13.27	10.87			8.68		10.71
0m,050	13.42	10.75			8.58		10.84
0m,055	13.57	10.63			8 49		10.97
0m,060	13.73	10.51			8.39		11.10
0m,065	13.88	10.39			8.30		11.24
0m,070	14.02	10.28			8.21		11.38
0m,075	14.18	10.16			8.11		11.52
0m,080	14.34	10.05			8.02		11.66
0m,085	14.49	9.93			7.94		11.81
0m,090	14.65	9.82			7.85		11.96
0m,095	14.82	9.71			7.76		12.11
0m,100	14.98	9.60			7.68		12.26
0m,110	15.31	9.38			7.51		12.58
0m,120	15.75	9.17			7.35		12.91
0m,130	16.00	9.95			7.19		13.24
0m,140	16.36	9.75			7.02		13.60
0m,150	16.72	8.54			6.88		13.96
0m,160	17.10	8.34			6.72		14.34
0m,170	17.48	8.15			6.59		14.74
0m,180	17.87	7.96			6.45		15.15
0m,190	18.27	7.76			6.31		15.58
0m,200	18.68	7.58			6.18		16.03
0m,210	19.10	7.39			6.04		16.50
0m,220	19.53	7.21			5.92		16.99
0m,230	19.98	7.04			5.79		17.50
0m,240	20.43	6.88			5.67		18.03
0m,250	20.90	6.69			5.55		18.59

se coupant sur l'axe de la route, ce que nous avons déjà expliqué, du reste.

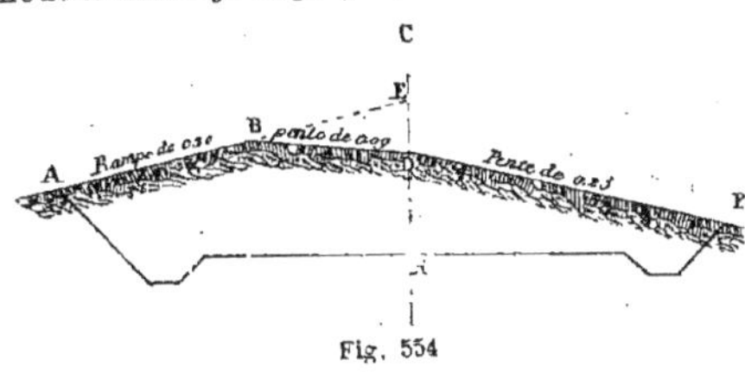

Fig. 554

Supposons que le demi profil de gauche (*fig.* 554) soit représenté par la ligne brisée ABD.

Voici comment on opérerait pour en tracer la surface au moyen des tables.

On chercherait la surface du demi-profil pour une cote rouge égale à EH, et pour une pente de 0ᵐ,20 par mètre du terrain naturel, puis on retrancherait la surface du triangle EBD, du résultat obtenu et la différence donnerait la surface réelle du déblai à effectuer. On peut toujours opérer de cette manière en prolongeant la ligne droite qui donnera les calculs les plus simples. C'est une affaire de tact de la part du calculateur.

§ II. — TABLES DE M. LEFORT

1100. Les tables dressées par M. Coriolis, spécialement en vue des routes nationales et départementales, s'arrêtent sur l'axe de la voie, à une cote de 3 mètres pour les déblais comme pour les remblais et cette limite est beaucoup trop restreinte quand il s'agit de la construction des chemins de fer. De plus, elles ne donnent pas la largeur des emprises de terrain, c'est-à-dire l'étendue sur laquelle des mouvements de terre doivent être faits de chaque côté de l'axe. C'est pour remédier à l'insuffisance du travail de M. Coriolis que l'administration des Ponts et Chaussées a chargé M. l'Ingénieur en chef Lefort de dresser de nouvelles tables qui ont été publiées vers 1861 (1).

1101. Les tables de M. Lefort se composent de trois volumes se rapportant respectivement à des largeurs de routes de 6,8 et 10 mètres entre fossés.

Voici la description à peu près textuelle que l'auteur en donne :

« Chaque volume comprend 26 tables partielles répondant aux déclivités croissant de *un centimètre* depuis 0ᵐ,00 jusqu'à 0ᵐ,25 et chaque table donne immédiatement les surfaces de déblai ou de remblai et les largeurs relatives aux cotes de déblai ou de remblai sur l'axe, variant de *un centimètre* depuis 0ᵐ,00 jusqu'à 14ᵐ,90. Ainsi, lorsque les tables de M. Coriolis sont limitées à des cotes rouges de 3 mètres au maximum, celles de M. Lefort vont jusqu'à 14ᵐ,90 (15 mètres en nombre rond).

Au moyen des tables de M. Lefort et par une interpolation à vue, on obtient, à l'aide des parties proportionnelles inscrites, les surfaces et les largeurs qui répondent à des cotes sur l'axe et à des déclivités sur les profils en travers, déterminées à 0,005 près.

Chaque page contient 50 cotes et embrasse la totalité des cas que le profil peut présenter, tant en déblai qu'en remblai.

Chaque page est divisée en deux parties principales, dénotées par les lettres D et R qui indiquent respectivement des cotes en déblai ou des cotes en remblai. Chacune de ces parties est subdivisée elle-même en deux autres. La subdivision de gauche répond à une déclivité en rampe, figurée et dénotée par la lettre *c*. La subdivision de droite répond à une déclivité en pente également figurée et dénotée par la lettre *p*.

La valeur de la déclivité à laquelle la page s'applique est inscrite en chiffres très

(1) Chez Mallet-Bachelier (Gauthier-Villars) successeur, imprimeur-libraire à Paris.

apparents au milieu du haut de la page.

Les lettres d et r, placées en tête des colonnes, désignent les cotes de déblai ou de remblai sur l'axe. Les lettres D,R,L désignent les surfaces de déblai, de remblai et les largeurs qui correspondent à ces cotes. L'expression $p.p$ veut dire *parties proportionnelles*. Ces parties, lorsqu'elles sont comprises dans l'intérieur du cadre, sont toujours relatives à la colonne verticale qui les précède et à la différence qui les surmonte. Leur plus petite unité est du deuxième ordre décimal. La dernière colonne, qui porte pour titre $p.p$ (L), comprend uniquement les parties proportionnelles relatives aux largeurs et répond à la différence ΔL, inscrites au bas des quatre colonnes des L. Ces différences sont constantes, dans chaque cas particulier, pour toute l'étendue d'une même déclivité.

1102. Il n'en est pas de même pour les surfaces, car les différences premières varient de la quantité exprimée par la différence seconde. Si l'on avait voulu inscrire exactement toutes les parties proportionnelles qui, aux différents degrés de l'échelle, répondent à une variation de *un centimètre*, il aurait fallu donner aux tables un très grand développement. Mais une pareille précision n'est ni utile, ni désirable dans les calculs de terrassements où il existe déjà d'autres causes d'erreurs d'un ordre au moins aussi élevé. Il suffit, en définitive, d'estimer les cubes avec une approximation égale à celle que recherchent les entrepreneurs dans leurs rapports avec les ouvriers et les tâcherons. L'auteur a donc admis, pour toute la partie des tables où les variations ne sont pas très considérables, une différence moyenne relative à un accroissement de *un centimètre* et qui s'applique, sans changement, à une hauteur de *un mètre*. L'erreur résultant de ce fait s'éteint en grande partie, par compensation, lorsqu'on applique les calculs à un projet d'une certaine étendue.

1103. Là où les variations successives diffèrent beaucoup, les parties proportionnelles n'ont pas été données. On les calculera spécialement pour chaque intervalle d'un décimètre. Cette circonstance se présente d'une manière habituelle au bas de l'échelle, principalement dans l'étendue où, la fonction étant décroissante, les parties proportionnelles doivent être prises avec le signe —. Il résulte de cette omission volontaire que les parties proportionnelles inscrites sont toujours additives et qu'aucune incertitude ne peut peser sur leur mode d'emploi.

1104. Lorsqu'aucun chiffre n'est porté à la colonne des D ou des R, en regard d'une certaine cote d ou r, c'est que la valeur le D ou de R correspondant à cette cote est nulle.

1105. La plus petite unité de toutes les valeurs inscrites, tant pour les fonctions que pour les différences et les parties proportionnelles, est du second ordre décimal. Ainsi, quand on trouve, dans l'une des colonnes, l'inscription 07,81,etc., on doit lire 0.07 ; 0,81 etc. La virgule représente toujours, dans les tables, la séparation de la partie entière avec la partie décimale. »

Exemples comparés.

1106. Considérons le profil en travers III, tout en déblai, du projet (*fig*. 521). Sa surface *exacte*, d'après le métré (p. 354), se décompose ainsi :

1° Demi-profil gauche.......	6,05
2° Demi-profil droit.........	6,78
Total.....	12,83

Déterminons maintenant cette surface au moyen des tables de M. Lefort, afin de permettre la comparaison.

La déclivité, c'est-à-dire la pente par mètre de la droite $C_2'C_4''$ du terrain, est

$$\frac{1,264 - 0,419}{6,50} = 0,13.$$

La pente par mètre de la droite $C_2'C_4''$ du terrain est :

$$\frac{1,264 - 0,614}{6,50} = 0^m,10.$$

$c \qquad D \qquad p \qquad 0,10 \qquad c \qquad R \qquad p$ [31]

d	D	p.p	L	D	p.p	R	L
0.0	2.66	78	7.22			1.47	5.88
1	3.39	08	7.83	0.05		0.94	5.71
2	4.13	16	7.44	0.22		0.50	5 79
3	4.88	23	7.56	0.53		0.22	5.88
4	5.64	31	7 67	0.96		0.06	5.97
0.5	6.41	39	7.78	1.50			6.06
6	7.19	47	7 89	2.11			6.15
7	7.99	55	8.00	2.75			6.55
8	8.79	62	8 11	3.41			6.64
9	9.61	70	8.22	4.08			6.73
1.0	10.44	89	8.33	4.76	73		6.82
1	11.28	09	8.44	5.44	07		6.91
2	12.13	18	8.56	6.14	15		7.00
3	12.99	27	8.67	6.84	22		7.09
4	13.86	36	8.78	7.56	29		7.18

r	D	R	p.p	L	D	R	p.p	L	n	p.p (L)
0.0	2.66			7.22		1.47	68	5.88		09
1	1.99	0.05		7.11		2.07	07	6.06	1	01
2	1.44	0.20		7.00		2.68	14	6.24	2	02
3	0.99	0.45		6.89		3.32	20	6.41	3	03
4	0.66	0.80		6.78		3.97	27	6.59	4	04
0.5	0.44	1.25		6.67		4.63	34	6 76	5	05
6	0.27	1.75		6.19		5.32	41	6 94	6	05
7	0.22	2.32		6.08		6.02	48	7.12	7	06
8	0.09	2 79		5.97		6.74	54	7.29	8	07
9	0.03	3.32		5.86		7.48	61	7.47	9	08
1.0		3.91	64	5.65		8.24	85	7 65		11
1		4.49	06	5.78		9 01	09	7.82	1	01
2		5 07	13	5.91		9.80	17	8.00	2	02
3		5 67	19	6 04		10.61	26	8.18	3	03
4		6.28	26	6.17		11.44	34	8.35	4	04

$c \qquad D \qquad p \qquad 0,13 \qquad c \qquad R \qquad p$ [40]

d	D	p.p	L	D	p.p	R	L
0.0	3.47	81	7.47			2.02	6.21
1	4.22	08	7 59	0.04		1.45	6 02
2	4.99	16	7.70	0.15		0.97	5.84
3	5.76	24	7.82	0.35		0.59	5.65
4	6.55	32	7.93	0.66		0.28	5.81
0.5	7.35	41	8.05	1.06		0 10	5.90
6	8.16	49	8.16	1.57		0.01	5 99
7	8.98	57	8.28	2.16			6.08
8	9.81	65	8.39	2.78			6 17
9	10.66	73	8.51	3.42			6.55
1.0	11.52	92	8.62	4.08	71		6.64
1	12.38	09	8.74	4.75	07		6.73
2	13.26	18	8.85	5.42	14		6.81
3	14.15	28	8 97	6.11	21		6.90
4	15.06	37	9 08	6.80	28		6.99
4.0	42.55	1.27	12.07	27.97	97		9.29
1	43 77	13	12.18	28.91	10		9.38
2	44.99	25	12.36	29.85	19		9.47
3	46.23	38	12.41	30.80	29		9.56
4	47.47	51	12.53	31.76	39		9.65
4.5	48.73	64	12.64	32.73	49		9.73
6	50 00	76	12.76	33.71	58		9.82
7	51.28	89	12.87	34.69	68		9.91
8	52.58	1.02	12.99	35.69	78		10.00
9	53.88	1.14	13.10	36.69	87		10.09
ΔL			0.11				0.09

r	D	R	p.p	L	D	R	p.p	L	n	p.p (L)
0.0	3.47			7.47		2.02	71	6.21		09
1	2.77	0.04		7 36		2.65	07	6.40	1	01
2	2.15	0.15		7.24		3.30	14	6.58	2	02
3	1.64	0.35		7.13		3.97	21	6.77	3	03
4	1.20	0.61		7.01		4.65	28	6.96	4	04
0.5	0.85	0.96		6.90		5.36	36	7.14	5	05
6	0.59	1.38		6.78		6.08	43	7.33	6	05
7	0.35	1 88		6.29		6.82	50	7.52	7	06
8	0.24	2.38		6.17		7 58	57	7 70	8	07
9	0.14	2.90		6.06		8.36	64	7.89	9	08
1.0	0.07	3.43	61	5.94		9.16	90	8.07		11
1		4.00	06	5.56		9.98	09	8.26	1	01
2		4.57	12	5.69		10.81	18	8.45	2	02
3		5.14	18	5.82		11.67	26	8.63	3	03
4		5.73	24	5.94		12.54	36	8.82	4	04
4.0		25.42	98	9.20		41.77	1.46	13.66		
1		26.35	10	9.33		43.14	15	13.85		
2		27.28	20	9.46		44.54	29	14.04		
3		28.24	29	9.58		45.95	44	14.22		
4		29.20	39	9.71		47.38	58	14.41		
4.5		30.18	49	9.83		48.83	73	14.60		
6		31.17	59	9.96		50.30	88	14.78		
7		32.17	69	10.08		51.79	1.02	14.97		
8		33.18	78	10.21		53.29	1.17	15.15		
9		34.21	88	10.33		54.82	1.31	15.34		
ΔL				0.13				0.19		

Demi-profil gauche.

1107. C'est la page 40 (reproduite en partie ci-contre) portant en tête le nombre 0,13 (pente par mètre) que nous avons à considérer.

Comme dans les tables de M. Coriolis, les rampes ou les pentes, qu'il s'agisse de déblai ou de remblai, sont indiquées par les signes $\vee$ et $\wedge$.

Comme la droite $C'_2 C'''_5$ des terrains est en pente, cherchons dans la colonne intitulée D de la première moitié du tableau et nous trouvons, dans la colonne d, en face de $1^m,20$:

$$D = 5,42$$

$6,11 - 5,42 = 0,69$, c'est-à-dire la différence entre les surfaces correspondant aux cotes 1,20 et 1,30.

Or, $1,264 = 1,20 + 0,064$,
ou bien $12,64 = 12,00 + 0,64$.

Donc, on aura :

$$p.p = 0,69 \times 0,64 = 0,44$$

Total pour le demi-profil... 5,86

Largeur de l'emprise.

Dans la colonne intitulée L, en face de la cote $1^m,20$, on trouve.......... 6,81

La cote rouge du profil étant 1,264, il faut ajouter à 6,81 la largeur qui correspond à $1,264 - 1,20 = 0,064$, ou bien à $12,64 - 12,00 = 0,64$.

$6,90 - 6,81 = 0,09$, c'est-à-dire la différence entre les largeurs correspondant aux cotes $1^m,20$ et $1^m,30$.

On aura donc $p.p = 0,64 \times 0,09$. 0,06

6,87

Le nombre 6,87 représente la largeur de l'emprise nécessaire pour le demi-profil de gauche, c'est-à-dire la longueur d'une perpendiculaire abaissée du point g_9 sur l'axe du projet.

Demi-profil droit.

1108. On cherche dans la page 34 portant en tête la déclivité de $0^m,10$ par mètre et on trouve, dans la colonne intitulée D, en face de la cote 1,20 (voir l'extrait ci-contre de la table.

$$D = 6,14$$
$$p.p = 6,84 - 6,14 = 0,70 \times 0,64 = 0,45$$

Total pour le demi-profil. ... 6,59

Largeur de l'emprise.

$$L = 7,00$$
$$p.p = 7,09 - 7,00 = 0,09 \times 0,64 = 0,06$$

7,06

Résumé :

Surface du demi-profil gauche.. 5,86
Surface du demi-profil droit. ... 6,59

Total...... 12,45

Largeur de l'emprise gauche... 6,89
Largeur de l'emprise droite.... 7,06

Total...... 13,95

1109. La figure 555 représente le profil d'un des fossés du projet et la surface de ce fossé est $0^m,50$, tandis que les tables de M. Lefort ont été calculées d'après les cotes du profil (*fig.* 556). La différence des

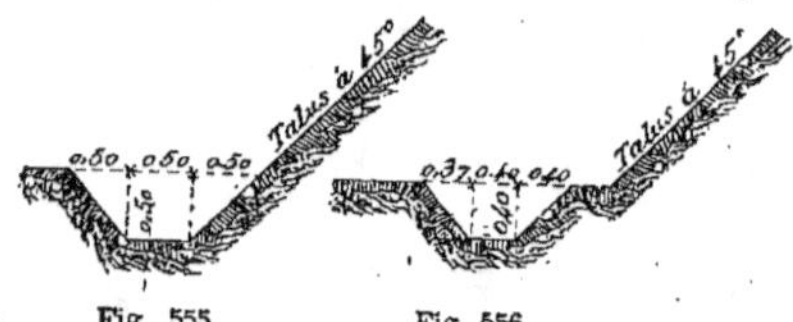

Fig. 555.   Fig. 556.

surfaces des sections des deux fossés étant $0,50 - 0,31 = 0,19$, en retranchant 0,19 de 12,84, résultat du calcul direct, on aura :

$$12,84 - 0,19 = 12,65.$$

Conséquemment, pour des fossés ayant les dimensions données (*fig.* 556), le calcul direct donne 12,65 et les tables de M. Lefort 12,45.

La différence, qui est 0,20, est parfaitement négligeable.

L'emprise totale, c'est-à-dire la distance horizontale séparant les points g_9 et g_{11} du profil III, est 13,95 d'après les tables et 14,00 d'après les cotes du dessin. On peut donc admettre que les tables donnent des résultats exacts.

Table des longueurs des talus de déblai et de remblai.

1110. Voici ce que dit M. Lefort à propos de cette table : « Pour estimer les règlements des talus, leurs revêtements en gazon, en pierres etc., il est nécessaire de connaître les longueurs de ces talus. Nous les avons calculées au moyen des formules suivantes :

$$T = (L - l'') \sqrt{1 + i^2}, \quad \Delta T = \Delta L \sqrt{1 + i^2}$$
$$T = (L - l) \sqrt{1 + i'^2}, \quad \Delta T = \Delta L \sqrt{1 + i'^2}$$

Les deux premières s'appliquent au cas du déblai et les deux dernières, au cas du remblai.

Les résultats du calcul sont réunis dans la table II qui donne les longueurs des talus, pour chaque cote de déblai ou de remblai sur l'axe, pour chaque déclivité sur le profil transversal et pour chacun des cas considérés précédemment. Cette table est à double entrée, la fonction y répondant aux cotes rouges et aux déclivités. Les parties proportionnelles sont disposées de la manière qui a été adoptée pour les largeurs d'emprises dans la table I, en sorte que le calcul des longueurs des talus se fait exactement comme le calcul des largeurs d'emprises.

§ III. — TABLES DE M. LALANNE

1111. M. Lalanne, ingénieur en chef des ponts et chaussées, a dressé, à son tour, vers 1838, par ordre de l'administration, de nouvelles tables, plus complètes que les précédentes.

Ces tables ont l'inconvénient de ne pouvoir servir que dans des limites très restreintes, et de ne pas donner la largeur de l'emprise. De plus, elles nécessitent des calculs assez longs et l'usage des logarithmes, ainsi qu'on peut en juger par l'examen des deux extraits suivants. Le calcul direct des surfaces est certainement beaucoup plus simple. Aussi, les tables de M. Lalanne sont-elles rarement appliquées.

TYPE DE LA TABLE I

y	$\text{Log.} \frac{1}{2} y$	$\text{Log.} 2y$	y^2	$\text{Log.} y^2$	1,00	1.33	1.50	1.67	2.00	2.33	2 50	2,67	3.00	3.33
					+	—	—	—	—	—	—	—	—	—
1.02	$\overline{1}$.7075702	0.3096302	1.0404	0.0172003	0.02	0.31	0.48	0.65	0 98	1.31	1 48	1.65	1.98	2.31
1.04	$\overline{1}$ 7160033	0 3180633	1.0816	0.0340667	0 04	0 29	0.46	0.63	0.96					
1.06	$\overline{1}$.7242759	0.3263359	1.1236	0.0506117	0.06	0.27	0 44	0 61	0.94					
1.08	$\overline{1}$ 7323938	0.3344538	1.1664	0.0668475	0.08	0.25	0.42	0.59	0 92					
1.10	$\overline{1}$.7403627	0.3424227	1 2100	0.0827854	0.10	0 23	0.40	0 57	0.90					
1.12	$\overline{1}$.7481880	0.3502480	1.2544	0.0984360	0.12	0.21	0.38	0.55	0.88					
1.14	$\overline{1}$.7558749	0.3579348	1 2996	0.1138097	0.14	0 19	0.36	0.53	0.86					
1.16	$\overline{1}$.7631280	0.3654880	1.3456	0.1289160	0.16	0.17	0.34	0 51	0.84					
1.18	$\overline{1}$.7708520	0.3729120	1.3924	0.1437640	0.18	0.15	0.32	0.49	0.82					
1.20	$\overline{1}$.7781512	0 3802112	1.4400	0.1583625	0.20	0.13	0.30	0.47	0.80	0.13	1.30	1.47	1.80	2.13
y	$\text{Log.} \frac{1}{2} y$	$\text{Log.} 2y$	y^2	$\text{Log.} y^2$	1,00	1.33	1.50	1.67	2.00	2.33	2.50	2.67	3.00	3.33

TYPE DE LA TABLE II

x	$\text{Log.}\dfrac{1}{2x}$	$\text{Log.}\dfrac{1}{2\left(\frac{1}{2}+x\right)}$	$\text{Log.}\dfrac{1}{2\left(\frac{1}{2}-x\right)}$	$\text{Log.}\dfrac{1}{2\left(\frac{2}{3}+x\right)}$	$\text{Log.}\dfrac{1}{2\left(\frac{2}{3}-x\right)}$	$\text{Log.}\dfrac{1}{2\left(1+x\right)}$
0.303	0.2175274	$\overline{1}.7912545$	0.4045038	$\overline{1}.7124222$	0.1384656	$\overline{1}.5840256$
0 306	0.2132486	$\overline{1}.7926350$	0.4111683	$\overline{1}.7110804$	0 1420647	$\overline{1}.5830268$
0.408	0.0883098	$\overline{1}.7408842$	0.7351822	$\overline{1}.6677636$	0.2865095	$\overline{1}.5503673$
0.411	0.0851282	$\overline{1}.7394516$	0.7495800	$\overline{1}.6665527$	0.2915791	$\overline{1}.5494430$
0.414	0 0819697	$\overline{1}.7380238$	0.7644715	$\overline{1}.6653452$	0.2967086	$\overline{1}.5485206$
0 417	0.0788339	$\overline{1}.7366007$	0.7798919	$\overline{1}.6641411$	0.3018994	$\overline{1}.5476002$
0 420	0.0757207	$\overline{1}.7351822$	0.7958800	$\overline{1}.6629403$	0.3071531	$\overline{1}.5466817$
0 423	0.0726296	$\overline{1}.7337683$	0.8124793	$\overline{1}.6617428$	0.3124710	$\overline{1}.5457651$
x	$\text{Log.}\dfrac{1}{2x}$	$\text{Log.}\dfrac{1}{2\left(\frac{1}{2}+x\right)}$	$\text{Log.}\dfrac{1}{2\left(\frac{1}{2}-x\right)}$	$\text{Log.}\dfrac{1}{2\left(\frac{2}{3}+x\right)}$	$\text{Log.}\dfrac{1}{2\left(\frac{2}{3}-x\right)}$	$\text{Log.}\dfrac{1}{2\left(1+x\right)}$

§ IV. — TABLES DES AIRES DES PROFILS EN TRAVERS

CALCULÉES SPÉCIALEMENT POUR LES CHEMINS DE FER DE L'ÉTAT (1)

1112. Une circulaire spéciale, jointe à la circulaire de M. le Ministre des travaux publics du 30 juillet 1879, porte, en ce qui concerne les chemins de fer à une voie :

« La largeur de la plate-forme, supposée horizontale, sera fixée à 6 mètres pour les profils en remblai et pour les profils en déblai dans les terrains ordinaires.

« Dans les mêmes terrains, la largeur de la tranchée sera de 8 mètres.

« L'épaisseur du ballast sur l'axe sera d'au moins 0m,50.

« Dans les tranchées en rocher dur, lorsque les fossés pourront être remplacés par de simples rigoles, le ballast sera soutenu par une murette de 0,30 d'épaisseur en couronne dont le bord extérieur sera placé à 2m,10 du milieu de la voie et dont le parement, qui forme un des talus du fossé, présentera un fruit de $^1/_8$.

« Sauf le cas de remblais argileux, qu'une nécessité absolue peut seule autoriser à employer, l'inclinaison de 3 de base pour 2 de hauteur est toujours convenable pour les remblais.

« Lorsque les terres sont de bonne qualité, les talus doivent être dressés à 45° dans les parties en déblai; mais, pour peu qu'elles soient médiocres et plus ou moins mélangées d'argile, il convient d'adopter une inclinaison plus douce et de donner à celle-ci 1 + 1/4 de base pour un de hauteur. Si les terres sont de mauvaise qualité, on ne doit pas hésiter à adopter la base *d'un et demi.* »

L'instruction ministérielle ajoute que, « pour appliquer aux chemins de fer à

---

(1) Ce paragraphe est extrait d'un volume intitulé : *Instruction pour la préparation des projets et la surveillance des travaux de construction de la plate-forme des chemins de fer,* par L. PARTIOT, Inspecteur général des ponts et chaussées. J. Baudry, éditeur, à Paris.

deux voies le type joint à cette instruction, il suffira d'augmenter la largeur de la plate-forme de 3^m,60, de 1^m,50 pour la seconde voie et 2^m,10 pour l'entrevoie. »

Ces prescriptions exigent quelques explications relativement au profil en travers du ballast et à celui de la plate-forme qui servent de base au calcul des tables qu'on trouve dans l'ouvrage spécial de M. L. Partiot.

Pour assurer l'écoulement des eaux vers les fossés, la plate-forme doit offrir une pente transversale dans le sens perpendiculaire à l'axe de la voie. Généralement, dans la pratique, on exécute d'abord la partie supérieure de la plate-forme suivant un profil horizontal, puis on enlève les terres sur les bords pour les porter au milieu, de manière à obtenir les pentes transversales voulues. La ligne horizontale primitive forme une ligne moyenne *de compensation*.

C'est suivant cette ligne que doit être comptée la largeur de 6 mètres prescrite par la circulaire du 30 juillet 1879. Si l'on donne une inclinaison transversale de 0^m,10 du bord au milieu de la plate-forme, on met le centre de celle-ci à 0,05 au-dessus de la ligne de compensation et les bords à 0,05 au-dessous. Pour les talus en remblai à 3 de base pour 2 de hauteur, il en résulte que les arêtes définitives des bords de la plate-forme sont distantes de 6^m,15 l'une de l'autre et qu'il faut tenir compte de cet allongement de 0,15 dans la rédaction des projets des ouvrages d'art courants situés au-dessous de la voie.

Dans le calcul des tables spéciales aux chemins de fer de l'État, on s'est basé sur les largeurs données par la circulaire du 30 juillet 1879 pour la plate-forme supposée horizontale ou, en d'autres termes, prises suivant la ligne de compensation.

1113. Les tables ont été calculées par M. Perron, chef de section à Rouen. Elles supposent que le terrain est horizontal et nous indiquerons, plus bas, dans quelles

limites on peut admettre cette hypothèse.

Pour le cas où le sol serait incliné, M. Perron a d'abord établi ses calculs comme nous allons l'indiquer.

On doit observer que, dans le cas où la ligne du sol naturel ne coupe pas la plate-forme dans le profil considéré, les surfaces de déblai et de remblai sont données par les mêmes formules générales. Le profil en travers général du déblai n'est, en effet, que celui du remblai renversé.

Désignons par a (*fig.* 557) la demi-lon-

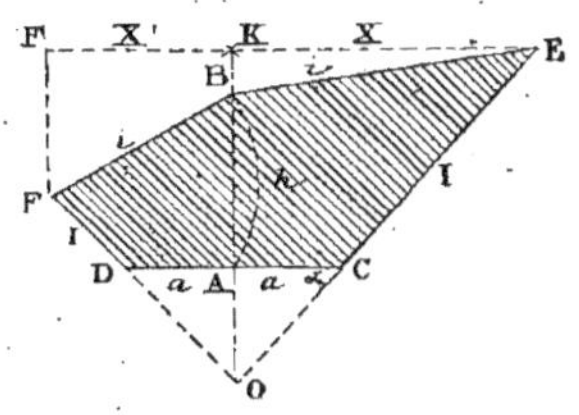

Fig. 557.

geur de la plate-forme, par h la hauteur du déblai et du remblai, par I et i les inclinaisons des talus et du sol naturel, et par S la surface d'un demi-profil. Prolongeons la ligne EC des talus jusqu'à la rencontre en O de la verticale passant par l'axe du chemin de fer et commençons par considérer le demi-profil ABEC.

Posons OB = H, EK = X et KF' = X'. Nous aurons d'abord AO = aI, H = h + aI, X (I — i) = H et S = $\dfrac{HX}{2} - \dfrac{a^2 I}{2}$.

En remplaçant, dans cette dernière expression, H et X par leurs valeurs, on a :

$$S = (h + aI)^2 \frac{1}{2(I - i)} - \frac{a^2 I}{2}.$$

1114. Si l'on considère le demi-profil ABFD (*fig.* 558), on voit que X' (I + i) = H et on arrive à l'expression :

$$S = (h + aI)^2 \frac{1}{2(I + i)} - \frac{a^2 I}{2}.$$

On peut donc écrire d'une façon générale, pour la surface d'un demi-profil :

$$(1) \quad S = (h + aI)^2 \, \frac{1}{2\,(I \pm i)} - \frac{a^2 I}{2}.$$

en prenant le signe — ou le signe + selon que l'angle du terrain avec la verticale h

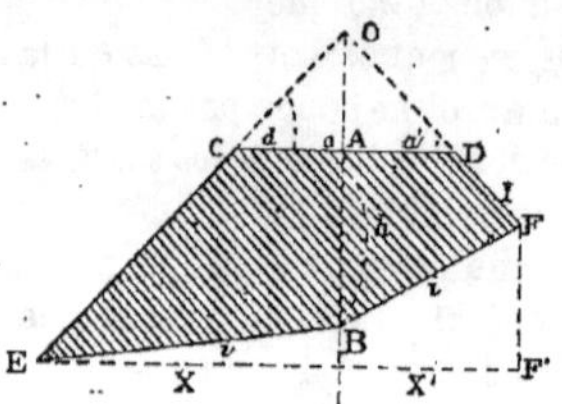

Fig. 558.

qui mesure la hauteur des terrassements est plus grand ou plus petit qu'un angle droit.

Il est à remarquer que les quantités X' et X sont les largeurs occupées par les déblais et les remblais à partir de l'axe. On peut les formuler ainsi d'une façon générale :

$$(2) \qquad X = \frac{h + aI}{I \pm i}$$

Les longueurs L des talus seraient, en désignant OCA par α :

$$(3) \qquad L = \frac{X - a}{\cos \alpha}.$$

1115. Un cas qui se présente souvent, est celui où le talus du terrain naturel coupe la plate-forme dans la largeur d'un profil en travers. Si l'on considère ce profil, on voit que l'une de ses deux moitiés rentre dans les conditions que nous venons d'examiner. L'autre profil seul doit être l'objet d'une étude particulière.

Le demi-profil général qui se rapporte

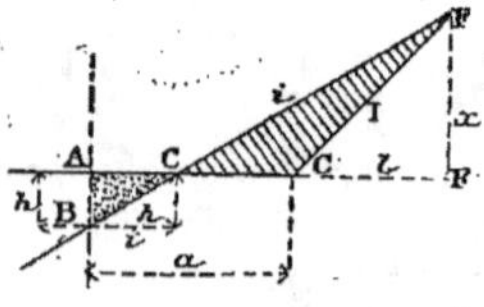

Fig. 559.

aux remblais sur l'axe est encore le même que celui qui est relatif aux déblais, mais renversé.

Désignons toujours AB par h, la demi-plate-forme par a, les inclinaisons du talus et du sol par I et i et posons $C'F' = l$

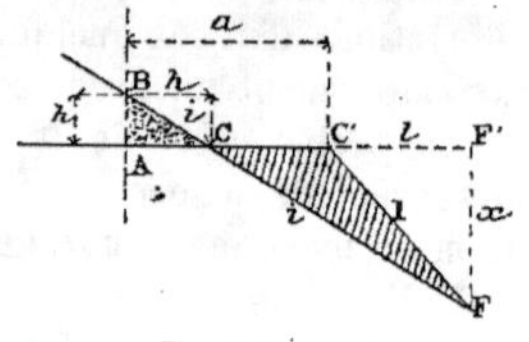

Fig. 560.

et $FF' = x$ (*fig.* 559 et 560). Nous aurons :

$$AC = \frac{h}{i}.$$

$$(4) \qquad \text{Surface ABC} = h^2 \times \frac{1}{2i},$$

puis

$$CC' = a - \frac{h}{i} \,;\; x = \left(a - \frac{h}{i} + l\right)i$$

$$\text{et } x = lI,$$

d'où :

$$l = \frac{x}{I} \text{ et } x = \frac{Ii\left(a - \dfrac{h}{i}\right)}{I - i}.$$

La surface $CC'F = \dfrac{x}{2}\left(a - \dfrac{h}{i}\right)$, ou, en remplaçant l et x par leurs valeurs,

$$(5) \quad \text{surface } CC'F = \left(a - \frac{h}{i}\right)^2 \frac{Ii}{2\,(I - i)}.$$

La largeur X de la surface occupée par le déblai est $a + l$ ou :

$$X = a + \left(a - \frac{h}{i}\right)\frac{i}{I - i},$$

ou, en réduisant :

$$(6) \qquad X = (a - h)\frac{1}{I - i}.$$

Enfin, la longueur du talus est

$$L = \frac{l}{\cos \alpha}, \text{ ou}$$

$$L = \frac{1}{\cos \alpha}\left(a - \frac{h}{i}\right)\frac{i}{I - i},$$

expression qui peut se transformer en

$$(7) \quad L = \frac{1}{\cos \alpha}\left[(aI - h)\frac{1}{I - i} - a\right].$$

1116. Dans le cas de remblais ordinaires, l'inclinaison I des talus est de 2/3 ;

elle est de 1 dans les déblais à 45° et de 4/1 dans ceux en rocher. Les formules ci-dessus se trouvent alors simplifiées et les coefficients renfermant les inclinaisons i peuvent être établis d'avance pour les diverses valeurs de ces inclinaisons.

Beaucoup de tables ou de procédés graphiques ont été donnés pour calculer rapidement et d'une manière exacte les quantités qui résultent de ces formules et nous ne pouvons qu'y renvoyer le lecteur. Mais ces tables sont souvent assez compliquées et les procédés graphiques fatiguent la vue à la longue et sont moins commodes qu'une table bien faite. Il est, du reste, un cas où on peut se contenter de résultats suffisamment approximatifs et où la question est d'arriver promptement à un calcul assez exact. C'est celui de l'étude des variantes d'un tracé qui se fait généralement en même temps que le projet de tracé et de terrassements d'un chemin de fer. C'est pour ce cas que les tables calculées d'après les formules suivantes ont été dressées.

On a pris les dimensions normales des profils en travers d'un chemin de fer, telles qu'elles résultent de l'instruction jointe à la circulaire du 30 juillet 1879 et on a supposé que le terrain naturel était horizontal. Cette hypothèse n'est évidemment pas admissible pour les terrains fort inclinés, mais elle donne, pour les déclivités transversales de 0,02 à 0,10, d'assez petites erreurs pour qu'on puisse les négliger dans l'étude des variantes.

Le tableau ci-contre donne une idée des différences entre les surfaces réelles et les surfaces approchées dans les limites dont il s'agit pour les chemins de fer à une voie qu'on construit aujourd'hui le plus souvent. Il résulte de ce tableau que l'erreur est très peu appréciable pour des inclinaisons variant de 0,00 à 0,05 par mètre et que, même pour des inclinaisons de 0,10, cette erreur rentre dans la catégorie de celles qui pourraient résulter de l'application des méthodes ordinaires.

INDICATION des divers cas considérés.	SURFACE en terrain horizontal $i=0$.	SURFACE A AJOUTER en supposant au terrain naturel une inclinaison de		
		0 02	0.05	0.10
Déblai or-dinaire.. $\{$ $h=1$	9.00	—0.002	+0.063	+0.251
$h=10$	180.00	+0.078	+0.512	+1.930
Déblai en rocher.. $\{$ $h=1$	5.25	+0.0007	+0.0047	+0.0189
$h=10$	75.00	+0.0025	+0.140	+0.395
Remblai ordinaire. $\{$ $h=1$	7.50	+0.0122	+0.0764	+0.3114
$h=10$	210 00	+0.194	+1.222	+4.972

Cette observation est surtout juste pour les déblais, et comme ce sont ceux-ci seulement qui forment la base des calculs de la dépense des terrassements, on peut, sans crainte d'erreurs sensibles, admettre l'exactitude de ces tables pour l'étude des variantes. L'erreur sur les remblais est plus considérable, mais pas encore assez pour influer sérieusement sur la répartition des déblais, seule exigence à laquelle doit satisfaire la connaissance du cube des remblais. On peut donc admettre les surfaces indiquées par les tables calculées d'après les formules suivantes jusqu'à des pentes transversales du sol de 0,10.

Lorsque le profil en travers est très accidenté, et donne des pentes supérieures à 0,10, ces tables peuvent encore servir au mesurage. On peut, en effet, dans la subdivision du polygone du profil, séparer de la surface, au moyen de quelques lignes, un déblai ou un remblai régulier dont on connaîtra la hauteur sur l'axe et dont la superficie pourra se trouver directement dans les tables.

1117. Pour les chemins de fer à une et deux voies, les surfaces négligées sont les suivantes (*voir page* 373) :

Si l'on considère que, pour deux voies et pour une cote de 10^m,00, la surface de déblai ordinaire, donnée en terrain horizontal par les tables, est de 216,442, on voit que les erreurs pour les déblais sont assez faibles et que les tables peuvent parfaite-

INDICATION des divers cas considérés.	SURFACE en terrain horizontal ($i = 0.00$)	SURFACE A AJOUTER en supposant au terrain une inclinaison de		
		0.02	0.05	0.10
Cote de 1ᵐ,00 *sur l'axe.*				
Déblai ordinaire.. { 1 voie	9 442	—0.002	0,063	0.251
{ 2 voies	13.042	0.0185	0 2227	0.467
Déblai en rocher.. { 1 voie	5.25	0.0007	0.0047	0.0189
{ 2 voies	8.85	0.002	0.033	0 052
Remblai. { 1 voie	7,50	0.0122	0.0764	0.3114
{ 2 voies	11 10	0.024	0.0885	0.6091
Cote de 10ᵐ,00 *sur l'axe.*				
Déblai ordinaire.. { 1 voie	180.442	0.078	0.512	1.980
{ 2 voies	216.442	0.100	0.625	2.521
Déblai en rocher.. { 1 voie	75.00	0.0025	0.140	0.395
{ 2 voies	111.00	0.000	0 029	0.116
Remblai. { 1 voie	210.00	0.194	1.222	4.972
{ 2 voies	246.00	0.235	1 479	6.0162

ment servir pour l'étude des variantes jusqu'à des pentes transversales de 0ᵐ10.

1118. Nous donnons ci-dessous, à titre de renseignements utiles, les types

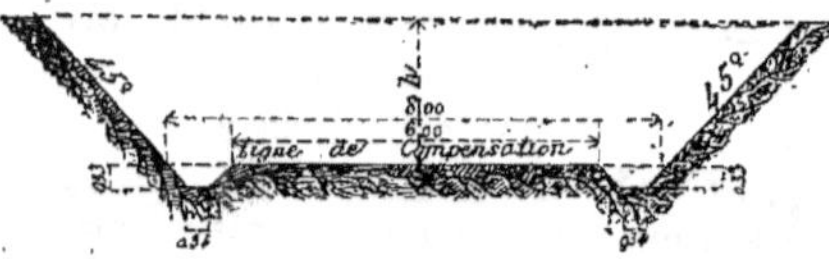

Fig. 561.

des profils en travers et les formules qui ont servi à calculer les tables figurant dans l'ouvrage de M. Partiot (J. Baudry éditeur). Le lecteur pourra lui-même construire ces tables, s'il le juge nécessaire.

1119. *Type* pour une voie en déblai ordinaire (*fig.* 561).

Formules.

Pour une hauteur h, y compris les fossés :

$$S = h\,(h + 8) + 0,4422.$$

Pour une hauteur $h + 0.01$, y compris les fossés :

$$S = h\,(h + 8) + 0,02\,h + 0,5283.$$

Si l'on voulait tenir compte de l'inclinaison i du sol naturel, la surface S, y compris les fossés, serait donnée par la formule :

$$S = \frac{(h + 4)^2}{1 - i^2} - 15,5578.$$

1120. *Type* pour une voie, déblai en rocher (*fig.* 562).

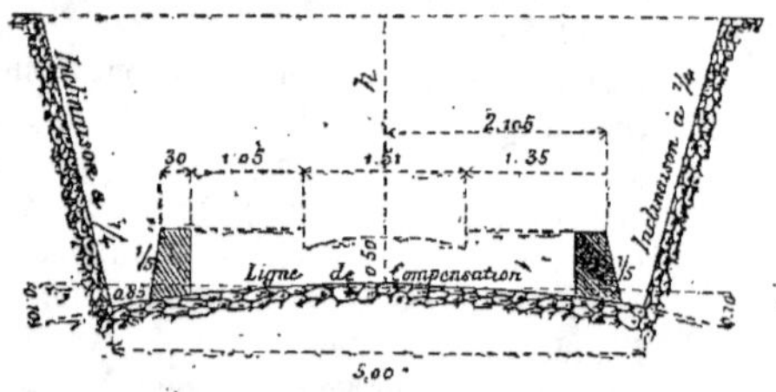

Fig. 562.

Formules.

Pour une hauteur h :

$$S = h\left(\frac{h + 20}{4}\right).$$

Pour une hauteur $h + 0,01$:

$$S = \left(\frac{h + 20}{4}\right) + \frac{0,01 \times h}{2} + 0,050025.$$

Si l'on voulait tenir compte de l'inclinaison i du sol naturel, la surface S serait donnée par la formule :

$$S = \frac{h\,(h + 10)^2}{16 - i^2} - 25.$$

1121. *Type* pour une voie en remblai (*fig.* 563).

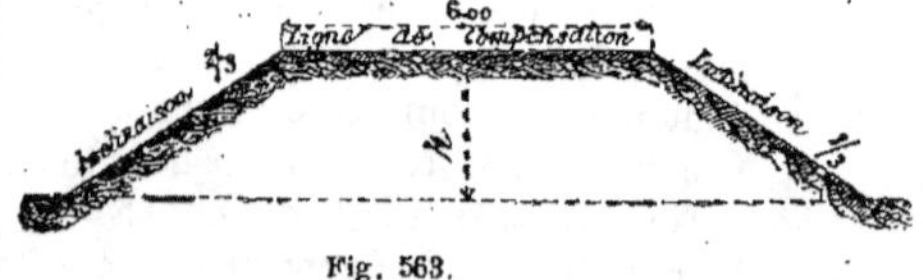

Fig. 563.

Formules.

Pour une hauteur h :

$$S = h\left(\frac{3h + 12}{2}\right).$$

Pour une hauteur $h + 0,01$:

$$S = h \left(\frac{3h + 12}{2} \right) + 0,03\,h + 0,06015.$$

Si l'on voulait tenir compte de l'inclinaison i du sol naturel, la surface S serait donnée par la formule :

$$S = \frac{6\,(h + 2)^2}{4 - 9\,i^2} - 6.$$

1122. *Type* pour deux voies en déblai ordinaire (*fig.* 564).

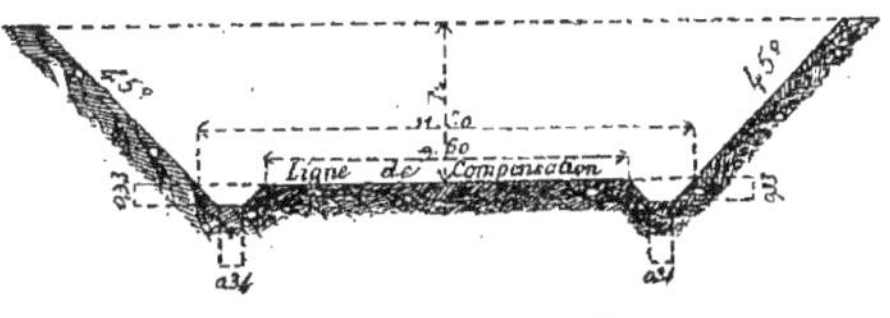

Fig. 564.

Formules.

Pour une hauteur h, y compris les fossés :

$$S = h\,(h + 11,60) + 0,4422.$$

Pour une hauteur $h + 0,01$, y compris les fossés :

$$S = h\,(h + 11,60) + 0,02\,h + 0,5582.$$

Si l'on voulait tenir compte de l'inclinaison i du sol naturel, la surface S, y compris les fossés, serait donnée par la formule :

$$S = \frac{(h + 5,80)^2}{1 - i^2} - 33,2178.$$

1123. *Type* pour deux voies, déblai en rocher (*fig.* 565).

Formules.

Pour une hauteur h :

$$S = h \left(\frac{h + 34,40}{4} \right).$$

Pour une hauteur $h + 0,01$:

$$S = h \left(\frac{h + 34,40}{4} \right) + \frac{0,01\,h}{2} + 0,086025.$$

Si l'on voulait tenir compte de l'incli-

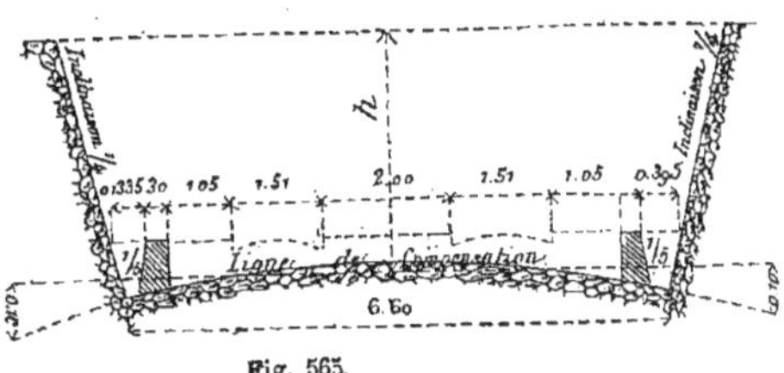

Fig. 565.

naison i du sol naturel, la surface S serait donnée par la formule :

$$S = \frac{4\,(h + 17,20)^2}{16 - i^2} - 73,96.$$

1124. *Type* pour deux voies en remblai (*fig.* 566).

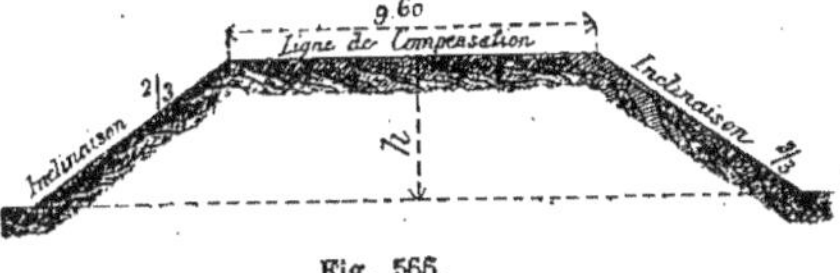

Fig. 566.

Formules.

Pour une hauteur h :

$$S = h \left(\frac{3h + 19,20}{2} \right).$$

Pour une hauteur $h + 0,01$:

$$S = h \left(\frac{3h + 19,20}{2} \right) + 0,03\,h + 0,09615.$$

Si l'on voulait tenir compte de l'inclinaison i du sol naturel, la surface S serait donnée par la formule :

$$S = 6\,\frac{(h + 3,20)^2}{4 - 9\,i^2} - 15,36.$$

CHAPITRE IV

MOUVEMENT DES TERRES

Généralités.

1125. Nous connaissons comment, soit par le calcul direct, soit par l'usage des tables, on évalue les cubes de déblais ou de remblais nécessaires pour l'exécution d'une voie de communication quelconque.

Il s'agit maintenant de répartir convenablement les déblais de manière à diminuer, autant que possible, les distances à parcourir dans le but de réduire les dépenses.

Dans l'étude d'un projet, on s'efforce bien d'équilibrer les déblais et les remblais; mais, dans la pratique, il n'est pas toujours possible d'utiliser tous les déblais, lorsqu'ils sont trop éloignés des points à remblayer.

1126. Lorsque le même entre-profil comporte des déblais et des remblais, on procède d'abord par un simple jet de pelle, puis on emploie la brouette et le tombereau; mais, lorsque le prix de revient est supérieur : 1° à l'indemnité à payer au propriétaire voisin, sur la propriété duquel on déposerait, en *cavaliers*, l'excès des terres; 2° aux frais de transport; 3° à l'indemnité à allouer au propriétaire voisin dans la propriété duquel on ferait des *emprunts* de terre (chambre d'emprunt) pour remblayer en face; 4° aux frais de transport, on doit employer le système des *cavaliers* et des *chambres d'emprunt*.

1127. L'étude de la répartition des déblais doit être l'objet de très grands soins de la part de l'auteur d'un projet, pour arriver à la préparation d'un devis sérieux réduisant les dépenses au strict nécessaire. Cette étude sera, plus loin, l'objet d'un chapitre spécial.

MODES DE TRANSPORT

I. — *Transport en terrain horizontal.*

1128. Les différents véhicules employés dans les terrassements pour transporter les terres d'un point à un autre sont :

1° La brouette,

2° Le camion,

3° Le tombereau,

4° Le vagon.

1129. Pour chacun de ces véhicules, nous déterminerons successivement :

1° Le prix de revient d'un mètre cube de terre transporté à D mètres de distance;

2° Le prix d'extraction et de chargement d'un mètre cube de terre;

3° Le cube total extrait et transporté à une distance de D mètres, pendant une journée, par un atelier d'ouvriers convenablement organisé, de manière qu'il n'y ait pas de perte de temps, et le prix de revient du travail de cet atelier.

4° Le temps nécessaire et le prix de revient pour extraire un volume de V mètres cubes de terre et le transporter à une distance de D mètres.

§ I. — BROUETTE

1130. La *brouette* est un petit véhicule bien connu et qui affecte les principales formes données par la figure 567. Sa capacité varie entre 1/30 et 1/35 de mètre cube, c'est-à-dire entre 33 et 29 litres en nombres ronds. On admet généralement 1/30.

I·

Prix de revient du transport d'un mètre cube de terre, au moyen de la brouette, à une distance de D mètres.

1131. Soient :

C, la capacité de la brouette en fraction du mètre cube ;

L, la distance en mètres parcourue (aller et retour) par un ouvrier rouleur pendant une journée ;

H, le nombre d'heures de la journée ;

P, le prix de la journée de l'ouvrier rouleur ;

X le prix de revient du transport d'un mètre cube à une distance de D mètres.

1132. Pour transporter un mètre cube de terre à la distance D, l'ouvrier parcourt en réalité 2D, puisqu'il doit revenir au point de départ. Si donc, P est le prix de transport d'un volume C pour un parcours de L mètres,

$$\frac{P}{L},$$

sera le prix du transport de ce volume C pour un mètre et

$$\frac{P}{L \times C}$$

sera le prix du transport d'un mètre cube pour le même parcours d'un mètre.

L'expression

$$\frac{P \times 2D}{L \times C}$$

représentera le prix du transport d'un mètre cube de terre pour un parcours de 2D mètres et, par suite, le prix de revient du transport d'un mètre cube à une dis-

tance de D mètres. Conséquemment, nous aurons :

$$(1) \qquad X = \frac{P \times 2D}{L \times C}.$$

On voit donc que le prix de transport d'un mètre cube de terre, par la brouette, à une distance de D mètres, sera d'autant plus faible que :

1° P sera plus petit, c'est-à-dire que le prix de la journée du rouleur sera plus faible,

2° la capacité de la brouette sera plus grande pour une même distance L parcourue en une journée de travail ou bien que cette distance L

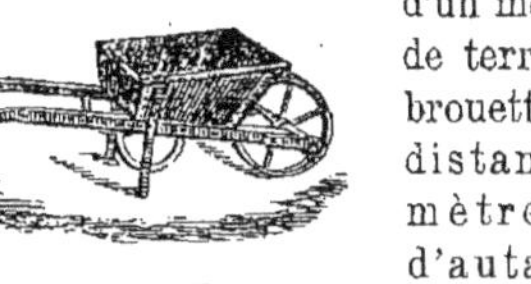

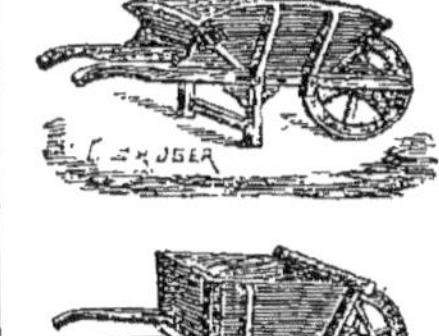

Fig. 567.

sera plus grande pour une capacité C déterminée de la brouette. Le produit L × C est proportionnel au travail effectif de l'ouvrier rouleur. Plus le travail de cet ouvrier sera grand, moins le prix de transport d'un mètre cube de terre à une distance D sera élevé.

La formule (1) ne reproduit donc, en somme, que ce que le raisonnement aurait donné ; c'est-à-dire que, à prix égal, il est préférable d'occuper des ouvriers forts et exercés et que, parmi des ouvriers ayant les mêmes aptitudes, il faut employer ceux qui se contentent d'un salaire moindre.

1133. Un bon ouvrier rouleur pouvant parcourir 30000 mètres dans une journée de 10 heures de travail, c'est-à·

dire transporter le contenu de sa brouette à une distance de

$$\frac{30\,000}{2} = 15\,000 \text{ mètres,}$$

pour l'aller et autant pour ramener sa brouette vide au point de départ, si, dans la formule (1), on fait L = 30 000 et $C = \frac{1}{30}$, on a

$$(2)\quad X = \frac{P \times 2D}{30\,000 \times \frac{1}{30}} = \frac{P \times 2D}{1\,000} = \frac{PD}{500}$$

Telle est la formule indiquée dans le bordereau des prix de l'administration des Ponts et Chaussées pour la construction des routes.

APPLICATION NUMÉRIQUE.

1134. Faisons P = 3 francs (prix de la journée d'un ouvrier rouleur) et D = 30 mètres. Nous aurons :

$$X = \frac{3,00 \times 30}{500} = 0 \text{ fr. } 18.$$

Dans ces conditions, le prix du transport d'un mètre cube à 30 mètres serait 0 fr. 18; mais il faudrait ajouter à ce prix 5 0/0 pour les faux frais et 10 pour 0/0 pour le bénéfice légal de l'entrepreneur.

II

Prix d'extraction et de chargement d'un mètre cube de terre.

1135. Soient :

N, le nombre de mètres cubes qu'un terrassier peut charger dans une journée;

H, le nombre d'heures de cette journée;

P, le prix de la journée de cet ouvrier, dont le salaire est le même que celui d'un rouleur;

X', le prix de revient de l'extraction et du chargement d'un mètre cube de terre.

1136. On sait qu'un terrassier peut charger, en brouette, 15 mètres cubes de terre dans une journée de 10 heures.

Quand la terre peut être extraite directement et chargée à la pelle, on dit que cette terre *est à un homme;* mais elle n'est pas toujours assez meuble pour qu'il

en soit ainsi. Assez souvent, il faut l'amener à cet état par un travail préalable, c'est-à-dire la piocher d'abord. Il faut donc adjoindre à l'ouvrier chargeur un, deux ou trois piocheurs. On dit alors que la terre est *à deux, trois* ou *quatre hommes.*

De même, on dit que la terre est *à un homme et demi,* quand un chargeur peut faire face à la moitié du travail d'un ouvrier piocheur; autrement dit, quand il faut deux chargeurs pour un piocheur.

Soit *h*, le nombre d'ouvriers piocheurs qu'il faut adjoindre à un chargeur pour que celui-ci puisse travailler d'une façon continue, c'est-à-dire soit capable de charger N mètres cubes dans sa journée de 10 heures.

Les piocheurs étant payés le même prix que les chargeurs et les rouleurs, le prix d'extraction et de chargement d'un mètre cube de terre sera

$$(3)\qquad X' = \frac{P\,(h+1)}{N}.$$

Si, dans cette formule, on fait N = 15, on obtient

$$(4)\qquad X' = \frac{P\,(h+1)}{15}.$$

APPLICATION NUMÉRIQUE.

1137. Supposons que l'expérience ait démontré qu'une terre qu'il s'agit de de déblayer *soit à trois hommes.* Alors, *h* = 2 et comme P = 3 fr. 00 (prix de la journée), on aura

$$X' = \frac{3,00 \times 3}{15} = 0 \text{ fr. } 60.$$

A ce chiffre de 0 fr. 60, il faudra ajouter 5 p. 100 pour les faux frais et 10 p. 100 pour le bénéfice légal de l'entrepreneur.

III

Cube total extrait et transporté à une distance de D mètres pendant une journée par un atelier de terrassiers convenablement organisé et prix de revient du travail de cet atelier.

1138. Dans tout chantier bien organisé, aucun ouvrier ne doit rester inoccupé pendant que les autres travaillent.

Un ouvrier rouleur doit prendre, au point de départ, une brouette chargée, la conduire à une certaine distance R', en verser le contenu et la ramener vide au point de départ où il doit l'échanger contre une brouette pleine qu'un chargeur, aidé ou non de piocheurs, a dû remplir pendant son absence, c'est-à-dire pendant qu'il a parcouru 2 R'.

Si un rouleur parcourt dans une journée L mètres avec une brouette d'une capacité C, pour parcourir un mètre, il mettra

$$\frac{1}{L} \text{ journée,}$$

et, pour parcourir 2R', il mettra

$$\frac{1}{L} \times 2R' = \frac{2R'}{L} \text{ journée.}$$

On sait que ce temps doit être égal à celui que n chargeurs mettent à remplir la brouette ayant la capacité donnée C.

Un terrassier chargeant N mètres cubes dans une journée, n ouvriers pourront charger, par jour,

$$n \times N \text{ mètres cubes.}$$

Pour charger un mètre cube, il leur faudra

$$\frac{1}{n \times N} \text{ journée,}$$

et, pour charger une brouette de capacité C, ils mettront

$$\frac{1 \times C}{n \times N} = \frac{C}{nN} \text{ journée}$$

On aura donc l'équation :

$$\frac{2R'}{L} = \frac{C}{nN}.$$

D'où, $R' = \dfrac{LC}{2nN}.$

Dans cette expression, L, C et N sont des quantités constantes données par la pratique. Il n'y a donc que les quantités n et R' qui soient susceptibles de varier et, à une valeur donnée de n, correspond une valeur déterminée de R' et réciproquement.

Organisation d'un chantier de terrassements à la brouette.

1139. De ce qui précède, résultent différents modes d'organisation d'un chantier.

PREMIER CAS.

1140. Supposons n plus grand que l'unité et égal, par exemple, à 3, c'est-à-dire que la distance R' est telle qu'il faille trois chargeurs pour faire face au travail d'un rouleur. Comme on ne peut guère mettre qu'un chargeur pour une brouette, afin que les ouvriers ne se gênent pas dans leur travail, il faudra que trois brouettes soient, en même temps, en chargement: la première étant vide et qu'on vient d'échanger contre une pleine, la seconde étant remplie aux 2/3, la troisième au 1/3. Le rouleur les prend successivement à chacun de ses voyages.

Dans ces conditions, le nombre de brouettes, pour un atelier, sera égal au nombre des ouvriers (rouleur et chargeurs), soit 4 dans ce cas où $n = 3$.

Le volume extrait et transporté pendant une journée, à une distance $R' = \dfrac{LC}{2nN}$, par un atelier ainsi composé, sera de $n \times N$ mètres cubes.

Comme il y a, pour ce travail, un rouleur et n chargeurs, le prix de revient du travail journalier de cet atelier sera

$$P\,(n + 1).$$

Si la nature de la terre était telle qu'à un ouvrier chargeur, il fallût adjoindre h ouvriers piocheurs, le prix de revient deviendrait $P\,(nh + n + 1)$.

Application numérique du premier cas.

1141. Soit une terre *à trois hommes* qu'il faut extraire et transporter à 20 mètres de distance. Si l'atelier est convenablement organisé, on a

$$R' = \frac{LC}{2nN} = \frac{30}{n} = 20.$$

D'où, $n = \dfrac{30}{20} = 1,5.$

Le cube extrait et transporté en une journée par un atelier composé de 1,5 chargeurs et un rouleur, sans compter les piocheurs, est donc de :

$$n \times N = 1,5 \times 15 = 22,5 \text{ mètres cubes,}$$

et puisque la terre est *à trois hommes* et que, par suite, $h = 2$, le prix payé à l'atelier composé d'un rouleur, 1,5 chargeur et $2 \times 1,5 = 3$ piocheurs, sera :

$$P (nh + n + 1) = P (1,5 \times 2 + 1,5 + 1) = P \times 5,5,$$

ce qui fait ressortir le prix du mètre cube à

$$\frac{P \times 5,5}{22,5} = P \times 0,24.$$

D'après la formule (2), on aurait, pour le prix du mètre cube transporté à 20 mètres

$$X = \frac{PD}{500} = \frac{P \times 20}{500} = P \times 0,04,$$

et, d'après la formule (4), pour le prix d'extraction et de chargement d'un mètre cube,

$$X' = \frac{P (h + 1)}{15} = \frac{P (2 + 1)}{15}$$
$$= \frac{P \times 3}{15} = P \times 0,20.$$

Comme vérification, on aura donc bien :
$$X + X' = P \times 0,04 + P \times 0,20 = P \times 0,24,$$
qui est la quantité trouvée déjà.

SECOND CAS.

1142. Supposons maintenant que $n = 1$, c'est-à-dire que la distance R' soit telle qu'un chargeur puisse faire face au travail d'un rouleur. On aura alors

$$R' = \frac{LC}{2N}.$$

Dans ce cas, il n'y aura qu'une brouette en chargement, qu'on remplira pendant le temps que le rouleur en conduira une autre à la distance $R' = \dfrac{LC}{2N}$ et la ramènera vide.

Dans ces conditions, le nombre des brouettes sera encore égal au nombre des ouvriers (chargeur et rouleur), soit 2 dans ce cas particulier.

Le volume extrait et transporté pen-

dant une journée à une distance $R' = \dfrac{LC}{2N}$ par un atelier ainsi composé sera de N mètres cubes.

Comme il y aura, pour ce travail, un rouleur et un chargeur, le prix de revient du travail journalier de cet atelier sera de

$$P (1 + 1) = 2P.$$

Si la nature de la terre était telle qu'à un chargeur, il fallût adjoindre h ouvriers piocheurs, le prix de revient deviendrait

$$P (h + 1 + 1) = P (h + 2).$$

Relai.

1143. La distance $R' = \dfrac{LC}{2N}$, pour laquelle un chargeur fait face au travail correspondant d'un rouleur est ce qu'on appelle un *relai*.

Ainsi qu'on le verra ci-après, quand la distance à laquelle il faut transporter les terres est plus grande que $R' = \dfrac{LC}{2N}$, on divise cette distance en parties égales et chacune de ces distances partielles est toujours parcourue par le même rouleur.

Ainsi, la distance AB (*fig.* 567 *bis*) est un

A   B   C

Fig. 567 *bis*.

relai si le rouleur conduit une brouette pleine de A en B, la décharge en B et la ramène en A pendant que le chargeur en remplit une seconde que le rouleur trouve prête à son arrivée pour qu'il puisse repartir de suite, sans perte de temps.

Le relai R', pour une valeur donnée de N, sera d'autant plus grand que L et C seront plus grands, c'est-à-dire que le travail effectif du rouleur sera plus considérable ou que ce rouleur sera plus habile. Il devra être plus ou moins grand, selon que le nombre N de mètres cubes qu'un terrassier pourra charger en une journée sera plus faible ou plus fort, c'est-à-dire que la terre sera plus ou moins difficile à charger.

Comme on admet généralement que :

$$L = 30\,000 \text{ mètres,}$$
$$C = 1/30 \text{ de mètre cube,}$$
$$N = 15 \text{ mètres cubes,}$$

la valeur R′ du relai est

$$R' = \frac{30\,000 \times \dfrac{1}{30}}{2 \times 15} = \frac{1\,000}{30} = 33^{\mathrm{m}},33.$$

Cette formule fait voir que *la longueur d'un relai est égal au quotient de 1 000 par le dénominateur de la fraction indiquant la capacité de la brouette par rapport au mètre cube.*

Dans les analyses des prix, on prend R = 30 mètres au lieu de $33^{\mathrm{m}},33$, afin de tenir compte du temps inévitablement perdu par les ouvriers lorsqu'ils échangent leur brouette au bout de chaque relai.

Application numérique du second cas.

1144. Si la même terre *à trois hommes* est à transporter à 30 mètres, en supposant toujours l'atelier convenablement organisé, on a

$$R' = \frac{LC}{2nN} = \frac{30}{n} = 30.$$

D'où,
$$n = \frac{30}{30} = 1.$$

Le cube extrait et transporté en une journée par un atelier composé d'un chargeur et d'un rouleur, sans compter les piocheurs, est donc de N = 15 mètres cubes.

Puisque la terre est *à trois hommes* et que, par suite, $h = 2$, le prix payé à l'atelier composé d'un rouleur, un chargeur et deux piocheurs, sera :

$$P (h + 2) = P \times 4,$$

ce qui fait ressortir le prix du mètre cube à

$$\frac{P \times 4}{15} = P \times 0,26.$$

D'après les formules (2) et (4), on aurait

$$X = \frac{P \times D}{500} = \frac{P \times 30}{500} = P \times 0,06,$$

$$X' = \frac{P (h + 1)}{15} = \frac{P \times 3}{15} = P \times 0,20,$$

et, par suite,

$$X + X' = P \times 0,06 + P \times 0,20 = P \times 0,26,$$

qui est la quantité déjà trouvée.

TROISIÈME CAS.

1145. Supposons maintenant n plus petit que l'unité et égal à $\dfrac{1}{n'}$ (n' étant, dans ce cas, plus grand que l'unité).

Soit, par exemple, $n' = 2$ et, par suite, $n = \dfrac{1}{2}$, c'est-à-dire que la distance R′ est telle qu'il faut deux rouleurs pour faire face au travail d'un chargeur.

Dans ces conditions, le chantier sera organisé de telle sorte qu'un rouleur partira de A (*fig.* 567 *bis*) avec une brouette qu'on vient de charger à ce point et en échange de laquelle il laissera une brouette vide. Il se rendra de A en B pendant qu'un autre ouvrier partira de C où ce dernier vient de décharger sa brouette, pour se rendre en B avec sa brouette vide, de façon à arriver à ce point en même temps que l'ouvrier parti de A. Les deux ouvriers se rencontreront en B, échangeront leurs brouettes et celui venu de A retournera à ce point avec une brouette vide, tandis que l'autre, venu de C, retournera vers ce point avec une brouette pleine.

Le nombre des brouettes d'un atelier sera encore égal au nombre des ouvriers (chargeur et rouleurs), soit 3 dans ce cas particulier, ou $n = \dfrac{1}{2}$.

Le volume extrait et transporté, en une journée, à une distance

$$R' = \frac{LC}{2nN} = \frac{LCn'}{2N},$$

puisque $n = \dfrac{1}{n'}$, par un atelier ainsi composé, sera de N mètres cubes.

Comme il y a, pour ce travail, un chargeur et n' rouleurs, le prix de revient du travail journalier sera de

$$P (n' + 1).$$

Si la nature de la terre était telle qu'à un ouvrier chargeur il fallût adjoindre h ouvriers piocheurs, le prix de revient deviendrait :

$$P (n' + 1 + h).$$

Dans les trois cas que nous venons d'examiner pour la discussion de la formule

$$R' = \frac{LC}{2nN},$$

nous avons attribué une valeur à n, puis nous en avons déduit la valeur correspondante de R' et l'organisation du chantier qui en résulte. Mais, en pratique, c'est, au contraire, la distance R' qui sera donnée et c'est d'après sa valeur qu'il faudra déduire celle de n et, par suite, adopter telle ou telle organisation du chantier.

Supposons que la distance D à laquelle il faut transporter les terres soit inférieure à

$$R' = \frac{LC}{2N} = 30^m.$$

On retombera dans le premier cas précédent, lequel donnait

$$R' = \frac{LC}{2nN} \text{ avec } n > 1.$$

Il faudra substituer à R' la valeur connue de D et on en déduira la valeur de n. On aura ainsi

$$D = \frac{LC}{2nN} = \frac{1}{n} \times 30^m,$$

d'où :

$$n = \frac{30^m}{D}.$$

Un terrassier, au lieu de charger la terre dans une brouette, peut, sans plus de fatigue, la jeter à une distance horizontale de 4 mètres.

Le transport à la brouette n'est donc employé que quand la distance D est supérieure à 4 mètres.

La valeur de $\frac{30^m}{D}$ ne sera pas toujours un nombre entier, quand D variera de 5 à 30 mètres; mais on prendra le nombre entier qui s'en rapprochera le plus. Ainsi, quand D sera 7 ou 8 mètres, n vaudra 4,2 ou 3,7. On prendra alors $n = 4$. Si D vaut 11 ou 13 mètres, n sera égal à 2,7 ou 2,30. On prendrait $n = 2,50$, comme si D valait 12 mètres. Dans ce cas, il y aurait 2,5 chargeurs pour un rouleur,

c'est-à-dire qu'il faudrait 5 chargeurs pour 2 rouleurs.

Si D = 30 mètres, on retombe dans le second cas examiné plus haut.

Si D est supérieur à 30 mètres et est un multiple de 30 mètres, on retombe dans le troisième cas.

Mais si D n'est pas un multiple exact de 30 mètres, on divise D en parties égales se rapprochant de 30 mètres en moins et on applique au premier de ces relais réduits l'organisation indiquée dans le premier cas.

Si, par exemple, D = 40 mètres, on divise D en deux relais de 20 mètres et, pour le premier relais, on aura, d'après la formule $n = \frac{30^m}{D}$:

$$n = \frac{30^m}{20^m} = 1,5.$$

c'est-à-dire qu'il faudra 1,5 chargeur pour un rouleur employé dans ce relais, et comme il y a deux relais, cela fera 1,5 chargeurs pour 2 rouleurs, soit un chargeur pour $\frac{2}{1,5}$ rouleurs ou $\frac{4}{3}$ rouleurs.

Comme n' est le nombre des rouleurs correspondant à un chargeur, on aurait donc $n' = \frac{4}{3}$ qu'on substituerait dans les formules du troisième cas.

Application numérique du troisième cas.

1146. Si la même terre *à trois hommes* est à transporter à 60 mètres, en supposant toujours l'atelier convenablement organisé, on a

$$R' = \frac{LC}{2nN} = \frac{30}{n} = 60 \text{ mètres.}$$

D'où,

$$n = \frac{30}{60} = \frac{1}{2},$$

mais

$$n = \frac{1}{n'}; \text{ d'où } n' = \frac{1}{n} = 2.$$

Le cube extrait et transporté en une journée par un atelier composé d'un chargeur et deux rouleurs, sans compter les piocheurs, est donc de :

$$N = 15 \text{ mètres cubes.}$$

Puisque la terre est *à trois hommes* et que, par suite, $h = 2$, le prix payé à l'atelier composé de deux rouleurs, un chargeur et deux piocheurs, est :

$$P (2 + 1 + 2) = P \times 5,$$

ce qui fait ressortir le prix du mètre cube à

$$\frac{P \times 5}{15} = 0,33.$$

D'après les formules (2) et (4), on aurait

$$X = \frac{P \times D}{500} = \frac{P \times 60}{500} = P \times 0,12,$$

$$X' = \frac{P (h + 1)}{15} = \frac{P \times 3}{15} = P \times 0,20.$$

et, par suite,

$$X + X' = P \times 0,12 + P \times 0,20 = P \times 0,32,$$

résultat un peu différent de celui trouvé précédemment, ce qui provient de ce que le relai normal a été pris de 30 mètres au lieu de $33^m,33$ qui est sa véritable valeur.

Enfin, si la terre, toujours *à trois hommes*, est à transporter à 40 mètres, nous avons vu qu'on aurait $n' = \dfrac{4}{3}$ pour un atelier convenablement organisé.

Le cube extrait et transporté en une journée par un atelier composé d'un chargeur pour $\dfrac{4}{3}$ rouleurs, sans compter les piocheurs, est donc de

$$N = 15 \text{ mètres cubes.}$$

Puisque la terre est *à trois hommes* et que, par suite, $h = 2$, le prix payé à l'atelier composé de $\dfrac{4}{3}$ rouleurs, un chargeur et deux piocheurs, est

$$P \left(\frac{4}{3} + 1 + 2 \right) = P \times \frac{13}{3} = P \times 4,33,$$

ce qui fait ressortir le prix du mètre cube à

$$\frac{P \times 4,33}{15} = P \times 0,28.$$

D'après les formules (2) et (4), on aurait

$$X = \frac{P \times D}{500} = \frac{P \times 40}{500} = P \times 0,8,$$

$$X' = \frac{P (h + 1)}{15} = \frac{P \times 3}{15} = P \times 0,20,$$

et, par suite,

$$X + X' = P \times 0,^{\,} + P \times 0,20 = P \times 0,28,$$

qui est la quantité déjà trouvée.

IV

Temps nécessaire et prix de revient pour extraire un volume de V mètres cubes de terre et le transporter à une distance de D mètres.

1147. On comprend aisément que la solution de cette question dépend du nombre plus ou moins grand M d'ateliers organisés comme nous l'avons indiqué précédemment, qu'on pourra installer sur le chantier. Ce nombre M peut changer d'un jour à l'autre, à mesure que les travaux avanceront et permettront l'installation de nouveaux ateliers; il est donc essentiellement variable.

Quand l'examen des lieux aura fixé ce nombre M et qu'on aura déterminé, par l'expérience, si la terre est *à un, deux* ou *trois hommes*, on en déduira aisément le cube journalier qu'on pourra extraire, charger et transporter à une distance D, et en divisant V par ce cube journalier, on aura le temps nécessaire pour exécuter tout le travail. Quant au prix de revient, on l'obtiendra en multipliant la dépense journalière par le nombre des journées de travail ou bien encore directement par les formules (2) et (4), mais ce moyen sera moins exact.

Application numérique.

1148. Calculer le temps nécessaire et le prix de revient pour extraire un volume de 18.000 mètres cubes de terre, *à trois hommes*, et le transporter à une distance de 20 mètres, sachant qu'on peut installer 20 ateliers convenablement disposés pendant les 10 premiers jours et 30 ateliers pendant le reste du temps.

D'après l'application que nous avons faite du premier cas, n° **1141**, nous avons vu qu'un atelier enlèverait et transporterait, par jour, 22,5 mètres cubes et que la dépense de cet atelier serait de P $\times$ 5,5. Puisqu'il y a 20 ateliers pendant les 10 premiers jours, le cube enlevé et transporté par jour est de 22,5 $\times$ 20 = 450 mètres cubes et la dépense journalière de P $\times$ 5,5 $\times$ 20 = 110 $\times$ P.

Donc, pendant les 10 jours, on enlèvera et transportera

$$450 \times 10 = 4500 \text{ mètres cubes}$$

pour une dépense de

$$110 \times P \times 10 = 1100 \text{ P.}$$

Au bout du dixième jour, il restera donc

$$18000 - 4500 = 13500 \text{ mètres cubes.}$$

Mais alors on pourra installer 30 ateliers dont le travail journalier sera de 22,5 $\times$ 30 = 675 mètres cubes enlevés et transportés

En divisant 13500 par 675, on aura le nombre de jours pendant lesquels les 30 ateliers devront fonctionner. On trouve ainsi qu'il faudra

$$\frac{13\,500}{675} = 20 \text{ journées.}$$

Un atelier coûtant P $\times$ 5,5 par jour, 30 ateliers coûteront P $\times$ 5,5 $\times$ 30 = P $\times$ 165 par jour et, pendant 20 jours.

$$P \times 165 \times 20 = P \times 3300.$$

Le temps nécessaire à l'enlèvement et au transport des 18000 mètres cubes sera donc de 10 + 20 = 30 journées et la dépense de

$$1100 \text{ P} + 3300 \times P = 4400 \times P.$$

En appliquant les formules (2) et (4), on trouverait que le prix de transport des 18000 mètres cubes à 20 mètres serait de

$$18\,000 \times \frac{P \times 20}{500} = 720 \times P,$$

que le prix de l'extraction et du chargement de ces 18000 mètres cubes serait de

$$18\,000 \times \frac{P \times 3}{15} = 3600 \times P,$$

et que, par suite, la dépense totale serait de

$$720 \text{ P} + 3\,600 \text{ P} = 4\,320 \times P,$$

au lieu de 4 400 $\times$ P, trouvé précédemment.

La différence des deux résultats est donc de

$$4\,400 \text{ P} - 4\,320 \times P = 80 \times P,$$

et provient de ce que les ateliers ne peuvent être organisés rigoureusement d'après la théorie.

Résumé des formules de la brouette.

1149. Par la formule (2)

$$X = \frac{PD}{500},$$

on aura le prix de revient du transport d'un mètre cube de terre à une distance de D mètres, étant donné le prix P de la journée d'un ouvrier terrassier.

1150. Par la formule (4)

$$X' = \frac{P\,(h + 1)}{15},$$

on aura le prix d'extraction et de chargement d'un mètre cube de terre nécessitant h piocheurs pour un chargeur. De sorte que la dépense totale, pour un mètre cube, sera

$$X + X' = \frac{P \times D}{500} + \frac{P\,(h + 1)}{15},$$

ou,

$$X + X' = P\,[0{,}002 \times D + 0{,}067\,(h + 1)].$$

L'organisation rationnelle du chantier sera donnée par les formules (n° 1138), et le temps nécessaire à l'exécution du travail, ainsi que le prix de revient de ce travail s'obtiendront par les considérations développées (n° 1147).

1151. *Observations générales.* Le travail des rouleurs est grandement facilité quand on a soin de disposer des chemins en planches sur lesquels ils font circuler leurs brouettes. On ne saurait prendre trop de soin pour le bon entretien de ces chemins, en nettoyant fréquemment les planches par quelques coups de pelle.

Nous avons supposé qu'il s'agissait d'extraire et de transporter des terres, mais les formules peuvent aussi, après quelques modifications, s'il y a lieu, s'appliquer à d'autres travaux, tels que transports de matériaux de construction, déchargements de bateaux, etc.

§ II. — CAMION

1152. Le camion est employé quand il s'agit de transporter des terres à une distance de 90 à 100 mètres. C'est une petite voiture dont la caisse est portée sur deux roues et ouverte à l'arrière. Le camion est traîné par trois hommes. L'un d'eux est attelé entre les brancards par une bricolle et les deux autres sont attelés en dehors, de chaque côté des brancards.

La contenance du camion est de 1/5 de mètre cube.

Malgré ses avantages, le camion est maintenant peu utilisé, car on en trouve difficilement l'emploi dans les ateliers de terrassements.

I

Prix de revient du transport d'un mètre cube de terre à une distance de D mètres.

1153. Soient :

C, la capacité en mètres cubes du camion ;

L, la distance en mètres parcourue, y compris l'aller et le retour, par un ouvrier attelé au camion, pendant une journée ;

H, le nombre d'heures de la journée ;

P, le prix de la journée d'un ouvrier ;

X, le prix de revient du transport d'un mètre cube à une distance de D mètres.

Il résulte de ces données que le prix de transport d'un volume C pour un parcours de L mètres est $3 \times P$, puisque le camion est traîné par trois hommes.

D'après ce qui a été dit pour la brouette, on trouverait aisément que le prix de revient du transport d'un mètre cube à une distance de D mètres est

$$\frac{3P \times 2D}{L \times C}.$$

Mais il y a lieu de tenir compte du temps perdu au chargement et au déchargement pour la mise en marche. Ce temps est de 72 secondes ou 0,02 heure

pour un volume C. Pour un mètre cube, il serait de

$$\frac{0,02}{C} \text{ heure.}$$

Comme H heures de la journée coûtent 3P, une heure coûte $\dfrac{3P}{H}$ et $\dfrac{0,02}{C}$ heure coûteront

$$\frac{3P}{H} \times \frac{0,02}{C},$$

De sorte que le prix X cherché est

$$(1) \quad X = \frac{3P \times 2D}{L \times C} + \frac{3P \times 0,02}{H \times C}.$$

La pratique a démontré que des ouvriers attelés au camion peuvent parcourir 30 000 mètres dans une journée de 10 heures.

Si donc, dans la formule (1), on fait $L = 30\,000$; $C = \dfrac{1}{5}$; $H = 10$, on a :

$$X = \frac{3P \times 2D}{30\,000 \times \dfrac{1}{5}} + \frac{3P \times 0,02}{10 \times \dfrac{1}{5}},$$

ou

$$(2) \quad X = \frac{PD}{1\,000} + 0,03\,P.$$

En faisant abstraction du terme 0,03 P., on voit que le prix de transport au camion est moitié de celui à la brouette. Cela tient à ce que, dans le camion, la charge à transporter est tout entière répartie sur les roues, tandis que, avec la brouette, une portion seulement de cette charge est répartie sur la roue, l'autre portion se reportant sur les bras de l'ouvrier terrassier. On conçoit donc que ce dernier, dans les mêmes conditions de parcours de 30 000 mètres en une journée de 10 heures, ne puisse transporter qu'une brouettée de terre de $\dfrac{1}{30}$ de mètre cube, tandis que l'ouvrier attelé au camion transporte $\dfrac{1}{3} \times \dfrac{1}{5}$ de mètre cube ou $\dfrac{1}{15}$ de mètre cube, c'est-à-dire le double.

Application numérique.

1154. Le prix d'une journée de terrassier étant de 6 fr. 90, quel sera le prix de transport de 1 mètre cube à une distance de 100 mètres? Ce prix sera :

$$X = \frac{P \times D}{1000} + 0,03 \times P = \frac{6,90 \times 100}{1000}$$
$$+ 0,03 \times 6,90 = 0,69 + 0,207 = 0 \text{ fr. } 897.$$

II

Prix d'extraction et de chargement d'un mètre cube de terre.

1155. Ce prix sera le même que dans le cas du chargement à la brouette et aura pour valeur :

$$(3) \qquad X' = \frac{P(h+1)}{15}.$$

III

Cube total extrait et transporté à une distance de D mètres, pendant une journée, par un atelier d'ouvriers convenablement organisé au point de vue d'un bon travail et prix de revient du travail de cet atelier.

1156. Le temps du chargement d'un camion doit être égal au temps du parcours, aller et retour, de ce camion à la distance R', mais augmenté du temps perdu au chargement et au déchargement pour la mise en marche, temps qui est de 0,02 d'heure ou de 0,002 de journée, puisque la journée est de 10 heures.

On aura donc :

$$\frac{C}{n \times N} \text{ journée} = \frac{2R'}{L} \text{ journée}$$
$$+ 0,002 \text{ journée}.$$

D'où :

$$R' = \frac{L\left(\dfrac{C}{n \times N} - 0,002\right)}{2}.$$
$$= \frac{L \times C}{2(n \times N)} - 0,001 \times L.$$

Pour charger un camion, on met deux hommes. Si, dans l'expression précé-

dente, on fait $L = 30000$, $C = \dfrac{1}{5}$, $n = 2$ et $N = 15$, on en déduit :

$$R' = \frac{30000 \times \dfrac{1}{5}}{2 \times 2 \times 15} - 0,001 \times 30000.$$
$$R' = 100 - 30 = 70 \text{ mètres}.$$

Si donc, la distance à laquelle il faut transporter les terres est inférieure à 70 mètres, il faudra, comme dans le premier cas examiné pour la brouette, avoir plusieurs camions en chargement à la fois, pour un camion en marche.

Si cette distance est de 70 mètres, il y aura un camion en chargement pour un camion en marche.

Si cette distance est supérieure à 70 mètres, on la divisera en plusieurs relais de 70 mètres ou d'une valeur un peu moindre et on organisera convenablement, en conséquence, le chantier de chargement.

IV

Temps nécessaire et prix de revient pour extraire un volume de V mètres cube de terre et le transporter à une distance de D mètres.

1157. Les considérations que nous avons développées pour le transport à la brouette s'appliquent également pour le transport au camion; il est donc inutile de les reproduire de nouveau.

Résumé des formules du camion.

1157 *bis*. Le prix de revient du transport d'un mètre cube de terre à une distance de D mètres sera donné par la formule (2) :

$$X = \frac{P \times D}{1000} + 0,03 \times P,$$

et celui de l'extraction et du chargement d'un mètre cube de terre, par la formule (3) :

$$X' = \frac{P(h+1)}{15}.$$

La dépense totale pour un mètre cube sera

$$X + X' = \frac{P \times D}{1000} + 0{,}03 \times P + \frac{P(h+1)}{15},$$

ou

$$X + X' = P[0{,}001 \times D + 0{,}097 + 0{,}067 \times h],$$

expression dans laquelle P est le prix de la journée d'un ouvrier terrassier et h le nombre de piocheurs qu'il faut adjoindre à un chargeur pour qu'il puisse travailler d'une manière continue.

L'organisation rationnelle du chantier se déduira de ce qui a été dit (n° 1156) et le temps nécessaire à l'exécution du travail, ainsi que le prix de revient de ce travail, s'obtiendront d'après les considérations (n° 1157).

§ III. — TOMBEREAU

1158. Le tombereau (*fig.* 568) est employé de préférence à la brouette quand il s'agit de transporter des terres à une distance supérieure à 165 mètres.

Ce véhicule n'est généralement attelé que d'un seul cheval et sa contenance est alors de 0,500 mètre cube. Mais, dans certaines localités, on le fait traîner par deux et même par trois chevaux et sa contenance va, dans ce cas, généralement d'un à un mètre cube et demi.

Fig. 568.

Dans le transport au tombereau, un conducteur conserve toujours le même attelage. Il n'y a donc pas de relai; mais comme, pendant le temps du chargement, ce conducteur resterait inactif, on le fait participer au chargement du tombereau, en l'adjoignant aux chargeurs dont le nombre doit toujours être aussi grand que possible, afin de ne pas prolonger outre mesure le temps de repos de l'attelage et augmenter d'autant le prix de revient du mètre cube transporté.

I

Prix de revient du transport d'un mètre cube de terre à une distance de D mètres.

1159. Soient :

C — La capacité en mètres cubes du tombereau ;

L — La distance parcourue en mètres, y compris l'aller et le retour, par le véhicule, pendant une journée ;

H — Le nombre d'heures de la journée ;

P′ — Le prix de la journée du tombereau attelé, conducteur compris ;

X — Le prix de revient du transport de 1 mètre cube à une distance de D mètres.

D'après ce qui a été dit pour la brouette, on trouverait aisément que le prix de revient du transport d'un mètre cube à une distance de D mètres est :

$$\frac{P' \times 2D}{L \times C}.$$

Mais, comme pour le camion, il faut tenir compte du temps perdu au chargement et au déchargement pour la mise en marche. Ce temps est de 2 minutes ou 0,033 d'heure pour un volume C. Pour un mètre cube, il est de :

$$\frac{0,033}{C}\text{ heure,}$$

temps pendant lequel le tombereau pourrait parcourir une distance

$$d = \frac{L \times C}{H} \times \frac{0,033}{C} = \frac{L}{H} \times 0,033,$$

puisqu'il parcourt L mètres en H heures avec un volume C et que, par suite, la distance parcourue en une heure, avec un mètre cube, serait de

$$\frac{L \times C}{H}\text{ mètres.}$$

De sorte que le prix X cherché est :

$$(1) \qquad X = \frac{P'\,(2D + d)}{L \times C}.$$

Telle est la formule administrative indiquée dans le bordereau des prix des Ponts et Chaussées pour la construction des routes.

La pratique a démontré qu'un cheval attelé à un tombereau peut parcourir 30000 mètres dans une journée de 10 heures. Si donc, dans la formule (1), on fait $L = 30000$; $C = \frac{1}{2}$; $H = 10$, on a :

$$X = \frac{P'\,(2D + d)}{30,000 \times \frac{1}{2}},$$

ou

$$(2) \qquad X = \frac{P'D}{7500} + P' \times 0,0066.$$

Application numérique.

1160. Si le prix élémentaire de la journée de 10 heures d'un tombereau attelé à un cheval, conducteur compris, est de 14 francs (série de prix de la Ville de Paris) et que, à ce prix, on ajoute 5 0/0 pour faux frais, et ensuite 10 0/0 pour le bénéfice, le prix d'application de cette journée sera

$$14\text{ fr.} + \frac{5}{100} \times 14$$

$$+ \frac{10}{100}\left[14 + \frac{5 \times 14}{100}\right] = 16\text{ fr. }17,$$

soit 16 fr. 20 en chiffres ronds.

Le prix de transport d'un mètre cube de terre à une distance de 200 mètres sera

$$X = \frac{16,20 \times 200}{7,500} + 16,20 \times 0,0066.$$

ou $\quad X = 0,432 + 0,106 = 0,538.$

II

Prix d'extraction et de chargement d'un mètre cube de terre.

1161. Pour la brouette et le camion, nous avons vu que le prix d'extraction et de chargement d'un mètre cube de terre était de

$$\frac{P\,(h + 1)}{N} = \frac{Ph}{N} + \frac{P}{N},$$

formule dans laquelle P est le prix de la journée d'un ouvrier terrassier et où le terme $\frac{P \times h}{N}$ se rapporte au prix de l'extraction et celui $\frac{P}{N}$ au prix du chargement.

Dans le cas du tombereau, le terme $\frac{P\,h}{N}$, relatif au prix de l'extraction, reste le même; mais celui $\frac{P}{N}$, relatif au chargement, doit changer, parce que le conducteur intervient dans le chargement et le prix de son travail est déjà compris dans celui P' qui figure dans le prix de revient du transport.

Si, par exemple, le tombereau n'est chargé que par deux hommes, dont un est le conducteur, le terme $\frac{P}{N}$ devra être réduit de $\frac{1}{2} \times \frac{P}{N}$ pour la part contributive du conducteur dans le travail du chargement.

Si le tombereau est chargé par trois hommes dont un est encore le conducteur, le terme $\frac{P}{N}$ devra être réduit de $\frac{1}{3} \times \frac{P}{N}$ pour la part contributive du conducteur dans le travail du chargement.

Dans le premier cas, le prix de revient sera

$$(3) \quad X' = \frac{P \times h}{N} + \frac{1}{2} \times \frac{P}{N}.$$

Dans le second, il sera :

$$(4) \quad X' = \frac{P \times h}{N} + \frac{2}{3} \times \frac{P}{N}.$$

Si, dans ces formules, on fait $N = 15$, on obtient

$$(5) \quad X' = \frac{P}{15} \left(h + \frac{1}{2} \right),$$

et

$$(6) \quad X' = \frac{P}{15} \left(h + \frac{2}{3} \right).$$

III

Cube extrait et transporté à une distance de D mètres pendant une journée par un atelier d'ouvriers convenablement organisé et prix de revient du travail de cet atelier.

1162. Le conducteur du tombereau pourrait charger lui-même entièrement le tombereau, mais alors le cheval se reposerait trop longtemps. On adjoint donc au conducteur un ou plusieurs chargeurs, mais, généralement, pas plus de deux; car au-delà de trois hommes au chargement, le travail devient moins bon.

Quand un conducteur, avec les chargeurs qu'on lui a adjoints, a rempli le tombereau, celui-ci se met en marche et, pour que les chargeurs ne restent pas inoccupés pendant le voyage du tombereau, il faut que, à ce moment, un autre tombereau vide vienne le remplacer. Il faut donc que le temps du chargement d'un tombereau soit égal au temps qu'un autre tombereau met à parcourir la distance $2D + d$.

Mais si la distance D est considérable, cette condition ne pourrait pas toujours être satisfaite et, alors, au lieu de deux tombereaux par atelier de chargeurs, on en met trois ou un nombre quelconque $(m + 1)$, de telle sorte que le temps du chargement de m tombereaux soit égal au temps qu'un tombereau met à parcourir la distance $2D + d$. Dans ces conditions, il n'y a toujours qu'un tombereau en chargement pour m tombereaux en marche.

Soit n le nombre des chargeurs qu'on adjoint au conducteur de chaque tombereau pour le remplir, opération qui est, par suite, faite par $(n + 1)$ ouvriers.

Un ouvrier terrassier chargeant N mètres cubes dans une journée, $(n + 1)$ ouvriers pourront charger

$$(n + 1) \ N \text{ mètres cubes.}$$

Pour charger un mètre cube, ils mettront

$$\frac{1}{(n + 1) \ N} \text{ journée,}$$

et, pour charger un tombereau de capacité C, ils mettront :

$$\frac{1}{(n + 1) \ N} \times C \text{ journée} = \frac{C}{(n + 1) \ N}.$$

Le temps de chargement de m tombereaux sera donc

$$\frac{m \times C}{(n + 1) \ N} \text{ journée.}$$

D'autre part, le temps du parcours d'un tombereau, aller et retour, à la distance D, augmenté du temps perdu au chargement et au déchargement pour la mise en marche, est de

$$\frac{2D}{L} \text{ journée} + 0,0033 \text{ journée,}$$

puisque le tombereau peut parcourir L mètres dans une journée et que le temps perdu est de 0,033 heure ou 0,0033 journée, la journée étant de 10 heures. On doit donc avoir :

$$\frac{m \times C}{(n + 1) \ N} = \frac{2D}{L} + 0,0033.$$

D'où : $D = \dfrac{m \times L \times C}{2 (n + 1) \ N} - \dfrac{0,0033 \ L}{2}.$

Si dans cette expression, on fait $L = 30,000$ mètres $C = \dfrac{1}{2}$, $N = 15$, elle devient :

$$D = \frac{m \times 30000 \times \frac{1}{2}}{2 (n + 1) \ N} - \frac{0,0033 \times 30,000}{2}$$

ou
$$D = \frac{m}{(n+1)} \times 500 - 50.$$

La distance D mètres à laquelle il faut conduire les terres étant fixée, la relation précédente donnera le nombre m de tombereaux quand on se sera donné le nombre n des chargeurs ou inversement. Mais m et n doivent être des nombres entiers.

Soit $n = 0$,

pour $m =$	1	2	3	4
on a D $=$	450ᵐ	950ᵐ	1450ᵐ	1950ᵐ

Soit $n = 1$,

pour $m =$	1	2	3	4	5
on a D $=$	200ᵐ	450ᵐ	700ᵐ	950ᵐ	1200ᵐ

Soit $n = 2$,

pour $m =$	1	2	3	4	5	6
on a D $=$	116ᵐ	283ᵐ	450ᵐ	617ᵐ	784ᵐ	950ᵐ

Soit $n = 3$,

pour $m =$	1	2	3	4	5	6	7
on a D $=$	75ᵐ	200ᵐ	325ᵐ	450ᵐ	575ᵐ	700ᵐ	825ᵐ

Lors donc qu'on connaîtra la valeur de D, on prendra, dans les résultats qui précèdent, le nombre qui s'en rapproche le plus. On en déduira les valeurs correspondantes de m et n et, par suite, l'organisation du chantier.

Il se pourra que, pour une même valeur de D, il y ait plusieurs groupes de valeurs pour m et n; par exemple, pour D $= 700^m$, on a $m = 3$ et $n = 1$, ou bien $m = 6$ et $n = 3$.

On choisira dans ces deux solutions celle qui sera la plus convenable. Si l'on n'est pas limité par le nombre des tombereaux qu'on a à sa disposition, il vaudra mieux adopter la solution qui comporte le plus grand nombre de tombereaux, tandis qu'il faudrait adopter l'autre solution si la fouille ne permettait pas de mettre quatre chargeurs (y compris le conducteur) pour remplir le tombereau, sans qu'ils se gênent dans le travail.

IV

Temps nécessaire et prix de revient pour extraire un volume de V mètres cubes de terre et le transporter à une distance de D mètres.

1163. Les considérations que nous avons développées pour le transport à la brouette s'appliquent également pour le transport au tombereau et il est inutile de les reproduire de nouveau.

Résumé des formules du tombereau.

1164. Le prix de revient du transport d'un mètre cube de terre à une distance de D mètres sera donné par la formule (2),
$$X = \frac{P' \times D}{7500} + P' \times 0,0066,$$
et celui de l'extraction et du chargement d'un mètre cube de terre par la formule (5)
$$X' = \frac{P}{15}\left(h + \frac{1}{2}\right),$$
si un seul chargeur est adjoint au conducteur d'un tombereau pour remplir celui-ci, ou bien par la formule (6)
$$X' = \frac{P}{15}\left(h + \frac{2}{3}\right),$$
s'il y a deux chargeurs adjoints au conducteur.

Dans le premier cas, la dépense totale pour un mètre cube, sera
$$X + X' = \frac{P' \times D}{7500} + P' \times 0,0066$$
$$+ \frac{P}{15}\left(h + \frac{1}{2}\right),$$
et, dans le second cas, elle sera de
$$X + X' = \frac{P' \times D}{7500} + P' \times 0,0066$$
$$+ \frac{P}{15}\left(h + \frac{2}{3}\right).$$

Dans ces expressions, P′ est le prix de la journée du tombereau attelé, conducteur compris; P, le prix de la journée d'un ouvrier terrassier et h le nombre de piocheurs qu'il faut adjoindre à un chargeur pour qu'il puisse travailler d'une manière continue.

L'organisation du chantier se déduira de ce qui a été dit (n° 1162) et le temps nécessaire à l'exécution du travail, ainsi que le prix de revient de ce travail, s'obtiendront d'après les considérations exposées (n° 1163).

§ IV. — WAGON

1165. Les transports par la brouette, par le camion et par le tombereau sont peu expéditifs. Ces véhicules roulent sur le sol naturel ou sur des terres déjà remuées et la traction y est assez difficile. Conséquemment, le résultat du travail d'une journée se traduit par un volume assez faible de terre transporté à la distance voulue.

Comme la création des chemins de fer a nécessité de très grands travaux de terrassements qui devaient être exécutés dans un temps relativement court, il était tout naturel qu'on songeât à appliquer à ces terrassements le mode de transport par wagons circulant sur des rails provisoires ou même sur les rails définitifs de la voie ferrée future.

1166. Dans un chantier bien organisé, il est essentiel que le chargement, le transport et le déchargement soient combinés d'une façon rationnelle pour qu'aucun ouvrier ne soit inoccupé. C'est surtout dans le transport par wagons qu'on reconnaît l'importance de cette bonne organisation, car les masses en mouvement sont alors considérables et si les trois opérations ne sont pas bien combinées, la moindre perte de temps se traduit de suite par une perte d'argent appréciable.

1167. Puisque nous n'avons, pour le moment, en vue que la question du transport par wagon, ce n'est pas le cas d'en examiner les conditions les plus favorables de chargement et de déchargement. Ces conditions sont essentiellement varia-bles; elles ne peuvent être assujetties à des règles fixes et, par suite, il est difficile de donner des formules exactes du prix de revient d'un transport; mais on comprend aisément que ce prix de revient pour un mètre cube, en ne considérant que les frais de traction, soit proportionnel à la distance parcourue, et qu'on doive l'augmenter d'une somme fixe pour les frais accessoires résultant des pertes de temps au chargement et au déchargement ainsi que pour l'entretien de la voie ferrée.

Nous ne pouvons donc donner qu'à titre de renseignement, et sous toute réserve, la formule suivante déterminée par M. Oppermann, ingénieur des Ponts et Chaussées :

$$X = (0{,}045 \pm 2 \times I)\,D + \frac{L+8}{V} \times C + 0{,}25.$$

X — est le prix de revient en francs du transport d'un mètre cube.

I — est l'inclinaison moyenne par mètre des voies posées (+ pour les rampes, — pour les pentes).

D — est la distance horizontale des centres de gravité du déblai et du remblai (en hectomètres).

L — est la longueur cumulée du déblai et du remblai (en hectomètres).

V — est le volume total, en mètres cubes, à exploiter avec les mêmes voies.

C — est une somme constante et généralement égale à 200 francs pour les voies ayant déjà servi, et à 250 francs pour les voies neuves.

II. — *Transport en terrain incliné.*

1168. Les transports de terres n'ont pas toujours lieu sur un terrain horizontal ou sensiblement horizontal. Le niveau du point d'arrivée peut être notablement supérieur à celui du point de départ ; ou bien, pour se rendre de l'un à l'autre, il est souvent préférable de faire disposer suivant une certaine rampe le chemin que doit parcourir le véhicule pour franchir un pli de terrain, plutôt que de contourner l'obstacle, ce qui augmenterait outre mesure la distance de transport.

Quand il s'agit de transports à la brouette et au camion et qu'il y a lieu de créer des rampes sur une partie du parcours, celles-ci se font à une inclinaison de 1/12, soit à 0^m,08 par mètre. Comme résultat d'expérience, on admet que le transport sur 20 mètres en rampe de 1/12 équivaut, comme dépense ou comme effort développé par l'ouvrier rouleur, à celui de 30 mètres parcourus sur un terrain horizontal, ou bien qu'un mètre en rampe de 1/12 équivaut à $\dfrac{30}{20} = 1,5$ mètre en horizontale.

Si donc, il s'agit d'aller d'un point à un autre situé à une hauteur H au-dessus du premier, à l'aide d'une rampe de 1/12, le chemin à parcourir sur cette rampe sera de $12 \times H$. Rigoureusement, ce chemin serait un peu supérieur à $12 \times H$, puisqu'il serait l'hypoténuse d'un triangle rectangle dont $12 \times H$ et H seraient les côtés de l'angle droit, mais la différence est insignifiante.

Or, $12 \times H$ mètres parcourus en rampe de 1/12 équivalent à $12 \times H \times 1,5$ parcourus sur l'horizontale, c'est-à-dire à $18 \times H$ mètres.

Donc, une hauteur H à franchir devra être comptée dans le transport comme équivalente à $18 \times H$ mètres qui, ajoutés aux autres distances à parcourir sur l'horizontale, donneront la distance totale de transport et, par suite, celle sur laquelle on devra compter pour établir les prix de revient et organiser les relais des ateliers.

1169. Pour les tombereaux qui sont traînés par des chevaux, les rampes de 1/12 seraient trop fortes. On les fait ordinairement de 1/20 ou de 0^m,05 par mètre, et alors on admet qu'un parcours de 100 mètres sur ces rampes équivaut à un parcours de 150 mètres sur un terrain horizontal ou bien qu'un mètre en rampe de 1/20 équivaut à $\dfrac{150}{100} = 1,5$ en horizontale.

Une hauteur H à franchir, dans ce cas, devra donc être comptée dans le transport comme équivalente à $20 \times H \times 1,5$ mètres ou $30 \times H$ mètres en horizontale.

Quant au transport par wagon, la formule indiquée précédemment tient compte de l'inclinaison I suivant laquelle les voies sont établies.

§ V. — LIMITES DES FORMULES DE TRANSPORTS

Formules déterminant les distances auxquelles il convient de préférer un mode de transport à un autre.

1170. D'après ce que nous avons vu précédemment, le prix de revient d'extraction, de chargement et de transport d'un mètre cube de terre à une distance de D mètres est exprimé par

$$(1) \quad X + X' = P\,[0,002 \times D + 0,067 + 0,067\,h],$$

pour le transport à la brouette;

par :

$$(2) \quad X + X' = P\,[0,004 \times D + 0,097 + 0,067\,h],$$

pour le transport au camion;

par :

$$(3) \quad X + X' = P'\left(\frac{D}{7,500} + 0,0066\right) + P\,(0,033 + 0,067\,h),$$

pour le transport au tombereau chargé par un ouvrier et le conducteur;

par :

(4) $X + X' = P' \left(\dfrac{D}{7500} + 0,0066 \right)$

$+ P (0,044 + 0,067\, h)$,

pour le transport au tombereau chargé par deux ouvriers et le conducteur.

Dans ces expressions, P est le prix de la journée d'un ouvrier terrassier ; P', celui de la journée d'un tombereau attelé, conducteur compris, et h le nombre de piocheurs qu'il faut adjoindre à un chargeur pour qu'il puisse travailler d'une manière continue.

1171. Si, par exemple, on veut savoir pour quelle distance le transport à la brouette est aussi avantageux que celui au camion, il suffira de rendre égales les expressions (1) et (2), et on aura :

$$P (0,002 \times D + 0,067) = P (0,001\, D + 0,097),$$

ou :

$$P (0,001 \times D) = P \times 0,03,$$

c'est-à-dire :

$$D = 30 \text{ mètres.}$$

Ainsi donc, jusqu'à 30 mètres, il y aura avantage à se servir de la brouette ; au-delà, il vaudra mieux employer le camion. Mais, ainsi que nous l'avons déjà dit, le camion, malgré ses avantages, est peu employé par suite de la difficulté qu'on aurait à vendre ce matériel à la fin des travaux.

1172. Si l'on veut savoir pour quelle distance le transport à la brouette est aussi avantageux que celui au tombereau, chargé par son conducteur et deux ouvriers, il suffira de rendre égales les expressions (1) et (4)

$$P (0,002 \times D + 0,067)$$

$$= P' \left(\frac{D}{7500} + 0,0066 \right) + P \times 0,044.$$

Généralement, on a P = 6 fr. 90, et P' = 16 fr. 20 ou $\dfrac{P'}{P} = \dfrac{16,20}{6,90} = 2,37$

et, par suite, P' = 2,37 P.

Il viendra donc :

$$P (0,002\, D + 0,067) = 2,37 \times P$$

$$\left(\frac{D}{7500} + 0,0066 \right) + P \times 0,044.$$

ou :

$$0,001684 \times D = -0,007358.$$

La valeur de D qui en résulte étant négative, cela veut dire que dans les conditions de P' = 2,37 × P, il y aurait toujours avantage à se servir du tombereau.

Représentation graphique et limite d'emploi des diverses formules de transport (1).

1173. Nous avons dit que le mode à employer pour transporter des déblais en remblai, varie nécessairement avec la distance à parcourir.

Les figures 569 à 573 (2) donnent, pour des cas empruntés à diverses séries de prix, une représentation géométrique très simple des dépenses afférentes à

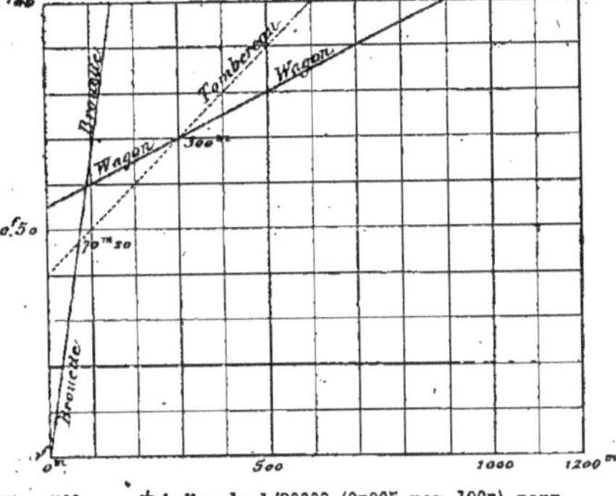

Fig. 569. — Échelles de 1/20000 (0ᵐ005 par 100ᵐ) pour les distances et de 1/20 (0ᵐ05 par franc) pour les prix. (Chemin de fer de l'État, ligne de Mayenne à Fougères.)

chaque mode particulier de transport, suivant les distances, et, par cela même, de la distance à laquelle il faut cesser d'en employer un pour passer à un autre. Les abscisses, dans ces cinq figures, représentent des distances comptées à partir de l'origine. Les ordonnées représentent des prix croissant depuis zéro. Le prix de

(1) Ce paragraphe est extrait textuellement de l'ouvrage intitulé : *Exposé de deux méthodes pour abréger les calculs des terrassements et des mouvements de terre*, par L. Lalanne, inspecteur général des ponts et chaussées (Dunod éditeur, quai des Grands-Augustins, Paris).

(2) Ces figures indiquent les limites séparatives pour l'application des divers modes de transport.

transport d'un mètre cube se compose toujours d'une quantité constante b due au temps perdu par le véhicule et par son attelage pendant le chargement, augmentée d'une quantité proportionnelle au trajet parcouru x. Il a donc pour expression

$$y = ax + b$$

équation d'une ligne droite.

Pour la brouette, le chargement étant implicitement compté dans le prix du terrassement, la constante b est nulle.

n'ont pas admis la même vitesse d'accroissement.

Les valeurs qu'on attribue aux coefficients a et b pour les autres modes de transport varient aussi dans des limites assez étendues et il serait intéressant de chercher les causes de ces différences qui ne sont peut-être pas toutes parfaitement motivées. L'inspection seule et la comparaison des cinq figures font ressortir ces différences et mettent en évidence les distances à partir desquelles, dans chaque

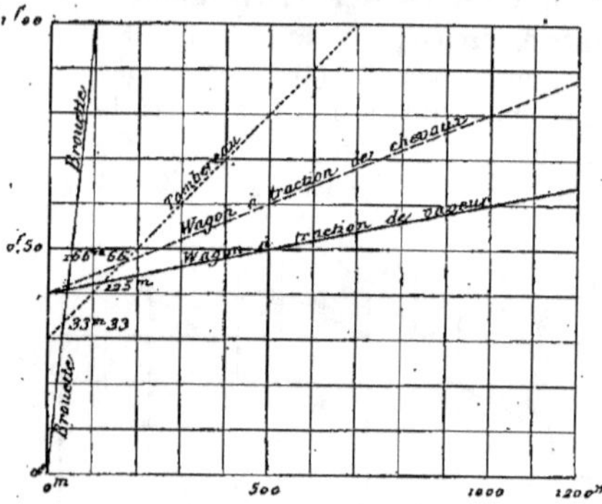

Fig. 570. — Mêmes échelles qu'à la figure 569. — (Compagnie des chemins de fer de l'Ouest). — Les rails et les coussinets sont fournis par la Compagnie.

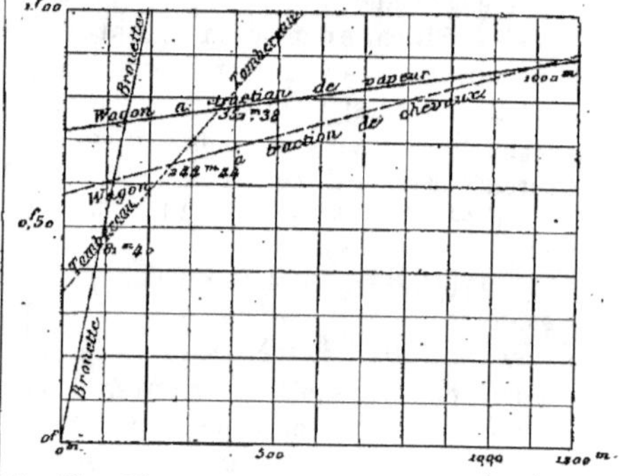

Fig. 572. — Mêmes échelles qu'à la figure 569. — Transports sur rampes de 0,000 à 0,006. — (Compagnie des chemins de fer du Nord.)

Aussi voit-on sur les cinq figures que les droites se rapportant à la brouette passent toutes par l'origine; mais les diverses administrations de chemin de fer

système, on passe d'un mode de transport à un autre. Ces distances sont les abscisses des points de rencontre de deux droites consécutives représentées par deux équa-

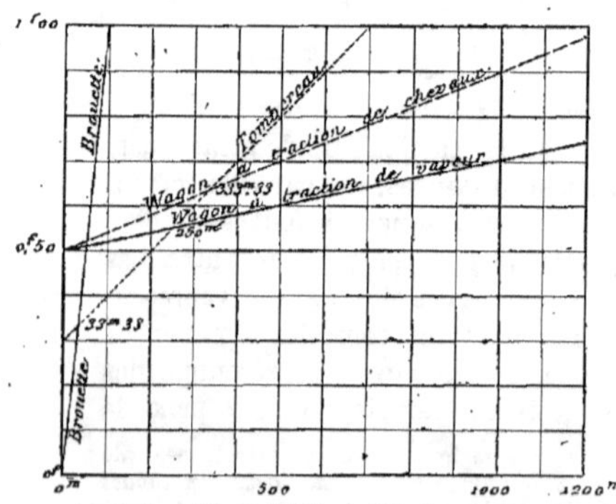

Fig. 571. — Mêmes échelles qu'à la figure 569. — (Compagnie des chemins de fer de l'Ouest.) — Les rails et les coussinets sont fournis par l'entrepreneur.

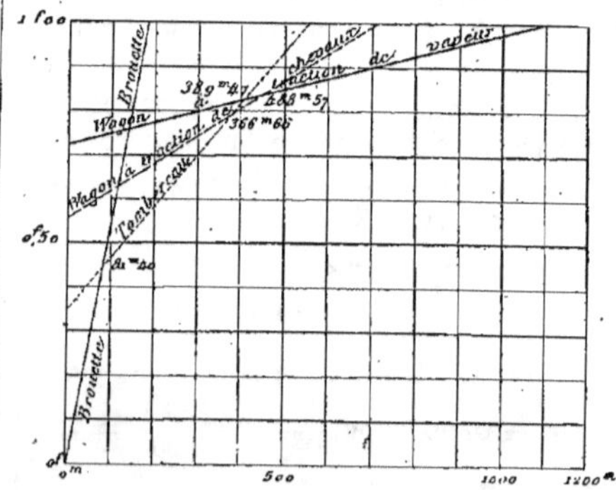

Fig. 573. — Mêmes échelles qu'à la figure 569. — Transports sur rampes supérieures à 0,006 — (Compagnie des chemins de fer du Nord.)

394   TRAITÉ PRATIQUE DE GÉODÉSIE.

tions qui s'obtiennent en remplaçant, dans la précédente, a et b par les valeurs particulières relatives à chaque mode de transport.

Les figures 572 et 573, construites d'après les séries en usage sur les travaux de la Compagnie des chemins de fer du Nord, mettent en évidence l'emploi de la brouette jusqu'à 81ᵐ,40. Sur la figure 572, qui se rapporte à des déclivités longitudinales tout au plus égales à 0,006, le wagon à traction de chevaux vient se substituer au tombereau à partir de 244ᵐ,44. Le wagon à traction de vapeur vient se substituer au wagon à traction de chevaux, à partir de 1000 mètres.

Pour des déclivités supérieures à 0,006, les distances limites correspondantes sont 366ᵐ,66 et 488ᵐ,57 (*fig.* 573).

Nous résumons dans le tableau ci-après les données numériques relatives aux cinq figures (569 à 573) et les limites qui en résultent pour passer d'un mode de transport à un autre.

Dans ce tableau, a est le prix exprimé en fraction décimale du franc, du transport à *un* mètre de distance; b la constante, pareillement exprimée en fraction du franc, qui représente la valeur du temps perdu au chargement et au déchargement. La distance du transport x doit être aussi exprimée en mètres pour l'usage de la relation linéaire en x et y, donnée plus haut, dans laquelle, après les substitutions convenables, y sera le prix du transport en francs et fraction de franc.

Nous avons indiqué, pour chacun des modes de transport, la distance d à partir de laquelle il doit cesser pour être remplacé par le suivant.

Tableau des valeurs numériques servant à l'évaluation du prix de transport par divers modes.

	Valeurs de	Valeurs correspondantes de a, b et d, dans le cas des figures 569, 570, 571, 572 et 573.				
		Fig. 569.	Fig. 570.	Fig. 571.	Fig. 572.	Fig. 573.
Brouette.	a	0 fr. 0066	0 fr. 0100	0 fr. 0100	0 fr. 0055	0 fr. 0055
	b	»	»	»	»	»
	d	70ᵐ,20	33ᵐ,33	33ᵐ,33	81ᵐ,40	81ᵐ,40
Tombereau.	a	0 fr. 0010	0 fr. 0010	0 fr. 0010	0 fr. 0012	0 fr. 0012
	b	0,40	0,30	0,30	0,35	0,35
	d	300ᵐ	166ᵐ,66 / 125ᵐ,00	333ᵐ,33 / 250ᵐ,00	244ᵐ,44	366ᵐ,66
Wagon à traction de chevaux.	a	0 fr. 0005	0 fr. 0004	0 fr. 0004	0 fr. 0003	0 fr. 0006
	b	0.55	0.40	0.50	0.57	0.57
	d	»	»	»	1000ᵐ	488ᵐ,57
Wagon à traction à vapeur.	a	»	0 fr. 00020	0 fr. 00020	0 fr. 00015	0 fr. 00025
	b	»	0.40	0.50	0.72	0.72

On remarquera que, sur les figures 570 et 571, le point de départ étant le même pour les droites relatives au wagon à traction de chevaux et au wagon à traction à vapeur; ou, en d'autres termes, la valeur du coefficient b étant la même pour ces deux modes de transport sur chacune de ces figures, il n'y a pas, suivant la série des prix de la Compagnie des chemins de fer de l'Ouest, avantage à substituer le wagon à traction de chevaux au tombereau, lorsqu'on dispose de wagons à traction à vapeur, car l'emploi de la première espèce commencera seulement à 167 ou à 333 mètres, tandis que l'emploi de la seconde procure déjà économie sur le tombereau à 125 et à 250 mètres.

CHAPITRE V

LE PORTEUR DECAUVILLE

1174. Les transports au moyen de la brouette, du camion, du tombereau et du wagon que nous venons d'étudier sont devenus des opérations classiques. Depuis quelques années, ils ont été remplacés très avantageusement par le *porteur*

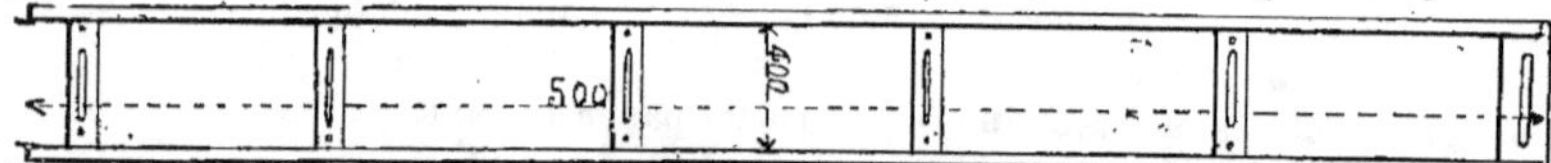

Fig. 574. — Bout de voie de 5 mètres. L'écartement des rails est de 0ᵐ,40, 0ᵐ,50 ou 0,ᵐ60, selon l'importance des charges.

Decauville ou simplement par le *Decauville*, nom donné au chemin de fer porta-

Fig. 575. — Bout courbe de 2ᵐ,50 à droite.

tif créé par M. Decauville, ingénieur des arts et manufactures, propriétaire des magnifiques établissements de construc-

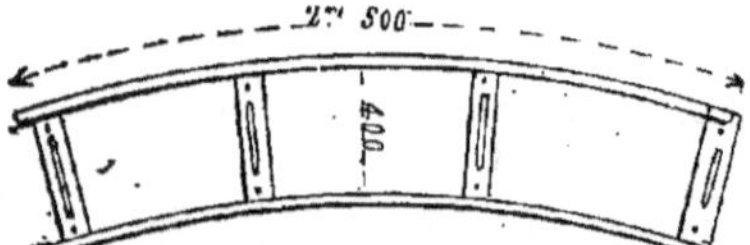

Fig. 576. — Bout courbe de 1ᵐ,25 à gauche.

tion de Petit-Bourg et de Corbeil (Seine-et-Marne).

Ce nouveau chemin de fer est basé sur le principe de la division des charges et de leur fractionnement raisonné sur un grand nombre d'essieux, de telle sorte

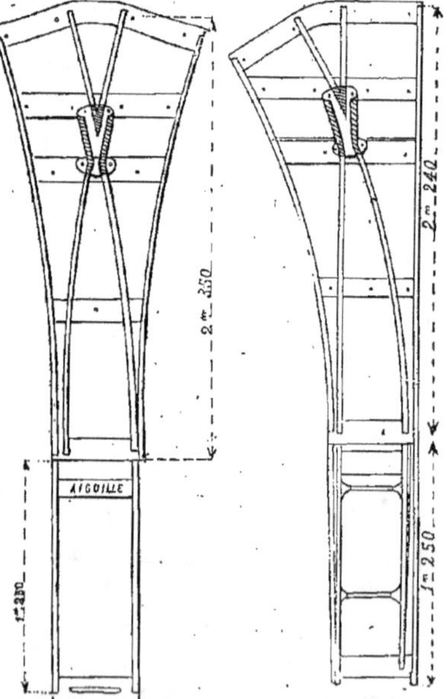

Fig. 577. — Croisement en fourche symétrique.

Fig. 578. — Croisement de voie droite, courbe à gauche.

que les accidents habituels des voies

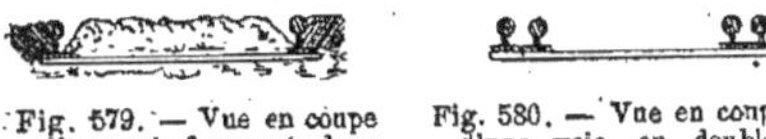

Fig. 579. — Vue en coupe d'une voie fixe noyée dans le sol.

Fig. 580. — Vue en coupe d'une voie en doubles rails.

Fig. 581. — Vue en coupe de la même voie noyée dans le sol.

Fig. 582. — Vue en coupe d'une voie en rails à ornières, dits rails-tramways.

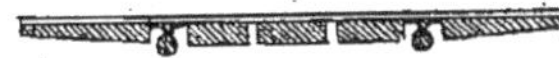

Fig. 583. — Vue en coupe du passage à niveau.

ferrées, c'est-à-dire les déraillements,

n'ont plus aucune importance, l'homme étant, pour ainsi dire, plus fort que son wagon, car il peut le remettre instantanément sur la voie sans qu'il ait besoin d'attendre du secours.

1175. La voie se compose des éléments représentés par les figures 574 et 575.

1176. La voie de 0m,40 de largeur entre les rails est la plus maniable, parce qu'un homme peut porter une travée de 5 mètres de longueur, dont le poids est de 50 kilog., en se plaçant au milieu et en prenant un rail de chaque main, ainsi que le montrent les figures 586 et 587.

1177. Pour les terrassements, la caisse

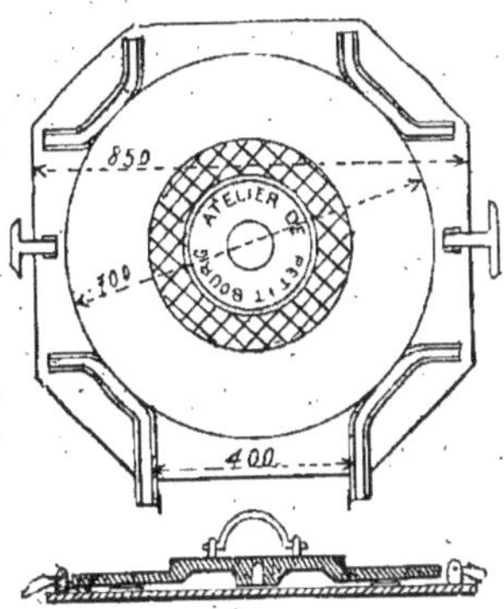

Fig. 584. — Vue en plan et en coupe de la plaque tournante portative à plateau lisse pour les charges légères.

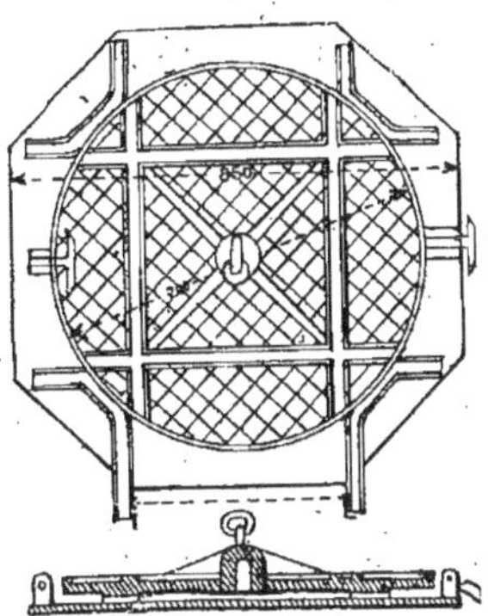

Fig. 585. — Vue en plan et en coupe de la plaque tournante portative à plateau à ornières pour les lourdes charges.

du wagon (fig. 588 et 589) est à bascule. Elle est équilibrée sans perte, de telle sorte qu'on peut décharger son contenu par un seul mouvement.

Fig. 586.

Fig. 587.

La capacité de la caisse varie selon la largeur de la voie et selon l'importance des terrassements à faire, soit à bras d'homme, soit par traction de cheval, soit par traction au moyen d'une locomotive spéciale.

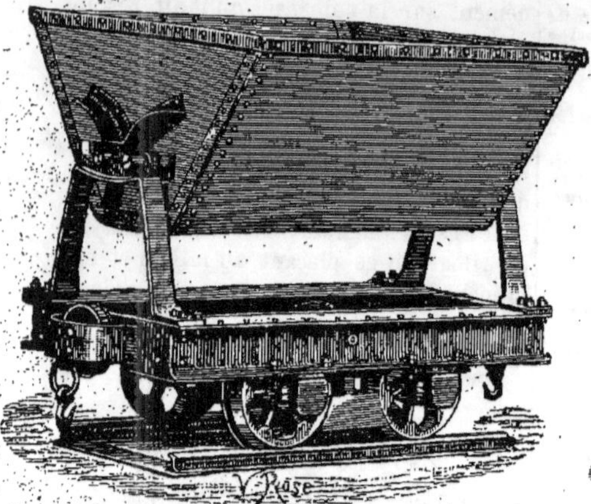

Fig. 588. — Type cubant 500 litres avec nouveau basculement (position normale).

Fig. 589. — Position du wagon étant basculé.

Traction à bras.

1178. Un homme de force moyenne pousse sans peine un wagon Decauville cubant 300 litres avec une vitesse de 4000 mètres à l'heure, soit 40000 mètres parcourus dans une journée de 10 heures ; mais, comme il faut tenir compte du retour, cela fait 300 litres conduits à 20,000 mètres ou bien 60 mètres cubes transportés à 100 mètres.

Avec la brouette, pour une distance de 100 mètres, il faudrait trois relais, c'est-à-dire que le travail journalier d'un homme ne serait que de 15/3 ou 5 mètres cubes transportés à 100 mètres, au lieu de 60 mètres conduits au moyen du *Decauville*, soit environ 11 *fois plus* en faveur de ce dernier mode.

Cependant, il y a lieu de tenir compte de la dépense du matériel. En le faisant, il a été reconnu que le prix du roulage au moyen du *Decauville* n'est que le 1/5 du roulage au moyen de la brouette, ce qui représente une économie de 80 %.

1179. Dans certains cas, sur les rampes, par exemple, deux hommes emploient mieux leurs forces en se mettant un par derrière pour pousser le wagon, l'autre par devant (*fig.* 590) pour tirer au moyen d'une petite bricole semblable à celle dont se servent les marchands, dans les rues de Paris, pour traîner de petites

Fig. 590.

voitures. Pour organiser un atelier de terrassements à bras d'homme, système *Decauville*, avec 8 wagonnets, il faut un matériel coûtant 4423 fr. 50 et pesant 7451 kilog., y compris les wagonnets.

Traction par cheval.

1180. Un cheval de force moyenne, marchant à côté de la petite voie et tirant avec une chaîne de 4ᵐ,50 de longueur,

Fig. 591.

traîne, sans peine, lorsque le terrain est plat, 8 wagons mesurant 500 litres cha-cun à une vitesse moyenne de 4 kilomètres à l'heure, soit $8 \times 0,5 = 4$ mètres cubes transportés à 20000 mètres en une journée de 10 heures, en tenant compte du retour, ou bien 80 mètres cubes conduits à 1000 mètres. Avec un tombereau ayant la contenance d'un wagon, un cheval ne parcourrait, dans une journée, que 30,000 mètres. S'il arrivait à 40000 mètres, comme cela se produit avec le *Decauville*, il ne transporterait que les 3/4 d'un wagon, tandis qu'avec le *Decauville*, il conduit 8 wagons, c'est-à-dire environ 10 *fois plus*.

Mais il convient encore de tenir compte de la dépense du matériel. En le faisant et en admettant, comme moyenne, que ces frais fussent égaux, on reconnaîtrait que le prix du roulage avec le *Decauville* n'est que le 1/5 de celui du tombereau, c'est-à-dire qu'il y a encore éco-

Fig. 592.

nomie de 80 pour 0/0. S'il y a des pentes sur le parcours, il faut observer qu'un cheval qui, en palier, traîne facilement 8 wagons, ne conduit plus que :

6 wagons sur une pente de.... 0,02
4   —   —   ... 0,04
2   —   —   ... 0,07
1   —   —   ... 0,10

1181. La plupart des harnais qu'on emploie sont défectueux. Le meilleur modèle créé par M. Decauville est représenté par la figure 591. Le génie militaire en a employé plusieurs centaines pour la traction des wagonnets en Tunisie sur des chemins de fer à voie étroite.

La figure 592 représente un atelier organisé au moyen du *Decauville*, à traction de chevaux, pour des travaux d'endiguement dans un port de mer.

Pour organiser un atelier de terrassements à traction de cheval, système Decauville, avec 16 wagonnets, il faut un matériel coûtant 12282 francs et pesant 23533 kilog. y compris les wagonnets.

Traction par locomotive.

1182. L'emploi de locomotives spéciales au chemin de fer Decauville (*fig.* 593) oblige à utiliser des voies en rails beaucoup plus forts. Un wagon de trois tonnes est, en effet, un *poids passif*, qui ne pèse que trois tonnes sur la voie, tandis qu'une locomotive de trois tonnes est, au contraire, un *poids actif* qui, par ses efforts, fatigue la voie deux fois plus et doit, en moyenne, être considéré comme double.

Cette fatigue augmente en proportion de la vitesse et agit surtout sur les courbes.

On produit un travail considérable en mettant un cheval à la charge pour former les trains et les amener sur une petite gare et un autre cheval à la décharge pour conduire les wagons sur la voie placée au bord du remblai. La locomotive ne circule donc que sur une voie solide et ne perd jamais de temps dans les manœuvres à chaque extrémité.

Le matériel pour les terrassements à traction de locomotive étant de création récente, il est difficile de fixer, dès à présent, d'une façon absolue, le prix de revient des transports; mais on peut affirmer que

Fig. 593.

l'économie est considérable (80 p. 0/0) si le terrain est entièrement en palier. S'il y a des rampes dépassant trois centimètres par mètre, l'emploi de la locomotive n'est plus pratiqué et il vaut mieux utiliser les chevaux qui peuvent gravir des rampes ayant 10 et même 15 centimètres par mètre.

Pour organiser un atelier de terrassement à traction à la vapeur, système *Decauville*, avec une locomotive et 24 wagonnets, il faut un matériel coûtant 38923 francs et pesant 61800 kilog, y compris la locomotive et les wagonnets.

La figure 594 représente le chantier de terrassements organisé au moyen du *Decauville*, par MM. Lepoutre et Héricourt, entrepreneurs à Nogent-sur-Marne, pour l'agrandissement de la gare de Reuilly à Paris (ligne de Paris à Vincennes).

RÉSUMÉ.

1183. Finalement, le *Decauville* ne peut que mettre en pratique ce résultat connu depuis longtemps que la traction, sur voie métallique, n'est que de 0,007 de la charge à traîner, tandis que sur une route, même bien entretenue, elle est de 0,080. Pour réaliser une telle économie, il fallait naturellement un matériel spécial dont la création est due à M. *Decauville*.

Aujourd'hui, le porteur *Decauville* se

Fig. 534.

rencontre sur tous les points du globe et même dans les pays inexplorés jusqu'à ce jour.

Il se produit ce fait curieux que des bateaux légers en fer remontent le cours de fleuves inconnus, transportant avec eux quelques kilomètres de *Decauville*, et quand des obstacles arrêtent la flottille, on débarque le *Decauville*, puis on l'installe instantanément sur le sol. C'est le chemin de fer improvisé, qui transporte les bateaux, qu'on remet ensuite à l'eau, lorsque l'obstacle est tourné.

Un matériel se prêtant ainsi à des applications aussi imprévues devait donc acquérir, en peu de temps, un succès bien légitime.

Depuis huit ans, la fabrication s'est chiffrée par 28000000 de francs et ce résultat a rapporté à M. Decauville des bénéfices qu'il a largement attribués à l'amélioration de son matériel de construction, dans l'intérêt de ses nombreux clients. Ses études incessantes lui ont valu bon nombre de distinctions honorifiques qui ne sont que la juste récompense de travaux considérables intimement liés à l'intérêt général.

CHAPITRE VI

RÉPARTITION DES DÉBLAIS

1184. Nous avons vu comment, dans un projet de terrassement, on évalue les déblais et les remblais pour modifier le relief du sol dans des conditions convenues. Nous avons parlé aussi des divers véhicules employés au transport des déblais selon les distances à parcourir. Il nous reste maintenant, pour terminer ce chapitre, à étudier les questions se rattachant à une bonne répartition de l'excédent des déblais sur les remblais de manière à réduire les dépenses dans les limites du possible.

Distance moyenne.

1185. S'il s'agit de transporter une masse de terre A dans un remblai B, la distance moyenne du transport est, en principe, égale à la projection horizontale de la droite unissant les centres de gravité du déblai A et du remblai B. Si cette droite est inclinée, on appliquera la formule correspondante des transports en terrain incliné (1168 et 1169).

La règle précédente suppose cependant que, pour conduire tous les éléments de la masse A afin de former le remblai B, les directions suivies par les véhicules soient toutes parallèles entre elles, et c'est ce qui arrive généralement dans les travaux de terrassement des routes, chemins de fer et canaux. On comprend facilement que si les directions suivies n'étaient pas parallèles entre elles, la distance moyenne serait plus grande que la droite unissant les centres de gravité des masses. Il importe donc que les ateliers de terrassements soient disposés de telle façon que le parallélisme des directions existe autant que possible.

Si, entre le déblai et le remblai, existait un passage obligé, comme un pont sur une rivière, par exemple, la distance moyenne serait égale à une ligne brisée partant du centre de gravité du déblai, passant par le pont, dont le centre du tablier serait le sommet, et aboutissant au centre de gravité du remblai.

La difficulté réside dans la détermination des centres de gravité en raison de l'irrégularité des formes des déblais et des remblais. On ne peut guère procéder que par tâtonnement en assimilant les divers solides à des figures régulières : parallélipipèdes, prismes, pyramides, troncs de pyramide.

1186. M. J. Girard, conducteur des ponts et chaussées, donne, dans sa brochure sur la Cubature des terrasses (1), pour la détermination des centres de gravité de deux masses, l'une en déblai et l'autre en remblai, une méthode graphique que nous reproduisons textuellement.

Soit (*fig.* 595) une section de profil en long dans laquelle on rencontre, à la fois, une partie en déblai et une partie en remblai. Désignons par AA′ la ligne des terrassements, par D la partie en déblai et par R celle en remblai, par p, p', p'', p'''... les profils en travers levés perpendiculairement à l'axe AA′. Supposons, en outre, que la surface de chacun de ces profils soit déterminée.

En considérant la partie en déblai, si l'on suppose l'espace compris entre chaque perpendiculaire divisé en un nombre infini de tranches, chacune de ces tranches sera infiniment mince et son moment, par

(1) Genève, imprimerie Charles Pfeffer, 3, rue du Mont-Blanc.

rapport au plan P perpendiculaire à AA', sera égal au produit de son volume par

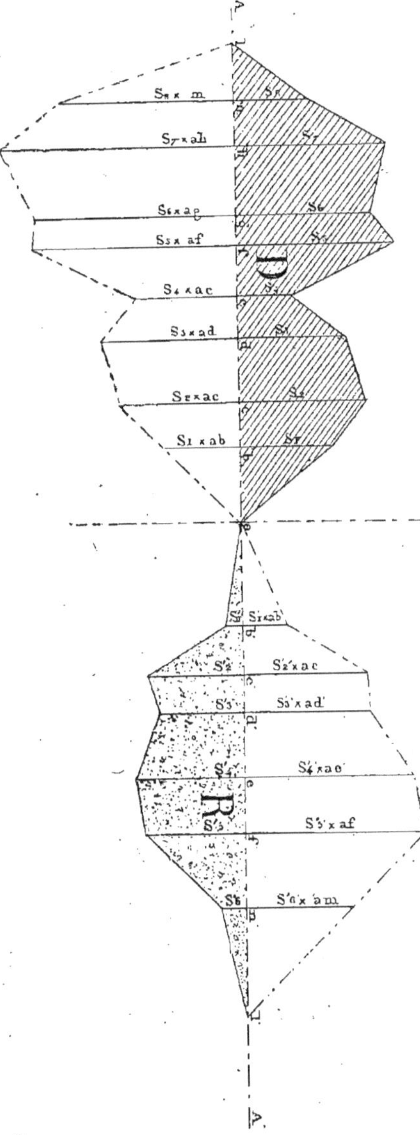

Fig. 595

sa distance à ce plan (1). Si, en outre, on considère le moment de chaque profil par rapport au même plan, on remarque qu'il est égal au produit de sa surface par sa distance au plan considéré. Donc, si S_1, S_2, S_3.... S^n représente la surface de chaque profil, on a, pour les moments, les expressions suivantes :

$$S_1 \times ab; \quad S_2 \times ac; \quad S_3 \times ad;$$
$$S_4 \times ae; \quad S_5 \times af..... \quad S_n \times an.$$

Or, les ordonnées de la section en déblai sont proportionnelles aux surfaces S_1, S_2, S_3,...., S^n et ces surfaces ne sont que les différences des surfaces de déblai et de remblai dans chaque profil, puisque nous n'avons à nous occuper que de l'excédent des déblais sur les remblais.

Aux points b, c, d, e, f... n, menons, en dessous de la ligne AA' et sur le prolongement de chacune des ordonnées correspondantes, des perpendiculaires sur lesquelles nous prendrons des longueurs respectivement égales aux quantités $S_1 \times ab$, $S_2 \times ac$.... $S_n \times an$ et joignons tous les points obtenus par une ligne polygonale.

Si nous considérons en un point quelconque c, par exemple, une tranche infiniment mince et que nous désignions par y son épaisseur, le moment de cette tranche, pris par rapport au plan des moments P, sera :

$$S_2 \times y \times x$$

x représentant la distance de la tranche considérée au plan P.

Or, la tranche qui lui correspond au-dessous de AA' est supposée infiniment mince et a pour expression :

(1) On démontre, en mécanique, que le *moment* d'une masse quelconque par rapport à un plan est égal au produit de cette masse par la distance de son centre de gravité au plan considéré, appelé *plan des moments*.

Le produit du cube d'une masse de déblai par la distance moyenne du transport est ce qu'on appelle le *moment de transport*. Ainsi, en attribuant 1,200 mètres cubes à une masse de terre A à déblayer et 450 mètres à la distance moyenne, le moment de transport sera :

$$1,200 \times 450 = 540000$$

$S_2 \times y \times x$.

Il en résulte que l'aire de la partie A', qui a les moments des profils pour ordonnées, est égale à la somme des moments des tranches de la masse A et, par conséquent, au moment même de cette masse. La somme des moments de la masse A étant égale à la surface de la partie A', on peut écrire, en représentant par V le volume de la masse A et par X la distance du centre de gravité au plan P :

$$VX = \left(S_1 \times ab \times \frac{ab}{2} \right) + \left(\frac{S_1 \times ab + S_2 \times ac}{2} \right) bc$$
$$+ \left(\frac{S_2 \times ac + S_3 \times ad}{2} \right) cd \ldots \ldots S_n \times an \times \frac{nl}{2}$$

ou, en simplifiant. on trouve :

$$VX = S_1 \left(\frac{ab + bc}{2} \right) ab + S_2 \left(\frac{bc + cd}{2} \right) ac \ldots \ldots S_n \left(\frac{nl + an}{2} \right) an.$$

En conséquence, si l'on désigne par V_0, V_1, $V_2\ldots$, V_n les volumes partiels obtenus par la méthode de la moyenne des aires extrêmes, et par d, d_1, $d_2\ldots d_n$, les distances des profils au plan P, on a :

$$V_0 d + V_1 d_1 + V_2 d_2 + V_3 d_3 + \ldots + V_{n-1}\, d_{n-1} + V_n\, d_n = VX.$$

(A)
$$\text{D'où } X = \frac{V_0 d + V_1 d_1 + V_2 d_2 + V_3 d_3 + \ldots + V_{n-1}\, d_{n-1} + V_n\, d_n}{V}$$

$$= \frac{\Sigma}{V}, \ \Sigma \text{ représentant le numérateur}$$

Cette expression indique que le centre de gravité de la masse A se trouve sur un plan parallèle au plan des moments, à une distance horizontale X de ce plan.

On a vu en statique que, pour trouver le centre des forces parallèles, il faut et il suffit de prendre les moments de ces forces par rapport à trois plans. Il faudrait donc ici appliquer cette méthode s'il nous suffisait, comme nous l'avons dit plus haut, de connaître la projection horizontale de ce point. Cette projection est déterminée ici par la distance horizontale X.

En appliquant le même raisonnement à la masse B, on aurait X' pour la distance. Dans le cas où les déblais sont employés à effectuer les remblais, on a, en désignant par D la distance moyenne cherchée :

$$(A') \ D = X + X';$$

et si une distance δ séparait les deux points de terrassements, on trouverait :

$$(A'') \ D = X + X' + \delta.$$

Il en résulte que la distance moyenne définitive des transports est égale à la somme des produits partiels de chaque volume par sa distance au lieu d'emploi, divisée par le volume total.

1187. Les éléments concernant la répartition des déblais sont généralement consignés dans un tableau arrêté par l'administration des Ponts et Chaussées. Nous donnons ci-contre un spécimen de tableau dans les colonnes duquel sont inscrits tous les détails du projet représenté par la figure 521 et dont les calculs figurent aux tableaux pages 350 et 354.

1188. Voici quelques explications nécessaires sur la rédaction du tableau de répartition des déblais.

Colonne 1. Numéros des profils en travers.

Colonne 2. Cubes des déblais par chaque profil en travers d'après le métré des terrassements.

Colonne 3. Il s'agit ici du foisonnement résultant de ce qu'un déblai produit un remblai d'un volume plus considérable et ce foisonnement varie d'importance suivant la nature du déblai ; mais on le néglige généralement en raison du tasse-

NUMÉROS DES PROFILS.	CUBES DES DÉBLAIS pour chaque profil.	FOISONNEMENT.	CUBES DÉFINITIFS des déblais.	CUBES DES REMBLAIS pour chaque profil.	CUBES A EMPLOYER dans la longueur répondant à chaque profil.	EXCÈS des cubes des déblais sur les remblais. Par profil.	EXCÈS des cubes des déblais sur les remblais. Par suite non interrompue de profils.	EXCÈS des cubes des remblais sur les déblais. Par profil.	EXCÈS des cubes des remblais sur les déblais. Par suite non interrompue de profils.	DÉBLAIS en excès. A porter en remblai sur la route.	DÉBLAIS en excès. A porter en dépôt ou réserve pour un autre usage.	EMPRUNTS POUR REMBLAIS.	INDICATION des lieux d'emploi ou de dépôt des déblais en excès.	DISTANCE DE TRANSPORT.	TRANSPORT A LA BROUETTE. Cubes.	Produits des cubes par les distances ou moments des transports.	TRANSPORT AU TONBEREAU. Cubes.	Produits des cubes par les distances ou moments des transports.
1	2	3	4	5	6	7	8	9	10	11	12	13	14	15	16	17	18	19
I....	8.37	»	8.37	39.21	8.37	»	»	30.84	611.47	»	»	»	»	»	»	»	»	»
II....	»	»	»	580.63	»	»	»	580.63		210ᵐ,00	»	»	Dans la longueur correspondant aux profils I et II....................	45	210.00	9450.00	»	»
										401.47	»	»	Dans la longueur correspondant aux profils I et II....................	132	»	»	401.47	52994.04
III....	729.00	»	729.00	»	»	729.00	1631.88	»	»	180.00	»	»	Dans la longueur correspondant aux profils V et VI....................	55	180.00	9900.00	»	»
IV....	901.88	»	901.88	»	»	901.88		»	»	421.70	»	»	Dans la longueur correspondant aux profils V et VI....................	158	»	»	421.70	68628.60
										»	417.71	»	En cavalier dans un terrain vague....	300	»	»	417.71	125313.00
V....	38.47	»	38.47	606.52	38.47	»	»	568.03	601.79	»	»	»	»	»	»	»	»	»
VI....	35.65	»	35.65	69.20	35.65	»	»	33.65		»	»	»	»	»	»	»	»	»
	1713.37	»	1713.37	1295.56	82.49	1630.88	1630.88	1213.17	1213.17	1213.17	417.71	»	»	»	390.00	19350.00	1240.88	244035.64

ment produit par la circulation des véhicules de transport sur les déblais. Ce tassement ramène généralement un remblai à un cube équivalent au cube du déblai qui l'a formé. C'est pour cette raison que nous n'en avons pas tenu compte dans le projet qui nous occupe.

Colonne 4. Le foisonnement étant éliminé, les chiffres de cette colonne ne sont autres que ceux de la colonne 2.

Colonne 5. Cube des remblais par chaque profil en travers d'après le métré des terrassements.

Colonne 6. Cubes de déblais à employer dans la longueur répondant à chaque profil. Ces déblais sont généralement évalués comme mis en mouvement par un simple jet de pelle, lors même qu'ils seraient transportés au moyen de la brouette.

Colonnes 7 et 14. Les titres de ces colonnes indiquent suffisamment comment elles doivent être remplies.

Colonne 15. On inscrit, dans cette colonne, les distances auxquelles doivent être transportés les cubes des colonnes 10, 11 et 12. Ces distances s'évaluent par l'examen du profil en long, du plan des profils en travers et par la détermination approximative des centres de gravité.

Colonnes 16 et 18. Indication des cubes devant être transportés à la brouette ou au tombereau. Si on devait employer le wagon, on ajouterait des colonnes supplémentaires.

$$D = \frac{md + m'd' + m''d'' + m'''d'''.... + m^n d^n}{m + m' + m'' + m'''... + m^n}.$$

Cette formule démontre que la distance moyenne est égale au moment de la masse, divisé par le cube total à transporter.

En nous reportant au tableau précédent et en appliquant la formule, les totaux des colonnes 16 à 19 nous donneront :

1° Pour la brouette :
$$D = \frac{19350,00}{390,00} = 49^m,50.$$

2° Pour le tombereau :
$$D = \frac{244935,64}{1240,88} = 197,35.$$

Colonnes 17 et 19. Dans ces deux colonnes, on a inscrit le produit des cubes par leur distance (colonne 15), c'est-à-dire les moments de transport.

1189. Lorsqu'un tableau de répartition de déblais porte à la colonne 15 plusieurs distances, on calcule généralement une longueur moyenne pour chaque véhicule et cette distance moyenne est nécessairement proportionnelle au cube à mettre en mouvement et au parcours qu'il doit effectuer, c'est-à-dire au *moment de transport.*

Supposons une masse M de déblais, décomposée sur une infinité de petites masses élémentaires $m, m', m'', m'''..., m^n$. La masse M doit parcourir une distance moyenne D et les masses élémentaires doivent parcourir les distances $d, d', d'', d'''....., d^n$.

On aura alors :
$$(1) \quad M = m + m' + m'' + m'''.... + m^n.$$

Et, pour les moments de transport :
$$MD = md + m'd' + m''d''$$
$$+ m'''d'''.... + m^n d^n,$$

ou bien, en remplaçant M par sa valeur (1),
$$(m + m' + m'' + m''''.... m^n) D$$
$$= md + m'd' + m''d'' + m'''d'''...+ m^n d^n.$$

En déduisant la valeur de D de cette dernière équation, il viendra :

Méthode graphique pour la détermination de la distance moyenne de transport (1).

1190. *Problème à résoudre.* — On sait que dans tout projet d'ouvrages neufs qui exigent des mouvements de terre, comme

(1) Ce paragraphe est extrait textuellement de l'ouvrage intitulé : *Exposé de deux méthodes pour abréger les calculs des terrassements et des mouvements de terre*, par L. Lalanne, Inspecteur général des ponts et chaussées (Dunod éditeur, quai des Grands-Augustins, — Paris).

les routes, les chemins de fer, les canaux, etc., il ne suffit pas d'avoir calculé les volumes des déblais et des remblais à faire pour modifier le relief du sol conformément au but qu'on se propose. Il faut encore dresser un état exact de la manière dont les déblais doivent être répartis en remblais; déterminer les différentes parties dans lesquelles chaque volume de déblai doit être décomposé, pour être transporté le plus près possible; puis, enfin, faire la somme des produits de ces volumes partiels par les distances respectives de transports, et diviser cette somme par le volume total

TABLEAU DU MOUVEMENT DES TERRES ET DE LEUR EMPLOI DE DÉBLAI EN REMBLAI.

(Représenté graphiquement dans la *fig.* 596.)

INDICATION des entre-profils.	DISTANCES ENTRE les centres des entre-profils. (mèt.)	VOLUME DE DÉBLAI d'après les profils. (m. c.)	VOLUME DE REMBLAI d'après les profils. (m. c.)	EXCÈS DE DÉBLAI. (m. c.)	EXCÈS DE REMBLAI. (m. c.)	EMPLOI au jet de pelle. (m. c.)
0—1	49	845	285	560	»	285
1—2	28	327	187	140	»	187
2—3	37	119	209	»	90	119
3—4	63	»	310	»	310	»
4—5	19	»	540	»	40	»
5—6	51	502	52	450	»	52
6—7	11	381	6	375	»	6
7—8	77	105	»	105	»	»
8—9	46	75	»	75	»	»
9—10	32	67	22	45	»	22
10—11	18	51	116	»	65	51
11—12	23	9	119	»	110	9
12—13	72	»	85	»	85	»
13—14	24	»	140	»	140	»
14—15	47	»	360	»	360	»
15—16	11	»	125	»	125	»
16—17	13	»	105	»	105	»
17—18	15	41	126	»	85	41
18—19	64	863	63	300	»	63
19—20		201	236	»	35	201
Sommes.	700	3 086	3 036	2 050	2 050	1 036

DÉTAIL DE L'EMPLOI DES TERRES.		VOLUMES PARTIELS de déblai.	DISTANCES DE TRANSPORT.	MOMENTS du transport.
90 m. c. portés dans l'entre-profil	2—3	90	77	6 930
310.	3—4	310	114	35 340
160	4—5	160	177	28 320
140.	4—5	140	128	17 920
90 m. c. pris dans l'entre-profil	0—1			
310.	0—1			
160.	0—1			
540.	1—2			
240.	4—5			
240 m. c. portés dans l'entre-profil	4—5	240	19	4 560
65.	10—11	65	217	14 105
110.	11—12	110	235	25 850
35.	12—13	35	258	9 030
50.	12—13	50	207	10 350
140.	13—14	140	279	39 060
185.	14—15	185	303	56 055
105.	14—15	105	292	30 660
70.	14—15	70	215	15 050
5.	15—16	5	262	1 310
45.	15—16	45	216	9 720
65 m. c. pris dans l'entre-profil	5—6			
110.	5—6			
35.	5—6			
50.	6—7			
140.	6—7			
185.	6—7			
105.	7—8			
70.	8—9			
5.	8—9			
45.	9—10			
75.	18—19			
105.	18—19			
85.	18—19			
75 m. c. portés dans l'entre-profil	15—16	75	39	2 925
105.	16—17	105	28	2 940
85.	17—18	85	15	1 275
35.	19—20	35	64	2 240
35 m. c. pris dans l'entre-profil	18—19			
		2 050		313 640

des déblais. Le quotient donne la distance moyenne du transport des terres de déblai en remblai. Il est bien vrai que cette suite de calculs ne comporte que les quatre opérations élémentaires de l'arithmétique. Il n'en est pas moins vrai qu'elle exige beaucoup d'attention, et qu'elle est aussi longue que fastidieuse.

Application numérique à un exemple. — Prenons pour exemple une partie de route ou de chemin de fer dans laquelle on a levé 21 *profils* en travers cotés de zéro à 20 et, par conséquent, 20 *entre-profils*, dans quelques-uns desquels on trouve à la fois du déblai et du remblai. On convient que le plus petit des deux chiffres qui expriment ce déblai et ce remblai correspond à un emploi de déblai dans l'entre-profil même, emploi qui se fait au jet de pelle ou qui, du moins, est compté comme tel. C'est donc de l'excédent seul qu'on a à s'occuper. Si c'est un excédent de déblai, on le porte en remblai à la distance et aux distances les plus rapprochées possible. Si c'est un excédent de remblai, on ira de même chercher au plus près les déblais en quantité suffisante pour le remplir.

On convient encore, pour simplifier, que le volume excédent sera considéré comme tout entier concentré au milieu même de l'entre-profil, quoique ce milieu ne coïncide généralement pas avec le centre de gravité du volume.

Tous les détails de l'opération sont indiqués dans le tableau (page 406).

Nous n'avons établi, dans la rédaction de ce tableau, aucune distinction entre les différents modes de transport qu'il peut convenir d'employer, suivant les distances, pour porter les déblais en remblai. Il est facile de voir qu'on pourra toujours y trouver les éléments des transports partiels afférents à chacun des modes particuliers dont on peut disposer, et faire alors des sommes partielles de moments dont l'ensemble reproduirait la somme totale. On verra d'ailleurs que le procédé graphique se prête, avec une extrême facilité, à des décompositions partielles analogues.

Divisant la somme des moments 313 640 par le volume total de déblai 2 050, on trouve pour quotient la distance moyenne 152^m,995.

1191. *Application du procédé graphique au même exemple.* Sur une ligne horizontale XY (*fig.* 596) marquons, à une échelle quelconque, des points 1, 2, 3,..jusqu'à 20, dont les distances soient égales à celles des entre-profils, et construisons, dans l'ordre où les opérations successives de notre tableau nous les ont données, des rectangles ayant pour hauteurs les déblais partiels à porter en remblais et pour bases les distances respectives auxquelles chaque déblai a trouvé son emploi. La figure sera composée de 19 rectangles correspondant aux 19 produits de la dernière colonne du tableau, rectangles que nous avons teintés et marqués d'autant de numéros d'ordre placés entre parenthèses. Nous expliquerons bientôt ce qu'indiquent les différences de teintes. Leurs limites marquées en traits pleins les rendent faciles à distinguer malgré les traits pointillés verticaux qui traversent un certain nombre d'entre eux.

Ainsi, les rectangles suivants ont, savoir:

(1) 77^m de base et 90^m de hauteur
(2) 114^m .... 310^m ....
(3) 177^m .... 160^m ....

La formation de la figure se comprend d'elle-même, et n'a besoin d'aucune explication détaillée. Chacune des hauteurs correspond à un déblai qui trouve son équivalent dans un remblai dont il est séparé par une distance égale à la base du rectangle. Les cotes inscrites dans le sens vertical indiquent les valeurs absolues des excédents de déblai ou de remblai par entre-profil, et se rapportent aux portions des verticales en traits pleins.

Mais le tracé qui n'est, dans la *fig.* 596, que la traduction graphique par fragments du tableau numérique de la page précédente, n'offrirait pas d'avantage sensible sur l'emploi de ce tableau. Une transformation très simple va nous permettre d'en tirer meilleur parti.

En effet, comparons la *fig.* 596 à la *fig.* 597, qu'on a établie de la manière suivante : au-dessus de la base XY on a tracé les gradins verticaux montants D_1, D_2, respectivement proportionnels aux

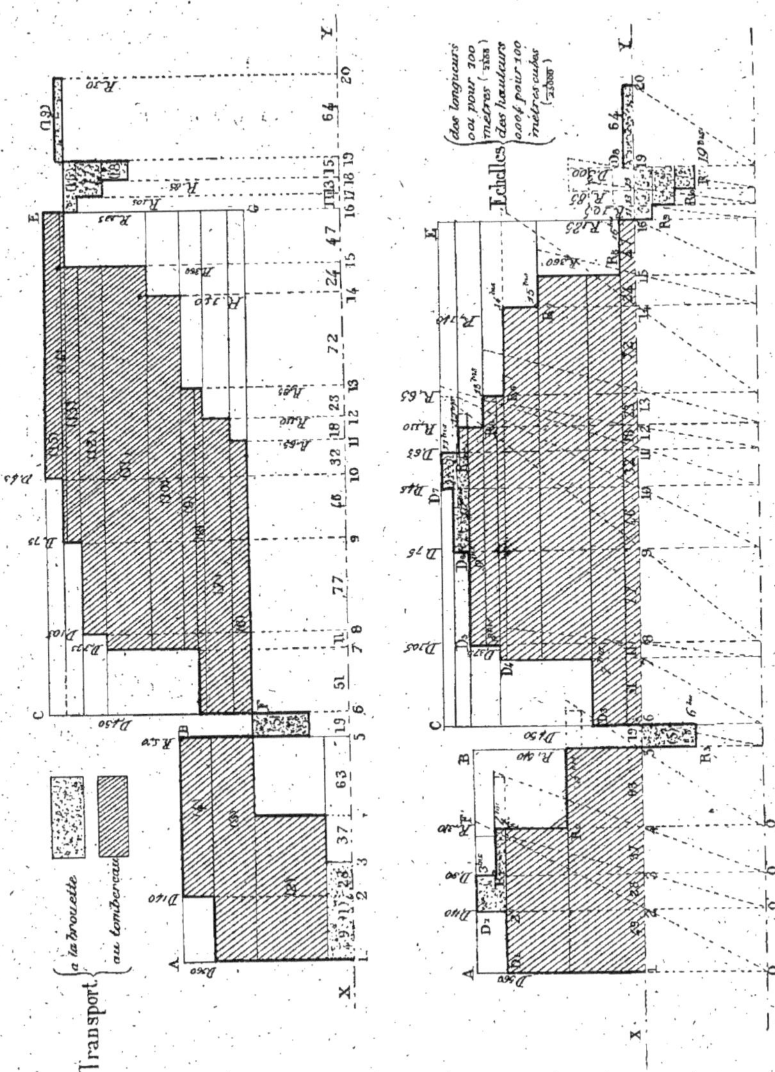

Fig. 596. — Répartition graphique des déblais pour la détermination de la moyenne des transports.

Fig. 597. — Disposition des données de la question qui reproduit, dans un autre ordre, les superficies de la figure 596.

déblais disponibles correspondant aux points 1, 2 ; puis après, les gradins verticaux descendants R_1, R_2, R_3... (qui peuvent dépasser la ligne de terre), et qui sont aussi respectivement proportionnels aux excédents de remblai des points 3, 4 et 5. On a pris la nouvelle série des gradins ascendants D_3, D_4, D_5, D_6 et D_7, et ainsi de suite jusqu'au dernier remblai R_{12} qui retombe naturellement sur la ligne de terre (se confondant avec R, 20), puisque nous avons supposé, dans les données numériques de la question, l'égalité entre les déblais et les remblais.

On trouve dans les deux figures, à première vue, des portions identiques. Ainsi le rectangle 5, 6, 6 *bis*, R_3, et la réunion des trois rectangles 16, R_9, R_{10}, R_{11}, 19 *bis*, 19, placés au-dessous de la ligne de terre XY, dans la *fig.* 597, sont respectivement égaux aux deux espaces désignés, l'un par (5), l'autre par (16), (17), (18), sur la *fig.* 596. Il en est de même des deux espaces (19) qui terminent les deux figures sur la droite, au-dessus de la ligne de terre. En dehors de ces parties communes, si l'on complète le rectangle 1 AB 5, on voit qu'il est le même, tant sur la première figure que sur la seconde et que les parties non teintées dans l'une et dans l'autre sont identiques, comme susceptibles de superposition exacte. Le rectangle FCEG de la première figure est pareillement égal au rectangle 6 CE 16 de la seconde et les remplissages en dehors des parties teintées sont égaux sur l'un comme sur l'autre. Donc, les superficies teintées sont les mêmes sur les *fig.* 596 et 597. D'où il résulte qu'il suffit de construire la *fig.* 597, qui n'exige aucune recherche préalable de distribution des déblais en remblais et d'en mesurer la superficie pour obtenir la somme des moments qui, divisée par la somme des déblais (égale à celle des remblais), donnera la distance moyenne de transport du déblai en remblai.

1192. *Règles pratiques déduites de l'établissement de la fig.* 597. — Lorsque l'auteur de cette note eut pour la première fois occasion d'exposer, sous une forme différente, le résultat qu'il vient d'énoncer, résultat auquel il avait été conduit par l'étude des propriétés de l'arithmoplanimètre (*Annales*, 2e sem., 1840), on fit une objection à l'emploi de la méthode qu'il proposait. « Vous nous indiquez », lui disait-on, « un moyen très simple pour obtenir la distance moyenne « de transport de déblai en remblai ; mais « il ne s'agit pas, dans la pratique, d'une « semblable moyenne évaluée en bloc ; il « faut préalablement faire le départ des « parties de terrassements qui seront « portées de déblai en remblai à la brouette ; « puis de celles qu'il faudra porter au « tombereau ; enfin de celles qu'il sera plus « avantageux d'exécuter, soit au wagon-« net, soit au wagon avec traction de « locomotive sur voies provisoires ou « définitives. » Cette objection était parfaitement fondée ; car il y a économie évidente à user de la brouette pour de petites distances et de modes de transport de plus en plus parfaits à mesure que la distance augmente. Il est donc possible que ce qu'il y avait d'incomplet dans la solution proposée, aussi bien que le prix élevé de l'instrument qu'on y adaptait, aient empêché la propagation de l'idée que nous soumettions, dès 1840, à l'appréciation des ingénieurs. Et cependant la *fig.* 597, dont nous venons d'expliquer la construction et qui se trouvait déjà sous le n° 13 dans la Pl. 193 de la première série des *Annales* (2e sem., 1840), renfermait implicitement le principe de la séparation des volumes des terrassements suivant le genre de transport qui convient à chacun d'eux. En effet, si l'on admet que la limite séparative des transports à la brouette et au tombereau soit une distance de 100 mètres, qui, sur la *fig.* 597, correspond à 4 centimètres, on voit tout de suite que les surfaces partielles placées au-dessus des horizontales D_1 **2** *bis*, D_5 9 *bis* (prolougées) $+$ 19-20, puis au-dessous de la ligne de terre XY, savoir (5) et (6), (17) et (18), ne comportent pas de transport de déblai en remblai à une distance supérieure à la limite admise. Il suffira donc de mesurer séparément ces surfaces partielles auxquelles on a donné sur la figure une teinte plus foncée. Léur somme sera celle des moments de transport à la brouette. La somme des superficies restantes, qui composent la majeure partie de la *fig.* 597, sera l'équivalent de la somme des moments de transport au tombereau. En divisant chacune des deux sommes partielles par le volume auquel elle s'applique, on aura la moyenne distance relative à chacun des deux genres de transport. Or le volume des déblais, pour la brouette, sera la somme :

$$\textbf{2}\ bis\ D_2 + 6\ bis\ 6 + 9\ bis\ D_6$$
$$+ 10\ bis\ D_7 + 19\ D_8,$$

et, pour le tombereau, il sera la différence entre le volume total et la somme de ces volumes partiels.

Le problème est donc résolu, d'une manière absolument intuitive, dans son essence, et les résultats numériques s'obtiennent par des opérations simples résultant de mesures directes sans aucun des tâtonnements, sans aucune des chances d'erreur que comporte la rédaction du tableau d'emploi des terres.

La règle pratique pour suppléer à cette rédaction si fastidieuse peut se résumer ainsi :

Sur une ligne horizontale XY *portant des points de division qui correspondent aux centres des entre-profils, établissez, en correspondance avec chacun de ces points, des échelons orthogonaux montants pour les déblais* 1 D_1, 2 *bis* D_2, *etc., descendants pour les remblais* 3 *bis* R_1, 4 *bis* R_2, *etc., et se succèdant sans interruption* jusqu'au dernier, *qui doit aboutir au point de division* 20 *sur la ligne* XY ; *écrêtez, soit au-dessus, soit au-dessous de* XY, *et parallèlement à cette ligne, les parties saillantes dont la longueur sera moindre que celle qui correspond au transport à la brouette. La figure sera décomposée en deux espèces de tranches dont les superficies respectives représenteront les sommes de moments relatives, pour l'une, au transport à la brouette ; pour l'autre, au transport au tombereau, et chacune de ces superficies étant divisée par la somme des échelons montants qui s'y rapporte, on obtient la distance moyenne relative à chacun des deux modes de transport.*

Il est bien évident, d'ailleurs, que s'il y a trois ou quatre modes de transport différents, suivant les distances, un second et un troisième prélèvement de tranches parallèles à XY se fera avec la même facilité.

1193. *Conséquences déduites de la comparaison des fig.* 596 *et* 597. — Les superficies teintées de ces figures étant égales, il s'ensuit que le découpage par tranches à bases horizontales de la *fig.* 597 doit donner une somme totale de moments égale à celle qui résulte de l'emploi du procédé ordinaire, dont le tableau de la page 406 est l'expression numérique et dont la *fig.* 596 est la représentation graphique. Au demeurant, la manière de procéder qu'indique la *fig.* 597 est bien plus conforme à la réalité des choses. On sait, en effet, que c'est toujours dans le voisinage des points de passage du déblai au remblai qu'on commence et qu'on opère le transport de l'un à l'autre. C'est ce qu'exprime la *fig.* 597, où l'on voit le déblai D_2 combler le remblai R_1 et une petite partie du remblai R_2 ; puis en (5) une partie 6 *bis* 6 du déblai D_3 combler une partie R_3 5, du remblai R_3 et ainsi de suite.

VII. — COURBES DE RACCORDEMENT

1194. Deux alignements droits peuvent être raccordés tangentiellement entre eux :

1° Par un arc de cercle; 2° Par arc de parabole.

I. — RACCORDEMENT PAR ARC DE CERCLE.

CHAPITRE I

§ I. — CONSIDÉRATIONS GÉNÉRALES

1195. Le tracé d'un chemin de fer ou d'une route se compose d'alignements droits raccordés entre eux par des arcs de cercle.

Le passage d'un train dans une courbe est une cause de résistance pour la machine locomotive. La courbe étant un arc de cercle, cette résistance devient uniforme ; mais, pour la rendre aussi petite que possible, il convient de prendre le rayon de la courbe aussi grand qu'on le pourra. Dans les chemins de fer à voie de 1^m,50 de largeur, et avec les locomotives ordinaires, on n'admet pas de rayons plus petits que 250 mètres.

1196. La valeur du rayon à adopter pour le raccordement de deux alignements est nécessairement variable. Ce rayon dépend du relief du sol, des points à éviter qui nécessiteraient des travaux dispendieux ou des expropriations considérables, et il ne peut être déterminé qu'après une étude dans laquelle on s'efforce de concilier les questions de déblai et de remblai avec celles des pentes et rampes, de fa-çon à ne pas accumuler, autant que possible, les difficultés de traction sur une partie en rampe avec celles d'un passage dans une courbe de petit rayon.

1197. La figure 598 est un spécimen des dispositions employées dans les chemins de fer pour résumer toutes les conditions d'un tracé.

1198. Lorsque, par le travail de bureau, on aura déterminé le rayon à adopter pour le raccordement de deux alignements droits, il s'agira ensuite de tracer cet arc de cercle sur le terrain.

Les données seront celles-ci :

1° L'angle $2\,a$ (*fig.* 599) que font les deux alignements PA et PB à raccorder ;

2° Le rayon MO = R de la courbe.

Sur les profils en long, l'angle indiqué n'est pas celui $2\,a$ des deux alignements, mais celui $2\,b$ de l'angle au centre et la valeur T de la tangente est celle de PM ou de PN, c'est-à-dire les distances des points de contact de la courbe au point de rencontre P des deux alignements.

En supposant connus l'angle $2\,a$ et le

PLAN _ Echelle de 1/10000ᵉ

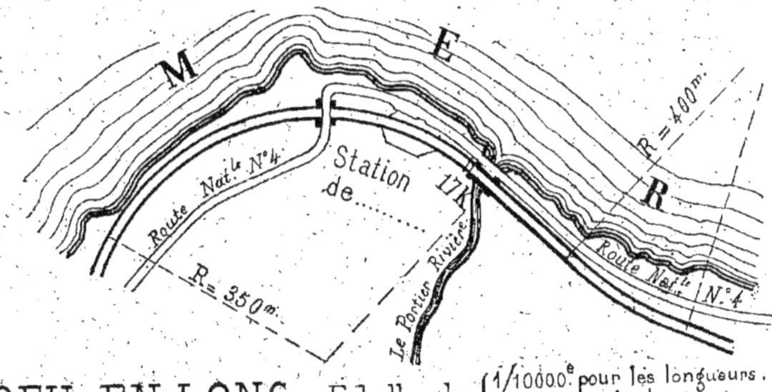

PROFIL EN LONG _ Echelles de { 1/10000ᵉ pour les longueurs. 1/500ᵉ pour les hauteurs

Commune de ....   Longueur. 2928ᵐ46

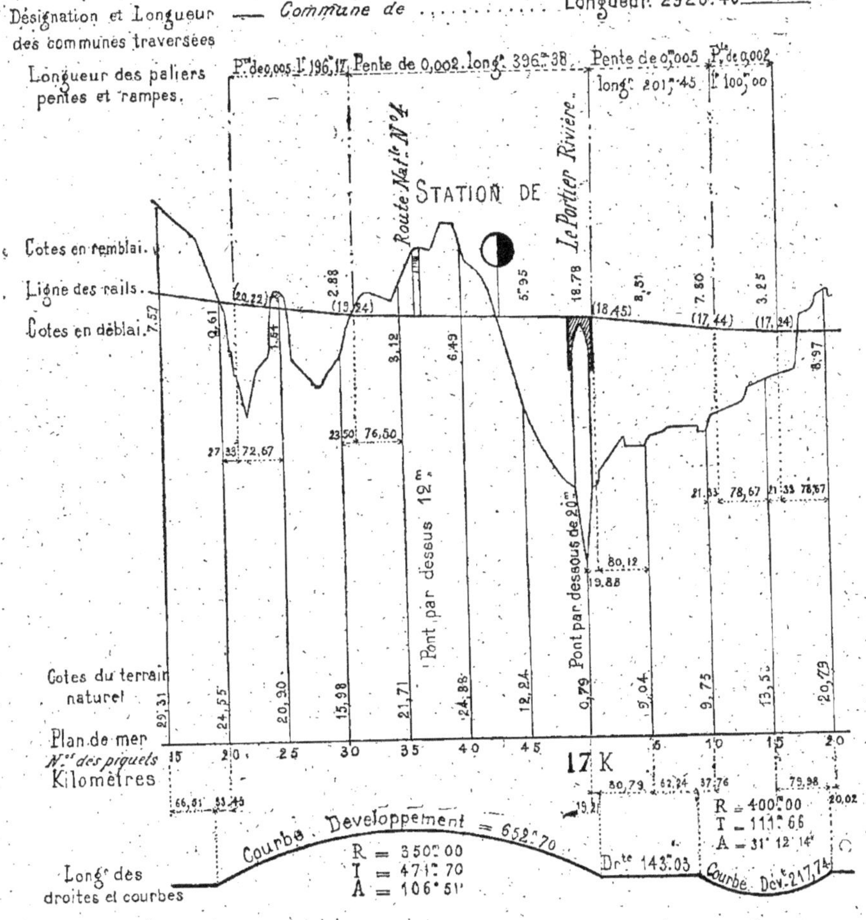

rayon R, déterminons, en fonction de ces données, les différentes valeurs de chacun des éléments de la figure 600.

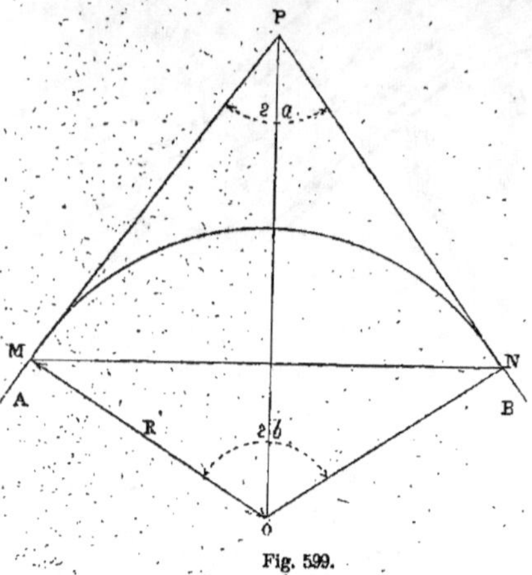

Fig. 599.

1° Angle au centre 2b.

Dans le triangle rectangle OMP, on a :
$$a + b = 90°.$$

D'où
$$b = 90° - a$$
et, par suite,
$$2b = 2(90° - a) = 180° - 2a.$$

2° Longueur de la tangente MP.

Dans le triangle rectangle OMP, on a :
$$OM = MP. \text{tg. } a.$$

D'où
$$MP = \frac{OM}{\text{tg. } a} = \frac{R}{\text{tg. } a}.$$

3° Distance OP du centre au point de rencontre des deux alignements (sécante ou bissectrice).

Dans le triangle rectangle OMP, on a :
$$OM = OP. \sin a.$$

D'où
$$OP = \frac{OM}{\sin a} = \frac{R}{\sin a}.$$

4° Distance OK du centre à la corde MN.

Dans le triangle rectangle OKM, on a :
$$OK = OM \sin a = R. \sin a.$$

5° Distance PK du point de rencontre des deux alignements à la corde MN.

Dans le triangle rectangle MKP, on a :
$$PK = MP. \cos a$$

Or,
$$MP = \frac{R}{\text{tg. } a}.$$

Donc
$$PK = \frac{R. \cos a}{\text{tg. } a}.$$

6° Longueur MK de la demi-corde MN.

Dans le triangle rectangle OKM, on a :
$$MK = OM. \cos a = R. \cos a.$$

7° Longueur de la corde MN.

On a :
$$MN = 2.MK = 2.R. \cos a.$$

8° Longueur de la flèche KS.

On a :
$$KS = OS - OK = R - R \sin a = R(1 - \sin a).$$

9° Distance PS du point de rencontre des deux alignements au sommet de l'arc.

On a :
$$PS = OP - OS = \frac{R}{\sin a} - R = R\left(\frac{1}{\sin a} - 1\right).$$

10° Abcisse ML du sommet de l'arc sur la tangente.

Du point S, abaissons une perpendiculaire SG sur OM. Cette perpendiculaire est égale et parallèle à ML et, dans le triangle SGO, on a :
$$SG = OS. \cos a = R. \cos a.$$

Donc
$$ML = R. \cos a,$$

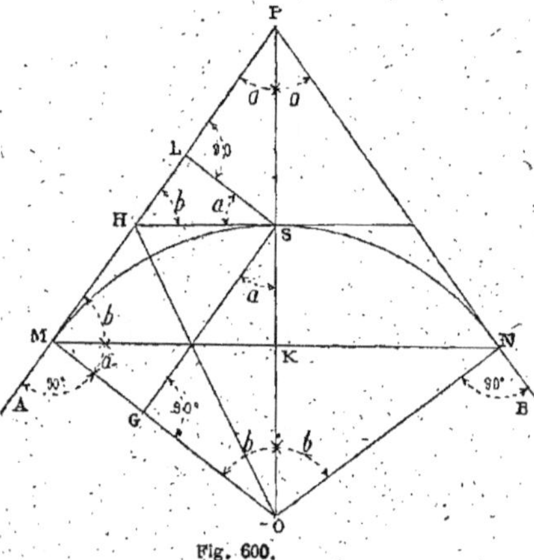

Fig. 600.

c'est-à-dire que ML est égale à la demi-corde MK.

11° Ordonnée LS du sommet de l'arc sur la tangente.

On a :
$$LS = MG = OM - GO = OM - OS \sin a.$$
$$= R - R \sin a = R(1 - \sin a),$$

c'est-à-dire que LS est égale à la flèche KS.

12° Distance SH comprise, sur la tangente à l'arc au sommet S, entre ce sommet S et la tangente PM.

Dans le triangle rectangle SLH, on a :

$$LS = HS. \cos a.$$

D'où $$HS = \frac{LS}{\cos a} = \frac{R(1 - \sin a)}{\cos a}.$$

13° Distance MH du point de tangence au point d'intersection de l'alignement avec la tangente au sommet de l'arc.

Les deux triangles rectangles OSH et OMH ayant l'hypoténuse OH commune et le côté OS égal à celui OM, sont égaux et, par suite,

$$MH = HS = \frac{R(1 - \sin a)}{\cos a}.$$

14° Développement de l'arc MSN.

Dans un cercle, les portions de circonférence étant proportionnelles aux angles au centre correspondants, on a :

$$\frac{\text{arc MSN}}{2\pi . R} = \frac{\text{angle } 2b}{360°}.$$

D'où

$$\text{arc MSN} = \frac{2\pi}{360°} \times R \times \text{angle } 2b,$$
$$= 0,0174533 \times R \times 2b.$$

Applications numériques.

1199. Soit R = 350 mètres,

angle au centre $2b = 106° 51'$,

et, par suite,

angle au sommet $2a = 180° - 2b$,
$$= 180° - (106° 51'),$$
$$= 73° 9'.$$

On aura :

$$a = \frac{1}{2}(73° 9') = 36° 34' 30'',$$

et, à l'aide des tables de logarithmes :

log. sin $a = \overline{1},7751548$	sin $a = 0.595874$
log. cos $a = \overline{1},9047575$	cos $a = 0,803077$
log. tg. $a = \overline{1},8703973$	tg. $a = 0,741988$

et, par conséquent :

$$MP = \frac{R}{\text{tg. } a} = \frac{350^m}{0,741988} = 471^m,70.$$
$$OP = \frac{R}{\sin a} = \frac{350^m}{0,595874} = 587^m,37.$$

$$OK = R. \sin a = 350^m \times 0,595874 = 208^m,55$$
$$PK = \frac{R. \cos a}{\text{tg. } a} = \frac{350^m \times 0,803077}{0,741988} = 378^m,81,$$
$$MK = R. \cos a = 350^m \times 0,803077 = 281^m,07,$$
$$MN = 2R. \cos a = 2 \times 350^m \times 0,803077 = 562^m,15,$$
$$KS = R(1 - \sin a) = 350^m \times (1 - 0,595874) = 141^m,45,$$
$$PS = R\left(\frac{1}{\sin a} - 1\right) = 350^m \times \left(\frac{1}{0,595874} - 1\right) = 237^m,37.$$
$$ML = R \cos a = 350^m \times 0,803077 = 281^m,07.$$
$$LS = R(1 - \sin a) = 350^m \times (1 - 0,595874) = 141^m,44.$$
$$HS = \frac{R(1 - \sin a)}{\cos a} = \frac{350^m \times (1 - 0,595874)}{0,803077}$$
$$= 176^m,12 = MH,$$
$$\text{arc MSN} = 0,0174533 \times R \times 2b,$$
$$= 0,0174533 \times 350^m \times 106° 51',$$
$$= 0,0174533 \times 350^m \times 106,85 = 652^m,70.$$

L'angle $2b$ doit être exprimé en degrés et en fractions décimales de degré. Comme 1' équivaut à $\frac{1}{60}$ de degré, 51' équivalent à $\frac{51}{60}$ de degré $= 0°85$ et, par suite, $106° 51' = 106° 85$.

Si l'on avait un nombre de secondes à réduire en fractions décimales de degré, il faudrait multiplier ce nombre de secondes par $\frac{1}{3600}$, car 1'' équivaut à $\frac{1}{60}$ de minute, ou à $\frac{1}{60}$ de $\frac{1}{60}$ de degré ou

$$\frac{1°}{60 \times 60} = \frac{1°}{3600}.$$

Soit, par exemple, l'angle $58° 17' 13''$ à exprimer en degrés et fractions décimales de degré. On réduit 17' 13'' en secondes ce qui donne $(17 \times 60) + 13 = 1033''$ qu'on multiplie par $\frac{1}{3600}$ et on a $\frac{1033}{3600}$ $= 0°,28694$ et, par suite :

$$58° 17' 13'' = 58°,28694.$$

1200. On peut aussi obtenir le développement de l'arc en faisant usage de la table suivante qui donne les développements des arcs de cercle calculés de degré en degré, de minute en minute, et de seconde en seconde pour un cercle de 1 mètre de rayon.

1201. Soit à calculer le développement de l'arc de cercle de 350 mètres de rayon correspondant à un angle au centre de 106° 51'.

Dans la table, on voit que, pour 106°,

1202. *Table donnant les développements des arcs de cercle correspondants aux angles au centre, par degrés, minutes et secondes, pour un cercle de 1 mètre de rayon.*

DEGRÉS						MINUTES		SECONDES	
0°	0.0000 000	60°	1.0471 976	120°	2.0943 951	0′	0.0000 000	0″	0.000 0000
1	0.0174 533	1	1.0646 508	1	2.1118 484	1	0.0002 909	1	0.000 0048
2	0.0349 066	2	1.0821 041	2	2.1293 017	2	0.0005 818	2	0.000 0097
3	0.0523 599	3	1.0995 574	3	2.1467 550	3	0.0008 727	3	0.000 0145
4	0.0698 132	4	1.1170 107	4	2.1642 083	4	0.0011 636	4	0.000 0194
5	0.0872 665	5	1.1344 640	5	2.1816 616	5	0.0014 544	5	0.000 0242
6	0.1047 198	6	1.1519 173	6	2.1991 149	6	0.0017 453	6	0.000 0291
7	0.1221 730	7	1.1693 706	7	2.2165 682	7	0.0020 362	7	0.000 0339
8	0.1396 263	8	1.1868 239	8	2.2340 214	8	0.0023 271	8	0.000 0388
9	0.1570 796	9	1.2042 772	9	2.2514 747	9	0.0026 180	9	0.000 0436
10	0.1745 329	70	1.2217 305	130	2.2689 280	10	0.0029 089	10	0.000 0485
1	0.1919 862	1	1.2391 838	1	2.2863 813	1	0.0031 998	1	0.000 0533
2	0.2094 395	2	1.2566 371	2	2.3038 346	2	0.0034 907	2	0.000 0582
3	0.2268 928	3	1.2740 904	3	2.3212 879	3	0.0037 815	3	0.000 0630
4	0.2443 461	4	1.2915 436	4	2.3387 412	4	0.0040 724	4	0.000 0679
5	0.2617 994	5	1.3089 969	5	2.3561 945	5	0.0043 633	5	0.000 0727
6	0.2792 527	6	1.3264 502	6	2.3736 478	6	0.0046 542	6	0.000 0776
7	0.2967 060	7	1.3439 035	7	2.3911 011	7	0.0049 451	7	0.000 0824
8	0.3141 593	8	1.3613 568	8	2.4085 544	8	0.0052 360	8	0.000 0873
9	0.3316 126	9	1.3788 101	9	2.4260 077	9	0.0055 269	9	0.000 0921
20	0.3490 659	80	1.3962 634	140	2.4434 610	20	0.0058 178	20	0.000 0970
1	0.3665 191	1	1.4137 167	1	2.4609 142	1	0.0061 087	1	0.000 1018
2	0.3839 724	2	1.4311 700	2	2.4783 675	2	0.0063 995	2	0.000 1067
3	0.4014 257	3	1.4486 233	3	2.4958 208	3	0.0066 904	3	0.000 1115
4	0.4188 790	4	1.4660 766	4	2.5132 741	4	0.0069 813	4	0.000 1164
5	0.4363 323	5	1.4835 299	5	2.5307 274	5	0.0072 722	5	0.000 1212
6	0.4537 856	6	1.5009 832	6	2.5481 807	6	0.0075 631	6	0.000 1261
7	0.4712 389	7	1.5184 364	7	2.5656 340	7	0.0078 540	7	0.000 1309
8	0.4886 922	8	1.5358 897	8	2.5830 873	8	0.0081 449	8	0.000 1357
9	0.5061 455	9	1.5533 430	9	2.6005 406	9	0.0084 358	9	0.000 1406
30	0.5235 988	90	1.5707 963	150	2.6179 939	30	0.0087 266	30	0.000 1454
1	0.5410 521	1	1.5882 496	1	2.6354 472	1	0.0090 175	1	0.000 1503
2	0.5585 054	2	1.6057 029	2	2.6529 005	2	0.0093 084	2	0.000 1551
3	0.5759 587	3	1.6231 562	3	2.6703 538	3	0.0095 993	3	0.000 1600
4	0.5934 119	4	1.6406 095	4	2.6878 070	4	0.0098 902	4	0.000 1648
5	0.6108 652	5	1.6580 628	5	2.7052 603	5	0.0101 811	5	0.000 1697
6	0.6283 185	6	1.6755 161	6	2.7227 136	6	0.0104 720	6	0.000 1745
7	0.6457 718	7	1.6929 694	7	2.7401 669	7	0.0107 629	7	0.000 1794
8	0.6632 251	8	1.7104 227	8	2.7576 202	8	0.0110 538	8	0.000 1842
9	0.6806 784	9	1.7278 760	9	2.7750 735	9	0.0113 446	9	0.000 1891
40	0.6981 317	100	1.7453 293	160	2.7925 268	40	0.0116 355	40	0.000 1939
1	0.7155 850	1	1.7627 825	1	2.8099 801	1	0.0119 264	1	0.000 1988
2	0.7330 383	2	1.7802 358	2	2.8274 334	2	0.0122 173	2	0.000 2036
3	0.7504 916	3	1.7976 891	3	2.8448 867	3	0.0125 082	3	0.000 2085
4	0.7679 449	4	1.8151 424	4	2.8623 400	4	0.0127 991	4	0.000 2133
5	0.7853 982	5	1.8325 957	5	2.8797 933	5	0.0130 900	5	0.000 2182
6	0.8028 515	6	1.8500 490	6	2.8972 466	6	0.0133 809	6	0.000 2230
7	0.8203 047	7	1.8675 023	7	2.9146 999	7	0.0136 717	7	0.000 2279
8	0.8377 580	8	1.8849 556	8	2.9321 531	8	0.0139 626	8	0.000 2327
9	0.8552 113	9	1.9024 089	9	2.9496 064	9	0.0142 535	9	0.000 2376
50	0.8726 646	110	1.9198 622	170	2.9670 597	50	0.0145 444	50	0.000 2424
1	0.8901 179	1	1.9373 155	1	2.9845 130	1	0.0148 353	1	0.000 2473
2	0.9075 712	2	1.9547 688	2	3.0019 663	2	0.0151 262	2	0.000 2521
3	0.9250 245	3	1.9722 221	3	3.0194 196	3	0.0154 171	3	0.000 2570
4	0.9424 778	4	1.9896 753	4	3.0368 729	4	0.0157 080	4	0.000 2618
5	0.9599 311	5	2.0071 286	5	3.0543 262	5	0.0159 989	5	0.000 2666
6	0.9773 844	6	2.0245 819	6	3.0717 795	6	0.0162 897	6	0.000 2715
7	0.9948 377	7	2.0420 352	7	3.0892 328	7	0.0165 806	7	0.000 2763
8	1.0122 910	8	2.0594 885	8	3.1066 861	8	0.0168 715	8	0.000 2812
9	1.0297 443	9	2.0769 418	9	3.1241 394	9	0.0171 624	9	0.000 2860

le développement est....... 1^m,8300490 — dans un cercle de rayon de 1 mètre. Dans

Pour 51′, il est......... 0^m,0148353 — le cercle de 350 mètres de rayon, le développement sera donc de :

Soit................ 1^m,8648843

pour le développement de l'arc de 106°51′

$$1^{m},8648.43 \times 350 = 652^{m},70.$$

1203. Mais si l'on est sur le terrain, et sans tables des lignes trigonométriques à sa disposition, il est cependant possible de déterminer les valeurs de ces lignes avec une approximation suffisante et voici comment.

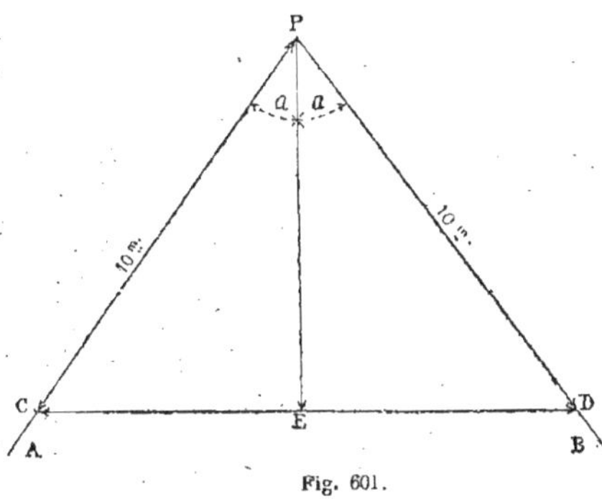

Fig. 601.

Avec la chaîne ou le ruban d'acier de 10 mètres, on marque à partir du point P (*fig.* 601) et sur chacun des alignements PA et PB des points C et D distants de 10 mètres du point P. On joint les points C et D par un cordeau. On mesure la distance CD et, en la divisant par 2, cela permet de déterminer, sur cette ligne CD,

un point E tel que $CE = ED = \dfrac{CD}{2}$

et, enfin, on mesure la longueur de la droite EP qui est perpendiculaire à CD en même temps qu'elle est bissectrice de l'angle APB.

Dans le triangle rectangle CEP, on a :

$$CE = CP.\sin a,$$

d'où

$$\sin a = \frac{CE}{CP},$$

et

$$EP = CP.\cos a,$$

d'où

$$\cos a = \frac{EP}{CP}.$$

1204. Dans le cas particulier qui nous a servi pour les applications numériques précédentes, on trouverait que $CD = 11^m,92$ et $EP = 8^m,03$, en ne tenant pas compte des millimètres dans la mesure de ces lignes. Par suite, on aurait :

$$CE = \frac{11^m,92}{2} = 5^m,96,$$

$$\sin a = \frac{CE}{CP} = \frac{5^m,96}{10^m,00} = 0,596,$$

$$\cos a = \frac{EP}{CP} = \frac{8^m,03}{10^m,00} = 0,803,$$

et, par conséquent :

$$\text{tg. } a = \frac{\sin a}{\cos a} = \frac{0,596}{0,803} = 0,742.$$

En substituant ces valeurs à trois décimales à celles à six décimales dans les applications numériques précédentes, on trouverait sensiblement les mêmes résultats. Ainsi, la longueur de la tangente MP serait :

$$\frac{350^m}{0,742} = 471^m,69,$$

au lieu de :

$$\frac{350^m}{0,741988} = 471^m,70.$$

1205. On peut aussi, sur un terrain plat et sans graphomètre, déterminer, en degrés, la valeur de l'angle 2 a de deux alignements PA et PB de la manière suivante, et sans autre instrument que la chaîne d'arpenteur.

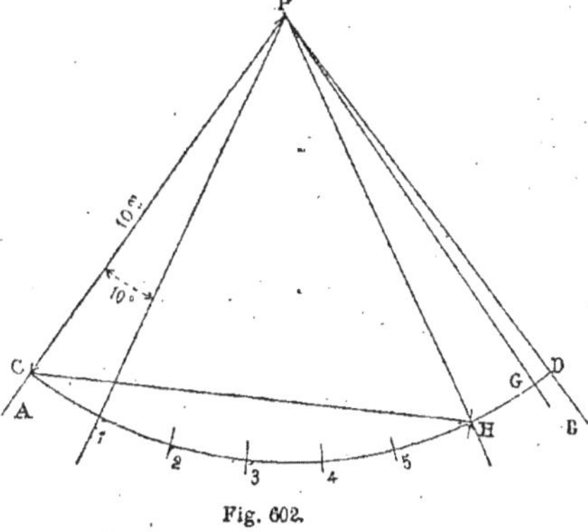

Fig. 602.

Dans un cercle de rayon de 1 mètre, le développement de l'arc correspondant à un angle au centre de 10° est de $0^m,1745$. Dans un cercle de 10 mètres de rayon, le développement correspondant au même angle au centre de 10° serait :

$$0^m,1745 \times 10 = 1^m,745.$$

Et la longueur de la corde sous-tendant cet arc serait :

$$2 \sin 5^o \times 10^m = 2 \times 0,0871 \times 10^m = 1^m,742.$$

C'est-à-dire qu'on peut, sans erreur sensible, prendre $1^m,745$ pour la longueur de la corde comme pour le développement de l'arc.

1206. D'après ce qui précède, pour mesurer l'angle APB (*fig.* 602) des deux alignements PA en PB, à l'aide de la chaîne d'arpenteur, on décrit du point P, comme centre, l'arc de cercle CD de 10 mètres de rayon; puis, avec une règle ou un cordeau de $1^m,745$, on chemine sur cet arc en partant du point C et en se dirigeant vers le point D, en marquant successivement les points de division 1, 2, 3, 4..., jusqu'à ce qu'on arrive à un point G, voisin de D, et tel que la distance GD soit inférieure à $1^m,745$. L'angle APB se composera donc d'un certain nombre de fois l'angle de 10°, plus d'un angle GPD. Mais si, sur l'arc CD de 10 mètres de rayon, les arcs de 10° se confondent avec leurs cordes, il en est à plus forte raison de même pour les arcs de moins de 10°, tel que l'arc GD. On a donc la proportion :

$$\frac{\text{angle GPD}}{10^o} = \frac{\text{GD}}{1^m,745}.$$

D'où

$$\text{angle GPD} = 10^o \times \frac{\text{GD}}{1^m,745}.$$

Si, par exemple, l'angle CPG $= 7$ fois 10° et que GD $= 0^m,550$, l'angle CPD sera égal à :

$$7 \times 10^o + 10^o \times \frac{0,550}{1,745} = 70^o + 3^o,1518$$
$$= 73^o\ 9'\ 6''.$$

1207. Au lieu de mesurer successivement sur l'arc CD des arcs de 10°, on peut, de préférence quand il y a lieu, mesurer immédiatement des arcs plus grands, de façon à ne pas multiplier les erreurs en faisant un trop grand nombre d'opérations. Ainsi, dans le cas présent, où l'angle CPD est plus grand que 60°, on pourra, du point C comme centre, avec la chaîne d'arpenteur pour rayon, décrire un arc de cercle de 10^m de rayon qui coupera l'arc CD en H. L'arc CH correspond à un angle au centre CPH de 60°. Il ne restera donc plus qu'à évaluer l'angle HPD, ce qui s'obtiendra par la mesure de l'arc HD, comme précédemment.

1208. Afin qu'on puisse se rendre compte immédiatement de la valeur en degrés d'un angle CPD par la mesure de la corde CD sous-tendant un arc CD décrit avec un rayon PC de 10 mètres, nous donnons dans le tableau suivant les valeurs des côtés des polygones réguliers inscrits dans un cercle de 1 mètre de rayon, avec les angles au centre correspondants. Lorsque, sur le terrain, on opérera avec un cercle de 10 mètres de rayon, il faudra multiplier par 10 les données de ce tableau en ce qui concerne les valeurs des côtés des polygones.

1209. *Tableau donnant la valeur du côté des polygones réguliers inscrits dans un cercle de rayon $= 1$ mètre.*

NOMBRE de côtés.	ANGLE au centre	VALEUR DU COTÉ	
3	120°	$\sqrt{3}$	$= 1^m,732050$
4	90	$\sqrt{2}$	$= 1^m,414214$
5	72°	$\dfrac{\sqrt{10 - 2\sqrt{5}}}{2}$	$= 1^m,175570$
6	60°		$= 1^m,000000$
7	51° 25' 43"		$= 0^m,867767$
8	45°	$\sqrt{2 - \sqrt{2}}$	$= 0^m,765367$
9	40°		$= 0^m,684040$
10	36°	$\dfrac{-1 + \sqrt{5}}{2}$	$= 0^m,618034$
11	32° 43' 38"		$= 0^m,563465$
12	30°	$\sqrt{2 - \sqrt{3}}$	$= 0^m,517638$
15	24°		$= 0^m,415823$
18	20°		$= 0^m,347296$
20	18°		$= 0^m,312869$

1210. Si le sommet P (*fig.* 603) des deux alignements PA et PB est inaccessible, on peut déterminer l'angle des deux alignements de la manière suivante :

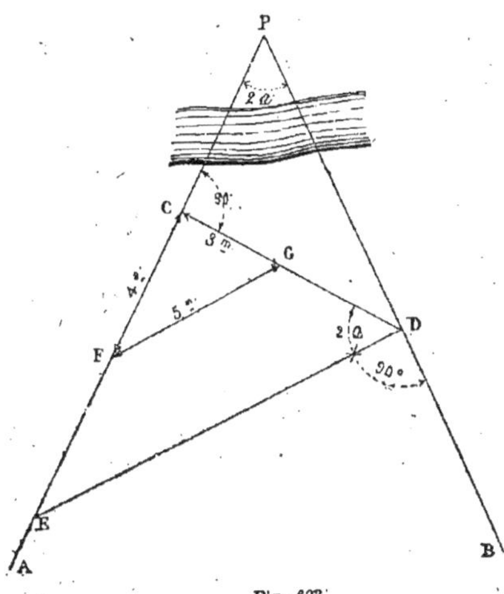

Fig. 603.

En un point C, puis sur l'alignement PA, on élève une perpendiculaire sur PA et on prolonge cette perpendiculaire jusqu'à sa rencontre en D avec l'autre alignement PB. Au point D, on élève une perpendiculaire DE sur l'alignement PB et on mesure l'angle EDC qui est égal à l'angle APB des deux alignements, car ces deux angles sont tous deux complémentaires de l'angle CDP.

1211. Pour élever une perpendiculaire sur une droite, on dispose généralement d'une équerre d'arpenteur ; mais, si cet instrument fait défaut, on peut le rem-

Fig. 604.

placer par une chaîne, un ruban d'acier ou un cordeau HH' (*fig.* 604) de 12 mètres de longueur avec des points de repère en K et L, tels que HK $= 3^m$, KL $= 4^m$ et LH' $= 5^m$. On tend la portion KL du cordeau sur l'alignement PA (*fig.* 603) de C en F, puis on réunit les deux extrémités

H et H' du cordeau. On tend l'une des portions, par exemple, celle LH' de 5^m dont le point L est devenu fixe en F et on tourne autour de ce point F jusqu'à ce que l'autre portion KH de 3^m du cordeau soit également tendue. Dans ce cas, les deux extrémités du cordeau sont réunies en un point G et on a ainsi formé un triangle GCF, dans lequel on a :

$$\overline{GC}^2 = \overline{3}^2 = 9,$$
$$\overline{CF}^2 = \overline{4}^2 = 16,$$

et, par suite,

$$\overline{GC}^2 + \overline{CF}^2 = \overline{3}^2 + \overline{4}^2 = 25.$$

Mais $\overline{FG}^2 = \overline{5}^2 = 25.$

Donc $\overline{FG}^2 = \overline{GC}^2 + \overline{CF}^2,$

Et par conséquent, le triangle GCF est rectangle en C et CG est perpendiculaire sur PA. Ayant les deux points C et G, il ne reste plus qu'à prolonger leur alignement jusqu'en D.

1212. Pour mesurer l'angle APB (*fig.* 605) des deux alignements PA et PB dont le sommet P est inaccessible, on peut

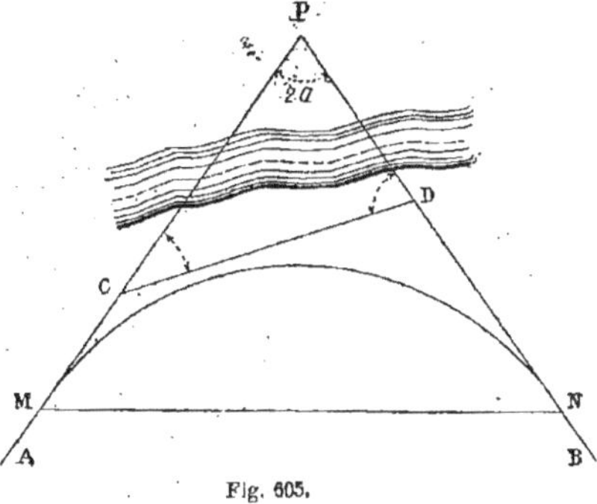

Fig. 605.

aussi prendre, sur ces alignements, des points C et D visibles l'un de l'autre. En mesurant les angles DCP et CDP, en faisant la somme et en les retranchant de 180°, on aura la valeur de l'angle APB.

Si, de plus, on peut mesurer la longueur CD, il en résultera que, dans le triangle DCP, on connaîtra un côté CD et les deux angles adjacents et que, par conséquent, on pourra déterminer les deux autres côtés PC et PD de ce triangle par les relations

$$\frac{PC}{CD} = \frac{\sin PDC}{\sin CPD}.$$

D'où $\quad PC = CD\ \dfrac{\sin PDC}{\sin CPD},$

et $\quad \dfrac{PD}{CD} = \dfrac{\sin PCD}{\sin CPD}.$

D'où $\quad PD = CD\ \dfrac{\sin PCD}{\sin CPD}.$

Si le rayon R de la courbe de raccordement est connu, on pourra, après avoir déterminé l'angle APB $= 2a$ des deux alignements, calculer la longueur MP $=$ PN des tangentes par la relation

$$MP = \frac{R}{tg.\ a}.$$

En retranchant de MP et de PN les valeurs de PC et de PD, on aura les valeurs des distances CM et DN qu'il faudra prendre sur les deux alignements à partir des points C et D pour obtenir les points de tangence M et N et, par suite, la corde MN de l'arc de raccordement.

Mais, pour déterminer l'angle des deux alignements, il ne sera pas toujours possible de le faire à l'aide d'une seule droite CD, si d'un point d'un alignement on ne peut apercevoir un point sur l'autre alignement.

Dans ce cas, on trace une ligne brisée CED (*fig.* 606). On mesure les angles PCE, CED, EDP. On en fait la somme

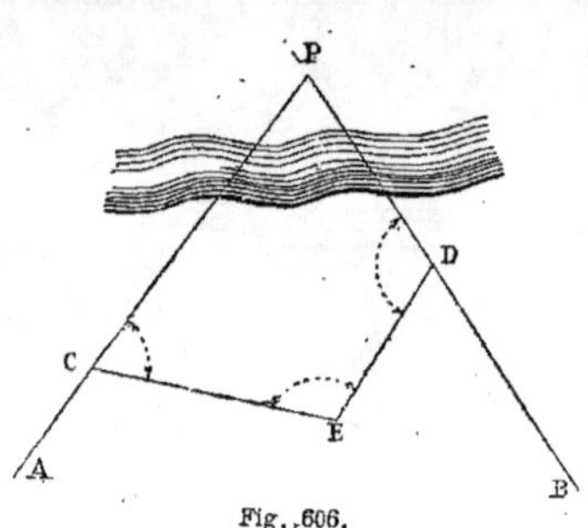

Fig. 606.

qu'on retranche de $2 \times 180°$ et la différence donne l'angle CPD cherché.

1213. Afin d'avoir moins d'angles à mesurer, on peut, si le terrain le permet, mener CE (*fig.* 606) perpendiculaire à PA et ED perpendiculaire à PB. Dans ce cas, l'angle cherché CPD sera le supplément de l'angle mesuré CED.

Si, au lieu d'une ligne CED brisée de deux côtés, il fallait en tracer une de n côtés, pour avoir l'angle CPD, il faudrait retrancher de $n \times 180°$ la somme des angles intérieurs du polygone formé par cette ligne brisée et les deux alignements CP et PD.

§ II. — TRACÉ SUR LE TERRAIN

DES COURBES DE RACCORDEMENT EN ARC DE CERCLE

1214. Les moyens de tracer, sur le terrain, les courbes de raccordement en arc de cercle sont très nombreux. L'emploi de l'un quelconque d'entre eux est subordonné au terrain sur lequel on opère, aux instruments dont on dispose et à l'habileté de l'opérateur. On ne peut donc préconiser l'un plutôt que l'autre; car, dans bien des cas, on sera conduit à faire usage à la fois de plusieurs de ces moyens pour le tracé complet de la courbe de raccordement.

Nous allons donc passer en revue les différentes méthodes qui peuvent se résumer ainsi :

1° Tracé par abscisses et ordonnées rectangulaires sur la corde de l'axe.

2° Tracé par abscisses et ordonnées rectangulaires sur la bissectrice ou la flèche de l'arc.

3° Tracé par abscisses et ordonnées rectangulaires sur la tangente à l'arc.

4° Tracé par abscisses et ordonnées rectangulaires sur les sous-tangentes.

5° Tracé par sous-tangentes successives ou par polygone circonscrit.

6° Tracé par cordes successives et leurs flèches.

7° Tracé par cordes inscrites rattachées entre elles par des angles.

8° Tracé par écartements successifs formant, sur le contour de la courbe, une série de triangles rectangles, ou *Méthode du Gabarit*.

9° Tracé par écartements successifs formant sur le contour de la courbe une série de triangles isocèles.

10° Tracé par intersections de lignes et avec deux graphomètres.

11° Tracé par angles et arcs égaux.

CHAPITRE II

TRACÉ PAR ABSCISSES ET ORDONNÉES

§ I. — TRACÉ PAR ABSCISSES ET ORDONNÉES RECTANGULAIRES

SUR LA CORDE DE L'ARC

1215. Sur la corde MN (*fig.* 607), prenons, à partir du milieu K de cette corde, un point D et en ce point élevons une perpendiculaire à la corde qui rencontrera l'arc de cercle MSN en C. Désignons la distance KD par x, la distance DC par y, le rayon de la courbe par R et la distance OK du centre de la courbe à la corde par m.

En joignant le point O au point C et en prolongeant CD jusqu'à sa rencontre en E avec le diamètre FG parallèle à la corde MN, on formera un triangle rectangle OEC dans lequel

$$\overline{OE}^2 + \overline{EC}^2 = \overline{OC}^2.$$

Mais $OE = KD = x,$
        $EC = ED + DC = m + y,$
        $OC = R.$

Donc $x^2 + (m + y)^2 = R^2,$
et, par suite,

$$m + y = \sqrt{R^2 - x^2}.$$

D'où $y = \sqrt{R^2 - x^2} - m.$

En donnant à x des valeurs successives depuis zéro jusqu'à KN, on en déduira les valeurs correspondantes de y et on pourra obtenir autant de points de la

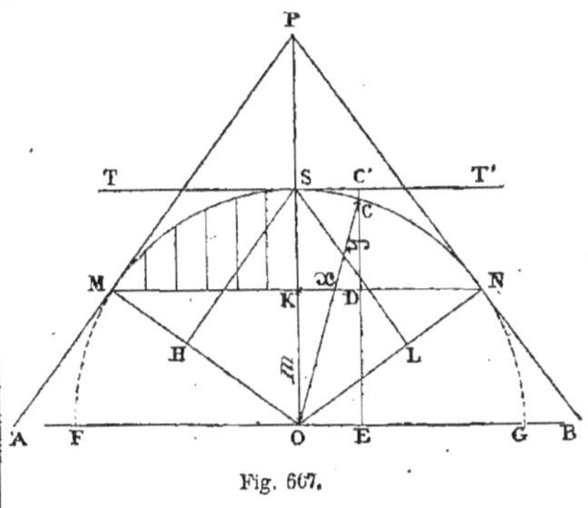

Fig. 607.

courbe qu'on voudra pour tracer l'arc SN. Il en sera de même pour l'arc SM.

Il conviendra d'adopter, pour les valeurs de x des nombres simples, tels que 5, 10, 15, 20... 50... 100^m, de façon à ne pas compliquer les calculs, puisqu'on a à faire le carré de ces nombres pour en déduire les valeurs correspondantes de y.

Applications numériques.

1216. Soit à raccorder, par un arc de cercle, les deux alignements PA et PB (*fig.* 607), sachant que l'angle APB $= 73°\,9'$ et que R $= 350^m$. On en déduit, à l'aide des formules (n° 1198)

$$MK = KN = 281^m,07,$$
$$KS = 141^m,45,$$
$$OK = m = 208^m,55.$$

La formule :

$$y = \sqrt{R^2 - x^2} - m,$$

devient :

$$y = \sqrt{(350)^2 - x^2} - 208,55.$$

Soit $\qquad x = 50^m.$

On aura :

$$y = \sqrt{(350)^2 - (50)^2} - 208,55 = 137^m,86.$$

Si les abscisses qu'on se donne sont des multiples du 1/100 du rayon de la courbe, les calculs seront simplifiés par l'emploi de la table (n° 1225) qui donne les abscisses et ordonnées d'une courbe de 1 mètre pour des accroissements de $0^m,01$ dans les abscisses. Mais cette table a été établie pour un tracé par abscisses et ordonnées sur la tangente et pour s'en servir dans le cas présent du tracé par abscisses et ordonnées sur la corde, il y a un point important à observer.

Menons par le sommet S (*fig.* 607) la tangente TT' qui est parallèle à la corde MN et prolongeons DC jusqu'à sa rencontre en C' avec cette tangente. On aura :

$$y = DC = DC' - CC' = KS - CC',$$
ou $\qquad y = (R - m) - CC'.$

Les ordonnées de la table sont précisément les valeurs de CC' et il faudra les retrancher de $(R - m)$ pour avoir les ordonnées à porter sur la corde. Les valeurs des abscisses sont les mêmes dans un cas comme dans l'autre.

Soit, par exemple,

$$R = 350^m, \quad m = 208^m,55.$$

On aura :

$$(R - m) = 350^m - 208^m,55 = 141^m,45.$$

Les ordonnées correspondant à une abscisse égale aux $4 \times \dfrac{1}{100}$ du rayon seront :

$$\text{Abscisse} = 0^m,04 \times 350 = 14^m.$$
$$\text{Ordonnées} = 141^m,45 - 0^m,0008 \times 350$$
$$= 141^m,17.$$

1217. Cette méthode du tracé de l'arc de cercle exige des calculs préparés à l'avance et suppose que le terrain est libre entre la corde et l'arc.

En prenant sur la corde des abscisses croissant d'une quantité régulière, on obtient des points de la courbe qui ne sont point équidistants. Si l'on voulait obtenir des points équidistants sur la courbe, il faudrait prendre, pour abscisses, des valeurs égales à celles des sinus des arcs correspondants.

Ainsi, si l'on veut avoir, sur la courbe, des points correspondant à des arcs successifs de 5°, à partir du sommet S, on fera usage de la table indiquée au n° 1225 (méthode du tracé par abscisses et ordonnées rectangulaires sur la tangente). On prendra, dans la colonne *Abscisses*, les nombres correspondant à 5°, 10°, 15°, 20°; on multipliera ces nombres par le rayon R de la courbe, exprimé en mètres et on substituera les valeurs obtenues à la place de x dans la formule

$$y = \sqrt{R^2 - x^2} - m.$$

Les valeurs de y peuvent s'obtenir encore plus simplement en faisant usage de la même table.

Nous avons vu que :

$$y = (R - m) - CC'.$$

On prendra dans la colonne *Ordonnées* les nombres correspondant à 5°, 10°, 15°, 20°...; on multipliera ces nombres par le rayon R de la courbe exprimé en mètres et les valeurs obtenues seront celles qu'il faudra retrancher de la quantité constante (R-m) ou de la flèche KS pour avoir celles de y.

Soit, par exemple,

$$R = 350^m, \quad m = 208^m,55$$

On aura :

R — m = 350ᵐ — 208ᵐ,55 = 141ᵐ,45.

L'abscisse et l'ordonnée d'un point C tel que l'arc SC soit de 15° seront :

$x = 0{,}25881904 \times 350^m = 90^m{,}586,$

$y = 141^m{,}45 - 0{,}0340643 \times 350^m = 129^m{,}528$

Si l'on voulait avoir des points distants sur la courbe d'une longueur donnée, il faudrait calculer les valeurs des sinus correspondant aux arcs successifs, à partir du sommet de la courbe, et prendre ces valeurs pour celles de x, puis en déduire celles de y par la formule

$$y = \sqrt{R^2 - x^2} - m,$$

ou, plus simplement, déterminer également les valeurs des cosinus correspondant aux arcs successifs, en retrancher la valeur de m et les différences seraient les valeurs de y.

On trouvera plus loin au § III un exemple d'un calcul de ce genre.

1218. *Remarque.* En joignant les points M et N au point O et en abaissant du point S des perpendiculaires SH et SL à MO et à NO, on aura

$$SH = SL = MK = KN.$$

et aussi

$$MH = NL = SK.$$

Au lieu d'opérer sur les lignes KN et KM pour tracer les arcs de cercle SN et SM, on pourra donc opérer, de la même manière, sur les lignes LS et HS.

§ II. — TRACÉ PAR ABSCISSES ET ORDONNÉES RECTANGULAIRES

SUR LA BISSECTRICE OU LA FLÈCHE DE L'ARC

1219. Sur la flèche SK (*fig.* 608) prenons, à partir du sommet S de l'arc, un

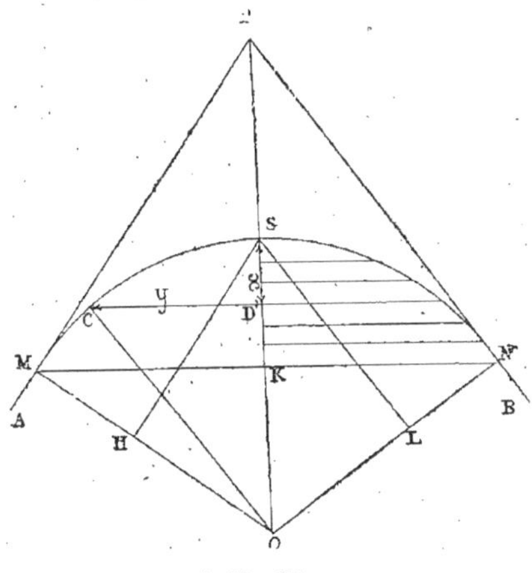

Fig. 608.

point D et en ce point élevons une perpendiculaire à la flèche qui rencontrera l'arc MS en C. Désignons la distance SD par x, la distance DC par y et le rayon de la courbe par R. En joignant le point O au point C, on a un triangle rectangle ODC dans lequel

$$\overline{CD}^2 = \overline{OC}^2 - \overline{OD}^2,$$

ou $\quad y^2 = R^2 - (R - x)^2 = 2R.x - x^2.$

D'où $\quad y = \sqrt{2Rx - x^2}.$

En donnant à x des valeurs successives depuis zéro jusqu'à LK, on en déduira les valeurs correspondantes de y et on pourra obtenir autant de points de la courbe qu'on voudra pour tracer l'arc SM. Il en sera de même pour l'arc SN. Il conviendra encore d'adopter pour les valeurs de x des nombres simples, afin de ne pas compliquer les calculs.

1220. Cette méthode exige, comme la précédente, des calculs préparés à l'avance et suppose aussi que le terrain est libre entre la flèche et l'arc. Elle a, en outre, l'inconvénient de donner des ordonnées très longues pour des abscisses très faibles, et, par suite, elle est sujette à des causes d'erreurs dans le tracé de ces ordonnées et dans les mesures à prendre sur elles.

1221. Si l'on voulait obtenir des points équidistants sur la courbe, il faudrait prendre, pour abscisses, des valeurs égales à celles du rayon diminué des cosinus des arcs correspondants. Ainsi, si l'on veut avoir sur la courbe des points correspondant à des arcs successifs de 5°, à partir du sommet S, on fera usage de la table indiquée plus loin § V, à la méthode du tracé par abscisses et ordonnées rectangulaires sur la tangente. On prendra, dans la colonne *Ordonnées*, les nombres correspondant à 5°, 10°, 15°, 20°...; on multipliera ces nombres par le rayon R de la courbe, exprimé en mètres et on substituera les valeurs obtenues à la place de x dans la formule

$$y = \sqrt{2R.x - x^2}.$$

Les valeurs de y peuvent s'obtenir encore plus simplement en faisant usage de la même table, en prenant dans la colonne *Abscisses* les nombres correspondant à 5°, 10°, 15°, 20°..., en multipliant ces nombres par le rayon R de la courbe exprimé en mètres et les valeurs obtenues seront celles de y.

1222. Si l'on voulait avoir des points distants sur la courbe d'une longueur donnée, il faudrait calculer les valeurs des cosinus correspondant aux arcs successifs à partir du sommet de la courbe, les retrancher du rayon de la courbe et substituer les valeurs ainsi obtenues à la place de x dans la formule

$$y = \sqrt{2Rx - x^2},$$

ou, plus simplement, déterminer également les valeurs des sinus correspondant aux arcs successifs qui seront celles de y.

On trouvera plus loin, au § III, un exemple d'un calcul de ce genre.

1223. *Remarque.* En joignant les points M et N au point O et en abaissant du point S des perpendiculaires à SH et à SL, à MO et à NO, on aura :

$$SH = SL = MK = KN,$$

et aussi

$$MH = NL = SK.$$

Au lieu d'opérer sur la ligne SK pour tracer les arcs de cercle MS et SN, on pourra donc opérer de la même manière sur les lignes MH et NL.

§ III.—TRACÉ PAR ABSCISSES ET ORDONNÉES RECTANGULAIRES

SUR LA TANGENTE A L'ARC.

1224. Sur la tangente MP (*fig.* 609), prenons à partir du point de tangence M un point D et, en ce point, élevons une perpendiculaire à la tangente qui rencontrera l'arc MS en C.

Désignons la distance MD par x, la distance DC par y et le rayon de la courbe par R.

En joignant les points M et C au point O et en abaissant du point C une perpendiculaire CE à MO, cette perpendiculaire sera égale et parallèle à MD. De plus, on aura ME = DC et le triangle rectangle OEC donnera

$$\overline{EO}^2 = \overline{OC}^2 - \overline{CE}^2,$$

ou

$$(R - y)^2 = R^2 - x^2.$$

D'où

$$R - y = \sqrt{R^2 - x^2},$$

et

$$y = R - \sqrt{R^2 - x^2}.$$

En donnant à x des valeurs successives depuis zéro jusqu'à ML, on en déduira les valeurs correspondantes de y et on pourra obtenir autant de points qu'on voudra pour tracer l'arc MS. Il en sera de même pour l'arc SN.

Il conviendra encore d'adopter, pour les valeurs de x, des nombres simples afin de ne pas compliquer les calculs.

1225. Ces calculs seront même abrégés à l'aide de la table suivante qui donne les abscisses et ordonnées d'une courbe de 1 mètre de rayon pour des accroissements successifs de $0^m,01$ dans les abscisses.

1226. Il suffit de multiplier les abscisses et ordonnées de cette table par le rayon de la courbe à tracer pour obtenir les coordonnées des points de la courbe correspondant à des accroissements d'abscisses de 1/100 du rayon ou d'un multiple de cette quantité. Si, par exemple, le rayon de la courbe est de 350 mètres, les abscisses sur la tangente pourront être prises de 3ᵐ,50 en 3ᵐ,50, ou de 7ᵐ en 7ᵐ, ou de 10ᵐ,50... etc. Pour des abscisses variant de 7ᵐ en 7ᵐ, on multipliera par 350 les abscisses de la table 0ᵐ,02, 0ᵐ,04,

ABSCISSES.	ORDONNÉES.	ABSCISSES.	ORDONNÉES.
m.	m.	m.	m.
0.01	0.000050	0.51	0.1398200
0.02	0 000190	0.52	0.1458100
0.03	0.000450	0.53	0.15200834
0.04	0 000800	0.54	0 15834000
0.05	0.0012625	0.55	0.16484000
0 06	0.0018009	0.56	0.17151000
0 07	0 0024600	0.57	0 17835000
0.08	0.0032100	0.58	0.18537500
0 09	0.0040625	0.59	0.19260000
0.10	0.0050125	0.60	0.20000000
0 11	0.0060700	0.61	0.20759167
0.12	0.0072250	0.62	0.21540000
0.13	0.0084800	0.63	0.22340837
0.14	0.0098500	0.64	0.23163336
0.15	0.0113000	0.65	0.24007000
0.16	0.0128800	0.66	0.21873000
0.17	0.0145500	0.67	0.25764169
0.18	0.0163375	0.68	0.26678334
0 19	0 0182000	0.69	0.27619167
0.20	0.0202100	0.70	0.28585835
0.21	0.0223000	0.71	0.29580000
0.22	0.0245100	0.72	0.30602503
0.23	0.0268000	0.73	0.31655000
0 24	0.0292375	0.74	0.32740000
0.25	0.0317625	0.75	0.33703336
0 26	0.0344000	0.76	0.35008334
0.27	0.0371500	0.77	0.36195714
0.28	0.0400000	0.78	0.37422857
0.29	0.0429700	0.79	0.38689286
0.30	0.0460600	0.80	0.40000000
0.31	0.0492600	0.81	0.41356875
0.32	0.0525800	0.82	0.42763750
0 33	0.0560250	0.83	0.44223750
0.34	0.0595800	0.84	0.45741250
0.35	0.0632600	0.85	0.47322223
0 36	0.0670500	0.86	0.48971112
0.37	0.0709750	0.87	0.50695556
0.38	0.0750100	0.88	0.52502223
0.39	0 0792000	0.89	0.54403889
0.40	0.0834800	0.90	0.56411500
0.41	0.0879100	0.91	0.58539500
0.42	0.0924750	0.92	0.60808636
0.43	0.0971700	0.93	0.63244167
0.44	0.1020100	0.94	0.65882693
0.45	0.1069700	0.95	0.68775006
0.46	0.1120800	0 96	0.72000000
0.47	0.1173200	0.97	0.75689167
0.48	0.1227400	0.98	0.80100000
0.49	0.1282800	0.99	0.85893548
0.50	0.1339800		

0ᵐ,06... ainsi que les ordonnées correspondantes et on aura celles de la courbe.

1227. Cette méthode qui est généralement employée exige encore, comme les précédentes, des calculs préparés à l'avance.

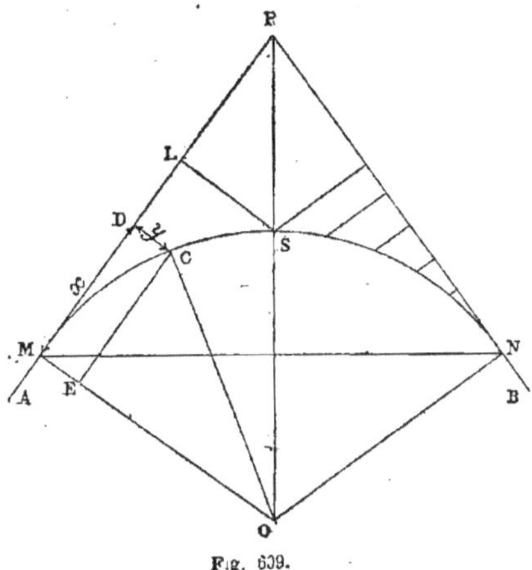

Fig. 639.

En prenant sur la tangente des abscisses croissant d'une quantité régulière, on obtient des points de la courbe qui ne sont point équidistants. Si l'on voulait obtenir des points équidistants sur la courbe, il faudrait prendre pour abscisses des valeurs égales à celles des sinus des arcs correspondants.

1228. La table suivante sera très utile dans ce cas. Elle donne les valeurs des abscisses et des ordonnées pour des accroissements de degré en degré sur la courbe, jusqu'à 45° et calculées pour un cercle de 1 mètre de rayon. Lorsqu'on voudra s'en servir pour un cercle d'un rayon donné, il suffira de multiplier les valeurs des abscisses et des ordonnées par le rayon de ce cercle.

Cette table contient aussi une dernière colonne dans laquelle sont inscrites les valeurs des tangentes correspondant aux angles indiqués dans la première colonne. Ces valeurs seront utiles pour les tracés décrits plus loin au § IV.

1229. *Table donnant les valeurs des abscisses et des ordonnées pour des accroissements de degré en degré sur la courbe, calculées pour un cercle de 1 mètre de rayon.*

NOMBRE de degrés.	ABSCISSES x ou sinus.	ORDONNÉES y ou sinus-verse.	LONGUEUR de la tangente.
1	0.01745241	0.00015250	0.01745506
2	0.03489950	0.00060909	0 03492093
3	0 05233596	0 00137008	0.05240778
4	0.06975647	0.00243586	0 06992681
5	0.08715574	0 00380545	0.08748866
6	0.10452847	0.00547818	0.10510423
7	0.12186935	0.00745386	0 12278458
8	0.13917311	0.00973182	0.14054084
9	0.15643446	0.01231182	0.15838444
10	0.17365816	0.01519205	0.17632699
11	0.19080899	0.0183728	0 19438081
12	0.20791675	0.0218526	0.21255666
13	0.23495104	0.0256300	0.23086819
14	0.24192190	0.0297046	0.24932805
15	0.25881904	0.0340643	0.26794920
16	0.2756374	0 0387386	0.2867453
17	0.2923717	0.0436953	0.3057306
18	0.3090170	0.0489436	0.3249197
19	0.3255682	0 0544808	0.3443276
20	0.3420202	0.0603074	0.3690708
21	0 3583680	0.0664196	0.3838640
22	0.3746065	0.0728162	0 4040263
23	0.3907311	0.0791952	0.4244748
24	0.4067367	0 0864546	0 4452286
25	0 4226183	0.0936924	0.4663076
26	0 4383712	0.1012058	0.4877326
27	0.4539905	0.1089934	0.5095255
28	0 4691716	0.1170526	0.5317094
29	0.4848096	0.1253800	0.5543090
30	0.5000000	0.1339746	0.5773503
31	0.5150380	0.1428328	0 6 0086.6
32	0.5299192	0.1519520	0 6248693
33	0.5446390	0.1613294	0 6494076
34	0 5591930	0.1709624	0.6745081
35	0.5735764	0 1808487	0 7002077
36	0.5875853	0 1909831	0.7265425
37	0.6018149	0 2013646	0.7535540
38	0.6156616	0.2119898	0.7812855
39	0.6293204	0.2228541	0.8097820
40	0 6427874	0 2336555	0.8390996
41	0.6560890	0.2452903	0.8692868
42	0.6691306	0 2563551	0.9004038
43	0.6820140	0.2686463	0.9325150
44	0.6946585	0.2806603	0 9655889
45	0.7071068	0.2928932	1.0000000

Applications numériques.

1230. Soit à tracer à partir du point M (*fig.* 609) un arc de cercle de 350 mè tres de rayon, tangent en M à l'alignement AP, de telle sorte que chaque point obtenu corresponde à des arcs variant de 2° en 2°.

Dans la table, on prendra dans la colonne *Abscisses* les nombres correspondant à 2°, 4°, 6°..... et aussi dans la colonne *Ordonnées* ceux correspondant aux mêmes angles. On multipliera les nombres trouvés par 350 mètres et, avec les résultats obtenus, on pourra tracer la courbe. Ainsi, pour obtenir le point C correspondant à un arc MC de 6°, on prendra sur MP, à partir du point M, une longueur :

MD = 0,10452847 × 350^m = 36^m,585.

On élèvera au point D une perpendiculaire sur MP. On mesurera sur cette perpendiculaire une longueur :

DC = 0,00547818 × 350^m = 1^m,917

et le point C sera le point cherché.

Si l'on voulait avoir des points distants sur la courbe d'une longueur donnée, il faudrait calculer les valeurs des sinus correspondant aux arcs successifs à partir du point de tangence et substituer ces valeurs à la place de x dans la formule :

$$y = R - \sqrt{R^2 - x^2},$$

ou, plus simplement, déterminer également les valeurs des cosinus correspondant aux arcs successifs, les retrancher du rayon et les différences seront les valeurs de y.

Supposons, par exemple, qu'on veuille obtenir, sur un cercle de 350 mètres de rayon, des points espacés de 10 mètres. Appelons c l'angle au centre correspondant à l'arc de 10 mètres dans ce cercle et on aura la proportion :

$$\frac{\text{angle } c}{360°} = \frac{10^m}{2\pi \times R} = \frac{10^m}{2 \times 3,1416 \times 350}$$

d'où

$$\text{angle } c = \frac{360° \times 10}{2 \times 3,1416 \times 350}$$
$$= 1° 637 = 1° 38' 13''.$$

Les angles au centre comptés à partir du rayon perpendiculaire à la tangente seraient donc :

$$1° 38' 13'' = 1° 38' 13'',$$
$$2 \times (1° 38' 13'') = 3° 16' 26'',$$
$$2 \times (1° 38' 13'') = 4° 54' 39'',$$
$$2 \times (1° 38' 13'') = 6° 32' 52'',$$
$$5 \times (1° 38' 13'') = 8° 11' 5'',$$

....
....
....

dont il faudrait déterminer les sinus et cosinus à l'aide des tables logarithmiques.

On aurait ainsi, pour le 4e point correspondant à l'angle 6° 32′ 52″,

$$\log \sin 6° 32' 52'' = \overline{1},0570256,$$
$$\log \cos 6° 32' 52'' = \overline{1},9971578,$$
$$\sin 6° 32' 52'' = 0,11403,$$
$$\cos 6° 32' 52'' = 0,99347,$$
$$1 - \cos 6° 32' 52'' = 0,00653,$$

dans un cercle de rayon de 1 mètre.

Pour un cercle de 350 mètres de rayon, il faut multiplier ces résultats par 350 mètres et on obtient ainsi, pour les coordonnées cherchées :

$$x = 0,11403 \times 350^m = 39^m,910,$$
$$y = 0,00653 \times 350^m = 2^m,285.$$

Mais ces calculs sont assez longs et il sera plus pratique de prendre des points équidistants correspondant à des nombres de degrés. La table donnera de suite les abscisses et ordonnées qu'il suffira de multiplier par le rayon de l'arc de cercle à tracer pour avoir les distances à porter sur la tangente et sur les perpendiculaires à cette tangente.

§ IV.—TRACÉ PAR ABSCISSES ET ORDONNÉES RECTANGULAIRES

SUR LES SOUS-TANGENTES

1231. Lorsqu'on trace un arc de raccordement à l'aide d'abscisses et d'ordonnées rectangulaires sur une tangente, il est bon, en pratique, que les ordonnées ne dépassent pas 10 mètres. S'il en est autrement, il faudra opérer sur des sous-tangentes. Par le sommet S (*fig*. 610) de l'arc, menons la droite HL parallèle à la corde MN. Nous avons vu, n° 1198, qui :

$$MH = HS = \frac{R\,(1 - \sin a)}{\cos a}.$$

On peut donc calculer MH, porter sa valeur sur la tangente AP, à partir du point de tangence M, joindre le point H au point S et opérer sur les deux tangentes MH et HS, pour tracer l'arc MCS de la même manière que par la méthode précédente, quand il s'agissait de tracer l'arc MSN en opérant sur les deux tangentes MP et PN.

Le tracé de l'arc SN s'obtiendrait d'une façon analogue.

Si le sommet S de l'arc n'est pas connu, on peut, quand on a déterminé le point H, mener par ce point une droite HL qui fasse avec la tangente AP un angle PHL complémentaire de l'angle a, mesurer sur cette droite HL une distance HS = MH et le point S sera ainsi obtenu.

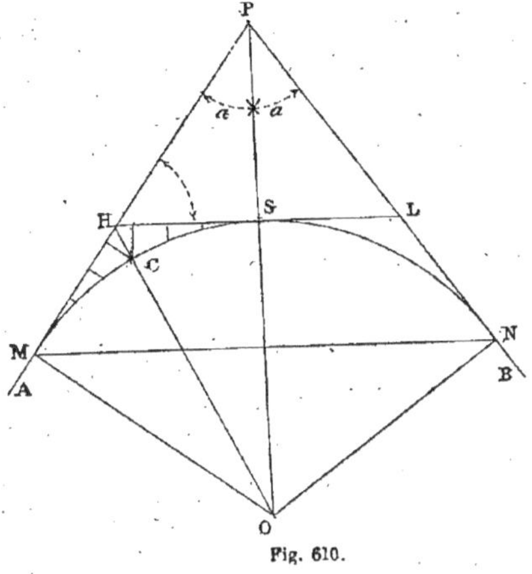

Fig. 610.

CHAPITRE III

TRACÉ PAR TANGENTES SUCCESSIVES

PAR CORDES SUCCESSIVES ET PAR CORDES INSCRITES

---

§ I. — TRACÉ PAR SOUS-TANGENTES SUCCESSIVES

OU PAR POLYGONE CIRCONSCRIT

1232. Soit à tracer (*fig.* 611) un arc de cercle d'un rayon MO = ON = R, raccordant en M et N les deux alignements PA et PB, à l'aide des points de tangence M, C, G... de ce cercle avec un polygone circonscrit MECHG...

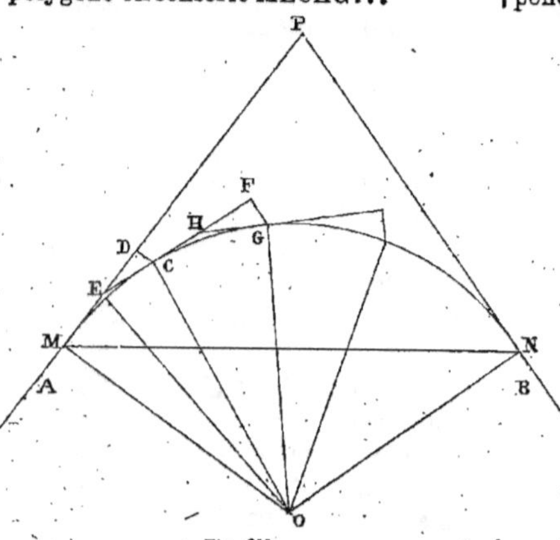

Fig. 611.

Le premier arc MC peut être pris arbitrairement ; mais, afin de pouvoir utiliser la table indiquée au n° 1225 et relative au tracé par abscisses et ordonnées rectangulaires sur les tangentes, cet arc devra être tel qu'il corresponde à un angle au centre MOC d'un nombre *pair* de degrés ; 14°, par exemple. Soit R = 350 mètres.

Nous porterons sur la tangente MP l'abscisse MD égale à celle de la table, multipliée par le rayon de 350 mètres. Soit :
$$0,24192190 \times 350^m = 84^m,672.$$
Nous élèverons au point D une perpendiculaire sur laquelle nous prendrons l'ordonnée DC égale à celle de la table, multipliée par le rayon de 350 mètres. Soit :
$$0,0297046 \times 350^m = 10^m,396.$$

Le point C sera un point de l'arc de cercle.

Prenons maintenant, sur la tangente MP, une longueur ME qui soit la tangente d'un angle MOE = $\frac{1}{2}$ angle MOC. Soit
$$\frac{14°}{2} = 7°.$$

Dans la colonne *Tangente*, en regard de 7°, nous trouvons le nombre 0,12278458 qui, multiplié par 350 mètres, nous donne la valeur de :
$$ME = 0,12278458 \times 350^m = 42^m,974$$
En joignant les points E et C par une ligne droite ECF, cette droite sera tangente à la courbe et on pourra opérer sur cette nouvelle tangente comme on l'a fait sur la tangente MP et avec les mêmes données, c'est-à-dire en faisant CF = MD,

en élevant la perpendiculaire FG = DC et en prenant CH = ME. Le point G sera un autre point de la courbe, la droite HG une nouvelle tangente et ainsi de suite.

On pourra donc, avec très peu de calculs préliminaires et avec un tracé de lignes droites et de perpendiculaires sur le terrain, avoir des points de la courbe équidistants, à partir de l'un des points de tangence M. Mais si l'angle MOC, qui a servi de point de départ, n'est pas une fraction exacte de l'angle MON, le dernier point déterminé arrivera en deçà ou au-delà de l'autre point de tangence N.

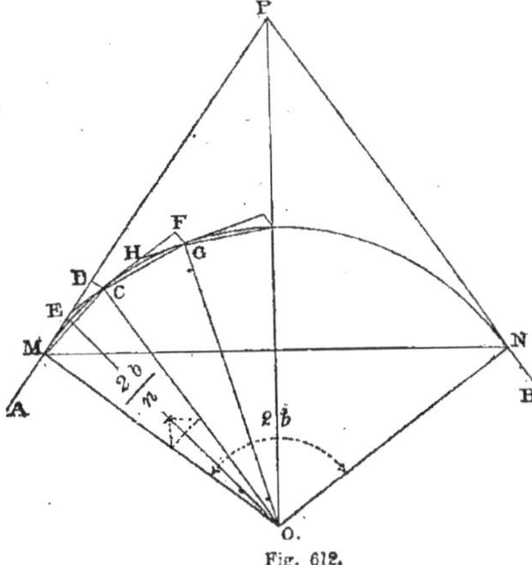

Fig. 612.

1233. Si l'on veut avoir entre M et N (*fig.* 612) un nombre n d'arcs égaux, on cherchera dans les tables logarithmiques les lignes trigonométriques de l'angle $\dfrac{2b}{n}$. Afin d'avoir un point sur la bissectrice PO, il faudra prendre n pair. Soit, par exemple, $n = 6$ et $2b = 106°51'$.

On aura :

$$\text{angle MOC} = \frac{106° \; 51'}{6} = 17° \; 48' \; 30'',$$

$$\log. \sin 17° \; 48' \; 30'' = \overline{1},4854855$$

$$\log. \cos 17° \; 48' \; 30'' = \overline{1},9786757$$

$$\log. \text{tg.} \; \frac{17° \; 48' \; 30''}{2} = \overline{1},1949179$$

$$\left.\begin{array}{l} \sin 17° \; 48' \; 30'' = 0^{\mathrm{m}},30583 \\ \cos 17° \; 48' \; 30'' = 0^{\mathrm{m}},95208 \\ \text{tg.} \; \dfrac{17° \; 48' \; 30''}{2} = 0^{\mathrm{m}},15667 \end{array}\right\} \begin{array}{l} \text{dans un cer-} \\ \text{cle dont le} \\ \text{rayon} = 1. \end{array}$$

Pour un cercle dont le rayon est 350 mètres, on aura :

$$\text{MD} = 0^{\mathrm{m}},30583 \times 350 = 107^{\mathrm{m}},040$$

$$\text{DC} = (1 - 0,95208) \times 350 = 16^{\mathrm{m}},772,$$

$$\text{ME} = 0,15667 \times 350 = 54^{\mathrm{m}},834.$$

On pourra donc tracer les tangentes successives qui détermineront les différents points de la courbe et, comme vérification, on devra aboutir au point N, si l'on est parti du point M ou inversement.

Lorsqu'on aura ainsi déterminé exactement quelques points de la courbe, on pourra en tracer d'intermédiaires à l'aide d'abscisses et d'ordonnées rectangulaires sur les tangentes successives.

§ II. — TRACÉ PAR CORDES SUCCESSIVES ET LEURS FLÈCHES

1234. Soient MN (*fig.* 613) la corde et KS la flèche d'un arc MSN dont le rayon MO = R et dont l'angle APB des tangentes est $2a$.

Les formules n° 1198 donnent :

$$\text{MN} = 2R. \cos a,$$

$$\text{KS} = R \; (1 - \sin a).$$

Le point S étant déterminé, si on le joint aux points M et N, on obtient les cordes MS et SN des demi-arcs dont les flèches seront les perpendiculaires DC et D'C' élevées en leur milieu. Les valeurs de MS et de DC peuvent s'obtenir à l'aide de celles de MN et de KS.

Le triangle rectangle MKS donne la relation :

$$\text{MS} = \sqrt{\overline{\text{MK}}^2 + \overline{\text{KS}}^2} = \sqrt{\left(\frac{\text{MN}}{2}\right)^2 + \overline{\text{KS}}^2}$$

Et on a ensuite :

$$DC = CO - DO = CO - \sqrt{\overline{MO}^2 - \left(\frac{MS}{2}\right)^2},$$

ou

$$DC = R - \sqrt{R^2 - \left(\frac{MS}{2}\right)^2}.$$

Connaissant MS et DC, on obtient les points C et C'. On peut ensuite déterminer MC et D''C'' à l'aide de MS et de DC de la même manière que ces dernières valeurs ont été déterminées à l'aide de MN et de KS, ce qui permettra d'obtenir quatre nouveaux points de la courbe et, ainsi de suite, en opérant sur les cordes successives et leurs flèches.

Lorsqu'on connaît les valeurs de MN et de KS et que, ensuite, on détermine celle de MS, on peut obtenir la valeur de DC en fonction de ces trois quantités. En effet, les angles DOS et SMK sont égaux comme ayant leurs côtés perpendiculaires. Les triangles rectangles SDO et MKS sont donc semblables et, par suite :

$$\frac{DO}{DS} = \frac{MK}{KS},$$

ou

$$\frac{CO - DC}{DS} = \frac{CO}{DS} - \frac{DC}{DS} = \frac{MK}{KS}.$$

Les mêmes triangles donnent aussi :

$$\frac{SO}{DS} = \frac{MS}{KS},$$

mais, $SO = CO$.

Donc, $$\frac{SO}{DS} = \frac{CO}{DS} = \frac{MS}{KS}.$$

Il s'ensuit que :

$$\frac{CO}{DS} - \frac{DC}{DS} = \frac{MS}{KS} - \frac{DC}{DS} = \frac{MK}{KS},$$

ou $$\frac{MS}{KS} - \frac{MK}{KS} = \frac{DC}{DS},$$

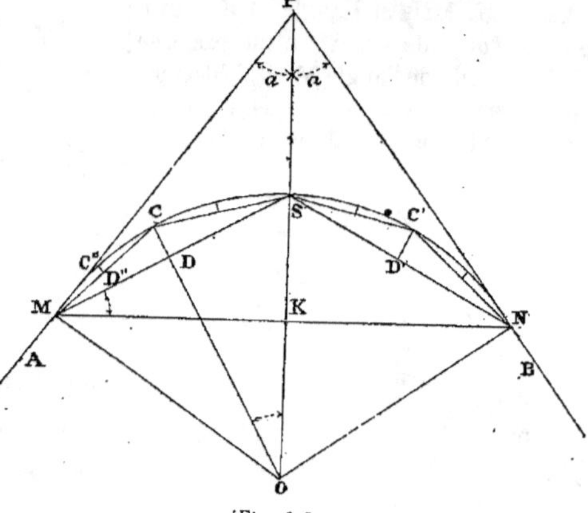

Fig. 613.

et, par suite,

$$DC = \frac{(MS - MK) \times DS}{KS},$$

ou

$$DC = \frac{\left(MS - \dfrac{MN}{2}\right) \times \dfrac{MS}{2}}{KS},$$

formule qui donne la flèche du demi-arc, connaissant la flèche et la corde de l'arc ainsi que la corde du demi-arc.

1235. Cette méthode exige encore des calculs préparés à l'avance, à moins qu'on ne possède des tables calculées spécialement pour ce genre de tracé. Elle suppose, en outre, que le terrain est libre entre la corde et l'arc.

§ III. — TRACÉ PAR CORDES INSCRITES

RATTACHÉES ENTRE ELLES PAR DES ANGLES

1236. Soit à raccorder les deux alignements PA et PB (*fig.* 614) à l'aide d'un arc de cercle tangent en M et en N et d'un rayon MO = R, à l'aide de cordes MC, CD,... inscrites dans ce cercle.

On peut se donner arbitrairement l'angle au centre MOC auquel correspond la corde MC. Supposons que l'angle MOC = 20° et et soit R = 350^m.

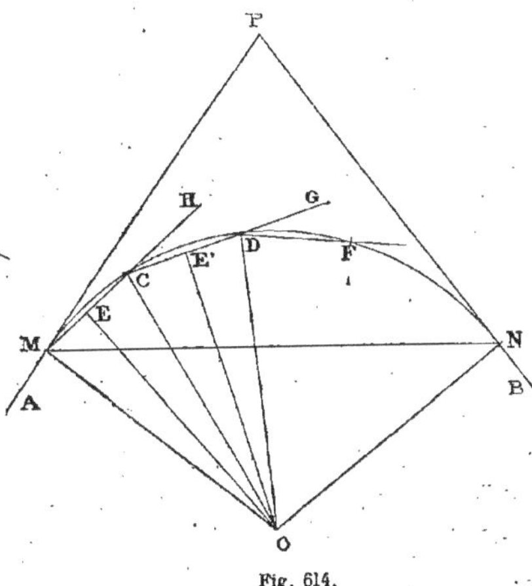

Fig. 614.

La longueur de la corde MC sera égale à :

$$2ME = 2.\sin \frac{MOC}{2} \times 350^m = 2.\sin 10° \times 350^m$$
$$= 2 \times 0,17365816 \times 350^m = 121^m,56.$$

L'angle PMC est égal à l'angle MOE, car ces deux angles ont leurs côtés perpendiculaires. Cet angle PMC est donc de

$$\frac{20°}{2} = 10°$$

En menant en M une droite MH qui fasse avec la tangente MP un angle de 10°

et en prenant sur cette droite une distance MC = 121^m,56, le point C sera un point de la courbe. Par ce point C, menons une droite CG qui fasse avec MH un angle HCG de 20° et sur CG prenons CD = MC. Le point D sera un nouveau point de la courbe, car la perpendiculaire OE' abaissée de O sur CD coupe cette droite en 2 parties égales. En effet, les angles HCG et EOE' sont égaux comme ayant leurs côtés perpendiculaires. On a donc :

$$\text{angle EOE'} = 20°.$$

mais   l'angle EOC = 10°.

Donc,   l'angle COE' = 10°,

et, par suite,

$$CE' = EC = \frac{MC}{2} = \frac{CD}{2}.$$

En menant par le point D une droite DF qui fasse avec DG un angle de 20° et en prenant sur cette droite une longueur DF = MC, le point F sera un nouveau point de la courbe et ainsi de suite.

Si l'angle MOC, qui a servi de point de départ, n'est pas une fraction exacte de l'angle MON, le dernier point déterminé arrivera en deçà ou au delà de l'autre point de tangence N.

Si l'on veut avoir entre M et N un nombre n de cordes égales, il faudra prendre l'angle MOC égal à $\dfrac{MON}{n}$ et déterminer, en conséquence, la valeur de MC.

1237. Cette méthode exige aussi des calculs préparés à l'avance et le tracé sur le terrain d'angles dont les sommets sont les points obtenus successivement, ce qui peut entraîner à des causes d'erreurs.

CHAPITRE IV

TRACÉS PAR ÉCARTEMENTS SUCCESSIFS

---

§ 1. — TRACÉ PAR ÉCARTEMENTS SUCCESSIFS

FORMANT, SUR LE CONTOUR DE LA COURBE, UNE SÉRIE DE TRIANGLES RECTANGLES,

OU MÉTHODE DU GABARIT

1238. Soient PA et PB (*fig.* 615) les deux alignements à raccorder à l'aide d'un arc de cercle tangent en M et N et d'un rayon MO = R.

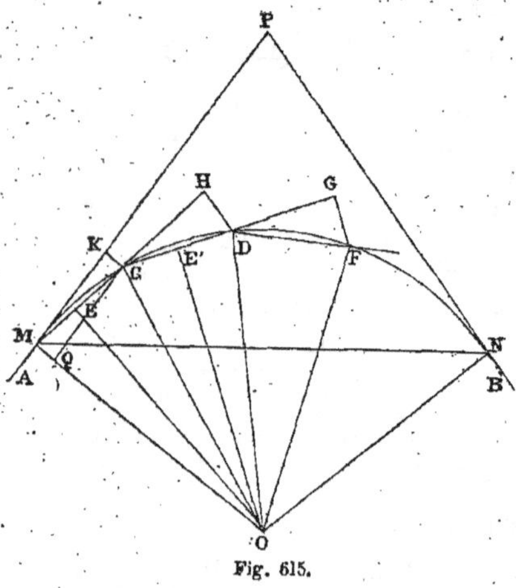

Fig. 615.

Supposons que MC soit une corde dont on s'est donné arbitrairement la longueur $2l$. Soit E, milieu de MC. La ligne EO est perpendiculaire à ME et, dans le triangle rectangle MEO, on connaît les trois côtés, savoir: MO = R, ME = l et $EO = \sqrt{R^2 - l^2}$.

Du point C, abaissons une perpendiculaire CK sur la tangente MP. Le triangle rectangle CKM est semblable au triangle rectangle MEO et, par suite, on a:

$$\frac{MK}{MC} = \frac{EO}{MO} \quad \text{ou} \quad \frac{MK}{2l} = \frac{\sqrt{R^2 - l^2}}{R}.$$

d'où

$$MK = \frac{2l}{R} \sqrt{R^2 - l^2},$$

et

$$\frac{CK}{MC} = \frac{ME}{MO} \quad \text{ou} \quad \frac{CK}{2l} = \frac{l}{R},$$

d'où

$$CK = \frac{2l^2}{R}.$$

On peut donc prendre sur MP une longueur égale à la valeur de MK, élever au point K une perpendiculaire sur laquelle on mesure une longueur égale à la valeur de CK, puis mener la droite MCH.

Soit CD une nouvelle corde égale à celle MC. Abaissons du point D une perpendiculaire DH à MCH et du point C, une perpendiculaire CQ à MO. Les deux triangles rectangles DHC et CQO seront semblables, car l'angle HCD est égal à l'angle QOC. En effet, OE' étant une perpendiculaire à CD, il s'ensuit que les angles HCD et EOE' sont égaux comme ayant leurs côtés perpendiculaires, mais l'angle EOE' est égal à l'angle MOC. Donc, l'angle HCD est égal à l'angle QOC. La similitude des deux triangles rectangles DHC et CQO donne:

$$\frac{HC}{CD} = \frac{QO}{CO} = \frac{MO - MQ}{CO} = \frac{MO - CK}{CO}$$

ou

$$\frac{HC}{2l} = \frac{R - \dfrac{2l^2}{R}}{R} = \frac{R^2 - 2l^2}{R^2},$$

d'où

$$HC = \frac{2l}{R^2}(R^2 - 2l^2),$$

et

$$\frac{HD}{CD} = \frac{CQ}{CO} = \frac{MK}{CO},$$

ou

$$\frac{HD}{2l} = \frac{\dfrac{2l}{R}\sqrt{R^2 - l^2}}{R} = \frac{2l}{R^2}\sqrt{R^2 - l^2},$$

d'où

$$HD = \frac{4l^2}{R^2}\sqrt{R^2 - l^2}.$$

On peut donc prendre sur le prolongement de MC une longueur égale à la valeur de HC, élever au point H une perpendiculaire sur laquelle on mesure une longueur égale à la valeur de HD, puis mener la droite CDG, sur laquelle on prendra DG = CH. On élèvera la perpendiculaire GF que l'on prendra égale à HD et le point F sera un nouveau point de la courbe. On mènera la droite DF sur le prolongement de laquelle on opérera comme sur le prolongement de CD et on déterminera successivement différents points de la courbe.

1239. Prenons une règle avec un retour en équerre (*fig.* 616) sur lequel nous mesurons H'D' = HD. Prenons aussi sur la règle H'C' = HC et C'M' = CM.

Après avoir déterminé sur le terrain la position du point C à l'aide de M K et de CK, nous amenons la règle sur MC, de telle sorte que M'C' coïncide avec MC. Le point D' déterminera le point D de la courbe. En déplaçant la règle de façon à faire coïncider M C' avec CD, le point D' déterminera le point F et ainsi de suite.

On opère donc ainsi avec cette règle spéciale ou *gabarit*, comme si on faisait un simple métrage. De là, le nom de *Méthode du Gabarit*.

Soit par exemple $2l = 20^m$ et $R = 350^m$, on aura :

$$MK = \frac{20}{350}\sqrt{(350)^2 - \overline{10}^2} = 19^m,991,$$

$$CK = \frac{2 \times \overline{10}^2}{350} = 0^m,571,$$

$$HC = \frac{20\left(\overline{350}^2 - 2 \times \overline{10}^2\right)}{\overline{350}^2} = 16^m,734,$$

$$HD = \frac{4 \times \overline{10}^2 \sqrt{\overline{350}^2 - \overline{10}^2}}{\overline{350}^2} = 1^m,142.$$

La règle du gabarit n'a pas besoin d'avoir la longueur M'H', qui, dans ce cas, serait de 40^m environ, mais 2 à 3^m seulement. Après avoir obtenu le point C sur le terrain, on tend par le point M un cordeau sur lequel sont repérées les distances MC et CH, puis on amène la règle du gabarit en contact avec ce cordeau, de telle sorte que le point H' coïncide avec le point H. Alors le point D' détermine le point D et ainsi de suite, en déplaçant successivement le cordeau et le gabarit.

1240. Cette méthode est très expéditive et est surtout avantageuse pour guider le travail des terrassiers entre deux points consécutifs d'un raccordement circulaire, lorsqu'on ne peut opérer que sur un alignement et qu'on est obligé de tracer une courbe en marchant en avant, ce qui

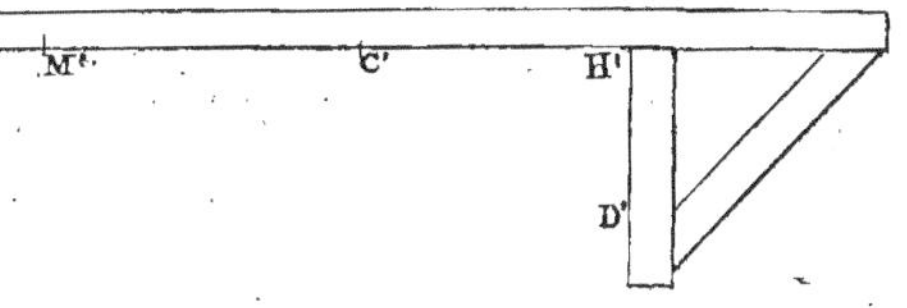

Fig. 616.

a lieu dans le percement d'un souterrain en courbe. Elle rend de grands services dans les tracés provisoires et dans les études où souvent les accidents de térrain obligent à l'appliquer.

1241. Si la longueur $2l$ de la corde qui a servi de point de départ ne correspond pas à un angle au centre qui soit une fraction exacte de l'angle MON, le dernier point déterminé arrivera en deçà ou au delà de l'autre point de tangence N.

Si l'on veut avoir entre M et N un nombre n de cordes égales, il faudra prendre l'angle MOC égal à $\dfrac{MON}{n}$ et déterminer en conséquence la valeur de MC.

§ II. — TRACÉ PAR ÉCARTEMENTS SUCCESSIFS

FORMANT, SUR LE CONTOUR DE LA COURBE, UNE SÉRIE DE TRIANGLES ISOCÈLES

1242. Cette méthode n'est qu'une variante de la méthode précédente dans laquelle les triangles isocèles remplacent les triangles rectangles.

Soient PA et PB (*fig.* 617), les deux alignements à raccorder à l'aide d'un arc de cercle tangent en M et N et d'un rayon MO = R.

On se donne encore arbitrairement la longueur $2l$ de la corde MC. Le point E étant le milieu de cette corde, la ligne EO est perpendiculaire à ME. Dans le triangle rectangle MEO, on connaît encore trois côtés, savoir : MO = R, ME = l et EO $= \sqrt{R^2 - l^2}$.

Du point C, abaissons une perpendiculaire CK à la tangente MP et on aura encore :

$$MK = \frac{2l}{R}\sqrt{R^2 - l^2},$$

$$CK = \frac{2l^2}{R^2}.$$

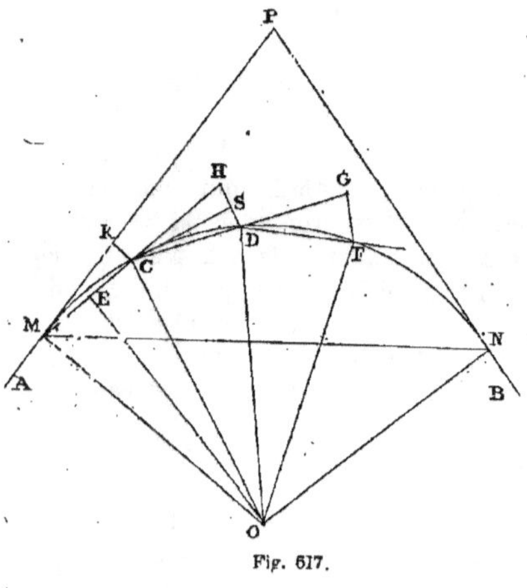

Fig. 617.

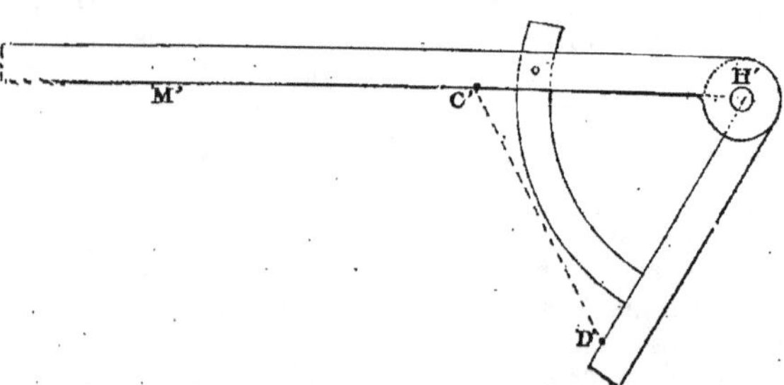

Fig. 618.

Après avoir déterminé sur le terrain le point C à l'aide de MK et de KC, on peut mener la ligne MCH sur laquelle on mesure CH = MC. Soit CD une nouvelle corde égale à celle MC. En joignant HD, le triangle HCD sera isocèle. Son angle

HCD est égal à l'angle MOC et, par suite, si CS est perpendiculaire à HD, le triangle rectangle SCD sera égal au triangle rectangle MKC, c'est-à-dire qu'on aura HD = 2SD = 2CK. Connaissant MC et CK, on aura donc immédiatement les éléments pour construire le triangle isocèle HCD, puis celui DGF par le prolongement de CD. On déterminera ainsi différents points de la courbe.

1243. On pourra encore faire usage d'un gabarit (*fig.* 618), mais l'équerre, au lieu de former avec la règle un triangle rectangle C'H'D', la branche devra être inclinée sur la règle de telle sorte que C'H' = C'D'.

On perd avec cet appareil l'avantage d'avoir H'D' perpendiculaire sur M'H', ce qui nécessite une articulation en H' ; mais on n'a pas à calculer HC et HD, puisque HC = MC et que HD = 2 CK.

CHAPITRE V

TRACÉS DIVERS

§ I. — TRACÉ PAR INTERSECTION DES LIGNES ET AVEC DEUX GRAPHOMÈTRES

1244. Soient PA et PB les deux alignements à raccorder à l'aide d'un arc d

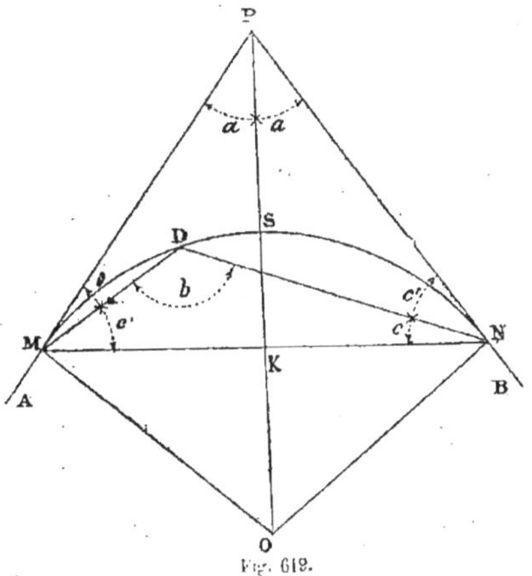

Fig. 619.

cercle tangent en M et en N et d'un rayon MO = R (*fig.* 619).

Soit D un point quelconque de la courbe. En le joignant aux points M et N, nous obtiendrons un angle MDN = b qui sera constant pour un point quelconque, pris sur l'arc MSN, car tous les angles ainsi obtenus sont inscrits dans le même segment de cercle. De plus, on a :

Angle DNM = angle PMD = c.

Car ces angles ont pour mesure la moitié de l'arc ND. De même, on a :

angle DMN = angle DNP = c',

car ces angles ont pour mesure la moitié de l'arc MD.

Dans le triangle MDN, on a :
$$b + c + c' = 180°,$$
ou
$$b = 180° - (c + c').$$

Mais, dans le triangle rectangle MKP, on a :
$$c + c' = 90° - a.$$

Donc
$$b = 180° - (90° - a) = 90° + a$$

Telle est, en fonction de l'angle $2a$ des deux alignements, la valeur de l'angle fait par les rayons visuels dirigés d'un point quelconque de la courbe sur les deux points de tangence de cette courbe.

Pour déterminer un point quelconque de la courbe, il faudra placer deux graphomètres, l'un en M et l'autre en N, en dirigeant l'alidade fixe de chacun d'eux suivant la corde MN, c'est-à-dire de telle sorte que cette alidade fixe fasse avec l'alignement un angle PMN = PNM = $(90° — a)$. Si, ensuite, on fait décrire aux alidades mobiles des angles variables, avec chacun des alignements, mais tels que à un moment donné, l'angle c de l'un et l'angle c' de l'autre aient pour somme $c + c' = 90° — a$, les deux rayons visuels dirigés alors par les alidades mobiles se rencontreront sur un point de la courbe où un aide plantera un jalon.

1245. Cette méthode a l'inconvénient d'exiger deux observateurs et deux instruments de précision ainsi qu'un aide assez expérimenté pour suivre les mouvements commandés successivement dans deux directions. De plus, elle n'est applicable que quand tout l'espace compris entre la corde et l'arc est visible des deux points de tangence. Les points déterminés sont quelquefois assez peu précis à cause de l'obliquité des rayons visuels d'une station sur les rayons visuels de l'autre station.

§ II. — TRACÉ PAR ANGLES ET ARCS ÉGAUX

1246. Soient PA et PB (*fig.* 620) les deux alignements à raccorder à l'aide d'un arc de cercle tangent en M et N et d'un rayon MO = R.

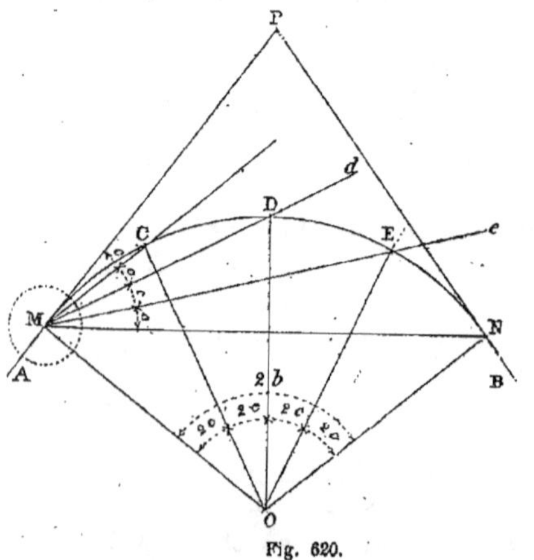

Fig. 620.

Divisons cet arc en parties égales MC, CD, DE, EN. Joignons les points de divisions deux à deux, puis au point M et au centre O.

Les angles PMC, CMD, DME, EMN sont égaux entre eux comme ayant pour mesure la moitié d'arcs égaux MC, CD, DE, EN, et les angles MOC, COD, DOE, EON sont aussi égaux, mais doubles des précédents, comme ayant pour mesure les mêmes arcs. Les cordes qui sous-tendent les arcs égaux sont aussi égales entre elles et si l est la longueur des arcs et $2c$ l'angle au centre correspondant, on a la proportion :

$$\frac{2c}{360°} = \frac{l}{2\pi R},$$

ou

$$\frac{c}{90°} = \frac{l}{\pi.R},$$

D'où

$$c = 90° \frac{l}{\pi.R}.$$

Quant à la longueur de la corde qui sous-tend chacun des arcs, elle est :

$$x = 2.R.\sin c.$$

Si un opérateur se place en M avec un graphomètre ou tout autre instrument à mesurer les angles, et qu'il ouvre sur la corde MN un angle égal à l'angle c, le rayon visuel sera dirigé suivant Me. Si au point N, un chaîneur ayant en main le bout d'une chaîne de longueur x et qu'un autre chaîneur tourne autour du point N en ayant en main l'autre extrémité de la chaîne assujettie à l'axe d'un jalon et en tendant la chaîne, cet autre chaîneur décrira un arc de cercle qui viendra couper le rayon visuel Me en un point E qui sera un point de la courbe lorsque le fil vertical de l'instrument recouvrira le jalon.

Si, ensuite, on mène un autre rayon visuel Md, tel que l'angle dM$e = c$; que, du point E comme centre, avec x pour rayon, on décrive un arc de cercle, il rencontrera ce nouveau rayon visuel en un point D qui sera encore un point de la courbe et ainsi de suite.

La longueur qu'on emploie généralement pour la corde de l'arc est le décamètre ou ruban métallique de 10 mètres. Dans une courbe d'un rayon R = 200 mètres, cette corde de 10 mètres sous-tend un arc correspondant à un angle au centre dont le sinus de la moitié est :

$$\sin c. = \frac{x}{2R} = \frac{10}{2 \times 200} = 0{,}025,$$

d'où

$$c = 1° 25' 57'' 15 \text{ et } 2c = 2° 51' 54'' 30.$$

La longueur l de l'arc correspondant à l'angle au centre $2c$ est :

$$l = \pi R \times \frac{c}{90°},$$

$$= 3{,}1416 \times 200 \times \frac{1° 25' 57'' 15}{90°},$$

$$= 3{,}1416 \times 200 \times \frac{5157{,}15}{324000},$$

$$= 10^{\mathrm{m}}{,}001.$$

La différence entre l'arc et sa corde est donc de :

$$10^{\mathrm{m}}{,}001 - 10^{\mathrm{m}}{,}000 = 0^{\mathrm{m}}{,}004$$

c'est-à-dire négligeable et, à plus forte raison, si le rayon est supérieur à 200 mètres, comme c'est le cas ordinaire dans les tracés de chemins de fer. On pourra donc considérer 10 mètres comme étant le développement de l'arc correspondant à l'angle au centre $2c$ et on en déduira :

$$c = 90° \times \frac{l}{\pi R} = 90° \times \frac{10}{3{,}1416 \times R}.$$

Si, par exemple, R = 350 mètres, on aura :

$$c = 90° \times \frac{10}{3{,}1416 \times 350} = 0° 49' 6'' 6.$$

Quand ce calcul très simple sera effectué et qu'on connaîtra la valeur de l'angle c, pour tracer un arc de raccordement tangent en M et en N aux deux alignements PA et PB, on pourra, en supposant que les deux points M et N soient visibles l'un de l'autre :

1° Installer l'instrument en M (*fig.* 621), ouvrir successivement, sur MN, des angles égaux à c et tracer la courbe en allant de N vers M par les points C, D, E, F ou bien :

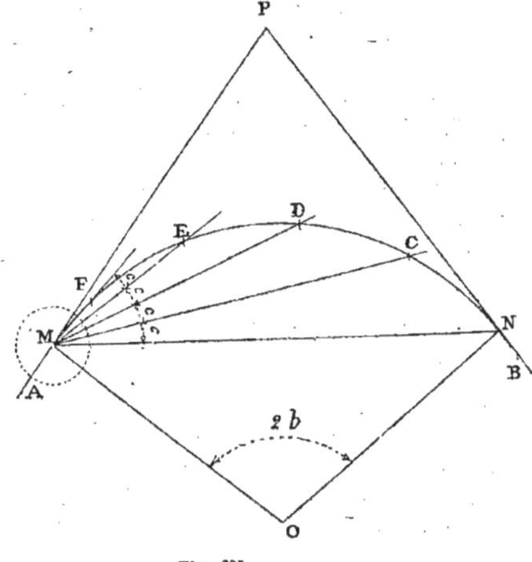

Fig. 621.

2° Installer l'instrument en N (*fig.* 622), ouvrir encore successivement, sur NM, des angles égaux à c et tracer la courbe en allant de M vers N par les points C, D, E, F, ou bien :

3° Installer l'instrument en M (*fig.* 623), ouvrir successivement, sur la tangente MP, des angles égaux à c et tracer la courbe en allant de M vers N par les points C, D, E, F... ou d'une manière analogue en opérant avec l'instrument en N et en s'appuyant sur la tangente NP.

et ON diminués, d'autant de fois $2c$ qu'on aura déterminé de points distants de 10 mètres sur la courbe.

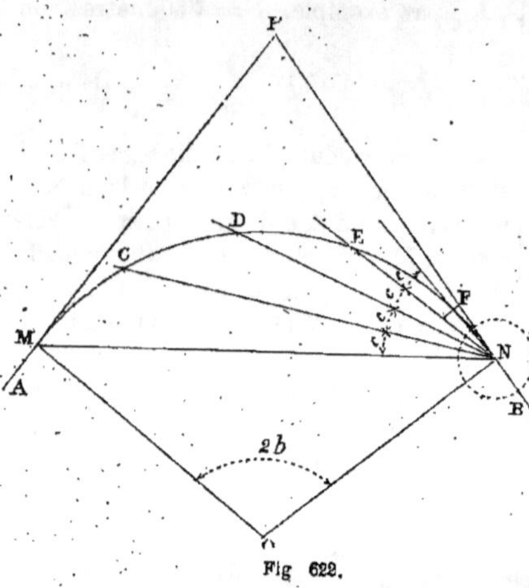

Fig 622.

Dans un cas comme dans l'autre, il restera entre le dernier point déterminé de la courbe et l'autre point de tangence un arc MF ou NF plus petit que 10 mètres et dont on aura pu, à l'avance, calculer

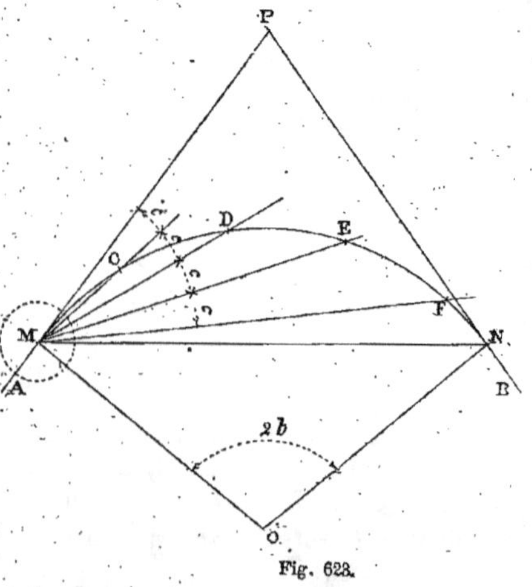

Fig. 623.

la longueur, de sorte que, sur place, on pourra vérifier l'exactitude du tracé. L'angle au centre correspondant à cet arc de longueur moindre que 10 mètres, sera égal à l'angle au centre $2b$ des rayons OM

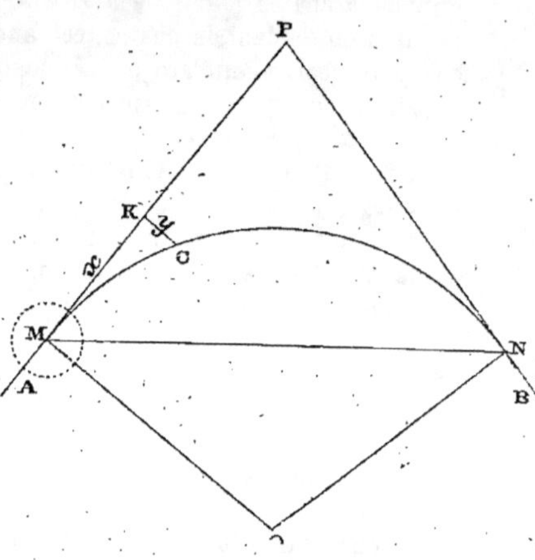

Fig. 624.

1247. Lorsque la courbe est très longue, ou que les points de tangence ne sont pas visibles l'un de l'autre, on trace la courbe en plusieurs fois. Ainsi, par exemple, on peut déterminer directement un point C (*fig.* 624) ayant une abscisse donnée x sur la tangente MP et dont l'ordonné y se calcule par la formule :

$$y = R - \sqrt{R^2 - x^2}.$$

Si le point C, ainsi déterminé, est visible de M et de N, on pourra installer l'instrument en C et tracer les arcs CM et CN. Si un point intermédiaire C ne suffit pas, on en détermine davantage.

1248. Dans le cas où l'on a à opérer dans une tranchée ou dans un souterrain, on fait usage de tangentes auxiliaires en procédant de la manière suivante. On place l'instrument en M (*fig.* 625); puis, s'appuyant sur la tangente MP, on trace l'arc MC, correspondant à un angle au centre $2c'$. L'angle PMC étant, par suite, égale à c', on transporte l'instrument en C et on ouvre sur CM un angle MCH égal à 180° — c'. La ligne CH est alors une tangente à la courbe sur laquelle on peut s'appuyer pour tracer un nouvel arc CD de la même manière qu'on a tracé l'arc MC en s'appuyant sur la tangente MP, et ainsi de suite.

1249. Les méthodes que nous avions examinées avant celle-ci exigeaient que le terrain fût libre de chaque côté de la courbe à tracer. Elles entraînaient l'emploi de nombreuses lignes d'opération auxiliaires, de calculs plus ou moins laborieux effectués directement ou à l'aide de tables dressées à cet effet, ainsi que des chaînages et coups d'équerre multipliés.

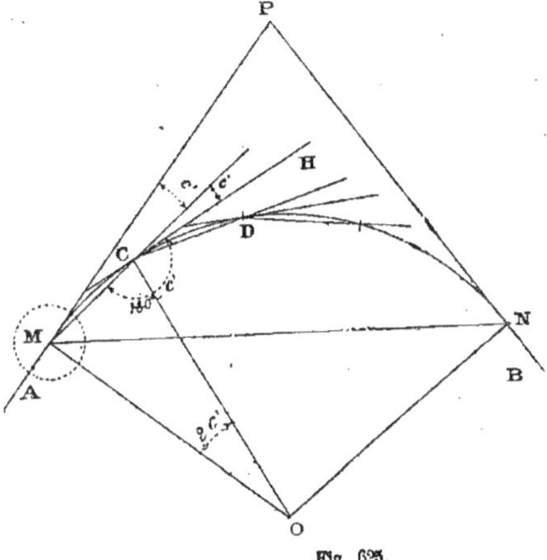

Fig 625.

La méthode que nous venons d'examiner est plus simple que toutes les autres Elle est applicable en plaine, en montagne, à ciel ouvert, en souterrain et toujours directement. Elle dispense généralement de toutes les lignes d'opérations qui accompagnent les autres méthodes. Le chaînage ne porte absolument que sur la courbe elle-même. Les calculs ne comportent que la détermination d'un angle, laquelle détermination s'obtient par une simple proportion géométrique qui peut, au besoin, se faire facilement sur le terrain. Mais cette méthode exige l'emploi d'un instrument gradué assez précis pour la mesure des angles. Aujourd'hui, cependant, ces instruments deviennent d'un usage géné-

ral et la dépense première est bien vite regagnée par la vitesse et l'exactitude des opérations. Un opérateur et deux chaîneurs suffisent et la courbe se trouve tracée et chaînée en même temps.

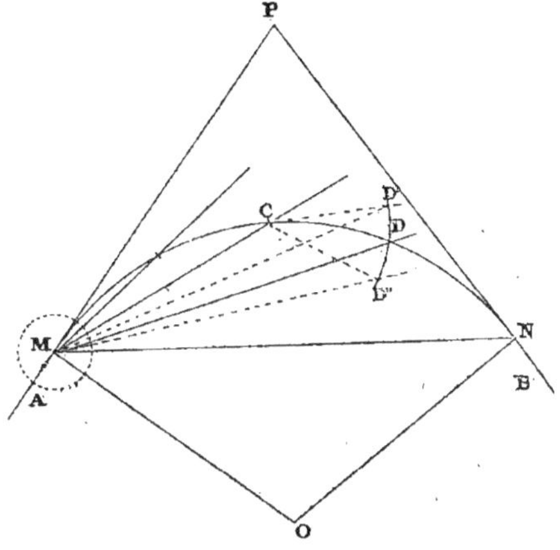

Fig. 626.

Toute l'exactitude des opérations repose sur la mesure des angles par l'instrument. Si le rayon visuel, qui doit être dirigé suivant MD (*fig.* 626), l'est suivant MD'

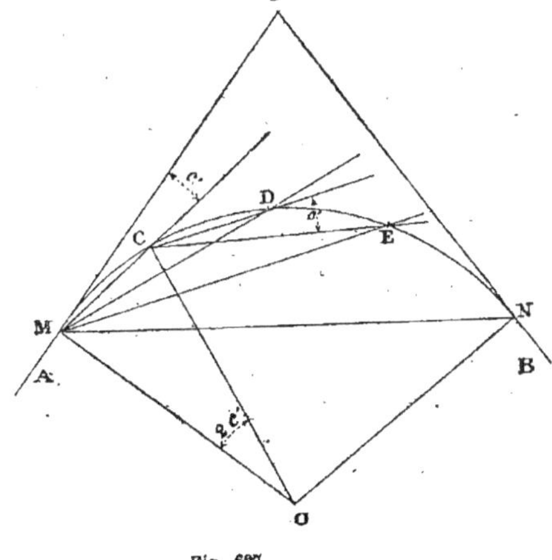

Fig. 627

ou MD″, l'arc de cercle décrit du point C, comme centre, avec la chaîne de 10 mètres pour rayon, vient rencontrer les fausses directions du rayon visuel en des points D′ ou D″, en dehors ou en dedans de la courbe. L'erreur commise tendrait à déplacer également les points suivants en changeant les centres successifs des arcs décrits par la corde constante. Mais en opérant sur des fractions de la courbe qui ne dépassent pas 100 à 200 mètres, ces erreurs deviennent insignifiantes.

En pratique, il sera bon de ne pas tracer des points de la courbe à plus de 200 mètres de la station où l'instrument est installé. Une fois que la courbe est tracée, on peut en vérifier un point quelconque C (*fig.* 627) par rapport aux deux suivants D et E. En joignant CD et CE, l'angle DCE a pour mesure la moitié de l'arc DE qui est égal à l'arc MC correspondant à l'angle c′. Par suite, en plaçant l'instrument en C et en visant les points D et E, l'angle observé doit être égal à celui c′ qui a servi de point de départ pour la construction de la courbe.

§ III. — EXAMEN DE QUELQUES PROBLÈMES

AUXQUELS DONNENT LIEU LES RACCORDEMENTS PAR ARCS DE CERCLE

Problème n° 203.

1250. *Raccorder deux alignements* PA *et* PB (*fig.* 628), *formant entre eux un angle* APB = 2a, *par un arc de cercle passant en un point donné* C, *qui, projeté en* D *sur l'alignement* PA, *est déterminé par les coordonnées* PD = m *et* DC = n.

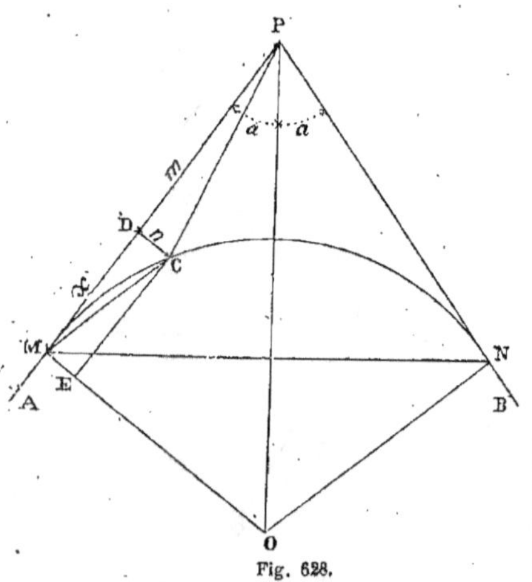

Fig. 628.

Soient M et N les points de tangence qui seront connus, quand on aura déterminé la distance x du point M au point D.

Le triangle rectangle MDC donne :
$$\overline{MD}^2 + \overline{DC}^2 = \overline{MC}^2,$$
ou
$$x^2 + n^2 = \overline{MC}^2.$$

En menant CE perpendiculaire au rayon MO = R, on aura :
$$\overline{MC}^2 = 2R \times ME = 2R \times DC = 2Rn.$$
et, par conséquent,
$$x^2 + n^2 = 2R.n.$$

Le triangle rectangle OMP donne :
$$MO = MP. \text{ tg. } a,$$
ou
$$R = (x + m) \text{ tg. } a.$$

Donc
$$x^2 + n^2 = 2 (x + m) \text{ tg. } a.n,$$
ou
$$x^2 - 2n. \text{ tg. } a.x + n^2 - 2m.n. \text{ tg. } a = 0,$$
d'où l'on tire
$$x = n \text{ tg. } a \pm \sqrt{n^2 \text{ tg.}^2 a - n^2 + 2.m.n. \text{ tg. } a.}$$

Les points de tangence M et N étant connus, on pourra tracer l'arc de cercle MCN par l'un quelconque des procédés indiqués précédemment.

Le problème peut aussi se résoudre de la manière suivante :

D'un point quelconque O′ pris sur la bissectrice de l'angle APB (*fig.* 629), abaissons une perpendiculaire O′M′ sur AP et du point O′, comme centre, avec O′M pour rayon, décrivons l'arc M′N′ qui coupe en C' la droite PC. Joignons C'O' et menons CO parallèle à C'O', puis OM parallèle à O'M' et enfin MN parallèle à M'N'. Les points M et N seront les points de tangence d'un arc de cercle

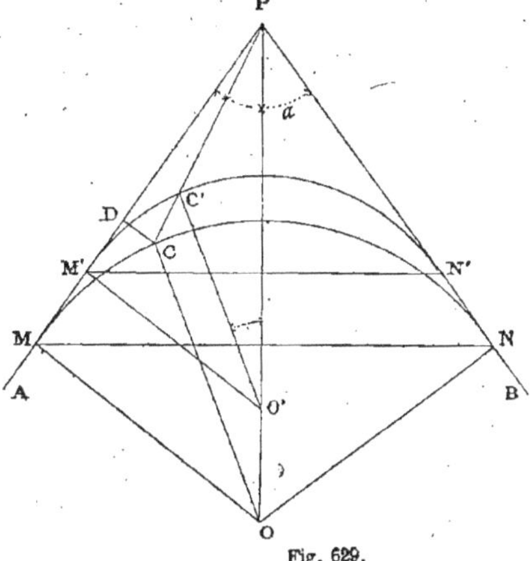

Fig. 629.

passant par le point donné C, et ayant le point O pour centre. En effet, de ce que C'O' et CO sont parallèles, on a :

$$\frac{C'O'}{CO} = \frac{PO'}{PO}.$$

De même, O'M' et OM étant parallèles, on a :

$$\frac{M'O'}{MO} = \frac{PO'}{PO}.$$

Donc

$$\frac{C'O'}{CO} = \frac{M'O'}{MO}.$$

Mais $C'O' = M'O'$.

Conséquemment, $CO = MO$,

C'est-à-dire que l'arc de cercle MN passe bien par le point C.

La valeur du rayon MO s'obtiendra de la manière suivante :

L'angle APC est connu par la position du point C par rapport à l'alignement AP. On en déduit, par suite, l'angle C'PO' que CP fait avec la bissectrice OP. Dans le triangle rectangle O'M'P, comme on se donne le rayon $O'M' = C'O'$, il s'ensuit qu'on peut connaître :

$$O'P = \frac{M'O'}{\sin a}.$$

Dans le triangle PC'O', on a :

$$\frac{\sin PC'O'}{\sin C'PO'} = \frac{O'P}{C'O'}.$$

La valeur de sin PC'O' étant calculée, Il s'ensuit qu'on connaît l'angle P'C'O' et, par conséquent, l'angle PO'C' qui est le supplément de la somme des deux angles PC'O' et C'PO'. Dans le triangle OCP, on connaît donc CP, l'angle COP = angle C'O'P et l'angle CPO. Il en résulte que :

$$\frac{CO}{CP} = \frac{\sin CPO}{\sin COP}.$$

D'où $CO = CP \dfrac{\sin CPO}{\sin COP} = MO.$

Le rayon étant connu, on aura :

$$MP = \frac{MO}{tg. \, a},$$

et, par conséquent, la position des points de tangence.

Problème n° 204.

1251. *Calculer le rayon d'un cercle tangent en un point donné M (fig. 630) à un alignement AP et passant par un point C qui, projeté en D sur l'alignement PA, est déterminé par les coordonnées MD = m et DC = n.*

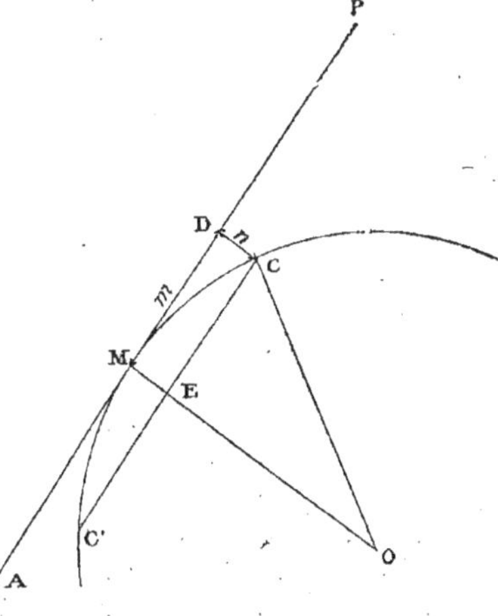

Fig. 630.

Puisque le cercle est tangent en M à l'alignement AP, son centre est sur la perpendiculaire MO à AP et en projetant le point C sur MO, CE sera la demi-corde de l'arc CMC' qui aura ME ou DC pour flèche.

Soit O le centre du cercle ayant pour rayon MO = CO = R.

Le triangle rectangle CEO donne la relation :

$$\overline{OC}^2 = \overline{CE}^2 + \overline{EO}^2,$$

ou

$$R^2 = m^2 + (R - n)^2,$$
$$R^2 = m^2 + R^2 - 2Rn + n^2,$$
$$2Rn = m^2 + n^2,$$

d'où

$$R = \frac{m^2 + n^2}{2n} = \frac{1}{2}\left(\frac{m^2}{n} + n\right).$$

Problème n° 205.

1252. *Étant donnés le rayon et un alignement, déterminer, sur cet alignement, le point de tangence M (fig. 631) d'un arc de cercle devant passer par deux points C et D donnés sur le terrain.*

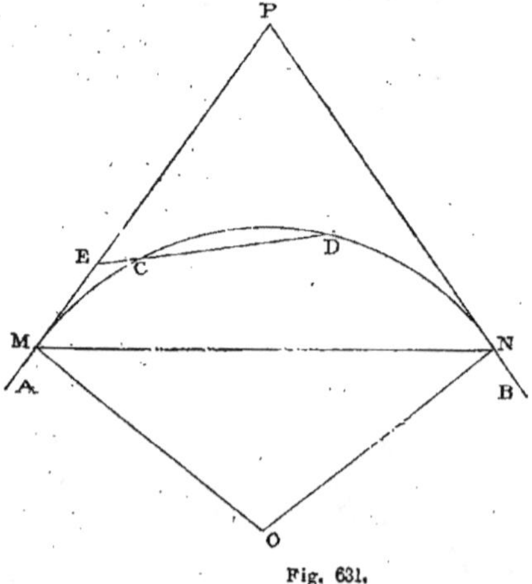

Fig. 631.

Il faudra mener une ligne droite par les deux points donnés C et D; prolonger cette droite jusqu'à sa rencontre en E avec l'alignement, puis mesurer EC et ED.

Le point M étant le point de tangence, on sait que la tangente EM est moyenne proportionnelle entre la sécante entière ED et sa partie extérieure EC, on a donc :

$$EM = \sqrt{ED \times EC}.$$

On pourra donc déterminer le point de tangence en mesurant sur l'alignement, à partir du point E, une longueur égale à la valeur de ME.

Problème n° 206.

1253. *Raccorder deux alignements AP et PB (fig. 632) à l'aide de deux arcs de cercle tangents entre eux et tangents aux alignements en des points donnés M et N.*

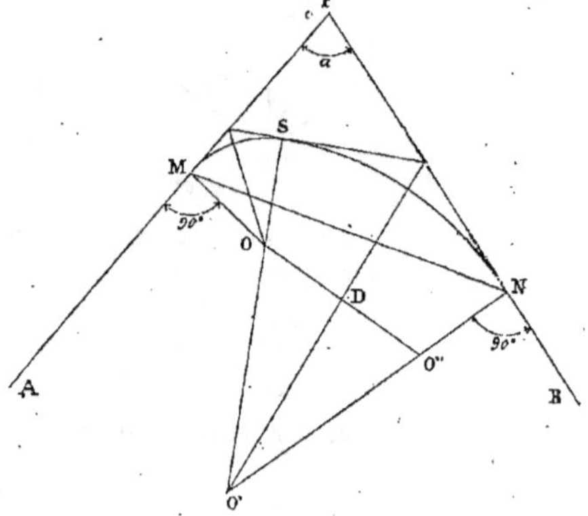

Fig. 632.

Les arcs cherchés auront leurs centres sur les perpendiculaires MO et NO' élevées sur les alignements aux points de tangence. Soit O le centre de l'arc de cercle qui, ayant OM = r pour rayon, est tangent en M à l'alignement AP. Sur la perpendiculaire NO' prenons à partir du point N une distance NO" = MO. Joignons OO" et, sur le milieu D de cette droite, élevons une perpendiculaire dont la rencontre avec la ligne NO' donnera le centre de l'autre axe de cercle de rayon NO' = R. Les deux arcs de cercle seront tangents entre eux en un point S situé sur la ligne OO' des centres.

Ainsi donc, à une valeur r d'un des rayons correspond une valeur R de l'autre rayon et le problème est indéterminé.

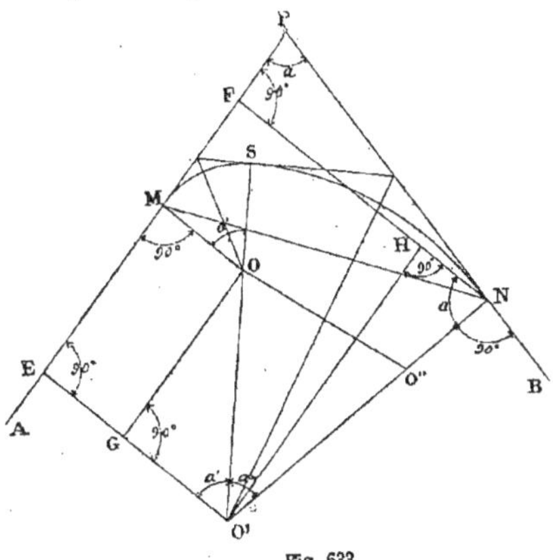

Fig. 633.

Cherchons la relation qui existe entre les deux rayons r et R (*fig.* 633), l'angle a des alignements AP et PB, et les distances MP $= t$ et PN $=$ T des points de tangence au point de rencontre P des deux alignements. Des points N et O', abaissons des perpendiculaires NF et O'E à AP. Du point O, abaissons une perpendiculaire OG à O'E et du point O' une perpendiculaire O'H à NF. L'angle O'NF sera égal à l'angle APB $= a$ des deux alignements, car ces deux angles sont tous complémentaires de l'angle FNP.

Dans le triangle rectangle OGO', on a :

$$\overline{OO'}^2 = \overline{OG}^2 + \overline{O'G}^2.$$

Or

$$OO' = O'S - OS = R - r,$$
$$OG = ME = PE - PM = PF + FE - PM$$
$$= PF + O'H - PM$$
$$= T \cos a + R.\sin a - t$$
$$O'G = O'E - EG = HF - OM$$
$$= NF - NH - OM$$
$$= T.\sin a - R \cos a - r,$$

et, par suite,

$$(R - r)^2 = (T \cos a + R.\sin a - t)^2$$
$$+ (T \sin a - R \cos a - r)^2,$$

expression qui simplifiée devient :

$$2 (Rt + rT) \sin a - 2Rr (1 + \cos a)$$
$$= T^2 + t^2 - 2Tt \cos a.$$

Le second membre de cette égalité n'est autre que le carré de la corde MN exprimé en fonction des deux côtés MP et PN du triangle MPN et de l'angle qu'ils comprennent. Si on pose MN $= 2c$, on aura :

$$\overline{MN}^2 = 4c^2 = T^2 + t^2 - 2T.t. \cos a,$$

et

$$2 (Rt + rT) \sin a - 2Rr (1 + \cos a) = 4c^2,$$

ou

$$(Rt + rT) \sin a - Rr (1 + \cos a) = 2c^2.$$

Telle est la relation cherchée.

Bien entendu, les valeurs des rayons R et r ne peuvent varier que dans certaines limites et c'est ce que démontrerait une discussion complète de cette relation.

Il y a une solution assez remarquable parmi celles qu'on peut adopter. Elle consiste à prendre pour tangente commune des deux arcs de cercle une droite parallèle à la corde MN (*fig.* 634) qui s'obtient par le tracé géométrique suivant.

On prolonge MN d'une longueur NQ égale à la somme des deux tangentes MP et PN. Pour cela, du point P, comme centre, avec PM pour rayon, on décrit un arc de cercle qui coupe en D le prolongement de PN; puis, du point N comme centre, avec ND pour rayon, on décrit un arc de cercle qui rencontre en Q le prolongement de MN. On joint les points P et Q et, par le point N, on mène une parallèle NU à QP; puis, par le point U, une parallèle UV à la corde MN et on obtient ainsi la tangente commune cherchée. En prenant US $=$ UM, le point S sera le point de contact des deux arcs de leur tangente commune. En élevant au point S une perpendiculaire à la tangente UV, cette perpendiculaire rencontrera les perpendiculaires élevées, sur les alignements, aux extrémités de la corde MN, en des points O et O' qui seront les centres des deux arcs de cercle.

Dans ce cas particulier, le triangle rectangle MXO donne :

$$MX = MO \sin MOX = r . \sin MOX.$$

Le triangle rectangle NXO' donne aussi :

$$XN = NO' \sin NO'X = R . \sin NO'X.$$

Mais l'angle MOX est égal à l'angle PMN comme étant tous deux complémentaires de l'angle XMO, et l'angle NO'X est égal à l'angle MNP comme étant tous deux complémentaires de l'angle XNO'. On aura donc :

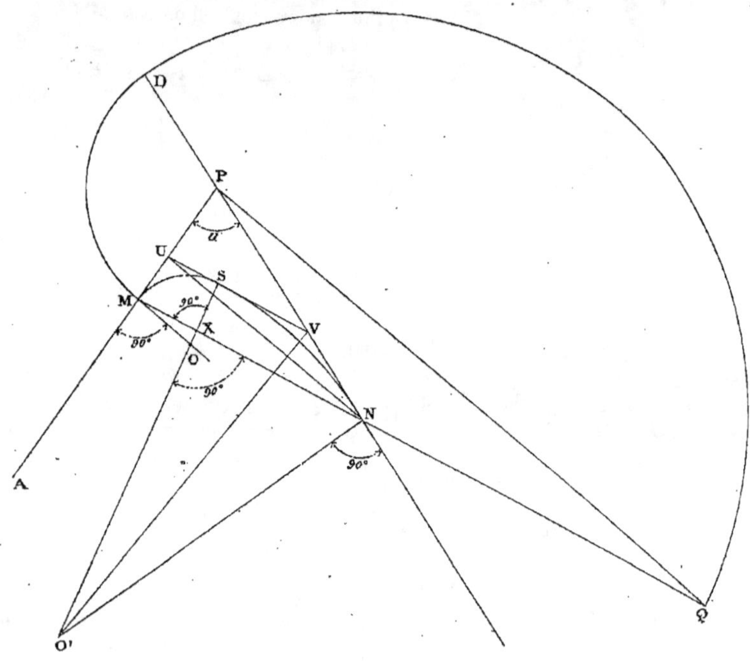

Fig. 634.

$$MX = r . \sin MOX = r . \sin PMN,$$

et

$$XN = R . \sin NO'X = R . \sin MNP.$$

Mais, dans le triangle MPN, on a :

$$\frac{\sin PMN}{\sin MPN} = \frac{PN}{MN} = \frac{T}{2c}.$$

D'où

$$\sin PMN = \sin MPN \times \frac{T}{2c} = \frac{T \sin a}{2c}$$

et

$$\frac{\sin MNP}{\sin MPN} = \frac{PM}{MN} = \frac{t}{2c},$$

d'où

$$\sin MNP = \sin MPN \times \frac{t}{2c} = \frac{t . \sin a}{2c}.$$

Par suite,

$$MX + XN = \frac{r T \sin a}{2c} + \frac{R t . \sin a}{2c} = 2c,$$

ou

$$(Rt + rT) \sin a = 4c^2.$$

Avec cette égalité et celle

$$(Rt + rT) \sin a - Rr (1 + \cos a) = 2c^2,$$

indiquée précédemment, il sera possible d'obtenir les valeurs de rayon r et R qui sont :

$$r = \frac{c [2c - (T - t)]}{T \sin a},$$

$$R = \frac{c [2c + (T - t)]}{t . \sin a}.$$

En se reportant à la (*fig.* 633), il est

facile de calculer les développements des arcs M S et SN qui ont pour rayons r et R. Il suffit, pour cela, de connaître les angles au centre MOS $= a'$ et SO'N $= a''$ de ces arcs.

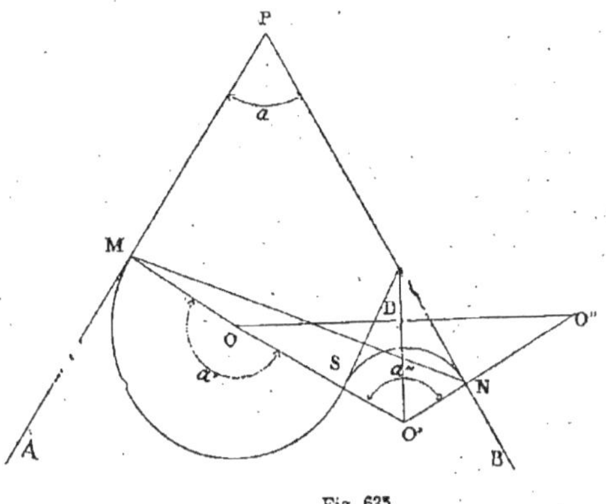

Fig. 635.

L'angle MOS étant égal à l'angle GO'O, le triangle rectangle OGO' donne :

$$\text{OG} = \text{OO'} . \sin \text{GO'O} = \text{OO'} . \sin a',$$

d'où

$$\sin a' = \frac{\text{OG}}{\text{OO'}} = \frac{\text{T} \cos a + \text{R} \sin a - t}{\text{R} - r}.$$

Ayant la valeur de $\sin a'$, on en déduit la valeur de l'angle a'.

Dans le quadrilatère PEO'N, les angles en E et en N étant droits, il en résulte que les deux autres angles sont supplémentaires et, par conséquent, que :

$$a = 180° - (a' + a''),$$

ou

$$a'' = 180° - (a + a').$$

Dans ce qui précède, nous avons supposé que le raccordement se faisait à l'aide de deux arcs de cercle tangents entre eux *intérieurement*, mais ces arcs de cercle peuvent aussi être tangents entre eux *extérieurement*, comme l'indique la (*fig*. 635). Mais alors, après s'être donné un rayon quelconque MO $= r$, au lieu de prendre, sur la perpendiculaire NO', une longueur égale à MO, il faut prendre cette longueur sur le prolongement de cette perpendiculaire, ce qui détermine le point O''. On joint OO''. On élève une perpendiculaire au milieu D de cette droite dont la rencontre avec la ligne NO' donne le centre de l'autre arc de cercle de rayon NO' $= $ R. Quant à la relation qui existe entre les rayons r et R, l'angle a des alignements AP et PB, les distances MP $= t$ et PN $= $ T des points de tangence au point de rencontre P des deux alignements, elle s'obtiendrait d'une manière analogue à ce qui précède. On aurait donc :

$$(\text{R}t + r\text{T}) \sin a + \text{R}r (1 - \cos a) = 2c^2.$$

Les développements des arcs de cercle seraient encore obtenus par la connaissance des angles a' et a'', à l'aide des relations :

$$\sin a' = \pm \frac{\text{T} \cos a + \text{R} \sin a - t}{\text{R} + r},$$

$$a'' = a' \pm a,$$

selon que le raccordement se fait par les deux arcs de cercle indiqués sur la figure, ou par ceux qui compléteraient les deux circonférences dont ils font partie.

Dans cette façon d'opérer le raccordement par deux arcs de cercle tangents entre eux extérieurement, on se donne généralement la condition d'avoir un même rayon pour les deux arcs de cercle.

Alors R $= r$ et la relation

$$(\text{R}t + r\text{T}) \sin a + \text{R}.r. (1 - \cos a) = 2c^2,$$

devient

$$\text{R}^2 (1 - \cos a) + \text{R} (t + \text{T}) \sin a - 2c^2 = 0$$

D'où l'on déduit :

$$\text{R} = \frac{-(t + \text{T}) \sin a + \sqrt{(t + \text{T})^2 \sin^2 a + 8 (1 - \cos a) c^2}}{2 (1 - \cos a)}.$$

Les formules trigonométriques donnent :

$$1 - \cos a = 2 \sin^2 \frac{a}{2},$$

$$\frac{1 - \cos a}{\sin a} = \text{tg.} \frac{a}{2},$$

La valeur de R peut donc se mettre sous la forme :

$$R = \sqrt{\dfrac{\left(\dfrac{t+T}{2}\right)^2}{\left(\dfrac{1-\cos a}{\sin a}\right)^2} + \dfrac{2c^2}{1-\cos a}} - \dfrac{\dfrac{t+T}{2}}{\dfrac{1-\cos a}{\sin a}},$$

$$R = \sqrt{\left(\dfrac{\dfrac{t+T}{2}}{\text{tg.}\,\dfrac{a}{2}}\right)^2 + \left(\dfrac{c}{\sin\dfrac{a}{2}}\right)^2} - \dfrac{\dfrac{t+T}{2}}{\text{tg.}\,\dfrac{a}{2}},$$

à l'aide de laquelle il est facile d'obtenir, par une construction géométrique, le rayon commun aux deux arcs de ce cercle, de la manière suivante.

Soient AP et PB (*fig.* 636) les deux alignements, M et N les points de tangence et PV la bissectrice de l'angle a des deux alignements. En décrivant du point P,

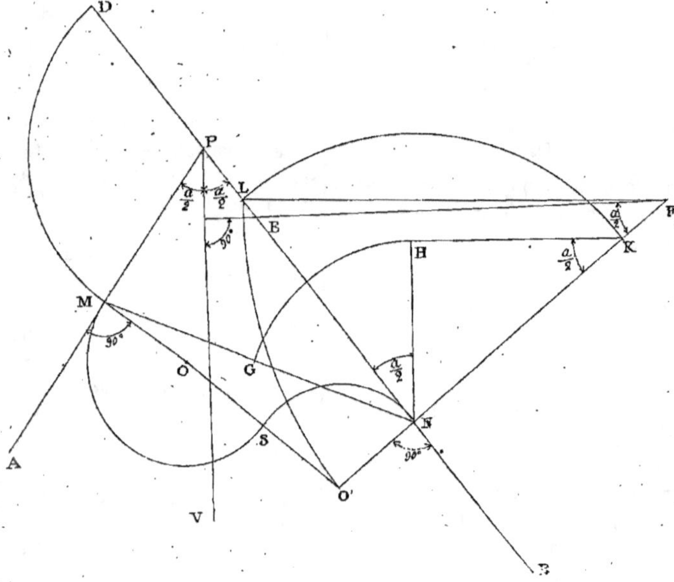

Fig. 636.

comme centre, avec PM pour rayon un arc de cercle qui coupe en D le prolongement de PN, la distance ND sera égale à $(T+t)$. Soit E le milieu de ND, de telle sorte que

$$NE = \frac{t+T}{2}.$$

Menons par le point E une perpendiculaire à la bissectrice PV et par le point N une perpendiculaire à l'alignement PB. Ces deux perpendiculaires se rencontrent au point F et l'angle EFN est égal à l'angle $\dfrac{a}{2}$, comme ayant ses côtés perpendiculaires à ceux de l'angle VPN. Dans le triangle rectangle ENF, on a :

$$EN = NF.\ \text{tg.}\,\frac{a}{2}.$$

D'où

$$\frac{EN}{\text{tg.}\,\dfrac{a}{2}} = NF = \frac{\dfrac{t+T}{2}}{\text{tg.}\,\dfrac{a}{2}}.$$

Soit G le milieu de MN, de telle sorte que NG $= c$. Du point N comme centre avec NG pour rayon, décrivons un arc de cercle qui coupe en H la droite NH menée par le point N parallèlement à la bissectrice PV et par le point H menons NK parallèle à EF. L'angle HKN sera aussi égal à $\dfrac{a}{2}$ et dans le triangle rectangle NHK, on a

$$NH = NK \cdot \sin \frac{a}{2},$$

D'où
$$\frac{NH}{\sin \dfrac{a}{2}} = NK = \frac{c}{\sin \dfrac{a}{2}},$$

Si, du point N comme centre, avec NK pour rayon, on décrit un arc de cercle qui rencontre l'alignement PB en L et que l'on joigne ce point L au point F, on formera un triangle rectangle LNF dans lequel

$$LF = \sqrt{\overline{NF}^2 + \overline{NL}^2},$$

$$= \sqrt{\left(\frac{\dfrac{t+T}{2}}{\operatorname{tg.} \dfrac{a}{2}}\right)^2 + \left(\frac{c}{\sin \dfrac{a}{2}}\right)^2}$$

Si du point F, comme centre, FL pour rayon, on décrit un arc de cercle qui coupe en O' le prolongement de FN, on aura:

$$NO' = FL - NF,$$

$$= \sqrt{\left(\frac{\dfrac{t+T}{2}}{\operatorname{tg.} \dfrac{a}{2}}\right)^2 + \left(\frac{c}{\sin \dfrac{a}{2}}\right)^2} - \frac{\dfrac{t+T}{2}}{\operatorname{tg.} \dfrac{a}{2}},$$

C'est-à-dire que O' sera le centre de l'un des cercles. En prenant sur la perpendiculaire MO à l'alignement PA une longueur MO égale à NO', le point O sera le centre de l'autre arc de cercle et en joignant les points O et O' les deux arcs de cercle seront tangents entre eux en un point S milieu de la distance OO'.

1254. Les centres des arcs de cercle de raccordement peuvent également s'obtenir par le tracé géométrique suivant.

Soient PA et PB (*fig.* 637) les deux alignements et M et N, les points de tangence. Sur les deux perpendiculaires aux alignements menés par les points de tangence, prenons deux longueurs égales et quelconques, MC, ND. Par le point D, menons une parallèle DE à la corde MN sur laquelle nous déterminons un point E, tel que la distance CE soit double de la distance CM. Pour cela, du point M comme centre, avec MC pour rayon, nous décrivons un arc de cercle qui coupe en G le prolongement de CM. Alors CG $= 2$MC; puis, du point C, comme centre avec CG pour rayon nous décrivons un arc de cercle qui coupe en E la parallèle à la corde MN. Joignons le point E au point C et au point M. La ligne EM coupe la ligne ND en un point O' qui est le centre de l'un des arcs de cercle et la parallèle menée par le point O' à la ligne EC vient rencontrer la ligne MC en un point O qui est le centre de l'autre arc de cercle.

En effet, si, par le point E, on mène une parallèle EF à ND qui coupe en F la corde MN prolongée, les deux triangles MO'N et MEF sont semblables et on a :

$$\frac{MO'}{ME} = \frac{NO'}{EF}.$$

De même, les triangles MOO' et MCE sont aussi semblables et on a :

$$\frac{MO'}{ME} = \frac{MO}{MC} = \frac{OO'}{CE},$$

et, par suite,

$$\frac{NO'}{EF} = \frac{MO}{MC} = \frac{OO'}{CE}.$$

Mais

$$MC = ND = EF \text{ et } CE = 2MC.$$

Donc $\qquad$ NO′ = MO,

et $\qquad$ OO′ = 2MO.

Par conséquent, les deux arcs de cercle ont bien le même rayon et sont tangents entre eux en un point S situé sur la ligne qui unit leurs centres.

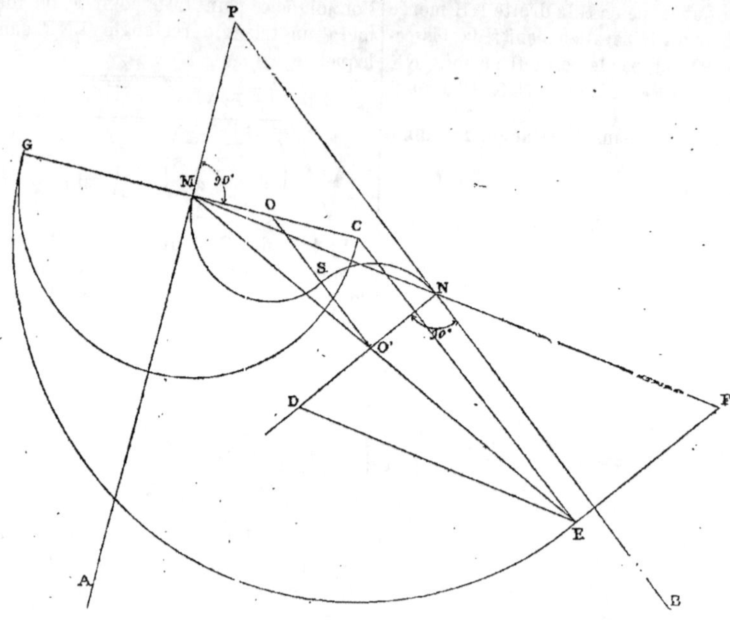

Fig. 637.

Problème n° 207.

1255. *Raccorder trois alignements AQ, QP et PB (fig. 638) par deux arcs de cercle de même rayon, tangents entre eux et tangents aux alignements.*

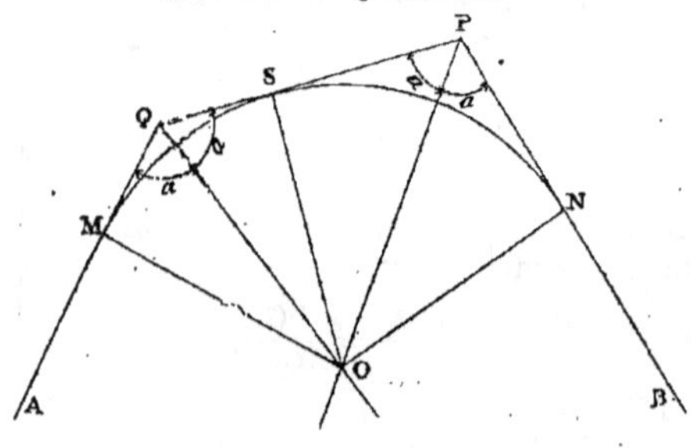

Fig. 638.

Menons les bissectrices QO et PO des angles en Q et en P. Ces deux bissectrices se coupent en un point O qui est le centre des arcs de cercle de même rayon OM = OS = ON, tangents entre eux et aux trois alignements.

Dans le triangle rectangle OSQ, on a :
$$OS = QS \ \text{tg.} \ a,$$
et, dans le triangle rectangle OSP,
$$OS = SP. \ \text{tg.} \ a'.$$

Donc
$$QS \ \text{tg.} \ a = SP. \ \text{tg} a'.$$

En ajoutant aux deux membres de cette égalité la même quantité QS tg. a′, elle deviendra :
$$QS \ \text{tg.} \ a + QS. \ \text{tg.} \ a' = QS. \ \text{tg.} \ a'$$
$$+ SP. \ \text{tg.} \ a',$$

ou
$$QS \ (\text{tg.} \ a + \text{tg.} \ a') = (QS + SP) \ \text{tg.} \ a'$$
$$= QP. \ \text{tg.} \ a',$$

et, par suite,

$$QS = \frac{QP.\ \mathrm{tg.}\ a'}{\mathrm{tg.}\ a + \mathrm{tg.}\ a'}.$$

Telle est en fonction des angles que font entre eux les alignements et la longueur QP de l'alignement intermédiaire, la valeur des tangentes QS et QM, à l'aide desquelles on pourra tracer l'arc de cercle MS.

On tracerait de même l'arc de cercle SN à l'aide des tangentes PS = PN = QP — QS.

Le développement des arcs de cercle MS et SN s'obtiendrait facilement, puisqu'on connaît leur rayon et que les angles au centre MOS et SON sont les suppléments des angles $2a$ et $2a'$ des alignements.

Les trois alignements peuvent être dirigés comme l'indique la figure 639. Dans ce cas, les deux arcs de cercle, au lieu d'être tangents intérieurement entre eux,

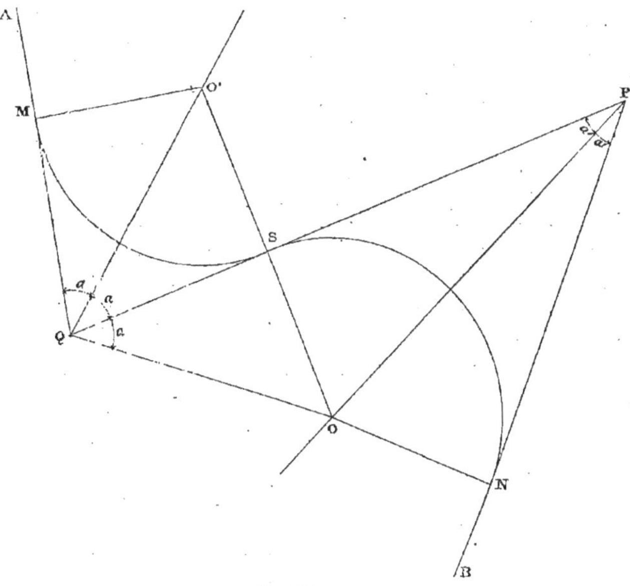

Fig. 639.

le sont extérieurement et les trois alignements sont raccordés par une courbe et une contre-courbe continues.

Menons les bissectrices QO' et PO des angles en Q et en P. Par le point Q, tirons QO faisant avec QP un angle PQO = a. La ligne QP sera la bissectrice de l'angle OQO'. Si du point d'intersection O de QO avec PO, nous abaissons une perpendiculaire OSO' sur QP, elle viendra remonter la bissectrice QO' en O' et les points O et O' seront les centres des arcs de cercle de même rayon O'M = O'S =

OS = ON tangents entre eux et aux alignements.

Les deux triangles rectangles O'SQ et QSO sont, en effet, égaux comme ayant un côté QS commun. De plus, l'angle O'QS est égal à l'angle SQO et par suite O'S = OS et les points O et O' étant sous les bissectrices des angles en Q et en P, on a aussi O'S = O'M et OS = ON.

Dans le triangle rectangle OSQ, on a :

$$OS = QS\ \mathrm{tg.}\ a,$$

et, dans le triangle rectangle OSP,

$$OS = SP.\ \mathrm{tg.}\ a'.$$

Donc,
$$QS \text{ tg. } a = SP. \text{ tg. } a'.$$
En ajoutant aux deux membres de cette égalité la même quantité QS. tg. a', elle deviendra :
$$QS. \text{ tg. } a + QS. \text{ tg. } a' = QS. \text{ tg. } a$$
$$+ SP. \text{ tg. } a',$$

ou
$$QS (\text{tg. } a + \text{tg. } a') = (QS + SP) \text{ tg. } a'$$
$$= QP. \text{ tg. } a',$$
et, par suite,
$$QS = \frac{QP. \text{ tg. } a'}{\text{tg. } a + \text{tg. } a'},$$
comme précédemment.

CHAPITRE VI

RACCORDEMENTS PAR ARC DE PARABOLE

1256. Les raccordements par arc de parabole sont employés lorsqu'on est obligé d'admettre des tangentes d'inégale longueur.

Les tracés des arcs de parabole sont basés sur les propriétés suivantes de cette courbe.

Si l'on joint le point P de concours de deux tangentes PA et PB (*fig.* 640) à un

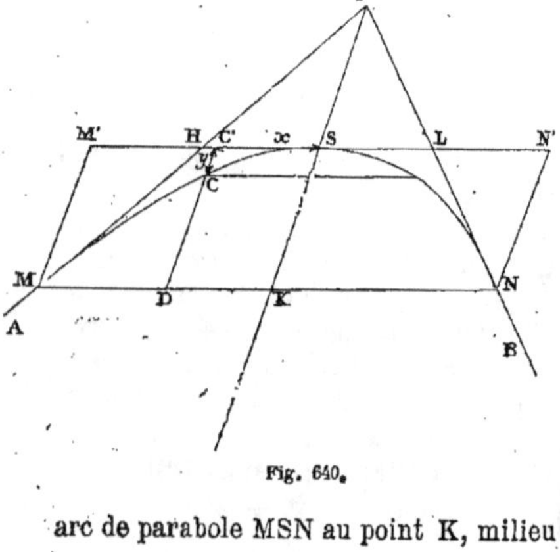

Fig. 640.

arc de parabole MSN au point K, milieu de la corde MN qui unit les points de tangence :

1° Le point S, milieu de la distance PK, est un point de la parabole;

2° Une parallèle HL, menée par ce point S à la corde MN, est une tangente à la courbe;

3° Les points de rencontre H et L de cette nouvelle tangente avec les deux tangentes primitives PM et PN sont les points milieux de ces tangentes et le point S est aussi le milieu de la nouvelle tangente HL;

4° En prenant pour axe des x la tangente HL à la parabole au point S, et pour axe des y la droite SK, un point C quelconque de la parabole aura pour coordonnées :

$SC' = x$ et $CC' = y$, et ces coordonnées seront liées entre elles par la relation :
$$x^2 = K. y,$$
c'est-à-dire que le rapport
$$\frac{x^2}{y},$$
est une quantité constante K.

Pour les points de tangence M et N, en

désignant les abscisses $SM' = SN' = MK = KN$ par c, et les ordonnées $MM' = NN' = SK$ par f, on aurait :

$$\frac{\overline{SM'}^2}{SK} = \frac{\overline{SN'}^2}{SK} = \frac{\overline{MK}^2}{SK} = \frac{\overline{KN}^2}{SK}$$

$$= \frac{c^2}{f} = K,$$

et, par suite, pour un point quelconque :

$$\frac{x^2}{y} = K = \frac{c^2}{f},$$

ou

$$x^2 = \frac{c^2}{f}\, y.$$

Premier procédé.

1257. *Opérer par abscisses et ordonnées sur la corde MN.*

Sur la corde MN (*fig.* 641), prenons, à partir du milieu K de cette corde, un point D. Par ce point, menons une parallèle à KS qui rencontrera en C l'arc de parabole et en C' la tangente HL parallèle à la corde MN,

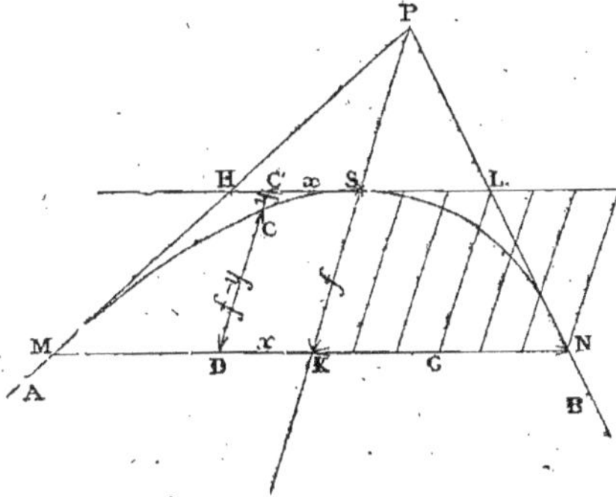

Fig. 641.

on aura $\quad DK = SC' = x,$

$$DC = SK - CC' = f - y,$$

et $\qquad x^2 = \frac{c^2}{f}\, y,$

ou $\qquad y = \frac{f}{c^2}\, x^2.$

En donnant à x des valeurs successives depuis zéro jusqu'à KM, on en déduira les valeurs correspondantes de y et, par suite, celles de $f - y$. On pourra ainsi obtenir autant de points de la courbe qu'on vou-

dra pour tracer l'arc MS. Il en sera de même pour l'arc SN.

Pour mener par chaque point D des parallèles à la flèche SK, on pourra faire usage d'un *gabarit*, analogue à celui qui a été indiqué au numéro 1243 et dont les deux branches feront entre elles un angle égal à celui SKN de la flèche avec la corde. On appliquera la grande branche sur la direction MN de la corde et la petite branche donnera la direction DC' suivant laquelle il faudra mesurer la distance DC.

En général, la distance DC est assez faible et on peut, sans grande erreur, opérer aussi de la manière suivante :

Sur le terrain, on cherche un objet dans la direction de KS qui soit à une assez grande distance, par exemple un arbre éloigné de 1000 mètres environ; puis, par chaque point D, on dirige des alignements sur cet objet et c'est sur ces alignements qu'on mesure les distances DC pour déterminer les points C de la courbe. En réalité, ces alignements concourent au même point; mais, sur la faible longueur DC sur laquelle on en fait usage, on peut les considérer comme parallèles.

Second procédé.

1258. *Opérer par abscisses et ordonnées sur la flèche SK* (*fig.* 642).

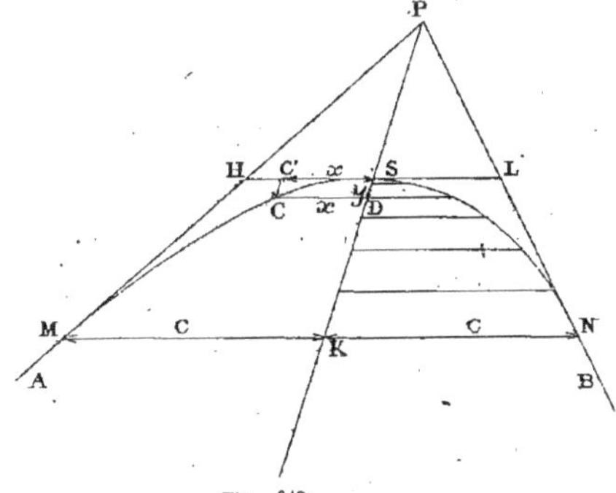

Fig. 642.

Sur la flèche, prenons un point D à partir du sommet S. En ce point, menons une parallèle à la corde MN qui rencontrera l'arc de parabole en C, et on aura :

$$DC = SC' = x,$$
$$SD = y,$$

et

$$x^2 = \frac{c^2}{f}\, y, \text{ ou } x = \sqrt{\frac{c^2}{f}\, y}.$$

En donnant à y des valeurs successives depuis zéro jusqu'à SK, on en déduira les valeurs correspondantes de x et, par suite, on pourra obtenir autant de points qu'on voudra pour tracer l'arc SM. Il en sera de même pour l'arc SN.

Pour mener par chaque point D des parallèles à la corde MN, on pourra encore faire usage d'un gabarit.

Troisième procédé.

1259. *Opérer par abscisses et ordonnées sur la tangente HL (fig. 643).*

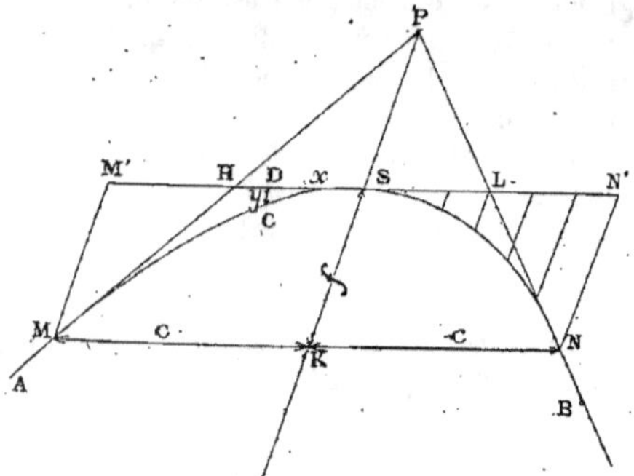

Fig. 643.

Sur la tangente, prenons, à partir du sommet S, un point D et, en ce point, menons une parallèle à la flèche SK qui rencontrera l'arc de parabole en C.

On aura :

$$SD = x,$$
$$DC = y,$$

et

$$x^2 = \frac{c^2}{f}\, y,$$

et

$$y = \frac{f}{c^2}\, x^2.$$

En donnant à x des valeurs successives depuis zéro jusqu'à SM', on en déduira les valeurs correspondantes de y et, par suite, on pourra obtenir autant de points qu'on

voudra pour tracer l'arc SM. Il en sera de même pour l'arc SN.

Si $x = \frac{1}{n}\, c$, on aura $x^2 = \frac{c^2}{n^2}$ et

$$y = \frac{f}{c^2}\, x^2 = \frac{f}{c^2} \times \frac{c^2}{n^2} = \frac{f}{n^2}.$$

Selon que $\frac{1}{n}$ sera égal à $\frac{1}{4}$, $\frac{2}{4}$, $\frac{3}{4}$, 1, on aura les valeurs suivantes pour x :

$$\frac{c}{4}, \quad \frac{2c}{4}, \quad \frac{3c}{4}, \quad c,$$

et, pour y, les valeurs

$$\frac{f}{16}, \quad \frac{4f}{16}, \quad \frac{9f}{16}, \quad f.$$

On peut donc ainsi calculer rapidement les abscisses et les ordonnées pour construire par points l'arc de parabole.

Quatrième procédé.

1260. *Opérer par tangentes successives et leurs points de milieux.*

On détermine les points milieux H et L des deux tangentes MP et PN (fig. 644). On joint ces deux points et on prend le point milieu S de HL. Le point S est un point de la courbe ; HS et SL sont des tangentes à la même courbe.

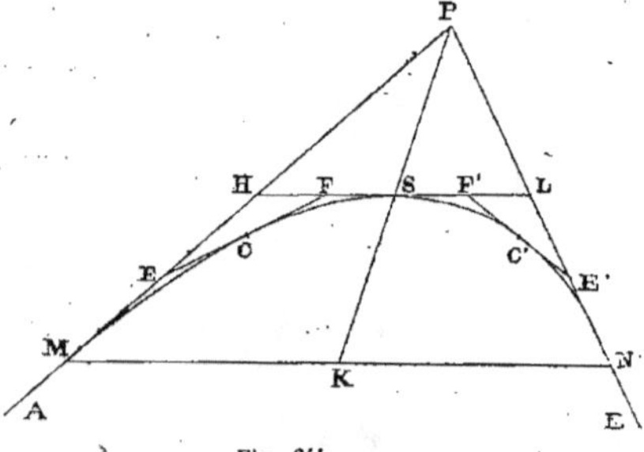

Fig. 644.

On opère sur les deux tangentes HM et HS comme précédemment, en prenant leurs points milieux E et F, en joignant EF et en déterminant le point C, milieu de cette tangente et ainsi de suite. On pourra ainsi obtenir autant de points qu'on voudra pour tracer la courbe.

Cinquième procédé.

1261. *Opérer par intersections de droites.*

On divise en un même nombre de parties égales les deux tangentes PM et PN (*fig. 645*).

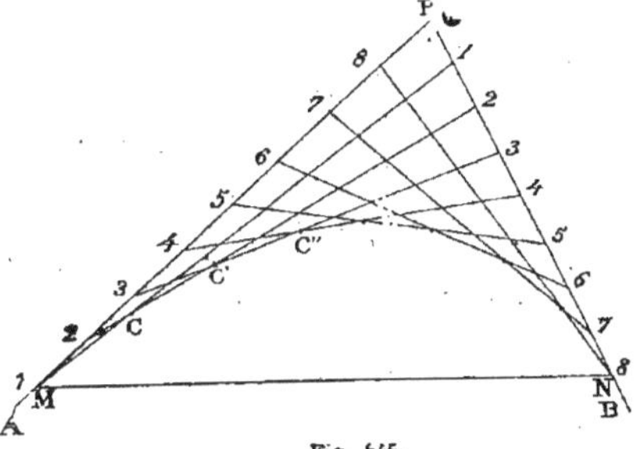

Fig. 645.

On numérote les points de division à partir de M, qui porte le n° 1, vers P, qui n'a pas de numéro et à partir de P vers N qui porte le dernier numéro. Enfin, on joint, par des droites, les points de division qui portent les mêmes numéros sur les deux tangentes.

Les points C, C', C''..., déterminés chacun par l'intersection de deux droites successives ainsi menées, deviennent les sommets d'une ligne polygonale qui sera d'autant plus près d'être la parabole cherchée, que les points de division des tangentes auront été plus multipliés.

Il suffira donc, pour tracer la courbe sur le terrain, que des observateurs placés à deux divisions successives sur une des tangentes visent en même temps les divisions correspondantes de l'autre tangente et fassent placer un jalon au point de rencontre des deux lignes de visée. Mais comme les lignes de visées se croisent sous un angle très aigu, il y a toujours une certaine incertitude sur le véritable point d'intersection.

GRESSIER, Ingénieur.

VIII — PLANS COTÉS

CHAPITRE I

§ I. — DÉFINITIONS

1262. Dans cette méthode, lorsqu'on veut représenter un objet ou la surface d'un terrain, on indique les points principaux par leur projection horizontale et on remplace les projections verticales de ces points par des nombres donnant la hauteur de ces points par rapport au plan horizontal de projection.

1263. Ce plan horizontal de projection se nomme *plan de comparaison*. Le plan de comparaison peut se confondre ou différer du plan horizontal de projection.

Les nombres indiquant la hauteur des points se placent, sur les dessins, à côté des projections horizontales des points représentés. Ce qu'il y a d'important, c'est la hauteur relative de ces points.

1264. Lorsqu'on admet pour plan de comparaison un plan tangent à la surface des eaux de la mer, les cotes prennent le nom d'*Altitudes*, ce plan tangent étant supposé prolongé à l'intérieur de la terre.

Le dessin d'une portion de terrain, à l'aide des projections horizontales et des cotes de ses points, porte le nom de *Plan coté*.

Les Plans cotés s'emploient spécialement dans la fortification et dans la Topographie. Il est d'ailleurs facile de voir que, pour de tels dessins, il serait mauvais d'employer une autre méthode; car, en hauteur, aux échelles de 1/1000 les projections verticales d'ouvrages de fortification seraient tellement petites qu'elles ne pourraient donner lieu qu'à des confusions.

Ainsi donc, les plans d'ensemble sont *toujours* exécutés en *plans cotés*, mais on fait des détails à grande échelle, ce qui permet de les représenter en *projection orthogonale*.

Il serait naturel de prendre le plan de comparaison au dessous des points représentés. Toutefois, dans le génie militaire, on emploie toujours un plan de comparaison situé au *dessus* des points représentés, et cela tient à ce que les premiers plans cotés qui ont été dressés servaient à représenter les cotes sous-marines et qu'on prenait naturellement le niveau de la mer pour plan de comparaison.

Dans ce qui suit, nous supposerons alors que les cotes sont *positives* quand les points considérés sont au dessus du plan de comparaison et qu'elles sont *négatives* quand les points sont en dessous.

§ II. — DU POINT ET DE LA DROITE

1265. Le *point* se représente par sa projection horizontale et par sa distance au plan de comparaison. Cette distance est ce qu'on appelle la *cote du point*, d'où le nom de *plan coté*.

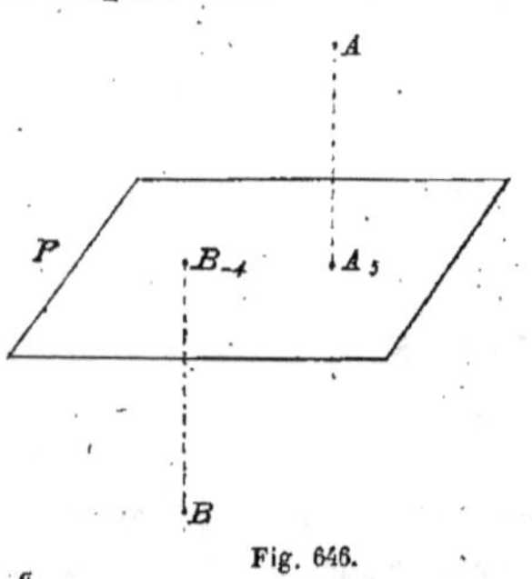

Fig. 646.

Si le point est au dessus du plan de comparaison, on met le signe + à côté de la cote. S'il est au dessous, on place le signe — toujours à côté de la cote.

Ainsi le point A (*fig.* 646), situé à 5 mètres au dessus du plan P de comparaison s'écrira, A + 5 ou, simplement, A₍₅₎.

Le point B situé à 4 mètres au dessous du plan P s'écrira toujours B — 4.

1266. *Remarque*. Pour représenter les points situés sur une même verticale ou même projection horizontale, on inscrit à côté les différentes cotes relatives à ces points. Ainsi, l'indication A₃ B₅ C₋₄ (*fig.* 647) signifie que le point A est sur la perpendiculaire élevée sur le point de projection et à 3 mètres au dessus du plan de comparaison, que le point B en est à 5 mètres et au dessus; que le point C en est à 4 mètres et au dessous.

1267. D'une manière générale, il ne

faut pas s'arrêter à cette idée des cotes par rapport au plan de comparaison, mais fixer son idée sur les hauteurs

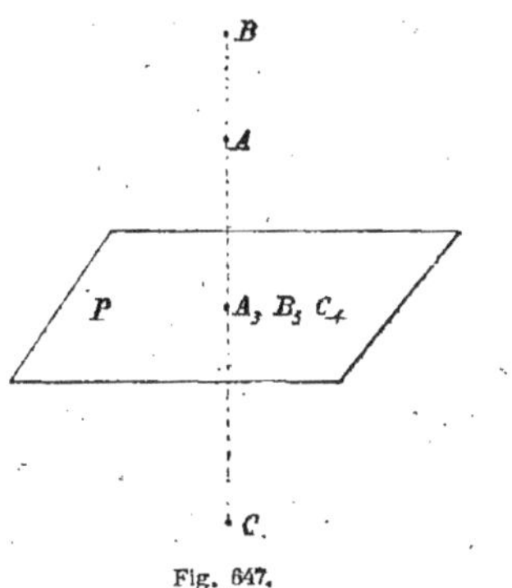

Fig. 647.

relatives des différents points qui défi-nissent l'objet ou le terrain représentés.

1268. Une droite se représente par sa projection et par les cotes de deux de ses points (*fig.* 648).

Fig. 648.

1269. Si une droite est horizontale, tous ses points ont la même cote. La longueur de sa projection est égale à la longueur réelle de la droite.

Une droite verticale a un point pour projection. On met, en général, la cote des deux extrémités de la droite verti-cale considérée, comme ceci : A, B (14, 16).

§ III. — PROBLÈMES USUELS

Problème n° 208.

1270. *Une droite étant donnée par la projection et la cote de deux de ses points, trouver la cote d'un point de cette droite dont on donne la projection.*

Pour rendre la démonstration plus facile, reportons-nous au mode de représentation employé dans la Géométrie de l'espace. Soit AB (*fig.* 649) la droite, sa

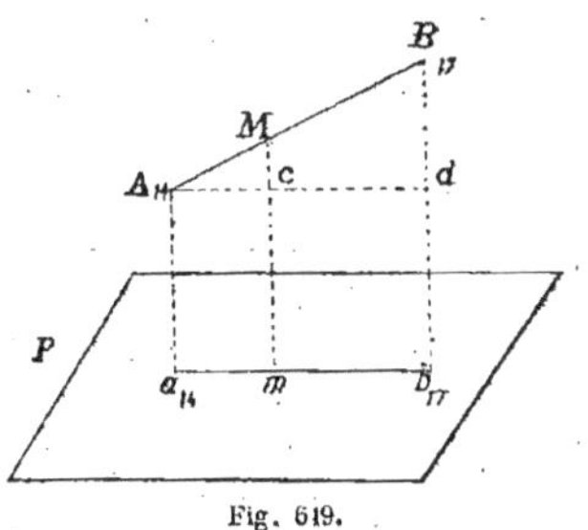

Fig. 649.

projection ab dans le plan P, et les cotes 14 et 17 des points A et B.

Par le point A, menons une parallèle à ab. Cette droite est une horizontale et forme deux triangles semblables AMc et ABd qui donnent :

$$(1) \qquad \frac{Ac}{Ad} = \frac{Mc}{Bd},$$

$$\text{mais} \begin{cases} Ac = am, \\ Ad = ab. \end{cases}$$

En remplaçant dans l'égalité (1) Ac et Ad par leurs valeurs, il vient :

$$\frac{am}{ab} = \frac{Mc}{Bd},$$

d'où l'on tire :

$$(2) \qquad Mc = Bd \times \left(\frac{am}{ab} \right).$$

De cette dernière égalité (2), on déduit la règle suivante :

1271. *Règle.* Pour avoir la cote d'un point dont on donne la projection sur une droite donnée, on mesure la distance, à une échelle quelconque, de cette projection à l'un des points qui déterminent la droite et la droite entière, on en prend le rapport qu'on multiplie par la différence des cotes données. Il suffit ensuite d'ajouter la cote du point le plus bas pour avoir la cote définitivement cherchée, car,

$$Mm = Aa + mc,$$

ou $\quad Mm = Aa + Bd \times \left(\dfrac{am}{ab}\right).$

Problème n° 209.

1272. *Une droite étant donnée par la projection et la cote de deux de ses points, trouver la projection d'un point dont on donne la cote.* (C'est le problème inverse du précédent.)

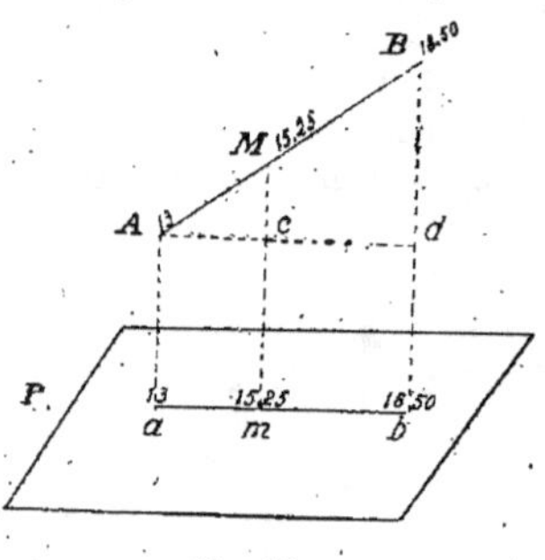

Fig. 650.

Servons-nous encore du même mode de représentation. Cette fois, on donne la projection ab de la droite AB; cotée 13 et 18,50, la cote 15,25 d'un point M de cette droite (*fig.* 650).

Comme dans le cas précédent, nous avons encore :

$$\frac{Ac}{Ad} = \frac{Mc}{Bd},$$

Ac étant l'inconnu et Ad étant égal à ab.

On tire successivement de cette égalité :

$$Ac = Mc \times \frac{Ad}{Bd},$$

ou $\quad Ac = Mc \times \dfrac{ab}{Bb - Aa},$

$$Ac = (Mm - Aa) \times \frac{ab}{Bb - Aa},$$

et, en transformant cette expression en langage ordinaire :

$$Ac = \text{cote donnée} - \text{cote plus basse} \times \frac{ab}{\text{différence de cote des extrémités de la droite}},$$

mais $Ac = am$ dont le point m cherché se trouve ainsi déterminé.

1273. CAS PARTICULIER. Le point cherché peut se trouver sur le prolongement de la droite AB. Dans ce cas, on a toujours deux triangles semblables dont on tire une proportion dans laquelle trois termes sont connus : c'est identiquement la même chose.

Théorème.

1274. *Les projections des points d'une droite dont les cotes diffèrent d'un même nombre sont équidistantes.*

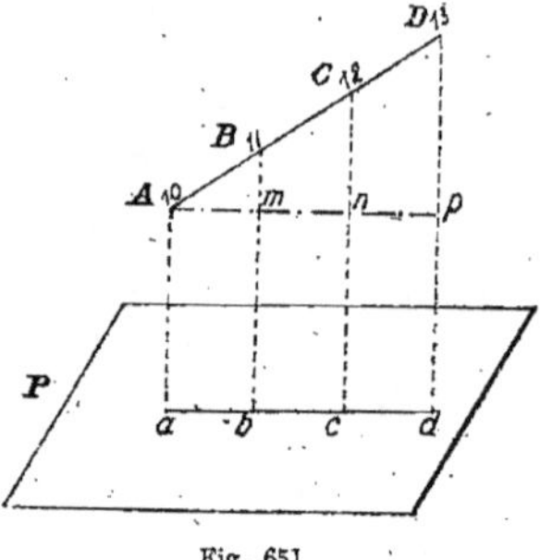

Fig. 651.

En effet, soient les points A, B, C, D (*fig.* 651) d'une même droite, cotés 10, 11, 12, 13. Les triangles semblables ABm, ACn, ADp, donnent :

$$\frac{Am}{Bm} = \frac{An}{Cn} = \frac{Ap}{Dp},$$

d'où $\quad \dfrac{Ap - An}{Dp - Cn} = \dfrac{An - Am}{Cn - Bm} = \dfrac{Am}{Bm}$

ou $\quad \dfrac{Ap - An}{1} = \dfrac{An - Am}{1} = \dfrac{Am}{1}.$

D'où enfin, $np = mn = Am.$

1275. On appelle *intervalle*, la distance qui sépare deux points d'une droite dont les cotes diffèrent d'une unité. Ainsi : ab, bc, cd... sont des intervalles.

Tous les intervalles sont évidemment égaux. On représente généralement l'intervalle par la lettre i.

1276. On appelle *pente* d'une droite, le rapport de la distance verticale comprise entre deux points, à la distance horizontale comprise entre ces mêmes points.

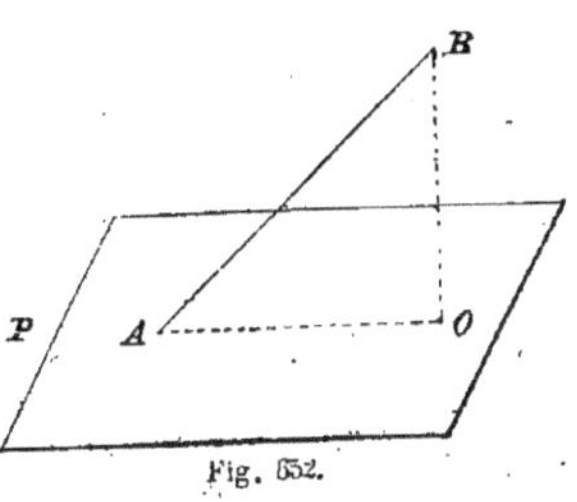

Fig. 652.

Ainsi le rapport $\dfrac{BO}{AO}$ donne la pente de la droite AB (*fig.* 652). On l'exprime généralement par la lettre p.

Théorème

1277. *La pente est l'inverse de l'intervalle.*

En effet, soit donnée la droite AC (*fig.* 653). Sa projection est ac. Les cotes de ses extrémités sont 13 et 15,60. Con-sidérons le point B, coté 14. Menons, toujours par le point A, une parallèle An à

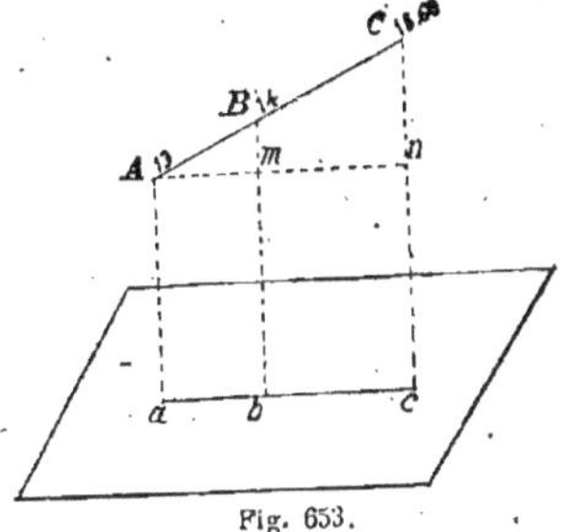

Fig. 653.

ac. Les triangles semblables ABm et ACn donnent :

$$\frac{Bm}{Am} = \frac{Cn}{An},$$

mais
$$Bm = 1,$$
$$Am = \text{intervalle} = i,$$
$$\frac{Cn}{An} = \text{pente} = p.$$

Donc, en remplaçant, il vient :
$$\frac{1}{i} = p.$$

§ IV. — ÉCHELLE DE PENTE D'UNE DROITE

1278. *Graduer* une droite, c'est trouver sur cette droite les points à cote ronde.

1279. On appelle *points à cote ronde* les points distants d'un nombre exact entier de mètres au dessus ou au dessous du plan de comparaison. Ces points étant déterminés, on dit alors qu'on a l'*échelle de pente de la droite*.

1280. On peut graduer une droite de deux manières :

1° En déterminant deux points quelconques à cote ronde sur la droite et en divisant ensuite l'intervalle en autant de parties égales qu'il y a d'unités dans la différence des cotes rondes. C'est l'application de l'un des problèmes que nous avons examinés précédemment ;

2° En déterminant la position d'un point à cote ronde et en calculant l'intervalle.

On détermine l'intervalle à l'aide de la formule, déjà indiquée :
$$i = \frac{1}{p},$$

La première méthode est de beaucoup préférable à la seconde. En effet, pour peu qu'on ait commis la plus petite erreur dans la détermination de l'intervalle, cette erreur se trouve multipliée par autant de fois qu'on doit porter la longueur de l'intervalle sur la droite pour opérer sa graduation. En un mot, on répartit l'erreur commise dans la première méthode et on la cumule dans la seconde.

Problème n° 210.

1281. *Une droite étant donnée par un de ses points, sa projection, sa pente et le sens de sa pente, trouver la cote de l'un de ses points (fig. 654).*

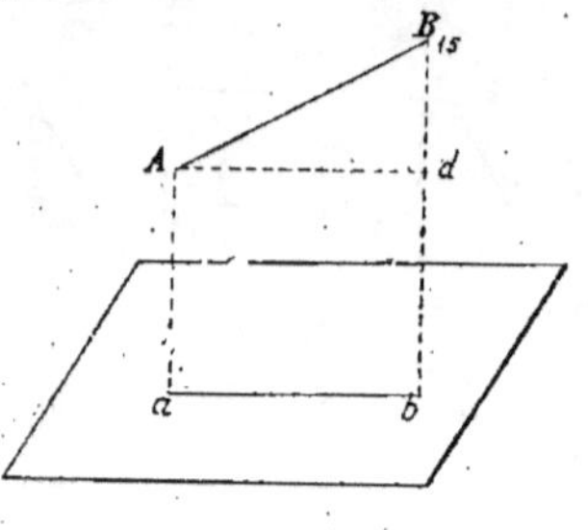

Fig. 654.

Soient donnés :

1° La projection ab de la droite AB ;

2° Le point B coté 15 ;

3° La pente de cette droite qui est ²/₃.

Considérons toujours la figure dans l'espace et déterminons la cote du point A. Par le point A, menons Ad parallèle à ab et nous aurons :

$$p = \frac{Bd}{Ad} = \frac{2}{3}.$$

Comme A$d = ab$, on tire :

$$Bd = ab \times \frac{2}{3}.$$

Or Bd est la différence des cotes des points A et B. Donc, connaissant la cote du point B, on aura de suite, par différence, celle du point A.

Au lieu d'opérer comme nous venons de le faire, nous aurions pu, de la pente donnée $\frac{2}{3}$, déduire l'intervalle i.

$$p = \frac{1}{i} \; ; \; p = \frac{2}{3}.$$

Donc $\qquad i = \frac{3}{2}.$

Nous aurions ensuite porté sur AB des longueurs égales à $\frac{3}{2} = i$, à l'échelle, pour avoir toutes les cotes rondes.

Problème n° 211.

1282. *Par un point C coté (20,25), mener une parallèle à une droite donnée AB (fig. 655).*

Fig. 655.

Ces droites étant parallèles dans l'espace, le sont également en projection. De plus, elles ont même pente et, par suite, même intervalle. Il suffit donc de mener par le point C une parallèle à AB et de la graduer dans le même sens, avec le même intervalle.

Comment reconnaît-on que deux droites données par leur projection se rencontrent ? C'est en voyant si le point d'intersection a, sur les deux droites, la même cote. Il faut donc résoudre deux fois le problème ayant pour but de trouver la cote d'un point dont la projection est donnée.

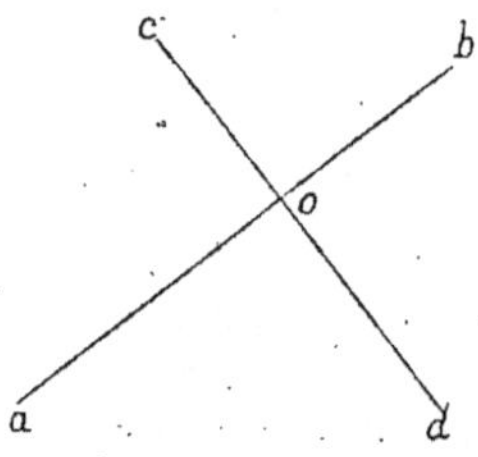

Fig. 656.

Ainsi, par exemple, soient données les deux droites AB, CD (*fig.* 656). Le point o appartenant à ab donne :

$$\frac{\text{cote } b - \text{cote } a}{\text{cote } o - \text{cote } a} = \frac{ab}{ao}.$$

D'où

$$\text{cote } o - \text{cote } a = \frac{ao}{ab} \times (\text{cote } b - \text{cote } a).$$

D'où

$$\text{cote } o = \text{cote } a + \frac{ao}{ab} \times (\text{cote } b - \text{cote } a).$$

Le point o appartenant à cd donne :

$$\frac{\text{cote } c - \text{cote } d}{\text{cote } o - \text{cote } d} = \frac{cd}{od}.$$

D'où

$$\text{cote } o - \text{cote } d = \frac{od}{cd} \times (\text{cote } c - \text{cote } d),$$

$$\text{cote } o = \text{cote } d + \frac{od}{cd} \times (\text{cote } c - \text{cote } d).$$

Si les deux résultats obtenus pour cote 0 sont identiques, c'est que les deux droites AB, CD, se coupent dans l'espace.

1283. CAS PARTICULIER. *Les deux droites sont dans le même plan vertical.*

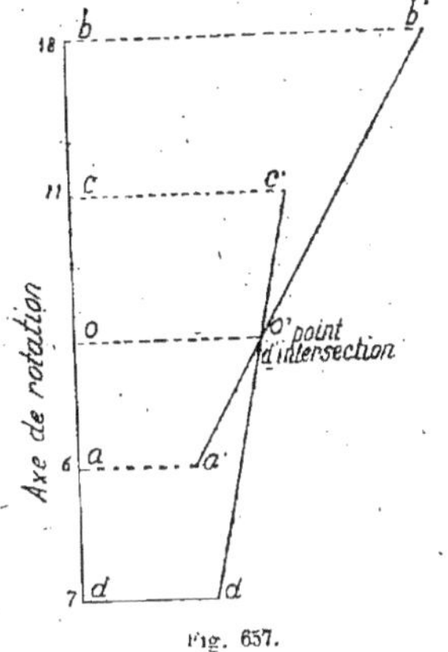

Fig. 657.

Il faut déjà vérifier si, dans ce cas, les deux droites se coupent dans les limites de l'épure. On remarque que leurs projections horizontales se confondent et on doit alors effectuer un rabattement. Suppo-

sons qu'on rabatte les deux droites ab, dc, dans le plan coté 0. Le point b (*fig*. 657) se rabat sur une perpendiculaire à la charnière ab et à une distance $bb' = 18$. Le point a se rabat à une distance $aa' = 6$ etc... Cet exemple montre que les deux droites ab, cd se coupent dans les limites de l'épure. Au contraire, la

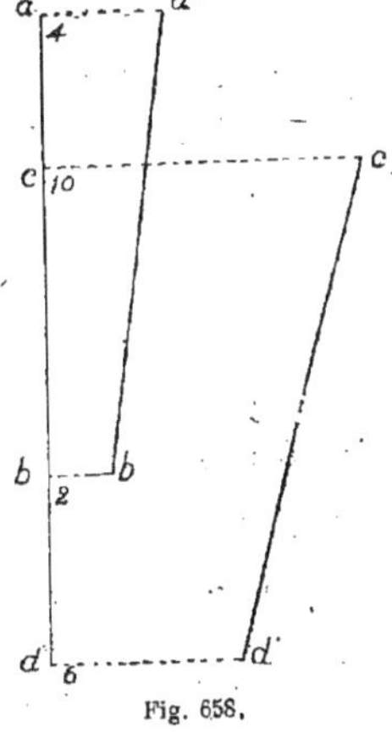

Fig. 658.

figure 658 montre que les deux droites ne se coupent pas.

Comme vérification, si du point O' (*fig*. 657), point d'intersection, on abaisse une perpendiculaire à ab, en O, si l'on considère le point O comme appartenant simultanément aux droites ab, cd, et qu'on cherche la cote de ce point O dans chacune de ces droites, on devra trouver deux résultats s'identifiant, car le point O est la projection du point d'intersection.

§ V. — DU PLAN

Définitions.

1284. Un *plan* est défini par la projection de trois quelconques de ses points. Dans les dessins de fortification, on le trouve souvent représenté par deux droites contenues dans ce plan.

Quand un plan est supposé indéfiniment prolongé, on le représente par une horizontale et son échelle de pente.

1285. On appelle *horizontale* d'un plan, l'intersection de ce plan avec un plan horizontal quelconque.

1286. On appelle *ligne de plus grande pente d'un plan*, la ligne qui est perpendiculaire à ses horizontales. En projection, la ligne de plus grande pente est perpendiculaire à la projection des horizontales (se reporter aux théorèmes démontrés dans la *Géométrie de l'espace*).

1287. On appelle *Échelle de pente* la projection de l'une quelconque de ces lignes de plus grande pente.

1288. On représente l'*échelle de pente* par deux traits et, pour voir le sens de la pente sans être obligé de fixer son attention, on place le trait le plus fort à la droite de l'observateur qui regarderait la partie ascendante du plan.

1289. L'échelle de pente graduée suffit pour déterminer le plan.

1290. On appelle horizontales à cote ronde, les horizontales dont les cotes sont exprimées par des nombres entiers.

Théorème.

1291. *Les horizontales d'un plan sont parallèles dans l'espace et en projection.* Soient les horizontales A, B, C (*fig.* 659) situées dans le plan M et leurs projections *a, b, c*, sur le plan H.

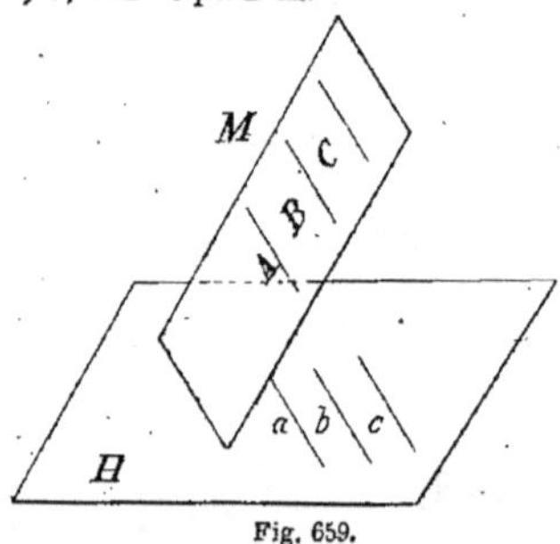

Fig. 659.

Ces horizontales, A, B, C, appartiennent toutes au plan M. Si elles n'étaient pas parallèles, elles se rencontreraient et les plans horizontaux qui les contiennent se rencontreraient aussi. (Voir la *Géométrie*

dans l'espace.) Projetons ces horizontales en *a, b, c*. Les plans projetant ces horizontales sont parallèles. Donc, leurs intersections avec le plan H sont aussi parallèles.

Théorème.

1292. *Les horizontales dont les cotes ont même différence sont équidistantes en projection.*

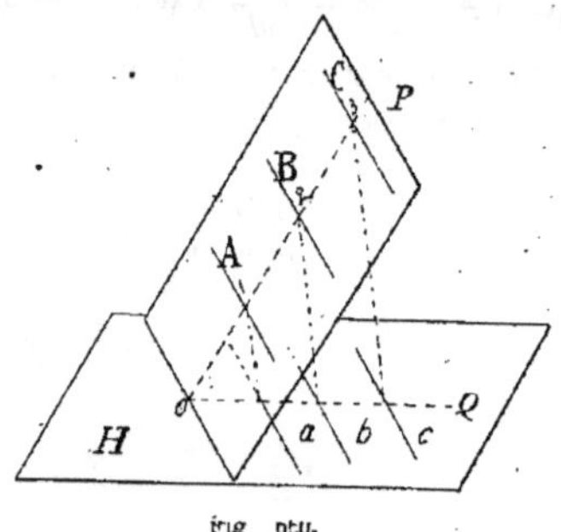

Fig. 660.

Servons-nous encore du mode de représentation employé en espace. Considérons un plan perpendiculaire à l'intersection des plans M et H (*fig.* 660). Ce plan coupe les plans M et H suivant deux perpendiculaires OP, OQ, à LT. On forme ainsi une série de triangles semblables et comme les distances sont égales entre les parallèles dans l'espace, d'après l'hypothèse elles le sont aussi en projection.

1293. Corollaire. *L'intervalle qui sépare la distance de deux projections d'horizontales est proportionnelle à la différence des cotes.*

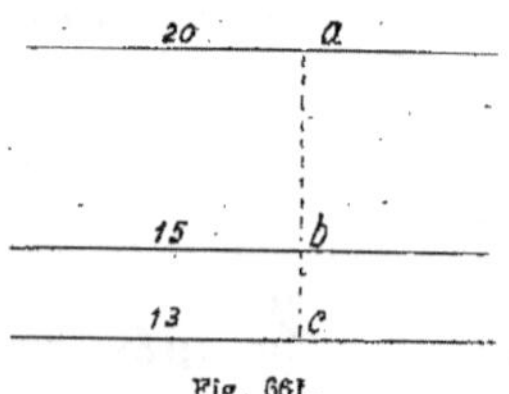

Fig. 661.

Soient, en effet, les trois horizontales A, B, C (*fig.* 661), cotées 20, 15, 13. A cause des mêmes triangles semblables, on a toujours :

$$\frac{ab}{bc} = \frac{20-15}{15-13} = \frac{5}{2},$$

$$ab = bc \times \left(\frac{5}{2}\right) = 2,5\ bc.$$

Problème n° 212.

1294. *Etant donnés une horizontale d'un plan ab (fig. 662) et un point M coté 16, 50 hors de cette horizontale, tracer l'échelle de pente du plan.*

Du point M, nous abaisserons une perpendiculaire sur *ab* qui sera l'échelle de pente du plan. Pour la graduer, remar-

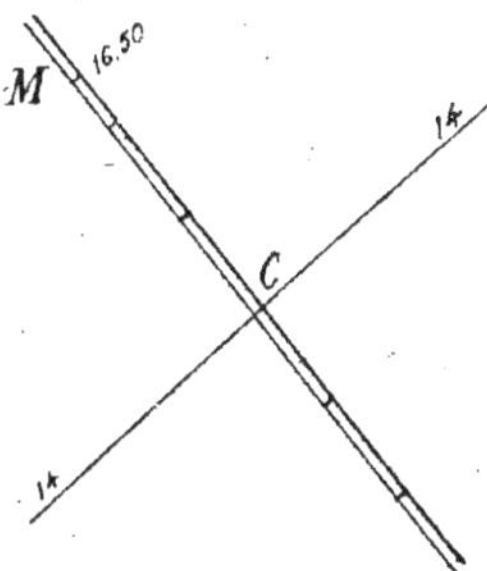

Fig. 662.

quons que le point M est coté 16,50 et que le point C est coté 14, puisqu'il appartient à l'horizontale *ab* cotée 14 ; or, nous savons graduer une droite, donnée par les projections de deux de ses points et leurs cotes.

1295. *Remarque.* Un plan est horizontal quand toutes ses horizontales ont la même cote.

Un plan vertical se projette suivant une seule droite qu'on appelle *trace du plan.*

Problème n° 213.

1296. *Etant donnés un plan par trois points a, b, c, cotés 16, 12 et 20, la projection d'un point M (fig. 663) de ce plan, trouver la cote de ce point.*

On joint *bc* et *am* jusqu'à la rencontre de *bc* en *d*. D'après ce que nous avons vu

précédemment, on peut facilement déterminer la cote du point *d*, puisqu'il appartient à la droite *bc* dont les points *b* et *c*

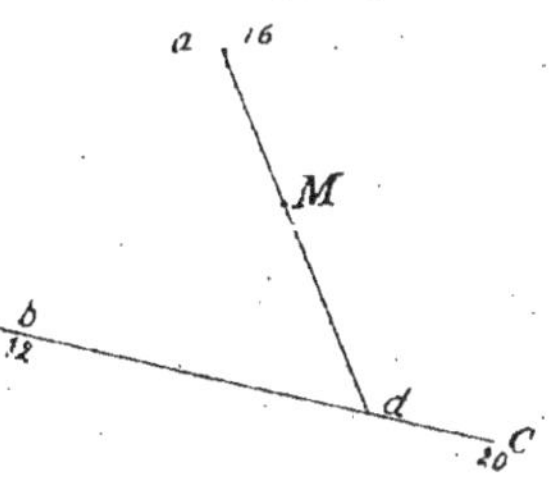

Fig. 663

sont cotés **12** et **20**. Pour la même raison, nous déterminerons facilement la cote cherchée du point M situé sur la droite *ad* dont les extrémités se trouveront dès lors cotées.

1297. *Cas où le plan est donné par ses horizontales.*

On fera passer par le point M (*fig.* 664), une droite perpendiculaire aux horizon-

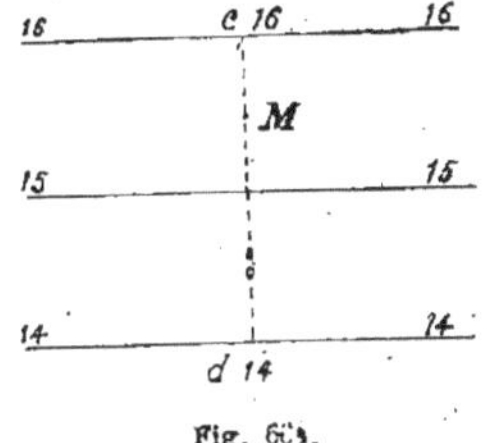

Fig. 664.

tales données. Il restera alors à résoudre ce problème : *Une droite étant donnée par la projection et la cote de deux de ses points, trouver la cote d'un point de cette droite dont on donne la projection problème n° 20*.

1298. *Cas où le plan est donné par son échelle de pente.*

Par le point M (*fig.* 665) on fait passer une perpendiculaire à l'échelle de pente donnée, et c'est une horizontale. Il suffit alors de déterminer la cote du point O.

(Ce problème est semblable au précédent.)

Problème n° 214.

1299. *Tracer les horizontales d'un plan dont on donne trois points :*

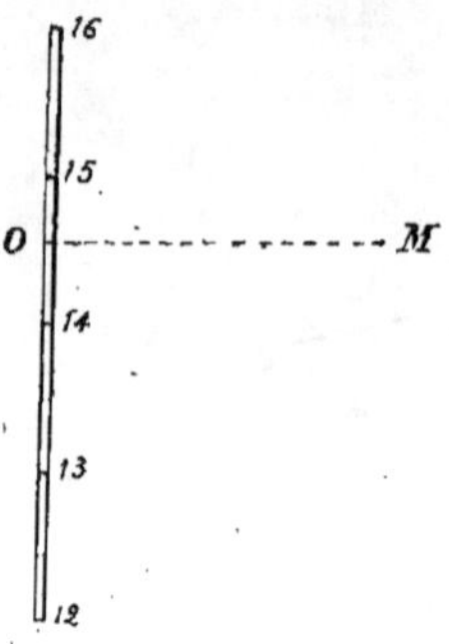

Fig. 665.

Soient donnés les trois points a, b, c (*fig.* 666) cotés 15, 18 et 17. On joint ab, puis on détermine, sur cette droite, la

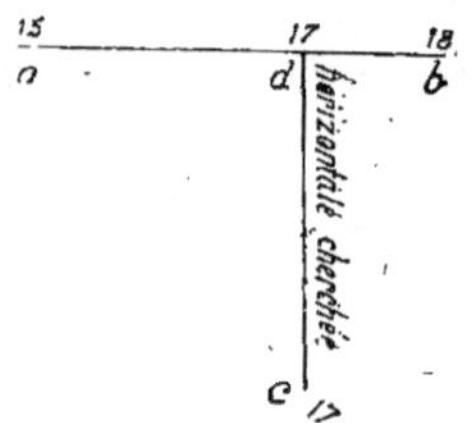

Fig. 666.

projection du point d ayant même cote que le point C coté 17. On n'a plus qu'à joindre cd pour avoir l'horizontale cherchée.

Comme toutes les horizontales sont parallèles, nous obtiendrons les horizontales 18 et 15 en menant, par les points b et a, des droites parallèles à cd.

1300. *Remarque.* Le point C pourrait ne pas être coté en cotes rondes. Alors, on joint bc. On gradue les deux droites ab et bc et on joint deux points ayant la même cote. On a ainsi une horizontale.

Problème n° 215.

1301. *Faire passer par une droite donnée un plan de pente donnée.*

Servons-nous, pour plus de clarté, du mode de représentation employé (*Géométrie dans l'espace*). Soient AB (*fig.* 667) la droite donnée et $\dfrac{5}{4}$ la pente du plan cherché. Tous les plans passant par le

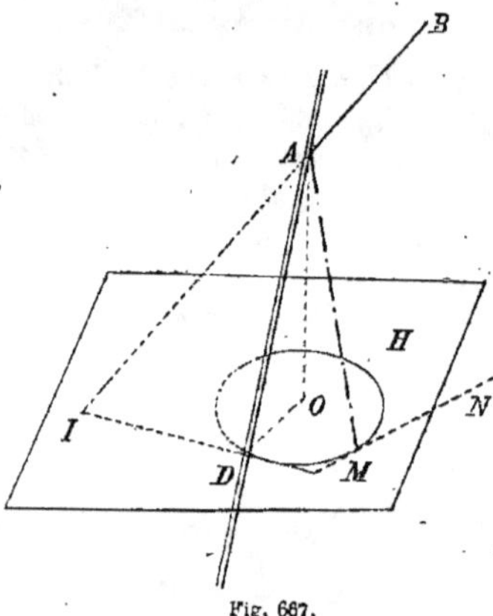

Fig. 667.

point A et répondant à la question sont tangents à un cône droit circulaire dont le sommet est en A et dont la génératrice fait avec le plan H l'angle donné $\left(\text{pente } \dfrac{5}{4}\right)$.

Concevons l'un quelconque de ces plans tangents déterminé par une génératrice quelconque AM et sa tangente MN à la base du cône et supposons qu'on le fasse rouler sur ce cône. Il arrivera un moment où le plan tangent viendra passer par le point B. Comme le point A se trouve dans toutes ses positions, le plan tangent contiendra évidemment et entièrement la droite AB. Il contiendra, par suite, la trace I de cette droite sur le plan H et la trace ID du plan tangent, projection de la droite IB, laquelle est nécessairement tangente à la base du cône. La droite ID est une horizontale du plan cherché et AD en est l'échelle de pente.

Les conditions du problème exigent que :

$$\text{pente} = \frac{AO}{OD} = \frac{5}{4},$$

d'où

$$OD = \frac{4}{5} \, AO = \text{rayon de la base du cône.}$$

Remarquons que le plan horizontal H de projection a été choisi quelconque et qu'on aurait pu le faire passer par le point A. La hauteur du cône droit deviendrait alors précisément égale à la différence des cotes des points A et B de la droite donnée.

Résolution de ce problème en plan coté.

1302. Soit ab (*fig.* 668) la projection

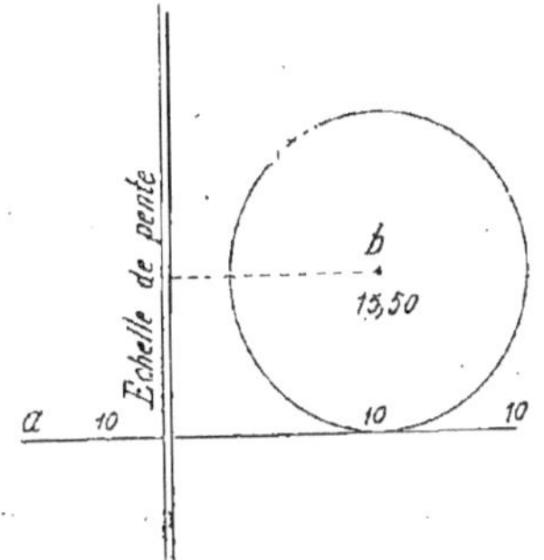

Fig. 668.

de la droite, les points a et b ayant pour cotes 10 et 15,50. La pente donnée est :

$$p = \frac{5}{4}.$$

Le rayon r du cône, d'après l'hypothèse, est égal à l'inverse de la pente multipliée par la différence des cotes des extrémités de la droite. Donc

$$r = (15,50 - 10) \times \frac{4}{5} = 5,50 \times \frac{4}{5}.$$

Il suffira, du point le plus haut b coté 15,50, de décrire un cercle ayant $5,50 \times \dfrac{4}{5}$ pour rayon et de mener de l'autre point a, coté 10, une tangente à ce cercle pour obtenir l'horizontale cotée 10.

DISCUSSION DU PROBLÈME PRÉCÉDENT.

1303. Il peut se présenter trois cas.

Le rayon du cône peut être plus petit, égal, ou plus grand que ab (*fig.* 668).

1er *Cas.* Si le rayon est plus petit que ab, le problème comporte deux solutions; car, d'un point extérieur à un cercle on peut lui mener deux tangentes. La pente de la droite donnée est plus petite que celle du plan.

2e *Cas.* Si le rayon est égal à ab, le problème ne comporte qu'une seule solution; car, d'un point pris sur un cercle, on ne peut mener à ce cercle qu'une tangente.

La pente de la droite donnée se confond alors avec celle du plan demandé et cette droite en est l'échelle de plus grande pente.

3e *Cas.* Si le rayon est plus grand que ab, le problème est impossible et la chose est claire, puisque la pente de la droite donnée est supérieure à celle exigée pour le plan.

Problème n° 216.

1304 *Mener, dans un plan donné, une droite ayant une inclinaison donnée égale à* $\dfrac{2}{3}$, *par exemple, et passant par un point* M (*fig.* 669), *pris dans ce plan.*

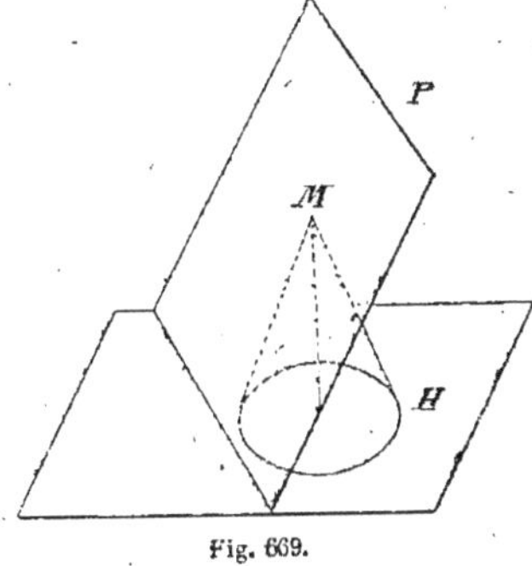

Fig. 669.

Servons-nous toujours du mode de représentation adopté (*Géométrie dans l'espace*). Toutes les droites passant par le point M et ayant la pente donnée $\dfrac{2}{3}$ ne sont autres que les génératrices d'un cône droit dont le sommet est en M et dont la trace, sur le plan H, est un cercle dont le rayon, comme dans le problème précédent, est égal au produit de la différence des cotes du point M et du plan H par l'inverse de la pente.

L'intersection de ce cône avec le plan P donne les deux droites cherchées, car il y en a généralement deux.

Solution de ce problème en plan coté.

1305. Soit M (*fig.* 670) le point situé dans le plan P donné par ses horizontales

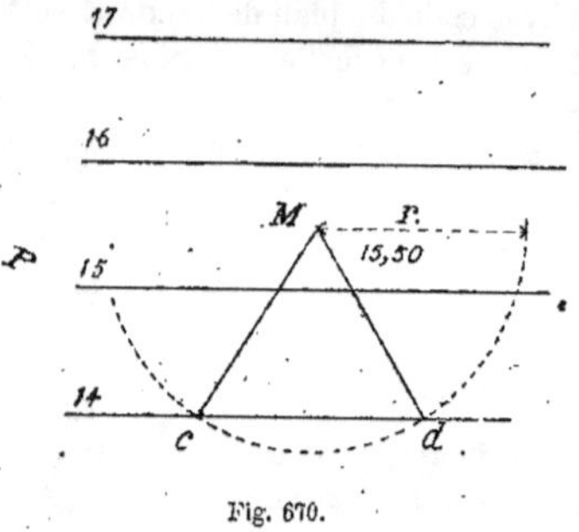

Fig. 670.

cotées 14, 15, 16, 17. Prenons, comme plan de projection, le plan horizontal coté 14.

D'après ce qui précède, le rayon r de la trace du cône est égal à :

$$(15,5 - 14) \times \frac{1}{p},$$

soit donné $p = \frac{2}{3}$,

$$r = 4,5 \times \frac{3}{2} = \frac{4,5}{2} = 2,25.$$

Du point M, comme centre, avec r comme rayon, nous décrirons un cercle coté 14 qui viendra couper l'horizontale cotée 14, *généralement* en deux points c et d. En joignant Mc et Md, nous aurons deux droites répondant à la question.

En effet, elles sont situées dans le plan P, puisqu'elles ont été obtenues en joignant deux points de ce plan. En outre, elles ont bien la pente voulue $\frac{2}{3}$, puisque ce sont deux génératrices du cône dont nous avons parlé.

DISCUSSION DE CE PROBLÈME.

1306. Comme dans le problème précédent, il peut se présenter trois cas.

1er *Cas.* Le cône est sécant par rapport au plan. Dans ce cas, il y a deux solutions. La pente donnée pour la droite est plus faible que celle que possède le plan donné. C'est le cas général.

2e *Cas.* Le cône est tangent au plan donné. Ici, il n'y a qu'une seule solution. La pente donnée pour la droite est égale à celle que possède le plan donné. La droite qui répond à la question est une ligne de plus grande pente du plan.

3e *Cas.* Le cône ne coupe pas le plan donné; en d'autres termes, il est entièrement situé au dessous de ce plan. Dans ce cas, le problème est impossible et c'est évident, puisqu'il faudrait tracer dans un plan une droite de pente supérieure à celle qu'a la ligne de plus grande pente.

CHAPITRE II

INTERSECTION DES PLANS

1307. *Principe général fondamental.* Pour obtenir un point de l'intersection de deux plans, il faut tracer une droite dans chacun de ces plans, de telle sorte que ces deux droites soient elles-mêmes situées dans un même plan. L'intersection de ces deux droites doune *un point* de l'intersection des deux plans.

Il est naturellement nécessaire de faire cette opération en double, puisque la détermination d'une droite exige qu'on connaisse au moins deux quelconques de ses points.

Problème n° 217.

1308. *Déterminer l'intersection de deux plans définis par leurs échelles de pente.*

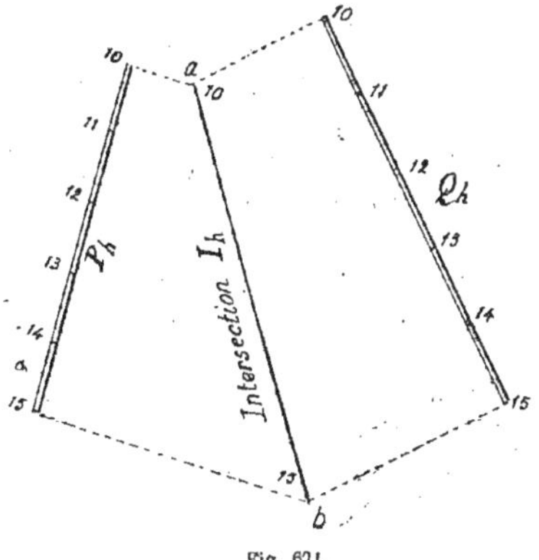

Fig. 671.

Dans chacun des plans donnés P_h et Q_h (*fig.* 671) menons deux groupes d'horizontales de même cote : 10 d'une part, 17 de l'autre. Chacun de ces groupes nous donne un point de l'intersection. Joignons ces deux points a et b et nous aurons l'intersection I_h.

1309. *Définitions.* L'angle formé par deux plans s'appelle *angle dièdre.* Quand l'intérieur de l'angle est solide, on a ce qu'on appelle une *arête.* Dans le cas contraire, on a une gouttière.

Problème n° 218.

1310. *Déterminer l'intersection de deux plans dans le cas où les échelles de pente qui les définissent sont parallèles.*

Nous ne pouvons plus ici appliquer la méthode précédente. Concevons un plan auxiliaire M_h (*fig.* 672) défini par deux de ses horizontales 10 et 16 et cherchons, successivement, l'intersection de ce plan M_h avec chacun des deux plans P_h et Q_h.

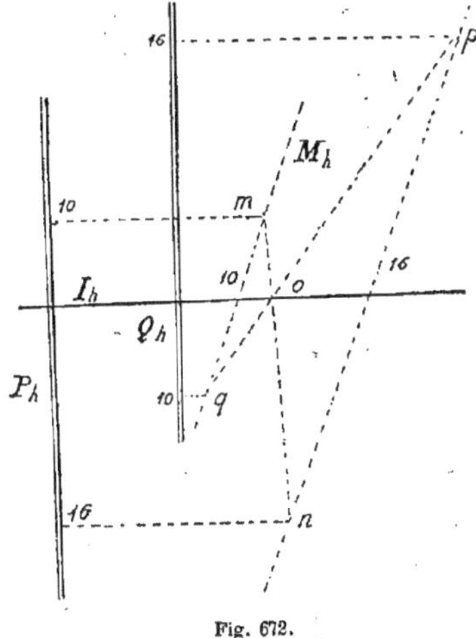

Fig. 672.

Le point sécant o, des deux droites mn, pq, intersections des plans $P_h M_h$, $Q_h M_h$ appartient aux trois plans P_h Q_h et M_h. C'est donc un point de l'intersection cherché. En outre, comme les deux échelles de pente des plans P_h et Q_h sont parallèles, il est évident que cette intersection est une horizontale. Donc, il nous suffit d'abaisser du point o une perpendiculaire sur les échelles de pente pour obtenir L_h.

Problème n° 219.

1311. *Déterminer l'intersection de deux plans dans le cas où les échelles de pente sont presque parallèles.*

On a recours, dans ce cas, à deux plans auxiliaires, M_h et N_h choisis d'une façon arbitraire. On cherche les intersections successives de M_h avec les plans donnés P_h et Q_h (*fig.* 673) en appliquant la méthode ordinaire. Le point sécant o, des deux droites I', I″, intersections des plans $P_h M_h$, $Q_h M_h$, appartient aux trois plans P_h Q_h M_h. C'est donc un point de l'intersection cherchée. En opérant de la même façon avec le second plan auxiliaire N_h, on trouve un second point o' appartenant également à l'intersection. L'union de ces deux points par une droite donne l'intersection demandée. I_h.

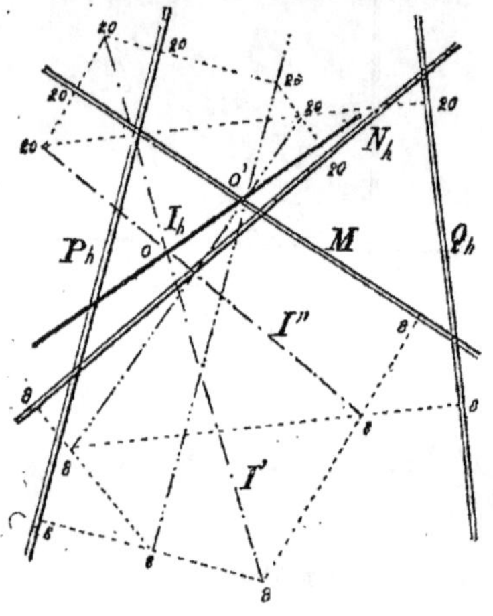

Fig. 673.

1312. *Observation.* Comme on a toute liberté dans le choix des plans auxiliaires,

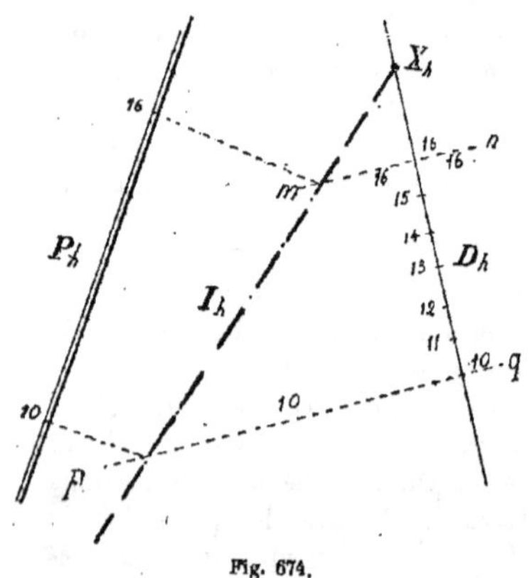

Fig. 674.

il faut naturellement prendre ceux qui se prêtent le mieux à la résolution de la question.

Problème n° 220.

1312 *bis Déterminer l'intersection d'une droite et d'un plan.*

Soient P_h (*fig.* 674) le plan donné par son échelle de pente D_h la droite donnée. Par la droite D_h on fait passer un plan quelconque dont mn et pq sont deux horizontales cotées 10 et 16. On cherche l'intersection I_h de ce plan auxiliaire avec le plan donné P_h. La droite I_h étant située dans les deux plans ira forcément rencontrer la droite donnée D_h en un point X_h situé à la fois sur la droite D_h et dans le plan P_h, lequel est, conséquemment, le point cherché.

Problème n° 221.

1313. *Déterminer l'intersection de deux droites contenues dans le même plan vertical (fig. 675).*

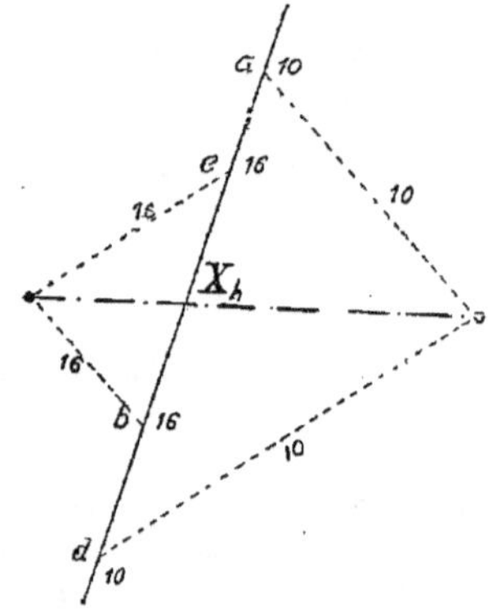

Fig. 675.

Par chacune de ces droites, on mène un plan quelconque. On cherche l'intersection de ces deux plans qu'on prolonge jusqu'à la projection commune des deux droites données. Le point de rencontre est le point d'intersection cherché.

Problème n° 222.

1314. *Par deux droites de l'espace, faire passer deux plans parallèles entre eux.*

Soient données les deux droites A_h t B_h (*fig*. 676). Par le point m, pris quelconque sur A_h, on mène la droite B'_h et, par 'e point n, la droite A'_h parallèle à A_h. Les plans formés par les deux groupes

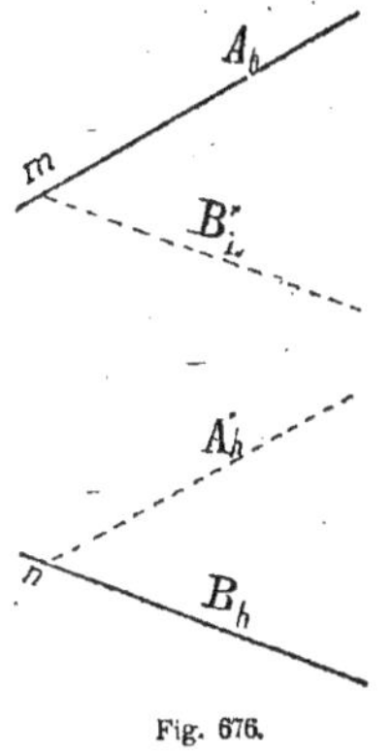

Fig. 676.

de droites A_h B'_h et B_h A'_h répondent à la question. En effet, ils contiennent bien les droites données A_h, B_h et, en outre, ils sont conduits par quatre droites parallèles se coupant deux à deux. Donc, i's sont paral èles. (*Géométrie dans l'espace*.)

Théorème.

1315. *Quand une droite et un plan sont perpendiculaires, le produit des pentes du plan et de la droite est égal à l'unité.*

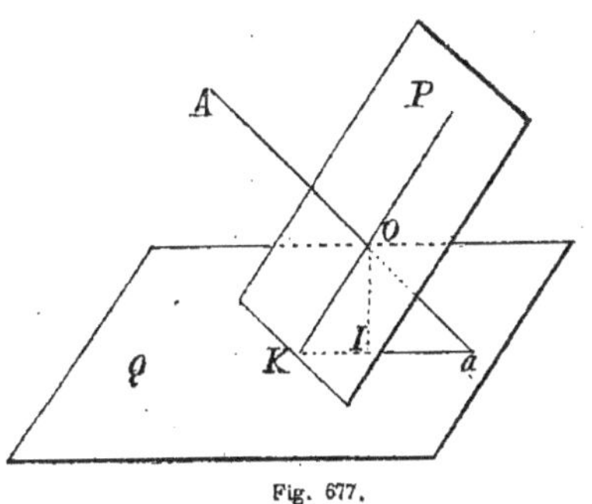

Fig. 677.

La droite AO (*fig*. 677) étant perpendiculaire au plan P, sa projection est paral-

lèle à celle de la ligne de plus grande pente du plan et elle se confond avec celle de OK.

Appelons $\dfrac{1}{p}$ la pente du plan et $\dfrac{1}{p'}$ celle de la droite.

Les deux triangles OKI et OIa nous donnent :

$$\text{pente du plan } \frac{1}{p} = \frac{\text{OI}}{\text{KI}},$$

$$\text{pente de la droite } \frac{1}{p'} = \frac{\text{OI}}{a\text{I}},$$

$$\text{d'où} \quad \frac{1}{p} \times \frac{1}{p'} = \frac{\text{OI}^2}{\text{KI} \times a\text{I}},$$

$$\text{mais} \quad \text{OI}^2 = a\text{I} \times \text{KI}.$$

$$\text{Donc} \quad \frac{1}{p} \times \frac{1}{p'} = 1.$$

$$\text{Donc aussi} \quad \frac{1}{p} = \frac{p'}{1}.$$

Ce qu'on exprime en disant que la pente de la droite perpendiculaire est l'inverse de la pente du plan et ce qui permet de graduer facilement l'une, connaissant la graduation de l'autre.

Problème n° 223.

1316. *Déterminer l'angle de deux droites.*

L'angle formé par deux droites quelconques dans l'espace, ne se rencontrant pas, est le même que l'angle obtenu en menant, par un point pris sur l'une d'elles, une parallèle à l'autre.

Supposons, pour plus de simplicité, qu'elles se rencontrent. Soit proposé de déterminer l'angle des deux droites A_h et B_h (*fig*. 678). Sur chacune des droites A_h et B_h, prenons un point de même cote, 15 par exemple. Alors, en les joignant, nous avons une horizontale du plan que forment ces deux droites. Faisons ensuite tourner chacune des droites A_h, B_h autour de cette horizontale. Pour cela, il suffit de faire tourner le point o commun à ces deux droites. Ce point o se rabattra en o' sur la perpendiculaire à l'horizontale et à une distance de cette horizontale égale à l'hypoténuse d'un triangle rectangle ayant pour côté de l'angle droit OI et, pour l'autre côté, la différence des cotes du point o et de l'horizontale, c'est-à-dire 5.

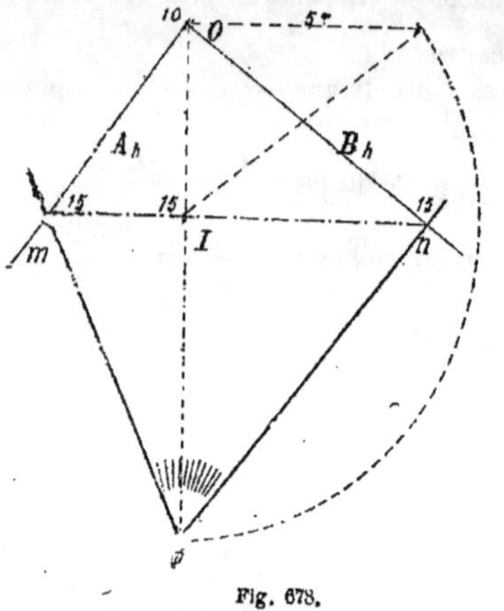

Fig. 678.

En joignant le point o' aux points m et n, sités sur la charnière, et qui n'ont pas bougé, on forme ainsi un angle $mo'n$ qui est l'angle en vraie grandeur des droites A_h et B_h.

1317. *Solution numérique.* Après avoir déterminé une horizontale dans le plan des deux droites et abaissés la perpendiculaire OI, calculons séparément chacun des angles formés par les côtés O'm, O'n et la perpendiculaire O'I par les formules :

$$\text{Tang. } \alpha' = \frac{m\text{I}}{\text{IO}},$$

$$\text{Tang. } \beta' = \frac{n\text{I}}{\text{IO}'}.$$

IO' n'est pas connu, mais remarquons que c'est l'hypoténuse du triangle rectangle précédemment considéré. Donc,

$$\text{IO}' = \sqrt{\text{OI}^2 + (15 - 10)^2}.$$

On pourra, de cette façon, calculer α' et β'. La somme de ces angles donnera l'angle cherché.

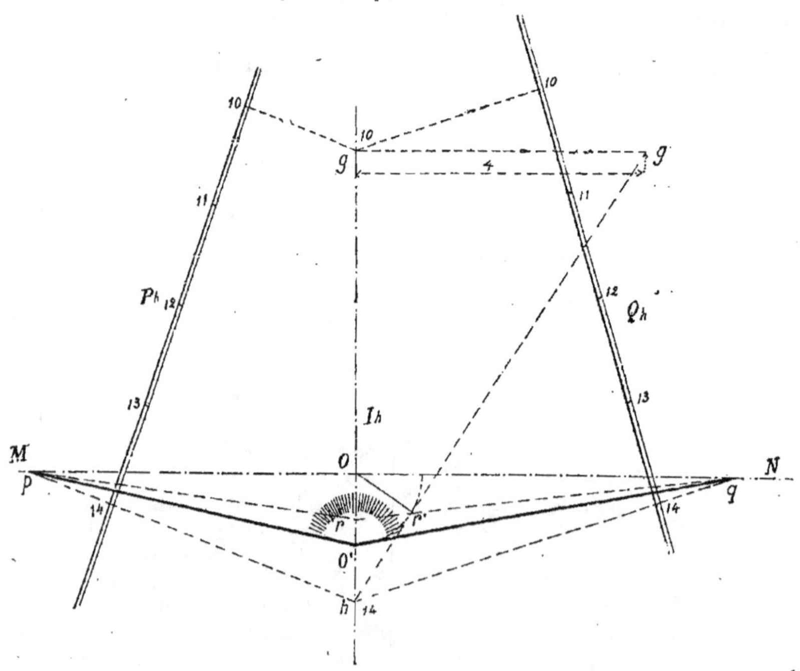

Fih. 679

Problème n° 224.

1318. *Déterminer l'angle de deux plans.*

On peut opérer par deux procédés différents :

Premier procédé. On cherche l'angle directement. La première chose à faire est de déterminer l'intersection I_h (*fig.* 679). On applique exactement la méthode indiquée pour la mesure d'un angle dièdre en Géométrie de l'espace.

On conduit un plan auxiliaire perpendiculairement à l'intersection I_h. Ce plan coupe chacun des plans P_h, Q_h suivant une droite et ces deux droites forment l'angle demandé. Soit MN, la trace de ce plan auxiliaire. D'après des théorèmes précédents, cette trace doit être perpendiculaire à I_h. Supposons que le plan de projection soit le plan horizontal 14. Pour avoir la projection de l'angle cherché, rabattons l'intersection I_h dans le plan horizontal coté 14. Le point g de l'intersection vient en g' sur la perpendiculaire élevée en g à I_h et à une distance marquée par la différence des cotes du point g et du plan de projection, c'est-à-dire $14 - 10 = 4$. Le point h ne bouge pas, de sorte que l'intersection rabattue vient en $g'h$. La position r' du sommet de l'angle cherché se déterminera en abaissant, du point O, une perpendiculaire sur $g'h$. La projection du sommet r' est située en r. Les points p et q étant situés dans le plan 14 n'ont pas bougé dans le rabattement, de sorte que l'angle prq est la projection de l'angle cherché. Pour l'avoir en vraie grandeur, il suffira d'appliquer le problème n° 223, ce qu'on fera en décrivant, du point O comme centre, un arc de cercle de rayon or' jusqu'en O'. L'angle $po'q$ sera l'angle demandé.

1319. *Second procédé.* D'un point quelconque, on abaisse une perpendiculaire sur chacun des deux plans donnés et l'angle de ces droites est le supplément de l'angle cherché. (*Géométrie dans l'es-*

pace.) Comme on le voit, le problème est ramené, dans ce cas, à trouver l'angle de deux droites. Du point M (*fig.* 680), pris

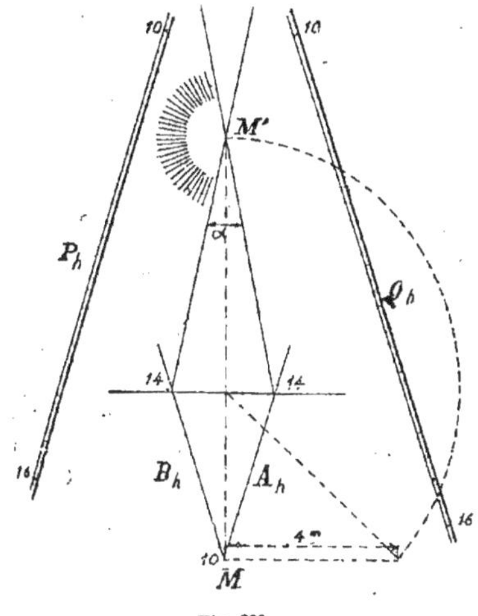

Fig. 680.

quelconque dans l'intérieur du dièdre formé par les deux plans P_h et Q_h, menons deux droites A_h et B_h, respectivement perpendiculaires aux plans P_h et Q_h. D'après ce que nous avons vu, les projections de ces perpendiculaires seront respectivement parallèles aux échelles de pente P_h et Q_h et seront graduées au sens contraire avec des pentes inverses à celles des plans P_h et Q_h.

En cherchant l'angle des deux droites A_h et B_h, ainsi que nous l'avons déjà fait, c'est-à-dire en rabattant le point M en M', nous obtenons comme angle en vraie grandeur de ces droites, l'angle α. Le supplément $(180° - \alpha)$ est l'angle cherché.

Problème n° 225.

1320. *Déterminer la plus courte distance d'un point à un plan.*

Soient donnés le plan P_h (*fig.* 681) et le point m_h. Du point m_h, nous abaissons une perpendiculaire au plan P_h. Sa projection sera parallèle à l'échelle de

pente du plan, et on la graduera à l'aide
de la formule donnée, $pp' = 1$. Cela fait,
on cherchera l'intersection de cette perpendiculaire avec le plan P_h par la mé-

il a l'avantage sur le second de donner
directement la vraie grandeur de la distance demandée.

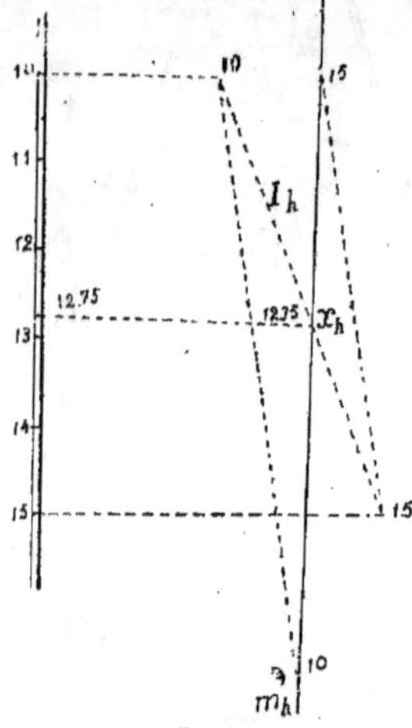

Fig. 681.

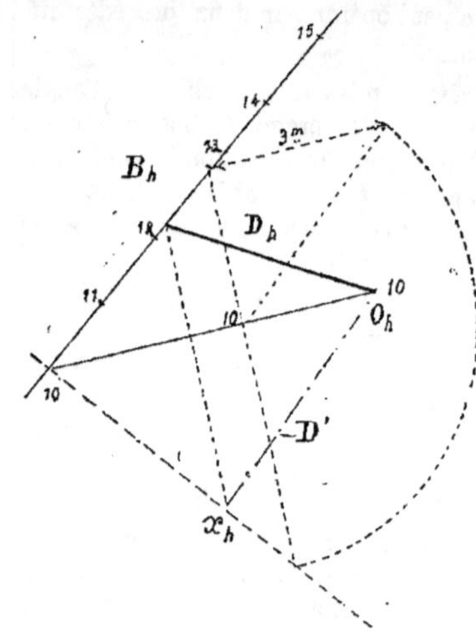

Fig. 682.

thode indiquée, c'est-à-dire en faisant
passer par cette droite un plan quelconque. On détermine l'intersection I_h de ce
plan avec celui P_h et on prolonge la perpendiculaire jusqu'à sa rencontre avec
I^h en x_h. La droite $m_h x_h$ est la projection
de la plus courte distance demandée.
Cette plus courte distance d est représentée, en vraie grandeur, par :

$$d = \sqrt{m_h x_h^2 + (12,75 - 10)}.$$

Problème n 226.

1321. *Déterminer la distance d'un
point à une droite.*

On peut employer deux procédés :

1° On ramène la droite dans le plan
horizontal ayant pour cote celle du point
donné et on abaisse une perpendiculaire
de ce point sur la droite.

2° On mène, par le point donné, un plan
perpendiculaire à la droite et on joint le
point d'intersection de la droite et du
plan au point donné.

Le premier procédé est le plus simple ;

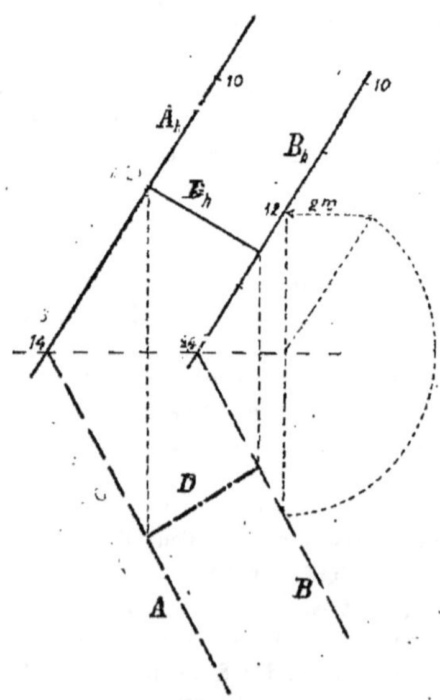

Fig. 683.

Soient donnés la droite B_h et le point O_h (*fig.* 682). Joignons le point O_h, coté 10, au point coté 10 de la droite donnée B_h et faisons le rabattement de la droite B_h autour de l'horizontale cotée 10 en opérant comme nous l'avons déjà indiqué. Abaissons la perpendiculaire $O_h x_h$. Cette droite D' est la vraie gradeur de la distance cherchée dont la projection est D_h.

Problème n° 227.

1322. *Déterminer la distance de deux parallèles.*

Voici, en deux mots, la marche à suivre.

La figure 683 servirait presque seule à l'indiquer. On choisit une horizontale quelconque autour de laquelle on fait le rabattement des deux droites, puis on élève une perpendiculaire commune à ces droites rabattues.

1323. On pourrait également employer une seconde méthode, qui consiste à mener (*fig.* 684) un plan perpendiculaire commun aux deux droites données, puis à déterminer l'intersection du plan perpendiculaire et du plan des deux droites. La portion comprise entre les deux parallèles donne la perpendiculaire cherchée.

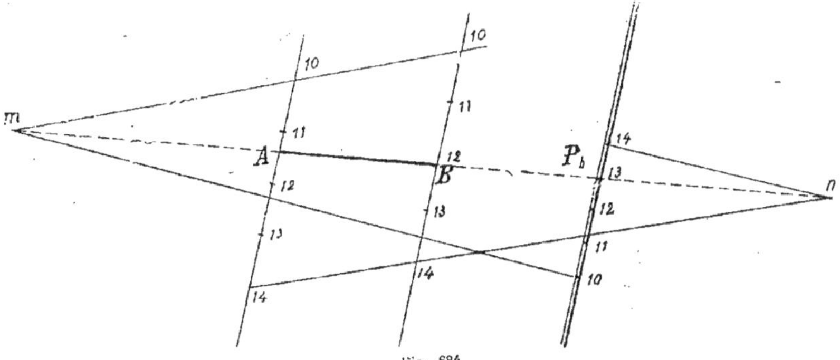

Fig. 684

Problème n° 228.

1324. *Par un point donné m_h, mener une droite faisant un angle donné α avec une droite donnée B_h* (*fig.* 685).

On rabat la droite B_h en B dans le plan horizontal ayant même cote (10) que le point donné m_h. On mène une droite faisant l'angle donné α avec la droite B (on voit aussi qu'il y aurait deux solutions) et le problème est aussi résolu en vraie grandeur. Dans le relèvement de la droite B à sa position B_h, cet angle α devient α_h, le sommet O venant en O_h sur la droite B_h.

Problème n° 229.

1325. *Déterminer la plus courte distance de deux droites.*

Nous emploierons le procédé géométrique bien connu (*Géométrie dans l'espace*).

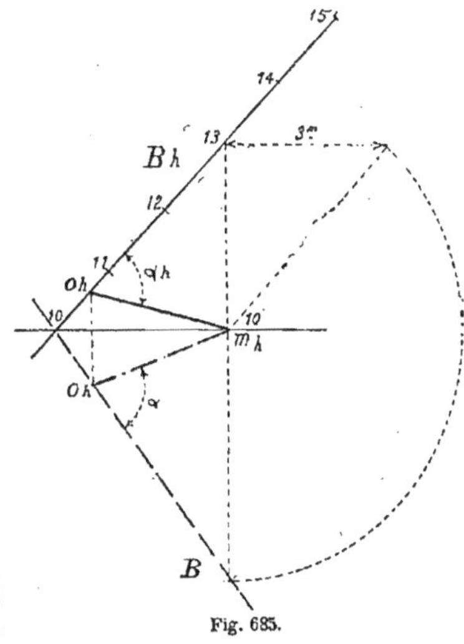

Fig. 685.

(Par un point pris sur l'une des droites, mener une parallèle à l'autre et d'un point de l'autre abaisser une perpendiculaire | au plan formé par les deux premières et la faire glisser jusqu'à sa rencontre avec la droite donnée située dans ce plan.)

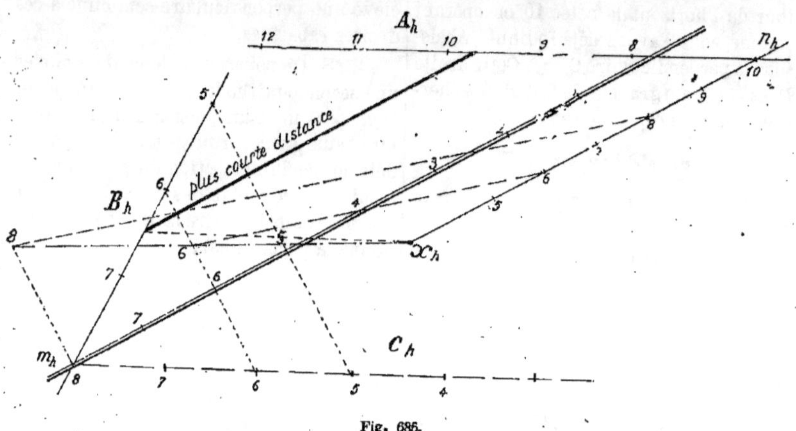

Fig. 686.

Soit proposé de déterminer la plus courte distance des deux droites A_h et B_h (*fig*. 686). Du point m_h, menons une droite C_h parallèle à A_h et du point n_h, pris sur la droite

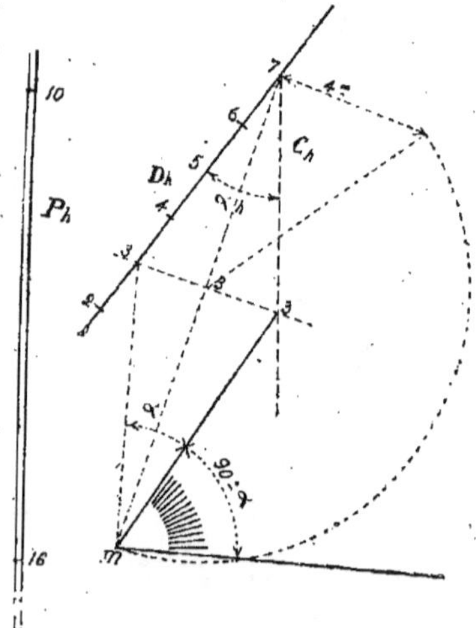

Fig. 687.

A_h, abaissons une perpendiculaire au plan formé par les deux droites B_h, C_h. Sa projection sera parallèle à l'échelle de pente de ce plan et sa graduation sera faite à l'aide de la formule démontrée :

$$p\,p' = 1.$$

p est la pente du plan;

p' est la pente de la droite.

Cherchons, par le procédé que nous connaissons, l'intersection x_h de cette perpendiculaire avec le plan B_h C_h. La droite n_h x_h est la projection de la plus courte distance demandée. Il ne reste plus qu'à la faire glisser parallèlement à elle-même de façon que ses extrémités s'appuient sur les deux droites A_h et B_h pour que le problème soit complètement résolu.

Problème n° 230.

1326. *Déterminer l'angle d'une droite et d'un plan.*

On peut employer deux procédés :

1° On fait passer, par la droite donnée, un plan perpendiculaire au plan, puis on prend l'angle de la droite avec celle résultant de l'intersection.

2° D'un point quelconque de la droite donnée on abaisse une perpendiculaire sur le plan donné, puis on fait le rabattement de cet angle dont le complément est l'angle cherché.

Cette deuxième méthode est celle que nous allons employer, bien que les deux soient également bonnes.

Soit proposé de trouver l'angle que fait la droite D_h (*fig.* 687) avec le plan P_h. Du point m_h, pris quelconque sur D_h, abaissons une perpendiculaire C_h sur le plan P_h. Sa projection est parallèle à P_h et sa graduation résulte de $pp' = 1$. Rabattons l'angle formé par les droites D_h, C_h autour de l'horizontale cotée 3. Le point m_h, sommet de l'angle, vient en m et l'angle v_h devient α. Le complément $(90° - \alpha)$ de cet angle est l'angle cherché.

CHAPITRE III

DES SURFACES

Définitions.

1327. Les surfaces considérées sont de deux natures. Elles sont régulières ou géométriques, telles que les surfaces de cylindres, de cônes, de sphères, etc..... ou bien elles sont absolument quelconques : ce sont alors des terrains.

La courbe résultant de toute section faite par un plan horizontal dans une surface régulière ou géométrique, s'appelle *horizontale*. Cette courbe prend le nom de *courbe de niveau* et la surface est un terrain.

Sections planes des surfaces.

I. Section plane d'un cylindre.

1328. Supposons que le plan soit donné par son échelle de pente P_h (*fig.* 688). Le cylindre oblique repose par sa base circulaire sur le plan horizontal coté 0. L'axe $a_h b_h$ du cylindre et l'échelle P_h du plan donné sont cotés de 0 à 10.

Pour déterminer les divers points de l'intersection du plan et du cylindre, on recherche l'intersection de chacune des génératrices du cylindre avec le plan donné P_h.

Ce problème, pour être résolu, n'exige donc que la connaissance de celui démontré au n° 220, page 465.

Considérons en particulier la génératrice $g_h g'_h$. Par les extrémités g_h et g'_h de cette génératrice, menons deux droites parallèles horizontales. Ces deux droites $g_h m$, cotée 0, et $g'_h n$, cotée 10, déterminent un plan dont l'intersection avec le plan P_h est donnée par mn. Cette intersection mn rencontre la génératrice considérée $g_h g'_h$ au point x_h, lequel appartient évidemment à l'intersection du cylindre et du plan donnés.

En procédant de la même façon pour d'autres génératrices du cylindre, on peut se procurer autant de points de l'intersection qu'on le désire. Ces points, joints par un trait continu, déterminent l'intersection cherchée.

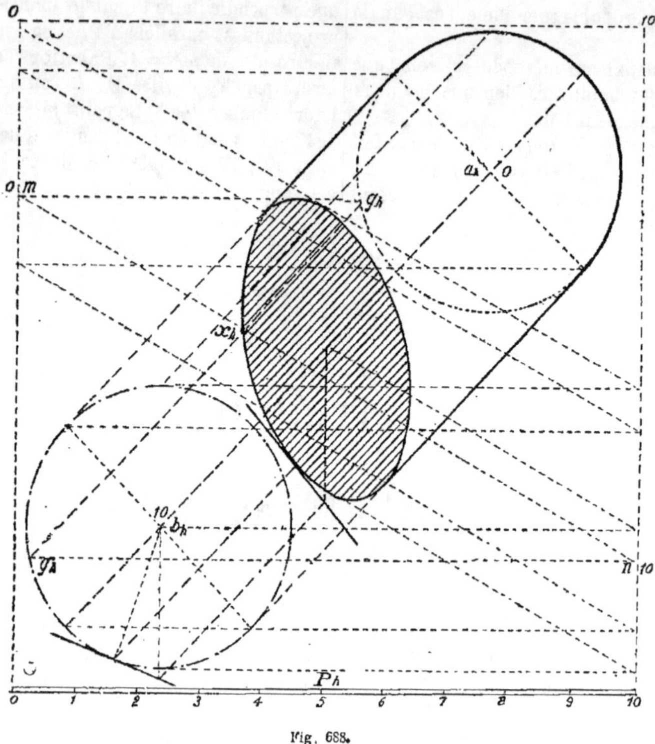

Fig. 688.

II. Section plane d'un cône.

1329. Le plan est donné par son échelle de pente P_h (*fig.* 689), cotée de 0 à 10. Le cône oblique à base circulaire située dans le plan horizontal, coté 10, repose sur le plan horizontal coté 0, par son sommet.

Ce problème se résout identiquement de la même façon que le précédent. On cherche l'intersection de chacune des génératrices du cône avec le plan P_h donné. Le plan déterminé, par exemple, par les parallèles om et $g_h n$, menées par les extrémités o et g_h de la génératrice og_h, coupe le plan donné P_h suivant la droite mn, laquelle rencontre la génératrice og_h en un point x_h appartenant à l'intersection cherchée. On procède d'une façon analogue pour autant d'autres génératrices qu'on le désire. L'union des points, tels que x_h par un trait continu, détermine l'intersection recherchée.

III. Section plane d'un terrain donné par ses courbes horizontales dites de niveau.

1330. Comme dans les deux cas précédents, le plan est donné par son échelle de pente P_h (*fig.* 690) coté 5, 6, 7, 8, etc., c'est-à-dire de mètre en mètre. La résolution de ce problème est fort simple.

On trace chacune des horizontales du plan donné. Les rencontres c_h et d_h ; b_h et e_h ; a_h et f_h de ces diverses horizontales avec les courbes de niveau de même cote déterminent les points d'intersection du plan P_h et du terrain donné. Si l'on voulait déterminer exactement la position du point x_h, il faudrait intercaler, entre les horizontales cotées 5 et 6 du plan donné P_h et les courbes de niveau cotées également 5 et 6 du terrain donné, un même nombre d'horizontales et de courbes se-condaires de niveau sur lesquelles on pro-céderait de la même manière. Le point x_h est donné par l'horizontale du plan P_h tangente à l'une des courbes secondaires intercalées entre les courbes principales de niveau.

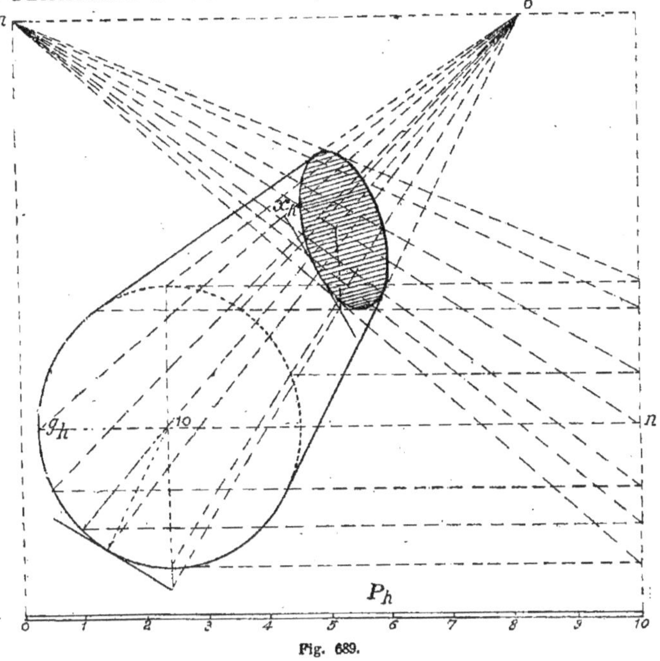

Fig. 689.

Sections de surfaces entre elles.

1331. *Principe fondamental.* Pour dé-terminer l'intersection de deux surfaces, on coupe ces deux surfaces par des plans horizontaux qui déterminent, dans cha-cune d'elles, des horizontales ou *courbes de niveau*, lesquelles, en se coupant, donnent des points appartenant à l'intersection cherchée. L'union par un trait continu des différents points ainsi obtenus donne l'in-tersection des deux surfaces.

1332. La connaissance des problèmes relatifs aux sections planes des surfaces permet donc, ainsi que l'indique le prin-cipe fondamental que nous venons d'énon-cer, de résoudre tous les problèmes rela-tifs aux intersections de surface entre elles. Nous n'examinerons donc point ici les divers cas qui peuvent se présenter dans les intersections de surfaces entre elles. L'indication de la marche générale à suivre est suffisante.

Formes du terrain.

Définitions.

1333. On appelle *objet du terrain*, tout ce qui se trouve à la surface du sol sans en modifier la forme, comme les maisons, les haies, les clôtures, les remblais de chemins de fer, etc...

1334. On appelle *lignes de faîte*, les lignes de partage des eaux.

1335. On appelle *col*, une dépression dans la ligne de faîte.

1336. Toutes les hauteurs sont séparées par des vallées dans chacune desquelles on distingue les deux *flancs* ou *versants*..

1337. Dans le fond d'une vallée, la ligne la plus basse s'appelle le *thalweg*.

1338. Les vallées étendues prennent le nom de *plaines*.

1339. Lorsque les vallées sont dominées par des hauteurs d'une étendue assez vaste, on les appelle des *plateaux*.

1340. Un *col* est, à la fois, la rencontre de deux croupes et la tête de deux vallées.

1341. Dans la nature, les escarpements atteignent rarement 45°. Lorsque les terres ont 1/2 pour pente, ce sont des talus.

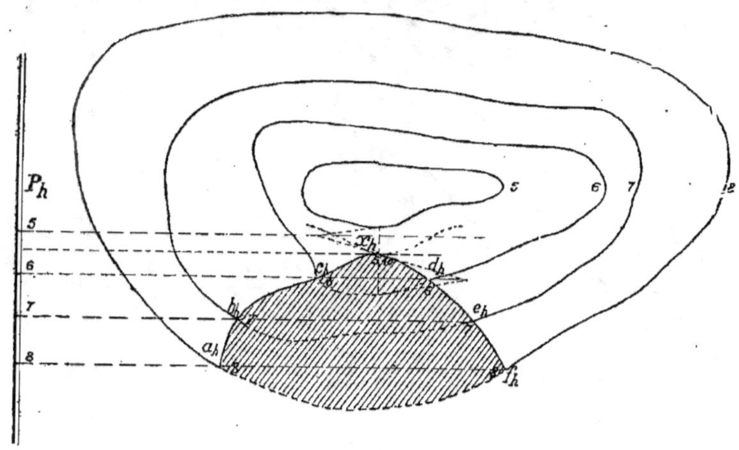

Fig. 690.

Représentation des formes du terrain ou surfaces courbes quelconques.

1342. Les surfaces courbes qui ne sont pas susceptibles de définitions, comme cela arrive pour la surface du sol, se représentent au moyen de *courbes de niveau*, c'est-à-dire par des sections qui seraient faites dans la surface par des plans horizontaux.

Généralement, surtout dans les dessins topographiques, les surfaces de niveau sont faites de mètre en mètre et on admet que la surface du sol comprise entre deux courbes de niveau consécutives est engendrée par une droite qui glisserait sur les deux courbes de niveau en demeu-rant constamment normale à l'une d'elles; par exemple, à la courbe inférieure. C'est donc une surface gauche qu'on substitue ainsi entre les courbes de niveau à la surface réelle du terrain.

1343. Le plus souvent, les courbes de niveau sont suffisamment rapprochées et assez peu différentes dans leur courbure pour que la génératrice rectiligne de chaque zone puisse être regardée comme normale à la fois aux deux courbes de niveau. Alors, la surface qu'on substitue au sol devient développable, puisque pour passer d'un point à une position infiniment voisine, chaque génératrice se meut sur deux tangentes qui sont évidemment parallèles et, par suite, situées dans le même plan.

Enfin, la représentation de la surface est complète quand on joint les diverses génératrices aux courbes de niveau. Ces génératrices ont un écart proportionnel au degré de la pente. Elles représentent ainsi, à l'œil, d'une manière visible, les ondulations et le relief du terrain. C'est de cette manière que sont dessinés les plans topographiques.

Problème n° 231.

1404. *Étant donné la projection d'un point du terrain, trouver sa cote.*

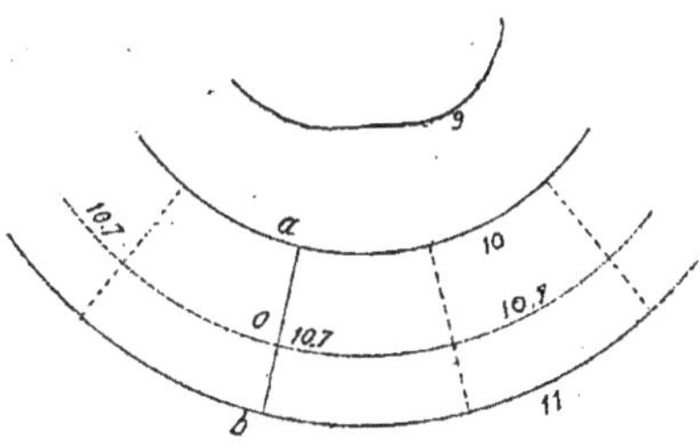

Fig. 691.

Le point donné O (*fig.* 691) est situé dans la zone 10-11, c'est-à-dire entre les courbes de niveau cotées 10 et 11. Par ce point O, on mène la normale commune aux courbes de niveau 10 et 11. Les deux extrémités *a* et *b* sont alors cotées 10 et 11. Il ne reste donc plus qu'à évaluer, par une échelle de division, la cote 10,7 du point O.

Si, au contraire, la cote 10,7 était donnée et qu'on se propose de rechercher la position du point correspondant O, le problème serait indéterminé. On intercalerait la courbe de niveau cotée 10,7 entre les courbes de niveau cotées 10 et 11. Le point O serait situé sur cette courbe, mais sa position serait absolument indéterminée.

Problème n° 232.

1405. *Construire le plan tangent en un point d'une surface quelconque donnée par ses courbes de niveau.*

Soit o (*fig.* 692) le point donné sur la génératrice *mn*. Si la génératrice *mn* est normale commune aux deux courbes de niveau cotées 10 et 11, le plan tangent est déterminé par la génératrice *mn* et par la tangente *mt* menée à l'une des deux courbes de niveau. Si la surface donnée est une surface gauche, on trace la courbe de niveau qui passe par le point donné O, et on lui mène la tangente *ot'*. Le plan tangent se trouve alors déterminé par la normale *mn* et la tangente *ot'*.

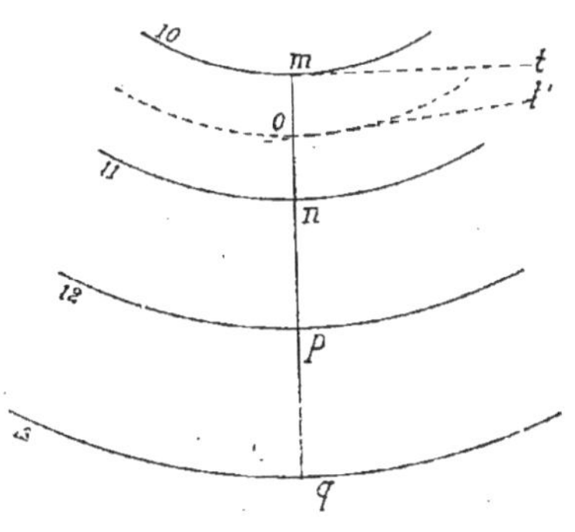

Fig. 692.

Si, à partir d'un point *m* de la surface, on mène une normale *mn* à la courbe cotée 11; si, à partir de ce point *n*, on en mène une autre à la courbe de niveau suivante cotée 12, et ainsi de suite..., on aura ainsi l'échelle de pente de la surface.

L'ensemble de ces droites *mn*, *np*, *pq*, etc. formera la ligne de pente de la surface par rapport au point de départ *m*. C'est la direction que suivraient les eaux dans leur écoulement naturel.

Cela est évident, si l'on admet que la surface du terrain coïncide avec son plan tangent dans le voisinage du point de contact.

Désignons par *h* (*fig.* 693) la distance verticale comprise entre deux courbes de niveau consécutives et par *l* la longueur de la projection de la normale ou génératrice de la surface. La pente sera donnée par la formule

$$\text{tang. } I = \frac{h}{l}.$$

Si l'on veut que le terrain soit convexe à partir d'un certain point, c'est-à-dire tout entier situé au dessous de son plan

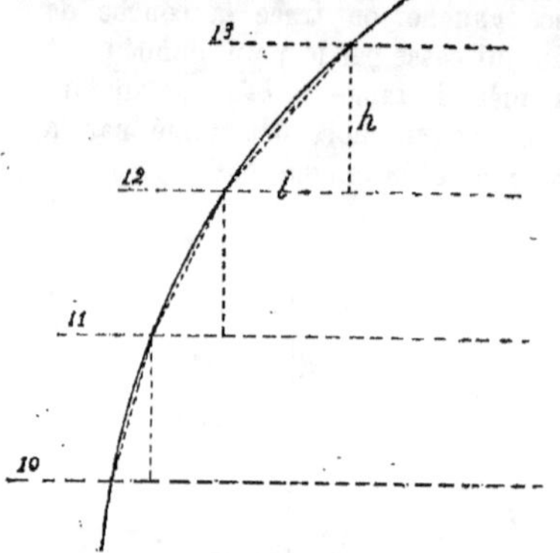

Fig. 693

tangent, il faut que l'inclinaison des diverses portions de la ligne de pente aillent en croissant.

1406. De ce qui précède on tire les conséquences suivantes :

I. La surface est convexe, c'est-à-dire inférieure au plan tangent tout autour du point de contact considéré, quand toutes les courbes de niveau sont convexes et que leur distance en projection horizontale diminue en descendant ou simplement reste constante.

II. La surface est concave, lorsque les courbes de niveau sont concaves et que leur distance horizontale, en projection, augmente en descendant.

III. Quand les courbes de niveau sont convexes et que leur distance en projection horizontale augmente en descendant, la surface est convexe dans le sens horizontal, et concave dans le sens de la ligne de pente.

Exemple : La gorge d'une poulie dont l'axe serait perpendiculaire au plan horizontal.

IV. Quand les courbes de niveau sont concaves et que leur distance en projection horizontale diminue en descendant, la surface est concave dans le sens horizontal, et convexe dans le sens de la ligne de pente. Exemple : La gorge d'une poulie

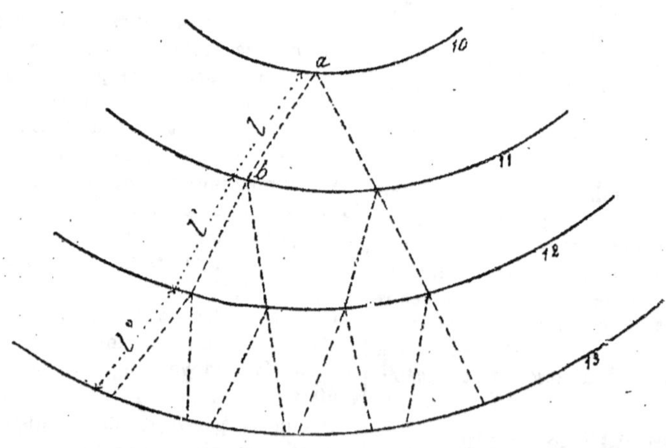

Fig. 694.

dont l'axe serait parallèle au plan horizontal. Il résulte de là que la pente du sol, regardé comme se confondant avec son plan tangent dans le voisinage du point de contact, a pour mesure $\dfrac{h}{l}$. Cette pente est d'autant plus grande que la distance horizontale l des courbes de niveau est plus petite.

Si les courbes de niveau venaient à se toucher, le terrain serait à pic. Si, enfin, les courbes inférieures étaient rentrantes, le terrain présenterait une cavité.

Problème n° 233.

1407. *Sur une surface donnée, tracer l'axe d'un chemin ayant une pente cons-taute donnée par* $\dfrac{1}{p}$.

Soit ab (*fig.* 694) la longueur d'une portion de chemin, comprise entre les deux courbes de niveau 10 et 11. En appelant l la distance ab et h la distance des courbes de niveau, la pente du chemin sera

$$\frac{1}{p} = \frac{h}{l}.$$

D'où $\qquad l = ph.$

Du point a, comme centre, avec la longueur l, ainsi déterminée, traçons un arc de cercle. Cet arc de cercle coupe la courbe de niveau 11 immédiatement inférieure au point b, et ainsi de suite… en opérant avec les longueurs l' — l''… obtenues des égalités suivantes :

$$\frac{1}{p} = \frac{h}{l'}, \text{ d'où } l' = ph,$$

$$\frac{1}{p} = \frac{h}{l''}. \text{ d'où } l'' = ph.$$

L'inspection de la figure montre que le problème admet un grand nombre de solutions.

ROLLAT,
Ingénieur des Arts et Manufactures.

FIN DU TRAITÉ DE GÉODÉSIE OU DE LA 2e PARTIE DU COURS DE CONSTRUCTION.

TABLE DES MATIÈRES

TABLE DES MATIÈRES.

Livraison N° 30   Prix : 50 centimes

ENCYCLOPÉDIE THÉORIQUE ET PRATIQUE

DES

CONNAISSANCES CIVILES ET MILITAIRES

(Publiée sous le Patronage de la Réunion des Officiers)

RÉDACTEUR EN CHEF

Désiré LACROIX

OFFICIER D'ACADÉMIE

RÉDACTEUR AU MONITEUR DE L'ARMÉE

Avec le concours d'Ecrivains militaires, d'Officiers de toutes armes
et d'Ingénieurs praticiens

COURS DE CONSTRUCTION

DESTINÉ AUX CONDUCTEURS ET EMPLOYÉS DES PONTS ET CHAUSSÉES
AUX AGENTS-VOYERS, AUX ARCHITECTES, AUX GARDE-MINES
AUX EMPLOYÉS DES COMPAGNIES DE CHEMINS DE FER, AUX ENTREPRENEURS
AUX MAITRES OUVRIERS (CHARPENTIERS, MENUISIERS, SERRURIERS, MAÇONS, TAILLEURS DE PIERRES, ETC.)
ET A TOUTES LES PERSONNES S'OCCUPANT DE TRAVAUX A UN TITRE QUELCONQUE

PAR

GUSTAVE OSLET

Ingénieur des Arts et Manufactures
Chef des travaux graphiques à l'École centrale

PARIS

E. LAINÉ & Cⁱᵉ, ÉDITEURS

25, RUE DE GRENELLE, 25

PROGRAMME

DE L'ENCYCLOPÉDIE THÉORIQUE ET PRATIQUE DES CONNAISSANCES CIVILES ET MILITAIRES

Cette publication, faite avec le concours d'écrivains militaires, d'officiers de toutes armes et d'ingénieurs praticiens, sous la direction de M. DÉSIRÉ LACROIX, rédacteur au *Moniteur de l'Armée*, a pour but de réunir, en un seul ouvrage, toutes les connaissances théoriques et pratiques de l'instruction civile et militaire. La publication sera accessible à tous, puisqu'elle commencera par les notions les plus simples de l'arithmétique pour continuer graduellement jusqu'aux connaissances sommairement exposées ci-dessous.

On conçoit qu'une telle encyclopédie est indispensable :

1° Aux officiers, même à tous ceux sortant des écoles spéciales, car elle mettra sans cesse sous leurs yeux ce qu'ils pourraient avoir oublié;

2° Aux sous-officiers qui aspirent à l'épaulette, soit dans l'armée active, soit dans les réserves (armée active et armée territoriale);

3° Aux candidats au volontariat et aux jeunes gens qui se destinent soit aux écoles civiles, soit aux écoles militaires.

L'ouvrage se divisera en deux grandes parties :

La première contiendra ce que nous appellerons *les connaissances générales*, c'est-à-dire celles exigées pour le baccalauréat ès sciences, pour les emplois de conducteur des Ponts et Chaussées, etc.

Les questions pratiques occuperont une place très importante dans la rédaction. Ces connaissances seront exposées d'après un plan tout à fait nouveau, avec des développements tels qu'elles pourront être comprises sans efforts.

La première partie comprendra :

LIVRE I. Arithmétique. — LIVRE II. Algèbre. — LIVRE III. Géométrie théorique et pratique. — LIVRE IV. — Géométrie descriptive. — LIVRE V. Trigonométrie rectiligne. — LIVRE VI. Cours de construction — LIVRE VII. Perspective. — LIVRE VIII. Eléments de mécanique. — LIVRE IX. Eléments d'astronomie. — LIVRE X. Eléments de physique. — LIVRE XI. Eléments de chimie. — LIVRE XII. Eléments d'histoire naturelle (minéralogie, géologie, botanique et zoologie).

La seconde partie renfermera tous les développements théoriques et pratiques des connaissances militaires énumérées dans les programmes officiels des écoles spéciales, savoir :

LIVRE I. Topographie et reconnaissances militaires. — LIVRE II. Fortifications (fortification passagère, — fortification permanente, attaque et défense des places). — LIVRE III. Artillerie et balistique. — LIVRE IV. Sciences appliquées à l'art militaire (chemins de fer, — télégraphie électrique et optique, — télémétrie, — aérostation, — pigeons voyageurs, etc.). — LIVRE V. Géographie militaire. — LIVRE VI. Art et histoire militaires. — LIVRE VII. Législation et administration militaires. — LIVRE VIII. Règlements militaires. — LIVRE IX. Tactiques et manœuvres : 1° d'infanterie, 2° de cavalerie, 3° d'artillerie. — LIVRE X. Hygiène militaire. — LIVRE XI. Hippologie. — LIVRE XII. Equitation, escrime, gymnastique, boxe, canne, bâton, natation.

Actuellement, tout le monde étant appelé au service militaire, il importe que les jeunes gens préparent leurs études de bonne heure, ou au moins que, lorsqu'ils arrivent au régiment, ils soient pourvus des premières notions des connaissances militaires, ce qui augmentera leurs chances d'avancement, tout en simplifiant la besogne de leurs chefs. De plus, avec des jeunes gens aussi pénétrés de leur instruction militaire, on devine sans peine les fructueux résultats que le pays a le droit d'en attendre.

Dans les écoles de campagne même, le plus modeste instituteur pourra, à l'aide de cette encyclopédie, faire une leçon utile à ses plus forts élèves, ainsi qu'aux adultes dans les écoles du soir. Il leur procurera, de cette façon, le moyen de concourir avec succès aux emplois de l'Etat, des Compagnies de chemins de fer, etc.

Cette encyclopédie a évidemment sa place toute marquée dans les Bibliothèques municipales, où elle sera de la plus grande utilité pour tous.

Elle constituera, en outre, une véritable publication de luxe, imprimée sur très beau papier glacé, format in-8° jésus (0^m,285 de hauteur sur 0^m,20 de largeur), contenant environ 3 000 figures toutes dessinées, gravées et soigneusement imprimées sur fond noir.

Il paraît quatre livraisons par mois. Ce mode de publication, selon nous, est le plus accessible à la majorité des lecteurs : car moyennant une somme insignifiante de 2 francs par mois, ils se procureront en très peu de temps une encyclopédie précieuse réunissant, en quatre ou cinq volumes, des connaissances indispensables, presque toujours disséminées dans un trop grand nombre d'ouvrages.

Adresser les demandes à M. **E. Lainé et Cie, administrateurs de la** publication, 25, rue de Grenelle, Paris.

(*Extrait du Bulletin de la Réunion des Officiers du 31 janvier* 1880.)

Paris. — Imprimerie Tolmer et Cie, 3, rue Madame